論理回路の初歩，HDL/C言語開発から
ソフトCPU組込み，Linux I/Oボード連携まで

トライアル
シリーズ

MAX 10® 実験キットで学ぶ
FPGA&コンピュータ

圓山 宗智 著

CQ出版社

はじめに

■ FPGAは楽しむもの

こと論理回路に関していえば，FPGA（Field Programmable Gate Array）ほど柔軟なデバイスは他にありません．FPGAの中では自分が設計した論理回路がそのまま動作しますので，誰にも指図されることなく，自由気ままなハードウェア作りを楽しめます．

凝りに凝ったオリジナルCPUを造る，超高速並列演算回路を組む，液晶ディスプレイを接続してグラフィック制御装置を造る，既存のマイコンと組み合わせて機能拡張する，などなど無限の可能性が広がります．

■ 2部構成のシリーズ

最近は，そうしたFPGAを手軽に活用するための評価用ボードが安価に入手できるようになってきました．姉妹書「①MAX10 ②ライタ ③DVD付き！FPGA電子工作スーパーキット」（以下，「基板編」と略す）には，付録としてFPGAボードを添付し，多くの方にFPGAを味わっていただけるようにしました．このFPGAボードは，軽い気持ちではんだ付けしてシステムに組み込めるように，とてもシンプルな構成にしてあります．この「基板編」では，付属基板の使い方と開発ツールの使い方を主に解説しました．

本書（以下，「実践編」と略す）では，「基板編」の内容に大幅加筆し，論理設計の基礎やタイミング検証などFPGA設計に必要な実践的な知識と，Raspberry Piに「基板編」付属のFPGA基板を接続するための拡張基板と，その活用方法を詳しく解説します．

■ 搭載FPGAは最新型

「基板編」の付属基板に搭載したFPGAは，55nmプロセスで製造された最新型のアルテラMAX 10です．FLASHメモリを内蔵しており，FPGAのコンフィグレーション情報を記憶できるので，外部に不揮発性のEEPROMを置く必要がありません．電源ONですぐに自分の論理回路が動作します．

もちろん内蔵FLASHメモリはユーザ用としても使えます．3.3V単一電源で動作し，12ビット分解能のA-D変換器も内蔵しているので，一般的なマイコンを置き換えるポテンシャルを持っています．

■ USBからFPGAをコンフィグできる基板も同梱

FPGAを使う場合，論理回路の情報を転送するためのコンフィグレーションという作業が欠かせません．これにはJTAGケーブルなどの専用ハードウェアが必要であり，FPGA基板を書籍に添付する場合の足かせになっていました．

「基板編」には，FPGAのコンフィグレーションやデバッグをパソコンのUSB端子から行うためのインターフェース基板も同梱しました．アルテラ社のUSB Blasterと等価機能を持っており，標準の各種開発環境からFPGAを自在に操作できます．

■ ちょっぴり工作

FPGA基板には，コネクタなど若干の部品を入手してはんだ付けしていただく必要があります．またコンフィグレーション用基板は，すべての搭載部品を入手してはんだ付けしていただく必要があります．こうした部品の入手やはんだ付けもCQ出版社の読者ならお手のもの．お楽しみとして，どうかお付き合いください．

■ 初心者の方

FPGA初心者の方や，アルテラ社の開発環境に不慣れな方のために，本シリーズでは，開発環境の画面キャプチャをなるべく多く掲載し，具体的な操作方法を詳しく解説しています．1回この操作を自分で通せば，次回以降は自力で開発できるようになるでしょう．

■ 上級者の方

もうFPGAのことは十分知っている，あるいはアルテラ社の開発環境を普段から使っている，という方は，回路図だけ参照いただければ，あとはガシガシ自分の開発を進めていけると思います．

■ 積んだっていい

筆者も，基板付きの雑誌や，評価基板を喜んであれこれ購入しますが，実は，その95％以上を「積んで」おります．ところが，実際に動作することが確認されている現実の基板や関連情報が手もとにあるだけで，実は多くのヒントを得られることが多いのです．回路図，使用部品，基板パターン，論理記述，ソフトウェアなどなど，すべてが自分にとっての重要なヒントになるのです．

筆者は，書籍や雑誌からは，1ページ，あるは1行だけでもヒントになることが見つかれば，その買い物は成功だったと考えています．だから「基板編」も「実践編」も積んでいただいていいのです．形も本だから積みやすさは最高レベルですね．

■ Raspberry Pi 3 Model Bと組み合わせた事例

「基板編」に付属したFPGA基板を，最新のRaspberry Pi 3 Model Bと組み合わせた例を，**写真1**に示します．FPGA基板をRaspberry Piに接続するための専用拡張基板も別売で用意します．この例では，MAX 10の中に，世界最初のマイクロプロセッサ4004と，その周辺デバイスと等価な論理機能をVerilog HDLで設計したものを実装して，往年の電卓の名機を再現しています．この詳細は本書「実践編」の中で具体的に解説します．皆さんのお手もとでも再現できますので，ぜひマイクロプロセッサの歴史を感じ取ってください．

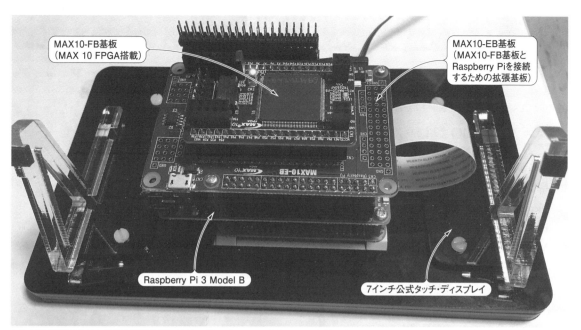

（a）姉妹書「基板編」の付属基板MAX10-FBと，Raspberry Pi 3 Model Bを組み合わせて7インチ公式タッチ・ディスプレイを接続したシステム

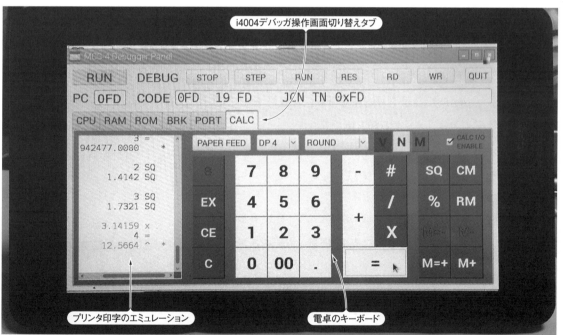

（b）MAX 10に世界初のマイクロプロセッサ4004とその周辺デバイスを実装して，電卓の往年の名機141-PF（ビジコン社）を再現

写真1　姉妹書「①MAX10 ②ライタ ③DVD付き！ FPGA電子工作スーパーキット」付属のFPGA基板をRaspberry Pi 3 Model Bと組み合わせる

■ とにかく楽しんで

　このような事例をはじめとして，FPGAは究極のコンフィギュアビリティを持っていますので，本当にいろいろと遊べます．その過程でいろいろな問題にもぶつかると思いますが，それを諦めずに時間をかけてでも解決していけば，自分の技術力も自然に向上していきます．とにかくたっぷりと楽しんでみてください．

圓山　宗智

目　次

●●●●● 第1部　MAX 10 デバイスと評価ボードのハードウェア ●●●●●

最新の FLASH メモリ内蔵型 FPGA があなたの手に

第1章　CQ 版 MAX 10 評価ボードの誕生　11

- アルテラ MAX 10 FPGA とは　11
- MAX10-FB 基板の概要　13
- MAX10-JB 基板の概要　15
- Raspberry Pi と組み合わせる拡張基板 MAX10-EB（別売）　17
- MAX 10 の開発環境　22
- さあ，FPGA を始めましょう！　25
- Column 1　アルテラ社の MAX シリーズ　16
- Column 2　MAX 10 の魅力とは　20
- Column 3　FPGA の開発環境の進歩　23
- Column 4　FPGA を使う意味とその重要性　24
- Column 5　MAX10-FB 基板と MAX10-JB 基板に込めた思い　26
- Column 6　MAX 10 で作れるもの，あれやこれや　29

FLASH 内蔵による FPGA の新たなパラダイム

第2章　MAX 10 FPGA デバイスのハードウェア研究　33

- FPGA とは何か　33
- MAX 10 のデバイス詳細　36
- Column 1　TTL IC によるプロトタイピングの思い出　35

実験に，試作に，趣味に，あれこれ手軽に使える小型 FPGA 基板

第3章　MAX 10 FPGA を搭載した MAX10-FB 基板のハードウェア詳説　53

- MAX10-FB 基板の概要　53
- MAX10-FB 基板の回路詳細　54
- MAX10-FB 基板へ追加部品を実装する　62
- Column 1　MAX 10 の端子仕様の変遷　57
- Column 2　PLL に接続できない内蔵発振器の意味　61

Quartus Prime から直接操作！コンフィグレーションにもデバッグにも使える！

第4章　コンフィグレーション＆デバッグ用 MAX10-JB 基板のハードウェア詳説　69

- MAX10-JB 基板の概要　70

MAX10-JB 基板の回路詳細 ……………………………………………………………………… 75
MAX10-JB 基板の作り方 ………………………………………………………………………… 79

MAX 10 による PIC マイコン FLASH 書き込み器の構造と，PIC マイコンによる USB Blaster 等価機能の実現

第5章　MAX10-FB 基板と MAX10-JB 基板の協調動作の仕組み　83

PIC マイコン書き込み器としての MAX10-FB 基板 ……………………………………… 83
USB Blaster 等価機能を持った MAX10-JB 基板 ………………………………………… 93
Column 1　PAD 表記について ……………………………………………………………… 95

●●●●● 第2部　MAX 10 FPGA 開発入門 ●●●●●

Quartus Prime Lite Edition と関連ツールをインストールして，基板と PC 間の接続確認を行う

第6章　MAX 10 用開発環境のインストール　105

MAX 10 FPGA 用開発ツール ………………………………………………………………… 105
インストールと基板の認識確認 ……………………………………………………………… 107

LED チカチカをネタにして，Quartus Prime の一通りの使い方をマスタしよう

第7章　FPGA 開発ツール Quartus Prime 入門　111

Quartus Prime による FPGA の開発フロー ……………………………………………… 111
Quartus Prime によるフル・カラー LED チカチカ回路の実現 ………………………… 114
ロジック・アナライザ機能 SignalTap II …………………………………………………… 120
TimeQuest によるタイミング解析 …………………………………………………………… 128
Column 1　本書の Quartus Prime 用プロジェクト ……………………………………… 114
Column 2　旧バージョンの Quartus で作成したプロジェクトを開く ………………… 118

PLL の使い方とパワー ON リセット回路の作り方をマスタしよう

第8章　論理回路の土台！ MAX 10 のクロックとリセットの基礎　129

PLL とパワー ON リセット回路 ……………………………………………………………… 129
フル・カラー LED の階調明滅回路 ………………………………………………………… 131
フル・カラー階調明滅回路を PLL とパワー ON リセット回路を使って構築 ………… 133

MAX 10 の FPGA には2種類のコンフィグレーション・データを格納できる

第9章　MAX 10 のデュアル・コンフィグレーション機能を活用　141

デュアル・コンフィグレーション機能とは ………………………………………………… 141
デュアル・コンフィグレーション機能を使ってみる ……………………………………… 142

無償の論理シミュレータでFPGAをホイホイ論理検証する手順をマスタしよう

第10章　ModelSim Altera Starter Editionによる論理シミュレーション入門　149

論理シミュレーションの基本的な考え方 ……………………………………………………… 149
ModelSim Altera Starter Editionによる論理シミュレーション ……………………………… 151
フル・カラーLEDチカチカ回路 PROJ_COLORLEDの機能検証 …………………………… 153
フル・カラーLED階調明滅回路 PROJ_COLORLED2の機能検証 …………………………… 159
　Column 1　ModelSim起動時のエラーへの対処 …………………………………………… 160
　Column 2　Verilog HDL論理シミュレーションにおける時間軸概念の指定とModelSim …… 161

●●●●● 第3部　Nios II システム開発入門 ●●●●●

Nios IIコアの概要とその開発フローをマスタしよう

第11章　Nios II システムの概要　165

Nios IIコアとそのシステム ……………………………………………………………………… 165
Nios II システムの開発フロー …………………………………………………………………… 171

Nios II システムのハードウェア設計，ソフトウェア設計，論理シミュレーションまで全部通しでやってみよう

第12章　Nios II システムでLチカ　177

QsysでNios II システムのハードウェアを設計 ……………………………………………… 177
Quartus PrimeでNios II システム用のFPGA最上位階層を設計 …………………………… 195
Nios II EDSでソフトウェアを作成してFPGA上のNios IIを動かす ……………………… 201
ModelSim-Altera Starter EditonでNios II システムを論理シミュレーション ……………… 207
Nios II システムをMAX 10のFLASHメモリに固定化 ……………………………………… 218
　Column 1　BSPプロジェクト内のライブラリ ……………………………………………… 208
　Column 2　オン・チップ・デバッガからリセットする ………………………………… 223

Nios II システムで割り込みを使う方法をマスタしよう

第13章　Nios II システムで割り込み　225

Nios II システムにインターバル・タイマを追加 ……………………………………………… 225
Nios II システムにおける割り込みの使い方 …………………………………………………… 228
　Column 1　BSPプロジェクト内の割り込みとインターバル・タイマ関連ライブラリ …… 232

MAX 10内蔵のA-D変換器をNios II システムで使う方法をマスタしよう

第14章　Nios II システムでA-D変換器　233

MAX 10のA-D変換器の概要 …………………………………………………………………… 233
Nios II システムにA-D変換器を追加 …………………………………………………………… 234

	FPGA最上位階層に置くPLLからA-D変換器用クロックを出力	236
	Nios IIシステムにおけるA-D変換器の使い方	238
Column 1	BSPプロジェクト内のA-D変換器関連ライブラリ	244

MAX 10にSDRAMを接続して広大なメモリ空間を手に入れよう

第15章　Nios IIシステムでSDRAMアクセス　245

	SDR型SDRAMの概要	245
	Nios IIシステムにSDRAMコントローラを追加	247
	Nios IIシステムのSDRAMコントローラを論理シミュレーションする	252
	SDRAMアクセス用FPGAの構築	253
	FPGAからSDRAMをアクセスしてMAX10-FB基板をテスト	260
	MAX 10のFLASHメモリとSDRAMの活用	260
Column 1	SDRAMコントローラの入出力タイミング検証	265

●●●●● 第4部　論理設計入門 ●●●●●

論理設計を知り，味わい，そして楽しむ

第16章　論理設計入門　273

論理設計を始める前に

	大きな流れ	273
	大きな回路を効率よく作るしくみ	275

論理設計の基本

	① 組み合わせ回路	277
	② 順序回路とDフリップフロップ	279
	複雑なシーケンス動作を実現するステート・マシン	290
	機能モジュール設計の実際	293
Column 1	論理設計するときはハードウェアをイメージしながら	274
Column 2	ひとり半導体ベンダ？ 私にも手が届くLSIの開発方法（ネタですが本当です）	276
Column 3	SoCと適材適所で使い分け	280
Column 4	論理値(1/0)と電圧レベル(H/L)の対応を整理する	282
Column 5	ゲートを構成するトランジスタの進化	284
Column 6	似て非なる二つのディジタルIC! FPGA設計とSoC設計はここが違う	296
Appendix 1	物理的にベストなモノを造る先人の知恵「ラッチの匠技」	298

論理設計の道具を自分のものにしよう

第17章　Verilog HDLによるRTL記述入門　301

	ハードウェア記述言語「Verilog HDL」とは	301
	論理機能のモジュール構造記述	301

論理シミュレーションの基本原理	302
信号(変数)の表現	303
組み合わせ回路の書き方	303
信号(変数)への代入文	305
条件判断	308
順序回路の書き方	309
論理シミュレーションのためのテストベンチ	310
Column 1 Verilog HDL は誰のための文法？	303

単純なレジスタの動作から CPU まで，実際の設計と論理シミュレーションにトライ

第18章　論理設計の具体例とシミュレーション　317

論理シミュレータ ModelSim-Altera を単体で使う方法	317
基本的な D-F/F「simple_register」	318
基本的なカウンタ「simple_counter」	326
チャタリング除去回路「debouncer」	327
基本的なステート・マシン「simple_statemachine」	333
簡易型 8 ビット CPU「simple_cpu」	336
Column 1 ModelSim-Altera Starter Edition が扱える論理規模	321
Column 2 Icarus Verilog の実行方法	322
Column 3 パイプライン制御式 CPU の設計	360
Appendix 2 Icarus Verilog のインストール	362

タイミング解析の基礎を学び，SDC ファイルを自在に書けるようになろう

第19章　TimeQuest Timing Analyzer によるタイミング解析と SDC ファイル　365

TimeQuest によるタイミング解析の基本概念	365
TimeQuest によるタイミング解析	374
タイミング解析用 SDC コマンド：クロック関係	380
タイミング解析用 SDC コマンド：入出力タイミング関係	383
タイミング解析用 SDC コマンド：タイミング例外	385

C 言語と Verilog HDL の混在シミュレーションを使って Avalon-MM スレーブ IP を設計しよう

第20章　C 言語混在シミュレーションと IP 設計　389

C 言語と Verilog の混在シミュレーション技法「DPI」	389
Avalon-MM インターフェースの基本仕様	393
Avalon-MM インターフェースによる RAM のリード/ライトを C 言語混在でシミュレーションする	396
Avalon-MM インターフェースのスレーブ IP「pic_programmer」の設計	408
「pic_programmer」の C 言語混在シミュレーション	419
Column 1 DPI が使いやすくなった ModelSim	393

第5部　MAX 10とRaspberry Piとの饗宴

Raspberry Piのハードウェア機能拡張と，MAX 10のコネクティビティ強化を両立する

第21章　MAX 10とRaspberry Piを接続する拡張用MAX10-EB基板のハードウェア詳説　433

- MAX10-EB基板の概要　434
- MAX10-EB基板の回路詳細　442
- MAX10-EB基板の活用例あれこれ　450

高速SPI通信によるインターフェースと，Qt CreatorによるGUIアプリの作成

第22章　MAX 10とRaspberry Piの連携方法　459

- Raspberry Pi 3とMAX 10間のインターフェース方法　459
- Raspberry Pi 3の周辺機能へのアクセス方法　463
- Raspberry Pi 3側のプログラム　469
- MAX 10側のFPGA論理とNios II用プログラム　491
- Raspberry PiとMAX 10のインターフェース動作確認　495
- **Appendix 3**　Raspberry Pi 3 Model Bの立ち上げと設定方法　501
  - Raspberry Pi 3の起動まで　501
  - Raspberry Pi 3へのリモート接続（専用タッチLCDディスプレイを使用する場合）　503
  - Raspberry Pi 3の無線関係の設定　507
  - Raspberry Pi 3へのQt Creatorのインストール　509
- **Column 1**　Mac用のMicrosoft Remote Desktopを使う場合の注意　504
- **Column 2**　4DSystems社のLCDディスプレイ製品　507
- **Column 3**　Raspberry Pi 3の動作周波数　508
- **Column 4**　HAT規格拡張基板のEEPROMユーティリティ　510

第6部　マイコン黎明期の4004システムを設計し，歴史的電卓を再現する

インテルMCS-4アーキテクチャをじっくりと堪能して，先人の知恵の深さを感じとろう

第23章　4004CPUアーキテクチャとMCS-4システム　511

- MCS-4チップ・セット　511
- 4004（CPU）のチップ仕様　513
- 4001（ROM）のチップ仕様　514
- 4002（RAM）のチップ仕様　515
- 4003（シフトレジスタ）のチップ仕様　517
- MCS-4システム構成　518
- 4004（CPU）の動作の詳細　521
- 4004（CPU）のプログラム開発ツールADS4004（アセンブラ／逆アセンブラ／シミュレータ）　532
- 4004（CPU）のサンプル・プログラム①　メモリ・アクセス・プログラム memtst.src　540

4004（CPU）のサンプル・プログラム② BCD コードを BIN コードに変換するプログラム bcd2bin.src ⋯ 544
　　先人の知恵を存分に味わおう ⋯⋯⋯⋯⋯⋯⋯⋯⋯⋯⋯⋯⋯⋯⋯⋯⋯⋯⋯⋯⋯⋯⋯⋯⋯⋯⋯⋯⋯⋯⋯⋯⋯⋯⋯⋯ 544
　　Column 1　4 ビットな戯れ言 ⋯⋯⋯⋯⋯⋯⋯⋯⋯⋯⋯⋯⋯⋯⋯⋯⋯⋯⋯⋯⋯⋯⋯⋯⋯⋯⋯⋯⋯⋯⋯⋯⋯⋯⋯ 512
　　Column 2　P-MOS デバイスの DC 特性 ⋯⋯⋯⋯⋯⋯⋯⋯⋯⋯⋯⋯⋯⋯⋯⋯⋯⋯⋯⋯⋯⋯⋯⋯⋯⋯⋯⋯⋯⋯⋯⋯ 518
　　Appendix 4　世界初のマイクロコンピュータの誕生　嶋 正利 氏の果たした大きな役割 ⋯⋯⋯⋯⋯⋯⋯⋯⋯ 546

歴史的 4004 アーキテクチャを FPGA の中に実現し，ビンテージ電卓を再現する

第 24 章　MCS-4 システムの論理設計と電卓の製作　　549

　　MCS-4 システム全体構成 ⋯⋯⋯⋯⋯⋯⋯⋯⋯⋯⋯⋯⋯⋯⋯⋯⋯⋯⋯⋯⋯⋯⋯⋯⋯⋯⋯⋯⋯⋯⋯⋯⋯⋯⋯⋯⋯⋯ 549
　　MCS-4 システムの立ち上げ ⋯⋯⋯⋯⋯⋯⋯⋯⋯⋯⋯⋯⋯⋯⋯⋯⋯⋯⋯⋯⋯⋯⋯⋯⋯⋯⋯⋯⋯⋯⋯⋯⋯⋯⋯⋯ 551
　　MCS-4 システムの使用方法 ⋯⋯⋯⋯⋯⋯⋯⋯⋯⋯⋯⋯⋯⋯⋯⋯⋯⋯⋯⋯⋯⋯⋯⋯⋯⋯⋯⋯⋯⋯⋯⋯⋯⋯⋯⋯ 554
　　FPGA 最上位階層の論理 ⋯⋯⋯⋯⋯⋯⋯⋯⋯⋯⋯⋯⋯⋯⋯⋯⋯⋯⋯⋯⋯⋯⋯⋯⋯⋯⋯⋯⋯⋯⋯⋯⋯⋯⋯⋯⋯⋯ 558
　　MCS-4 システム階層の論理 ⋯⋯⋯⋯⋯⋯⋯⋯⋯⋯⋯⋯⋯⋯⋯⋯⋯⋯⋯⋯⋯⋯⋯⋯⋯⋯⋯⋯⋯⋯⋯⋯⋯⋯⋯⋯ 560
　　4004（CPU）の論理 ⋯⋯ 560
　　4001（ROM）の論理 ⋯⋯ 568
　　4002（RAM）の論理 ⋯⋯ 568
　　オン・チップ・デバッガの論理 ⋯⋯⋯⋯⋯⋯⋯⋯⋯⋯⋯⋯⋯⋯⋯⋯⋯⋯⋯⋯⋯⋯⋯⋯⋯⋯⋯⋯⋯⋯⋯⋯⋯⋯ 569
　　電卓入出力エミュレーション論理 ⋯⋯⋯⋯⋯⋯⋯⋯⋯⋯⋯⋯⋯⋯⋯⋯⋯⋯⋯⋯⋯⋯⋯⋯⋯⋯⋯⋯⋯⋯⋯⋯⋯ 572
　　Nios II の構成とプログラム ⋯⋯⋯⋯⋯⋯⋯⋯⋯⋯⋯⋯⋯⋯⋯⋯⋯⋯⋯⋯⋯⋯⋯⋯⋯⋯⋯⋯⋯⋯⋯⋯⋯⋯⋯⋯ 580
　　Raspberry Pi 側のプログラム ⋯⋯⋯⋯⋯⋯⋯⋯⋯⋯⋯⋯⋯⋯⋯⋯⋯⋯⋯⋯⋯⋯⋯⋯⋯⋯⋯⋯⋯⋯⋯⋯⋯⋯⋯⋯ 581
　　4004 用電卓 141-PF プログラム ⋯⋯⋯⋯⋯⋯⋯⋯⋯⋯⋯⋯⋯⋯⋯⋯⋯⋯⋯⋯⋯⋯⋯⋯⋯⋯⋯⋯⋯⋯⋯⋯⋯⋯⋯ 581
　　Column 1　Raspberry Pi のアプリ MCS4_Panel（QtWidgetAPP）をビルドする際の注意 ⋯⋯⋯⋯⋯⋯ 554
　　Column 2　MCS-4 システムの論理検証 ⋯⋯⋯⋯⋯⋯⋯⋯⋯⋯⋯⋯⋯⋯⋯⋯⋯⋯⋯⋯⋯⋯⋯⋯⋯⋯⋯⋯⋯⋯ 566
　　Column 3　MCS-4 システムや 4004 のライセンス ⋯⋯⋯⋯⋯⋯⋯⋯⋯⋯⋯⋯⋯⋯⋯⋯⋯⋯⋯⋯⋯⋯⋯⋯⋯ 582

●●●●● 第 7 部　MARY 基板を活用する ●●●●●

各種周辺機能をもつ小型 MARY 基板を MAX10 から制御する

第 25 章　MARY 基板と MAX10 の連携方法　　583

　　MARY 基板を MAX 10 FPGA に接続する ⋯⋯⋯⋯⋯⋯⋯⋯⋯⋯⋯⋯⋯⋯⋯⋯⋯⋯⋯⋯⋯⋯⋯⋯⋯⋯⋯⋯⋯⋯ 584
　　MARY 基板を制御する MAX 10 FPGA のハードウェア ⋯⋯⋯⋯⋯⋯⋯⋯⋯⋯⋯⋯⋯⋯⋯⋯⋯⋯⋯⋯⋯⋯ 584
　　MARY 基板を制御する Nios II のソフトウェア ⋯⋯⋯⋯⋯⋯⋯⋯⋯⋯⋯⋯⋯⋯⋯⋯⋯⋯⋯⋯⋯⋯⋯⋯⋯⋯ 586
　　MARY 基板を MAX 10 FPGA により動かす ⋯⋯⋯⋯⋯⋯⋯⋯⋯⋯⋯⋯⋯⋯⋯⋯⋯⋯⋯⋯⋯⋯⋯⋯⋯⋯⋯⋯ 590

付属 DVD-ROM の説明 ⋯⋯ 593
索　引 ⋯⋯ 595
著者略歴 ⋯⋯⋯ 599

＊ 本書の第 1 章〜第 15 章は，トランジスタ技術増刊「① MAX10 ②ライタ ③DVD 付き！ FPGA 電子工作スーパーキット」に掲載された記事を再編集して構成しています．

第1部 MAX 10 デバイスと評価ボードのハードウェア

第1章 最新のFLASHメモリ内蔵型FPGAがあなたの手に

CQ版MAX 10 評価ボードの誕生

●はじめに

　FPGAはその中にCPU（Central Processing Unit），メモリ，通信機能，タイミング・シーケンサ，演算アクセラレータ，画像処理機能，音声処理機能，ディジタル・フィルタなど自分の好きな論理機能を自由に組み上げることができます．仕事でも趣味でも，手軽に自己実現できるデバイスであり，大いに楽しむことができるものです．

　特に今回採用したアルテラ社のMAX 10は，FLASHメモリを内蔵するなど優れた特長を持つFPGAであり，とても使いやすいものです．

　しかし一般的にFPGAをコンフィグレーションする（論理機能を書き込む）ときには，JTAG（Joint Test Action Group）ケーブルという専用ツールが必要です．CQ出版社の過去のいくつかの雑誌付属FPGA基板では，ここがあまりよく練られておらず使い勝手がよくなかったように感じます．そこで今回のMAX10基板にはアルテラ社のUSB Blasterと等価な機能を持つUSB-JTAG変換基板もしっかり用意しました．これらMAX10基板とDVD-ROMだけでFPGAの開発全てを行うことができます．大いに遊んでいただきたいと思います．

アルテラ MAX 10 FPGA とは

● MAX 10 は FLASH メモリ内蔵マイコンを自作できる FPGA

　アルテラ社のMAX 10は，不揮発性FLASHメモリを搭載したTSMC（Taiwan Semiconductor Manufacturing Co., Ltd.）社の55nmプロセスを使用した最新型のFPGAです．従来のMAXシリーズはCPLD（Complex Programmable Logic Device）でしたが，MAX 10は本格的なFPGAデバイスであり，規模が大きい論理回路を実装することができます．

　MAX 10は，デバイス本体にコンフィグレーション・データ格納用のFLASHメモリを内蔵しているので，外部にROMを置く必要がありません．

　さらにFLASHメモリの一部はユーザが使用でき，かつアルテラ社のソフトCPUコアNios IIも実装できます．12ビットA-D変換器も内蔵しており，3.3V単一電源で動作するデバイスもラインアップされています．MAX 10があれば，ユーザ独自のFLASHメモリ内蔵マイコンを自作することもできるのです．

● MAX10 基板に搭載する MAX 10

　MAX 10は，ロジック・エレメント数として2,000個の最小規模品から50,000個の最大規模品まで7段階の製品がラインアップされています．今回のMAX10基板に搭載するMAX 10デバイスの仕様を表1に示します．型名は「10M08SAE144C8G」であり，ロジック・エレメント（LE）数は8Kです．論理ゲート数に

表1　MAX10基板に搭載するMAX 10 FPGAの仕様
実際に基板に搭載されるデバイスはES（Engineering Sample）品である．

項　目	内　容
ベンダ	アルテラ
製品シリーズ	MAX 10 FPGA
製品型名	10M08SAE144C8G
プロセス	TSMC 55nm Embedded FLASHプロセス技術
ロジック・エレメント	8K
M9Kメモリ	378Kビット
FLASHメモリ	2496Kビット（コンフィグレーション用＋ユーザ用合計） 1376Kビット（ユーザ用最大値）
18×18乗算器	24個
PLL	2個
LVDS	専用Rx/Txチャネルまたはエミュレーション出力チャネル×41ペア
コンフィグレーション数	最大2コンフィグレーション・イメージを記憶可能
A-D変換器	12ビット×1ユニット，変換レート1MSPS$_{max}$，アナログ入力端子×9本
クロック発振器	リング・オシレータ内蔵（55M～116MHz）
I/O本数	101本
電源	3.3V単一電源
パッケージ	EQFP-144（20mm×20mm，ピン・ピッチ0.5mm）

※ 姉妹書「① MAX10 ②ライタ ③ DVD 付き！ FPGA 電子工作スーパーキット」（以下，「基板編」と略す）にはMAX10-EBは同梱されておりません．製作にチャレンジしたい方は，MAX10-EB 拡張ボード MTG-MAX10-EB（マルツエレック製）をお買い求めください．

換算するとだいたい80,000～90,000ゲートくらいに相当すると考えられます．

このくらいの規模があれば，32ビットCPU，SDRAMインターフェース，グラフィック制御，通信やタイマなどの周辺機能を実装してもまだ余裕があると思います．自作の小規模CPUを複数個入れてマルチ・コアの実験もできるでしょう．A-D変換器も内蔵しているので，FPGA内蔵の乗算器によりディジタル・フィルタを構築して，信号処置システムを構築するのも楽しそうです．

パッケージはEQFP-144ピンで，3.3V単一電源で動作します．とても使いやすいFPGAだと思います．

● MAX10基板は2種類あり

MAX10基板は2種類あり，それぞれ1枚ずつ添付してあります．ひとつはMAX 10を搭載したMAX10-FB基板です(FBはFPGA Boardの略)．もうひとつはFPGAコンフィグレーション用のMAX10-JB基板です(JBはJTAG Boardの略)．以下，それぞれの概要を説明します．

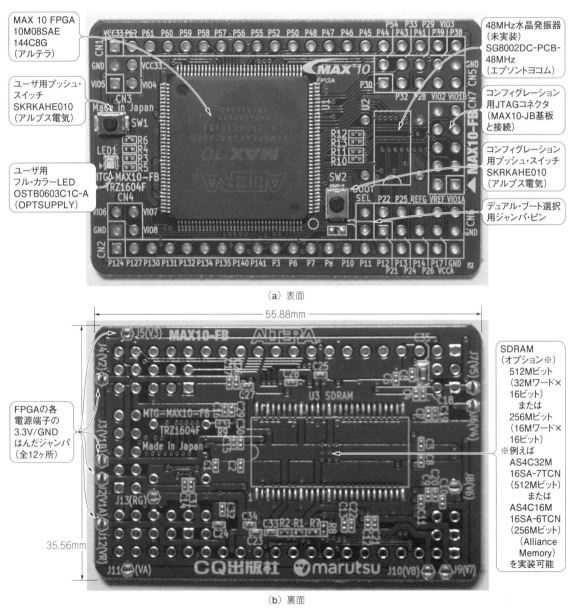

写真1　FPGA基板MAX10-FBの外形

MAX10-FB 基板の概要

● MAX 10 を搭載した MAX10-FB 基板

MAX10-FB 基板の外形を写真1に,仕様を表2に,ブロック図を図1に示します.発振器,ピン・ソケット,ピン・ヘッダなどの一部の部品はユーザが入手して実装してください.

MAX10-FB 基板はブレッド・ボードにも搭載可能なコネクタ(ピン・ヘッダ)が出ていますので,手軽に活用できます.

MAX 10 デバイスは,内蔵発振器を持っていますが,デバイス内蔵の PLL(Phase Locked Loop)に直接接続できないので,PLL に接続できるグローバル・クロック端子に外部発振器を接続してあります.

また MAX 10 デバイスの外部 I/O 端子の各バンクの電源やアナログ・リファレンス電源は,それぞれ独立した電圧に設定できるので,全てを基板の外部コネクタに引き出してあります.それぞれ 3.3V で良い場合は,基板裏面のはんだジャンパで 3.3V 電源に接続できます.

表2 MAX10-FB 基板の仕様

項 目	内 容
基板外形	55.88mm×35.56mm (22000mil×14000mil)
層数/部品実装面	2層基板/両面実装
FPGA	アルテラ MAX 10「10M08SAE144C8G」
SDRAM	裏面未実装,パターンのみ. 搭載可能デバイス例は下記の通り ・512M ビット:AS4C32M16SA-6TCN/7TCN(Alliance Memory) ・256M ビット:AS4C16M16SA-6TCN/7TCN(Alliance Memory)
電源	外部 3.3V 供給 (各 V_{CCIO},V_{CCA},ADC_V_{REF},REG_GND は個別にコネクタに引き出してあり,はんだジャンパで共通の 3.3V と GND に接続可能)
ユーザ用クロック	48MHz 発振器搭載可能(未実装) SG8002DC-PCB-48MHz(エプソントヨコム)
ユーザ用 LED	3色 RGB フル・カラー LED×1個
ユーザ用スイッチ	プッシュ・スイッチ×1個
コンフィグレーション回路	nCONFIG 用プッシュ・スイッチ×1個 CONFIG_SEL 用ジャンパ×1個
FPGA信号引き出し端子	ブレッド・ボード用の上下1列コネクタに38本引き出し(2.54mm ピッチのコネクタに合計49本引き出し)
FPGAコンフィグレーション方法	基板「MAX10-JB」を重ねて,電源供給+コンフィグレーション可能 (アルテラ社または 3rd Party 製の USB Blaster でもコンフィグレーション可能)

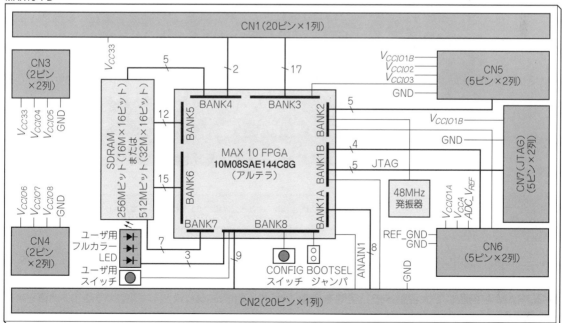

図1 MAX10-FB 基板のブロック図
V_{CCIOx},V_{CCA},ADC_V_{REF} は基板上で V_{CC33} に接続できるはんだジャンパあり.REF_GND は基板上で GND に接続できるはんだジャンパあり.48MHz 発振器はユーザが実装.SDRAM はオプション.

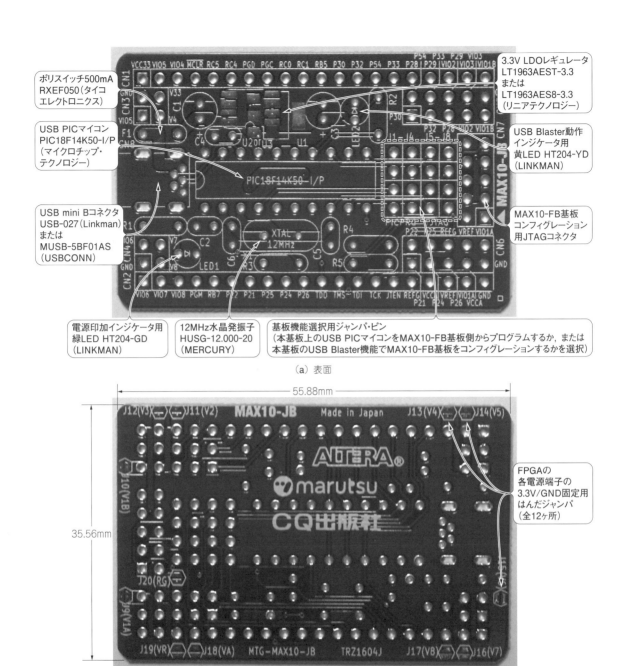

写真2 JTAG基板 MAX10-JBの外形
8ビットPIC18マイコンにより，Altera USB Blasterケーブル等価機能を実現した基板．通販サイトや秋葉原などで入手しやすい部品のみを使用している．

● SDRAMを搭載して大容量メモリ空間を自由に使える

MAX10-FB基板の裏面には，SDRAMを実装できるパターンがあります．54ピン TSOP IIパッケージに封入されたSDR（Single Data Rate）型のSDRAM（Synchronous DRAM）を実装できます．動作を確認済みの推奨品は，256Mビットまたは512Mビットのデータ・バス幅16ビットのSDRAMです．アルテラ社が提供するSDRAMコントローラで簡単にアクセスできます．

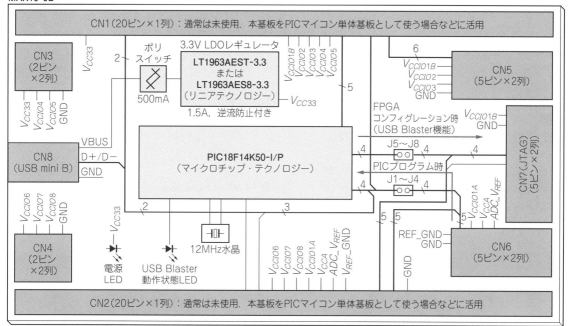

図2 MAX10-JB基板のブロック図
MAX10-JB基板でも，V_{CCIOx}，V_{CCA}，ADC_V_{REF} は基板上で V_{CC33} に接続できるはんだジャンパあり．REF_GND も基板上で GND に接続できるはんだジャンパあり．

MAX10-JB基板の概要

● USB Blasterと機能等価なMAX10-JB基板

MAX10-JB基板の外形を**写真2**に，仕様を**表3**に，ブロック図を**図2**に示します．

MAX10-JB基板の上にはPIC18マイコン（マイクロチップ・テクノロジー社）が載っており，アルテラ社のFPGAコンフィグレーション用のUSB Blasterケーブルと等価な機能を持ちます．このMAX10基板があれば，パソコンからUSBケーブル経由で，MAX 10 FPGAデバイスへの電源供給とコンフィグレーションが可能です．

部品は通販サイトや秋葉原などで容易に入手できるものを使用しています．ユーザが入手して実装してください．

● MAX10-JB基板でNios IIのデバッグもできる

MAX10-JB基板は，USB Blasterケーブルと等価な機能なので，FPGAのコンフィグレーションだけでなく，アルテラ社のソフトCPUコアNios IIのソース・レベル・デバッグも可能です．

表3 MAX10-JB基板の仕様

項　目	内　容
基板外形	55.88mm×35.56mm (22000mil×14000mil)
層数／部品実装面	2層基板／片面実装
実装部品	搭載部品はユーザ手配，ユーザ実装
機能	アルテラ USB-Blaster 等価機能
使用マイコン	PIC18F14K50-I/P（マイクロチップ・テクノロジー）（3.3Vネイティブ動作）
USBコネクタ	USB mini B
電源供給	USBバス・パワー MAX10-FB側に電源供給可能
電源電流（3.3V）	LT1963A-3.3使用：合計1.5A（電源ICは面実装型で，SSOP-8またはSOT-223いずれも実装可能）
PIC18マイコンのプログラム	・USB-Blaster等価機能（JTAG機能のみ） ・コンパイラ：XC8 ・USBライブラリ：最新Microchip Libraries for Applications使用 ・プログラムのソースは公開
PIC18マイコンのFLASHメモリ書き込み方法	PIC18マイコンのFLASHメモリは，初期状態の「MAX10-FB」側から書き込む（PICマイコン用フラッシュ書き込み器「PICkit3」などは不要）

もちろん，MAX 10内のユーザFLASHメモリへの書き込みも可能です．

● MAX10-JB基板のUSB Blaster等価機能

MAX10-JB基板のUSB Blaster等価機能は，JTAG

インターフェースのみサポートしています．アルテラ社からのメーカ保証はありませんが，アルテラ社のご好意で，本企画での利用は認めていただいており，MAX10-FB基板と組み合わせて使う範囲では問題ありません．

● MAX10-FB基板とMAX10-JB基板の使用例

MAX10-FB基板を単体で使用する例を写真3(a)に示します．MAX10-FB基板はブレッド・ボードの上にちょうど載るサイズになっています．単体で使う場合は，外部から3.3V電源を印加する必要があります．

MAX10-JB基板を使って，MAX 10のコンフィグレーションやデバッグを行う場合は，写真3(b)のようにMAX10-FB基板の上にMAX10-JB基板を載せます．USB Blaster等価機能によるFPGA制御と，USBバス・パワーによる電源供給が可能になります．

MAX10-FB基板を写真3のようにブレッド・ボードに挿す場合は，ブレッド・ボードの幅一杯を占有しているように見えるので，実質的にブレッド・ボードが使えないと思ってしまいますが，実際にピン・ヘッダが挿さっているのは最も外側の穴だけなので，内側の穴にリード線を挿して引き出せば外部回路を組み上げることが可能です．

● MAX10-JB基板上のPIC18マイコンのFLASHメモリ書き込み

MAX10-JB基板に搭載するPIC18マイコンは，ユー

(a) 単体で使用した例

(b) 上にMAX10-JB基板を接続した例

写真3　MAX10-FB基板とMAX10-JB基板の接続
(a)はMAX10-FB基板の単体使用例を示す．MAX10-FB基板はブレッド・ボード上に搭載可能である．写真の半固定抵抗は，MAX10 FPGA内蔵A-Dコンバータの動作確認用に使用したもの．(b)は，部品を実装したMAX10-JB基板をMAX10-FB基板上に載せた状態を示している．USB Blaster等価機能によるFPGA制御と，USBバス・パワーによる電源供給が可能である．

Column 1　アルテラ社のMAXシリーズ

アルテラ社のMAXシリーズは，MAX IIやMAX Vに代表されるように，CPLD(Complex Programmable Logic Device)という範疇にありました．これらの製品は，コンフィグレーション・データやユーザ・データを格納するためのFLASHメモリを持ちますが，主な内蔵機能としてはアレイ状に並んだロジック・エレメント(LE)のみでした．ただし，LEは一般的なFPGAと同様なLUT(Look Up Table)とフリップフロップから構成されるもので，基本的にMAX 10と同様な構造です．

一方，MAXシリーズの中でもMAX 10からはFPGAという範疇に分類されるようになりました．MAX 10は，アレイ状のLEをより大規模化し，PLL，メモリ・ブロック，乗算器なども内蔵され，よりFPGAに近い構造になったためと思われます．MAX 10はFLASHメモリやA-D変換器も内蔵したFPGAの進化形であり，より手軽に使える製品になりました．

ザ側で入手いただく部品であり，新規にプログラムを書き込む必要があります．通常，PICマイコンのFLASHメモリ書き込みには「PICkit3」などの専用プログラマが必要ですが，全てのユーザが所持しているとは限らないので，今回のMAX10基板では専用プログラマなしでPICマイコンへのプログラム書き込みを実現する手段を提供しました．

まず，図3のようにMAX10-JB基板をMAX10-FB基板上に載せます．

初期状態のMAX10-FB基板上のFPGAには，基板の出荷テストも兼ねてPIC18マイコンのFLASHメモリに書き込むデータと書き込み用の論理機能（PICプログラマ機能）がコンフィグレーションしてあります．PIC18マイコンをプログラムするためには少し特殊な機能を持つ同期式シリアル通信が必要であり，そのための論理機能モジュールを独自に設計してNios IIシステムの中に組み込んで実現しました．

初回のみMAX10-JB基板上のジャンパJ1～J4をショートして，スマートフォンの充電器などからUSBコネクタ経由で電源を印加すると，図3の①に示す矢印の方向でPIC18マイコンが制御されて消去・書き込み・ベリファイが行われます．非常に高速であっと言う間に（ほんの1～2秒程度で）終了します．PIC18へ正常に書き込みが行われるとMAX10-FB基板上のLEDが緑色で点滅します．

これ以降は，MAX10-JB基板上のジャンパJ5～J8をショートしておけば，USB Blaster等価機能を持ちます．パソコンに後述の開発環境をインストールしてMAX10-JB基板をUSB端子に接続すれば，USB Blasterのドライバがインストールされ，正常に認識されます．この状態になれば，CN7にJTAG信号が現れますので，図3の②に示す矢印の方向でFPGAを制御することができます．

Raspberry Piと組み合わせる拡張基板 MAX10-EB（別売）

● Raspberry Pi 2/3 Model Bと接続するための拡張基板 MAX10-EB

数千円程度で購入できる安価なLinuxボードとして，Raspberry Piシリーズがもてはやされています．その中から，Raspberry Pi 2または3 Model B（**写真4**）にMAX10-FB基板を接続して，さまざまな実験ができるようにする拡張基板MAX10-EBを別売で提供します（EBは，Expansion Boardの略）．その外形を**写真5**に，仕様を**表4**に，ブロック図を**図4**に示します．

MAX10-EB基板を使うと，Raspberry Pi 2または3 Model B（以下，Raspberry Piと略す）にFPGAを搭載したMAX10-FB基板を接続することができます．

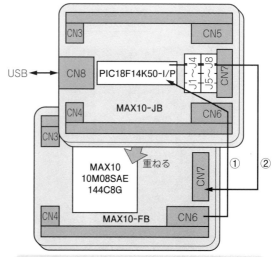

① 初回のみ：MAX10-FB（初期出荷状態）からMAX10-JB上のPICマイコンをプログラム
② 通常使用時：MAX10-JBをUSB Blaster機能等価基板として使用

図3 MAX10-JB基板上のPIC18マイコンのFLASHメモリ書き込み
各基板に必要な部品を実装したら，MAX10-JB基板をMAX10-FB基板上へ載せる．初回のみ①のような方向でPIC18マイコンのFLASHメモリへプログラムの書き込みを行う．これ以降，USB Blaster等価機能を持つので，②のような方向でFPGAを制御することができる．

と同時にRaspberry Piの各種市販拡張基板（タッチLCDパネル・ボードやアナログ・ボードなど）やHAT（Hardware Attached on Top）規格の基板を重ねて載せることもできます．

これは，MAX10-EB基板裏面のはんだジャンパにより，Raspberry Piの個々のGPIO信号を，FPGA側に接続したりあるいはそのままもう一つのGPIOコネクタに接続する（スルーさせる）ことで実現します．

● MAX10-EBこそ真の「積み基板」

MAX10-EB基板は複数枚（理論上は無限枚！）重ねることができるので，大規模システムの構築も可能です．MARY基板を搭載することもできるので，さまざまな応用を試すことができるでしょう．以下，MAX10-EB基板の使用例をいくつか紹介します．

● Raspberry PiとFPGAのコラボ

写真6は，Raspberry Piの上に拡張基板MAX10-EBを重ねて，その上にMAX10-FB基板を接続した状態を示します．**図5**に構成図を示します．Raspberry Piの各種GPIO（General Purpose Input/Output）端子とFPGAを結線できるので，Raspberry Piの機能を拡張したり，あるいはRaspberry Pi自体

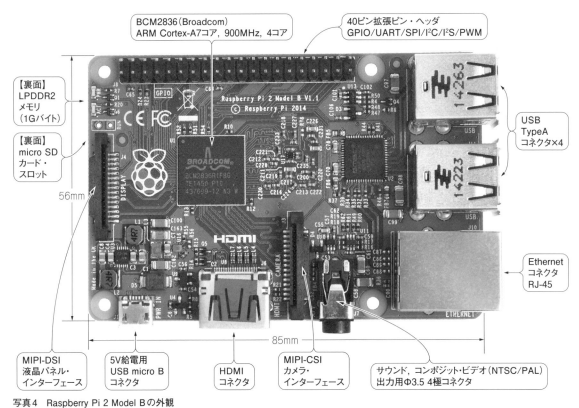

写真4 Raspberry Pi 2 Model Bの外観
Raspberry Pi 3 Model Bもほぼ同等の外観である．

表4 MAX10-EB基板の仕様

項 目	内 容	
基板外形	85mm×56mm[Raspberry Pi 2/3 Model B(以下RPi)と同サイズ]	
層数/部品実装面	2層基板/片面実装	
電源	・3.3V 1.5A LDO(LT1963A)搭載 ・複数の電源供給元(5V) 　- micro USBコネクタ(5V)から 　- RPiコネクタ(5V)から：RPiは逆流防止付きなので双方向給電可 　(いずれからもRPi含めたシステム全体に電源供給が可能)	
Raspberry Pi ID機能	・Raspberry PiのGPIO構成の自動コンフィグレーション用ID機能対応 ・32KビットI²C EEPROM搭載．RPiから書き込み可能	
コネクタ	・RPi接続用(多重積み上げ可能とするため，南北2ヶ所) ・FB基板接続用スロット×1 ・FB基板コンフィグ用JTAG接続コネクタ ・MARY基板接続用スロット×2(FB基板とは排他利用)	
機能設定	基板裏面のはんだジャンパによりユーザがコネクタ間を任意に結線	
特徴と機能	オリジナルCPU設計など，論理設計・検証環境の充実化	・RPi経由でPCやネットからFPGAを容易にアクセス可能 ・FPGAの動作状況の確認や信号の入出力をPC経由で実行可 ・独自CPUのプログラム転送やデバッグ機能を容易に実現可能
	RPi自体の機能を拡張	・RPiの既存周辺機能を増設可能 ・RPiの新規周辺機能を追加可能 ・RPiに高性能並列演算プロセッサなどを追加可能 ・RPiとFPGAの間のインターフェースはSPI，UART，I²C，GPIO
	FPGAのコンフィグレーション	・FPGAをRPi経由からコンフィグレーション可能(JTAG Player)
	RPiの市販拡張基板との高い親和性	・RPiをFPGAに接続しつつ，RPi用のタッチLCDパネル基板など，市販の各種拡張基板やHAT規格基板の同時利用が可能
	MARY基板との高い親和性	・MARY基板を搭載可能 ・MARY基板はRPiから直接，またはFPGAから制御可能
	多重接続による大規模システムの構築	・MAX10-FB(およびMAX10-JB)基板を搭載しながら，多重に積み上げることができるので，大規模システムの実現が可能

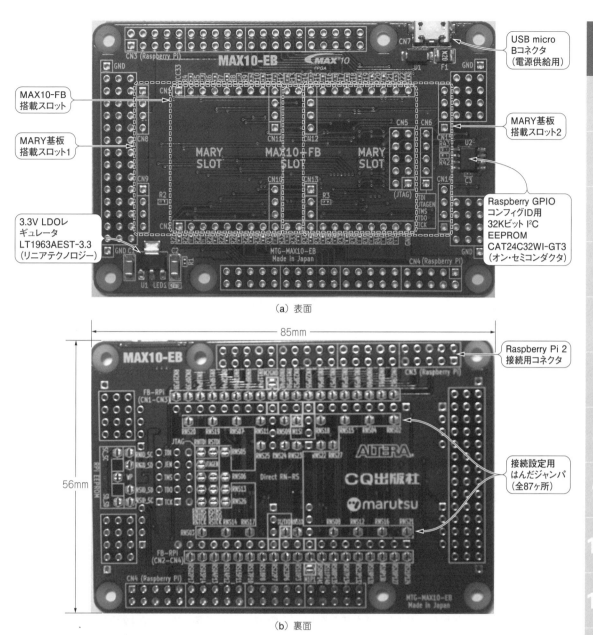

写真5　Raspberry Pi用拡張基板MAX10-EB（別売）の外形
Raspberry PiにMAX10-FB基板を接続して，さまざまな実験ができるようにする拡張基板MAX10-EB．Raspberry PiにMAX10-FB基板を接続すると同時に，Raspberry Piの各種市販拡張基板やHAT規格基板を載せることもできる．MARY基板を搭載することもできる．

をFPGA内の論理回路にとってのユーザ・インターフェースとして使ったり，さらにはRaspberry Piの強力なネットワーク機能をFPGA側から活用することなどが可能となります．

図5の構成において，FPGAをコンフィグレーションしたりデバッグするため，MAX10-FB基板の上にMAX10-JB基板を載せることもできます．

これらの接続方法に必要な基板間距離を保つための連接コネクタ，ネジ，スペーサ類も提供します．

● Raspberry Piの拡張基板を重ねる

図5の構成の上に，Raspberry Pi用の拡張基板やHAT規格基板を重ねることができます．写真7はRaspberry Pi用のカラーLCDタッチ・パネルを載せた例を示します．図6に構成図を示します．FPGA内の論理回路を，タッチLCDパネルに表示したGUI（Graphical User Interface）から制御することができるようになります．この接続方法に必要な基板間距離を保つための連接コネクタ，ネジ，スペーサ類も提

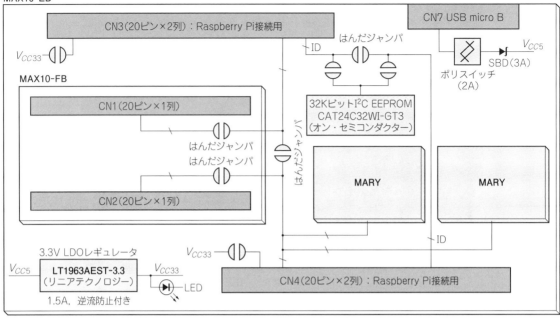

図4 MAX10-EB基板のブロック図
基板裏面のはんだジャンパによりユーザがコネクタ間を任意に結線することで，さまざまな拡張システムを実現できる．

Column 2　MAX 10 の魅力とは

●これまでのFPGAは「やっぱり，おまえもか！」

FPGAは非常に便利なデバイスなのですが，これまでのFPGAには不満な点もありました．その代表格が，コンフィグレーションROMです．一般的なFPGAはSRAM型であり，電源投入後にコンフィグレーションする必要があり，そのコンフィグレーション情報を記憶するためのシリアル型EEPROMをFPGAに外付けしていました．最近では，安価な汎用シリアルROMも使えるようになっていますが，ひと昔前までは，メーカお仕着せの高価な専用ROMデバイスを接続する必要があり，「抱き合わせかい！」と感じたものでした．

ROMを外付けするFPGAは，「私は，FLASHメモリみたいな古いプロセスとは違うの．いつまでも最先端プロセスの奇麗な体でいたいの」と言っているようでした．

マイコンはそうしたFLASHメモリ内蔵が当たり前であり，外にROMをぶら下げる必要はありません．小規模なCPLDでは不揮発メモリ内蔵品がありましたが，機能的にはFPGAには及びません．一部の小規模～中規模FPGAにおいて，ワン・パッケージ内にFPGAチップとROMチップを封止した製品を出したメーカもありましたが，最新シリーズ製品のラインアップからは消えています．

FPGAのコンフィグレーションROMについては，毎度毎度外付けする必要があり，「やっぱり，おまえもか！」状態が続いていたのです．

● MAX 10 は「待ってました」なデバイス

こういう不満タラタラな状況の中で，FLASHメモリを内蔵したMAX 10が登場したとき，膝を打って「待ってました！」と叫んでしまいました．MAX 10のFLASHメモリはコンフィグレーション情報だけでなくユーザ・メモリとしても使えるので，オリジナルMCUを自作することもできる優れものです．

最近のFLASHメモリのプロセスはどんどん進んできており，微細プロセスを使って高集積化する必要があるFPGAでも十分に使える範囲に入ってきたのが，MAX 10が誕生できた理由だと思います．FLASHメモリのプロセスは，今ではロジック並みに微細化されているのです．

写真6 Raspberry PiとMAX 10 FPGAを接続

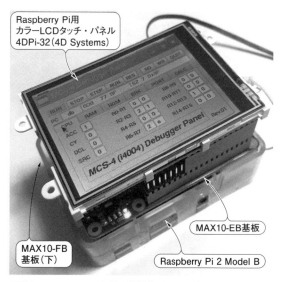

写真7 Raspberry Piとその拡張ボードおよびMAX 10 FPGAを接続

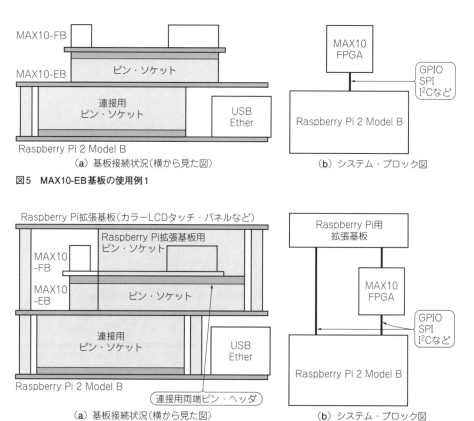

(a) 基板接続状況(横から見た図)　(b) システム・ブロック図

図5 MAX10-EB基板の使用例1

(a) 基板接続状況(横から見た図)　(b) システム・ブロック図

図6 MAX10-EB基板の使用例2

します．

● MARY基板を載せる

　MAX10-EB基板には，MARY基板を載せるスロットがあります．MARY基板を載せるピン・ヘッダを実装するとFPGAボードは載らなくなりますが，MAX10-EB基板を2枚使うことで，FPGAからMARYを制御することができます．MAX 10から

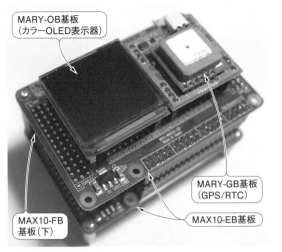

写真8　MAX 10からMARY基板を制御

MARY基板を制御する構成例を**写真8**と**図7**に示します．

もちろんこの構成にRaspberry Piを組み合わせることも可能です．これらの接続方法に必要な基板間距離を保つための連接コネクタ，ネジ，スペーサ類も提供します．

MAX 10の開発環境

●全て無償の使いやすい開発環境

MAX 10の開発環境としてはアルテラ社から無償で使いやすい**図8**に示したものが提供されています．以下，簡単にそれぞれを紹介します．

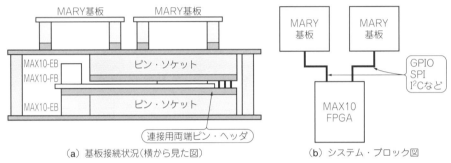

（a）基板接続状況（横から見た図）　　　（b）システム・ブロック図

図7　MAX10-EB基板の使用例その3

（a）統合化開発環境 Quartus Prime Lite Edition　　　（b）システム構築ツール Qsys

（c）論理検証ツール Model Sim　　　（d）Nios Ⅱのソフトウェア開発環境 EDS

図8　MAX 10の開発環境

●統合化開発環境 Quartus Prime Lite Edition

図8(a)に示した Quartus Prime Lite Edition は，FPGA の論理合成・配置配線・タイミング検証・コンフィグレーションまでの一連の作業を行ってくれる統合化開発環境です．MAX 10 は，無償の Lite Edition でしっかり開発できます．

MAX 10 のコンフィグレーションや MAX 10 内 FLASH メモリへの書き込みは，Quartus Prime から，Quartus Prime Programmer を立ち上げて行います．MAX10-JB 基板が USB Blaster ケーブルとして認識され，MAX 10 をコンフィグレーションします．

●システム構築ツール Qsys

アルテラ社からはソフト CPU コアの Nios II やその周辺機能機能をはじめとしてさまざまな IP (Intellectual Property)モジュールが提供されています．これらのモジュール間は，バス・割り込み要求・DMA 転送要求など多くのインターフェース信号で結線する必要があります．この作業をサポートしてくれるのが図8(b)に示す Qsys です．Qsys は Quartus Prime の上から起動できます．Qsys 画面上のわかりやすいモジュール結線図の上で，信号結線や各モジュールの機能設定を行ってシステム全体を構築して

Column 3　FPGA の開発環境の進歩

●昔の FPGA 開発環境

ひと昔前の FPGA 開発環境には，いろいろと不満がありました．

まず，メーカ純正の論理合成ツールの性能が良くありませんでした．大人の事情もあるのかもしれませんが，ギリギリまでデバイスの性能を引き出すには，サード・パーティ製の高価な論理合成ツールを購入する必要がありました．メーカによっては，合成ツールは自社ではサポートせず，必ずサード・パーティ製を使えというものもありました．

また配置配線（フィッティング）にえらく時間がかかるものがありました．PC 性能が非力だったせいもありますが，FPGA のリソース使用率に余裕があっても，数十分は当たり前，という時代がありました．

無償で使えるツールの制限事項が多かったのも辛かったところです．貧乏人なので仕方ないといえばそうですが，こちらはデバイスを"ちゃんと"買っているのですから…（そんなに冷たくしないで欲しいよねぇ）．

配置配線の最適化のためのマニュアル・レイアウト設計サポート機能や，内部信号を観測するためのロジアナ機能などは，無償版でサポートされていない時期もありました．

●今の FPGA 開発環境

最近の FPGA 設計環境は非常に良くなりました．Quartus Prime を触ってみて感じた点を述べてみます．

もはや，サード・パーティ製ツールに頼ることは，よっぽどのことがない限り必要ないでしょう．FPGA のフル・コンパイルも高速になりました．規模にもよるのでしょうが，MAX10 基板の 10M08 なら，数分で終わります．無償版のツールでも，配置配線の最適化機能やロジアナ機能など，使える機能の範囲が増えておりとても助かります．

特筆すべきは，Nios II CPU コアをはじめとする IP 群の充実と，それらを簡単に結合してシステム構築できる設計ツール(Qsys)のサポートです．RTL 記述に触れることなく，マイコン・システムが完成してしまうので，設計効率が格段に向上しました．Nios II CPU については，ソフトウェア開発用統合化開発環境も充実していて，Qsys で構築したシステムに対応したソフトウェア開発用 API(Application Programming Interface)群が BSP(Board Support Package)として自動生成されるのです．ハードウェア開発とソフトウェア開発をシームレスに結合してくれている点はとても助かります．

論理シミュレータ ModelSim Altera Starter Edition との連携もスムーズです．Quartus Prime 上から，FPGA 全体の論理シミュレーションを起動でき，簡単に機能検証することができます．

●それでも不満がないわけではない

無償で使える Nios II コア(Nios II/e)がパイプライン動作をせず，1命令の実行時間が6サイクル以上かかるのは改善してほしい点です．CPU アーキテクチャというものは，広く使われてソフトウェア資産が貯まっていくことで初めてその地位が上がり，強くなっていくのです．この CPU をもっと普及させるためにも，無償版であってもローエンド系 RISC CPU クラスの3段パイプライン程度でもいいので，1命令1サイクル動作を実現してほしいと思います．

から，論理記述（Verilog HDL や VHDL の RTL コード）を生成します．この記述を Quartus Prime に渡して FPGA の合成からコンフィグレーションまで進めることができます．

● CPU コア IP Nios II

Nios II とは，アルテラ社の FPGA に搭載するために設計された 32 ビットの組み込み向け CPU コアです．Nios II には旧バージョンの Classic 版と新バージョンの Gen2 版があり，MAX 10 に実装できるのは Gen2 版です．

Nios II Gen2 版には大きく分けてエコノミー・コア（Nios II/e）と，高速コア（Nios II/f）の 2 種類があります．いずれも RTL（Register Transfer Level）記述で提供されるソフト・コアです．CPU の命令バスやデータ・バスは Avalon という独自の規格を採用しています．

Nios II/e は無償で使えてとてもコンパクトですが，パイプラインは 1 段で命令実行時間は 6 サイクル以上かかり性能は最も低いです（31DMIPS@200MHz；DMIPS は Dhrystone Million Instructions per Second の略）．一方で他のコアより動作周波数は高く，カスタム命令を追加でき，JTAG からのデバッグも可能なので，システム制御には十分に使えます．演算処理性能を向上させたい場合は，FPGA 内に専用論理を実装するとよいでしょう．本書では Nios II/e を活用します．

Nios II/f は有償ですが，パイプラインは 6 段と深く，性能は 218DMIPS@185MHz と非常に高性能なコアです．

● 論理検証ツール Model Sim

図 8(c) に示す ModelSim Altera Starter Edition は無償で提供される論理検証ツールです．Verilog HDL や VHDL の RTL コードなどのシミュレーションが可能です．Nios II や PLL など各種 IP を含めた FPGA

Column 4 　FPGA を使う意味とその重要性

● 多機能なマイコンや SoC でシステム開発

私たちが何かシステムを開発するとき，当然のようにマイコン（MCU：Micro Controller Unit，あるいは MPU：Micro Processor Unit）を使います．あるいは，スマホや Raspberry Pi に搭載されているような高性能な SoC（System On a Chip）を使う場合もあるでしょう．最近のマイコンや SoC は極めて多機能であり，外付けハードがほとんどなくてもシステムを構築できるようになっており，大変便利な世の中になってきました．マイコンや SoC では，ソフトウェアにより，デバイス内の各種ハードウェア機能やインターフェース機能を設定してアプリケーションを具現化するアルゴリズムなどさまざまな処理を実装すれば，システムが完成します．

● FPGA が必要になるケース

しかし，例えば下記のような場合は，マイコンや SoC ではなく FPGA が必要になることがあります．

(1) 独自の論理機能や，ここにしかないインターフェースを実現するとき

マイコンや SoC は汎用化を良く考えてあるデバイスですが，独自の論理機能の実現や，特殊インターフェースを持つ相手と接続することは苦手です．このようなときは FPGA が必要になります．

(2) ソフトウェアによるシーケンシャル処理では性能が出せないとき

マイコンや SoC でも，ソフトウェアだけでは性能が出せない，例えば H.264 動画コーデック処理など，規格化されている汎用処理についてはハードウェア・アクセラレータを内蔵して高速化を実現しているものが多くあります．

しかし，特殊な演算処理を高速化したい場合や，独自の演算アルゴリズムをハードウェアで実現するには FPGA が欠かせません．

(3) 究極の並列処理を実現したいとき

SoC では，デュアル・コア（CPU×2 個）やクアッド・コア（CPU×4 個）のように，複数の CPU コアによる並列処理で性能を向上させたものが出ています．解きたい問題が本質的に備えている並列性が高い場合，もっと多くの並列処理をさせたい場合もあるでしょう．

アナログ回路でもディジタル回路でもハードウェアというものは，その中の各要素がバラバラに同時並列的に動作しているわけで，論理回路を自由に組める FPGA は，並列処理に対してとても親和性が高いといえます．さまざまな種類の演算ブロックをパラレルないしはカスケード状に接続して，パイプライン的にどんどんデータを流して処理させるのに FPGA は適しています．さらに，RTL で記述されたソフト CPU コアをたくさ

全体の動作をシミュレーションできます．C言語との協調シミュレーションも可能です．この上で十分に機能検証したRTLコードをQuartus Primeに渡してFPGAの実装を進めます．

● Nios IIのソフトウェア開発環境EDS

アルテラ社のソフトCPUコアNios IIのソフトウェア開発環境が，図8(d)に示すNios II EDS(Embedded Design Suite)です．ソフトウェア開発でよく使われる統合化開発環境Eclipseをベースにしてあるので，使い慣れている方も多いと思います．Cソース・プログラムの編集からコンパイル，ビルド，デバッグまでをサポートしています．ソース・レベル・デバッグはMAX10-JB基板経由で問題なく行えます．Qsysで構築したシステムに対応するリンカ・スクリプトや各種APIなどを含むBSP(Board Support Package)を自動生成してくれるので，ソフトウェア開発がとても楽になります．

さあ，FPGAを始めましょう！

● 解説本は「基板編」と「実践編」の2冊構成

姉妹書のMAX10-FB基板とMAX10-JB基板を付属した「①MAX10 ②ライタ ③DVD付き！ FPGA電子工作スーパーキット」（以下，「基板編」と略す）では，各基板のハードウェアの解説と，MAX 10を使った簡単な論理設計の流れと各開発環境の使い方，およびNios IIコアの簡単な活用例について説明しました．すでにFPGAについて深い知識をお持ちでMAX10基板だけ入手したい方は「基板編」のみあれば十分でしょう．

本書（以下，「実践編」と略す）では，付属基板は添付しませんが，論理設計の基礎から，Verilog HDL基礎，Nios II用周辺モジュールの設計方法，C言語混在のシステム検証方法，MAX10-EB基板の詳細説明と

ん内蔵したメニー・コア・システムも組むことができるでしょう．

今回採用したMAX 10には，18×18乗算器が24個入っており，積和演算を中心としたDSP(Digital Signal Processor)的な演算も同時処理させることができます．また，メモリ・ブロック(M9K SRAM)も複数個(10M08で42個)分散して内蔵している点も並列化に寄与してくれます．

(4) 特殊なI/Oインターフェースが必要なとき

マイコンやSoCの外部I/O端子は，ほとんどの場合その入出力レベルは固定です．しかし，FPGAのI/Oバッファは非常に多機能で，MAX 10の場合，3.3V LVTTLだけでなく，2.5V LVTTLや，1.2V LVCMOSなどのレベルを扱うことができます．MAX 10シリーズの中には，直接DDR3メモリとインターフェースを取れるものもあります(MAX10基板の10M08は，I/Oレベルとしては，DDR3のSSTLやHSTLに対応しているが，DDR3とインターフェースするためのIPを組み込むことはできない)．

(5) 汎用の高速シリアル・インターフェースが必要なとき

マイコンやSoCでは，高解像度なカラーLCDパネルやカメラと直接接続するための高速LVDSインターフェースを内蔵するものがあります．しかし，これらは機能が限定されており汎用的には使いにくいものです．

FPGAでは，任意の用途に使える汎用LVDS(送信用，受信用)インターフェースが用意されており，さまざまなLVDSインターフェースを持つデバイス(高速A-D変換器など)とFPGAを，少ない信号線で接続することができます．複数のFPGA同士の連携もLVDS信号を使えば効果的に実現できます．

● FPGAは単独で使えるか？

一般的にFPGAは，システム内のハードウェアを補完する立場として，マイコンやSoCとともに一緒に使われてきました．システムの命を握るのはソフトウェアであり，それを動かす土台がマイコンやSoCだからです．

しかし，昨今のFPGAには，システムのソフトウェアを握ることができるものが増えてきました．ハード・ワイヤード化されたARM Cortex-A系のマルチ・コアとその周辺機能を内蔵してLinuxも動かせるFPGA(Cyclone V SoCなど)がその代表格でしょう．こうしたFPGAは，SoCとFPGAのいいとこ取りをしたデバイスであり，両者の利点と欠点をうまく補完し合っています．

さらに本書で取り上げるMAX 10は，ユーザ用メモリとしても使えるFLASHを内蔵しているという点が大きな特長です．Nios IIなどのソフトCPUコアを入れることで，自分だけのMCUを作ることができるのです．コンフィグレーション・データも内蔵FLASHに記憶でき，パワーONですぐに動作します．このFPGAは，MCUを置き換えるポテンシャルを持っています．

写真9 筆者所蔵のインテル社MCS-4チップ・セット
上から,4001(マスクROMおよび入出力ポート),4002-1/4002-2(RAMおよび出力ポート),4003(出力ポート拡張用シフト・レジスタ),4004(4ビットCPU).

Raspberry Piとの連携方法の解説など,充実した実践的な技術解説を行います.

●インテル社の4004を設計する

さらに本書では,写真9に示した世界最初期のマイクロプロセッサであるインテル社4004をVerilog HDLで論理設計し,MAX 10に実装します.4004は,4ビット・マイクロコンピュータ・セットMCS-4の中のCPUチップであり,システムを組むために必要なメモリやI/Oポートなどのチップ(4001,4002,4003)も設計します.ビンテージ物ですが,よく練られたアーキテクチャをじっくり堪能したいと思います.

CPUコアの4004には筆者独自のオンチップ・デバッガを搭載して,Raspberry Piに接続したLCDパネルからプログラムをダウンロードしたりデバッグしたりできるようにします.PC上で動作する4004用の2パス・アセンブラやシミュレータも提供します.

さらには,アプリケーションとして博物館にあるような4004による往年の電卓も再現し(図9,表5),そのレトロだけれども意外と高性能でしっかり完成さ

Column 5　MAX10-FB基板とMAX10-JB基板に込めた思い

●姉妹書「基板編」に付属した基板の開発コンセプト

姉妹書「基板編」に付属した基板の開発においては,MAX 10というFLASH内蔵マイコンにもなり得るとても手軽なFPGAデバイスを,身近に置いて簡単に活用するにはどうするかを最大限に考えました.

●DIP型にする

いつでもどこでも手軽に活用するためには,ブレッド・ボードに載せられるDIP構造(1列のピン・ヘッダ×2本)が最適です.コネクタが2列型の場合だと,ブレッド・ボードへ搭載するには両端ピン・ヘッダなどで下駄を履かせて一部の端子だけを接続するなどの工夫が必要になり面倒です.

パッケージ・サイズの制限で,1枚のブレッド・ボードの幅ギリギリのサイズですが,基板下の内側の穴にリード線で配線すれば外部に信号を取り出せます.または2枚のブレッド・ボードを跨がせてもいいでしょう.

全てのコネクタは2.54mmピッチにアライメントしてあるので,汎用ユニバーサル基板にも搭載できます.

●本当はね…

当初は,基板のDIP形状を300mil幅の16ピン(よくあるTTL ICと一緒)にしようと思っていました.MAX 10(10M08)には,4mm角のCSP(Chip Size Package)がラインアップされていて実現できそうでした.しかし,本企画の着手当初はまだその製品がリリースされておらず,また2電源必要な製品しかなく外部にレギュレータICを置く必要があり,泣く泣く諦めました.もし,実現できていたら,電源端子はもちろんインテル社4004と同じ,5番ピンをGNDに,12番ピンをV_{CC}に致します!

●コンフィグレーション機能はUSB Blaster等価機能とする

過去のCQ出版社の雑誌に付属していたFPGA基板では,コンフィグレーション機能はあまり深く考慮されていなかったように思います.古いPCにしか付いていないパラレル・ポート(セントロニクス・プリンタ用ポート)とFPGAのJTAG端子を接続してコンフィグレーションする例がありましたが,その当時ですらパラレル・ポート付きのPCは絶滅危惧種であり,読者としてはかなり辛い状況でした.

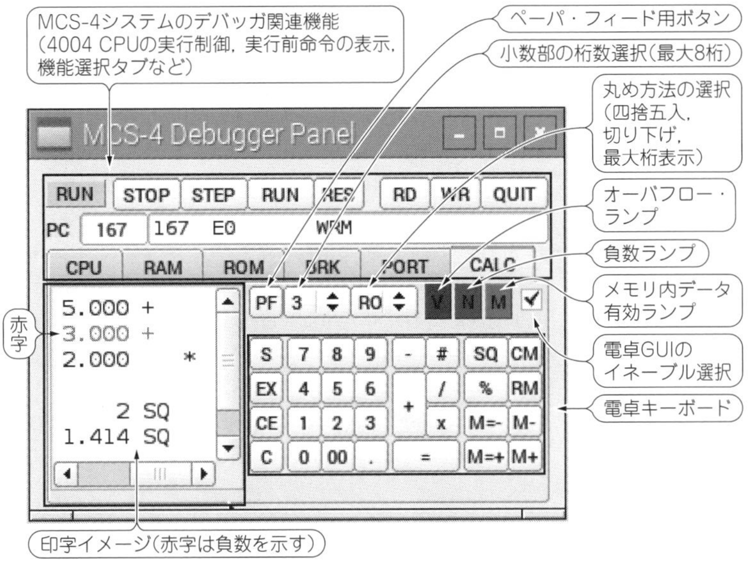

図9 MAX 10によるMCS-4電卓の再現
MAX 10内に実装したMCS-4を使って1971年ごろに発売されたBusicom社のプリンタ付き電卓141-PFを再現した．Raspberry Piに，入力用キーボードと，出力用プリンタをエミュレートさせている．メモリ機能や平方根演算など，この当時ですでに電卓の機能として完成したものになっていた．

表5 MCS-4電卓のキーボードの意味

キー	意 味
S	符号（負数入力用）
EX	オペランド交換（除算時）
CE	入力クリア
C	全クリア
0～9, 00, .	数値入力
+, -, x, /	加減乗除
=	イコール
#	再印字
SQ	平方根
%	パーセント演算
CM	メモリ・クリア
RM	メモリ・リード
M+, M-	メモリ加算, メモリ減算
M=+, M=-	イコール後メモリ演算

 実は，ケーブルを使わずにFPGAをコンフィグレーションする方法があります．専用マイコンにJTAG端子の操作シーケンスを指示するファイルを読み取らせ，それに従ってJTAG端子を制御させる方法（Jam STAPL：Standard Test and Programming Language）です．操作シーケンスを指示するファイルはMicro SDカードなどで渡します．この方法だとコンフィグレーションしかできませんが，おそらくPCのパラレル・ポートを使うよりもだいぶましでしょう．

 一方，アルテラ社の標準的なコンフィグレーション方法として，USB Blasterケーブルを使うことが推奨されています．Micro SDカードを介することなく，Quartus PrimeのProgrammerというツールからUSBケーブル経由で簡単にコンフィグレーションすることができます．さらに，USB Blasterはアルテラ社の各種開発環境が標準的にサポートしていて，FPGA内部信号を観測するためのロジアナ機能（SignalTap II）や，Nios II CPUコアの統合開発環境（Nios II EDS）によるソース・レベル・デバッグ機能を実現してくれます．こうしたデバッグ関連の機能は，特に初心者にとっては設計対象を可視化してしっかり把握することが重要であり，ないがしろにはできません．

 このため姉妹書「基板編」に付属した基板では，正当路線でいくことにして，MAX10-JB基板にUSB Blaster等価機能を持たせました．MAX10-FB基板とMAX10-JB基板を合体させておけば，いつでもMAX 10のコンフィグレーションと各種デバッグを行えます．また同時に，USBから電源供給（バス・パワー）できるので何かと便利です．

● SDRAMを載せられる
 MAX 10を搭載したMAX10-FB基板には，SDRAM（256Mビット＝32Mバイトまたは512Mビット＝64Mバイト）を搭載できるようにしました．大容量のデータを扱う時には，FPGA内のメモリ・ブロックだけでは不足します．SDRAMほどの容量があれば安心です．ソフトウェアの規模が大きくて内蔵FLASHメモリに収まらない場合は，外付けSDカードなどからプログラムをSDRAMにダウンロードして実行することもできます．

● Raspberry Piと連携する
 別売のMAX10-EB基板を活用すると，簡単にRaspberry PiとMAX 10の連携ができるようになります．Raspberry Piは，ユーザ・インターフェースとして非常に使いやすいので，MAX 10の手足として活用できるでしょう．また，Raspberry Piのネットワーク機能など強力なコネクティビティと，MAX 10のフレキシビリティを融合させた，新しいアプリケーションを創造できます．

れたアーキテクチャと動作をじっくりと味わいたいと思います。

●充実したFPGAライフを！

MAX10基板群とその解説本で，ハードウェアとソフトウェアを心ゆくまで自在に操り，充実したFPGAライフを満喫しましょう！

◆参考文献◆

(1) 山崎尊永，体感型プラネタリウムを製作して夜空を探検しよう，Design Wave Magazine, 2008年8月号～2008年10月号，CQ出版社

(2) 圓山宗智，基板付き体験版ARM PSoCで作るMyスペシャル・マイコン，第12章 SDR型AMラジオを作る，pp135-pp157, 2013年12月，CQ出版社

(3) Dr. Daniel C. Hyde, Introduction to the Programming Language Occam, March 20, 1995, Department of Computer Science Bucknell University

(4) David Nassimi, Sartaj Sahni, A Self Routing Benes Network and Parallel Permutation Algorithms, IEEE Transactions on Computers, vol. C-30, No.5, May 1981.

(5) OpenTransputerのWebサイト：
http://www.opentransputer.org

(6) Jack B. Dennis, First Version of Data flow Procedure Language, Project, MAC, MIT, 1974, Programming Symposium

(7) Lisa（Ling）Liu, Data flow Programming Model, 2010, Design of Parallel and High- Performance Computing Fall

Column 6 　MAX 10で作れるもの，あれやこれや

● MAX 10（10M08）で何を作れるか

　FPGAの活用事例は千差万別．読者の皆さんのオリジナリティを大いに発揮して活用していただければ幸いです．ここでは，筆者が独断と偏見で思い描く，MAX10で実現できそうな活用事例を紹介します．

●オリジナルMCUを作る

　MAX 10のオーソドックスな活用事例としては，図Aのオリジナル・マイコン（MCU）を作る案があります．これは簡単．QsysでIPを集めて接続すればできてしまいます．LEDチカチカのあと，何を作るかが重要ですね．その案が次に示すものになります．

●星空案内（StarFinder）を作る

　星空案内（StarFinder）とは，カラー・グラフィックLCD表示付きの筐体を夜空に向けると，その方角と高度に見える恒星や惑星，星雲などを星図とともに説明してくれる装置のことです[1]．

　図Bのように，MAX 10で作ったオリジナル・マイコンに，観測地の経度・緯度取得用のGPSモジュール，日時情報取得用のRTC（Real Time Clock），方角取得用の地磁気センサ，高度角取得用の加速度センサ，恒星位置（赤緯・赤経）情報格納用のSDカード，データ処理用のSDRAM，星図表示用のタッチ・パネル付きLCDモジュールを接続します．

　シリアル系のインターフェースが多いので，必要なものをオリジナル・マイコンに実装しておきます．ソフトウェアで，恒星や惑星などの天体位置計算を行います．

●ビンテージCPUの復刻

　図Cのように，世界最初のマイクロプロセッサのインテル社4004とそれを取り巻く周辺デバイスを独自に設計してMAX 10内に実装します．オン・チップ・デバッガも実装して，外部のRaspberry Piからデバッグ操作します．さらに，4004を使った往年の電卓も再現します．電卓のキーや紙プリンタはRaspberry Piの画面上でエミュレートします．Raspberry Piは，完全にユーザ・インターフェース用としてだけ機能させます．

　本書では，そのアーキテクチャから製作方法までを詳細に説明します．

　実は，今回のMAX 10企画で筆者が最も作りたかったのがこれでした．

● FPGA式スーパーヘテロダインAMラジオ

　図DはFPGAで実現するスーパーヘテロダインAMラジオです．中波帯域のRF（Radio

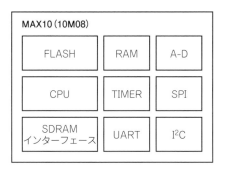

図A　オリジナルMCUの構築

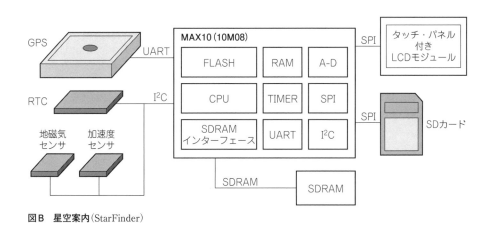

図B　星空案内（StarFinder）

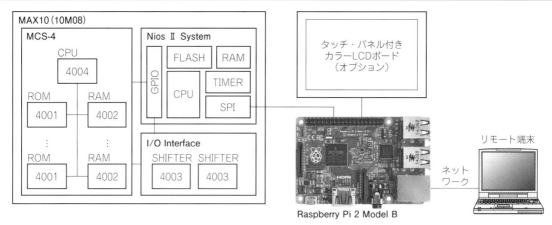

図C　ビンテージCPUの復刻とデバッグ・システム

Frequency)波を全帯域そのまま増幅して高速A-D変換器でサンプリングしてディジタル数値化します．RF信号は，選局のため，搬送波周波数f_Cを中心とするバンド・パス・フィルタ（ディジタル・フィルタで構成）を通します．IIRフィルタで構成する局部発振器から周波数f_C＋455kHzの正弦波を生成し，ミキサで合成（乗算）します．中間周波数455kHzを中心とするバンド・パス・フィルタを通してから，検波として絶対値を取ります．それをオーディオ帯域だけ残すためローパス・フィルタを通し，振幅に応じて変化するデューティ比を持つPWM波形を出力してスピーカを鳴らします．

このラジオは，いわゆるSDR(Software Defined Radio)のように[2]，RF波に90度位相が異なる局部発振波形を混合して解析信号(I信号とQ信号)を生成して，ディジタル演算処理で復号する方式とは違います．アナログ方式のスーパーヘテロダイン受信機をそのままディジタル化したイメージです．

ユーザ・インターフェースとして，LCD表示器や操作用スイッチを接続します．処理途中の波形や，その周波数成分解析グラフ(FFT：Fast Fourier Transform)をグラフィカルに表示したい場合は，Raspberry Piを使います．

● オシロ，スペアナ，ロジアナなどの各種計測器

高速A-D変換器のインターフェースはLVDSが多いのですが，これはMAX 10を含むFPGAではとても得意なインターフェースです．図Eのように，Raspberry Piをユーザ・インターフェースとして使用して，外部のA-D変換器で高速にサンプルした波形データをSDRAMに格納し，オシロスコープのように表示したり，FFT処理して周波数成分をスペアナ（スペクトラム・アナライザ，周波数アナライザ）のように表示することは簡単に実現できます．

もちろんついでに，FPGAの端子に入力された多チャネルのディジタル信号をサンプルして，ロジアナ（ロジック・アナライザ）のように表示することもできるます．

自分だけの多機能マイ計測器を自作することもできるのです．

● 並列コンピュータ・システム

1980年代に，Inmos社のTransputerという16ビットないしは32ビットの並列処理プロセッサがありました[3]．CSP(Communicating Sequential Processes)という，並列システム内でネットワークを介して複数プロセス処理の間で互いに通信しながら順次処理を進めていく考え方をベースにしたマルチ・プロセッサです．Transputerのプログラムは，CSPを具現化したオッカム(OCCAM)という言語で記述します．

Transputerのコアであれば，MAX 10 FPGAに複数個入れられそうです．例として，8個のコアをネットワークで相互接続した構成例を図Fに示します．当時のTransputerは複数のコアを格子状に並べて，東西南北の4方向に互いに接続してネットワークを組んでいましたが，遠くのコア同士が通信するときにレイテンシが延びる問題があります．

レイテンシが抑えられるネットワークとして，単純なクロスバー・スイッチを使う方法があります．出力端でのコンフリクトがない限り，必ず互いに接続可能なネットワークです．しかし，ネットワークの入力端と出力端のノード数（それぞれN個）が増えると$N×N$のオーダーでスイッチの

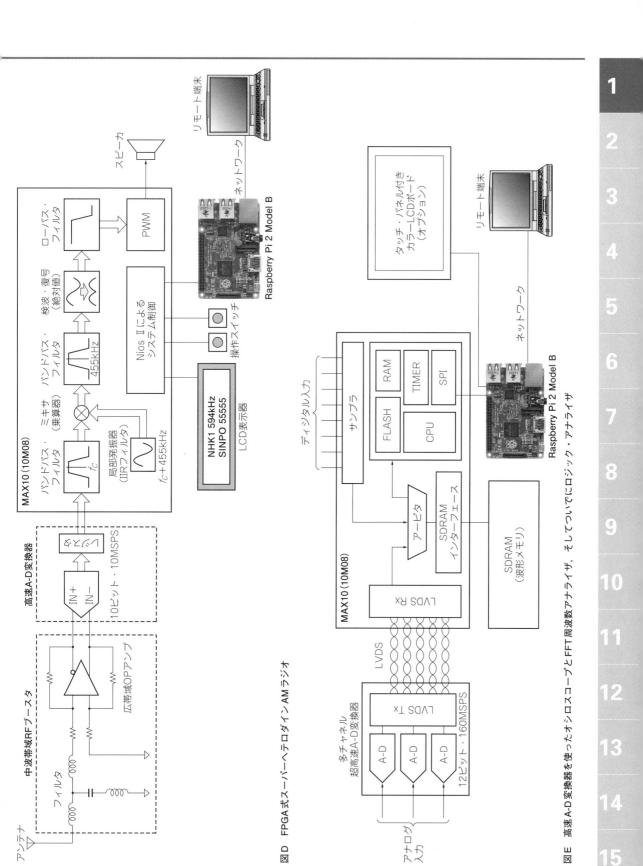

図D　FPGA式スーパーヘテロダインAMラジオ

図E　高速A-D変換器を使ったオシロスコープとFFT周波数アナライザ，そしてついでにロジック・アナライザ

さあ，FPGAを始めましょう！　**31**

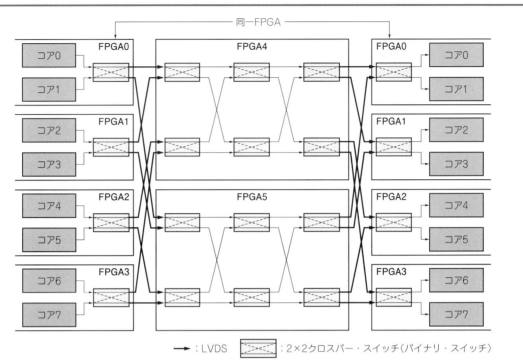

図F 並列コンピュータ・システム

数が増大します．

そこで，図Fに示したネットワーク構成が考えられました．これをBenesネットワークと呼びます[4]．このネットワークは出力端でのコンフリクトがない限り，必ず経路が見つかる性質があります．一旦，あるノード間の経路が構築されると，他のノード間の経路を構築しようとするときにブロックする場合がありますが，全体の接続経路を再構成し直せば必ず，接続経路を見つけることができます．このため，N種類の入力端からN種類の出力端まで，互いにブロックしない経路を決める方法が明らかになっています．

Benesネットワークでは，2×2の小さいバイナリ・スイッチを使います．段数は$2\log_2 N-1$になり，バイナリ・スイッチの数は$N\log_2 N-N/2$になります．Nが増大しても2乗のオーダでスイッチが増えることはありません．

この構成は，実際にTransputerの復刻プロジェクトOpenTransputerで採用されています[5]．また，このネットワーク構成をそのまま使って，データ・フロー型コンピュータを構築することもできます[6], [7]．

図Fでは，FPGAを6個使って，FPGA0からFPGA3には，それぞれコアを2個とバイナリ・スイッチを2個実装します．FPGA4とFPGA5は，Benesネットワークの一部を実装します．FPGA同士は少ない信号線で高速にデータ転送ができるLVDSインターフェースで結びます．

第2章 FLASH内蔵によるFPGAの新たなパラダイム

MAX 10 FPGAデバイスの ハードウェア研究

●はじめに

本章では，最初にFPGAとはどういうデバイスなのか，またどういうことができるのかを簡単に解説します．FPGAの可能性とその奥深さ，面白さを感じ取ってほしいと思います．その次に，MAX10基板で採用したアルテラ社のMAX 10についてそのデバイスの詳細を説明します．

FPGAというデバイスは，それ自体は大変複雑で高度な技術が使われています．ところが，ユーザはそのデバイスの中身を事細かに理解しきる必要は必ずしもありません．別章で解説する開発ツールが細かいことはほとんどサポートしてくれます．ユーザは自分が実現したい論理機能の設計に集中すればいいのです．本章で解説するMAX 10デバイスの各機能の多くも，知識として知っておく程度で十分でしょう．

ただし，FPGAできちんと認識しておかないといけないことは，その制限事項です．FPGAはとても柔軟なデバイスですが，実現できる論理規模やメモリ容量などには上限があり，クロック配線，端子機能，特殊機能，コンフィグレーション機能などにどうしても注意事項や制限事項が存在します．それらのうち，特に重要と思われるものは本章や後続の章で説明を加えてありますので，よく理解しておいてください．

FPGAとは何か

● FPGAは論理設計のための広大なキャンパス

データ処理やシーケンス処理など，ディジタル処理機能が必要なシステムの論理設計をする場合，ひと昔前までは，大量のTTL(Transistor Transistor Logic) ICや小規模PLD(Programmable Logic Device)を組み合わせてプロトタイプ基板を作成するなど非常に手間がかかる思いをしましたが，ご存知の通り，今ではFPGAという強力な武器があります．

図1に示すように，CPU(Central Processing Unit)，メモリ，周辺機能などのIP(Intellectual Property：既存の設計資産やライブラリ)を自由に組み合わせ

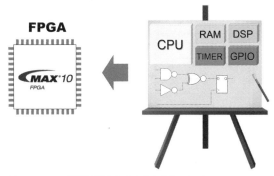

図1 FPGAは論理設計のための広大なキャンパス

る，または独自の論理回路を自由奔放に設計するための広大なキャンパスがFPGAです．論理機能は，Verilog HDLやVHDLというハードウェア記述言語(HDL)で記述すれば，FPGA用の開発ツールがFPGAデバイスの中のハードウェア・リソースに自動的にマッピングして，設計した通りの機能を実現してくれるのです．

●ディジタル・デバイスの主流組：SoCやMCU

ディジタル処理機能を持つ論理デバイスの代表格としては，スマートフォンやタブレットPCに入っているARM Cortex-xxを内蔵したプロセッサなどのSoC(System on a Chip)や，多くの電子機器に組み込まれているマイコン(MCU：Micro Controller Unit)があります．SoCやMCUは，図2(a)に示すように，CPUや周辺機能などの論理機能や，A-D変換器などアナログ・モジュールなど，さまざまな機能モジュールが詰まっています(最近のSoCとMCUはその構造がほとんど同じであり，違うとすれば，MCUがSoCよりも若干論理規模が小さめで，かつ不揮発性のFLASHメモリを搭載している点くらいである)．

SoCやMCUは，性能，消費電力，コストを最適化することができる一方で，1枚のシリコンに固定化されているため一旦作ってしまうと機能変更できません．またSoCやMCUは，設計をスタートしてから実際のデバイスを手にするまでに何ヶ月もかかり，マス

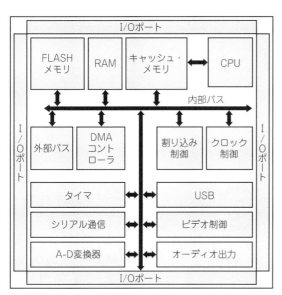
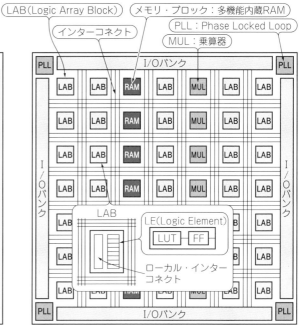

（a）MCU（Micro Controller Unit）やSoC（System on a Chip）の構造

（b）FPGA（Field Programmable Gate Array）の構造

図2　SoCやMCUとFPGAの違い

ク代などの開発費用も極めて高価であり，人件費を含めたトータルの開発費は安い場合でも億円単位になるのです．大量生産する用途でないと採算が取れません．

●ディジタル・デバイスの遊撃隊：FPGA

　一方のFPGAは，その中身をユーザが設計した通りに直ちに変化させることができる，いわばディジタル・デバイスの遊撃隊ともいうべきものです．その構造を図2(b)に示します．内部にはたくさんのLE（Logic Element）が並んでいます．LEの中身は，シンプルな組み合わせ回路（真理値表）を構成できるルック・アップ・テーブル（LUT）とフリップフロップが入っています．複数のLEが組み合わされてLAB（Logic Array Block）を構成し，LABが格子状に並べられ，それぞれの間がインターコネクト配線で結線できるようになっています．ユーザがハードウェア記述言語で設計した内容に対応するように，LE内のLUTの内容や，各ブロック機能間の相互結線スイッチの設定方法を開発ツールが生成（論理合成やフィッティング）して，その情報をFPGAに送り込む（コンフィグレーションする，または略してコンフィグする）ことで，ユーザの思う通りにFPGAが動作するのです．

　FPGAは設計が終わればすぐに動作を試せますし，開発ツールも無償で入手できる場合も多く（今回のMAX 10の開発環境一式は全て無償），開発期間と開発費を大幅に圧縮できるのです．デバイス自体の単価はSoCやMCUよりも若干割高にはなりますが，少量多品種の時代には極めて有効なデバイスなのです．

　もちろん，SoCやMCUの設計検証やシステム検証としてFPGAを活用するケースも多く，あらゆる側面で活躍してくれる遊撃デバイスがFPGAなのです．

●人生いろいろ，FPGAもいろいろ

　半導体プロセスの進歩を背景にして，FPGAにも様々な形態のものが登場してきています．その例を表1に示します．

　一つは従来からある標準型のFPGAです．ロジック・アレイを主体として集積したもので，大規模なものから小規模なものまでラインアップされた汎用用途向けの製品です．CPUを実装したい場合は，Nios IIなどのソフト・コアを使用します．

　もう一つは，ハード・ロジック化されたSoC機能とロジック・アレイを集積したものです．SoC側は高性能なマルチ・コア型のARM系プロセッサやキャッシュ・メモリ，周辺機能，高速外部メモリ・インターフェース，USB通信機能などが搭載されています．LinuxベースのOS（Operating System）の元で動作するような大規模システム向けのFPGAデバイスであり，最近多くの製品がリリースされています．メインのCPUコアやその周辺論理の実装のためにロジック・アレイを消費しないので，実現したいアプリケーション向けの論理機能のために有効にロジック・アレイを

表1 FPGAの様々な形態

種類	内部構造	内蔵機能						特徴	代表的製品例
		ロジック・アレイ	内蔵RAM	PLL	高速I/O	ハード化CPUコア	FLASHメモリ		
標準FPGA	ロジック・アレイ	✓	✓	✓	✓			・汎用用途 ・大規模から小規模まで幅広い製品	Stratix FPGA Arria FPGA Cyclone FPGA
SoC搭載型FPGA	CPU/キャッシュメモリ/DDRインターフェース/DMA/タイマ/USB + ロジック・アレイ	✓	✓	✓	✓	✓		・ハード化された高性能SoC内蔵 ・ロジック・アレイを有効活用 ・SoC側とロジック・アレイ側の密接なインターフェース	Stratix 10 SoC Arria 10 SoC Arria V SoC Cyclone V SoC
FLASHメモリ内蔵型FPGA	FLASHメモリ/A-D変換器/ロジック・アレイ	✓	✓	✓	✓		✓	・コンフィグ用ROMの外付け不要 ・FLASHメモリをユーザ・メモリとして使用可能 ・アナログ機能搭載 ・単一電源動作 ・MCUを置き換え	Max 10 FPGA

Column 1 TTL IC によるプロトタイピングの思い出

　筆者が学生の頃(1980年代)はFPGAなるデバイスは存在せず，ディジタル用デバイスといえばTTL ICがメインでした．PLA(Programmable Logic Array)という小規模なプログラマブル・デバイスはありましたが，高価であり，プログラマも用意する必要があって，研究費が限られている自分の環境では使えませんでした．最終的に，32ビットの単精度浮動小数点演算器を持つ非ノイマン型(データ・フロー式)コンピュータを，600個以上のTTL ICと高速SRAMだけで作りました．30cm角の基板が8枚程度のシステムになり，基板1枚ずつ，1ヶ月設計しては1ヶ月で製作して…を繰り返しました．全てはんだ付けでラッピング線を配線しての製作です．TTL ICは全てショットキー型(74Sシリーズ)を使ったので消費電力がすごく，最終的に5V 20Aの電源を用意しました．基板は相当熱くなり，シグナル・インテグリティの面でも苦労しましたが，運良く完動してくれました．この時の体験は自分にとって，技術力や設計力よりも，「コツコツ力」や「アホみたいにいつまでも諦めない心」を身に付けてくれたように思います．

　当時，もしFPGAがあれば，工程は1/10に短縮できたでしょうが，果たして「コツコツ力」が身に付いたかどうかは分かりません．効率というものは，その良さにも悪さにも，それぞれ一長一短があるように感じます．

　最近，TTL ICを超えて，ディスクリートの単体トランジスタ(2SC1815と2SA1015)でCPUを作りたいと思うようになってきました．会社の定年後にコツコツ取り組んでみたいと思います．ネット上では既に手がけておられる方もいるようで，大人の趣味の一分野を築いたりしたら面白いでしょうね．

活用できます．

　残りのもう一つが，FLASHメモリ内蔵型のFPGAです．姉妹書「基板編」に付属した基板に搭載したMAX 10がこのタイプです．前者二つの形態のFPGAでは，そのコンフィグ・データはFPGA内部の揮発性の内蔵SRAMに格納されるので電源を落とすと消えてしまいます．このため外部に置いたシリアルEEPROMにコンフィグ・データを記憶しておいて，電源印加時にそのデータをFPGA内にロードしなくてはなりません．一方で，FLASHメモリ搭載型だと，内蔵FLASHにコンフィグ・データを記憶させておけばよいので，外部にコンフィグ用のROMデバイスを置く必要がありません．さらに，内蔵FLASHメモリの一部はユーザ用メモリとしても使用できるので，このタイプのFPGAはFLASHメモリ内蔵MCUを置き換えるものとしても期待されています．そうした用途を考慮して，A-D変換器などのアナログ機能を搭載する傾向にあるのもその特徴です．

　このようにFPGAは，さまざまな用途を想定し，それぞれに適合した構造を持つ製品群がラインアップされてきています．特に，FLASHメモリ内蔵型は，FLASHメモリ自体のプロセスが最先端プロセスに追い付いていないため，まだ他のFPGAより集積度が低いですが，プロセスの進化とともに，さらに大規模化したり，ハード化したSoC（MCU）機能を搭載する方向に向かうのは間違いなく，今後が楽しみなアーキテクチャといえます．

MAX 10のデバイス詳細

● MAX 10の特長

姉妹書「基板編」に付属した基板に搭載したアルテラ

写真1
MAX 10の外形
姉妹書「基板編」に付属した基板MAX10-FBに搭載したFPGA．型番は10M08SAE144C8G（ES品）．

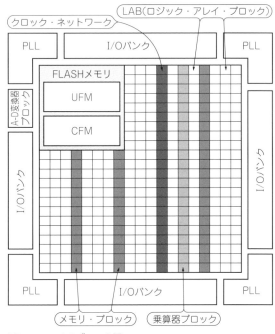

図3　MAX 10のブロック図

表2　MAX 10の特長

項　目	特　長
不揮発性 FLASHメモリ搭載	・外部にコンフィグレーション・データ格納用のシリアルEEPROMが不要 ・ユーザ・モード時のプログラムやデータを格納するためのFLASHメモリとして使用可能
MCU機能	・単一電源動作可能な製品をラインアップ ・A-D変換器を内蔵する製品をラインアップ
高速なコンフィグレーション	・内蔵FLASHメモリからの高速コンフィグレーション（10ms以内） ・セキュアなコンフィグレーション
高集積	・LAB（ロジック・アレイ・ブロック），メモリ・ブロック，FLASHメモリ，DSP（Digital Signal Processor），A-D変換器，PLL（Phase Locked Loop），I/Oポートなどを集積 ・小型パッケージ（3mm×3mm）もラインアップ
低消費電力	・スリープ・モード：スタンバイ状態による大幅な電力の削減と，1ms以内の高速な再開動作 ・長時間バッテリ寿命の実現：フル・パワーOFF状態からの復帰時間が10ms以内
最先端FLASHプロセス	・TSMC 55nm FLASH搭載プロセス・テクノロジを採用 ・高いデータ保持特性を持つFLASHメモリ 　イレース＆プログラム回数：10,000サイクル 　データ保持特性：20年＠85℃，10年＠100℃
使いやすい開発環境	・Quartus Prime Lite Edition（ライセンス費用不要） ・Qsys（システム・インテグレーション） ・DSP（Digital Signal Processing）Builder ・Nios II Embedded Design Suite（EDS）

社のFPGAデバイスMAX 10を**写真1**に，その特長を**表2**に示します．その特長はなんといっても不揮発性FLASHメモリを搭載していることです．FLASHメモリには，FPGAのコンフィグレーション・データや，ユーザ・モード時のプログラムやデータを格納できます．一般的なFPGAで必要とされたコンフィグレーション・データ格納用のシリアルEEPROMが不要になります．

● MCU（マイコン）にもなるMAX 10

MAX 10の製品ラインアップには，単一電源（3.0Vまたは3.3V）で動作する製品や，A-D変換器を内蔵した製品があります．MAX10基板に搭載したデバイスはこれらの特長を備えています．このタイプのMAX 10は，汎用MCUを置き換えることができるものであり，独自のFLASH内蔵マイコンを構築することもできるのです．

表3　MAX 10の機能

項　目	特　長
コア・アーキテクチャ	・LE(Logic Element)：4入力LUT(Look Up Table)と一つのフリップフロップから構成 ・LAB(Logic Array Block)：LEを複数個並べたもの ・メモリ・ブロック ・ユーザFLASHメモリ(UFM) ・乗算器ブロック ・A-D変換器ブロック ・クロック・ネットワークとPLL ・汎用入出力ポート
メモリ・ブロック	・M9K：9Kビット・メモリ・ブロック ・複数ブロックを互いに接続することで，様々な構成のシングル・ポートRAM，デュアル・ポートRAM，FIFOなどを構築可能
ユーザFLASHメモリ (UFM)	・ユーザがアクセス可能な不揮発メモリ ・高速動作周波数 ・大容量メモリ・サイズ ・長期間にわたるデータ保持特性 ・多種多様なインターフェース・オプション
乗算器ブロック	・1組の18×18乗算モード，または2組の9×9乗算モード ・複数ブロックを互いに接続することで，ディジタル・フィルタ，算術演算機能，画像処理用パイプライン演算器などを構築可能
A-D変換器ブロック	・12ビット逐次変換型(SAR：Successive Approximation Register) ・アナログ入力本数：17本まで ・累積サンプリング・レート：最大1MSPS(Mega Sampling Per Second) ・内蔵温度センサ
クロック・ネットワーク	・グローバル・クロック ・高速クロック
内蔵発振器	・内蔵リング・オシレータ（この出力をPLLには入力できない）
PLL	・アナログ方式 ・低ジッタ ・高精度クロック周波数合成（逓倍・分周） ・クロック遅延補償 ・ゼロ遅延クロック・バッファ ・複数出力タップ
汎用入出力ポート (GPIO)	・多種類の標準I/Oをサポート ・オン・チップ終端(OCT：On Chip Termination) ・LVDS受信：830Mbpsまでサポート ・LVDS送信：800Mbpsまでサポート
外部メモリ・ インターフェース	・10M16，10M25，10M40，10M50でサポート 　　DDR3，DDR3L，DDR2，LPDDR2の600Mbpsの外部メモリ・インターフェースまでをサポート
コンフィグレーション	・内部コンフィグレーション（内蔵FLASHメモリからの高速コンフィグレーション） ・JTAG ・AES(Advanced Encryption Standard)128ビットによる暗号化をサポート ・コンフィグレーション・データの圧縮をサポート ・FLASHメモリのデータ保持期間は10年
柔軟な電源供給方法	・単一電源デバイスとデュアル電源デバイスの2種類をラインアップ ・入力バッファのパワー・ダウンを動的に制御可能 ・動的電力制御のためのスリープ・モードをサポート
パッケージ	・低コストな小型パッケージを含め，様々なサイズとピン・ピッチのパッケージをラインアップ ・規模の異なる製品間でコンパチなパッケージを用意 　　論理規模に応じた製品移行をサポート

● MAX 10の内部構造

MAX 10の内部ブロック図を図3に，機能一覧を表3に示します．MAX 10の内部には，アレイ上に並んだ論理機能を構成するためのLAB，多機能なメモリ・ブロック(RAM)，FLASHメモリ(コンフィグ用CFM：Configuration FLASH Memory，ユーザ用UFM：User FLASH Memory)，乗算器ブロック，A-D変換器，クロック・ネットワーク，PLL，I/Oバンクなどが集積されています．

乗算器をLABで合成すると非常に多くのリソースを消費してしまうので，ハードウェアとして乗算器ブロックが内蔵されているのはリソース効率の面で非常に役立ちます．また，I/Oバンクは多種多様なデバイスを相手にインターフェースを取れるように，バンクごとに入出力DCレベルを変えることができるようになっています．

● MAX 10の製品ラインアップ

MAX 10シリーズには，複数の製品がラインアップされています．

機能面では大きく分けて表4(a)に示すような3種類のオプションがあります．姉妹書「基板編」に付属し

表4 MAX 10の製品機能オプション

オプション名	コンフィグレーション・データ保持個数	リモート・システム・アップグレード	内蔵メモリ初期化	A-D変換器	備考
Compact	1種類(セルフ・コンフィグレーション)	なし	なし	なし	－
Flash	2種類(セルフ・コンフィグレーション)	サポート	サポート	なし	－
Analog	2種類(セルフ・コンフィグレーション)	サポート	サポート	内蔵	姉妹書「基板編」に付属した基板に搭載したFPGA

(a) 機能オプション

オプション名	供給電源種類	記号	規格値(Typ)	備考
Dual Supply (二電源品)	コア電源	V_{CC_ONE}	1.2V	
	PLLレギュレータ用アナログ電源	V_{CCA}	2.5V	
	PLLレギュレータ用ディジタル電源	V_{CCD_PLL}	1.2V	
	A-D変換器用アナログ電源	V_{CCA_ADC}	2.5V	
	A-D変換器用ディジタル電源	V_{CCINT}	1.2V	
	I/Oバッファ用電源	V_{CCIO}	(*1)	
Single Supply (単一電源品)	コア電源と周辺電源(内蔵レギュレータ)	V_{CC_ONE}	3.0V または 3.3V	姉妹書「基板編」に付属した基板に搭載したFPGA
	PLLとA-D変換器用アナログ電源	V_{CCA}	3.0V または 3.3V	
	I/Oバッファ用電源	V_{CCIO}	(*1)	

(*1)：1.2V，1.35V，1.5V，1.8V，2.5V，3.0V，3.3V

(b) 電源オプション

表5 MAX 10の製品ラインアップと内蔵リソース
各製品の最大リソース数を示している．パッケージの種類によって実際に使える内蔵リソースの規模は異なる．

リソース		10M02	10M04	10M08	10M16	10M25	10M40	10M50
ロジック・エレメント(LE)数		2K	4K	8K	16K	25K	40K	50K
M9Kメモリ(ビット)		108K	189K	378K	549K	675K	1,260K	1,638K
FLASHメモリ(ユーザ用，ビット)		96K	1,248K	1,376K	2,368K	3,200K	5,888K	5,888K
18×18乗算器		16	20	24	45	55	125	144
PLL		2	2	2(*1)	4	4	4	4
GPIO		160	246	250(*2)	320	360	500	500
LVDS	送信用端子(専用ハード)	9	15	15(*3)	22	24	30	30
	送信用端子(エミュレーション)	73	114	116(*4)	151	171	241	241
	受信用端子(専用ハード)	73	114	116(*4)	151	171	241	241
コンフィグレーション・データ保持個数		1	2	2	2	2	2	2
A-D変換器		0	1	1	1	2	2	2
備考		－	－	MAX10基板搭載品	－	－	－	－

(*1) MAX10基板搭載品(EQFP-144ピン)では1個
(*2) MAX10基板搭載品(EQFP-144ピン)では101本
(*3) MAX10基板搭載品(EQFP-144ピン)では10組
(*4) MAX10基板搭載品(EQFP-144ピン)では41組

た MAX10 基板に搭載した製品は「Analog」オプション品であり，最も多機能なものです．

供給電源については表4(b)に示す2種類のオプションがあります．MAX10 基板の製品は「Single Supply」品であり，単一電源で動作します．

搭載できる論理規模としては表5に示す7種類があります．MAX10 基板に搭載のデバイスは10M08です．

パッケージとしては，MAX10 基板のEQFP（Enhanced Quad Flat Pack）の他に，小型のWLCSP（Wafer Level Chip Size Package）や，他ピンのBGA（Ball Grid Array）系がラインアップされています．

● MAX10 基板搭載品の型名

MAX10 基板に搭載した MAX 10 の型名は 10M08SAE144C8GES です（表6）．

最初の 10M08 は論理規模を表します．次のSは「Single Supply」オプションを，その次のAは「Analog」オプションを表します．E144 はパッケージ（EQFP-144）を表し，その次のCは民生（Commercial）仕様（ジャンクション温度 T_j = 0℃～85℃）を表します．8 はスピード・グレード（6が高速，7が中間，8が低速）です．民生仕様のスピード・グレードは7か8のみをサポートしています．低速バージョンであっても，内蔵メモリ（SRAM）は 200MHz でアクセスでき，乗算器も 160MHz で動作します．Gは RoHS6 対応であることを示します．

表6 MAX10基板に搭載した10M08の仕様

項　目	内　容
ベンダ	アルテラ
製品シリーズ	MAX 10 FPGA
製品型名	**10M08SAE144C8G**
プロセス	TSMC 55nm Embedded FLASH プロセス技術
ロジック・エレメント	8K
M9K メモリ	378K ビット
FLASH メモリ	2496K ビット（コンフィグレーション用＋ユーザ用合計） 1376K ビット（ユーザ用最大値）
18×18 乗算器	24個
PLL	2個
LVDS	専用Rx/Txチャネルまたはエミュレーション出力チャネル×41ペア
コンフィグレーション数	最大2コンフィグレーション・イメージを記憶可能
A-D 変換器	12ビット×1ユニット，変換レート 1MSPS$_{max}$，アナログ入力端子×9本
クロック発振器	リング・オシレータ内蔵（55M～116MHz）
I/O本数	101本
電源	3.3V 単一電源
パッケージ	EQFP-144（20mm×20mm，ピン・ピッチ 0.5mm）

最後の ES は，このデバイスが Engineering Sample，すなわち正式量産前の評価用サンプルであることを表します．ES 品と量産品の違いは製品の信頼性にあり，ES 品は量産出荷品に使うことはできませんが，試作や評価には十分に使えます．なお，10M08 の ES 品は

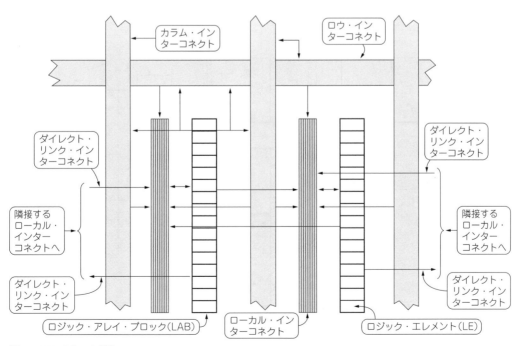

図4　MAX 10のLAB構造

最終量産品に比べて，A-D 変換器の一部の入力チャネルで使われているプリスケーラ（入力電圧を半分にする機能）の精度がわずかですが悪くなっています．

● LAB(Logic Array Block) の構造

ユーザが設計した論理機能を実現してくれる LAB の構造を図4に示します．LAB は以下に示す要素から構成されています．

- 16 個の LE(Logic Element)：論理ブロックの最小単位
- LE キャリー・チェーン：LAB 内の各 LE 間を直列に伝播するキャリー・チェーン
- LAB 制御信号：LAB 内の LE を制御する信号を生成する論理回路
- ローカル・インターコネクト：LAB 内にある LE 間で信号をやりとりするためのパス
- レジスタ・チェーン：LAB 内の隣接 LE 間のレジスタ同士を接続するパス

これらの詳細構造をユーザが意識する必要はあまりなく，Quartus Prime が LAB 内への最適な論理割り当てを行ってくれます．

● 論理ブロックの最小単位，LE の構造

論理ブロックの最小単位である LE の構造を図5に示します．LE は以下の要素から構成されています．

- 入力 LUT(Look Up Table)：4 入力までの任意の組み合わせ回路を構成
- レジスタ（フリップフロップ）：プログラマブルな機能
- キャリー・チェーン：隣接 LE 間接続
- レジスタ・チェーン：隣接 LE 間接続
- ドライブ可能なインターコネクト：ローカル，ロウ，カラム，レジスタ・チェーン，ダイレクト・リンク
- レジスタ・パッキング機能
- レジスタ・フィードバック機能

LE は，組み合わせ回路や順序回路など汎用的な論理回路を構成するためのノーマル・モード，あるいは加算器，カウンタ，累積器，比較器などを構成するための算術演算モードに切り替えることができます．

● MAX 10 のコンフィグレーション方法

MAX 10 のコンフィグレーションには，図6に示すように二つの方法がサポートされています．

- JTAG コンフィグレーション：JTAG ポートから直接 FPGA 内の論理構造をコンフィグする．電源投入のたびに必要．電源が落ちるとコンフィグ情報も消える．
- 内部コンフィグレーション：あらかじめ JTAG ポート経由で内蔵 FLASH メモリにコンフィグ・データを書き込んでおく．電源投入のたびに，その内蔵 FLASH メモリから FPGA 内の論理構造をコンフィグする．

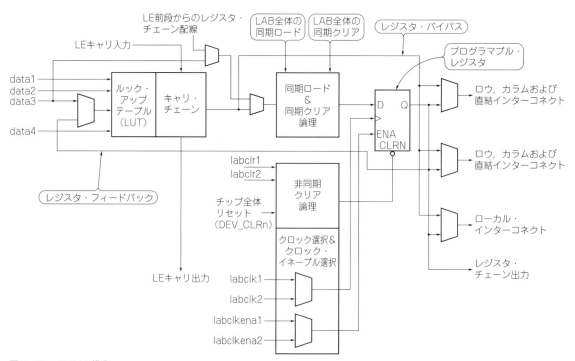

図5　MAX 10 の LE 構造

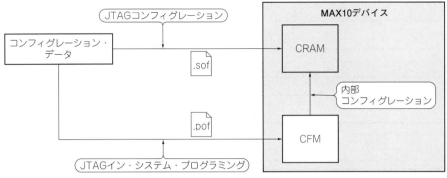

図6 MAX 10のコンフィグレーション方法

コンフィグレーションは，電源投入時だけでなく，nCONFIG 端子に"L"レベル・パルスを与えても開始します．

FLASH メモリに格納しておく内部コンフィグレーション用イメージ・データには下記の5モードがあります．
①シングル・圧縮型イメージ
②シングル・非圧縮型イメージ
③シングル・圧縮・内蔵メモリ初期化型イメージ
④シングル・非圧縮・内蔵メモリ初期化型イメージ
⑤デュアル・圧縮型イメージ(2種類のコンフィグレーション・イメージを保持でき，CONFIG_SEL 端子のレベルで選択)

● MAX 10 の重要要素，FLASH メモリ

FLASH メモリは複数のアレイに分割して内蔵されています．10M08 の場合の FLASH メモリ構成を表7(a)に示します．アレイは5個あって，全部で2496 K バイト，すなわち312K バイト分あります．

● コンフィグ方法によって，FLASH メモリの割り当てが変わる

FPGA のコンフィグレーション用イメージ・データの種類ごとに各アレイの割り当てが変わります．その割り当て方を表7(b)に示します．CFM0 はコンフィグ・データ専用で，UFM0 と UFM1 はユーザ・メモリ専用です．CFM1 と CFM2 はコンフィグレーションの方法によって，コンフィグ・データ用になったり，ユーザ用になったり変化します．

コンフィグ・データのイメージ数が1個の場合，圧縮するかまたは内蔵メモリ・ブロックの初期化を行わないときの方が，ユーザ・メモリとして使える領域が増えます．ユーザ用に使える FLASH メモリは，最小で32K バイト(256K ビット)，最大で172K バイト(1376K ビット)です．

● ユーザ FLASH メモリの構造

ユーザ FLASH メモリは，図7に示すようなインターフェースでアクセスします．このインターフェース回路は開発ツールの Qsys で自動生成できます．

表7
MAX 10 (10M08) の内蔵FLASHメモリ
CFM0のサイズは，CFM1とCFM2を足したものと同じ．

FLASHメモリ・アレイ	ページ数	ページ・サイズ [Kビット]	メモリ容量 [Kビット]
CFM0	70	16	1120
CFM1	29	16	464
CFM2	41	16	656
UFM0	8	16	128
UFM1	8	16	128
合計			2496

(a) 内蔵FLASHメモリの各アレイ

コンフィグレーション・データ			FLASHメモリ・アレイ					コンフィグ用メモリ[Kビット]	ユーザ用メモリ[Kビット]	合計[Kビット]
イメージ数	圧縮	メモリ初期化	CFM0	CFM1	CFM2	UFM0	UFM1			
シングル	圧縮	なし	コンフィグ用	ユーザ用	ユーザ用	ユーザ用	ユーザ用	1120	1376	2496
シングル	非圧縮	なし	コンフィグ用	コンフィグ用	ユーザ用	ユーザ用	ユーザ用	1584	912	2496
シングル	圧縮	有り	コンフィグ用	コンフィグ用	コンフィグ用	ユーザ用	ユーザ用	2240	256	2496
シングル	非圧縮	有り	コンフィグ用	コンフィグ用	コンフィグ用	ユーザ用	ユーザ用	2240	256	2496
デュアル	圧縮	なし	コンフィグ用	コンフィグ用	コンフィグ用	ユーザ用	ユーザ用	2240	256	2496

(b) 内蔵FLASHメモリの各アレイの割り当て方法

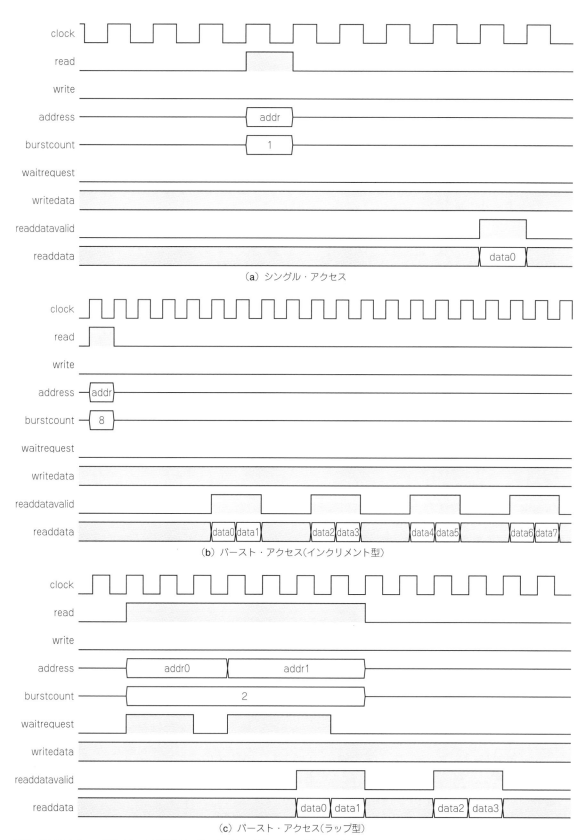

図8 MAX 10のユーザFLASHメモリのリード・タイミング(パラレル動作を示す)

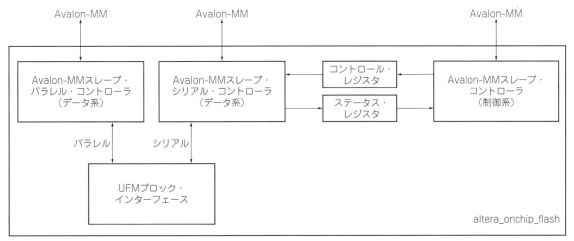

図7 MAX 10のユーザFLASHメモリのインターフェース

　Avalonとは，アルテラ社が仕様を規定している内部バスです．MMはMemory Mappedの意味で，CPUのようなバス・マスタがアドレスを指定してアクセスするバスを意味します．ユーザFLASHの読み出しアクセスのためのスレーブ・コントローラ(データ系)は，パラレル方式とシリアル方式の両方をサポートしています．ユーザFLASHは消去や書き込みも行いますが，その制御はスレーブ・コントローラ(制御系)を介して行います．

●ユーザFLASHメモリのリード・タイミング

　ユーザFLASHメモリのリード・タイミングを図8に示します．アクセス・モードは3種類あります．

　図8(a)はシングル・モードで，アドレスを入力してから複数サイクル後，readdatavalid信号とともにリード・データが出力されます．アドレス入力時にまだFLASHメモリIPがビジー状態であればwaitrequest信号がアサートされ，バス・サイクルにウェイトを入れることができます．

　図8(b)はバースト・モード(インクリメント型)で，アドレスを一旦入力したら，指定したバースト長(最大128)まで自動的にアドレスをインクリメントしながらアクセスを続けます．10M08の場合，ユーザFLASHメモリのIP本体のデータ幅は64ビットなので，これを32ビット幅で読み出すときはデータが2組ずつ連続で出力されます．

　図8(c)はバースト・モード(ラップ型)で，10M08の場合のバースト長は2固定です．最初に入力したアドレスが1番地の場合，まず1番地のデータが出力され，次に戻って0番地のデータが出力されます．

　開発ツールQsysを使うと，Nios IIのCPUコアとユーザFLASHメモリの間のインターフェースは自動生成してくれます．

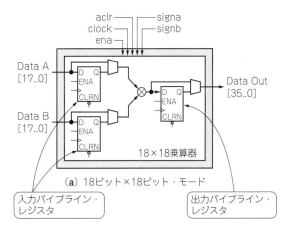

(a) 18ビット×18ビット・モード

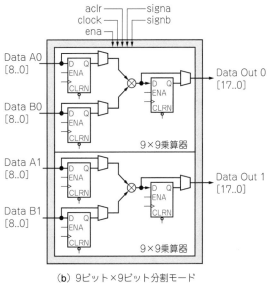

(b) 9ビット×9ビット分割モード

図9 MAX 10の乗算器ブロック

●二つの動作モードを持つ乗算器ブロック

乗算器ブロックの構造を図9に示します．乗算器ブロックは，二つの動作モードを持ちます．

図9(a)は18×18モードです．一つの乗算器ブロックが一つの18×18乗算器を構成します．図9(b)は9×9モードです．この場合は，一つの乗算器ブロックが二つの9×9乗算器を構成します．

●多機能なメモリ・ブロック

MAX 10には，多機能なメモリ・ブロックM9Kを内蔵しています．メモリ・ブロックのサイズは1個当たり，9,216ビット（パリティ・ビットを含む）です．パリティを除くと1個当たり1Kバイトです．

M9Kは，複数個を組み合わせることで，任意のワード数とビット幅を持つ下記のメモリを構築することができます．

- シングル・ポートRAM(1RW)
- 単純なデュアル・ポートRAM(1R1W)
- 真のデュアル・ポートRAM（2RW，または異クロックの1R1W）
- シングル・ポートROM(1R)
- デュアル・ポートROM(2R)
- シフト・レジスタ
- FIFO
- メモリ式乗算器

●グローバル・クロック・ネットワーク

図10にMAX 10(10M08)のグローバル・クロック・ネットワークを示します．GCLKがチップ全体に行き渡っているグローバル・クロック・ネットワークです．GCLKラインは，クロック信号だけでなく，クロック・イネーブルやリセット信号など，ファンアウト数が多い制御信号の伝搬にも使え，外部端子CLKxx（専用端子）やDPCLKxx（兼用端子）から駆動できます．

さらに，内部論理が生成したクロック信号や非同期リセット信号，クロック・イネーブル信号などの制御信号のファンアウト数が多い場合はGCLKラインに入力してチップ全体に供給することができます．

●多彩なクロックを合成できるPLLモジュール

MAX 10には，複数組の逓倍比と分周比をサポートするPLL(Phase Locked Loop)モジュールにより多彩なクロックを合成できます．周波数だけでなく，位相やデューティ比の設定も可能です．PLLモジュールの構造を図11に示します．

●内蔵発振器

MAX 10は，リング発振器を内蔵しています．外

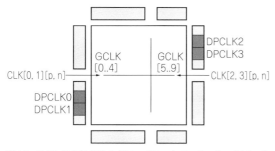

図10 MAX 10(10M08)のグローバル・クロック・ネットワーク
EQFP-144ピン版にはDPCLK0とDPCLK1はない．

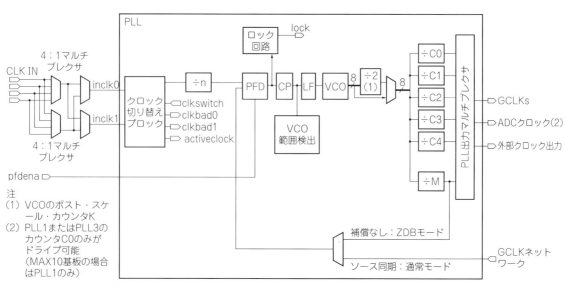

図11 MAX 10のPLLモジュール

表8 MAX 10のGPIOがサポートする標準I/O規格

標準I/O規格	V_{CCIO}[V] TYP	V_{IL}[V] MAX	V_{IH}[V] MIN	V_{OL}[V] MAX	V_{OH}[V] MIN	I_{OL}[mA]	I_{OH}[mA]
3.3V LVTTL	3.3	0.8	1.7	0.45	2.4	4	−4
3.3V LVCMOS	3.3	0.8	1.7	0.2	V_{CCIO}−0.2	2	−2
3.0V LVTTL	3	0.8	1.7	0.45	2.4	4	−4
3.0V LVCMOS	3	0.8	1.7	0.2	V_{CCIO}−0.2	0.1	−0.1
2.5V LVTTL and LVCMOS	2.5	0.7	1.7	0.4	2	1	−1
1.8V LVTTL and LVCMOS	1.8	$0.35 \times V_{CCIO}$	$0.65 \times V_{CCIO}$	0.45	V_{CCIO}−0.45	2	−2
1.5V LVCMOS	1.5	$0.35 \times V_{CCIO}$	$0.65 \times V_{CCIO}$	$0.25 \times V_{CCIO}$	$0.75 \times V_{CCIO}$	2	−2
1.2V LVCMOS	1.2	$0.35 \times V_{CCIO}$	$0.65 \times V_{CCIO}$	$0.25 \times V_{CCIO}$	$0.75 \times V_{CCIO}$	2	−2
3.3V シュミット・トリガ	3.3	0.8	1.7	−	−	−	−
2.5V シュミット・トリガ	2.5	0.7	1.7	−	−	−	−
1.8V シュミット・トリガ	1.8	$0.35 \times V_{CCIO}$	$0.65 \times V_{CCIO}$	−	−	−	−
1.2V シュミット・トリガ	1.2	$0.35 \times V_{CCIO}$	$0.65 \times V_{CCIO}$	−	−	−	−

部発振器を不要にすることができます．10M08の場合，発振周波数は55MHzまたは116MHzから選択できます．内蔵発振器の出力はチップ内部のGCLKラインに供給できますが，PLLへの入力はできませんので注意してください．

また，内蔵発振器が生成したクロックをPLLで逓倍しようとして，一旦外部端子に出力して，そのままGCLK端子に入力してPLLに供給することは推奨されていません．内蔵発振器の周波数にはジッタ（細かい時間変動）があるため，PLLのロックが外れてしまう可能性があるためと思われます．

●多くの標準I/O規格をサポートするGPIO

MAX10のGPIO(General Purpose I/O)端子のバンク割り当てを図12に，GPIOがサポートする標準I/O規格を表8に示します．バンクごとに入出力バッファの電源V_{CCIO}を独立して設定できますので，さまざまなデバイスとインターフェースを取ることができます．

GPIOの各入出力バッファは，プルアップ抵抗を付加したり，出力ドライバビリティの強度を変更したりすることができます．

MAX 10シリーズはDDR3メモリなどに使われるI/O規格であるSSTL(Stub Series Terminated Logic)やHSTL(High Speed Transceiver Logic)をサポートしており，そのためのV_{REF}端子も各バンクに用意してあります．ただし，10M08では，DDR3メモリなどの高速外部メモリ・インターフェースをサポートしていません．MAX 10シリーズでは10M25以上のデバイスで，高速メモリ用の物理層含めたインターフェース構造を持っており，DDR3(1.5V)，DDR3L(1.35V)，DDR2(1.8V)，LPDDR2(1.2V)とのインターフェースが可能です．

●高速LVDS入出力端子

MAX 10は高速LVDS(Low Voltage Differential

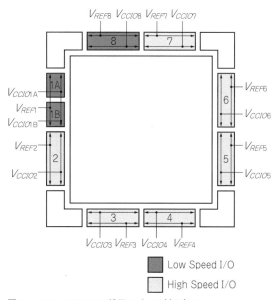

図12 MAX 10のGPIO端子のバンク割り当て

Signaling)入出力端子をサポートしています．LVDSとは，2本の伝送路を使用する差動のシリアル信号伝達インターフェースです．2本の小振幅な異電圧を送信し受信側で両者を比較して受け取ります．非常に高速（数百Mbps～1Gbps以上）で，かつ低消費電力な信号伝達が可能です．LVDSのシリアル・データと，FPGA内部のパラレル・データの間の変換機能として必須な，シリアライザ（パラレルからシリアルへ変換），デシリアライザ（シリアルからパラレルへ変換）もサポートしています．

MAX 10では，図13に示すように，LVDSレシーバは各バンクとも専用ハードを用意してあります．一方，LVDSトランスミッタは，バンク3とバンク4のみ専用ハードが用意されており，他のバンクはエミュレーションでサポートしています．

LVDS入出力インターフェースとして，論理コアの

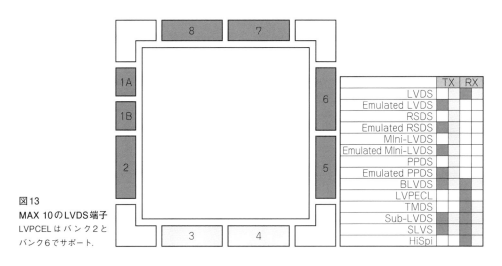

図13 MAX 10のLVDS端子
LVPCELはバンク2と
バンク6でサポート．

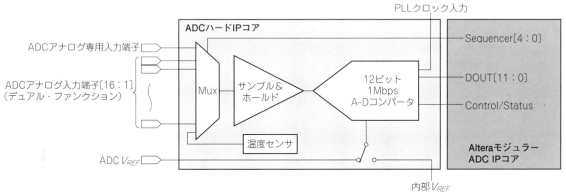

図14 MAX 10のA-D変換器
10M08の場合，アナログ入力用デュアル・ファンクション・ピン（ディジタルI/Oとの兼用端子）は8本のみになる．

リソースを使用したIPが供給されています．LVDSトランスミッタとレシーバには，I/Oエレメント（IOE）内にあるダブル・データ・レートI/O（DDIO）を使用します．これにより，受信スキュー・マージン（RSKM）と送信チャネル間スキュー（TCCS）を確保しています．LVDSシリアライザとデシリアライザ（SerDes）はLE内のレジスタで実現します．

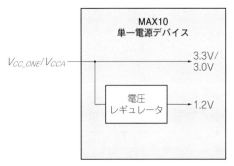

図15 MAX 10の電源供給系統
単一電源品の場合．

● A-D変換器

MAX 10シリーズの10M08には逐次比較型の12ビットA-D変換器が1ユニット内蔵されています．その構造を図14に示します．ハードIPコアと，LABで実装されるモジュラIPコアから構成されます．モジュラIPコアはNios IIなどのCPUコアや別の論理回路からアクセスしたり制御するためのインターフェースを提供します．複数の入力チャネルに対しての変換シーケンスも制御できます．開発ツールのQsysを使うと簡単にモジュラIPコアを自動生成できます．

内蔵A-D変換器の動作モードは下記の二つがあります．

- **ノーマル・モード**：外部端子からのアナログ入力信号を累積サンプリング・レートで最大1MSPS（Mega Sampling Per Second）でモニタ．
- **温度検出モード**：内蔵温度センサの出力値を最大50KSPS（Kilo Symbol Per Second）でモニタ．

MAX10基板の10M08のA-D変換器のアナログ入力端子としては，専用端子が1本とディジタルI/Oと

表9 MAX 10(10M08SAE144C8G)の端子配置

EQFP-144 ピン番号	バンク番号	対応V_{REF}	端子名/機能	オプション機能	コンフィグレーション用機能端子	専用Tx/Rx チャネル	エミュレート式LVDS出力チャネル	IO性能
1	–	–	V_{CC_ONE}	–	–	–	–	–
2	–	–	V_{CCA6}	–	–	–	–	–
3	–	–	ANAIN1	–	–	–	–	–
4	–	–	REFGND	–	–	–	–	–
5	–	–	ADC_V_{REF}	–	–	–	–	–
6	1A	$V_{REFB1N0}$	IO	ADC1IN1	–	DIFFIO_RX_L1n	DIFFOUT_L1n	Low_Speed
7	1A	$V_{REFB1N0}$	IO	ADC1IN2	–	DIFFIO_RX_L1p	DIFFOUT_L1p	Low_Speed
8	1A	$V_{REFB1N0}$	IO	ADC1IN3	–	DIFFIO_RX_L3n	DIFFOUT_L3n	Low_Speed
9	–	–	V_{CCIO1A}	–	–	–	–	–
10	1A	$V_{REFB1N0}$	IO	ADC1IN4	–	DIFFIO_RX_L3p	DIFFOUT_L3p	Low_Speed
11	1A	$V_{REFB1N0}$	IO	ADC1IN5	–	DIFFIO_RX_L5n	DIFFOUT_L5n	Low_Speed
12	1A	$V_{REFB1N0}$	IO	ADC1IN6	–	DIFFIO_RX_L5p	DIFFOUT_L5p	Low_Speed
13	1A	$V_{REFB1N0}$	IO	ADC1IN7	–	DIFFIO_RX_L7n	DIFFOUT_L7n	Low_Speed
14	1A	$V_{REFB1N0}$	IO	ADC1IN8	–	DIFFIO_RX_L7p	DIFFOUT_L7p	Low_Speed
15	1B	$V_{REFB1N0}$	IO	–	JTAGEN	–	–	Low_Speed
16	1B	$V_{REFB1N0}$	IO	–	TMS	DIFFIO_RX_L11n	DIFFOUT_L11n	Low_Speed
17	1B	$V_{REFB1N0}$	IO	$V_{REFB1N0}$	–	–	–	Low_Speed
18	1B	$V_{REFB1N0}$	IO	–	TCK	DIFFIO_RX_L11p	DIFFOUT_L11p	Low_Speed
19	1B	$V_{REFB1N0}$	IO	–	TDI	DIFFIO_RX_L12n	DIFFOUT_L12n	Low_Speed
20	1B	$V_{REFB1N0}$	IO	–	TDO	DIFFIO_RX_L12p	DIFFOUT_L12p	Low_Speed
21	1B	$V_{REFB1N0}$	IO	–	–	DIFFIO_RX_L14n	DIFFOUT_L14n	Low_Speed
22	1B	$V_{REFB1N0}$	IO	–	–	DIFFIO_RX_L14p	DIFFOUT_L14p	Low_Speed
23	–	–	V_{CCIO1B}	–	–	–	–	–
24	1B	$V_{REFB1N0}$	IO	–	–	DIFFIO_RX_L16n	DIFFOUT_L16n	Low_Speed
25	1B	$V_{REFB1N0}$	IO	–	–	DIFFIO_RX_L16p	DIFFOUT_L16p	Low_Speed
26	2	$V_{REFB2N0}$	IO	CLK0n	–	DIFFIO_RX_L18n	DIFFOUT_L18n	High_Speed
27	2	$V_{REFB2N0}$	IO	CLK0p	–	DIFFIO_RX_L18p	DIFFOUT_L18p	High_Speed
28	2	$V_{REFB2N0}$	IO	CLK1n	–	DIFFIO_RX_L20n	DIFFOUT_L20n	High_Speed
29	2	$V_{REFB2N0}$	IO	CLK1p	–	DIFFIO_RX_L20p	DIFFOUT_L20p	High_Speed
30	2	$V_{REFB2N0}$	IO	$V_{REFB2N0}$	–	–	–	High_Speed
31	–	–	V_{CCIO2}	–	–	–	–	–
32	2	$V_{REFB2N0}$	IO	PLL_L_CLKOUTn	–	DIFFIO_RX_L27n	DIFFOUT_L27n	High_Speed
33	2	$V_{REFB2N0}$	IO	PLL_L_CLKOUTp	–	DIFFIO_RX_L27p	DIFFOUT_L27p	High_Speed
34	–	–	V_{CCA2}	–	–	–	–	–
35	–	–	V_{CCA1}	–	–	–	–	–
36	–	–	V_{CC_ONE}	–	–	–	–	–
37	–	–	V_{CC_ONE}	–	–	–	–	–
38	3	$V_{REFB3N0}$	IO	–	–	DIFFIO_TX_RX_B1n	DIFFOUT_B1n	High_Speed
39	3	$V_{REFB3N0}$	IO	–	–	DIFFIO_TX_RX_B1p	DIFFOUT_B1p	High_Speed
40	–	–	V_{CCIO3}	–	–	–	–	–

の兼用端子が8本あります．ディジタルI/O兼用端子の機能はA-D変換器を有効化するとアナログ入力専用になり，ディジタル機能をアサインすることができなくなりますので注意してください．またアナログ入力については，近傍のディジタルI/O端子からのノイズ影響を受ける可能性がありますので注意してください．その旨のメッセージが端子機能の設定状況に応じて開発ツール(Quartus Prime)から出力されます．

● MAX 10の電源供給系統

MAX 10の単一電源品の電源供給系統を図15に示します．外部電源は3.0Vまたは3.3Vの一種類のみでよく，内蔵レギュレータで内部コア電圧1.2Vを生成します．

● MAX 10の外部端子配置と各端子の意味

MAX10基板に搭載したMAX 10(10M08SAE144C8G)の外部端子配置を表9に，各端子の意味と使用方法を表10に示します．

表9 MAX 10(10M08SAE144C8G)の端子配置(つづき)

EQFP-144 ピン番号	バンク番号	対応 V_{REF}	端子名/機能	オプション機能	コンフィグレーション用機能端子	専用Tx/Rxチャネル	エミュレート式LVDS出力チャネル	IO性能
41	3	$V_{REFB3N0}$	IO	−	−	DIFFIO_TX_RX_B3n	DIFFOUT_B3n	High_Speed
42	−	−	GND	−	−	−	−	−
43	3	$V_{REFB3N0}$	IO	−	−	DIFFIO_TX_RX_B3p	DIFFOUT_B3p	High_Speed
44	3	$V_{REFB3N0}$	IO	−	−	DIFFIO_TX_RX_B5n	DIFFOUT_B5n	High_Speed
45	3	$V_{REFB3N0}$	IO	−	−	DIFFIO_TX_RX_B5p	DIFFOUT_B5p	High_Speed
46	3	$V_{REFB3N0}$	IO	−	−	DIFFIO_TX_RX_B7n	DIFFOUT_B7n	High_Speed
47	3	$V_{REFB3N0}$	IO	−	−	DIFFIO_TX_RX_B7p	DIFFOUT_B7p	High_Speed
48	3	$V_{REFB3N0}$	IO	$V_{REFB3N0}$	−	−	−	High_Speed
49	−	−	V_{CCIO3}	−	−	−	−	−
50	3	$V_{REFB3N0}$	IO	−	−	DIFFIO_TX_RX_B9n	DIFFOUT_B9n	High_Speed
51	−	−	V_{CC_ONE}	−	−	−	−	−
52	3	$V_{REFB3N0}$	IO	−	−	DIFFIO_TX_RX_B9p	DIFFOUT_B9p	High_Speed
53	−	−	GND	−	−	−	−	−
54	3	$V_{REFB3N0}$	IO	−	−	−	−	High_Speed
55	3	$V_{REFB3N0}$	IO	−	−	DIFFIO_TX_RX_B12n	DIFFOUT_B12n	High_Speed
56	3	$V_{REFB3N0}$	IO	−	−	DIFFIO_TX_RX_B12p	DIFFOUT_B12p	High_Speed
57	3	$V_{REFB3N0}$	IO	−	−	DIFFIO_TX_RX_B14n	DIFFOUT_B14n	High_Speed
58	3	$V_{REFB3N0}$	IO	−	−	DIFFIO_TX_RX_B14p	DIFFOUT_B14p	High_Speed
59	3	$V_{REFB3N0}$	IO	−	−	DIFFIO_TX_RX_B16n	DIFFOUT_B16n	High_Speed
60	3	$V_{REFB3N0}$	IO	−	−	DIFFIO_TX_RX_B16p	DIFFOUT_B16p	High_Speed
61	4	$V_{REFB4N0}$	IO	$V_{REFB4N0}$	−	−	−	High_Speed
62	4	$V_{REFB4N0}$	IO	−	−	−	−	High_Speed
63	−	−	GND	−	−	−	−	−
64	4	$V_{REFB4N0}$	IO	−	−	DIFFIO_TX_RX_B23n	DIFFOUT_B23n	High_Speed
65	4	$V_{REFB4N0}$	IO	−	−	DIFFIO_TX_RX_B23p	DIFFOUT_B23p	High_Speed
66	4	$V_{REFB4N0}$	IO	−	−	−	−	−
67	−	−	V_{CCIO4}	−	−	−	−	−
68	−	−	GND	−	−	−	−	−
69	4	$V_{REFB4N0}$	IO	−	−	DIFFIO_TX_RX_B27n	DIFFOUT_B27n	High_Speed
70	4	$V_{REFB4N0}$	IO	−	−	DIFFIO_TX_RX_B27p	DIFFOUT_B27p	High_Speed
71	−	−	V_{CCA5}	−	−	−	−	−
72	−	−	V_{CC_ONE}	−	−	−	−	−
73	−	−	V_{CC_ONE}	−	−	−	−	−
74	5	$V_{REFB5N0}$	IO	−	−	DIFFIO_RX_R2p	DIFFOUT_R2p	High_Speed
75	5	$V_{REFB5N0}$	IO	−	−	DIFFIO_RX_R1p	DIFFOUT_R1p	High_Speed
76	5	$V_{REFB5N0}$	IO	−	−	DIFFIO_RX_R2n	DIFFOUT_R2n	High_Speed
77	5	$V_{REFB5N0}$	IO	−	−	DIFFIO_RX_R1n	DIFFOUT_R1n	High_Speed
78	5	$V_{REFB5N0}$	IO	−	−	−	−	High_Speed
79	5	$V_{REFB5N0}$	IO	−	−	DIFFIO_RX_R7p	DIFFOUT_R7p	High_Speed
80	5	$V_{REFB5N0}$	IO	$V_{REFB5N0}$	−	−	−	High_Speed
81	5	$V_{REFB5N0}$	IO	−	−	DIFFIO_RX_R7n	DIFFOUT_R7n	High_Speed
82	−	−	V_{CCIO5}	−	−	−	−	−
83	−	−	GND	−	−	−	−	−
84	5	$V_{REFB5N0}$	IO	−	−	DIFFIO_RX_R11p	DIFFOUT_R11p	High_Speed
85	5	$V_{REFB5N0}$	IO	−	−	DIFFIO_RX_R10p	DIFFOUT_R10p	High_Speed
86	5	$V_{REFB5N0}$	IO	−	−	DIFFIO_RX_R11n	DIFFOUT_R11n	High_Speed
87	5	$V_{REFB5N0}$	IO	−	−	DIFFIO_RX_R10n	DIFFOUT_R10n	High_Speed
88	6	$V_{REFB6N0}$	IO	CLK2p	−	DIFFIO_RX_R14p	DIFFOUT_R14p	High_Speed
89	6	$V_{REFB6N0}$	IO	CLK2n	−	DIFFIO_RX_R14n	DIFFOUT_R14n	High_Speed
90	6	$V_{REFB6N0}$	IO	CLK3p	−	DIFFIO_RX_R16p	DIFFOUT_R16p	High_Speed
91	6	$V_{REFB6N0}$	IO	CLK3n	−	DIFFIO_RX_R16n	DIFFOUT_R16n	High_Speed
92	6	$V_{REFB6N0}$	IO	−	−	DIFFIO_RX_R18p	DIFFOUT_R18p	High_Speed

EQFP-144 ピン番号	バンク番号	対応 V_{REF}	端子名/機能	オプション機能	コンフィグレーション用機能端子	専用Tx/Rx チャネル	エミュレート式 LVDS出力 チャネル	IO性能
93	6	$V_{REFB6N0}$	IO	−	−	DIFFIO_RX_R18n	DIFFOUT_R18n	High_Speed
94	−	−	V_{CCIO6}	−	−	−	−	−
95	−	−	GND	−	−	−	−	−
96	6	$V_{REFB6N0}$	IO	DPCLK3	−	DIFFIO_RX_R26p	DIFFOUT_R26p	High_Speed
97	6	$V_{REFB6N0}$	IO	$V_{REFB6N0}$	−	−	−	High_Speed
98	6	$V_{REFB6N0}$	IO	DPCLK2	−	DIFFIO_RX_R26n	DIFFOUT_R26n	High_Speed
99	6	$V_{REFB6N0}$	IO	−	−	DIFFIO_RX_R27p	DIFFOUT_R27p	High_Speed
100	6	$V_{REFB6N0}$	IO	−	−	DIFFIO_RX_R28p	DIFFOUT_R28p	High_Speed
101	6	$V_{REFB6N0}$	IO	−	−	DIFFIO_RX_R27n	DIFFOUT_R27n	High_Speed
102	6	$V_{REFB6N0}$	IO	−	−	DIFFIO_RX_R28n	DIFFOUT_R28n	High_Speed
103	−	−	V_{CCIO6}	−	−	−	−	−
104	−	−	GND	−	−	−	−	−
105	6	$V_{REFB6N0}$	IO	−	−	DIFFIO_RX_R33p	DIFFOUT_R33p	High_Speed
106	6	$V_{REFB6N0}$	IO	−	−	DIFFIO_RX_R33n	DIFFOUT_R33n	High_Speed
107	−	−	V_{CCA3}	−	−	−	−	−
108	−	−	V_{CC_ONE}	−	−	−	−	−
109	−	−	V_{CC_ONE}	−	−	−	−	−
110	7	$V_{REFB7N0}$	IO	−	−	DIFFIO_RX_T1p	DIFFOUT_T1p	High_Speed
111	7	$V_{REFB7N0}$	IO	−	−	DIFFIO_RX_T1n	DIFFOUT_T1n	High_Speed
112	7	$V_{REFB7N0}$	IO	$V_{REFB7N0}$	−	−	−	High_Speed
113	7	$V_{REFB7N0}$	IO	−	−	−	−	High_Speed
114	7	$V_{REFB7N0}$	IO	−	−	−	−	High_Speed
115	−	−	V_{CC_ONE}	−	−	−	−	−
116	−	−	GND	−	−	−	−	−
117	−	−	V_{CCIO7}	−	−	−	−	−
118	7	$V_{REFB7N0}$	IO	−	−	DIFFIO_RX_T10p	DIFFOUT_T10p	High_Speed
119	7	$V_{REFB7N0}$	IO	−	−	DIFFIO_RX_T10n	DIFFOUT_T10n	High_Speed
120	8	$V_{REFB8N0}$	IO	−	−	DIFFIO_RX_T16p	DIFFOUT_T16p	Low_Speed
121	8	$V_{REFB8N0}$	IO	−	DEV_CLRn	DIFFIO_RX_T16n	DIFFOUT_T16n	Low_Speed
122	8	$V_{REFB8N0}$	IO	−	DEV_OE	−	−	Low_Speed
123	8	$V_{REFB8N0}$	IO	$V_{REFB8N0}$	−	−	−	Low_Speed
124	8	$V_{REFB8N0}$	IO	−	−	DIFFIO_RX_T19p	DIFFOUT_T19p	Low_Speed
125			GND	−	−	−	−	−
126	8	$V_{REFB8N0}$	IO	−	CONFIG_SEL	−	−	Low_Speed
127	8	$V_{REFB8N0}$	IO	−	−	DIFFIO_RX_T19n	DIFFOUT_T19n	Low_Speed
128			V_{CCIO8}	−	−	−	−	−
129	8	$V_{REFB8N0}$	Input_only	−	nCONFIG	−	−	Low_Speed
130	8	$V_{REFB8N0}$	IO	−	−	DIFFIO_RX_T20p	DIFFOUT_T20p	Low_Speed
131	8	$V_{REFB8N0}$	IO	−	−	DIFFIO_RX_T20n	DIFFOUT_T20n	Low_Speed
132	8	$V_{REFB8N0}$	IO	−	−	DIFFIO_RX_T22p	DIFFOUT_T22p	Low_Speed
133	−	−	GND	−	−	−	−	−
134	8	$V_{REFB8N0}$	IO	−	CRC_ERROR	DIFFIO_RX_T22n	DIFFOUT_T22n	Low_Speed
135	8	$V_{REFB8N0}$	IO	−	−	−	−	Low_Speed
136	8	$V_{REFB8N0}$	IO	−	nSTATUS	DIFFIO_RX_T24p	DIFFOUT_T24p	Low_Speed
137	−	−	GND	−	−	−	−	−
138	8	$V_{REFB8N0}$	IO	−	CONF_DONE	DIFFIO_RX_T24n	DIFFOUT_T24n	Low_Speed
139	−	−	V_{CCIO8}	−	−	−	−	−
140	8	$V_{REFB8N0}$	IO	−	−	DIFFIO_RX_T26p	DIFFOUT_T26p	Low_Speed
141	8	$V_{REFB8N0}$	IO	−	−	DIFFIO_RX_T26n	DIFFOUT_T26n	Low_Speed
142	−	−	GND	−	−	−	−	−
143	−	−	V_{CCA4}	−	−	−	−	−
144	−	−	V_{CC_ONE}	−	−	−	−	−

表10　MAX 10（10M08SAE144C8G）の端子の意味と使用方法

種類	端子名	I/O端子兼用	信号向き	端子の意味と使用方法
I/O端子	IO	YES	IN/OUT	デバイスがコンフィグレーションされユーザ・モードになった状態で，ユーザが設計した機能になる
クロックとPLL	CLK[0..3]p	YES	IN	グローバル・クロック入力用端子．差動入力の場合は正側
	CLK[0..3]n	YES	IN	グローバル・クロック入力用端子．差動入力の場合は負側
	DPCLK[2..3]	YES	IN	高ファンアウト信号（クロック系，非同期リセット系，非同期プリセット系，クロック・イネーブル系）に接続できる信号．ただしPLL入力には接続できない
	PLL_L_CLKOUTp	YES	OUT	PLLから出力する外部クロック．差動出力の場合は正側
	PLL_L_CLKOUTn	YES	OUT	PLLから出力する外部クロック．差動出力の場合は負側
コンフィグレーション	CONFIG_SEL	YES	IN	デュアル・コンフィグレーション・イメージ・モード時のイメージ選択信号．"L"レベルならイメージ0を，"H"レベルならイメージ1を最初のコンフィグレーションに使用．ユーザ・モードになる前およびnSTATUS端子がアサートされる前にこの端子のレベルが読み込まれる．Quartus Primeにおいて，初期イメージ・ファイルでのコンフィグレーションが正常に行われなかった場合に次のイメージ・ファイルを使って再度コンフィグを行う設定をディセーブルにした場合は，この端子は無視されて常にイメージ0が使われる
	CONF_DONE	YES	IN/OUT(OD)	コンフィグレーションが完了する前は"L"レベル，コンフィグレーションが正常終了するとHiZになる．この端子を外部から強制的に"L"レベルにしておくと初期化されずユーザ・モードに入らない．本端子は抵抗でプルアップすること
	CRC_ERROR	YES	OUT(OD)	CRC（Cyclic Redundancy Check）回路をイネーブルにしてある場合，コンフィグレーション・データにエラーがあると"H"レベルになる
	DEV_CLRn	YES	IN	Quartus Primeでデバイス全体リセット（DEV_CLRn）機能を有効にした場合，本端子を"L"レベルにすることで全レジスタをリセットできる．この動作はJTAGバウンダリ・スキャン機能やコンフィグ動作に影響を与えない
	DEV_OE	YES	IN	Quartus Primeでデバイス全体出力イネーブル（DEV_OE）機能を有効にした場合，本端子を"L"レベルにすることで全I/O端子をHiZにできる
	JTAGEN	YES	IN	Quartus PrimeでJTAG端子兼用オプションをディセーブルにした場合は，JTAG信号端子は常にJTAG機能になる．イネーブルにした場合は，本端子が"H"の時にJTAG端子はJTAG機能になり，"L"の時はJTAG端子はI/O端子になる．JTAG端子をJTAG機能として使う場合は本端子は抵抗でプルアップしておくこと
	nCONFIG	YES（INのみ）	IN	コンフィグレーション中はnCONFIGになり，ユーザ・モード時は入力端子になる．ユーザ・モード時に本端子を"L"レベルにするとコンフィグレーション・データが消去されリセット状態に入り，各端子がHiZになる．"H"レベルにするとコンフィグレーション動作が開始される．電源投入時は本端子は"H"レベルにしておくこと．よって本端子は抵抗でプルアップしておくこと
	nSTATUS	YES	IN/OUT(OD)	電源投入後は本端子は"L"レベルを出力し，パワーONリセット（POR）期間が終わったら"H"レベルになる．コンフィグレーション中にエラーが発生したら"L"レベル出力のままになる．コンフィグレーション中や初期化中に本端子に"L"レベルを入力したらエラー状態に入る．本端子は抵抗でプルアップしておくこと
	TCK	YES	IN	JTAGクロック入力端子．本端子は抵抗でプルダウンすること
	TDO	YES	OUT	JTAGデータ出力端子
	TDI	YES	IN	JTAGデータ入力端子．本端子は抵抗でプルアップすること
	TMS	YES	IN	JTAGテスト・モード選択端子．本端子は抵抗でプルアップすること
差動入出力	DIFFIO_RX_[T, L, R][# : #][p, n] DIFFOUT_[T, L, R, B][# : #][p, n]	YES	IN/OUT(LVDS)	差動入力として使う場合は，真のLVDSレシーバとして機能する．差動出力として使う場合は，エミュレート式のLVDS出力チャネルとして動作する（外部抵抗ネットワークが必要）
	DIFFIO_TX_RX_B[# : #][p, n]	YES	IN/OUT(LVDS)	真のLVDSレシーバ，およびLVDSトランスミッタとして動作
	High_Speed	−	−	高速I/O端子
	Low_Speed	−	−	低速I/O端子
	$V_{REFB<\#>N0}$	YES	POWER	各I/Oバンクのリファレンス電圧

種類	端子名	I/O端子兼用	信号向き	端子の意味と使用方法
A-D変換器	ANAIN1	NO	IN（Analog）	A-D変換器のアナログ入力チャネル（専用端子）．プリスケーラ（入力レベルを0.5倍にする機能）が無効の場合は，$0V \sim ADC\_V_{REF}$，有効の場合は0V～3.6Vが入力範囲
	ADC1IN[1..8]	YES	IN（Analog）	A-D変換器のアナログ入力チャネル（兼用端子）．プリスケーラ（入力レベルを0.5倍にする機能）が無効の場合は，$0V \sim ADC\_V_{REF}$，有効の場合は0V～3.6Vが入力範囲．この8本の端子の機能選択は，全てをI/O端子に設定するか，または全てをアナログ入力端子に設定するかのいずれかのみサポートされている点に注意．全てをアナログ入力に選択した場合は，未使用端子はGNDに接続しておくこと
	ADC_V_{REF}	NO	POWER	A-D変換器のリファレンス電源電圧．入力電圧範囲は，$V_{CC\_ONE} - 0.5V \sim V_{CC\_ONE}$
	REFGND	NO	POWER	A-D変換器用のリファレンスGND
電源	GND	NO	POWER	デバイスのGND
	V_{CC_ONE}	NO	POWER	内蔵レギュレータに入力される電源で，コア電源と周辺電源を供給する．Typ値で3.0Vまたは3.3V
	$V_{CCA[1..6]}$	NO	POWER	PLLとA-D変換器用アナログ電源．Typ値で3.0Vまたは3.3V
	$V_{CCIO[\#]}$	NO	POWER	各I/Oバンクの入出力バッファ用電源．TYP値で1.2V，1.35V，1.5V，1.8V，2.5V，3.0V，3.3V

◆ 参考文献 ◆

(1) MAX 10 FPGA Device Overview, 2015.11.02, Altera Corporation.
(2) MAX 10 FPGA Device Datasheet, 2015.11.02, Altera Corporation.
(3) Errata Sheet and Guidelines for MAX 10 ES Devices, ES-1040, 2015.06.12, Altera Corporation.
(4) MAX 10 FPGA Device Architecture, 2015.05.04, Altera Corporation.
(5) MAX 10 Embedded Memory User Guide, UG-M10MEMORY, 2015.11.02, Altera Corporation.
(6) MAX 10 Embedded Multipliers User Guide, UG-M10DSP, 2015.11.02, Altera Corporation.
(7) MAX 10 Clocking and PLL User Guide, UG-M10CLKPLL, 2015.11.02, Altera Corporation.
(8) MAX 10 General Purpose I/O User Guide, UG-M10GPIO, 2015.11.02, Altera Corporation.
(9) MAX 10 High-Speed LVDS I/O User Guide, UG-M10LVDS, 2015.11.02, Altera Corporation.
(10) MAX 10 External Memory Interface User Guide, UG-M10EMI, 2015.11.02, Altera Corporation.
(11) MAX 10 Analog to Digital Converter User Guide, UG-M10ADC, 2015.11.02, Altera Corporation.
(12) MAX 10 FPGA Configuration User Guide, UG-M10CONFIG, 2015.11.02, Altera Corporation.
(13) MAX 10 User Flash Memory User Guide, UG-M10UFM, 2015.11.02, Altera Corporation.
(14) MAX 10 JTAG Boundary-Scan Testing User Guide, UG-M10JTAG, 2015.05.04, Altera Corporation.
(15) MAX 10 Power Management User Guide, UG-M10PWR, 2015.11.02, Altera Corporation.
(16) MAX 10 FPGA Device Family Pin Connection Guidelines, PCG-01018-1.5, 2015.11.02, Altera Corporation.
(17) Pin Information for the MAX10 10M08SA Device, PT-10M08SA-1.2, 2015.05.08, Altera Corporation.
(18) MAX 10 FPGA Design Guidelines, 2014.12.15, Altera Corporation.
(19) Altera Device Package Information, 144-Pin Plastic Enhanced Quad Flat Pack（EQFP）- Wire Bond - A:1.65 - D2:5.0, Ver2.0, March 2015, Altera Corporation.

第3章 実験に，試作に，趣味に，あれこれ手軽に使える小型FPGA基板

MAX 10 FPGAを搭載したMAX10-FB基板のハードウェア詳説

本書付属DVD-ROM収録関連データ

格納フォルダ	内　容
CQ-MAX10¥Board¥MAX10-FB	・MAX10-FB基板のガーバ・データ ・関連ドキュメント

表1　MAX10-FB基板の仕様

項　目	内　容
基板外形	55.88mm×35.56mm（22000mil×14000mil）
層数/部品実装面	2層基板/両面実装
FPGA	アルテラ MAX 10「10M08SAE144C8G」
SDRAM	裏面未実装，パターンのみ． 搭載可能デバイス例は下記の通り ・512Mビット：AS4C32M16SA-6TCN/7TCN（Alliance Memory） ・256Mビット：AS4C16M16SA-6TCN/7TCN（Alliance Memory）
電源	外部3.3V供給 （各V_{CCIO}，V_{CCA}，ADC_V_{REF}，REG_GNDは個別にコネクタに引き出してあり，はんだジャンパで共通の3.3VとGNDに接続可能）
ユーザ用クロック	48MHz発振器搭載可能（未実装） SG8002DC-PCB-48MHz（エプソントヨコム）
ユーザ用LED	3色RGBフル・カラー LED×1個
ユーザ用スイッチ	プッシュ・スイッチ×1個
コンフィグレーション回路	nCONFIG用プッシュ・スイッチ×1個 CONFIG_SEL用ジャンパ×1個
FPGA信号引き出し端子	ブレッド・ボード用の上下1列コネクタに38本引き出し（2.54mmピッチのコネクタに合計49本引き出し）
FPGAコンフィグレーション方法	基板「MAX10-JB」を重ねて，電源供給＋コンフィグレーション可能 （アルテラ社または3rd Party製のUSB Blasterでもコンフィグレーション可能）

●はじめに

本章では，MAX 10 FPGAを搭載したMAX10-FB基板のハードウェアについて詳しく解説します．

MAX10-FB基板の概要

●MAX 10 FPGAを気軽に使うためのブレークアウト基板

FLASHメモリを内蔵し単一電源で動作するFPGAデバイスMAX 10を，ブレッド・ボードや自作のユニバーサル基板などの上で気軽に使うためのブレークアウト（脱獄）基板がMAX10-FB基板です．その外観を写真1に，仕様を表1に，ブロック図を図1に示します．

●FPGAのI/O電源はフレキシブルに設定可能

MAX 10デバイスの外部I/O端子の各バンクの電源やアナログ・リファレンス電源は，それぞれ独立した電圧に設定できるので，全てを基板の外部コネクタに引き出してあります．それぞれ3.3Vで良い場合は，基板裏面のはんだジャンパで3.3V電源に接続できます．

●基板上にクロック発振器を搭載

MAX 10デバイスは，リング発振器を内蔵していますが，デバイス内蔵のPLL（Phase Locked Loop）に直接接続できませんので，PLLに接続できるグローバル・クロック端子に外部発振器（48MHz）を接続してあります．内蔵PLLによりさまざまな周波数のクロックを合成できます．

●SDRAMを搭載して大容量メモリ空間を自由に使える

MAX10-FB基板の裏面には，SDRAMを実装できるパターンがあります．54ピンTSOP IIパッケージに封入されたSDR（Single Data Rate）型のSDRAM（Synchronous DRAM）を実装できます．動作を確認済みの推奨品は，256Mビットまたは512Mビットの16ビット幅のSDRAMです．アルテラ社が提供するSDRAMコントローラで簡単にアクセスできます．大量のデータを扱うときに便利です．

●動作確認用のフル・カラー LEDとプッシュ・スイッチ

MAX10-FB基板にはユーザ動作確認用のフル・カラー LEDとプッシュ・スイッチを搭載してあります．この基板単体でも簡単な論理設計の実験や，Nios II

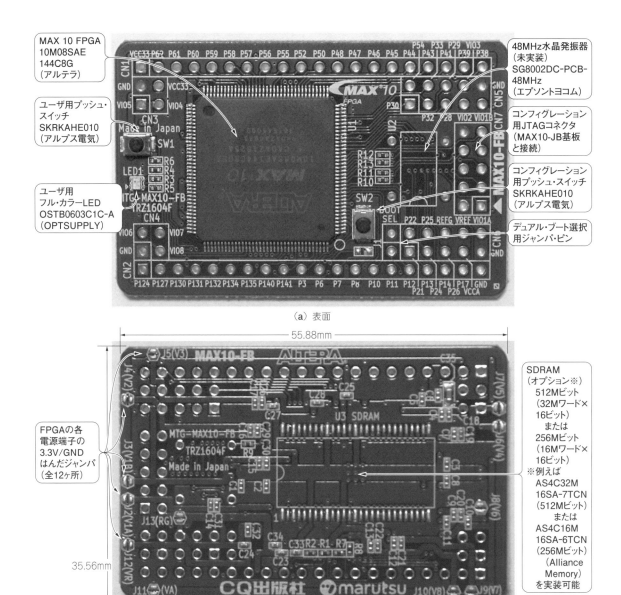

写真1 MAX10-FB基板の外形
まだ追加部品を実装していない状態

コアを内蔵したFLASH内蔵自作マイコンを仕立ててフル・カラーLチカにより動作を確認することができるでしょう．

● JTAGインターフェース用MAX10-JB基板と合体すると…

MAX10-FB基板はこれ単独でも使えますが，次章で解説するUSB-JTAGインターフェース用MAX10-JB基板と合体すると，USBバス・パワーにより電源を供給しながら，開発ツールQuartus PrimeからFPGAのコンフィグレーションやNios IIコアのデバッグなどが手軽にできるようになります．

MAX10-FB基板の回路詳細

● MAX10-FB基板の回路図と部品表

MAX10-FB基板の回路図を図2に，部品表を表2に示します．表2の中の備考欄に追加部品と記載されているものは，ユーザに準備して取り付けていただく部品です．秋葉原や通販サイトで手軽に入手できるものばかりです．これらの追加部品の詳細と取り付け

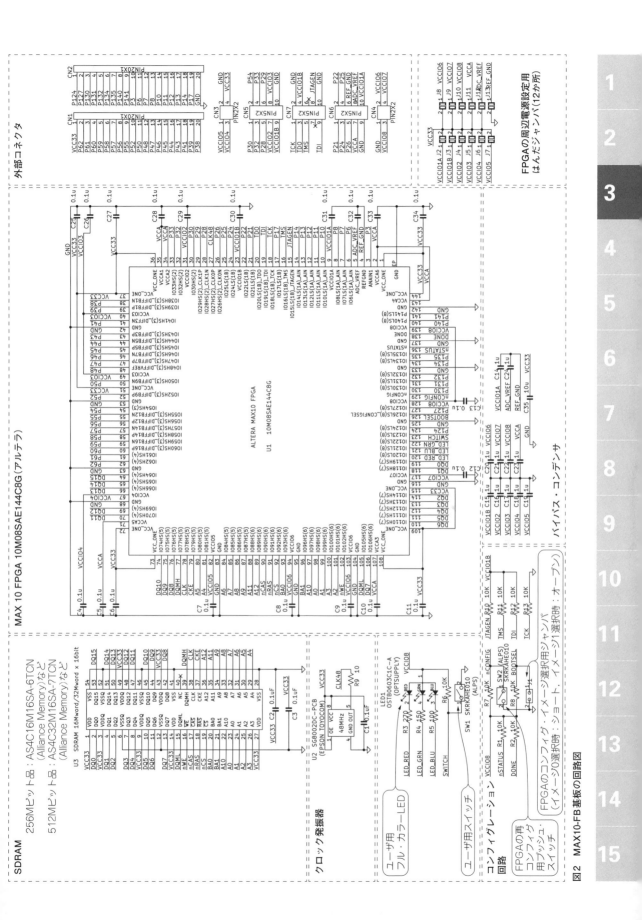

図2 MAX10-FB基板の回路図

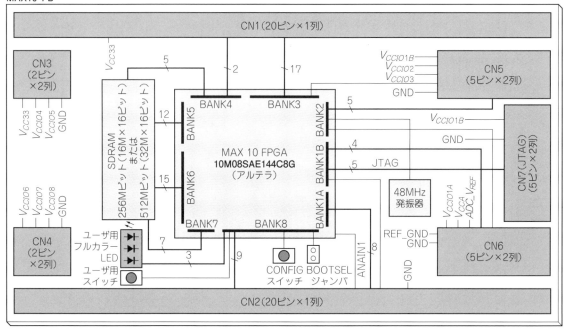

図1 MAX10-FB基板のブロック図
V_{CCIOx}, V_{CCA}, ADC_V_{REF} は基板上で V_{CC33} に接続できるはんだジャンパあり．REF_GND は基板上でGNDに接続できるはんだジャンパあり．48MHz 発振器はユーザが実装．SDRAMはオプション．

表2 MAX10-FB基板の部品表

部品番号	部品種類	仕様	型名	メーカ	外形	実装面	備考
U1	MAX10 FPGA	10M08	10M08SAE144C8G	アルテラ	EQFP2020-144	表	―
U2	発振器	48MHz/3.3V	SG8002DC-PCB-48MHz	エプソントヨコム	DIP	表	追加部品
U3	SDRAM(SDR)	16M×16ビット/3.3V または 32M×16ビット/3.3V	AS4C16M16SA-6TCN または AS4C32M16SA-7TCN	Alliance Memory	TSOP-II-54	裏	追加部品（オプション）
LED1	チップLED	フル・カラー	OSTB0603C1C-A	OPTSUPPLY	SMD	表	―
SW1	タクトSW	―	SKRKAHE010	ALPS	SMD	表	―
SW2		―	SKRKAHE010	ALPS	SMD	表	―
R1	チップ抵抗	10kΩ	RK73B1ETTP103J	KOA	1005	裏	―
R2		10kΩ	RK73B1ETTP103J	KOA	1005	裏	―
R3		270Ω	RK73B1ETTP271J	KOA	1005	表	―
R4		150Ω	RK73B1ETTP151J	KOA	1005	表	―
R5		100Ω	RK73B1ETTP101J	KOA	1005	表	―
R6		10kΩ	RK73B1ETTP103J	KOA	1005	表	―
R7		10kΩ	RK73B1ETTP103J	KOA	1005	裏	―
R8		10kΩ	RK73B1ETTP103J	KOA	1005	裏	―
R9		10Ω	RK73B1ETTP100J	KOA	1005	裏	―
R10		10kΩ	RK73B1ETTP103J	KOA	1005	表	―
R11		10kΩ	RK73B1ETTP103J	KOA	1005	表	―
R12		10kΩ	RK73B1ETTP103J	KOA	1005	表	―
R13		10kΩ	RK73B1ETTP103J	KOA	1005	表	―
C1	チップ積層セラミック・コンデンサ	0.1μF	GRM155B11A104KA01D	MURATA	1005	裏	―
C2		0.1μF	GRM155B11A104KA01D	MURATA	1005	裏	―
C3		0.1μF	GRM155B11A104KA01D	MURATA	1005	裏	―
C4		0.1μF	GRM155B11A104KA01D	MURATA	1005	裏	―
C5		0.1μF	GRM155B11A104KA01D	MURATA	1005	裏	―
C6		0.1μF	GRM155B11A104KA01D	MURATA	1005	裏	―
C7		0.1μF	GRM155B11A104KA01D	MURATA	1005	裏	―
C8		0.1μF	GRM155B11A104KA01D	MURATA	1005	裏	―

Column 1　MAX 10 の端子仕様の変遷

　半導体製品では，試作・評価用サンプルES（Engineering Sample）がリリースされたときの初期仕様が量産段階までの間に改定されていくことがよくあります．

　MAX 10 はまだ新しいデバイスであり，2014年9月にリリースされたときの仕様では，コンフィグレーション・イメージを FLASH メモリに2種類格納したときの選択用信号名は BOOT_SEL でした．これが 2014年12月に改定された仕様では CONFIG_SEL に名称変更されていました．MAX10-FB 基板上のジャンパ J1 のシルクが BOOT_SEL になっているのはこの名残です．

　他に LDVS 端子では，初期仕様において差動ペアを作れない単独信号（p または n のみ）も LVDS 端子として表示されていましたが，最新仕様ではそうした信号は LVDS 端子の範疇から外されています．

　アルテラ社の場合，こうした変更は，きちんと変更履歴に残してくれているので助かります．こっそり仕様を修正して明確に履歴に残さないメーカは見習ってほしいと感じました．

部品番号	部品種類	仕様	型名	メーカ	外形	実装面	備考
C9		0.1μF	GRM155B11A104KA01D	MURATA	1005	裏	−
C10		0.1μF	GRM155B11A104KA01D	MURATA	1005	裏	−
C11		0.1μF	GRM155B11A104KA01D	MURATA	1005	裏	−
C12		0.1μF	GRM155B11A104KA01D	MURATA	1005	裏	−
C13		0.1μF	GRM155B11A104KA01D	MURATA	1005	裏	−
C14		1μF	GRM155B30J105KE18D	MURATA	1005	裏	−
C15		1μF	GRM155B30J105KE18D	MURATA	1005	裏	−
C16		1μF	GRM155B30J105KE18D	MURATA	1005	裏	−
C17		1μF	GRM155B30J105KE18D	MURATA	1005	裏	−
C18		1μF	GRM155B30J105KE18D	MURATA	1005	裏	−
C19		1μF	GRM155B30J105KE18D	MURATA	1005	裏	−
C20		1μF	GRM155B30J105KE18D	MURATA	1005	裏	−
C21	チップ積層	1μF	GRM155B30J105KE18D	MURATA	1005	裏	−
C22	セラミック・	1μF	GRM155B30J105KE18D	MURATA	1005	裏	−
C23	コンデンサ	1μF	GRM155B30J105KE18D	MURATA	1005	裏	−
C24		1μF	GRM155B30J105KE18D	MURATA	1005	裏	−
C25		0.1μF	GRM155B11A104KA01D	MURATA	1005	裏	−
C26		0.1μF	GRM155B11A104KA01D	MURATA	1005	裏	−
C27		0.1μF	GRM155B11A104KA01D	MURATA	1005	裏	−
C28		0.1μF	GRM155B11A104KA01D	MURATA	1005	裏	−
C29		0.1μF	GRM155B11A104KA01D	MURATA	1005	裏	−
C30		0.1μF	GRM155B11A104KA01D	MURATA	1005	裏	−
C31		0.1μF	GRM155B11A104KA01D	MURATA	1005	裏	−
C32		0.1μF	GRM155B11A104KA01D	MURATA	1005	裏	−
C33		0.1μF	GRM155B11A104KA01D	MURATA	1005	裏	−
C34		0.1μF	GRM155B11A104KA01D	MURATA	1005	裏	−
C35		10μF	GRM188R61E106MA73D	MURATA	1608	裏	−
CN1	ピン・ヘッダ	20ピン×1列	2130S1*20GSE相当	LINKMANなど	2.54mmピッチ	裏	追加部品
CN2		20ピン×1列	2130S1*20GSE相当	LINKMANなど	2.54mmピッチ	裏	追加部品
CN3		2ピン×2列	21602X2GSE相当	LINKMANなど	2.54mmピッチ	表	追加部品
CN4	ピン・ソケット	2ピン×2列	21602X2GSE相当	LINKMANなど	2.54mmピッチ	表	追加部品
CN5		5ピン×2列	21602X5GSE相当	LINKMANなど	2.54mmピッチ	表	追加部品
CN6		5ピン×2列	21602X5GSE相当	LINKMANなど	2.54mmピッチ	表	追加部品
CN7	ピン・ヘッダ	5ピン×2列	2131D2*5GSE相当	LINKMANなど	2.54mmピッチ	表	追加部品
J1		2ピン×1列	2130S1*2GSE相当	LINKMANなど	2.54mmピッチ	表	追加部品
J1	ジャンパ・ピン	2ピン×1列	2180BAA相当	LINKMANなど	2.54mmピッチ	-	追加部品

方については後ほど詳細に説明します.

● MAX10-FB基板のパターン図

MAX10-FB基板のシルク面と配線パターンを図3（表面）と図4（裏面）に示します．動作確認やデバッグ時に各信号へオシロスコープのプローブを当てるときなどに参考にしてください．

この基板はフリーの基板設計用ツールKiCadを使って設計しました．

● MAX10-FB基板の電源系統

MAX10-FB基板の電源系統図を図5に示します．

搭載したMAX 10デバイス自体が3.3V単一電源で動作する製品なので基板上の電源系統はシンプルです．基本的には外部からこの基板のV_{CC33}端子に3.3V電源を与えるだけで動作させることができます．

なお，本基板では，MAX 10デバイスのI/O端子の各バンクの電源端子(V_{CCIOxx})を外部コネクタに引き出してあるので，外部から対応する電源を印加することで，各バンクの電源を独立に設定可能です．

同様に，アナログ関係の各電源(V_{CCA})とA-D変換器のリファレンス電源(ADC_V_{REF}，REF_GND)も独立して外部コネクタに引き出してあるので，ディジタル電源と分離して外部から印加することでノイズによ

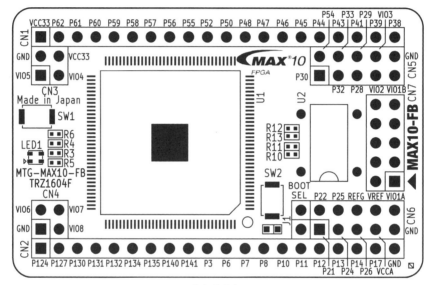

(a) シルク

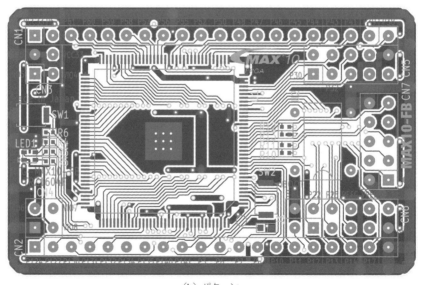

(b) パターン

図3　MAX10-FB基板のパターン（表面）

●3.3V電源1本で動作させるにははんだジャンパをショートする

多くのケースでは，MAX10-FB基板を3.3V電源1本だけで動作させたいと思うでしょう．その場合，各I/Oバンクの電源やアナログ関連電源を外部コネクタから独立して印加するのは面倒なので，本基板には各電源端子（V_{CCIOxx}，V_{CCA}，ADC_V_{REF}）を3.3V電源ライン（V_{CC33}）に，REF_GNDをGNDラインに，それぞれ接続するためのはんだジャンパを設けてあります．

表3にそのはんだジャンパの一覧を示します．はんだジャンパははんだを軽く盛ることで簡単にショートさせることができます．また一度ショートしても，小型のはんだ吸い取り器ではんだを除去するとオープン状態へ戻すことができます．

MAX10-FB基板を3.3V電源1本で動作させる場合は表3に示したはんだジャンパ12箇所を全て忘れずにショートしてください．CN1のピン1（V_{CC33}）を3.3Vに，CN2のピン20（GND）をGNDレベルにするだけでこの基板を動作させることができます．

●外部クロック入力回路

FPGA内のグローバル・クロック（GCLK）および内

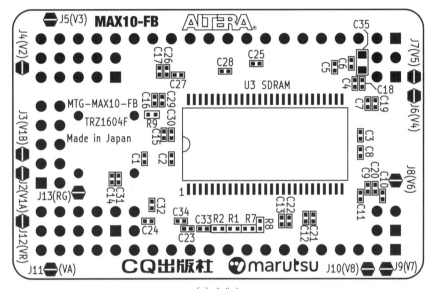

（a）シルク

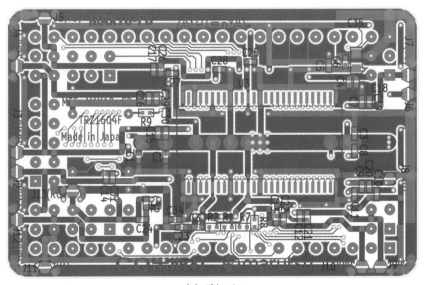

（b）パターン

図4　MAX10-FB基板のパターン（裏面）

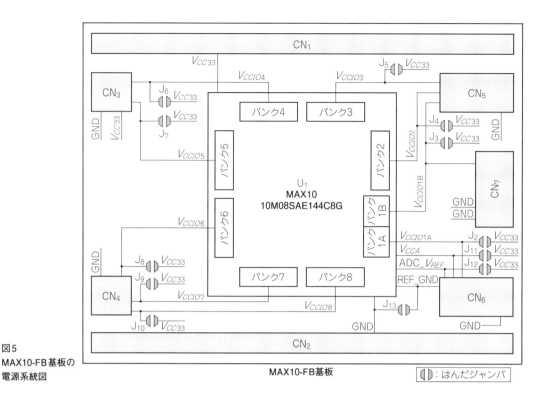

図5
MAX10-FB基板の
電源系統図

表3
MAX10-FB基板裏面のはんだジャンパ一覧
全部で12箇所ある．

はんだジャンパ	各ジャンパの接続先		はんだジャンパショート時の接続先	意　味
	MAX 10側 (10M08)	コネクタ側		
J2	V_{CCIO1A}	CN6-10	V_{CC33}	バンク1A用電源（I/Oおよびアナログ）
J3	V_{CCIO1B}	CN5-9 CN7-4	V_{CC33}	バンク1B用電源（I/OおよびJTAG関連端子）
J4	V_{CCIO2}	CN5-7	V_{CC33}	バンク2用電源（I/O）
J5	V_{CCIO3}	CN5-8	V_{CC33}	バンク3用電源（I/O）
J6	V_{CCIO4}	CN3-3	V_{CC33}	バンク4用電源（I/OおよびSDRAM）
J7	V_{CCIO5}	CN3-1	V_{CC33}	バンク5用電源（SDRAM）
J8	V_{CCIO6}	CN4-2	V_{CC33}	バンク6用電源（SDRAM）
J9	V_{CCIO7}	CN4-4	V_{CC33}	バンク7用電源（SDRAM）
J10	V_{CCIO8}	CN4-3	V_{CC33}	バンク8用電源（I/OおよびLED，スイッチ）
J11	V_{CCA}	CN6-7	V_{CC33}	PLLとA-D変換器用アナログ電源
J12	ADC_V_{REF}	CN6-8	V_{CC33}	A-D変換器のリファレンス電源電圧
J13	REF_GND	CN6-6	GND	A-D変換器用のリファレンスGND

蔵PLLへのクロック供給用に基板上に48MHzの外部発振器(U2)を置くようにしました．

MAX 10はリング発振器を内蔵しておりチップ内部のGCLKラインに接続できますが，それが生成したクロックを内蔵PLLに入力して新たなクロックを合成することはできません．内蔵発振器のクロックを一旦外部端子に出力して，グローバル・クロックを供給できる端子にそのまま戻して内蔵PLLに入力することも推奨されていません．内蔵A-D変換器を使う場合，PLLからA-Dにクロックを供給する必要があるので，内蔵発振器だけではA-D変換器を使えない問題もあります．

本書では，原則として，基板上の外部発振器を使うことを前提として本基板の使い方やQuartus Primeのプロジェクト例を解説します．

● **SDRAM回路**

SDRAM(U3)は，54ピンTSOP Type-IIパッケージに封入された，電源電圧が3.3VのLVTTLインターフェース品が使えます．そうしたSDRAMにはデータ幅が16ビットのものと8ビットのものがあり，本基板ではいずれも使用可能ですが，筆者の手許で動作を確認したのは，部品表(**表2**)に記載した，256Mビット(16Mワード×16ビット)品および512Mビット

Column 2　PLLに接続できない内蔵発振器の意味

　本文にも記載しましたが，MAX 10に内蔵されているリング発振器は，グローバル・クロック(GCLK)へは供給できるので，これだけで設計できる場合は問題なく，外部発振器が不要になる大きなメリットがあります．しかし，内蔵発振器は内蔵PLLへクロックを供給できません．接続しようとするとQuartus Primeがエラーを出します．

　多機能な内蔵PLLを使えることがFPGAの強みでもあり，内蔵発振器とPLLとの併用ができない点はとても残念なことです．以下は筆者の推測ですが，内蔵発振器は奇数段のインバータをリング状に接続してその遅延時間を使ってクロックを生成します．その発振周波数には，電源電圧(内部コア部分)のリプルの影響を直接受けてジッタが重畳します．そしてそのジッタ量がPLL入力の許容範囲を超えてしまうので，ハードウェア上は接続できてもQuartus Prime上でとりあえずエラーにしているのかもしれません．一般的なマイコンでは，内蔵発振器の出力をPLLに入力している例は多いので，この問題はデバイスの改変を経て払拭されるものと期待しています．

　ところでPLLを使う場合は外部発振器が必要ですが，この場合でも内蔵発振器には意味があります．一般的に，外部発振器は内蔵発振器(リング発振器)よりもかなり信頼性が低いのです．特に水晶発振子は，その原理が機械的動作に基づくものですから，突然発振が停止するような不具合が起こります．外部発振器だけしかないと，クロックの故障時にどのような状態になるか分からず危険です．

　外部発振器と内蔵発振器を併用しておくと，内蔵発振クロックで動作する専用論理回路で外部クロック信号のトグルの有無を判断するようにして異常を検知できます．その際，外部端子を強制的に安全な方向へ倒すことで，システム全体を安全に停止させることができます．あるいは，内蔵発振器だけで暫定的な動作を継続することもできるでしょう．このような機能安全の確保は自動車など高信頼性を要求するシステムでは重要な考え方になっています．

(32Mワード×16ビット)品です．

　本書では，これらのSDRAMまたはその相当品を使うことを前提にして解説しますが，SDRAMが必要になるアプリケーションは限られているので，必ずしもSDRAMを用意する必要はありません．

　そうは言っても，MAX 10の内蔵メモリ・ブロックのサイズは限られているので，SDRAMを接続することで得られるメモリ空間とその安心感はとても大きいです．

　SDRAMの各信号はMAX 10に直結してあります．MAX 10内にSDRAMアクセス・コントローラを実装する必要がありますが，アルテラ社からIPが提供されているので，ユーザが設計する必要はありません．

●ユーザ用LEDとプッシュ・スイッチ

　MAX10-FB基板は，ユーザ用のフル・カラーLED(LED1，赤・緑・青)を搭載しています．各色ともFPGAの対応する端子から"L"レベルをドライブすることで点灯します．

　ユーザ用のプッシュ・スイッチ(SW1)は，プッシュするとFPGAの対応する端子に"L"レベルが入力されます．離すと"H"レベルが入力されます．

●FPGAのコンフィグレーション関係

　MAX10-FB基板には，コンフィグレーション用の回路は搭載されていません．次章で説明するJTAGインターフェース用MAX10-JB基板がUSB Blasterと機能等価であり，MAX10-FB基板とMAX10-JB基板を合体することで，開発ツール Quartus PrimeからFPGAのコンフィグレーションやNios IIコアのデバッグが可能になります．同時にMAX10-FB基板に対してUSBバス・パワーで電源供給できます．

　MAX10-JB基板との接続に使うコネクタは，CN3，CN4，CN5，CN6，CN7です．

●コンフィグレーション・スイッチ

　MAX 10内蔵のFLASHメモリにコンフィグレーション・データを格納しておけば，電源立ち上がり時に自動的にFPGAのコンフィグレーションが行われます．使う機会は少ないと思いますが，改めてコンフィグレーション(FPGAを完全リセット)したい時は，プッシュ・スイッチ(SW2)を押してください．

●通常のUSB Blasterケーブルも使える

　MAX10-JB基板を使わずに，アルテラ社のUSB Blasterケーブル，またはその相当品を使ってFPGA

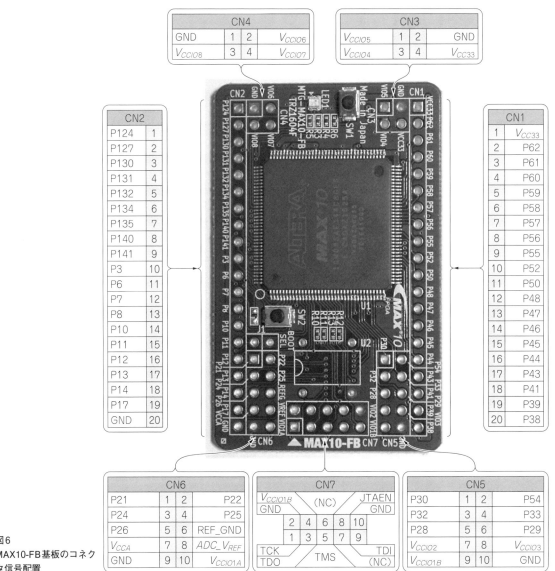

図6
MAX10-FB基板のコネクタ信号配置

をコンフィグレーションすることもできます．その場合はケーブルをCN7に接続します．ただしUSB Blasterのケーブルの先端がCN5とCN6に干渉するので，CN5とCN6を実装しないでおくか，またはバラ線や，基板連接用の背の高いピン・ソケット(5ピン×2列)を介して接続してください．

● コネクタ信号配置と内部信号結線

MAX10-FB基板のコネクタ信号配置を**図6**に，基板内の信号結線表を**表4**に示します．

MAX10-FB基板へ追加部品を実装する

● MAX10-FB基板の追加部品の準備

以上説明したMAX10-FB基板は，追加部品を実装して初めて使えるようになります．**写真2**および**表5**に示した部品を秋葉原などの電子部品小売店や通販サイトから入手してください．

このうち，SDRAMはオプションです．必須なものではありません．入手する場合は，互換品や相当品でもかまいません．

表4 MAX10-FB基板内の信号結線表

EQFP-144 ピン番号	バンク番号	基板内信号名	FPGA関連機能	IO性能	CN1	CN2	CN3	CN4	CN5	CN6	CN7	ジャンパ	他部品	備考
1		V_{CC33}	V_{CC_ONE}		1		4							
2		V_{CCA}								7		J11		J11ショートでV_{CC33}に接続
3		P3	ANAIN1			10								
4		REFGND								6		J13		J13ショートでGNDに接続
5		ADC_V_{REF}								8		J12		J12ショートでV_{CC33}に接続
6	1A	P6	ADC1IN1	Low_Speed		11								
7	1A	P7	ADC1IN2	Low_Speed		12								
8	1A	P8	ADC1IN3	Low_Speed		13								
9		V_{CCIO1A}								10		J2		J2ショートでV_{CC33}に接続
10	1A	P10	ADC1IN4	Low_Speed		14								
11	1A	P11	ADC1IN5	Low_Speed		15								
12	1A	P12	ADC1IN6	Low_Speed		16								
13	1A	P13	ADC1IN7	Low_Speed		17								
14	1A	P14	ADC1IN8	Low_Speed		18								
15	1B	JTAGEN		Low_Speed						8				
16	1B	TMS		Low_Speed						5				
17	1B	P17		Low_Speed		19								
18	1B	TCK		Low_Speed							1			
19	1B	TDI		Low_Speed							9			
20	1B	TDO		Low_Speed							3			
21	1B	P21		Low_Speed					1					
22	1B	P22		Low_Speed					2					
23		V_{CCIO1B}							9		4	J3		J3ショートでV_{CC33}に接続
24	1B	P24		Low_Speed					3					
25	1B	P25		Low_Speed					4					
26	2	P26	CLK0n	High_Speed					5					
27	2	CLK48	CLK0p	High_Speed									U2発振器(48MHz)	
28	2	P28	CLK1n	High_Speed					5					
29	2	P29	CLK1p	High_Speed					6					
30	2	P30		High_Speed					1					
31		V_{CCIO2}							7			J4		J4ショートでV_{CC33}に接続
32	2	P32	PLL_L_CLKOUTn	High_Speed					3					
33	2	P33	PLL_L_CLKOUTp	High_Speed					4					
34		V_{CCA}								7		J11		J11ショートでV_{CC33}に接続
35		V_{CCA}								7		J11		J11ショートでV_{CC33}に接続
36		V_{CC33}	V_{CC_ONE}		1		4							
37		V_{CC33}	V_{CC_ONE}		1		4							
38	3	P38	DIFFIO_TX_RX_B1n	High_Speed	20									
39	3	P39	DIFFIO_TX_RX_B1p	High_Speed	19									
40		V_{CCIO3}							8			J5		J5ショートでV_{CC33}に接続
41	3	P41	DIFFIO_TX_RX_B3n	High_Speed	18									
42		GND				20	2	1	10	9	2,10			
43	3	P43	DIFFIO_TX_RX_B3p	High_Speed	17									
44	3	P44	DIFFIO_TX_RX_B5n	High_Speed	16									
45	3	P45	DIFFIO_TX_RX_B5p	High_Speed	15									
46	3	P46	DIFFIO_TX_RX_B7n	High_Speed	14									
47	3	P47	DIFFIO_TX_RX_B7p	High_Speed	13									
48	3	P48		High_Speed	12									
49		V_{CCIO3}							8			J5		J5ショートでV_{CC33}に接続

表4 MAX10-FB基板内の信号結線表（つづき）

EQFP-144 ピン番号	バンク番号	基板内信号名	FPGA関連機能	IO性能	CN1	CN2	CN3	CN4	CN5	CN6	CN7	ジャンパ	他部品	備考
50	3	P50	DIFFIO_TX_RX_B9n	High_Speed	11									
51		V_{CC33}	V_{CC_ONE}		1		4							
52	3	P52	DIFFIO_TX_RX_B9p	High_Speed	10									
53		GND				20	2	1	10	9	2,10			
54	3	P54		High_Speed					2					
55	3	P55	DIFFIO_TX_RX_B12n	High_Speed	9									
56	3	P56	DIFFIO_TX_RX_B12p	High_Speed	8									
57	3	P57	DIFFIO_TX_RX_B14n	High_Speed	7									
58	3	P58	DIFFIO_TX_RX_B14p	High_Speed	6									
59	3	P59	DIFFIO_TX_RX_B16n	High_Speed	5									
60	3	P60	DIFFIO_TX_RX_B16p	High_Speed	4									
61	4	P61		High_Speed	3									
62	4	P62		High_Speed	2									
63		GND				20	2	1	10	9	2,10			
64	4	DQ15		High_Speed									U3 SDRAM DQ15	
65	4	DQ14		High_Speed									U3 SDRAM DQ14	
66	4	DQ13		High_Speed									U3 SDRAM DQ13	
67		V_{CCIO4}					3					J6		J6ショートでV_{CC33}に接続
68		GND				20	2	1	10	9	2,10			
69	4	DQ12		High_Speed									U3 SDRAM DQ12	
70	4	DQ11		High_Speed									U3 SDRAM DQ11	
71		V_{CCA}								7		J11		J11ショートでV_{CC33}に接続
72		V_{CC33}	V_{CC_ONE}		1		4							
73		V_{CC33}	V_{CC_ONE}		1		4							
74	5	DQ10		High_Speed									U3 SDRAM DQ10	
75	5	DQ9		High_Speed									U3 SDRAM DQ9	
76	5	DQ8		High_Speed									U3 SDRAM DQ8	
77	5	DQMH		High_Speed									U3 SDRAM DQMH	
78	5	CLK		High_Speed									U3 SDRAM CLK	
79	5	CKE		High_Speed									U3 SDRAM CKE	
80	5	A5		High_Speed									U3 SDRAM A5	
81	5	A4		High_Speed									U3 SDRAM A4	
82		V_{CCIO5}						1				J7		J7ショートでV_{CC33}に接続
83		GND				20	2	1	10	9	2,10			
84	5	A6		High_Speed									U3 SDRAM A6	
85	5	A7		High_Speed									U3 SDRAM A7	
86	5	A8		High_Speed									U3 SDRAM A8	
87	5	A9		High_Speed									U3 SDRAM A9	
88	6	A11		High_Speed									U3 SDRAM A11	
89	6	A12		High_Speed									U3 SDRAM A12	
90	6	nCAS		High_Speed									U3 SDRAM/CAS	
91	6	nRAS		High_Speed									U3 SDRAM/RAS	
92	6	nCS		High_Speed									U3 SDRAM/CS	
93	6	BA0		High_Speed									U3 SDRAM BA0	
94		V_{CCIO6}						2				J8		J8ショートでV_{CC33}に接続
95		GND				20	2	1	10	9	2,10			
96	6	BA1		High_Speed									U3 SDRAM BA1	
97	6	A10		High_Speed									U3 SDRAM A10	
98	6	A0		High_Speed									U3 SDRAM A0	
99	6	A1		High_Speed									U3 SDRAM A1	
100	6	A3		High_Speed									U3 SDRAM A3	
101	6	A2		High_Speed									U3 SDRAM A2	
102	6	nWE		High_Speed									U3 SDRAM/WE	
103		V_{CCIO6}						2				J8		J8ショートでV_{CC33}に接続
104		GND				20	2	1	10	9	2,10			

EQFP-144 ピン番号	バンク番号	基板内信号名	FPGA関連機能	IO性能	CN1	CN2	CN3	CN4	CN5	CN6	CN7	ジャンパ	他部品	備考
105	6	DQML		High_Speed									U3 SDRAM DQML	
106	6	DQ7		High_Speed									U3 SDRAM DQ7	
107		V_{CCA}								7		J11		J11ショートでV_{CC33}に接続
108		V_{CC33}	V_{CC_ONE}		1		4							
109		V_{CC33}	V_{CC_ONE}		1		4							
110	7	DQ6		High_Speed									U3 SDRAM DQ6	
111	7	DQ5		High_Speed									U3 SDRAM DQ5	
112	7	DQ4		High_Speed									U3 SDRAM DQ4	
113	7	DQ3		High_Speed									U3 SDRAM DQ3	
114	7	DQ2		High_Speed									U3 SDRAM DQ2	
115	7	V_{CC33}	V_{CC_ONE}		1		4							
116		GND				20	2	1	10	9	2,10			
117		V_{CCIO7}						4				J9		J9ショートでV_{CC33}に接続
118	7	DQ1		High_Speed									U3 SDRAM DQ1	
119	7	DQ0		High_Speed									U3 SDRAM DQ0	
120	8	LED_RED		Low_Speed									LED1赤	"L"レベルで点灯
121	8	LED_BLU		Low_Speed									LED1青	"L"レベルで点灯
122	8	LED_GRN		Low_Speed									LED1緑	"L"レベルで点灯
123	8	SWITCH		Low_Speed									SW1ユーザ・スイッチ	プッシュONで"L"レベル
124	8	P124		Low_Speed		1								
125		GND				20	2	1	10	9	2,10			
126	8	BOOTSEL	CONFIG_SEL	Low_Speed								J1		ショート：イメージ0，オープン：イメージ1
127	8	P127		Low_Speed		2								
128		V_{CCIO8}						3				J10		J10ショートでV_{CC33}に接続
129	8	nCONFIG		Low_Speed									SW2コンフィグ・スイッチ	プッシュで再コンフィグレーション
130	8	P130		Low_Speed		3								
131	8	P131		Low_Speed		4								
132	8	P132		Low_Speed		5								
133		GND				20	2	1	10	9	2,10			
134	8	P134		Low_Speed		6								
135	8	P135		Low_Speed		7								
136	8	nSTATUS		Low_Speed									プルアップのみ	
137		GND				20	2	1	10	9	2,10			
138	8	DONE		Low_Speed									プルアップのみ	
139		V_{CCIO8}						3				J10		J10ショートでV_{CC33}に接続
140	8	P140		Low_Speed		8								
141	8	P141		Low_Speed		9								
142		GND				20	2	1	10	9	2,10			
143		V_{CCA}								7		J11		J11ショートでV_{CC33}に接続
144		V_{CC33}	V_{CC_ONE}		1		4							

● **MAX10-FB基板用へ追加部品の取り付け**

　MAX10-FB基板用へ追加部品を取り付けた状態を**写真3**に示します．取り付け作業の推奨手順を下記に示します．
（1）基板裏面のはんだジャンパの必要な部分を自分のシステム電源プランに合わせてショートする．本書で解説するアプリケーションでは，全てのはんだジャンパをショートしていることを前提としている．ここではMAX10-FB基板とMAX10-JB基板の組み合わせ動作確認が終わるまでは，とりあ

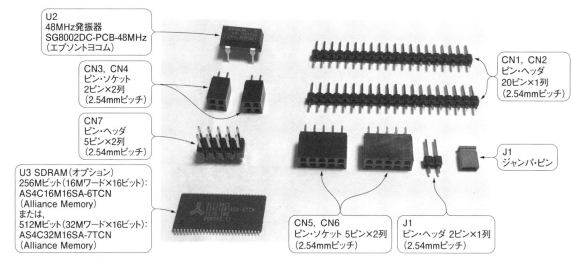

写真2 MAX10-FB基板用の追加部品の外観

表5 MAX10-FB基板用の追加部品一覧
SDRAMの他の候補としては，下記がある．
- 256Mビット品：IS42S16160G-6TL（ISSI）
- 512Mビット品：IS42S16320D-7TL（ISSI）

購入要否	部品番号	部品種類	仕様	型名	メーカ	外形	実装面	購入先
必須	U2	発振器	48MHz/3.3V	SG8002DC-PCB-48MHz	エプソントヨコム	DIP	表	秋月電子通商・マルツパーツ館など
必須	CN1	ピン・ヘッダ	20ピン×1列	2130S1*20GSE相当	LINKMANなど	2.54mmピッチ	裏	
必須	CN2	ピン・ヘッダ	20ピン×1列	2130S1*20GSE相当	LINKMANなど	2.54mmピッチ	裏	
必須	CN3	ピン・ソケット	2ピン×2列	21602X2GSE相当	LINKMANなど	2.54mmピッチ	表	
必須	CN4	ピン・ソケット	2ピン×2列	21602X2GSE相当	LINKMANなど	2.54mmピッチ	表	
必須	CN5	ピン・ソケット	5ピン×2列	21602X5GSE相当	LINKMANなど	2.54mmピッチ	表	
必須	CN6	ピン・ソケット	5ピン×2列	21602X5GSE相当	LINKMANなど	2.54mmピッチ	表	
必須	CN7	ピン・ヘッダ	5ピン×2列	2131D2*5GSE相当	LINKMANなど	2.54mmピッチ	表	
必須	J1	ピン・ヘッダ	2ピン×1列	2130S1*2GSE相当	LINKMANなど	2.54mmピッチ	表	
必須	J1	ジャンパ・ピン	2ピン×1列	2180BAA相当	LINKMANなど	2.54mmピッチ	－	
オプション	U3	SDRAM(SDR)	16M×16ビット/3.3V または 32M×16ビット/3.3V	AS4C16M16SA-6TCN または AS4C32M16SA-7TCN	Alliance Memory	TSOP-II-54	裏	マルツパーツ館 Digikey Chip1Stopなど

えずMAX10-FB基板の全てのはんだジャンパをショートしておこう．

(2) 基板表面に発振器(U2)を実装する．向きに注意すること．

(3) 基板表面にCN7のピン・ヘッダ（オス，5ピン×2列）を実装する．

(4) 基板表面にCN3とCN4のピン・ソケット（メス，2ピン×2列）を実装する．上面は正方形に見えるが，実際には縦横の向きがある．CN5やCN6へ実装する予定のピン・ソケット（メス，5ピン×2列）と格子の間の壁の厚みなどが同じ向きになるように実装する．向きを間違えたとしても電気的に問題になることはない．基板のリード穴の遊びは余裕があるので，CN3とCN4のピン・ソケットが基板に対して微妙に斜めにならないように注意して取り付けよう．

CN3とCN4は，CN1とCN2の列の穴に入れないように注意すること．

(5) 基板表面にCN5とCN6のピン・ソケット（メス，5ピン×2列）を実装する．CN6を実装するときは，ジャンパJ1用のピン・ヘッダ（オス，2ピン×1列）と同時に基板に載せてみてJ1が傾かないようにCN6のリード穴の遊び位置を調整してはんだ付けすること．

CN5とCN6も，CN1とCN2の列の穴に入れないように注意すること．

(6) 基板表面にJ1のピン・ヘッダ（オス，2ピン×1列）を実装して，ジャンパ・ピンでショートしておく．

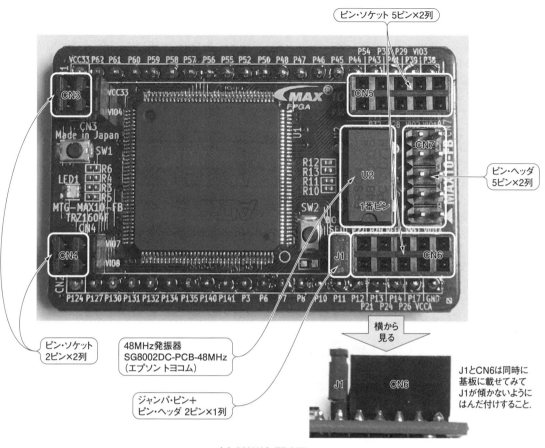

(a) MAX10-FB表面

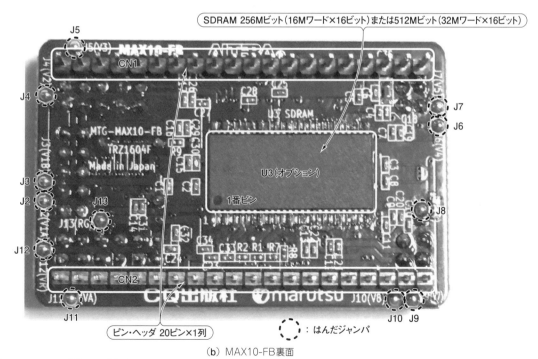

(b) MAX10-FB裏面

写真3 MAX10-FB基板用へ追加部品の取り付け

(7) このステップでは，まだ CN1, CN2, SDRAM(U3) は実装しないでおき，次章で詳細説明する通りに作業する．まず，MAX10-JB 基板を組み立てる．次に MAX10-FB 基板と MAX10-JB 基板を合体して，USB 経由で電源印加し，MAX10-FB 基板にあらかじめコンフィグレーションしてある PIC マイコン書き込み機能で，MAX10-JB 基板の PIC マイコンの FLASH メモリをプログラムする．問題なければ MAX10-FB 基板上の LED が緑色で点滅する．問題なければ，USB ケーブルを抜いて MAX10-FB 基板と MAX10-JB 基板を分離して次に進む．

(8) SDRAM を使わない場合は，(11) までスキップする．

(9) 基板裏面に SDRAM(U3) を実装する．先に CN1 と CN2 を実装してしまうとハンダゴテが干渉して作業がやりにくいので，先に SDRAM(U3) を実装する．U3 はピン間隔が 0.8mm と狭いので慎重なはんだ付け作業が必要である．以下のノウハウを参考に作業しよう．

  (a) SDRAM をテープを使って基板に仮固定しよう．まず，テープを 5cm くらいの長さに切って，テープを SDRAM パッケージの 1 番ピンから 27 番ピンの上を避けて，28 番ピンから 54 番ピンの上に重なるように貼り付ける．次にテープの両端を持って，1 番ピンの向きに注意して丁寧に SDRAM を基板パターンとの位置合わせをしながら基板上に仮固定する．この位置合わせが最も重要である．真上から見て，全ピンが基板パターンの真ん中に乗っているように，かつピンの先端と基板パターンのエッジの距離が両列で均等になるように位置を慎重に合わせよう．

  (b) 直径が Φ0.3mm くらいの細い糸はんだと，先端が細いハンダゴテを使って，まず 1 番ピンと 27 番ピンの 2 箇所（片側 1 列の両端）だけはんだ付けする．はんだ量は少なめに，わずかにピンと基板パターン同士がはんだで濡れればいい．はんだの盛りすぎや隣とのショートには十分に注意する．

  もしも，基板が新品の時点で，基板パターンの上ではんだペーストがリフローされてわずかにはんだが盛り上がった状態になっていたら，糸はんだではんだを供給せずに，基板上のはんだを溶かして SDRAM のピンと基板パターンの間を濡らすだけで接続することもできる．

  可能であればはんだの濡れ状況はルーペなどで拡大して確認しよう．

  (c) この時点で SDRAM の位置に問題がなければ，2 番ピンから 26 番ピンを慎重にはんだ付けする．

  (d) テープをゆっくり慎重に剥がす．はんだ付けをしていない 28 番ピンから 54 番ピン側の列が持ち上がらないように注意すること．

  (e) 同様に残りのもう 1 辺側の 28 番ピンから 54 番ピンを慎重にはんだ付けしていく．

(10) 別章で説明する SDRAM メモリ・チェックを行う．FPGA に Nios II コアと SDRAM コントローラをコンフィグレーションして，SDRAM へのライト＆リードチェックを行う．問題があれば，症状に応じたはんだ付け箇所のチェックと手当てを行う．

(11) 基板裏面に CN1 と CN2 のピン・ヘッダ（オス，20 ピン×1 列）を実装する．

(12) これで完成！必要あれば，はんだジャンパの状態を変更する．

◆ 参考文献 ◆

(1) 水晶発振器　プログラマブル　SG-8002DC/DB シリーズ，エプソントヨコム
(2) Data Sheet, AS4C16M16SA-C&I, 256M - (16Mx16bit) Synchronous DRAM (SDRAM), Advanced (Rev. 3.0, Mar. 2012), Alliance Memory Inc.
(3) Data Sheet, AS4C32M16SA, 512Mbit Single-Data-Rate (SDR) SDRAM 32Mx16 (8M x 16 x 4 Banks), Rev. 3.0, Apr. 2015, Alliance Memory Inc.
(4) Data Sheet, IS42S83200G, IS42S16160G IS45S83200G, IS45S16160G 32Meg x 8, 16Meg x16 256Mb SYNCHRONOUS DRAM, Rev.F, 2013/12/09, Integrated Silicon Solution, Inc.
(5) Data Sheet, IS42/45R86400D/16320D/32160D IS42/45S86400D/16320D/32160D 16Mx32, 32Mx16, 64Mx8 512Mb SDRAM, Rev.A, 2012/08/29, Integrated Silicon Solution, Inc.
(6) 1.6 x 1.5 x 0.5mm Red & Pure green & Blue SMD OSTB0603C1C-A, OPTSUPPLY

第4章 Quartus Primeから直接操作！
コンフィグレーションにもデバッグにも使える！

コンフィグレーション&デバッグ用 MAX10-JB基板のハードウェア詳説

MAX10-JB基板のPICマイコンへのプログラム書き込みに関する注意

　MAX10-JB基板に搭載するPICマイコンは，出荷状態の新品のMAX10-FB基板を接続することで，そのFLASHメモリへのプログラム書き込みができます．この方法は本章で詳細に説明しますが，下記の点に十分に注意してください．

[1] MAX10-JB基板のUSBコネクタへの接続に関する注意
- MAX10-JB基板に搭載したPICマイコンにMAX10-FB基板から書き込みを行う際は，MAX10-JB基板のUSBコネクタには電源（＋5V）だけが印加され，通信線（D＋/D－）は開放状態になるようにしてください．PICマイコンのFLASHメモリへの書き込み信号は，USB通信線（D＋/D－）と兼用しているため，USBコネクタ側からUSB通信線にディスターブがあると書き込みを失敗することがあります．
- USBの電源供給元としてPC本体やUSBハブを繋ぐとうまくいかないことがあります．タブレットの充電器でもうまくいかない例があります．例えば，D＋とD－を内部で接続しているものを使うと誤動作します．
- USB電源供給元としては，USB通信線が開放されているものを使ってください．iPhoneの純正充電器＋100円ショップのUSBケーブル（通信＋充電）は問題ありませんでした．
- USB通信線に何らかの細工がある電源供給元しかない場合は，100円ショップで売っている，通信ができない充電専用USBケーブルを使うのも一つの手です．
- あるいは，JB基板にUSBケーブルを繋がずに，JB基板とFB基板を重ねた状態でFB基板の外部コネクタのV_{CC33}とGNDの間に3.3Vを直接印加する方法もあります．電気的に壊さないように注意して行ってください．

[2] ジャンパ設定の注意
- MAX10-JB基板上のジャンパについて，J1～J4をショートして，J5～J8がオープンになっているか確認してください．
- ジャンパ・ピンによっては接触の悪いものがあります（個体不良）．テスタで接触を確認してください．
- MAX10-FB基板上のはんだジャンパ（12か所）をすべてショートしてください．MAX10-JB基板上のはんだジャンパ（12か所）はオープンでも構いません．少なくとも，MAX10のV_{CCA}（内部電源），V_{CCIO1B}（JTAG関連），V_{CCIO8}（LED）には3.3Vが印加されないとPICへのFLASH書き込みが

動作しません．

[3] FLASHに書き込んだことがあるPICマイコンを使う場合
- FLASHに書き込んだことがあるPICマイコンを使う場合，コンフィグレーション領域のLVPビットが0クリアされていたら低電圧書き込みができなくなっているので，FB基板からの書き込みができません．基本的には新品か，LVPビットを1にセットしたPICマイコンをご使用ください．
- LVPビットを1に初期化するには，PICkit3などの書き込みツールが必要になります．
- MAX10-JB基板のPICマイコンの書き込みに失敗した場合，誤ってLVPビットが0クリアされてしまうことがあります．その場合も，新品に交換するかPICkit3などでFLASHメモリを初期化してから，再度MAX10-FB基板からの書き込みを行ってください．

[4] その他の確認
- MAX10-JB基板上のUSBコネクタの端子間ショートがないことを確認してください．
- オシロスコープがあれば，PICマイコンの水晶発振子が12MHzで発振していることを確認してください．
- オシロスコープ（ストレージ型）があれば，PICマイコンの端子の信号を確認してください．期待値は第5章の図4(a)および，表9と図9（ID読み出し）です．
- 電源供給元の電流容量が少ないと誤動作する可能性があります．

[5] MAX10-JB基板のPICマイコンのFLASHメモリ書き込みが失敗した（MAX10-FB基板のLEDが緑点滅にならない）が，MAX10-FB基板をPCのUSBに接続するとUSB Blasterとして認識する場合
- 緑点滅にならないということは，PICマイコンのFLASHメモリの内容のベリファイがNGです．
- このままFB基板のMAX 10のFLASHメモリを書き換えるのは危険なので，緑点滅になるまで，本欄の注意事項にしたがってトラブルシュートしてください．

[6] PIC書き込みが心配な方は
- PICマイコンへの書き込みがうまくいくかどうか心配な方は，やり直しができるように，PICマイコンをICソケットを使って実装してもいいでしょう．

本書付属DVD-ROM収録関連データ	
格納フォルダ	内容
CQ-MAX10¥Board¥MAX10-JB	・MAX10-JB基板のガーバ・データ ・関連ドキュメント

●はじめに

　本章では，MAX 10 FPGAのコンフィグレーションおよびデバッグ用MAX10-JB基板のハードウェアについて詳しく解説します．

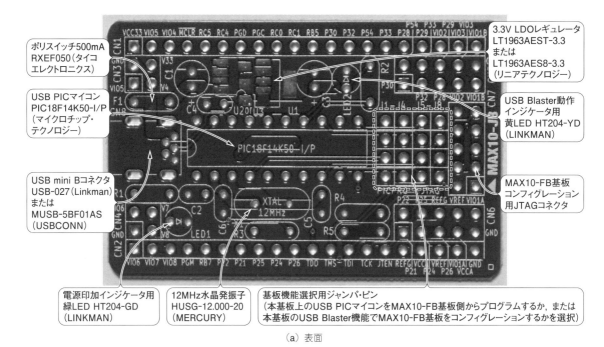

(a) 表面

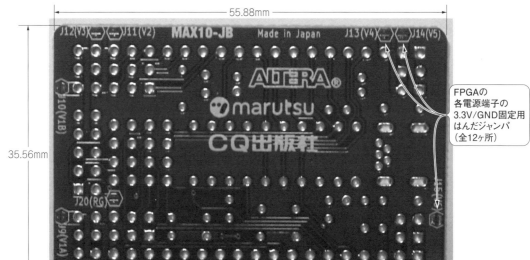

(b) 裏面

写真1　MAX10-JB基板の外形
まだ部品を実装していない状態．通販サイトや秋葉原などで入手しやすい部品のみを使用している．

MAX10-JB基板の概要

● FPGAにはコンフィグレーションが必要

　FPGAを動かすためには，実現しようとする論理機能に対応する情報をFPGAに送り込む，すなわちFPGAをコンフィグレーション（略してコンフィグと

もいう）する必要があります．MAX 10の場合は，下記の2種類のコンフィグレーション方法があります．
(1) **JTAGコンフィグレーション**：JTAGポートから直接FPGA内の論理構造をコンフィグレーションする．電源投入のたびに必要．電源が落ちるとコンフィグレーション情報も消える．
(2) **内部コンフィグレーション**：あらかじめJTAG

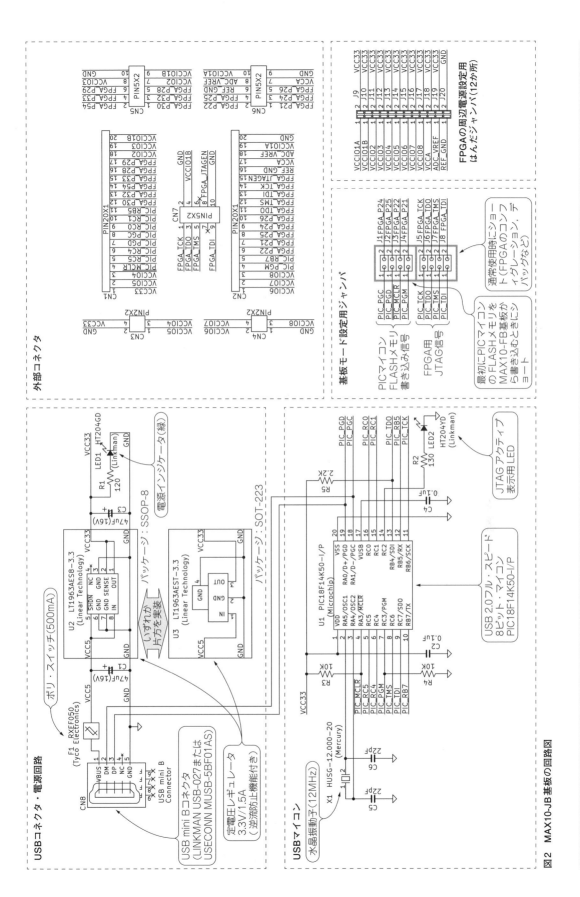

図2　MAX10-JB基板の回路図

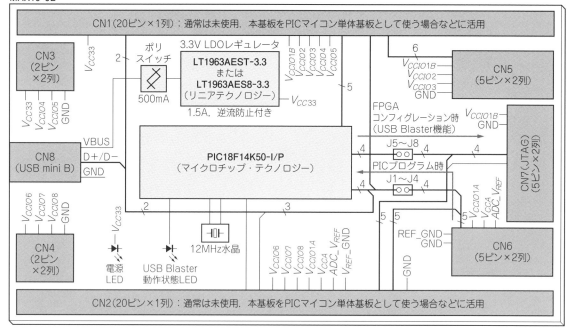

図1 MAX10-JB基板のブロック図
V_{CCIOx}，V_{CCA}，ADC_V_{REF}は基板上でV_{CC33}に接続できるはんだジャンパあり．REF_GNDは基板上でGNDに接続できるはんだジャンパあり．

表2 MAX10-JB基板の部品表

部品番号	部品種類	仕様	型名	メーカ
U1	USB PIC18	－	PIC18F14K50-I/P	マイクロチップ・テクノロジー
U2またはU3	3.3V LDOレギュレータ	3.3V 1.5A	LT1963AES8-3.3 または LT1963AEST-3.3	リニアテクノロジー
LED1	砲弾型LED 緑	2.1V・10mA・8mcd	HT204GD 相当	LINKMANなど
LED2	砲弾型LED 黄	2.0V・10mA・8mcd	HT204YD 相当	LINKMANなど
F1	Poly SW	500mA	RXEF050	TYCO
X1	水晶発振子	12MHz	HUSG-12.000-20	MERCURY
R1	小型カーボン皮膜抵抗	120Ω 1/4W	CFS1/4C121J 相当	KOAなど
R2	小型カーボン皮膜抵抗	130Ω 1/4W	CFS1/4C131J 相当	KOAなど
R3	小型カーボン皮膜抵抗	10kΩ 1/4W	CFS1/4C103J 相当	KOAなど
R4	小型カーボン皮膜抵抗	10kΩ 1/4W	CFS1/4C103J 相当	KOAなど
R5	小型カーボン皮膜抵抗	2.2kΩ 1/4W	CFS1/4C222J 相当	KOAなど
C1	低背型電解コンデンサ	47μF 16V	ESRM160ELL470ME05D 相当	日本ケミコンなど
C2	積層セラミック・コンデンサ	0.1μF	RPEF11H104Z2P1A01B 相当	村田製作所など
C3	低背型電解コンデンサ	47μF 16V	ESRM160ELL470ME05D 相当	日本ケミコンなど
C4	積層セラミック・コンデンサ	0.1μF	RPEF11H104Z2P1A01B 相当	村田製作所など
C5	積層セラミック・コンデンサ	22pF	RDE5C1H220J0P1H03B 相当	村田製作所など
C6	積層セラミック・コンデンサ	22pF	RDE5C1H220J0P1H03B 相当	村田製作所など
CN3	ピン・ヘッダ	2ピン×2列	2131D2*2GSE 相当	LINKMANなど
CN4	ピン・ヘッダ	2ピン×2列	2131D2*2GSE 相当	LINKMANなど
CN5	ピン・ヘッダ	5ピン×2列	2131D2*5GSE 相当	LINKMANなど
CN6	ピン・ヘッダ	5ピン×2列	2131D2*5GSE 相当	LINKMANなど
CN7	ピン・ソケット	5ピン×2列	21602X5GSE 相当	LINKMANなど
CN8	USB mini Bコネクタ	USB mini B	USB-027 または MUSB-5BF01AS	LINKMAN または USECONN
J1～J4	ピン・ヘッダ	4ピン×2列	2131D2*4GSE 相当	LINKMANなど
J5～J8	ピン・ヘッダ	4ピン×2列	2131D2*4GSE 相当	LINKMANなど
－	ジャンパ・ピン	2ピン×1列	2180BAA 相当	LINKMANなど
－	ジャンパ・ピン	2ピン×1列	2180BAA 相当	LINKMANなど
－	ジャンパ・ピン	2ピン×1列	2180BAA 相当	LINKMANなど
－	ジャンパ・ピン	2ピン×1列	2180BAA 相当	LINKMANなど

表1 MAX10-JB基板の仕様

項 目	内 容
基板外形	55.88mm×35.56mm（22000mil×14000mil）
層数/部品実装面	2層基板/片面実装
実装部品	搭載部品はユーザ手配，ユーザ実装
機能	アルテラ USB-Blaster 等価機能
使用マイコン	PIC18F14K50-I/P （マイクロチップ・テクノロジー） （3.3Vネイティブ動作）
USBコネクタ	USB mini B
電源供給	USBバス・パワー MAX10-FB側に電源供給可能
電源電流 (3.3V)	LT1963A-3.3使用：合計1.5A （電源ICは面実装型で，SSOP-8またはSOT-223いずれも実装可能）
PIC18マイコンのプログラム	・USB-Blaster等価機能（JTAG機能のみ） ・コンパイラ：XC8 ・USBライブラリ：最新Microchip Libraries for Applications 使用 ・プログラムのソースは公開
PIC18マイコンのFLASHメモリ書き込み方法	PIC18マイコンのFLASHメモリは，初期状態の「MAX10-FB」側から書き込み（PICマイコン用フラッシュ書き込み器「PICkit3」などは不要）

外 形	実装面	購入先
DIP-20	表	
SSOP-8 または SOT-223	表	
3φ	表	
3φ	表	
リード型 7.9mm	表	
リード型	表	
リード型，本体3.2mm程度	表	
リード型，本体3.2mm程度	表	
リード型，本体3.2mm程度	表	
リード型，本体3.2mm程度	表	
リード型，本体3.2mm程度	表	
5φ 5mm高	表	
リード型	表	
5φ 5mm高	表	
リード型	表	秋月電子通商・マルツパーツ館など
リード型	表	
リード型	表	
2.54mmピッチ	裏	
2.54mmピッチ	裏	
2.54mmピッチ	裏	
2.54mmピッチ	裏	
2.54mmピッチ	裏	
挿入型	表	
2.54mmピッチ	表	
2.54mmピッチ	表	
黒	表	
黒	表	
黒	表	
黒	表	

ポート経由で内蔵FLASHメモリにコンフィグレーション・データを書き込んでおく．電源投入のたびに，その内蔵FLASHメモリからFPGA内の論理構造をコンフィグレーションする．

このいずれに関しても，一般的にはUSB Blasterと呼ばれるアルテラ社純正のUSB-JTAG変換ケーブル，またはその相当品を使って，開発ツールQuartus Prime が生成したコンフィグレーション・データをFPGAに送り込む必要があります．

● FPGAにはデバッグ環境の提供も必要

MAX 10 FPGAには，Nios II（Gen2）という32ビットの組み込み向けCPUコアを搭載できます．RTLで提供されているソフトIPです．CPUを内蔵できるので，そのソフトウェア開発時にはデバッグが欠かせませんが，FPGAデバイスのJTAGポート経由で簡単にソース・レベル・デバッグできる機能がサポートされています．

このデバッグ操作にも，USB Blasterを使います．

● MAX 10 FPGAのコンフィグレーション＆デバッグ用基板

今回のMAX10-FB基板上のFPGAのコンフィグレーションとデバッグ用に，USB Blaster相当の機能を提供するのがMAX10-JB基板なのです．その外観を**写真1**に，仕様を**表1**に，ブロック図を**図1**に示します．

MAX10-JB基板は，USB Blaster の JTAGインターフェース機能のみをサポートします．AS（Active Serial）インターフェースやPS（Passive Serial）インターフェースはサポートしません．

MAX10-JB基板は，部品を実装していない生基板として提供します．載せる部品は，秋葉原などの電子部品店や，電子部品の通販サイトで入手しやすいものを選んであるので，それぞれユーザが購入してMAX10-JB基板上にはんだ付けしてください．

● MAX10-JB基板はMAX10-FB基板と合体して使用

JTAGインターフェース用のMAX10-JB基板は，FPGAを搭載したMAX10-FB基板と同一サイズであり，MAX10-FB基板の上に合体して使用します．USBコンフィグレーション機能付きのコンパクトなFPGAボードを構成できます．開発ツールのQuartus PrimeからFPGAのコンフィグレーションが，またNios II Embedded Design SuitからNios IIプログラムのソース・レベル・デバッグなど，各種操作が可能になります．

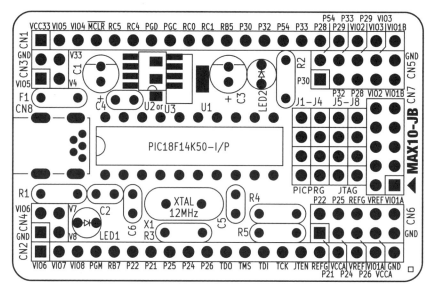

(a) シルク

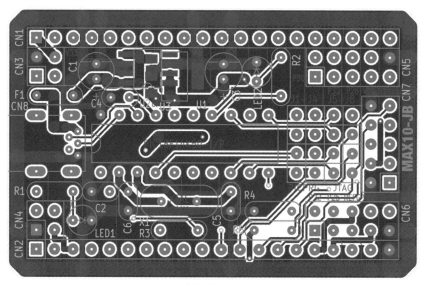

(b) パターン

図3　MAX10-JB基板のパターン（表面）

● USB Blaster等価機能の実現にPICマイコンを使用

　MAX10-JB基板のUSB Blaster等価機能は，USB機能内蔵の8ビットPICマイコンPIC18F14K50-I/Pで実現します．このマイコンは価格が安く，入手性が非常に良い製品です．

　PICマイコン購入時点では，そのFLASHメモリは空っぽでありプログラムの書き込みが必要です．通常，PICマイコンのFLASHメモリ書き込みには「PICkit3」などの専用プログラマが必要ですが，全てのユーザが所持しているとは限らないので，MAX10基板では専用プログラマなしでPICマイコンへのプログラム書き込みを実現する手段を提供します．

● USBバス・パワーでMAX10-FB基板へ電源を供給

　MAX10-JB基板により，ホストPCとUSBケーブルで接続してFPGAをコンフィグレーションしたりデバッグしたりしますが，同時にホストPCからのUSBバス・パワーでMAX10-FB基板に電源供給（V_{CC33}）します．

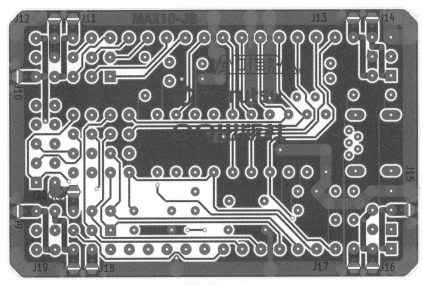

(a) シルク

(b) パターン

図4 MAX10-JB基板のパターン(裏面)

MAX10-JB基板の回路詳細

● MAX10-JB基板の回路図と部品表

MAX10-JB基板の回路図を図2に，部品表を表2に示します．表2に示すのは，ユーザに準備して取り付けていただく部品です．秋葉原や通販サイトで手軽に入手できるものばかりです．これらの追加部品の詳細と取り付け方については後ほど詳細に説明します．

● MAX10-JB基板のパターン図

MAX10-JB基板のシルク面と配線パターンを図3(表面)と図4(裏面)に示します．動作確認やデバッグ時に各信号へオシロスコープのプローブを当てるときなどに参考にしてください．

この基板もフリーの基板設計用ツールKiCadを使って設計しました．

● MAX10-JB基板の電源系統

MAX10-JB基板の電源系統図を図5に示します．
USBコネクタ(CN8)から供給された5V電源を，ま

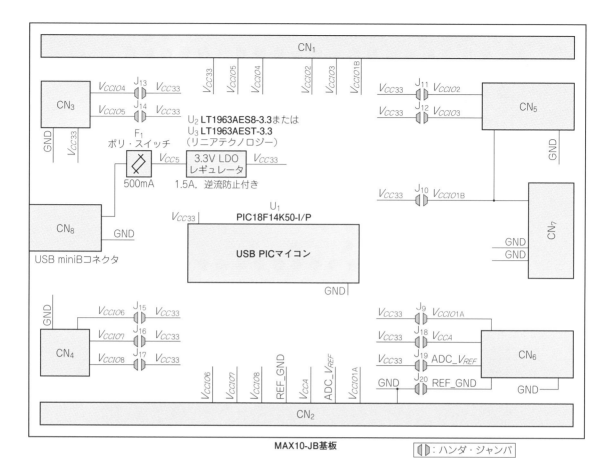

図5 MAX10-JB基板の電源系統図

表3 MAX10-FB基板裏面のはんだジャンパ一覧
全部で12箇所ある．

はんだジャンパ	各ジャンパの接続先		はんだジャンパショート時の接続先	意味 (MAX10-FB基板接続時)
	信号名	コネクタ		
J9	V_{CCIO1A}	CN6-10	V_{CC33}	バンク1A用電源(I/Oおよびアナログ)
J10	V_{CCIO1B}	CN5-9 CN7-4	V_{CC33}	バンク1B用電源(I/OおよびJTAG関連端子)
J11	V_{CCIO2}	CN5-7	V_{CC33}	バンク2用電源(I/O)
J12	V_{CCIO3}	CN5-8	V_{CC33}	バンク3用電源(I/O)
J13	V_{CCIO4}	CN3-3	V_{CC33}	バンク4用電源(I/OおよびSDRAM)
J14	V_{CCIO5}	CN3-1	V_{CC33}	バンク5用電源(SDRAM)
J15	V_{CCIO6}	CN4-2	V_{CC33}	バンク6用電源(SDRAM)
J16	V_{CCIO7}	CN4-4	V_{CC33}	バンク7用電源(SDRAM)
J17	V_{CCIO8}	CN4-3	V_{CC33}	バンク8用電源(I/OおよびLED, SW)
J18	V_{CCA}	CN6-7	V_{CC33}	PLLとA-D変換器用アナログ電源
J19	ADC_V_{REF}	CN6-8	V_{CC33}	A-D変換器のリファレンス電源電圧
J20	REF_GND	CN6-6	GND	A-D変換器用のリファレンスGND

ずポリ・スイッチRXEF050(F1)に通します．ポリ・スイッチは，リセッタブル・フューズであり，規定以上の電流が流れて発熱すると両端の抵抗値が増大して電流値を絞ります．電流が切れて熱が下がればまた抵抗値が低くなります．ここで使用したポリ・スイッチはON状態の保持電流が500mA(周囲温度20℃時)，OFF状態になるトリップ電流が1A(周囲温度20℃時)のものを選択しました．ポリ・スイッチにより，基板側に異常が生じてもUSB電源への過電流を抑えることができ，USBホスト機器(PCやUSBハブなど)の破壊を防止します．

ポリ・スイッチ(F1)の後は，3.3V出力のLDO(Low

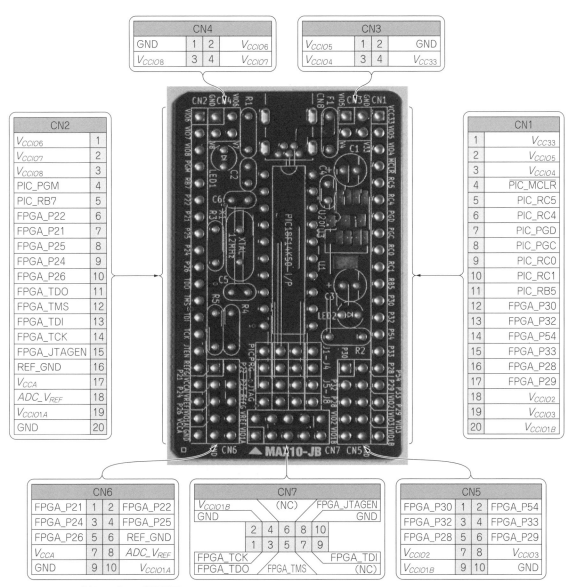

図6 MAX10-JB基板のコネクタ信号配置

Drop Out)レギュレータLT1963AES8-3.3(U2)またはLT1963AEST-3.3(U3)に入力します．U2とU3はいずれか片方だけを使用します．それぞれパッケージが異なり，入手性や価格に応じていずれかを選択してください．このレギュレータの出力電流は1.5Aです．逆流防止機能（入力電圧より出力電圧の方が高くなっても出力側端子への電流流入を抑える機能）があるので，同様な機能を持つレギュレータの出力同士をOR接続したり，順方向ダイオード経由の電源ラインをOR接続することができます．

●システム搭載時の注意点

MAX10-JB基板を合体したままMAX10-FB基板をシステムに搭載して使用する場合，USBバス・パワーで供給する3.3V電源(V_{CC33})が，システム側から供給される3.3V(V_{CC33})と直接衝突しないように注意してください．MAX10-JB基板側の3.3Vレギュレータは逆流防止機能があるので，システム側の3.3V電源も逆流防止機能付きにするかまたは順方向ダイオード経由での供給としてください．

● FPGA 周辺電源供給用はんだジャンパ

FPGAを搭載したMAX10-FB基板側では，FPGAの周辺電源（I/O電源，アナログ電源，アナログ・リファレンスGND）は，基板内のV_{CC33}（3.3V電源）またはGNDを接続するか，別の電源種を外部回路から供

表4 MAX10-JB基板内の信号結線表

PIC端子番号	PICマイコン側信号			ジャンパ (PICとFPGAの間)	FPGA側信号			備考
	PIC端子名	基板上信号名	基板上接続先		基板上信号名	基板上接続先		
1	V_{DD}	V_{CC33}	3.3V電源	−	−	−	−	−
2	RA5 / IOCA5 / OSC1 / CLKIN	−	X1(12MHz水晶)	−	−	−	−	−
3	RA4 / AN3 / IOCA3 / OSC2 / CLKOUT	−	X1(12MHz水晶)	−	−	−	−	−
4	RA3 / IOCA3 / $\overline{MCLR}$ /VPP	PIC_MCLR	CN1-4	J3	FPGA_P22	CN2-6	CN6-2	PIC書き込み用
5	RC5 / CCP1 / P1A / T0CKI	PIC_RC5	CN1-5	−	−	−	−	−
6	RC4 / P1B / C12OUT / SRQ	PIC_RC4	CN1-6	−	−	−	−	−
7	RC3/AN7/P1C/C12IN3−/PGM	PIC_PGM	CN2-4	J4	FPGA_P21	CN2-7	CN6-1	PIC書き込み用
8	RC6/AN8/$\overline{SS}$/T13CKI/T1OSCI	PIC_TMS	−	J7	FPGA_TMS	CN2-12	CN7-5	FPGAコンフィグレーション用
9	RC7/AN9/SDO/T1OSCO	PIC_TDI	−	J8	FPGA_TDI	CN2-13	CN7-9	FPGAコンフィグレーション用
10	RB7/IOCB7/TX/CK	PIC_RB7	CN2-5	−	−	−	−	−
11	RB6/IOCB6/SCK/SCL	PIC_TCK	−	J5	FPGA_TCK	CN2-14	CN7-1	FPGAコンフィグレーション用
12	RB5/AN11/IOCB5/RX/DT	PIC_RB5	CN1-11	−	−	−	−	−
13	RB4/AN10/IOCB4/SDI/SDA	PIC_TDO	−	J6	FPGA_TDO	CN2-11	CN7-3	FPGAコンフィグレーション用
14	RC2/AN6/P1D/C12IN2−/CVREF/INT2	−	LED2(Hで点灯)	−	−	−	−	−
15	RC1/AN5/C12IN1−/INT1/VREF−	PIC_RC1	CN1-10	−	−	−	−	−
16	RC0/AN4/C12IN+/INT0/VREF+	PIC_RC0	CN1-9	−	−	−	−	−
17	VUSB	−	C4(0.1μF)	−	−	−	−	−
18	RA1/IOCA1/D−/PGC	PIC_PGC	USB DM, CN1-8	J1	FPGA_P24	CN2-9	CN6-3	PIC書き込み用
19	RA0/IOCA0/D+/PGD	PIC_PGD	USB DP, CN1-7	J2	FPGA_P25	CN2-8	CN6-4	PIC書き込み用
20	V_{SS}	GND	GND	−	−	−	−	−
−	−	−	−	−	FPGA_P26	CN2-10	CN6-5	−
−	−	−	−	−	FPGA_P28	CN1-16	CN5-5	−
−	−	−	−	−	FPGA_P29	CN1-17	CN5-6	−
−	−	−	−	−	FPGA_P30	CN1-12	CN5-1	−
−	−	−	−	−	FPGA_P32	CN1-13	CN5-3	−
−	−	−	−	−	FPGA_P33	CN1-15	CN5-4	−
−	−	−	−	−	FPGA_P54	CN1-14	CN5-2	−
−	−	−	−	−	FPGA_JTAGEN	CN2-15	CN5-8	−

給してもらうかをはんだジャンパで選択できました．

MAX10-JB基板にもMAX10-FB基板と全く同じようなはんだジャンパが用意されていて(表3)，コネクタ経由で，MAX10-FB基板の周辺電源にV_{CC33}またはGNDを接続できるようになっています．

● 通常の使用方法(本書で紹介する使用例)の場合

通常の使用方法あるいは本書で紹介する使用例ではMAX10-FB基板のはんだジャンパは全てショート状態(FPGAの周辺電源は3.3VまたはGNDを接続)にしておくので，この場合は合体するMAX10-JB基板側のはんだジャンパは全てオープン状態のままにしておきます．

● FPGA周辺電源に外部システムから供給する場合

FPGA周辺電源(の全部または一部)をMAX10-FB基板を載せるシステム側から供給する場合，原則的にはMAX10-FB基板とMAX10-JB基板は合体せずに使用することを推奨します．その場合，MAX10-FB基板をコンフィグレーションする際はシステム回路から外してMAX10-JB基板と合体しますが，MAX10-FB基板上のはんだジャンパがオープンになっている周辺電源に向けて電源供給するため，MAX10-JB基板上の対応するはんだジャンパをショートしてください．

ただし，MAX 10の周辺電源のうち少なくともJTAG端子関連のI/Oバンク1B用の電源V_{CCIO1B}だけを基板上のV_{CC33}から供給(そこだけMAX10-FB基板上のはんだジャンパをショート)するのであれば，MAX10-FB基板とMAX10-JB基板を合体したままシステムに搭載してもかまいません．その時はMAX10-JB基板上のはんだジャンパは全てオープンのままにします．

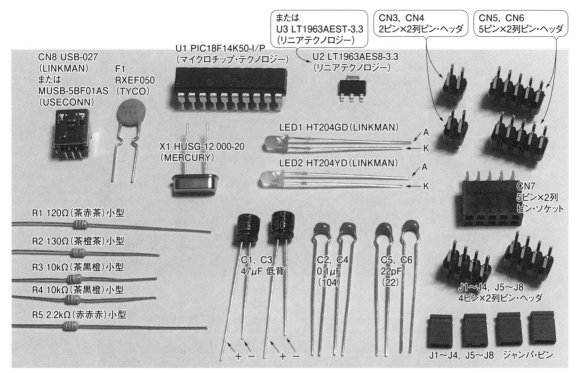

写真2 MAX10-JB基板用の追加部品の外観

● PICマイコンへのプログラム書き込み

　新品のPICマイコンにはプログラムを書き込む必要があります．MAX10-FB基板には，その出荷試験用の意味も含めてMAX10-JB基板上のPICマイコンへのプログラム書き込み機能がコンフィグレーションされています．中身は，Nios IIコアにPICマイコンのFLASH書き込み用の特殊な同期式シリアル通信モジュール（20ビット長でアクセス対象により動作タイミングが変わるもの）を接続したマイコン・システムであり，PICマイコンのFLASHメモリに書き込むデータをNios IIプログラム内に持たせてあります．

　MAX10-JB基板のジャンパJ1～J4をショートし，J5～J8をオープンにして，MAX10-JB基板とMAX10-FB基板を合体してUSBに電源を印加すると，MAX10-FB基板がPICマイコンへのプログラム書き込みを実行します．

　この具体的な作業方法は後述します．また別章で，MAX 10内に構築したPICマイコンFLASH書き込み機能の詳細を解説します．

● USB Blaster等価機能としての動作

　MAX10-JB基板のジャンパJ1～J4をオープンし，J5～J8をショートして，MAX10-JB基板とMAX10-FB基板を合体すれば，MAX10-JB基板のUSB Blaster等価機能によりPC上の各種開発ツールからUSB経由でコンフィグレーションやデバッグを行うことができます．

　USB Blaster機能がアクティブな期間は，LED2が点灯します．

　別章で，PICマイコン内のUSB Blaster等価機能を実現するプログラムについて解説します．

●コネクタ信号配置と内部信号結線

　MAX10-FB基板のコネクタ信号配置を図6に，基板内の信号結線表を表4に示します．

●単体のUSB PICマイコン基板にもなる

　MAX10-FB基板と合体させて使う際は，MAX10-JB基板のコネクタCN1とCN2は基本的に使用しません．ただし，PICマイコンの信号線を未使用のものも含めて引き出してあるので，MAX10-JB基板はUSB PICマイコン基板として別用途へ応用することもできます．

MAX10-JB基板の作り方

● MAX10-JB基板搭載部品の準備

　MAX10-JB基板は部品が何も実装されていない生基板です．以下の説明に従って，必要な部品を購入し

(a) 表面

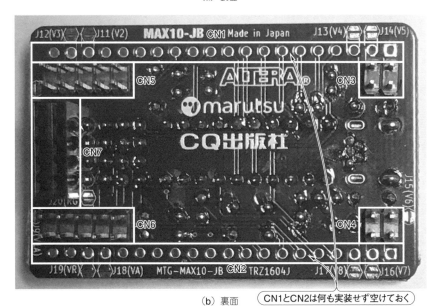

(b) 裏面

CN1とCN2は何も実装せず空けておく

写真3　MAX10-JB基板用へ追加部品の取り付け

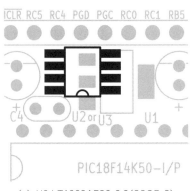

(a) U2 LT1963AES8-3.3(SSOP-8)を取り付ける場合の位置

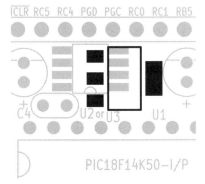

(b) U3 LT1963AEST-3.3(SOT-223)を取り付ける場合の位置

図7　U2またはU3の取り付け位置

てはんだ付けしてください．

まずは表2に示した部品を準備してください．各部品の外形を写真2に示します．

3.3V LDO レギュレータは，入手性に応じてU2またはU3のいずれか片方だけ準備すればOKです．カーボン皮膜抵抗は本体の長さが3.2mm程度の小型のものを選択してください．電解コンデンサは，別売の拡張基板MAX10-EBと組み合わせることを予定している場合は，高さが5mm程度の低いものを選択してください．

● MAX10-JB 基板用への部品の取り付け

MAX10-JB 基板用へ部品を取り付けた状態を写真3に示します．取り付け作業の推奨手順を下記に示します．基本的には背の低い部品から取り付けます．

(1) 基板裏面のはんだジャンパについては，通常の使用方法あるいは本書で紹介する使用例では，全てそのままオープンのままでかまわない．前章では，MAX10-FB基板とMAX10-JB基板の動作確認が終わるまでは，MAX10-FB基板のはんだジャンパは全てショートする方針としたので，逆にMAX10-JB基板では全てオープンのままにしておこう．
(2) 基板表面に3.3VレギュレータU2またはU3のいずれかを実装する．取り付け位置は図7を参照のこと．ピン間隔は広いが，面実装品なので，はんだ付け時はピン間や基板パターン間とブリッジしないように注意する．U3(SOT-223)を選択した場合は，タブ・リードのはんだ付けも忘れないようにしよう．
(3) 基板表面にカーボン皮膜抵抗R1～R5の5個を実装する．抵抗表面のカラー・コードをよく確認して取り付ける抵抗値を間違えないようにすること．
(4) 基板表面にPICマイコンU1を実装する．1番ピンの位置(USBコネクタ側)を間違えないようにすること．ICソケットの使用は，基板高さが増えるので推奨しない．
(5) 基板表面にUSBコネクタCN8を実装する．浮き上がらないように注意しよう．リード実装品だが，端子間が狭いのでブリッジしないように慎重にはんだ付けすること．フレームの固定穴もはんだ付けする．
(6) 基板表面に水晶振動子X1を実装する．
(7) 基板表面に積層セラミック・コンデンサC2とC4(共に0.1μF)，およびC5とC6(共に22pF)の合計4個を実装する．それぞれ外形が似ているので，間違えないように注意すること．
(8) 基板表面に電解コンデンサC1とC3(共に47μF)の2個を実装する．極性があるので注意のこと．いずれもCN1寄りの穴がマイナス極(部品のリードが短い方)である．
(9) 基板表面のLED1の位置に緑色のLEDを，LED2の位置に黄色のLEDを実装する．極性があるので注意のこと．基板シルク上のLED記号の三角マークの底辺寄りの穴がアノードで，部品のリードが長い方を挿入する．
(10) 今度は基板裏側にCN7のピン・ソケット(メス，5ピン×2列)を実装する．

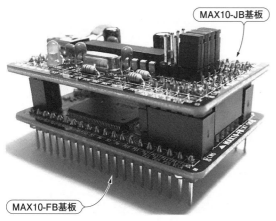

写真4　MAX10-FB基板とMAX10-JB基板の合体
MAX10-FB基板のCN1とCN2が実装された状態で写した．

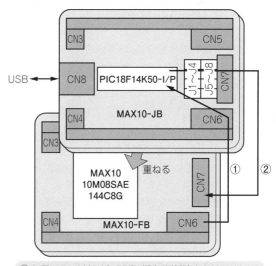

図8　MAX10-JB基板のPICマイコンへのプログラム書き込み方法

(11) 基板裏面にCN3とCN4のピン・ヘッダ(オス，2ピン×2列)を実装する．正方形に見えるが，実際には縦横の向きがある．切り離し用の溝の向きがCN5やCN6に実装する予定のピン・ヘッダ(オス，5ピン×2列)と同じになるように実装する．向きを間違えたとしても電気的に問題になることはない．基板のリード穴の遊びには余裕があるので，CN3とCN4のピン・ソケットが基板に対して微妙に斜めにならないように注意して取り付けよう．

CN3とCN4は，CN1とCN2の列の穴に入れないように注意すること．

(12) 基板裏面にCN5とCN6のピン・ヘッダ(オス，5ピン×2列)を実装する．

CN5とCN6も，CN1とCN2の列の穴に入れないように注意すること．

(13) 基板表面に戻って，J1～J4の穴とJ5～J8の穴にそれぞれピン・ヘッダ(オス，4ピン×2列)を実装する．

(14) 基板表面にポリ・スイッチF1を実装する．**写真3**に示すように，モールド樹脂の根元を割らないように金属リードの根元で90度曲げて取り付ける．F1のリードがCN3の端子に触れていないことを確認しよう．

(15) これで完成！

● PICマイコンへのプログラム書き込み

ここまでMAX10-JB基板が完成した時点で，前章のMAX10-FB基板の部品取り付け工程(7)の時点(CN1，CN2，U3:SDRAMが未実装の状態)のものを使ってPICマイコンへプログラムを書き込みます．MAX10-FB基板の出荷時には，MAX 10にPIC書き込み機能がコンフィグレーションされています．次の手順で進めてください．

(1) MAX10-FB基板のJ1をオープンにしてMAX10-JB基板と**写真4**のように合体する．

(2) まず，MAX10-JB基板のジャンパJ1～J4，およびJ5～J8を全てオープンにしておく．

(3) MAX10-JB基板のUSBコネクタに電源印加する．USB電源はスマートフォンの充電器や，ホストPCが繋がっていないUSBハブから与えることを推奨する．PCなどUSBの信号ライン(D＋，D－)がアクティブになるものと接続すると，PIC書き込み信号(PGD，PGC)をディスターブして書き込みエラーになることがあるので注意のこと．

(4) この状態では，ジャンパJ1～J4が接続されていないので，MAX 10はPICマイコンを認識できない．この時は，MAX10-FB基板上のフル・カラーLED(LED1)は白色で点滅する．この状態で，MAX10-FB基板上のSW1を押すと，LED1は，赤・緑・青の順で点滅を繰り返す．これによりMAX10-FB基板自身の初期動作チェックができる．

(5) MAX10-JB基板のUSBケーブルを抜いて，今度はMAX10-JB基板のジャンパJ1～J4をショートする．J5～J8はオープンにしておく．

(6) MAX10-JB基板のUSBコネクタに(3)と同様に電源を印加する．**図8**の(1)に示す矢印の方向でPICマイコンが制御されて消去・書き込み/ベリファイが行われる．あっと言う間(ほんの1～2秒程度)で終了する．PICマイコンへ正常に書き込みが行われるとMAX10-FB基板上のLEDが緑色で点滅する．書き込み途中でエラーがあると赤色で点灯する．

(7) 正常終了したことを確認したら，USBケーブルを抜いてMAX10-JB基板のジャンパJ1～J4をオープンにして，J5～J8をショートする．前章のMAX10-FB基板の部品取り付け工程(8)に戻ってMAX10-FB基板を仕上げる．

(8) これ以降は，MAX10-JB基板はUSB Blasterと等価な機能を持つ．パソコンに別章で説明するように開発ツールをインストールしてMAX10-JB基板をUSB接続すると，USB Blasterのドライバがインストールされ認識される．この状態になれば，CN7にJTAG信号が現れるので，**図8**の(2)に示す矢印の方向でFPGAを制御することができる．Quartus PrimeからMAX10-FB基板を認識できることを確認したら，MAX10-FB基板のMAX 10の初期コンフィグレーションは書き換えても問題ない．

◀ 参考文献 ▶

(1) PIC18F/LF1XK50 Data Sheet, 20-Pin USB Flash Microcontrollers with nanoWatt XLP Technology, DS41350E, Revision E, 10/2010, Microchip Technology Inc.

(2) LT1963A Series Data Sheet, 1.5A, Low Noise, Fast Transient Response LDO Regulators, 11963aff, Rev.F, 09/2013, Linear Technology Corp.

(3) ポリスイッチ ラジアルパーツ データシート, 2009, Tyco Electronics Japan.

(4) MUSB-5BF01AS 外形寸法図, USECONN

(5) USB-027 外形寸法図, 2011/04, Linkman

第5章 MAX 10によるPICマイコンFLASH書き込み器の構造と，PICマイコンによるUSB Blaster等価機能の実現

MAX10-FB基板とMAX10-JB基板の協調動作の仕組み

本書付属DVD-ROM収録関連データ		
格納フォルダ	内容	備考
CQ-MAX10¥PIC¥USB_JTAG¥firmware	USB Blaster等価機能用PICマイコン・プログラムのプロジェクト一式（MPLAB X IDE用）	いずれも参考用であり読者が使用する必要はない
CQ-MAX10¥PIC¥hex2c	PICマイコンのバイナリ・ファイル（hex）をNios IIプログラムにインクルードするためにCソース・コードに変換するユーティリティ（ANSI Cでコンパイルして使用）	
CQ-MAX10¥Projects¥PROJ_PIC_Programmer	PICマイコンのFLASH書き込み器としてのMAX 10 FPGAプロジェクト（Quartus Prime，Nios II Eclipse用）	

●はじめに

本章の前半では，MAX10-JB基板上のPICマイコンのFLASHメモリにプログラムを書き込むためにMAX10-FB基板（出荷時点）のFPGAに仕込んだシステムについて解説します．その実現のためにFPGA内に特殊なSPIモジュールを組み込んでありますが，このモジュールについては，本書の中で論理設計と論理検証の例題として詳しく解説します．

また後半では，PICマイコンにプログラムを書き込んだ以降，MAX10-JB基板はUSB Blaster等価機能を持ちますが，その仕組みとPICマイコンのプログラム内容について解説します[注]．

表1 PIC18F14K50-I/Pの仕様概要

項目	内容
型名	PIC18F14K50-I/P
パッケージ	DIP-20ピン
FLASHメモリ	16Kバイト
EEPROM	256バイト
RAM	768バイト
CPU	・8ビット高性能RISC ・16ビット固定長命令
動作条件	・電源電圧：2.7V～5.5V ・最大動作周波数：48MHz
USBデバイス機能	・USB 2.0準拠 ・フル・スピード（12Mbps）またはロウ・スピード（1.5Mbps） ・コントロール転送，インタラプト転送，アイソクロナス転送，バルク転送 ・16エンドポイントまでサポート（双方向8組） ・256バイト・デュアル・ポートRAM
A-D変換器	・10ビット分解能
アナログ・コンパレータ	・2ユニット，Rail-to-Rail入力
タイマ	・拡張型コンペア/キャプチャ/PWM（ECCP） ・PWM出力本数：1～4本
同期シリアル	3ワイヤSPIマスタまたはI^2Cマスタ/スレーブ
非同期シリアル	UART

PICマイコン書き込み器としてのMAX10-FB基板

● MAX10-JB基板に搭載したPIC18F14K50-I/Pの概要

MAX10-JB基板に搭載したPICマイコンの仕様概要を表1に，ピン配置図を図1に示します．このPICマイコンはUSB 2.0のデバイス側の機能を持っており，ローコストなUSB機器を自作するのに適しています．このPICマイコンのFLASHメモリにプログラムを書き込む必要があります．

●初期出荷状態のMAX10-FB基板はPIC書き込み器になっている

初期出荷状態のMAX10-FB基板はその出荷検査も兼ねて，搭載するMAX 10デバイスのFLASHメモリにコンフィグレーション・データが書き込まれています．

注）本章の内容は，MAX10-FB基板とMAX10-JB基板の協調動作の仕組みに関する技術情報を提供するものであり，MAX10-FB基板とMAX10-JB基板を使うだけであれば必ずしも理解する必要はない．
また，本章で説明するFLASHメモリ書き込み方式は，PICマイコンのFLASHメモリに関するものである．MAX 10内のFLASHメモリに関するものではないので混同しないようにすること．

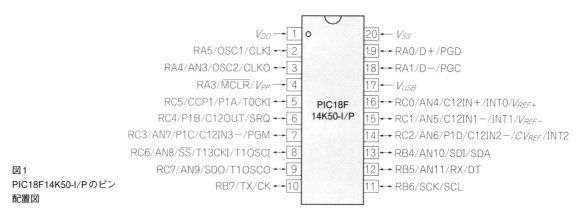

図1 PIC18F14K50-I/Pのピン配置図

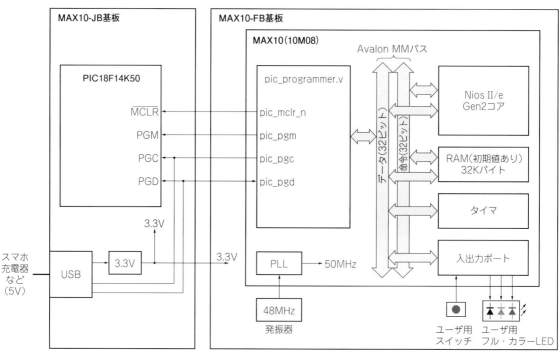

図2 MAX10-JB基板上のPICマイコンのFLASH書き込み器の構成
初期出荷時のMAX10-FB基板がPICマイコンの書き込み器になる.

　この初期状態のMAX 10は，MAX10-JB基板に載せたPICマイコンの書き込み器になっています．前章で説明したとおり，MAX10-FB基板とMAX10-JB基板を接続して電源を印加すると，MAX 10 FPGAがPICマイコン内蔵FLASHメモリへの書き込みを行います．そのシステム全体構成を図2に示します．

　MAX 10内にはNios II CPUコア，メモリ(SRAM)，周辺モジュール，およびPICマイコン書き込み専用の同期式シリアル通信モジュールを構築してあります．Nios IIに接続されたSRAMには，初期値としてPICマイコン書き込み制御用のソフトウェアとPICマイコンのFLASHメモリへ転送するデータが格納されています．

● PICマイコン書き込み器のQuartus Prime用設計データ

　初期出荷時にMAX 10にコンフィグレーションしたQuartus Prime用設計データ一式PROJ_PIC_Programmerを付属DVD-ROMに格納してあります．
　この時点であえて試す必要はありませんが，もし参照したり合成する場合は，このディレクトリ PROJ_PIC_Programmer を C:¥CQ-MAX10¥Projects 以下にコピーしてください．

● PICマイコン書き込み関連信号

　PICマイコンのFLASHメモリへの書き込みを行う際の関連信号を表2に示します．MAX 10とPICマ

表2 PIC18F14K50-I/PのFLASHメモリ書き込み関連端子

PIC18F14K50 端子名	低電圧プログラミング中の機能		
	端子名	信号種類	端子機能
$\overline{MCLR}/V_{PP}$/RA3	$\overline{MCLR}$	入力	プログラミング・イネーブル
V_{DD}	V_{DD}	電源	電源(3.3V)
V_{USB}	V_{USB}	電源	USB用内蔵レギュレータ(3.3V)
V_{SS}	V_{SS}	電源	グラウンド
RC3	PGM	入力	低電圧ICSP入力(＊1)
RA1	PGC	入力	シリアル・クロック
RA0	PGD	入出力	シリアル・データ

(＊1) 低電圧ICSP(In Circuit Serial Programming)は，コンフィグレーション・ワードCONFIG4LのLVPビットが1の場合に有効．LVPはデフォルトでは1．V_{PP}を使う高電圧ICSPはLVPの値に関わらず有効．

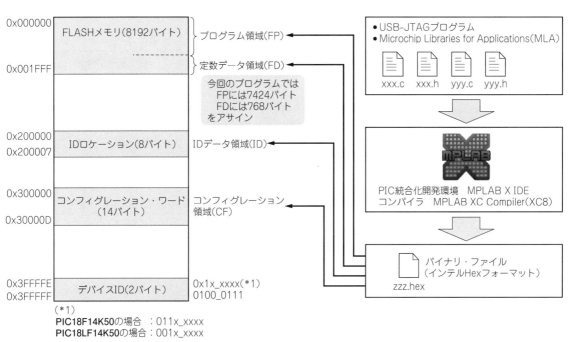

図3 PIC18F14K50-I/PのFLASHメモリのメモリ・マップ

イコンの間は4本の信号線（$\overline{MCLR}$，PGM，PGC，PGD）で接続されており，これらを制御することでPICマイコンへの書き込みを行います．以下ではまず，PICマイコンへのプログラム書き込み方法について説明します．

● PICマイコン内蔵FLASHメモリは複数領域に分かれる

MAX 10側からプログラムを書き込むターゲットとなるPICマイコン内のFLASHメモリのメモリ・マップを図3に示します．

PICマイコンのプログラムはPIC統合化開発環境MPLAB X IDEとXCコンパイラ（XC8）で開発します．ここから生成するFLASHに書き込むためのバイナリ・ファイルは，図3に示したとおり4領域から構成されます．

プログラム領域（FP）はCコンパイラから生成された命令コードで，定数データ領域（FD）はCプログラム内の定数や変数の初期値を格納する領域です．IDデータ領域（ID）はユーザが自由に使えるバージョン・コードなどを格納する領域です．コンフィグレーション領域（CF）は，クロックなどのシステム初期設定値を記憶しておくコンフィグレーション・ワードの領域で，リセット直後に自動的にハードウェアにより所定のシステム設定レジスタに転送されるものです．

以上の各データをFLASHメモリ内の決められた領域に書き込む必要があります．

FLASHメモリの最終アドレス（0x3FFFFE～0x3FFFFF）には，デバイス識別用のIDコードがあらかじめ書き込まれています．

● PICマイコンの書き込みモードの遷移と解除

PICマイコンのFLASHメモリの書き込みを行う際は，専用モードに遷移させる必要があります．FLASH書き込みモードへの遷移方法と解除方法を図4に示します．

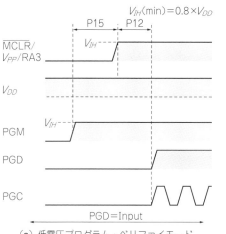
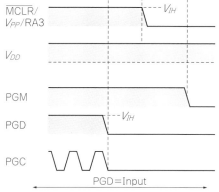

図4 FLASH書き込みモードの遷移方法と解除方法

(a) 低電圧プログラム・ベリファイモードへの遷移方法

(b) 低電圧プログラム・ベリファイモードからの解除方法

表3 FLASHオペレーション・コマンド

TABLATレジスタのシフト出力は，FLASHメモリの一部のロウ・アドレスを消去したり書き換えたり，あるいはEEPROMのデータをリードするときに使う．本書で説明する事例では使用しない．

分類	オペレーション・コマンド処理内容	オペレーション・コマンド (4ビット)
一般	CPUコア命令 (16ビット命令のシフト入力)	0000
	TABLATレジスタのシフト出力	0010
リード	テーブル・リード	1000
	テーブル・リード (ポスト・インクリメント)	1001
	テーブル・リード (ポスト・デクリメント)	1010
	テーブル・リード (プリ・インクリメント)	1011
ライト	テーブル・ライト	1100
	テーブル・ライト (ポスト・インクリメント，+2)	1101
	テーブル・ライト+プログラム開始 (ポスト・インクリメント，+2)	1110
	テーブル・ライト+プログラム開始	1111

　PICマイコンのFLASH書き込みは，V_{PP}端子に8V～9Vの電圧を加える高電圧モードと，高電圧を加えない低電圧モードの両方があります．新品状態ではどちらの方法でも書き込めます．コンフィグレーション領域(CF)のLVPビットを0クリアすると，FLASHメモリの消去や書き込みをするにはV_{PP}に高電圧を加える必要があります．今回の方式では，低電圧モードを使用します．

● FLASHメモリ書き込み操作の基本は20ビット同期式シリアル通信

　FLASHメモリの書き込み操作は，PGC信号をクロック，PGD信号をデータとした同期式シリアル通信が基本です．PICマイコンの外部がホスト，PICマイコン側がスレーブに対応します．PGC信号はホスト側が出力し，PGD信号はトランザクションの向きに応じた双方向信号です．

　1回の同期式シリアル通信トランザクションは20ビット(20クロック)を一つの単位としています．最初の4ビットは表3に示すオペレーション・コマンドを送り，残りの16ビットがオペレーション・コマンドに対応するデータになります．

　PGD信号の向きは，FLASHメモリのリード操作以外では，20ビット分の通信全てがホスト側(MAX 10側)からPIC側に向かいます．FLASHメモリのリード操作では，最初の4ビットのオペレーション・コマンドとそのあとのデータの前半8ビットまではホスト側からPIC側に向かい，最後の8ビット分だけがPIC側からホスト側に向かいます．このタイミング動作の詳細は後述します．

● CPU命令の送出と実行

　同期式シリアル通信のオペレーション・コマンドが0000の場合，後半の16ビットはCPUの命令コードとして解釈され，PICマイコンのCPUがその命令コードを1個だけ実行して止まります．連続して送れば，速度は遅いですが，CPUに任意の命令処理をさせることができます．

● FLASH操作アクセス用テーブル・ポインタ

　FLASHメモリの操作において，FLASHメモリ自体の書き込みや読み出しをするアドレスを指定した

表4 FLASHメモリの操作関連リソース

項目			サイズ・位置	備考
テーブル・ポインタ TBLPTR	TBLPTRU	ADDR [21:16]	RAMアドレス：0x0FF8	TBLPTRは，OPコマンド0000で命令をシフト入力してCPUに実行させて設定する．FLASHメモリの操作前には必ず設定が必要
	TBLPTRH	ADDR [15:8]	RAMアドレス：0x0FF7	
	TBLPTRL	ADDR [7:0]	RAMアドレス：0x0FF6	
FLASHライト・バッファ・サイズ			16バイト	
FLASHイレース・サイズ			64バイト	本システムではバルク・イレースのみ実行

表5 FLASHバルク・イレース・シーケンス

STEP	手順	SPIコマンド	オペレーション・コマンド（4ビット）	入力データ（16ビット）	入力CPUコア命令	備考
1	イレース制御用レジスタの上位側へのコマンド設定	TX	0000	0E 3C	MOVLW 0x3C	
		TX	0000	6E 68	MOVWF TBLPTRU	
		TX	0000	0E 00	MOVLW 0x00	
		TX	0000	6E F7	MOVWF TBLPTRH	
		TX	0000	0E 05	MOVLW 0x05	
		TX	0000	6E F6	MOVWF TBLPTRL	
		TX	1100	0F 0F	テーブル・ライト	0x3C0005番地に0x0Fをライト
2	イレース制御用レジスタの下位側へのコマンド設定	TX	0000	0E 3C	MOVLW 0x3C	
		TX	0000	6E F8	MOVWF TBLPTRU	
		TX	0000	0E 00	MOVLW 0x00	
		TX	0000	6E F7	MOVWF TBLPTRH	
		TX	0000	0E 04	MOVLW 0x04	
		TX	0000	6E F6	MOVWF TBLPTRL	
		TX	1100	8F 8F	テーブル・ライト	0x3C0004番地に0x8Fをライト
3	バルク・イレース開始	TX	0000	00 00	NOP	
		ER	0000	00 00	NOP	消去コマンド用SPI（PGCロウ期間延長）

0x3C0005番地と0x3C0004番地のレジスタはイレース制御用で，0x0F8Fをライトするとバルク・イレース処理を開始する．

り，FLASHメモリ制御用レジスタをアクセスするにはテーブル・ポインタTBLPTRを介して行います．表4に示すように，FLASHメモリ操作専用の22ビットのテーブル・ポインタTBLPTRがあり，上位側からTBLPTRU[21:16]，TBLPTRH[15:8]，TBLPTRL[7:0]に分割されています．これらはRAMアドレスにアサインされており，TBLPTRの内容は，オペレーション・コマンドが0000を持つ同期式シリアル通信で命令コードをシフト入力してCPUに実行させて設定します．FLASHメモリ操作時のアクセス先アドレスは，TBLPTRが指し示す場所になるので，FLASHメモリの操作前には必ずTBLPTRの設定が必要です．

● FLASHメモリの消去方法

FLASHメモリのプログラム前に，FLASHメモリの消去を行います．FLASHメモリは64バイト単位で部分的に消去することもできますが，ここではバルク・イレースというFLASHメモリ全体を一度に消去する方法を使います．

表5にバルク・イレースの同期式シリアル通信シーケンスを，図5にそのタイミングを示します．

STEP1では，イレース方式選択用レジスタの0x3C00005番地に0x0Fをライトします．そのため，CPU命令の送出によりTBLPTRに0x3C0005をセットして，テーブル・ライト・コマンド（オペレーション・コマンド1100）とライト・データ0x0F0F（上位・下位に同じデータを設定）を送ります．

STEP2では，イレース方式選択用レジスタの0x3C00004番地に0x8Fをライトします．同様に，CPU命令の送出によりTBLPTRに0x3C0004をセットして，テーブル・ライト・コマンド（オペレーション・コマンド1100）とライト・データ0x8F8Fを送ります．

STEP3で実際の消去を行います．消去時は，図5に示したように，オペレーション・コマンド0000を送ったあと，イレース時間の分だけPGC信号の"L"レベルを延長した同期式シリアル通信を行う必要があります．

● FLASHメモリ書き込みのためのライト・バッファ

FLASHメモリの書き込みは，16バイト単位（ロウ・アドレス単位）で行います．このため，16バイト分のデータをライト・バッファ（表4）に転送してから書き込み操作を行います．

FLASHメモリの書き込み先頭アドレスをTBLPTRにセットしてから，図6に示すように，オペレーション・コマンド1101（テーブル・ライト＋ポスト・イン

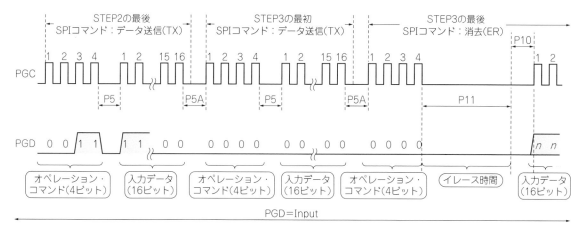

図5　FLASHバルク・イレース・タイミング

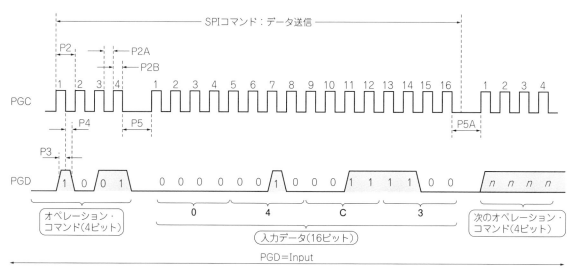

- オペレーション・コマンド：1101＝テーブル・ライト（ポスト・インクリメント，＋2）
- 入力データ：0x3C，0x40（LSBファースト入力）

図6　FLASHライト・バッファへのテーブル・ライト・タイミング

クリメント）と16ビット・データを送り込むとライト・バッファに2バイトずつ書き込まれ，TBLPTRが＋2されます．この操作を繰り返すとライト・バッファにFLASH書き込み用のデータを送り込むことができます．

● FLASHメモリのFP領域とFD領域の書き込み方法

FLASHメモリのプログラム領域(FP)と定数データ領域(FD)の書き込みシーケンスを表6に，タイミングを図7に示します．

STEP1では，FLASHメモリ書き込みのための事前設定を行います．決められた処理であり，おまじないと考えてください．CPU命令の送り込みで処理します．

STEP2では，16バイト単位のロウ・アドレスの先頭番地をTBLPTRにセットします．CPU命令の送り込みで処理します．

STEP3では，16バイト分あるライト・バッファの先頭14バイト分まで，図6に示したタイミングで書き込みデータを設定します．

STEP4では，オペレーション・コード1111（テーブル・ライト＋プログラム開始）と，ライト・バッファに送る最後の2バイトを送信します．最後に図7に示したように，オペレーション・コマンド0000を送ったあと，プログラム時間の分だけPGC信号の"H"レベルを延長した同期式シリアル通信を行う必要があります．

以上で，16バイト分の書き込みができたので，次の16バイト分のブロックに対して同様の処理を行い，

表6 プログラム領域(FP)と定数データ領域(FD)の書き込みシーケンス

STEP	手 順	SPIコマンド	オペレーション・コマンド(4ビット)	入力データ(16ビット)	入力CPUコア命令	備 考
1	プログラムのための事前設定（ダイレクト・アクセス）	TX	0000	8E A6	BSF EECON1, EEPGD	FLASHプログラム開始時のおまじない
		TX	0000	9C A6	BCF EECON1, CFGS	
		TX	0000	84 A6	BSF EECON1, WREN	
2	書き込みロウ・アドレスの指定	TX	0000	0E ADDR [21:16]	MOVLW ADDR [21:16]	
		TX	0000	6E 68	MOVWF TBLPTRU	
		TX	0000	0E ADDR [15:8]	MOVLW ADDR [15:8]	
		TX	0000	6E F7	MOVWF TBLPTRH	
		TX	0000	0E ADDR [7:0]	MOVLW ADDR [7:0]	
		TX	0000	6E F6	MOVWF TBLPTRL	
3	ライト・バッファへのデータ・ロード	TX	1101	MSB LSB	テーブル・ライト（ポスト・インクリメント，+2）	16バイトのバッファの最初の14バイトまで
4	プログラム開始	TX	1111	MSB LSB	テーブル・ライト＋プログラム開始	最後の2バイトをロードしてプログラムを開始
		PM	0000	00 00	NOP	プログラム(FLASH)用SPIコマンド(PGCハイ期間延長)

※書き込みは16バイト単位でSTEP2～STEP4を繰り返す．
※IDはトータルで8バイトなので，バッファには8バイトまでをロードして書き込む．

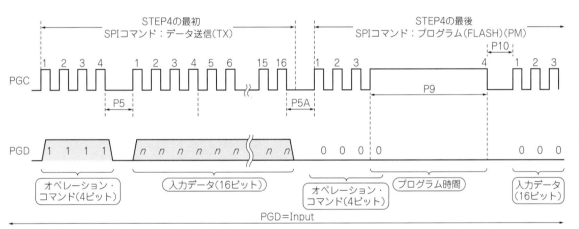

図7 プログラム領域(FP)と定数データ領域(FD)の書き込みタイミング
IDデータ領域(ID)も同様である．

これを必要な分だけ繰り返します．

● FLASHメモリのIDデータ領域(ID)の書き込み方法

FLASHメモリのIDデータ領域(ID)の書き込み方法は，基本的にはプログラム領域(FP)と定数データ領域(FD)の書き込み方法と同じです．アドレスは0x200000番地固定であり，また書き込みサイズが8バイトしかないので，表7に示すシーケンスで処理します．タイミングは図7を参照してください．

● FLASHメモリのコンフィグレーション領域(CF)の書き込み方法

FLASHメモリのコンフィグレーション領域(CF)の書き込みシーケンスを表8に，タイミングを図8に示します．コンフィグレーション領域(CF)は1バイトずつFLASHメモリへの書き込み操作を行う点が他と異なります．

STEP1では，FLASHメモリ書き込みのための事前設定を行います．

STEP2では，コンフィグレーション領域(CF)の書き込み先アドレスをTBLPTRにセットします．0x300000台の番地です．

STEP3では，オペレーション・コード1111（テーブル・ライト＋プログラム開始）と，書き込みデータを送ります．16ビット幅書き込みデータのうち，偶数番地への書き込みではLSB側に有効データを，奇数番地への書き込みではMSB側に有効データを置きます．最後に，図8に示したように，オペレーション・コマンド0000を送ったあと，プログラム時間の分だ

表7 IDデータ領域(ID)の書き込みシーケンス

STEP	手 順	SPIコマンド	オペレーション・コマンド(4ビット)	入力データ(16ビット)	入力CPUコア命令	備 考
1	プログラムのための事前設定(ダイレクト・アクセス)	TX	0000	8E A6	BSF EECON1, EEPGD	FLASHプログラム開始時のおまじない
		TX	0000	9C A6	BCF EECON1, CFGS	
		TX	0000	84 A6	BSF EECON1, WREN	
2	書き込みロウ・アドレスの指定	TX	0000	0E 20	MOVLW 0x20	
		TX	0000	6E 68	MOVWF TBLPTRU	
		TX	0000	0E 00	MOVLW 0x00	
		TX	0000	6E F7	MOVWF TBLPTRH	
		TX	0000	0E 00	MOVLW 0x00	
		TX	0000	6E F6	MOVWF TBLPTRL	
3	ライト・バッファへのデータ・ロード	TX	1101	MSB LSB	テーブル・ライト(ポスト・インクリメント, +2)	ID領域の最初の6バイト分
		TX	1101	MSB LSB	テーブル・ライト(ポスト・インクリメント, +2)	
		TX	1101	MSB LSB	テーブル・ライト(ポスト・インクリメント, +2)	
4	プログラム開始	TX	1111	MSB LSB	テーブル・ライト+プログラム開始	最後の2バイトをロードしてプログラムを開始
		PM	0000	00 00	NOP	プログラム(FLASH)用SPIコマンド(PGCハイ期間延長)

表8 コンフィグレーション領域(CF)の書き込みシーケンス

STEP	手 順	SPIコマンド	オペレーション・コマンド(4ビット)	入力データ(16ビット)	入力CPUコア命令	備 考
1	プログラムのための事前設定(ダイレクト・アクセス)	TX	0000	8E A6	BSF EECON1, EEPGD	コンフィグ領域のプログラム開始時のおまじない
		TX	0000	8C A6	BSF EECON1, CFGS	
		TX	0000	84 A6	BSF EECON1, WREN	
2	書き込み先アドレスの指定	TX	0000	0E 30	MOVLW 0x30	
		TX	0000	6E 68	MOVWF TBLPTRU	
		TX	0000	0E 00	MOVLW 0x00	
		TX	0000	6E F7	MOVWF TBLPTRH	
		TX	0000	0E ADDR [7:0]	MOVLW ADDR [7:0]	
		TX	0000	6E F6	MOVWF TBLPTRL	
3	1バイトをプログラム	TX	1111	MSB LSB	テーブル・ライト+プログラム開始	偶数番地へはLSBが,奇数番地へはMSBが書き込まれる
		PC	0000	00 00	NOP	プログラム(コンフィグ)用SPIコマンド(PGCハイ期間延長)

コンフィグレーション・ワードは1バイトずつSTEP2～STEP3を繰り返して書き込む.

け PGC 信号の"H"レベルを延長した同期式シリアル通信を行う必要があります.この"H"レベル期間はプログラム領域(FP)と定数データ領域(FD)の書き込み時のタイミングより長くします(**表10** 参照).

● **FLASH メモリの読み出し方法**

FLASH メモリをベリファイするため読み出す場合は,1バイト単位で行います.プログラム領域(FP),定数データ領域(FD),ID データ領域(ID),コンフィグレーション領域(CF)のいずれでも同じ方法を使います.

FLASH メモリの読み出しシーケンスを**表9**に,タイミングを**図9**に示します.

STEP1 では,FLASH メモリの読み出し先頭アドレスを TBLPTR に設置します.

STEP2 では,オペレーション・コード1001(テーブル・リード+ポスト・インクリメント)を送ることで,同期式シリアル通信トランザクションの後半8ビット期間で FLASH メモリの読み出しデータが出力されます.その後,TBLPTR が+1されますので,そのまま STEP2 を繰り返すと FLASH メモリ内のデータを連続して読み出すことができます.

● **FLASH プログラム専用同期式シリアル通信**

以上説明したように,PIC マイコンの FLASH メモリ関連操作は,同期式シリアル通信が基本ですが,

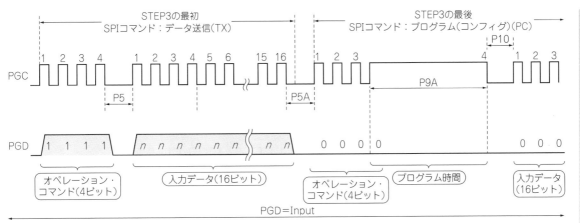

図8 コンフィグレーション領域(CF)の書き込みタイミング

表9 PIC18マイコンのFLASH読み出しシーケンス
プログラム領域(FP)，定数データ領域(FD)，IDデータ領域(ID)，コンフィグレーション領域(CF)のいずれでも同様．

STEP	手順	SPIコマンド	オペレーション・コマンド(4ビット)	入力データ(16ビット)	入力CPUコア命令	備考
1	リード用テーブル・アドレスの指定	TX	0000	0E ADDR [21:16]	MOVLW ADDR [21:16]	
		TX	0000	6E 68	MOVWF TBLPTRU	
		TX	0000	0E ADDR [15:8]	MOVLW ADDR [15:8]	
		TX	0000	6E F7	MOVWF TBLPTRH	
		TX	0000	0E ADDR [7:0]	MOVLW ADDR [7:0]	
		TX	0000	6E F6	MOVWF TBLPTRL	
2	バイト・リード(繰り返し)	RX	1001	00 00	テーブル・リード(ポスト・インクリメント)	データ受信用SPIコマンド

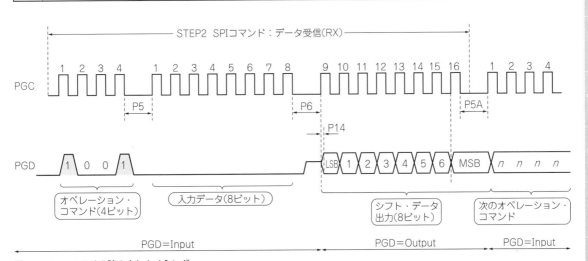

図9 FLASHメモリの読み出しタイミング
プログラム領域(FP)，定数データ領域(FD)，IDデータ領域(ID)，コンフィグレーション領域(CF)のいずれでも同様．

ビット長が20ビットだったり，トランザクション途中でPGC信号の"H"レベル期間や"L"レベル期間を延長したり，PGD信号の向きを変えたりする必要があり，かなり特殊な同期式シリアル通信なので，一般的なSPI(Serial Peripheral Interface)通信機能では対応できません．

そのため，**図10**の(a)～(d)に示す5通りのタイミングで動作する同期式シリアル通信モジュールpic_programmer.vを設計して，**図2**に示したようにMAX10-FB基板上のFPGAに入れました．

PICマイコンFLASH書き込み関連操作のタイミングは，**表10**に示すように規定されているので，これ

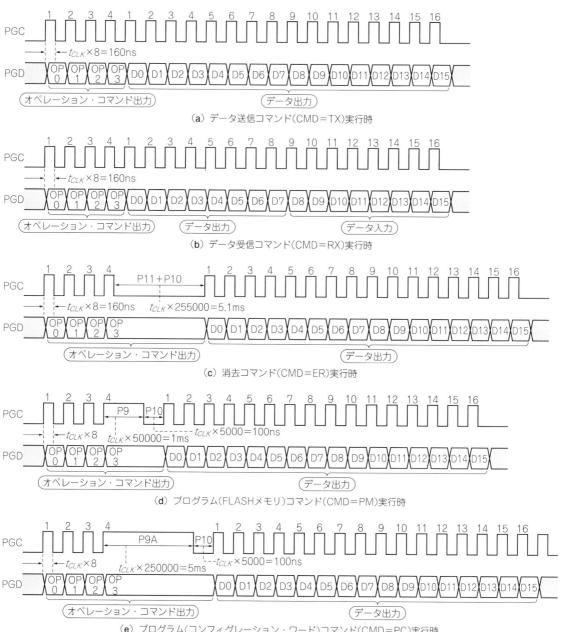

図10 FLASHプログラム専用同期式シリアル通信機能の動作タイミング
システム・クロックは50MHzとしたので，$t_{CLK}=20\mathrm{ns}$ である．

らを満足するタイミングを生成するようにしてあります．

● **専用同期式シリアル通信モジュールの制御レジスタ**

この同期式シリアル通信モジュールはMAX 10内のNios II CPUコアからアクセスします．その制御用レジスタを**表11**に示します．

PICマイコンの書き込みモードの遷移と解除を行うための$\overline{\mathrm{MCLR}}$信号とPGM信号のレベルはREG_PIC_CSRレジスタのMCLRビットとPGMビットでそれぞれ直接操作します．

図10に示した個々のトランザクションが完了するとREG_PIC_CSRレジスタのDONEビットがセットされます．DONEビットは'1'をライトするとクリアできます．IEビットをセットしておくと，Nios IIコアに割り込みを要求することができます．

REG_PIC_DATレジスタにオペレーション・コマ

表10 FLASHプログラム関連タイミング規定値

記号	規 格		タイミングの意味
P1	1μs	max	$\overline{MCLR}$立ち上がり時間
P2	100ns	min	PGC周期
P2A	40ns	min	PGCロウ期間
P2B	40ns	min	PGCハイ期間
P3	15ns	min	PGC立ち下がりエッジに対する入力データのセットアップ時間
P4	15ns	min	PGC立ち下がりエッジに対する入力データのホールド時間
P5	40ns	min	4ビット幅コマンドからコマンド・オペランドまでの間隔
P5A	40ns	min	コマンド・オペランドから次の4ビット・コマンドまでの間隔
P6	20ns	min	コマンド・オペランドの，前半8ビットの最後のPGC立ち下がりエッジからリード・データの最初のPGC立ち上がりエッジまでの間隔
P9	1ms	min	FLASH書き込み中のPGCハイ期間
P9A	5ms	min	コンフィグレーション・ワード書き込み中のPGCハイ期間
P10	100μs	min	書き込み後のPGCロウ期間（高電圧ディスチャージ時間）
P11	5ms	min	全面自動消去時の待ち時間
P11A	4ms	min	EEPROMデータ書き込み時の状態ポーリング時間
P12	2μs	min	$\overline{MCLR}$立ち上がりに対する入力データのホールド時間
P12A	70μs	min	$\overline{MCLR}$立ち上がりに対する入力データのホールド時間（PIC18F1xK50のみ）
P13	100ns	min	$\overline{MCLR}$立ち上がりに対するV_{DD}立ち上がりのセットアップ時間
P13A	70μs	min	$\overline{MCLR}$立ち上がりに対するV_{DD}立ち上がりのセットアップ時間（PIC18F1xK50のみ）
P14	10ns	min	PGC立ち上がりからの出力データ確定時間
P15	2μs	min	$\overline{MCLR}$立ち上がりに対するPGM立ち上がりのセットアップ時間
P16	0s	min	PGCの最終立ち下がりから$\overline{MCLR}$立ち下がりまでの間隔
P17	100ns	min	$\overline{MCLR}$立ち下がりからV_{DD}立ち下げまでの間隔
P18	0s	min	$\overline{MCLR}$立ち下がりからPGM立ち下がりまでの間隔
P19	3ns	min	PGC立ち上がりからPGDがHiZになるまでの遅延時間
	10ns	max	
P20	5μs	min	V_{PP}変更後のホールド時間

ンドと送信データをセットしてから，REG_PIC_CSR レジスタのCMDフィールドに表11に示した各コマンド値をライトすると，図10に示した各トランザクション動作を開始します．データ受信動作については，受信した8ビット幅データがREG_PIC_DATレジスタ内の受信データ・フィールドに格納されます．

● MAX 10内のNios II のプログラム

PICマイコンのFLASH書き込み処理を行うための，Nios IIプログラムの全体フローを図11に示します．

まず，デバイス識別用IDコードを読み出して，PIC18F14K50が正しく接続されているかどうかを確認します．問題があればエラー表示として，MAX10-FB基板上のLED1を白色点滅させます．これはMAX10-FB基板の出荷試験を兼ねた動作になっていて，このエラー表示状態でMAX10-FB基板上のSW1を押すと，LED1が赤・緑・青の順で交互に点滅を繰り返します．

PICマイコンを正しく認識できたら，FLASHメモリのバルク・イレース，FLASHメモリへの書き込み，ベリファイを順次行います．ベリファイがOKだったらLED1を緑で点滅させます．NGだったら，LED1を赤で点灯させます．

図11に示したMAX 10からPICマイコンへのFLASH書き込み操作は，専用ハードを設計したこともあって，非常に高速に処理が完了します．電源印加後，あっけない程すぐにLED1が緑色で点滅します．

USB Blaster等価機能を持ったMAX10-JB基板

● USB Blasterとは

アルテラ社のFPGAをコンフィグレーションするためのUSB-JTAGインターフェース・ケーブルとしてUSB Blaster（およびその互換機）が市販されています．USB BlasterはPCのUSB端子とFPGAのJTAG端子の間のインターフェースを取り，開発ツールのQuartus Primeなどから直接FPGAをコンフィグレーションしたりデバッグすることができます．

今回のMAX10-JB基板にはこのUSB Blaster等価機能を持たせます．このため，搭載するPICマイコンにUSB Blaster等価機能を実現するプログラムを書き込みます．書き込み方法は前節までに解説しましたので，以下ではUSB Blaster等価機能を実現するためのPICマイコン内のプログラムの中身について説明します．

表11 FLASHプログラム専用同期式シリアル通信機能の制御レジスタ

レジスタ名		REG_PIC_CSR		
レジスタ意味		PICプログラム専用同期式シリアルのコントロール・ステータス・レジスタ		
アドレス・オフセット		0x00(Nios II空間では0xFFFF2000番地にアサイン)		
ビット	ビット名	初期値	R/W	意 味
31	PGM	0	R/W	PIC_PGM信号レベル設定 0：PIC_PGM = "L"レベル 1：PIC_PGM = "H"レベル
30	MCLR	0	R/W	PIC_MCLR_n信号レベル設定 0：PIC_MCLR_n = "L"レベル 1：PIC_MCLR_n = "H"レベル
29-24	リザーブ	0	R	リザーブ・ビット(ライト値は常に0にすること)
23	IE	0	R/W	割り込みイネーブル 0：割り込みディセーブル 1：割り込みイネーブル
22	DONE	0	R/C	転送終了フラグ リード値が0：Tx/Rx動作が完了していない リード値が1：Tx/Rx動作が完了した ライト値が0：ノー・オペレーション ライト値が1：このビットをクリアする
21-4	リザーブ	0	R	リザーブ・ビット(ライト値は常に0にすること)
3-0	CMD	0000	R/S	コマンド リード値が0x0：コマンド非ビジー状態 リード値が0x0以外：コマンド・ビジー状態 ライト値が0x0(NOP)：ノー・オペレーション ライト値が0x1(TX)：データ送信(4ビット+16ビット) ライト値が0x2(RX)：データ受信(4ビット+16ビット) ライト値が0x3(ER)：消去(4ビット+16ビット) ライト値が0x4(PF)：プログラム(FLASH)(4ビット+16ビット) ライト値が0x5(PC)：プログラム(コンフィグ・ワード)(4ビット+16ビット)

(a) PICプログラム専用同期式シリアルのコントロール・ステータス・レジスタ

レジスタ名		REG_PIC_DAT		
レジスタ意味		PICプログラム専用同期式シリアルの送受信データ・レジスタ		
アドレス・オフセット		0x04(Nios II空間では0xFFFF2004番地にアサイン)		
ビット	ビット名	初期値	R/W	意 味
31-28	OP3...OP0	0000	R/W	オペコード(4ビット)
27-16	リザーブ	0...0	R	リザーブ・ビット(ライト値は常に0にすること)
15-8	D15...D8 (MSB)	0...0	R/W	送受信データ(上位) 送信時：上位8ビット・データ 受信時：受信データ(8ビット)
7-0	D7...D0 (LSB)	0...0	R/W	送信データ(下位) 送信時：下位8ビット・データ

(b) PICプログラム専用同期式シリアルの送受信データ・レジスタ

● PICマイコンの開発環境

今回のPICプログラムの開発環境としては，下記を使用しました．
- PIC統合化開発環境：MPLAB X IDE Ver 2.30
- Cコンパイラ：MPLAB XC Compiler XC8 Ver 1.34
- USBライブラリ：Microchip Libraries for Applications(MLA)v2014-07-22

● PICマイコンのMPLAB X用プロジェクト

PICマイコンをUSB Blaster等価機能にするプログラムのMPLAB X用プロジェクトUSB_JTAGは参考用に付属DVD-ROMに格納してあります．

あえて試す必要はありませんが，もしも参照する場合は，適当なディレクトリに置いて，MPLAB X IDE内 から USB_JTAG¥firmware の下のプロジェクト・ファイルMPLAB.Xを開いてください．

このプロジェクト・ファイルには，Microchip Libraries for Applications(MLA)のうち，今回のUSBインターフェース実現に必要なものを含めてあります．

● PICマイコンのバイナリ・ファイル用ユーティリティhex2c

PICマイコンの開発環境から生成したバイナリ・ファイル(*.hex)は，MAX 10内のNios IIプログラムに組み込む必要があります．*.hexはインテル・フォーマットなので，それをCソース(バイナリ・コードの定数値配列)に変換するユーティリティがhex2c

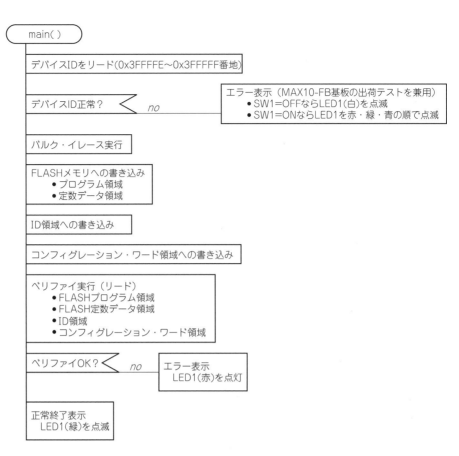

図11
Nios II のプログラム全体フロー
PAD記法(コラム参照)で示した．

Column 1 PAD 表記について

本書では，アルゴリズムの図示表現にフローチャートではなく，PAD(Program Analysis Diagram)を使用します．コラム図Aに示す記号を使うものでフローチャートよりもコンパクトで見通しのよいアルゴリズム表記が可能です．

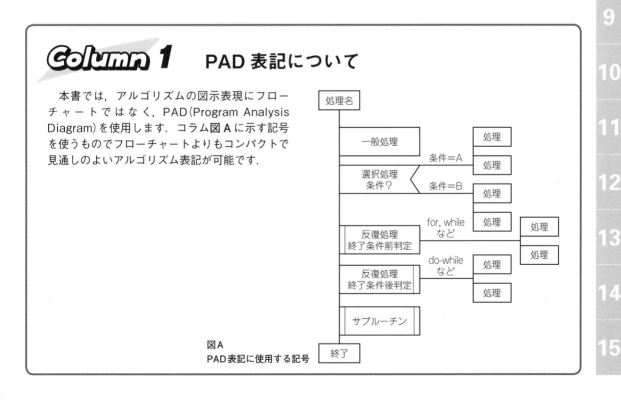

図A
PAD 表記に使用する記号

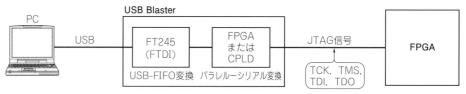

図12 USB Blasterのブロック図

（a）一般的なUSB Blasterの構造

（b）MAX10-JB基板によるUSB Blaster互換機能の構造

です．参考用としてDVD-ROMに格納してあります．

あえて試す必要はありませんが，もしも使う場合は，gccなどANSI Cでコンパイルしてください．そして，`USB_JTAG¥firmware¥MPLAB.X¥dist¥PIC18F14K50¥production`の下の`MPLAB.X.production.hex`をhex2cの引数に与えて実行すると，`MPLAB.X.production.hex.c`が生成されます．これをNios II側のプログラムにインクルードしてください．

● USB Blasterの構造

市販されているUSB Blasterの構造の一例を図12（a）に示します．USB-FIFO変換ICのFT245（FTDI）とパラレル-シリアル変換を行うCPLDから構成されます．

今回はこの機能を図12（b）のようにPICマイコンのソフトウェアでエミュレーションします．

● JTAG信号の種類

JTAG信号は，元来は，基板上でデバイス間の信号結線が確実に取られているかをテスト（製造試験）するためのバウンダリ・スキャン用として用意されていたものです．しかし，少ない信号線で外部とデバイス内とのデータ入出力が可能なので，マイコンのデバッグ用ポートや，FPGAのコンフィグレーション用ポートとして幅広く使われるようになりました．

JTAG信号にはTCK（Test Clock），TMS（Test Mode Select），TDI（Test Data In），TDO（Test Data Out）の4本があります．クロック信号TCKに同期してTMSのレベルを変え，図13に示すようにFPGA内のJTAGインターフェース用ステート・マシン（TAP：Test Access Port）内の状態（ステート）を順次進めながら，データをTDIから入力し，TDOから出力します．

JTAG規格ではオプション信号として，リセット信号TRST（Test Reset）も規定されていますが，TAP内のステートが任意の位置にあってもTMSを"H"レベルにしてTCKを5クロック以上入力すれば初期状態になりますので，TRSTは省略されることが多いです．

● PICマイコンによるJTAG信号の生成方法

PICマイコンでのJTAG端子アサインを表12に示します．JTAGの出力信号TCK，TMS，TDIをサイクル単位でどのように動かすか，および入力信号TDOで受けたデータをどのタイミングで戻すのかは，全てQuartus Prime側からUSB経由で指示されます．

初期状態では，全てのJTAG信号をGPIOとしてPICマイコンのCPUから制御します．しかし，大きいサイズのコンフィグレーション・データなどの入出力を行う場合，TDIをシフト・アウトしたりTDOをシフト・インする速度が全体の性能に大きく影響します．

TDIとTDOを8ビット連続でシフト・アウトしたりシフト・インするときは，一般的なクロック同期式シリアルと同じタイミングになるので，そのときはTCK，TDI，TDO信号をそれぞれPICマイコンのSPI信号（SCK，SDO，SDI）に切り替えて，SPIモジュールを使ってシリアル信号の入出力を行います．

TDI信号とTDO信号はその受信側においてTCKの立ち上がりでサンプリングします．送信側ではTCKの立ち下がりで変化させます．

なお，JTAGのTDIとTDOのシフト順はLSBファーストですが，SPIモジュールはMSBファーストのみなので，ソフトウェア上でテーブル参照によるビット・リバース処理を入れます．また，TCK信号については，PICマイコンのハードウェア的な問題から，GPIO機能からSPI機能の切り替え時にグリッジ

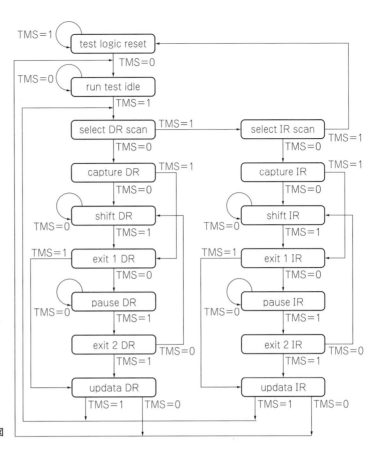

図13
JTAGのTAPコントローラの状態遷移図

表12　PICマイコンにおけるUSB Blaster機能用JTAG端子アサイン
LEDは，Quartus Primeなど開発ツール側からUSB BlasterのJTAG信号をアクティブにしている期間中に点灯するように制御する．

マイコン端子	端子モード		用途
	PORT	SPI	
RC2	PORT OUT		LED
RB6	PORT OUT	SCK	TCK
RC6	PORT OUT		TMS
RC7	PORT OUT	SDO	TDI
RB4	PORT IN	SDI	TDO

が発生する場合があるので，その瞬間だけHiZにしてグリッジを防止しています．PICマイコンによるJTAG信号の生成方法は参考文献(7)が大変良い参考情報になりました．

● USB送受信インターフェース

ホストPCとPICマイコンの間のUSBインターフェースでは，下記のエンドポイント(EP)を使います．
- EP0 　　：コントロール転送
- EP1_IN ：PICマイコンからホストPCにデータを送るパイプ
- EP2_OUT：ホストPCからPICマイコンにデータを送るパイプ

PICマイコン側がデータを受信するEP2_OUTについては，転送効率向上のため，受信バッファをピンポン形式(64バイト×2面)にしてあります．このピンポン・バッファ動作はPICマイコンのUSB機能がサポートしてくれます．

リスト1に，USB Blaster等価機能用のUSBデスクリプタ設定を示します．

●メイン・プログラム

リスト2にPICマイコンのメイン・プログラムmain()を示します．システム初期化とUSB初期化の後，USBがアクティブになれば，USB Blaster機能のメイン・タスクMain_Task_Blaster()を繰り返し呼び出します．

PICマイコンのUSBライブラリ(MLA)では，ユーザ固有のUSBイベント処理を記述する必要があります．リスト2の後半がそれで，USBが接続されてコンフィグレーションが確立した時の初期化処理と，EP0に対してUSB非標準(ベンダ固有)の要求を受け付けた時の処理を記述します．

後者は，図12に示したFT245チップ内のEEPROM

リスト1　USB Blaster等価機能用USBデスクリプタ設定

```
const USB_DEVICE_DESCRIPTOR device_dsc=          ← (デバイス・デスクリプタ)
{
    0x12,                       // Size of this descriptor in bytes
    USB_DESCRIPTOR_DEVICE,      // DEVICE descriptor type
    0x0110,                     // USB Spec Release Number in BCD format  ← (USBバージョンは1.1を指定)
    0x00,                       // Class Code
    0x00,                       // Subclass code
    0x00,                       // Protocol code
    USB_EP0_BUFF_SIZE,          // Max packet size for EP0, see usb_config.h
    0x09FB,                     // Vendor ID: 0x09FB is Altera's Vendor ID   ┐ (USB Blaster
    0x6001,                     // Product ID: USB Blaster                   ┘  用の設定)
    0x0400,                     // Device release number in BCD format
    0x01,                       // Manufacturer string index
    0x02,                       // Product string index
    0x03,                       // Device serial number string index
    0x01                        // Number of possible configurations
};
const uint8_t configDescriptor1[]={           ← (コンフィグレーション1・デスクリプタ)
    0x09,//sizeof(USB_CFG_DSC),      // Size of this descriptor in bytes
    USB_DESCRIPTOR_CONFIGURATION,    // CONFIGURATION descriptor type
    0x20,0x00,                  // Total length of data for this cfg
    1,                          // Number of interfaces in this cfg          ┐ (コンフィグレーション・
    1,                          // Index value of this configuration         │  デスクリプタ)
    0,                          // Configuration string index                │
    _DEFAULT | _SELF,           // Attributes, see usb_device.h              │
    50,                         // Max power consumption (2X mA)             ┘

    0x09,//sizeof(USB_INTF_DSC), // Size of this descriptor in bytes
    USB_DESCRIPTOR_INTERFACE,    // INTERFACE descriptor type
    0,                          // Interface Number
    0,                          // Alternate Setting Number
    2,                          // Number of endpoints in this intf          ┐ (インタフェース・
    0xFF,                       // Class code                                │  デスクリプタ)
    0xFF,                       // Subclass code                             │
    0xFF,                       // Protocol code                             │
    0,                          // Interface string index                    ┘

    0x07,                       //sizeof(USB_EP_DSC)
    USB_DESCRIPTOR_ENDPOINT,    //Endpoint Descriptor
    _EP01_IN,                   //EndpointAddress                ┐ (エンドポイント・デスクリプタ
    _BULK,                      //Attributes                     │  (入力エンドポイント))
    USBGEN_EP_SIZE,0x00,        //size                           │
    1,                          //Interval                       ┘

    0x07,                       //sizeof(USB_EP_DSC)
    USB_DESCRIPTOR_ENDPOINT,    //Endpoint Descriptor
    _EP02_OUT,                  //EndpointAddress                ┐ (エンドポイント・デスクリプタ
    _BULK,                      //Attributes                     │  (出力エンドポイント))
    USBGEN_EP_SIZE,0x00,        //size                           │
    1                           //Interval                       ┘
};
                                                                              ┐ (文字列
const struct{uint8_t bLength;uint8_t bDscType;uint16_t string[1];}sd000={      │  デスクリプタ)
sizeof(sd000),USB_DESCRIPTOR_STRING,{0x0409}};                ← (言語コード)

const struct{uint8_t bLength;uint8_t bDscType;uint16_t string[6];}sd001={
sizeof(sd001),USB_DESCRIPTOR_STRING,                          ← (ベンダ名)
{'A','l','t','e','r','a'}};

const struct{uint8_t bLength;uint8_t bDscType;uint16_t string[11];}sd002={
sizeof(sd002),USB_DESCRIPTOR_STRING,                          ← (製品名)
{'U','S','B','-','B','l','a','s','t','e','r'}};

const struct{BYTE bLength;BYTE bDscType;WORD string[8];}sd003={
sizeof(sd003),USB_DESCRIPTOR_STRING,                          ← (シリアル番号)
{'0','0','0','0','0','0','0','0'}};

const uint8_t *const USB_CD_Ptr[]=
{
    (const uint8_t *const)&configDescriptor1    ← (コンフィグレーション・デスクリプタの配列)
};

const uint8_t *const USB_SD_Ptr[]=
{
    (const uint8_t *const)&sd000,
    (const uint8_t *const)&sd001,               ← (文字列デスクリプタの配列)
    (const uint8_t *const)&sd002
   ,(const uint8_t *const)&sd003
};
```

リスト2 USB Blaster等価機能メイン・プログラム

```
#include <system.h>
#include <system_config.h>
#include <usb/usb.h>
#include <usb/usb_device.h>
#include <usb/usb_device_generic.h>
#include "blaster.h"

MAIN_RETURN main(void)
{
    Blaster_Init();          ← システムの初期化
                              ・FT245エミュレーションのため,
                                仮想EEPROMのチェック・サム値をグローバル変数に格納
                              ・I/Oポートの初期化
                              ・JTAG用SPIモジュールの初期化
    USBDeviceInit();    ← USB初期化
    USBDeviceAttach();  ← USB割り込み有効化
                              ・インターバル・タイマ(10ms)の初期化と起動

    while(1)   ← 無限ループ
    {
        if( USBGetDeviceState() < CONFIGURED_STATE )  ← USBデバイスがコンフィグレーション
        {                                                されるまで待つ
            continue;
        }

        if( USBIsDeviceSuspended()== true )  ← USBデバイスがサスペンド状態なら待つ
        {
            continue;
        }

        Main_Task_Blaster();   ← USB Blaster動作のメイン・タスク

    }
}

bool USER_USB_CALLBACK_EVENT_HANDLER(USB_EVENT event, void *pdata, uint16_t size)
{
    switch((int)event)
    {
        case EVENT_CONFIGURED:    ← USBデバイスが接続されて
            USB_Ept_Init();         コンフィグレーションされたら…
            break;
        case EVENT_EP0_REQUEST:   ← 非標準USB要求を受け付
            USBCheckVendorRequest();  けたら…
            USB_FT245_Emulation(); ← ベンダ固有要求の処理
            break;
                                   FT245のエミュレーション(ベンダ固有要求)
                                   ・仮想EEPROMのアドレスに応じてデータを返す
        default:
            break;
    }
                                   エンドポイント関連の初期化
                                   ・USB_OutHandle0(受信用ピンポン・バッファ0)の初期化
                                   ・USB_OutHandle1(受信用ピンポン・バッファ1)の初期化
                                   ・USB_InHandle(送信用バッファ)の初期化
    return true;                   ・送信用ソフトウェアFIFO(TxFIFO)の初期化
}                                  ・内部ステートの初期化
                                   ・実際のUSBエンドポイントの初期化
                                     エンドポイント1:USB_IN(デバイス送信側)
                                     エンドポイント2:USB_OUT(デバイス受信側)
```

設定値の読み出し要求であり,これをエミュレーションします.

USB Blasterのベンダ固有要求処理ルーチンは`USB_FT245_Emulation()`ですが,この内部では,EP0経由でEEPROMのアドレスが送られてくるので,それに対応した仮想EEPROMのデータを返します.仮想EEPROMのデータ生成ルーチン`EEPROM_Read()`をリスト3に示します.この中でチェック・サムを返す必要があるので,あらかじめリスト3内の`EEPROM_Checksum()`で生成してグローバル変数`eeprom_checksum`に記憶しておきます.

● USB受信処理(EP2_OUT)

USB Blaster等価機能におけるJTAG端子操作の指示情報は,USBのEP2_OUT経由で送られてきます.その受信処理は,メイン・ルーチンから繰り返し呼び出されるタスク`Main_Task_Blaster()`内の先頭で行っています(リスト4の先頭).EP2_OUTの受信バッファは2面構成のピンポン・バッファ構成であり,それらがシームレスに交互に受信できるように処理します.EP2_OUTの受信バッファにデータが格納され

リスト3　FT245仮想EEPROM読み出し処理

```c
//----------------
// EEPROM Read
//----------------
uint8_t EEPROM_Read(uint8_t addr)    ←──( USB Blaster内のFT245のEEPROMリードをエミュレートするルーチン )
{
    uint8_t data = 0;
    //
    switch(addr)
    {
        case   0 : {data = 0; break;}
        case   1 : {data = 0; break;}
        case   2 : {data = ((uint8_t*)(&device_dsc.idVendor))[0]; break;}  // vid
        case   3 : {data = ((uint8_t*)(&device_dsc.idVendor))[1]; break;}  // vid
        case   4 : {data = ((uint8_t*)(&device_dsc.idProduct))[0]; break;} // pid
        case   5 : {data = ((uint8_t*)(&device_dsc.idProduct))[1]; break;} // pid
        case   6 : {data = ((uint8_t*)(&device_dsc.bcdDevice))[0]; break;} // ver
        case   7 : {data = ((uint8_t*)(&device_dsc.bcdDevice))[1]; break;} // ver
        case   8 : {data = configDescriptor1[7]; break;} // attr
        case   9 : {data = configDescriptor1[8]; break;} // power
        case  10 : {data = 0x1c; break;}
        case  11 : {data = 0; break;}
        case  12 : {data = ((uint8_t*)(&device_dsc.bcdUSB))[0]; break;} // usbver
        case  13 : {data = ((uint8_t*)(&device_dsc.bcdUSB))[1]; break;} // usbver
        case  14 : {data = 0x80 + SD001_POS; break;} // 0x80 + &sd001
        case  15 : {data =        SD001_SIZ; break;} // sizeof(sd001)
        case  16 : {data = 0x80 + SD002_POS; break;} // 0x80 + &sd002
        case  17 : {data =        SD002_SIZ; break;} // sizeof(sd002)
        case  18 : {data = 0x80 + SD003_POS; break;} // 0x80 + &sd003
        case  19 : {data =        SD003_SIZ; break;} // sizeof(sd003)
        case 126 : {data = (uint8_t)(eeprom_checksum & 0x00ff); break;} // lsb
        case 127 : {data = (uint8_t)(eeprom_checksum >> 8);     break;} // msb
        default  : {data = 0; break;} // Do Nothing
    }
    //                                                            ( EEPROMチェック・サム )
    if ((SD001_POS <= addr) && (addr < SD002_POS))
    {
        data = USB_SD_Ptr[1][addr - SD001_POS];
    }
    else if ((SD002_POS <= addr) && (addr < SD003_POS))
    {
        data = USB_SD_Ptr[2][addr - SD002_POS];
    }
    else if ((SD003_POS <= addr) && (addr < SD004_POS))
    {
        data = USB_SD_Ptr[3][addr - SD003_POS];
    }
    //
    return data;
}

//--------------------
// EEPROM Checksum
//--------------------
void EEPROM_Checksum(void)    ←──( EEPROMチェック・サムをあらかじめ求めておくルーチン )
{
    uint8_t i;
    uint16_t eeprom_data;
    eeprom_checksum = 0xaaaa;
    for (i = 0; i < 126; i = i + 2)
    {
        eeprom_data = (uint16_t)(EEPROM_Read(i+1)); // msb
        eeprom_data = eeprom_data << 8;
        eeprom_data = eeprom_data | (uint16_t)(EEPROM_Read(i)); // lsb
        eeprom_checksum = eeprom_checksum ^ eeprom_data;
        //
        eeprom_checksum = (eeprom_checksum << 1) | (eeprom_checksum >> 15);
    }
}
```

ていると，そのバイト数が変数RxSizeにセットされて次の処理に進みます．

● JTAG操作処理

次は，USB Blaster等価機能のJTAG操作処理です．Main_Task_Blaster()内の中間で行っています

(リスト4の中間)．

本家のUSB BlasterはJTAGモード，ASモード，PSモードの3種類をサポートしていますが，今回のPICマイコンで実現する等価機能はJTAGモードのみです．

USB Blaster処理として，二つのモード(ステート)

リスト4 PIC18マイコンによるUSB Blaster等価機能メイン・タスク

```c
//---------------------------
// Main Task for Blaster
//---------------------------
void Main_Task_Blaster(void)        // USB Blaster機能実現のためのメイン・タスク
{                                    // （main()から周期的に呼び出される）
    //=====================
    // RX Handling         ← USBホストの出力エンドポイントからの受信処理
    //=====================
    switch (Rx_State)      ← 受信処理用ソフトウェア・ステート・マシン
    {
        case RX_INIT :     ← 受信ステートがRX_INITの場合（初期状態）
        {
            USB_OutHandle0 = USBGenRead(2, (uint8_t*)&USB_OutPacket[0], 64);
            RxSize = 0;
            Rx_State = RX_PPB_0;   ← 次の受信ステートをRX_PPB_0に
            break;                          // USBホストの出力エンドポイント
        }                                   // からの受信処理を開始
        case RX_PPB_0 :    ← 受信ステートがRX_PPB_0の場合  （ピンポン・バッファ0に受信）
        {
            if (RxSize == 0)   ← 前回の全受信データの処理完了？
            {
                if (!USBHandleBusy(USB_OutHandle0))  ← ピンポン・バッファ0に受信完了しているか？
                {
                    RxSize = USBHandleGetLength(USB_OutHandle0);  ← 受信サイズ取得
                    ValidPPB = 0;   ← 受信バッファの有効面設定(0)とポインタ初期化
                    RxPtr = 0;
                    Rx_State = RX_PPB_1;   ← 次の受信ステートをRX_PPB_1に
                    USB_OutHandle1 = USBGenRead(2, (uint8_t*)&USB_OutPacket[1], 64);
                }
            }
            break;                          // USBホストの出力エンドポイント
        }                                   // からの受信処理を開始
        case RX_PPB_1 :    ← 受信ステートがRX_PPB_1の場合  （ピンポン・バッファ1に受信）
        {
            if (RxSize == 0)   ← 前回の全受信データの処理完了？
            {
                if (!USBHandleBusy(USB_OutHandle1))  ← ピンポン・バッファ1に受信完了しているか？
                {
                    RxSize = USBHandleGetLength(USB_OutHandle1);  ← 受信サイズ取得
                    ValidPPB = 1;   ← 受信バッファの有効面設定(1)とポインタ初期化
                    RxPtr = 0;
                    Rx_State = RX_PPB_0;   ← 次の受信ステートをRX_PPB_0に
                    USB_OutHandle0 = USBGenRead(2, (uint8_t*)&USB_OutPacket[0], 64);
                }
            }
            break;                          // USBホストの出力エンドポイント
        }                                   // からの受信処理を開始
    } // switch (Rx_State)                  // （ピンポン・バッファ0に受信）

    //=====================
    // JTAG Handling       ← JTAG信号ハンドリング
    //=====================
    switch (JTAG_State)    ← JTAGハンドリング用ソフトウェア・ステート・マシン
    {
        //---------------------------------
        // Bit Bang Mode
        //---------------------------------
        case JTAG_BIT_BANG :   ← JTAGステートがJTAG_BIT_BANGの場合（初期状態）
        {
            if ((RxSize > 0) && (TXFIFO_Room() >=  RxSize))
            {                                           // 受信バッファにデータが受け取られていて
                JTAG_Mode_PORT();  ← JTAG端子をGPIOモードに   // かつ，送信FIFOの空きサイズが，受信
                while(RxSize > 0)  ← 受信データがまだあるなら  // バッファ内のデータ・サイズ以上なら
                {
                    uint8_t opcode;
                    opcode = USB_OutPacket[ValidPPB][RxPtr++];  // 受信バッファ（ピンポン・バッファ）
                    RxSize--;                                    // から1バイト取り出してopcodeに格納
                    Read = opcode & 0x40;
                    if (opcode & 0x80)         // 受信バッファの残数を減らしてopcodeの
                    {                          // ビット6の値をReadフラグに格納しておく
                        TCK = 0;
                        ByteSize = opcode & 0x3f;      // opcodeのビット7がセットされていたら
                        JTAG_State = JTAG_BYTE_SHIFT;  // その下位6ビットで示すバイト数だけ
                        break; // Quit from Bit Bang Mode // バイト・シフト・モードで処理するため
                    }                                    // JTAGステートをJTAG_BYTE_SHIFTに
                    else // Stay Bit Bang Mode
                    {
                        TCK = (opcode & 0x01)? 1 : 0;
                        TMS = (opcode & 0x02)? 1 : 0;
                        TDI = (opcode & 0x10)? 1 : 0;
```

リスト4 PIC18マイコンによるUSB Blaster等価機能メイン・タスク(つづき)

```
                            LED = (opcode & 0x20)? 1 : 0;
                            nCS = (opcode & 0x08)? 1 : 0;
                            if (Read) TXFIFO_Write(TDO | 0x02);
                        }
                    } // while
                } // if
                break;
            }
            //-------------------------------
            // Byte Shift Mode
            //-------------------------------
            case JTAG_BYTE_SHIFT :   ◄──（JTAGステートがJTAG_BYTE_SHIFTの場合）
            {
                if ((RxSize > 0) && (TXFIFO_Room() >=  RxSize))   ◄── 受信バッファにデータが受け取られていて
                {                                                    かつ，送信FIFOの空きサイズが，受信
                    JTAG_Mode_SPI();   ◄──（JTAG端子をSPIモードに）    バッファ内のデータ・サイズ以上なら
                    while((RxSize > 0) && (ByteSize > 0))   ◄──
                    {                                          受信バッファにまだ受信データが
                        uint8_t tx;                            残っていて，かつバイト・シフト
                        //                                     処理するバイト数がまだ残っていたら
                        tx = USB_OutPacket[ValidPPB][RxPtr++];   ◄──
                        JTAG_SPI_Put(tx);       ┐                   受信バッファ（ピンポン・バッファ）
                        JTAG_SPI_Wait();        ┘◄──（txをSPIマスタで送信(*2)）  から1バイト取り出してtxに格納
                        if (Read)
                        {
                            if (nCS)
                                TXFIFO_Write(JTAG_SPI_Get());      Readフラグがセットされていたら
                            else                               ◄── SPI送信と同時に受信したデータ(*2)を
                                TXFIFO_Write(0xff);                 送信FIFOに格納する(*3)
                        }
                        RxSize--;       ┐
                        ByteSize--;     ┘◄── 受信バッファの残数と
                    } // while              バイト・シフト処理残数を
                }                           それぞれデクリメント
                //
                if (ByteSize == 0)
                {
                    JTAG_State = JTAG_BIT_BANG;   ◄── バイト・シフト処理残数がなくなったら，
                }                                    JTAGステートをJTAG_BIT_BANGに
                break;
            }
        } // switch (JTAG_State)

        //====================
        // TX Handling   ◄──（USBホストの入力エンドポイントへの送信処理）
        //====================
        if (!USBHandleBusy(USB_InHandle0))   ◄──（送信可能なら）
        {
            uint8_t txfifo_size;

            txfifo_size = TXFIFO_Fill();   ◄──（送信FIFOへのデータ格納数を取得）

            //----------------------
            // Send TxFIFO Contents
            //----------------------
            if (txfifo_size > 0)   ◄──（送信FIFO内に送信データが格納されていれば）
            {
                uint8_t txsize;
                txsize = (txfifo_size < 62)? txfifo_size : 62;   ◄──（送信単位を62バイトごとに区切る）

                // Initialize Packet
                USB_InPacket[0] = 0x31;   ┐◄──（送信パケットの先頭は0x31, 0x60（お約束））
                USB_InPacket[1] = 0x60;   ┘

                // Get TXFIFO to USB_InPacket                                      送信FIFO内のデータを
                TXFIFO_Read((uint8_t*)(USB_InPacket + 2), txsize);   ◄──           USB送信バッファに格納
                // Send InPacket
                USB_InHandle0 = USBGenWrite(1, (uint8_t*)&USB_InPacket, txsize + 2);
                // Re-Start 10ms Timer                                     ◄── USBホストの入力エンドポイント
                TIMER0_Start_10ms();   ◄──（10msタイマを起動）                  への送信処理を開始
            }
            //-----------------------------------------------------
            // TXFIFO has no data, but need to send dummy 2bytes
            //-----------------------------------------------------
            else if (TIMER0_Reach_10ms())   ◄──（送信FIFO内にデータなく，かつ10msタイマがタイム・アウトしていたら）
            {
                // Initialize Packet
                USB_InPacket[0] = 0x31;   ┐◄──（送信パケットは2バイトのみの0x31, 0x60（お約束））
                USB_InPacket[1] = 0x60;   ┘
```

opcodeのビット7がクリアされていたら
JTAG出力信号のレベル（出力ポート）を
opcodeの対応するビットの値に設定し
Readフラグがセットされていたら，
JTAG入力端子のTDOのレベルを送信
FIFOに格納する(*1)

```
            // Send InPacket (dummy 2 bytes)
            USB_InHandle0 = USBGenWrite(1, (uint8_t*)&USB_InPacket, 2);
            // Re-Start 10ms Timer
            TIMER0_Start_10ms();         ← 10msタイマを起動
        }                                                        USBホストの入力エンドポイント
    }                                                            への送信処理を開始
}
```

(＊1) 本基板ではUSB BlasterのAS/PSモードはサポートしないが，バイト・シフト・モードの制御のため，opcodeのnCSに対応するレベルは記憶しておく．また，TDOのレベルを送信FIFOに格納するとき，AS/PSモードのCONF_DONE(TDO)のレベルをビット0の位置に，DATAOUT/nSTATUSのレベルをビット1の位置に格納するが，後者は常時1として格納する．
(＊2) JTAGの場合，ビット・シフトはLSBファーストだがSPIはMSBファーストなので，ビット・リバース処理を入れる．高速化のためテーブル参照方式を採用．
(＊3) nCSがセットされていたら，送信FIFOにはDATAOUTからの受信データを格納するが，本基板ではASモードをサポートしないので，ダミーの0xFFを送信．

を用意します．一つはJTAG_BIT_BANGモード，もう一つがJTAG_BYTE_SHIFTモードです．JTAG_BIT_BANGモードでは，TCK，TDI，TDO信号はGPIOとして制御し，JTAG_BYTE_SHIFTモードではそれぞれSPI信号として制御します．初期状態はJTAG_BIT_BANGモードです．

　このUSB Blaster等価機能のJTAG端子操作方法は参考文献(6)を参考にしました．

● **JTAG_BIT_BANGモードにおける処理**
(1) EP2_OUTでの受信サイズRxSizeが0より大きく，かつEP1_INから送信するためのソフトウェアFIFO(TXFIFO)の空きサイズがRxSize以上であれば(受信データがあり，かつそれに応答する送信が確実に可能であれば)以下に進む．
(2) TCK，TDI，TDO端子をGPIO機能に設定．
(3) EP2_OUTで受信した1バイトをopcodeとし，opcodeのビット6をReadフラグに記憶しておく．
(4) opcodeのビット7がセットされていたら，変数ByteSizeにopcodeの下位6ビットを格納してからJTAG_BYTE_SHIFTモードに遷移する．遷移後のJTAG_BYTE_SHIFTモードではByteSize分のバイト数の同期シリアル通信を行う．
(5) opcodeのビット7がクリアされていたら，各信号(GPIO)を以下のように処理する．
　　● opcodeのビット0のレベルをTCKにセット
　　● opcodeのビット1のレベルをTMSにセット
　　● opcodeのビット4のレベルをTDIにセット
　　● opcodeのビット5のレベルをLEDにセット
　　　(JTAG端子のアクティブ状態を示すLED)
　なお，USB BlasterのASモードはサポートしないが，その関連信号のレベルをJTAG_BYTE_SHIFTモードで参照するので，内部変数に記憶しておく．
　　● opcodeのビット3のレベルを変数nCSに格納
(6) Readフラグが1にセットされていたら，送信用バイトを作成する．送信用バイトのビット0には，TDO端子のレベルを格納する．また，USB BlasterのASモードとPSモードで使う入力信号(DATAOUT/nSTATUS)のレベルも送信用バイトのビット1にセットするが，これらのモードはサポートしないので固定値(1)をセットしておく．送信用バイトの残りのビットは'0'にしておき，USBのEP1_INから送信するためのソフトウェアFIFO(TXFIFO)に格納する．

● **JTAG_BYTE_SHIFTモードにおける処理**
(1) EP2_OUTでの受信サイズRxSizeが0より大きく，かつEP1_INから送信するためのソフトウェアFIFO(TXFIFO)の空きサイズがRxSize以上であれば(受信データがあり，かつそれに応答する送信が確実に可能であれば)以下に進む．
(2) TCK，TDI，TDO端子をSPI機能に設定．
(3) EP2_OUTの受信バッファから1バイト取り出し，LSBファーストでTDI端子からSPI送信して，送出が完了するまで待つ．ByteSize変数をデクリメントしておく．
(4) Readフラグが1にセットされていたら，EP1_INへの送信バイトをソフトウェアFIFO(TXFIFO)に格納する．その送信データは，変数nCSが1にセットされていたら(3)でSPI送信した時に同時にTDO端子から受信した8ビット・データを使い，nCSが0だったら0xFFにする．
(5) ByteSize変数が0になったら，JTAG_BIT_BANGモードに遷移する．

● USB 送信処理(EP1_IN)

JTAG 操作で TDO 端子から受信したデータを USB の EP1_IN 経由でホスト側に送信します．`Main_Task_Blaster()` 内の最後で行っています(**リスト4** の最後)．

EP1_IN からの送信が可能な状態になっていれば，送信用ソフトウェア FIFO(TXFIFO)内に送信データが格納されているかをチェックします．

格納されていれば，TXFIFO 内のデータを 62 バイトずつに区切り，先頭に 0x31, 0x60 を挿入した 64 バイトを USB の EP1_IN 送信バッファに格納して送信動作を開始します．同時に 10ms の時間を計測するタイマを起動しておきます．

TXFIFO にデータが格納されていない場合，先に起動した 10ms タイマがタイム・アウトしていれば，0x31, 0x60 の 2 バイトのみを送信します．同時にあらためて 10ms タイマを起動しておきます．

● MAX10-JB 基板による USB Blaster 等価機能の評価

MAX10-JB 基板上の PIC マイコンのソフトウェア・エミュレーションで実現した USB Blaster 等価機能は，MAX10 基板に搭載した MAX 10 デバイスのコンフィグレーションに関しては全く問題なく動作します．また，Eclipse による Nios II のソース・レベル・デバッグも問題ありません．

MAX 10(10M08)デバイスのコンフィグレーション時間は，JTAG コンフィグレーション(FPGA 内のコンフィグレーション RAM にライト)する場合は数秒以内で完了し，またコンフィグレーション・データを保持する MAX 10 内の FLASH メモリに書き込む場合も 10 秒程度で完了します．市販の USB Blaster ケーブルを使った場合とさほど変わりません．

◆ 参考文献 ◆

(1) PIC18F1XK50/PIC18LF1XK50 Flash Memory Programming Specification, DS41342E, Rev.E, 05/2010, Microchip Technology Inc.

(2) USB Library, Microchip Libraries for Applications (MLA), v2.11, 2014, Microchip Technology Inc.

(3) Microchip USB Device Firmware Framework User's Guide, DS51679B, 01/2008, Microchip Technology Inc.

(4) PICkit 3 In-Circuit Debugger/Programmer User's Guide For MPLAB X IDE, DS52116A, 11/2012, Microchip Technology Inc.

(5) USB-Blaster ダウンロード・ケーブル ユーザガイド，UG-USB81204-2.3, Version 2.3, 2007 年 5 月，Altera Corporation.

(6) USB Blaster 等価機能の参考情報：usb_jtag - Variations on the implementation of a USB JTAG adapter. Copyright (C) 2005-2007 Kolja Waschk, ixo.de.
(http://sourceforge.net/projects/ixo-jtag/, 参考プログラムは `usb_jtag/trunk/device/c51/` 内)

(7) USB Blaster 等価機能を PIC18F14K50-I/P 上に実現した先駆者：http://sa89a.net/mp.cgi/ele/ub.htm

(8) 後閑哲也，PIC で楽しむ USB 機器自作のすすめ，2011 年 9 月，技術評論社．

第2部 MAX 10 FPGA 開発入門

第6章 Quartus Prime Lite Editionと関連ツールをインストールして，基板とPC間の接続確認を行う

MAX 10用開発環境のインストール

本書付属DVD-ROM収録関連データ	
格納フォルダ	内 容
CQ-MAX10¥Quartus_Prime¥Quartus-lite-15.1.1.189-windows	• Quartus Prime Lite Edition • Nios II EDS • ModelSim-Altera Starter Edition

●はじめに

本章では，MAX 10 FPGA デバイスの開発に必要なツール一式をインストールします．実際の各ツールの使用方法は後続の章で説明します．

また，前の章までに作成した，MAX10-FB 基板とMAX10-JB 基板を USB ケーブルで PC に接続して，正常に認識されるかどうかの確認を行います．

MAX 10 FPGA 用開発ツール

●インストールするツールの種類

今回，MAX 10 FPGA の開発をするためにインストールするツールのうち主なものを表1に示します．FPGA の統合化開発環境 Quartus Prime，論理シミュ

表1 インストールする主なツール

アイコン	ツール名	説 明
	Quartus Prime Lite Edition	FPGAの統合化開発環境．ファイル編集，論理合成，配置配線，タイミング検証，コンフィグレーション用ファイル生成などを行う． Qsysを起動して，Nios II コアなど各種IPを含むシステム設計が可能
	Quartus Prime Programmer	コンフィグレーション用ファイルのFPGAへの書き込みツール． MAX10-JB基板のUSB Blaster等価機能を介して，MAX10-FB基板上のMAX 10への書き込みが可能
	ModelSim-Altera Starter Edition	論理シミュレーション用ツール． FPGAの固有IPのモデルも搭載しており，FPGA全体をシミュレーションできる
	Nios II EDS (Embedded Design Suite)	Nios IIのCプログラム統合化開発環境． MAX10-JB基板のUSB Blaster等価機能を介して，MAX 10内に構築したNios IIコアのソース・レベル・デバッグが可能

図1 必要なインストール用ファイルを同一階層に置く

名前	更新日時	種類	サイズ
arria_lite-15.1.0.185.qdz	2015/10/23 9:43	QDZ ファイル	509,630 KB
cyclone-15.1.0.185.qdz	2015/10/23 9:42	QDZ ファイル	475,035 KB
cyclonev-15.1.0.185.qdz	2015/10/23 9:31	QDZ ファイル	1,178,911 KB
max10-15.1.0.185.qdz	2015/10/23 9:30	QDZ ファイル	347,029 KB
max-15.1.0.185.qdz	2015/10/23 9:31	QDZ ファイル	11,536 KB
ModelSimSetup-15.1.0.185-windows.exe	2015/10/23 12:29	アプリケーション	1,157,309 KB
QuartusHelpSetup-15.1.0.185-windows.exe	2015/10/23 12:31	アプリケーション	299,035 KB
QuartusLiteSetup-15.1.0.185-windows.exe	2015/10/30 5:23	アプリケーション	1,479,208 KB
QuartusSetup-15.1.1.189-windows.exe	2015/12/05 4:33	アプリケーション	1,665,040 KB
update_info.txt	2015/12/05 4:34	テキストドキュメント	1 KB

（QuartusLiteSetup-15.1.0.185-windows.exe をダブルクリック）

表2 Quartus Primeのエディション比較
MAX 10 FPGAは，無償のLite Editionで十分な開発ができる．

Quartus Primeのエディション		Lite	Standard	Pro
提供形態		無償	有償	有償
サポートするデバイス	Cyclone, MAX, Arria II	◯(1)	◯	
	Arria, Stratix		◯	
	Arria 10		◯	◯
デザイン・エントリ	マルチ・プロセッサのサポート	◯	◯	◯
	IP Base Suite	有償オプション	◯	◯
	Qsys	◯	◯	◯
	高速再コンパイル		◯(2)	◯
	BluePrint Platform Designer			◯
機能シミュレーション	ModelSim-Altera Starter Editionソフトウェア	◯	◯	◯
	ModelSim-Altera Editionソフトウェア	◯(3)	◯(3)	◯(3)
論理合成	Altera独自論理合成	◯	◯	
	Spectra-Q合成ツール			◯
配置配線	Altera独自配置配線(フィッタ)	◯	◯	
	Spectra-Q Hybrid Placer		◯(4)	◯
	Spectra-Q Router		◯(4)	◯
タイミングおよび電力検証	TimeQuestスタティック・タイミング解析	◯	◯	◯
	PowerPlay Power Analyzer(消費電力解析)	◯	◯	◯
イン・システム・デバッグ	SignalTap IIロジック・アナライザ	◯(5)	◯	◯
	Transceiver Toolkit		◯	◯
	JNEyeリンク解析ツール		◯	◯
動作環境	Windows/Linuxサポート(64ビット環境)	◯	◯	◯

注(1) Arria II FPGA：EP2AGX45デバイスのみサポート
(2) Stratix V，Arria V，およびCyclone Vデバイスに使用可能
(3) 別途ライセンスが必要
(4) Arria 10，Stratix V，Arria V，およびCyclone Vデバイスに使用可能
(5) TalkBack機能がイネーブルされている場合に使用可能

レーション用ModelSim，Nios II CPU用統合化開発環境Nios II EDSなどをインストールします．

● PC環境は64ビットOSが必須

現在のアルテラ社の開発ツールの実行環境としては，64ビット版Windowsまたは64ビット版Linuxが必須条件になっているので注意してください．本書では，64ビットWindows 10ベースのPCに各ツールをインストールする前提で画面や操作方法を説明します．

● FPGAの統合化開発環境Quartus Prime

MAX 10を含むアルテラ社のFPGAは，全て同社から提供される開発ツールQuartus Primeを使って開発します．Quartus Primeはその機能により**表2**に示した3種類があります．基本的に普及帯に属するFPGA製品は無償版のLite Editionで開発できるようになっています．MAX 10 FPGAもLite Editionで十分な開発が可能です．

Quartus Primeには，プロジェクト管理機能，テキスト・ファイルの編集機能，論理合成，配置配線，タイミング解析，電力解析，コンフィグレーション用ファイル生成機能など，FPGA開発に必要な機能が網羅されており，それぞれの機能が密接に連携していて，初心者でも使いやすい配慮がなされています．もちろん，複雑な設計制約指定やマニュアル設計など，

表3 ModelSim-Alteraのエディション比較

項目	ModelSim-Altera Starter Edition	ModelSim-Altera Edition
価格	無償	有償
Quartus Prime 設計環境との連携	Lite, Standard, Proの各エディションとの連携可能	
サポートするデバイス	全て(MAX, Arria, Cyclone, Stratix)	
対応言語	Verilog HDL, System Verilog, VHDL	
混在言語	サポート	
動作環境	Windows, Linux	
シミュレーション規模	・小デザイン用 ・実行ライン数に10,000行までの制限あり	制限なし
シミュレーション速度	Altera Editionより低速	─

高度なFPGA開発サポート機能も充実しており，上級者にとっても使いやすいツールです．

MAX 10のコンフィグレーションやMAX 10内FLASHメモリへの書き込みは，Quartus PrimeからQuartus Prime Programmerを立ち上げて行います．MAX10-JB基板がUSB Blasterケーブルとして認識され，MAX 10をコンフィグレーションします．

●システム構築ツール Qsys

アルテラ社からはソフトCPUコアのNios Ⅱやその周辺機能機能をはじめとしてさまざまなIP(Intellectual Property)モジュールが提供されています．これらのモジュール間は，バス・割り込み要求・DMA転送要求など多くのインターフェース信号で結線する必要があります．この作業をサポートしてくれるのがQsysです．QsysはQuartus Primeの上から起動できます．

Qsys画面上の直感的で分かりやすいモジュール結線図の上で，信号結線や各モジュールの機能設定を行ってシステム全体を構築してから，論理記述（Verilog HDLやVHDLのRTLコード）を生成します．この記述をQuartus Primeに渡してFPGAの合成からコンフィグレーションまで進めることができます．

●論理シミュレーション用 ModelSim-Altera

FPGA内論理回路のシミュレーション用ツールとしてMentor Graphics社のModelSimのアルテラ版が提供されています．Verilog HDLやVHDLのRTLコードなどのシミュレーションが可能です．FPGA内のPLLなど特殊機能IPの動作モデルも内包しており，FPGA全体をシミュレーションできます．

ModelSim-Alteraのエディションには2種類あり，その機能比較を**表3**に示します．今回，インストールするのは無償版のModelSim-Altera Starter Editionです．Verilog HDLなどハードウェア記述言語の実行ライン数に10,000行までという制限はありますが，本書で設計する規模の論理回路は十分に機能検証できます．

規模が10,000行を超える設計に対しては，オープン・ソースの無償論理シミュレーション・ツールIcarus Verilogを使って対応できます．その方法は本書の中で詳細に説明します．

● Nios Ⅱ CPU用統合化開発環境 Nios Ⅱ EDS

FPGA内にアルテラ社から提供されるソフトCPUコア(RTL記述コア)Nios Ⅱを内蔵してシステムを組むことができます．そのNios Ⅱ CPUコアのCプログラム統合化開発環境Nios Ⅱ EDS(Embedded Design Suite)が提供されています．

ソフトウェア開発でよく使われる統合化開発環境Eclipseをベースにしてあるので，使い慣れている方も多いと思います．Cソース・プログラムの編集からコンパイル，リンク，デバッグまでをサポートしています．ソース・レベル・デバッグはMAX10-JB基板のUSB Blaster等価機能経由で問題なく行えます．Qsysで構築したシステムに対応するリンカ・スクリプトや各種APIなどを含むBSP(Board Support Package)を自動生成してくれるので，ソフトウェア開発がとても楽になります．

インストールと基板の認識確認

●開発ツールのインストール方法

以上述べた開発ツールのインストール手順を説明します．本書付属DVD-ROM内のインストール用ファイルを，**図1**のように同じ階層のディレクトリにコ

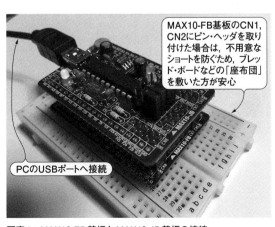

写真1 MAX10-FB基板とMAX10-JB基板の接続
MAX10-JB基板のUSBコネクタをPCに接続する．

図3 MAX10-JB基板をUSB Blasterとして認識
Windowsのデバイス・マネージャを開いて「Altera USB-Blaster」が認識されていることを確認．

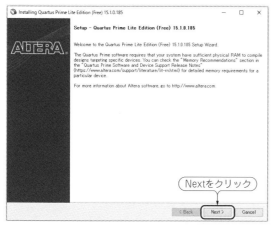

（a）QuartusLiteSetup-xxx-windows.exe を実行
（x.x.x はバージョンを示す数字）

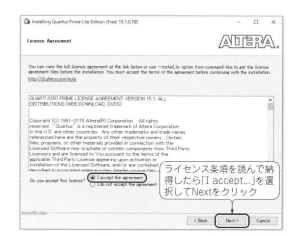

（b）ライセンス条項の確認

（c）インストール先のディレクトリを指定

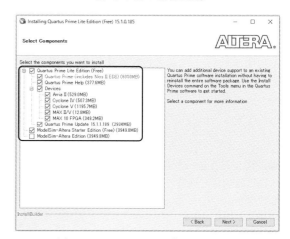

（d）インストールするコンポーネントを選択

（e）インストールを実行

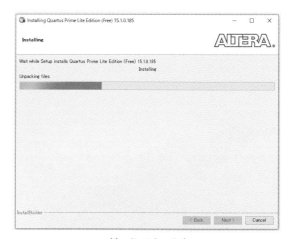

（f）インストール中

図2　各ツールのインストール手順
全てのツールを一度にインストールできる．

ピーして，**図2**（a）〜（j）の順に作業してください．この方法で**表1**に示したツール一式が全部インストールできます．

最後の**図2**（j）に示した TalkBack は，ツールの使用状況をアルテラ社に送信する機能です．イネーブルにするかディスエーブルにするかはユーザ判断です

（g）USB Blaster 用ドライバのインストールを選択

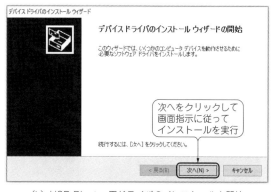

（h）USB Blaster 用ドライバのインストールを開始

（i）USB Blaster 用ドライバのインストールが完了

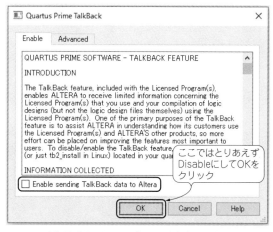

（j）TalkBack のオプションを指定して終了

が，少なくともロジック・アナライザ機能 SignalTap II を使うときはイネーブルにする必要があります（インストール後でも Quartus Prime のメニューから変更可能）．

● MAX10-FB 基板と MAX10-JB 基板の認識確認

上記の作業で，USB Blaster のドライバがインストールされたので，いよいよ MAX10-FB 基板と MAX10-JB 基板が PC から正しく認識できるかどうかを確認しましょう．

まず写真1のように，MAX10-FB 基板の上に MAX10-JB 基板を載せます．この時，各基板のジャンパ・ピンが下記のようになっていることを確認してください．

- MAX10-FB 基板の J1（BOOTSEL）：ショート
- MAX10-JB 基板の J1 〜 J4：オープン
- MAX10-JB 基板の J5 〜 J8：ショート

次に，MAX10-JB 基板の USB コネクタを PC に接続します．USB バス・パワーで基板に電源が印加され，PC 側では USB Blaster として認識されます．Windows のデバイス・マネージャを開いて，図3のように正しく認識されたかどうか確認してください．問題があれば，MAX10-FB 基板と MAX10-JB 基板の各章で説明した製作方法や PIC マイコンへのプログラム書き込みが正しくできているかなどを再確認してください．

これ以降は，図4（a）〜（f）に示す手順で確認してください．

● これで MAX 10 はあなたの自由に！

以上の確認がうまくいけば，MAX 10 FPGA を自由に操れるようになります．すでに FPGA のことをよく分かっている方は，独自のシステム開発を行ってください．初心者の方は，次章から説明する入門編を参照して，自分のモノにしていってください．

（a）Windows スタート・メニューから Quartus Prime Programmer を起動

（b）Programmer が起動したら「Hardware Setup...」ボタンを押す

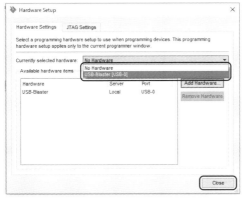
（c）Hardware Setup のダイアログ・ボックス内の Currently selected hardware として USB Blaster を選択

（d）Programmer のメイン画面内の「Auto Detect」ボタンを押す．この画面が出れば基板動作は正常．10M08SAES を選択する

（e）Programmer のメイン画面にデバイスの JTAG 接続図が表示される

（f）Programmer 終了時に設定ファイルのセーブをするかどうか聞いてくるがここではセーブしない

図4 MAX10-FB基板とMAX10-JB基板の接続を確認

第7章 LEDチカチカをネタにして，Quartus Primeの一通りの使い方をマスタしよう

FPGA開発ツール Quartus Prime入門

本書付属DVD-ROM収録関連データ		
格納フォルダ	内容	備考
CQ-MAX10¥Projects¥PROJ_COLORLED	フル・カラーLEDチカチカ回路のプロジェクト一式（Quartus Prime用）	本章では，このプロジェクトを読者がゼロから作成する方法を説明する．参考用として提供する．

●はじめに

本章では，フル・カラーLEDのチカチカ点滅回路を題材にして，Quartus Primeによる基本的な開発の流れを一通りマスタしましょう．

新規プロジェクトの作成，Verilog HDL記述の編集，解析，合成，外部端子への信号アサイン，配置・配線を含めたFPGAのコンパイル，FPGAのコンフィグレーションまでの基本的な流れを説明します．

また，FPGAの内部信号をロジック・アナライザ（ロジアナ）のように観測できるSignalTap IIという機能をQuartus Primeが持っており，その使い方も説明します．

最後に，タイミング解析の例として，設計した論理回路の最高動作周波数を確認してみます．

Quartus PrimeによるFPGAの開発フロー

まず，Quartus PrimeによるFPGAの開発フローについて説明します．図1にその全体フローを示します．

●新規プロジェクトの作成

Quartus Primeでは，FPGA内に構築する設計対象をプロジェクトとして管理します．一番最初にプロジェクト・ファイル（xxx.qpf）を作成します．

Quartus Primeには新規プロジェクトを作成するための支援機能（ウィザード）があり，プロジェクト名とプロジェクト格納場所の指定，対象FPGAデバイスの指定，使用するHDL言語（Verilog HDL，System Verilog，VHDL）の選択などを，ウィザードの指示に従って行うことで新規プロジェクトを生成できます．

なお，本書ではHDL言語として，Verilog HDLを使用することを基本前提とします．一部，C言語混在シミュレーションについて説明するときにSystem Verilogを使用します．

既存のプロジェクトをベースにした別の設計を行う場合は，プロジェクト・フォルダをそのままコピーしてフォルダ名を変更して，プロジェクト内の設計内容を変更することで対応できます．または，新規プロジェクト作成用ウィザード内でも既存プロジェクトの設定内容を引き継ぐこともできます．

●論理記述（Verilog HDL）の作成

FPGAの最上位（トップ）階層から，下位の個々のモジュールまで，一連の論理記述（Verilog HDL）を作成します．論理設計の基礎や，Verilog HDLの書き方や文法については，本書の中で詳細に説明しますので，わからなくてもとりあえずこのまま入力しておいてください．

Quartus Primeテキスト・ファイルの編集機能を使って論理記述を作成し，プロジェクトに登録していきます．論理記述ファイルをQuartus Prime上で新規作成すれば自動的にプロジェクトへ登録されますが，既存の論理記述を流用する場合は，マニュアルで追加します．

Nios II CPUコアなどの各種IPを含むシステムはQsysを使って設計できます．そのシステムをFPGAに組み込む場合は，対応するインスタンス化記述を論理記述へ追加します．

必要に応じて，FPGAの固有機能（ロジアナ機能のSignalTap IIや，デュアル・コンフィグレーション機能など）も論理記述へ追加します．

●論理シミュレーション

作成した論理記述が簡単なものであれば，いきなりFPGAに実装して動作確認する場合もありますが，一般的には論理シミュレーションでその機能動作を検証

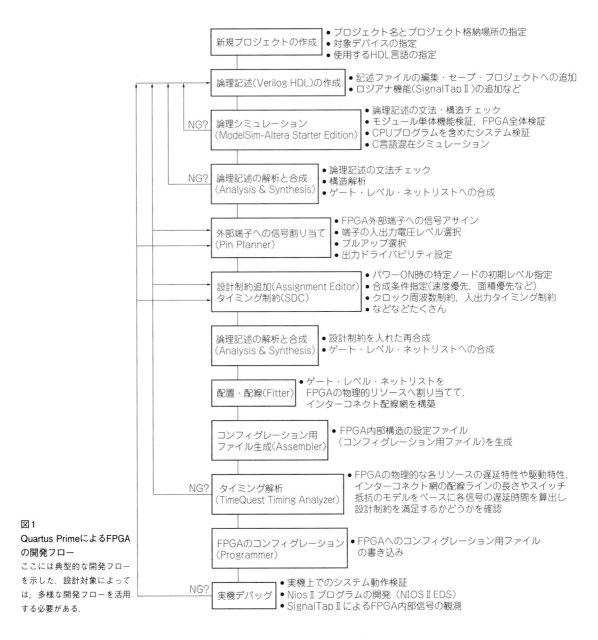

図1 Quartus PrimeによるFPGAの開発フロー
ここには典型的な開発フローを示した．設計対象によっては，多様な開発フローを活用する必要がある．

します．論理シミュレータ用ツールとしてはModelSim Altera Starter Editionが提供されており，Quartus Prime内から起動することができます．

論理シミュレーションを行うためには，対象とする論理記述の入出力信号を制御するための，上位階層に置かれるテスト・ベンチという論理記述（同じVerilog HDLで記述したもの）を用意します．そのテスト・ベンチから，入力信号を与えてシミュレーションすることで，対象論理の内部信号や出力信号の状況を確認して動作検証します．

論理シミュレータの中では，論理記述全体の文法と構造のチェックを行い，エラーがなければ，テスト・ベンチからの指示に従って全体動作をシミュレーションします．

設計したモジュール単体の機能検証に加え，ModelSim AlteraはFPGA固有IPを含むFPGA全体検証も可能です．CPUプログラムを含めたシステム検証はもちろん，C言語混在シミュレーションもサポートしています．

機能記述にバグなどの問題があれば，論理記述を修正します．

なお，本章ではQuartus Primeの使い方に的を絞るので，ModelSim Alteraは起動しません．基本的な論理シミュレーションの方法については後続の章で説明します．

● 論理記述の解析と合成

　論理記述が完成したら，Quartus Prime の中でその文法チェック，構造解析，論理合成までをやっておきます．Quartus Prime に，その論理記述全体が FPGA として扱える構造かどうかを確認させ，モジュールの階層構造や信号名を認識させておきます．

　論理シミュレータが扱えた論理記述でも，FPGA としては扱えない場合があるので，両方でのダブル・チェックには意味があります．

　文法エラーなどがあれば，論理記述を修正します．

● 外部端子への信号割り当て

　FPGA の論理記述の最上位階層には，FPGA デバイス自体の入出力信号が定義されているはずです．その各信号を物理的に FPGA のどの端子に割り当てるかを指定します．

　Quartus Prime 内で論理記述の構造解析が終わっていれば，端子アサイン用ツール Pin Planner を開くと最上位階層の入出力信号が表示されているので，それぞれに実際の端子番号を割り当てていきます．

　外部端子の割り当ては，このあとで行う配置・配線工程での設計制約になります．タイミングが満足できない場合は，外部端子位置を変更する必要が出ることもあります．FPGA を実装するプリント基板設計の都合から何度か端子位置を変更する場合もあります．

● 設計制約の追加

　FPGA 設計では，論理記述ができたあと，合成して配置・配線だけすれば済むケースは稀で，論理記述だけでは表現できない各種の設計制約条件を付加する必要があります．

　論理構造的な面では，パワー ON 直後のノード（フリップフロップ出力）のレベルをリセット信号なしで"L"レベルまたは"H"レベルに初期化したい場合があり，その指定を設計制約として付加可能です．この制約は，Assignment Editor というツールで指定できます．

　Quartus Prime の中で行う論理合成や配置・配線の狙い目を，速度優先（動作周波数最大化）にするのか，面積優先（使用リソース最小化）にするのか，電力優先（ダイナミック電力最小化）にするのかの指定も設計制約によって可能です．デフォルトは，それぞれを均等に最適化するバランス型になっています．この制約は，Quartus Prime 自体の設定または Assignment Editor で指定できます．

　最も重要な設計制約がタイミング制約です．目標とするクロック周波数や，入出力信号のタイミングを制約条件として，Quartus Prime に論理合成から配置・配線までを実行させることができます．タイミング制約条件は，業界標準の SDC（Synopsys Design Constraints）ファイルで指定します．

● 論理記述の解析と合成（再実行）

　各種制約を指定できたら，その制約に従ってもう一度論理合成を行います．FPGA のゲート・レベルのネットリストを生成します．

● 配置・配線（Fitter 工程）

　ゲート・レベル・ネットリストをもとに，各ゲートやメモリなどを FPGA の物理的リソースへ割り当てて（配置），インターコネクト配線網を選択します（配線）．本書では説明しませんが，FPGA の性能を最大限に引き出すため，Chip Planner というツールで配置・配線結果を解析して，マニュアル作業で配置状態を変更したり，詳細な配置・配線制約を Assignment Editor に追加するなども可能です．

● コンフィグレーション用ファイル生成
　（Assembler 工程）

　配置・配線結果を元に，FPGA のコンフィグレーション用ファイル（FPGA の内部設定用 SRAM に書き込むバイナリ・データ）を作成する工程です．

● タイミング解析

　論理設計には，タイミング検証が不可欠です．フリップフロップの間の論理ゲート段数が多い場合に動作周波数を高く（クロック周期を短く）すると，受け手側のフリップフロップのセットアップ時間を満足できず誤動作します．また，入出力信号のタイミングも抑える必要があります．この考え方の詳細は，本書の中で詳細に説明します．

　一般的なタイミング検証では，静的タイミング解析（STA：Static Timing Analysis）を行います．入力信号とフリップフロップの間，フリップフロップ同士の間，フリップフロップと出力信号の間を網羅的に設計制約と比較して検証します．

　TimeQuest Timing Analyzer というツールが STA ツールであり，配置・配線結果をもとに，FPGA の物理的な各リソース（ゲートやメモリなど）の遅延特性や駆動特性，インターコネクト網の配線ラインの長さや途中のスイッチ素子の抵抗モデルなどをベースに各信号の遅延時間を算出し，タイミング制約ファイル SDC の内容を満足するかどうかを詳細にレポートします．

　FPGA のプロセス条件（低速側に振れて製造された場合と高速側に振れて製造された場合）や動作周囲温度（0℃ または 85℃）の組み合わせごとに，内部フリップフロップ間遅延時間や，入出力信号と対応するフ

リップフロップ間の遅延時間を見積もり，総合的に最大動作周波数や入出力信号タイミングなどがレポートされます．

結果に満足できなかった場合は，タイミング制約条件を見直したり，場合によっては論理記述そのものの変更や配置・配線の最適化などを行います．

● FPGA のコンフィグレーション

Programmer というツールでコンフィグレーション用ファイルを FPGA に書き込みます．ここで MAX10-JB 基板の USB Blaster 等価機能の出番です．

コンフィグレーション用ファイルは MAX 10 の場合，2種類あります．

拡張子が .sof というファイルは，JTAG 端子経由で FPGA 内のコンフィグレーション用 SRAM に直接書き込むデータです．電源が切れると消えてしまいますが，書き込みが非常に高速なのでデバッグ中は便利です．

拡張子が .pof というファイルは，JTAG 端子経由で FPGA 内の FLASH メモリに書き込むデータです．電源印加のたびに FLASH メモリからコンフィグレーション用 SRAM にコンフィグレーション情報が高速に転送されるので，電源を切ってもコンフィグレーション・データが消えず，パワー ON で FPGA がすぐに動作します．

基本的に .sof と .pof は同時に生成されます．FLASH メモリの一部はユーザ・メモリとしても使うことができますが，Quartus Prime の機能を使うと，そのユーザ・メモリの内容を .pof 内に追加して，まとめて FPGA に書き込むことができます．

● 実機デバッグ

FPGA がコンフィグレーションできたら，いよいよ実機デバッグです．

Nios II EDS を使ったプログラム開発とソース・レベル・デバッグや SignalTapII によるロジアナ機能を使ったデバッグはこの工程です．いずれも MAX10-JB 基板の USB Blaster 等価機能を活用します．

はんだ付けしているつもりがないときに，部品や基板から煙が上がらないように注意して楽しくデバッグしましょう．はい．

Quartus Prime による フル・カラー LED チカチカ回路の実現

● フル・カラー LED チカチカ回路

MAX10-FB 基板上のフル・カラー LED の色を，1秒間隔で黒(消灯)→赤→緑→黄→青→マジェンダ→シアン→白→黒→……と順に変化させる回路を Quartus Prime を使って作ってみましょう．

● Quartus Prime を立ち上げる

Windows のスタート・メニューなどからアプリケーション Quartus Prime を立ち上げてください．図2に示したウィンドウが表示されます．

● 新規プロジェクトの作成

まずは新規プロジェクトを作成します．図3の流れに従って作業してください．ディレクトリ PROJ_COLORLED¥FPGA の下にプロジェクトを作成します．プロジェクト名は FPGA，FPGA のトップ階層のモジュール名も FPGA にします(Column 1)．これにより，プロジェクト・ファイル FPGA.qpf が生成されます(図4)．

● LED チカチカ回路の Verilog HDL 記述を編集

次に，LED チカチカ回路の Verilog HDL 記述 FPGA.v を作成します．図5に示した手順で作業してください．入力する記述をリスト1に示します．コメント(// で始まる行)以外はこの通りに入力してください．

この LED チカチカ論理は非常にシンプルです．MAX10-FB 基板上の 48MHz 発振器から入力されるクロックを，直接そのまま内部論理のクロックに使っています．論理回路のリセット信号は MAX10-FB 基板上のスイッチからの信号をそのまま使っています．32 ビット幅カウンタ(counter_1sec[31:0])により1秒

Column 1　本書の Quartus Prime 用プロジェクト

本書で説明する Quartus Prime 用プロジェクト名は原則として全て「FPGA」にしました．

固有名のディレクトリ PROJ_xxxxxxxx の下にディレクトリ FPGA を作成し，その中に名称が FPGA というプロジェクト(プロジェクト・ファイル名：FPGA.qpf)を置きます．MAX 10 内のトップ階層のモジュール名も全て FPGA にします．

なんだか「FPGA」だらけですが，プロジェクト一式をコピーして流用するときに便利なので，このようにしました．

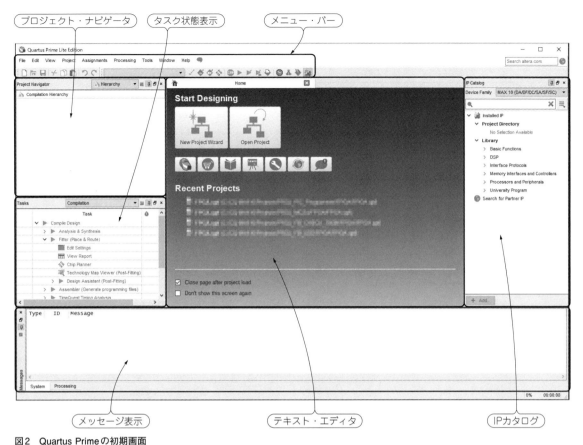

図2 Quartus Primeの初期画面

ごとに1サイクルの間だけアサートされる信号を作って，3色LEDの各色信号を作成する3ビット・カウンタ(counter_led[2:0])を1秒ごとにインクリメントしています．MAX10-FB基板上のLEDへの信号は"L"レベルで点灯するので最終的に反転してから出力しています．

●論理記述のプロジェクト登録

図5の手順のように，Quartus Primeの新規ファイル作成機能を使って作った論理記述(xxx.v)は，名前を付けてセーブした時点で自動的にプロジェクトに登録されます．

既存の論理記述(xxx.v)を使う場合は，そのファイルをプロジェクト・ディレクトリFPGAの下に置いてから，Quartus Primeのメニュー「Project」→「Add/Remove Files in Project...」を選択して，現れるダイアログ・ボックス内で追加します．論理記述をプロジェクトから除く場合や他の各種設計リソースをマニュアルで追加・削除する場合も同じダイアログ・ボックス内で作業します．

●論理記述の解析と合成

作成したVerilog HDL記述に対していったん，文法チェック，解析，合成までの処理を行います．図6に示す手順で操作してください．エラーがあれば，メッセージに従ってFPGA.vを修正します．

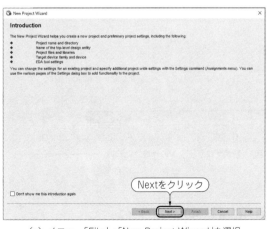

(a) メニュー「File」→「New Project Wizard」を選択

図3 新規プロジェクトの作成

(b) ディレクトリ，プロジェクト名などを入力

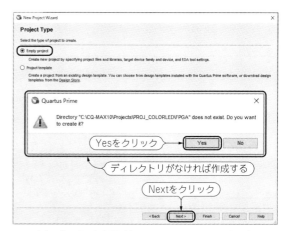

(c) プロジェクト形式として，Empty projectを選択

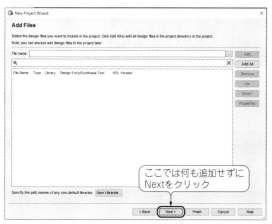

(d) プロジェクトへのファイル追加（ここでは追加しない）

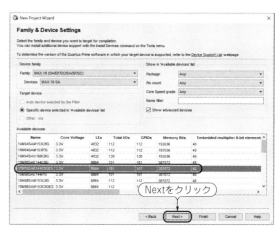

(e) デバイスとして10M08SAE144C8GESを選択

(f) シミュレーション・ツール形式をVerilog HDLに

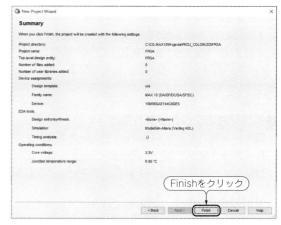

(g) サマリ表示

図3　新規プロジェクトの作成(つづき)

● 外部端子への信号アサイン

　論理記述の解析が終わったので，Quartus Primeは最上位階層の入出力信号を把握しています．この状態で外部端子への信号アサインを行いましょう．図7に示すようにPin Plannerを起動して信号をアサインします．

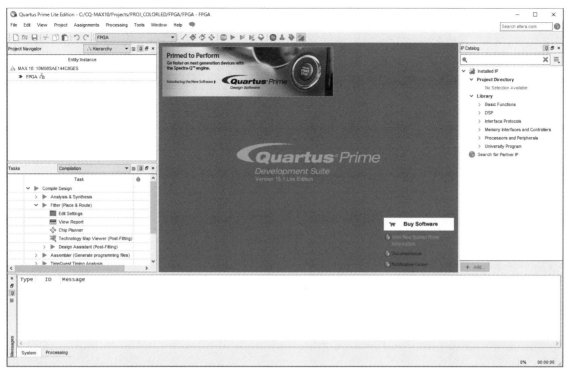

図4 プロジェクト新規作成後のQuartus Primeの画面

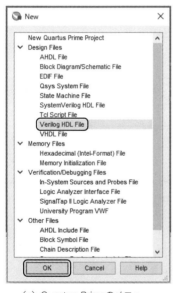

(a) Quartus Primeのメニュー「File」→「New...」を選択

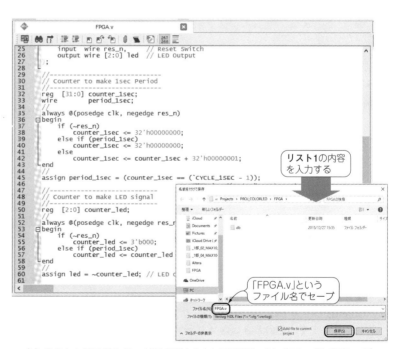

(b) リスト1に示すVerilog HDL記述を入力してFPGA.vというファイル名でセーブ

図5 LEDチカチカ回路のVerilog HDL記述を編集

● FPGAをフル・コンパイル

とりあえずここでは，設計制約は外部端子アサインだけにしておきます．再度，論理記述の解析・合成を行い，今度は配置・配線とコンフィグレーション・ファイルの作成まで一気に実行します．このFPGAのフル・コンパイルは簡単です．図8に示したいず

Quartus Primeによるフル・カラーLEDチカチカ回路の実現　117

リスト1　LEDチカチカ回路のVerilog HDL論理記述

記述内の定数値の意味は下記の通り．
`CYCLE_1SEC：1秒間に相当するクロック・サイクル数=48000000

```verilog
`define CYCLE_1SEC 48000000    ← 定数値

//---------------------------
// Top of the FPGA
//---------------------------
module FPGA
(
    input  wire clk,         // 48MHz Clock
    input  wire res_n,       // Reset Switch
    output wire [2:0] led    // LED Output
);
```
モジュール定義の開始
- FPGAトップ階層のモジュール名：FPGA
- 入出力信号：
  ・clk：MAX10-FB基板上の48MHz発振器のクロック入力
  ・res_n：MAX10-FB基板上のスイッチ入力（リセット）
  ・led[2:0]：MAX10-FB基板上のフル・カラーLED出力

```verilog
//---------------------------
// Counter to make 1sec Period
//---------------------------
reg  [31:0] counter_1sec;
wire        period_1sec;
//
always @(posedge clk, negedge res_n)
begin
    if (~res_n)
        counter_1sec <= 32'h00000000;
    else if (period_1sec)
        counter_1sec <= 32'h00000000;
    else
        counter_1sec <= counter_1sec + 32'h00000001;
end
//
assign period_1sec = (counter_1sec == (`CYCLE_1SEC - 1));
```
1秒周期信号生成用カウンタcounter_1sec[31:0]
- period_1secが1秒ごとに，1クロック・サイクルの期間"H"レベルになる

```verilog
//---------------------------
// Counter to make LED signal
//---------------------------
reg  [2:0] counter_led;
//
always @(posedge clk, negedge res_n)
begin
    if (~res_n)
        counter_led <= 3'b000;
    else if (period_1sec)
        counter_led <= counter_led + 3'b001;
end
//
assign led = ~counter_led; // LED on by low level

endmodule    ← モジュール定義の終了
```
LED表示用カウンタcounter_led[2:0]
- period_1secが"H"レベルになるたびにインクリメントする

MAX10-FB基板上のフル・カラーLEDは各色の信号が"L"レベルの時に点灯する

Column 2　旧バージョンのQuartusで作成したプロジェクトを開く

アルテラ社のQuartus Primeツールは定期的にバージョン・アップされていきます．原則として後方互換性は考慮されていて，旧バージョンのQuartusツールで作成したプロジェクトを開くことができます．そのときは図Aに示すワーニングが表示されます．プロジェクト・ファイルが更新されてもいい場合はYesを押して作業を続けます．

アルテラ社から提供されているIP（PLL，Nios II，周辺モジュールなど）を含むプロジェクトを新バージョンのQuartusで開いたとき，更新版のIPがあればそれも知らせてくれるので，必要があればアップデートします．

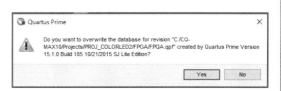

図A　旧バージョンのQuartusで作成したプロジェクトを開いたとき

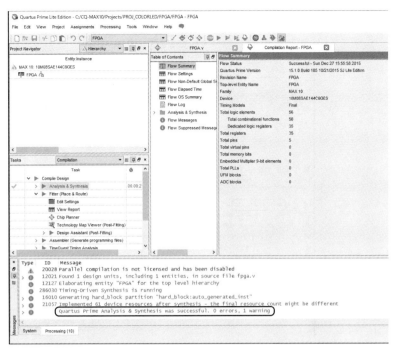

(a) 論理記述の解析と合成までを実行

(b) 問題がなければAnalysis & Synthesis was successful.と表示される.エラーがあれば，メッセージに従ってFPGA.vの記述を修正する

図6　論理記述の解析と合成

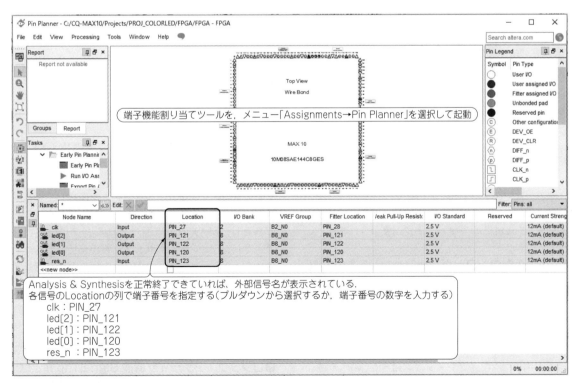

図7　外部端子への信号アサイン
Pin Plannerを，メニュー「Assignments」→「Pin Planner」を選択して起動

Quartus Prime によるフル・カラー LED チカチカ回路の実現　**119**

図8 FPGAをフル・コンパイル

写真1　MAX10-FB基板上のLEDが点灯
消灯（黒）を含めて8種類が順次変化する．ここで，いったん電源を切るとコンフィグレーション情報が消えて動作しなくなる．

れかの方法でスタートします．

うまくいけば，Quartus Prime Full Compilation was Successful. というメッセージが表示されます．

● FPGAをコンフィグレーションして動作確認 その1（.sofファイル書き込み）

できたコンフィグレーション・ファイルをFPGAに書き込んで動作させてみましょう．ワクワクしますねー．

まずはMAX10内蔵FLASHメモリではなく，FPGA内のコンフィグレーション用SRAMへの書き込み方法を図9に紹介します．非常に高速ですが，FPGAの電源を消すと所望のLEDチカチカ動作をし

なくなります．図9に示すようにUSB Blasterを選択し，拡張子.sofファイルを選択してください．コンフィグレーション完了と同時に，写真1のようにLEDが点灯するはずです．

● FPGAをコンフィグレーションして動作確認 その2（.pofファイル書き込み）

次は，FPGA内のコンフィグレーション用FLASHメモリへの書き込み方法を図10に紹介します．図9ですでにUSB Blasterを選択しているので，「Hardware Setup...」の設定は不要です．また，MAX10にコンフィグレーションした.sofファイルが動作しているときは，図10(a)のようにDeleteボタンをクリックしてください．それからAdd Fileボタンをクリックして，次は拡張子.pofファイルを選択してください．そしてCFM0をチェックしてから，StartボタンをクリックしてFLASHメモリへの書き込みを開始します．

FLASHへの書き込みは10数秒かかりますが，そのあとは，MAX10の電源を入れるたびに内部コンフィグレーションが行われます．電源を切ってもコンフィグレーション・データが消えないことを確認してください（写真2）．これは便利ですねー．

ロジック・アナライザ機能 SignalTap II

● ロジック・アナライザ機能 SignalTap IIとは

Quartus Primeは，FPGA内部の信号を観測してデバッグするためのロジック・アナライザ（ロジアナ）機

(a) Programmerを起動する

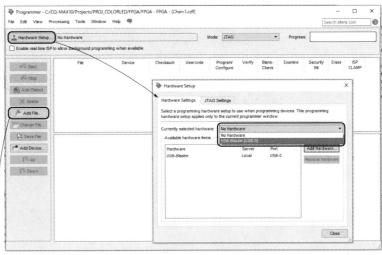
(b) 「Hardware Setup...」ボタンでUSB Blasterを選択し,「Add File...」ボタンをクリック

(c) output_files¥FPGA.sofを選択

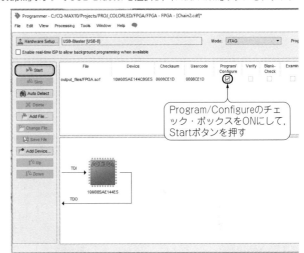
(d) FPGAをJTAGコンフィグレーション開始

(e) FPGAのJTAGコンフィグレーション完了. 完了と同時に**写真1**のようにLEDが点灯する

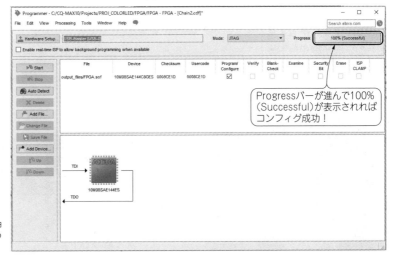

図9 FPGAのコンフィグレーションその1(sofファイルのダウンロード)
まず, MAX10のFPGAを直接JTAGからコンフィグレーションしてみよう. MAX10-FB基板の上にMAX10-JB基板を載せて, MAX10-JB基板のUSBコネクタをPCに接続しておくこと.

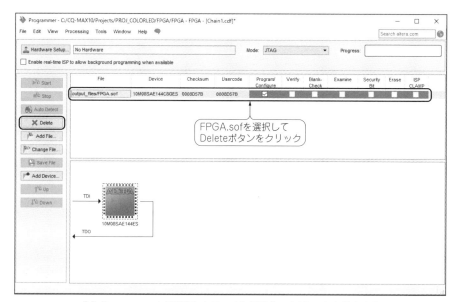

（a）Programmer上に設定したファイルFPGA.sofをいったん除去する

図10
FPGAのコンフィグレーションその2（pofファイルのダウンロード）
今度は，MAX10のコンフィグレーション用FLASHメモリへ書き込んで内部コンフィグレーションさせてみよう．MAX10-FB基板の上にMAX10-JB基板を載せて，MAX10-JB基板のUSBコネクタをPCに接続しておくこと．

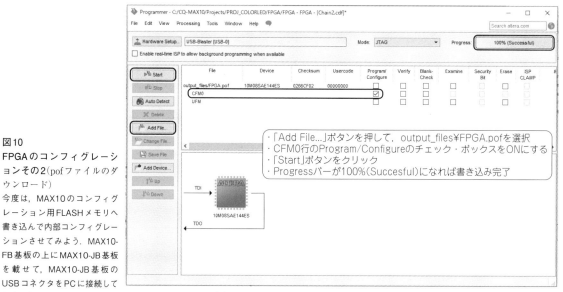

（b）output_files¥FPGA.pofを選択してCFM0に書き込む

写真2　電源を再投入してもLチカ動作が開始する
電源をいったんOFFにしても，電源が入れば自動的に内蔵FLASHメモリから内部コンフィグレーションされてLチカ動作を行う．FLASHメモリからのコンフィグレーションが非常に高速なことを確認しよう．

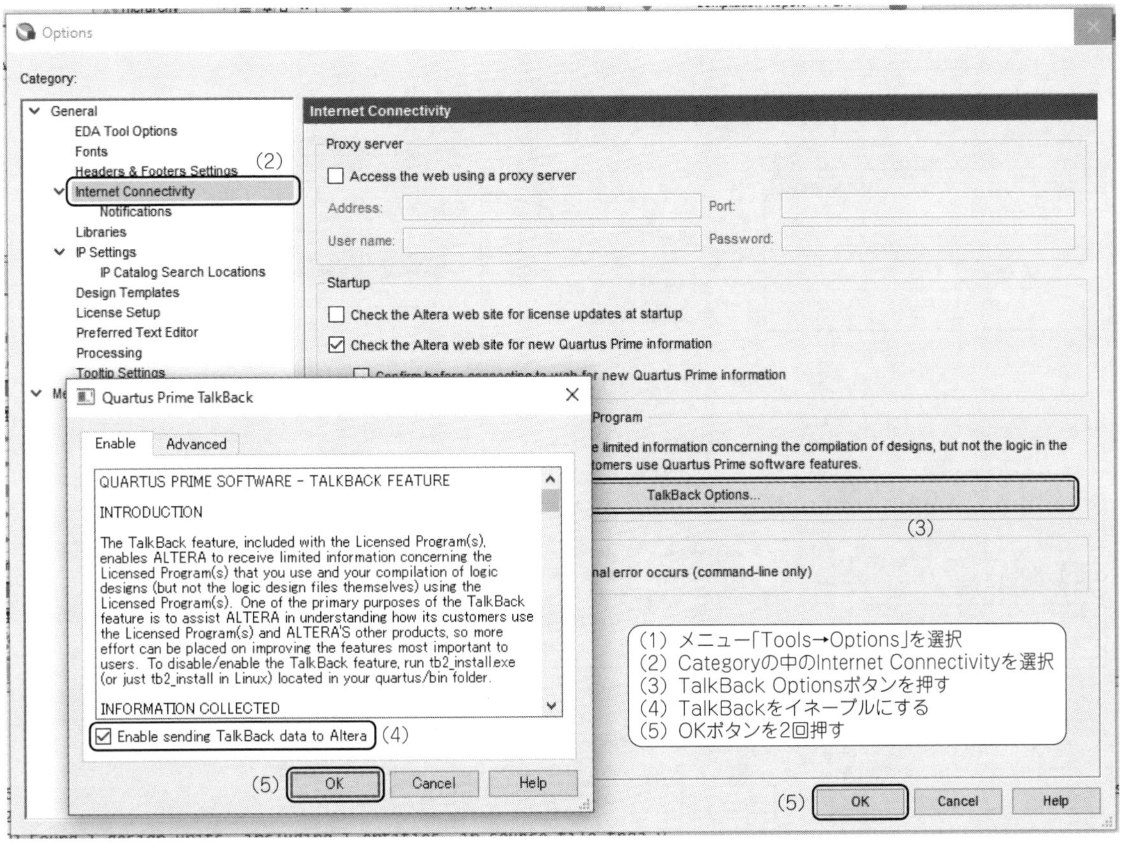

図11 TalkBackの設定変更
SignalTap IIを使うためTalkBackをイネーブルにする.

能SignalTap IIを提供しています．Signal Tap IIは，FPGA自体の中にロジアナ機能を埋め込んで，JTAG端子経由でQuartus Primeと通信しながら内部信号を観測するものです．

Signal Tap IIは，ロジアナ機能構築のために，FPGA内論理リソースと信号レベルのサンプリング記録用メモリ・ブロック(RAM)を消費しますが，他に計測器を用意する必要がなく，手軽に内部信号を観測することができる機能です．

● SignalTap II 使用時は TalkBack をイネーブルにする

SignalTap IIを使用する時はQuartus PrimeのTalkBack機能をイネーブルにする必要があります．図11にその方法を示します．

● SignalTap II の FPGA への埋め込み方法

Signal Tap II機能のFPGAへの埋め込み方法としては，Quartus Primeに全自動でやってもらう方法と，ユーザが明示的にSignalTap II用IPモジュールを自分の論理記述に追加する方法があります．ここでは，前者の全自動方式を紹介します．

● SignalTap II のロジアナ機能を使ってみる

LEDチカチカ論理の中のcounter_1sec[31:0]とcounter_led[2:0]を観測してみます．図12にSignalTap IIのロジアナ機能の基本的な使用方法を示します．

本来のSignalTap IIでは，観測信号の選択やトリガ条件を変更するたびに部分的な高速再コンパイルで迅速化できるのですが，無償版のQuartus Prime Lite Editionでは高速再コンパイルはサポートされていないので，毎回フル・コンパイルが必要です．

ロジアナ機能によるデバッグが終わったら，必ずSignalTap II機能をディセーブルにして改めてフル・コンパイルしてFPGAを再コンフィグレーションしておいてください．

● SignalTap II はどういうときに使えるか？

SignalTap IIのロジアナ機能は，手軽とはいってもフル・コンパイルが必要などそれなりの手間は必要です．数本レベルの内部信号を観測したいなら，どうせ同じフル・コンパイルなので，それらを外部端子に出

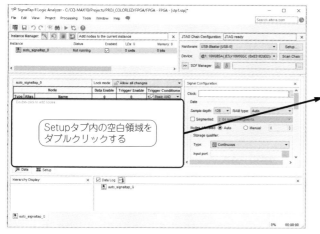
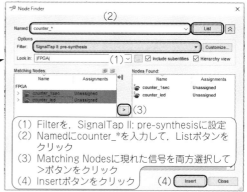

(a) Quartus Primeのメニュー「Tools」→「SignalTap II Logic Analyzer」を選択してSignalTap IIを起動し、NodeFinderを開く

(b) NodeFinderが立ち上がるのでcounter_1sec[31:0]とcounter_led[2:0]を観測信号として登録

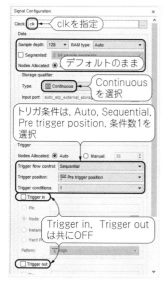
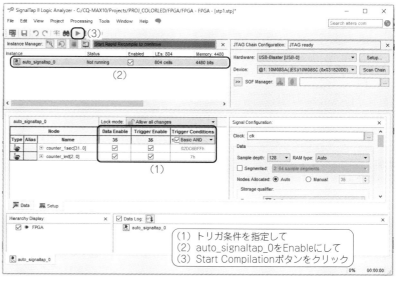

(c) SignalTap II 画面内のSignal Configurationの中で基準クロック信号とトリガ設定方法を選択

(d) 観測信号のトリガ条件を指定して、フル・コンパイル実行
- counter_led[2:0]が、3'b111 から 3'b000 に変化するタイミングを観測するため、counter_1sec[31:0]==(48000000-1)かつ counter_led[2:0]==7 の AND をトリガ条件とする
- Quartus Prime Lite Edition は、Rapid Recompile（部分的再コンパイル）による高速コンパイルには対応していないので、毎回フル・コンパイルする必要がある

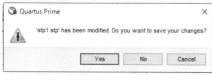

(e) SignalTap II 画面のStart Compilationを押すと、ロジアナ機能設定ファイルstp1.stpのセーブ画面が現れるので Yes を押してセーブ

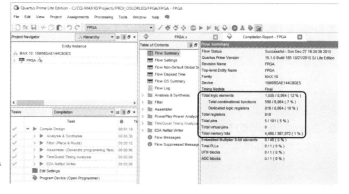

(f) コンパイルの完了
ロジアナ機能を追加したので論理規模が増加している

図12 SignalTap II によるロジアナ機能

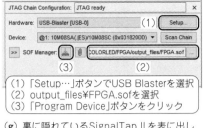

(1)「Setup…」ボタンでUSB Blasterを選択
(2) output_files¥FPGA.sofを選択
(3)「Program Device」ボタンをクリック

(g) 裏に隠れているSignalTap IIを表に出し JTAG Chain Configurationの中で，コンフィグレーション・ファイルFPGA.sofをFPGAに送り込む

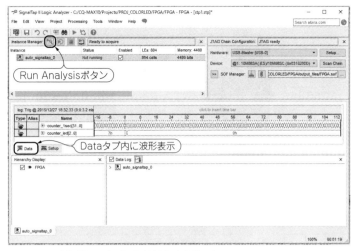

(h)「Run Analysis」ボタンをクリック
トリガ条件が一致すると取得した信号波形が表示される

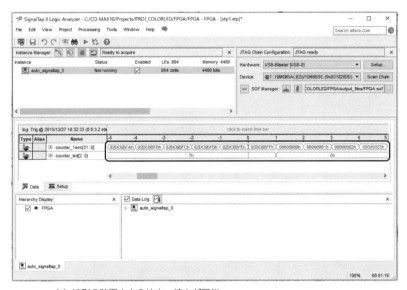

(i) 波形の時間方向の拡大・縮小が可能
波形の上をマウスでドラッグしたり，左クリックや右クリックする

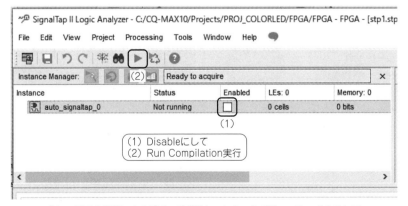

(1) Disableにして
(2) Run Compilation実行

(j) ロジアナ機能によるデバッグが終わったら，必ずSignalTap IIを外して FPGAを再コンパイルしておくこと

ロジック・アナライザ機能 SignalTap II

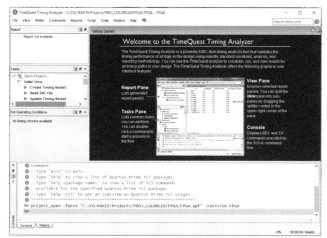

(a) Quartus Primeのメニュー
「Tools」→「TimeQuest Timing Analyzer」を選択してTimeQuestを起動

(b) TimeQuestのメニュー
「Netlist」→「Create Timing Netlist」を選択する．
デフォルトのままOKを押す

(c) Board Trace Model Assignmentsが表示されるが，ここではこのままにしておく．TimeQuestのメニュー「File」→「New SDC File」を選択する

(d) Quartus Prime 内に，新規ファイル(xxx.sdc)の編集画面が現れる．編集画面内で右クリックして，ポップアップ・メニュー「Insert Constraint」→「Create Clock...」を選択する

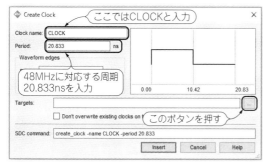

(e) クロック定義ダイアログ・ボックスが表示される．クロック種別名(信号名ではなく，ユーザが決める種別名)とクロック周期を入力して，ターゲット信号を選択するためのボタンをクリック

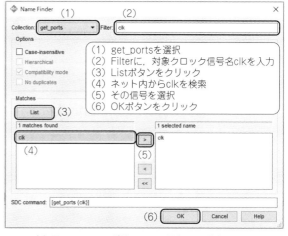

(f) Name Finderが開くので信号名clkを検索する
(b)で行ったCreate Timing Netlistを省略すると，ネット内から信号検索できないので注意のこと

図13 TimeQuest Timing Analyzerによるタイミング解析
クロックclkを48MHzと定義し，この制約を満足するかどうかを検証する．

126　第7章　FPGA開発ツール Quartus Prime 入門

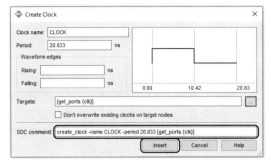

（g）SDC Command欄にクロック周期に関するタイミング検証用のスクリプトができあがるのでInsertボタンをクリック

（h）Quartus Prime内のxxx.sdcの編集画面内にスクリプトが1行追加される．
ディレクトリFPGAの下にFPGA.sdcというファイル名でセーブしておく

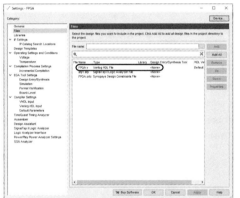

（i）Quartus Primeのメニュー「Project」→「Add/Remove Files in Project...」を選択し，FPGA.sdcが含まれていることを確認しておく．
ロジアナ機能のstp1.stpも含まれているが，図12の最後の手順でディセーブルされている

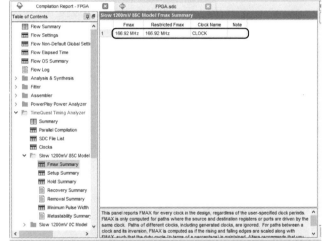

（j）Quartus Prime内で再度Start Compilationボタンを押して再度フル・コンパイルする
メニュー「Processing」→「Compilation Report」を選択して画面内の「TimeQuest Timing Analyzer」→「Slow 1200mV 85C Model→Fmax Summary」を選ぶ．166MHz以上で動作することが示されている

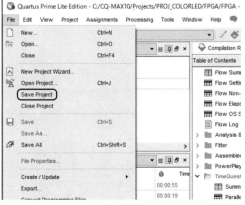

（k）メニュー「File」→「Save Project」を選択してから終了

ロジック・アナライザ機能 SignalTap II　127

力してオシロスコープやロジアナで観測したほうが，トリガ条件を変える場合のフル・コンパイルがいらなくなります．

おそらくSignal Tap IIが本領を発揮するのは，滅多に現れない多ビット幅の異常データを捕まえたいときでしょう．システム内の複数ブロックの稀な競合によりようやく登場するバグを長時間かけて捕まえるときには，大いに縋れる機能だと思います．

TimeQuestによるタイミング解析

●タイミング解析にはSDCファイルが必要

設計したFPGAのタイミング解析のためにはSDCファイルが必要です．FPGAやSoCの設計に慣れた人にはおなじみの書式ですが，独特なスクリプト形式なので初心者にとっては扱いにくいものです．しかし，Quartus PrimeにはSDCファイルの作成を支援する機能が充実しておりSDCファイルの作成が容易になっています．

Questa Primeにタイミング制約を記述したSDCファイルを登録してフル・コンパイルすると自動的にTimeQuestツールが静的タイミング解析を行います．

●クロック周期のタイミング制約を与えてみる

フル・カラーLEDチカチカ論理にクロック周期のタイミング制約を与えて動作周波数の上限を確認してみましょう．この検証をするためのSDC記述は下記の1行だけです．

```
create_clock -name CLOCK -period 20.833 [get_ports {clk}]
```

この意味は，clkという信号を周期20.833ns（48MHz）のクロックと定義し，このクロック定義内容をCLOCKという名称で呼ぶことにする，ということです．見慣れない記述ですが，Quartus Primeがこの作成を支援してくれます．

● TimeQuest Timing Analyzerによるタイミング解析例

クロック制約を与えてタイミング解析する手順を図13に示します．このケースにおいては，今回の論理記述はMAX10-FB基板に載ったMAX 10デバイスで166MHz以上で動作することが確認できます．

◆参考文献◆

(1) Quartus II Handbook Volume 1 : Design and Synthesis, QII5V1, 2015.05.04, Altera Corporation.
(2) Quartus II Handbook Volume 2 : Design Implementation and Optimization, QII5V2, 2015.05.04, Altera Corporation.
(3) Quartus II Handbook Volume 3 : Verification, QII5V3, 2015.05.04, Altera Corporation.

第8章 PLLの使い方とパワーONリセット回路の作り方をマスタしよう

論理回路の土台！MAX 10のクロックとリセットの基礎

本書付属DVD-ROM収録関連データ		
格納フォルダ	内容	備考
CQ-MAX10¥Projects¥PROJ_COLORLED2	フル・カラーLED階調明滅回路のプロジェクト一式（Quartus Prime用）	本章では，このプロジェクトを読者がゼロから作成する方法を説明する．参考用として提供する．

●はじめに

本章では，論理回路の土台になるクロックとリセットについて，特にFPGA設計で必要になる知識をマスタします．

ここでは，さまざまな周波数のクロックを合成できるPLL(Phase Locked Loop)の使い方と，外部リセット信号を省略するためのパワーONリセット回路の作り方について説明します．フル・カラーLEDの階調明滅回路を題材にします．

PLLとパワーONリセット回路

● PLLとは

FPGAも必ずといっていいほどPLL(Phase Locked Loop)を搭載しています．PLLは入力クロックに対して逓倍と分周を施すことで，さまざまな周波数のクロックを合成できます．

MAX 10が持つPLLでは，周波数だけでなく，位相やデューティ比の設定もできます．図1に示すALTPLLというIPの場合，1本の入力クロックから最大5種類のクロックを生成できます．これ以外にも輻射ノイズの計測値を低減させるための周波数拡散機能や，動作中に動的に再設定できる機能などもあり，非常に多機能です．

●本書でのPLL設定の基本

本書では原則として，PLLへの入力クロックの周波数はMAX10-FB基板上の発振器から供給される48MHzとし，PLLからユーザ論理に供給するクロックの周波数は50MHzとします．

プロジェクトによっては，FPGA内で使用するIPの仕様に依存して，位相や周波数を変えたクロックもPLLで生成することがあるので，その都度説明します．

●パワーONリセット回路とは

論理回路内のフリップフロップ（順序回路）は，放っておくと初期状態が不定なので，通常はリセットが必要です．前章のPROJ_COLORLEDの事例では，リセット信号はMAX10-FB基板上のタクト・スイッチで入力しました．この基板上でユーザが使えるスイッチは一つだけなのでリセット用に使うと他には使えなくなります．

このような場合，パワーON時に電源電圧の立ち上がりを検出したら自動的にデバイス内にリセット信号を一定期間だけ送るパワーONリセット回路があると便利です．マイコン(MCU：Micro Controller Unit)などでは一般的に内蔵している機能です．

● MAX 10自体はパワーONリセット回路を内蔵している

MAX 10デバイスそのものには，実はパワーONリセット回路が内蔵されています．これは電源立ち上がりを検出したら，内蔵FLASHメモリのコンフィグレーション・データを使って自動的にFPGAをコンフィグレーションするために用意されています．

図1 PLLの概要
ALTPLLというIPの基本機能を示す．

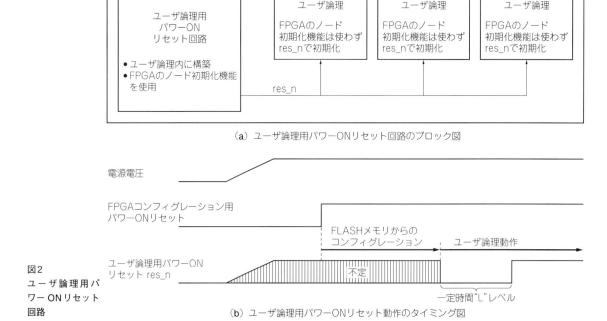

図2 ユーザ論理用パワーONリセット回路
(a) ユーザ論理用パワーONリセット回路のブロック図
(b) ユーザ論理用パワーONリセット動作のタイミング図

●ユーザ論理用パワーONリセット方法

MAX 10のコンフィグレーションが終わった時点からユーザ論理が動き出しますが，そのときのユーザ論理内のノード（フリップフロップ出力）の初期値（"L"または"H"レベル）を設定できれば，事実上のパワーONリセットになります．

あるメーカのFPGAではノードの初期値が全て"L"レベルになるものがありますが，アルテラ社のFPGAでは，リソース利用効率の最適化のためと思われますが，各ノードの初期値は設計ツールにとって都合の良いほう（"L"または"H"レベル）に倒されるため，基本的には不定値になると考えたほうがよいようです．しかし，各ノードの初期値は，設計制約をかけることでユーザ側で指定することが可能になっています．

ユーザ論理内の大量にある全てのノードに対して，設計制約をかけて初期値を指定するのは現実的ではありません．ユーザ論理用のリセット信号を生成する回路を作って，その中の一部のノードだけに初期値制約をかけるほうが現実的です．

●ユーザ論理用パワーONリセット回路の具体例

この考え方で作ったユーザ論理用のパワーONリセット信号を生成する回路のブロック図を図2(a)に，動作タイミングの概要を図2(b)に示します．

ユーザ論理用パワーONリセット回路のVerilog HDL記述の例をリスト1に示します．この中で，por_nとpor_count[15:0]の両信号だけ，その初期値が"L"レベルになるように設計制約をかけます．FPGAのコンフィグレーションが完了するとこの回路が動作を開始しますが，por_nとpor_count[15:0]は初期値ゼロから起動するので，結果的にpor_nすなわちres_n信号がクロック（clk48）で65536サイクルの期間"L"レベルになってから"H"レベルに遷移します．この信号をユーザ論理内に供給することで各ブロックをリセットできます．結果的に，パワーONリセット動作を実現できたことになります．

なおMAX 10では，図1に示したPLLを内蔵した場合，PLL出力クロック周波数が安定するまで（PLLがロックするまで）の時間がコンフィグレーション完了後最大1msかかるので，パワーONリセット回路自体に使うクロックは，外部から供給される安定クロック48MHzを使いました．

また，リセット信号res_nのアサート期間は，48MHzの65536サイクル分，すなわち1.3ms（= 65536÷48000）としました．これにより，PLLが不安定なクロックを出力している期間はユーザ論理リセット信号res_nがアサートされるようにしています．

ちなみに，PLLから出力クロックがロックされた（安定した）ことを示す信号を出力することができるので，その反転レベルをユーザ論理のリセット信号に使うこともできます．しかし，PLLのロック時間が極めて短いケースがあり得るのと，PLLを内蔵しないケースもあるので，本書で紹介する事例ではここに示した形式のユーザ論理用パワーONリセット回路を使

リスト1　ユーザ論理用パワーONリセット回路のVerilog HDL記述

```verilog
//--------------------------
// Internal Power on Reset
//--------------------------
wire res_n;              // Internal Reset Signal
reg  por_n;              // should be power-up level = Low
reg  [15:0] por_count;   // should be power-up level = Low
//
always @(posedge clk48)
begin
    if (por_count != 16'hffff)
    begin
        por_n <= 1'b0;
        por_count <= por_count + 16'h0001;
    end
    else
    begin
        por_n <= 1'b1;
        por_count <= por_count;
    end
end
//
assign res_n = por_n;
```

うことにしました．

フル・カラーLEDの階調明滅回路

● LEDの階調明滅回路を作る

PLLとパワーONリセット回路を使う事例として，ここでは，フル・カラーLEDの各色の輝度を"じんわり"と変化させる階調明滅させる回路を作ってみましょう．このLED明滅機能自体にPLLなどの機能が必須なわけではありませんが，次章のデュアル・コンフィグレーションの説明のために，前章のLEDの色変化回路とは異なる動作をする回路を用意しておきたかったので，ついでにやってしまおうというわけです．

● LEDの階調明滅のためにPWM信号を使う

LEDの輝度をじんわり変えるには，PWM（Pulse Width Modulation）信号を供給するのが一般的です．PWM信号は周期が一定で，各周期のデューティ比（アクティブ期間÷周期）を刻々と変化させていく信号のことです．デューティ比が0％ならLEDは消灯，50％なら中間輝度，100％なら最高輝度に対応します．

● PWM信号の生成方法

本事例でのPWM信号の生成方法について図3を使って説明します．3段ありますが，それぞれLEDの赤，緑，青に対するPWM信号タイミングを示しています．ここでは代表として最上段の赤に対するPWM信号について説明します．

カウンタ`pwm_counter[15:0]`が，50MHzクロックでカウント・アップし，値が59999（= 16'hEA5F）になったら0にクリアし，またカウント・アップを繰り返します．60000クロック（= 1.2ms）を周期としてカウント・クリアを繰り返します．

さらに，カウント・クリアのたびに`duty_red[15:0]`を一定値ずつ増減させます．図3では20000ずつ増減するイメージで描いてありますが，実際には20ずつ増減させます．`duty_red[15:0]`は最大値60000まで増加を続け，最大値になったら最小値0になるまで減少を続け，これを繰り返します．結果的に`pwm_counter[15:0]`はのこぎり波，`duty_red[15:0]`は三角波のように動作します．`duty_red[15:0]`を増加させるのか減少させるのかの選択信号として`duty_red_dir`を生成して制御しています．

最終的にLEDの赤に与える信号`led[0]`は，`duty_red[15:0]`が`pwm_counter[15:0]`よりも大きいときに点灯するレベル（"L"レベル）になるように出力します．`duty_red[15:0]`が，そのPWM周期におけるLEDのONデューティ比を決めることになります．

LEDの緑と青に与える信号`led[1]`と`led[2]`については，`pwm_counter[15:0]`は共通として，デューティ比を決める信号`duty_grn[15:0]`と`duty_blu[15:0]`をそれぞれ独立に制御して生成します．

赤，緑，青のデューティ比はちょうど120度ずつ位相がずれたように制御することにしました．このために，

- `duty_red[15:0]`の初期値は0で増加方向
- `duty_grn[15:0]`の初期値は40000で増加方向
- `duty_blu[15:0]`の初期値は40000で減少方向

とします．

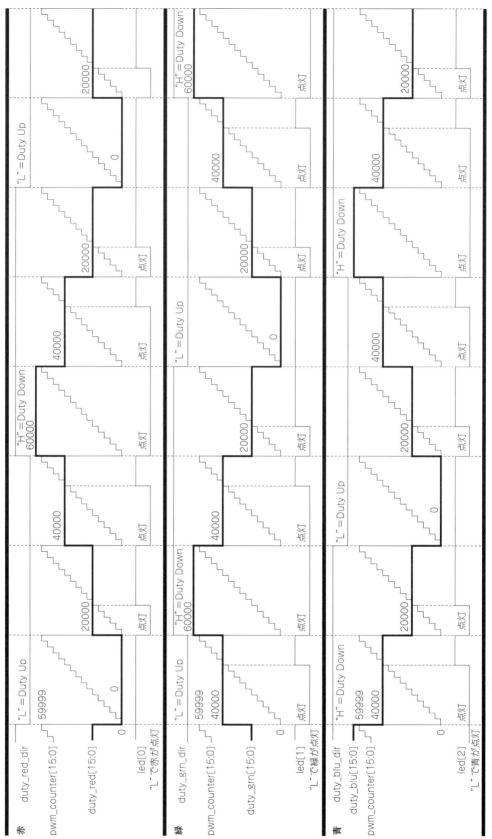

図3 フル・カラーLEDの階調明滅動作

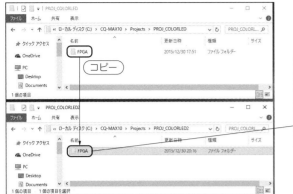

(a) ディレクトリC:¥CQ-MAX10¥Projects¥PROJ_COLORLED2 を作成してフォルダC:¥CQ-MAX10¥Projects¥PROJ_COLORLED¥FPGAをまるごとC:¥CQ-MAX10¥Projects¥PROJ_COLORLED2の下にコピーする

(b) ディレクトリC:¥CQ-MAX10¥Projects¥PROJ_COLORLED2¥FPGAを開いてプロジェクト・ファイルFPGA.qpfをダブル・クリックしてオープンする

図4 新規ディレクトリPROJ_COLORLED2内にプロジェクトをコピー
前に作成したPROJ_COLORLEDを流用して新たなプロジェクトを作る

フル・カラー階調明滅回路をPLLとパワーONリセット回路を使って構築

●フル・カラー階調明滅回路のプロジェクトを作る

フル・カラー階調明滅回路をPLLとパワーONリセット回路を使って構築しましょう．まずはQuartus Primeのプロジェクトを作りますが，ここでは，先に作成したPROJ_COLORLED内のプロジェクトをコピーしてその内容を修正するやり方で進めてみます．

図4に示すように，PROJ_COLORLED内のフォルダFPGAを一式，新規ディレクトリPROJ_COLORLED2内にコピーして，その中のプロジェクト・ファイルFPGA.qpfをオープンします．

● PLLを作成する

Quartus Primeが立ち上がるので，図5に示した手順でPLLを作成します．アルテラ社が提供するIPの中からALTPLLを選択して，属性設定を行っていきます．PLLへの入力クロックは48MHzとし，出力クロックは50MHzの一本だけ(c0)とします．

ここで作成するPLLのモジュール名は「PLL」にしています．

●生成されたPLLのRTL記述を確認

図5の手順を完了すると，ディレクトリPROJ_COLORLED2¥FPGA内に，リスト2に示すファイルが生成されているはずです．リスト2(a)はPLLの本体記述です．

リスト2(b)はある論理階層内にPLLを配置する，すなわちインスタンス化(実体化)するための記述のひな型です．

● LED階調明滅回路のVerilog HDL記述を編集

FPGA.vを編集します．元のプロジェクトから持ってきたVerilog HDL全体をリスト3に示すように編集し直してください．トップ階層FPGAの入出力端子からリセット信号がなくなっていることに注意しましょう．スイッチ入力は明滅動作を一時的に止めるために使います．

PLLのインスタンス化記述が挿入されていますが，リスト2(b)のひな型をベースにしてPLLの入出力信号をトップ階層の信号に接続しています．

リスト1に示したユーザ論理用パワーONリセット回路も挿入してあります．

Verilog HDLの書き方や文法については，本書の中で詳細に説明するので，わからなくてもとりあえずこのまま入力しておいてください．

ここでいったん，Quartus Prime上で論理記述の解析と合成までを実行して，文法エラーを取っておきましょう．

● 外部端子への信号アサイン

外部端子への信号アサインを図6に示すように行います．コピー元のプロジェクトに対して，クロック信号とスイッチ信号の名称を変更してありますのでそれぞれ削除して，新たな信号名に端子を割り当て直してください．

●タイミング制約

ユーザ論理はPLL出力クロックの50MHzで動作するので，ここでのタイミング制約(SDC)は，図7に示すように修正しておきます．

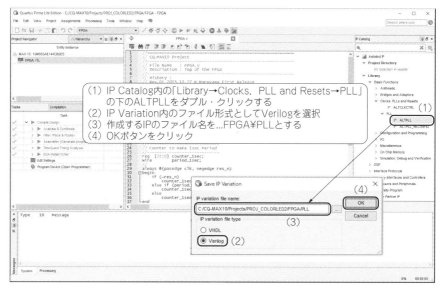

(a) PLLのIP「ALTPLL」を作成する(このPLLのモジュール名は「PLL」とする)

(b) 入力クロックの周波数を指定する

(c) PLL制御信号を設定する．ここでは全てOFF

(d) 周波数拡散はOFF，バンド幅はデフォルトのまま

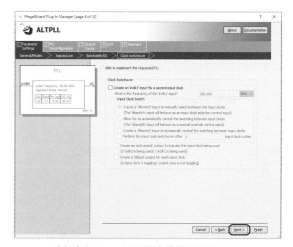

(e) 入力クロック切り替え機能はOFFのまま

図5 PLLを作成する

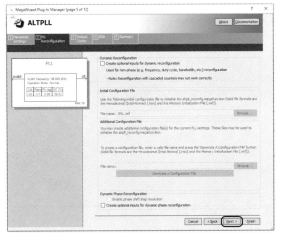
（f）PLLの動的再設定機能はOFFのまま

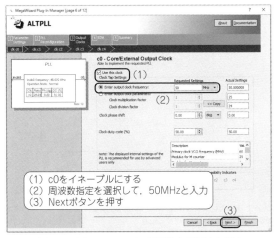
（g）PLL出力クロックc0の周波数を50MHzに設定

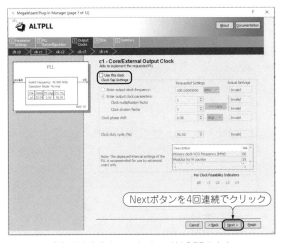
（h）PLL出力クロックc1〜c4はOFFのまま

（i）PLLのModelSim用論理シミュレーション
ライブラリ名altera_mfを確認しておく

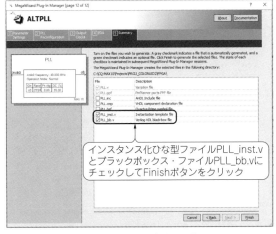
（j）生成ファイルを指定して終了

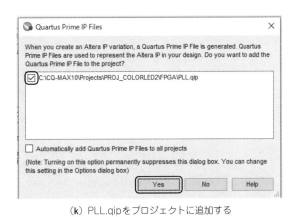
（k）PLL.qipをプロジェクトに追加する

フル・カラー階調明滅回路をPLLとパワーONリセット回路を使って構築

リスト2　生成されたPLLのRTL

```
module PLL
(
    inclk0,
    c0
);

input  inclk0;
output c0;

…

endmodule
```

(a) PLL本体のRTL(`PLL.v`)

```
PLL     PLL_inst
(
    .inclk0 ( inclk0_sig ),
    .c0     ( c0_sig     )
);
```

(b) PLLのインスタンス化のひな型(`PLL_inst.v`)

リスト3　LED階調明滅回路のVerilog HDL記述

記述内の定数値の意味は下記の通り．

`` `POR_MAX ``：パワーONリセット信号のアサート幅＝16'hffff

`` `PWM_MAX ``：LEDデューティ生成用PWM周期(pwm_counterの最大値＋1)＝16'd60000

`` `DUTY_RED_INIT ``：赤LEDのデューティ初期値(0またはPWM_MAXの2/3)＝16'd0

`` `DUTY_GRN_INIT ``：緑LEDのデューティ初期値(0またはPWM_MAXの2/3)＝16'd40000

`` `DUTY_BLU_INIT ``：青LEDのデューティ初期値(0またはPWM_MAXの2/3)＝16'd40000

`` `DUTY_RED_DIR_INIT ``：赤LEDのデューティ変化方向初期値＝1'b0(UP方向)

`` `DUTY_GRN_DIR_INIT ``：緑LEDのデューティ変化方向初期値＝1'b0(UP方向)

`` `DUTY_BLU_DIR_INIT ``：青LEDのデューティ変化方向初期値＝1'b1(DOWN方向)

`` `DUTY_SPEED 16'd20 ``：LEDのデューティ変化の速度(PWM_MAX×1/3の約数で指定)＝16'd20

```verilog
`define POR_MAX 16'hffff  // period of power on reset
`define PWM_MAX 16'd60000 // max value of pwm_counter (pwm cycle)
`define DUTY_RED_INIT 16'd0     // initial value of duty red
`define DUTY_GRN_INIT 16'd40000 // initial value of duty green
`define DUTY_BLU_INIT 16'd40000 // initial value of duty blue
`define DUTY_RED_DIR_INIT 1'b0  // initial direction of red   (up)
`define DUTY_GRN_DIR_INIT 1'b0  // initial direction of green (up)
`define DUTY_BLU_DIR_INIT 1'b1  // initial direction of blue  (down)
`define DUTY_SPEED 16'd20 // duty drift speed

//-------------------
// Top of the FPGA
//-------------------
module FPGA
(
    input  wire clk48,     // 48MHz Clock
    input  wire sw_n,      // Switch Input
    output wire [2:0] led  // LED Output
);

//----------
// PLL
//----------
PLL     PLL
(
    .inclk0 (clk48), // External Clock 48MHz
    .c0     (clk)    // Internal Clock 50MHz
);

//------------------------
// Internal Power on Reset
//------------------------
wire res_n;             // Internal Reset Signal
reg  por_n;             // should be power-up level = Low
reg  [15:0] por_count;  // should be power-up level = Low
//
always @(posedge clk48)
begin
    if (por_count != `POR_MAX)
    begin
        por_n <= 1'b0;
        por_count <= por_count + 16'h0001;
    end
    else
    begin
        por_n <= 1'b1;
```

各種定数値

モジュール定義の開始
- FPGAトップ階層のモジュール名：FPGA
- 入出力信号：
  ・clk48：48MHz発振器のクロック入力
  ・sw_n：LED輝度変化停止用スイッチ入力
  ・led[2:0]：フル・カラーLED出力

PLLモジュールのインスタンス化
48MHzクロック(clk48)を入力すると50MHzクロック(clk)を出力する．
FPGA内部論理では50MHzのclkを使う

パワーONリセット回路
- Quartus Primeの合成制約として下記2信号
    por_n
    por_count[*]
 のFPGAパワーON時の初期値を"L"レベルにしておく
- clk48で65536サイクルの期間，por_n(およびres_n)がアサートされるようにする

```verilog
            por_count <= por_count;
        end
end
//
assign res_n = por_n;

//----------------
// PWM Counter
//----------------
reg  [15:0] pwm_counter;
wire        pwm_counter_max;
//
always @(posedge clk, negedge res_n)
begin
    if (~res_n)
        pwm_counter <= 16'h0000;
    else if (pwm_counter_max)
        pwm_counter <= 16'h0000;
    else
        pwm_counter <= pwm_counter + 16'h0001;
end
//
// PWM Carrier Frequency = 833Hz (= 50MHz / 60000)
assign pwm_counter_max = (pwm_counter == `PWM_MAX - 1);
//------------------
// Duty for each LED
//------------------
reg  [15:0] duty_red;
reg  [15:0] duty_grn;
reg  [15:0] duty_blu;
reg         duty_red_dir;
reg         duty_grn_dir;
reg         duty_blu_dir;
wire        duty_red_min, duty_red_max;
wire        duty_grn_min, duty_grn_max;
wire        duty_blu_min, duty_blu_max;
//
always @(posedge clk, negedge res_n)
begin
    if (~res_n)
    begin
        duty_red <= `DUTY_RED_INIT;
        duty_grn <= `DUTY_GRN_INIT;
        duty_blu <= `DUTY_BLU_INIT;
        duty_red_dir <= `DUTY_RED_DIR_INIT;
        duty_grn_dir <= `DUTY_GRN_DIR_INIT;
        duty_blu_dir <= `DUTY_BLU_DIR_INIT;
    end
    else if (pwm_counter_max & sw_n) // if sw=ON, then stop
    begin
        duty_red <= (~duty_red_dir)? duty_red + `DUTY_SPEED : duty_red - `DUTY_SPEED;
        duty_grn <= (~duty_grn_dir)? duty_grn + `DUTY_SPEED : duty_grn - `DUTY_SPEED;
        duty_blu <= (~duty_blu_dir)? duty_blu + `DUTY_SPEED : duty_blu - `DUTY_SPEED;
        duty_red_dir <= (duty_red_min)? 1'b0 : (duty_red_max)? 1'b1 : duty_red_dir;
        duty_grn_dir <= (duty_grn_min)? 1'b0 : (duty_grn_max)? 1'b1 : duty_grn_dir;
        duty_blu_dir <= (duty_blu_min)? 1'b0 : (duty_blu_max)? 1'b1 : duty_blu_dir;
    end
end
//
assign duty_red_min = (duty_red <= `DUTY_SPEED);
assign duty_grn_min = (duty_grn <= `DUTY_SPEED);
assign duty_blu_min = (duty_blu <= `DUTY_SPEED);
assign duty_red_max = (duty_red >= (`PWM_MAX - `DUTY_SPEED));
assign duty_grn_max = (duty_grn >= (`PWM_MAX - `DUTY_SPEED));
assign duty_blu_max = (duty_blu >= (`PWM_MAX - `DUTY_SPEED));

//----------------
// LED Output
//----------------
assign led[0] = ~(duty_red > pwm_counter);
assign led[1] = ~(duty_grn > pwm_counter);
assign led[2] = ~(duty_blu > pwm_counter);

endmodule
```

フル・カラー階調明滅回路をPLLとパワーONリセット回路を使って構築

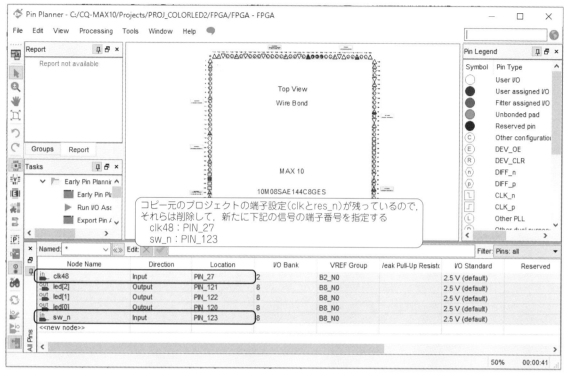

図6 外部端子への信号アサイン

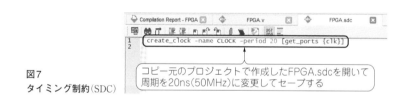

図7 タイミング制約(SDC)

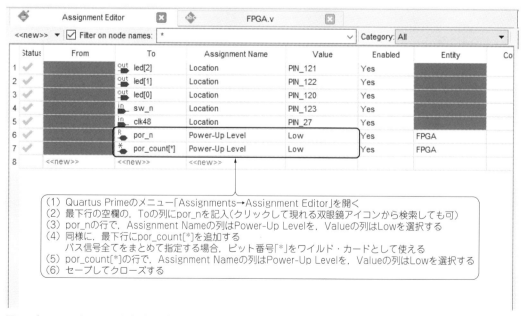

図8 パワーON時のノード初期値指定(設計制約)

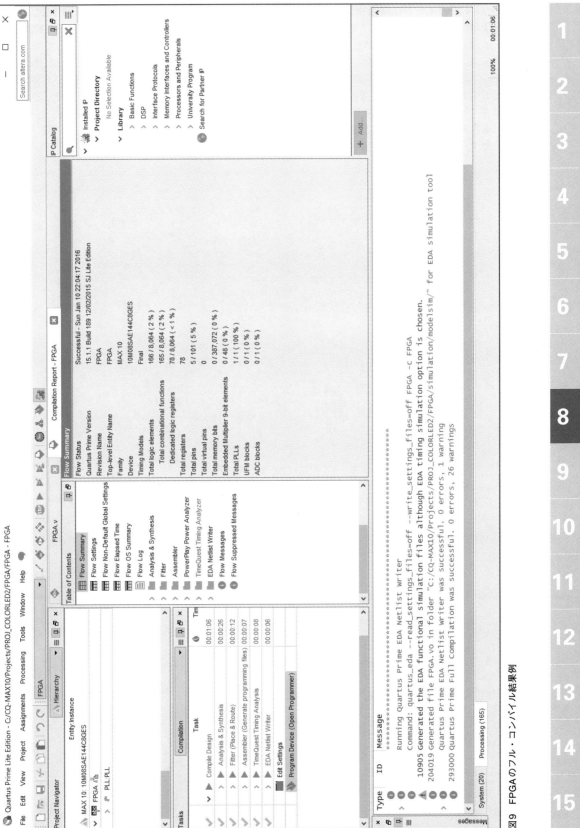

図9 FPGAのフル・コンパイル結果例

● パワー ON 時のノード初期値指定（設計制約）

　ユーザ論理用パワー ON リセット回路内の por_n と por_count[15:0] の初期値を全て"L"レベル側に倒すため設計制約を追加します．図8に示した手順で作業してください．Assignment Name 欄で制約の種類として Power-Up Level を選択しますが，他にも非常に多くの項目があることに気が付くと思います．他にもきめ細かく多くの設計制約を与えることができるのです．

● フル・コンパイルを実行して動作確認

　フル・コンパイルを実行します．結果例を図9に示します．

　FPGA をコンフィグレーションして動作確認しましょう．MAX10-FB 基板上の LED が，シアン→イエロー→マジェンダ→シアン→…の順で，じんわりと色が変化する様子が見られると思います．

第9章 MAX 10のFPGAには2種類のコンフィグレーション・データを格納できる

MAX 10のデュアル・コンフィグレーション機能を活用

本書付属DVD-ROM収録関連データ		
格納フォルダ	内容	備考
CQ-MAX10¥Projects¥PROJ_COLORLED3	デュアル・コンフィグレーション用のプロジェクト×2種類：FPGA1とFPGA2（Quartus Prime用）	本章では，このプロジェクトを読者がゼロから作成する方法を説明する．参考用として提供する．

●はじめに

　本章では，MAX 10 FPGAの大きな特徴であるデュアル・コンフィグレーション機能の活用方法をマスタしましょう．デュアル・コンフィグレーション機能を使うと，2種類のコンフィグレーション情報をMAX 10のFLASHメモリに記憶させることができ，例えば，FPGAの起動時にユーザがどちらを使うかを自由に選択できるようになります．

　ここでは前章までに作成したフル・カラーLEDの色変化点滅回路と階調明滅回路の2種類のコンフィグレーション・データをFLASHメモリに書き込んで，それぞれをFPGAの起動時に選択して動作させてみます．

デュアル・コンフィグレーション機能とは

●デュアル・コンフィグレーションの基本機能

　デュアル・コンフィグレーションの流れの一例を図1に示します．

　まず，2種類のプロジェクトから生成したコンフィグレーション・ファイル xxx.sof をそれぞれ合体して output_file.pof というファイルを作成し，MAX 10のコンフィグレーション用FLASHメモリ（CFM0およびCFM1/CFM2）に書き込んでおきます．

　MAX 10 FPGAに電源印加するか，またはnCONFIG信号に"L"レベルのパルスを与えると（MAX10-FB基板のSW2を押すと），FLASHメモリ内のコンフィグレーション・データがデュアル仕様ならば，CONFIG_SEL端子のレベルをチェックし，"L"レベルならCFM0に書き込んだデータでFPGAをコンフィグレーションし，"H"レベルならCFM1/CFM2に書き込んだデータでコンフィグレーションします．

●デュアル・コンフィグレーションの高度な機能

　デュアル・コンフィグレーション機能は，単に2種類のコンフィグレーション・データを選択するだけではありません．

　2種類のコンフィグレーション・イメージを動作中でもダイナミックに切り替えることができますし，システムに組み込まれた状態で，リモート・システム・アップグレードをすることができます．

　また，出荷時のコンフィグレーション・イメージを片方の領域に入れて，システム・アップグレード時の新しいイメージはもう一方の領域に入れるようにすると，もし，アップグレード後に問題が起こった際も出荷状態に切り替えることができます（フェイルセーフ・アップグレード機能）．

●デュアル・コンフィグレーション使用時の注意

　デュアル・コンフィグレーション機能を使う場合は，下記の点を考慮してください．
- Quartus Primeの個々のプロジェクトから生成するコンフィグレーション・ファイルは，デュアル・コンフィグレーション用の圧縮ファイル形式にすること．
- 2種類のコンフィグレーション・ファイルは，Quartus Prime内のConvert Programming Filesというツールで合体する．
- デュアル・コンフィグレーション機能を使う場合は，アルテラ社から提供される専用デュアル・コンフィグレーション用IPをユーザ論理内に組み込むこと．このIPは，リモート・システム・アップグレード機能なども含むが，単にFPGAの立ち上げ時に2種類のコンフィグレーション・データを選択するだけのケースでも組み込む必要がある．
- FPGA内のメモリ・ブロック（M9K RAM）に初期値

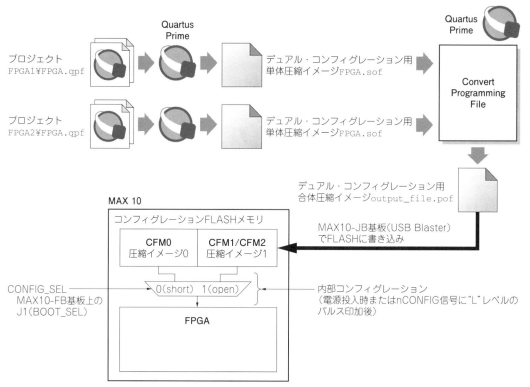

図1　デュアル・コンフィグレーションの流れの例

を与える場合は，デュアル・コンフィグレーション機能は使えない．これはかなり引っかかりやすい制限事項なので注意すること．

デュアル・コンフィグレーション機能を使ってみる

●試行するデュアル・コンフィグレーション機能

ここで実際にデュアル・コンフィグレーション機能を使ってみます．ここでは前章までに作成したフル・カラーLEDの色変化点滅回路(`PROJ_COLORLED¥FPGA¥FPGA.qpf`)と階調明滅回路(`PROJ_COLORLED2¥FPGA¥FPGA.qpf`)の2種類のコンフィグレーション・データをFLASHメモリに書き込んで，それぞれをFPGAの起動時に選択して動作させてみます．

●プロジェクトFPGA1とFPGA2の作成

デュアル・コンフィグレーションに組み入れる二つのプロジェクトを作成します．図2に示す手順で，ディレクトリ`PROJ_COLORLED3`の下に，プロジェクト・ディレクトリ`FPGA1`と`FPGA2`を元プロジェクトをコピーして作ります．

(1) ディレクトリ`C:¥CQ-MAX10¥Projects¥PROJ_COLORLED3`を作成する
(2) その中に`C:¥CQ-MAX10¥Projects¥PROJ_COLORLED¥FPGA`を丸ごとコピーしてFPGA1にリネームする
(3) 同じく`C:¥CQ-MAX10¥Projects¥PROJ_COLORLED2¥FPGA`を丸ごとコピーしてFPGA2にリネームする

図2　プロジェクトを作成
前章までで作成済みのLEDチカチカ回路(`PROJ_COLORLED¥FPGA¥...`)と階調明滅回路(`PROJ_COLORLED2¥FPGA¥...`)をコピーして新たな2組のプロジェクト(`PROJ_COLORLED3`の下に `FPGA1¥...`と`FPGA2¥...`)を作る．

●プロジェクトFPGA1に，デュアル・コンフィグレーション用IPを追加

ディレクトリ`PROJ_COLORLED3`の下に作成したプロジェクト・ディレクトリ`FPGA1`の中のプロジェクト・ファイル`FPGA.qpf`をダブル・クリックして開きます．その中にデュアル・コンフィグレーション用IPを追加するため図3の手順で作業します．

(a) プロジェクトFPGA1¥FPGA.qpfを開き，IP Catalog内のAltera Dual Configurationを開く

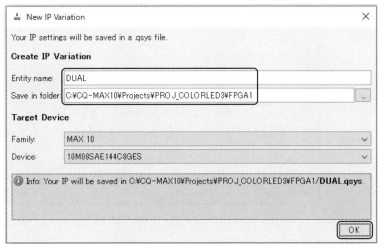
(b) プロジェクト・ディレクトリFPGA1内に，DUALという名称でIPを作成する

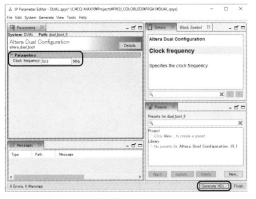
(c) クロック周波数に50MHzを指定して「Generate HDL...」ボタンをクリック

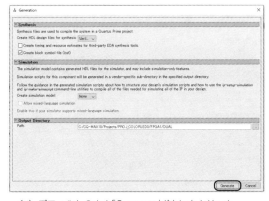
(d) デフォルトのまま「Generate」ボタンをクリック

(e) IP生成が成功したことを確認して「Close」ボタンをクリック

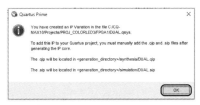
(f) IPをプロジェクトに追加する指示が表示される．「OK」ボタンをクリック

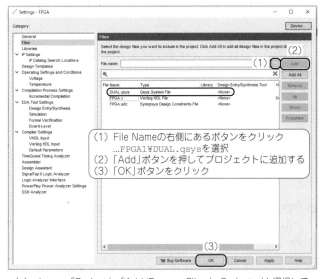
(g) メニュー「Project」→「Add/Remove Files in Project...」を選択してDUAL.qsysをプロジェクトに追加する

図3 プロジェクトFPGA1に，デュアル・コンフィグレーション用IPを追加

デュアル・コンフィグレーション機能を使ってみる **143**

リスト1　ユーザ論理へのデュアル・コンフィグレーション用IPの追加
FPGA.vのendmoduleの直前にIPのインスタンス化記述を挿入する.

```
//--------------------------------
// Dual Configuration Dummy Module
//--------------------------------
DUAL u0
(
    .clk               (clk),             //    clk.clk
    .nreset            (res_n),           //    nreset.reset_n
    .avmm_rcv_address  (32'h00000000),    //    avalon.address
    .avmm_rcv_read     (1'b0),            //          .read
    .avmm_rcv_writedata(32'h00000000),    //          .writedata
    .avmm_rcv_write    (1'b0),            //          .write
    .avmm_rcv_readdata ()                 //          .readdata
);


endmodule
```

（挿入）

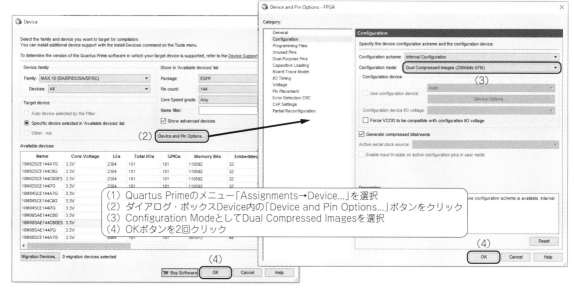

図4　プロジェクト・ディレクトリFPGA1のデュアル・コンフィグレーション用イメージ・ファイルを生成

次にユーザ論理内に，デュアル・コンフィグレーション用IPを組み込みます．リスト1の記述をFPGA.vのendmoduleの直前に追加してください．ここでは，外部端子CONFIG_SELでコンフィグレーション・データを選択するだけの機能を使いますが，このIPの挿入だけは必要です．リモート・システム・アップグレード機能などは使わないので，クロックとリセットだけを供給し，他の入力信号は0固定にし，出力信号はオープンにします．

● プロジェクト・ディレクトリFPGA1のデュアル・コンフィグレーション用イメージを生成

プロジェクト・ディレクトリFPGA1のデュアル・コンフィグレーション用イメージ・ファイルを生成します．図4に示すように操作してください．

この時点でQuartus Prime上でFPGAのフル・コンパイルを実行して，FPGA1のプロジェクトをクローズしておきます．

● プロジェクト・ディレクトリFPGA2についても同様に

プロジェクト・ディレクトリFPGA2についても同様に，デュアル・コンフィグレーション用IPの追加とFPGA.vへの組み込み，およびデュアル・コンフィグレーション用イメージ・ファイルの生成を行ってください．こちらのプロジェクトはPLLを含むので，プロジェクトにデュアル・コンフィグレーション用IPを追加する画面は図5に示すようになっています．

FPGA2のプロジェクトはフル・コンパイルの後もこのまま開いておいてください．

● Convert Programming Filesによる合体イメージ・ファイルの生成

プロジェクト・ディレクトリFPGA1とFPGA2か

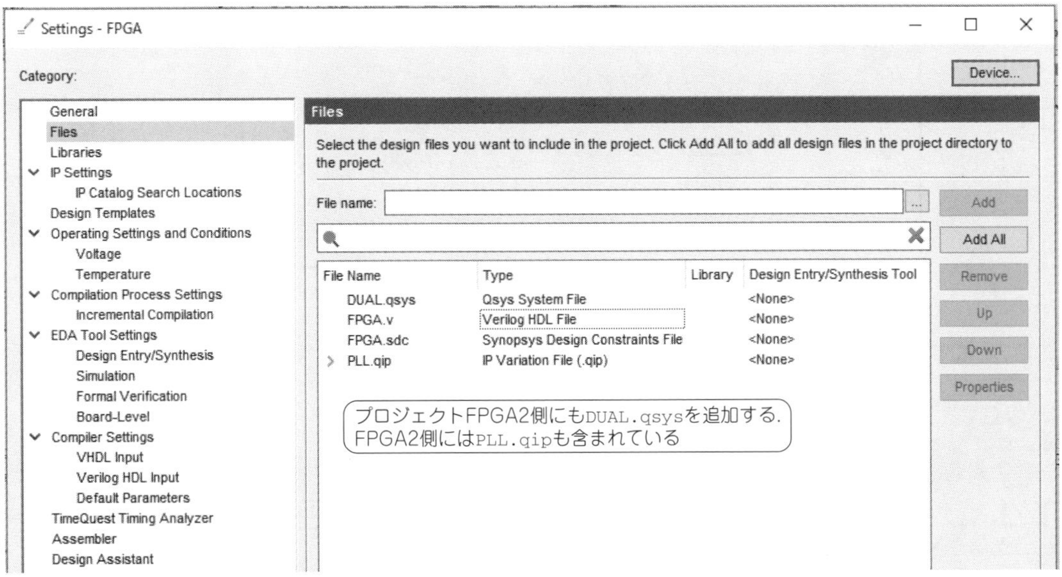

図5 プロジェクトFPGA2にデュアル・コンフィグレーション用IPを追加
プロジェクトFPGA1の図3(g)に対応する画面．

らは，デュアル・コンフィグレーション用圧縮イメージ・ファイルとして，それぞれの下に .¥output_files¥FPGA.sof が生成されています．今度はこの二つを合体します．

ここではFPGA2のプロジェクトが開いた状態のQuartus Prime上で作業した場合の例を示します．Quartus Prime内のConvert Programming Filesツールを使って，図6(p.146)に示す手順で作業してください．合体イメージは，PROJ_COLORLED3\DUAL というディレクトリ内に output_file.pof というファイル名で作成します．

このConvert Programming Filesツールで指定したファイル生成方法を設定ファイル output_file.cof というファイル名でセーブしておけば，次回再合体するときに便利です．

●デュアル・コンフィグレーション用イメージをFPGAに書き込んで動作確認

完成したデュアル・コンフィグレーション用イメージ PROJ_COLORLED3¥DUAL¥output_file.pof をFPGAに書き込みます．図7(p.147)の手順で作業してください．CFM0とCFM1(CFM2を含む)への書き込みができるように表示されていると思います．ここでは両方とも書き込みます．

正常に書き込みができたら動作確認しましょう．MAX10-FB基板上のジャンパJ1(BOOT_SEL)をショート(CONFIG_SEL="L"レベル)して電源再投入した場合は，LEDが8色順番に切り替わる動作をします．逆にオープン(CONFIG_SEL="H"レベル)にして電源を再投入した場合は，LEDの色が階調的に変化する動作になります．

MAX10-FB基板のジャンパで，2種類の動作の切り替えができるので，さまざまなシステム応用を考えることができると思います．

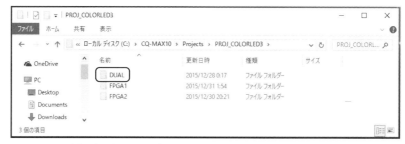

(a) プロジェクトのディレクトリFPGA1とFPGA2と同じ階層に新規ディレクトリDUALを作成する

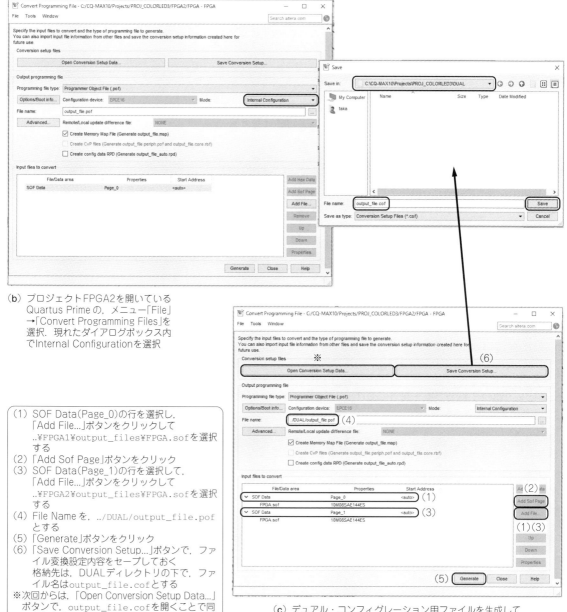

(b) プロジェクトFPGA2を開いているQuartus Primeの，メニュー「File」→「Convert Programming Files」を選択．現れたダイアログボックス内でInternal Configurationを選択

(1) SOF Data(Page_0)の行を選択し，「Add File...」ボタンをクリックして..¥FPGA1¥output_files¥FPGA.sofを選択する
(2) 「Add Sof Page」ボタンをクリック
(3) SOF Data(Page_1)の行を選択して，「Add File...」ボタンをクリックして..¥FPGA2¥output_files¥FPGA.sofを選択する
(4) File Nameを，../DUAL/output_file.pofとする
(5) 「Generate」ボタンをクリック
(6) 「Save Conversion Setup...」ボタンで，ファイル変換設定内容をセーブしておく
格納先は，DUALディレクトリの下で，ファイル名はoutput_file.cofとする
※次回からは，「Open Conversion Setup Data...」ボタンで，output_file.cofを開くことで同じ設定内容でファイル変換を繰り返せる

(c) デュアル・コンフィグレーション用ファイルを生成してこのファイル変換設定内容をセーブしておく

図6 デュアル・コンフィグレーション用合体ファイルの生成
プロジェクトFPGA1とFPGA2のコンフィグレーション用イメージ・ファイルを合体．

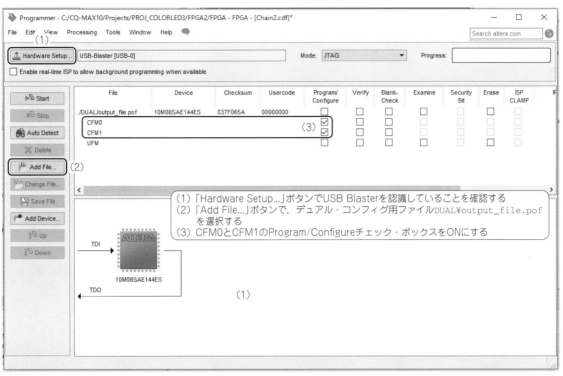

(a) Programmerを開きデュアル・コンフィグレーション用ファイルを読み込む

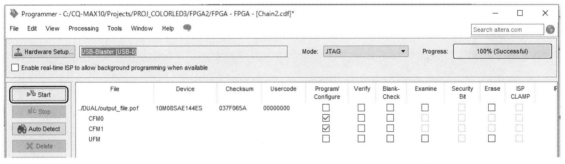

(b)「Start」ボタンをクリックしてFPGAのFLASHメモリへの書き込みを行う

図7 デュアル・コンフィグレーション用イメージをFPGAに書き込む

第10章 無償の論理シミュレータでFPGAをホイホイ論理検証する手順をマスタしよう

ModelSim Altera Starter Edition による論理シミュレーション入門

本書付属DVD-ROM収録関連データ

格納フォルダ	内容	備考
CQ-MAX10¥Projects¥PROJ_COLORLED	フル・カラーLEDチカチカ回路のプロジェクト一式(Quartus Prime用)	前章までに作成したプロジェクトを使って論理シミュレーションを実行する
CQ-MAX10¥Projects¥PROJ_COLORLED2	フル・カラーLED階調明滅回路のプロジェクト一式(Quartus Prime用)	

● はじめに

本章では，アルテラ社から無償で提供されている論理シミュレーション用ツールModelSim Altera Starter Edition(以下，ModelSimと記述)の使い方について解説します．

題材としては，これまでの章で解説した，フル・カラーLEDチカチカ回路PROJ_COLORLEDと，階調明滅回路PROJ_COLORLED2をそれぞれ使って，MAX 10 FPGA全体を論理シミュレーションしてみます．

論理シミュレーションの基本的な考え方

● 本書ではRTL設計をベースとする

FPGAの論理設計を行う場合，最も抽象度が低いレベルは，回路図上で論理ゲートを直接組み上げていく設計です．しかし，この設計エントリ方法は論理合成ツールの性能が向上した今ではほとんど使わないでしょう．

論理ゲートから1段階高い抽象レベルはRTL (Register Transfer Level)です．Verilog HDLやVHDLといったハードウェア記述言語で表現できるもので，基本的には内部回路のレジスタ(フリップフロップ)だけは明確に定義して，そのレジスタ間の論理をブール式や条件式などで抽象化する記述方法です．

論理合成ツールを使えばRTLから論理ゲートへ自動変換でき，現在では非常に効率の良い合成結果が得られるようになっています．RTL記述は抽象度が高いといっても，そこから論理ゲートで構成される回路をほぼ類推できるので，テキスト・エディタで記述できる便利な回路図のような感じです．本書での論理設計はこのRTLレベルで行います．

● 論理シミュレーションとは

LEDをチカチカする程度の簡単な論理回路の場合，いきなりハードウェア記述言語Verilog HDLで回路を記述してFPGAをコンフィグレーションし，動作確認しながら仕上げることもできるでしょう．実際，ここまでに取り上げたLED点滅回路は，筆者もそうやって作成しました．

しかし，もっと複雑な論理回路を設計する場合，FPGAによる実機動作確認だけではデバッグしきれません．Quartus Primeがサポートするロジアナ機能Signal Tap IIを使う手もありますが，FPGAのリソースを消費するし，見たい信号やトリガ条件を変更するだけでも，毎回FPGA全体をコンフィグレーションし直す必要があり，デバッグ効率は良くありません．

よって，論理設計においては，設計した論理回路の動作をPC上でシミュレーションして，その内部信号やシステム動作が所望の通りかどうかを確認する作業が欠かせません．

● ハードウェア記述言語はシミュレーションのための言語

余談ですが，そもそもVerilog HDLというハードウェア記述言語は，論理シミュレータを作る側の人にとって都合の良い言語なのです．言語バージョンが上がるたびに改善されてきましたが，設計者のための言語というよりは，EDA(Electronic Design Automation)ツール開発者のための言語のようでした．

このあたりの楽しい(?)不平不満については，この後の章で語ってみたいと思います．

論理シミュレーションの基本的な考え方　**149**

● FPGAを動かすには外部回路が必要

　FPGAを実際にボードに載せて使うときは，FPGAデバイスを単独で使うことはなく，なんらかの周辺部品と組み合わせます．MAX10-FB基板の例でいえば，48MHzクロックをFPGAに入力し，スイッチとフル・カラーLEDも接続されています．SDRAMを実装して接続するケースもあるでしょう．さらに実際のシステム内でFPGAを活用する場合は，マイコンやA-D変換器，通信インターフェース用デバイスなどさまざまなデバイスを接続するでしょう．

● 論理シミュレーションにはテストベンチが必要

　ある論理モジュールを論理シミュレーションで機能検証する場合も，そのモジュール単体のみで動作してくれるケースは稀で，少なくともクロック信号やリセット信号は入力する必要があります．メモリや周辺デバイスの論理記述と接続する必要もあります．

　すなわち，検証対象の論理モジュールを動作させるための周辺回路を含む論理記述が必要です．その論理記述は，システム全体の最上位階層に位置し，テストベンチと呼びます．テストベンチ内に，検証対象の論理ブロックを配置(インスタンス化すなわち実体化)することになります．

　論理シミュレーションは検証対象論理モジュールとテストベンチを合体した全体に対して実行します．

● テストベンチの構造

　テストベンチの構造の一例を図1に示します．ここでは，モジュール名がFPGAという論理記述(FPGA.v)を検証対象としています．そのモジュールFPGAを動作させるためのテストベンチを最上位階層に置き，そのモジュール名をtb，記述ファイル名をtb.vとしてあります．

　テストベンチは最上位階層になるので，そのモジュール自体には入出力信号はありません．

● テストベンチの役割

　テストベンチの役割を以下に示します．

(1) 検証対象論理モジュールにクロック信号を入力する

　論理回路の動作にはクロック信号が必須です．論理シミュレーションにおいて，検証対象論理モジュールに基本クロックを入力するのはテストベンチの重要な役割です．

　テストベンチ内では，機能検証項目の仕様に合致した周波数のクロックを生成する必要があります．複数のクロック入力が必要であれば，全て生成します．

　検証対象論理モジュール自身の内部に自励発振器(リング発振器など)を含んでいて，そのシミュレーション用動作モデルが用意されていれば，必ずしもテストベンチからクロックを供給する必要はありません．

(2) 検証対象論理モジュールにリセット信号を入力する

　論理回路の初期化にはリセット信号が必須です．論理シミュレーションにおいて，検証対象論理モジュールにリセット信号を入力するのもテストベンチの重要な役割です．

　検証対象論理モジュール自体が内部にパワーONリセット回路を内蔵している場合は，必ずしもテストベンチからリセット信号を入力する必要はありません．ただし，FPGAデバイス内のノードにパワー・アップ時の初期値を制約として与えてパワーONリセット回路を実現している場合は，テストベンチからそのノードに初期値を強制的に与える必要があります(後述)．

(3) 検証対象論理モジュールに，それを動作させるための入力信号を与える

　検証対象論理モジュールを動作させるために，外部から入力信号を与える必要がある場合は，テストベンチ内で生成して検証対象論理モジュールに入力します．

　入力信号は，論理回路に「刺激を与える」という意味から，スティミュラス(stimulus)と呼ぶこともあります．

　スティミュラスは，テストベンチ内で直接，論理レベルと変化時刻を指定して波形として生成することもできます．あるいは，テストベンチ内に別の論理回路を置いて，その回路から検証対象論理モジュールへの入力信号を与えることもあります．

(4) 検証対象論理モジュールの入力信号，出力信号，内部信号をモニタする

　論理シミュレーションの結果が期待通りかどうかを確認する基本的な方法は，検証対象論理モジュールの入力信号，出力信号，内部信号をモニタすることです．

　テストベンチ上で，テストベンチ以下の階層のどのインスタンス内の信号波形をファイルにダンプするかの指示ができます．信号波形のファイル・フォーマットは，一般的にVCD(Value Change Dump)形式がよく使われます．VCDファイルは汎用の波形ビューワで波形表示することができます．

　今回使用するModelSimの場合，テストベンチ上で指示しなくてもWLF(Wave Log Format)という形式のファイルに任意の信号波形をダンプできます．

　信号のモニタ方法としては，波形表示よりも内部レジスタやバスの値の変化をテキスト・ファイルにダンプしたほうがデバッグしやすいことがあります．その場合は，テストベンチ内にVerilog HDLの構文($displayや$write)を使ってテキスト出力させます．

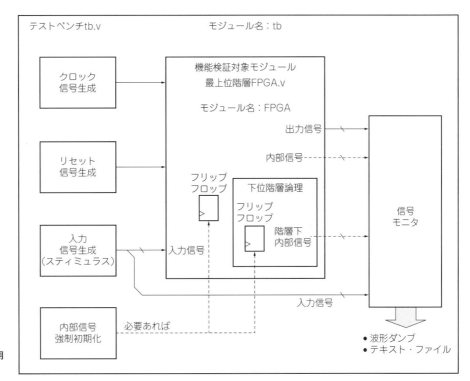

図1
論理シミュレーション用
テストベンチ

(5) 必要があれば内部信号を強制初期化する

論理シミュレーションが起動した時点では，全ての信号は不定値になっています．通常はテストベンチからリセット信号をスティミュラスとして入力して必要なノードを初期化してから機能動作させます．

一方で，フル・カラー LED 階調明滅回路 PROJ_COLORLED2 で実装したパワー ON リセット回路のように，FPGA の固有機能を使ってパワー・アップ時の初期信号レベルを指定したノード（フリップフロップの出力）については，リセット信号では初期化されません．こうしたノードは，テストベンチ内からシミュレーションの起動時に初期化させる必要があります．

ちなみに，初期化しないノードであっても，実際のハードウェア内では"L"レベルか"H"レベルのどちらかであり，それらの信号を受ける後段のロジック回路内信号も"L"レベルか"H"レベルです．その結果，リセットされないノードがあっても機能動作はうまく進むケースもあります．しかし，論理シミュレーションでは，初期化しないノードは不定（記号は「＊」）というレベルであり，その信号レベルを受けた回路内にも不定値が伝搬し，"L"レベルや"H"レベルという物理的な値には永遠に至らないのが通常です．このようなリセットしないノードを残すケースでは，そのノードをテストベンチによって"L"レベルに初期化した場合のシミュレーションと，"H"レベルに初期化した場合の論理シミュレーションの両方を流して動作確認する必要があります．

ただし，初期化しないフリップフロップを残す論理回路は，パワー ON リセット回路など特殊な場合を除いて行儀が悪いので避けるべきです．SoC など実際にシリコンになるデバイスの論理回路は出荷検査用のテスト回路挿入が必須であり，基本的には全てのフリップフロップには非同期リセットを入れておく必要があるので，FPGA 論理をいずれ SoC の IP に流用することを考えると全てのフリップフロップはリセットしておくことを推奨します．

ModelSim Altera Starter Edition による論理シミュレーション

● ModelSim による論理シミュレーションの流れ

インストールした ModelSim による論理シミュレーションの流れを**図2**に示します．

まず，Quartus Prime 上で FPGA の設計プロジェクトを開いている状態で，ModelSim を起動します．ModelSim のエディタ機能などを使って，シミュレーションに必要なテストベンチを作成します．

ModelSim の操作は，その GUI（Graphical User Interface）上の Transcript（記録）ウィンドウ内で直接 CUI（Character User Interface）コマンドを打ち込んで行うと自由度も高くサクサク動かせます．多くの

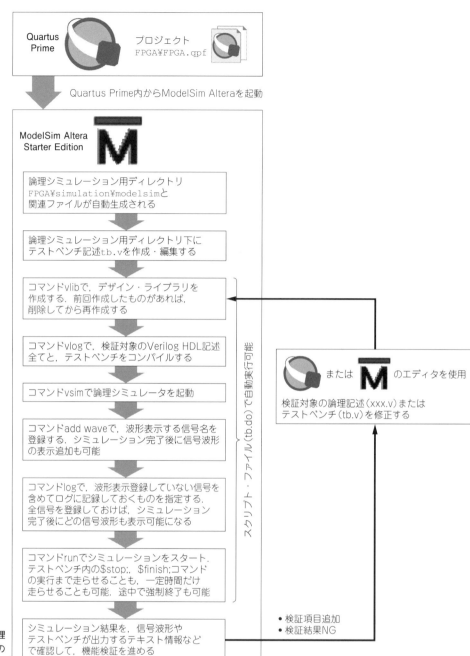

図2 ModelSimによる論理シミュレーションの流れ

ケースでは，使う一連のコマンドはだいたい同じなので，コマンド列を記述したスクリプト・ファイル（*.do）を作成して，それを実行するのが便利です．

スクリプト・ファイル（*.do）の文法はTcl言語に準拠しますが，CUIコマンドを並べただけの非常に簡単な内容なので，ほとんどTcl言語を意識する必要はないでしょう．

● ModelSimのCUIコマンド操作

ModelSimのCUIコマンド操作の典型的なフローは下記のようになります．**表1**に，本章で使うModelSimのCUIコマンドを示します．

(1) 論理シミュレーションに必要なデータ・ベースとしてのデザイン・ライブラリを作成します（vlibコマンド，vmapコマンド）．

(2) そのデザイン・ライブラリ内に，テストベンチを

表1 ModelSimのCUIコマンド例

ModelSim コマンド	意　味
`transcript on`	マクロ・ファイル(xxx.do)で実行したコマンドをTranscriptウィンドウにエコー表示する

`if {[file exists rtl_work]} {`
　 …
`}`
	rtl_workというファイルまたはディレクトリが存在していたら{...}内のステートメントを実行する．if文と同じ行に最初の「{」を置くこと

`vdel -lib rtl_work -all`	rtl_workというデザイン・ライブラリ内の全てのデザイン・ユニットを消去する
`vlib rtl_work`	rtl_workというデザイン・ライブラリを生成する
`vmap work rtl_work`	workという論理ライブラリをディレクトリrtl_workに対応させる
`vlog +define+SIMULATION      \` `　　-vlog01compat -work work \` `　　+incdir+../../../FPGA      \` `　　../../../FPGA/xxxx.v     \` `　　../../../FPGA/yyyy.v     \` `　　../../../FPGA/simulation/modelsim/tb.v`	Verilog HDL記述をコンパイルする (1) コンパイラ指示子 \`define SIMULATIONを追加した形でコンパイルする (2) Verilog2001 (IEEE Std 1364-2001) ベースでコンパイルする (3) コンパイル先の論理ライブラリはworkとする (4) コンパイラ指示子 \`includeで指定するインクルード・ファイルのサーチ・パスを../../../FPGAにする (5) ../../../FPGA/xxxx.vをコンパイルする (6) ../../../FPGA/yyyy.vをコンパイルする (7) ../../../FPGA/simulation/modelsim/tb.vをコンパイルする
`vsim -L altera_mf_ver -c work.tb`	論理シミュレータを起動する (1) ライブラリaltera_mf_ver（AlteraのFPGA固有IPのライブラリ）を読み込む (2) 論理シミュレータをコマンド・ライン・モードで起動する (3) 論理ライブラリ内にコンパイルされた記述のモジュールのうちtbを最上位階層とする
`add wave -divider TESTBENCH`	波形ウィンドウに，タイトルがTESTBENCHの波形区切りマークを追加する
`add wave -hex sim:/tb/clk48`	波形ウィンドウに，信号/tb/clk48を追加する．信号の値は16進数表示とする
`log -r *`	シミュレーション中の全ノードの波形を記録しておく （記録した波形は，シミュレーション後，波形ウィンドウに追加表示可能）
`run -all`	シミュレーション実行開始 （$stop;または，$finish;を実行したら停止．途中で強制終了も可能）
`quit -sim`	シミュレータを終了する

含む検証対象論理記述ファイル全てをコンパイルします（vlogコマンド）．

(3) 正常にコンパイルできたら，論理シミュレータを起動します（vsimコマンド）．ここでコンパイル済みの別のデザイン・ライブラリを含めることができます．アルテラ社製FPGA固有IPを含む論理回路をシミュレーションする場合は，altera_mf_verなどをライブラリとして追加します．

(4) 論理シミュレータの波形ウィンドウに表示したい信号を選択し（add waveコマンド），WLFファイルに記録する信号名を指定しておきます（logコマンド）．

(5) この状態で論理シミュレーションを実行します（runコマンド）．終わったら，信号波形をチェックして期待通りに動作しているかどうかを確認します．

以上の(1)～(5)の一連のコマンド列をスクリプト・ファイル（*.do）に記述して，シミュレーションのたびに実行します．別の検証対象論理モジュールに対しても，(2)のコンパイル・コマンドで指定する論理記述ファイル名と(4)の信号波形名を変更する程度で，そのまま同じコマンド列を流用できます．

フル・カラー LED チカチカ回路 PROJ_COLORLED の機能検証

ここで実際にModelSimを使ってフル・カラーLEDチカチカ回路PROJ_COLORLEDの機能検証をやってみましょう．

●実行サイクル数が長い論理機能への対処

検証対象のLEDチカチカ動作は1秒間隔なので，LED出力信号の変化と変化の間のクロック数が膨大（48,000,000サイクル）です．こうしたケースは，論理シミュレーションに必要な時間が長くなり，かつ波形

リスト1　PROJ_COLORLEDの論理記述（FPGA.v）を論理シミュレーション用に修正

```
`define CYCLE_1SEC 48000000
```

```
`ifdef SIMULATION
    `define CYCLE_1SEC 5
`else // Real FPGA
    `define CYCLE_1SEC 48000000
`endif
```

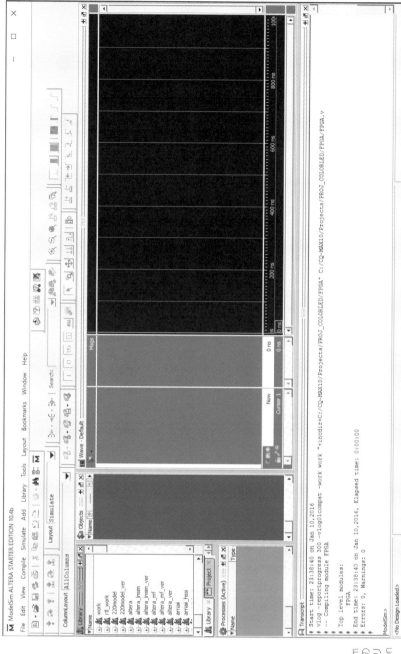

(a) Quartus Prime の上でカラー LED 色点滅プロジェクト PROJ_COLORLED¥FPGA¥FPGA.qpf を開いている状態で，メニュー[Tools→Run Simulation Tool→RTL Simulation]を選択

(b) 論理シミュレーション環境 ModelSim Altera Starter Edition が起動．このとき，関連ファイルを含むディレクトリ PROJ_COLORLED¥FPGA¥simulation ¥modelsim が自動生成される

図3 ModelSim の起動方法

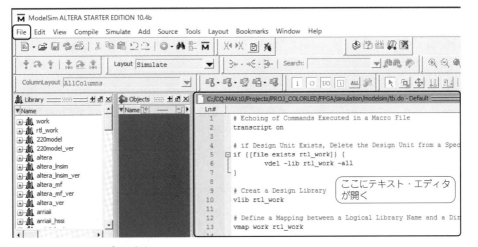

(a) テストベンチとスクリプトの入力
ModelSimのメニュー「File」→「New」→「Source」→「Verilog」を選択してテストベンチtb.v(リスト2)を作成し，同じく「File」→「New」→「Source」→「Do」を選択し，スクリプト・ファイルtb.do(リスト3)を作成する．それぞれ，PROJ_COLORLED¥FPGA¥simulation¥modelsimの下にセーブする

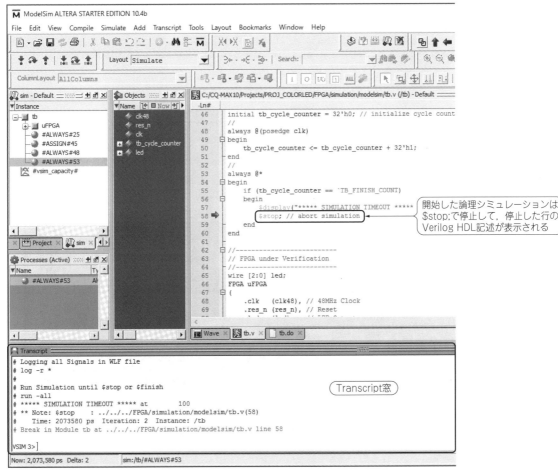

(b) 論理シミュレーション開始
Transcript窓の中で，VSIM 3> do tb.doとコマンドを入力(下線部のみ)し，スクリプトtb.doを実行．すると論理シミュレーションが走る

図4 ModelSimによるフル・カラーLEDチカチカ回路PROJ_COLORLEDの機能シミュレーション

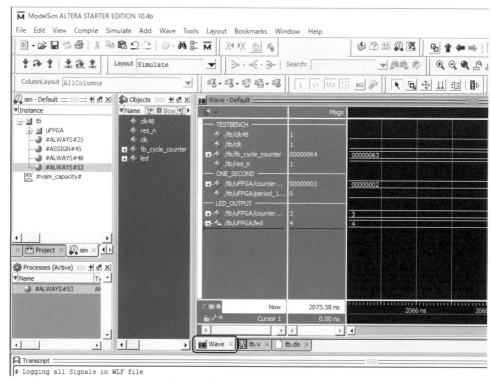

(c) Waveタブを選択
　　スクリプト tb.do 内で登録した信号波形が表示される

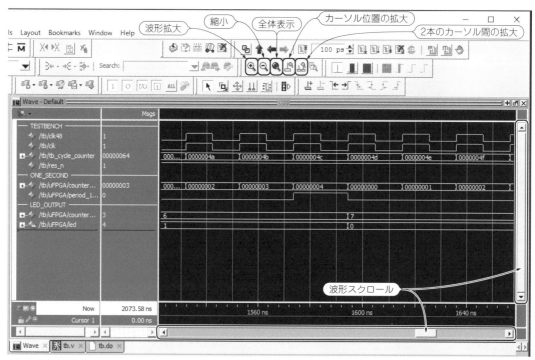

(d) 信号波形の拡大・縮小・スクロール操作
　　信号波形を時間方向に拡大・縮小したり，時間全体を表示したり，あるいはスクロールして所望の動作をしているかどうかを確認する

図4　ModelSim によるフル・カラー LED チカチカ回路 PROJ_COLORLED の機能シミュレーション（つづき）

記録ファイルWLFのサイズも膨大になることが予想されます．こうした場合は検証対象論理を少しモディファイして，シミュレーション・ステップを短縮する工夫が必要です．

Quartus Prime上のLEDチカチカ回路PROJ_COLORLEDのプロジェクトを開いて，FPGAのトップ階層記述FPGA.vの先頭にある定数定義箇所を**リスト1**に示すような`ifdefによる切り替え形式に修正してください．ModelSimで論理シミュレーションを起動するときに，文字列「SIMULATION」を定義する指

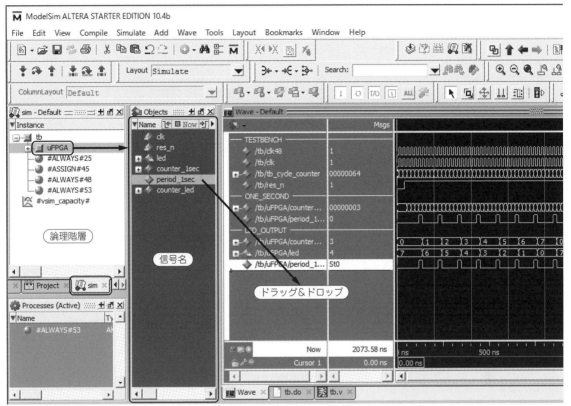

(e) 信号波形の追加
タブsimを選択し，最上位のテストベンチtb以下の階層のインスタンス（上位階層に結線された実論理）を選択するとその中の信号名が表示されるので，波形表示画面にドラッグ＆ドロップすると波形を追加できる．波形の信号名を右クリックしてRadixを選択すると，表示方法（10進数か16進数かなど）を変更できる

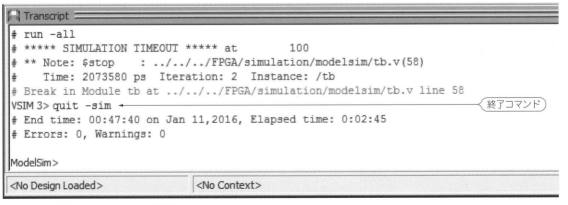

(f) シミュレーションの終了
Transcript窓の中で，`VSIM 3> quit -sim`またはメニュー「Simulate」→「End Simulation」を選択する

フル・カラーLEDチカチカ回路PROJ_COLORLEDの機能検証 157

定を行うことで，1秒周期を作るための定数`CYCLE_1SEC を 48,000,000 から 5 へと小さくできます．FPGA を合成するときは，文字列「SIMULATION」は定義されていないので元の 48,000,000 が使われます．

● ModelSim の起動方法

いよいよ論理シミュレーションをやってみましょう．Quartus Prime 上で，PROJ_COLORLED のプロジェクトを開いている状態で図 3(a) のように「Tools」→「Run Simulation Tool」→「RTL Simulation」を選択すると，図 3(b) のように ModelSim が起動します．このとき，関連ファイルを含むディレクトリ PROJ_COLORLED¥FPGA¥simulation¥modelsim が自動生成されます．

● ModelSim の操作方法

ModelSim のシミュレーションでは，テストベンチ

リスト2 PROJ_COLORLEDのテストベンチ(tb.v)

```verilog
`timescale 1ns/10ps      // time unit / accuracy
`define TB_CYCLE 20.83   //20.83ns (48MHz)
`define TB_FINISH_COUNT 100 //cyc

module tb();
//-----------------------------
// Generate Clock
//-----------------------------
reg clk48;
//
initial clk48 = 1'b0;
always #(`TB_CYCLE / 2) clk48 = ~clk48;

//-----------------------------
// Generate Reset
//-----------------------------
reg res_n;
//
initial
begin
    res_n = 1'b0;
          # (`TB_CYCLE * 2)
    res_n = 1'b1;
end

//---------------------
// Cycle Counter
//---------------------
wire clk; // FPGA internal clock
reg  [31:0] tb_cycle_counter; // cycle counter for test bench
//
assign clk = uFPGA.clk;
initial tb_cycle_counter = 32'h0; // initialize cycle counter
//
always @(posedge clk)
begin
    tb_cycle_counter <= tb_cycle_counter + 32'h1;
end
//
always @*
begin
    if (tb_cycle_counter == `TB_FINISH_COUNT)
    begin
        $display("***** SIMULATION TIMEOUT ***** at %d", tb_cycle_counter);
        $stop; // abort simulation
    end
end

//-------------------------
// FPGA under Verification
//-------------------------
wire [2:0] led;
//
FPGA uFPGA
(
    .clk    (clk48), // 48MHz Clock
    .res_n  (res_n), // Reset
    .led    (led)    // LED Output
);

endmodule
```

各種定義
- `timescale 1ns/10ps は下記を意味する
  - HDL 記述内の時間数値の単位が 1ns
  - シミュレーション実行時の時間精度が 10ps
- define は定数値を定義する

テストベンチ「tb」のモジュール定義（入出力信号はない）

クロック生成 (48MHz)

リセット信号生成（リセット信号 res_n は，シミュレーション開始直後は "L" にし，2 サイクル経過後 "H" レベルにする）

テストベンチ用サイクル・カウンタ（FPGA 内メイン・クロックでカウント・アップ）

サイクル・カウンタが一定値に達したらシミュレーションをストップ

内部信号

検証対象 FPGA のトップ階層のインスタンス化

モジュール定義の終了

とスクリプトが必要です．図4(a)のようにテストベンチtb.vとスクリプト・ファイルtb.doを作成します．テストベンチをリスト2に，スクリプトをリスト3に示します．

そして図4(b)のように，ModelSim上からスクリプト・ファイルtb.doを実行するとシミュレーションを実行できます．シミュレーションは，サイクル・カウンタが一定値になったら停止するようにしています．停止したら図4(c)のようにWaveタブを選択すると，スクリプトtb.do内で登録した信号波形が表示されます．

信号波形の拡大や縮小，スクロール操作も図4(d)のように操作できますし，観測する信号を追加することも図4(e)のように簡単です．

この論理シミュレーションでは，5サイクル周期でLED出力信号がチカチカ変化していることがわかると思います．

フル・カラーLED階調明滅回路 PROJ_COLORLED2の機能検証

今度は，フル・カラーLED階調明滅回路PROJ_COLORLED2の機能検証をやってみましょう．

Quartus PrimeでPROJ_COLORLED2のプロジェクトを開き，シミュレーション時間短縮のためFPGAのトップ階層記述FPGA.vに対して，リスト4の修正を行います．LED出力信号のデューティ変化を，その周期を短くすることでシミュレーション波形上で見やすくしています．

先ほどと同様に，Quartus Prime上でPROJ_COLORLED2のプロジェクトが開いた状態でModelSimを起動して，テストベンチtb.v(リスト5)と，スクリプト・ファイルtb.do(リスト6)を作成し，論理シミュレーションを実行して波形を観測してください．

リスト3 PROJ_COLORLEDの論理シミュレーション実行スクリプト(tb.do)

```
# Echoing of Commands Executed in a Macro File
transcript on

# if Design Unit Exists, Delete the Design Unit from a Specified Library.
if {[file exists rtl_work]} {
        vdel -lib rtl_work -all
}

# Creat a Design Library
vlib rtl_work

# Define a Mapping between a Logical Library Name and a Directory
vmap work rtl_work

# Compile HDL Source
vlog +define+SIMULATION              \
    -vlog01compat -work work         \
    +incdir+../../../FPGA            \
    ../../../FPGA/FPGA.v             \
    ../../../FPGA/simulation/modelsim/tb.v

# Invoke VSIM Simulator
vsim -L altera_mf_ver -c work.tb

# Prepare Wave Display
add wave -divider TESTBENCH
add wave -hex sim:/tb/clk48
add wave -hex sim:/tb/clk
add wave -hex sim:/tb/tb_cycle_counter
add wave -hex sim:/tb/res_n

add wave -divider ONE_SECOND
add wave -hex sim:/tb/uFPGA/counter_1sec
add wave -hex sim:/tb/uFPGA/period_1sec

add wave -divider LED_OUTPUT
add wave -hex sim:/tb/uFPGA/counter_led
add wave -hex sim:/tb/uFPGA/led

# Logging all Signals in WLF file
log -r *

# Run Simulation until $stop or $finish
run -all
```

- doファイルで実行したコマンドをTranscriptウィンドウにエコー表示する指定
- 前回コンパイルして生成したデザイン・ライブラリがあれば削除する
- デザイン・ライブラリを生成する
- 生成したデザイン・ライブラリを論理ライブラリworkに対応させる
- 論理ライブラリwork内にVerilog HDLソースをコンパイル
  - キーワードSIMULATIONをdefine
  - Verilog2001コンパチでコンパイル
  - インクルード・パスはソースがあるディレクトリ
  （バックスラッシュはコマンド行の継続を表す）
- シミュレータを起動する
  - altera_mf_ver(FPGA固有IPのVerilog HDLライブラリ)を読み込む
  - シミュレーションの最上位階層は論理ライブラリwork内の「tb」
- 波形ウィンドウに最初から表示しておく波形を選択しておく
- シミュレーション中の全ノードの波形を記録しておく
  （記録した波形はシミュレーション後，波形ウィンドウに追加表示可能）
- シミュレーション実行開始
  （$stop;または$finish;を実行したら停止．途中で強制終了も可能）

Column 1 ModelSim 起動時のエラーへの対処

Quartus Prime のメニュー「Tools」→「Run Simulation Tool」→「RTL Simulation」を選択して ModelSim を起動しようとした時，図 A のようなエラーが出ることがあります．このエラーは，ModelSim の実行ファイルのパスが Quartus Prime 内に正しく設定できていないことが原因です．

Quartus Prime と ModelSim の新バージョンをインストールしてから古いバージョンの Quartus と ModelSim を削除した時にこのエラーが出たことがありました．

対応方法としては図 B のように，Quartus Prime 内で ModelSim の実行ファイルのパスを正しく設定し直します．

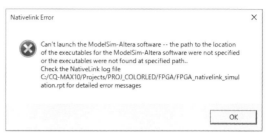

図 A　ModelSim 起動時のエラー
Quartus Prime から ModelSim Altera を立ち上げようとしてこのように表示されたら，ModelSim の実行ファイルのパスが正しく設定できていない．

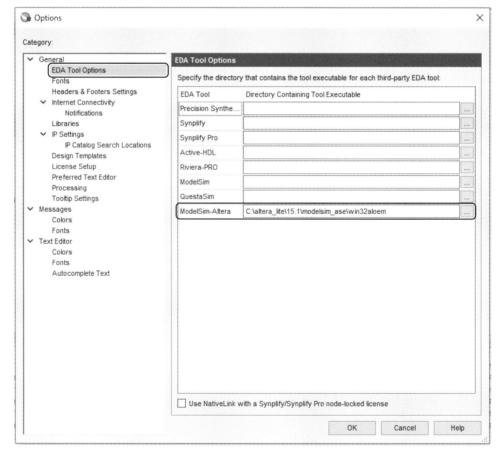

図 B　ModelSim-Altera の実行ファイルがインストールされているパスを指定
Quartus Prime のメニュー「Tools」→「Options」を選択し，Options ダイアログ・ボックス内の「General」→「EDA Tool Options」を選択して，ModelSim-Altera のパスを設定．デフォルトのままインストールした場合は，`C:¥altera_lite¥xx.x¥modelsim_ase¥win32aloem`（xx.x は Quartus Prime のバージョン）

リスト4
PROJ_COLORLED2の論理記述
(FPGA.v)を論理シミュレーション用に修正

```
`define POR_MAX 16'hffff  // period of power on reset
`define PWM_MAX 16'd60000 // max value of pwm_counter (pwm cycle)
`define DUTY_RED_INIT 16'd0      // initial value of duty red
`define DUTY_GRN_INIT 16'd40000  // initial value of duty green
`define DUTY_BLU_INIT 16'd40000  // initial value of duty blue
`define DUTY_RED_DIR_INIT 1'b0 // initial direction of red   (up)
`define DUTY_GRN_DIR_INIT 1'b0 // initial direction of green (up)
`define DUTY_BLU_DIR_INIT 1'b1 // initial direction of blue  (down)
`define DUTY_SPEED 16'd20 // duty drift speed
```

⬇

```
`ifdef SIMULATION
   `define POR_MAX 16'h000f  // period of power on reset
   `define PWM_MAX 16'd300   // max value of pwm_counter (pwm cycle)
   `define DUTY_RED_INIT 16'd0    // initial value of duty red
   `define DUTY_GRN_INIT 16'd200  // initial value of duty green
   `define DUTY_BLU_INIT 16'd200  // initial value of duty blue
   `define DUTY_RED_DIR_INIT 1'b0 // initial direction of red   (up)
   `define DUTY_GRN_DIR_INIT 1'b0 // initial direction of green (up)
   `define DUTY_BLU_DIR_INIT 1'b1 // initial direction of blue  (down)
   `define DUTY_SPEED 16'd20 // duty drift speed
`else // Real FPGA
   `define POR_MAX 16'hffff  // period of power on reset
   `define PWM_MAX 16'd60000 // max value of pwm_counter (pwm cycle)
   `define DUTY_RED_INIT 16'd0     // initial value of duty red
   `define DUTY_GRN_INIT 16'd40000 // initial value of duty green
   `define DUTY_BLU_INIT 16'd40000 // initial value of duty blue
   `define DUTY_RED_DIR_INIT 1'b0 // initial direction of red   (up)
   `define DUTY_GRN_DIR_INIT 1'b0 // initial direction of green (up)
   `define DUTY_BLU_DIR_INIT 1'b1 // initial direction of blue  (down)
   `define DUTY_SPEED 16'd20 // duty drift speed
`endif
```

● 波形を観測して動作確認

LED出力信号(3本)のデューティ比が変化している様子がわかります．

また，テストベンチ内で，入力信号sw_nを生成していますが，sw_nが"L"レベルになっている期間，LED出力信号のデューティ比の変化が止まっている

Column 2 Verilog HDL 論理シミュレーションにおける時間軸概念の指定とModelSim

● コンパイル指示子 `timescale

Verilog HDLにおいて，時間軸を規定するコンパイル指示子として`timescaleがあります．その書式は，

　`timescale 時間単位/時間精度
　(例：`timescale 1ns/10ps)

であり，この構文以降のVerilog HDL記述内の時間軸概念を規定します．

時間単位はVerilog HDL記述内の時間数値の単位を指定し，時間精度はシミュレーションを進めるときの時間方向の刻みに対応します．時間精度が小さいほど，細かい時間ステップでシミュレーションを進められます．

● ModelSim Altera Starter Editionの制限

無償版のModelSim Altera Starter Editionのシミュレーション実行性能はあまり高くありません．このため時間精度を小さくすると，内部の時間刻みが細かくなってシミュレーション結果が出るまでの時間が長くなってしまいます．

一般に，RTLで記述されたFPGA用論理回路を検証する際は，機能動作については遅延時間を考慮しないゼロ時間論理シミュレーションを使い，タイミングはTimeQuestによるSTAを使うことが多いです．

ゼロ時間論理シミュレーションにおいては，時間精度を細かくする必要はありません．本章で示した例では時間精度は10psにしましたが，これは外部から入力するクロックの周波数が48MHz(周期20.83ns)であり，これをPLLで50MHzに逓倍する動作も見たかったためです．

もっと複雑な論理回路をModelSim Altera Starter Editionで検証する場合は，PLLは`ifdefスイッチで単なるスルー・バッファに置き換えて，`timescaleの時間精度を時間単位と同じにして(例：`timescale 1ns/1ns)，シミュレーション速度を上げたほうがよいでしょう．

リスト5 PROJ_COLORLED2のテストベンチ(tb.v)

```
`timescale 1ns/10ps        // time per unit / accuracy
`define TB_CYCLE 20.83     //20.83ns (48MHz)
`define TB_FINISH_COUNT 20000 //cyc

module tb();
//--------------------------------
// Generate Clock
//--------------------------------
reg clk48;
//
initial clk48 = 1'b0;
always #(`TB_CYCLE / 2) clk48 = ~clk48;

//----------------------
// Cycle Counter
//----------------------
wire clk; // FPGA internal clock
reg [31:0] tb_cycle_counter; // cycle counter for test bench
//
assign clk = uFPGA.clk;
initial tb_cycle_counter = 32'h0; // initialize cycle counter
//
always @(posedge clk)
begin
    tb_cycle_counter <= tb_cycle_counter + 32'h1;
end
//
always @*
begin
    if (tb_cycle_counter == `TB_FINISH_COUNT)
    begin
        $display("***** SIMULATION TIMEOUT ***** at %d", tb_cycle_counter);
        $stop; // abort simulation
    end
end

//-----------------------------
// Initialize Nodes at Power Up
//-----------------------------
initial
begin
    uFPGA.por_n = 1'b0;
    uFPGA.por_count = 16'h0000;
end

//-------------------------
// FPGA under Verification
//-------------------------
reg       sw_n;
wire [2:0] led;
//
FPGA uFPGA
(
    .clk48 (clk48),  // 48MHz Clock
    .sw_n  (sw_n),   // Switch Input
    .led   (led)     // LED Output
);

//---------------
// Stimulus
//---------------
always @*
begin
    sw_n = ~tb_cycle_counter[11];
end

endmodule
```

ことも確認してください．

波形ウィンドウには図5に示すようにカーソルの挿入も可能です．あちこちボタンを触って波形表示方法に慣れてください．

◆ 参考文献 ◆

(1) ModelSim User's Manual, Software Version 10.4b, 2015, Mentor Graphics Corporation.
(2) ModelSim Starter Edition GUI Reference Manual, Software

リスト6 PROJ_COLORLED2の論理シミュレーション実行スクリプト(tb.do)

```
# Echoing of Commands Executed in a Macro File          ← doファイルで実行したコマンドを
transcript on                                              Transcriptウィンドウにエコー表示する指定

# if Design Unit Exists, Delete the Design Unit from a Specified Library.
if {[file exists rtl_work]} {                          ← 前回コンパイルして生成
        vdel -lib rtl_work -all                           したデザイン・ライブラ
}                                                         リがあれば削除する

# Creat a Design Library
vlib rtl_work                    ← デザイン・ライブラリを生成する

# Define a Mapping between a Logical Library Name and a Directory
vmap work rtl_work                                     ← 生成したデザイン・ライブラリを,
                                                          論理ライブラリworkに対応させる

# Compile HDL Source
vlog +define+SIMULATION                \               ← 論理ライブラリwork内にVerilog HDLソースをコンパイル
    -vlog01compat -work work           \                  －キーワードSIMULATIONをdefine
    +incdir+../../../FPGA              \                  －Verilog2001コンパチでコンパイル
    ../../../FPGA/FPGA.v               \                  －インクルード・パスはソースがあるディレクトリ
    ../../../FPGA/PLL.v                \                  （バックスラッシュは，コマンド行の継続を表す）
    ../../../FPGA/simulation/modelsim/tb.v

# Invoke VSIM Simulator                                ← シミュレータを起動する
vsim -L altera_mf_ver -c work.tb                          －altera_mf_ver（FPGA固有IPのVerilog HDLライブラリ）を読み込む
                                                          －シミュレーションの最上位階層は論理ライブラリwork内の「tb」

# Prepare Wave Display
add wave -divider TESTBENCH
add wave -hex -position end sim:/tb/clk48
add wave -hex -position end sim:/tb/clk
add wave -hex -position end sim:/tb/tb_cycle_counter
add wave -hex -position end sim:/tb/sw_n

add wave -divider RESET
add wave -hex -position end sim:/tb/uFPGA/por_count
add wave -hex -position end sim:/tb/uFPGA/por_n
add wave -hex -position end sim:/tb/uFPGA/res_n

add wave -divider PWM_COUNTER
add wave -hex -position end sim:/tb/uFPGA/pwm_counter

add wave -divider DUTY_RED
add wave -hex -position end sim:/tb/uFPGA/duty_red
add wave -hex -position end sim:/tb/uFPGA/duty_red_dir      ← 波形ウィンドウに最初から表示しておく波形を
add wave -hex -position end sim:/tb/uFPGA/duty_red_min         選択しておく
add wave -hex -position end sim:/tb/uFPGA/duty_red_max

add wave -divider DUTY_GRN
add wave -hex -position end sim:/tb/uFPGA/duty_grn
add wave -hex -position end sim:/tb/uFPGA/duty_grn_dir
add wave -hex -position end sim:/tb/uFPGA/duty_grn_min
add wave -hex -position end sim:/tb/uFPGA/duty_grn_max

add wave -divider DUTY_BLU
add wave -hex -position end sim:/tb/uFPGA/duty_blu
add wave -hex -position end sim:/tb/uFPGA/duty_blu_dir
add wave -hex -position end sim:/tb/uFPGA/duty_blu_min
add wave -hex -position end sim:/tb/uFPGA/duty_blu_max

add wave -divider LED_OUTPUT
add wave -hex -position end sim:/tb/uFPGA/led

# Logging all Signals in WLF file                      ← シミュレーション中の全ノードの波形を記録しておく
log -r *                                                  （記録した波形はシミュレーション後，波形ウィンドウに追加表示可能）

# Run Simulation until $stop or $finish               ← シミュレーション実行開始
run -all                                                  （$stop;または$finish;を実行したら停止．途中で強制終了も可能）
```

Version 10.4b, 2015, Mentor Graphics Corporation.
(3) ModelSim Command Reference Manual, Software Version 10.4b, 2015, Mentor Graphics Corporation.
※ ModelSim Altera Starter Edition の詳細なマニュアル類は，インストール・ディレクトリ以下に格納されている．デフォルト・インストールの場合，C:¥altera_lite¥xx.x¥modelsim_ase¥docs¥pdfdocs 以下に PDF ファイル一式がある（xx.x は Quartus Prime のバージョン番号）．

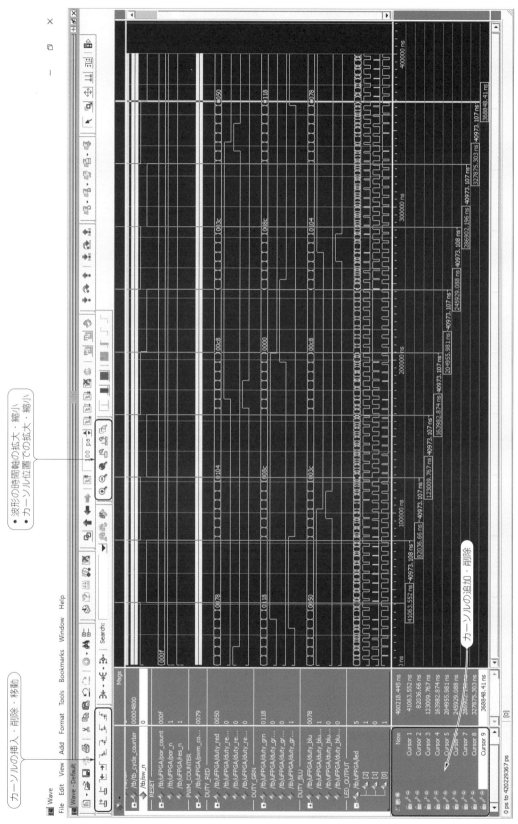

図5 ModelSimによるフル・カラーLED階調明減回路PROJ_COLORLED2の動作波形

第3部 Nios II システム開発入門

第11章 Nios II コアの概要とその開発フローをマスタしよう

Nios II システムの概要

●はじめに

　本章では，Altera社から提供されているRTLベースのソフトCPUコアNios IIの概要とその開発フローについて説明します．具体的な設計事例は次章以降で説明します．

Nios II コアとそのシステム

●MAX 10 で使えるコアは Nios II Gen 2

　Nios II コアには，Classic と Gen 2 の 2 種類があります．基本的に命令コードはバイナリ・コンパチブルですが，キャッシュ関係の仕様（キャッシュ・バイパス関係）が異なっています．

　開発環境 Quartus II Ver14.1 以降から Gen 2 だけがサポートされており，MAX 10 で使えるコアも Gen 2 のみです．以下の説明で Nios II と表記したものは全て Gen 2 コアを指します．

●本書では Nios II/e コアを使う

　Nios II コアには 2 種類あります．**表1**にその機能比較を示します．Nios II/e（Economy コア）は無償ですが，機能は限定されており，クロック当たりの性能は低いです．Nios II/f（Fast コア）は有償ですが，高機能でクロック当たりの性能も高いです．

　本書では，無償の Nios II/e コアを使ったシステム設計事例を説明します．Nios II/e はキャッシュやメモリ管理ユニット（MMU）などのサポートがなく，かつ命令性能も低いですが，組み込み用のシンプルなシステム・コントローラとしては十分な機能があり，論理規模も小さく，FPGA の LE(Logic Element)をあまり消費しないという特長があります．

●Nios II コアのブロック図

　Nios II コアのブロック図を**図1**に示します．Nios II コアは機能仕様をユーザがコンフィグレーションできるようになっており，必要な機能だけを選択できます．カスタム命令の追加も可能であり，クリティカルな処理をハードウェア化した命令を追加することで，システム性能を向上させることができます．

　本書の設計事例に組み込む Nios II/e コアには，図1内で(*)を付した JTAG デバッグ・モジュールと内部割り込みコントローラをオプション追加して使います．

●Nios II コアの詳細仕様を理解せずとも開発できる

　Nios II コアの論理を FPGA に組み込む作業は設計ツールにより自動化されています．ソフトウェア開発は C 言語ベースでありデバイス・ドライバも自動生成されます．これらのサポートによって，Nios II コアの低レベルな階層の詳細仕様を理解することなく開発を進められるようになっています．

　Nios II コアの詳細アーキテクチャや命令仕様について詳しく知りたいときは，参考文献(1)を参照してください．

●Nios II のシステム構成と Avalon インターフェース

　Nios II コアにより構成するシステム例を**図2**に示します．

　図2の一番上にバス・マスタになる Nios II コアと DMAC(Direct Memory Access Controller)があります．Nios II コアは，命令を取り込む命令バスとデータのリード／ライトを行うデータ・バスが分離したハーバード・アーキテクチャを採用しています．

　図2の一番下には，バス・マスタからのアクセスを受けるスレーブ・モジュール（メモリや周辺機能）があります．

●基本的なバス規格は Avalon-MM インターフェース

　Nios II システムにおけるバス・マスタとスレーブ・モジュールの間のバス・インターフェース規格としては，Avalon-MM インターフェースが採用されています．MM とは Memory Mapped の略であり，アドレ

表1 Nios IIコアの種類とその機能比較

MAX 10で使えるNios II Gen 2コアには2種類ある．

項　目		Nios II/e (Economy Core)	Nios II/f (Fast Core)
ライセンス		無償	有償
目的		最小論理規模	高性能
性能	DMIPS/MHz	0.15	1.16
	最大DMIPS	31	218
	最大動作周波数	200MHz	185MHz
面積(論理規模)		700LE未満	MMUおよびMPUなし：1800LE未満 MMUあり：3000LE未満 MPUあり：2400LE未満
パイプライン		1段	6段
外部メモリ空間(バイト)		2G	4G(ビット31キャッシュ・バイパスなし時) 4G(MMUあり時)
命令バス	キャッシュ(バイト)	－	512〜64K
	パイプライン式メモリ・アクセス	－	あり
	分岐予測	－	動的または静的
	密結合メモリ(TCM)	－	オプション
データ・バス	キャッシュ(バイト)	－	512〜64K
	パイプライン式メモリ・アクセス	－	－
	キャッシュ・バイパス方法	－	● I/O命令 ● ビット31キャッシュ・バイパス ● オプションのMMU設定
	密結合メモリ(TCM)	－	オプション
ALU (Arithmetic Logic Unit)	ハードウェア乗算器	－	1サイクル実行
	ハードウェア除算器	－	オプション
	シフタ	1ビット当たり1サイクル	バレル・シフタ(1サイクル実行)
JTAGデバッグ・ モジュール	実行制御, ソフトウェア・ブレーク	オプション	オプション
	ハードウェア・ブレーク	－	オプション
	オフ・チップ・トレース・バッファ	－	オプション
MMU (Memory Management Unit)		－	オプション
MPU (Memory Protection Unit)		－	オプション
例外処理	例外処理の種類	● ソフトウェア・トラップ ● 未実装命令 ● 不当命令 ● ハードウェア割り込み	● ソフトウェア・トラップ ● 未実装命令 ● 不当命令 ● スーパバイザ専用命令 ● スーパバイザ専用命令アドレス ● スーパバイザ専用データ・アドレス ● 転送先アドレス・ミス・アライメント ● データ・アドレス・ミス・アライメント ● 除算エラー ● 高速TLBミス ● ダブルTLBミス ● TLB許可違反 ● MPU領域違反 ● 内部ハードウェア割り込み ● 外部ハードウェア割り込み ● ノンマスカブル割り込み ● ハードウェア割り込み
	内部割り込みコントローラ	あり(32本)	あり(32本)
	外部割り込みコントローラ用 インターフェース	－	オプション
シャドウ・レジスタ・セット		－	オプション，最大63セット
ユーザ・モード選択		－ (常時スーパバイザ・モード)	あり(MMUまたはMPU選択時)
カスタム命令サポート		あり	あり
ECC(Error Correcting Code)		あり	あり

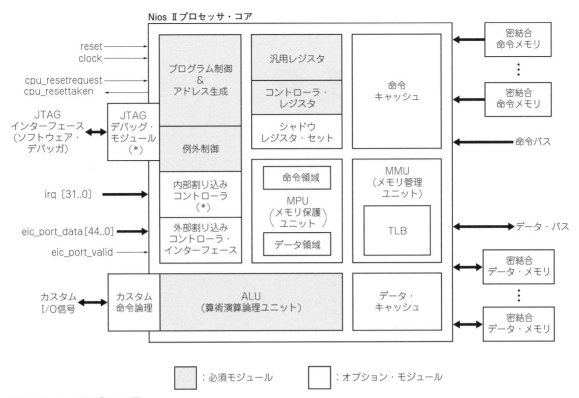

図1 Nios II コアのブロック図
本書で扱うNios II/eコアには，（*）を付したJTAGデバッグ・モジュールと内部割り込みコントローラをオプション追加する．

スでマッピングされたスレーブ・モジュール（メモリやレジスタ）をリード／ライトするためのバス・インターフェースです．いわゆる通常のARMコアなどで使われているAMBA（Advanced Microcontroller Bus Architecture）などと同様なバスです．

● Avalon-MM インターコネクトとバス・アクセスの調停方法

図2において，バス・マスタとスレーブの間にAvalon-MMインターコネクトが置かれています．これは，バス・マスタとスレーブの間のスイッチ・ネットワークであり，バス・マスタが発生したバス・サイクルのアドレスに応じて，アクセス対象のスレーブとの間のバス接続を行います．

複数のバス・マスタが生成したバス・サイクルが，全て異なるスレーブをアクセスする場合は，同時接続が可能です．すなわちマルチ・レイヤ構成になっています．

一方，複数のバス・マスタが生成したバス・サイクルが同じスレーブを同時にアクセスする場合は，調停（アービトレーション）が必要になります．スレーブごとにアービトレーション方法を設定でき，あるスレーブに向けて複数のバス・マスタが同時にアクセスした場合，各バス・マスタに公平に優先度を割り当てるラウンド・ロビン（最優先のマスタを順次移動していく方式）にするか，バス・マスタ間の優先順位を固定にするかを選択できます．デフォルトではラウンド・ロビン方式が使われます．

● ストリーム用の Avalon-ST インターフェース

図2の右下に二つの周辺機能間を結ぶAvalon-STインターフェースがあります．STとはStreamingを意味し，高バンド幅，低レイテンシ，単方向のデータ転送を行うインターフェースのことです．送り元をソースと呼び，受け側をシンクと呼びます．ソースとシンクの間は，双方の転送タイミングを独立化して転送を効率化させるためFIFO（First In First Out）バッファを入れることが多いです．

● コンジット（Conduit）とは

図2の右下にある周辺機能にAvalonコンジット（Conduit）という信号インターフェースがあります．コンジットとは壁を通す管の意味で，このNios IIシステムの外部に引き出す信号のことです．

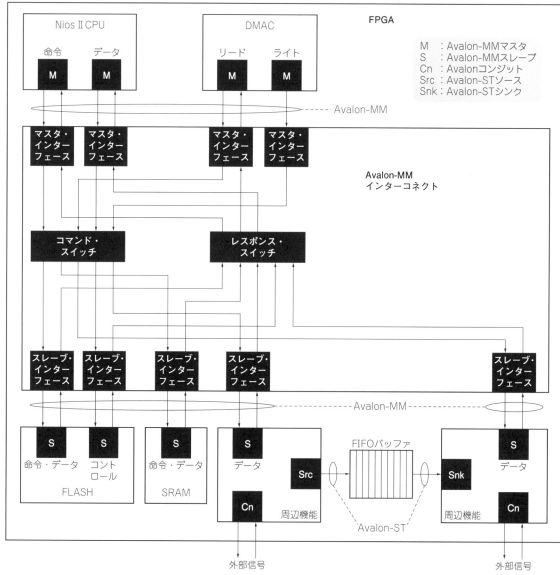

図2 Nios II のシステム構成と Avalon インターフェース

● Nios II システムのメモリ・マップ

Nios II システムのプログラムのメモリ・マップとブート方法について図3に示します．プログラムの各セクションのメモリ割り当て方法は，ユーザが自由にコンフィグレーションすることができます．

● Nios II プログラムを RAM 上で動かす場合

図3(a)は，プログラムとデータの全てのセクションを RAM 上に置いた場合を示しています．リセット・ベクタを RAM 上に配置する指示をして Nios II コアをコンフィグレーションしておきます．この構成においては Nios II コアをリセットする前に RAM 上にプログラムをロードしておく必要がありますが，MAX 10 の FLASH メモリへの書き込みをせずに何度もデバッグするときには便利な方法です．

● Nios II プログラムを FLASH メモリ上で動かす場合

図3(b)は，Nios II プログラムを FLASH メモリに格納して，電源立ち上げ直後からシステムを動作させるための構成の一例を示しています．リセット・ベクタだけが FLASH メモリ(UFM)にあり，それ以外のプログラムやデータは RAM 上に置く構成です．

RAM 上に置くプログラムやデータはリセット直後に UFM から転送します．このため，リセット・ベクタを UFM 上に配置する指示をして Nios II コアをコ

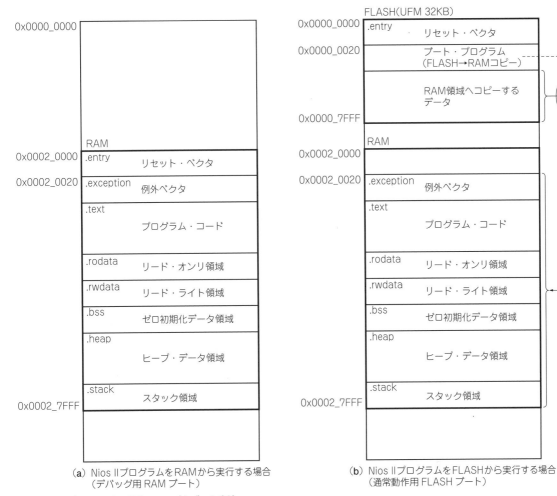

図3　Nios IIシステムのメモリ・マップとブート方法
RAMとして，0x0002_0000番地からアサインしたオンチップRAM（32Kバイト）を使う場合を示した．

ンフィグレーションし，UFMからRAMに転送するブート・プログラムをユーザ・アプリケーション・プログラムにアペンド（付加）しておきます．このブート・プログラムのアペンドは開発ツール側で自動的にやってくれるので，ユーザが作成する必要はありません．

RAMへのブート完了後はRAM上のプログラムが動作します．プログラム領域としてRAMを消費しますが，リセット・ベクタの内容が変わらない限り，デバッガでRAM内容だけ書き換えればデバッグを繰り返すことができます．

本書におけるFLASHメモリにプログラムを記憶して電源印加直後から動作させるシステムでは，この図3(b)の構成を採用しています．

もちろん，RAMの消費を抑えるためにプログラム本体をUFMに入れることもできます．

● Nios II ソフトウェアの構造

EclipseベースのソフトウェアΕ開発環境 Nios II EDS（Embedded Design Suite）で開発する，Nios IIソフトウェアの構造を図4に示します．

アプリケーション・ソフトウェアのワークスペースは二つのプロジェクトから構成されます．

一つはアプリケーション本体のプロジェクトで，図4ではPROGというプロジェクト名として示しています．ここにはユーザ独自のアプリ本体のプログラムを作成して格納します．

もう一つはBSP（Board Support Package）プロジェクトで，図4ではPROG_bpsというプロジェクト名として示してあります．これはNios IIシステムの開発環境Qsysの設計結果から自動生成できるもので，ユーザが作成する必要はありません．BSPプロジェクトは，Nios IIシステムに入れた周辺モジュールを設定したり制御するためのAPI（Application Program

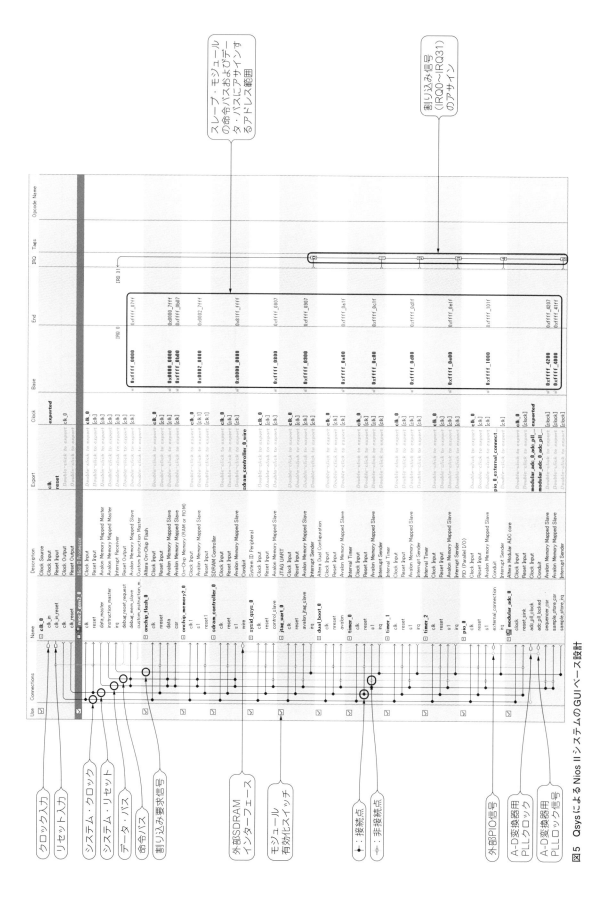

図5 QsysによるNios IIシステムのGUIベース設計

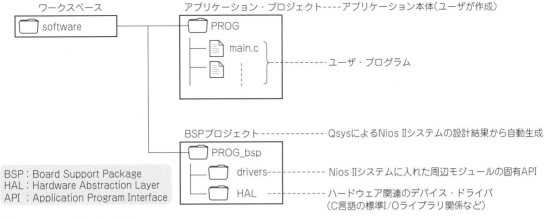

図4 Nios IIソフトウェアの構造
Nios II EDSで開発するNios IIソフトウェアの構造を示す.

Interface）ライブラリや，C言語の標準I/Oライブラリ[printf()など]をサポートするハードウェア関連のデバイス・ドライバHAL（Hardware Abstraction Layer）から構成されています.

ユーザのアプリケーションは，自動生成されたBSPプロジェクト内の各種ライブラリ関数を使うことで簡単に作成できます.

Nios IIシステムの開発フロー

●開発環境 Qsys を使うと簡単に Nios II システムを設計できる

図2に示したNios IIシステム全体をユーザが設計する必要はありません．アルテラ社が提供しているIPライブラリを使用すれば，Quartus Prime付属の開発環境QsysがほとんどすべてのRTLコードを生成してくれます．特にAvalon MMインターコネクトをはじめとするIP間の結線は面倒なものですが，ここを自動化してくれるので，設計工数を大幅に短縮することが可能です．もちろん，ユーザ独自のスレーブ・モジュールを接続することもできます．

● Qsys の GUI ベース設計

QsysによるNios IIシステムの設計は図5に示すようにGUI（Graphical User Interface）ベースの簡単な操作で行います．必要なIPモジュールを追加して，クロック信号，リセット信号，Avalonバス・インターフェース，割り込み信号などをマウス操作で接続します．各IPモジュールのコンフィグレーションもGUI上で設定できます．

各スレーブ・モジュールのアドレス・アサインも図6に示すように自由に設定できます．

●開発フロー（1）：Nios II システムの設計からSRAM上でのソフトウェア動作まで

ここからは，Nios IIシステムの開発の流れについて，典型的な例を説明します.

図7に，Nios IIシステムのハードウェア設計から，Nios IIのソフトウェアをFPGA上のSRAM上でデバッグするまでの流れを示します.

Quartus PrimeでFPGAの新規プロジェクトを作成し，QsysでNios IIシステムを構築します．ここではNios IIコアのリセット・ベクタをFPGAのSRAM上に置く前提で話を進めます.

Quartus PrimeでFPGAのトップ階層論理と外部端子アサインなどを行い，FPGAのJTAGコンフィグレーション・ファイル（.sof）を作成します．これをProgrammerを通してFPGAにダウンロードしてコンフィグレーションしておきます．ここではFPGAはJTAGコンフィグだけでFLASHメモリには書き込みません.

この状態でNios II EDSを起動してワークスペースを作り，Qsysの設計結果（.socinfo）からBSPプロジェクトを自動生成し，アプリケーション・プロジェクトにユーザ・プログラムを用意します.

ソフトウェア全体をコンパイルしてビルドしたのち，Nios II EDSのデバッガを立ち上げて，FPGAのSRAMにソフトウェアをダウンロードして実機デバッグします.

上記の方法だと，FLASHメモリへのプログラミングを避けてデバッグを繰り返すことができます.

MAX 10のFLASHメモリの書き込みと消去の繰り返し回数の上限は10,000回が目安とされているので，デバッグ時にFLASHメモリへのアクセスをしないで済むのはちょっぴり安心です.

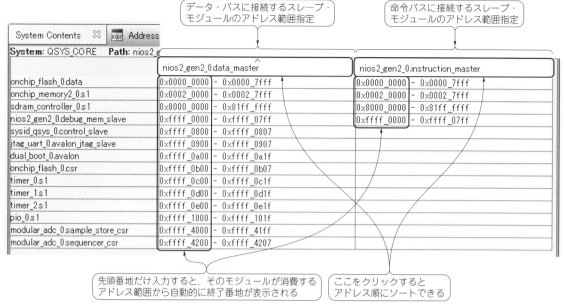

図6 Qsysによる各モジュールのアドレス・アサイン

● FPGA内のNios IIシステムのタイム・スタンプの確認が重要

　Nios II EDSが生成するBSPプロジェクトはQsysの設計結果がベースになるので，FPGA内のNios IIロジックと，ソフトウェア側のBSPプロジェクトが互いにきちんと対応していないと，ハードウェアとソフトウェアのアンマッチによるバグを引き起こす原因になります．

　Nios IIシステム内のスレーブ・モジュールの一つとしてシステムIDペリフェラルを入れておくと，QsysがNios IIシステムのRTLを自動生成するたびにシステムIDペリフェラル内のタイム・スタンプ・レジスタに生成時刻に応じた固有のタイム・スタンプ番号がアサインされます．

　Nios II EDSで生成するBSPプロジェクト内でもQsysの設計結果が持つタイム・スタンプを参照して保持しており，Nios II EDSのデバッガがFPGA内のNios IIコアと接続をとる時に，システムIDペリフェラル内のタイム・スタンプ・レジスタをリードして，互いのタイム・スタンプが一致しているかどうかの確認ができます．デバッグ時ではなく，Nios II EDSからソフトウェアをダウンロードして走らせるだけの場合も，タイム・スタンプの一致確認をさせることができます．

　このタイム・スタンプの一致確認をすることで，FPGA内ハードウェアとソフトウェア（BSPライブラリ）を確実に対応させることができ，おかしなバグに悩むことを防げます．

● 開発フロー（2）：Nios IIシステムのソフトウェアを含めた論理シミュレーション

　図8にNios IIのソフトウェアをFPGA内のSRAM上で動作させる状況を論理シミュレーションして機能検証する手順を示します．

　QsysでNios IIシステム内のSRAMを初期化する設定を入れ，Nios II EDSでBSPプロジェクトを作成し直します．このとき，ソフトウェア・ライブラリとして，論理シミュレーション用ライブラリをリンクするよう指示します（enable_sim_optimize）．

　ソフトウェアのビルドが終わったら，Nios II EDS内から論理シミュレータModelSim Alteraを起動します．必要なVerilog HDL記述が自動的にコンパイルされ，論理シミュレータのコマンド待ちになります．論理シミュレーションを実行して波形を観測するなどして機能検証します．

● Nios II EDSの論理シミュレーション用ライブラリとは

　上記の手順で指定したソフトウェアの論理シミュレーション用ライブラリは，usleep()などのソフトウェアによる時間待ち関数の実行をスキップしたり，リセット直後のスタートアップ・ルーチンにおける.bss領域（ゼロ・クリアされていることを前提としたデータ領域）のソフトウェアによるクリアをスキップするなど，長時間かかる処理を省略して論理シミュレーションの時間を短くする工夫がされているものです．

　もちろん最終的なソフトウェアにおいては，正式な

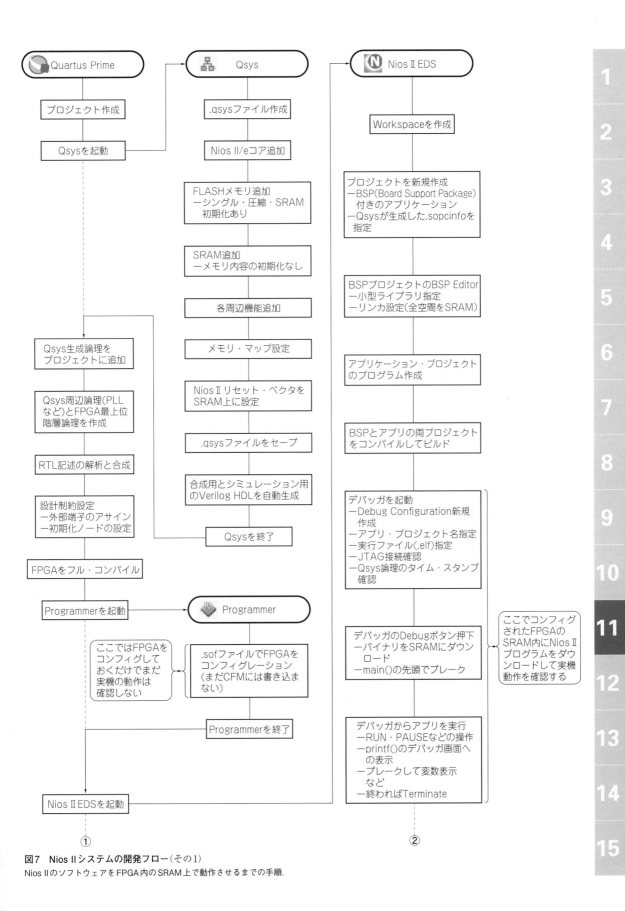

図7 Nios IIシステムの開発フロー（その1）
Nios IIのソフトウェアをFPGA内のSRAM上で動作させるまでの手順．

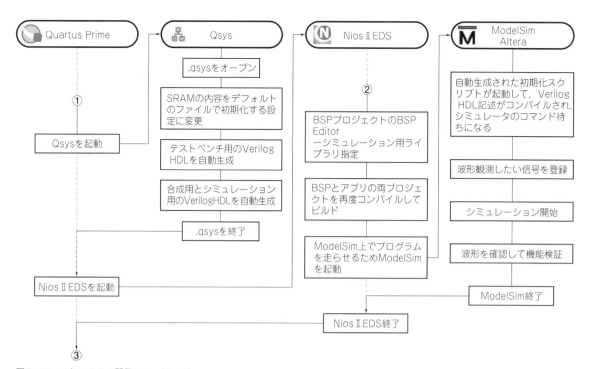

図8 Nios IIシステムの開発フロー(その2)
Nios IIのソフトウェアをFPGA内のSRAM上で動作させる状況を論理シミュレーションして機能検証する手順．

ライブラリをリンクする必要があります．

●開発フロー(3)：Nios IIのハードとソフトの全体をFLASHメモリに格納

図9に，FPGAのコンフィグレーション・データをFLASHメモリのCFMに，Nios IIソフトウェアをFLASHメモリのUMFに格納して，実機動作させるまでの手順を示します．

Qsys設定内のSRAM初期化はなしにして，Nios IIコアのリセット・ベクタはFLASHメモリ(UFM)上に設定します．

タイミング検証の必要があれば，検証用SDCファイルを作成してFPGAをフル・コンパイルしてからTimeQuestでタイミング確認します．不要であれば，普通にFPGAをフル・コンパイルします．

Nios II EDSでBSPプロジェクトを再作成します．ここでは実機動作用のソフトウェアを作成するので，論理シミュレーション用ライブラリの指定を解除します．ソフトウェアをビルドしてFLASHメモリのUFMに書き込むバイナリを生成します．この工程で，UFMからSRAMにプログラム領域とデータ領域をコピーするブート・プログラムをマージさせます．

最後にProgrammerで，FPGAのCFMとUFMへの書き込みを行います．

以上の手順で，電源印加直後からソフトウェアが動くFPGAができ上がります．

●次章以降で具体的に説明

次章以降で，以上の手順の詳細を各設計ツールの操作の仕方を含めて具体的に説明します．

◆参考文献◆

(1) Nios II Gen2 Processor Reference Guide, NII5V1GEN2, 2015.04.02, Altera Corporation.
(2) Nios II Gen2 Software Developer's Handbook, NII5V2Gen2, 2015.05.14, Altera Corporation.
(3) Embedded Peripherals IP User Guide, UG-01085, 2015.06.12, Altera Corporation.
(4) Qsysの使い方の詳細：Quartus II Handbook Volume 1：Design and Synthesis, QII5V1, 2015.05.04, Altera Corporation.
(5) Avalonインターフェースの詳細仕様：Avalon Interface Specifications, MNLAVABUSREF, 2015.03.04, Altera Corporation.

※参考文献は，https://documentation.altera.com から検索できる．

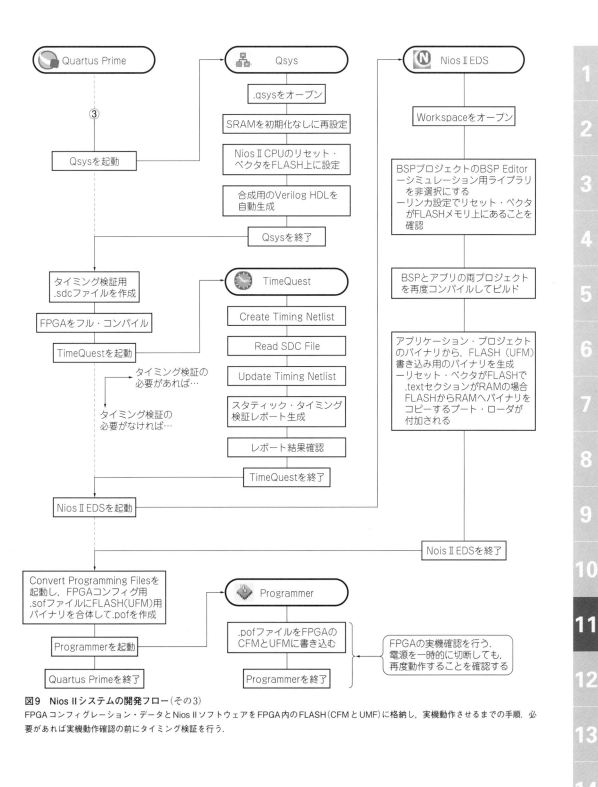

図9 Nios IIシステムの開発フロー(その3)
FPGAコンフィグレーション・データとNios IIソフトウェアをFPGA内のFLASH(CFMとUMF)に格納し，実機動作させるまでの手順．必要があれば実機動作確認の前にタイミング検証を行う．

第12章 Nios IIシステムのハードウェア設計，ソフトウェア設計，論理シミュレーションまで全部通しでやってみよう

Nios IIシステムでLチカ

本書付属DVD-ROM収録関連データ		
格納フォルダ	内　容	備　考
CQ-MAX10¥Projects¥PROJ_NIOSII_LED	Nios IIによるフル・カラーLED点滅動作のプロジェクト一式（Quartus Prime用，Nios II EDS用，ModelSim Altera用）	本章では，このプロジェクトを読者がゼロから作成する方法を説明する（参考用として提供する）．本章で説明する手順が全て終わった状態のプロジェクトを格納してある．

●はじめに

本章では，前章で説明したNios IIシステム開発の一連の手順を具体的に説明します．Nios IIシステムを設計ツールQsysを使って設計して，C言語によりLEDのチカチカ動作をさせてみます．さらにハードウェアとソフトウェアを含めた論理シミュレーションの手法についても説明します．

最終的にFPGAのコンフィグレーション・データとNios IIのソフトウェアをMAX 10のFLASHメモリに格納するので，本章で説明する手法をマスタすれば，オリジナルFLASHマイコンを構築することができるようになります．

QsysでNios IIシステムのハードウェアを設計

●何はともあれQuartus Primeの新規プロジェクトを作成

本章では，何もないゼロの状態からNios IIシステムの構築をしていきます．まずは図1に従ってQuartus Primeの新規プロジェクトを作成してください．ここではディレクトリPROJ_NIOSII_LEDの下にプロジェクトFPGAを生成します．

●Qsysを立ち上げて，基本クロック周波数を設定

FPGA内の中心となるNios IIシステムから設計していきましょう．FPGAの最上位階層の下に，ここで設計するNios IIシステムがインスタンス化されることになります．

Quartus Primeのメニューから，いきなり図2に示す手順でQsysを立ち上げて作業してください．今回のNios IIシステム階層のモジュール名はQSYS_COREとするので，Qsys設計情報はQSYS_CORE.qsysとしてセーブします．

クロック信号とリセット信号を上位階層から受けてNios IIシステム内に供給するClock Sourceモジュール（インスタンス名：clk_0）がデフォルトで存在しています．ここではNios IIシステム内の基本クロック周波数を50MHzに設定しておきます．

●Nios IIのCPUコアを追加

図3の手順でNios IIのCPUコア Nios II Processorを追加してください．ここでは無償のNios II/eを選択します．インスタンス名は自動的にnios2_gen2_0になります．ここでは，インスタンス名は自動的にアサインされたものを変更せずそのまま使います．CPUコアのコンフィグレーションはメモリを追加したあとで設定するので，クロック信号とリセット信号を接続するだけで次に進みます．

●FLASHメモリを追加

図4の手順でFLASHメモリを追加してください．インスタンス名は自動的にonchip_flash_0になります．

FLASHメモリは，FPGAのコンフィグレーション情報記憶用のCFMと，ユーザ・メモリ用のUFMから構成されていますが，コンフィグレーション情報の形式によってそれぞれの容量配分が変わります．

ここでは，コンフィグレーション情報の形式を「Single Compressed Image with Memory Initialization」にしておきます．MAX 10デバイス内に記憶できるコンフィグレーション情報は1種類とし，データは圧縮して，内蔵RAMの初期化情報も含

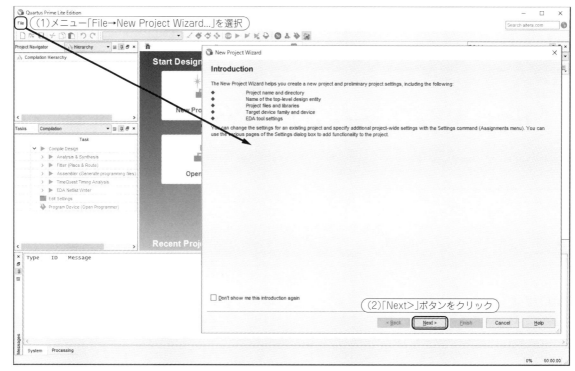

(a) Quartus Primeを立ち上げ，New Project Wizardを起動

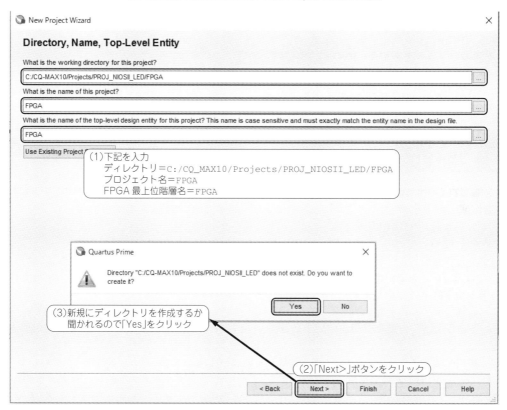

(b) プロジェクトのディレクトリ，プロジェクト名，FPGAの最上位階層名を指定

図1 Quartus Primeで新規プロジェクト作成
ディレクトリPROJ_NIOSII_LED以下にプロジェクトFPGAを作成する．

(c) Empty Projectを選択

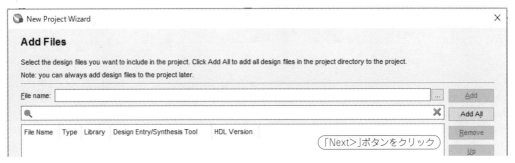

(d) ここではまだプロジェクトに設計ファイルを登録しない

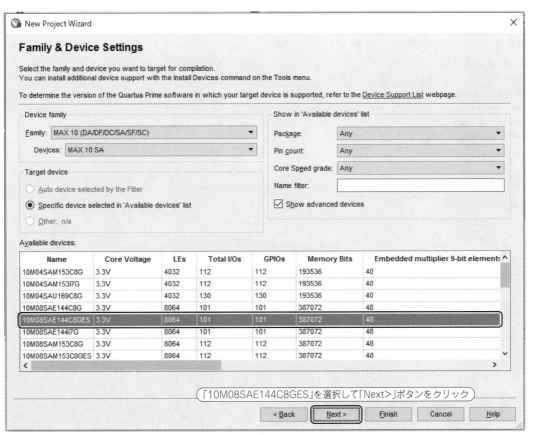

(e) ターゲットFPGAデバイスとして「10M08SAE144C8GES」を選択

Qsys で Nios II システムのハードウェアを設計 **179**

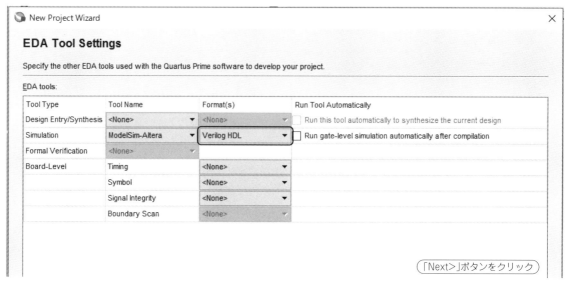

（f）論理シミュレータModelSimの言語としてVerilog HDLを選択

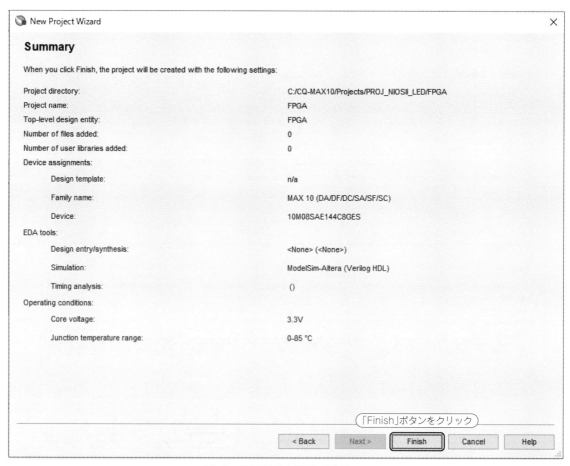

（g）サマリ表示内容を確認して終了

図1　Quartus Primeで新規プロジェクト作成（つづき）

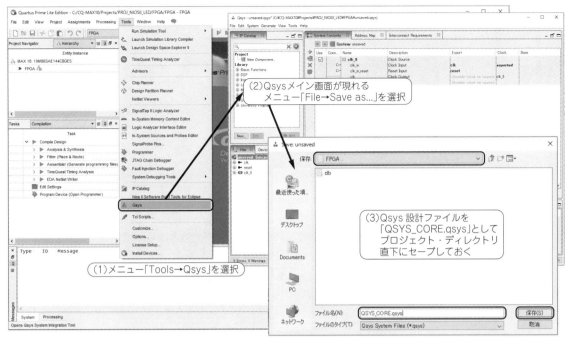

(a) Quartus PrimeからQsysを起動
Qsys設計ファイルをQSYS_CORE.qsysとする

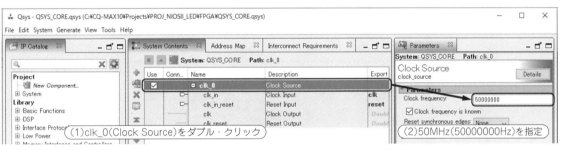

(b) デフォルトでクロック信号とリセット信号の生成モジュールが置かれている
クロックとリセットの各信号は上位階層から供給される．そのクロック周波数を設定しておく

図2　QsysでNios IIシステムを設計開始
Nios IIシステムのモジュール名はQSYS_COREにする．Nios IIシステム内の基本クロック周波数を50MHzに設定．

む形式です．この場合，UFMとして使える容量は32Kバイトになります．

本設計事例に関しては，FPGAをFLASHメモリからコンフィグレーションして動作させる際，内蔵RAMの初期化は不要なのですが，このプロジェクトをコピーして使い回す場合に最も汎用性があるのが上記のコンフィグレーション形式だろうと思っています．ただし，「with Memory Initialization」の分，CFMの領域が増えるので，UFM領域を大きくしたい場合は，他の形式をトライしてみる必要はあるでしょう．

FLASHメモリの設定では，CFM領域はバスから見える必要はないので「Hidden」にしておきます．

FLASHメモリ内には命令もデータも格納されるので，そのデータ・バスはハーバード・アーキテクチャ型CPUの命令アクセス用バスとデータ・アクセス用バスの両方に接続します．FLASHメモリの制御用のバスは，CPUのデータ・アクセス用バスだけに接続します．クロックとリセットも接続します．

● SRAMを追加

図5の手順でSRAMを追加してください．インスタンス名は自動的に onchip_memory2_0 になります．容量は32Kバイトにしておきましょう．ちなみに2倍のサイズまで増やすとMAX 10(10M08)のリソースがパンクします(入りきらない)．

Nios IIシステムをUFM(32Kバイト)からブートする際，前章で説明したようなUFM内のプログラム・コードをSRAMにコピーする方法を採るケースでは，

(a) Nios II Processorを追加する

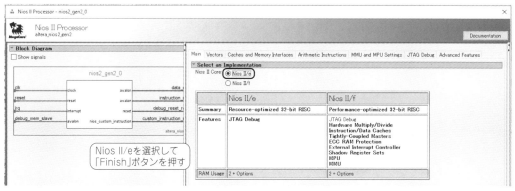

(b) ダイアログ・ボックスが表示されるのでNios II/eを選択する

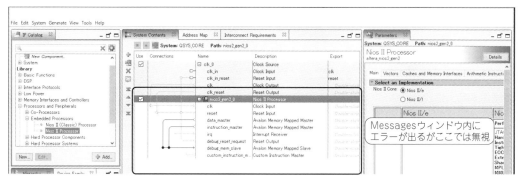

(c) Nios II Processorが追加されたことを確認する

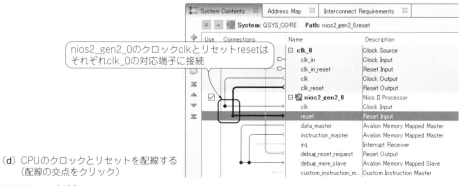

(d) CPUのクロックとリセットを配線する
（配線の交点をクリック）

図3　Nios IIのCPUコアを追加
誰もが無償で使えるNios II/eを選択．

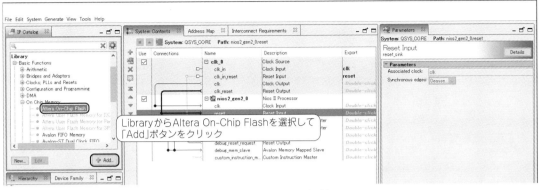

(a) 内蔵FLASHメモリを追加

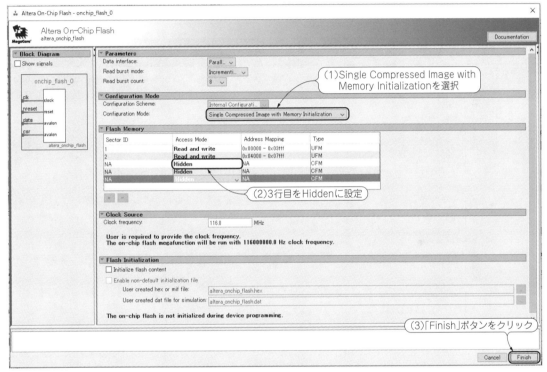

(b) 内蔵FLASHメモリのパラメータを設定

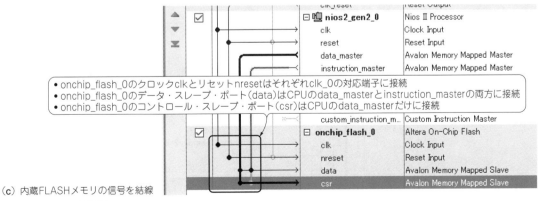

(c) 内蔵FLASHメモリの信号を結線

図4　FLASHメモリを追加
ユーザ用UFMは32Kバイトとする．

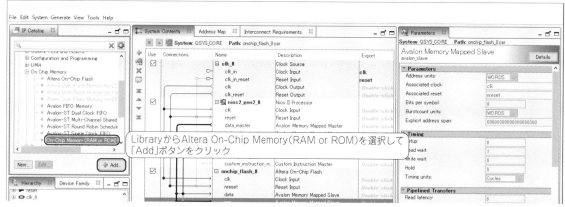

(a) 内蔵SRAMを追加

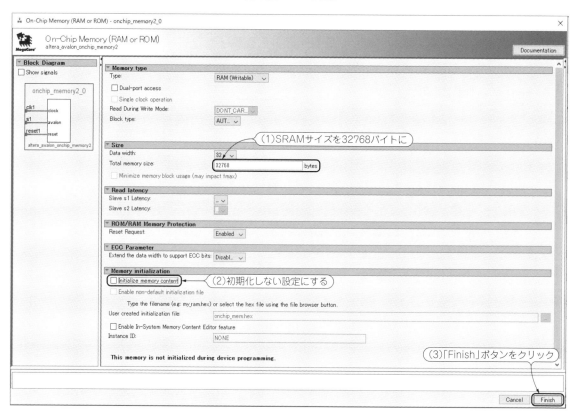

(b) 内蔵SRAMのパラメータを設定

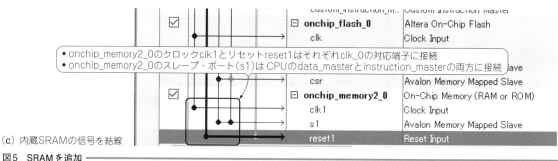

(c) 内蔵SRAMの信号を結線

図5　SRAMを追加
容量は32Kバイトとする．

命令コード，定数データ，変数データの合計が32Kバイト以内に収まっている必要があります．

UFMの容量をできるだけ変数データ以外の命令コードと定数データだけで埋めたい場合は，変数データ領域を外部のSDRAMなどにアサインすることを検討してください．

SRAMのデータ・バスは，ハーバード・アーキテクチャCPUの命令アクセス用バスとデータ・アクセス用バスの両方に接続します．クロックとリセットも接続します．

●システムIDペリフェラルを追加

図6の手順でシステムIDペリフェラルを追加してください．インスタンス名は自動的にsysid_qsys_0になります．

システムIDはとりあえずここではデフォルトの0x00000000のままにしておきましょう．必要であれば自分固有の番号をアサインしてください．

システムIDペリフェラルで最も重要なのはタイム・スタンプの保持機能です．QsysツールでHDLコードを生成するときに自動的にタイム・スタンプを付与します．Nios II EDSが生成するBSP(Board Support

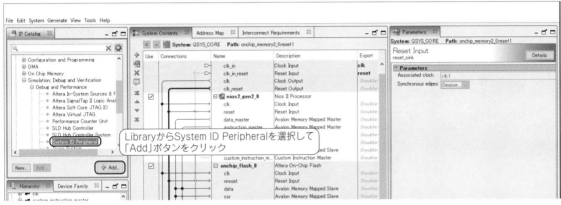

(a) SYSIDを追加

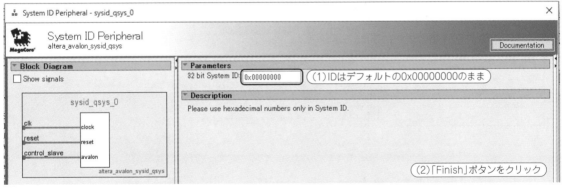

(b) SYSIDのパラメータを設定する．ここではデフォルトのまま

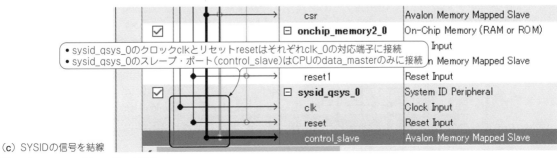

(c) SYSIDの信号を結線

図6 システムIDペリフェラルを追加
Nios IIシステムのタイム・スタンプ保持用．

Package)ライブラリが，きちんと Qsys が生成した Nios II システムに対応したものかどうかを実デバイス上で確認するために，このタイム・スタンプが参照されます．

システム ID ペリフェラルのバスは，CPU のデータ・アクセス用バスだけに接続します．クロックとリセットも接続します．

● JTAG UART を追加する

図7の手順でJTAG UART を追加します．インスタンス名は自動的に jtag_uart_0 になります．

これはFPGA の JTAG インターフェースを介して，Nios II EDS 上のコンソール画面上で，printf() など，C 言語の stdio.h ベースの I/O 処理を行えるものです．Nios II EDS で生成する BSP プロジェクト内の HAL（Hardware Abstraction Layer）がサポートします．

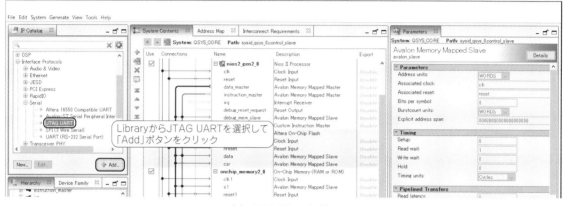

(a) JTAG UARTを追加

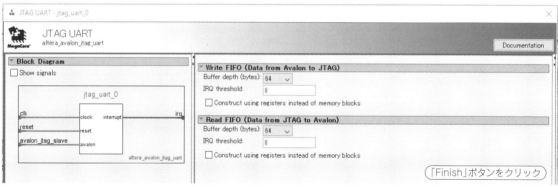

(b) JTAG UARTのパラメータを設定する．ここではデフォルトのまま

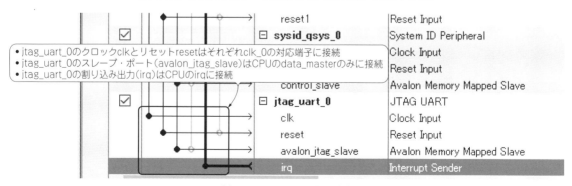

(c) JTAG UARTの信号を結線

図7　JTAG UART を追加
デバッグにとても便利．

デバッグ時に非常に役立つので，通常は入れておくことをお勧めします．

JTAG UART のバスは，CPU のデータ・アクセス用バスだけに接続します．割り込み要求を出力するので CPU の割り込みラインに接続します．クロックとリセットも接続します．

● デュアル・コンフィグレーション論理を追加する

図8の手順でデュアル・コンフィグレーション論理を追加します．インスタンス名は自動的に dual_boot_0 になります．

本設計事例では FLASH メモリ追加の際に，コンフィグレーション情報を1種類（シングル）だけに設定したので，本来はこのデュアル・コンフィグレーショ

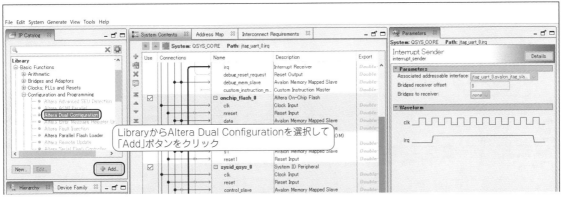

(a) Altera Dual Configuration を追加

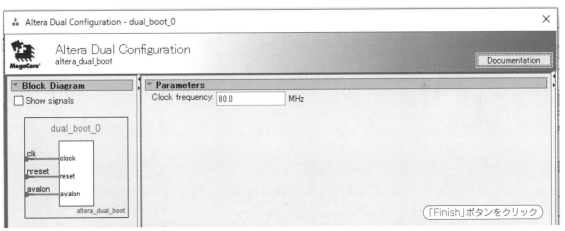

(b) Altera Dual Configuration のパラメータを設定する．ここではデフォルトのまま

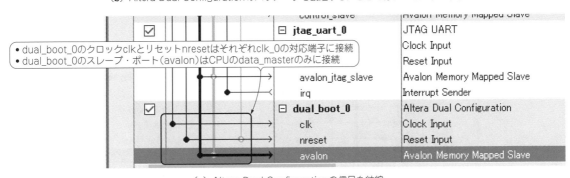

(c) Altera Dual Configuration の信号を結線

図8 デュアル・コンフィグレーション論理を追加
必須ではないが念のため．

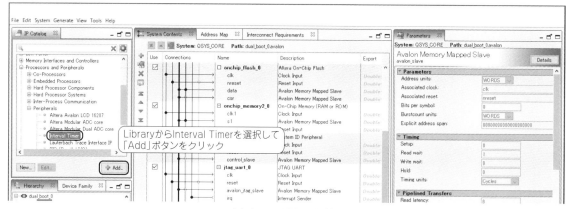

（a）Interval Timerを追加

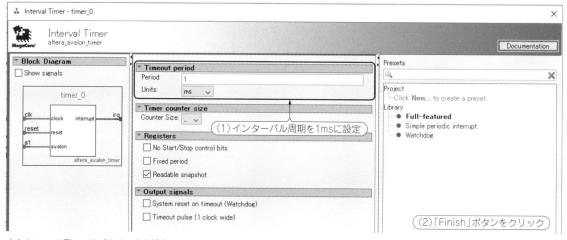

（b）Interval Timerのパラメータを設定
周期を1msに設定する（timer_0）．さらにもう1個，Interval Timerを追加する．こちらも同じく周期を1msに設定する（timer_1）．

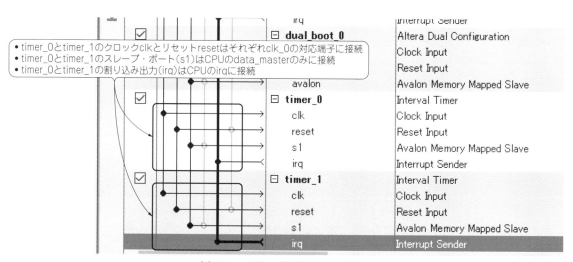

（c）Interval Timer（2個）の信号を結線

図9 インターバル・タイマを追加
同じものを2モジュール追加する．

ン論理は不要なものです．ただし，このプロジェクトをリユースする際にデュアル・コンフィグレーション機能を「やっぱり使おうかな」と思った場合に備えて今回は入れておきます．実際にこの接続をしておくだけでデュアル・コンフィグレーション機能を使用することができました．

もし，FPGAのリソースに余裕がなくなってきたら，この論理は外してください．

デュアル・コンフィグレーション論理のバスは，CPUのデータ・アクセス用バスだけに接続します．クロックとリセットも接続します．

● インターバル・タイマを2個追加する

図9の手順でインターバル・タイマを2個追加します．連続で追加するとインスタンス名は自動的にtimer_0とtimer_1になります．

インターバル・タイマは周期的に割り込みを出力します．ここでは2個とも割り込み周期を1msにしておきます．

後述しますが，Nios II EDSのBSPプロジェクトの設定で，timer_0をシステム・クロック用タイマに，timer_1をタイム・スタンプ用タイマに割り当てます．

インターバル・タイマのバスは，CPUのデータ・アクセス用バスだけに接続します．割り込み要求を出力するのでCPUの割り込みラインに接続します．クロックとリセットも接続します．

● パラレルI/Oポートを追加

図10の手順でパラレルI/Oポートを追加します．インスタンス名は自動的にpio_0になります．

ここでは8ビット幅の双方向I/Oポートとします．ポートの向きはソフトウェアからのレジスタ設定で指定できます．

パラレルI/Oポートの機能として，いくつかユーザが選択できます．本事例では，以下のようにします．まず，出力時はビット単位でセット／クリアできるようにします．入力時のエッジ・キャプチャ・レジスタを有効にし，パラレルI/Oポートから割り込み要求を出せるようにします．さらに，論理シミュレーションでパラレルI/Oポートを含めた機能検証をするときに便利なように，8ビットの入出力ポートの外部に接続するモデル（BFM：Bus Functional Model）をQsysが生成するテストベンチに含めるように指示しておきます．

パラレルI/Oポートのバスは，CPUのデータ・アクセス用バスだけに接続します．割り込み要求を出力するのでCPUの割り込みラインに接続します．クロックとリセットも接続します．

パラレルI/Oポートの8ビットのポート信号は，Nios IIシステムの外部に引き出すように指定しておきます．このように外部に引き出す信号のことをコンジット（conduit＝壁を通す管の意味）と呼んでいます．

● Qsys画面上のモジュールの編集

ここまででNios IIシステムへのモジュールの追加が終わりました．各モジュールは，Qsys画面のSystem Contentsタブ画面左端にある上下矢印アイコンでその表示位置を変更できます．もちろん削除も可能です．

またモジュールのインスタンス名の左横のチェック・ボックスをOFFにすると，そのモジュールをシステムから外すことができます．フル・スペックのNios IIシステムを作っておけば，リユース時に不要なモジュールのチェックを外すだけで新しい派生システムを容易に作成できます．

● 割り込み番号のアサイン

これまでに追加したモジュールのうち，割り込み要求を出すのは，JTAG UART，インターバル・タイマ（2個），パラレルI/Oポートの4モジュールです．割り込み要求信号は，Nios IIコアの内部割り込みコントローラに入力しますが，対応する割り込みハンドラを区別するため，各要求信号に固有のIRQ番号をアサインする必要があります．

ここでは表1に示すような番号をアサインすることにします．一つを予約していますが，ここには後の章でユーザ用のインターバル・タイマをもう一つ追加する予定です．

IRQ番号のアサインは図11に示すようにQsys画面上で行います．

ここでアサインしたIRQ番号は，Nios II EDSのBSPプロジェクト内の割り込みハンドラ定義ファイルに自動的に引き継がれます．

ユーザがソフトウェアで割り込みを使う方法については，次章で説明します．

● スレーブ・モジュールのアドレスをアサイン

Nios IIコアのAvalon-MMインターフェース（バス）から見たスレーブ・モジュールのアドレスをアサインします．データ・アクセス用バス（data_master）と命

表1 各モジュールにアサインする割り込み（IRQ）番号

モジュール種類	インスタンス名	IRQ番号
JTAG UART	jtag_uart_0	0
Interval Timer	timer_0	1
Interval Timer	timer_1	2
予約	予約	3
PIO	pio_0	4

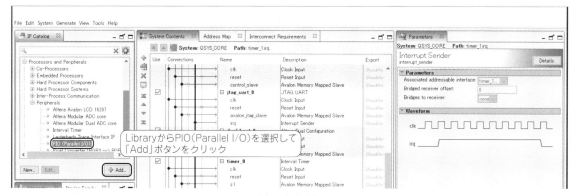

(a) PIO を追加

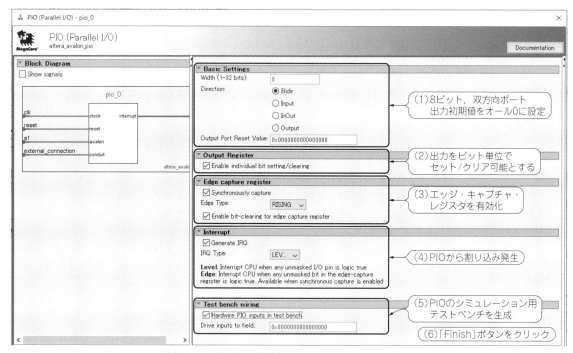

(b) PIOのパラメータを設定
8ビットの入出力ポート．テストベンチも生成しておく

図10 パラレルI/Oポートを追加
8ビットの双方向I/Oポートとして追加．

表2 スレーブ・モジュールのアドレス

スレーブ・モジュール			CPUコア（nios2_gen2_0）から見たアドレス	
モジュール種類	インスタンス名	スレーブ・ポート	データ・バス data_master	命令バス instruction_master
FLASHメモリ	onchip_flash_0	data	0x0000_0000〜0x0000_7FFF	0x0000_0000〜0x0000_7FFF
SRAM	onchip_memory2_0	s1	0x0002_0000〜0x0002_7FFF	0x0002_0000〜0x0002_7FFF
CPUデバッガ	nios2_gen2_0	debug_mem_slave	0xFFFF_0000〜0xFFFF_07FF	0xFFFF_0000〜0xFFFF_07FF
SYSID	sysid_qsys_0	control_slave	0xFFFF_0800〜0xFFFF_0807	−
JTAG UART	jtag_uart_0	avalon_jtag_slave	0xFFFF_0900〜0xFFFF_0907	−
DUAL BOOT	dual_boot_0	avalon	0xFFFF_0A00〜0xFFFF_0A1F	−
FLASHコントロール	onchip_flash_0	csr	0xFFFF_0B00〜0xFFFF_0B07	−
インターバル・タイマ	timer_0	s1	0xFFFF_0C00〜0xFFFF_0C1F	−
インターバル・タイマ	timer_1	s1	0xFFFF_0D00〜0xFFFF_0D1F	−
パラレル・ポート	pio_0	s1	0xFFFF_1000〜0xFFFF_101F	−

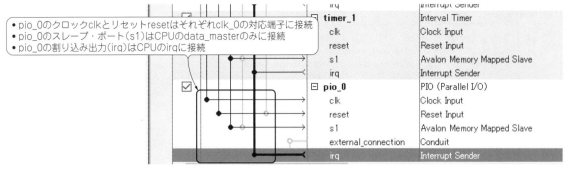

(c) PIOの内部信号を結線

(d) PIOのコンジット端子をQsysシステム領域の外部に引き出す

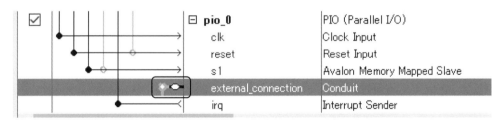

(e) PIOのコンジット端子が外部端子として引き出された亀の子記号が示されればOK

令アクセス用バス（instruction_master）から見たアドレスを**表2**に示すように割り振りましょう．

図12に示す手順でアドレスをアサインしてください．各スレーブが占めるアドレス範囲はQsys側が知っているので，ユーザは先頭番地だけ入力すれば最終番地が自動的に入力されます．

ここでアサインしたスレーブ・モジュールのアドレスは，Nios II EDSのBSPプロジェクト内の各スレーブのアドレス定義ファイルや，リンカ・スクリプトのアドレス・マップに自動的に引き継がれます．

● Nios II コアのベクタ配置を設定

プログラムを置くメモリ（SRAMまたはFLASHの

UFM）の追加とアドレスのアサインが終わったら，Nios II コアのリセット・ベクタと例外ベクタをどこのメモリに置くかを設定します．

図13(a)に示す手順で作業してください．本章ではまず最初に，ソフトウェアをFLASH（UFM）には置かずに全てSRAM上に置いてデバッグするので，リセット・ベクタと例外ベクタの両方をSRAMに置くように設定しておきます．

● Qsys 設計ファイルをセーブ

ここで Qsys 設計ファイル（QSYS_CORE.qsys）を**図13**(b)のようにしてセーブしておきます．このあと，Qsys に Nios II システム全体の Verilog HDL コー

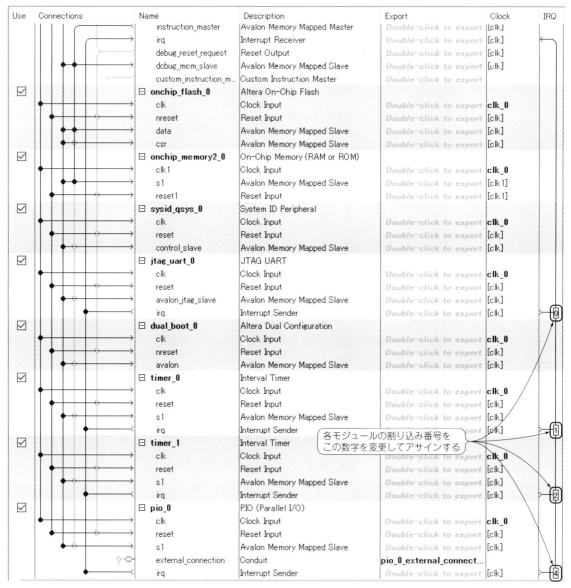

図11 Qsys画面上での割り込み(IRQ)番号のアサイン方法

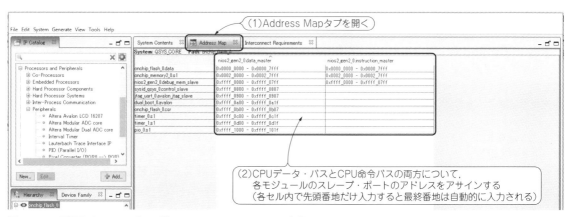

図12 Qsys画面上でのスレーブ・モジュールのアドレスのアサイン方法

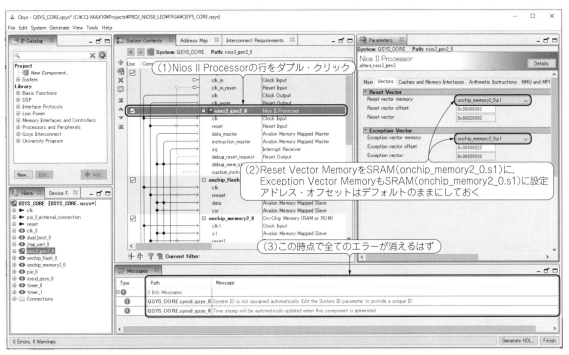

(a) CPUのリセット・ベクタと例外ベクタを置くメモリを指定

(b) QSYSの設計ファイル(QSYS_CORE.qsys)をセーブ

図13 Nios IIコアのベクタ配置を設定して，Qsys設計ファイルをセーブ

ドを生成させますが，その生成の前に必ずセーブする癖を付けましょう．編集したQsys設計ファイルをセーブする前に，先にコード生成してしまうと，改めてセーブするときにコード生成を再度促されてしまいます．

Qsys で Nios II システムのハードウェアを設計 **193**

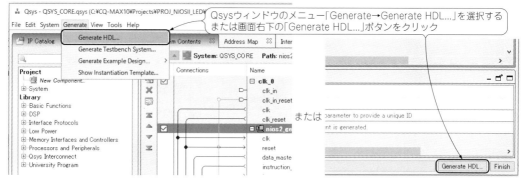

（a）Qsysに対して，設計したシステムのHDL生成を指示

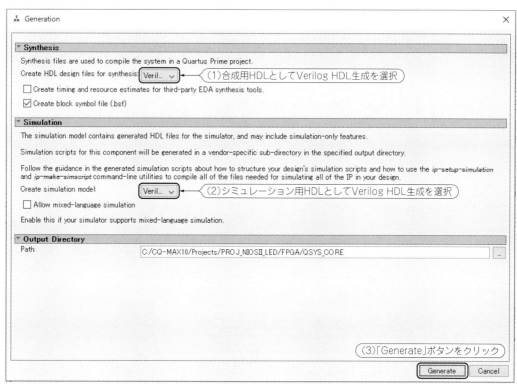

（b）合成用HDLとシミュレーション用HDLとして，共にVerilog HDL生成を指示

（c）成功メッセージが出力される

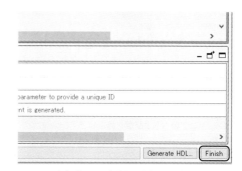

（d）「Finish」ボタンを押して終了

図14　QsysにNios IIシステム全体のVerilog HDLコードを生成させる
合成用のHDLとシミュレーション用のHDLの両方を生成．

● Nios II システム全体の Verilog HDL コードを生成して Qsys を終了

いよいよ Qsys に Nios II システム全体の Verilog HDL コードを生成させましょう．ここでは，合成用の HDL とシミュレーション用の HDL の両方を生成させます．図 14 に示す手順で作業してください．最後に Qsys を終了させます．

Quartus Prime で Nios II システム用の FPGA 最上位階層を設計

● Quartus Prime のプロジェクトに Qsys 設計結果を登録する

Qsys を終了すると，生成した 2 種類のファイルを Quartus Prime のプロジェクトへ登録するように指示が出ます［図 15(a)］．

一つは，.qip ファイル（ここでは QSYS_CORE.qip）で，Qsys が生成した IP（Nios II システム全体）の情報を含み，論理合成を含む FPGA のコンパイルに使用されるものです．

もう一つが .sip（ここでは QSYS_CORE.sip）で，Nativelink と呼ばれる各種 EDA（Electric Design Automation）ツールと Quartus Prime の間を連携させるための情報です．図 15(b)〜(e) の操作手順でファイルを追加してください．

● Qsys が生成した Nios II システムの RTL

このあと，FPGA の最上位階層の RTL を作成しますが，その前に，Qsys が生成した Nios II システムの RTL（モジュール名：QSYS_CORE）を確認しておきましょう．モジュール定義部分をリスト 1(a) に，上位階層でのインスタンス化のためのひな型をリスト 1(b) に示します．

ここで作成した QSYS_CORE は，入力信号としてクロックとリセット，入出力信号としてパラレル I/O ポートだけを持ちます．

● FPGA の最上位階層を作成してコンパイル

作成した Nios II システムを包み込む FPGA の最上位階層の RTL を作成しましょう．図 16(a)〜(i) に示す手順で作業してください．MAX10-FB 基板から入力される 48MHz クロックから 50MHz の内部クロックを生成する PLL も作成します．

最上位階層の Verilog RTL 記述をリスト 2 に示します．PLL やパワー ON リセット回路は前の章で作成した PROJ_COLORLED2 で使ったものと同様です．Nios II システム（モジュール名 QSYS_CORE）のインスタンス化はリスト 1(b) を参考にして記述し，最上位階層の各信号を接続します．

最上位の FPGA の外部信号は，48MHz クロック入力と 8 ビットのパラレル I/O ポート gpio[7:0] だけです．

MAX10-FB 基板上のスイッチ SW1 は gpio[7] に接続します．スイッチが ON のとき "L" レベルが入力されます．

MAX10-FB 基板上のフル・カラー LED1 については，赤を gpio[0] に，緑を gpio[1] に，青を gpio[2] にそれぞれ接続します．各色は "L" レベル出力で点灯します．

リスト1 Qsys が生成した Nios II システムの RTL
モジュール名は QSYS_CORE．

```
module QSYS_CORE
(
    clk_clk,
    reset_reset_n,
    pio_0_external_connection_export
);

input    clk_clk;
input    reset_reset_n;
inout    [7:0] pio_0_external_connection_export;

endmodule
```

(a) QSYS_CORE 本体のモジュール定義：QSYS_CORE_bb.v
  （...¥FPGA¥QSYS_CORE¥QSYS_CORE_bb.v）

```
QSYS_CORE u0
(
    .clk_clk                          (<connected-to-clk_clk>),
    .reset_reset_n                    (<connected-to-reset_reset_n>),
    .pio_0_external_connection_export (<connected-to-pio_0_external_connection_export>)
);
```

(b) QSYS_CORE のインスタンス化のひな型：QSYS_CORE_inst.v
   （...¥FPGA¥QSYS_CORE¥QSYS_CORE_inst.v）

（a）設計結果をQuartus Primeのプロジェクトに追加するように指示が表示

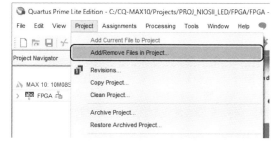

（b）メニュー「Project」→「Add/Remove Files in Project...」を選択

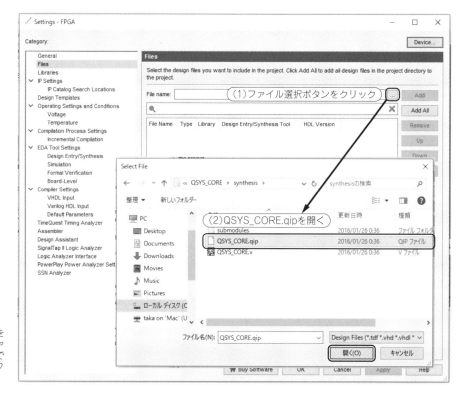

（c）ファイル選択ボタンをクリックして該当ファイルを選択．この例ではQSYS_CORE.qipファイルを選択

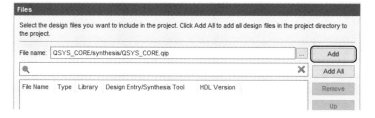

（d）「Add」ボタンをクリック

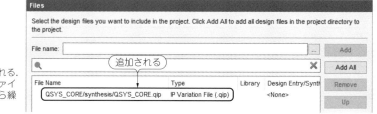

（e）選択したファイルが追加される．さらにQSYS_CORE.sipファイルを選択するために（c）から繰り返す

図15　Quartus PrimeプロジェクトにQsys設計結果を登録

リスト2　FPGAの最上位階層RTL(FPGA.v)

```verilog
`ifdef SIMULATION
    `define POR_MAX 16'h000f // period of power on reset
`else // Real FPGA
    `define POR_MAX 16'hffff // period of power on reset
`endif

//---------------------
// Top of the FPGA
//---------------------
module FPGA
(
    input wire clk48,
    inout wire [7:0] gpio
);

//-------------
// PLL
//-------------
wire clk;       // Clock for System
//
PLL uPLL
(
    .inclk0 (clk48),
    .c0 (clk)
);

//--------------------------
// Internal Power on Reset
//--------------------------
wire res_n;             // Internal Reset Signal
reg por_n;              // should be power-up level = Low
reg [15:0] por_count;   // should be power-up level = Low
//
always @(posedge clk48)
begin
    if (por_count != `POR_MAX)
    begin
        por_n <= 1'b0;
        por_count <= por_count + 16'h0001;
    end
    else
    begin
        por_n <= 1'b1;
        por_count <= por_count;
    end
end
//
assign res_n = por_n;

//--------------
// QSYS_CORE
//--------------
QSYS_CORE uQSYS_CORE
(
    .clk_clk                        (clk),
    .reset_reset_n                  (res_n),
    .pio_0_external_connection_export (gpio)
);
endmodule
```

モジュール定義の開始
- FPGAトップ階層のモジュール名：FPGA
- 入出力信号：
  - clk48：MAX10-FB基板上の48MHz発振器のクロック入力
  - gpio[7:0]：I/Oポート
    - gpio[7]：MAX10-FB基板のスイッチSW1
    - gpio[2:0]：MAX10-FB基板のLED1

PLLモジュール（出力クロックclkは50MHz）

パワーONリセット回路

Nios IIシステム

モジュール定義の終了

● 外部端子でプル・アップ抵抗(Weak Pull-Up)を有効に

gpio[3]～gpio[6]の4本はMAX10-FB基板上でオープンになるのでFPGAの入力バッファ部分にプル・アップ抵抗が必要です．ここでは外部端子への信号アサイン時に，gpio[7:0]の8本全部に対してプル・アップ抵抗(Weak Pull-Up)を有効にしておきます．

● FPGAをコンフィグレーションしておく

このあと，Nios II EDSでソフトウェアを作成し，Nios IIシステム内のSRAMにプログラムをダウンロードしてデバッグします．ここでFPGAをコンフィグレーションしておきましょう．

MAX10-FB基板とMAX-JB基板を合体して，USBケーブルでPCに接続し，図16(j)のように，ここでは.sofファイルを使ってJTAGコンフィグレーションだけしておきます．FLASH(CFM)への書き込みはまだ行いません．

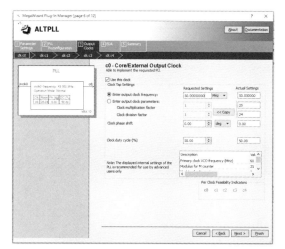

(a) 48MHz入力，50MHz出力のALTPLLを作成（PROJ_COLORLED2と同じ．モジュール名はPLL）

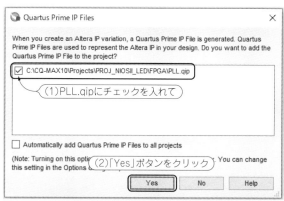

(b) PLL.qipをプロジェクトに追加

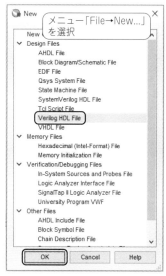

(c) 最上位階層のVerilog HDLを新規作成

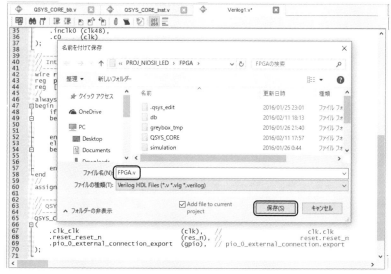

(d) リスト2に従ってFPGAの最上位階層を編集
ディレクトリFPGAの下に，ファイル名FPGA.vとしてセーブする

(e) Analysis & Synthesisまで実行

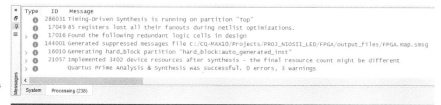

(f) Analysis & Synthesisでエラーがないことを確認

図16 Nios IIシステム用のFPGA最上位階層を設計してコンパイル

(g) FPGA.v内のパワーONリセット回路の初期化ノードを指定（PROJ_COLORLED2と同じ）

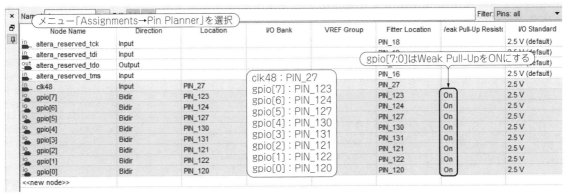

(h) FPGAの外部端子に信号をアサイン

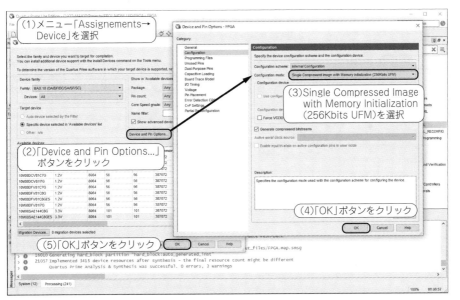

(i) Configuration Modeを「Single Compressed Image with Memory Initialization(256Kbits UFM)」に設定

(j) FPGAをフル・コンパイル

(k) MAX10-FB基板とMAX10-JB基板をPCに接続し，Programmerを使って，FPGA¥output_files¥FPGA.sofでMAX 10をコンフィグレーションする

（a）Nios II EDSを起動

（b）ワークスペース選択画面

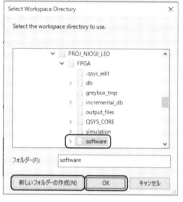

（c）PROJ_NIOSII_LED¥FPGAの下にsoftwareフォルダを作成

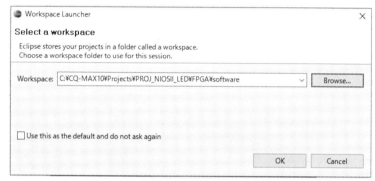

（d）作成したsoftwareをワークスペースに指定して「OK」ボタンをクリック

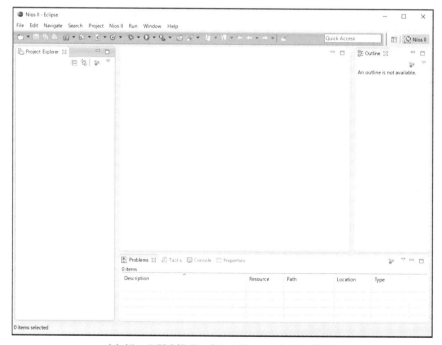

（e）Nios II EDS(Eclipse)のメイン・ウィンドウが開く

図17　Nios II EDSのワークスペースを作成
ワークスペース（ディレクトリ）名はsoftwareとする．

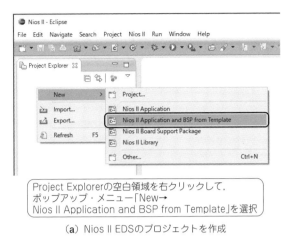

(a) Nios II EDSのプロジェクトを作成

(b) Qsysの設計結果を取り込んでプロジェクトのひな型を生成

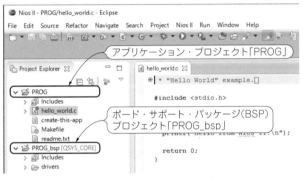

(c) プロジェクトができあがる

(d) メイン・プログラムhello_world.cのファイル名を変更

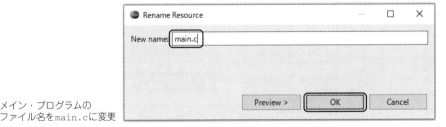

(e) メイン・プログラムのファイル名をmain.cに変更

図18 Nios II EDSのワークスペースの下にプロジェクトを作成
アプリケーション・プロジェクトPROGと，BSPプロジェクトPROG_bspを作成．

Nios II EDSでソフトウェアを作成してFPGA上のNios IIを動かす

● Nios II EDSを立ち上げ，ワークスペースを作成

Nios II EDSでソフトウェアを作成してFPGA上のNios IIシステムを動作させましょう．まず図17に示す手順でNios II EDSを立ち上げて新規ワークスペース(ディレクトリ)を作成します．

これ以降，Nios II EDSを立ち上げた時は，ここで作成したワークスペース(ディレクトリ)を指定して開いてください．

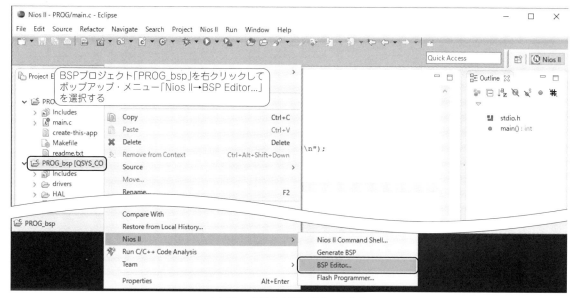

(a) Nios II EDSのBSP Editorを起動

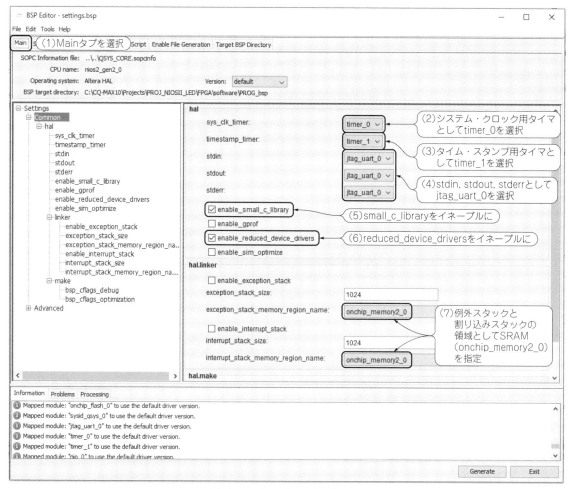

(b) BSP Editorの「Main」タブを設定

図19 BSP Editorにより，BSPプロジェクトの設定を変更して再作成

(c) BSP Editorの「Linker Script」タブを設定して，BSPプロジェクトを生成し直す

● Nios II EDSのワークスペースの下にプロジェクトを作成

前章で説明したとおり，Nios II EDSで開発するソフトウェアは，アプリケーション・プロジェクトとBSP(Board Support Package)プロジェクトの二つから構成されます．ここで，この二つのプロジェクトを作成します．

図18に示す手順で作業してください．BSPプロジェクト内のライブラリ・ルーチン類は，Qsys設計結果を使って自動生成されます．

アプリケーション・プロジェクト内のメイン・プログラムのソース名はここでは main.c に変更しておきます．

● BSPプロジェクトの設定を変更する

各種ライブラリが含まれるBSPプロジェクトについて，その設定の一部を変更して再作成します．

図19に示す手順で作業してください．まず，BSP Editorを立ち上げます．

システム・クロック用のタイマを timer_0 に，タイム・スタンプ用のタイマを timer_1 に，標準I/Oコンソール(stdin, stdout, stderr)用のシリアル・ポートを jtag_uart_0 に設定します．

ソフトウェア・ライブラリを最低限の機能にしてサイズが小さくなるように指定し，例外スタック領域と割り込みスタック領域をSRAM(onchip_memory2_0)内に設定します．

ソフトウェアをビルドするときのリンカ設定として，全てのセクションをSRAM(onchip_memory2_0)にしておきます．この設定でソフトウェアを動作させる際は，Nios II EDSのデバッガからSRAMに実行バイナリをダウンロードする必要があります．

●アプリケーション・プロジェクトのソース・プログラムを編集して，全体をビルド

アプリケーション・プロジェクトのソース・プログ

(a) main.cを編集

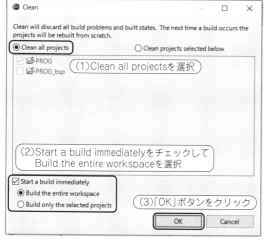

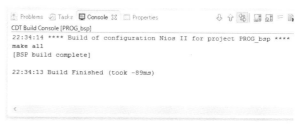

(b) Nios II EDSのメニュー「Project」→「Clean...」を選択し，ワークスペース内のプロジェクト「PROG」と「PROG_bps」をクリーンして全体をビルド

(c) エラーなく完了すればOK．エラーがあれば適宜修正する

図20 アプリケーション・プロジェクトのメイン・ルーチンを作成してビルド
main.cを編集して，ワークスペース内の二つのプロジェクトをビルドする．

ラムmain.cを編集して，ワークスペース内の二つのプロジェクトPROGとPROG_bspをビルドします．図20に示す手順で作業してください．

ここで，ソース・プログラムmain.cはリスト3に示すように編集してください．

メイン・ルーチンmain()内では，まずハードウェアの初期化としてパラレルI/Oポートの信号の向きを設定し，Nios II EDSのコンソールにメッセージをprintf()で出力して，無限ループ内で500msごと

にフル・カラーLED1の表示色を変化させます．時間待ちはBSPプロジェクト内のHALライブラリの関数usleep()を使います．スイッチSW1が押されていたら，待ち時間を100msに短くしてLED1の色変化速度を上げるようにしました．

LEDの色を変化させるときは，対応するパラレルI/Oポートの信号をいったん全て"H"レベルにセットして[IOWR_ALTERA_AVALON_PIO_SET_BITS()関数]，3色とも消灯してから，点灯したいビットを"L"

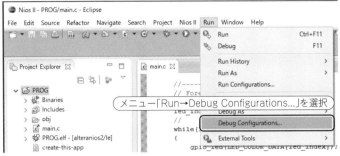
(a) デバッガの設定を開始

(b) デバッガ設定を新規作成

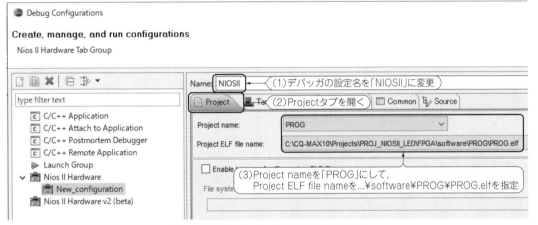
(c) デバッガのプロジェクト関係の設定を行う

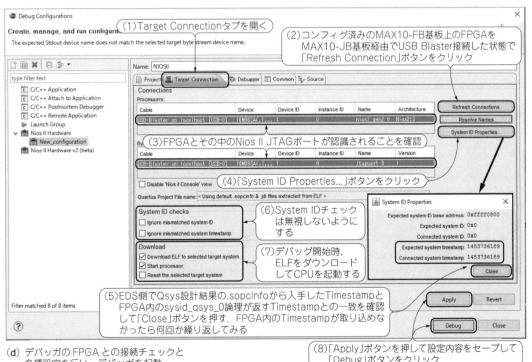
(d) デバッガのFPGAとの接続チェックと各種設定を行い，デバッガを起動

図21 Nios II EDSの実機デバッガを立ち上げ
FPGA内のシステムIDペリフェラル内のタイム・スタンプ番号がBSPプロジェクトが保持するタイム・スタンプと一致していることを必ず確認すること．

Nios II EDSでソフトウェアを作成してFPGA上のNios IIを動かす **205**

リスト3 メイン・ルーチン main.c

```
#include <stdio.h>
#include <stdint.h>
#include "system.h"
#include "sys/alt_sys_wrappers.h"
#include "altera_avalon_pio_regs.h"

//---------------------
// Define LED Colors
//---------------------
#define MAX_LED_COLORS 8
#define RED 0x1
#define GRN 0x2
#define BLU 0x4
#define MAG (RED | BLU)
#define YEL (RED | GRN)
#define CYN (GRN | BLU)
#define WHT (RED | GRN | BLU)
#define BLK (RED & GRN & BLU)
const uint32_t LED_COLOR_DATA[]
 = { BLK , RED , GRN , BLU , YEL , CYN , MAG , WHT };
const uint8_t LED_COLOR_NAME[8][4]
 = {"BLK", "RED", "GRN", "BLU", "YEL", "CYN", "MAG", "WHT"};        }──定数定義

//=====================
// GPIO Initialization
//=====================
void gpio_init(void)
{
    // GPIO[7 ]=Input, sw_n
    // GPIO[6:3]=Input, unused
    // GPIO[2:0]=Output, LED[2:0]={BLU, GRN, RED}
    IOWR_ALTERA_AVALON_PIO_DIRECTION(PIO_0_BASE, 0x07);               }──GPIOの入出力方向の初期化
}

//================
// GPIO LED Output
//================
void gpio_led(uint32_t led)
{
    // All LED Off (put high level to LED OFF)
    IOWR_ALTERA_AVALON_PIO_SET_BITS(PIO_0_BASE, 0x07);
    // LED On (put low level to LED ON)                               }──フル・カラーLED1の点灯
    IOWR_ALTERA_AVALON_PIO_CLEAR_BITS(PIO_0_BASE, led & 0x07);           (引数ledの各ビットが1で点灯)
}

//==================
// GPIO Switch Input
//==================
uint32_t gpio_switch(void)
```

レベルにクリアしています[IOWR_ALTERA_AVALON_PIO_CLEAR_BITS()関数].

● Nios II EDSの実機デバッガを立ち上げる

Nios II EDSの実機デバッガを立ち上げます．MAX 10はJTAGコンフィグレーションして電源を印加したままの状態になっていますね．図21の手順で作業してください．

● タイム・スタンプの一致確認が重要

ここでのポイントは，デバッガがFPGA内のNios IIシステムのJTAGデバッグ・ポートを認識することと，FPGA内のシステムIDペリフェラル内のタイム・スタンプがBSPプロジェクトが保持するタイム・スタンプと一致していることの確認です．

タイム・スタンプに不一致があると，ハードウェアとソフトウェアの一貫性が取れていないことになり，バグを生む原因になるので注意してください．

Qsysを編集し直したら，必ずBSP Editor経由でBSPプロジェクトを更新する癖を付けてください．

● デバッガを操作してアプリケーション・プログラムを動作させる

デバッガが起動すると，Nios IIシステム内のSRAMにプログラムが自動的にダウンロードされ，メイン・ルーチンの最初のステートメントの直前でブレークして停止します．

図22のようにデバッガを操作して，アプリケーションを動かしてみてください．「Run」ボタンをクリックすると，デバッガ画面のコンソールにprintf()によるメッセージが表示され，フル・カラーLED1の色が変化することが確認できると思い

```
{
    uint32_t sw;
    sw = IORD_ALTERA_AVALON_PIO_DATA(PIO_0_BASE);
    sw = (~(sw >> 7)) & 0x01;
    return sw;
}

//======================================
// Main Routine
//======================================
int main(void)       ← メイン・ルーチン
{
    uint32_t led_index;
    //----------------------
    // Initialize Hardware
    //----------------------
    gpio_init();     ← GPIO初期化

    //----------------
    // Print Message
    //----------------
    printf("Welcome to CQ-MAX10¥n");
    printf("Start MAIN_LED¥n");

    //----------------
    // Forever Loop
    //----------------
    led_index = 0;
    //
    while(1)    ← 無限ループ
    {
        gpio_led(LED_COLOR_DATA[led_index]);
        led_index = (led_index + 1) % MAX_LED_COLORS;
        //
        if (gpio_switch()) // switch ON
        {
            usleep(100000); // wait 100ms
        }
        else // switch OFF
        {
            usleep(500000); // wait 500ms
        }
    }

    //------------------
    // End of Program
    //------------------
    return 0;
}
```

スイッチSW1入力（ONで返り値が1）

Nios Ⅱ EDSのコンソールに
メッセージ出力（JTAG UART使用）

500msごとにLED1の表示色を
変化させる．スイッチSW1が
ONなら，変化の間隔を100ms
に高速化する

ます．スイッチSW1を押すと，色変化が速まることも確認してください．ソース・プログラムの途中にブレーク・ポイントを設定して，ローカル変数が変化することも確認してみてください．

最後に「Terminate」ボタンを押して，デバッガを終了させます．

ModelSim-Altera Starter Editon で Nios Ⅱ システムを論理シミュレーション

● Nios Ⅱ システムのハードとソフトを統合した論理シミュレーション

ここまででFPGAの実機上でNios Ⅱ システムが動作して，無事LEDがチカチカすることを確認できました．もう少し複雑なシステムの場合，実機デバッグの前に機能検証したり，デバッグ時の問題の解析のため，Nios Ⅱ システム全体を論理シミュレーションする必要が生じることがあります．

ここでは，Qsysで設計したNios Ⅱ システムのハードウェアと，Nios Ⅱ EDSで開発したソフトウェアを統合した論理シミュレーションの方法を説明します．

ソフトウェア開発環境のNios Ⅱ EDSからModelSim-Altera Starter Editon（ModelSim-ASE）を起動して，Qsysが生成したNios Ⅱ システムを論理シミュレーションします．論理シミュレーションの対象は，FPGAの最上位階層ではなく，Nios Ⅱ システム本体（QSYS_CORE）の階層になります．Qsysに，QSYS_COREを包むテストベンチを生成させて論理シミュレーションします．

Nios Ⅱ システムの論理シミュレーションだけなので，Quartus PrimeでのFPGAコンフィグレーションは不要です．

Column 1　BSPプロジェクト内のライブラリ

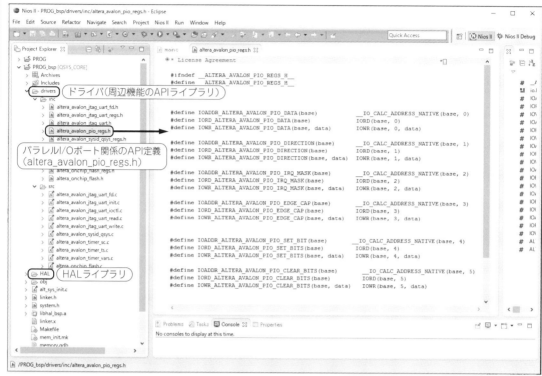

図A　BSPプロジェクト内のライブラリ

表A　BSPプロジェクト内のライブラリの一例
パラレルI/Oポートのレジスタのリード・ライト用のマクロ定義のbaseには，対象モジュールのベース・アドレスを指定する．このベース・アドレスはBSPプロジェクト内のsystem.hで定義されており，例えばpio_0のベース・アドレスはPIO_0_BASEである．リード用マクロの左辺の変数(rdata)にはリード値が入る．ライト用マクロのwdataにはライト・データを指定する．ソフトウェア・ウェイト用の関数usleep()はHALライブラリ内で定義されている．

分類	定義	機能	C言語の記述
PIOアクセス用マクロ	PROG_bsp/drivers/inc/altera_avalon_pio_regs.h	データ・レジスタのアクセス	rdata=IORD_ALTERA_AVALON_PIO_DATA(base)
			IOWR_ALTERA_AVALON_PIO_DATA(base, wdata)
		ディレクション・レジスタのアクセス	rdata=IORD_ALTERA_AVALON_PIO_DIRECTION(base)
			IOWR_ALTERA_AVALON_PIO_DIRECTION(base, wdata)
		割り込みマスク・レジスタのアクセス	rdata=IORD_ALTERA_AVALON_PIO_IRQ_MASK(base)
			IOWR_ALTERA_AVALON_PIO_IRQ_MASK(base, wdata)
		エッジ・キャプチャ・レジスタのアクセス	rdata=IORD_ALTERA_AVALON_PIO_EDGE_CAP(base)
			IOWR_ALTERA_AVALON_PIO_EDGE_CAP(base, wdata)
		出力セット・レジスタのアクセス	rdata=IORD_ALTERA_AVALON_PIO_SET_BITS(base)
			IOWR_ALTERA_AVALON_PIO_SET_BITS(base, wdata)
		出力クリア・レジスタのアクセス	rdata=IORD_ALTERA_AVALON_PIO_CLEAR_BITS(base)
			IOWR_ALTERA_AVALON_PIO_CLEAR_BITS(base, wdata)
ソフトウェア・ウェイト用関数	PROG_bsp/HAL/inc/sys/alt_sys_wrappers.h	時間待ち	usleep(useconds_t us);

Nios II EDS で Qsys 設計結果から生成した BSP プロジェクトの中をのぞいてみてください．図 A のように，「drivers」の下に設計した Nios II システムの周辺機能に対応する API ライブラリが，また「HAL」の下にシステム関数関係のライブラリが格納されています．

例えば表 A に示すように，パラレル I/O ポートのレジスタ・アクセス用マクロは，altera_avalon_pio_regs.h の中で定義されています．これらを使って，C 言語から パラレル I/O ポートのレジスタをアクセスできます．ソフトウェア・ウェイト関数 usleep() も HAL 内で定義されています．

各ライブラリの C 言語からの扱い方の詳細は，実際の各 API ルーチンと下記参考文献を対比しながら習得してください．

◆ 参考文献 ◆

(1) Nios II Gen2 コアのソフトウェア開発関連ドキュメント：Nios II Gen2 Software Developer's Handbook, NII5V2Gen2, 2015.05.14, Altera Corporation.
(2) Altera から提供されている周辺機能 IP の詳細仕様：Embedded Peripherals IP User Guide, UG-01085, 2015.06.12, Altera Corporation.

※参考文献は，https://documentation.altera.com から検索できる．

説　明
PIO 入力端子レベルのリード （出力端子は不定値が読める）
PIO の出力端子レベルの変更
PIO ディレクション・レジスタのリード
PIO の対応ビットに 1 ライトで出力方向
PIO 割り込みマスク・レジスタのリード
PIO の対応ビットに 1 ライトでイネーブル
PIO エッジ・キャプチャ・レジスタのリード
PIO の対応ビットに 1 ライトでエッジ・クリア
PIO 出力セット・レジスタのリード
PIO の対応ビットに 1 ライトで出力セット
PIO 出力クリア・レジスタのリード
PIO の対応ビットに 1 ライトで出力クリア
us で指定した時間 [μs] だけウェイト（論理シミュレーション用ライブラリを指定した場合は，ウェイトせずに戻る）

● Qsys での論理シミュレーションのための準備

まず，Qsys が生成する HDL コードを論理シミュレーション用に少し変更し，テストベンチを生成させます．

図 23 の手順で作業してください．論理シミュレーション起動時に，Nios II システム内の SRAM（onchip_memory2_0）の内容を Nios II EDS で作成したプログラム・コードで初期化する設定を行う点に注意してください．

● Nios II EDS での論理シミュレーションのための準備

Nios II EDS で作成するソフトウェアも論理シミュレーション用に修正します．BSP プロジェクトのライブラリとして論理シミュレーション用のものを使います．時間がかかる処理をスキップして論理シミュレーションの時間を短縮するためです．

図 24 に示す手順に従って，BSP プロジェクトの設定を変更して，ワークスペース全体をビルドし直してください．

● Nios II EDS 内から ModelSim を起動する

ビルド結果にエラーがなければ，Nios II EDS のメニューから ModelSim-ASE を起動します．図 25(a) に示すように ModelSim-ASE が起動して，自動生成したスクリプトが実行され，Qsys が生成したテストベンチと FPGA 内の各 Verilog HDL 記述がコンパイルされ，論理シミュレータが起動してコマンド待ちになります．

ここで，「…/INIT_FILE not found…」のようなメッセージが出ていたら，SRAM 内がプログラム・コードとデータによって初期化されていません．Qsys 設定内の SRAM（onchip_memory2_0）の初期化設定ができているか確認して，必要あれば修正してください（図 23）．このメッセージが出たまま論理シミュレーションを走らせると，SRAM からフェッチする命令が不定値になるので，テストベンチに記述された判定機能によりシミュレーションが自動的にストップしてしまいます．

● Nios II システムのテストベンチ

ここで論理シミュレーションを行うシステムの全体構造を説明しておきます．

論理シミュレーションの最上位階層はテストベンチです．Qsys が自動的に生成したテストベンチを使います．モジュール名は QSYS_CORE_tb で，ファイルの場所は ...￥FPGA￥QSYS_CORE￥testbench￥QSYS_CORE_tb￥simulation￥QSYS_CORE_tb.v です．そのブロック図を図 26 に，RTL の概略

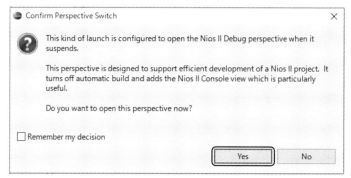

(a) デバッガ起動時のダイアログ表示
　デバッガを起動したとき，Eclipseのデバッグ・パースペクティブ画面が出ていなかったら，それを出すかどうか問われるので，「Yes」ボタンをクリックする

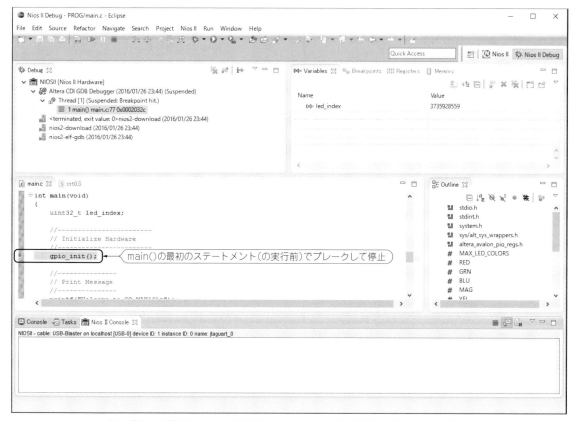

(b) デバッガが起動．main()の最初のステートメント（の実行前）でブレークされて停止

(c) 「Run」ボタンを押してプログラム実行開始
　MAX10-FB基板のLEDの点滅が開始して，デバッガの「Nios II Console」ウィンドウにprintf()メッセージが表示される

図22　Nios II EDSのデバッガを操作してアプリを動かす

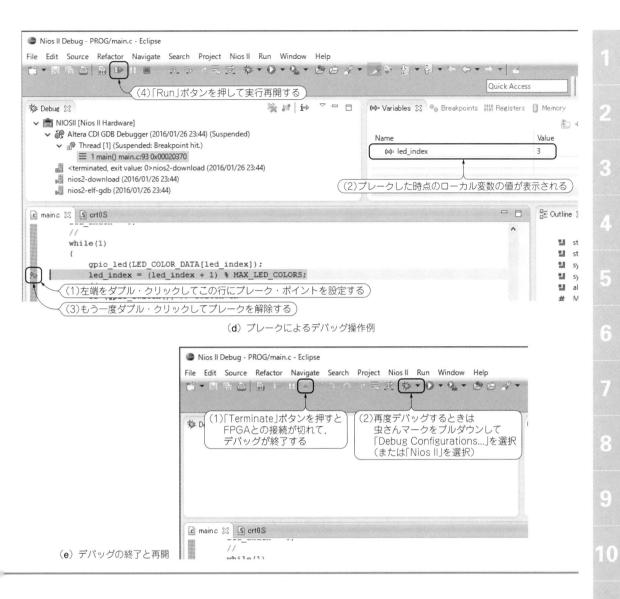

(d) ブレークによるデバッグ操作例

(e) デバッグの終了と再開

をリスト4(a)に示します.

このテストベンチの中は,機能検証対象のNios IIシステムのQSYS_COREをインスタンス化するとともに,クロック信号とリセット信号を供給するためのモデルが含まれます.

●パラレルI/Oポートの外部回路モデル：コンジットBFM

今回作成したNios IIシステムの外部信号は,クロック信号とリセット信号の他に,8ビットのパラレルI/Oポートがあります.QsysでパラレルI/Oポートを追加するときに(図10),そのポートに接続する回路モデルをテストベンチに入れる設定をしました.

その結果,Qsysが生成したテストベンチ内には,図26に示すコンジットBFMが追加されています.

コンジットBFMのモジュール名はaltera_conduit_bfmで,ファイルの場所は..¥FPGA¥QSYS_CORE¥testbench¥QSYS_CORE_tb¥simulation¥submodules¥altera_conduit_bfm.svです.コンジットBFMの拡張子は.svであり,これはSystem Verilogで記述されていますが,ModelSim-ASEはSystem Verilog混在シミュレーションに対応しているので問題ありません.

コンジットBFMのRTLの概略をリスト4(b)に示します.

●コンジットBFM内の関数の種類

コンジットBFM内部には,パラレルI/Oポートに接続される入出力信号sig_export[7:0]を制御する関

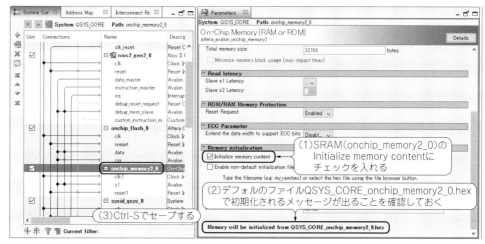

(a) Quartus PrimeからQsysを起動しQSYS_CORE.qsysを開く
SRAM(onchip_memory2_0)を初期化ありに設定してQsys設計情報をセーブする

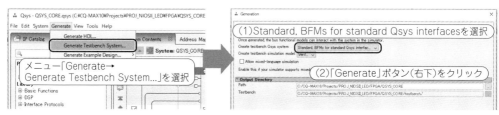

(b) テストベンチ・システムを生成

(c) エラーがないことを確認
ワーニングは出ることあり

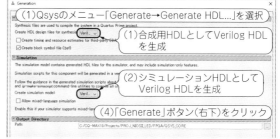

(d) 合成用とシミュレーション用のVerilog HDLを生成する

(e) エラーがないことを確認して終了

図23 Qsysの設定を変更して，Nios IIシステムの論理シミュレーションを準備
SRAMを初期化する設定を行い，テストベンチも自動生成させる．

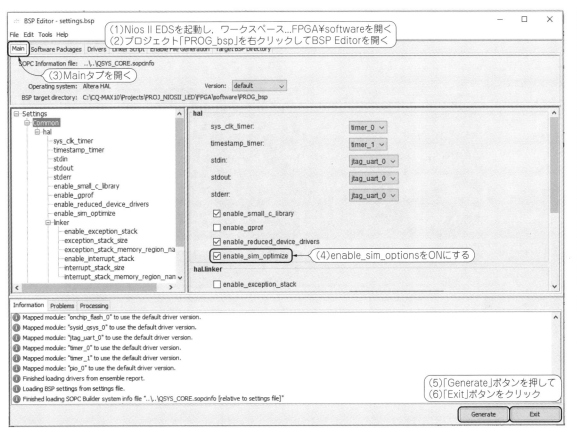

(a) Nios II EDSのBSP Editorを開きenable_sim_optionsをONにする

(b) ワークスペース内のプロジェクト「PROG」と「PROG_bps」の全体を再ビルド

(c) Nios II EDS内からModelSimを起動

図24 Nios II EDSのBSPプロジェクトの設定を変更してModelSimを起動
論理シミュレーション用のライブラリを使用する．

数が記述されています．コンジットBFMの代表的な関数は下記の3種類です．

- get_export()：入出力信号 sig_export[7:0]の入力値を返す．
- set_export()：入出力信号 sig_export[7:0]の出力値を設定する．HiZの出力も可能である．
- set_export_oe()：入出力信号 sig_export[7:0]の出力値をドライブするかどうかを設定する．全ビットともまとめて同じ設定になることに注意．

●コンジットBFM内の関数のコール方法

これらの関数は，以下のいずれかからコールしま

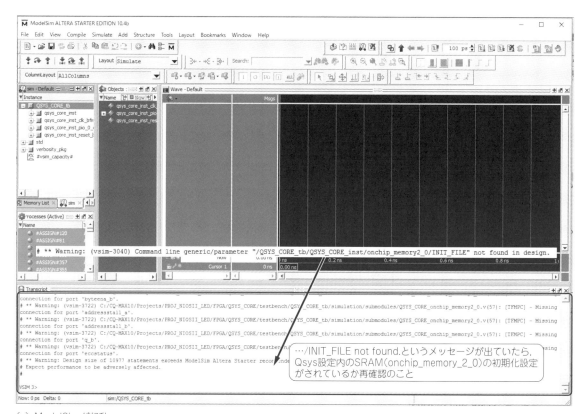

(a) ModelSim が起動
自動生成されたスクリプトが実行され，テストベンチとFPGA内の各Verilog HDL記述がコンパイルされ，論理シミュレータが起動してコマンド待ちになる

(b) お好みで波形観測する信号を登録(その1)
ここではテストベンチ階層の信号を選択する

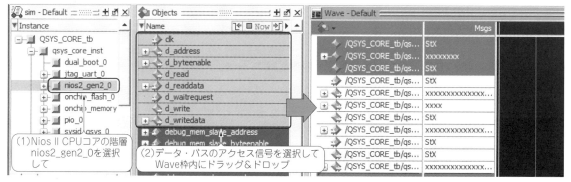

(c) お好みで波形観測する信号を登録(その2)
ここではCPUコア階層のデータ・バスのアクセス信号を選択する

図25 ModelSim-Altera Starter Editon で Nios II システムを機能検証

(d) お好みで波形観測する信号を登録(その3)
ここではCPUコア階層の命令バスのアクセス信号などを選択する

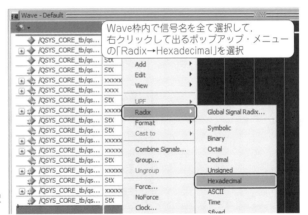

(e) お好みで波形表示の数値フォーマットを選択
ここでは全て16進数表示とする

```
add wave -position end  sim:/QSYS_CORE_tb/qsys_core_inst/nios2_gen2_0/i_address
add wave -position end  sim:/QSYS_CORE_tb/qsys_core_inst/nios2_gen2_0/i_read
add wave -position e
add wave -position e
add wave -position e
add wave -position e
add wave -position end  sim:/QSYS_CORE_tb/qsys_core_inst/nios2_gen2_0/reset_n

VSIM 20> call /QSYS_CORE_tb/qsys_core_inst/pio_0_external_connection_bfm/set_export_oe 1
VSIM 21> call /QSYS_CORE_tb/qsys_core_inst/pio_0_external_connection_bfm/set_export 8'b1zzzzzzz
VSIM 22> run 1ms
```

PIO外部端子に接続されているモデル(BFM)の入出力信号の状態を決めるコマンド.
「set_export_oe 1」はモデルの入出力信号を全て出力方向にドライブすることを指示する.
「set_expot 8'b1zzzzzzz」は最上位ビットだけ1を出力し,それ以外はHiZを出力することを指示する

シミュレーションを1msの時間だけ進ませるコマンド

(f) 入出力信号状態の設定とシミュレーション時間の指定
テストベンチ上でPIO外部端子に接続されているモデル(BFM)の入出力信号の状態をシミュレータのコマンドを入力して直接設定する.PIOのビット7にはMAX10-FB基板のスイッチが接続され,ビット2〜ビット0にはフル・カラーLEDが接続されている.ここでは,PIOのビット7に1を入力し,それ以外にはHiZを入力する.callコマンドでモデル内の関数を実行することで,PIOに接続されている信号の状態を指定できる.それが終わったら,runコマンドを入力してシミュレーションを実行する.ここでは1msの時間だけ進ませる

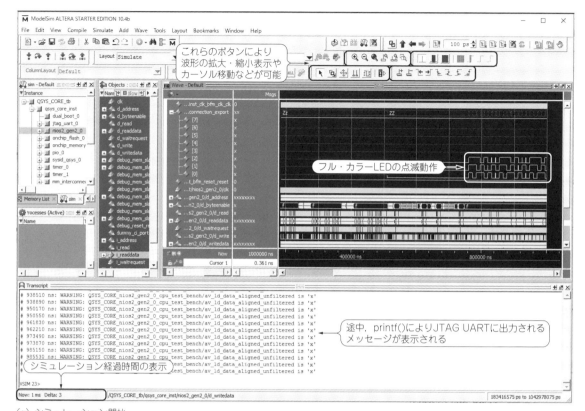

(g) シミュレーション開始

シミュレーションが終わったら，フル・カラーLEDの点滅動作(PIO出力)が見える．シミュレーション中でも，波形の拡大・縮小などをやると波形が更新される．再度「run 1ms」などと入力すれば，シミュレーションを継続できる

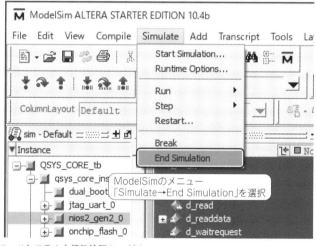

(h) シミュレーション終了

図25 ModelSim-Altera Starter EditonでNios IIシステムを機能検証(つづき)

す．
(1) ModelSim-ASE の論理シミュレータのコマンド・ラインからコールする．
(2) テストベンチ・モジュール(入出力信号なし)のファイルをもうひとつ作成し，その中で，スティミュラスを記述するようにタイミングに合わせてコンジットBFMの関数をコールする．このテストベンチは，元のテストベンチや論理記述RTLとともに一緒にコンパイルしてから論理シミュレーションを実行する．

リスト4　Nios IIシステム(QSYS_CORE)のテストベンチのRTL概略
テストベンチ本体の`QSYS_CORE_tb.v`と，コンジットBFMの`altera_conduit_bfm.sv`の概略を示す．

```
module QSYS_CORE_tb();         ← テストベンチのモジュール定義
...                              （入出力信号はなし）
                                            Qsysで設計したNios IIシステム
QSYS_CORE qsys_core_inst                   （QSYS_CORE）のインスタンス化
(
    .clk_clk    (...)
    .pio_0_external_connection_export (qsys_core_inst_pio_0_external_connection_export)
    .reset_reset_n (...)
);
...
altera_conduit_bfm qsys_core_inst_pio_0_external_connection_bfm
(                                              Nios IIシステム内PIOのコンジット
    .sig_export (qsys_core_inst_pio_0_external_connection_export)   信号用BFM（バス・ファンクション・
);                                             モデル）
...
endmodule ← モジュール定義の終了
```
(a) QSYS_COREのテストベンチ`QSYS_CORE_tb.v`
　　（...¥FPGA¥QSYS_CORE¥testbench¥QSYS_CORE_tb¥simulation¥QSYS_CORE_tb.v）

```
module altera_conduit_bfm
(                                    コンジットBFMのモジュール定義
    sig_export                       （入出力信号：sig_export）
);
inout wire [7:0] sig_export;
...
function automatic ROLE_export_t get_export();   ← 外部信号sig_exportの値を返す関数
...
function automatic void set_export(ROLE_export_t new_value); ← new_valueを外部信号sig_exportに出力する
...
                                           enable=1なら外部信号sig_exportの向きを出力に．
function automatic void set_export_oe(bit enable);  enable=0なら外部信号sig_exportの向きを入力に設定
...
endmodule ← モジュール定義の終了
```
(b) コンジットBFM `altera_conduit_bfm.sv`
　　（...¥FPGA¥QSYS_CORE¥testbench¥QSYS_CORE_tb¥simulation¥submodules¥altera_conduit_bfm.sv）

　コンジットBFM内の関数をコールする際の関数名の記述方法は，最上位のテストベンチ階層名からスラッシュ(/)で区切りながら各論理階層のインスタンス名を並べて最後に対象の関数名と引数の値を記述します．

　以下の操作例の中で，ModelSimのコマンド・ラインからコンジットBFMの関数をコールする方法を説明します．

● ModelSim-ASEによるNios IIシステムの論理シミュレーション

　実際に，Nios IIシステムを論理シミュレーションしてみましょう．まず，**図25(b)～(e)**の手順で観測する波形を登録してください．

●コンジットBFMの関数をコールして，パラレルI/Oポートのビット7を"H"レベルに固定

　このまま論理シミュレーションを走らせると，MAX10-FB基板上のスイッチSW1が接続されているパラレルI/Oポートのビット7がHiZ(不定値入力)のままになるので，コンジットBFMの関数をコールして，"H"レベルに固定しましょう．**図25(f)**に示すように，ModelSimのTranscriptウィンドウ内のコマンド入力画面で以下のように入力します．

```
VSIM_xx > call /QSYS_CORE_tb/
qsys_core_inst_pio_0_external_
connection_bfm/set_export_oe 1
VSIM_xx > call /QSYS_CORE_tb/
qsys_core_inst_pio_0_external_
```

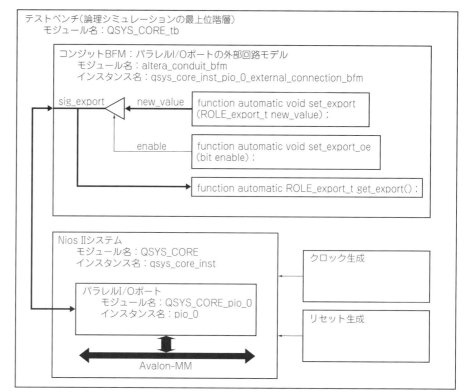

図26
Nios IIシステム(QSYS_CORE)のテストベンチ QSYS_CORE_tb
Nios IIシステム(QSYS_CORE)の周りには，クロック信号とリセット信号生成記述に加えて，パラレルI/Oポートに接続されるコンジットBFMが接続されている．

```
connection_bfm/set_export
1'b1zzzzzzz
```

1行目のcallコマンドにより，コンジットBFMの外部信号をドライブ方向に設定します．2行目のcallコマンドにより，その信号の最上位ビットだけ"H"レベルにし，他のビットはHiZに設定します．パラレルI/Oポートの下位3ビットはLEDへの出力信号になるので，コンジットBFMから固定信号を入力すると衝突してしまうのでHiZを入力しています．

● Simulations are Go!（サンダーバード風に）

いよいよ論理シミュレーションを実行しましょう．図25(g)と(h)に示すように操作してみてください．

Nios II EDSでシミュレーション用のライブラリをリンクしたので，論理シミュレーション上でプログラムが走る間にModelSimのTranscriptウィンドウ内のメッセージに，`printf()`で出力した文字列が表示されます．その後，しばらくすると，フル・カラーLEDの色変化に対応するパラレルI/Oポートの出力値gpio[2:0]の変化が波形で観測できるでしょう．シミュレーション用のライブラリを使っているので，`usleep()`は待ち時間なく実行され，LED信号のトグルは高速です．

●テストベンチ上のBFMは他にもいろいろある

ここでは，テストベンチ上の信号の単純な入出力を行うモデルとしてコンジットBFMを使いました．BFMには，これ以外にSDRAMインターフェースに接続するためのSDRAMモデルや，Avalon-MMインターフェース(バス)に接続するマスタ・モジュールやスレーブ・モジュールになるモデルもあります．機能検証の対象に合わせてさまざまなBFMを使いこなすことは重要です．各種BFMの詳細は参考文献(1)を参照してください．

Nios IIシステムをMAX 10のFLASHメモリに固定化

● Nios IIシステム全体をMAX 10のFLASHメモリに固定化しよう

ここまでで，FPGAをJTAGコンフィグレーションして，Nios IIシステムのプログラムをSRAMにロードすることで実機で動作することは確認しました．その動作を論理シミュレーションして確認することもできました．しかし，このFPGAは電源を遮断すると内容が消えてしまいます．

本章の最後に，フル・カラーLEDチカチカ用Nios IIシステムをハードウェアとソフトウェアを含めて

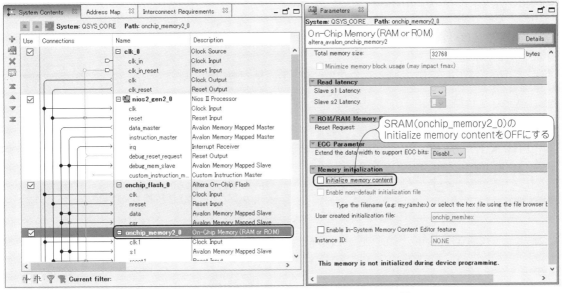

(a) Quartus PrimeからQsysを起動しQSYS_CORE.qsysを開く
SRAM(onchip_memory2_0)を初期化なしに設定する

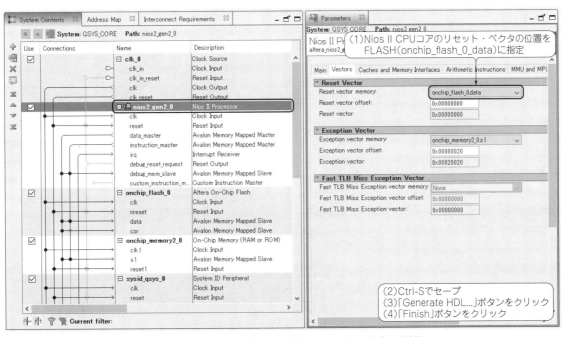

(b) リセット・ベクタを設定し合成用Verilog HDLを生成して終了

(c) Quartus Prime上でFPGAを
フル・コンパイル

図27 FLASHメモリ用にQsysを変更してFPGAをフル・コンパイル

Nios IIシステムをMAX 10のFLASHメモリに固定化 **219**

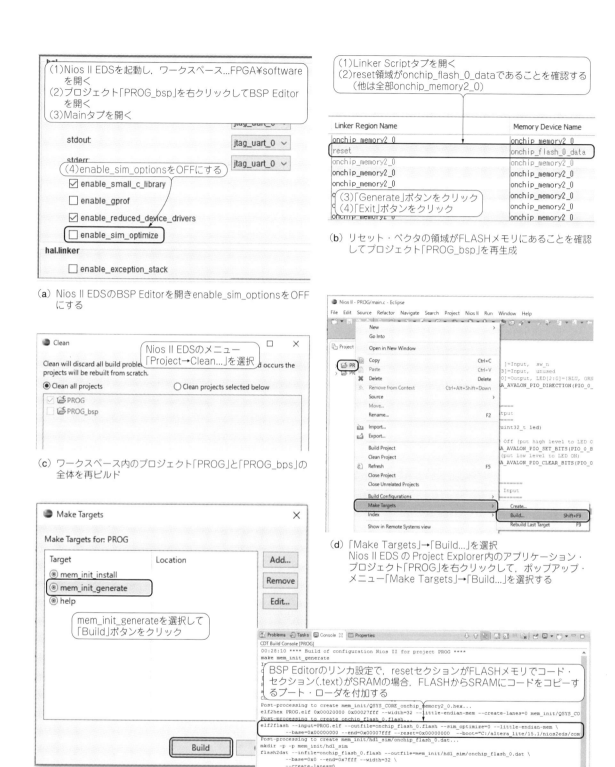

図28 Nios II EDSのソフトウェアをFLASHメモリ用にビルド

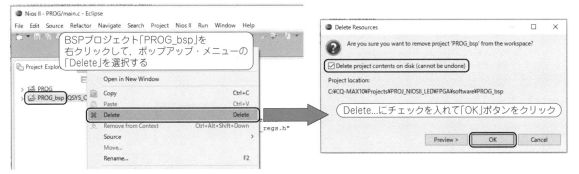

(a) BSPプロジェクト「PROG_bsp」とその内容を全て削除

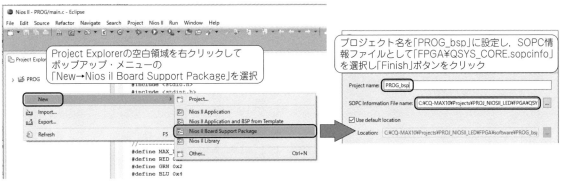

(b) BSPプロジェクト「PROG_bsp」を新規に作成し直し

(c) BSPプロジェクト「PROG_bsp」を右クリックしてBSP Editorを開き，再設定して図28(c)に戻る

図29 BSPプロジェクトの再作成方法

MAX 10のFLASHメモリに固定化しましょう．

● FLASHメモリ用にQsysを変更してFPGAをフル・コンパイル

FLASHメモリにNios IIシステムを固定化するには，まず図27に示す手順でQsysの設定を変更してFPGAをフル・コンパイルしてください．ここでは，論理シミュレーション用に指定したSRAMの初期化設定をOFFにし，Nios IIコアのリセット・ベクタの位置をFLASHメモリのUFM(onchip_flash_0_data)上に設定します．

● Nios II EDSのソフトウェアをFLASHメモリ用にビルドし直す

次に，Nios II EDSのソフトウェアをFLASHメモリ用にビルドし直します．図28の手順で作業してください．リンクするライブラリは論理シミュレーション用にしないでください．

図28(d)〜(e)の工程で，リセット直後にUFMからSRAMにプログラム領域とデータ領域をコピーするブート・プログラムをマージさせます．このマージ作業でエラーの出ることがありますが，そのときは，図29のように再度BSPプロジェクトを作成し直してください．

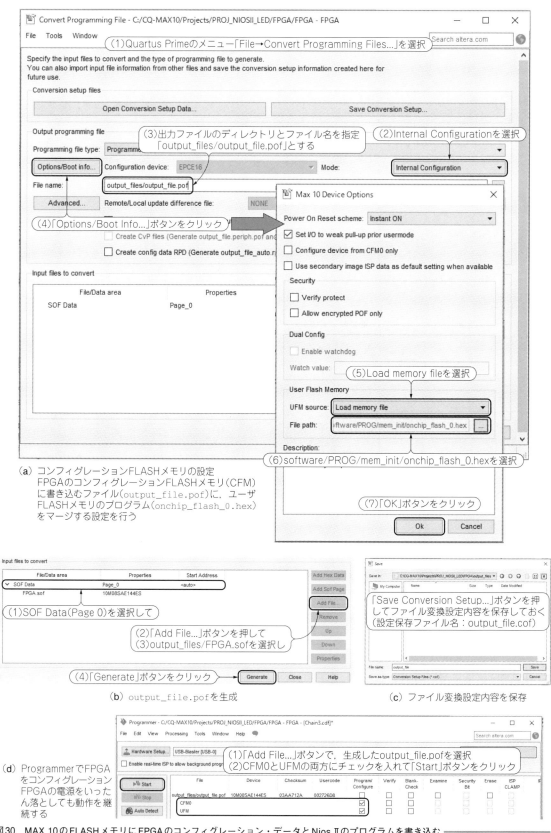

図30 MAX 10のFLASHメモリにFPGAのコンフィグレーション・データとNios Ⅱのプログラムを書き込む

● MAX 10のFLASHメモリにFPGAのコンフィグレーション・データとNios IIのプログラムを書き込む

まず，CFMへのコンフィグレーション・ファイルにUFMへのプログラム・データを合体します．その後，その合体したファイルをProgrammerを使ってMAX 10のCFMとUFMに書き込みます．図30に示した手順で作業してください．

これで，このFPGAは電源をいったん切っても，LEDチカチカ動作を継続します．お疲れ様でした！

◆ 参考文献 ◆

(1) コンジットBFMなど，テストベンチ用各種モデルの使い方：Avalon Verification IP Suite User Guide, UG-01073, v3.2, May 2013, Altera Corporation.
(2) ModelSimのコマンド・ラインに入力するcallなどの各種コマンドの仕様：ModelSim Command Reference Manual, Software Version 10.4b, 2015, Mentor Graphics Corporation.

Column 2　オン・チップ・デバッガからリセットする

● Nios IIシステム自身をオン・チップ・デバッガからリセット

Nios IIの統合化開発環境Nios II EDSのデバッグ機能から，Nios IIのオンチップ・デバッガを介してNios IIシステム(QSYS_CORE)自身をリセットするには，図Bのように，CPUデバッガからのリセット出力debug_reset_requestを，各モジュールのリセット入力に接続してください．QSYS_CORE外部からのリセット入力で生成されるclk_0のclk_reset出力も，各モジュールに接続しておきます．

● オン・チップ・デバッガからFPGA全体をリセット

オン・チップ・デバッガからNios IIシステム(QSYS_CORE)外のFPGA内論理をリセットするには，CPUデバッガからのリセット出力debug_reset_requestを外部に引き出してください(exportする)．その引き出した信号を外部のリセット信号とORして，FPGA内論理のリセット入力に接続するとともに，QSYS_COREのリセットに入力してください．

図B　Nios IIシステム自身(QSYS_CORE)をオン・チップ・デバッガからリセットする

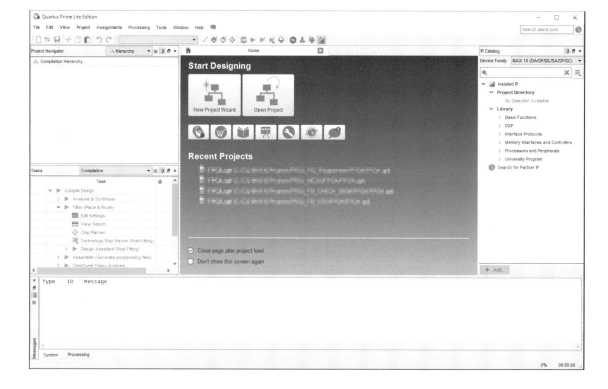

第13章 Nios IIシステムで割り込みを使う方法をマスタしよう

Nios IIシステムで割り込み

本書付属DVD-ROM収録関連データ		
格納フォルダ	内容	備考
CQ-MAX10¥Projects¥PROJ_NIOSII_INT	Nios IIの割り込みによるフル・カラーLED点滅動作のプロジェクト一式（Quartus Prime用，Nios II EDS用）	本章では，このプロジェクトを読者が前章のPROJ_NIOSII_LEDをベースにして作成していく方法を説明する．参考用として提供する．本章で説明する手順が全て終わった状態のプロジェクトを格納してある．

●はじめに

本章では Nios II システムにおける割り込みの使い方をマスタしましょう．組み込みマイコンで割り込みは頻繁に使うものですが，いざ使おうとしたときに，C言語での記述方法などでちょっと迷うことがあります．そのあたりの不安は早い段階で払拭しておきましょう．

ここでは，Nios II システム内に，周期的に割り込み要求を発生するインターバル・タイマを新規に追加して，その割り込みハンドラ内でLEDの色を変えていくプログラムを作成してみます．

Nios II システムにインターバル・タイマを追加

●前章で作成したプロジェクトを複製して新規プロジェクトを作成

前章で作成したプロジェクトをリユースしましょう．前章の最後の状態，すなわち，FLASHメモリへのコンフィグレーション・データとプログラムの固定化ができた状態のプロジェクトをベースにしてください．

図1に示すように，プロジェクトが含まれるディレクトリ PROJ_NIOSII_LED を丸ごと複製して新規ディレクトリ PROJ_NIOSII_INT を作成してください．

● Quartus Prime でプロジェクトを開く

Quartus Prime で複製したプロジェクト PROJ_NIOSII_INT¥FPGA¥FPGA.qpf を開きます．

● Qsys で Nios II システム内にインターバル・タイマを追加

複製したプロジェクト内の Nios II システム QSYS_CORE.qsys にはインターバル・タイマが2個入っていますが，これらはシステム・クロックとタイムスタンプ用に使っています．ここでは，ユーザ割り込み発生用のインターバル・タイマをもう一つ追加します．

図2に示すように作業してください．ここで追加

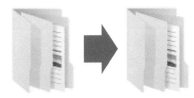

(1) フォルダ「PROJ_NIOSII_LED」を複製して，フォルダ名を「PROJ_NIOSII_INT」に変更する

(2) Quartus Primeを起動して，プロジェクト・ファイル「PROJ_NIOSII_INT¥FPGA¥FPGA.qpf」を開く

図1 Quartus Primeのプロジェクトをディレクトリ PROJ_NIOSII_INT 以下に作成
前章で作成したプロジェクトが含まれたディレクトリ PROJ_NIOSII_LED をコピーして，ディレクトリ名を PROJ_NIOSII_INT に変更する．

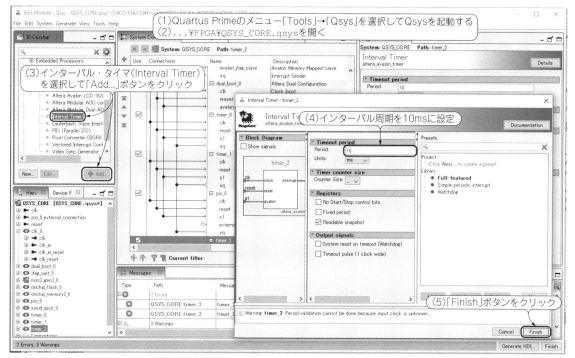

(a) インターバル・タイマの追加
QsysでQSYS_CORE.qsysを開き，インターバル・タイマtimer_2を追加する

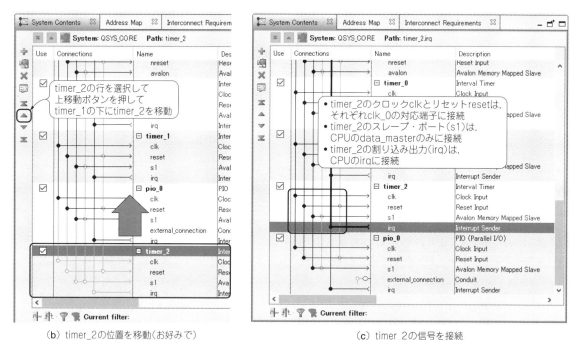

(b) timer_2の位置を移動（お好みで）　　　　　　　　　　(c) timer_2の信号を接続

図2　QsysでNios IIシステム内にインターバル・タイマを追加
10ms周期で割り込み要求を発生するインターバル・タイマtimer_2を追加する．

するインターバル・タイマには10ms周期の割り込みを出力させます．そのIRQ番号は**表1**に，インターバル・タイマのアドレスは**表2**に示したようにアサインしておいてください．

このNios IIシステムの変更では，特に入出力信号の増減がないので，FPGAのトップ階層に変更はあ

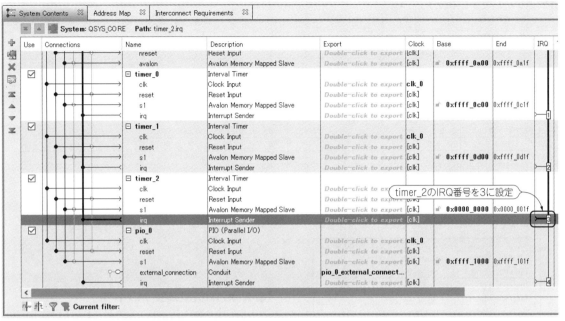

(d) timer_2のIRQ番号の設定

(e) timer_2のアドレスを設定

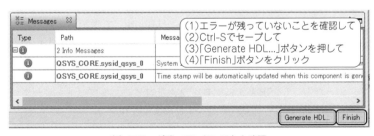

(f) エラーが残っていないことを確認
Verilog RTL記述を生成して終了

(g) Quartus Prime上でFPGAを
フル・コンパイル

りません．インターバル・タイマを追加したNios II システム QSYS_CORE ができたら，FPGA をフル・コンパイルしてください．

表2 スレーブ・モジュールのアドレス

| スレーブ・モジュール ||| CPUコア(nios2_gen2_0)から見たアドレス ||
モジュール種類	インスタンス名	スレーブ・ポート	データ・バス data_master	命令バス instruction_master
FLASHメモリ	onchip_flash_0	data	0x0000_0000～0x0000_7FFF	0x0000_0000～0x0000_7FFF
SRAM	onchip_memory2_0	s1	0x0002_0000～0x0002_7FFF	0x0002_0000～0x0002_7FFF
CPUデバッガ	nios2_gen2_0	debug_mem_slave	0xFFFF_0000～0xFFFF_07FF	0xFFFF_0000～0xFFFF_07FF
SYSID	sysid_qsys_0	control_slave	0xFFFF_0800～0xFFFF_0807	―
JTAG UART	jtag_uart_0	avalon_jtag_slave	0xFFFF_0900～0xFFFF_0907	―
DUAL BOOT	dual_boot_0	avalon	0xFFFF_0A00～0xFFFF_0A1F	―
FLASHコントロール	onchip_flash_0	csr	0xFFFF_0B00～0xFFFF_0B07	―
インターバル・タイマ	timer_0	s1	0xFFFF_0C00～0xFFFF_0C1F	―
インターバル・タイマ	timer_1	s1	0xFFFF_0D00～0xFFFF_0D1F	―
インターバル・タイマ	timer_2	s1	0xFFFF_0E00～0xFFFF_0E1F	―
パラレル・ポート	pio_0	s1	0xFFFF_1000～0xFFFF_101F	―

表1 各モジュールにアサインする割り込み(IRQ)番号

モジュール種類	インスタンス名	IRQ番号
JTAG UART	jtag_uart_0	0
Interval Timer	timer_0	1
Interval Timer	timer_1	2
Interval Timer	timer_2	3
PIO	pio_0	4

Nios II システムにおける割り込みの使い方

● Nios II EDS で複製したワークスペースを開く

Nios II ソフトウェア開発環境 Nios II EDS を起動して，複製したプロジェクト内のワークスペース PROJ_NIOSII_INT¥software を開いてください．

● BSP プロジェクトを削除してから再作成

Qsys で Nios II システムにインターバル・タイマを追加したので，BSP プロジェクト PROG_bsp をアップデートしなくてなりません．

しかし，プロジェクト全体を複製してきた場合，複製後の BSP プロジェクトは複製前の Qsys 設計結果（.sopcinfo ファイル）を参照し続けています．

間違いを防ぐため，ワークスペース内の BSP プロジェクト PROG_bsp だけを中身も含めて，いったん全部削除します．アプリケーション・プロジェクト PROG は削除しません．その後，再度，BSP プロジェクトを .sopcinfo ファイルをベースに新規に作成し直してください．

その手順を図3 に示します．

●メイン・ルーチンを編集する

Nios II のインターバル・タイマ割り込みを使った LED チカチカ用プログラムを作成しましょう．メイン・ルーチン main.c をリスト1 を参照して修正してください．割り込みの設定，およびインターバル・タイマの設定については，Column を参照してください．

● Nios II の割り込みハンドラ

Nios II の割り込みハンドラは，C 言語上の通常の関数として記述することができ，BSP ライブラリのユーティリティにより，ハードウェアの IRQ 番号に対応させることができます(Column 参照)．

本事例では，割り込みハンドラの中で，インターバル・タイマの割り込み要求フラグをクリアし，割り込み 100 回ごとにフル・カラー LED の色を変化させています．インターバル・タイマの割り込み周期が 10ms なので，結果として 1 秒周期で LED の色が変わります．

● Nios II EDS でソフトウェアをビルド

ワークスペース内のプロジェクト PROG_bps と PROG を共にビルドし直してください．特にエラーなくビルドできたら，アプリケーション・プロジェクト PROG を右クリックして出るポップアップ・メニューの「Make Targets」→「Build…」を選択して，さらに「mem_init_generate」を選択して，FLASH(UFM)初期化用のバイナリ onchip_flash_0.hex を生成します．このとき前章同様，FLASH(UFM)から SRAM にプログラムをコピーするブート・ローダが付加されたことを確認してください．

● FPGA のコンフィグレーション・ファイルを作成

前章の図 30 と同様な手順で，FPGA のフル・コンパイルでできたコンフィグレーション・データ FPGA.sof に，上記で作成した UFM に書き込むプログラム・バイナリ onchip_flash_0.hex をマージした output_file.pof を作成します．

この手順において，複製したプロジェクト内にある

リスト1 Nios IIのインターバル・タイマ割り込みを使ったLEDチカチカ
main.cを編集する．

```c
#include <stdio.h>
#include <stdint.h>
#include "system.h"
#include "sys/alt_irq.h"          // alt_irq.h追加
#include "sys/alt_sys_wrappers.h"
#include "altera_avalon_pio_regs.h"
#include "altera_avalon_timer_regs.h"  // altera_avalon_timer_regs.h追加

//--------------------
// Define LED Colors
//--------------------
#define MAX_LED_COLORS 8
...

//=====================
// GPIO Initialization
//=====================
void gpio_init(void)
...

//================
// GPIO LED Output
//================
void gpio_led(uint32_t led)           // プロジェクト
...                                    // PROJ_NIOSII_LEDの
                                       // メイン・プログラムと
//==================                   // 同じ
// GPIO Switch Input
//==================
uint32_t gpio_switch(void)
...

//==================================
// Timer2 Interrupt Callback Routine
//==================================
void timer2_callback(void *context)   // timer_2の割り込みハンドラ（コールバック・ルーチン）
{
    static uint32_t counter = 0;
    static uint32_t led_index = 0;

    // Clear Flag
    IOWR_ALTERA_AVALON_TIMER_STATUS(TIMER_2_BASE, 0x01);   // 割り込みフラグをクリア

    // Increment LED in every 1sec
    if (counter == 100)
    {
        gpio_led(LED_COLOR_DATA[led_index]);               // 割り込み100回ごとにLEDの色を
        led_index = (led_index + 1) % MAX_LED_COLORS;      // インクリメント
        counter = 0;
    }
    counter++;
}

//=======================
// Timer2 Initialization
//=======================
void timer2_init(void)    // timer_2の初期化ルーチン
{
    // Register Interrupt Routine
    alt_ic_isr_register(
            TIMER_2_IRQ_INTERRUPT_CONTROLLER_ID,
            TIMER_2_IRQ,                                   // 割り込みハンドラの登録
            timer2_callback,
            TIMER_2_BASE, NULL);

    // Set Freerun Mode
    IOWR_ALTERA_AVALON_TIMER_CONTROL (TIMER_2_BASE,
            ALTERA_AVALON_TIMER_CONTROL_ITO_MSK |          // timer_2をフリーラン・モードで起動して
            ALTERA_AVALON_TIMER_CONTROL_CONT_MSK |         // 割り込みをイネーブルにする
            ALTERA_AVALON_TIMER_CONTROL_START_MSK);
}

//=====================================
// Main Routine
//=====================================
int main(void)    // メイン・ルーチン
{
    //---------------------
    // Initialize Hardware
    //---------------------
    gpio_init();          // ハードウェア初期化
    timer2_init();

    //---------------
    // Print Message
    //---------------                                      // コンソールに
    printf("Welcome to CQ-MAX10\n");                       // メッセージ表示
    printf("Start MAIN_INT\n");

    //---------------
    // Forever Loop
    //---------------                   // 何もせず無限ループ
    while(1);                            // （timer_2の周期割り
                                         // 込みは発生）
    //------------------
    // End of Program
    //------------------
    return 0;
}
```

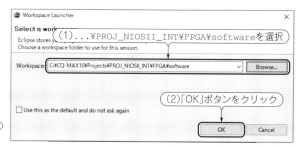

(a) コピーしたプロジェクト内の
ワークスペースを選択

(b) 既存のBSPプロジェクト削除を指示

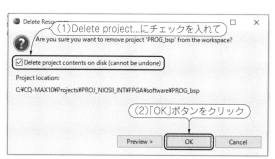

(c) ディスクからBSPプロジェクトを削除

(d) BSPプロジェクトのみを新規作成

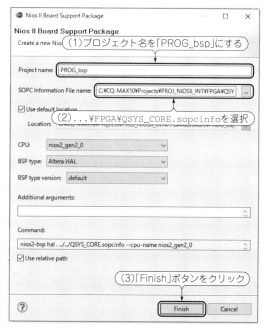

(e) BSPプロジェクト名と
元になるQsys設計情報を指定

図3 Nios II EDSで，BSPプロジェクトを再作成
以前のBSPプロジェクトは完全削除して新規に作成すること．

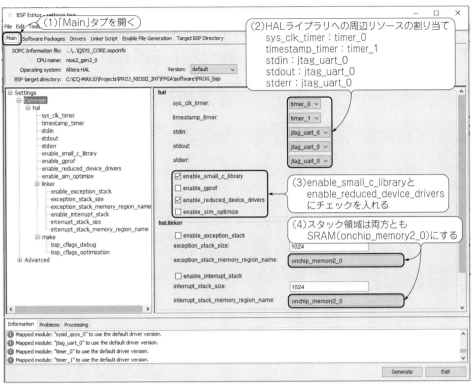

（f）BSPプロジェクト「PROG_bps」のBSP Editorの「Main」タブの設定

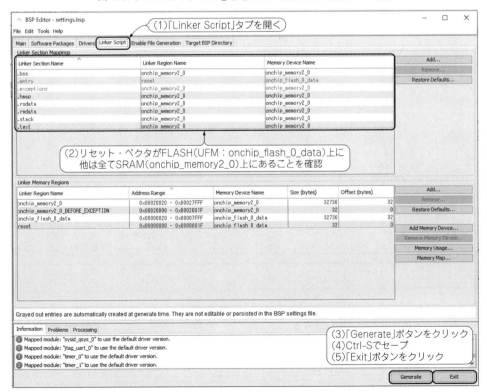

（g）BSP Editorの「Linker Script」タブの確認とBSPプロジェクトの再作成

Nios II システムにおける割り込みの使い方 **231**

Column 1 BSP プロジェクト内の割り込みとインターバル・タイマ関連ライブラリ

● Nios II システムの割り込みハンドラは登録制

BSP プロジェクト内のシステム・ライブラリの仕組みとして，Nios II システムの割り込みハンドラは登録制になっています．この方式は，ユーザに対して CPU コアの割り込みベクタなどのハードウェアに近い低レベルなアーキテクチャを隠蔽してくれるので，ソフトウェアを組む上でとても見通しがよくなります．

割り込み発生時に実行するサービス・ルーチン（割り込みハンドラ）を用意して，その関数ポインタと対応する割り込みの IRQ 番号を alt_ic_isr_register() 関数に渡すことで，IRQ 番号と割り込みサービス・ルーチンの紐付けがされ，その割り込みがイネーブルになります．

●インターバル・タイマの設定はコントロール・レジスタで

インターバル・タイマの設定はコントロール・レジスタへ直接ライトすることで行います．

本章の例ではインターバル・タイマ timer_2 から連続して周期割り込みが出るように設定します．インターバル・タイマのカウンタはダウン・カウンタです．カウンタが 0 になった時点で周期に対応する値をリロードして継続してダウン・カウントする設定とします．

参考までに，割り込みとインターバル・タイマ関連ライブラリを表 A に示します．

表A 割り込みとインターバル・タイマ関連ライブラリ

分類	定義	機能	C言語の記述	説明

割り込み	PROG_bsp/HAL/inc/sys/alt_irq.h	割り込みサービス・ルーチンの登録とその割り込みの許可	int alt_ic_isr_register (
			    alt_u32 ic_id,
			    alt_u32 irq,
			    alt_isr_func isr,
			    void* isr_context,
			    void* flags
			);
				・ic_id：system.hで定義されている割り込みコントローラのID
				・irq：system.hで定義されている各モジュールのIRQ番号
				・isr：割り込みサービス・ルーチンへのポインタ
				・isr_context：割り込みサービス・ルーチンの引数に渡す任意のポインタ（構造体など）
				・flags：リザーブ．NULLを指定する

		割り込みサービス・ルーチン（ハンドラ）	void any_isr(void* isr_context);	alt_ic_isr_register()が登録する割り込みサービス・ルーチン
インターバル・タイマ	PROG_bsp/drivers/inc/altera_avalon_timer_regs.h	インターバル・タイマのコントロール・レジスタの設定	IOWR_ALTERA_AVALON_TIMER_CONTROL (base, wdata)	タイマのコントロール・レジスタの設定 ・base：タイマのベース・アドレス（system.hで定義） ・wdataのビット3(STOP)：1ライトでカウント停止 ・wdataのビット2(START)：1ライトでカウント開始 ・wdataのビット1(CONT)： －0なら，カウンタがカウント・ダウンして0になったら周期値をカウンタにロードして停止 －1なら，カウンタがカウント・ダウンして0になったら周期値をカウンタにロードしてまたカウント・ダウンを継続 ・wdataのビット0(ITO)：1なら割り込み許可

ファイル変換設定情報 output_file.cof をロードして単純にファイル変換すると，複製元のディレクトリ内でファイル変換が行われてしまうので注意してください．基本的には，前章図30の手順を全てやり直してください．

● FPGA をコンフィグレーションして動作確認

上記でできた output_file.cof を Programmer を介して FLASH の CFM と UFM に書き込んでください．フル・カラー LED の色が1秒周期で変化すれば OK です．

第14章 MAX 10内蔵のA-D変換器をNios IIシステムで使う方法をマスタしよう

Nios IIシステムでA-D変換器

本書付属DVD-ROM収録関連データ

格納フォルダ	内容	備考
CQ-MAX10¥Projects¥PROJ_NIOSII_ADC	Nios IIシステムにA-D変換器を組み込み，アナログ信号のレベルに応じてフル・カラーLEDの色を変えるプロジェクト一式（Quartus Prime用，Nios II EDS用）	本章では，このプロジェクトを読者が前章のPROJ_NIOSII_INTをベースにして作成していく方法を説明する．参考用として提供する．本章で説明する手順が全て終わった状態のプロジェクトを格納してある．

●はじめに

本章ではMAX 10の特長である12ビットA-D変換器の使い方をマスタしましょう．アルテラ社からは，MAX 10のA-D変換ハードウェア・ブロックをNios IIシステムの中に組み込むためのインターフェース用IPが提供されており，簡単に使いこなすことができます．

ここでは，Nios IIシステム内にA-D変換器を組み込み，外部のアナログ電圧値に応じてフル・カラーLEDの色を変化させる実験をやってみます．

MAX 10のA-D変換器の概要

●アルテラ・モジュラADCコアの基本構成

MAX 10のA-D変換ハードウェア・ブロックをNios IIシステムの中に組み込むためのインターフェース用IPが，アルテラ・モジュラADCコア（Altera Modular ADC Core）です．

この中は大きく分けて二つのブロックから構成されています．

一つは，シーケンサ・コアで，複数のアナログ入力チャネルの変換シーケンスを制御するためのブロックです．アナログ入力本数とその変換シーケンスは，Qsys上でアルテラ・モジュラADCコアを追加するときに設定し，ハードウェアとして固定化します．

もう一つはストレージ・コアで，変換結果を保持するストレージを持ち，変換終了割り込みを出力できます．

シーケンサ・コアとストレージ・コアはそれぞれ独立したAvalon-MMインターフェースを持ち，それぞれをNios II CPUコアにバス接続する必要があります．

●A-D変換器の入力チャネル

MAX10-FB基板に搭載した10M08（EQFP-144ピン版）は，12ビットA-D変換器を一つ持ち，外部からのアナログ入力チャネルとしてはCH0～CH8の9本あります．CH0は専用端子（ANAIN1）で，CH1～CH8がディジタル機能との兼用端子（ADC1IN1～ADC1IN8）に対応します．兼用端子8本の機能はA-D変換器を有効化すると全てアナログ入力専用になり，ディジタル機能をアサインすることができなくなるので注意してください．

さらに，MAX 10は温度計測用ダイオードを内蔵しており，その値をA-D変換器に取り込むための内部専用チャネルTSD（Temperature Sensing Diode）があります．

●複数入力チャネルの変換シーケンス

複数の入力チャネルは，任意にチャネルを切り替えながら最大64回連続変換できます．1回の変換をスロット（Slot）と呼び，各スロットごとに任意の入力チャネルを対応できます．よって，同じ入力チャネルを連続して変換することもできます．

スロットの個数および，各スロットと入力チャネルの対応については，Qsys上でアルテラ・モジュラADCコアを追加するときに設定する必要があります．この設定はハードウェアとして固定化され，ソフトウェアからの変更はできません．

ただし，シングル・サイクル変換モードと連続変換モードは，ソフトウェアからのレジスタ設定で選択できます．シングル・サイクル変換モードでは，有効化

したスロットについて,最初のスロットから最後のスロットまで変換したら停止します.連続変換モードでは,有効化したスロットについて,最初のスロットから最後のスロットまで変換したら,また最初のスロットに戻って変換を継続します.

また,変換シーケンスに含めた1組のスロットの変換が全て終了したら割り込みを出力することができます.

● しきい値違反検知機能

アルテラ・モジュラADCコアにはしきい値違反検知機能を追加することができます.A-D変換結果が最小しきい値または最大しきい値の範囲から外れていないかどうかをチェックできます.しきい値の判定結果は入力チャネルごとにレジスタに格納できます.

● A-D入力電圧範囲と変換レート

A-D変換の基準電圧は,内蔵リファレンス(3.0Vまたは3.3V),または外部(ADC_V_{REF})から選択できます.外部基準電圧 ADC_V_{REF} は,$V_{CC\_ONE} - 0.5V \sim V_{CC\_ONE}$ の範囲で印加できます.V_{CC_ONE} は,TYP値で3.0Vまたは3.3V(最大で3.465V)です.

結果として,本12ビットA-D変換器は,最大で3.3Vまでの入力電圧を変換できます.また通常のA-D変換レートは1MHzで,温度検知時の変換レートは50kHzです.

● A-D変換器には専用クロックが必要

アルテラ・モジュラADCコアには,PLLのc0出力端子から専用クロック(10MHzなど)を供給する必要があります.さらに,PLLが安定したことを示すロック信号も供給する必要があります.

Nios IIシステムにA-D変換器を追加

● 前章で作成したプロジェクトを複製して新規プロジェクトを作成

早速,Nios IIシステムにA-D変換器を組み込んで動作を確認してみましょう.

ここでも前章で作成したプロジェクトをリユースしましょう.前章の最後の状態,すなわち,FLASHメモリへのコンフィグレーション・データとプログラムの固定化ができた状態のプロジェクトをベースにしてください.

図1に示すように,プロジェクトが含まれるディレクトリ PROJ_NIOSII_INT を丸ごと複製して新規ディレクトリ PROJ_NIOSII_ADC を作成してください.

● Quartus Primeでプロジェクトを開く

Quartus Primeで複製したプロジェクト PROJ_NIOSII_ADC¥FPGA¥FPGA.qpf を開きます.

● QsysでNios IIシステム内にA-D変換器を追加

複製したプロジェクト内のNios IIシステム QSYS_CORE.qsys に,アルテラ・モジュラADCコアを追加します.図2に示すように作業してください.

ここで追加するA-D変換器では,専用クロックとして10MHzを入力することにし,基準電圧は内蔵3.3Vを使用するように設定します.入力チャネルはCH0(ANAIN1)だけを使うので,スロット数は1個で,そのスロットにCH0を割り当てます.

シーケンサ・コアのスレーブ・バス(sequencer_csr)と,ストレージ・コアのスレーブ・バス(sample_store_csr)は,CPUのデータ・アクセス用バスに接続します.割り込み要求信号もCPUに接続します.

A-D専用クロック入力 adc_pll_clock と,PLLロック入力 adc_pll_locked は,共にコンジット信号としてNios IIシステムの入力信号として引き出す設定をしておきます.

A-D変換器のIRQ番号は表1に,シーケンサ・コアとストレージ・コアのスレーブ・アドレスは表2に示したようにアサインしておいてください.

● Qsysが生成したRTLを確認

A-D専用クロック入力 adc_pll_clock と,PLLロッ

(1) フォルダ「PROJ_NIOSII_INT」を複製して,フォルダ名を「PROJ_NIOSII_ADC」に変更する

(2) Quartus Primeを起動して,プロジェクト・ファイル「PROJ_NIOSII_ADC¥FPGA¥FPGA.qpf」を開く

図1 Quartus Primeのプロジェクトをディレクトリ PROJ_NIOSII_ADC 以下に作成
前章で作成したプロジェクトが含まれたディレクトリ PROJ_NIOSII_INT をコピーして,ディレクトリ名を PROJ_NIOSII_ADC に変更する.

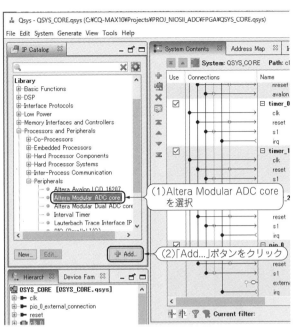

(a) QsysでQSYS_CORE.qsysを開き
A-D変換器(Altera Modular ADC core)を追加

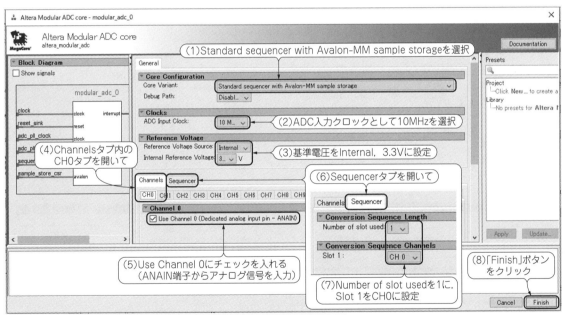

(b) A-D変換器設定

図2 QsysでNios IIシステム内にA-D変換器を追加

ク入力 adc_pll_locked を Nios II システム(QSYS_CORE)の入力信号にしたので，念のため**リスト1**のようになっていることを確認しておきましょう．

表1 各モジュールにアサインする割り込み(IRQ)番号

モジュール種類	インスタンス名	IRQ番号
JTAG UART	jtag_uart_0	0
Interval Timer	timer_0	1
Interval Timer	timer_1	2
Interval Timer	timer_2	3
PIO	pio_0	4
Modular ADC	modular_adc_0	5

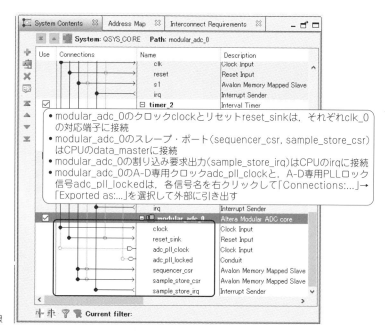

(c) A-D変換器信号結線

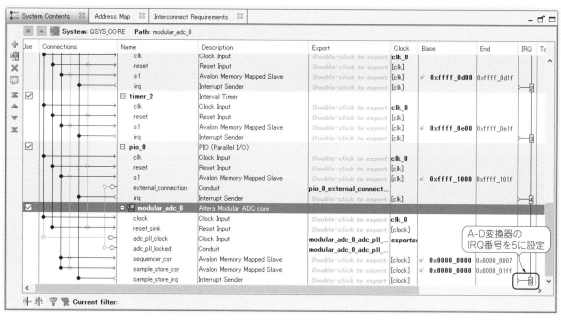

(d) A-D変換器IRQ番号アサイン

図2 QsysでNios IIシステム内にA-D変換器を追加（つづき）

FPGA最上位階層に置くPLLからA-D変換器用クロックを出力

● PLLからA-D変換器用クロックを出力

FPGAの最上位階層を作成する前に，A-D変換器用クロックを出力するPLLを準備します．図3に示すように，複製したプロジェクトに入っている既存のPLLを編集してください．

なお，MAX 10においては，A-D変換器用クロックはPLLのc0出力から供給するルールになっているので注意してください．

PLLのc0出力を10MHzに変更して，c1からシステム・クロック50MHzを供給するように変更します．A-D変換器に与えるPLLロック信号（locked）も忘れずに出力しておきます．

完成したPLLのRTLのモジュール定義部とインス

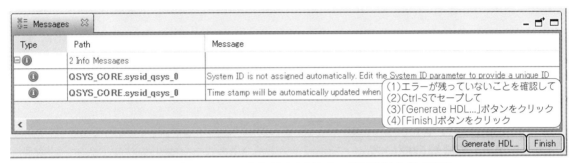

(e) A-D変換器スレーブ・アドレスをアサイン

(f) エラーが残っていないことを確認したらVerilog RTL記述を生成して終了

表2　スレーブ・モジュールのアドレス

スレーブ・モジュール			CPUコア（nios2_gen2_0）から見たアドレス	
モジュール種類	インスタンス名	スレーブ・ポート	データ・バス data_master	命令バス instruction_master
FLASHメモリ	onchip_flash_0	data	0x0000_0000〜0x0000_7FFF	0x0000_0000〜0x0000_7FFF
SRAM	onchip_memory2_0	s1	0x0002_0000〜0x0002_7FFF	0x0002_0000〜0x0002_7FFF
CPUデバッガ	nios2_gen2_0	debug_mem_slave	0xFFFF_0000〜0xFFFF_07FF	0xFFFF_0000〜0xFFFF_07FF
SYSID	sysid_qsys_0	control_slave	0xFFFF_0800〜0xFFFF_0807	―
JTAG UART	jtag_uart_0	avalon_jtag_slave	0xFFFF_0900〜0xFFFF_0907	―
DUAL BOOT	dual_boot_0	avalon	0xFFFF_0A00〜0xFFFF_0A1F	―
FLASHコントロール	onchip_flash_0	csr	0xFFFF_0B00〜0xFFFF_0B07	―
インターバル・タイマ	timer_0	s1	0xFFFF_0C00〜0xFFFF_0C1F	―
インターバル・タイマ	timer_1	s1	0xFFFF_0D00〜0xFFFF_0D1F	―
インターバル・タイマ	timer_2	s1	0xFFFF_0E00〜0xFFFF_0E1F	―
パラレル・ポート	pio_0	s1	0xFFFF_1000〜0xFFFF_101F	―
モジュラA-D変換器	modular_adc_0	sample_store_csr	0xFFFF_4000〜0xFFFF_41FF	―
		sequencer_csr	0xFFFF_4200〜0xFFFF_4207	―

タンス化用ひな型をリスト2に示します．

● FPGAの最上位階層を編集してフル・コンパイル

リスト3に示すように，FPGAの最上位階層の
PLLとQSYS_COREの間でA-D変換器用のクロックとPLLロック信号を接続してください．

ここまで作業できたらFPGAをフル・コンパイルしてください．

リスト1 Qsysが生成したNios II システムのRTL
A-D変換器用PLLクロック入力とPLLロック信号入力が追加されている.

```
module QSYS_CORE
(
    clk_clk,
    pio_0_external_connection_export,
    reset_reset_n,
    modular_adc_0_adc_pll_clock_clk,
    modular_adc_0_adc_pll_locked_export);

    input          clk_clk;
    inout          [7:0] pio_0_external_connection_export;
    input          reset_reset_n;
    input          modular_adc_0_adc_pll_clock_clk;     ← (A-D変換器用クロック(10MHz))
    input          modular_adc_0_adc_pll_locked_export; ← (A-D変換器用PLLロック信号)
endmodule
```

(a) QSYS_CORE本体のモジュール定義 QSYS_CORE_bb.v
(...¥FPGA¥QSYS_CORE¥QSYS_CORE_bb.v)

```
QSYS_CORE u0
(
    .clk_clk                               (<connected-to-clk_clk>),
    .pio_0_external_connection_export      (<connected-to-pio_0_external_connection_export>),
    .reset_reset_n                         (<connected-to-reset_reset_n>),
    .modular_adc_0_adc_pll_clock_clk       (<connected-to-modular_adc_0_adc_pll_clock_clk>),
    .modular_adc_0_adc_pll_locked_export   (<connected-to-modular_adc_0_adc_pll_locked_export>)
);
```

(b) QSYS_COREのインスタンス化のひな型 QSYS_CORE_inst.v
(...¥FPGA¥QSYS_CORE¥QSYS_CORE_inst.v)

Nios II システムにおけるA-D変換器の使い方

● Nios II EDS で複製したワークスペースを開く

Nios II ソフトウェア開発環境 Nios II EDS を起動して,複製したプロジェクト内のワークスペース PROJ_NIOSII_ADC¥software を開いてください.

● BSP プロジェクトを削除してから再作成

QsysでNios II システムにA-D変換器を追加したので,BSPプロジェクトPROG_bspをアップデートしますが,前章と同様にワークスペース内のBSPプロジェクトPROG_bspだけを中身も含めていったん全部削除します.アプリケーション・プロジェクトPROGは削除しません.その後,再度,BSPプロジェクトをQSYS_CORE.sopcinfoファイルをベースに新規に作成し直します.BSP Editorの設定も前章同様に変更して(**図4**),PROG_bspを生成してください.

●メイン・ルーチンを編集する

Nios IIのA-D変換器を使ったフル・カラーLEDの色変化プログラムを作成しましょう.メイン・ルーチンmain.cを**リスト4**を参照して修正してください.

本事例では,A-D変換はシングル・サイクル変換モードで動作させています.A-D変換終了で割り込みを発生させ,その割り込みハンドラ内で変換結果を受け取り,グローバル変数経由でメイン・ルーチンに渡してその値の上位3ビットを使ってフル・カラーLEDの点灯色を設定しています.その後,またA-D変換を開始して同じ動作を繰り返します.

A-D変換器の設定方法については,Columnを参照してください.

● Nios II EDS でソフトウェアをビルド

ワークスペース内のプロジェクトPROG_bpsとPROGを共にビルドし直してください.特にエラーなくビルドできたら,アプリケーション・プロジェクトPROGを右クリックして出るポップアップ・メニューの「Make Targets」→「Build...」を選択して,さらに「mem_init_generate」を選択して,FLASH (UFM)初期化用のバイナリonchip_flash_0.hexを生成します.このとき前章同様,FLASH (UFM)からSRAMにプログラムをコピーするブート・ローダが付加されたことを確認してください.

● FPGA のコンフィグレーション・ファイルを作成

これまでと同様な手順で,FPGAのフル・コンパイルでできたコンフィグレーション・データFPGA.sofに,上記で作成したUFMに書き込むプログラム・バイナリonchip_flash_0.hexをマージし

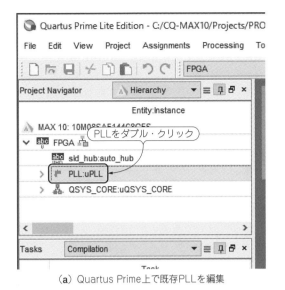
(a) Quartus Prime上で既存PLLを編集

(b) Mega Wizardが開いて「Next>」ボタンをクリック

(c) PLLロック信号(locked)を出力

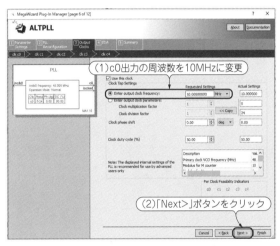
(d) c0出力の周波数を10MHzに設定

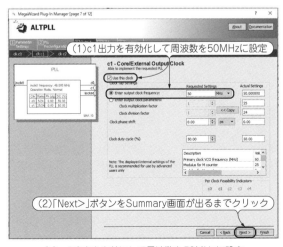
(e) c1出力を有効にして周波数を50MHzに設定

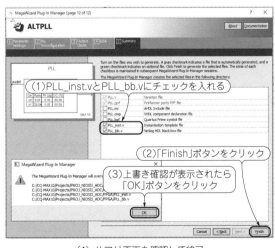
(f) サマリ画面を確認して終了

図3 Quartus PrimeでA-D変換器クロックを生成するPLLを編集
A-D変換器用の10MHzクロックとPLLロック信号を出力.

Nios II システムにおける A-D 変換器の使い方 **239**

リスト2 PLLのRTL
モジュール定義部とインスタンス化用のひな型．

```
module PLL
(
    inclk0,
    c0,
    c1,
    locked
);

input  inclk0;
output c0;
output c1;
output locked;

…

endmodule
```

inclk0：入力クロック(48MHz)
c0：A-D変換器用出力クロック(10MHz)
c1：システム用出力クロック(50MHz)
locked：A-D変換器用PLLロック信号

（a）PLL本体のRTL PLL.v

```
PLL     PLL_inst
(
    .inclk0 ( inclk0_sig ),
    .c0     ( c0_sig ),
    .c1     ( c1_sig ),
    .locked ( locked_sig )
);
```

（b）PLLのインスタンス化のひな型 PLL_inst.v

リスト3 FPGAの最上位階層RTL FPGA.v

```verilog
`ifdef SIMULATION
    `define POR_MAX 16'h000f // period of power on reset
`else // Real FPGA
    `define POR_MAX 16'hffff // period of power on reset
`endif
//--------------------
// Top of the FPGA
//--------------------
module FPGA
(
    input wire clk48,
    inout wire [7:0] gpio
);

//-------------
// PLL
//-------------
wire clk;      // Clock for System
wire clk_adc;  // Clock for ADC
wire locked;   // PLL Lock
//
PLL uPLL
(
    .inclk0 (clk48),
    .c0     (clk_adc),
    .c1     (clk),
    .locked (locked)
);

//------------------------
// Internal Power on Reset
//------------------------
wire res_n;              // Internal Reset Signal
reg  por_n;              // should be power-up level = Low
reg  [15:0] por_count;   // should be power-up level = Low
//
always @(posedge clk48)
begin
...
end
//
assign res_n = por_n;

//-------------
// QSYS_CORE
//-------------
QSYS_CORE uQSYS_CORE
(
    .clk_clk                          (clk),
    .reset_reset_n                    (res_n),
    .pio_0_external_connection_export (gpio),
    .modular_adc_0_adc_pll_clock_clk  (clk_adc),
    .modular_adc_0_adc_pll_locked_export (locked)
);
endmodule
```

モジュール定義の開始
- FPGAトップ階層のモジュール名：FPGA
- 入出力信号：
  - clk48：MAX10-FB基板上の48MHz発振器のクロック入力
  - gpio[7:0]：I/Oポート
    - gpio[7]　：MAX10-FB基板のスイッチSW1
    - gpio[2:0]：MAX10-FB基板のLED1

PLLモジュール(A-D変換器用に出力追加)

パワーONリセット回路

他プロジェクトと同じ記述にする

Nios Ⅱシステム

モジュール定義の終了

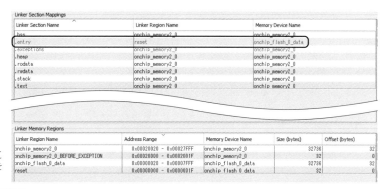

(a) BSP Editor を再設定
既存BSPプロジェクト「PROG_bsp」を完全削除し，QSYS_CORE.sopcinfo から再度新規作成して，BSP Editorを再設定する（PROJ_NIOSII_INTと同様）

(b) リセット・ベクタがFLASHメモリ上にあることを確認してBSPプロジェクトを再生成

図4　Nios II EDSで，BSPプロジェクトを再作成
BSP Editorの設定内容を確認しておく．

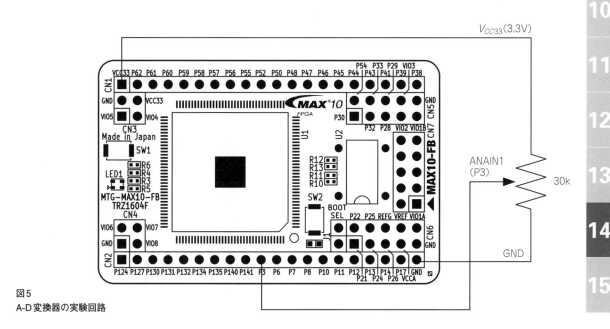

図5
A-D変換器の実験回路

Nios II システムにおけるA-D変換器の使い方　**241**

リスト4 Nios IIのA-D変換器を使ったフル・カラーLED色変更プログラム
main.cを編集する．

```c
#include <stdio.h>
#include <stdint.h>
#include "system.h"
#include "sys/alt_irq.h"
#include "sys/alt_sys_wrappers.h"
#include "altera_avalon_pio_regs.h"
#include "altera_avalon_timer_regs.h"
#include "altera_modular_adc.h"          ← altera_modular_adc.h追加

//--------------
// Globals
//--------------                          A-D変換器関連グローバル変数
uint32_t adc_data[1] = {0};                ・adc_data[]：A-D変換結果
volatile uint32_t adc_busy = 0;            ・adc_busy  ：A-D変換中フラグ


#define MAX_LED_COLORS 8
...
void gpio_init(void)
...
void gpio_led(uint32_t led)
...                                      ← プロジェクトPROJ_NIOSII_INTのメイン・プログラムと同じ
uint32_t gpio_switch(void)
...
void timer2_callback(void *context)
...
void timer2_init(void)
...

//==================================
// ADC Interrupt Callback Routine
//==================================
void adc_callback(void *context)         ← modular_adc_0の割り込みハンドラ（コールバック・ルーチン）
{
    alt_adc_word_read (MODULAR_ADC_0_SAMPLE_STORE_CSR_BASE, adc_data, 1);
    adc_busy = 0;
}

//==================================
// ADC Initialization
//==================================
void adc_init(void)                      ← modular_adc_0の初期化と起動，および割り込みハンドラの登録
{
    adc_stop(MODULAR_ADC_0_SEQUENCER_CSR_BASE);
    adc_set_mode_run_once(MODULAR_ADC_0_SEQUENCER_CSR_BASE);  ← シングル変換
    alt_adc_register_callback      ← A-D変換終了割り込みハンドラの登録
    (
        altera_modular_adc_open(MODULAR_ADC_0_SEQUENCER_CSR_NAME),
        (alt_adc_callback)adc_callback, NULL,
        MODULAR_ADC_0_SAMPLE_STORE_CSR_BASE
    );
```

（a）MAX10-FB基板周りを配線

（b）MAX10-FB基板の上にMAX10-JB基板を接続

写真1　A-D変換器の実験回路の組み上げ例

```c
}
//========================================
// Main Routine
//========================================
int main(void)          ← (メイン・ルーチン)
{
    //------------------------
    // Initialize Hardware
    //------------------------
    gpio_init();   ┐
    adc_init();    ┘ ← (ハードウェア初期化)

    //----------------
    // Print Message
    //----------------
    printf("Welcome to CQ-MAX10¥n");   ┐
    printf("Start MAIN_ADC¥n");        ┘ ← (コンソールにメッセージ表示)

    //----------------
    // Start 1st ADC
    //----------------
    adc_busy = 1;                                          ┐
    adc_start(MODULAR_ADC_0_SEQUENCER_CSR_BASE);           ┘ ← (A-D変換を1回起動)

    //----------------
    // Forever Loop
    //----------------
    while(1)            ← (無限ループ)
    {
        // ADC samples One Input
        if (adc_busy == 0)       ← (A-D変換が終わったら)
        {
            uint32_t led_index;
            //
            // Set LED according to upper 3bits of ADC result
            led_index = (adc_data[0] >> 9) & 0x07;          ← (A-D変換結果の上位3ビットで
            gpio_led(LED_COLOR_DATA[led_index]);               LEDの色を決める)
            //
            // Restart ADC
            adc_busy = 1;                                      ┐
            adc_start(MODULAR_ADC_0_SEQUENCER_CSR_BASE);       ┘ ← (A-D変換を1回起動)
        }
    }

    //------------------
    // End of Program
    //------------------
    return 0;
}
```

たoutput_file.pofを作成します．

この手順において，複製したプロジェクト内にあるファイル変換設定情報output_file.cofをロードして単純にファイル変換すると，複製元のディレクトリ内でファイル変換が行われてしまうので注意してください．基本的には，Quartus Primeのメニュー「File」→「Convert Programming Files…」を選択してからの作業を全部やり直してください．

● FPGAをコンフィグレーションして動作確認

上記でできたoutput_file.cofをProgrammerを介してFLASHのCFMとUFMに書き込んでください．図5に示す回路を写真1のようにブレッド・ボードなどの上に組み立てます．半固定抵抗を回してフル・カラーLEDの色が変化すればOKです．

Column 1　BSPプロジェクト内のA-D変換器関連ライブラリ

● A-D変換器の初期化と変換スタート

A-D変換器の初期化は，まずいったんA-D変換動作をストップしてから(adc_stop)，変換モードをシングル・サイクルまたは連続モードから選択します(adc_set_mode_run_xxxx)．

次にA-D変換終了割り込みハンドラを登録します(alt_adc_register_callback)．ここで，A-D変換器のデバイス構造体へのポインタ(dev)を引数に与えますが，それはsystem.hで定義されたシーケンサ・コアのデバイス・ファイル名("/dev/modular_adc_0_sequencer_csr")を関数altera_modular_adc_open()に渡すことで得られます．

このあとは，いつでもA-D変換をスタートできます(adc_start)．

● A-D変換終了割り込み

A-D変換が終了すると割り込みが発生します．割り込みが発生すると，まずBSPライブラリ内のA-D変換割り込みハンドラに制御が移り，そこから登録したA-D変換終了割り込みハンドラがコールされます．そこから戻ったらBSPライブラリ内でA-Dの割り込み要求フラグをクリアして割り込みハンドラ全体の処理が終わり，元のルーチンに戻ります．

● A-D変換結果の読み出し

A-D変換結果の読み出しについて説明します．関数alt_adc_word_read()を使うと，A-D変換結果を，ポインタがdest_ptrの1次元配列内に格納できます．配列のサイズは32ビット長×スロット数とします．A-D変換器を1個内蔵したMAX 10(10M08)の場合，変換結果(12ビット)は，スロット順に配列要素の下位16ビット側に下詰めで入ります．

ちなみに，A-D変換器を2個内蔵したMAX 10の場合は，2個目のA-D変換器の結果はスロット順に配列要素の上位16ビット側に下詰めで入ります．

参考までに，A-D変換器関連ライブラリを表Aに示します．

表A　A-D変換器関連ライブラリ

分類	定義	機能	C言語の記述	説　明
A-D変換器	PROG_bsp/drivers/inc/altera_modular_adc.h	A-D変換器を単発変換モードに設定	`void adc_set_mode_run_once (int sequencer_base);`	・sequencer_base：A-Dシーケンサ・コアのベース・アドレス(system.hで定義)
		A-D変換器を連続変換モードに設定	`void adc_set_mode_run_continuously (int sequencer_base);`	・sequencer_base：A-Dシーケンサ・コアのベース・アドレス(system.hで定義)
		A-D変換器のデバイス構造体へのポインタを返す	`alt_modular_adc_dev* altera_modular_adc_open (const char *name);`	・name：A-Dシーケンサ・コアのデバイス・ファイル名(system.hで定義)
		A-D変換終了割り込みサービス・ルーチンの登録とその割り込みの許可	`void alt_adc_register_callback ( alt_modular_adc_dev *dev, alt_adc_callback callback, void *context, alt_u32 sample_store_base );`	・dev：A-D変換器のデバイス構造体へのポインタ ・callback：割り込みサービス・ルーチンへのポインタ ・context：割り込みサービス・ルーチンの引数に渡す任意のポインタ(構造体など) ・sample_store_base：A-Dサンプル・データ記憶論理のポインタ
		A-D変換終了割り込みサービス・ルーチン	`void callback(void *context);`	alt_adc_register_callback()が登録する割り込みサービス・ルーチン(コール・バック)
		A-D変換器起動	`void adc_start (int sequencer_base);`	・sequencer_base：A-Dシーケンサ論理のベース・アドレス(system.hで定義)
		A-D変換器停止	`void adc_stop (int sequencer_base);`	・sequencer_base：A-Dシーケンサ論理のベース・アドレス(system.hで定義)
		A-D変換結果の読み出し	`int alt_adc_word_read ( alt_u32 sample_store_base, alt_u32* dest_ptr, alt_u32 len );`	・sample_store_base：ストレージ・コアのベース・アドレス(system.hで定義) ・dest_ptr：A-D変換結果を格納する配列のポインタ(10M08のADC1の結果は下位16ビットに格納) ・len：A-D変換結果の読み込みワード数

第15章 MAX 10にSDRAMを接続して広大なメモリ空間を手に入れよう

Nios IIシステムでSDRAMアクセス

本書付属DVD-ROM収録関連データ		
格納フォルダ	内容	備考
CQ-MAX10¥Projects¥PROJ_NIOSII_SDRAM	Nios IIシステムにSDRAMを接続して，メモリ・チェックを行うプロジェクト一式（Quartus Prime用，Nios II EDS用，ModelSim Altera用）	本章では，このプロジェクトを読者が前章のPROJ_NIOSII_ADCをベースにして作成していく方法を説明する．参考用として提供する．本章で説明する手順が全て終わった状態のプロジェクトを格納してある．

●はじめに

本章ではNios IIシステムから外部のSDRAM（Synchronous Dynamic RAM）をアクセスする方法をマスタしましょう．MAX10-FB基板に載せたSDRAMのライト&リード・テストをしてみます．ユーザが自分でMAX10-FB基板にSDRAMをはんだ付けして実装した時のメモリ・チェックは本章のプロジェクトを使ってください．

FPGAにSDRAMを接続すると広大なメモリ空間を手に入れることができます．MAX 10の場合は，プログラムをFLASHメモリに格納して，大規模データをSDRAMに置くことにより，データ処理や画像処理を伴うさまざまな組み込み応用機器に活用できるでしょう．

SDR型SDRAMの概要

●レガシーなSDR型SDRAMは今でも現役バリバリ

最近のSDRAMは，DDR（Double Data Rate）型が主流で，DDR2，DDR3，DDR4などがPCのメイン基板はもちろん，Raspberry Piなどの小型Linux基板にも活用されています．クロックの立ち上がりと立ち下がりの両エッジでデータを転送する非常に高速なSDRAMです．

一方，今回のMAX10-FB基板に搭載できるSDRAMはレガシーなSDR（Single Data Rate）型です．クロックの立ち上がりエッジだけに同期してデータ転送するDRAMです．

SDR型はDDR型よりもデータ転送速度は遅いのですが，タイミング設計が楽で，特にMAX 10の10M08などDDRメモリとのインターフェースができないFPGAにも簡単に接続することができます．

MAX10基板に搭載するSDRAMは，256Mビット品（32Mバイト，16Mワード×16ビット構成）または512Mビット品（64Mバイト，32Mワード×16ビット構成）を推奨しています．MAX 10（10M08）の規模で実現できるアプリケーションから見れば，十分なメモリ容量があるといえるでしょう．

SDR型SDRAMは，既に大手のDRAMメーカは製造していませんが，そうした大手メーカから権利を入手して製造を継続している中小メーカがあり，価格的にもこなれていて今でも現役で活躍しているメモリなのです．

本章では，以下SDRAMといえば全てSDR型を指します．

● SDRAMインターフェース信号

図1にSDRAMのインターフェース信号を示します．全ての信号は，CLKの立ち上がりで受け手側に取り込まれます．

SDRAM側の信号でCKEからBA1，BA0までは，コマンド系信号です．コマンド系信号の"H"レベルと"L"レベルの組み合わせパターンにより，リードやライトのアクセス方法の指示やリフレッシュの指示などを行います．

DQ15～DQ0は入出力データです．UDQM，LDQMはデータ入出力マスク信号です．以下，簡単にSDRAMのアクセス・タイミングについて説明します．

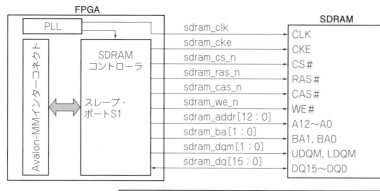

図1 SDRAMインターフェース信号
データ幅が16ビット長のSDRAMを示す．

● SDRAMのアクセス・タイミング

SDRAMは，図2に示すように，CKE="H"レベルのときのクロックCLKの立ち上がりエッジに同期してコマンド系信号を入力してアクセスします．アクセス・シーケンスの概略は以下の通りです．

① BANK ACTIVEコマンドを送る．CS#を"L"レベル，RAS#を"L"レベル，CAS#を"H"レベル，WE#を"H"レベルにし，BA1，BA0により4面あるバンクのいずれかを選択する．同時にA[12:0]でロウ（行）アドレスを指定し，そのバンク内のロウ・ラインを選択する．このコマンドにより，選択したロウ・アドレス・ラインがオープンされ，引き続くREADコマンドまたはWRITEコマンドにより高速にバースト・アクセスが可能になる．

② オープンしたロウ・アドレス・ライン内をリードする場合はREADコマンドを送る．CS#を"L"レベル，RAS#を"H"レベル，CAS#を"L"レベル，WE#を"H"レベルにする．同時にアドレス端子の下位ビット側からカラム（列）アドレスを指定する．すると指定したレイテンシ（遅延クロック）後に，指定したバースト数分だけ，ロウ・アドレスとカラム・アドレスに対応するデータDQが出力される．

リード時は，UDQM（データ上位側に対応）またはLDQM（データ下位側に対応）が"H"レベルの場合，その2サイクル後のデータDQ（の上位側または下位側）出力がHiZになる．

レイテンシとバースト数は，SDRAMの電源投入後の初期化時にコマンド系信号により設定しておく．

③ オープンしたロウ・アドレス・ライン内をライトする場合はWRITEコマンドを送る．CS#を"L"レベル，RAS#を"H"レベル，CAS#を"L"レベル，WE#を"L"レベルにする．同時にアドレス端子からカラム（列）アドレスを指定する．指定したレイテンシ後に，指定したバースト数分だけ，ロウ・アドレスとカラム・アドレスに対応するデータDQを入力することでメモリ内へライトされる．

ライト時は，UDQM（データ上位側に対応）またはLDQM（データ下位側に対応）が"H"レベルの場合，その同じサイクルのデータDQ（の上位側または下位側）はメモリ内に書き込まれない．

● 便利なSDRAMコントローラが用意されている

SDRAMの制御のためには，上記に示したもの以外に，SDRAMの初期化コマンドやプリチャージ，リフレッシュ操作など，多くの機能を制御する必要があり，SDRAMとのインターフェースは非常に面倒なものです．

しかし，これらを一手に引き受けてくれるSDRAMコントローラがアルテラ社からIPとして提供されていて，図1に示したように，Nios IIシステム内のAvalon-MMインターフェースから簡単にSDRAMをアクセスできるようになっています．これを使うと面倒なSDRAMのインターフェース信号のことは考えなくてよく，FPGAのコンフィグレーション直後からSDRAMを普通のRAMとしてアクセスできます．SDRAMコントローラは接続するSDRAMに対応した設定をハードウェアにより固定化するので，ソフトウェアからの初期設定なしで，すぐにSDRAMをアクセスすることができます．

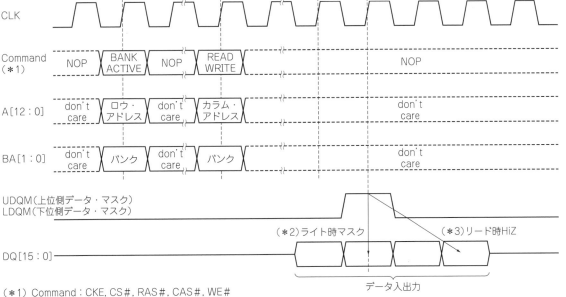

(*1) Command：CKE, CS#, RAS#, CAS#, WE#
(*2) ライト時：xDQMがHIGHの時のDQは書き込まれない
(*3) リード時：2サイクル前のxDQMがLOWでDQは出力，HIGHでDQはHiZ

図2　SDRAMアクセス・タイミング例
リードおよびライトの基本タイミングを同じ図上に示している．

(1) フォルダ「PROJ_NIOSII_ADC」を複製して，フォルダ名を「PROJ_NIOSII_SDRAM」に変更する

(2) Quartus Primeを起動して，プロジェクト・ファイル「PROJ_NIOSII_SDRAM¥FPGA¥FPGA.qpf」を開く

図3　Quartus PrimeのプロジェクトをディレクトリPROJ_NIOSII_SDRAM以下に作成
前章で作成したプロジェクトが含まれたディレクトリPROJ_NIOSII_ADCをコピーして，ディレクトリ名をPROJ_NIOSII_SDRAMに変更する．

● SDRAMのクロックはPLLから供給する

　実は，SDRAMのクロックCLKについてはSDRAMコントローラは出力してくれません．図1に示したように，FPGA内のPLLから直接供給します．

　SDRAMはクロックに同期して動作する外部デバイスであり，FPGA側とSDRAM側の信号インターフェースにおいて，双方のセットアップ・タイミングやホールド・タイミングをきちんと満足させる必要があります．このため，PLLから出力するSDRAMクロックの位相を，SDRAMコントローラ本体を制御するシステム・クロックに対して微妙にシフトする必要があります．

　SDRAMコントローラを使う場合は，TimeQuest Timing Analyzerを使ったタイミング検証が欠かせません．詳細は，後述のコラムを参照してください．

Nios II システムに SDRAM コントローラを追加

● SDRAM コントローラを組み込む

　ここではまず最初に，QsysにSDRAMコントローラを組み込んだ状態で論理シミュレーションしてみます．それによりSDRAMのアクセス方法の概略をつかんでください．

　その後，FPGAをフル・コンパイルしてJTAGコンフィグレーションし，Nios II EDSのデバッガを介してMAX10-FB基板上のSDRAMのメモリ・チェックを行います．MAX10-FB基板に，256Mビットまたは512MビットのSDRAM（データ幅16ビット）は実装してありますね？

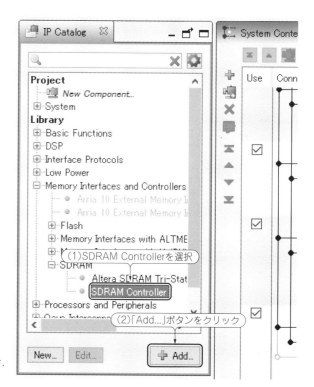

(a) QsysでQSYS_CORE.qsysを開き，SDRAMコントローラを追加

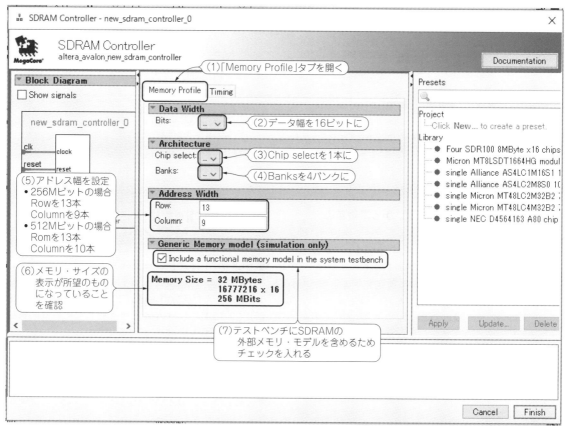

(b) SDRAMコントローラのプロファイル設定

図4 QsysでNios IIシステム内へのSDRAMコントローラの追加手順

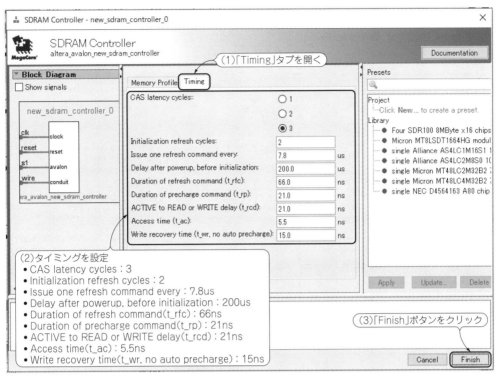

(c) SDRAMコントローラのタイミング設定

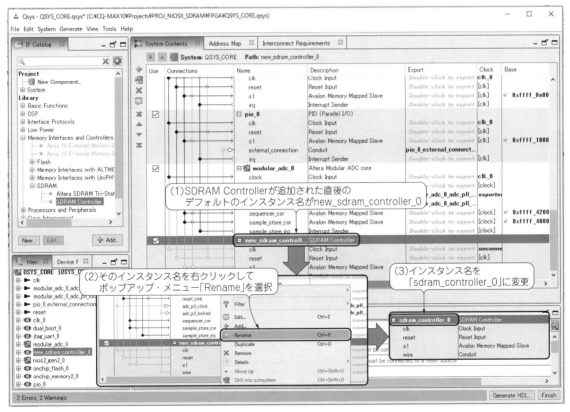

(d) Qsys上のSDRAMコントローラのインスタンス名を変更

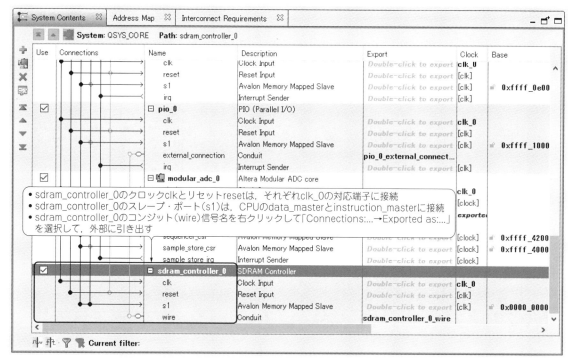

(e) SDRAMコントローラの信号結線

(f) SDRAMコントローラのアドレス指定

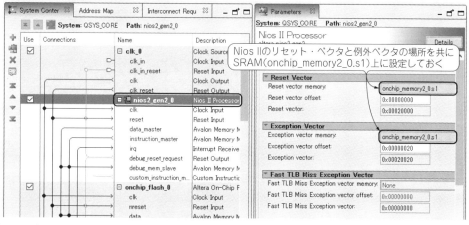

(g) Nios II CPUコアのベクタ設定

図4 QsysでNios IIシステム内へのSDRAMコントローラの追加手順（つづき）

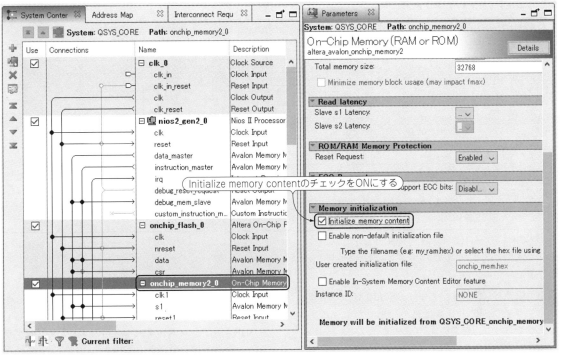

(h) 論理シミュレーションのためSRAMh(onchip_memory2_0)の内容初期化を指定

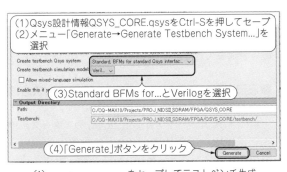

(i) QSYS_CORE.qsysをセーブしてテストベンチ生成

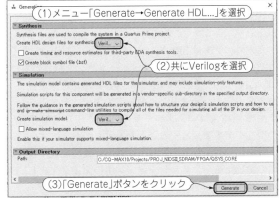

(j) 合成用HDLとシミュレーション用HDLを生成

●前章で作成したプロジェクトを複製して新規プロジェクトを作成

ここでも前章で作成したプロジェクトをリユースしましょう.

図3に示すように,プロジェクトが含まれるディレクトリ PROJ_NIOSII_ADC を丸ごと複製して新規ディレクトリ PROJ_NIOSII_SDRAM を作成してください.

● Quartus Prime でプロジェクトを開く

Quartus Prime で複製したプロジェクト PROJ_NIOSII_SDRAM¥FPGA¥FPGA.qpf を開きます.

● Qsys で Nios II システム内に SDRAM コントローラを追加

複製したプロジェクト内の Nios II システム QSYS_CORE.qsys に,SDRAM コントローラを追加します.図4に示すように作業してください.

SDRAM コントローラ内の設定は,接続する SDRAM に合わせて行います.図4には推奨 SDRAM を使う場合の設定内容を記載してあります.

SDRAM コントローラのスレーブ・バス(s1)は,CPU のデータ・アクセス用バスと命令アクセス用バスの両方に接続します.SDRAM インターフェース信号 wire はコンジット信号として Nios II システムの

Nios II システムに SDRAM コントローラを追加 **251**

表1　スレーブ・モジュールのアドレス

スレーブ・モジュール			CPUコア(nios2_gen2_0)から見たアドレス	
モジュール種類	インスタンス名	スレーブ・ポート	データ・バスdata_master	命令バスinstruction_master
FLASHメモリ	onchip_flash_0	data	0x0000_0000〜0x0000_7FFF	0x0000_0000〜0x0000_7FFF
SRAM	onchip_memory2_0	s1	0x0002_0000〜0x0002_7FFF	0x0002_0000〜0x0002_7FFF
SDRAMコントローラ	sdram_controller_0	s1	0x8000_0000〜(*1)	0x8000_0000〜(*1)
CPUデバッガ	nios2_gen2_0	debug_mem_slave	0xFFFF_0000〜0xFFFF_07FF	0xFFFF_0000〜0xFFFF_07FF
SYSID	sysid_qsys_0	control_slave	0xFFFF_0800〜0xFFFF_0807	−
JTAG UART	jtag_uart_0	avalon_jtag_slave	0xFFFF_0900〜0xFFFF_0907	−
DUAL BOOT	dual_boot_0	avalon	0xFFFF_0A00〜0xFFFF_0A1F	−
FLASHコントロール	onchip_flash_0	csr	0xFFFF_0B00〜0xFFFF_0B07	−
インターバル・タイマ	timer_0	s1	0xFFFF_0C00〜0xFFFF_0C1F	−
インターバル・タイマ	timer_1	s1	0xFFFF_0D00〜0xFFFF_0D1F	−
インターバル・タイマ	timer_2	s1	0xFFFF_0E00〜0xFFFF_0E1F	−
パラレル・ポート	pio_0	s1	0xFFFF_1000〜0xFFFF_101F	−
モジュラーA-D変換器	modular_adc_0	sample_store_csr	0xFFFF_4000〜0xFFFF_41FF	−
		sequencer_csr	0xFFFF_4200〜0xFFFF_4207	−

(*1) 256Mbit SDRAM(32MBytes)の場合：0x81FF_FFFF
　　 512Mbit SDRAM(64MBytes)の場合：0x83FF_FFFF

入出力信号として引き出します．SDRAMコントローラのスレーブ・アドレスは表1に示したようにアサインしておいてください．

ここでは，SDRAMの全面リード・ライト・チェックを行うので，Nios II EDSが生成するプログラムとデータはSDRAMには一切置かないようにします．このため，プログラムとデータはSRAM(onchip_memory2_0)に置くことにし，CPUのリセット・ベクタと例外ベクタはSRAM上に置くように設定します．

このあと，まずは論理シミュレーションを行うので，SRAM(onchip_memory2_0)の内容初期化を指定しておきます．また，SDRAMの設定の中で，テストベンチ上でSDRAMコントローラの外部にSDRAM本体の機能モデルを接続することを指示しておきます．

最後にQsysからテストベンチ用の論理記述，合成用の論理記述，シミュレーション用の記述を生成しておきます．

● Qsysが生成したRTLを確認

SDRAMインターフェース信号をNios IIシステム(QSYS_CORE)の入出力信号に引き出したので，Qsysが生成したNios IIシステムのRTLがリスト1のようになっていることを念のため確認しておきましょう．

Nios IIシステムのSDRAMコントローラを論理シミュレーションする

● Nios II EDSでSDRAMアクセス・チェック用プログラムを作成して論理検証

Nios II EDSでSDRAMアクセス・チェック用プログラムを作成してからModelSim-Altera Starter Editonを起動してSDRAMの動作を論理シミュレーションしてみましょう．図5に示す手順で作業してください．

SDRAMアクセス・チェック用のメイン・プログラムmain.cは，リスト2に示すように編集してください．論理シミュレーションなのでSDRAM全面チェックは行わず，64バイト分だけライト&リード・チェックするようにSDRAM_SIZEを定義しておいてください．

C言語からのSDRAMのアクセスは，ポインタに絶対番地を入れて直接リード・ライトしています．

● 波形をじっくり見ればSDRAMアクセス方法を理解できる

単にNios IIシステムからSDRAMのアクセスができればいいのであれば，IPとして供給されているSDRAMコントローラを使うだけで特にSDRAMのインターフェース信号を理解する必要はさほどありません．

一方，SDRAMのインターフェース方法をしっかり理解したい方は，この論理シミュレーションの波形は非常に参考になると思います．参考文献に示した各SDRAMのデータシートと見比べて理解してください．

● SDRAM上にプログラムを置いたシミュレーションも可能

ここではSRAM(onchip_memory2_0)にC言語プログラムを置いてSDRAMをアクセスする論理シミュレーションを紹介しました．

詳細は説明しませんが，逆にSDRAMの上にC言語プログラムを置いた論理シミュレーションも簡単にできます．CPUのリセット・ベクタと例外ベクタをSDRAM領域に置いて，Nios II EDSのBSPプロジェ

リスト1 Qsysが生成したNios IIシステムのRTL
SDRAMインターフェース信号が追加されている．

```
module QSYS_CORE (
    clk_clk,
    modular_adc_0_adc_pll_clock_clk,
    modular_adc_0_adc_pll_locked_export,
    pio_0_external_connection_export,
    reset_reset_n,
    sdram_controller_0_wire_addr,
    sdram_controller_0_wire_ba,
    sdram_controller_0_wire_cas_n,
    sdram_controller_0_wire_cke,
    sdram_controller_0_wire_cs_n,
    sdram_controller_0_wire_dq,
    sdram_controller_0_wire_dqm,
    sdram_controller_0_wire_ras_n,
    sdram_controller_0_wire_we_n);

    input           clk_clk;
    input           modular_adc_0_adc_pll_clock_clk;
    input           modular_adc_0_adc_pll_locked_export;
    inout   [ 7:0]  pio_0_external_connection_export;
    input           reset_reset_n;
    output  [12:0]  sdram_controller_0_wire_addr;
    output  [ 1:0]  sdram_controller_0_wire_ba;
    output          sdram_controller_0_wire_cas_n;
    output          sdram_controller_0_wire_cke;
    output          sdram_controller_0_wire_cs_n;     ← SDRAM接続用インターフェース信号
    inout   [15:0]  sdram_controller_0_wire_dq;
    output  [ 1:0]  sdram_controller_0_wire_dqm;
    output          sdram_controller_0_wire_ras_n;
    output          sdram_controller_0_wire_we_n;
endmodule
```

(a) QSYS_CORE本体のモジュール定義：QSYS_CORE_bb.v
(...¥FPGA¥QSYS_CORE¥QSYS_CORE_bb.v)

```
QSYS_CORE u0
(
    .clk_clk                                (<connected-to-clk_clk>),
    .modular_adc_0_adc_pll_clock_clk        (<connected-to-modular_adc_0_adc_pll_clock_clk>),
    .modular_adc_0_adc_pll_locked_export    (<connected-to-modular_adc_0_adc_pll_locked_export>),
    .pio_0_external_connection_export       (<connected-to-pio_0_external_connection_export>),
    .reset_reset_n                          (<connected-to-reset_reset_n>),
    .sdram_controller_0_wire_addr           (<connected-to-sdram_controller_0_wire_addr>),
    .sdram_controller_0_wire_ba             (<connected-to-sdram_controller_0_wire_ba>),
    .sdram_controller_0_wire_cas_n          (<connected-to-sdram_controller_0_wire_cas_n>),
    .sdram_controller_0_wire_cke            (<connected-to-sdram_controller_0_wire_cke>),
    .sdram_controller_0_wire_cs_n           (<connected-to-sdram_controller_0_wire_cs_n>),
    .sdram_controller_0_wire_dq             (<connected-to-sdram_controller_0_wire_dq>),
    .sdram_controller_0_wire_dqm            (<connected-to-sdram_controller_0_wire_dqm>),
    .sdram_controller_0_wire_ras_n          (<connected-to-sdram_controller_0_wire_ras_n>),
    .sdram_controller_0_wire_we_n           (<connected-to-sdram_controller_0_wire_we_n>)
);
```

(b) QSYS_COREのインスタンス化のひな型：QSYS_CORE_inst.v
(...¥FPGA¥QSYS_CORE¥QSYS_CORE_inst.v)

クトで，リンカ設定の各セクションをSDRAM領域にします．この状態でNios II EDSからModelSimを起動すると，なんと勝手に自動的にSDRAMモデルのメモリ内容が初期化されて，SDRAMから命令がフェッチされ論理シミュレーションが正常に走り始めます．試してみてください．

SDRAMアクセス用FPGAの構築

● SDRAM用クロックをPLLで生成して位相調整

図1に示したように，実際のFPGA内では，SDRAM用クロックsdram_clkはPLLから生成します．一般的に本章で説明しているSDRAMコントローラを使う場合は，SDRAMコントローラ論理を制御するシステム・クロックに対して，SDRAMに供給するクロックsdram_clkの位相を少しだけ進ませると安定したアクセスができます．

これは，SDRAMのリード時に，sdram_clkの立ち上がりからリード・データが確定するまでのアクセス・タイムが他のタイミング規定よりも若干長めであり，それを基板配線を経由してSDRAMコントローラが取り込むまでの経路にマージンを持たせたほうが安定する傾向にあるからです．SDRAMコントローラ

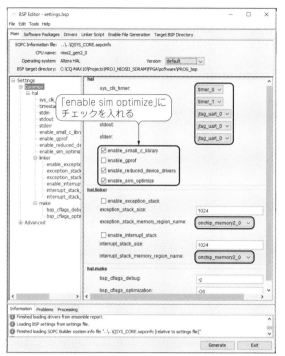
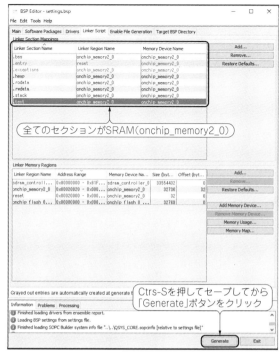

（a）SDRAMコントローラの論理シミュレーション用設定
Nios II EDSで，ワークスペースsoftwareを開いて，複製したBSPプロジェクトPROG_bspを全削除して新規に作成し直し，SRAM（onchip_memory2_0）の上でプログラムを動作させる形式の論理シミュレーション用にBSP Editorの内容を設定する

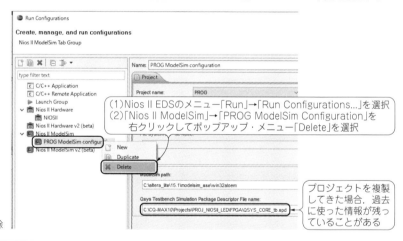

（b）論理シミュレーション起動設定に
複製元の情報が含まれていれば削除

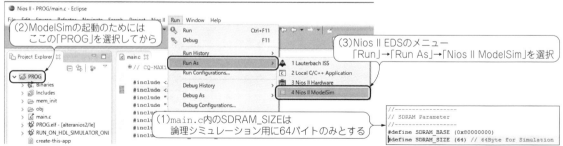

（c）DRAMチェック用プログラムの編集
メイン・プログラムmain.cをリスト2に従ってSDRAMチェック用に編集し，PROGとPROG_bspをクリーンしてビルドし直してから，論理シミュレータModelSimを起動

図5 Nios IIシステムのSDRAMコントローラを論理シミュレーション

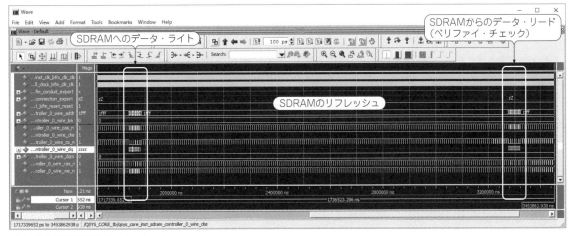

(d) SDRAMの論理シミュレーション
ModelSim-Altera Starter Editonが起動し，自動的に論理記述がコンパイルされ，論理シミュレーションのコマンド待ちになる．
波形ウィンドウ内にQSYS_COREの入出力信号を登録してコマンド「run 4ms」と入力する

リスト2　SDRAMメモリ・チェック・プログラム

main.cを編集する．

```c
#include <stdio.h>
#include <stdint.h>
#include "system.h"
#include "sys/alt_irq.h"
#include "sys/alt_sys_wrappers.h"
#include "altera_avalon_pio_regs.h"
#include "altera_avalon_timer_regs.h"
#include "altera_modular_adc.h"

//------------------
// SDRAM Parameter
//------------------
#define SDRAM_BASE (0x80000000)          ← SDRAM先頭アドレス
#define SDRAM_SIZE (32 * 1024 * 1024)    ← SDRAMサイズ
                                            ・256Mビットの場合：(16×1024×1024)
uint32_t adc_data[1] = {0};                 ・512Mビットの場合：(32×1024×1024)
volatile uint32_t adc_busy = 0;             ・論理シミュレーション時：(64)

#define MAX_LED_COLORS 8
...

void gpio_init(void)
...

void gpio_led(uint32_t led)
...

uint32_t gpio_switch(void)
...                                      ← プロジェクトPROJ_NIOSII_ADCのメイン・プログラムと同じ

void timer2_callback(void *context)
...

void timer2_init(void)
...

void adc_callback(void *context)
...

void adc_init(void)
...

//========================================
// Main Routine
//========================================
int main(void)   ← メイン・ルーチン
{
```

リスト2 SDRAMメモリ・チェック・プログラム（つづき）

```c
    //----------------------
    // Initialize Hardware
    //----------------------
    gpio_init();                            ← ハードウェア初期化
    //----------------
    // SDRAM Data Write
    //----------------
    for (i = 0; i < SDRAM_SIZE; i = i + 4)  ← SDRAMに対して，4バイト区切りでアドレスと同じ値を
    {                                          データとしてライトして全体を埋める
        psdram = (uint32_t*)(SDRAM_BASE + i);
        *psdram = (uint32_t)psdram;
        if ((i % 65536) == 0)               ← 64Kバイトごとにメッセージ
        {
            printf("SDRAM Writing Addr=0x%08x\n", (int)psdram);
        }
    }

    //--------------------
    // SDRAM Verify Check
    //--------------------
    led_index = 0;
    //
    for (i = 0; i < SDRAM_SIZE; i = i + 4)  ← SDRAM全体をリードしてベリファイ
    {
        psdram = (uint32_t*)(SDRAM_BASE + i);
        if (*psdram != (uint32_t)psdram) // found error
        {
            printf("SDRAM Error Addr=0x%08x\n", (int)psdram);
            while(1)
            {
                gpio_led(RED);
                usleep(500000);              ← ベリファイ・エラーがあればLEDを
                gpio_led(YEL);                 赤⇔黄で点滅
                usleep(500000);
            }
        }
        //
        if ((i % 65536) == 0)               ← 64KバイトごとにメッセージとLED色変化
        {
            printf("SDRAM Verifying Addr=0x%08x\n", (int)psdram);
            gpio_led(LED_COLOR_DATA[led_index]);
            led_index = (led_index + 1) % MAX_LED_COLORS;
        }
    }
    printf("SDRAM Check Done.\n");          ← 正常終了のメッセージ

    //-----------------
    // End of Program
    //-----------------
    return 0;
}
```

側からSDRAM本体に向かう信号については，SDRAM本体側のセットアップ時間が短いので，マージンをあまり取らなくても大丈夫なようです．

ここでは，システム・クロックに対して，SDRAMに供給するクロックsdram_clkの位相を3nsだけ前倒ししておきます．MAX10-FB基板と，推奨SDRAMを使う範囲では，この設定でほとんど問題なく動作します．

実際の設計ではコラムに示したような詳細なタイミング検証を行う必要があります．

● FPGAのPLLと最上位記述を修正してフル・コンパイル

FPGAを仕上げましょう．図6に示す手順で作業してください．

PLLには50MHzのSDRAM用クロックを追加し，位相を3ns進ませます．PLLのRTLがリスト3に示すようになっているか確認しておきましょう．

FPGAの最上位記述はリスト4のように修正します．Nios IIシステムQSYS_COREのSDRAMインターフェース信号とPLLから出したSDRAMクロックを最上位階層の入出力信号に追加します．

FPGAの外部端子は表2に従って信号をアサインしてください．

最後にFPGAをフル・コンパイルして，JTAGコンフィグレーション用ファイル ...\output_files\FPGA.sof を使ってFPGAをコンフィグレーションしておきます．ここではFLASHメモリへの書き込みは行いません．

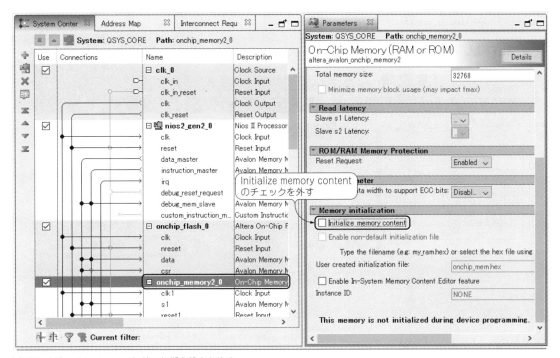

(a) SRAM（onchip_memory2_0）の初期化設定を外す
QsysでQSYS_CORE.qsysを開き，SRAM（onchip_memory2_0）の初期化設定を外してCtrl-Sでセーブして「Generate HDL...」をクリックする

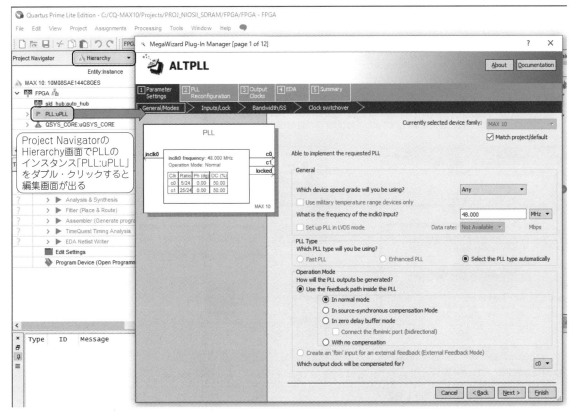

(b) Quartus Prime上でPLLを編集するためオープン

図6 Quartus PrimeでSDRAMコントローラ含むNios IIシステム全体をフル・コンパイル

SDRAMアクセス用FPGAの構築 **257**

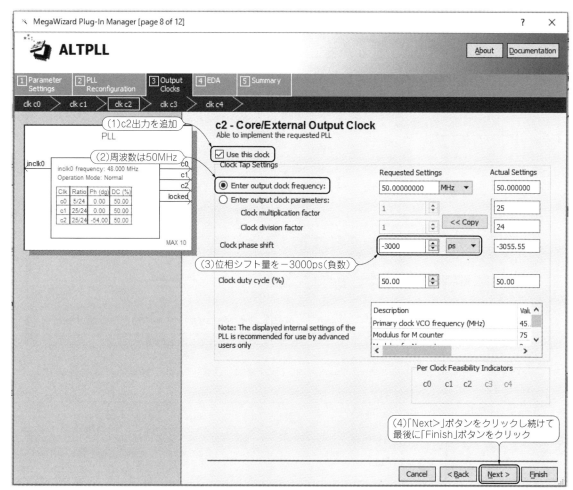

(c) PLLの設定
PLLのc2出力からSDRAM用クロックを生成する．周波数はシステム・クロック(c1)と同じ50MHzにするが，位相シフト量として−3000ps＝−3ns(負数)を指定する．c1よりもc2のほうが位相が進む形になる

(d) FPGAのフル・コンパイル
FPGA最上位階層の論理記述 `FPGA.v` を**リスト4**に従って編集し，外部端子を**表2**に従ってアサインしてFPGAをフル・コンパイルする

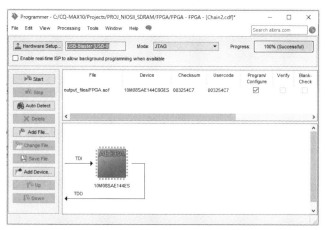

(e) FPGAコンフィグレーション
Programmerで，JTAGコンフィグレーション用ファイル `...¥output_files¥FPGA.sof` をFPGAにダウンロードしてコンフィグレーションする．ここではFLASHメモリには書き込まない

図6 Quartus PrimeでSDRAMコントローラ含むNios IIシステム全体をフル・コンパイル（つづき）

リスト3 PLLのRTL
モジュール定義部とインスタンス化用ひな型.

```
module PLL
(
    inclk0,
    c0,
    c1,
    c2,
    locked
);

input  inclk0;
output c0;
output c1;
output c2;
output locked;

…

endmodule
```

inclk0：入力クロック(48MHz)
c0：A-D変換器用出力クロック(10MHz)
c1：システム用出力クロック(50MHz)
c2：SDRAM用出力クロック(50MHz, 位相＝－3ns)
locked：A-D変換器用PLLロック信号

(a) PLL本体のRTL PLL.v

```
PLL     PLL_inst
(
    .inclk0 ( inclk0_sig ),
    .c0     ( c0_sig ),
    .c1     ( c1_sig ),
    .c2     ( c2_sig ),
    .locked ( locked_sig )
);
```

(b) PLLのインスタンス化のひな型 PLL_inst.v

リスト4 FPGAの最上位階層RTL FPGA.v

```
`ifdef SIMULATION
...
`endif

//--------------------
// Top of the FPGA
//--------------------
module FPGA
(
    input  wire          clk48,
    inout  wire [7:0]    gpio,
    //
    output wire [12:0]   sdram_addr,
    output wire [ 1:0]   sdram_ba,
    output wire          sdram_cas_n,
    output wire          sdram_cke,
    output wire          sdram_cs_n,
    inout  wire [15:0]   sdram_dq,
    output wire [ 1:0]   sdram_dqm,
    output wire          sdram_ras_n,
    output wire          sdram_we_n,
    output wire          sdram_clk
);

//-------------
// PLL
//-------------
wire clk;      // Clock for System
wire clk_adc;  // Clock for ADC
wire locked;   // PLL Lock
//
PLL uPLL
(
    .inclk0 (clk48),
    .c0     (clk_adc),
    .c1     (clk),
    .c2     (sdram_clk),
    .locked (locked)
);

//--------------------------
// Internal Power on Reset
//--------------------------
wire res_n;    // Internal Reset Signal
...

assign res_n = por_n;

//-------------
// QSYS_CORE
//-------------
QSYS_CORE uQSYS_CORE
(
```

他プロジェクトと同じ記述にする

モジュール定義の開始
- FPGAトップ階層のモジュール名：FPGA
- 入出力信号：
  - clk48：MAX10-FB基板上の48MHz発振器のクロック入力
  - gpio[7:0]：I/Oポート
      gpio[7]：MAX10-FB基板のスイッチSW1
      gpio[2:0]：MAX10-FB基板のLED1
  - sdram_xxx：SDRAMインターフェース信号

PLLモジュール(sdram_clk出力追加)

パワーONリセット回路
他プロジェクトと同じ記述にする

リスト4 FPGAの最上位階層RTL FPGA.v(つづき)

```
        .clk_clk (clk),
        .reset_reset_n (res_n),
        .pio_0_external_connection_export   (gpio)
        .modular_adc_0_adc_pll_clock_clk    (clk_adc)
        .modular_adc_0_adc_pll_locked_export (locked)
        .sdram_controller_0_wire_addr       (sdram_addr)
        .sdram_controller_0_wire_ba         (sdram_ba),
        .sdram_controller_0_wire_cas_n      (sdram_cas_n),
        .sdram_controller_0_wire_cke        (sdram_cke),
        .sdram_controller_0_wire_cs_n       (sdram_cs_n),
        .sdram_controller_0_wire_dq         (sdram_dq),
        .sdram_controller_0_wire_dqm        (sdram_dqm),
        .sdram_controller_0_wire_ras_n      (sdram_ras_n),
        .sdram_controller_0_wire_we_n       (sdram_we_n)
);

endmodule   ← モジュール定義の終了
```
← Nios IIシステム
（SDRAMインターフェース信号追加）

FPGAからSDRAMをアクセスして MAX10-FB基板をテスト

● Nios II EDS で SDRAM 全面チェック・プログラムを作成して動かす

図7に示す手順で，Nios II EDS のプログラムをSDRAM全面チェック用に修正して，デバッガを起動して実機チェックしてください．

プログラムを走らせると，まずSDRAM全アドレスにデータがライトされます．次にライトしたデータを順にリードしてベリファイします．この間，フル・カラー LEDを点滅させます．もしエラーがあったらLEDを赤と黄で交互点滅させます．

Nios II EDSデバッガのNios II Consoleにはプログラムの進行状況が表示されます．

最後に「SDRAM Check Done.」と表示されればMAX10-FB基板上のSDRAMは正常動作しています．おめでとうございます．

●もし，エラーがあったら

もしベリファイでエラーがあったら，SDRAMのはんだ付け状況を拡大鏡などでしっかり再確認してください．電源やグラウンドの接触は大丈夫そうですか？隣の端子とはんだブリッジしていませんか？

Nios II Consoleの表示で，データ値の一部のビットに相違があれば，データ・バスのDQ信号の接触不良が考えられます．データがバイト単位で相違していれば，UDQMとLDQMの接触不良が考えられます．

最初のアドレスはOKだけど，どこかのアドレスで相違が出れば，アドレス信号A12〜A0やBA1，BA0の接触不良が考えられます．

最初のアドレスからデータの一部すらも書き込まれていなかったら，CLK，CKE，CS#，RAS#，CAS#，WE#，およびアドレス信号A12〜A0やBA1，BA0の接続を確認してください．

あとは，Qsys上のSDRAMコントローラの設定を再確認してください．256Mビット品と512Mビット品を取り違えていませんか？タイミング設定を間違えていませんか？

問題があっても，落ち着いてじっくり解析すれば，必ず解決できます．諦めずに取り組んでください．

MAX 10 の FLASH メモリと SDRAM の活用

● MAX 10 の FLASH メモリと SDRAM の活用

ここまでのプロジェクトでは，SDRAMの全面メモリ・テストのため，SDRAMにはC言語上のコードやデータを置かない設定にしました．

一般的なアプリケーションでは，C言語のコードをFLASHメモリ(UFM)に置いて，データをSDRAMに置くと思います．その場合の設定一式を図8に示します．SDRAMコントローラはソフトウェアからの設定なく立ち上げ直後から動作可能なので，SDRAMは普通のSRAMの代わりとして扱うことができます．図8の設定の場合は，もはやSRAM(onchip_memory2_0)は不要なので，MAX 10のメモリ・ブロックを他の用途に活用することができます．

SDRAMの広大な空間を活用したアプリケーション開発を大いに楽しんでください．

◆ 参考文献 ◆

(1) SDRAM データシート：Data Sheet, AS4C16M16SA-C&I, 256M - (16Mx16bit) Synchronous DRAM(SDRAM), Advanced(Rev. 3.0, Mar. 2012), Alliance Memory Inc.

(2) SDRAM データシート：Data Sheet, AS4C32M16SA, 512Mbit Single-Data-Rate(SDR)SDRAM 32Mx16(8M x 16 x 4 Banks), Rev. 3.0, Apr. 2015, Alliance Memory Inc.

(3) SDRAM データシート：Data Sheet, IS42S83200G, IS42S16160G IS45S83200G, IS45S16160G 32Meg x 8, 16Meg

表2 FPGAの外部端子への信号アサイン

Quartus PrimeのPin Planner設定				MAX10-FB基板接続先	備考
Node Name	Direction	Location	Weak Pull-Up		
clk48	Input	PIN_27	−	48MHzクロック入力	
gpio[7]	Bidir	PIN_123	On	SW1	ONで"L"レベル入力
gpio[6]	Bidir	PIN_124	On	CN2-1	
gpio[5]	Bidir	PIN_127	On	CN2-2	
gpio[4]	Bidir	PIN_130	On	CN2-3	
gpio[3]	Bidir	PIN_131	On	CN2-4	
gpio[2]	Bidir	PIN_121	On	LED1 BLU（青）	"L"レベルでLED点灯
gpio[1]	Bidir	PIN_122	On	LED1 GRN（緑）	"L"レベルでLED点灯
gpio[0]	Bidir	PIN_120	On	LED1 RED（赤）	"L"レベルでLED点灯
sdram_addr[12]	Output	PIN_89	−	SDRAM A12	SDRAMアドレス入力 • 256Mビット品（32Mバイト） 　ロウ・アドレス：A12-A0 　カラム・アドレス：A8-A0 • 512Mビット品（64Mバイト） 　ロウ・アドレス：A12-A0 　カラム・アドレス：A9-A0
sdram_addr[11]	Output	PIN_88	−	SDRAM A11	
sdram_addr[10]	Output	PIN_97	−	SDRAM A10	
sdram_addr[9]	Output	PIN_87	−	SDRAM A9	
sdram_addr[8]	Output	PIN_86	−	SDRAM A8	
sdram_addr[7]	Output	PIN_85	−	SDRAM A7	
sdram_addr[6]	Output	PIN_84	−	SDRAM A6	
sdram_addr[5]	Output	PIN_80	−	SDRAM A5	
sdram_addr[4]	Output	PIN_81	−	SDRAM A4	
sdram_addr[3]	Output	PIN_100	−	SDRAM A3	
sdram_addr[2]	Output	PIN_101	−	SDRAM A2	
sdram_addr[1]	Output	PIN_99	−	SDRAM A1	
sdram_addr[0]	Output	PIN_98	−	SDRAM A0	
sdram_ba[1]	Output	PIN_96	−	SDRAM BA1	SDRAMバンク・アドレス
sdram_ba[0]	Output	PIN_93	−	SDRAM BA0	
sdram_cas_n	Output	PIN_90	−	SDRAM $\overline{CAS}$	SDRAMカラム・アドレス・ストローブ
sdram_cke	Output	PIN_79	−	SDRAM CKE	SDRAMクロック・イネーブル
sdram_clk	Output	PIN_78	−	SDRAM CLK	SDRAMクロック
sdram_cs_n	Output	PIN_92	−	SDRAM $\overline{CS}$	SDRAMチップ・セレクト
sdram_dq[15]	Bidir	PIN_64	−	SDRAM DQ15	SDRAMデータ入出力
sdram_dq[14]	Bidir	PIN_65	−	SDRAM DQ14	
sdram_dq[13]	Bidir	PIN_66	−	SDRAM DQ13	
sdram_dq[12]	Bidir	PIN_69	−	SDRAM DQ12	
sdram_dq[11]	Bidir	PIN_70	−	SDRAM DQ11	
sdram_dq[10]	Bidir	PIN_74	−	SDRAM DQ10	
sdram_dq[9]	Bidir	PIN_75	−	SDRAM DQ9	
sdram_dq[8]	Bidir	PIN_76	−	SDRAM DQ8	
sdram_dq[7]	Bidir	PIN_106	−	SDRAM DQ7	
sdram_dq[6]	Bidir	PIN_110	−	SDRAM DQ6	
sdram_dq[5]	Bidir	PIN_111	−	SDRAM DQ5	
sdram_dq[4]	Bidir	PIN_112	−	SDRAM DQ4	
sdram_dq[3]	Bidir	PIN_113	−	SDRAM DQ3	
sdram_dq[2]	Bidir	PIN_114	−	SDRAM DQ2	
sdram_dq[1]	Bidir	PIN_118	−	SDRAM DQ1	
sdram_dq[0]	Bidir	PIN_119	−	SDRAM DQ0	
sdram_dqm[1]	Output	PIN_77	−	SDRAM UDQM	SDRAM上位データ入出力マスク
sdram_dqm[0]	Output	PIN_105	−	SDRAM LDQM	SDRAM下位データ入出力マスク
sdram_ras_n	Output	PIN_91	−	SDRAM $\overline{RAS}$	SDRAMロウ・アドレス・ストローブ
sdram_we_n	Output	PIN_102	−	SDRAM $\overline{WE}$	SDRAMライト・イネーブル

(4) SDRAMデータシート：Data Sheet, IS42/45R86400D/16320D/32160D IS42/45S86400D/16320D/32160D 16Mx32, 32Mx16, 64Mx8 512Mb SDRAM, Rev.A, 2012/08/29, Integrated Silicon Solution, Inc.

x16 256Mb SYNCHRONOUS DRAM, Rev.F, 2013/12/09, Integrated Silicon Solution, Inc.

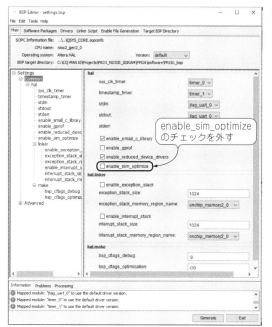

(a) 論理シミュレーション用ライブラリの使用をOFF
Nios II EDSで，BSPプロジェクトPROG_bspのBSP Editorを開いて，論理シミュレーション用ライブラリの使用をOFFにする

```
//------------------
// SDRAM Parameter
//------------------
#define SDRAM_BASE  (0x80000000)
#define SDRAM_SIZE  (32 * 1024 * 1024) // 256Mbit
```

(b) メモリ・サイズの設定
main.c内のSDRAM_SIZEを実デバイスのサイズに合わせる
 ・256Mビットの場合：(32 * 1024 * 1024)
 ・512Mビットの場合：(64 * 1024 * 1024)
その後，PROGとPROG_bspを共にクリーンして再ビルドする

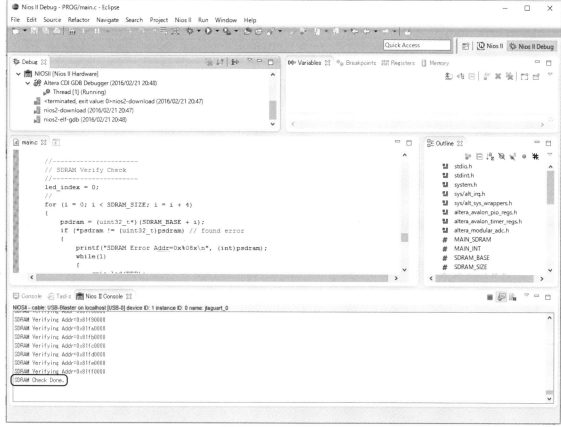

(c) SDRAM全面チェック・プログラムの動作
Nios II EDSのメニュー「Run」→「Debug Configurations...」を選択し，FPGA内のNios IIとのJTAGコネクションとID番号の一致を確認してから「Debug」ボタンをクリックする．デバッガ上で「Run」ボタンをクリックするとプログラムが走る．SDRAM全面にデータをライトしてからベリファイが始まりLEDが点滅する．Nios II Console上で最後に「SDRAM Check Done.」と表示されればOK

図7 Nios II EDSでSDRAM全面チェック・プログラムを作成して実機チェック

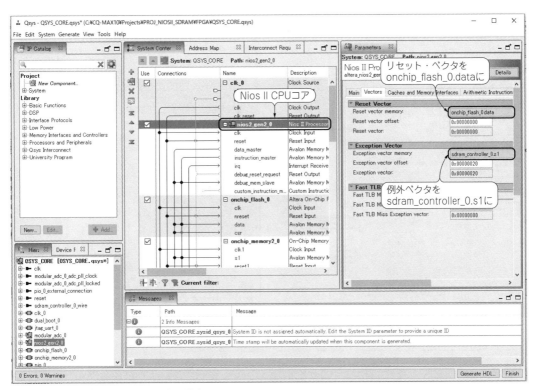

(a) QsysのNios II CPU設定
リセット・ベクタをFLASHメモリ領域上に，例外ベクタをSDRAM領域上に設定する

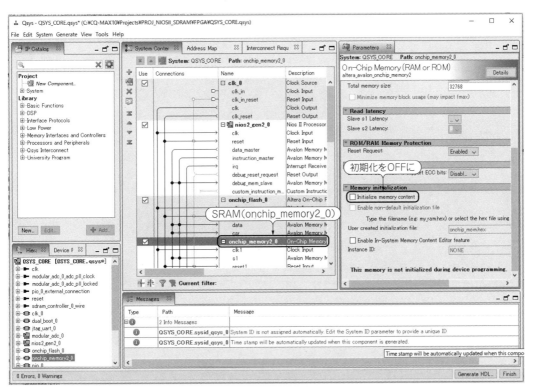

(b) QsysのSRAM設定
メモリ内容の初期化をOFFに設定する

図8 プログラムをFLASHメモリ(UFM)に，データをSDRAMに置く設定

MAX 10のFLASHメモリとSDRAMの活用 **263**

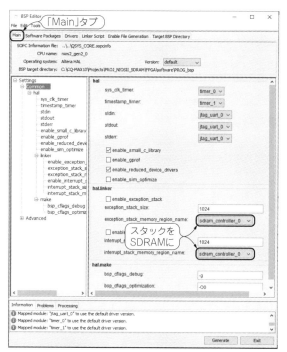
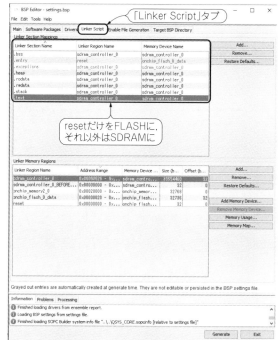

(c) Nios II EDSのBSPプロジェクト設定
スタック領域を全てSDRAM領域に設定する．リンカ設定のセクションはresetセクションだけをFLASH領域にして，それ以外を全てSDRAM領域に設定する

図8 プログラムをFLASHメモリ（UFM）に，データをSDRAMに置く設定（つづき）

Column 1　SDRAMコントローラの入出力タイミング検証

● DRAMコントローラの入出力タイミング検証

本文でも説明しましたが，SDRAMコントローラをFPGAに実装する場合は，タイミング解析が重要です．SDRAMコントローラを含むFPGAのフル・コンパイルが終わった状態で，図A～図Gに示す手順で操作してください．

● タイミング制約用SDCファイル

タイミング解析のためには，タイミング制約ファイルSDC（Synopsys Design Constraints）の作成が必要ですが，その記述方法や文法の詳細は，本書の中で説明します．ここでのSDCファイルはリストAに示すものをそのまま使ってください．SDCファイルに興味のある方は参考文献を参照してみてください．

なお，リストAの(e)でマルチ・サイクル転送を定義しています．これは，システム・クロック（PLL c1）に対してSDRAMクロック（PLL c2）の位相を3ns早めているためです．SDRAMクロックのエッジで出力された信号は，3ns直後のシステム・クロックのエッジで受けるのではなく，その次のエッジで受けることを指示しています．

● 解析対象のSDRAMアクセス経路の論理構造

図HにSDRAMアクセス経路の全体論理構造を示します．SDRAM内部に示したフリップフロップ（FF）は仮想的なものです．外部入出力信号に対するタイミング解析においては，入力遅延や出力遅延は，外部に送り手または受け手としての仮想的なFFを置いて定義します．

● SDRAMリード・データの「Input Delay（Setup）」解析

TimeQuestによるInput Delay（Setup）の解析経路のうち，ワーストだったスラック（余裕度）のものを図Iに示します．sdram_clkの立ち上がりエッジで出力されたリード・データsdram_dq[*]をSDRAMコントローラ内のFFが受ける時，そのFFのセットアップ時間を満足しているかどうかを検証しています．

この解析におけるInput Delay時間は，sdram_clkの立ち上がりからリード・データが確定するまでのアクセス・タイムと基板上の信号伝搬遅延を合わせた値の最大値とし，SDCファイル上で7nsを指定しました．

この経路ではマルチ・サイクル（2サイクル）が適用されています．

スラックが最悪値になるように，信号やクロックの遅延時間として最大値を使うか最小値を使うかを自動的に適切に選択してくれています．

図Iの中で，Latch Clock（PLL c1：システム・クロック）よりもSDRAMコントローラ内のD-FF ClockのClock Delayは後ろになるはずですが，0.071nsだけ早くなっています．これは，PLLから出力されるクロックのタイミングをPLL入力側の48MHzクロックを基準に計算しており，その値の最小値がPLL c2とPLL c1の位相差3.055nsより小さくなったためと推定します．

次にClock Pessimism Removalについて説明します．タイミング解析ツール内でのクロック遅延解析では，根元から末端の間で最小値と最大値のずれの最悪値を計算しますが，クロックの経路の途中で分岐があった場合，その根元から分岐点までは物理的に共通の値になるはずです．よって，根元から分岐点を経由して末端までの全区間での実際の最小値と最大値のずれの最悪値は，分岐を考慮しなかった場合よりも少ないことになります．タイミング解析ツールはまずは悲観的（pessimism）に解析しますが，現実はもう少しマシなので，その分マージンを加えることを，Clock Pessimism Removalといいます．

Clock Uncertaintyとは，クロックに乗るジッタなどによるクロック・エッジ位置の不確実性のことです．

図Iによれば，SDRAMのリード・データはSDRAMコントローラ内のFFに対してセットアップを満足して取り込めることがわかります．

● SDRAMリード・データの「Input Delay（Hold）」解析

TimeQuestによるInput Delay（Hold）の解析経路のうち，ワーストだったスラックのものを図Jに示します．sdram_clkの立ち上がりエッジで出力されたリード・データsdram_dq[*]をSDRAMコントローラ内のFFが受ける時，そのFFのホールド時間を満足しているかどうかを検証しています．

この解析におけるInput Delay時間は，sdram_clkの立ち上がりからリード・データが確定するまでのアクセス・タイムと基板上の信号伝搬遅延を合わせた値の最小値とし，SDCファイル上で2nsを指定しました．

この経路ではマルチ・サイクルは適用されません．

この解析でも，スラックが最悪値になるように，信号やクロックの遅延時間として最大値を使

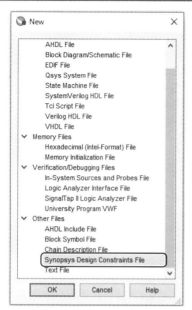

図A　TimeQuest Timing Analyzerによる
SDRAMコントローラの入出力タイミング検証
FPGAのフル・コンパイル後，Quartus Prmeのメニュー「File」→「New...」で，SDCファイルを選択して，リストAに従って編集し，セーブする．

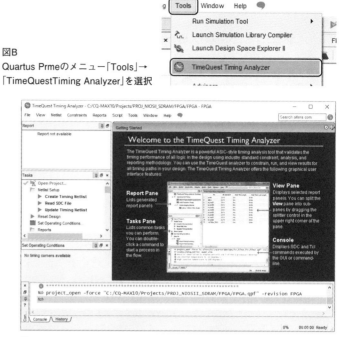

図B　Quartus Prmeのメニュー「Tools」→「TimeQuestTiming Analyzer」を選択

図C　TimeQuestが起動

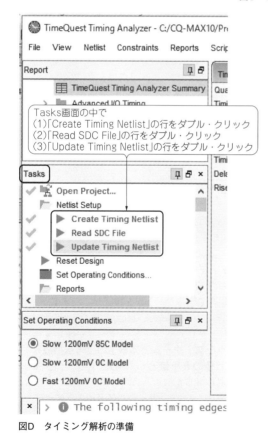

図D　タイミング解析の準備

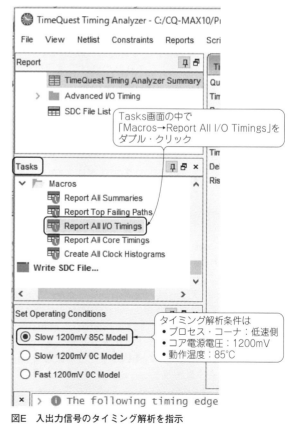

図E　入出力信号のタイミング解析を指示

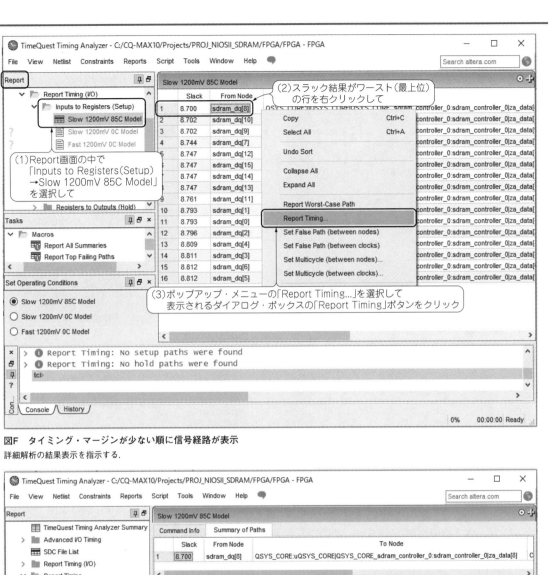

図F　タイミング・マージンが少ない順に信号経路が表示
詳細解析の結果表示を指示する．

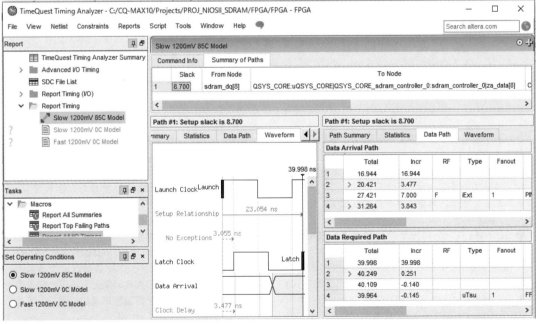

図G　当該信号経路のタイミング解析結果表示
他のタイミングを見るには図Fに，解析条件を変更するには図Eに戻って作業を継続する．SDCファイルを変更した場合は図Dに戻る．RTLを修正した場合はFPGAのフル・コンパイル後に図Dに戻る．

MAX 10のFLASHメモリとSDRAMの活用　**267**

リストA　SDRAMコントローラの入出力タイミング検証用SDCファイル

```
create_clock -name CLOCK_48MHZ -period 20.833 [get_ports {clk48}]    ←(a)PLL入力クロックの生成
derive_pll_clocks    ←(b)PLL設定内容からPLLが出力するクロックCLOCK_48MHzを自動生成
derive_clock_uncertainty    ←(c)PLL設定内容からPLLが出力するクロックの
                                 ジッタなど不確定成分(uncertainty)の抽出
create_generated_clock -name CLOCK_SDRAM                             ¥
    -source [get_pins {uPLL|altpll_component|auto_generated|pll1|clk[2]}] ¥
    [get_ports {sdram_clk}]
                                                                           (d)PLLのc2出力をソー
                                                                              スにしたsdram_clk端子
                                                                              上のクロックCLOCK_
                                                                              SDRAMを生成
set_multicycle_path -from [get_clocks {CLOCK_SDRAM}]                 ¥
    -to [get_clocks {uPLL|altpll_component|auto_generated|pll1|clk[1]}] ¥
    -setup -end 2
                                                                           (e)クロックCLOCK_
                                                                              SDRAMからPLLのc1
                                                                              出力(システム・クロッ
                                                                              ク)に向けた転送をマル
                                                                              チ・サイクル(2サイク
                                                                              ル)に設定
set_input_delay -clock { CLOCK_SDRAM } -max 7                        ¥
    [get_ports {sdram_dq[0] sdram_dq[1] sdram_dq[2] sdram_dq[3]      ¥
                sdram_dq[4] sdram_dq[5] sdram_dq[6] sdram_dq[7]      ¥
                sdram_dq[8] sdram_dq[9] sdram_dq[10] sdram_dq[11]    ¥
                sdram_dq[12] sdram_dq[13] sdram_dq[14] sdram_dq[15]}]
                                                                           (f)クロックSDRAM_
                                                                              CLOCKから入力端子
                                                                              (sdram_dq)までの入
                                                                              力経路遅延の最大値を
                                                                              設定
set_input_delay -clock { CLOCK_SDRAM } -min 2                        ¥
    [get_ports {sdram_dq[0] sdram_dq[1] sdram_dq[2] sdram_dq[3]      ¥
                sdram_dq[4] sdram_dq[5] sdram_dq[6] sdram_dq[7]      ¥
                sdram_dq[8] sdram_dq[9] sdram_dq[10] sdram_dq[11]    ¥
                sdram_dq[12] sdram_dq[13] sdram_dq[14] sdram_dq[15]}]
                                                                           (g)クロックSDRAM_
                                                                              CLOCKから入力端子
                                                                              (sdram_dq)までの入
                                                                              力経路遅延の最小値を設定
set_output_delay -clock { CLOCK_SDRAM } -max 5                       ¥
    [get_ports {sdram_addr[0] sdram_addr[1] sdram_addr[2] sdram_addr[3]  ¥
                sdram_addr[4] sdram_addr[5] sdram_addr[6] sdram_addr[7]  ¥
                sdram_addr[8] sdram_addr[9] sdram_addr[10] sdram_addr[11] ¥
                sdram_addr[12] sdram_ba[0] sdram_ba[1]                ¥
                sdram_cas_n sdram_cke sdram_cs_n                      ¥
                sdram_dq[0] sdram_dq[1] sdram_dq[2] sdram_dq[3]       ¥
                sdram_dq[4] sdram_dq[5] sdram_dq[6] sdram_dq[7]       ¥
                sdram_dq[8] sdram_dq[9] sdram_dq[10] sdram_dq[11]     ¥
                sdram_dq[12] sdram_dq[13] sdram_dq[14] sdram_dq[15]   ¥
                sdram_dqm[0] sdram_dqm[1] sdram_ras_n sdram_we_n}]
                                                                           (h)出力端子(sdram_
                                                                              *)からクロックSDRAM_
                                                                              CLOCKまでの出力経路
                                                                              遅延の最大値を設定
set_output_delay -clock { CLOCK_SDRAM } -min 2                       ¥
    [get_ports {sdram_addr[0] sdram_addr[1] sdram_addr[2] sdram_addr[3]  ¥
                sdram_addr[4] sdram_addr[5] sdram_addr[6] sdram_addr[7]  ¥
                sdram_addr[8] sdram_addr[9] sdram_addr[10] sdram_addr[11] ¥
                sdram_addr[12] sdram_ba[0] sdram_ba[1]                ¥
                sdram_cas_n sdram_cke sdram_cs_n                      ¥
                sdram_dq[0] sdram_dq[1] sdram_dq[2] sdram_dq[3]       ¥
                sdram_dq[4] sdram_dq[5] sdram_dq[6] sdram_dq[7]       ¥
                sdram_dq[8] sdram_dq[9] sdram_dq[10] sdram_dq[11]     ¥
                sdram_dq[12] sdram_dq[13] sdram_dq[14] sdram_dq[15]   ¥
                sdram_dqm[0] sdram_dqm[1] sdram_ras_n sdram_we_n}]
                                                                           (i)出力端子(sdram_
                                                                              *)からクロックSDRAM_
                                                                              CLOCKまでの出力経路
                                                                              遅延の最小値を設定
```

うか最小値を使うかを自動的に適切に選択してくれています．

図Jによれば，SDRAMのリード・データはSDRAMコントローラ内のFFに対してホールドを満足して取り込めることがわかります．

● SDRAMコントローラの出力信号の「Output Delay (Setup)」解析

TimeQuestによるOutput Delay (Setup)の解析経路のうち，ワーストだったスラック(余裕度)のものを図Kに示します．SDRAMコントローラ内のFF (PLL c1がソース)の立ち上がりエッジで出力された信号sdram_outをSDRAM内の仮想FFが受ける時のマージンを検証しています．

この解析におけるOutput Delay時間は，sdram_outから出力された信号の基板上の伝搬遅延と，SDRAM側のsdram_clkに対する必要セットアップ時間を合わせた値の最大値とし，SDCファイル上で5nsを指定しました．図Kでは，Output DelayはSDRAM内仮想FFの取り込みクロック(ソースはsdram_clk)を前方にシフトさせた形で表現しています．

この経路ではマルチ・サイクルは適用されません．

この解析でも，スラックが最悪値になるように，信号やクロックの遅延時間として最大値を使うか最小値を使うかを自動的に適切に選択してくれています．

図Kによれば，SDRAMコントローラの出力信号はSDRAM内の仮想FFに対してセットアップを満足して取り込めることがわかります．

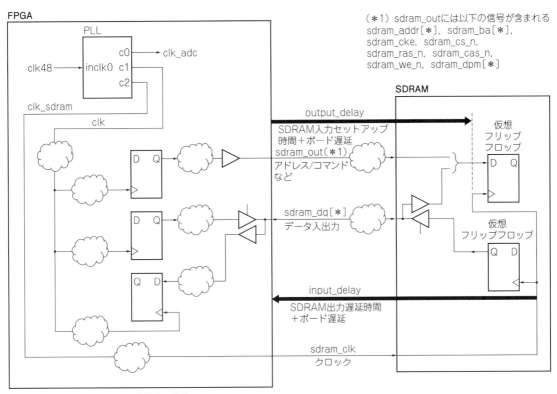

図H　SDRAMアクセス経路の全体論理構造

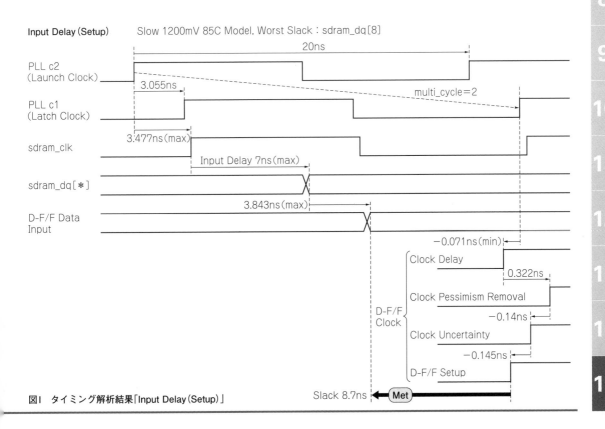

図I　タイミング解析結果「Input Delay (Setup)」

MAX 10 の FLASH メモリと SDRAM の活用　269

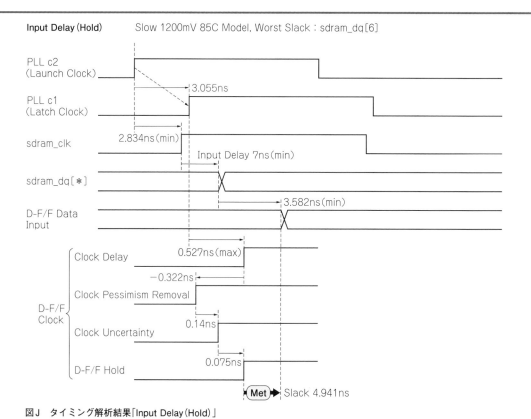

図J　タイミング解析結果「Input Delay (Hold)」

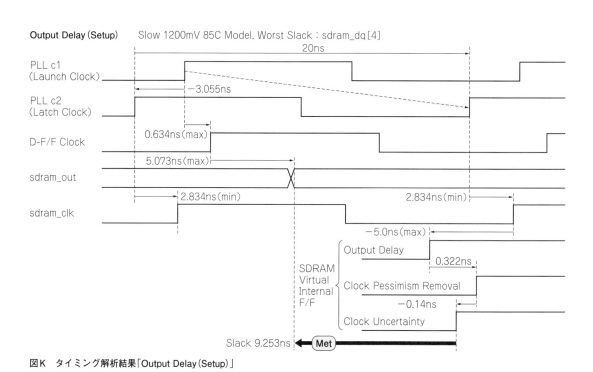

図K　タイミング解析結果「Output Delay (Setup)」

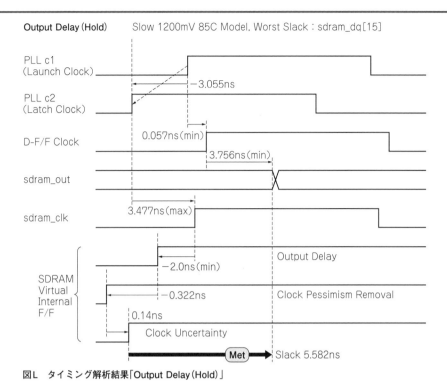

図L　タイミング解析結果「Output Delay (Hold)」

● SDRAMコントローラの出力信号の「Output Delay (Hold)」解析

TimeQuestによる Output Delay (Hold) の解析経路のうち，ワーストだったスラック（余裕度）のものを図Lに示します．SDRAM コントローラ内の FF (PLL c1 がソース) の立ち上がりエッジで出力された信号 sdram_out を SDRAM 内の仮想 FF が受ける時のマージンを検証しています．

この解析における Output Delay 時間は，sdram_out から出力された信号の基板上の伝搬遅延と，SDRAM 側の sdram_clk に対する必要セットアップ時間を合わせた値の最小値とし，SDC ファイル上で 2ns を指定しました．図Kでは，Output Delay は SDRAM 内仮想 FF の取り込みクロック（ソースは sdram_clk）を前方にシフトさせた形で表現しています．

この経路ではマルチ・サイクルは適用されません．

この解析でも，スラックが最悪値になるように，信号やクロックの遅延時間として最大値を使うか最小値を使うかを自動的に適切に選択してくれています．

図Lによれば，SDRAM コントローラの出力信号は SDRAM 内の仮想 FF に対してホールドを満足して取り込めることがわかります．

◆参考文献◆

(1) タイミング検証関係：Quartus II Handbook Volume 3: Verification, QII5V3, 2015.05.04, Altera Corporation.

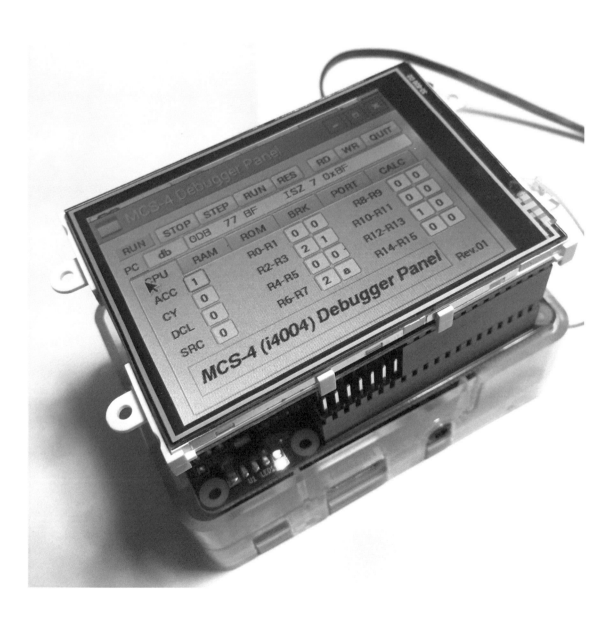

第4部 論理設計入門

第16章 論理設計を知り，味わい，そして楽しむ

論理設計入門

●はじめに

自分の思い描くシステムを構築するには，ハードウェアとソフトウェアの知識と経験が必要です．

ソフトウェアについては入手しやすいマイコン評価基板があるので触れるチャンスも多く，多くの方が経験を積みながら腕を上げていると思います．

一方，ハードウェアの製作は，一般的には壁が高いです．アナログとディジタルが混在したミクスト・シグナル型のシステムの場合，アナログ回路なら多くのケースは比較的小規模であり，OPアンプやA-D変換器など市販のICを組み合わせて実現できる範囲にあるでしょう．

ディジタル回路(論理回路)側は，汎用マイコンで済む範囲なら簡単ですが，特殊で高性能かつ高機能な論理回路が必要になるケースだと一般的に規模が大きくなります．これをTTLなどの標準ロジックICをたくさん組み合わせて大量の配線をする職人技で実現するのは，今の世の中では現実的ではありません．

MAX 10は論理設計の経験を積む素晴らしいプラットフォームです．手配線は要りません．RTLコーディングでディジタル回路が完成します．このFPGAを使って思う存分論理設計して，現実に動作するシステム開発を数多く経験して腕をメキメキ上げていきましょう．

そのためには，何はともあれ論理設計の基礎について学ぶ必要があります．本稿では必要最小限ではありますが，論理設計のキモになるところを解説します．本書で必要になる知識はすべて網羅していきますので，じっくり理解してください．すでに論理設計を十分知り尽くしている方は，読み飛ばしても構いません．

論理設計を始める前に

大きな流れ

●第1歩は入出力インターフェースと内部機能仕様の決定

まずは論理設計とはなんぞや，から説明します．

図1にそのイメージを示します．実現したいディジタル機能について，まず，入出力インターフェースを明確に定義します．また，内部機能仕様を明確に矛盾なく定義します．

論理機能モジュールの例を表1に示します．ロジカルに矛盾のない入出力インターフェースや内部仕様を，早い段階でしっかり規定することがとても重要で，ここの失敗による手戻りは全体の設計工数に多大な悪影響を及ぼします．

●仕様が決まった後の設計の流れ

次に，内部ハードウェアの実現方式(アルゴリズム)を規定します．ここが最も頭を使うところで，機能面，タイミング面，経済面(ハードウェア量，消費電力)を見渡しながら，最適な方式を決定します．

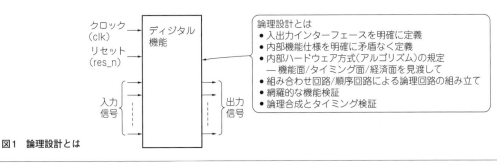

図1 論理設計とは

※本稿は，『ARM PSoCで作るMyスペシャル・マイコン(開発編)』(2014年1月，CQ出版社)の第19章「論理設計入門」の内容に大幅加筆したものです．

Column 1 論理設計するときはハードウェアをイメージしながら
──トランジスタ，配線，テストまで気配りできて一人前

　論理設計の道具として後述するハードウェア記述言語（HDL：Hardware Description Language）が登場してから，しばしば論理設計がソフトウェア設計化したという話が出ることがありますが，この両者はまったく異なるものです．以下，かなり「おっさん」のつぶやきに近い感のある話を書きますが，いずれも重要なことなので，しっかり意識してください．

(1) ソフトウェアのコードは書いただけROMを消費しますが，すでに存在しているCPU内の演算リソースを使い回すだけで論理ハードウェアが増えるわけではありません．

　一方，ハードウェア記述言語のコードは，書いたぶんだけハードウェアの物量になってしまいます．演算子を一つ書くだけで，演算器が生成されることになるのです．「＋（加算）」程度なら小さいですが，「＊（乗算）」の1文字をあちらこちらに書くと，ハード量を消費する乗算器が大量に生成されます．

　ハードウェア記述言語は論理回路をある程度抽象化できるので便利ですが，1行ずつ書いたコードがどのようなハードウェアに落とし込まれるのかを常に意識することが重要です．

　そのためコーディングの前に，ハードウェア方式設計段階で全体構造とその規模を把握するためのしっかりしたブロック図や論理機能図を書くことが大切になってきます．

(2) C言語で書いたコードは逐次的に実行されていきますが，ハードウェア記述言語で書いたコードは全体が同時並行に実行されます．ハードウェア設計では，常に全体を俯瞰して物を考える必要があるのです．

(3) 論理ハードウェアはSoC（System on a Chip）でもFPGA（Field Programmble Gate Array）でも，最後は2次元のシリコン内に展開されるものです．ハードウェア全体の実現方式（ブロック分割など）を検討するときに，2次元面内で効率的に情報や信号が流れるようにすることを意識すべきです．FPGA設計でも，そのほうが内部リソースの利用効率が高くなります．

(4) 論理回路も最後はトランジスタから構成される電子回路＝アナログ回路になります．その物理的な挙動をしっかり理解することが重要です．

　回路の電源電圧，デバイスからの出力信号のレベル（High時の出力レベル＝V_{OH}，Low時の出力レベル＝V_{OL}），デバイスへの入力信号レベル（High検知の最小レベル＝V_{IH}，Low検知時の最大レベル＝V_{IL}），信号遅延時間，シグナル・インテグリティ（信号品質の確保＝リンギング，反射，クロストークなどによる信号劣化の防止）などを考慮します．

　さらに，信頼性への配慮も必要です．例えば，立ち上がり時間や立ち下がり時間がなまった信号をCMOSディジタル回路に入力すると，電源－GND間の貫通電流が流れる期間が長くなるため，メタル配線を劣化（エレクトロマイグレーション）させたり，ホットエレクトロン注入によるMOSトランジスタの特性（スレッショルド電圧）変動を

表1　論理設計対象モジュールの例

設計対象モジュール	入力信号	出力信号
CPU	データ・バス（リード） 割り込み信号	メモリ・アクセス・ストローブ信号 アドレス・バス データ・バス（ライト）
シリアル通信 UART	受信データ（RXD） モデム制御信号（CTS，DCD，DSR）	送信データ（TXD） モデム制御信号（RTS，DTR）
タイマ	カウント・クロック インプット・キャプチャ入力 位相係数入力	アウトプット・コンペア出力 PWM出力
LCDコントローラ	ホストからのコマンド入力 フレーム・バッファ・データ（リード）	ホストへの状態通知信号 LCD制御信号（水平／垂直同期，RBGデータ） フレーム・バッファ・アクセス・ストローブ フレーム・バッファ・アドレス フレーム・バッファ・データ（ライト）

招きます.

　ファンイン，ファンアウト，配線長，最大負荷容量などにきちんと制約を掛けた設計が必要になります.

(5) ソフトウェアのバグは避けるべきですが，FLASHメモリやハードディスクに格納されているのであれば，あとから更新することが可能です．一方，ハードウェアの場合，FPGAであればフィールドで書き換えることはできますが，SoCの場合はもうシリコンになってしまっているので，市場に出れば更新できません．このため「バグれない」というプレッシャーがあります．論理設計ではその機能検証が非常に重要で，いかに網羅的な検証を行うかをしっかり考える必要があります.

　ただ，多くの波形をもれなくチェックすることは困難です．そのために検証方法(道具立て)をよく考える必要があります．チェッカ付きのモデルや，ポイントを押さえたログ出力などを用意します．あるいはアサーション・ベース検証という，「自動波形チェック」のような方法もあります.

　しかしこうした検証環境にもかなりのコード量が必要になるので，そちらにバグがあると検証漏れを引き起こす可能性もあります．だんだんと何を検証しているのかわからなくなることもあるので注意が必要です.

(6) もっと重要なことがあります．それは初期の仕様設計から方式設計，コーディング，詳細論理設計までに至る，作り込み工程での設計品質です．この初期の段階からしっかり全体を見通して不安感なく自信をもてる設計，すなわち「機能検証に頼らずとも問題ないほどの高品質設計」を行

うことが大切なのです.

　もちろんきちんとした網羅的な機能検証は必須ですが，そこで検討不足や確認不足による低レベルなバグが出てくるようでは非常にまずいと思ったほうがいいです.

　そう言っても人間はミスするもの．どうするか？　まず基本は与えられた問題や課題の本質をきちんと理解して単純化し，扱いやすい単位に分割することです.

　また，自分がどこでミスしやすいかを意識すること，そのミスを防ぐための自分なりの仕掛けを用意することも重要です．ふと心をよぎった不安感や疑問は意外に重要な問題をはらむことがあり，必ず確認と解決をすることも大切です.

　とにかく，いかにして高品質な設計を作り込むのかの熟慮に時間を掛けてください．すごく優秀なエンジニアほど，実作業の前の事前検討に時間をかけ，かつミスを防ぐため作業中および作業後は，愚直で細かな確認やチェックを怠らないものです.

(7) 論理設計者の責任は非常に重いです．論理バグがあると，特にSoC設計の場合，論理設計以降の工程(レイアウト設計，ウェハ試作，機能評価，特性評価，テスティング立ち上げ，量産品製造)のすべてに渡って手戻りが発生してしまいます．後ろの工程になるほど，人手と費用が桁違いに増えてきます．もちろんユーザやソフト開発者にも影響が及びます．訴訟や補償の話になることもあるほどです.

　設計の早い段階になるほどその責任は重くなりますので，前項で述べた設計品質の確保はとても大切なことなのです.

　その後，実現方式に従って組み合わせ回路や順序回路を駆使して詳細な論理記述を(例えば後述するRTLレベルなどで)組み立て，網羅的にしっかり機能検証します．実際の論理ゲートに落とし込む論理合成を行い，タイミングに問題ないか検証します．この手順どおりストレートに事が進むことはなく，実際は前後の工程を行き来しながら設計を進めていきます.

大きな回路を効率よく作るしくみ

●抽象度とは

　一般のソフトウェア開発を例にして考えてみると，

抽象度が最も低いレベルは，ROMに書き込むビット列です．今どき，ROMに仕込むプログラムをいきなり16進数で書く人はいないでしょうが，マイコンの黎明期にはデータ・バスに繋がった2進数トグル・スイッチで直接RAM内にCPUの機械語プログラムを書き込んだりしました．十数バイトくらいのIPL(Initial Program Loader)をものすごい勢いで入力する名人もいましたよね．まあ，この手の話は酒の席くらいにしておきましょう．8080や6809の機械語で会話し始めるおばさまとおじさまが，どこからともなく寄ってきますので.

　機械語より抽象を上げていくと順に，アセンブラ，C言語(手続き型高級言語)，オブジェクト指向言

語，…という感じになるでしょう．ライブラリやクラスなどで抽象度を上げることで，生産性も上がっていきます．さらに進めると，遺伝的アルゴリズムや進化的アルゴリズムになっていくのでしょうか？

● 論理設計における抽象度のいろいろ

論理設計もソフトウェア同様にいくつかの抽象度レベルがあります．表2にその例を示します．

最も抽象度が低いレベルは，回路図上で論理ゲートを組み上げていく設計です．これはLSI内のアナログ機能に含まれる小規模な論理ブロックや，基板上のロジック回路などでは今でも使われる手法です．これでも生のMOSトランジスタを扱わないので，少し抽象度は高めです．

論理ゲートから1段階高い抽象レベルはRTL (Register Transfer Level)です．おそらく現時点で論理設計の抽象度としては，このRTLレベルが最も普及していると思います．RTLは内部回路のレジスタだけは明確に定義して，そのレジスタ間の論理をブール式や条件式などで抽象化する記述方法であり，Verilog HDLやVHDLといったハードウェア記述言語で表現できます．論理合成ツールを使えばRTLか

Column 2　ひとり半導体ベンダ？ 私にも手が届くLSIの開発方法（ネタですが本当です）

● 個人でLSI開発する手段

数億円かかるSoCを個人で開発するというのは，よっぽどの超オタクでないとやろうとも思わないでしょうが，個人でも手が届くLSI開発の手段があります．それがゲート・アレイ(Gate Array)です．

● ゲート・アレイって何？

ゲート・アレイとは，シリコン基板上にあらかじめ決められた論理ゲートやフリップフロップが並んでいて，その各ゲート間をつなぐ配線だけをユーザごとに変更するタイプのLSIです．まさにFPGAの配置配線固定版のような感じです．シリコン製造のための治工具費用は配線層のマスク代だけなので一般のSoC開発よりも大幅に開発費を抑えられます．

● ゲート・アレイは昔からある

ゲート・アレイは1980年代には多くの半導体ベンダが製品を出していました．しかし，今ではほとんどがやめています．ところが，台湾の大手ファウンダリTSMC(Taiwan Semiconductor Manufacturing Company)を利用している設計ハウスでは，今でもゲート・アレイの設計サービスをやっていて，0.35μm，0.5μm，0.6μmなどのレガシーなプロセスを使って設計・製造してくれます．TSMCはレガシーなプロセスもやめないと宣言しており，安心して長期に渡って使えそうです．

設計手順は簡単で，FPGAでデバッグを終えたRTL記述(Verilog HDLやVHDL)とタイミング検証用制約ファイル(SDC)およびパッケージ関連の情報(パッケージ種類とピン配置)を提出すれば，あとはサンプルの完成を待つだけです．高価なCADツールがなくともどうにかなる範囲です．

● 開発費用は？

ゲート・アレイの開発費用は，なんと一式たったの数百万円！ 新車1台買うくらいの価格です．これなら，清水の舞台から飛び降りた気分でLSI開発できますよね．1品種開発したら，せっせと量産して売りましょう．

● FPGAベンダも似たようなものを出している

ちなみに，FPGAベンダ自身もFPGAの配置配線固定版デバイスをサポートしています．アルテラ社の場合はHardCopyシリーズに該当します．開発費はかかりますが，FPGA単体で購入するよりも安いし，パッケージや内蔵PLLなどもそのままオリジナルのFPGAと同じものが使えるので，FPGAからの移行は簡単です．

● ゲート・アレイはまだまだ現役

ただし勝手な筆者の予想ですが，量産時の単価は，固定版のFPGAよりもゲート・アレイのほうがプロセス世代が古く論理規模も小さめなので，かなり安くなると予想します．規模が小さい論理LSIを作るならゲート・アレイと言う選択はまだまだアリです．

—*—

どうでしょう？ ひとり半導体ベンダへの道．アイディア次第で大成功が待っているかもしれません．

◆ 参考文献 ◆
(1) ゲート・アレイの設計サービスの例
　　http://www.pgc.com.tw/gateview.htm

表2 論理設計の抽象度のいろいろ

名　前	モデル名	内　容	時間概念	動作合成	言　語
システム・レベル	TLM：Transaction Level Model	・データの流れだけを定義 ・インターフェースや制御信号は具体化しない ・ハード/ソフト協調検証に有効	なし(アンタイムド)，あり(タイムド)：両方とも記述可能	発展途上	System Cなど
動作レベル	BCA：Bus Cycle Accurate	・入出力インターフェースを具体的に定義 ・内部機能は時間概念なく記述可能	あり：入出力のみ	可能	System Cなど
RTLレベル	RTL：Register Transfer Level	・入出力も内部機能も共に詳細に記述 ・具体的に内部回路のレジスタを定義 ・レジスタ間の論理は抽象的に記述	あり：論理全体	可能	Verilog HDL VHDL
論理ゲート・レベル	—	・論理ゲートで詳細に記述	あり：論理全体	—	Verilog HDL VHDL EDIF

ら論理ゲートへ変換でき，現在では非常に効率の良い合成結果が得られるようになっています．

RTL記述は抽象度が高いと言っても，そこから論理ゲートで構成される回路をほぼ類推できるので，テキスト・エディタで記述できる便利な回路図のような感じです．本書で示す論理設計はこのRTLレベルで行います．

● **より高い抽象度**

RTLより上位の抽象度としては動作レベル(BCA：Bus Cycle Accurate)やシステム・レベル(TLM：Transaction Level Model)があります．

言語としてはSystem Cで記述でき，ソフトウェアのC言語との協調検証ができるため，設計工程の上流段階でシステム検証を行うことができる特長があります．

抽象度が上がるほど，論理機能ブロック内の時間(クロック)概念が薄くなるので，論理合成したときの結果には注意が必要です．例えば，動画処理などでの最適なパイプライン構成やDDR2/DDR3/DDR4メモリをアクセスするときの無駄のないタイミング設計を行うなど，ぎりぎりの性能を出すための設計では，現段階ではRTL設計がベストと筆者は感じていますが，高い抽象度からの動作合成がさらに進化して，論理設計の生産性が飛躍的に向上することを期待しています．今後，楽しみな分野です．

論理設計の基本

① 組み合わせ回路

ここからは，具体的に論理回路を学んでいきましょう．

論理設計の基本は組み合わせ回路です．組み合わせ回路とは，簡単にいえば，入力されたディジタル信号レベルを加工・変換してすみやかに出力に伝搬させるものです．

■ **組み合わせ回路のいろいろ**

● **組み合わせ回路の代表＝論理ゲート**

組み合わせ回路で代表的なものは，図2(a)に示すような論理ゲートを組み合わせたものです．論理ゲート自体はおなじみのものばかりだと思います．SoCの中などで使われる論理ゲートは，さらに複雑に機能を組み合わせた複合ゲートが使われます．ここでは記しませんが，論理合成ツールによって合成効率が上がる複合論理ゲートがたくさん考案されています(例えば，2個の2入力ORの出力を，1個の2入力NANDに接続したものなど)．

昔は論理合成ツールはなく，論理ゲートを人手で直接回路図上に描いていました．論理ゲートをきれいに書くための定規もあり，入社したての新人に配ったこともあります．ANDやORの形から，論理ゲートを「くらげ」と呼ぶ人がいましたが，個人的にはあまり好きな言葉ではなかったですね．あれはやはり「ゲート」です．

● **その他の組み合わせ回路**

その他の組み合わせ回路の種類としては，加算器，乗算器，ルックアップ・テーブル(真理値表)，ROMなどがあります．基本的には，いずれも複数の入力信号を複数の出力信号に変換するものです．入力信号がN本あれば，2^N通りの出力信号の組み合わせが生じます．

■ **設計に成功するために**

● **組み合わせ回路のタイミングは遅延のみ**

組み合わせ回路のタイミングは図2(b)に示すように，入力信号の変化に対して遅延時間t_d後に出力信号が変化します．この遅延時間t_dは組み合わせ回路の複雑さ(論理ゲート段数の多さ)，使用するトランジ

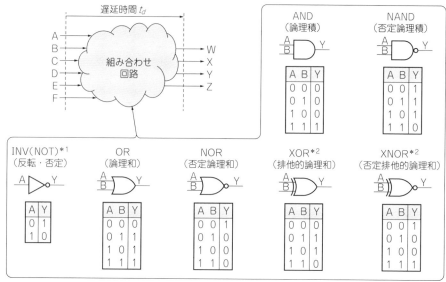

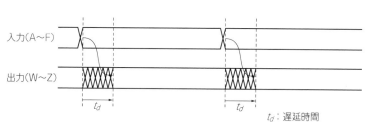

図2 論理ゲートと組み合わせ回路

(a) 組み合わせ回路

*1：INVはInvererの略．NOTゲートはインバータと呼ぶことが多い．
*2：排他的論理和：Exclusive ORを略してXORあるいはEORと書く

(b) 組み合わせ回路のタイミング　　t_d：遅延時間

スタ特性，配線距離，配線負荷容量などに依存します．条件によっては遅延時間がかなり短くなることもあるので，組み合わせ回路の遅延時間には幅(min と max)があることを意識してください．

● ハミング距離とハザード

複数の信号が変化するとき，変化前と変化後で値が異なる信号の本数をハミング距離といいます．例えば4本の信号があって，(0000)→(0001)と変化する場合のハミング距離は1，(0001)→(0111)の場合は2，(0111)→(1000)の場合は4となります．

複数の信号が同タイミングに変化する場合，理想的な同時変化はありえず，微妙に時間がずれて変化していきます．この微妙にずれて変化していく段階数の最大値がハミング距離に対応します．

組み合わせ回路に入力した複数の信号が変化するときのハミング距離が2以上の場合は，その組み合わせ回路の出力信号変化時にハザード(ひげ)が出ることがあります．

このハザードについては，遅延時間さえ間に合えば出ていても問題なしとする考え方と，MOS回路のトグル回数が増え消費電力が増大することを防止する，などのため，できるだけ避けたいという考え方があります．

設計対象ごとのポリシーとしてハザードの扱いを決めて設計しますが，超低消費電力化したい場合や組み合わせ回路の出力をクロックとして使うような特殊な場合を除き，RTL記述を普通に論理合成する場合はハザードが発生してもかまわない，と考えることが多いです．

● ゲートの組み合わせ方を最適化する「ド・モルガンの法則」

数理論理学にド・モルガンの法則というものがあります．図3(a)，図3(b)にその論理式を示します．

出力負論理のAND(NAND)ゲートを入力負論理のORゲートに変換したり，出力負論理のOR(NOR)ゲートを入力負論理のANDゲートに変換できるものです．

ド・モルガンの法則を使うと図3(c)に示すように，複雑なゲートを単純なゲートに頭の中で変換することができます．この図では，4入力ANDゲートを三つ

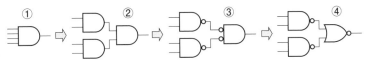

(a) ド・モルガンの法則1　　(b) ド・モルガンの法則2

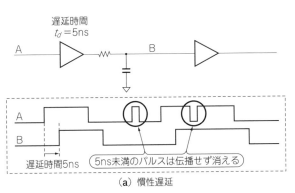

図3 ゲートの組み合わせ方を最適化する「ド・モルガンの法則」

(c) ド・モルガンの法則を使ったゲートの合成

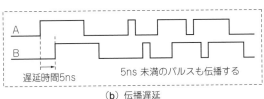

(a) 慣性遅延　　(b) 伝搬遅延

図4 慣性遅延と伝搬遅延

の2入力ANDゲートに変換し，途中の信号を負論理にして前段を負論理出力のAND(NAND)，後段を負論理入力のANDに置き換えて，最後にド・モルガンの法則で後段のゲートを2入力NORに変換しています．

今は，論理合成ツールの性能が向上したので，ド・モルガンの法則を使ってゲートの組み合わせ方を最適化することに人間が取り組む機会は減っています．論理合成手法としてカルノー図を使う方法もありましたが，これもほとんど使う必要はなくなりました．人手による組み合わせ回路の最適化に興味のある方はインターネットを検索して調べてみてください．

▶ NANDがあればすべての論理回路が組める

ド・モルガンの法則を応用すればすべての論理回路は2入力NANDゲートだけで組めます．

インバータは2入力NANDの入力端子を接続すればよいし，NORゲートは2入力NANDゲートの入力側と出力側にインバータを挿入すれば実現できます．後述するフリップフロップもゲート回路の組み合わせなので，NANDゲートだけで作ることができます．このため，TTL ICの74シリーズの最初の型番7400にはNANDゲート×4個が入っているのでしょう．同様にNORゲートだけでもすべての論理回路を実現することが可能です．

NANDゲートやNORゲートだけで論理回路を組み上げることは現在では効率の面から現実的ではありませんが，知識ネタとしてはおもしろい話です．現実の話として，月に行ったアポロ宇宙船に搭載されていたコンピュータは，ほとんどNORゲートだけで構成されていました．

● 遅延時間の種類

組み合わせ回路（および単純な電線）を通る信号は遅延しますが，この遅延には図4に示すように慣性遅延と伝搬遅延の2種類があります．

慣性遅延は，回路の遅延時間より短いパルスが伝わらない遅延です．ロー・パス・フィルタを通したイメージであり，物理的にはこの遅延動作が一般的でしょう．

伝搬遅延は，入力信号がそのままの形で出力側に伝搬する遅延特性をいいます．特殊なディレイ・ラインなどをモデル化するときに使います．

② 順序回路とDフリップフロップ

■ 基礎知識

● 順序回路とは？

ディジタル機能モジュールは，時間経過と絡めた複雑なシーケンスなどを扱う必要があり，組み合わせ回

Column 3　SoCと適材適所で使い分け
──デバイスとして最適化できるSoCと，手軽に開発できるFPGA

● SoC

スマホやタブレットPCに入っているARM Cortex-xxを内蔵したプロセッサなどは，SoC（System on a Chip）と呼びます．

その中は図A(a)のように，CPUや周辺機能などの論理回路に加え，内蔵メモリ，A-D変換器などのアナログ・モジュール，発振器など，さまざまな機能モジュールが詰まっています．

性能，消費電力，コストを最適化することができる一方で，1枚のシリコンに固定化されているので一旦作ってしまうと機能変更できません．また昨今のSoCは開発費用が極めて高価であり，安くても数億円はかかるのです！

● FPGA

MAX 10の構造を図A(b)に示します．

内部にはたくさんのLAB（Logic Array Block）が規則的に並んでいます．LABはさらに複数のLE（Logic Element）から構成されており，LEの内部にはルックアップ・テーブル（真理値表としてのメモリ＝組み合わせ回路）とフリップフロップが格納されていて，簡単な論理機能を実現できるようになっています．LABの間はインターコネクト配線が縦横に走っており，相互結線できるようになっています．LABの内部機能やインターコネクト結線方法はすべて外部からプログラム（コンフィグレーション）できますので，FPGA一つで任意の論理機能を実現できるのです．

一般のFPGAのコンフィグレーション情報は内部のSRAMに記憶されるので，電源を落とすと消えてしまいます．しかし，MAX 10の場合は，内蔵FLASHメモリの一部にコンフィグレーション情報を記憶でき，電源ON時に自動的にFLASHメモリから内部のSRAMに転送してコンフィグレーションできる機能があり，実質的にコンフィグレーション情報が電源をOFFにしても消えないという特長を備えています．

MAX 10も含め，一般のFPGAの内部にはLABだけでなく，専用のDSP（Digital Signal Processor）機能（乗算器，積和演算器，シフタなど）やブロックRAMをもっており，LABの消費を防ぐとともに性能も向上させています．

さらに最新のFPGAのなかには，Cortex-Axプロセッサやアナログ機能をそれぞれ専用ハードとして内蔵したものも出てきており，だんだんSoCに近づいているようです．

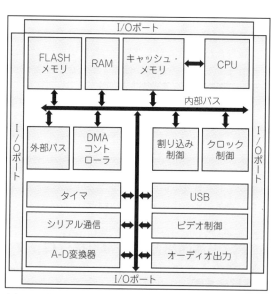

(a) MCU（Micro Controller Unit）やSoC（System on a Chip）の構造

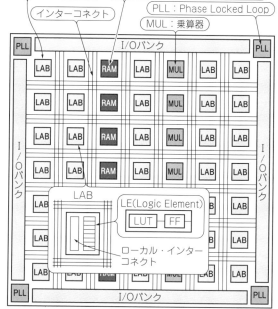

(b) FPGA（Field Programmable Gate Array）の構造

図A　SoCとFPGAの内部構造

図B SoCとFPGAの設計フロー

SoC設計フロー
- 仕様設計
  - 外面仕様書
- 方式設計
  - 内部マイクロ・アーキテクチャ
  - ブロック分割
  - データ・パス機能ブロック図
  - 制御用ステート遷移定義
  - タイミング・チャート
- 詳細論理設計
  - RTL記述
  - タイミング制約
- 論理合成
  - ネット・リスト
  - 仮負荷タイミング検証結果
- DFT(Design for Testability)設計
  - 出荷選別用テスト回路
  - スキャン回路挿入
- レイアウト設計
  - フロア・プラン
  - 自動配置配線データベース
  - 実負荷タイミング検証結果
- デバイス試作
  - マスク製造
  - ウェハ製造
  - パッケージ製造
- デバッグ/評価
  - 機能・特性確認
- 量産立ち上げ
  - 選別用テスティング設計
  - 歩留り確認
- 完成

（多種多様なEDAツール(高価!)）

FPGA設計フロー
- 仕様設計
  - 外面仕様書
- 方式設計
  - 内部マイクロ・アーキテクチャ
  - ブロック分割
  - データ・パス機能ブロック図
  - 制御用ステート遷移定義
  - タイミング・チャート
- 詳細論理設計
  - RTL記述
  - タイミング制約 ┐ UCF作成
  - 端子配置定義　┘ (User Constraints File)
- FPGA実装(自動処理)
  - 論理合成
  - マッピング
  - 配置配線
  - タイミング検証
  - コンフィグ用ビット・ファイル
- FPGAコンフィグレーション
  - JTAG経由でコンフィグ
  - SPI ROM経由でコンフィグ
- デバッグ/評価
  - 機能・特性確認
- 完成

（単一のFPGA設計ツール(無償)）

RTLレベルの設計フローを示す

MAX10-FB基板に搭載したMAX 10は，無償のツールで開発できますので，初心者でも気楽に扱えるものです．大いに論理設計を楽しめると思います．

● 設計フロー

SoCとFPGAのそれぞれについて，論理設計をRTLレベルで進める場合の設計フローの例を図Bに示します．RTLを記述するまでは両者ともほとんど同じです．

▶ SoCの設計フロー

SoCを設計する場合，論理合成以降，実デバイスへのインプリメンテーションまでは，多種多様なEDA(Electronic Design Automation)ツールを駆使して時間をかけた最適化設計を行いますので，設計工数がかなり増えます．

▶ FPGAの設計フロー

一方，FPGAでは，論理合成以降の作業はFPGAメーカが提供するツール1本で済んでしまうことが多いです．より高効率でタイミング改善を図れる高品質な論理合成をしたい場合は，サード・パーティが販売している合成ツールを使うことがあります．

MAX 10については，アルテラ社が提供する無償のQuartus Prime Lite EditionとModelSim-Altera Starter Editionで，ほとんどすべての作業ができてしまいます．論理シミュレーションから論理合成，マッピングや配置配線，さらにFPGAのコンフィグレーション情報(ビット・ファイル)の生成まで開発工程一式をサポートしています．MAX 10のコンフィグレーション作業やデバッグ作業についても，アルテラ社のUSB Blasterケーブルと等価な機能をもつMAX10-JB基板[1]を使うと，アルテラ社の標準ツールから自在に行えます．

FPGAの開発ツールはSoCより充実しており，ワン・プッシュで一連の工程を簡単に完了させることができるのです．

注(1) ▶「①MAX10②ライタ③DVD付き！FPGA電子工作スーパーキット」(CQ出版社)に製作用プリント基板が付属している．

Column 4 論理値(1/0)と電圧レベル(H/L)の対応を整理する
――論理設計のコモンセンス

ディジタル回路では0と1の信号で処理が進むと言いますが，この0と1とはどういう意味でしょうか？

まず物理的な信号レベルは，0の信号はLowレベル，1の信号はHighレベルに対応させるのが通常です．そしてその信号の意味付けについては，通常，信号の0（Lowレベル）は「偽」「ディスエーブル」「無効」などを意味し，1（Highレベル）は「真」「イネーブル」「有効」などを意味します．このような意味付けをした信号を正論理といいます．

逆に，信号の0（Lowレベル）に「真」「イネーブル」「有効」などを，信号の1（Highレベル）に「偽」「ディスエーブル」「無効」などを意味させたものを負論理といいます．

回路図上で，ゲートや機能ブロックにおける負論理信号の入力/出力の部分には小さな丸印（○）を書いてわかりやすくします．原則として負論理で出力された信号は，負論理として入力します（受け取ります）．

例えば，論理積のANDゲートは，入力信号は正論理で出力信号も正論理です．一方，否定論理積のNANDゲートは入力信号は正論理ですが，出力信号は負論理です．入力がともに1（真）のときにそのAND（論理積）結果としては真になりますが，出力信号は負論理なので0を出力します．

インバータ（NOTゲート）は正論理と負論理の変換に使います．

路だけでは実現できません．このシーケンスを扱う回路が順序回路になります．順序回路は，クロック信号を基準にして動作するものです．ここに必要な基本要素がDフリップフロップ（以下D-F/Fと略す）です．

フリップフロップには他にも種類（Tフリップフロップ，JKフリップフロップなど）がありますが，RTLレベル設計で意識することがほとんどなくなってきたので本稿では説明を省略します．

● クロックとD-F/F

D-F/Fを図5(a)に示します．

D-F/Fは入力信号をクロックで時間を刻んで遅延させて出力するものです．クロックの立ち上がりエッジで入力信号Dを取り込んで信号Qを出力します．Qが変化するのは必ずクロックの立ち上がりエッジ（T_1，T_2，T_3，…）になり，入力Dが変化するだけではQには影響しません．D-F/Fには正論理出力（Q）に加えて負論理出力（$\overline{Q}$）をもつものもあります．

一般的にD-F/Fは，出力を初期化するためリセット機能付きが使われます．図5(b)は非同期リセット付きD-F/Fです．負論理リセット入力res_nが0になるとただちに正論理出力（Q）が0になります．

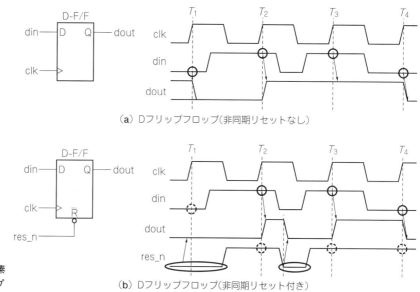

(a) Dフリップフロップ（非同期リセットなし）

(b) Dフリップフロップ（非同期リセット付き）

図5 順序回路の素 Dフリップフロップ

D-F/Fにはリセット入力だけではなく，正論理出力(Q)を1に初期化できるセット信号付きのものもあります．

さらに，リセット入力とセット入力の両方をもつD-F/Fもあります．この場合，リセット入力とセット入力の両方がアクティブになった(アサートした)期間はリセットが優先されQ出力=0にするのが一般ですが，リセット入力とセット入力の両方が同時に非アクティブになった(ネゲートした)ときの出力は定まりません(不定値になる)ので注意が必要です．リセット入力とセット入力は最後にネゲートしたほうがQ出力の初期値を決めます．

なお，D-F/Fを使って入力信号をクロックで受けて出力することを，「クロックで叩く」「クロックで同期化する」などという言葉で表すことが多いです．

● D-F/Fのセットアップ時間とホールド時間

組み合わせ回路のタイミングは遅延時間でしたが，D-F/Fでも，クロックの立ち上がりエッジから出力レベルが定まるまでの遅延時間があります．さらにD-F/Fでは他にも重要なタイミング規定があります．図6(a)に示すセットアップ時間とホールド時間です．

- セットアップ時間：クロックの立ち上がりに対して，入力信号Dのレベルをどれだけ前に確定させておくかを規定．
- ホールド時間：クロックの立ち上がりに対して，入力信号Dのレベルをどれだけ後ろまで保持しておくかを規定．

論理回路の誤動作を防ぐためには，このD-F/Fのセットアップ時間とホールド時間を満足させることが

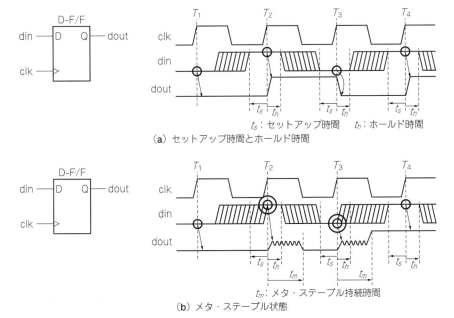

(a) セットアップ時間とホールド時間

(b) メタ・ステーブル状態

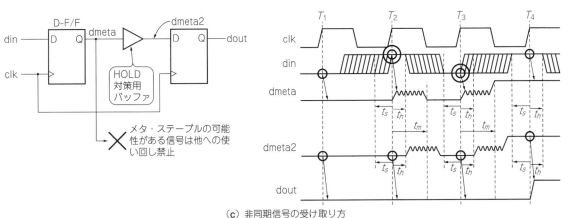

(c) 非同期信号の受け取り方

図6 タイミング設計のかぎをにぎるセットアップ時間とホールド時間

Column 5　ゲートを構成するトランジスタの進化

●消費電力が多いNMOSトランジスタによる論理ゲート

論理ゲートの物理的な中身はトランジスタ（MOS FET）でできています．

昔のLSIはNMOSトランジスタだけを使っていた時期があります（そのもっと大昔はPMOSだけ使っていた…）．N型半導体のほうがP型半導体よりも電子の移動度が大きく，同じ面積であればN型半導体のほうが駆動力があるトランジスタになります．このためN型半導体を使うNMOSが好まれました．

そのNMOSによるインバータ回路を図C(a)に示します．NMOSのゲート入力がHighだとNMOSがONして出力レベルがLowになります[図C(b)]．NMOSのゲート入力がLowだとNMOSはOFFになり，抵抗Rにより後段負荷が充電され，出力レベルがHighになります[図C(c)]．出力がHighからLowに変わるときはNMOSが低抵抗で出力負荷を放電するので高速ですが，出力がLowからHighに変わるときは抵抗Rが出力負荷を充電するので低速です．

さらに，入力がHighレベルのときは電源から抵抗RとNMOSを通ってGNDにDC電流が流れ続けるので，消費電力が増える問題があります．抵抗Rの値は速度と消費電力のトレードオフで決めることになりますが，一般にNMOS型のLSIは非常に消費電力が大きくて，そのパッケージ表面がチンチンに熱くなった記憶があります．

●消費電力が少ないCMOSトランジスタによる論理ゲート

現在のディジタルICはCMOS（Complementary

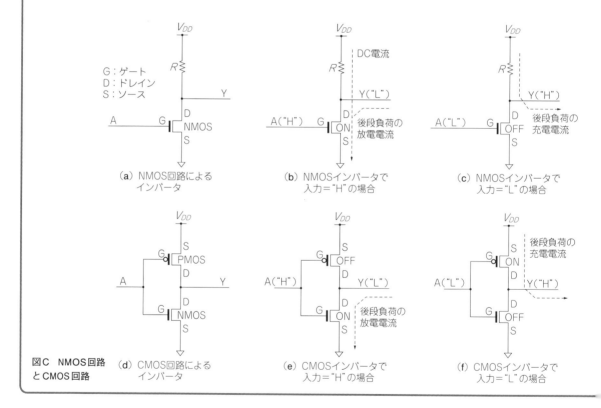

図C　NMOS回路とCMOS回路
(a) NMOS回路によるインバータ
(b) NMOSインバータで入力="H"の場合
(c) NMOSインバータで入力="L"の場合
(d) CMOS回路によるインバータ
(e) CMOSインバータで入力="H"の場合
(f) CMOSインバータで入力="L"の場合

必要です．

● D-F/Fのセットアップ時間とホールド時間を違反したらどうなるか

D-F/Fにおいて，セットアップ時間とホールド時間が違反している場合，図6(b)に示すように，クロックの立ち上がりエッジからしばらくの間，出力Qが発振したような状態になり0/1が定まりません．この状態をメタ・ステーブル状態と呼び，その持続時間はデバイス特性に依存しますが，D-F/Fの遅延時間の

MOS)が主流です.

CMOSによるインバータ回路を**図C(d)**に示します. NMOSとPMOSを組み合わせて相補的(complementary)に動作することからCMOS回路と呼びます. **図C(e)**, **図C(f)**に示すように, Low出力時はNMOSがドライブし, High出力時はPMOSがドライブします. NMOS回路と違い, 常時流れるDC電流はありませんので, NMOS回路より消費電力は減り, またPMOS側の電子の移動度と面積を最適化することで速度も高速化できています.

しかし, High ↔ Low切り替え時は, PMOSとNMOSが同時にONすることによる貫通電流や後段負荷の充放電電流が一瞬流れるので, スイッチング頻度(信号周波数)が高くなると消費電流が増えます.

最近のファイン・プロセス(ゲート長が65nm, 40nm, 28nm, 16nm, あるいはそれ以下)ではNMOSやPMOSがOFF状態でも電流がリークしますので, 動作していないときの電力(スタティック電力)が無視できない問題になってきています.

NANDゲートやNORゲートをCMOS回路で書いた例を**図D**に示します. どうしてもPMOSのほうが速度的には不利なので, NORゲートのようにPMOSが縦積みになっているゲートは駆動力が稼ぎにくい傾向があります. OR系のゲートで多くの負荷をドライブすることは避けたほうがベターですが, 遅延時間と面積の制約条件を与えて論理合成ツールにお任せしてしまうことが多いです.

● イネーブル信号やストローブ信号が負論理になっている理由

RAMのチップ・イネーブル信号($\overline{CE}$)やライト・ストローブ信号($\overline{WE}$)は負論理なことが一般的ですが, この理由はNMOS時代の名残です. NMOS回路では, HighからLowに変化するほうが高速なことと, 非選択時(論理値1)のときはNMOSがOFFでDC電流は流れないことから, 負論理が好まれたようです.

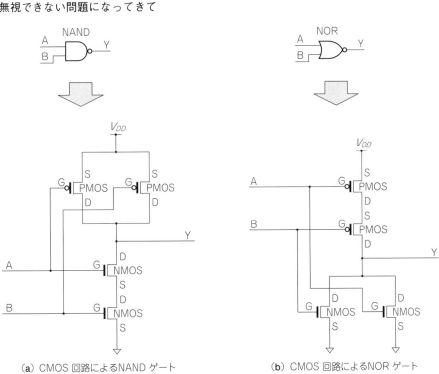

図D CMOSで書いた論理ゲート
(a) CMOS回路によるNANDゲート
(b) CMOS回路によるNORゲート

数倍程度でしょう.

メタ・ステーブルの持続時間は確率論的であり, 長い持続時間ほど発生確率は低いです. メタ・ステーブルの持続時間は, 採用するプロセスやデバイスごとにガイドラインが規定されています.

● 非同期信号の受け方

外部から自分のクロック信号と非同期な信号をD-F/Fで受け取るときは, 必ず初段ではメタ・ステーブル状態が生じるので, **図6(c)**のように, 必ず少なくとも2段のD-F/Fで受けて, メタ・ステーブル状態に

なった信号を内部回路に引き回さないようにしなくてはなりません．ただし，メタ・ステーブル状態の持続時間がクロック周期より十分に短いことが前提です．

■設計に成功するために

●タイミング設計の基本

論理回路のタイミング設計は，D-F/Fにおけるセットアップ時間とホールド時間との戦いがほとんど，と言っていいでしょう．ここでは，図7(a)に示すD-F/F 2段の回路を題材にしてタイミング設計の基本を説明します．

図7(a)では，入力信号din1を初段のD-F/F(U_1)で受けて，その出力dout1を組み合わせ回路に通しています．この組み合わせ回路の遅延時間をt_d_combとします．この組み合わせ回路の出力din2を後段のD-F/F(U_2)で受けて，その出力をdout2としています．

また図7(a)では，周期t_{cyc}の入力クロックclkを，U_1のクロックclk1とU_2のクロックclk2に分配しています．現実にはそれぞれ物理的に経路が異なっているのでclk1とclk2の時間のズレ(スキュー)はゼロではありません．ここでは，大元のclkからclk1までの遅延時間をt_d_clk1，clk2までの遅延時間をt_d_clk2とします．

D-F/Fのタイミング規定としてセットアップ時間，ホールド時間，クロック立ち上がりからの出力遅延時間がありますが，U_1においてはそれぞれt_s_u1，t_h_u1，t_d_u1とし，U_2においてはそれぞれt_s_u2，t_h_u2，t_d_u2と定義しておきます．

ここでは，D-F/FのU_2に着目して，そのセットアップ時間とホールド時間を満足する条件を確認してみましょう．この回路の動作タイミングを図7(b)に示します．

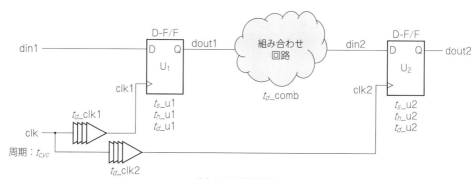

(a) D-F/F間の回路

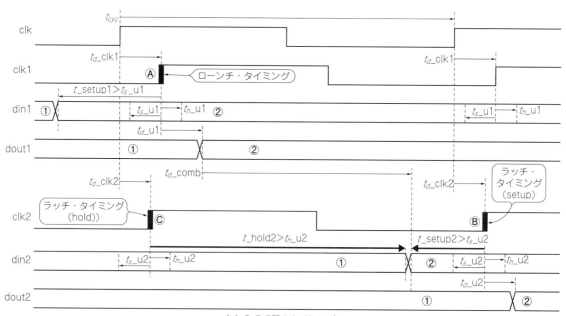

(b) D-F/F間のタイミング

図7 論理回路のタイミング設計は「セットアップ時間」と「ホールド時間」との戦い

● セットアップ時間の検証

図7(b)において，初段のU_1が出力dout1を変化させるタイミングはⒶ(ローンチ：Launch)です．これを組み合わせ回路を経由して後段のU_2で取り込むタイミングがⒷ(ラッチ：Latch)になります．Ⓑのclk2の立ち上がりエッジに対してdin2がU_2のセットアップ時間規定を満足する必要があります．図7(b)から，ラッチ・タイミングBにおけるdin2のセットアップ時間t_setup2は，次のとおりです．

$$t\_setup2 = (t_{cyc} + t_d\_clk2) \\ - (t_d\_clk1 + t_d\_u1 + t_d\_comb) \cdots (1)$$

これがU_2自体に必要なセットアップ時間t_s_u2より大きければOKです．すなわち，次の関係を満たす必要があります．

$$t_s\_u2 \leq (t_{cyc} + t_d\_clk2) \\ - (t_d\_clk1 + t_d\_u1 + t_d\_comb) \cdots (2)$$

$$t_{cyc} \geq (t_d\_u1) + (t_d\_comb) + (t_s\_u2) \\ + (t_d\_clk1 - t_d\_clk2) \cdots (3)$$

ワースト条件として式(3)の右辺が大きくなる方向で考えます．一般的に表現すると，次式のようになります．

(クロック周期) ≧ (D-F/F自体の最大出力遅延)
 + (D-F/F間に挿入される
　　組み合わせ回路の最大遅延)
 + (D-F/Fのセットアップ時間)
 + (クロック・スキューの符号付き最大値)
 + (マージン値) ……………… (4)

マージン値は元のクロックがもつ周波数ジッタなどを含めた絶対値です．周波数ジッタはクロックのエッジ位置を不確実にさせることから，クロック・アンサーテンティ(uncertainty)とも呼びます．

結局，D-F/F間に挿入される回路の遅延とD-F/Fのセットアップ時間がクロックの最小周期(最大動作周波数)を決めることになります．動作周波数を向上させるには，D-F/F間に挿入される組み合わせ回路の遅延時間を短くする必要があります．

● ホールド時間の検証

図7(b)において，初段のU_1がローンチ・タイミングⒶで出力dout1の値を①から②に変化させます．後段のU_2の同位相のラッチ・タイミングⒸではU_2のホールド時間を満足するように，入力din2の値が①のまま維持されている必要があります．図7(b)からラッチ・タイミングⒸにおけるdin2のホールド時間t_hold2は，

$$t\_hold2 = (t_d\_clk1 + t_d\_u1 + t_d\_comb)$$

$$- (t_d\_clk2) \cdots (5)$$

になることがわかります．これがU_2自体に必要なホールド時間t_h_u2より大きければOKです．すなわち，

$$t_h\_u2 \leq (t_d\_clk1 + t_d\_u1 + t_d\_comb) \\ - (t_d\_clk2) \cdots (6)$$

$$t_h\_u2 \leq (t_d\_u1) + (t_d\_comb) \\ + (t_d\_clk1 - t_d\_clk2) \cdots (7)$$

の関係を満たす必要があります．ワースト条件として式(7)の右辺が小さくなる方向で考えます．一般的に表現すると，次式のようになります．

(D-F/Fのホールド時間)
 ≦ (D-F/F自体の最小出力遅延)
 + (D-F/F間に挿入される組み合わせ回路の
　　最小遅延)
 + (クロック・スキューの符号付き最小値)
 - (マージン値) ……………… (8)

マージン値は絶対値であり，セットアップ時間の検討と同様に元のクロックが持つ周波数ジッタなどのクロック・アンサーテンティなどを含めます．

前項のセットアップ時間は動作周波数を遅くすれば必ず確保できますが，ホールド時間はアナログ的な遅延関係だけで確保する必要があることに注意してください．

クロック系統の信号とデータ系統の信号のレーシング(遅延時間の差)によっては，動作周波数をどのように設定しても誤動作してしまうことがありえます．

このため，基本的には式(8)内のクロック・スキューまたはD-F/F間に挿入される組み合わせ回路の最小遅延を大きくする対策が必要です．

しかし，これらの項を大きくすると式(4)により動作周波数が遅くなってしまます．このようにセットアップ時間とホールド時間は背反する関係にありますので注意が必要です．

ちなみに，2段のD-F/Fが直結されているケースが最もホールド時間を満足させにくくなります．図6(c)でD-F/F間にバッファを挿入していたのはホールド対策のためです．

● クロック・ツリー

セットアップ時間の式(4)とホールド時間の式(8)に共通に入っているクロック・スキューの項は，正負の値を取り，正方向に大きくなるとセットアップ時間を満足できなくなり，負方向に大きくなるとホールド時間を満足できなくなります．このため原則としてクロック・スキューはゼロ値が最適であり，全D-F/Fに与えるクロックの立ち上がりエッジの位相をぴったり合わせる必要があります．

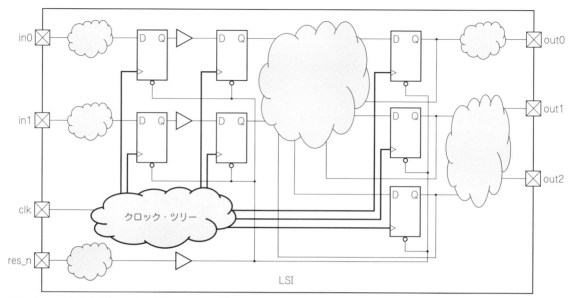

図8 全D-F/Fに与えるクロックの立ち上がりエッジ合わせに有効なクロック・ツリー

　SoC設計ではチップ全体に**図8**のようなクロック・ツリー設計を施します．D-F/F端点でのクロックの位相を，配線長や遅延バッファの挿入などにより合わせ込みます．遅延バッファが多く挿入されると消費電力が増大するので，物理的なレイアウト含めてコツとワザが必要な工程です．

　今は良いEDAツールで設計と検証ができるようになりました．賢いEDAツールになると，タイミング調整用のバッファを最小限にするため，あえて個々のD-F/Fのクロックにスキューを残して，セットアップ時間とホールド時間を効果的に満足させるものもあります．

　基本的にFPGAでは，全D-F/Fに入るクロック信号の位相はすでに合わせ込み済みです．

● 実機デバッグでの苦労を防ぐには

　デバイスが完成して実際にボード上で実機デバッグする段になって，どうもうまく動かないときがあります．

　原因としてセットアップ時間に違反があった場合は，クロック周波数を下げればなんとか動作してくれますので，異常箇所を特定しやすいバグではあります．

　しかし，ホールド時間に違反がある場合は，クロック周波数をどう変えても動作してくれません．電圧を下げると遅延が増えてホールドが満たされて動くことがありますが，基本的にはクロック信号とデータ信号とのレーシング（競争）による誤動作なので非常に実機デバッグしにくい性質のものです．

　設計段階で，全D-F/Fに関して全動作条件（プロセス，電圧，温度）においてセットアップ時間もホールド時間もすべて満足されていることを検証することは当然なのですが，セットアップ時間は最低限，遅延ワーストになる条件で検証すればかなり安心できます．しかし，ホールド時間はレーシング動作なのでワースト条件を見いだしにくく，全動作条件での検証が必須になります．

● RTLレベルで設計するときのD-F/Fタイミングの考え方

　一般的に論理回路をRTLレベルで設計するときのD-F/F回路は，**図9(a)**に示したように，共通のクロックを根元に持つすべてのD-F/Fのクロックのスキューは理想的にゼロ（位相が完全に一致している）と考えます．

　データ系の信号の流れを考えるときは，**図9(b)**に示したように必ず因果関係を意識した図を書くように心がけてください．個々のD-F/Fのセットアップ時間やホールド時間が満足されているかどうかはRTLレベル設計時にはあまり意識する必要はありません．RTL記述を論理合成して実際のゲート・レベルのネットに変化した後のタイミング検証の段階でEDAツールで網羅的に検証します．

　ただし，動作周波数をむやみに落とさないように，D-F/Fの間に挿入する組み合わせ回路の遅延時間を抑える必要はあり，RTLレベル段階でも，回路規模や想定ゲート段数が小さくなるような配慮は必要です．

● D-F/Fのリセット

　D-F/Fのリセット方式としては，**図10(a)**に示す非同期方式があります．負論理のリセット信号res_nがアサートされれば（0になれば）すぐに出力Qがリ

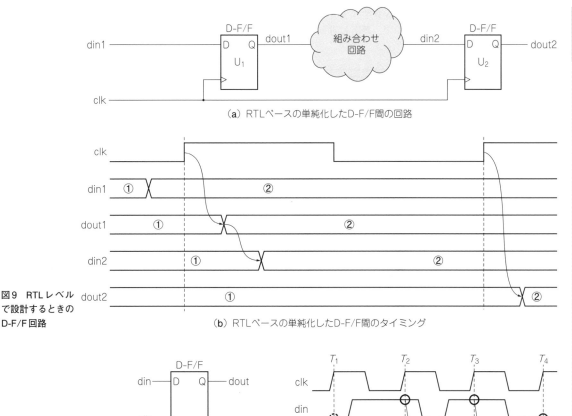

図9 RTLレベルで設計するときのD-F/F回路

(a) RTLベースの単純化したD-F/F間の回路

(b) RTLベースの単純化したD-F/F間のタイミング

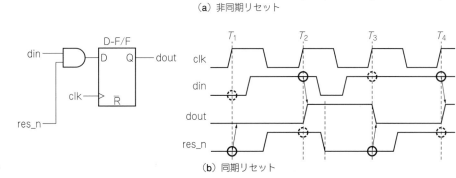

図10 D-F/Fのリセット

(a) 非同期リセット

(b) 同期リセット

セットされ，doutは0になります．res_nがアサートされている間は，クロックの立ち上がりエッジがあっても出力はリセットされたままです．

D-F/Fの別のリセット方式としては，図10(b)に示す同期方式があります．この方式はクロックの立ち上がりエッジがきて初めて出力がリセットされます．

SoC設計では一般に出荷テスト用の回路(DFT：Design for Testability)としてすべてのD-F/F間にSCANチェーン回路を仕込みますが，そのときのD-F/Fに与えるリセットは非同期式にします．よってSoC設計では，回路の共用化のため非同期リセット方式を使うことが多いです．

FPGAではすでにD-F/F周りの回路は仕込まれていますが，そのD-F/Fも非同期リセット式です．

リセット信号にノイズが乗ったときのことを考えると，同期リセット方式のほうがノイズ耐性が高いと主張する文献がありますが，外来ノイズはリセット入力部の回路で除去できますし，チップ内部のリセット信

号へのクロストーク・ノイズは，シグナル・インテグリティ検証で除去できるものなので，筆者は非同期式リセット方式を使っています．

複雑なシーケンス動作を実現するステート・マシン

ここからは，Dフリップフロップ（D-F/F）を使った具体的な順序回路の代表例としてステート・マシンを取り上げます．

ステート・マシンは入力信号に呼応して複雑なシーケンスで出力信号を生成できる回路です．それでいて，設計手法はとてもすっきりしており，簡単で確実に作れる回路方式です．

●ステート・マシンとは

①ステート・マシンの入力信号と出力信号の関係を明確化する

図11(a)にステート・マシンの入出力信号の例を示します．

動作としては入力信号に応じて，クロックの立ち上がりエッジごとにシーケンスをもった出力信号を生成します．ステート・マシンの初期化のためにリセット信号が必要です．

②状態遷移図を用意する

ステート・マシンを設計するとき，まず実現したいシーケンス（順番）に応じて状態遷移図（ステート・ダイアグラム）を書きます．図11(b)にステート・マシンの動作シーケンスを表す状態遷移図の例を示します．状態遷移図は，例えば次のようにして書きます．

(1) 実現したいシーケンスがもつクロックごとの状態（ステート）をすべて洗い出し，必要な数だけ状態を示す楕円を書きます．状態と出力信号が1対1で対応している場合は，楕円の中に出力信号のレベルを書くとわかりやすくなります．

(2) 状態と状態の間の遷移方法を書きます．入力信号の条件に応じて，同じ状態に居続けたり，他の状態に遷移します．状態間の遷移はクロックの立ち上がりエッジで行われます．

(3) 各状態に固有コードを割り振ります．例えば状態が全部で10個あれば，4ビットのコー

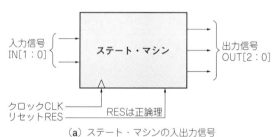

(a) ステート・マシンの入出力信号

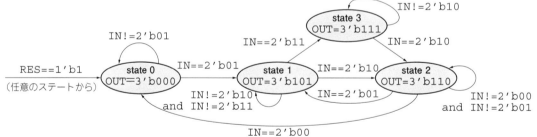

(b) 状態遷移図（ステート・ダイアグラム）

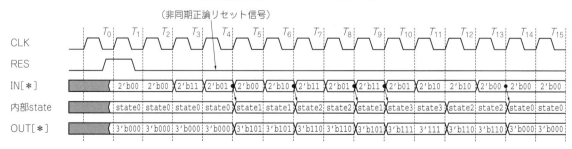

(c) ステート・マシンのタイミング・チャート

図11 ステート・マシンと状態遷移図

ドを割り当てます．このようなコード割り当てでは，状態遷移時にハミング距離（状態コードの中で変化するビットの個数）が少なくなるように割り振るほうが論理規模が小さくなり，かつ消費電力が小さくなります．

状態の割り当て方は他にもいろいろあります．例えば，状態が10個なら，コードは10ビットにして，状態nに対してはnビット目だけが1になったコードにします（ワン・ホット割り当て）．

なお，この状態へのコード割り当ては，論理合成ツールによっては自動的に最適化して再割り当てしてくれる場合もあり，もはやそのほうが論理規模や動作速度が改善することが多いです．

▶状態遷移の動きとタイミングを整理する

図11(b)の例では，リセット直後のステート・マシンの状態は「state0」にあり，2ビットの入力信号IN[1：0]が2'b01（2ビット幅の2進数で01）になれば，クロックの立ち上がりエッジで状態「state1」に遷移し，IN[1：0]が2'b01以外なら状態「state0」に留まる動作をします．

出力信号OUT[2：0]については，状態が「state0」のときは3'b000（3ビット幅の2進数で000）で，状態が「state1」のときは3'b101になります．その他の状態や状態間の遷移も同様な書き方をします．

このステート・マシンの動作タイミング例を図11(c)に示します．状態遷移図に表現した通りに，入力信号に応じて状態と出力信号が変化していることが確認できると思います．

③ステート・マシンの内部論理を設計する

図11に示したステート・マシンの内部論理構造を，図12に示します．

この例では，状態の数は全部で4個なので，ステート・マシン内の状態は2ビットのstate[1：0]で表現できます．状態信号state[1：0]のコード・アサイン例を表3(a)に示します．この状態信号state[1：0]がD-F/Fの出力になります．状態信号state[1：0]の初期値は2'b00なので，二つのD-F/Fの出力値はリセット信号によりともに0になるようにします．

現在の状態を次の状態に遷移させるために，現状態state[1：0]と入力信号IN[1：0]を組み合わせ回路を経由して，次状態state_next[1：0]を生成します．そのstate_next[1：0]を先ほどのD-F/Fに入力し，クロックの立ち上がりでstate[1：0]に移して状態遷移を実現しています．

この組み合わせ回路の真理値表を表3(b)に示します．

出力信号[2：0]は，現状態state[1：0]から別の組み合わせ回路を介して生成します．この真理値表を表3(c)に示します．

●ステート・マシンの設計はすっきり機械的に進められる

ステート・マシンは，状態遷移図ができていれば下記の作業を行うことで機械的に完成します．

(1) 現状態を表す信号を，複数ビットのD-F/Fにアサインする

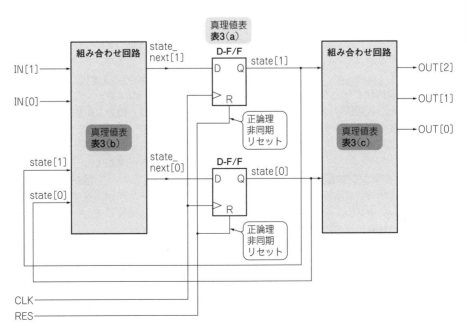

図12 ステート・マシン内部の論理回路

表3 図11のステート・マシン内の論理回路の真理値表

(a) 状態(ステート)のコード・アサイン

状態(ステート)	
状態名	state[1:0]
state0	2'b00
state1	2'b01
state2	2'b10
state3	2'b11

(c) 出力信号の真理値表

現状態		出力信号
状態名	state[1:0]	OUT[2:0]
state0	2'b00	3'b000
state1	2'b01	3'b101
state2	2'b10	3'b110
state3	2'b11	3'b111

(b) 状態遷移の真理値表

現状態		入力信号	次状態		備考
状態名	state[1:0]	IN[1:0]	状態名	state_next[1:0]	
state0	2'b00	2'b00	state0	2'b00	
		2'b01	state1	2'b01	遷移あり
		2'b10	state0	2'b00	
		2'b11			
state1	2'b01	2'b00	state1	2'b01	
		2'b01			
		2'b10	state2	2'b10	遷移あり
		2'b11	state3	2'b11	遷移あり
state2	2'b10	2'b00	state0	2'b00	遷移あり
		2'b01	state1	2'b01	遷移あり
		2'b10	state2	2'b10	
		2'b11			
state3	2'b11	2'b00	state3	2'b11	
		2'b01			
		2'b10	state2	2'b10	遷移あり
		2'b11	state3	2'b11	

(2) 現状態と入力信号から,次状態を生成する組み合わせ回路の真理値表を書く
(3) 現状態から出力信号を生成する組み合わせ回路の真理値表を書く

これらをRTL記述上に表現すれば,論理合成ツールが最適な論理回路を生成してくれます.ステート・マシンを使うと,複雑なシーケンスでも,状態遷移図の上にきちんと表現できれば,簡単に設計することができるのです.

さらに,最適化が強力な論理合成ツールを使うと,設計者が考えた状態信号のビット幅やコード・アサインを勝手に変更して,よりゲート数が小さく高速な回路を合成してくれることもあります.

● ステート・マシンは階層化することがある

ステート・マシンを階層化して,別のステート・マシンをサブルーチンのように使う方法もあります.あるステートに長時間留まる場合は,カウンタなどで時間を計ってから状態遷移制御させることもあります.

● 代表的な2種類のステート・マシンを使いこなす

ステート・マシンには図13に示すような種類があります.図13(a)は出力が現状態のみで決まる構造をもっており,ムーア(Moore)型ステート・マシンといいます.図12で説明したステート・マシンもムーア型です.

一方,図13(b)に示すような,出力が現状態と入力信号から決まる構造のステート・マシンをミーリー(Mealy)型といいます.

ムーア型は出力信号を現状態のD-F/Fから生成できるので高速化しやすいですが,状態の個数はミーリー型より多くなる傾向にあります.ミーリー型は次状態と出力を生成する組み合わせ回路を一体化できるのでRTL記述を書きやすい特長をもちますが,全体の回路規模は大きくなる傾向があります.

ムーア型とミーリー型は相互に等価変換できます.まず,ムーア型からミーリー型への変換は,そもそもムーア型がミーリー型の特殊型(出力を決める組み合わせ回路に入力を入れないだけ)と見なせるので簡単です.

逆にミーリー型をムーア型に変換する場合は,ミーリー型では単一の状態でも入力信号に応じて複数の出力を得られるのに対して,これをムーア型にしたときには,入力信号に対応した次状態の種類を増やすことでミーリー型と等価な動作を得られます.

ただし，ミーリー型では入力信号の変化があればただちに出力信号が変化しますが，ムーア型では状態が遷移して初めて出力信号が変化するので，ミーリー型をムーア型に変換した場合は，細かいタイミングまで完全に同一な動作にはなりません．ステート・マシンの入力信号がクロックの立ち上がりの直前で変化するという前提を（もちろん D-F/F のセットアップ時間を満足する条件で）置けば，だいたい等価なタイミングで動作します．

実際のステート・マシンの設計をムーア型にするかミーリー型にするかの選択は，あまり意識する必要はないでしょう．自分が設計したいように自由に書いて，あとは論理合成ツールにお任せのパターンが多いようです．

機能モジュール設計の実際

●機能モジュールの構造

ここまでが論理回路の基礎知識です．ここから具体的にディジタル機能モジュールをどのように設計するのかを説明します．

図14に機能モジュールの基本構造の例を示します．CPUであれ，シリアル通信モジュールであれ，どのような機能モジュールも，データ・パス部と制御部に分けて設計します．このような構成を採ることで設計の見通しがよくなります．

▶ データ・パス部：データ・パス部では複雑な制御は行わない．データを流すための構造だけを用意し，その流し方を制御部からシーケンス的に指示してもらう形にする．
▶ 制御部：制御部は，入力信号やデータ・パスからの信号に反応して，データ・パスを制御する信号を必要なシーケンスにしたがって動作させる．一般的にステート・マシンで設計する．制御部はデータ・パスに比べてゴチャゴチャするのでランダム論理と呼ぶこともある．

実際の機能モジュール内では，データ・パスと制御部は1組だけではなく，それぞれ複数組あったり，階層化されていたりする場合があります．実現したい機能に応じて，いかにわかりやすく回路を分割するかが方式設計で最も重要な作業になります．

●データ・パス部

データ・パス部は，機能モジュール内のデータの流れを司ります．実現する機能内のデータの流れに着目して最適な構造を設計します．

データ・パス内には，外部からのデータの受け取り用レジスタ，データの内部格納用レジスタ，外部へのデータ出力用レジスタなど，データを一時的に蓄えるためのレジスタがまず最低限含まれます．また，データの演算器やシフタ，データ選択用セレクタなども含まれます．

必要に応じてデータを加工しながら順々にレジスタに転送していくような，パイプライン構造を採用することもあるでしょう．データ格納用のレジスタはD-F/Fで構成され，その他の要素は組み合わせ回路で構成されるのが通常です．

データ格納用レジスタへのライト・ストローブ信号，演算器の演算種類の選択信号，データ・セレクタの選択信号などは，すべて制御部から受け取ります．一部演算結果や何かの判定結果などを制御部に返すこともあります．

●データ・パス内のレジスタと，その制御

データ・パス内で一時的にデータを記憶するレジス

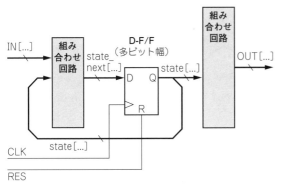
（a）ムーア型ステート・マシン（出力が状態のみで決まる）

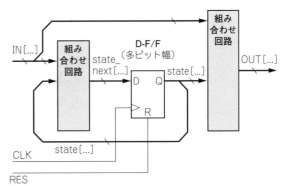
（b）ミーリー型ステート・マシン（出力が入力と状態により決まる）

図13 代表的なステートマシン「ムーア型ステート・マシン」と「ミーリー型ステート・マシン」
ステート・マシンの構造にもいくつかの方式がある

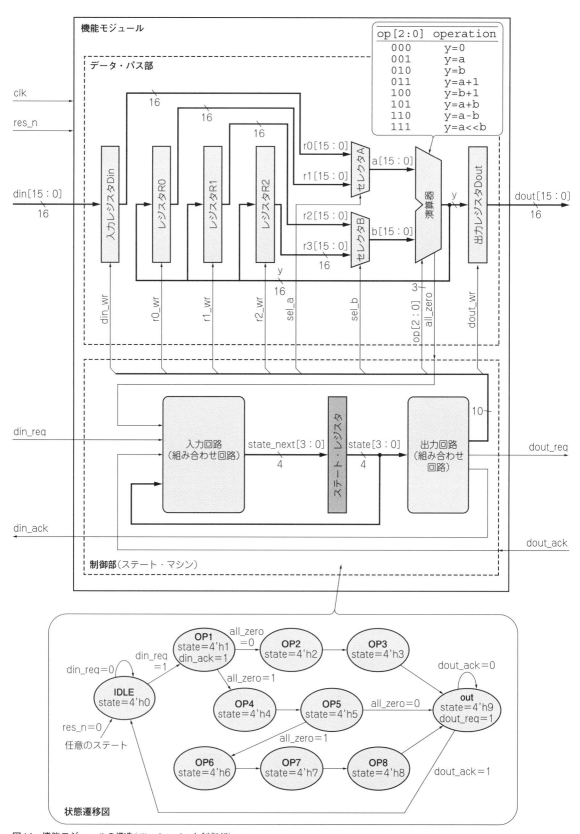

図14 機能モジュールの構造(データ・パスと制御部)

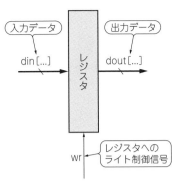
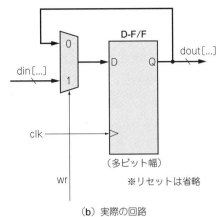
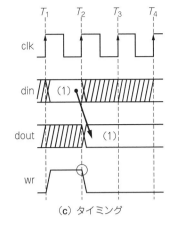

（a）データ・パスのレジスタの書き方　　（b）実際の回路　　（c）タイミング

図15　データ・パスのレジスタと制御信号

タの書き方を**図15(a)**に示します．クロックやリセット信号も存在しますが，ここには一般的には表現しません．このレジスタではライト制御信号 wr がアサートされたときのクロックの立ち上がりエッジで，入力データ din を取り込みます．出力データ dout はレジスタ内の値が常時出力されています．信号 wr は制御部からもらいます．

このレジスタの回路例を**図15(b)**に示します．データ・セレクタと D-F/F を組み合わせており，wr 信号が 1 のときだけ din を選択して D-F/F に書き込み，wr 信号が 0 のときは dout をそのまま din に戻して同じ値を保持します．SoC の回路では D-F/F のクロック入力が動き続けると電力消費が多くなるので，wr 信号が 0 の間はクロックを止める回路（ゲーテッド・クロック）で実現することが多いです．

動作タイミングを**図15(c)**に示します．wr 信号が 1 になった期間の最後のクロックの立ち上がりエッジ（T_2）で，dout が変化する感覚を身につけてください．

●データ・パス内の演算器やセレクタと，その制御

データ・パス内では，入力データとレジスタの間，レジスタとレジスタの間，レジスタと出力データの間には，データ値の加工を行うため演算器やセレクタを配置します．演算器やセレクタは組み合わせ回路で構成されます．

図16(a)に，演算器やセレクタをレジスタの前に配置する例の書き方を示します．演算器には演算の種類を指示するための制御信号 op が入力されます．演算の種類が多ければその選択のため，信号 op は多ビット長になります．セレクタにはデータの選択信号 selXX が入力されます．信号 op や selXX はともに制御部からもらいます．

この例では最終段の演算器から出力されるデータをレジスタが取り込む構造になっています．図には示していませんが，演算器からオーバ・フロー信号を制御部に戻してシーケンス制御のネタにする場合もあります．

演算器やセレクタで加工されたデータをレジスタが取り込む場合の動作タイミングを**図16(b)**に示します．このライト信号 wr が 1 になった期間の最後のクロックの立ち上がりエッジ（T_2）で，レジスタはデータを取り込むので，T_2 の直前の期間（T_1 と T_2 の間）で制御信号 selXX や op を確定させる必要があります．すなわち，レジスタへのライト信号と同時に，そのレジスタの前のデータ加工制御信号も確定させます．このタイミング感覚を身に付けてください．

●データ・パスの構成

データ・パスには，目的に応じてさまざまな構成方法があります．**図17**にその一例を示します．

図17(a)は，バス型の構成です．レジスタと演算器を内部バス BUSX，BUSY，BUSZ で結びます．任意のレジスタから任意のレジスタに向けて，データを演算加工しながら転送できます．論理規模が小さくなる特長がありますが，演算処理を順番に一つずつしか実行できないので性能はさほど高くありません．

また，制御部（ステート・マシン）は複雑になる傾向があります．一般的な CPU コアのデータ・パスでは，命令を順番に実行していけばよいので，この構造をもつことが多いです．

図17(b)は，パイプライン型の構成を示します．データを流す方向に向けてレジスタを順に並べて，その間に演算器などの組み合わせ回路を挿入したものです．複数の演算処理が同時に実行され，データの最終結果をクロック 1 サイクルごとに出力できるので，非常に性能が高くなる構造です．そのぶん，論理規模は増えてしまいます．

ただし，データの加工方法がデータ・パスの構造で

機能モジュール設計の実際　**295**

Column 6 似て非なる二つのディジタルIC！ FPGA設計とSoC設計はここが違う

FPGA設計に対してSoC設計では，特に以下の考慮が必要になります．

①消費電力を小さく抑える

一つは低消費電力設計です．SoC化のメリットはとことん消費電力を最適化できることです．

CMOSデバイスは信号をトグルする頻度が多いと消費電力が増え（ダイナミック電力），また最近のファイン・プロセスのデバイスでは，信号がトグルしていなくても生じる電源－GND間のリーク電流（スタティック電力）が無視できなくなっています．

このためには，

(1) D-F/Fに入れるクロックをなるべく変化させないようにするゲーテッド・クロック手法（論理合成ツール側である程度自動化可能）
(2) 低速動作でかまわない機能モジュールのクロック周波数を落とすクロック・ドメイン管理手法
(3) 使用しないモジュールのクロックを停止させるクロック管理手法
(4) 使用しないモジュールの電源自体を遮断する電源遮断領域管理

などのさまざまな方法があります．もちろんこれらの設計手法はFPGAの低消費電力化にも効果的です．

②出荷選別用のテスト回路を作り込んでおく

もう一つは出荷選別用のテスト回路の作り込み（DFT：Design for Testability）です．最近の論理規模が大きいデバイスでは，人手では十分な故障検出率をもつ出荷選別用のテスト・パターンは作成できません．テスト・パターンを自動生成するため，スキャン回路というテスト専用回路を挿入します．この回路挿入も自動化できます．A－D変換器やFLASHメモリなどのマクロ・モジュールのテストのために，各モジュールの内部信号をすべて外部端子に引き出すようなテスト専用回路を作り込む必要もあります．このテスト設計作業は，SoC設計作業の中では仕様設計段階からしっかり検討を重ねて取り組む必要がある，かなり重いものです．

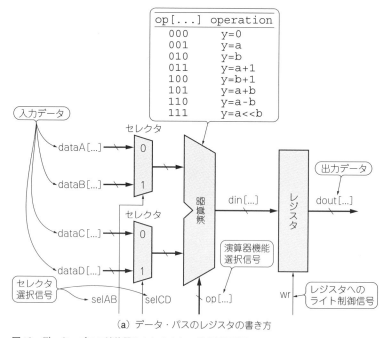
(a) データ・パスのレジスタの書き方

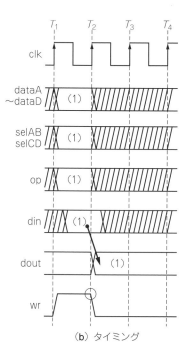
(b) タイミング

図16 データ・パスの演算器やセレクタと，その制御信号

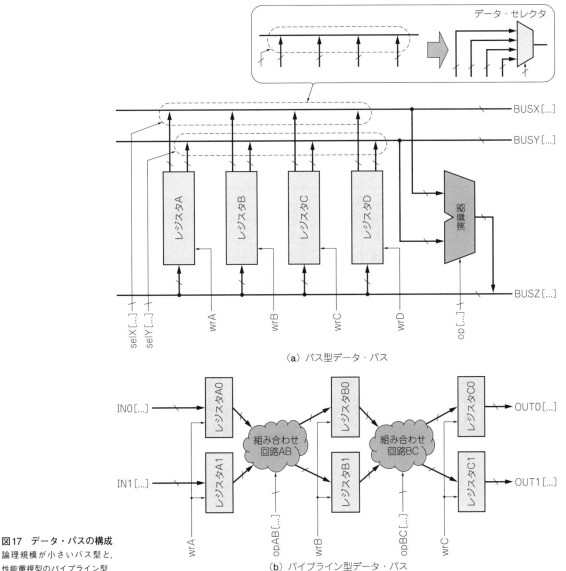

図17 データ・パスの構成
論理規模が小さいバス型と，性能重視型のパイプライン型

(a) バス型データ・パス

(b) パイプライン型データ・パス

決定されているので，制御部(ステート・マシン)はシンプルになる傾向があります．

●内部バス構成

現在のSoC設計やFPGA設計では，内部に図18(a)に示すような3ステート・バスは置いてはいけません．必ず図18(b)のように，機能モジュールの出力をすべて引き回して各モジュールの入力で必要なものをデータ・セレクタで選択します．

図18(a)のほうが配線本数が減るメリットがありますが，タイミング検証が非常にやりにくくなる問題が

あります．さらに図18(a)では，3ステート・バスをドライブする機能モジュールは1個だけ(ワン・ホット)にしなくてはなりませんが，誤動作によって複数モジュールが3ステート・バスを一度にドライブしてしまうと，信号衝突という事故を引き起こすことがあります．

昔，実際にあった不良事例ですが，クロックもリセットも入らずに電源が投入されたとき，複数モジュールが3ステート・バスをドライブすることがあって，32ビット幅のバスが全部衝突したため，デバイスが焼損したことがあります．怖いですよ．

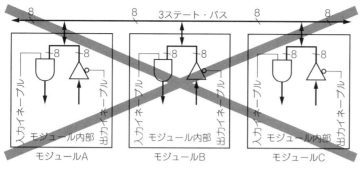

(a) チップ内には3ステート・バスは設けない

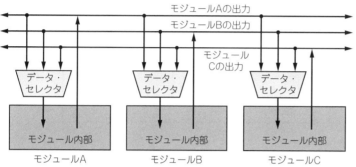

	マスタ系モジュール（CPUなど）	スレーブ系モジュール（周辺など）
モジュール出力	アドレスライト・データ	リード・データ
モジュール入力	リード・データ	アドレスライト・データ

(b) 全モジュールの出力を引き回して，データ・セレクタで選択して各モジュールに入力

図18 内部バスの構成方法

Appendix 1　物理的にベストなモノを造る先人の知恵「ラッチの匠技」

論理回路では，「信号をラッチする」という表現をよく使いますが，通常これは「信号値を一時的に記憶する」という意味で使います．

D-F/Fで信号をクロックで取り込むことも「ラッチする」と言うことがありますが，論理回路としてのラッチとフリップフロップは厳密には異なるものです．

●代表的なラッチ回路 Dラッチの動作

ラッチ回路の代表的なものとして，Dラッチの記号と動作タイミングを図1(a)に示します．ゲート信号G(phy)が1のとき入力信号D(din)が出力信号Q(dout)に伝搬し，phyが0のとき入力信号dinに関わらず出力doutは一定値を保持します．D-F/Fの動作とはまったく異なります．

●Dラッチの内部回路

Dラッチの内部回路を図1(b)に示します．NORをたすきがけにしたRSラッチを基本にした，シンプルな回路です．

●D-F/FはDラッチからできている

実はD-F/Fは，図1(c)に示すようにDラッチを2段カスケード接続したものです．初段のゲート信号にクロックの反転波形を，後段のゲート信号にクロックの正転波形を与えています．

●Dラッチ・ベースの論理設計

Dラッチによる論理設計は2相ノンオーバラップ・クロックを使います．2相ノンオーバラップ・クロックはHigh期間がオーバラップしない2相のクロック$\phi 1$と$\phi 2$からなるもので，図2(a)のように，Dラッチがカスケード接続された回路では，それぞれのゲート信号に$\phi 1$と$\phi 2$を交互に与えます．

●Dラッチ・ベース設計の利点

Dラッチをベースにした論理設計では，クロック$\phi 1$と$\phi 2$を回路内に行き渡らせる際，ノンオーバラップ以内のスキューは許されます．このため，D-F/Fをベースにした設計で必要だった回路全体で，クロック位相を厳密に合わせ込むクロック・ツリー設計が不要です．

さらに，D-F/Fではクロックの立ち上がりエッジ前までに入力データが間に合う必要がありますが，図2(b)のようにDラッチではゲート信号がHighの期

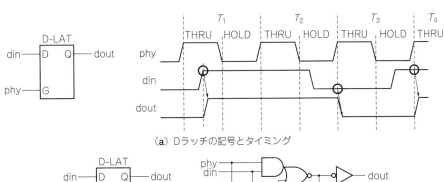

(a) Dラッチの記号とタイミング

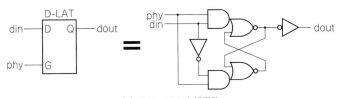

(b) Dラッチの内部回路

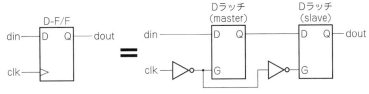

(c) DフリップフロップはDラッチ×2段で構成されている

図1 Dラッチの回路と動作

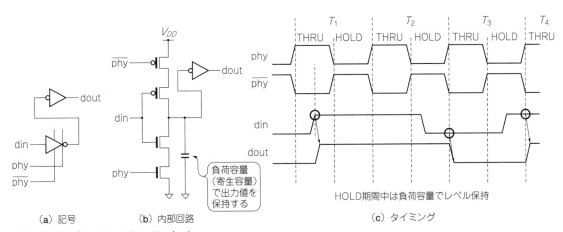

(a) 記号　　(b) 内部回路　　(c) タイミング

図3 先人の知恵…クロックド・インバータ

間以内に入力データが間に合えば動作します．ゲート信号がHighの期間中に入力信号の確定が食い込むことを，タイミングを前借りする意味で「タイム・ボロー」と言います．D-F/Fをベースにした設計では，すべてのD-F/F間の遅延時間をクロック周期より短くする必要があり，最も遅延時間が大きい箇所によってクロック周期が制限されてしまいます．しかしタイム・ボローを使えるDラッチをベースにした設計では，どこか1カ所の遅延時間がクロック周期を決めることはなく，論理回路の遅延性能ギリギリまで使いきりやすい特長があるのです．

トランジスタ数もDラッチのほうがD-F/Fよりも少なく，Dラッチをベースにした論理回路は物理的（面積，消費電力）にベストな状態に仕上げやすいのです．

● Dラッチ・ベース設計の欠点

Dラッチをベースにする設計では，2相ノンオーバラップ・クロックを使うので，周波数を上げにくい問題があります．また，Dラッチ設計は，論理合成ツールやタイミング検証ツールが不得意としています．

● 誰のための設計なのか？

現在の論理設計では，D-F/Fをベースにした1相クロック設計が主流です．これはそのほうが構造がシ

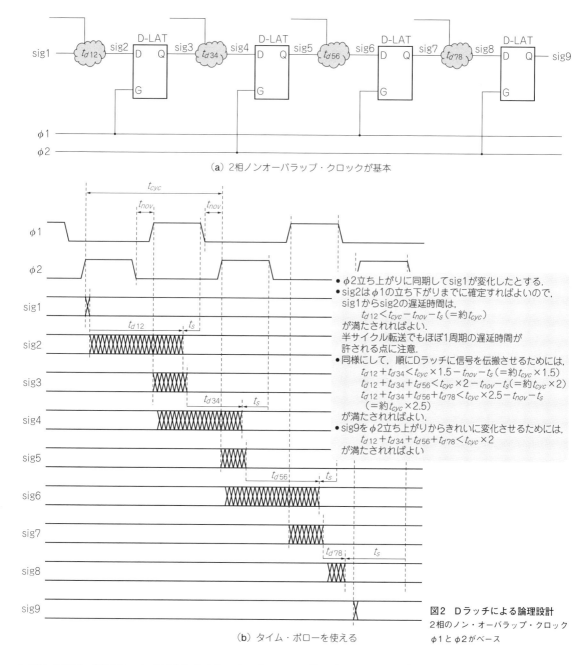

(a) 2相ノンオーバラップ・クロックが基本

(b) タイム・ボローを使える

図2 Dラッチによる論理設計
2相のノン・オーバラップ・クロック
$\phi 1$ と $\phi 2$ がベース

ンプルなので，設計ツールが対応しやすかった，ということなのでしょう．しかし，物理的な利点を犠牲にして，設計ツールを作りやすいほうが選ばれてしまったとは，誰のための設計なのか，と少し疑問に思ったこともあります．

●先人の知恵を少々…

ラッチ設計で生まれた先人の知恵のほんの一端を紹介します．図3はクロックド・インバータという素子です．これ単体でDラッチの機能をもっています．データ値を記憶するのは出力負荷に付いている寄生容量です．CMOS回路で4個のトランジスタだけで実現できる大変コンパクトなものです．もちろん容量にデータを貯める方法なので，クロック周波数の下限が決まっていますが，初めて見たときは「おお！」と感動しました．

このようにクロック周波数の下限を制限したダイナミック回路方式には多種多用なものがあり，さまざまな工夫が凝らされていました．現在は，ロー・パワー化のためクロックは低速化したり停止したりする必要があるので，ダイナミック回路はほとんど使いません．

第17章 論理設計の道具を自分のものにしよう
Verilog HDLによるRTL記述入門

●はじめに

本章ではハードウェア記述言語の代表格，Verilog HDL による RTL 記述方法の基礎を説明します．本稿の内容が理解できれば，ほとんどの論理回路は問題なく記述できると思います．

ハードウェア記述言語「Verilog HDL」とは

●Verilog HDL とは

論理回路を抽象的に記述するためのハードウェア記述言語としては，Verilog HDL と VHDL が有名です．歴史的には，まず VHDL が米国国防総省によって開発されました．VHDL は記述量が多いのですが，明確に機能仕様を定義できる特徴があります．その後，論理シミュレータと一体化した言語として Verilog が開発されました．Verilog は記述量が VHDL よりも少なく手軽にコーディングできますが，論理シミュレータ側の視点で定義された言語であり，物理的な論理回路を確実に記述する際には多少の注意が必要です．

Verilog は歴史的に複数のバージョンが定義されてきました．本稿では Verilog 1995 と Verilog 2001 を説明します．Verilog 2001 は Verilog 1995 の改良版です．現在では，さらに改良され多くの機能が加えられた System Verilog も普及しています．System Verilog を使った機能検証方法については，本書内で改めて触れる予定です．

●Verilog 1995 と Verilog 2001

基本的に，アルテラ社が提供する開発環境 Quartus Prime や ModelSim-Altera では Verilog 1995 も Verilog 2001 も共に使えます．もちろん System Verilog もサポートしています．

本稿で解説する Verilog 1995 と Verilog 2001 の間は，さほど大きな差はありませんが，Verilog 2001 のほうが組み合わせ回路の記述方法が楽になる利点があります．Verilog 1995 型の記述と Verilog 2001 型の記述は，一つの RTL 記述の中で混在可能です．Verilog 1995 と Verilog 2001 の記述方法で意識すべき差異は，この後に説明します．

論理機能のモジュール構造記述

●モジュール構造と階層構造の記述

論理機能はモジュールという単位で記述します．リスト1(a)のように，論理機能は module 文と endmodule 文で挟み，入出力信号と内部機能を記述します．

モジュールは一般的に階層構造をもちます．例えば，一つの LSI の中に CPU や DMAC が内蔵されている場合，LSI という階層の下に CPU と DMAC があります．さらに CPU の下にも，例えば DATAPATH と CONTROL という階層が置かれるのが通常でしょう．

●インスタンス化

あるモジュールの下の階層として，別のモジュールを配置する場合の記述方法をリスト1(b)に示します．

ここで重要な概念があります．一つのモジュールは，あちこちで使いまわされることが一般的です．例えば，デュアル・コアをもつ LSI の場合は同じ CPU が 2 個あるでしょうし，2 入力 NAND ゲートをモジュールとして定義すれば，LSI 内で同じものが大量に使いまわされます．

このとき，ある階層内に置く個々の下位階層モジュールを区別するため，その階層内で固有となるインスタンス名を付けて，その下位階層モジュールを置きます．これをモジュールのインスタンス化（instantiation）といいます．インスタンス化というのは「実体化・具体化」という意味です．module 文に記述するモジュール名は，定義名にすぎないことに注意してください．

原則として各モジュールは必ずその上位階層でインスタンス化されます．それでは LSI や FPGA の外部入出力信号が置かれる階層（LSI や FPGA にとっての

※ 本稿は，『ARM PSoC で作る My スペシャル・マイコン（開発編）』(2014 年 1 月，CQ 出版社)の第 19 章「論理設計入門」の内容に大幅加筆したものです．

リスト1 モジュール記述と階層構造

```
module my_module
(
    input   res_n,
    input   clk,
    //
    input   sig_in,
    output  sig_out
);

...

endmodule
```

- モジュール定義の開始「moduleモジュール名」
- モジュールの入出力信号の定義
  - 信号間はカンマを挿入
  - 入力はinput，出力はoutput，入出力はinout
- 内部機能の記述
- モジュール定義の終了

(a) モジュールの記述

```
module my_module
(
    input   res_n,
    input   clk,
    //
    input   sig_in,
    output  sig_out
);

...

my_sub_module U_MY_SUB_MODULE
(
    .reset_n (res_n),
    .clock   (clk),
    .sub_i   (sig_in),
    .sub_o   (sin_out)
);

...

endmodule

module my_sub_module
(
    input   reset_n,
    input   clock,
    //
    input   sub_i,
    output  sub_out
);

...

endmodule
```

- 上位階層モジュールの定義
- 下位階層モジュールの呼び出し「モジュール名　インスタンス名」
  - ※下記階層モジュール名は「my_sub_module」
  - ※インスタンス名は「U_MY_SUB_MODULE」
- 階層間信号の結線「.下位階層モジュールの信号(上位階層の信号)」
- 下位階層モジュールの定義

(b) モジュールの階層構造の記述

最上位階層)はどうなるのでしょうか？ これもシミュレーション時にはインスタンス化されます．

後述しますが，LSIやFPGA全体を論理シミュレートする場合は，その外部回路にあたるテストベンチという階層を用意して，その中でインスタンス化されます(呼び出される)．

テストベンチはそれより上の階層がないのでインスタンス化されませんが，論理シミュレーション実行時に，そのテストベンチが最上位階層であることを指示する必要があります．

論理シミュレーションの基本原理

●論理シミュレーションの基本はイベント・ドリブン方式

ここで，RTLで記述した論理機能がどのように論理シミュレーションできるかを簡単に説明します．

RTL記述内の信号(変数)の変化をイベントと呼び，ある信号のイベントを検知するとその後段の論理機能および信号に伝搬させて，新たなイベントを発生さ

せ，これを順次繰り返していきます．この方法をイベント・ドリブン型論理シミュレーションと呼びます．

● 遅延時間の扱いはタイム・マップで

遅延時間などの時間概念を扱うために，論理シミュレータ内部にはタイム・マップというテーブルを用意します．タイム・マップには時刻ごとに処理すべきイベントを記録していきます．あるイベントを検知したら，タイム・マップに記録します．タイム・マップに現在の時刻に処理すべきイベントがあったら，それを取り出してイベントに伴った論理機能の処理と信号変化（イベント）を生み，遅延時間に従って現在の時刻以降のタイム・マップに，そのイベントを記録します．以下，これを繰り返して論理シミュレーションを実行していきます．

RTL記述はハードウェアなので，全体を一度に並列動作させます．記述全体をなめながら全信号のイベントを確定させていくのが，論理シミュレーションの動作です．

信号（変数）の表現

● wire変数とreg変数

Verilog HDL記述内のディジタル信号としては，2種類の変数（信号）が定義されています．

一つはwire変数です．wire変数は論理シミュレーションの実行中に常時評価され，代入される信号です．（実際にはwire変数への代入文の，右辺の信号にイベントが発生したときに代入される）．

もう一つはreg(register)変数です．reg変数は論理シミュレーションの実行中に，指定した条件が成立したときだけ代入されます．

● 変数（信号）の定義方法

モジュール記述内で使う信号は，実際の記述に現れる前に定義する必要があります．モジュール内で使う信号の定義方法をリスト2(a)に示します．また，モジュールのインターフェース記述（入出力信号）での信号定義方法をリスト2(b)に示します．信号の定数値の表現方法をリスト2(c)に示します．信号は必ずそのビット幅を意識した記述が必要です．

信号値の表記のうち，「x」は不定，「z」はハイ・インピーダンス状態（HIZ）を示します．

組み合わせ回路の書き方

● 組み合わせ回路の書き方には2種類ある

Verilog HDLによる組み合わせ回路の書き方を，リスト3に示します．大きく分けて2種類の書き方があり，一つはassign文を使う方法，もう一つはalways文を使う方法です．

● 継続代入文（assign）

assign文は継続代入文と呼び，リスト3(a)のようにwire変数に対して代入を行うものです．代入文の左辺側の変数は常時代入され続けるので，wire変数宣言します．複数のassign文が並んでいたら，上から順に実行されます．

● 手続き代入文（always）

always文は手続き代入文と呼び，@（アット・マー

Column 1　Verilog HDLは誰のための文法？

信号の種類を表すwireは電線という意味なので，年がら年じゅう代入されることは直感的にイメージできます．一方，reg変数は，registerという意味なので，直感的にはレジスタやフリップフロップの出力を保持する信号に使うもののように感じます．実際そのように明記してしまった文献があるのですが，それは大間違いです．

reg変数は，あくまでも論理シミュレータにとって，代入操作されない間は記憶しておかなくてはならない変数なのでregisterという表現を使っているのです．

ここはVerilog HDLで勘違いしやすいところなので注意してください．本稿内で説明していますが，変数への代入文の種類で同様な注意点があります．

実は，Verilog HDLの文法は，論理設計者のためにあるのではないのです．これは論理シミュレータという単なるアプリケーション・プログラムを作る人のための文法なのです．EDA(Electronic Design Automation)ツールを開発する人は自分の都合の良いことだけ考えて，物理的な設計をする技術者のことを全然考えていない印象があります．その事例の一つがVerilog HDLなのです（だんだんと改良されてはいるが…）．

リスト2　信号の宣言

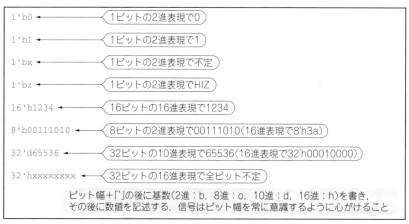

(a) モジュール内での信号宣言

(b) モジュールのインターフェース記述での信号宣言

(c) 信号値の表現方法

ク)の右に羅列されている信号が変化したら，その下のスコープ内(always文直後のステートメント，または直後のbegin-end間のステートメント)の代入文が実行されます．代入文の左辺側の変数は，ある条件が成立したときだけ代入されるので，reg変数宣言します．

● Verilog 1995とVerilog 2001の違い

その条件ですが，Verilog 2001の場合はリスト3(b)のように「always@*」と書けば，alwaysスコープ内の代入文内の右辺側の信号のいずれかが変化した場合に代入文が実行されます．Verilog 2001では通常はこの表記を使います．

一方，Verilog 1995の場合は，リスト3(c)のように，「always@(...)」の(...)内のイベント・リストに，代入文の右辺にくる変数をすべてもれなく記述する必要があります．信号間は「or」で区切ります．このリストに漏れがあると，論理シミュレーションはその記述に対して忠実に動作するだけなので，漏れていた信号が変化しても代入動作が行われません．

しかし論理合成ツールは「always@(...)」の(...)内のイベント・リストを無視して合成するので，結果的にRTLレベルの論理シミュレーション動作とゲート・レベルの実動作が不一致となります．

Verilog 2001の場合は「always@*」が使えるので問題ないですが，Verilog 1995の場合は注意する必要があります．Verilog 2001には後方互換性があるので，Verilog 1995と同様に「always@(...)」の(...)内のリストを記述することもできますが，記述漏れがあるとVerilog 1995と同じ問題が起きます．なお，

リスト3 組み合わせ回路の書き方

```
wire [7:0] C;
wire [7:0] D;
wire D_NZ;
wire [7:0] E;
//
assign C = A + B;
assign D = A & B;
assign D_NZ = |D;
assign E = (D_NZ == 1'b1)? A : B;
```

assign文による代入は，wire信号に対してのみ行う．シミュレーションの最小時間ステップごとに右辺の値が左辺に代入され続ける

（**a**）assign文による組み合わせ回路（継続代入文）

```
reg [7:0] C;
reg [7:0] D;
reg D_NZ;
reg [7:0] E;
//
always@*
begin
    C = A + B;
    D = A & B;
    D_NZ = |D;
    E = (D_NZ == 1'b1)? A : B;
end
```

always文による代入は，reg信号に対してのみ行う．always@*と書くと，スコープ内（begin-end間）の式の入力（右辺）側のいずれかの信号が変化したとき，このスコープ内の式が上から順に，それぞれ右辺が評価され左辺に代入されていく

（**b**）always文による組み合わせ回路（手続き代入文）：Verilog 2001型

```
reg [7:0] C;
reg [7:0] D;
reg D_NZ;
reg [7:0] E;
//
always@(A or B)
begin
    C = A + B;
    D = A & B;
end
//
always@(D) D_NZ = !D;
//
always@(D_NZ or A or B) E = (D_NZ == 1'b1)? A : B;
```

Verilog 1995ではalways@*という表現は使えない．always@()の括弧内に，このスコープ内で記述する組み合わせ回路の全入力信号をorで区切って羅列する必要がある．羅列し忘れた信号があると，その信号変化ではalways文内が実行されない（シミュレーション時）．論理合成ではalways@()の括弧内の記述は使われないので，論理合成結果の実論理動作とシミュレーション動作が不一致となるので注意を要する

（**c**）always文による組み合わせ回路（手続き代入文）：Verilog 1995型
Verilog 2001は後方互換性があるので，この記述方法も使える．Verilog 2001なら()内は「or」で区切る代わりにカンマ「，」で区切ってもよい．

Verilog 2001の場合は，リスト内の信号の区切りを「or」の代わりに「，(カンマ)」にしてもOKです．

組み合わせ回路の記述方法はVerilog 2001方式を推奨します．

信号（変数）への代入文

●ブロッキング代入とノン・ブロッキング代入

Verilog HDLで重要な概念となる，ブロッキング代入とノン・ブロッキング代入について説明します．

ブロッキング代入は**リスト4(a)** のように，「=」で表現する代入文であり，複数のブロッキング代入文があれば，記述された順番のとおりに代入が行われます．普通のCプログラムの代入文と同様な動作です．上から順に影響し合う代入操作なので，ブロッキングという言葉を使っています．この例では最終的に変数dはa + b + 4'h1となります．

ノン・ブロッキング代入は，**リスト4(b)** のように，「<=」で表現する代入文です．この動作は少し変わっていて，まずすべてのノン・ブロッキング代入文の右辺の値を評価していったん記憶します．この時点では左辺には代入しません．そして，すべてのノン・ブロッキング代入文の右辺の評価が終わったら，左辺に記憶しておいた対応する値を代入します．上から順に影響し合わない代入操作なので，ノン・ブロッキン

リスト4　ブロッキング代入とノンブロッキング代入
組み合わせ回路ではブロッキング代入を推奨する

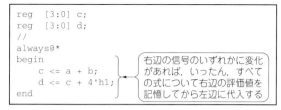

```
reg  [3:0] c;
reg  [3:0] d;
//
always@*
begin
    c = a + b;
    d = c + 4'h1;
end
```
右辺の信号のいずれかに変化があれば上の式から順に，右辺が評価され左辺に代入していく

（a）ブロッキング代入（=）

```
reg  [3:0] c;
reg  [3:0] d;
//
always@*
begin
    c <= a + b;
    d <= c + 4'h1;
end
```
右辺の信号のいずれかに変化があれば，いったん，すべての式について右辺の評価値を記憶してから左辺に代入する

（b）ノン・ブロッキング代入（<=）

表1　Verilog HDLの演算子

種　類	記　号	書式例	意　味
ビット単位演算子	~	~m	mの各ビットを反転
	&	m & n	mとnの対応するビットをAND
	|	m | n	mとnの対応するビットをOR
	^	m ^ n	mとnの対応するビットをXOR
	~^ or ^~	m ~^ n	mとnの対応するビットをXNOR
	<<	m << n	mをnビット分左シフトし，LSB側から0を埋める
	>>	m >> n	mをnビット分右シフトし，MSB側から0を埋める
単項リダクション演算子	&	&m	mの全ビットをAND（結果は1ビット）
	~&	~&m	mの全ビットをNAND（結果は1ビット）
	|	|m	mの全ビットをOR（結果は1ビット）
	~|	~|m	mの全ビットをNOR（結果は1ビット）
	^	^m	mの全ビットをXOR（結果は1ビット）
	~^ or ^~	~^m	mの全ビットをXNOR（結果は1ビット）
論理演算子	!	!m	mはTrueではないか？（結果は1ビットの論理値）
	&&	m && n	mもnも共にTrueか？（結果は1ビットの論理値）
	||	m || n	mまたはnのいずれかがTrueか？（結果は1ビットの論理値）
論理等号演算子 関係演算子 （入力にxかzを含めば結果はx）	==	m == n	mとnは等しいか？（結果は1ビットの論理値）
	!=	m != n	mとnは等しくないか？（結果は1ビットの論理値）
	<	m < n	mはnより小さいか？（結果は1ビットの論理値）
	>	m < n	mはnより大きいか？（結果は1ビットの論理値）
	<=	m <= n	mはn以下か？（結果は1ビットの論理値）
	>=	m >= n	mはn以上か？（結果は1ビットの論理値）
ケース等号演算子 （x，z自体も比較）	===	m === n	mとnは等しいか？（結果は1ビットの論理値）
	!==	m !== n	mとnは等しくないか？（結果は1ビットの論理値）
条件演算子	?:	sel? m:n	selが真ならmを返し，selが真でなければnを返す
連接演算子	{ }	{m, n}	mとnを連接して，大きいビット幅の数値を返す
	{{ }}	{n{m}}	mをn個連接する
算術演算子	+	m + n	mにnを加算
	-	m - n	mからnを減算
	-	-m	mの符号反転（2の補数）
	*	m * n	mにnを乗算
	/	m / n	mをnで除算
	%	m % n	mをnで割った剰余

グという名前を使っています．

この例では，まず変数cにはa＋bが代入され，変数dにはalways@*スコープ内が実行される前の変数cの値に4'h1を加えたものが代入されます．最初の代入文でcが変化したので，再度このalways@*スコープが実行され，最終的に変数dに

はa＋b＋4'h1が入ります．結果はリスト4(a)と同じですが，代入動作の流れが異なる点に注意してください．

組み合わせ回路をalways文で記述する場合は，一般的にリスト4(a)に示したブロッキング代入文を使うことを推奨します．

● Verilog HDL の演算子

Verilog HDL の代入文で使える演算子を**表1**に示します．また，演算子評価の優先順位を**表2**に示します．

一部注意すべき演算子について説明します．

比較演算子「==（イコールが2個）」は，入力信号内に「x」または「z」があると比較結果は不定(x)になります．一方，「===（イコールが3個）」は，入力信号内の「x」および「z」も信号値そのものとして比較判定します．結果はTRUE(1)かFLASE(0)になります．

単項演算子&は，多ビット幅の信号の先頭に付けます．例えばA[3：0]という4ビットの信号に対して「&A」と書いたら，A[3]&A[2]&A[1]&A[0]のように，すべてのビットの論理積をとる演算操作になります．

● 時間単位と時間精度の設定

代入文には遅延を付けることができますが，その前にVerilog HDLによる論理シミュレーションにおける時間単位と時間精度の設定方法を説明します．これにはコンパイラ指示子の`timescale文を使います．例えば，

```
`timescale 1ns/100ps
```

と書くと，論理シミュレーション内で記述する時間数値の単位が1nsになります．また，時間精度(時間数値の小数点以下の桁に対応)が100psになります．この`timescale文を書いた時点で，それ以降のVerilog HDL記述における時間パラメータが設定されます．`timescale文は何度も書いて時間単位の設定し直しができますが，基本的には論理シミュレーションのトップ階層(テストベンチ)の最初で，まず記述しておくことを推奨します．

`timescale文により，論理シミュレータ内部のタイム・マップの時間刻みの間隔が設定されることになります．

● 遅延付加時の代入動作

代入文での信号遅延時間は，「#数値」で表現します．単位は前述の`timescaleで設定したものになります．この遅延時間表記は，代入文の右辺に付ける場合と，左辺に付ける場合があります．また，ブロッキング代入に付ける場合と，ノン・ブロッキング代入に付ける場合で動作が異なります．それらをまとめたものを**表3**に示します．

一般的には，ゼロ遅延または慣性遅延を使うので，ブロッキング代入を使います．どうしても伝搬遅延させたい場合だけ，ノン・ブロッキング代入を使います．

表2 Verilog HDLの演算子の優先順位

優先順位	演算子	備考
高い	! ~ + -	単項演算子
	{} {{}}	
	( )	
	* / %	
	+ -	2項演算子
	<< >>	
	< <= > >=	
	== != === !==	
	& ~&	
	^ ~^	
	| ~|	
	&&	
	||	
低い	?:	

表3 ブロッキング代入とノン・ブロッキング代入の遅延付加時の動作

代入文	波形	遅延	代入動作
always@* y1 = x;	y1	ゼロ	xの変化時点でxをy1に代入
always@* y2 <= x;	y2	ゼロ	xの変化時点でxを記憶し，すべての式の評価完了後，y2に代入
always@* #10 y3 = x;	y3	慣性	xの変化から10経過時点のxの値をy3に代入．その間のxの変化は無視
always@* #10 y4 <= x;	y4	(慣性)	xの変化から10経過時点のxの値を記憶し，全式評価後y4に代入．その間のxの変化は無視
always@* y5 = #10 x;	y5	(慣性)	xの変化時点のxの値を時刻10経過後にy5に代入．その間のxの変化は無視
always@* y6 <= #10 x;	y6	伝搬	xの変化時点のxの値を記憶し，全式評価後のさらに時刻10経過後にy5に代入

推奨：ゼロ遅延と慣性遅延の場合はブロッキング代入，伝搬遅延の場合はノン・ブロッキング代入を使う．

条件判断

●条件判定処理

条件判定処理にはif文やcase文を使います．これらの文はalways文の中で使うので，if文やcase文で判定されて代入される変数はreg宣言します．

● if文による条件判定

if文の書き方の例を，リスト5(a)に示します．

単純な条件判定の場合は，表3に示した条件演算子(?:)を使えます．条件演算子はwire宣言された変数に対してはassign文で，reg宣言された変数

リスト5 条件判定(if文とcase文)

```
wire        sel;
wire [3:0]  a;
wire [3:0]  b;
reg  [3:0]  c;
//
always@*
begin
    if (sel)
        c = a;
    else
        c = b;
end
```

```
wire sel;
wire [3:0] a;
wire [3:0] b;
wire [3:0] c;
//
assign c = (sel == 1'b1)? a : b;
```
（assignで書くとこうなる）

if (sel == 1'b1)と同じ

- if節，else節の中をbegin-endで囲んで，複数ステートメントを入れたり，さらにif文をネスティングすることもできる
- あまり深いif文のネスティングは，組み合わせ回路の遅延時間を増大させるので注意
- if文は上から順に条件判定され，条件一致したらそれ以降の条件判断は行わない．優先順位が高い条件判断は上側に書いておく

(a) if文の例

```
wire        select;
wire [2:0]  state;
reg  [2:0]  state_next;
//
always@*
begin
    case(state)
        3'b000  : state_next = (select)? 3'b001 : 3'b000;
        3'b001  : state_next = 3'b010;
        3'b010  : state_next = 3'b011;
        3'b011  : state_next = (~select)? 3'b100 : 3'b011;
        3'b100  : state_next = 3'b000;
        default : state_next = 3'b000;
    endcase
end
```

case文の( )内信号の信号値条件をcase-endcaseで囲む中に羅列する

条件値に一致しなかったらdefaultが選択される（全条件書いたとしてもdefaultは書いておくべき）

信号条件値は必ず全組み合わせを書くこと

(b) case文の例

```
wire [1:0] din;
reg  [1:0] dout;
//
always@*
begin
    case(din)
        2'b00  : dout = 2'b11;
        2'b01  : dout = 2'b10;
        2'b10  : dout = 2'b01;
        2'b11  : dout = 2'b00;
        2'bxz  : dout = 2'b00;
        default: dout = 2'bxx;
    endcase
end
```

```
wire [1:0] din;
reg  [1:0] dout;
//
always@*
begin
    casex(din)
        2'b0x  : dout = 2'b11;
        2'b1z  : dout = 2'b01;
        default: dout = 2'bxx;
    endcase
end
```

```
wire [1:0] din;
reg  [1:0] dout;
//
always@*
begin
    casez(din)
        2'b0?  : dout = 2'b11;
        2'b1z  : dout = 2'b01;
        default: dout = 2'bxx;
    endcase
end
```

case文の場合はxとzも値として比較判断される

casex文の場合は，xとzはdon't care（0，1，x，zのいずれとも一致）として扱う

casez文の場合は，zはdon't care（0，1，x，zのいずれとも一致）として扱う．xは，xかzに一致するとして扱われる

- 条件値の中で，?はzと同じと見なされる
- 条件内にdon't careを含める場合は，一般的にはcasezを使い，don't care指示には?を使う

(c) case文，casex文，casez文

に対してはalways文の中で使います．

if文や条件演算子の後に書く条件式には，重要な注意点があります．例えば，(A == B)という条件式において，AまたはBに不定(x)かHIZ(z)が含まれていた場合，条件式の値そのものは不定(x)になりますが，if文や条件演算子ではFALSE判定側に記述したステートメントが実行されます．この仕様は，RTLベースの論理シミュレーションと，論理合成後のゲート・レベルの動作の不一致を招くことがあります．条件式の中の変数に不定(x)かHIZ(z)が含まれる可能性がある場合は注意してください．

● case文による条件判定

case文の書き方の例をリスト5(b)に示します．caseとendcaseの間に，入力信号の条件値とその条件成立時に実行するステートメントを羅列します．default条件は，記述した条件のいずれも一致しなかったときに選択されます．case文は真理値表を記述するときに便利な記法です．if文ではネスティングが深くなってしまう場合も，case文だとすっきり記述できます．

case文に似たものに，casex文とcasez文があります．その動作をリスト5(c)に示します．条件値の中に「?」を書くことでdon't care(0, 1, x, zのすべてに一致)を表現できます．case文，casex文，casez文のどれを使うべきかは，論文1本分くらいの規模の議論がさまざまなされていますが，RTL記述と合成後のネット間の論理シミュレーション動作を一致させるにはcasez(およびdon't care指示子「?」)を使うべきとされています．

●ラッチ回路生成の危険

組み合わせ回路記述の中で，if文にelse項が抜けていたり，case文で入力信号の全組み合わせが条件値に記述しきれていない場合，すなわち条件が成立しないときのステートメント(代入文)が存在しない場合は，変数への代入動作が行われない(変数の値が保持される)可能性が生じます．こうしたRTL記述を論理合成すると，組み合わせ回路のつもりでもラッチ回路が合成されてしまいますので，注意してください．

順序回路の書き方

● D-F/Fの書き方

Dフリップフロップ(以下D-F/Fと略す)のRTL記述は，always文を使ってリスト6(a)のように書きます．D-F/Fの出力信号はreg宣言します．always文の@(...)内のイベント・リストに，クロック遷移条件を記述します．

「posedge クロック信号名」と書くと，clkの立ち上がりという意味になります．clkの立ち下がりで入力データをたたく場合は「negedge クロック信号名」と記述します．always文のスコープ内に出力信号への代入文をノン・ブロッキング形式(<=)で記述します．

●リセット付きD-F/Fの書き方

非同期リセット付きのD-F/Fは，リスト6(b)のように記述します．always文のイベント・リスト中にリセット信号の遷移方向を加えます．リセット信号が正論理の場合は「posedge リセット信号名」を，負論理の場合は「negedge リセット信号名」と記述します．always文のスコープ内では，リセット信号による出力信号への代入をif文を使って記述します．

同期リセット付きのD-F/Fの場合は，リスト6(c)のようにalways文のイベント・リスト中にリセット信号の遷移は書きません．入力信号をリセット信号を使って加工して，クロックでたたく形になります．

ここに示したようなRTL記述を論理合成ツールにかけると，自動的にDフリップフロップを想起して論理合成してくれます．

●順序回路のひな形

D-F/Fを使った順序回路の一般的なひな形を，リスト6(d)に示します．

原則として非同期リセットを付加してください．入力条件に応じて，出力信号の値をクロックに同期して変化させます．この例では，cond_Aが1'b1のときのclkの立ち上がりエッジ(T_4)で，doutが4'haに変化し，cond_Bが1'b1のときのclkの立ち上がりエッジ(T_5)でdoutが4'hbに変化します．cond_Aの起源となる信号もクロックclkによる順序回路から生成されているとすれば，cond_Aは必ずclkの立ち上がりエッジより後ろ，すなわちT_3より後ろで(かつHOLDを満たして)1'b0から1'b1に変化するので，このD-F/Fでは，必ずT_4になってからcond_Aを取り込むことになります．cond_Bも同様です．

●順序回路は必ずノン・ブロッキング代入文を使う

順序回路では，必ずリスト7(a)のようにノン・ブロッキング代入文(<=)を使ってください．もし，順序回路の中身でブロッキング代入文を使ったらどうなるか，リスト7(b)を見ればわかりますね．期待通りの動作になりません．

リスト6 Dフリップフロップの書き方

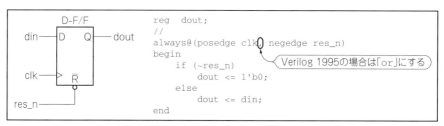

(a) D-F/F(リセットなし)の書き方

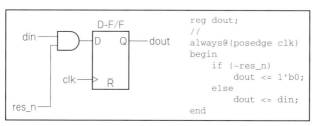

(b) D-F/F(非同期リセット付き)の書き方

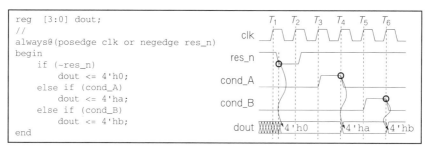

(c) D-F/F(同期リセット付き)の書き方

```
reg  [3:0] dout;
//
always@(posedge clk or negedge res_n)
begin
    if (~res_n)
        dout <= 4'h0;
    else if (cond_A)
        dout <= 4'ha;
    else if (cond_B)
        dout <= 4'hb;
end
```

(d) 一般的なD-F/Fによる順序回路のひな形

論理シミュレーションのためのテストベンチ

●ここまでの文法ですべての論理機能は記述できる

ここまで説明したVerilog HDLの文法で，あらゆる論理機能本体は基本的に記述しきることができます．本書で示す事例でも，ここまで説明した記述方法だけしか使っていません．

他にも多くの便利な記法がありますが，それらは各種教科書や参考文献(1)などを参照して身につけてください．

●論理シミュレーションを動かすテストベンチ

設計目的とする論理機能が記述できたら，今度はそれを論理シミュレータで動作させて機能検証します．論理機能本体を動かすための，その上位階層に位置させるテストベンチを用意します．

テストベンチ記述の全体構成の一例をリスト8に示します．テストベンチもVerilog HDL上では一つの階層，すなわちmoduleです．ただしテストベンチから出入りする信号はありませんので，module文にはモジュール名のみ(この例では「tb」のみ)を記述します．テストベンチの下層には，検証対象論理機能モジュールをインスタンス化して配置します．

リスト7 Dフリップフロップの代入文

```
reg  dout;
//
always@(posedge clk)
begin
    dout <= din;
end
```

```
reg  dout;
//
always@(posedge clk)
begin
    dout = din;
end
```
（×）

（a）順序回路の代入文は必ずノン・ブロッキングで

```
always@(posedge clk)
begin
    a = a + 1;
end
//
always@(posedge clk)
begin
    b = a + 1;
end
```

bにはaの変化前の値が代入されるのか，変化後の値が代入されるのか，論理シミュレータの実装で変わってくる

```
// Swap MSB<-->LSB
always@(posedge clk)
begin
    data[15:8] = data[ 7:0];
    data[ 7:0] = data[15:8];
end
```
SWAPにならない

⇅ 結果が異なる

```
// Swap MSB<-->LSB
always@(posedge clk)
begin
    data[15:8] <= data[ 7:0];
    data[ 7:0] <= data[15:8];
end
```
SWAPになる

（b）順序回路の代入文にブロッキングを使うと…

リスト8 テストベンチ

```
module tb();
    波形ファイル(vcd)出力指定
    クロック生成記述
    リセット生成記述
    クロック・サイクル・カウンタと
    シミュレーション・タイムアウト設定
    検証対象モジュールのインスタンス
    検証用入力パターン(波形)生成記述
    デバッグ用メッセージ出力
endmodule
```

リスト9 波形ファイル(vcd)出力指示

```
initial              ← シミュレーション開始時に1回実行
begin
    $dumpfile("tb.vcd");     ← 出力ファイル名を指定
    $dumpvars(0, tb);        ← 0:指定以下全階層の信号を出力(1以上→出力階層数を指定)
end                              tb:階層tb以下の信号を出力
```

論理設計において，論理機能のRTLコードの記述段階になったら，論理機能本体を書く前に，まずテストベンチから記述を開始することをお勧めします．リセットとクロックの生成だけでも用意するべきでしょう．最外殻のテストベンチから，順次内側に向かって各階層の論理を記述していくと，記述中の階層より外側の論理記述が，自分にとってのテストベンチになってくれます．

そうすれば，少しずつ論理機能を動かして基本動作を確認しながらコーディングを進めることができ，結果的に記述ミス（タイポ）によるエラーを防止しやすくなります．

最近の論理シミュレータは高速化されていて，かつRTL記述のシミュレーション自体が軽いですから，何度もシミュレーションを繰り返すことは，さほど時間がかかるものではありません．

以下，テストベンチ記述内の各要素を説明します．

● initial文

最外殻のテストベンチ内ではinitial文を多用します．initial文のスコープ内のステートメントは，論理シミュレーション開始時に1回だけ実行されます．これを使って，論理シミュレータへの動作指示や，信号の初期化，連続した信号生成などを行うことができます．initial文内で代入する信号（変数）はreg宣言する必要があります．

● 波形ファイル出力指示

論理シミュレーション結果の細かい部分は，信号波形でチェックする必要があります．そのためテストベンチ内では，波形ファイルを出力することを論理シミュレータに指示します．その指示方法をリスト9に示します．

この例ではテストベンチ階層(tb)以下，全階層の全信号を，ファイル名「tb.vcd」に出力することを指示しています．信号出力する階層位置や階層数も指定することができます．

波形ファイルはVCD（Value Change Dump）フォーマット形式です．一般的なフォーマットで多くのEDAツールが扱うことができるもので，中身はASCIIファイルなので普通のエディタでも読めます．このVCD形式の波形ファイルは，波形ビューワ

リスト10　クロック信号生成記述

```
`define TB_CYCLE 20 //ns       ← 定数（参照時はTB_CYCLEの先頭にバック・クォートを付ける）
//
reg clock;
//
initial clock = 1'b0;           ← シミュレーション開始時にクロックのレベルを初期化
always #(`TB_CYCLE / 2) clock = ~clock;  ← 半周期ごとに反転
```

リスト11　リセット信号生成記述

```
reg reset;                ← シミュレーション開始時に1回実行
//
initial
begin
    reset = 1'b1;         ← reset（正論理）を1にセットして
    #(`TB_CYCLE * 10)     ← 10サイクル分の時間待ってから
    reset = 1'b0;         ← reset（正論理）を0にクリアする
end
```

リスト12　デバッグ用メッセージ出力

```
always@(posedge U_SUB_MODULE.clk)
begin
    if (U_SUB_MODULE.state != U_SUB_MODULE.state_next)
    begin
        $display("    state = %01x, state_next = %01x, at %d",
            U_SUB_MODULE.state,
            U_SUB_MODULE.state_next,
            tb_cycle_counter);
    end
end
```
下位階層モジュールの信号をメッセージ出力できる（下の階層の信号名の指定法：インスタンス名.インスタンス名.信号名）

メッセージ出力（C言語のprintfに相当）．$display()は最後に改行を付加する．$write()は最後に改行を付けない

GTKWaveで表示できます．

●クロック信号生成記述

論理回路に欠かせないクロック信号は，テストベンチ上でリスト10のようにして生成します．

クロック信号はinitial文でいったん初期化した後，always文と遅延指定で一定周期でトグルして生成します．この例では，コンパイラ指示子の`define文でクロック周期の値を定数として定義して使っています．

●リセット信号生成記述

RTL記述内のすべての信号の初期値は不定（x）です．論理シミュレーション実行開始時は，通常，テストベンチ上でリセット信号を強制的に一定期間アサートさせるところから始めます．リセット信号の生成例をリスト11に示します．

●デバッグ用メッセージ出力

論理機能を検証する際，波形だけでなく，メッセージを出力したくなる場合があります．ステート遷移などは，メッセージで出力したほうがわかりやすいケースが多いです．その例をリスト12に示します．テストベンチより下の階層の信号を，「インスタンス名.インスタンス名.信号名」のようにドットで区切って指定して，システム・タスクの$display文や$write文により表示できます．$display文や$write文はC言語のprintf( )のように使えますが，$display文では自動的に最後に改行が付加され，$write文では改行が付加されないという違いがあります．

●サイクル・カウンタとシミュレーションのタイムアウト

論理シミュレーションを実行開始すると，何もしなければ永遠に実行を続けます．波形ファイルを出力し続けていたら，ディスクがパンクするまで実行し続けてしまいます．ある信号が何らかの条件になったらシミュレーションを停止させる記述が可能ですが，その有無に関わらず，クロック・サイクル数が一定値になったらシミュレーションを停止させるタイムアウト機能を，テストベンチに入れておくことを推奨しま

リスト13　サイクル・カウンタとシミュレーションのタイムアウト

```
`define TB_FINISH_COUNT 10000 //cyc    ← シミュレーションの最大サイクル数を指定
//
reg [31:0] tb_cycle_counter;
//
always @(posedge clock, posedge reset)
begin
    if (reset)
        tb_cycle_counter <= 32'h0;                      1サイクルごとに
    else                                                 クロック・カウンタ(32ビット)
        tb_cycle_counter <= tb_cycle_counter + 32'h1;    をインクリメント
end
//
always @*
begin                                                       クロック・カウンタが
    if (tb_cycle_counter == `TB_FINISH_COUNT)               指定した最大値になっ
    begin                                                    たらシミュレーション
        $display("***** SIMULATION TIMEOUT ***** at %d", tb_cycle_counter);   停止
        $finish;      ← メッセージ出力
    end
end
```

シミュレーション終了．
$finishはシミュレータ自体を終了させる．
$stopはシミュレーションを一時的に停止させ，
シミュレータがコマンド待ちになる

す．

　その一例を**リスト13**に示します．クロックの立ち上がりエッジごとに32ビット幅のレジスタ`tb_cycle_counter`をインクリメント（カウント動作）させ，10000サイクルに到達したら`$display`文や`$write`でメッセージを出力した後，システム・タスクの`$finish`文や`$stop`文で論理シミュレーションを停止させます．

　`$finish`文はシミュレータ自体を終了させます．`$stop`文はシミュレーションを一時的に停止させ，シミュレータがコマンド待ちになります．

●機能検証用入力パターンの生成

　テストベンチ内でインスタンス化した論理機能モジュールを動かすためには，リセット信号とクロック信号以外に，その論理機能への入力信号を適切に動かす必要があります．それを入力パターンまたはスティミュラス（stimulus：刺激）と呼びます．

　その生成方法の一つの例を**リスト14(a)**に示します．`initial`文と遅延指定を使って信号変化を順に記述する方法です．単純な入力ストリームを生成するにはシンプルで便利ですが，少し複雑な信号生成をしたくなると，とたんに辛くなる方法です．

　もう一つの例を**リスト14(b)**に示します．`task`文を使う方法です．`task`文内にはある決まった一連の入力パターンを，サブルーチン風に定義することができます．`task`文には引き数をもつことができ，中で生成する入力パターンの一部を加工することもできます．その`task`文で定義したタスクを`initial`文の中から呼び出すことにより，複雑な入力パターンを生成しやすくなります．

●定数パラメータの上書き機能

　これまでの例の中にもありましたが，定数値は「``define CYCLE 100`」のように定義でき，「``CYCLE`」のように先頭にバック・クォートを付けて使うことができます．この``define`文で指定する定数値は固定化され，RTL記述内で一定値しかとれません．

　一方，論理モジュール（`module`階層）をインスタンス化するときに，その中の定数パラメータを上書き変更することができる機能があります．それをサポートするのが`parameter`文です．

　リスト15の上半分に示したように，`module`の中で使う定数を`parameter`文で定義しておくと，**リスト15**の下半分に示したようにその上位階層でインスタンス化するときに，その`parameter`値を上書き変更することができます．この例ではレジスタの初期値を変更していますが，それ以外にも信号のビット幅なども`parameter`で指定／上書きできますので，`module`記述の再利用性を向上させることができるのです．

●`include文

　C言語の#include文のように，RTLソース記述内に別のRTLソース・ファイルをインクルードすることができます．そのためのコンパイラ指示子として，``include`文が用意されています．

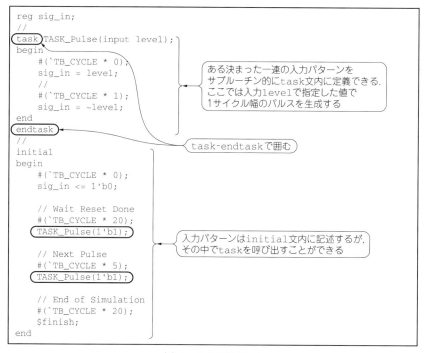

リスト14 機能検証用入力パターン生成
(a) 入力パターンを直接記述する場合
(b) task文を使う場合

● `ifdef文, `else文, `elsif文, `endif文

C言語の #ifdef 文のように，マクロ名の定義の有無に応じて，有効化する行と無効化する行を選択できるコンパイラ指示子があります．それがリスト16に示す `ifdef 文, `else 文, `elsif 文, `endif 文です．

マクロ名の定義によって，使う行と使わない行を選択できるので，一つのRTL記述を複数の用途に使い分けることができます．マクロ名は同じRTL記述内で定義することもできますが，論理シミュレータのRTL記述をコンパイルするときのコマンドの引き数内で定義することもできます．なお `elsif 文はVerilog 2001 から使えます．

リスト15　パラメータ文

```
module sub_module          ← 下位階層モジュール
    #(parameter
        INIT_A = 8'h00,    上位階層からインスタンス化されるときに
        INIT_B = 8'hff     上書きできる定数値をparameter文で定義
    )                      （ここに記載する値はデフォルト値になる）
(
    input wire res_n,
    input wire clk,
    //
    input wire sig_in,
    //
    output reg sig_out,
);
...
reg [7:0] dataA;
...
always@(posedge clk, negedge res_n)
begin
    if (~res_n)
        dataA <= INIT_A;
    else
        dataA <= ...
end
...
endmodule
```

```
sub_module                 ← 上位階層でのインスタンス化
    #(
        .INIT_A(8'h12),    インスタンス化するモジュール内で
        .INIT_B(8'h34)     parameter文で定義されている定数値を
    )                      上書きできる．#(...)を指定しなければ，
U_SUB_MODULE               モジュール内のparameter定義は上書き
(                          されずデフォルトのまま使われる
    .clk ( clock),
    .res_n (~reset),
    //
    .sig_in (sig_in),
    .sig_out(sig_out)
);
```

リスト16　`ifdef文，`else文，`elsif文，`endif文

```
`define AAA          ← AAAを定義
...
`ifdef AAA
    [                  AAAが定義されているので
                       `ifdefが成立して`endifまでの間が有効化
`endif
`ifdef BBB
    ▓▓▓▓▓              BBBが未定義なので
                       `ifdefが不成立となり`endifまでの間が無効化
`endif

`ifdef BBB
    ▓▓▓▓▓              `ifdefが成立しないため無効化
`else
    [                  `ifdefが成立しなかったため，
                       `else以降`endifまでの間が有効化
`endif

`ifdef CCC
    ▓▓▓▓▓              `ifdefが成立しないため無効化
`elsif BBB
    ▓▓▓▓▓              `ifdefが成立しなかったので
                       `elsifを評価するが成立せず無効化
`elsif AAA
    [                  上記の`elsifが成立しなかったため，
                       ここの`elsifを評価して成立したので有効化
`endif
```

※ `elsifはVerilog 2001から導入された．

表4 システム・タスクとコンパイラ指示子
本書でよく使うものだけを列挙した

種類	文	使用例	意味
システム・タスク	$display	$display("state = %02x", u_TOP.state);	メッセージ出力(改行付き)
	$write	$write("state = %02x", u_TOP.state);	メッセージ出力(改行なし)
	$finish	$finish;	論理シミュレータを終了する
	$stop	$stop;	シミュレーションを停止して論理シミュレータのコマンド待ちになる
コンパイラ指示子	\`timescale	\`timescale 1ns/100ps	時間単位と時間精度の指定
	\`define	\`define TB_CYCLE 100	マクロ名の定義
	\`include	\`include "defines.v"	別ファイルのインクルード
	\`ifdef \`else \`elsif \`endif	\`ifdef IVERILOG $finish; \`elsif MODELSIM $stop; \`else $finish; // catch \`endif	マクロ定義の状況に応じてコンパイル箇所をスイッチする

●システム・タスクとコンパイラ指示子のまとめ

参考のため，本書でよく使うシステム・タスクとコンパイラ指示子を表4にまとめておきます．

◆ 参考文献 ◆

(1) Stuart Sutherland, Verilog R HDL Quick Reference Guide based on the Verilog-2001 standard (IEEE Std 1364-2001), September, 2007, Sutherland HDL, Inc.

第18章 論理設計の具体例とシミュレーション

単純なレジスタの動作からCPUまで，実際の設計と論理シミュレーションにトライ

本書付属DVD-ROM収録関連データ		
DVD-ROM格納場所	内　容	備　考
CQ-MAX10¥Verilog_Samples¥simple_register	レジスタの設計ファイル一式	ModelSim-Altera用，Icarus Verilog用がそれぞれ格納されている
CQ-MAX10¥Verilog_Samples¥simple_counter	カウンタの設計ファイル一式	
CQ-MAX10¥Verilog_Samples¥simple_debouncer	チャタリング除去回路の設計ファイル一式	
CQ-MAX10¥Verilog_Samples¥simple_statemachine	ステート・マシンの設計ファイル一式	
CQ-MAX10¥Verilog_Samples¥simple_cpu	簡易型8ビットCPUの設計ファイル一式	

●はじめに

前章までの座学だけでは，実際にどのようにRTL記述を書いていけばよいのかわかりにくいかもしれません．そのため本章では具体的に動作するRTL記述を紹介し，実際に論理シミュレーションして動作確認してみます．本章の内容が理解できれば，さらに複雑な論理機能も自由に設計することができるようになるでしょう．

●サンプル・ファイルをインストール

まず，付属のDVD-ROMに格納したサンプル・ファイルをインストールしてください．Cドライブの最上位階層にディレクトリ「C:¥CQ-MAX10」を作成して，DVD-ROMのトップ階層以下の「¥CQ-MAX10¥Verilog_Samples」を，その「C:¥CQ-MAX10」以下にコピーしてください．

ディレクトリ「Verilog_Samples」が，「C:¥CQ-MAX10¥Verilog_Samples」の位置にあればOKです．本書の解説では，この位置にサンプル・ファイル類が置かれていることを前提としています．

論理シミュレータModelSim-Alteraを単体で使う方法

●論理シミュレータModelSim-Alteraを単体で使う

前章までは，ModelSim-AlteraをQuartus PrimeやNios II EDSから起動する方法を説明しました．本章ではModelSim-Alteraを単体で使う方法について説明します．

●設計ファイルのディレクトリ階層構造

論理シミュレーション対象の設計ファイルのディレクトリ階層構造を統一化しておくと，同じシミュレーション環境を使い回せるので便利です．本稿で使う設計サンプルのディレクトリ階層構造を図1に示します．各ファイルの内容などは，個々のサンプルのところで説明します．

●立ち上げとプロジェクト作成

本稿のサンプルを論理シミュレーションする場合のModelSimの使い方を図2に示します．

図2(a)のようにModelSim単体を起動して，図2(b)，図2(c)のように新規プロジェクトを作成します．サンプル・ファイルをそのまま使う場合は，プロジェクト・ファイルをオープンしてください．

●プロジェクトにファイルを登録

図2(d)～(h)に示す方法でプロジェクトに関連ファイルを登録します．独自の論理設計を行う場合は，新規の空ファイルを登録してください．サンプル・ファイルをそのまま使う場合は，既存ファイルの登録を行ってください．

●ファイルを編集

図2(i)に示すように各ファイルを編集してセーブします．実行スクリプトなどにディレクトリの相対パスを記述する場合は，カレント・ディレクトリ（相対

※ 本稿は，『ARM PSoCで作るMyスペシャル・マイコン（開発編）』（2014年1月，CQ出版社）の第21章「論理設計の具体例とシミュレーション」の内容に大幅加筆したものです．

図1 本稿で使う設計サンプルのディレクトリ階層構造

パスの起点）が，プロジェクト・ファイルがある場所（LOGIC¥simulation¥modelsim）に置かれていることを前提として記述してください．

ModelSimのシミュレーション実行スクリプト「tb.do」は，第10章のリスト6で説明したものと基本的には同じです．ただし，コンパイル用vlogコマンドの引き数の一部（使用するRTL記述ファイルなど）を別ファイル（flist.txt）側に記述して，「-f」オプションで呼び出しています．こうすることで，設計中にRTL記述の追加や削除があってもflist.txtだけを修正すればよくなります．

● 論理シミュレーションの実行

図2(j)～(l)に示す方法で，論理シミュレーションを実行します．

● ModelSim-Alteraの終了

ModelSimを行儀よく完全終了するには，図2(m)～(p)のようにします．図2(o)のプロジェクトのクローズを行わずにModelSimを終了すると，次回起動したときに同じプロジェクトが自動的に開きます．

基本的なD-F/F「simple_register」

● Dフリップフロップの動作を確認してみよう

最初の論理設計と論理シミュレーションの題材として，Dフリップフロップ（D-F/F）の動作を確認してみましょう．入力信号を3回，D-F/Fでたたいて出力するだけの機能モジュールを記述して，それをテストベンチの下に置き，ModelSimを使って論理シミュレーションしてみます．ModelSimの使い方は，前項で述べた方法を参考にして操作してください．

● 設計ファイルの用意

まず，図2(a)～(i)に示す方法で，プロジェクトとファイルを表1に示すように用意します．各ファイルの内容を以下で説明します．

● 論理機能モジュールを記述する

Verilog HDLのRTLで「simple_register」の論理機能モジュールTOPを記述します．リスト1の内容を，ディレクトリLOGIC以下に「top.v」というファイル名で用意します．入力信号sig_inを，3回クロックclkでたたいて出力信号sig_outを生成しているだけの単純なものです．

● テストベンチを記述する

次に，「TOP」を論理シミュレーションするためのテストベンチを記述します．リスト2の内容を，ディレクトリLOGIC¥simulation¥testbench以下に「tb.v」というファイル名で用意します．機能検証用の入力パターンは，initial文の中で羅列しているだけの簡単なものです．

● 論理シミュレーションに使うVerilog RTL記述のリストを作成

論理シミュレーションに必要なファイル・リストを用意します．リスト3に示す内容を，ディレクトリLOGIC¥simulation¥testbench以下に「flist.txt」という

(a) ModelSim-Altera Stater Editionを起動

(b) 新規プロジェクトを作成

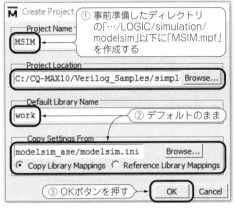
(c) プロジェクト・ファイル「MSIM.mpf」を作成

(d) 必要な新規ファイル(空ファイル)を作成してプロジェクトに登録する[以下の(e)〜(h)の操作(既存ファイルをプロジェクトに登録してもよい)]

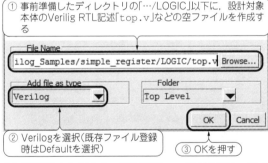
(e) 設計対象本体の Verilog RTL記述「top.v」などの空ファイルを作成する．複数あれば繰り返して作成(または，既存ファイルを指定する)

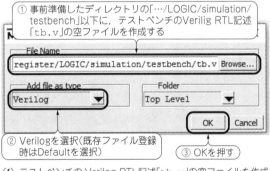
(f) テストベンチの Verilog RTL記述「tb.v」の空ファイルを作成する(または，既存ファイルを指定する)

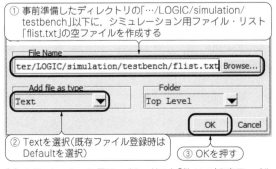
(g) シミュレーション用ファイル・リスト「flist.txt」の空ファイルを作成(または，既存ファイルを指定)

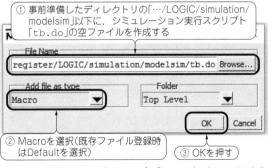
(h) シミュレーション実行スクリプト「tb.do」の空ファイルを作成(または，既存ファイルを指定)

図2 ModelSimによる論理シミュレーションの実行手順

基本的な D-F/F「simple_register」 319

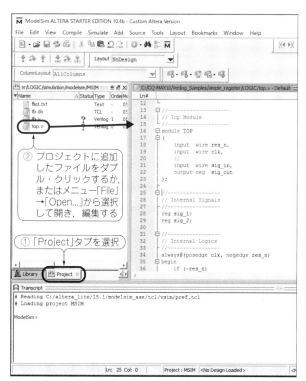

(i) プロジェクトに追加した空ファイルをそれぞれ編集してセーブする

(j) Transcriptウィンドウ内でシミュレーション実行スクリプト「tb.do」を実行するため，コマンド「do tb.do」を入力する

(k) エラーがなければシミュレーションが走り，テストベンチ内の$stop文で停止する

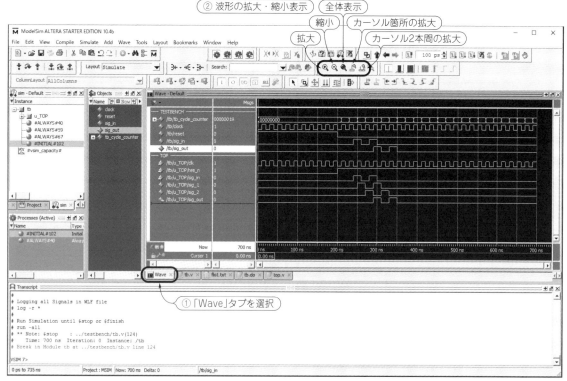

(l) 波形を拡大・縮小表示して機能動作を確認する．Transcriptウィンドウには$display文や$write文が出力したメッセージが表示されているので，必要あれば確認する

図2 ModelSimによる論理シミュレーションの実行手順（つづき）

(m) 論理シミュレータを終了する．Transcriptウィンドウ内にコマンド「quit -sim」を入力する

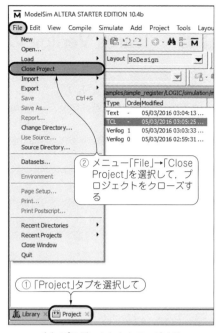

(n) 開いていたファイルをすべてクローズする　　(o) プロジェクトをクローズする　　(p) ModelSim を終了

Column 1　ModelSim-Altera Starter Edition が扱える論理規模

● 10,000 行の制限

無償で使える ModelSim-Altera Starter Edition には，いくつかの制限事項が設定されています．その中の一つにデザイン規模があり，実行ステートメントとして 10,000 行までの制限が加えられています．ただし，10,000 行を超えると論理シミュレーションができなくなるわけではないようです．

例えば，Nios II/e コアを含む RTL はすでに制限を超えており，実行してみると，下記のようなメッセージが出力されます．しかし最後まで問題なく実行してくれます．もちろんこのメッセージが出ると，論理シミュレーション性能は落ちますが，個人で使用する範囲では十分な性能が出ています（ModelSim-Altera Starter Edition 10.4b での試行結果）．

```
# ** Warning: Design size of 15148
statements exceeds ModelSim Altera
Starter recommended capacity.
# Expect performance to be adversely
affected.
```

●個人使用では，ModelSim-Altera Starter Edition で十分

筆者の感想としては，個人使用の範囲では，論理規模が多少大きくても，性能は落ちますが ModelSim-Altera Starter Edition があれば十分ではないかと思います．

最新の System Verilog も問題なく動作しますし，Altera の FPGA 内の各 IP モデルも用意されているので，余計な苦労をせずに活用することができます．

●無償で制約がない論理シミュレータ Icarus Verilog

どうしても，無償で何の制約もなく論理シミュレーションしたい場合もあるでしょう．そのようなツールとしては，Icarus Verilog (iverilog) が有名です．コラム 2 でそのインストール方法と使い方を説明します．DVD-ROM に，収録したサンプルにも Icarus Verilog を使うためのファイルを格納してあります．

Icarus Verilog のインストール方法については，Appendix 2 を参照してください．

Column 2　Icarus Verilog の実行方法

●作業は CYGWIN 上で

Icarus Verilog や GTKWave は，いずれも CYGWIN のコンソール上から実行してください．

● Icarus Verilog の実行コマンドは 2 段階

Icarus Verilog による論理シミュレーションでは，まずコマンド「iverilog」で論理記述全体をコンパイルします．コンパイル時に Verilog の構文チェックが行われます．コンパイル結果は拡張子が「.vvp」というファイルになります．これをコマンド「vvp」にかけることで論理シミュレーションを実行できます．

● Icarus Verilog のシミュレーションの実行スクリプト

Icarus Verilog を動かすためのファイル構成環境は，ModelSim と基本的に共通であり，シミュレーションの実行スクリプトだけが異なります．

本稿で紹介するサンプルでは，まず**リストA**のように，CYGWIN のコンソール画面でカレント・ディレクトリを「…/LOGIC/simulation/iverilog」に移動して，実行スクリプト「go_sim」に実行権限を与えてください．実行スクリプト「go_sim」の内容は**リストB**に示します．

ModelSim の環境と同様に，テストベンチを置くディレクトリ内に，シミュレーションに必要なファイル・リソースを記述しておくリスト「flist.txt」を用意することを前提にしています．また Icarus Verilog でシミュレーションしていることをテストベンチなどに知らせるため，マクロ名 IVERILOG を -D オプションで定義しています．vvp コマンドにより論理シミュレーション中に出力されるメッセージは，リダイレクトしてファイル log に記録するようにしています．

リストA　カレント・ディレクトリの移動と実行スクリプトへの権限付与
XXXXXX は使用するサンプル・ファイルに合わせる

```
$ cd c:
$ cd CQ-MAX10/Verilog_Samples/XXXXXX/
              LOGIC/simulation/iverilog
$ chmod 755 go_sim
```

リストB　論理シミュレーション実行スクリプト「go_sim」の内容

```
#!/bin/bash                                            ● bash を起動

export DIR_RTL_TBCH=../testbench/                      ● テストベンチが置かれている場所を定義
export DIR_RTL_BODY=../../                             ● 論理機能本体の記述本が置かれている場所を定義

iverilog -v -o tb.vvp -c ${DIR_RTL_TBCH}flist.         ● Icarus Verilog のコンパイル・コマンド
                    txt -D IVERILOG -s tb
vvp tb.vvp > log                                       ● Icarus Verilog の実行コマンド（メッセージはファイル log に記録）
```

リストC　Icarus Verilog の起動

```
$ ./go_sim
```

リストD　論理シミュレーション実行後のログ・ファイル例（log）

```
VCD info: dumpfile tb.vcd opened for output.
```

リストE　波形ビューワ GTKWave の実行コマンド

```
$ gtkwave tb.vcd tb.sav &
```

表1　「simple_register」の関連ファイル

C:¥CQ-MAX10¥Verilog_Samples 以下のディレクトリとファイル					ファイルの意味
simple_register	LOGIC	top.v			設計対象の最上位記述
		simulation	testbench	tb.v	テストベンチ
				flist.txt	ファイル・リスト
			modelsim	MSIM.mpf	ModelSim のプロジェクト
				tb.do	シミュレーション実行スクリプト
			iverilog	go_sim	iverilog の実行スクリプト
				tb.sav	GTKWave の表示フォーマット

本稿でのIcarus Verilogの起動は，常にこの実行スクリプトで行いますので，Icarus Verilogのコマンドそのものは説明しません．詳細内容を知りたい場合は，Icarus Verilogのサイトなどを参照してください．

● Icarus Verilogの起動

論理シミュレーションの起動は**リストC**のように，実行スクリプト「go_sim」を実行します．多くのメッセージが出力されますが，エラー表示が含まれていないことを確認してください．エラーがあれば，当該ファイルを修正して再度実行します．

エラーなくシミュレーション実行コマンドが終了すれば，論理シミュレーションから出力されたログ・ファイルlogを確認しましょう．`$display`や`$write`でメッセージ出力していなくても，**リストD**に示す1行だけは記録されているはずです．波形ファイル「tb.vcd」を生成したことをレポートしています．

● 論理シミュレーション波形の確認

テストベンチ内で波形ファイルを出力するように指示しているので，波形ビューワGTKWaveで波形ファイルを開いて確認してみます．**リストE**に示すコマンドを実行してください．最初のファイル名「tb.vcd」は，論理シミュレーションの結果出力されるVCD形式の波形ファイルです．2番目のファイル名「tb.sav」は，波形ビューワ上での波形表示フォーマットを記憶するファイルです．「tb.sav」はGTKWaveが生成するファイルなので，一番最初は存在しません（存在しなければ無視される）．

GTKWaveを起動すると，**図A**のような画面が出ます．階層リスト，信号リスト，ボタンなどを操作して波形を表示してみてください．最後に波形表示フォーマットを保存しておくと，次回も同じ形式で表示できるので便利です．

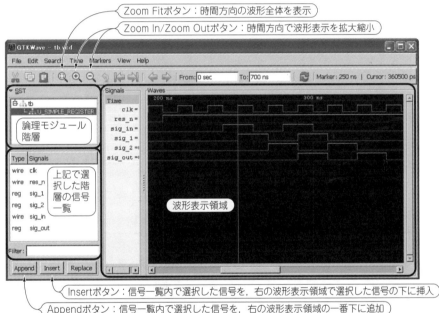

図A　GTKWaveの画面
メニュー「File」→「Write Save File As」またはメニュー「File」→「Write Save File」で，波形の表示フォーマットを保存できる．サンプルでは「tb.sav」というファイル名で保存してある

ファイル名で用意してください．これは論理シミュレーションを実行するために必要なVerilogファイル群のリストであり，ModelSimの実行スクリプト内で指定します．

最初にSIMULATIONという名前を定義していますが，これは**リスト4**のように条件付きコンパイルをさせるときに参照することができます．論理シミュレーションするときと，実際に論理合成するときで，RTL記述を変えたいときに使います．例えば，FPGA内にPLLマクロを置く場合，論理シミュレーション時はPLLのモデル記述を実行し，論理合成時は実際のPLLマクロを参照させるなどが可能です．

なお，本事例では条件付きコンパイルは使っていません．さらに，ModelSim-Alteraは，FPGAのPLLの動作をシミュレーションするためのモデルをもっているので，PLLのスイッチのための条件付きコンパ

リスト1　「simple_register」の論理機能モジュールTOP（top.v）

```
//----------------
// Top Module
//----------------
module TOP
(
    input   wire res_n,
    input   wire clk,
    //
    input   wire sig_in,
    output  reg  sig_out
);

//----------------
// Internal Signals
//----------------
reg sig_1;
reg sig_2;

//----------------
// Internal Logics
//----------------
always@(posedge clk, negedge res_n)
begin
    if (~res_n)
        sig_1 <= 1'b0;
    else
        sig_1 <= sig_in;
end
//
always@(posedge clk, negedge res_n)
begin
    if (~res_n)
        sig_2 <= 1'b0;
    else
        sig_2 <= sig_1;
end
//
always@(posedge clk, negedge res_n)
begin
    if (~res_n)
        sig_out <= 1'b0;
    else
        sig_out <= sig_2;
end
endmodule
```

モジュールTOPと入出力信号の定義
- リセット入力信号 res_n
- クロック入力信号 clk
- レジスタへの入力信号 sig_in
- レジスタからの出力信号 sig_out（reg宣言）

モジュール内部信号の定義

sig_inをclkでたたいてsig_1を生成する．sig_1は非同期リセットで0になる

sig_1をclkでたたいてsig_2を生成する．sig_2は非同期リセットで0になる

sig_2をclkでたたいてsig_outを生成する．sig_outは非同期リセットで0になる 結局，sin_inを3回clkでたたいたものがsig_out

モジュール定義の終了

イルは必要ありません．Icarus Verilogの場合はAlteraのPLLモデルをもっていないので，ユーザが作成したモデル記述を実行するため，条件付きコンパイルをする必要があります．

その次に，インクルード・パスの追加指定をしています．Verilog HDL内からは，「`include ファイル名」指示子で，別のファイルをインクルードできますが，そのサーチ・パスを指定しています．

最後に，実際に論理シミュレーションで使うVerilog HDL記述のファイルの置き場所とファイル名を並べます．ここでは，テストベンチtb.vと，論理機能simple_register.vの2ファイルを並べます．論理シミュレーション実行時に，これらのファイルがコンパイルされます．

● ModelSim 実行スクリプトを用意

ModelSimの実行スクリプトとして，リスト5に示す内容を，ディレクトリLOGIC¥simulation¥modelsim以下に「tb.do」というファイル名で用意します．文法はTCLです．

● ModelSim での論理シミュレーション実行

論理シミュレーションの実行には，プロジェクトを開いたModelSimのTranscriptウィンドウ内で図2(j)のように実行スクリプトを起動します．多くのメッセージが出力されますが，エラー表示が含まれていないことを確認してください．エラーがあれば，当該ファイルを修正して再度実行します．図2(k)のようにシミュレーションが$stop文で停止すればOKで

リスト2　「simple_register」のテストベンチ (tb.v)

```verilog
`timescale 1ns/100ps

`define TB_CYCLE 20 //ns
`define TB_FINISH_COUNT 10000 //cyc

//-----------------------------
// Top of Test Bench
//-----------------------------
module tb();
//-----------------------------
// Generate Wave File to Check
//-----------------------------
`ifdef IVERILOG
initial
begin
    $dumpfile("tb.vcd");
    $dumpvars(0, tb);
end
`endif

//-----------------------------
// Generate Clock
//-----------------------------
reg clock;
//
initial clock = 1'b0;
always #(`TB_CYCLE / 2) clock = ~clock;

//-----------------------------
// Generate Reset
//-----------------------------
reg reset;
//
initial
begin
    reset = 1'b1;
        # (`TB_CYCLE * 10)
    reset = 1'b0;
end

//-----------------------------
// Cycle Counter
//-----------------------------
reg [31:0] tb_cycle_counter;
//
always @(posedge clock, posedge reset)
begin
    if (reset)
        tb_cycle_counter <= 32'h0;
    else
        tb_cycle_counter <= tb_cycle_counter + 32'h1;
end
//
always @*
begin
    if (tb_cycle_counter == `TB_FINISH_COUNT)
    begin
        $display("***** SIMULATION TIMEOUT ***** at %d",
                 tb_cycle_counter);
`ifdef IVERILOG
        $finish;
`elsif MODELSIM
        $stop;
`else
        $finish; // catch
`endif
    end
end

//-----------------------------
// Module Under Test
//-----------------------------
reg sig_in;
wire sig_out;
//
TOP u_TOP
(
    .clk ( clock),
    .res_n (~reset),
    //
    .sig_in (sig_in ),
    .sig_out (sig_out)
);

//-----------------------------
// Test Pattern
//-----------------------------
initial
begin
    #(`TB_CYCLE * 0);
    sig_in <= 1'b0;

    #(`TB_CYCLE * 12);
    sig_in <= 1'b1;

    #(`TB_CYCLE * 1);
    sig_in <= 1'b0;

    #(`TB_CYCLE * 1);
    sig_in <= 1'b1;

    #(`TB_CYCLE * 1);
    sig_in <= 1'b0;

    // End of Simulation
    #(`TB_CYCLE * 20);
`ifdef IVERILOG
    $finish;
`elsif MODELSIM
    $stop;
`else
    $finish; // catch
`endif
end
endmodule
```

- 時間単位は1ns，時間精度は100ps．クロック周期は20ns．タイムアウト・サイクルは10000
- テストベンチのモジュール定義「tb」
- Icarus Verilogで実行する場合は，波形ファイル出力を指示（ModelSimは波形を独自に出力する）
- クロック生成記述
- リセット生成記述
- シミュレーション・サイクル・カウンタ
- タイムアウトでシミュレーション終了．
  - ModelSimの場合は，停止してコマンド待ちに
  - Icarus Verilogの場合は，シミュレータ終了
- テストベンチ内の内部信号定義
- 検証対象モジュールのインスタンス化
- テスト・パターン記述
  - 「#(数値);」は，指定時間だけ待つことを意味する
  - 入力パターンが終わったらシミュレーション終了
- モジュール定義の終了

リスト3　「simple_register」の論理シミュレーション用ファイル・リスト (flist.txt)

```
+define+SIMULATION              ← SIMULATIONという名前をマクロ定義
+incdir+${DIR_RTL_TBCH}         ← テストベンチが置かれるディレクトリを，インクルード・パスに追加
+incdir+${DIR_RTL_BODY}         ← 検証対象モジュールが置かれるディレクトリを，インクルード・パスに追加
${DIR_RTL_TBCH}tb.v             ← テストベンチtb.vのファイルの置き場
${DIR_RTL_BODY}top.v            ← 検証対象モジュールtop.vのファイルの置き場所
```

基本的な D-F/F「simple_register」　325

リスト4 条件付きコンパイル指示子

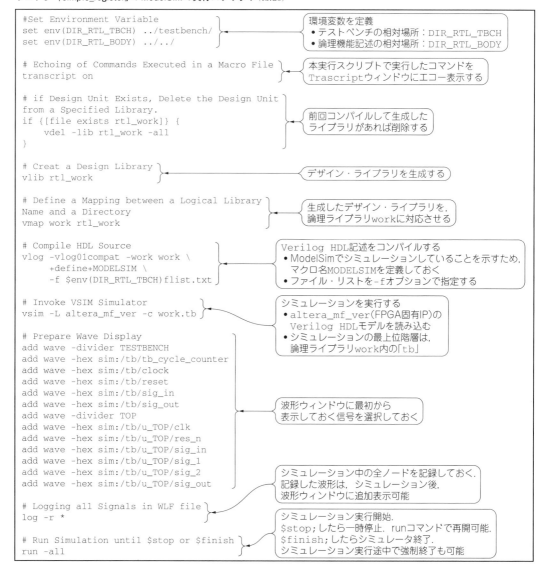

リスト5 「simple_register」のModelSimの実行スクリプト(tb.do)

● 論理シミュレーション波形の確認

実行スクリプト内で出力波形の登録をしてあるので，図2(1)のように波形を確認してみましょう．図3に示したような，期待どおりの波形が出ていればOKです．

基本的なカウンタ
「simple_counter」

● リロード式アップ・ダウン・カウンタを記述してみよう

本事例ではリロード式アップ・ダウン・カウンタを記述してみます．また，テストベンチから入力パター

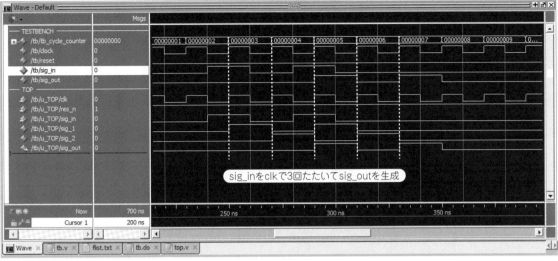

図3 「simple_register」の動作波形

表2 「simple_counter」の関連ファイル

C:¥CQ-MAX10¥Verilog_Samples以下のディレクトリとファイル					ファイルの意味
simple_counter	LOGIC	top.v			設計対象の最上位記述
		simulation	testbench	tb.v	テストベンチ
				flist.txt	ファイル・リスト
			modelsim	MSIM.mpf	ModelSimのプロジェクト
				tb.do	シミュレーション実行スクリプト
			iverilog	go_sim	iverilogの実行スクリプト
				tb.sav	GTKWaveの表示フォーマット

ンを与える方法として，タスク文を使う方法を試してみましょう．

● 設計ファイルの用意

まず，図2(a)～(i)に示す方法で，プロジェクトとファイルを表2に示すように用意します．各ファイルの内容を以下で説明します．

● 論理機能モジュールを記述する

Verilog HDLのRTLで「simple_counter」の論理機能モジュールTOPを記述します．リスト6の内容を「top.v」というファイル名で用意します．

● テストベンチを記述する

次に「simple_counter」を論理シミュレーションするためのテストベンチを記述します．リスト7の内容を「tb.v」というファイル名で用意します．機能検証用の入力パターンは，データ・ロードやカウンタのインクリメントなど，個々の要素ごとにタスク文で用意しておいて，入力パターン全体はinitial文の中からタスク文を呼び出して生成しています．複雑な入力パターンも，タスク文を使うことですっきりと記述することができます．

● 論理シミュレーションの実行と波形確認

論理シミュレーションを実行してみましょう．RTL記述のリスト・ファイル「flist.txt」は，リスト3と同じものを用意します．ModelSimの実行スクリプトは基本的にはリスト5と同じですが，表示波形の登録部だけリスト8に示す内容に変更したものを用意してください．

論理シミュレーションを起動して，図4のような波形が出ることを確認してください．

チャタリング除去回路「debouncer」

● 少し実用的な回路を試してみる

実用的な回路として，チャタリング除去回路を試しましょう．スイッチの接点のバウンス（跳ね返り）によって，スイッチで生成するディジタル信号にはチャタリングが含まれます．これを論理回路内にそのまま

リスト6　「simple_counter」の論理機能モジュール TOP（top.v）

```verilog
//----------------
// Top Module
//----------------
module TOP
(
    input   wire        res_n,
    input   wire        clk,
    //
    input   wire [7:0]  din,    // data input
    input   wire        load,   // data load
    input   wire        up,     // count up
    input   wire        dn,     // count down
    //
    output  wire [7:0]  dout,   // counter out
    output  reg         ovf,    // over flow
    output  reg         udf     // under flow
);

//----------------
// Internal Signals
//----------------
reg   [7:0] counter;
wire        counter_min;
wire        counter_max;

//----------------
// Data Output
//----------------
assign dout = counter; // 8bit data

//----------------
// Main Counter
//----------------
always@(posedge clk, negedge res_n)
begin
    if (~res_n)
        counter <= 8'h00;
    else if (load)
        counter <= din;
```

モジュールTOPと入出力信号の定義
- リセット入力信号 res_n
- クロック入力信号 clk
- カウンタへのロード値 din[7:0]
- カウンタへのロード指示信号 load
- カウント・アップ指示信号 up
- カウント・ダウン指示信号 dn
- カウンタ値の出力信号 dout[7:0]
- カウント・オーバーフロー出力 ovf
- カウント・アンダーフロー出力 udf

モジュール内部信号の定義
- カウンタ本体 counter[7:0]
- カウンタ値が8'h00になっていたら1になる信号 counter_min
- カウンタ値が8'hffになっていたら1になる信号 counter_max

カウンタ出力信号はカウンタ本体そのものの値

リスト7　「simple_counter」のテストベンチ（tb.v）

```verilog
`timescale 1ns/100ps

`define TB_CYCLE  20           //ns
`define TB_BOUNCE 11           //ns
`define TB_FINISH_COUNT 10000  //cyc

//------------------------
// Top of Test Bench
//------------------------
module tb();

//------------------------------
// Generate Wave File to Check
//------------------------------
...

//------------------------------
// Generate Clock
//------------------------------
...

//------------------------
// Generate Reset
//------------------------
...

//------------------------
// Cycle Counter
```

```verilog
//------------------------
...

//------------------------
// Module Under Test
//------------------------
reg  [7:0] din;
reg        load;
reg        up, dn;
wire [7:0] dout;
wire       ovf;
wire       udf;
//
TOP u_TOP
(
    .clk    ( clock),
    .res_n  (~reset),
    //
    .din    (din ),   // data input
    .load   (load),   // data load
    .up     (up  ),   // count up
    .dn     (dn  ),   // count down
    //
    .dout   (dout),   // counter output
    .ovf    (ovf ),   // over flow
    .udf    (udf )    // under flow
);
```

前半はリスト2と共通

テストベンチ内の内部信号定義
- カウンタへのロード値 din[7:0]
- カウンタへのロード指示信号 load
- カウント・アップ指示信号 up
- カウント・ダウン指示信号 dn
- カウンタ値の出力信号 dout[7:0]
- カウント・オーバーフロー出力 ovf
- カウント・アンダーフロー出力 udf

検証対象モジュールのインスタンス化

```verilog
        else if (up)
            counter <= counter + 8'h01;
        else if (dn)
            counter <= counter - 8'h01;
end
//----------------
// Overflow Pulse
//----------------
assign counter_max = (counter == 8'hff);
//
always@(posedge clk, negedge res_n)
begin
    if (~res_n)
        ovf <= 1'b0;
    else if (counter_max & up)
        ovf <= 1'b1;
    else if (ovf)
        ovf <= 1'b0;
end

//----------------
// Underflow Pulse
//----------------
assign counter_min = (counter == 8'h00);
//
always@(posedge clk, negedge res_n)
begin
    if (~res_n)
        udf <= 1'b0;
    else if (counter_min & dn)
        udf <= 1'b1;
    else if (udf)
        udf <= 1'b0;
end

endmodule
```

カウンタ本体の動作
- 非同期リセットで8'h00にクリア
- load信号が1ならカウンタにdinをロード
- up信号が1ならカウンタをインクリメント
- dn信号が1ならカウンタをデクリメント
- 制御信号の優先順位は，load>up>dn

counter_max信号を生成

オーバーフロー信号ovfを生成
- 非同期リセットで1'b0にクリア
- counter_maxが1でかつup指示があればセット
- ovfが1にセットされていたらクリア
  （ovfのパルス幅は1サイクルになる）

counter_min信号を生成

アンダーフロー信号udfを生成
- 非同期リセットで1'b0にクリア
- counter_minが1でかつdn指示があればセット
- udfが1にセットされていたらクリア
  （udfのパルス幅は1サイクルになる）

モジュール定義の終了

```verilog
//----------------
// Task: Initialize
//----------------
task TASK_INIT();
begin
    #(`TB_CYCLE *  0);
    din  = 8'hxx;
    load = 1'b0;
    up   = 1'b0;
    dn   = 1'b0;

    #(`TB_CYCLE * 12);
end
endtask

//----------------
// Task: Load Data
//----------------
task TASK_LOAD(input [7:0] data);
begin
    #(`TB_CYCLE *  0);
    din  = data;
    load = 1'b1;
    //
    #(`TB_CYCLE *  1);
    din  = 8'hxx;
    load = 1'b0;
end
endtask

//----------------
// Task: Up Count
//----------------
task TASK_UP();
begin
    #(`TB_CYCLE *  0);
    up = 1'b1;
    //
    #(`TB_CYCLE *  1);
    up = 1'b0;
end
endtask

//----------------
// Task: Down Count
//----------------
task TASK_DOWN();
begin
    #(`TB_CYCLE *  0);
    dn = 1'b1;
    //
    #(`TB_CYCLE *  1);
    dn = 1'b0;
end
endtask
```

タスク定義：
カウンタ制御信号の初期化
- 0サイクル目で初期化
- 12サイクル後にtask文から抜ける（リセット期間が終わってから抜けることになる）

タスク定義：
カウンタへのデータ・ロード
- task文の引き数にロードするデータを置く
- 0サイクル目でロード
- 1サイクル後に抜ける

タスク定義：
カウンタのインクリメント
- 0サイクル目でインクリメント
- 1サイクル後に抜ける

タスク定義：
カウンタのデクリメント
- 0サイクル目でデクリメント
- 1サイクル後に抜ける

リスト7 「simple_counter」のテストベンチ(tb.v)(つづき)

```verilog
//---------------------
// Task: Any Combination
//---------------------
task TASK_ANY
(
    input   [7:0] i, // data input
    input         l, // data load
    input         u, // count up
    input         d  // count down
);
begin
    #(`TB_CYCLE * 0);
    din  = i;
    load = l;
    up   = u;
    dn   = d;
    //
    #(`TB_CYCLE * 1);
    din  = 8'hxx;
    load = 1'b0;
    up   = 1'b0;
    dn   = 1'b0;
end
endtask

//---------------------
// Test Pattern
//---------------------
initial
begin
    TASK_INIT();

    // Test Load Function
    TASK_LOAD(8'h01);
    TASK_LOAD(8'h23);
    TASK_LOAD(8'h45);
    TASK_LOAD(8'h67);

    // Test Up/Down
    TASK_LOAD(8'h00);
    TASK_UP   ();
    TASK_UP   ();
    TASK_UP   ();
    TASK_UP   ();
    TASK_DOWN();
    TASK_DOWN();

    // Test Overflow/Underflow
    TASK_LOAD(8'hfe);
    TASK_UP   ();
    TASK_UP   ();
    TASK_UP   ();
    TASK_UP   ();
    TASK_DOWN();
    TASK_DOWN();
    TASK_DOWN();
    TASK_DOWN();

    // Test Conflict
    TASK_ANY(8'h12, 1'b1, 1'b1, 1'b1); // load
    TASK_ANY(8'h34, 1'b1, 1'b1, 1'b1); // load
    TASK_ANY(8'h56, 1'b1, 1'b1, 1'b0); // load
    TASK_ANY(8'h78, 1'b0, 1'b1, 1'b1); // up
    TASK_ANY(8'h9a, 1'b0, 1'b0, 1'b1); // down

    // End of Simulation
    #(`TB_CYCLE * 20);
`ifdef IVERILOG
    $finish;
`elsif MODELSIM
    $stop;
`else
    $finish; // catch
`endif
end

endmodule
```

タスク定義：全制御信号に任意値を設定
- task文の引数に全制御信号の値を置く
- 0サイクル目で各信号レベルを設定
- 1サイクル目で各信号をクリアして抜ける（制御信号の競合チェックを可能にする）

テスト・パターン記述
- task文を並べることでパターンを生成
- 複雑な入力パターンも簡単に書ける
- 入力パターンが終わったらシミュレーション終了

リスト8 「simple_counter」のModelSim実行スクリプトの波形登録部(tb.do)
リスト5の波形登録部のみ変更する

```
...
# Prepare Wave Display
add wave -divider TESTBENCH
add wave -hex sim:/tb/tb_cycle_counter
add wave -hex sim:/tb/clock
add wave -hex sim:/tb/reset
add wave -hex sim:/tb/load
add wave -hex sim:/tb/din
add wave -hex sim:/tb/up
add wave -hex sim:/tb/dn
add wave -hex sim:/tb/dout
add wave -hex sim:/tb/ovf
add wave -hex sim:/tb/udf
add wave -divider TOP
add wave -hex sim:/tb/u_TOP/clk
add wave -hex sim:/tb/u_TOP/res_n
add wave -hex sim:/tb/u_TOP/load
add wave -hex sim:/tb/u_TOP/din
add wave -hex sim:/tb/u_TOP/up
add wave -hex sim:/tb/u_TOP/dn
add wave -hex sim:/tb/u_TOP/dout
add wave -hex sim:/tb/u_TOP/ovf
add wave -hex sim:/tb/u_TOP/udf
add wave -hex sim:/tb/u_TOP/counter
add wave -hex sim:/tb/u_TOP/counter_min
add wave -hex sim:/tb/u_TOP/counter_max
...
```

波形ウィンドウに最初から表示しておく信号を選択

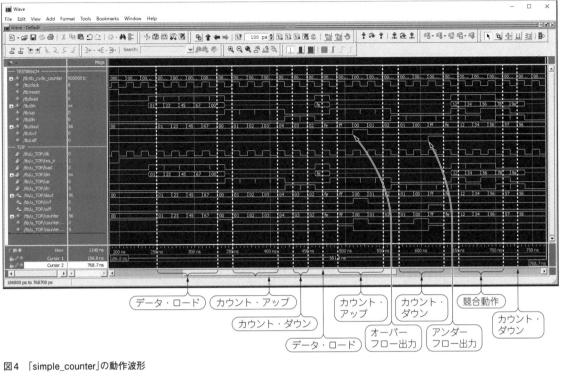

図4 「simple_counter」の動作波形

引き込んで使うと誤動作する場合があるので，チャタリングを除去する回路を挿入することが多いです．アナログ的に，ローパス・フィルタとシュミット・トリガ・バッファを使ってチャタリングを除去することもできますが，スイッチ接点の劣化やローパス・フィルタの経年変化などで，時間が経つとチャタリングを除去しきれなくなることがあります．ここでは純粋に，ディジタル方式のチャタリング除去回路を紹介します．

●チャタリング除去回路「debouncer」の基本原理

図5(a)にチャタリング除去回路「debouncer」の基本回路を示します．スイッチから来る信号switch_inは論理回路内のクロックとは非同期なので，まずいったん，クロックで2回たたいてメタ・ステーブルを除去して同期化します(switch_in_sync)．別のカウンタで，チャタリングが連続する期間よりも長い周期で，1サイクル期間の間だけHIGHになる信号count_endを生成し，その信号がHIGHのときに同期化したswitch_in_syncをDフリップフロップに取り込むと，その出力switch_outはチャタリングが除去された信号になっています．

動作タイミングを**図5**(b)に示します．ちょうどswitch_in_syncにチャタリングが起きている間にcount_endがHIGHになり，switch_outを出力するD-F/Fがそれを取り込むことがあります．その場合はswitch_outがHIGHになるかLOWになるかわかりませんが，次にcount_endがHIGHになるときにswitch_in_syncを取り込むと，すでにチャタリングは収まっているので，switch_outは必ずHIGHかLOWに確定します．

チャタリング状況に応じてswitch_outの幅がcount_endの周期分だけ伸び縮みしますが，switch_in_syncのチャタリング期間がcount_endの周期より必ず短ければ，switch_outからチャタリングそのものは確実に除去できます．

●設計ファイルの用意

まず，**図2**(a)~(i)に示す方法でプロジェクトとファイルを**表3**に示すように用意します．各ファイルの内容を次に説明します．

●論理機能モジュールを記述する

Verilog HDLのRTLで「debouncer」論理機能モジュールTOPを記述します．**リスト9**の内容を「top.v」というファイル名で用意します．

●テストベンチを記述する

次に「debouncer」を論理シミュレーションするためのテストベンチを記述します．**リスト10**の内容を「tb.

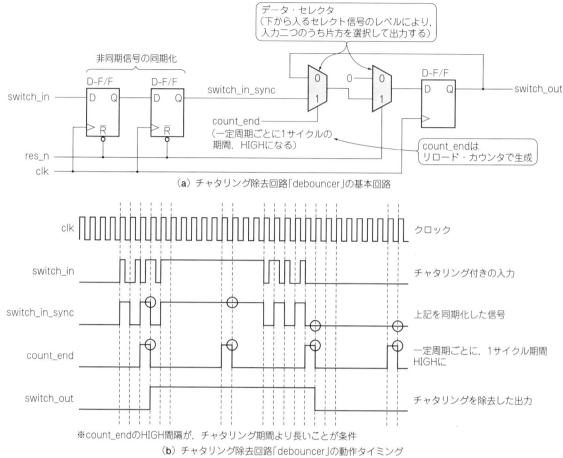

図5 「debouncer」の基本回路と動作タイミング
1ビット幅の入力信号のチャタリング除去回路である

表3 「debouncer」の関連ファイル

C:¥CQ-MAX10¥Verilog_Samples以下のディレクトリとファイル					ファイルの意味
debouncer	LOGIC	top.v			設計対象の最上位記述
		simulation	testbench	tb.v	テストベンチ
				flist.txt	ファイル・リスト
			modelsim	MSIM.mpf	ModelSimのプロジェクト
				tb.do	シミュレーション実行スクリプト
			iverilog	go_sim	iverilogの実行スクリプト
				tb.sav	GTKWaveの表示フォーマット

v」というファイル名で用意します．機能検証用の入力パターンは，`switch_in`が立ち上がるときのチャタリングと，立ち下がるときのチャタリングをそれぞれタスク文で用意しておいて，initial文の中から各タスク文を呼び出して生成しています．

● **論理シミュレーションの実行と波形確認**

論理シミュレーションを実行してみましょう．RTL記述のリスト・ファイル「flist.txt」は，**リスト3**と同じものを用意します．ModelSimの実行スクリプトは基本的には**リスト5**と同じですが，表示波形の登録部だけ，**リスト11**に示す内容に変更したものを用意してください．

論理シミュレーションを起動して，**図6**のような波形が出ることを確認してください．チャタリングが除去できていることがわかります．

リスト9 「debouncer」の論理機能モジュールTOP（top.v）

```verilog
//----------------
// Top Module
//----------------
module TOP #(parameter WIDTH = 1, DEBOUNCE_CYC = 16'd50000)
(
    input wire res_n,
    input wire clk,
    //
    input  wire [WIDTH - 1:0] switch_in,
    output reg  [WIDTH - 1:0] switch_out
);
//-----------------
// Internal Signals
//-----------------
reg  [WIDTH - 1:0] switch_in_temp;
reg  [WIDTH - 1:0] switch_in_sync;
//
reg  [15:0] count;
wire        count_end;

//-------------------------------------------
// Input Synchronization (to avoid meta-state)
//-------------------------------------------
always@(posedge clk) switch_in_temp <= switch_in;
always@(posedge clk) switch_in_sync <= switch_in_temp;

//-------------------
// Make Sample Clock
//-------------------
always@(posedge clk, negedge res_n)
begin
    if (~res_n)
        count <= 16'h0000;
    else if (count_end)
        count <= 16'h0000;
    else
        count <= count + 16'h0001;
end
//
assign count_end = (count == DEBOUNCE_CYC);

//-------------------
// Generate Output
//-------------------
always@(posedge clk)
begin
    if (~res_n)
        switch_out <= 1'b0;
    else if (count_end)
        switch_out <= switch_in_sync;
end

endmodule
```

モジュールと入出力信号の定義
- パラメータ指定あり
  ▶ 入出力信号ビット幅 WIDTH
  ▶ チャタリング除去幅 DEBOUNCE_CYC
- リセット入力 res_n
- クロック入力 clk
- チャタリングを含む入力信号 switch_in
- チャタリング除去した出力信号 switch_out

モジュール内信号

入力信号の同期化
- 2回D-F/Fでたたく

サンプリング間隔を決めるカウンタ
- 常時カウント・アップ
- 指定サイクルになったらゼロ・クリア

チャタリング除去期間周期で1サイクル幅のパルスを出力（counter_end）

同期化した入力信号をcounter_endでサンプリングしてswitch_outを生成

モジュール定義の終了

基本的なステート・マシン「simple_statemachine」

● 自動販売機を模したステート・マシンを作ってみよう

基本的なステート・マシンの例として，自動販売機を模したものを作ってみます．設計する論理機能「simple_statemachine」の状態遷移図を，図7に示します．

コインを入れて商品選択ボタンを押せば，その商品と釣り銭が出てくる，というような動作です．コインを入れる，商品選択する，商品が出る，釣り銭が出る，という各動作は，それぞれに対応する信号が1サイクルの間HIGHになることで表現することにします．

● 設計ファイルの用意

まず，図2(a)～(i)に示す方法で，プロジェクトと

リスト10 「debouncer」のテストベンチ（tb.v）

```verilog
`timescale 1ns/100ps

`define TB_CYCLE   20           //ns
`define TB_BOUNCE  11           //ns
`define TB_FINISH_COUNT 10000   //cyc

//------------------
// Top of Test Bench
//------------------
module tb();

//-----------------------------
// Generate Wave File to Check
//-----------------------------
...

//-----------------------------
// Generate Clock
//-----------------------------
...

//-----------------------------
// Generate Reset
//-----------------------------
...

//-----------------------------
// Cycle Counter
//-----------------------------
...

//-----------------------------
// Module Under Test
//-----------------------------
reg  [1:0] switch_in;
wire [1:0] switch_out;
//
TOP #(.WIDTH(2), .DEBOUNCE_CYC(16'd10)) u_TOP
(
    .clk      ( clock),
    .res_n    (~reset),
    //
    .switch_in   (switch_in),
    .switch_out  (switch_out)
);

//-----------------
// Task: Initialize
//-----------------
task TASK_INIT();
begin
    #(`TB_CYCLE *  0);
    switch_in = 2'b11;

    #(`TB_CYCLE * 12);
end
endtask

//-----------------------
// Task: Rising Bounce
//-----------------------
task TASK_RISE();
begin
    #(`TB_CYCLE * 0);
    switch_in = 2'b00;
    #(`TB_BOUNCE)
    switch_in = 2'b01;
    #(`TB_BOUNCE)
    switch_in = 2'b10;
    #(`TB_BOUNCE)
    switch_in = 2'b01;
    #(`TB_BOUNCE)
    switch_in = 2'b10;
    #(`TB_BOUNCE)
    switch_in = 2'b10;
    #(`TB_BOUNCE)
    switch_in = 2'b01;
    #(`TB_BOUNCE)
    switch_in = 2'b10;
    #(`TB_BOUNCE)
    switch_in = 2'b01;
    #(`TB_BOUNCE)
    switch_in = 2'b11;
    //
    #(`TB_CYCLE *  30);
end
endtask

//-----------------------
// Task: Falling Bounce
//-----------------------
task TASK_FALL();
begin
    #(`TB_CYCLE * 0);
    switch_in = 2'b11;
    #(`TB_BOUNCE)
    switch_in = 2'b01;
    #(`TB_BOUNCE)
    switch_in = 2'b10;
    #(`TB_BOUNCE)
    switch_in = 2'b01;
    #(`TB_BOUNCE)
    switch_in = 2'b10;
    #(`TB_BOUNCE)
    switch_in = 2'b01;
    #(`TB_BOUNCE)
    switch_in = 2'b10;
    #(`TB_BOUNCE)
    switch_in = 2'b01;
    #(`TB_BOUNCE)
    switch_in = 2'b10;
    #(`TB_BOUNCE)
    switch_in = 2'b00;
    //
    #(`TB_CYCLE *  30);
end
endtask

//----------------------
// Test Pattern
//----------------------
initial
begin
    TASK_INIT();
    //
    TASK_FALL();
    TASK_RISE();
    TASK_FALL();
    TASK_RISE();
    TASK_FALL();
    TASK_RISE();
    TASK_FALL();

    // End of Simulation
    #(`TB_CYCLE * 20);
    `ifdef IVERILOG
        $finish;
    `elsif MODELSIM
        $stop;
    `else
        $finish; // catch
    `endif
end

endmodule
```

リスト11 「debouncer」の ModelSim実行スクリプトの波形登録部（tb.do）
リスト5の波形登録部のみ変更する

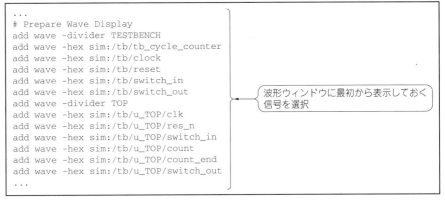

```
...
# Prepare Wave Display
add wave -divider TESTBENCH
add wave -hex sim:/tb/tb_cycle_counter
add wave -hex sim:/tb/clock
add wave -hex sim:/tb/reset
add wave -hex sim:/tb/switch_in
add wave -hex sim:/tb/switch_out
add wave -divider TOP
add wave -hex sim:/tb/u_TOP/clk
add wave -hex sim:/tb/u_TOP/res_n
add wave -hex sim:/tb/u_TOP/switch_in
add wave -hex sim:/tb/u_TOP/count
add wave -hex sim:/tb/u_TOP/count_end
add wave -hex sim:/tb/u_TOP/switch_out
...
```

波形ウィンドウに最初から表示しておく信号を選択

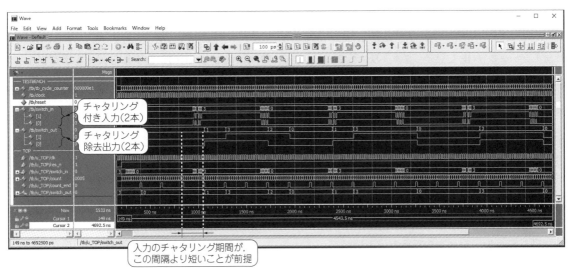

図6 「debouncer」の動作波形

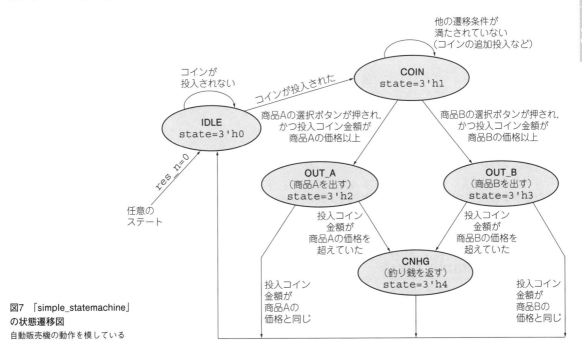

図7 「simple_statemachine」の状態遷移図
自動販売機の動作を模している

基本的なステート・マシン「simple_statemachine」

表4 「simple_statemachine」の関連ファイル

C:¥CQ-MAX10¥Verilog_Samples以下のディレクトリとファイル					ファイルの意味
simple_statemachine	LOGIC		top.v		設計対象の最上位記述
		simulation	testbench	tb.v	テストベンチ
				flist.txt	ファイル・リスト
			modelsim	MSIM.mpf	ModelSimのプロジェクト
				tb.do	シミュレーション実行スクリプト
			iverilog	go_sim	iverilogの実行スクリプト
				tb.sav	GTKWaveの表示フォーマット

ファイルを表4に示すように用意します．各ファイルの内容を以下で説明します．

●論理機能モジュールを記述する

Verilog HDLのRTLで「simple_statemachine」論理機能モジュールTOPを記述します．リスト9の内容を「top.v」というファイル名で用意します（**リスト12**）．

●テストベンチを記述する

次に「simple_statemachine」を論理シミュレーションするためのテストベンチを記述します．**リスト13**の内容を「tb.v」というファイル名で用意します．機能検証用の入力パターンは，コインを入れる，商品選択する，などの各動作をタスク文で記述して，initial文の中から各タスク文を順に呼び出して生成しています．

●論理シミュレーションの実行と波形確認

論理シミュレーションを実行してみましょう．RTL記述のリスト・ファイル「flist.txt」は，**リスト3**と同じものを用意します．ModelSimの実行スクリプトは基本的には**リスト5**と同じですが，表示波形の登録部だけ，**リスト14**に示す内容に変更したものを用意してください．

論理シミュレーションを起動して，**図8**のような波形が出ることを確認してください．自動販売機風の動作になっていますね．

このテストベンチからは状態遷移状況や自動販売機の動作状況をメッセージ出力しています（**リスト15**）．論理シミュレーションでは，信号波形以外にこうした情報を出力することが，デバッグや検証結果確認の手助けになりますので，積極的に活用することをお勧めします．

簡易型8ビットCPU「simple_cpu」

●データ・パス部と制御部を備えた簡易CPUを設計

データ・パス部とそれを制御するステート・マシンを備えた論理回路として，ここでは簡易8ビットCPU「simple_cpu」を設計してみようと思います．このような論理構造と設計方法を理解しておけば，さまざまなディジタル回路の設計に応用できます．

●「simple_cpu」のシンプルなアーキテクチャ

ここで考える「simple_cpu」のアーキテクチャを，**図9**に示します．**図9(a)** がCPU内のリソースを表すプログラマーズ・モデルです．8ビットのレジスタR，5ビットのプログラム・カウンタPC，フラグ・ビットZのみから構成されています．メモリ空間も**図9(b)** に示すように全32バイトしかありません．このメモリ空間は5ビットのアドレスで指し示すことができます．

リセット直後は，PCが0x00にクリアされ，0番地の命令から実行を開始します．

●「simple_cpu」の命令セット

CPUコアの命令セットを**表5**に示します．命令は8種類のみで，命令コードはすべて8ビット幅固定長です．以下，それぞれの命令の動作を説明します．

(1)「ADD R, #imm5」は，命令コードの下位5ビットを符号拡張した値とレジスタRを加算して，その結果をレジスタRに格納します．結果が0ならZフラグをセットし，0以外ならクリアします．

(2)「MOV R, #imm5」は，命令コードの下位5ビットを符号拡張した値をレジスタRに格納します．値が0ならZフラグをセットし，0以外ならクリアします．

(3)「ADD R, @adr5」は，命令コードの下位5ビットをアドレスとするメモリ内容（8ビット）をリードし，その値とレジスタRを加算して，結果をレジスタRに格納します．結果が0ならZフラグをセットし，0以外ならクリアします．

(4)「MOV R, @adr5」は，命令コードの下位5ビッ

リスト12 「simple_statemachine」の論理機能モジュールTOP（top.v）
自動販売機の動作を模している

```verilog
//----------------
// Top Module
//----------------
module TOP
    #(parameter
        PRODUCT_A_PRICE = 100,
        PRODUCT_B_PRICE = 200
    )
(
    input   wire res_n,
    input   wire clk,
    //
    input   wire         coin_insert,
    input   wire         coin_cancel,
    input   wire [15:0] coin_sum,
    //
    input   wire product_a_sel,
    input   wire product_b_sel,
    //
    output wire product_a_out,
    output wire product_b_out,
    //
    output wire         change_out,
    output wire [15:0] change_sum
);

//----------------------
// Define Internal State
//----------------------
`define STATE_IDLE 3'b000
`define STATE_COIN 3'b001
`define STATE_OUTA 3'b010
`define STATE_OUTB 3'b011
`define STATE_CHNG 3'b100

//----------------
// Internal Signals
//----------------
reg  [ 2:0] state;
reg  [ 2:0] state_next;
wire        coin_detect;
reg  [15:0] coin_hold;

//----------------
// State Machine
//----------------
always@(posedge clk, negedge res_n)
begin
    if (~res_n)
        state <= `STATE_IDLE;
    else
        state <= state_next;
end
//
always@*
begin
    case (state)
        //---------------
        `STATE_IDLE:
            state_next
              = (coin_insert)? `STATE_COIN :
                               `STATE_IDLE;
```

モジュールと入出力信号の定義
- パラメータ指定あり
  - 商品Aの値段 PRODUCT_A_PRICE
  - 商品Bの値段 PRODUCT_B_PRICE
- リセット入力 res_n
- クロック入力 clk
- コイン投入信号 coin_insert
- コイン返却要求信号 coin_cancel
- コイン投入額 coin_sum[15:0]
- 商品A選択信号 product_a_sel
- 商品B選択信号 product_b_sel
- 商品A出力信号 product_a_out
- 商品B出力信号 product_b_out
- 釣り銭出力信号 change_out
- 釣り銭金額 change_sum[15:0]

ステート・マシンの内部状態を定義（定数）

モジュール内信号の定義
- 現ステート state[2:0]
- 次ステート state_next[2:0]
- 投入コインの総額 coin_hold[15:0]

ステート・マシン本体
- state_next[2:0]をstate[2:0]に毎サイクル転送

state[2:0]からstate_next[2:0]を生成

STATE_ILDE時
- コイン投入があればSTATE_COINへ
- なければそのまま

トをアドレスとするメモリ内容（8ビット）をリードし，その値をレジスタRに格納します．値が0ならZフラグをセットし，0以外ならクリアします．

(5)「MOV @adr5, R」は，命令コードの下位5ビットをアドレスとするメモリ（8ビット）に，レジスタRの値をライトします．Zフラグの値は変化しません．

リスト12 「simple_statemachine」の論理機能モジュールTOP(top.v)(つづき)
自動販売機の動作を模している．

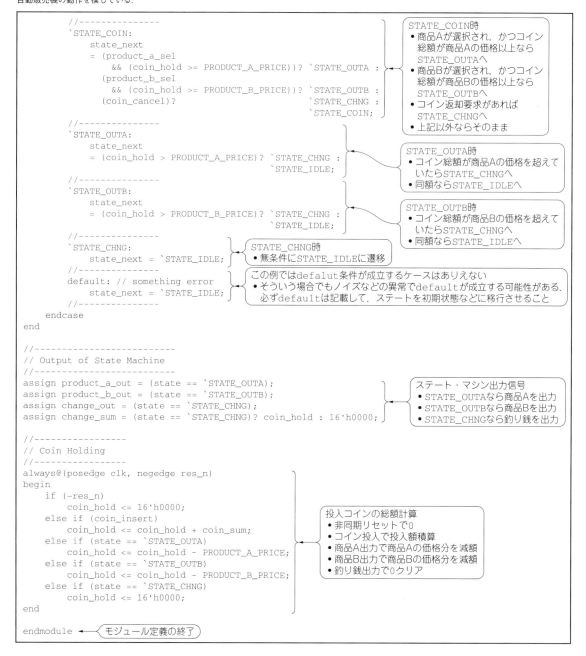

(6)「JMP adr5」は，命令コードの下位5ビットをアドレスとする番地にジャンプ（分岐）します．Zフラグの値は変化しません．本命令は無条件分岐命令です．

(7)「JNZ adr5」は，Zフラグの値が0ならば，命令コードの下位5ビットをアドレスとする番地にジャンプ（分岐）します．Zフラグの値が1ならば何もせず，次番地の命令に移ります．Zフラグの値は変化しません．本命令は条件付き分岐命令です．

(8)「BIT R, #bit3」は，レジスタRの中の命令コードの下位3ビットで指すビット位置の値をZフラグに転送します．例えばレジスタRの値が0x08のとき「BIT R, #3」を実行すると，レジスタRのビット3（LSBをビット0として下位から3ビット目）の値

リスト13 「simple_statemachine」のテストベンチ(tb.v)

```
`timescale 1ns/100ps

`define TB_CYCLE      20       //ns
`define TB_BOUNCE     11       //ns
`define TB_FINISH_COUNT 10000  //cyc

//----------------
// Top of Test Bench
//----------------
module tb();

//----------------------------
// Generate Wave File to Check
//----------------------------
...

//----------------------------
// Generate Clock
//----------------------------
...

//----------------------------
// Generate Reset
//----------------------------
...

//----------------------
// Cycle Counter
//----------------------
...


//----------------------
// Module Under Test
//----------------------
reg         coin_insert;
reg         coin_cancel;
reg  [15:0] coin_sum;
reg         product_a_sel;
reg         product_b_sel;
wire        product_a_out;
wire        product_b_out;
wire        change_out;
wire [15:0] change_sum;
//
TOP
    #(
        .PRODUCT_A_PRICE(120),
        .PRODUCT_B_PRICE(240)
    )
u_TOP
(
    .clk     ( clock),
    .res_n   (~reset),
    //
    .coin_insert (coin_insert),
    .coin_cancel (coin_cancel),
    .coin_sum    (coin_sum),
    //
    .product_a_sel (product_a_sel),
    .product_b_sel (product_b_sel),
    //
    .product_a_out (product_a_out),
    .product_b_out (product_b_out),
    //
    .change_out (change_out),
    .change_sum (change_sum)
);

//----------------
// Task: Initialize
```

（前半はリスト2と共通）

（テストベンチ内の内部信号定義）

（検証対象モジュールのインスタンス化
 ● パラメータを上書き変更
   ▶ 商品Aの値段PRODUCT_A_PRICEを120円に
   ▶ 商品Bの値段PRODUCT_B_PRICEを240円に）

```
//----------------
task TASK_INIT();
begin
    #(`TB_CYCLE *  0);
    coin_sum      = 16'hxxxx;
    coin_insert   = 1'b0;
    coin_cancel   = 1'b0;
    product_a_sel = 1'b0;
    product_b_sel = 1'b0;

    #(`TB_CYCLE * 12);
end
endtask

//----------------
// Task: Insert Coin
//----------------
task TASK_INSERTCOIN(input [15:0] sum);
begin
    #(`TB_CYCLE *  0);
    coin_sum     = sum;
    coin_insert  = 1'b1;
    //
    #(`TB_CYCLE *  1);
    coin_sum     = 16'hxxxx;
    coin_insert  = 1'b0;
end
endtask

//----------------
// Task: Cancel
//----------------
task TASK_CANCEL();
begin
    #(`TB_CYCLE *  0);
    coin_cancel = 1'b1;
    //
    #(`TB_CYCLE *  1);
    coin_cancel = 1'b0;
end
endtask

//----------------------
// Task: Select Product A
//----------------------
task TASK_SEL_A();
begin
    #(`TB_CYCLE *  0);
    product_a_sel = 1'b1;
    //
    #(`TB_CYCLE *  1);
    product_a_sel = 1'b0;
end
endtask

//----------------------
// Task: Select Product B
//----------------------
task TASK_SEL_B();
begin
    #(`TB_CYCLE *  0);
    product_b_sel = 1'b1;
    //
    #(`TB_CYCLE *  1);
    product_b_sel = 1'b0;
end
endtask

//--------------------
// Test Pattern
//--------------------
```

（タスク定義：制御信号の初期化）

（タスク定義：コイン投入）

（タスク定義：コイン返却要求）

（タスク定義：商品A選択）

（タスク定義：商品B選択）

リスト13 「simple_statemachine」のテストベンチ(tb.v)(つづき)

```verilog
    initial              ← テスト・パターン記述
    begin                  • task文を並べてパターンを生成
        TASK_INIT();

        // Select Product without Coin
        #(`TB_CYCLE * 5);                      • コインを投入せずに商品Aを選択
        TASK_SEL_A();                          • コインを投入せずに商品Bを選択
        TASK_SEL_B();

        // Cancel Coin
        #(`TB_CYCLE * 5);                      • 100円を投入
        TASK_INSERTCOIN(16'd100);              • 100円を投入
        TASK_INSERTCOIN(16'd100);              • 100円を投入
        TASK_INSERTCOIN(16'd100);              • コイン返却要求
        TASK_CANCEL();

        // Buy A without change
        #(`TB_CYCLE * 5);                      • 120円を投入
        TASK_INSERTCOIN(16'd120);              • 商品A(120円)を購入
        TASK_SEL_A();

        // Buy A with change
        #(`TB_CYCLE * 5);                                  • 200円を投入
        TASK_INSERTCOIN(16'd200);                          • 300円を投入
        TASK_INSERTCOIN(16'd300); // add coin              • 商品A(120円)を購入(釣り銭あり)
        TASK_SEL_A();

        // Buy B without change
        #(`TB_CYCLE * 5);                      • 240円を投入
        TASK_INSERTCOIN(16'd240);              • 商品B(240円)を購入(釣り銭なし)
        TASK_SEL_B();

        // Buy B with change
        #(`TB_CYCLE * 5);                      • 500円を投入
        TASK_INSERTCOIN(16'd500);              • 商品B(240円)を購入(釣り銭あり)
        TASK_SEL_B();

// End of Simulation
        #(`TB_CYCLE * 20);
        `ifdef IVERILOG
            $finish;
        `elsif MODELSIM
            $stop;
        `else
            $finish; // catch
        `endif
    end

//--------------------------
// Display State Transition
//--------------------------
always@(posedge U_SIMPLE_STATEMACHINE.clk)
begin
    if (U_SIMPLE_STATEMACHINE.state != U_SIMPLE_STATEMACHINE.state_next)
    begin
        $display(" state = %01x, state_next = %01x, at %d",      ← ステート遷移時に,
            U_SIMPLE_STATEMACHINE.state,                              ステート状態を表示する
            U_SIMPLE_STATEMACHINE.state_next,
            tb_cycle_counter);
    end
end

//--------------------------
// Display Operation
//--------------------------
always@(posedge clock)
begin
    if (coin_insert ) $display("Coin Inserted %d at %d",
                            coin_sum, tb_cycle_counter);
    if (coin_cancel ) $display("Coin Canceled at %d",
```

```
                            tb_cycle_counter);
    if (product_a_sel) $display("Product A Selected at %d",
                            tb_cycle_counter);
    if (product_b_sel) $display("Product B Selected at %d",
                            tb_cycle_counter);
    if (product_a_out) $display("Product A Served at %d",
                            tb_cycle_counter);
    if (product_b_out) $display("Product B Served at %d",
                            tb_cycle_counter);
    if (change_out   ) $display("Changed %d at %d",
                            change_sum, tb_cycle_counter);
end

endmodule
```

―全体動作の状況を表示する

リスト14 「simple_statemachine」のModelSim実行スクリプトの波形登録部（tb.do）
リスト5の波形登録部のみ変更する

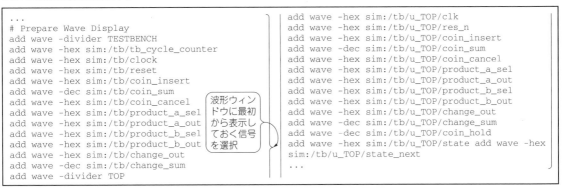

図8 「simple_statemachine」の動作波形

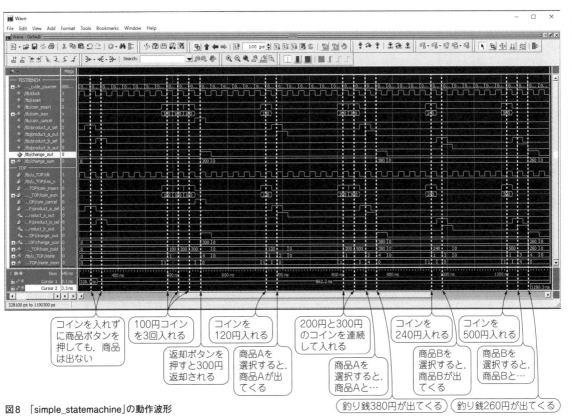

リスト15 「simple_statemachine」の論理シミュレーション実行後のメッセージ出力

```
Product A Selected              at      7       Product B Served                at      40
Product B Selected              at      8         state = 3, state_next = 0, at       40
Coin Inserted    100            at      14        state = 0, state_next = 1, at       45
   state = 0, state_next = 1, at        14      Coin Inserted    500            at      45
Coin Inserted    100            at      15      Product B Selected              at      46
Coin Inserted    100            at      16        state = 1, state_next = 3, at       46
   state = 1, state_next = 4, at        17        state = 3, state_next = 4, at       47
Coin Canceled                   at      17      Product B Served                at      47
Changed    300                  at      18      Changed    260                  at      48
   state = 4, state_next = 0, at        18
   state = 0, state_next = 1, at        23
Coin Inserted    120            at      23
Product A Selected              at      24
   state = 1, state_next = 2, at        24
   state = 2, state_next = 0, at        25
Product A Served                at      25
Coin Inserted    200            at      30
   state = 0, state_next = 1, at        30
Coin Inserted    300            at      31
Product A Selected              at      32
   state = 1, state_next = 2, at        32
   state = 2, state_next = 4, at        33
Product A Served                at      33
Changed    380                  at      34
   state = 4, state_next = 0, at        34
Coin Inserted    240            at      38
   state = 0, state_next = 1, at        38
   state = 1, state_next = 3, at        39
Product B Selected              at      39
```

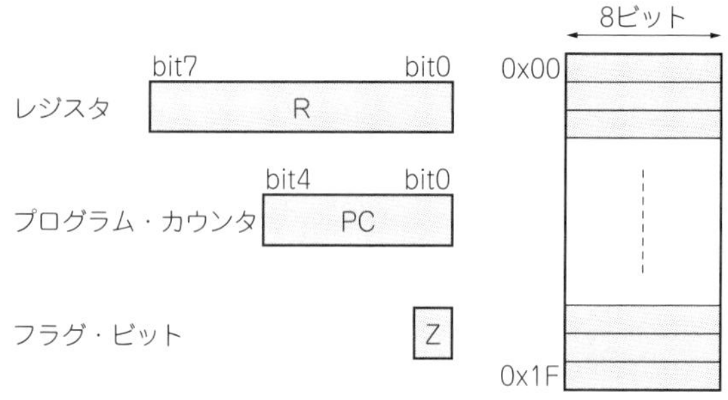

図9 「simple_cpu」のアーキテクチャ
(a) プログラマーズ・モデル (b) メモリ空間

表5 「simple_cpu」の命令セット

命令コード								アセンブラ記述	命令種類	命令の動作内容	Zフラグ
0	0	0	i	i	i	i	i	ADD R, #imm5	加算(即値)	#imm5を8ビットに符号拡張してRに加算する	変化
0	0	1	i	i	i	i	i	MOV R, #imm5	ロード(即値)	#imm5を8ビットに符号拡張してRに転送する	変化
0	1	0	a	a	a	a	a	ADD R, @adr5	加算(メモリ)	@adr5で指すメモリの内容をリードしてRに加算する	変化
0	1	1	a	a	a	a	a	MOV R, @adr5	ロード(メモリ)	@adr5で指すメモリの内容をリードしてRに転送する	変化
1	0	0	a	a	a	a	a	MOV @adr5, R	ストア(メモリ)	Rの内容を@adr5で指すメモリにライトする	−
1	0	1	a	a	a	a	a	JMP adr5	無条件分岐	adr5番地に分岐する	−
1	1	0	a	a	a	a	a	JNZ adr5	条件付き分岐	Zフラグが0ならばadr5番地に分岐する	−
1	1	1	0	0	b	b	b	BIT R, #bit3	ビット転送	Rの#bit3で指すビット位置の値をZフラグに転送する	変化

1がZフラグに転送されます．

● 「simple_cpu」のシステム構成

図10に「simple_cpu」のCPU周辺のシステム構成を示します．CPU周辺にはRAMと入出力ポートがあります．最上位階層がTOPで，その下にCPUコアの階層CPUがあります．本サンプルのRTL記述上では，階層TOP内にRAMと入出力ポートの機能を記述することにします．

アドレス空間のうち，アドレス・デコーダを使って0x00～0x1E番地をRAMに，0x1F番地を入出力ポートに割り当てます．0x1F番地にライトすると，ライト・データが出力ポートport_out[7：0]に出力され，0x1F番地をリードすると，入力ポートport_in[7：0]のレベルを読み出すことができます．RAMのリード・データと入力ポートのリード・データは，リード・データ・マルチプレクサで読み出し対象のほうを選択してCPUに渡します．

● 「simple_cpu」のCPUコア内ブロック図

図11にCPUコア内のブロック図を示します．CPUコアの最上位階層CPU内に，データ・パスCPU_DATAPATHの階層と，制御部(ステート・マシン)CPU_CONTROLの階層を置きます(インスタンス化する)．

CPU_DATAPATH内には，レジスタR(reg_pc)，プログラム・カウンタPC(reg_pc)，フラグZ(bit_z)以外に，メモリ・アクセス関連レジスタとしてアドレス用レジスタMAR(reg_mar)，ライト・データ用レジスタMWD(reg_mwd)，リード・データ用

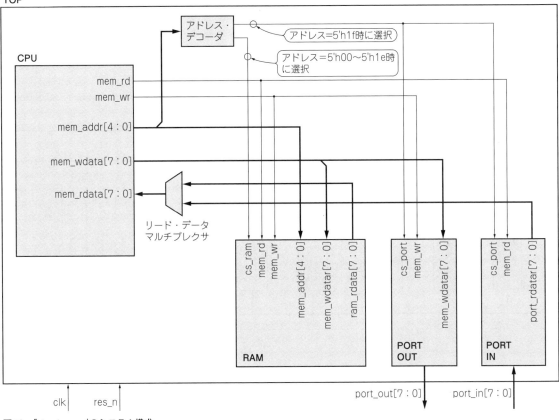

図10 「simple_cpu」のシステム構成

レジスタ(reg_mrd)と，演算器ALU(Arithmetic Logical Unit)があり，それぞれが内部バスbus_x, bus_y, bus_zで接続されています．

CPU_DATAPATH内のリソースへのライト信号や機能選択信号などの制御信号は，制御部CPU_CONTROLが生成します．また，制御部の動作シーケンスを決めるために，取り込んだ(フェッチした)命令コードopcodeやZフラグの値bit_zを，CPU_DATAPATHからCPU_CONTROLに渡しています．

● 「simple_cpu」の制御部の状態遷移図

制御部CPU_CONTROL内に構築するステート・マシンの状態遷移図を，図12に示します．リセットされたら初期状態「INIT」になり，すぐに次の命令フェッチに移行します．状態「IF_0」～「IF_2」でメモリから命令フェッチし，状態「ID」で命令コードをデコードします．デコード結果に応じて，各命令の実行処理用の状態「EX_...」に移行します．実行処理が終わったら命令フェッチの最初の状態「IF_0」に戻ります．

各状態では，CPU_DATAPATHに対して必要な制御信号を出力します．

内部バス選択信号，ALUの制御信号，ステート・マシンの状態コードの割り当てを，表6に示します．この事例では，基本的にワンホット方式で信号値をアサインしました．

● データ・パスの制御方法

命令「ADD R, #imm5」の実行処理を例にして，データ・パスの制御方法を図13を使って説明します．この命令の実行処理では，レジスタRと命令コードの下位5ビットの符号拡張値を加算して，その結果をレジスタRに戻します．図13(a)にデータ・パス上のデータの流れ方を，図13(b)にその動作タイミングを示します．

ステート・マシンの状態「EX_ADD_R_IMM_0」になったクロックの立ち上がり(T_2)直後から，bus_xのデータ・セレクタにレジスタRの値を乗せる指示をし，bux_yにリード・データMRDの値を乗せる指示をして，それぞれの値をALUに入力します．ALUには，bus_xの値と，bus_yの下位5ビットを符号拡張した値を加算して，bus_zに出力させる

簡易型8ビットCPU「simple_cpu」 343

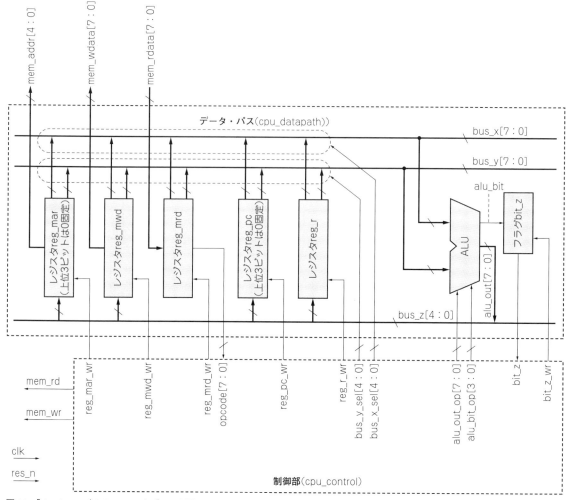

図11 「simple_cpu」のCPUコア内ブロック図

指示をします．同時にALUからは，bus_zの値に応じたフラグ値を生成させる指示をします．次のクロックの立ち上がり(T_3)で，ALUの出力bus_zをレジスタRにライトし，ALUの出力フラグ値をフラグZにライトします．

他の各状態における制御信号の動作も，同様な考え方で生成します．

●メモリ・アクセスのタイミング

FPGAやSoCに内蔵されるメモリ(ROMやRAM)は，一般的にクロックを絡めたアクセスをします．そのタイミングを**図14**に示します．

図14(a)はリード時のタイミングです．CPUがメモリをリードしようと，制御信号を準備する状態になるのがT_1です．CPUがメモリ・アドレスとリード・ストローブ信号をT_2でアサートしたら，次のクロックの立ち上がりのT_3で，メモリがリード・ストローブ信号のアサートを検知します．それと同時にアクセス先アドレスを取り込んで，T_3直後からメモリの内容をリード開始し，次のクロックの立ち上がりのT_4までにリード・データを確定させます．CPUは，T_4でリード・データを取り込みます．

このように，CPUがメモリをリードしようと準備した時点(T_1)から，実際にリード値を取り込む(T_4)までの間は，何サイクルかかかるので設計時には注意が必要です．

図14(b)はライト時のタイミングです．CPUがメモリをライトしようと，制御信号を準備し終わる状態になるのがT_2です．CPUがメモリ・アドレス，ライト・データ，およびライト・ストローブ信号をT_3でアサートしたら，次のクロックの立ち上がりのT_4でメモリがライト・ストローブ信号のアサートを検知し，同時にアクセス先アドレスとライト・データを取り込んで，指定したアドレスへのデータ書き込みが

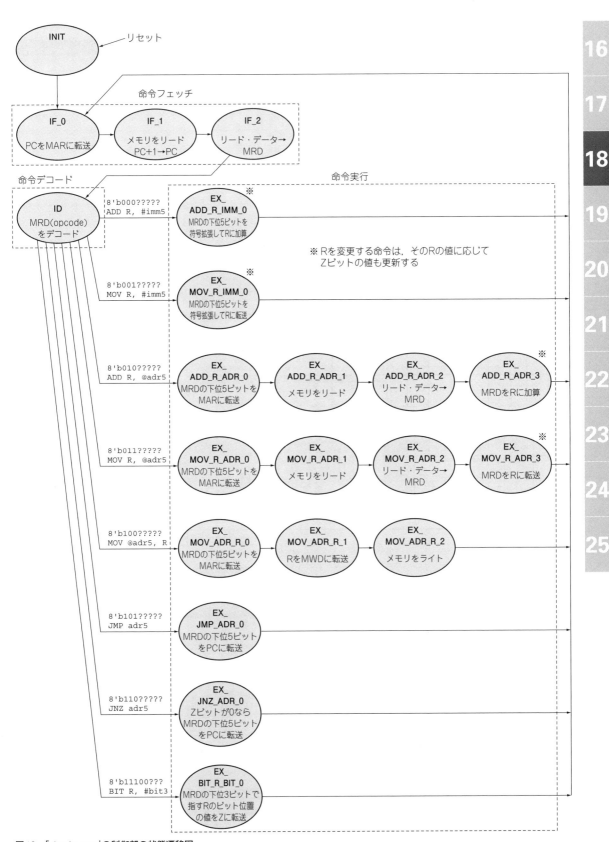

図12 「simple_cpu」の制御部の状態遷移図

表6 「simple_cpu」の制御信号と状態コードの割り当て

記号	信号値	意味	備考
BUS_SEL_NOP	5'b00000	bus_x, bus_y を 8'h00 にする	
BUS_SEL_MAR	5'b00001	bus_x, bus_y に reg_mar を乗せる	MAR(メモリ・アドレス)
BUS_SEL_MWD	5'b00010	bus_x, bus_y に reg_mwd を乗せる	MWD(メモリ・ライト・データ)
BUS_SEL_MRD	5'b00100	bus_x, bus_y に reg_mrd を乗せる	MRD(メモリ・リード・データ)
BUS_SEL_PC	5'b01000	bus_x, bus_y に reg_pc を乗せる	PC(プログラム・カウンタ)
BUS_SEL_R	5'b10000	bus_x, bus_y に reg_r を乗せる	R(CPUレジスタ)

(a) bus_x[7:0]およびbus_y[7:0]のデータ・セレクタ選択信号

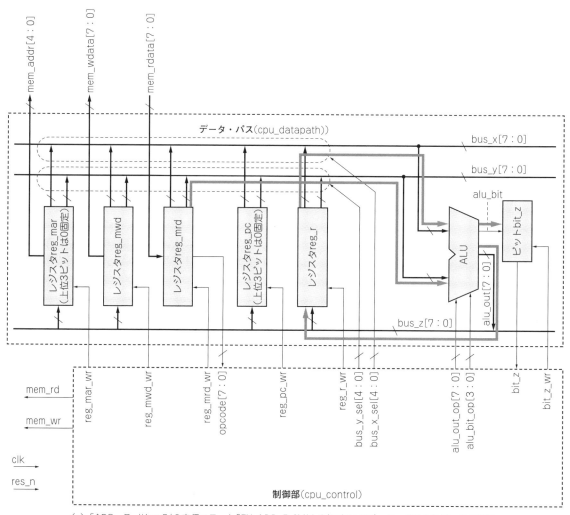

(a) 「ADD R, #imm5」の実行ステート「EX_ADD_R_IMM_0」におけるデータ・パス上のデータの流れ

図13 「simple_cpu」のデータ・パスの制御例

T_4 で行われます.CPUがメモリをライトしようと準備完了した時点(T_2)から,実際にメモリへのライトが完了するまで(T_4)は,リードの場合よりも短くなります.

●設計ファイルの用意

まず,図2(a)～(i)に示す方法で,プロジェクトとファイルを表7に示すように用意します.各ファイルの内容を以下で説明します.

信号名：alu_out_op[7：0]			
記 号	信号値	意 味	備 考
ALU_OUT_NOP	8'b00000000	alu_out = 8'h00	
ALU_OUT_BUSX	8'b00000001	alu_out = bus_x	
ALU_OUT_BUSY	8'b00000010	alu_out = bus_y	
ALU_OUT_BUSYU5	8'b00000100	alu_out = bus_yの下位5ビットのゼロ拡張	
ALU_OUT_BUSYS5	8'b00001000	alu_out = bus_yの下位5ビットの符号拡張	
ALU_OUT_ADD	8'b00010000	alu_out = bus_x + bus_y	
ALU_OUT_ADDYS5	8'b00100000	alu_out = bus_x + bus_yの下位5ビットの符号拡張	
ALU_OUT_INC	8'b01000000	alu_out = bus_x + 8'h01	

（b）alu_out[7：0]の機能選択信号

信号名：alu_bit_op[3：0]			
記 号	信号値	意 味	備 考
ALU_BIT_NOP	4'b0000	alu_bit =1'b0	
ALU_BIT_ZERO	4'b0001	alu_bit =(alu_out == 8'h00)	alu_outが8'h00ならalu_bitは1'b1
ALU_BIT_LOAD	4'b0010	alu_bit = bus_x[bus_y[2：0]]	bus_y[2：0]が指すbus_xのビット位置

（c）alu_bitの機能選択信号

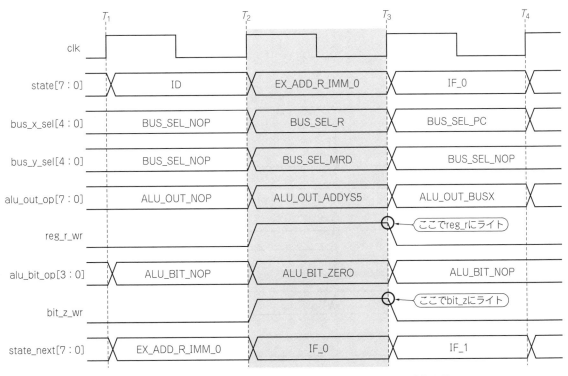

（b）「ADD R, #imm5」の実行ステート「EX_ADD_R_IMM_0」における制御信号

●論理機能の最上位階層 TOP を記述する

　まず，Verilog HDL の RTL で，「simple_cpu」の最上位システム階層 TOP を記述します．リスト 16 の内容を「top.v」というファイル名で用意します．

● CPU コア内の信号値の定義名を記述する

　「simple_cpu」の CPU コア内の制御信号や状態コードの定義名を記述します．信号値の意味をわかりやすい文字列で定義することで，読みやすくメンテナンス

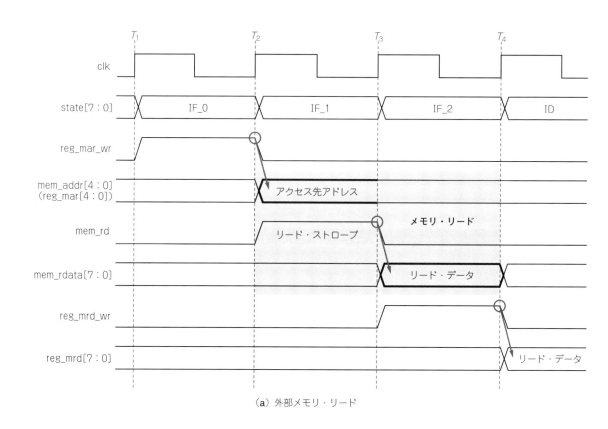

(a) 外部メモリ・リード

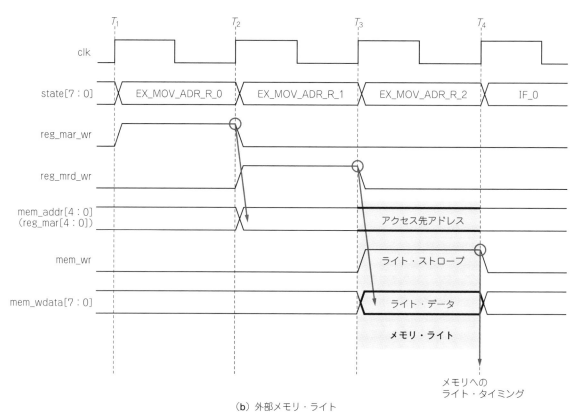

(b) 外部メモリ・ライト

図14 FPGAやSoCに内蔵されるメモリのアクセス・タイミング

表7 「simple_cpu」の関連ファイル

	C:¥CQ-MAX10¥Verilog_Samples以下のディレクトリとファイル					ファイルの意味
simple_cpu	LOGIC		top.v			設計対象の最上位記述
			cpu.v			CPUコアの最上位階層
			cpu_datapath.v			CPUのデータ・パス
			cpu_control.v			CPUの制御論理
			cpu_defines.v			CPU論理内のパラメータ定義
		simulation	testbench	tb.v		テストベンチ
				flist.txt		ファイル・リスト
			modelsim	MSIM.mpf		ModelSimのプロジェクト
				tb.do		シミュレーション実行スクリプト
			iverilog	go_sim		iverilogの実行スクリプト
				tb.sav		GTKWaveの表示フォーマット

リスト16 「simple_cpu」の最上位システム階層TOP（top.v）

```
//--------------------
// Top Module
//--------------------
module TOP
(
    input   wire res_n,
    input   wire clk,
    //
    input   wire [7:0] port_in,
    output  reg  [7:0] port_out
);
```
モジュールと入出力信号の定義
- リセット入力 res_n
- クロック入力 clk
- ポート入力信号 port_in[7:0]
- ポート出力信号 port_out[7:0]

```
//---------------
// CPU Core
//---------------
wire        mem_rd;
wire        mem_wr;
wire [4:0]  mem_addr;
wire [7:0]  mem_wdata;
wire [7:0]  mem_rdata;
//
CPU u_CPU
(
    .res_n      (res_n),
    .clk        (clk),
    //
    .mem_rd     (mem_rd),
    .mem_wr     (mem_wr),
    .mem_addr   (mem_addr),
    .mem_wdata  (mem_wdata),
    .mem_rdata  (mem_rdata)
);
```
CPUコア入出力信号の定義
- メモリ・リード・ストローブ mem_rd
- メモリ・ライト・ストローブ mem_wr
- メモリ・アドレス mem_addr[4:0]
- メモリ・ライト・データ mem_wdata[7:0]
- メモリ・リード・データ mem_rdata[7:0]

CPUコアのインスタンス化

```
//------------------
// Address Decoder
//------------------
wire cs_ram;
wire cs_port;
//
assign cs_ram  = (mem_addr != 5'h1f);
assign cs_port = (mem_addr == 5'h1f);
```
アドレス・デコード信号の生成
- RAM選択信号 cs_ram
- 入出力ポート選択信号 cs_port

```
//-----------
// RAM
//-----------
reg [7:0] ram[0:31];
reg [7:0] ram_rdata;
//
// Write
always @(posedge clk)
begin
```
RAM関連信号の定義
- RAM本体 ram[0:31]（32バイト・メモリ）
- RAMリード・データ ram_rdata[7:0]
  （リード・データ・マルチプレクサに入る）

RAMへのライト動作

簡易型8ビットCPU「simple_cpu」 349

リスト16 「simple_cpu」の最上位システム階層TOP(top.v)(つづき)

```verilog
        if (cs_ram & mem_wr) ram[mem_addr] <= mem_wdata;
    end
    //
    // Read
    always @(posedge clk)
    begin
        if (cs_ram & mem_rd) ram_rdata <= ram[mem_addr];
    end                                                         ── RAMからのリード動作

    //--------
    // Port
    //--------                                                  入出力ポート関連信号の定義
    reg [7:0] port_rdata;                                       ・入力ポートのリード・データ port_rdata[7:0]
    //                                                            (リード・データ・マルチプレクサに入る)
    // Write
    always @(posedge clk, negedge res_n)
    begin
        if (~res_n)
            port_out <= 8'h00;
        else if (cs_port & mem_wr)                              ── 出力ポートへのライト動作
            port_out <= mem_wdata;
    end
    //
    // Read
    always @(posedge clk, negedge res_n)
    begin
        if (~res_n)
            port_rdata <= 8'h00;                                ── 入力ポートからのリード動作
        else if (cs_port & mem_rd)
            port_rdata <= port_in;
    end

    //----------------------
    // Read Data Multiplexer
    //----------------------                                    リード・データ・マルチプレクサ関連の信号定義
    reg sel_ram_rdata;                                          ・RAMからのリード・データ選択信号 sel_ram_rdata
    reg sel_port_rdata;                                         ・入力ポートからのリード・データ選択信号 sel_port_rdata
    //
    always @(posedge clk, negedge res_n)
    begin
        if (~res_n)
            sel_ram_rdata <= 1'b0;                              RAMからのリード・データ選択信号
        else                                                    (sel_ram_rdata)の生成
            sel_ram_rdata <= cs_ram & mem_rd;
    end
    //
    always @(posedge clk, negedge res_n)
    begin
        if (~res_n)
            sel_port_rdata <= 1'b0;                             入力ポートからのリード・データ選択信号
        else                                                    (sel_port_rdata)の生成
            sel_port_rdata <= cs_port & mem_rd;
    end
    //
    assign mem_rdata = (sel_ram_rdata)?  ram_rdata  :           CPUへのリード・データ
                       (sel_port_rdata)? port_rdata : 8'h00;    の生成(データ・セレクタ)

endmodule    ── モジュール定義の終了
```

が容易なRTL記述になります．リスト17の内容を「cpu_defines.v」というファイル名で用意します．

● CPUコアの最上位階層CPUを記述する

Verilog HDLのRTLで,「simple_cpu」のCPUコアの最上位階層CPUを記述します．リスト18の内容を「cpu.v」というファイル名で用意します．

● CPUコア内のデータ・パス CPU_DATAPTH を記述する

Verilog HDLのRTLで「simple_cpu」のCPUコア内のデータ・パスCPU_DATAPTHを記述します．リ

リスト17 「simple_cpu」のCPUコア内の信号値の定義名（cpu_defines.v）

```
//------------------------------
// Data Select Signal for BUSX, BUSY
//------------------------------
`define BUS_SEL_NOP  (5'b00000)
`define BUS_SEL_MAR  (5'b00001)
`define BUS_SEL_MWD  (5'b00010)
`define BUS_SEL_MRD  (5'b00100)
`define BUS_SEL_PC   (5'b01000)
`define BUS_SEL_R    (5'b10000)

//------------------------------
// ALU Operation
//------------------------------
`define ALU_OUT_NOP    (8'b00000000)
`define ALU_OUT_BUSX   (8'b00000001)
`define ALU_OUT_BUSY   (8'b00000010)
`define ALU_OUT_BUSYU5 (8'b00000100)
`define ALU_OUT_BUSYS5 (8'b00001000)
`define ALU_OUT_ADD    (8'b00010000)
`define ALU_OUT_ADDYS5 (8'b00100000)
`define ALU_OUT_INC    (8'b01000000)

`define ALU_BIT_NOP   (4'b0000)
`define ALU_BIT_ZERO  (4'b0001)
`define ALU_BIT_LOAD  (4'b0010)

//------------------------------
// Define State in CPU_CONTROL
```

bus_x, bus_yのデータ・セレクタ制御信号の定義

ALU(alu_out)の機能選択信号の定義

ALU(alu_bit)の機能選択信号の定義

```
//------------------------------
`define STATE_INIT  8'h00
`define STATE_IF_0  8'h01
`define STATE_IF_1  8'h02
`define STATE_IF_2  8'h03
`define STATE_ID    8'h04
//
`define STATE_EX_ADD_R_IMM_0  8'h80
`define STATE_EX_MOV_R_IMM_0  8'h90
//
`define STATE_EX_ADD_R_ADR_0  8'ha0
`define STATE_EX_ADD_R_ADR_1  8'ha1
`define STATE_EX_ADD_R_ADR_2  8'ha2
`define STATE_EX_ADD_R_ADR_3  8'ha3
//
`define STATE_EX_MOV_R_ADR_0  8'hb0
`define STATE_EX_MOV_R_ADR_1  8'hb1
`define STATE_EX_MOV_R_ADR_2  8'hb2
`define STATE_EX_MOV_R_ADR_3  8'hb3
//
`define STATE_EX_MOV_ADR_R_0  8'hc0
`define STATE_EX_MOV_ADR_R_1  8'hc1
`define STATE_EX_MOV_ADR_R_2  8'hc2
//
`define STATE_EX_JMP_ADR_0    8'hd0
`define STATE_EX_JNZ_ADR_0    8'he0
`define STATE_EX_BIT_R_BIT_0  8'hf0
```

ステート・マシンの状態コードの割り当て

スト19の内容を「cpu_datapath.v」というファイル名で用意します．

● CPUコア内の制御部CPU_CONTROLを記述する

Verilog HDLのRTLで，「simple_cpu」のCPUコア内の制御部CPU_CONTROLを記述します．リスト20の内容を「cpu_control.v」というファイル名で用意します．

●「simple_cpu」の機能検証用プログラム

「simple_cpu」を機能検証するためのCPUプログラムを準備します．ここでは，ポート入力port_inのビット7が1の間だけ，ポート出力port_outのビット0を一定間隔でトグルする「Lチカ」的プログラムで検証してみます．もちろんCPU命令をすべて使ったプログラムにします．その内容をリスト21に示します．このCPUはアセンブラ言語を用意しているわけではないので，命令コードの機械語は昔懐かしいハンド・アセンブルで作成していきます．

● テストベンチを記述する

CPU機能検証用のプログラムができたら，「simple_cpu」を論理シミュレーションするためのテストベンチを記述します．リスト22の内容を「tb.v」というファイル名で用意します．機能検証用プログラムの命令コードは，シミュレーションが走り始める前に，テストベンチのinitial文で直接RAMの中身に書き込んでおきます．port_in[7]は，ある間隔で0と1を入力しておきます．CPUの内部レジスタの状態もメッセージ出力します．

● 論理シミュレーションの実行と波形確認

論理シミュレーションを実行してみましょう．RTL記述のリスト・ファイル「flist.txt」は，TOP階層以下のCPUコア記述に複数ファイルがあるので，それらを含めてリスト23の内容で用意します．ModelSimの実行スクリプトは基本的にはリスト5と同じですが，表示波形の登録部だけ，リスト24に示す内容に変更したものを用意してください．

論理シミュレーションを起動して，図15のような波形が出ることを確認してください．port_in[7]が1の期間だけport_out[0]がトグルしています．「Lチカ」ですねぇ．

このテストベンチからはCPUの動作状況をメッセージ出力しています（リスト25）．メッセージの各行では，プログラム・カウンタPCとその番地に対応する命令コードを出力し，その命令の実行前のレジスタRとフラグZの値を表示しています．

意外にCPUの設計も簡単だなと感じられたのではないでしょうか？　ぜひオリジナルCPUの設計にも挑戦してみてください．

リスト18 「simple_cpu」のCPUコアの最上位階層CPU(cpu.v)

```
//--------------------
// CPU Core Module
//--------------------
module CPU
(
    input  wire       res_n,
    input  wire       clk,
    //
    output wire       mem_rd,
    output wire       mem_wr,
    output wire [4:0] mem_addr,
    output wire [7:0] mem_wdata,
    input  wire [7:0] mem_rdata
);

//------------------
// Internal Signals
//------------------
wire       reg_mar_wr;
wire       reg_mwd_wr;
wire       reg_mrd_wr;
wire [7:0] opcode;
wire       reg_pc_wr;
wire       reg_r_wr;
wire       bit_z;
wire       bit_z_wr;
wire [7:0] alu_out_op;
wire [3:0] alu_bit_op;
wire [4:0] bus_x_sel;
wire [4:0] bus_y_sel;

//--------------
// Datapath
//--------------
CPU_DATAPATH u_CPU_DATAPATH
(
    .res_n (res_n),
    .clk   (clk),
    //
    .mem_addr  (mem_addr),
    .mem_wdata (mem_wdata),
    .mem_rdata (mem_rdata),
    //
    .reg_mar_wr (reg_mar_wr),
    .reg_mwd_wr (reg_mwd_wr),
    .reg_mrd_wr (reg_mrd_wr),
    //
    .opcode    (opcode),
    .reg_pc_wr (reg_pc_wr),
    .reg_r_wr  (reg_r_wr),
    //
    .bit_z    (bit_z),
    .bit_z_wr (bit_z_wr),
    //
    .alu_out_op (alu_out_op),
    .alu_bit_op (alu_bit_op),
    .bus_x_sel  (bus_x_sel),
    .bus_y_sel  (bus_y_sel)
);

//--------------
// Control
//--------------
CPU_CONTROL u_CPU_CONTROL
(
    .res_n (res_n),
    .clk   (clk),
    //
    .mem_rd (mem_rd),
    .mem_wr (mem_wr),
    //
    .reg_mar_wr (reg_mar_wr),
    .reg_mwd_wr (reg_mwd_wr),
    .reg_mrd_wr (reg_mrd_wr),
    //
    .opcode    (opcode),
    .reg_pc_wr (reg_pc_wr),
    .reg_r_wr  (reg_r_wr),
    //
    .bit_z    (bit_z),
    .bit_z_wr (bit_z_wr),
    //
    .alu_out_op (alu_out_op),
    .alu_bit_op (alu_bit_op),
    .bus_x_sel  (bus_x_sel),
    .bus_y_sel  (bus_y_sel)
);

endmodule
```

CPUコアと入出力信号の定義
- リセット入力 res_n
- クロック入力 clk
- メモリ・リード・ストローブ出力 mem_rd
- メモリ・ライト・ストローブ出力 mem_wr
- メモリ・アドレス出力 mem_addr[4:0]
- メモリ・ライト・データ出力 mem_wdata[7:0]
- メモリ・リード・データ入力 mem_rdata[7:0]

CPUコア内部信号の定義（データパスと制御部の間の制御信号）
- レジスタMARのライト信号 reg_mar_wr
- レジスタMWDのライト信号 reg_mwd_wr
- レジスタMRDのライト信号 reg_mrd_wr
- フェッチした命令コード opcode[7:0]
- プログラム・カウンタPCのライト信号 reg_pc_wr
- レジスタRのライト信号 reg_r_wr
- フラグZの値 bit_z
- フラグZのライト信号 bit_z_wr
- ALU(alu_out)の機能選択 apu_out_op[7:0]
- ALU(alu_bit)の機能選択 apu_bit_op[3:0]
- bus_xのデータ選択信号 bus_x_sel[4:0]
- bus_yのデータ選択信号 bus_y_sel[4:0]

データ・パス CPU_DATAPATHのインスタンス化

制御部CPU_CONTROLのインスタンス化

モジュール定義の終了

リスト19 「simple_cpu」のCPU内データ・パス CPU_DATAPATH (cpu_datapath.v)

```verilog
`include "cpu_defines.v"     ← CPU内の信号値の定義ファイル
                                cpu_defines.vをインクルード
//-------------------
// CPU Datapath
//-------------------
module CPU_DATAPATH
(
    input  wire res_n,
    input  wire clk,
    //
    output wire [4:0] mem_addr,
    output wire [7:0] mem_wdata,
    input  wire [7:0] mem_rdata,
    //
    input  wire       reg_mar_wr,
    input  wire       reg_mwd_wr,
    input  wire       reg_mrd_wr,
    //
    output wire [7:0] opcode,
    input  wire       reg_pc_wr,
    input  wire       reg_r_wr,
    //
    output reg        bit_z,
    input  wire       bit_z_wr,
    //
    input  wire [7:0] alu_out_op,
    input  wire [3:0] alu_bit_op,
    input  wire [4:0] bus_x_sel,
    input  wire [4:0] bus_y_sel
);

CPU_DATAPATHと入出力信号の定義
・リセット入力 res_n
・クロック入力 clk
・メモリ・アドレス mem_addr[4:0]
・メモリ・ライト・データ mem_wdata[7:0]
・メモリ・リード・データ mem_rdata[7:0]
・レジスタMARのライト信号 reg_mar_wr
・レジスタMWDのライト信号 reg_mwd_wr
・レジスタMRDのライト信号 reg_mrd_wr
・フェッチした命令コード opcode[7:0]
・プログラム・カウンタPCのライト信号 reg_pc_wr
・レジスタRのライト信号 reg_r_wr
・フラグZの値 bit_z
・フラグZのライト信号 bit_z_wr
・ALU(alu_out)の機能選択 apu_out_op[7:0]
・ALU(alu_bit)の機能選択 apu_bit_op[3:0]
・bus_xのデータ選択信号 bus_x_sel[4:0]
・bus_yのデータ選択信号 bus_y_sel[4:0]

//---------------
// Internal Bus
//---------------
reg  [7:0] bus_x;
reg  [7:0] bus_y;     ← 内部バスbus_x, bus_y, bus_zの定義
wire [7:0] bus_z;

//---------------
// Memory Address
//---------------
reg [7:0] reg_mar;
//
always @(posedge clk, negedge res_n)
begin
    if (~res_n)
        reg_mar <= 8'h00;
    else if (reg_mar_wr)
        reg_mar <= {3'b000, bus_z[4:0]};
end
//
assign mem_addr = reg_mar;

メモリ・アドレス・レジスタMARの動作
・bus_zから書き込まれる
・MARは下位5ビットのみ有効．
  上位3ビットは常時0ライト
・MARの値をメモリ・アドレス
  mem_addr[4:0]に出力

//-------------------
// Memory Write Data
//-------------------
reg [7:0] reg_mwd;
//
always @(posedge clk, negedge res_n)
begin
    if (~res_n)
        reg_mwd <= 8'h00;
    else if (reg_mwd_wr)
        reg_mwd <= bus_z[7:0];
end
//
assign mem_wdata = reg_mwd;

メモリ・ライト・データ・レジスタMWDの動作
・bus_zから書き込まれる
・MWDの値をメモリ・ライト・データ
  mem_wdata[7:0]に出力

//-------------------
// Memory Read Data
//-------------------
```

リスト19 「simple_cpu」のCPU内データ・パスCPU_DATAPATH（cpu_datapath.v）（つづき）

```verilog
reg [7:0] reg_mrd;
//
always @(posedge clk, negedge res_n)
begin
    if (~res_n)
        reg_mrd <= 8'h00;
    else if (reg_mrd_wr)
        reg_mrd <= mem_rdata;
end
//
assign opcode = reg_mrd;
```
⎫
⎬ メモリ・リード・データ・レジスタMRDの動作
⎭ ・メモリ・リード・データmem_rdataから
　書き込まれる
　・MRDの値を命令コード信号opcode[7:0]
　に出力

```verilog
//-----------------
// Program Counter
//-----------------
reg [7:0] reg_pc;
//
always @(posedge clk, negedge res_n)
begin
    if (~res_n)
        reg_pc <= 8'h00;
    else if (reg_pc_wr)
        reg_pc <= {3'b000, bus_z[4:0]};
end
```
⎫ プログラム・カウンタPCの動作
⎬ ・bus_zから書き込まれる
⎭ ・PCは下位5ビットのみ有効．
　上位3ビットは常時0ライト

```verilog
//-------------------
// CPU Register
//-------------------
reg [7:0] reg_r;
//
always @(posedge clk, negedge res_n)
begin
    if (~res_n)
        reg_r <= 8'h00;
    else if (reg_r_wr)
        reg_r <= bus_z;
end
```
⎫ CPUレジスタRの動作
⎬ ・bus_zから書き込まれる
⎭

```verilog
//-------------------
// bus_x Data Selector
//-------------------
always @*
begin
    casez(bus_x_sel)
        `BUS_SEL_MAR: bus_x = reg_mar;
        `BUS_SEL_MWD: bus_x = reg_mwd;
        `BUS_SEL_MRD: bus_x = reg_mrd;
        `BUS_SEL_PC : bus_x = reg_pc;
        `BUS_SEL_R  : bus_x = reg_r;
        default     : bus_x = 8'h00;
    endcase
end
```
⎯ 内部データ・バスbus_xのデータ・セレクタ

```verilog
//-------------------
// bus_y Data Selector
//-------------------
always @*
begin
    casez(bus_y_sel)
        `BUS_SEL_MAR: bus_y = reg_mar;
        `BUS_SEL_MWD: bus_y = reg_mwd;
        `BUS_SEL_MRD: bus_y = reg_mrd;
        `BUS_SEL_PC : bus_y = reg_pc;
        `BUS_SEL_R  : bus_y = reg_r;
        default     : bus_y = 8'h00;
    endcase
end

//---------------
// ALU Operation
//---------------
```
⎯ 内部データ・バスbus_yのデータ・セレクタ

```verilog
reg   [7:0] alu_out;
reg         alu_bit;
wire  [7:0] bus_yu5;
wire  [7:0] bus_ys5;
assign bus_yu5 = {3'b000, bus_y[4:0]};
assign bus_ys5 = {{3{bus_y[4]}}, bus_y[4:0]};
//
always @*
begin
    casez(alu_out_op)
        `ALU_OUT_BUSX    : alu_out = bus_x;
        `ALU_OUT_BUSY    : alu_out = bus_y;
        `ALU_OUT_BUSYU5  : alu_out = bus_yu5;
        `ALU_OUT_BUSYS5  : alu_out = bus_ys5;
        `ALU_OUT_ADD     : alu_out = bus_x + bus_y;
        `ALU_OUT_ADDYS5  : alu_out = bus_x + bus_ys5;
        `ALU_OUT_INC     : alu_out = bus_x + 8'h01;
        default          : alu_out = 8'h00;
    endcase
end
//
always @*
begin
    case(alu_bit_op)
        `ALU_BIT_ZERO : alu_bit = (alu_out == 8'h00);
        `ALU_BIT_LOAD : alu_bit
                      = (bus_y[2:0] == 3'b000)? bus_x[0] :
                        (bus_y[2:0] == 3'b001)? bus_x[1] :
                        (bus_y[2:0] == 3'b010)? bus_x[2] :
                        (bus_y[2:0] == 3'b011)? bus_x[3] :
                        (bus_y[2:0] == 3'b100)? bus_x[4] :
                        (bus_y[2:0] == 3'b101)? bus_x[5] :
                        (bus_y[2:0] == 3'b110)? bus_x[6] :
                        (bus_y[2:0] == 3'b111)? bus_x[7] : 1'b0;
        default       : alu_bit = 1'b0;
    endcase
end
//
assign bus_z = alu_out;

//---------------
// Zero Bit Flag
//---------------
always @(posedge clk, negedge res_n)
begin
    if (~res_n)
        bit_z <= 1'b0;
    else if (bit_z_wr)
        bit_z <= alu_bit;
end

endmodule
```

ALU関連信号の定義
- ALUの8ビット・データ系出力 alu_out[7:0]
- ALUの1ビット・データ系出力 alu_bit
- ALUに入力する，bus_yの下位5ビットのゼロ拡張データ bus_yu5[7:0]
- ALUに入力する，bus_yの下位5ビットの符号拡張データ bus_ys5[7:0]

ALU(alu_out)の機能動作

ALU(alu_bit)の機能動作

ALUのalu_outをbus_zにつなぐ

フラグZの動作
- ALUのalu_bitの値が書き込まれる

モジュール定義の終了

リスト20 「simple_cpu」のCPU内制御CPU_CONTROL（cpu_control.v）

```verilog
`include "cpu_defines.v"           // CPU内の信号値の定義ファ
//--------------------              イルcpu_defines.vを
// CPU Control Logic                インクルード
//--------------------
module CPU_CONTROL
(
    input   wire res_n,
    input   wire clk,
    //
    output reg   mem_rd,
    output reg   mem_wr,
    //
    output reg          reg_mar_wr,         // CPU_CONTROL
    output reg          reg_mwd_wr,         // と入出力信号の
    output reg          reg_mrd_wr,         // 定義
    //
    input   wire [7:0] opcode,
    output reg          reg_pc_wr,
    output reg          reg_r_wr,
    //
    input   wire        bit_z,
    output reg          bit_z_wr,
    //
    output reg   [7:0] alu_out_op,
    output reg   [3:0] alu_bit_op,
    output reg   [4:0] bus_x_sel,
    output reg   [4:0] bus_y_sel
);

//------------------
// State Machine
//------------------
reg [7:0] state;
reg [7:0] state_next;
//
always @(posedge clk, negedge res_n)
begin                                       // ステート・
    if (~res_n)                             // マシンの
        state <= `STATE_INIT;               // 動作記述
    else
        state <= state_next;
end

//------------------------------------------
// Generate Control Signals and Next State
//------------------------------------------
always @*
begin                                       // 制御信号と次ステートを
    // Set Default Values                   // 出力するステート・マシン
    mem_rd     = 1'b0;                      // の組み合わせ回路.
    mem_wr     = 1'b0;                      // 最初にブロッキング代入で
    reg_mar_wr = 1'b0;                      // すべての出力信号にデフォ
    reg_mrd_wr = 1'b0;                      // ルト値を代入しておき，各
    reg_mwd_wr = 1'b0;                      // 状態と入力信号の値に応じ
    reg_pc_wr  = 1'b0;                      // て変更する出力信号に対し
    reg_r_wr   = 1'b0;                      // ては，後半の記述のブロッ
    bit_z_wr   = 1'b0;                      // キング代入で上書きする
    alu_out_op = `ALU_OUT_NOP;
    alu_bit_op = `ALU_BIT_NOP;
    bus_x_sel  = `BUS_SEL_NOP;
    bus_y_sel  = `BUS_SEL_NOP;
    state_next = `STATE_INIT;
    //
    // Generate Control Signals and Next State
    casez(state)
            //------------------------------------
            // Initial State
            `STATE_INIT :                   // リセット後
                begin                       // の初期状態
                    state_next = `STATE_IF_0;
                end
            //------------------------------------
            // Instruction Fetch          命令フェッチ
            `STATE_IF_0 :
                begin
                    bus_x_sel  = `BUS_SEL_PC;
                    alu_out_op = `ALU_OUT_BUSX;
                    reg_mar_wr = 1'b1;
                    state_next = `STATE_IF_1;
                end
            `STATE_IF_1 :
                begin
                    mem_rd     = 1'b1;
                    bus_x_sel  = `BUS_SEL_PC;
                    alu_out_op = `ALU_OUT_INC;
                    reg_pc_wr  = 1'b1;
                    state_next = `STATE_IF_2;
                end
            `STATE_IF_2 :
                begin
                    reg_mrd_wr = 1'b1;
                    state_next = `STATE_ID;
                end
            //------------------------------------
            // Instruction Decode           命令デコード
            `STATE_ID :
                begin
                    casez(opcode)
                        8'b000????? : state_next =
                                    `STATE_EX_ADD_R_IMM_0;
                        8'b001????? : state_next =
                                    `STATE_EX_MOV_R_IMM_0;
                        8'b010????? : state_next =
                                    `STATE_EX_ADD_R_ADR_0;
                        8'b011????? : state_next =
                                    `STATE_EX_MOV_R_ADR_0;
                        8'b100????? : state_next =
                                    `STATE_EX_MOV_ADR_R_0;
                        8'b101????? : state_next =
                                    `STATE_EX_JMP_ADR_0;
                        8'b110????? : state_next =
                                    `STATE_EX_JNZ_ADR_0;
                        8'b11100??? : state_next =
                                    `STATE_EX_BIT_R_BIT_0;
                        default : state_next =
                                    `STATE_IF_0; // do nothing
                    endcase
                end
            //------------------------------------
            // ADD R, #imm5  000iiiii       命令
            `STATE_EX_ADD_R_IMM_0 :         // 「ADD R, #imm5」
                begin                       // の実行
                    bus_x_sel  = `BUS_SEL_R;
                    bus_y_sel  = `BUS_SEL_MRD;
                    alu_out_op = `ALU_OUT_ADDYS5;
                    reg_r_wr   = 1'b1;
                    alu_bit_op = `ALU_BIT_ZERO;
                    bit_z_wr   = 1'b1;
                    state_next = `STATE_IF_0;
                end
            //------------------------------------
            // MOV R, #imm5  001iiiii       命令
            `STATE_EX_MOV_R_IMM_0 :         // 「MOV R, #imm5」
                begin                       // の実行
                    bus_y_sel  = `BUS_SEL_MRD;
                    alu_out_op = `ALU_OUT_BUSYS5;
                    reg_r_wr   = 1'b1;
                    alu_bit_op = `ALU_BIT_ZERO;
                    bit_z_wr   = 1'b1;
                    state_next = `STATE_IF_0;
                end
```

```verilog
//--------------------------------------------
// ADD R, @adr5   010aaaaa    命令
`STATE_EX_ADD_R_ADR_0 :         「ADD R, @adr5」
    begin                       の実行
        bus_x_sel   = `BUS_SEL_MRD;
        alu_out_op  = `ALU_OUT_BUSX;
        reg_mar_wr  = 1'b1;
        state_next  = `STATE_EX_ADD_R_ADR_1;
    end
`STATE_EX_ADD_R_ADR_1 :
    begin
        mem_rd      = 1'b1;
        state_next  = `STATE_EX_ADD_R_ADR_2;
    end
`STATE_EX_ADD_R_ADR_2 :
    begin
        reg_mrd_wr  = 1'b1;
        state_next  = `STATE_EX_ADD_R_ADR_3;
    end
`STATE_EX_ADD_R_ADR_3 :
    begin
        bus_x_sel   = `BUS_SEL_R;
        bus_y_sel   = `BUS_SEL_MRD;
        alu_out_op  = `ALU_OUT_ADD;
        reg_r_wr    = 1'b1;
        alu_bit_op  = `ALU_BIT_ZERO;
        bit_z_wr    = 1'b1;
        state_next  = `STATE_IF_0;
    end
//--------------------------------------------
// MOV R, @adr5   010aaaaa    命令
`STATE_EX_MOV_R_ADR_0 :         「MOV R, @adr5」
    begin                       の実行
        bus_x_sel   = `BUS_SEL_MRD;
        alu_out_op  = `ALU_OUT_BUSX;
        reg_mar_wr  = 1'b1;
        state_next  = `STATE_EX_MOV_R_ADR_1;
    end
`STATE_EX_MOV_R_ADR_1 :
    begin
        mem_rd      = 1'b1;
        state_next  = `STATE_EX_MOV_R_ADR_2;
    end
`STATE_EX_MOV_R_ADR_2 :
    begin
        reg_mrd_wr  = 1'b1;
        state_next  = `STATE_EX_MOV_R_ADR_3;
    end
`STATE_EX_MOV_R_ADR_3 :
    begin
        bus_x_sel   = `BUS_SEL_MRD;
        alu_out_op  = `ALU_OUT_BUSX;
        reg_r_wr    = 1'b1;
        alu_bit_op  = `ALU_BIT_ZERO;
        bit_z_wr    = 1'b1;
        state_next  = `STATE_IF_0;
    end
//--------------------------------------------
// MOV @adr5, R   100aaaaa    命令
`STATE_EX_MOV_ADR_R_0 :         「MOV @adr5, R」
    begin                       の実行
        bus_x_sel   = `BUS_SEL_MRD;
        alu_out_op  = `ALU_OUT_BUSX;
        reg_mar_wr  = 1'b1;
        state_next  = `STATE_EX_MOV_ADR_R_1;
    end
`STATE_EX_MOV_ADR_R_1 :
    begin
        bus_x_sel   = `BUS_SEL_R;
        alu_out_op  = `ALU_OUT_BUSX;
        reg_mwd_wr  = 1'b1;
        state_next  = `STATE_EX_MOV_ADR_R_2;
    end
`STATE_EX_MOV_ADR_R_2 :
    begin
        mem_wr      = 1'b1;
        state_next  = `STATE_IF_0;
    end
//--------------------------------------------
// JMP addr5      101aaaaa    命令
`STATE_EX_JMP_ADR_0 :            「JMP adr5」
    begin                        の実行
        bus_y_sel   = `BUS_SEL_MRD;
        alu_out_op  = `ALU_OUT_BUSYU5;
        reg_pc_wr   = 1'b1;
        state_next  = `STATE_IF_0;
    end
//--------------------------------------------
// JNZ addr5      101aaaaa    命令
`STATE_EX_JNZ_ADR_0 :            「JNZ adr5」
    begin                        の実行
        if (bit_z)
        begin
            state_next = `STATE_IF_0;
        end
        else
        begin
            bus_y_sel   = `BUS_SEL_MRD;
            alu_out_op  = `ALU_OUT_BUSYU5;
            reg_pc_wr   = 1'b1;
            state_next  = `STATE_IF_0;
        end
    end
//--------------------------------------------
// BIT R, #bit3   11100bbb    命令
`STATE_EX_BIT_R_BIT_0 :          「BIT R, #bit3」
    begin                        の実行
        bus_x_sel   = `BUS_SEL_R;
        bus_y_sel   = `BUS_SEL_MRD;
        alu_bit_op  = `ALU_BIT_LOAD;
        bit_z_wr    = 1'b1;
        state_next  = `STATE_IF_0;
    end
//--------------------------------------------
// Do not reach here                ここには
default :                           来ないはず
    begin
        state_next  = `STATE_INIT;
    end
//--------------------------------------------
    endcase
end
endmodule    ← モジュール定義の終了
```

リスト21 「simple_cpu」の機能検証用プログラム

```
// Application : Toggle port_out[0] during port_in[7]=1.
//
00                        ORG 0x00
00 7F START             : MOV R, @PORT
01 E7                     BIT R, #7       // get port_in[7]     port_in[7]が0の間は待つ
02 C0                     JNZ START
03 20 PO_LOW            : MOV R, #0
04 9F                     MOV @PORT, R // port_out[0]=0         port_out[0]から0出力して
05 7D PO_LOW_WAIT       : MOV R, @CONST10                       Rを10から1ずつダウンカウント
06 1F PO_LOW_WAIT_1     : ADD R, #-1                            して0になったら抜ける
07 C6                     JNZ PO_LOW_WAIT_1
08 21 PO_HIGH           : MOV R, #1
09 9F                     MOV @PORT, R // port_out[0]=1         port_out[0]から1出力して
0A 7D PO_HIGH_WAIT      : MOV R, @CONST10                       Rを10から1ずつダウンカウント
0B 5E PO_HIGH_WAIT_1    : ADD R, @CONST255                      して0になったら抜ける
0C CB                     JNZ PO_HIGH_WAIT_1
0D A0 REPEAT            : JMP START                             最初に戻る
1D                        ORG 0x1D
1D 0A CONST10           : DATA 10   // wait count
1E FF CONST255          : DATA -1   // to verify ADD R, @adr5   定数領域
1F    PORT              : RESERVE 1 // port_in / port_out       入出力ポートにアサインしたアドレス
                          END
```

リスト22 「simple_cpu」のテストベンチ（tb.v）

```
`include "cpu_defines.v"            ── CPU内の信号値の定義ファイル
                                       cpu_defines.vをインクルード
`timescale 1ns/100ps

`define TB_CYCLE  20          //ns
`define TB_BOUNCE 11          //ns
`define TB_FINISH_COUNT 10000 //cyc

//-----------------
// Top of Test Bench
//-----------------
module tb();

//-----------------------------
// Generate Wave File to Check
//-----------------------------
...                                         ── 前半はリスト2と共通

//-----------------------------
// Generate Clock
//-----------------------------
...

//------------------------
// Generate Reset
//------------------------
...

//---------------------
// Cycle Counter
//---------------------
...


//---------------------
// Module Under Test
//---------------------
reg  [7:0] port_in;
wire [7:0] port_out;                ── テストベンチ内の内部信号定義
//
TOP u_TOP
(
    .clk    ( clock),
```

```verilog
        .res_n    (~reset),
        //
        //
        .port_in  (port_in),
        .port_out (port_out)
);

//-------------------------
// Initialize RAM Contents
//-------------------------
initial
begin
    // Application : Toggle port_out[0] during port_in[7]=1.
                         // 00                            ORG 0x00
    u_TOP.ram[ 0] = 8'h7f; // 00 7F   START          : MOV R, @PORT
    u_TOP.ram[ 1] = 8'he7; // 01 E7                    BIT R, #7    // get port_in[7]
    u_TOP.ram[ 2] = 8'hc0; // 02 C0                    JNZ START
    u_TOP.ram[ 3] = 8'h20; // 03 20   PO_LOW         : MOV R, #0
    u_TOP.ram[ 4] = 8'h9f; // 04 9F                    MOV @PORT, R // port_out[0]=0
    u_TOP.ram[ 5] = 8'h7d; // 05 7D   PO_LOW_WAIT    : MOV R, @CONST10
    u_TOP.ram[ 6] = 8'h1f; // 06 1F   PO_LOW_WAIT_1  : ADD R, #-1
    u_TOP.ram[ 7] = 8'hc6; // 07 C6                    JNZ PO_LOW_WAIT_1
    u_TOP.ram[ 8] = 8'h21; // 08 21   PO_HIGH        : MOV R, #1
    u_TOP.ram[ 9] = 8'h9f; // 09 9F                    MOV @PORT, R // port_out[0]=1
    u_TOP.ram[10] = 8'h7d; // 0A 7D   PO_HIGH_WAIT   : MOV R, @CONST10
    u_TOP.ram[11] = 8'h5e; // 0B 5E   PO_HIGH_WAIT_1 : ADD R, @CONST255
    u_TOP.ram[12] = 8'hcb; // 0C CB                    JNZ PO_HIGH_WAIT_1
    u_TOP.ram[13] = 8'ha0; // 0D A0   REPEAT         : JMP START
                         // 1D                            ORG 0x1D
    u_TOP.ram[29] = 8'h0a; // 1D 0A   CONST10        : DATA 10 // wait count
    u_TOP.ram[30] = 8'hff; // 1E FF   CONST255       : DATA -1 // to verify ADD R, @adr5
                         // 1F       PORT           : RESERVE 1 // port_in / port_out
                         // END
end

//-------------------------
// Input Pattern (Stimulus)
//-------------------------
initial
begin
    port_in = 8'h00;
    #(`TB_CYCLE * 500);
    port_in = 8'h80;
    #(`TB_CYCLE * 1000);
    port_in = 8'h00;
    #(`TB_CYCLE * 1500);
    port_in = 8'h80;
    #(`TB_CYCLE * 2000);
    port_in = 8'h00;
    #(`TB_CYCLE * 2500);
    port_in = 8'h80;
end

//-------------------------
// Display State Transition
//-------------------------
always@(posedge u_TOP.clk)
begin
    if (u_TOP.u_CPU.u_CPU_CONTROL.state == `STATE_IF_0)
    begin
        $display("PC=%02x INSTR=%02x R=%02x Z=%01x at %d",
            u_TOP.u_CPU.u_CPU_DATAPATH.reg_pc,                // PC
            u_TOP.ram[u_TOP.u_CPU.u_CPU_DATAPATH.reg_pc],     // Instruction
            u_TOP.u_CPU.u_CPU_DATAPATH.reg_r,                 // R
            u_TOP.u_CPU.u_CPU_DATAPATH.bit_z,                 // ZERO
            tb_cycle_counter);
    end
end

endmodule
```

Column 3 パイプライン制御式 CPU の設計

●パイプライン制御式 CPU

本章で紹介した「simple_cpu」は非常に簡易な方式であり，命令の動作としては「フェッチ→デコード→実行」の流れを順番に実行していくもので，性能的にはあまりよくありません．

● CPU のパイプライン動作

高性能な CPU は一般的にパイプライン制御方式を採用しています．

CPU のパイプライン制御とは，**図 B** のように命令個々の処理ステージを複数に分けて，個々の命令の各ステージをずらして実行してくことで高速化を図る手法です．CPU アーキテクチャの代表的な教科書[ヘネパタ本，参考文献(1)]によれば，CPU 命令のパイプラインは 5 段にするのがよいとされ，多くの CPU がそれに倣っています．5 段パイプラインの各ステージは，下記の五つから構成されます．

① IF ステージ(略称 F：命令フェッチ)：命令メモリから命令コードを取り込む．
② ID ステージ(略称 D：命令デコード)：取り込んだ命令をデコードして処理内容を決める．
③ EX ステージ(略称 E：命令実行)：デコード結果に応じて実行する(汎用レジスタ間の演算，メモリ・アクセス先のアドレス計算など)．
④ MA ステージ(略称 M：メモリ・アクセス)：ロード命令の場合はメモリ・リード．ストア命令の場合はメモリ・ライト．
⑤ WB ステージ(略称 W：ライト・バック)：演算結果やメモリからのロード値を，汎用レジスタに格納する．

●パイプライン型 CPU の制御は ID ステージが基本

パイプライン型 CPU の実現方法はいろいろありますが，ここではパイプライン型 CPU を制御する基本を ID ステージとする考え方で説明します．**図 B** のパイプライン動作を見ると，IF ステージ(F)の次に IF ステージ(D)が続くので，パイプラインの始点は IF ステージのように思いますが，すべての始まりを ID ステージにすると設計が楽になります．

ID ステージの動作シーケンスをステート・マシンにより構築して，デコーダ・ユニットを作ります．リセット後はリセット・シーケンスを動作させ，その最後から一つ前の ID ステージで，最初の命令の IF ステージを起動します．これ以降，各命令の ID ステージが二つ先の命令の IF ステージを起動するように制御します．

●デコーダ・ユニットからの制御信号をパイプラインに沿って流す

デコーダ・ユニット(制御回路)からは，その命令の EX ステージ，MA ステージ，WB ステージに向けた制御信号が一度に出力されます．各ステージが適切に制御信号を受け取れるようにするため，各制御信号は，**図 C** に示すようにパイプラインに沿って多段のフリップフロップを経由してシフトしていきます．

◆ 参考文献 ◆

(1)「ヘネパタ」本：John L. Hennessy & David A. Patterson；Computer Architecture A Quantitative Approach, Forth Edition, 2007, Morgan Kaufmann.
(2) 圓山 宗智；あの 32 ビット・マイコン SH-2 互換！オープン・ソース IP「Aquarius」，トランジスタ技術 2015 年 11 月号，pp.144-160，CQ 出版社．

F：命令フェッチ(IF：Instruction Fetch)
D：デコード(ID：Instruction Decode)
E：実行，アドレス計算(EX：Execution)
M：メモリ・アクセス(MA：Memory Access)
W：ライト・バック(WB：Write Back)

図 B CPU のパイプライン制御

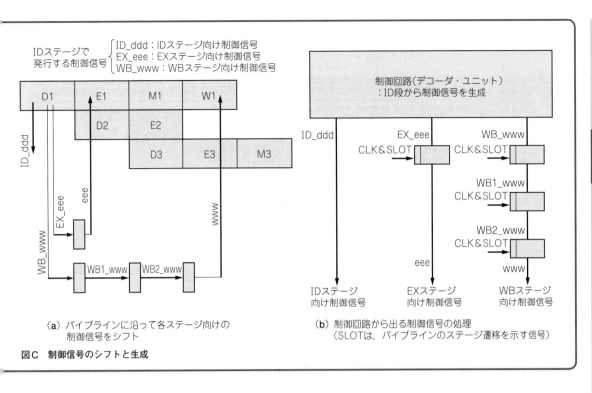

図C 制御信号のシフトと生成

リスト23 「simple_cpu」の論理シミュレーション用ファイル・リスト (flist.txt)

リスト24 「simple_cpu」のModelSim実行スクリプトの波形登録部 (tb.do)
リスト5の波形登録部のみ変更する

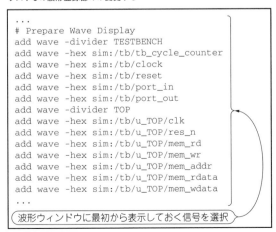

リスト25 「simple_cpu」の論理シミュレーション実行後のメッセージ出力

```
PC=00 INSTR=7f R=00 Z=0 at           1
PC=01 INSTR=e7 R=00 Z=1 at           9
PC=02 INSTR=c0 R=00 Z=0 at          14
PC=00 INSTR=7f R=00 Z=0 at          19
PC=01 INSTR=e7 R=00 Z=1 at          27
PC=02 INSTR=c0 R=00 Z=0 at          32
PC=00 INSTR=7f R=00 Z=0 at          37
PC=01 INSTR=e7 R=00 Z=1 at          45
...
PC=06 INSTR=1f R=04 Z=0 at        9960
PC=07 INSTR=c6 R=03 Z=0 at        9965
PC=06 INSTR=1f R=03 Z=0 at        9970
PC=07 INSTR=c6 R=02 Z=0 at        9975
PC=06 INSTR=1f R=02 Z=0 at        9980
PC=07 INSTR=c6 R=01 Z=0 at        9985
PC=06 INSTR=1f R=01 Z=0 at        9990
PC=07 INSTR=c6 R=00 Z=1 at        9995
***** SIMULATION TIMEOUT ***** at       10000
```

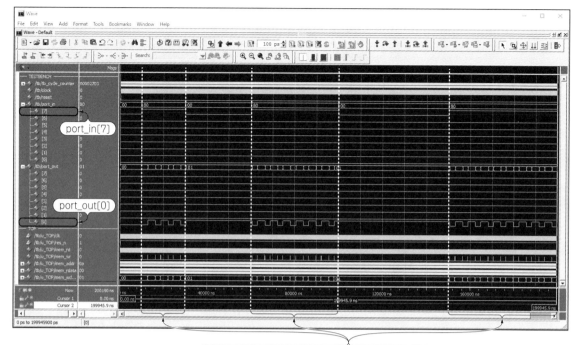

図15 「simple_cpu」の動作波形

Appendix 2　Icarus Verilogのインストール

● Icarus Verilogとは

ModelSim-Altera Starter Editionで扱えない規模の論理をシミュレーションする手として，オープン・ソースのVerilog HDLシミュレータのIcarus Verilogが選択肢の一つとして挙げられます．世間では有名なもので，無償ですがかなり動作も安定しています．まず，そのインストール方法を説明します．

● UNIX環境CYGWINがあると便利

Icarus Verilogは，Windowsのコマンド・プロンプト(DOS窓)から動かすことができますが，UNIX環境CYGWIN(無償)があったほうが何かと便利です．CYGWINは，Windows PC上でUNIXベースのアプリケーションを動作可能にするPOSIX(Portable Operating System Interface)ベースの環境です．図1

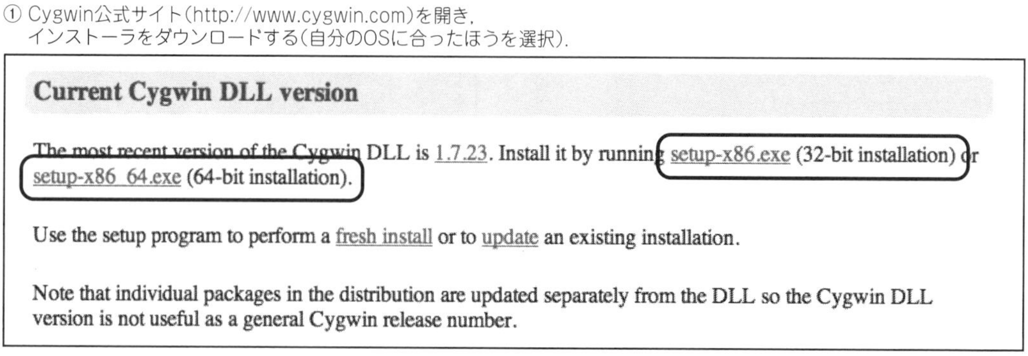

図1　CYGWINのインストール

② ダウンロードしたインストーラを起動．

③ 必要なファイルをネットからダウンロードしてインストールする．

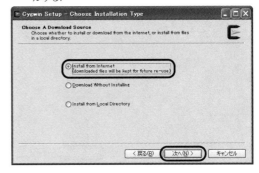

④ インストール先を指定．全ユーザに有効化．

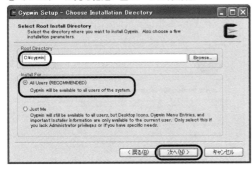

⑤ インストール一時ファイルの置き場所を指定．

⑥ 自分に合ったネット接続方法を指定．

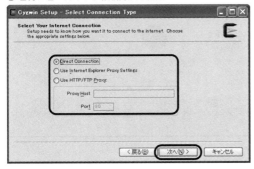

⑦ 近くのダウンロード・サイトを指定．

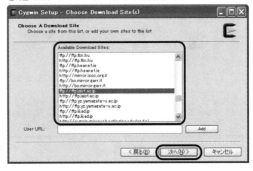

⑧ 論理シミュレーションのためにはデフォルト・インストールでOK．「All」の右側が「Default」の状態で「次へ」を押す．

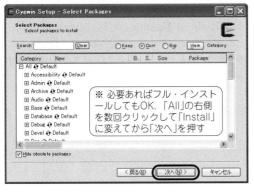

※ 必要あればフル・インストールしてもOK．「All」の右側を数回クリックして「Install」に変えてから「次へ」を押す

⑨ インストールが進む．しばらく待とう．

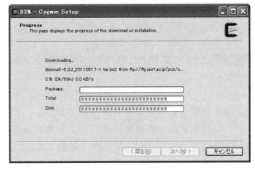

Appendix 2　Icarus Verilog のインストール　363

⑩ インストール完了．デスクトップとスタート・メニューにアイコン登録しておこう．

⑪ Windowsのスタート・メニューから「Cygwin→Cygwin Terminal」を選択して，ターミナルが開くことを確認しよう．

※ 終了するには「exec」と入力．

図1　CYGWINのインストール（つづき）

① Windows用Icarus Verilogのビルド済みプログラム（インストーラ）は，正式サイト（http://iverilog.icarus.com）にはなく，外部サイトhttp://bleyer.org/icarus/にある．最新版の「iverilog-x.x.x_setup.exe」をダウンロードする．

正式サイト…http://iverilog.icarus.com　　　外部サイト…http://bleyer.org/icarus/

② ダウンロードしたインストーラを起動して，指示に従ってインストールする．Verilogシミュレータ本体（Icarus Verilog）と，波形ビューワ（gtkwave）がインストールされる．

③ Verilogシミュレータ本体（iverilog.exe，vvp.exe）と，波形ビューワ（gtkwave.ext）の各実行ファイルがある場所が，Windows環境変数のPATHに登録されているか確認しておく．デフォルト・インストールの場合は「C:¥iverilog¥bin;」と「C:¥iverilog¥gtkwave¥bin;」．未登録なら直接登録しておくこと．

図2　Icarus Verilogのインストール

に従ってインストールしてください．すでにインストール済みであれば，そのまま使ってください．最新版でなくても，さほど問題にはなりません．

● 論理シミュレータIcarus Verilogのインストール

Windows版の論理シミュレータIcarus Verilog（無償）を，図2に従ってインストールしてください．波形ビューワGTKWaveも同時にインストールされます．いずれのツールもCYGWIN上から起動します．

● Windows 10 の最新版の場合

Windows 10 Build 2016以降では，Cygwinの代わりに「Bash on Ubuntu on Windows」を有効化することで標準的なUnixコマンド環境を得られるので，その上でIcarus Verilogを立ち上げる手もあります．

◆ 参考文献 ◆

(1) Icarus Verilogのサイト　http://iverilog.icarus.com

第19章 タイミング解析の基礎を学び，SDCファイルを自在に書けるようになろう

TimeQuest Timing Analyzerによるタイミング解析とSDCファイル

● はじめに

　論理設計においては，その動作周波数や入出力遅延時間などのタイミング設計が不可欠です．アルテラ社のFPGA開発ツールQuartus Primeには，設計した回路のタイミング解析ツールとしてTimeQuest Timing Analyzer（以下，TimeQuestと略す）が組み込まれており，簡単にその強力な機能を使うことができるようになっています．本書のこれまでの章でもTimeQuestの使い方をいくつか紹介してきました．

　本章ではあらためてTimeQuestによるタイミング解析の基本と，タイミング制約SDC（Synopsys Design Constraint）の書き方を詳しく解説します．本章を理解することで，安定に動作するロバストな（堅牢な）論理回路を設計できるようになるでしょう．さらに，SDCの書き方は業界標準であり，他のFPGAやSoC設計にも適用できる内容がほとんどです．ここで学んでおいても損はしません．

TimeQuestによるタイミング解析の基本概念

● TimeQuestによるタイミング解析は静的かつ網羅的

　TimeQuestは，設計対象の下記のタイミングを網羅的に解析します．

- レジスタ（D-F/F）とレジスタ（D-F/F）の間
- 入力信号経路
- 出力信号経路
- 非同期リセット信号経路

　このためにTimeQuestは，データ必要時刻（Data Required Time），データ到達時刻（Data Arrival Time），クロック到達時刻（Clock Arrival Time）を使って，設計対象のタイミング違反や性能を，静的（static）に解析します．静的解析という意味は，論理シミュレーションのように信号を動的（dynamic）に動作させずに，回路の接続構造（トポロジー）だけを見て解析するということです．動的解析よりも網羅的な解析ができる特長があります．静的なタイミング解析のことをSTA（Static Timing Analysis）と呼びます．

　このタイミング解析には，FPGA内のロジック・アレイ，メモリ，配線などの物理的な回路要素の遅延情報をもったライブラリを，内部的に参照します．こうしたタイミング解析用のライブラリは，FPGAベンダやSoCベンダ，あるいは半導体製造のファウンダリから提供されています．

● TimeQuest解析の用語

　TimeQuest解析で使われる用語が，いくつか定義されています．**表1**にその内容をまとめておきます．

表1　TimeQuest解析の用語

用語（和文）	用語（英文）	定義内容
ノード	node	タイミング・ネットリストの基本単位．ポート，ピン，レジスタを表す
セル	cell	LUT（Look Up Table），レジスタ，DSP（Digital Signal Processor），メモリ・ブロック，入出力要素など
ピン	pin	セルの入力または出力
ネット	net	ピン間の結線
ポート	port	モジュールの最上位階層の入力または出力（例：デバイスの端子）
クロック	clock	設計対象の内部または外部に置かれるクロック・ドメイン（領域）を表す抽象オブジェクト
経路	path	信号が伝搬する経路
送信エッジ	launch edge	レジスタ出力を変化させるクロック・エッジ
受信エッジ	latch edge	レジスタ入力をラッチするクロック・エッジ

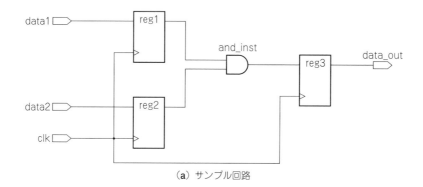

(a) サンプル回路

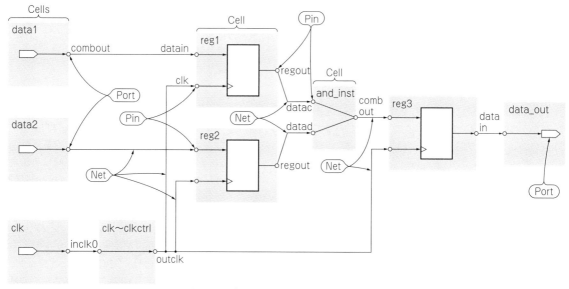

(b) サンプル回路のタイミング・ネットリスト

図1 タイミング・ネットリスト

● **タイミング・ネットリスト**

TimeQuestがタイミング解析する際は、タイミング・ネットリスト（Timing Netlist）を作成します。例えば図1(a)のような回路があると、図1(b)のようにタイミング・ネットリストを作成します。タイミング・ネットリスト内では、各回路要素を、セル、ピン、ネット、ポートに明確に分割します。

● **タイミング経路**

TimeQuestは、タイミング経路を通る信号の伝搬時間を計算していきます。タイミング経路とは図2のように、二つのノード間を結ぶ道筋のことをいいます。例えば、あるレジスタの出力から別のレジスタの入力までの経路などです。TimeQuestは、下記のタイミング経路を解析します。

- エッジ経路：ポートとピン、ピンとピン、ピンとポートの間の接続経路
- クロック経路：デバイスの外部ポートや内部生成し

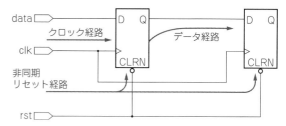

図2 タイミング経路

たクロックのピンと、レジスタのクロック・ピンの間の接続経路

- データ経路：ポートあるいは順序回路の出力ピンと、別のポートあるいは順序回路の入力ピンの間の接続経路
- 非同期経路：非同期リセット信号や非同期クリア信号など、あるポートあるいは他の順序回路の非同期信号ピンからの接続経路

TimeQuestは、あるレジスタ-レジスタ間経路内に

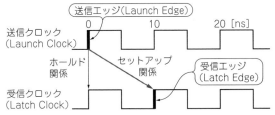

図3 クロックの送信エッジ(Launch Edge)と受信エッジ(Latch Edge)

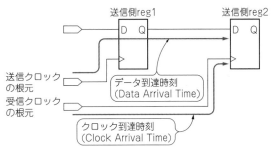

図4 データ到達時刻(Data Arrival Time)とクロック到達時刻(Clock Arrival Time)

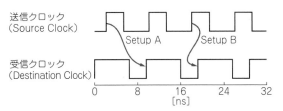

図5 セットアップ時間の解析

ある任意の二つのレジスタ間について，ワースト・ケースのクロック・タイミング特性を解析してくれます．ワースト・ケースというのは，誤動作が起きる方向の特性であり，遅延が小さい高速特性と，遅延が大きい低速側特性のいずれの場合も含みます．このため，クロック・タイミング特性を解析する際は，あらかじめすべてのクロックに対して制約をかける必要があります．

● クロックの送信エッジと受信エッジ

二つのレジスタ間のデータ転送経路について考えます．図3に示すように，データの送信側レジスタのクロックを送信クロック(Launch Clock)と呼び，送信データを変化させるクロック・エッジを送信エッジ(Launch Edge)と呼びます．

同様に，データの受信側レジスタのクロックを受信クロック(Latch Clock)と呼び，受信データをラッチするクロック・エッジを受信エッジ(Latch Edge)と呼びます．図3では，送信エッジが0nsの時刻にあり，受信エッジが10nsの時刻にあります．

● データ到達時刻とクロック到達時刻

TimeQuestはタイミング経路上のレジスタのピンにおける，データ到達時刻(Data Arrival Time)とクロック到達時刻(Clock Arrival Time)を計算します．図4に，データ到達時刻とデータ必要時刻の関係を示します．

◆ データ到達時刻(Data Arrival Time)の計算

> データ到着時刻(Data Arrival Time)
> =「送信側レジスタのクロック根元信号の送信エッジ時刻」
> +「そのクロック根元信号から送信側レジスタのクロック・ピン(CK)までの遅延時間」
> +「送信側レジスタ自体の内部遅延時間」
> +「送信側レジスタのデータ出力ピン(Q)から受信側レジスタのデータ入力ピン(D)までの遅延時間」

◆ クロック到達時刻(Clock Arrival Time)の計算

> クロック到着時刻(Clock Arrival Time)
> =「受信側レジスタのクロック根元信号の受信エッジ時刻」
> +「そのクロック根元信号から受信側レジスタのクロック・ピン(CK)までの遅延時間」

● セットアップ時間の解析

データを受信する側のレジスタでは，そのセットアップ時間の解析が不可欠です．TimeQuestのセットアップ解析では，データ到達時刻の最大値と，データ必要時刻の最小値の関係を使います．データ必要時刻は，クロック到達時刻から，その受信側レジスタのセットアップ時間を引いた値になります．

図5に，セットアップ時間の解析の考え方を示します．受信側レジスタの受信エッジに対して，その直前にある最も近い送信側レジスタの送信エッジに着目します．

時刻10nsにある受信エッジに対して，その直前の最も近い送信エッジは時刻3nsにあり，その関係を「Setup A」とします．また，時刻20nsにある受信エッジに対して，その直前の最も近い送信エッジは時刻19nsにあり，その関係を「Setup B」とします．TimeQuestは，最も厳しい関係にあるセットアップ(この例では「Setup B」)を解析します．「Setup B」が満足できていれば，自然に「Setup A」も満足できているからです．

TimeQuestは，セットアップの解析結果をスラッ

ク(Slack)値としてレポートします．スラックはタイミング・マージンのことで，正の値が設計要求に対してマージンがあることを示し，負の値が設計要求に対してマージンがなく誤動作する可能性を示しています．

各エッジ経路におけるセットアップ解析の計算式を以下に示します．入力ポートから内部レジスタまでの経路，および内部レジスタから出力ポートまでの経路については，それぞれ入力ポートと出力ポートの外部に仮想レジスタを置いて，その外部の仮想レジスタと内部レジスタとの間のタイミング解析を行うようにします．

◆ 内部レジスタ→内部レジスタ間のセットアップ解析

(1) データ到着時刻 =「送信根元クロックの送信エッジ時刻」
　　　　　　　　 +「送信根元クロックから送信側レジスタまでのクロック・ネットワーク遅延時間」
　　　　　　　　 +「送信側レジスタ内部の遅延時間」
　　　　　　　　 +「送信側レジスタと受信側レジスタの間の遅延時間」

(2) データ必要時刻 =「受信根元クロックの受信エッジ時刻」
　　　　　　　　 +「受信根元クロックから受信側レジスタまでのクロック・ネットワーク遅延時間」
　　　　　　　　 −「受信側レジスタのセットアップ時間」
　　　　　　　　 −「クロック不確定成分(Clock Uncertainty)」

(3) セットアップ時間のスラック
　　　　=「データ必要時刻」
　　　　　−「データ到着時刻」

◆ 入力ポート→内部レジスタ間のセットアップ解析

(1) データ到着時刻 =「入力信号を生成する仮想レジスタの送信根元クロックの送信エッジ時刻」
　　　　　　　　 +「送信根元クロックから送信側仮想レジスタまでのクロック・ネットワーク遅延時間」
　　　　　　　　 +「入力ポートよりも外側の経路の最大遅延時間」
　　　　　　　　 +「入力ポートからレジスタまでの遅延時間」

(2) データ必要時刻 =「受信根元クロックの受信エッジ時刻」
　　　　　　　　 +「受信根元クロックから受信側レジスタまでのクロック・ネットワーク遅延時間」
　　　　　　　　 −「受信側レジスタのセットアップ時間」
　　　　　　　　 −「クロック不確定成分(Clock Uncertainty)」

(3) セットアップ時間のスラック
　　　　=「データ必要時刻」
　　　　　−「データ到着時刻」

◆ 内部レジスタ→出力ポート間のセットアップ解析

(1) データ到着時刻 =「送信根元クロックの送信エッジ時刻」
　　　　　　　　 +「送信根元クロックから送信側レジスタまでのクロック・ネットワーク遅延時間」
　　　　　　　　 +「送信側レジスタ内部の遅延時間」
　　　　　　　　 +「送信側レジスタから出力ポートまでの遅延時間」
　　　　　　　　 +「出力ポートよりも外側の経路の受信仮想レジスタまでの最大遅延時間」

(2) データ必要時刻 =「出力信号を受け取る仮想レジスタの受信根元クロックの受信エッジ時刻」
　　　　　　　　 +「受信根元クロックから受信側仮想レジスタまでのクロック・ネットワーク遅延時間」
　　　　　　　　 −「受信側仮想レジスタのセットアップ時間」
　　　　　　　　 −「クロック不確定成分(Clock Uncertainty)」

(3) セットアップ時間のスラック
　　　　=「データ必要時刻」
　　　　　−「データ到着時刻」

●クロック不確定成分(Clock Uncertainty)

発振器やPLLから生成したクロックでは，その周期に微妙なジッタ(揺れ)が乗っていることがあります．そうしたクロックは，エッジ位置が非同期に揺れており，そのエッジ位置をある一定の範囲以下の精度では確定できません．これをクロック不確定成分(Clock Uncertainty)と呼び，タイミング解析で安全方向になるように，上記の各式のデータ必要時刻から差し引いています．

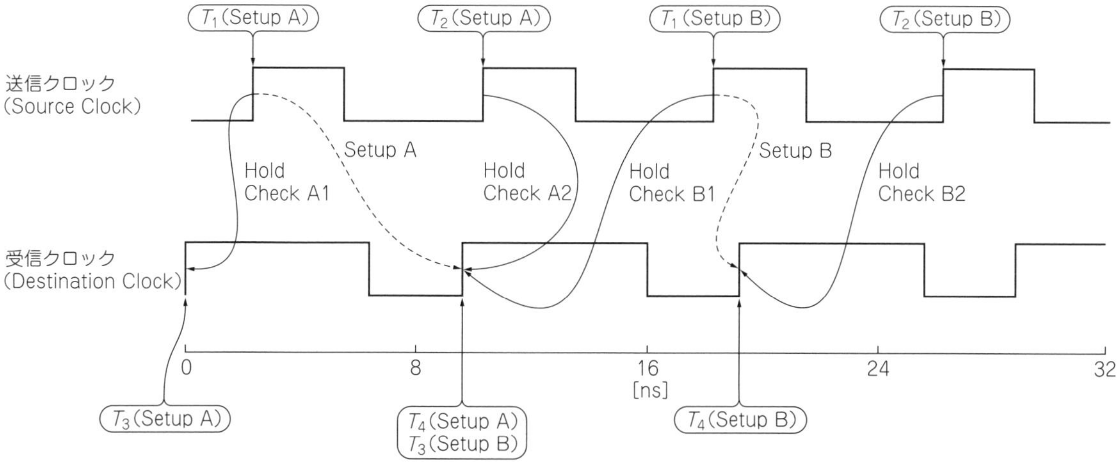

図6 ホールド時間の解析

●ホールド時間の解析

TimeQuestは，一つのセットアップ時間関係に対して，二つのホールド時間解析を行います．図6に示すSetup Aのタイミング関係に対して，まずHold Check A1のように，Setup Aの送信エッジで出力したデータを，その直前の受信エッジで取り込んでしまわないことを確認します．さらにHold Check A2のように，Setup Aの送信エッジの次のエッジで出力したデータを，Setup Aの受信エッジで取り込んでしまわないことを確認します．送信側と受信側のクロックが同一周波数の場合は，例えばSetup Aに対してはHold Check A1とHold Check A2のタイミング関係は同じになるので，片方だけ着目すればよくなります．

　二つのレジスタ間の送信クロックと受信クロックにおいて，図6に示したように，セットアップ関係にある送信エッジと受信エッジをそれぞれT_1とT_4とし，T_1の次にある送信エッジをT_2，T_4の前にある受信エッジをT_3とします．T_3（またはT_4）よりT_1（またはT_2）がそれぞれ後ろにあればホールド時間は満足しやすく，逆に前にあるとホールド時間は満足しにくくなります．

　具体的には，「時刻T_3（またはT_4）+受信レジスタのホールド時間」の時刻よりも「時刻T_1（またはT_2）+レジスタ間の信号遅延時間+送信レジスタ内部遅延」の時刻が後ろにあればOKです．

　各エッジ経路におけるホールド解析の計算式を次に示します．入力ポートから内部レジスタまでの経路，および内部レジスタから出力ポートまでの経路については，セットアップ解析と同様に，それぞれ入力ポートと出力ポートの外部に仮想レジスタを置いて，その外部の仮想レジスタと内部レジスタとの間のタイミング解析を行うようにします．

◆ 内部レジスタ→内部レジスタ間のホールド解析

(1) データ到着時刻=「送信根元クロックの送信エッジ時刻」
　　　　+「送信根元クロックから送信側レジスタまでのクロック・ネットワーク遅延時間」
　　　　+「送信側レジスタ内部の遅延時間」
　　　　+「送信側レジスタと受信側レジスタの間の遅延時間」

(2) データ必要時刻=「受信根元クロックの受信エッジ時刻」
　　　　+「受信根元クロックから受信側レジスタまでのクロック・ネットワーク遅延時間」
　　　　+「受信側レジスタのホールド時間」
　　　　+「クロック不確定成分(Clock Uncertainty)」

(3) ホールド時間のスラック
　　　=「データ到着時刻」
　　　　-「データ必要時刻」

◆ 入力ポート→内部レジスタ間のホールド解析

(1) データ到着時刻=「入力信号を生成する仮想レジスタの送信根元クロックの送信エッジ時刻」
　　　　+「送信根元クロックから送信側仮想レジスタまでのクロック・ネットワーク遅延時間」
　　　　+「入力ポートよりも外側の

　　　　　　経路の最小遅延時間」
　　　　　＋「入力ポートからレジスタ
　　　　　　までの遅延時間」
(2) データ必要時刻＝「受信根元クロックの受信
　　　　　　エッジ時刻」
　　　　　＋「受信根元クロックから受
　　　　　　信側レジスタまでのクロッ
　　　　　　ク・ネットワーク遅延時間」
　　　　　＋「受信側レジスタのホール
　　　　　　ド時間」
　　　　　＋「クロック不確定成分(Clock
　　　　　　Uncertainty)」
(3) ホールド時間のスラック
　　　　　＝「データ到着時刻」
　　　　　－「データ必要時刻」

◆ 内部レジスタ→出力ポート間のホールド解析

(1) データ到着時刻＝「送信根元クロックの送信
　　　　　　エッジ時刻」
　　　　　＋「送信根元クロックから送
　　　　　　信側レジスタまでのクロッ
　　　　　　ク・ネットワーク遅延時間」
　　　　　＋「送信側レジスタ内部の遅
　　　　　　延時間」
　　　　　＋「送信側レジスタから出力
　　　　　　ポートまでの遅延時間」
　　　　　＋「出力ポートよりも外側の
　　　　　　経路の受信仮想レジスタま
　　　　　　での最小遅延時間」
(2) データ必要時刻＝「出力信号を受け取る仮想
　　　　　　レジスタの受信根元クロック
　　　　　　の受信エッジ時刻」
　　　　　＋「受信根元クロックから受
　　　　　　信側仮想レジスタまでのク
　　　　　　ロック・ネットワーク遅延
　　　　　　時間」
　　　　　＋「受信側仮想レジスタの
　　　　　　ホールド時間」
　　　　　＋「クロック不確定成分(Clock
　　　　　　Uncertainty)」
(3) ホールド時間のスラック
　　　　　＝「データ到着時刻」
　　　　　－「データ必要時刻」

● セットアップ関係とホールド関係は相反する
　レジスタ間の信号転送において，受信側のセットアップ時間を確保するためにレジスタ間の遅延時間を小さくすると，受信側のホールド時間を満足しにくくなります．逆に受信側のホールド時間を確保するために，レジスタ間の遅延時間を大きくすると，受信側のセットアップ時間を満足しにくくなります．
　このように，セットアップ関係とホールド関係は相反する立場にあります．これを両立させるタイミング設計が，論理回路設計の難しさの大きな領域を占めるのです．

● リカバリ時間とリムーバル時間
　D-F/F のクロック立ち上がりエッジの前後において，データ入力を変化させてはいけない期間(セットアップ時間とホールド時間)がありました．これと同様に，D-F/F の非同期リセット信号や非同期セット信号も，クロック立ち上がりエッジの前後において，データ入力を変化させてはいけない期間(リカバリ時間とリムーバル時間)があります．
　リカバリ時間は，非同期リセット信号や非同期セット信号が，クロック立ち上がりエッジに対して最低どれだけ前に確定しなくてはならないかを規定します．セットアップ時間に似ています．
　リムーバル時間は，非同期リセット信号や非同期セット信号が，クロック立ち上がりエッジに対して最低どれだけ後ろまで確定し続けなくてはならないかを規定します．ホールド時間に似ています．
　リカバリ時間とリムーバル時間の計算方法を次に示します．

◆ リカバリ時間(非同期制御信号が，別の送信レジスタから出力されている場合)

(1) データ到着時刻＝「送信根元クロックの送信
　　　　　　エッジ時刻」
　　　　　＋「送信根元クロックから送
　　　　　　信側レジスタまでのクロッ
　　　　　　ク・ネットワーク遅延時間」
　　　　　＋「送信側レジスタ内部の遅
　　　　　　延時間」
　　　　　＋「送信側レジスタと受信側
　　　　　　レジスタの間の遅延時間」
(2) データ必要時刻＝「受信根元クロックの受信
　　　　　　エッジ時刻」
　　　　　＋「受信根元クロックから受
　　　　　　信側レジスタまでのクロッ
　　　　　　ク・ネットワーク遅延時間」
　　　　　－「受信側レジスタのセット
　　　　　　アップ時間」
　　　　　－「クロック不確定成分(Clock
　　　　　　Uncertainty)」
(3) リカバリ時間のスラック
　　　　　＝「データ必要時刻」

　　　　　　　　　－「データ到着時刻」

◆ リカバリ時間（非同期制御信号を入力ポートで受けている場合）

(1) データ到着時刻＝「入力信号を生成する仮想レジスタの送信根元クロックの送信エッジ時刻」
　　　　　　　　　＋「送信根元クロックから送信側仮想レジスタまでのクロック・ネットワーク遅延時間」
　　　　　　　　　＋「入力ポートよりも外側の経路の最大遅延時間」
　　　　　　　　　＋「入力ポートからレジスタまでの遅延時間」

(2) データ必要時刻＝「受信根元クロックの受信エッジ時刻」
　　　　　　　　　＋「受信根元クロックから受信側レジスタまでのクロック・ネットワーク遅延時間」
　　　　　　　　　－「受信側レジスタのセットアップ時間」
　　　　　　　　　－「クロック不確定成分（Clock Uncertainty）」

(3) リカバリ時間のスラック
　　　　＝「データ必要時刻」
　　　　　－「データ到着時刻」

◆ リムーバル時間（非同期制御信号が，別の送信レジスタから出力されている場合）

(1) データ到着時刻＝「送信根元クロックの送信エッジ時刻」
　　　　　　　　　＋「送信根元クロックから送信側レジスタまでのクロック・ネットワーク遅延時間」
　　　　　　　　　＋「送信側レジスタ内部の遅延時間」
　　　　　　　　　＋「送信側レジスタと受信側レジスタの間の遅延時間」

(2) データ必要時刻＝「受信根元クロックの受信エッジ時刻」
　　　　　　　　　＋「受信根元クロックから受信側レジスタまでのクロック・ネットワーク遅延時間」
　　　　　　　　　＋「受信側レジスタのホールド時間」
　　　　　　　　　＋「クロック不確定成分（Clock Uncertainty）」

(3) リムーバル時間のスラック
　　　　＝「データ到着時刻」
　　　　　－「データ必要時刻」

◆ リムーバル時間（非同期制御信号を入力ポートで受けている場合）

(1) データ到着時刻＝「入力信号を生成する仮想レジスタの送信根元クロックの送信エッジ時刻」
　　　　　　　　　＋「送信根元クロックから送信側仮想レジスタまでのクロック・ネットワーク遅延時間」
　　　　　　　　　＋「入力ポートよりも外側の経路の最小遅延時間」
　　　　　　　　　＋「入力ポートからレジスタまでの遅延時間」

(2) データ必要時刻＝「受信根元クロックの受信エッジ時刻」
　　　　　　　　　＋「受信根元クロックから受信側レジスタまでのクロック・ネットワーク遅延時間」
　　　　　　　　　＋「受信側レジスタのホールド時間」
　　　　　　　　　＋「クロック不確定成分（Clock Uncertainty）」

(3) リムーバル時間のスラック
　　　　＝「データ到着時刻」
　　　　　－「データ必要時刻」

● メタ・ステーブル現象

　レジスタに入力されるデータ信号が，そのレジスタのクロックの立ち上がりエッジに対して，セットアップ時間とホールド時間を満足していなかった場合，そのレジスタではメタ・ステーブルという現象が発生することがあります．メタ・ステーブルとは，クロックの立ち上がりエッジ以降，レジスタの出力値が発振したような状態になって，しばらく安定しない状態になることをいいます．この不安定な信号が後段の回路に伝搬するとロジック・レベルを判定できなくなり，誤動作を招きます．

　メタ・ステーブル現象（レジスタ出力の発振）というものは，理論的な最悪ケースでは無限に続くことがありえるのです．ただし，持続時間が長いものほど確率的には発生しにくくなります．また，クロック周波数が低く，入力データの変化頻度（周波数）が低いほど，長い持続時間が発生する確率は減少します．

　このメタ・ステーブル持続時間とその発生確率の関

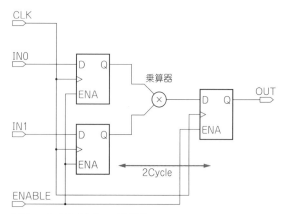

図7 マルチサイクル・パスの例

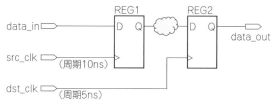

図8 マルチサイクル・パスのタイミング解析例

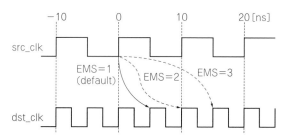

図9 受信側マルチサイクル・セットアップ(EMS：End Multicycle Setup)の解析タイミング

係は，デバイスの物理特性で決まっており，デバイスごとにある関数式で表現されています．その確率から，論理回路内で誤動作が発生する平均故障間隔MTBF(Mean Time Between Failure)を見積もることができます．TimeQuestは，メタ・ステーブルによるMTBFの見積もりをサポートしています．

動作クロックが異なる非同期関係にあるブロック間で信号を転送する場合，メタ・ステーブルによる誤動作を防ぐため，通常は信号を受ける側で，受信側のクロックを使ったレジスタを複数段連結した同期化回路を挿入して対策します．初段のレジスタでは，メタ・ステーブルが発生しますが，クロックの1周期以内にそのレジスタ出力が安定すれば，後段のレジスタではメタ・ステーブルは発生せず，安定した信号を受信側回路内に供給することができます．

TimeQuestはこうした同期化回路の有無を自動検出して，MTBF計算に反映することができます．さらに，Quartus Primeは，MTBFが短すぎる場合，回路全体を最適化する機能もサポートしています．

● マルチサイクル・パス

マルチサイクル・パスとは，レジスタ間のパスにおいて，複数サイクルかかる長い伝搬時間を許す箇所のことをいいます．このため，デフォルトのセットアップ関係とホールド関係を適用できません．

例えば，図7の乗算器の回路においては，乗算器の遅延時間がクロック周期より長い場合，入力側のレジスタと出力側のレジスタのラッチ動作を，クロック・イネーブル信号(ENABLE)を使って，クロックの2周期に1回だけ行わせています．図7内のレジスタは，ENAが1のときのクロックの立ち上がりエッジで入力データを取り込んで，出力を変化させます．

このように，クロック・イネーブル信号を使ってアクティブなクロック・エッジの有無を制御する回路では，入力側レジスタと出力側レジスタの間の経路がマルチサイクル・パスになります．

他に，送信側レジスタのクロックと，受信側レジスタのクロックに位相差がある場合も，マルチサイクル・パスの考え方が必要になります．

● マルチサイクル・パスのタイミング解析

マルチサイクル・パスにおいて，どのようにセットアップとホールドを解析するか説明します．図8のような回路を考えます．二つのレジスタ，REG1とREG2とその間の経路がありますが，送信側レジスタREG1のクロックは周期が10nsのsrc_clkを使い，受信側レジスタのクロックは周期が5nsのdst_clkを使っています．

● マルチサイクル・パスのセットアップ解析

TimeQuestのデフォルトのセットアップ解析では，ある送信エッジとその直後の受信エッジに着目しました．これにマルチサイクル・パスの指定をすると，着目エッジを指定したサイクルぶんだけシフトします．シフトするエッジは，送信エッジと受信エッジのいずれも指定でき，負の数も指定可能です．

(1) EMS

マルチサイクル・パスの受信エッジ側をシフトさせたセットアップ解析を，EMS(End Multicycle Setup)といいます．図9にEMSの考え方を示します．マルチサイクルを指定しない場合はESM=1で示すタイミングを解析しますが，マルチサイクルを受信エッジに指定すると，EMS=2やESM=3で示すタイミングのように，受信エッジをdst_clkの周期単位で後ろ側にシフトして解析します．

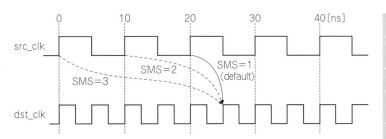

図10 送信側マルチサイクル・セットアップ (SMS：Start Multicycle Setup) の解析タイミング

(2) SMS

マルチサイクル・パスの送信エッジ側をシフトさせたセットアップ解析を，SMS(Start Multicycle Setup)といいます．図10にSMSの考え方を示します．マルチサイクルを指定しない場合はSMS=1で示すタイミングを解析しますが，マルチサイクルを送信エッジに指定すると，SMS=2やSSM=3のように，送信エッジをsrc_clkの周期単位で前側にシフトして解析します．

●マルチサイクル・パスのホールド解析

TimeQuestのデフォルトのホールド解析では，セットアップ関係で着目している送信エッジと受信エッジに対して，二つのホールド解析を行いました．一つ目は，着目している送信エッジで出力したデータを，一つ前の受信エッジで取り込まないことの確認です．二つ目は，着目している受信エッジで，一つ後の送信エッジが出力するデータを取り込まないことの確認です．これにマルチサイクル・パスの指定をすると，着目エッジを指定したサイクルぶんだけシフトします．シフトするエッジは，送信エッジと受信エッジのいずれも指定でき，負の数も指定可能です．

(1) SMH

マルチサイクル・パスの送信エッジ側をシフトさせたホールド解析を，SMH(Start Multicycle Hold)といいます．図11にSMHの考え方を示します．マルチサイクルを指定しない場合はSMH=0で示すタイミングを解析しますが，マルチサイクルを送信エッジに指定すると，SMH=1やSMH=2で示すタイミングのように，送信エッジをsrc_clkの周期単位で後ろ側にシフトして解析します．

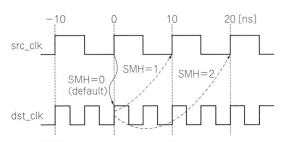

図11 送信側マルチサイクル・ホールド(SMH：Start Multicycle Hold) の解析タイミング

(2) EMH

マルチサイクル・パスの受信エッジ側をシフトさせたホールド解析を，EMH (End Multicycle Hold)といいます．図12にEMHの考え方を示します．マルチサイクルを指定しない場合はEMH=0で示すタイミングを解析しますが，マルチサイクルを受信エッジに指定すると，EMH=1やEMH=2で示すタイミングのように，受信エッジをdst_clkの周期単位で前側にシフトして解析します．

●クロック共有経路の考慮： CPPR(Clock Path Pessimism Removal)

図13に示すように，送信レジスタと受信レジスタのクロック供給経路に共有部分(経路A)がある場合を考えます．送信レジスタのクロックはさらに経路Bを経て供給され，受信レジスタのクロックはさらに経路Cを経て供給されています．

通常のTimeQuestによる送信レジスタのクロック到達時間は，経路Aと経路Bを合わせた全体の最小遅延時間と最大遅延時間で評価します．同じく受信レ

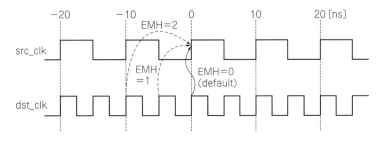

図12 受信側マルチサイクル・ホールド (EMH：End Multicycle Hold) の解析タイミング

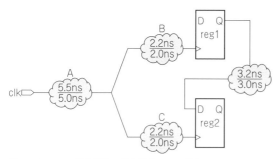

図13 クロック供給経路に共有部分がある場合
組み合わせ回路の雲の中の数値は，上段が最大遅延時間，下段が最小遅延時間を表す

表2　低速モデル時の条件と高速モデル時の条件
V_{CC}のmin/max値と，T_jのmin/max値は，個々のデバイスのデータシートを参照．MAX10-EB基板搭載の10M08の場合は，スピード・グレードはC8，V_{CC}はmin/maxとも1.2V，T_j minは0℃，T_j maxは85℃である．V_{CC}のmin/maxを同じ値にしているのは，内蔵レギュレータから生成するためと考えられる

モデル	デバイスのスピード	動作電圧	ジャンクション温度
低速	最低速のグレード	V_{CC} min	T_j max
高速	最高速のグレード	V_{CC} max	T_j min

ジスタのクロック到達時間は，経路Aと経路Cを合わせた全体の最小遅延時間と最大遅延時間で評価します．

例えば，受信レジスタにおけるセットアップ時間を満足しているかを解析する場合は，ワースト・ケースを考えて，送信レジスタ側クロック経路全体の最大遅延時間と，受信レジスタ側クロック経路全体の最小遅延時間をベースにします．しかし物理的には経路Aは共有されているので，経路Aの遅延時間の最大値と最小値の差分の0.5nsだけセットアップ時間を悪く見せていることになります．

クロックの共有経路における遅延時間のばらつきまでも含めたタイミング解析は悲観（Pessimism）的すぎるということで，そのぶんをスラック値（余裕値）に加えることをCPPR（Clock Path Pessimism Removal）といいます．TimeQuestは自動的にクロック供給経路を判断して，CPPRを考慮したタイミング解析を行います．

● Clock As Data 解析

多くの論理回路において，あるブロックから生成したデータ信号を，別のブロックのクロックとして使う場合があります．例えば，クロック分周器，PLL回路などがそうです．TimeQuestでは，Clock As Data解析をサポートしており，クロックをデータ信号としても解析することができます．

例えばPLL出力信号でいうと，クロック経路解析を行う場合は，PLLに設定した位相シフトぶんがクロックとして考慮され，データ経路解析を行う場合も，その位相シフトぶんが無視されずにデータのタイミングとして考慮されます．

● マルチ・コーナ解析

デバイス内の遅延時間はその動作条件に応じて変化するので，TimeQuestでは，電圧，プロセス，温度の各条件を指定してタイミング解析できます．

解析モデルの例として，低速モデル時の条件と高速モデル時の条件を表2に示します．

TimeQuestによるタイミング解析

● FPGAの設計フローとTimeQuestによるタイミング解析

FPGAの論理設計フローの中で，どこでTimeQuestを使ってタイミング解析を行うかを，図14を用いて説明します．図15には実際のTimeQuestの操作方法を示します．

● タイミング設計と解析はSDC記述がベース

TimeQuestによるタイミング解析は，SDC（Synopsys Design Constraint）で記述されたタイミング制約条件に沿って行われます．SDC記述は設計結果のタイミング検証だけでなく，Quartus Primeのプロジェクトに登録することで，タイミング制約を満足するような論理合成や配置配線を行うこともできます．

● Quartus Prime内での作業内容

まず，Quartus Primeを立ち上げ，プロジェクトを生成し，設計ファイル（RTL記述，PLL機能，QSysが生成する記述など）を作成・編集してプロジェクトに登録します．設計ファイルの解析と合成を行い，外部端子の配置や内部ノードの初期化などの制約を与え，フル・コンパイルします．

この時点で，慣れた人なら，タイミング制約のSDCコマンドを記述したSDCファイルを直接作成しても構いません．不慣れな人は，この後に説明する，SDCコマンドの作成支援機能を使うことをお勧めします．

● TimeQuest内での作業内容

FPGAのフル・コンパイルが終わったら，Quartus Prime内のメニューから，TimeQuestを立ち上げます．まず，TimeQuestの「Create Timing Netlist」を実行します．これが終わった時点で，RTLネットの構造情報を取り込んでいるので，Quartus PrimeのSDCファイル編集エディタ画面内で，SDCコマンドの作

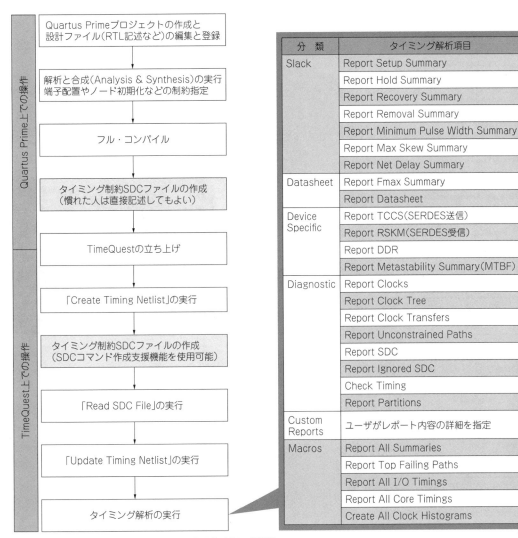

図14 FPGAの設計フローとTimeQuestによるタイミング解析

成支援機能を使えます．

そのSDCファイルをセーブしたら，TimeQuestの「Read SDC File」と「Update Timing Netlist」を実行します．ここから，デバイスの使用条件（プロセス速度，動作電圧，ジャンクション温度）を指定して，さまざまなタイミング解析を実行できます．

● SDCコマンドの作成支援機能

TimeQuestの「Create Timing Netlist」を実行した後は，Quartus PrimeのSDCファイル編集エディタ内でSDCコマンドの作成支援機能を使えます．SDCコマンド内に記述するポートやピンなどの名前を検索して挿入できるので，とても便利です．図16に具体的な使用方法を示します．

次節以降で，このSDCコマンドの詳細な意味と記述方法について説明します．

● コレクション・コマンド

SDCファイルの文法は，スクリプト言語Tclをベースにしています．Tclの文法では，カギ括弧［...］で囲まれたところは，その記述をコマンドとして実行することを意味しています．このカギ括弧［...］内に，論理記述内のポートやネットなどのオブジェクトを抽出する，コレクション・コマンド(Collection Command)を書くことができます．

コレクション・コマンドでよく使われるものを表3に示します．抽出時の検索名にワイルドカード文字を含めると，複数のオブジェクトを抽出することができます．「＊」は複数文字（文字列），「？」は1文字のワイルドカードになります．

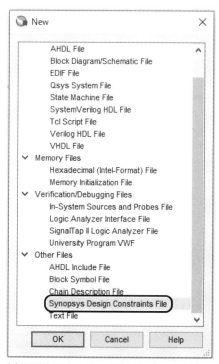
(a) FPGAのフル・コンパイル後、Quartus Prmeのメニュー「File→New...」で、SDCファイル (Synopsys DesignConstraints File) を作成

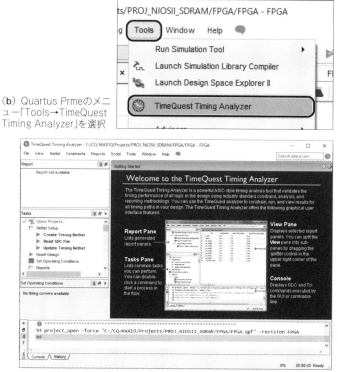
(b) Quartus Prmeのメニュー「Tools→TimeQuest Timing Analyzer」を選択

(c) TimeQuestが起動する

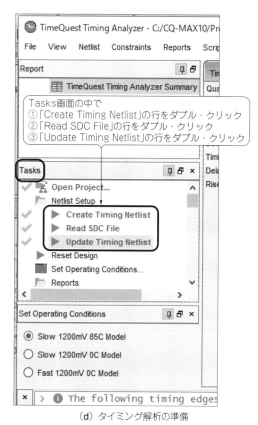
(d) タイミング解析の準備

(e) タイミング解析項目と条件を指示

図15 TimeQuestの操作方法

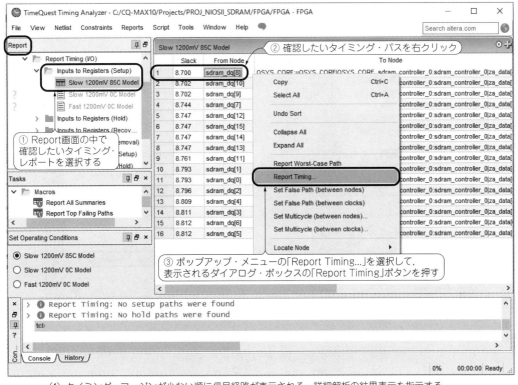

(f) タイミング・マージンが少ない順に信号経路が表示される．詳細解析の結果表示を指示する

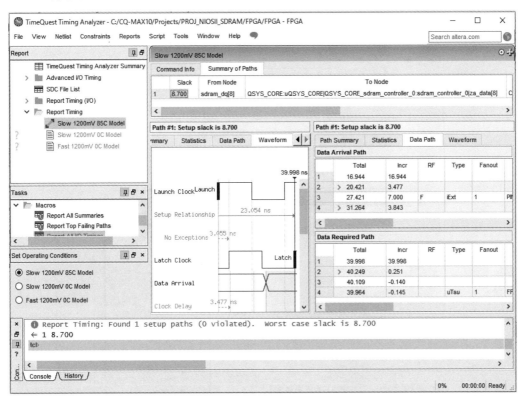

(g) 当該信号経路のタイミング解析結果が表示される．他のタイミングを見るには(f)に，解析条件を変更するには(e)に戻って作業を継続する．SDCファイルを変更した場合は(d)に戻る．RTLを修正した場合はFPGAのフル・コンパイル後(d)に戻る

TimeQuestによるタイミング解析

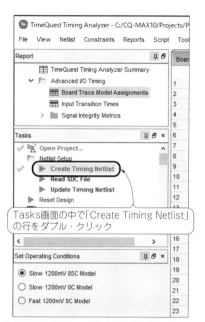
(a) FPGAのフル・コンパイル後，TimeQuest Timing Analyzerを起動して，「Create Timing Netlist」を実行する

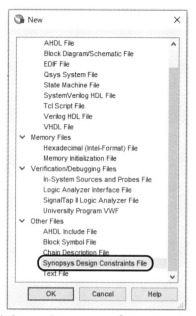
(b) Quartus Prmeのメニュー「File→New...」で，SDCファイル(Synopsys DesignConstraints File)を新規作成

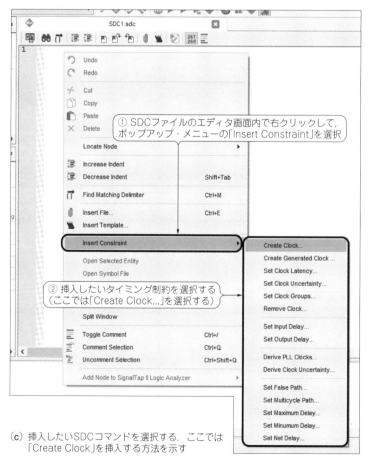
(c) 挿入したいSDCコマンドを選択する．ここでは「Create Clock」を挿入する方法を示す

図16 SDCコマンドの作成支援機能
一例として「Create Clock」コマンドの挿入方法を示す

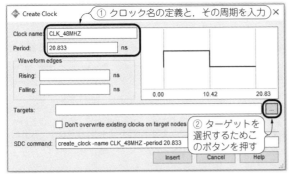

(d) 「Create Clock」コマンド入力支援画面が現れる．クロック名の定義とその周期を入力し，ターゲットの選択指示を行う

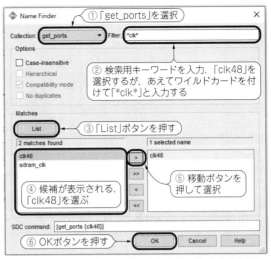

(e) 定義したクロックのターゲットとして，ポート「clk48」を指定

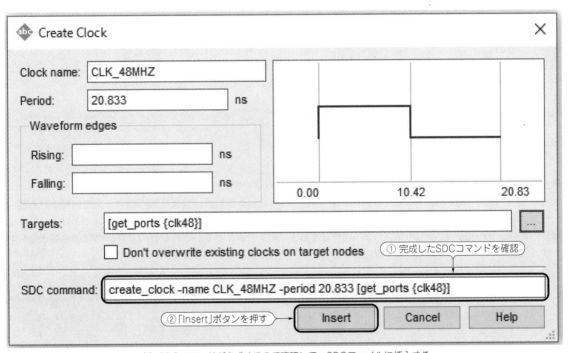

(f) SDCコマンドが完成するので確認して，SDCファイルに挿入する

(g) SDCファイルのエディタ画面にSDCコマンドが挿入される．他のコマンドも同様に挿入して，セーブする

TimeQuestによるタイミング解析 **379**

表3 コレクション・コマンド

コレクション・コマンド	抽出対象	備考
all_clocks	設計対象内のすべてのクロック	
all_inputs	設計対象内のすべての入力	
all_outputs	設計対象内のすべての出力	
all_registers	設計対象内のすべてのレジスタ	
get_cells name	設計対象内のセルのうち,名前が一致するもの	名前にワイルド・カードを指定すると,複数のオブジェクトを抽出可能.「*」は複数文字,「?」は1文字のワイルド・カードになる
get_clocks name	設計対象内のクロック定義のうち,名前が一致するもの	
get_nets name	設計対象内のネットのうち,名前が一致するもの	
get_pins name	設計対象内のピンのうち,名前が一致するもの	
get_ports name	設計対象内のポートのうち,名前が一致するもの	

タイミング解析用 SDC コマンド:クロック関係

●クロックを定義することでD-F/F間のタイミングを解析

　論理回路のタイミング解析の基本は,内部回路のD-F/F間のタイミングです.クロック周期および,クロック経路や信号経路の最小遅延や最大遅延の算出値から,各D-F/Fのセットアップ時間とホールド時間が満足されているかを確認する必要があります.TimeQuestは,入力するSDCファイルにクロック定義のSDCコマンドを記述することで,回路トポロジを追いかけながら,定義したクロックで動作するすべてのレジスタ間のタイミングを解析して,各経路のタイミングのスラック(マージン)を判定してくれます.

●クロック仕様の定義「create_clock」

　SDCファイルに記述するタイミング制約の基本は,クロックの定義です.SDCファイルの一番最初には通常,クロックの定義を「create_clock」で記述します.例えば,FPGAの外部から入力されるクロックの周波数などを定義します.例として,

```
create_clock -name sys_clk ¥
    -period 8.0 [get_ports
                    fpga_clk]
```

と記述すると,論理回路内のfpga_clkというポートに,周期8nsのクロックが供給されている状態を定義します.この記述で定義されたクロックに対して,sys_clkという名称を与えています.行末の「¥」または「バックスラッシュ」は,コマンドが次の行にも続く場合に挿入します.他のコマンドでも同様に使えます.

　上記の例にあるget_portsというコレクション・コマンドは,論理記述内のポートからfpga_clkという名前に一致するものをすべて抽出します.結果的に,fpga_clkという名前に一致するポートすべてにsys_clkというクロックが供給されている状態を定義することになります.

　デフォルトではクロックの立ち上がり時刻は0ns,デューティ比は50%,立ち下がり時刻は周期の1/2(上記の例では4ns)に設定されます.

　クロックに50%以外のデューティ比を指定したい場合は,「-waveform」オプションで指定できます.例えば,クロックとして10nsの周期で位相を90度ずらす場合,すなわち立ち上がり時刻を2.5ns,立ち下がり時刻を7.5nsにする場合は,次のように指定します.

```
create_clock -name sys_clk
             -period 10.0 ¥
    -waveform{2.5 7.5}[get_ports
                    fpga_clk]
```

　周波数可変型の発振器を使う場合など,一つのクロック信号線に複数種類のクロックが供給される場合は,次のように「-add」オプションでクロック種を追加することで,それぞれのクロックによる解析を行わせることができます.

```
create_clock -name clk_100 ¥
    -period 10 [get_ports
                    fpga_clk]

create_clock -name clk_200 ¥
    -period  5 [get_ports
                    fpga_clk] -add
```

● PLLクロックの自動定義「derive_pll_clocks」

　FPGA内にPLLを使っている場合は,「create_clock」の後に,次に示すSDCコマンドを記述します.

```
derive_all_clocks
```

これにより,PLLのIP生成時に設定したPLL出力

クロックの仕様(周波数など)を反映した形で，それぞれのクロックが自動的に定義されます．「derive_pll_clocks」コマンドが自動的に定義したクロック名は，SDC ファイルが未完成の状態でもよいので，TimeQuest 図 15(d)まで操作した後，Report 画面の中の「Diagnostics → Report Clocks」をダブル・クリックすれば参照できます．

● FPGA 内クロックの不確定成分の自動生成 「derive_clock_uncertainty」

FPGA 内クロックの不確定成分(uncertainty)を，クロック分配経路(クロック・ツリー)の特性や PLL のジッタ特性から自動生成できます．「derive_pll_clocks」の後に，次のコマンドを記述します．

```
derive_clock_uncertainty
```

● SDC ファイルの必須コマンド

以上で説明した三つのコマンド「create_clock」「derive_pll_clocks」「derive_clock_uncertainty」は，FPGA の SDC コマンドには原則として必須と思ってください．SDC ファイルの先頭には，必ずこの三つのコマンドを記述するようにしましょう．

● クロック間の非同期関係を規定 「set_clock_groups」

TimeQuest は，定義されたクロックはすべて同期関係にあると仮定して，各クロック間のタイミングをすべて解析しようとします．しかし，完全に非同期関係にあるクロック間のタイミングは，一般的に解析する必要はありません．タイミングが無関係なクロックは，次のコマンドで指定できます．

表4 「set_clock_groups」によるクロックのグループ化

		受信側クロック			
		CLK_A	CLK_B	CLK_C	CLK_D
送信側クロック	CLK_A	解析実行	無視	無視	無視
	CLK_B	無視	解析実行	解析実行	解析実行
	CLK_C	無視	解析実行	解析実行	解析実行
	CLK_D	無視	解析実行	解析実行	解析実行

(a) set_clock_groups -group CLK_A

		受信側クロック			
		CLK_A	CLK_B	CLK_C	CLK_D
送信側クロック	CLK_A	解析実行	解析実行	無視	無視
	CLK_B	解析実行	解析実行	無視	無視
	CLK_C	無視	無視	解析実行	解析実行
	CLK_D	無視	無視	解析実行	解析実行

(b) set_clock_groups -group {CLK_A CLK_B}

		受信側クロック			
		CLK_A	CLK_B	CLK_C	CLK_D
送信側クロック	CLK_A	解析実行	無視	無視	無視
	CLK_B	無視	解析実行	無視	無視
	CLK_C	無視	無視	解析実行	解析実行
	CLK_D	無視	無視	解析実行	解析実行

(c) set_clock_groups -group CLK_A -group CLK_B

		受信側クロック			
		CLK_A	CLK_B	CLK_C	CLK_D
送信側クロック	CLK_A	解析実行	無視	解析実行	無視
	CLK_B	無視	解析実行	無視	解析実行
	CLK_C	解析実行	無視	解析実行	無視
	CLK_D	無視	解析実行	無視	解析実行

(d) set_clock_groups -group {CLK_A CLK_C} -group {CLK_B CLK_D}

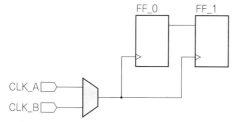

図17　「set_clock_groups」によるクロックの排他指定

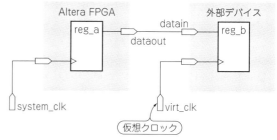

図18　仮想クロック

```
set_clock_groups -asynchronous ¥
    -group{<clockA1>...
                    <clockAN>}¥
    ... ¥
    -group{<clockB1>...
                    <clockBM>}
```

上記の例では，create_clockで定義されたclockA1 ～ clockANのグループと，同じくclockB1 ～ clockBMのグループの間はタイミング的に無関係とみなして，タイミング解析を行いません．もちろん，clockA1 ～ clockANのグループ内と，clockB1 ～ clockBMのグループ内では，それぞれタイミング解析が行われます．「set_clock_groups」で指定しなかったクロックは，すべてのクロックとの間でタイミング解析されるので注意してください．表4に「set_clock_groups」によるクロックのグループ化の例を示します．

●クロックが相互に排他的な関係にある場合も「set_clock_groups」で指定

図17に示すようなクロックをマルチプレクサで選択する回路がある場合，何も指定しないと，下記の4通りの解析が行われます．

(1) FF_0（CLK_A）からFF_1（CLK_A）
(2) FF_0（CLK_A）からFF_1（CLK_B）
(3) FF_0（CLK_B）からFF_1（CLK_A）
(4) FF_0（CLK_B）からFF_1（CLK_B）

しかしCLK_AとCLK_Bは，同時に行き渡ることがないので排他関係にあり，(2)，(3)のケースはありえないので，このタイミング関係の解析は不要です．こうした場合は，下記のように「set_clock_groups」に排他関係を示す「-exclusive」オプションで指定します．

```
create_clock -period 20 ¥
    -name CLK_A [get_ports CLK_A]

create_clock -period 30 ¥
    -name CLK_B [get_ports CLK_B]
```

```
set_clock_groups -exclusive ¥
    -group {CLK_A} -group {CLK_B}
```

●仮想クロックの定義

FPGAの外部にあるデバイスとの入出力タイミングを解析するためには，外部デバイス側にもクロックを定義するのが一般的です．外部デバイスのクロックは，仮想クロックとして定義します．例えば図18のように，FPGAの出力信号を外部デバイスが受け取っている場合，外部デバイスの受信レジスタのクロックを仮想クロックとして，次のように定義します．仮想クロックも「create_clock」を使います．

仮想クロックを使った入出力タイミングの解析方法は後述します．

```
create_clock -period 5 ¥
    -name SYSTEM_CLK [get_ports
                            system_clk]

create_clock -period 10 -name
                            VIRTUAL_CLK
```

●内部生成クロックの定義「create_generated_clock」

回路内で生成するクロックは「create_generated_clock」で定義します．

図19(a)に示すクロック分周器を考えます．動作タイミングを図19(b)に示します．分周器から生成するクロックの場合，分周比をオプション「-divide_by」で，元クロックをオプション「-source」でそれぞれ指定して，次のように定義します．分周器からの出力クロックをレジスタregの出力端子qとして指定する場合は，[get_pins reg|q]とします．

```
create_clock -period 10 ¥
    -name clk_sys [get_ports
                            clk_sys]
```

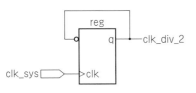

(a) クロック分周器

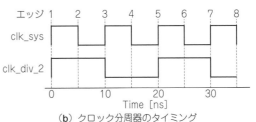

(b) クロック分周器のタイミング

図19 クロック分周器

```
create_generated_clock ¥
    -name clk_div_2 -divide_by 2 ¥
    -source [get_ports clk_sys]
                [get_pins reg|q]
```

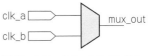

図20 クロックのマルチプレクサ

分周する元クロックをレジスタのクロック端子clkとして指定する場合は，次のようになります．

```
create_clock -period 10 ¥
    -name clk_sys [get_ports
                        clk_sys]

create_generated_clock ¥
    -name clk_div_2 -divide_by 2 ¥
    -source [get_pins reg|clk]
                [get_pins reg|q]
```

「create_generated_clock」の N 分周以外の派生クロックの定義方法として，遅延差や位相差による指定方法があります．遅延差の場合は「-offset <ns>」で ns 単位で指定できます．位相差の場合は「-phase <degree>」により角度(degree)で指定できます．

図20に示すマルチプレクサ(セレクタ)で選択するクロックの場合は，次のように定義します．「set_clock_groups」を使って，元クロックが同時に存在しない(排他関係になる)ことも指定します．

```
create_clock -name clock_a ¥
    -period 10 [get_ports clk_a]

create_clock -name clock_b ¥
    -period 10 [get_ports clk_b]

create_generated_clock ¥
    -name clock_a_mux ¥
    -source [get_ports clk_a]¥
    [get_pins clk_mux|mux_out]
```

```
create_generated_clock ¥
    -name clock_b_mux ¥
    -source [get_ports clk_b]¥
    [get_pins clk_mux|mux_out]
                        -add

set_clock_groups -exclusive ¥
    -group clock_a_mux -group
                        clock_b_mux
```

タイミング解析用 SDC コマンド：入出力タイミング関係

●入出力タイミングの解析

SDC ファイルにクロック定義を記述すると，内部回路の D-F/F 間のタイミング解析は行えますが，FPGA の外部にあるデバイスとの入出力タイミングを解析するためには，さらにコマンドの追加が必要です．そのためのコマンドが「set_input_delay」と「set_output_delay」です．

ここでは，外部デバイス内の送受信レジスタのクロックが，FPGA 内の送受信レジスタのクロックと共通の発振源をもつと仮定する場合を取り上げます．これ以外のケースも，本稿の内容を理解すれば応用できます．

●入力タイミングの解析「set_input_delay」

図21に示すように，FPGA の入力信号が外部デバイスから供給されているとします．FPGA への入力信号を送信する外部デバイス内のレジスタは，仮想クロック clk_ext で動作すると考えます．

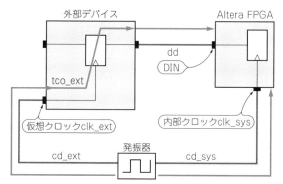

図21 入力遅延

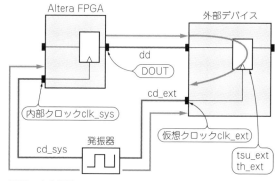

図22 出力遅延

ここで，FPGA内のレジスタを動かす内部クロックclk_sysと仮想クロックclk_extは共通の発振器から生成されているとし，発振器から仮想クロックclk_extまでの遅延時間をcd_ext，発振器から内部クロックclk_sysまでの遅延時間をcd_sys，外部デバイスの送信レジスタのクロックの立ち上がりエッジからデータ出力端子までの遅延時間をtco_ext，外部デバイスの送信レジスタのデータ出力端子からFPGA内の受信レジスタのデータ入力端子までの遅延時間をddとします．この場合の入力遅延(input_delay)は，次の式で表されます．

```
input_delay(max)= cd_ext(max)-
                  cd_sys(min)
    + tco_ext(max) + dd(max)

input_delay(min)= cd_ext(min)-
                  cd_sys(max)
    + tco_ext(min)+ dd(min)
```

入力遅延は外部デバイスの設計とFPGA周辺の配線経路で決まるもので，ユーザが指定する必要があります．入力遅延が決まれば，次のように「set_input_delay」で指定すれば入力回路のタイミング解析を行うことができます．オプション「-clock」で基準になる仮想クロックを指定します．通常，入力遅延はその最大値と最小値をオプション「-max」と「-min」の両方を使って指定します．

```
create_clock -name clk_sys ¥
    -period 10 [get_ports clk_sys]

create_clock -name clk_ext ¥
    -period 10

set_input_delay -clock clk_ext ¥
    -max 5 [get_ports DIN]
```

```
set_input_delay -clock clk_ext ¥
    -min 2 [get_ports DIN]
```

●出力タイミングの解析「set_output_delay」

図22に示すように，FPGAの出力信号が外部デバイスに供給されているとします．FPGAの出力信号を受信する外部デバイス内のレジスタは，仮想クロックclk_extで動作すると考えます．

ここで，FPGA内のレジスタを動かす内部クロックclk_sysと仮想クロックclk_extは，共通の発振器から生成されているとし，発振器から仮想クロックclk_extまでの遅延時間をcd_ext，発振器から内部クロックclk_sysまでの遅延時間をcd_sys，外部デバイスの受信レジスタのセットアップ時間をtsu_ext，ホールド時間をth_ext，FPGA内の送信レジスタのデータ出力端子から外部デバイスの受信レジスタのデータ入力端子までの遅延時間をddとします．この場合の出力遅延(output_delay)は，次の式で表されます．

```
output_delay(max)= dd(max)+ tsu_ext
    + cd_sys(max)- cd_ext(min)

output_delay(min)= dd(min)- th_ext
    + cd_sys(min)- cd_ext(max)
```

出力遅延は外部デバイスの設計とFPGA周辺の配線経路で決まるもので，ユーザが指定する必要があります．

出力遅延が決まれば，次のように「set_output_delay」で指定すれば，出力回路のタイミング解析を行うことができます．オプション「-clock」で基準になる仮想クロックを指定します．通常，出力遅延はその最大値と最小値をオプション「-max」と「-min」の両方を使って指定します．

```
create_clock -name clk_sys ¥
    -period 10 [get_ports clk_sys]

create_clock -name clk_ext ¥
    -period 10

set_output_delay -clock clk_ext ¥
    -max 5 [get_ports DOUT]

set_output_delay -clock clk_ext ¥
    -min 2 [get_ports DOUT]
```

タイミング解析用SDCコマンド：タイミング例外

●タイミング例外とは

TimeQuestは，クロック定義を行えば回路トポロジに応じて，すべてのレジスタ間のタイミング関係を，対応するクロックのすべての送信エッジと，すべての受信エッジの間で解析します．しかし，設計した論理回路の中で，タイミング的に不問にしてよい場所（非同期関係にあって，メタ・ステーブル対策している箇所や，電源印加時に値が決定したら後は値が変化しないレジスタなど）は，タイミング解析箇所から外す必要があり，またマルチサイクル・パスについては，タイミング解析の起点と終点を変える必要があります．こうした箇所をタイミング例外と呼び，それぞれSDCコマンドで指定する必要があります．

●タイミング解析不要箇所の指定「set_false_path」

タイミング解析が不要な箇所を指定するには，前述の「set_clock_groups」を使ってクロック間のタイミング関係を無視する方法がありました．さらにタイミング解析が不要な信号経路を明確に指定する方法もあり，「set_false_path」というコマンドを使います．

例えば，文字Aで始まるすべてのレジスタから，文字Bで始まるすべてのレジスタの間の，タイミング解析を不要にする（false pathにする）場合は，次のコマンドを記述します．複数箇所あれば，そのぶん記述します．

```
set_false_path ¥
    -from [get_pins A*] ¥
    -to [get_pins B*]
```

●マルチサイクル・パスの指定「set_multicycle_path」

TimeQuestのタイミング解析は，デフォルトでは最も厳しい単一サイクル解析を行います．レジスタ間の信号転送におけるセットアップ解析時の送信エッジと受信エッジは，最も近いものどうしのエッジが選ばれます．ホールド解析時は，ワースト・ケースのセットアップ関係だけでなく，ありえるすべてのセットアップ関係ごとに2組のタイミングをチェックします（図6を参照）．このため，ホールド関係の送受信エッジは，セットアップ関係の送受信エッジとは，基本的には無関係になります．

TimeQuestは，負のセットアップと負のホールドをレポートしません．もし，負のセットアップ関係と負のホールド関係が計算されたら，TimeQuestは送受信エッジを動かすことで，セットアップ関係とホールド関係が正の値になるようにします．

マルチサイクル・パスを指定するコマンドが「set_multicycle_path」であり，セットアップ関係とホールド関係を緩和することができます．オプション「-start」で送信エッジを，オプション「-end」で受信エッジを，指定したクロック周期数だけ調整します．オプション「-start」と「-end」の両方とも指定せずに，数字だけ指定した場合は「-end」が指定されたとみなします．表5に「set_multicycle_path」による送受信エッジの変更方法をまとめておきます．

セットアップ関係において，マルチサイクル指定をしないデフォルト状態のマルチサイクル制約の基準値は1です．セットアップの受信エッジに対して「-end 2」と指定すると，ワースト・ケース時のセットアップの受信エッジを，受信クロック1周期分だけ後ろに移動します．

ホールド関係については，対応するセットアップにマルチサイクル制約を指定すると自動的にマルチサイクル制約が与えられますが，基本的にはセットアップの送受信エッジがシフトするぶんに追従するだけで

表5 「set_multicycle_path」による送受信エッジの変更

SDCコマンド	変更する送受信エッジ
set_multicycle_path -setup -end <value>	セットアップ関係の受信エッジ
set_multicycle_path -setup -start <value>	セットアップ関係の送信エッジ
set_multicycle_path -hold -end <value>	ホールド関係の受信エッジ
set_multicycle_path -hold -start <value>	ホールド関係の送信エッジ

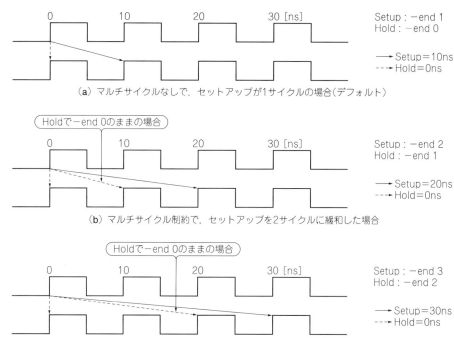

図23 「set_multicycle_path」によるセットアップ関係の緩和

(a) マルチサイクルなしで，セットアップが1サイクルの場合（デフォルト）
(b) マルチサイクル制約で，セットアップを2サイクルに緩和した場合
(c) マルチサイクル制約で，セットアップを3サイクルに緩和した場合

す．

　マルチサイクル指定しないデフォルト状態は，セットアップ関係から得られるタイミング関係（図6を参照）であり，そのマルチサイクル制約の基準値は0です．ホールド関係の受信エッジ制約を「-end 1」にすると，セットアップ関係から得られるホールドの受信エッジを，受信クロック1周期ぶんだけ前側に移動します．

　マルチサイクル制約の始点（送信側）はオプション「-from」で，終点（受信側）はオプション「-to」で指定します．始点と終点の対象がノードの場合，二つのノード間の経路に対してだけマルチサイクル指定されます．一方，対象がクロックの場合，そのクロックで制御されている送信ノードと受信ノード間のすべての経路が，マルチサイクル指定されます．

● マルチサイクル制約によるセットアップ関係の緩和

　データ転送の遅延時間がクロック周期より長い場合は，マルチサイクル指定する必要があります．もちろん送受信レジスタにイネーブル信号を与えることで，システム的に送信側の信号変化を複数サイクルに1回とし，受信側も同じ複数サイクルに1回だけ取り込むような対応を施しておく必要はあります．

　図23に，「set_multicycle_path」によるセットアップ関係の緩和の例を示します．

　図23(a)は，マルチサイクル制約がないデフォルトのタイミング関係を示します．デフォルトではセットアップは1サイクルです．

　図23(b)に，データ転送遅延が大きいため，セットアップを2サイクルに緩和した場合を示します．セットアップの受信エッジは「-end 2」と指定して，1サイクルだけ後ろに移動させます．ホールドの受信エッジは，そのままだとセットアップの受信エッジの1サイクル前にずれるだけであり，実際のホールドの受信エッジは0nsの位置のままにしておく必要があるので，「-end 1」と指定して1サイクルだけ前に移動させます．

　図23(c)は，セットアップを3サイクルに緩和した場合を示します．セットアップの受信エッジは「-end 3」，ホールドの受信エッジは「-end 2」と指定します．

　一般的にセットアップ関係をNサイクルに緩和するためには，「-setup」値をNとし，「-hold」値をN-1と指定します．ホールド関係を維持するために，ホールドの受信エッジを変更することも忘れないようにしてください．

　ホールド関係を維持しつつセットアップ関係を緩和する場合の記述方法を，以下に示します．

```
set_multicycle_path -setup ¥
    -from src_reg* -to dst_reg* 2

set_multicycle_path -hold ¥
    -from src_reg* -to dst_reg* 1
```

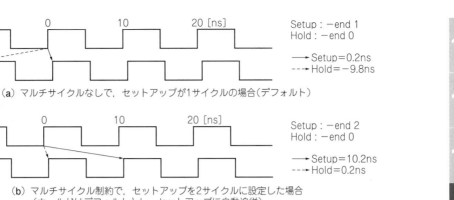

(a) マルチサイクルなしで，セットアップが1サイクルの場合（デフォルト）

(b) マルチサイクル制約で，セットアップを2サイクルに設定した場合
（ホールドはデフォルトとし，セットアップに自動追従）

図24 位相差のあるクロックによるセットアップの緩和

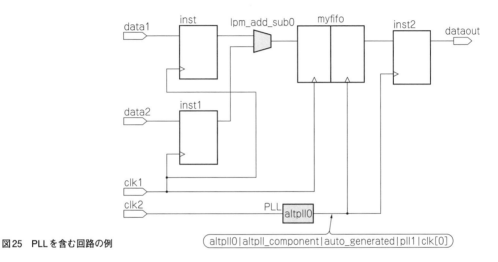

図25 PLLを含む回路の例

●位相差のあるクロックによるセットアップの緩和

データ転送経路に段数が多い組み合わせ回路があるような，タイミングが厳しい設計においては，PLLで微妙に位相差があるクロックを使って，セットアップを少しだけ緩和するケースがあります．

その例を図24に示します．セットアップをクロック周期10nsより0.2nsだけ緩和するため，PLLから位相差が0.2nsだけある2種類のクロックを生成しています．デフォルトの場合は図24(a)のように，セットアップは最も近いエッジ間で解析されるため，0.2nsしかありません．ここにマルチサイクル制約を加えます．セットアップの受信エッジを，1サイクル遅らせます．ホールドの受信エッジはセットアップに追従して1サイクル遅れますが，このケースはこのままでOKです．このケースのSDCコマンドの記述方法を次に示します．「set_multicycle_path」はセットアップ側だけ指定し，ホールド側は自動追従させます．

```
create_generated_clock ¥
    -source pll|inclk[0]¥
    -name clk_a ¥
    pll|clk[0]

create_generated_clock ¥
    -source pll|inclk[0]¥
    -name clk_b -offset 0.2 ¥
    pll|clk[1]

set_multicycle_path -setup ¥
    -from [get_clocks clk_a]¥
    -to [get_clocks clk_b] 2
```

● SDC 記述の例

図25のようなPLLを含む回路のSDC記述の例を，次に示します．SDC記述では，頭に#がある行はコメントとして扱われます．

```
# Create Clock Constraints
create_clock -name clockone -period 10.000 [get_ports {clk1}]
create_clock -name clocktwo -period 10.000 [get_ports {clk2}]

# Create Virtual Clocks for Input and Output Delay Constraints
create clock -name clockone_ext -period 10.000
create clock -name clocktwo_ext -period 10.000
derive_pll_clocks

# Derive Clock Uncertainty
derive_clock_uncertainty

# Specify that clockone and clocktwo are unrelated by assinging them
# to separate asynchronous groups
set_clock_groups ¥
    -asynchronous ¥
    -group {clockone}¥
    -group {clocktwo altpll0|altpll_component|auto_generated|pll1|clk[0]}

# set input and output delays
            set_input_delay -clock{clockone_ext} -max 4[get_ports{data1}]
set_input_delay  -clock {clockone_ext} -min -1 [get_ports {data1}]
set_input_delay  -clock {clockone_ext} -max  4 [get_ports {data2}]
set_input_delay  -clock {clockone_ext} -min -1 [get_ports {data2}]
set_output_delay -clock {clocktwo_ext} -max  6 [get_ports {dataout}]
set_output_delay -clock {clocktwo_ext} -min -3 [get_ports {dataout}]
```

◆参考文献◆

(1) Quartus II Handbook Volume 3：Verification，QII5V3，
Chapter 6-Chapter7，2015.05.04，Altera Corporation.

第20章 C言語とVerilog HDLの混在シミュレーションを使ってAvalon-MMスレーブIPを設計しよう

C言語混在シミュレーションとIP設計

本書付属DVD-ROM収録関連データ

DVD-ROM格納場所	内容	備考
CQ-MAX10¥Projects¥PROJ_DPI	C言語とVerilog HDLの混在シミュレーションの基本 (Quartus Prime，ModelSim用)	
CQ-MAX10¥Projects¥PROJ_MM-Slave	Avalon-MMスレーブIPの設計事例：pic_programmer用SPI機能 (Quartus Prime，ModelSim用)	このプロジェクトは，バス・マスタの機能モデルにSRAMだけ接続する検証にも使うが，DVDに格納したのはpic_programmerまで接続した完成形である．FPGA_completedフォルダは無視してよい

●はじめに

本章では，Nios IIなどのCPUシステム内の周辺機能，すなわちスレーブIP (Intellectual Property) を設計するための手法を学びます．

まず，C言語とVerilogの混在シミュレーション手法DPI (Direct Programming Interface) を説明します．論理シミュレーションのテストベンチにC言語記述を組み込むことができるので，最終的なアプリケーションと同じプログラムを使って論理検証できるようになり，作業効率が向上します．

次に，Nios IIのスレーブIPを設計するのに必要な知識として，Avalon-MMインターフェース (内部バス) の信号とタイミング仕様を説明します．

そして，C言語から制御してAvalon-MMマスタにバス・アクセスさせてRAMのリード/ライト動作をさせてみます．この時点で，Quartus Prime，QSys，ModelSim ASE (Altera Starter Edition) を総合的に連携させて，Avalon-MMスレーブIPの設計と検証を進める手法を学べます．

最後に，本書の第5章で説明した，PICマイコンのFLASHメモリ書き込み用の特殊なSPI通信モジュールpic_programmerを設計して，C言語混在シミュレーションにより機能検証してみます．

C言語とVerilogの混在シミュレーション技法「DPI」

●実はもうやっていたC言語混在シミュレーション

本書の読者の方は，実はすでにC言語とVerilogの混在シミュレーションを行っていました．第12章のNios IIによるシステム設計の中でです．

Nios IIのソフトウェア統合開発環境Nios II EDSの中から論理シミュレータModelSim ASEを起動して，ソフトウェアをコンパイルしたバイナリ・ファイルによりシステム内のプログラム・メモリの内容を初期化することで，Nios II CPUコアを含めたシステム全体の論理シミュレーションを実行していました．

この手法はシステム全体をまるごと検証できるのでとても有効なのですが，C言語のスタートアップ・ルーチン (メモリ内の変数領域の初期化など) も実行されるためサイクル数が長く，シミュレーション時間が長くなる問題があります．

さらに，CPUコアを含めた大規模論理をシミュレーションするので，無償版のModelSim ASEだと実行速度が遅く，PCのメモリや波形記憶用のストレージ容量も多く消費してしまいます．

もちろん，最終的にシステムが完成してその全体を検証する段階に至れば，上記の手法はとても有効なのですが，検証対象のIPを設計しながらシステム全体を検証する設計工程の前段階では，繰り返して論理シミュレーションしたいので，時間がかかる上記の手法は実用的ではありません．

●C言語混在シミュレーションの意義

IPを設計しながら効率的に論理シミュレーションするには，Verilogだけでテストベンチを作ればよい話です．

しかし，そのIPの機能を動作させるためにシーケンス処理やループ処理 (フラグがセットされるまで待つなど) が必要なケースでは，テストベンチをVerilog

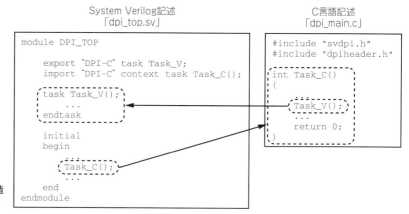

図1 DPIシミュレーションの全体構造
C言語とSystem Verilogが相互に結びつく

だけで記述することは可能ではありますが，少し面倒になります．入力信号（スティミュラス）を決まった時間に与えるだけではなく，出力信号の状態を見て次の入力信号を変えていくような，条件判断処理記述が必要になるからです．

もし，こうしたテストベンチ内のシーケンス処理をC言語で記述できたらどうでしょうか．かなり複雑なシーケンス処理も簡単に書けますので，検証効率の向上が期待できます．

● C言語混在シミュレーションが有効なケース

CPUの周辺機能になるスレーブIPの設計が，C言語混在シミュレーションが有効になる典型例になります．そのシステムでは，CPUなどのバス・マスタがバス・サイクルを発生し，その周辺機能をあるシーケンスに基づいてアクセスして制御します．

CPUが発生するバス・サイクルは，最終的なシステムに搭載されるC言語で書かれたソフトウェアが発生するものです．このソフトウェア（または，その中のデバイス・ドライバ）と等価なC言語記述を論理シミュレーションのテストベンチに組み込めたら，ハードウェア検証をやりつつ，そのハードを制御する基本ソフトウェア（デバイス・ドライバ相当）の開発も同時に進めることができるので一石二鳥といえるでしょう．

C言語なので判断処理やシーケンス処理も，if文，for文，while文などで簡単に記述できます．

このための手段として，一般的には，CPUなどのバス・マスタの代わりに，バス・サイクルだけを発生する機能モデル（BFM：Bus Function Model）を用意して，そこに設計対象のIPを接続し，C言語から指示してそのBFMにバス・サイクル（リード/ライト）を発生させます．BFMがリードした値をC言語内で期待値と比較チェックするなどして，機能動作を検証します．

● C言語とSystem Verilogを相互に結びつけるDPI

ModelSim ASEは，C言語とSystem Verilogを相互に結びつけるDPI（Direct Programming Interface）という機能をサポートしています．

DPIはSystem Verilogの中だけで使えるのですが，Verilog HDLとSystem Verilogは混在して実行できるので，Verilog HDLで設計するIPの検証に活用できます．また，System Verilog固有の機能はほとんど意識することなく使用することができるので，これまで解説したVerilog HDLの知識があれば十分です．

DPIを使ったC言語とSystem Verilogの混在シミュレーションの全体構造の例を図1に示します．System Verilog記述dpi_top.svとC言語記述dpi_main.cがあって，System Verilog記述内からC言語記述内の関数Task_C()を呼び出しており，さらにC言語記述内からSystem Verilog記述内のタスクTask_V()を呼び出しています．

この動作をさせるために，System Verilog記述の先頭で，export文により外部から参照できるタスクを指定し，import文で参照する外部の関数を指定しておきます．なお，System Verilog記述の拡張子は「.sv」にしてください．

● ModelSim ASEでDPIを動かしてみる

図1に示した簡単なDPIを，実際にModelSim ASEで動かしてみましょう．これが理解できればDPIの本質のすべてが理解できたことになります．

図2にその実行手順を示します．必要なファイルを作成して，実行スクリプトを起動するだけです．

まずディレクトリ「C:¥CQ-MAX10¥Projects¥PROJ_DPI」の下に，テキスト・エディタを使って，

(a) ModelSim Altera Starter Edition を起動し，ディレクトリ「PROJ_DPI」に移動

(b) シミュレーション実行スクリプトを実行

図2 ModelSim ASE による DPI シミュレーションの実行手順

リスト1 DPI動作テストの最上位階層のSystem Verilog記述「dpi_top.sv」
C：¥CQ-MAX10¥Projects¥PROJ_DPI¥dpi_top.sv

```
//-------------------
// DPI Top Module
//-------------------
module DPI_TOP;                       ← 最上位記述の定義

    export "DPI-C" task Task_V;       ← System VerilogのタスクTask_Vを、
                                        外部から参照できるようにする
    import "DPI-C" context task Task_C(input int i, output int o);
                                      ← C言語の外部関数Task_C()を、
                                        本記述内部から参照できるようにする
    int i, o;

    //-----------------------------------
    // Task; Task_V called from C
    //-----------------------------------
    task Task_V(input int i, output int o);
        $display("Message from Task_V(): i=%3d", i);
        assign o = i * 2;                         ← System VerilogのタスクTask_V()の定義
        $display("Message from Task_V(): o=%3d", o); （入力された変数iを2倍して変数oを出力）
    endtask

    //-----------------
    // Test Pattern
    //-----------------
    initial
    begin
        assign i = 123;
        $display("Message from DPI_TOP : i=%3d", i);
        Task_C(i, o); // Call C Task           ← シミュレーションを動かすためのテスト・パターン
        $display("Message from DPI_TOP : o=%3d", o); （変数iを初期化してC言語のTask_C()をコールする）
        $stop;
    end

endmodule
```

リスト1のSystem Verilog記述「dpi_top.sv」，リスト2のC言語記述「dpi_main.c」，リスト3のシミュレーション実行スクリプト「dpi_run.do」をそれぞれ作成してください．

この事例の動作としては，まず「dpi_top.sv」の initial 文の中で「dpi_main.c」の関数 Task_C() を呼び出しています．Task_C() に入力された変数 i が「dpi_top.sv」の Task_V() に渡され，2倍されて変数 o として返ってきます．この後，Task_C() の中で変数 o をもう一回2倍して Task_V() に返します．

各タスクや関数の中での入出力変数の値をメッセージ出力してあるので，実際に動作させると流れがよく理解できると思います．また，一連の流れの中のタスクと関数の間の変数の受け渡し方法は，各リストをよく見て習得してください．

リスト2 DPI動作テストのC言語記述「dpi_main.c」
C：¥CQ-MAX10¥Projects¥PROJ_DPI¥dpi_main.c

```c
#include "svdpi.h"
#include "dpiheader.h"      ◀──（DPI使用時は，必ずインクルードする）
#include <stdio.h>

//--------------
// C Task
//--------------
int Task_C(int i, int *o)
{
    printf("Message from Task_C(): i=%3d\n", i);
    Task_V(i, o); // Call Verilog Task
    *o = 2 * *o;
    printf("Message from Task_C(): o=%3d\n", *o);
    //
    return 0;
}
```

C言語の関数Task_C()でSystem Verilog内からコールされるとともに，この関数内からSystem VerilogのタスクTask_V()を呼び出す
（入力変数iをTask_V()内で2倍にし，さらに本関数内で2倍にして変数*oとして戻す）

リスト3 DPI動作テストのModelSim実行スクリプト「dpi_run.do」
C：¥CQ-MAX10¥Projects¥PROJ_DPI¥dpi_run.do

```
# Delete Directory "work" if it exists.
if {[file exists work]} {
    vdel -lib work -all              ◀──（前回作成のライブラリを削除）
}

# Create Directory "work"
vlib work                            ◀──（新規ライブラリを作成）

# Compile Verilog and C
vlog -sv -dpiheader dpiheader.h dpi_top.sv   ◀──（System Verilog記述からC言語のヘッダ・ファイルを生成）
vlog -work work -sv dpi_top.sv               ◀──（System Verilog記述をコンパイル）
vlog -work work    dpi_main.c                ◀──（C言語をコンパイル）
# Execute Simulation
vsim -c -do "run -all; quit -sim" DPI_TOP    ◀──（シミュレーションを実行）
```

リスト4 DPI動作テストのシミュレーション実行とその結果

```
ModelSim> cd C:/CQ-MAX10/Projects/PROJ_DPI    ◀──（ディレクトリを移動）
ModelSim> do dpi_run.do                        ◀──（シミュレーション実行スクリプトを起動）
...
# run -all
# Message from DPI_TOP : i=123        ◀──（DPI_TOPの入力パターンでの変数iの初期値は123）
# Message from Task_C(): i=123        ◀──（Task_C()の入力変数iは123）
# Message from Task_V(): i=123        ◀──（Task_V()の入力変数iは123）
# Message from Task_V(): o=246        ◀──（Task_V()の出力変数oは246）
# Message from Task_C(): o=492        ◀──（Task_C()の出力変数oは492）
# Message from DPI_TOP : o=492        ◀──（DPI_TOPの入力パターンでの変数oの最終値は492）
# ** Note: $stop : dpi_top.sv(41)
# Time: 0 ps Iteration: 0 Instance: /DPI_TOP
# Break in Module DPI_TOP at dpi_top.sv line 41
# quit -sim
# End time: 12:33:04 on Jun 05,2016, Elapsed time: 0:00:08
# Errors: 0, Warnings: 0
...
ModelSim> quit     ◀──（ModelSimを終了）
```

　C言語記述「dpi_main.c」の中で，「svdpi.h」をインクルードしていますが，これは決まりなので忘れないでください．

　また，「dpiheader.h」もインクリードしていますが，これはSystem Verilog記述「dpi_top.sv」からModelSimのコマンドで自動生成させるものです．こちらも忘れずにインクルードしてください．

　System Verilog側がexportするSystem Verilog内のタスクのC言語プロトタイプと，System Verilog側がimportするC言語内の関数のプロトタイプが

Column 1　DPIが使いやすくなったModelSim

　リスト3の実行スクリプトを見るとわかると思いますが，ModelSimのコンパイル用コマンドvlogがC言語記述dpi_main.cを直接コンパイルしています．

　古いModelSimは，C言語記述をコンパイルすることはできなくて，外部のコンパイラ（Visual C++や，Mingw）を使ってバイナリ・ファイルDLL（Dynamic Link Library）を作ってから，ModelSimのシミュレーション・コマンドvsimに渡す必要がありました．やれることは同じでしたが，作業がシンプル化されたことは喜ばしいことです．

　無償版のModelSim ASEでもDPIがサポートされており，DPIを使ったC言語混在シミュレーションは当たり前に使える世の中になったわけです．

表1　Avalon-MMインターフェース信号の意味
主に使用されるものを示した．他にもオプション信号が定義されている

信号種類	信号名	ビット幅	方向	意味	備考
アドレス	address	1～64	マスタ→スレーブ	マスタがスレーブをアクセスするときのアドレス値を示す．スレーブ側でのアドレス単位はバイトごとか，ワードごとに設定できる	
リード・ストローブ	read	1	マスタ→スレーブ	リード・トランザクションのストローブ信号	
ライト・ストローブ	write	1	マスタ→スレーブ	ライト・トランザクションのストローブ信号	
バイト・イネーブル	byteenable	2, 4, 8, 16, 32, 64, 128	マスタ→スレーブ	ライト時は，書き込むバイト・レーン位置を示す．スレーブ側は指定されたバイト・レーンのみ書き込みを行う．リード時は，マスタが読み出したいバイト・レーン位置を示すが，多くのケースではスレーブは全ワードを返せばよい	マスタ側が常にワード単位でしかアクセスしない場合は必要ない
リード・データ	readdata	8, 16, 32, 64, 128, 256, 512, 1024	スレーブ→マスタ	スレーブがマスタに返すリード・データ	
ライト・データ	writedata	8, 16, 32, 64, 128, 256, 512, 1024	マスタ→スレーブ	マスタがスレーブに渡すライト・データ	
ウェイト要求	waitrequest	1	スレーブ→マスタ	マスタがreadまたはwriteコマンドをアサートした次のクロックの立ち上がりでwaitrequestがアサートされていたら，トランザクションを終了せずに，引き続きreadまたはwriteコマンドをアサートし続ける	ウェイトを返さないスレーブを使う場合は不要だが，その場合でもこの信号を使っておくと，後で必要になったときの修正量が減らせる
リード・データ確定	readdatavalid	1	スレーブ→マスタ	リード・レイテンシ可変型のパイプライン・バスで使う信号．マスタはリード・コマンドreadを，ウェイト要求waitrequestがネゲートされるまで出力するが，その時点ではまだスレーブからリード・データreaddataは返ってこず，あるレイテンシ経過後のリード・データreaddataを返すタイミングでreaddatavalidをアサートする．リード・データが返ってくる前に，複数のリード・コマンドを積むこともでき，その最大個数はQSysでスレーブIPのひな形を作るときに指定するパラメータ「Max pending read transaction」で設定できる	バス・インターフェースにこの信号を追加しなければ，非パイプライン型のバス・タイミングになる

定義されています．

　ModelSimの中でリスト4に示すように実行スクリプト「dpi_run.do」を起動すると，シミュレーションを実行してメッセージが出力されます．System Verilog側からのメッセージとC言語側からのメッセージがそれぞれ表示されており，混在シミュレーションを実行できたことがわかります．

Avalon-MMインターフェースの基本仕様

●標準的なバス・インターフェース Avalon-MM

　Nios IIシステムにおけるバス・マスタとスレーブ・モジュールの間のバス・インターフェース規格としては，Avalon-MMインターフェースが採用されていま

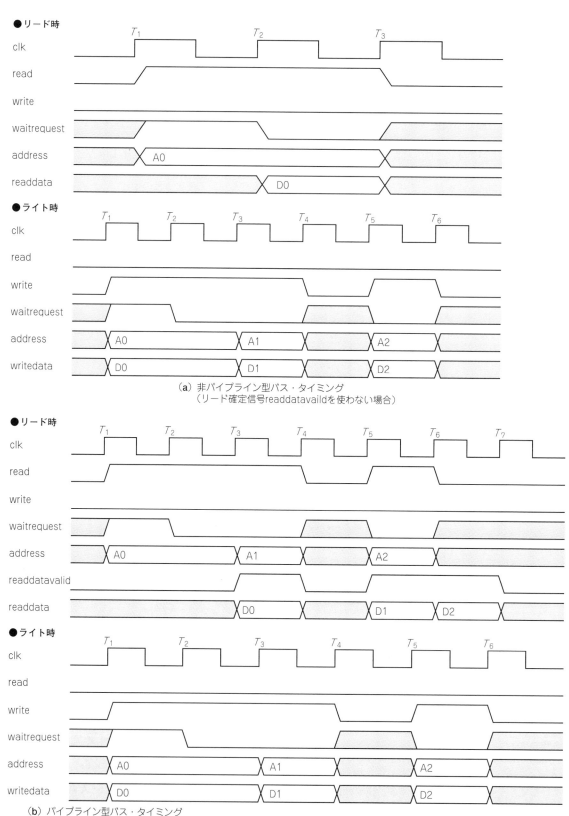

図3 Avalon-MMインターフェースのタイミング

す.

MMとはMemory Mappedの略であり，アドレスでマッピングされたスレーブ・モジュール（メモリやレジスタ）をリード/ライトするためのバス・インターフェースです．

いわゆる通常のARMコアなどで使われているAMBA（Advanced Microcontroller Bus Architecture）などと同様なバスです．

Avalon-MMインターフェースの信号の種類やタイミングは，とても素直で標準的なものになっています．Avalon-MMインターフェース信号の種類と意味を表1に，タイミングを図3に示します．

● Avalon-MMインターフェースの非パイプライン型動作

図3(a)は，Avalon-MMインターフェースの非パイプライン型バス・タイミングを示します．リード・データ確定信号readdatavalidを使用しない場合は，このタイミングになります．

リード時の動作を説明します．マスタ側はクロック・エッジのT_1からリード・コマンドA0（アドレス：address，リード・ストローブ：read）を出力します．もし次のT_2でスレーブ側がウェイト要求信号（waitrequest）をアサートしていたら，バス・サイクルをそのまま1サイクル延ばします．

スレーブ側は，waitrequestをネゲートした次のタイミングT_3までにリード・データ（readdata）D0を確定させて，マスタ側はT_3でreaddataを取り込みます．

ライト時の動作を説明します．マスタ側はクロック・エッジのT_1からライト・コマンドA0（アドレス：address，ライト・データ：writedata，ライト・ストローブ：write）を出力します．addressとwritedataは同時に出力されます．

ここで，もし次のT_2でスレーブ側がウェイト要求信号（waitrequest）をアサートしていたら，バス・サイクルをそのまま1サイクル延ばします．

スレーブ側はwaitrequestをネゲートした次のタイミングT_3で，writedata D0を取り込みます．図3(a)では，マスタがT_3から次のライト・コマンドA1を開始し，ウェイトなくT_4でスレーブ側がwritedata D1を受け取っています．T_5からT_6の間の動作も同様です．

非パイプライン型動作の場合，マスタ側がリード・コマンドを生成したら，それに対応するリード・データをスレーブ側が返すまで，マスタ側は次のコマンドを生成しません．

● Avalon-MMインターフェースのパイプライン型動作

図3(b)は，Avalon-MMインターフェースのパイプライン型バス・タイミングを示します．リード・データ確定信号readdatavalidを使用する設定をした場合は，このタイミングになります．

リード時の動作を説明します．マスタ側はクロック・エッジのT_1からリード・コマンドA0（アドレス：address，リード・ストローブ：read）を出力します．もし次のT_2でスレーブ側がウェイト要求信号waitrequestをアサートしていたら，バス・サイクルをそのまま1サイクル延ばします．

スレーブ側はリード・データreaddata D0をリード・データ確定信号readdatavalidとともにT_4までに返し，そこでマスタ側は取り込みます．

マスタ側はreaddatavalidが返ってきた時点で初めてreaddataを取り込むので，リード・コマンド出力からreaddata確定までのレイテンシは一定でなくても大丈夫です．

さらに，マスタ側はリード・データreaddata D0を取り込む前に，次のリード・コマンドA1をT_3から先出しできることに注意してください．

これに対応するreaddata D1は，T_6までにreaddatavalidとともに返し，マスタ側はT_6で取り込みます．同様に，マスタ側がT_5から出力したリード・コマンドA2に対応するreaddata D2はT_7で取り込んでいます．

パイプライン型動作の場合，マスタ側のリード・コマンドを，それぞれのリード・データが返ってくる前に，複数組出力して積み上げることができます．このようなバス動作は，リード・レイテンシが長くかつ変化するDDRメモリのアクセスなどに有効です．

なお，リード・コマンドを，リード・データが返ってくるまでに最大何個まで積み上げできるかは，QSysでスレーブIPのひな形を作るときに指定するパラメータ（Max pending read transaction）で指定できます．最小値は1です．

積み上げ可能なリード・コマンドの数を増やすと，Avalon-MMインターコネクトの論理規模が増えるので注意してください．

ライト時については，非パイプライン型動作と同じです．ライト時は，アドレスとともにライト・データを同時に出力するので，レイテンシやパイプラインという考え方が必要ないためです．

本稿で紹介するスレーブIPは，リード確定信号readdatavaildを使用して，Max pending read transaction=1とした場合で設計します．

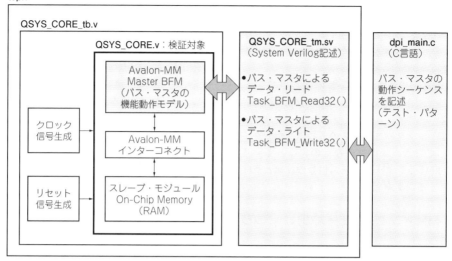

(a) バス・マスタの機能モデルによるRAMアクセスのDPIシミュレーション環境

(b) Quartus Prime上の，便宜上のFPGAシステム記述

図4 Avalon-MMインターフェースによるRAMのリード/ライト検証環境

Avalon-MMインターフェースによるRAMのリード/ライトをC言語混在でシミュレーションする

● Avalon-MMインターフェースによるRAMのリード/ライト検証環境

ここでは，Avalon-MMインターフェースによるRAMのリード/ライトをC言語混在でシミュレーションしてみたいと思います．図4(a)にその環境の全体構成を示します．

QSYS_CORE.vが検証対象モジュールです．この中に，CPUコアの代わりになるバス・マスタの機能モデルAvalon-MM Master BFMと，スレーブ・モジュールであるOn-Chip Memory(RAM)を入れ，そ

の間をAvalon-MMインターコネクトで結線します．ここでは，このシステムと内部モジュールのVerilog HDL記述はすべてQSysが自動的に生成してくれるものを使います．

「QSYS_CORE.v」の外側に，テストベンチとなる「QSYS_CORE_tb.v」を置きます．クロックとリセットを生成する機能モデルが含まれます．このテストベンチもQSysが自動生成します．

バス・マスタの機能モデルAvalon-MM Master BFMが生成するバス・サイクルを制御するためのSystem Verilog記述を，「QSYS_CORE_tm.sv」としてユーザが用意します．

この記述内に，バス・マスタが32ビット幅データ

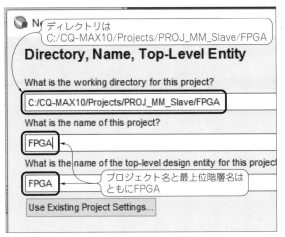

(a) Quartus Primeを起動して新規プロジェクトを作成

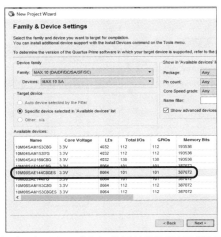

(b) プロジェクトのデバイス選択は10M08SAE144C8GES

(c) プロジェクトのシミュレーションツール指定は，ModelSim Alteraで言語はVerilog HDLを選択

(d) Quartus Primeのメニュー「Tools→QSys」からQsysを起動．Avalon-MMバス・マスタの機能動作モデル「Altera Avalon-MM Master BFM」を選択し「Add...」を押す

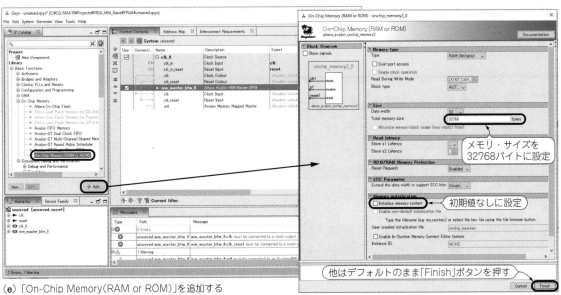

(e) 「On-Chip Memory(RAM or ROM)」を追加する

図5 Avalon-MMインターフェースによるRAMのリード/ライト検証の準備手順

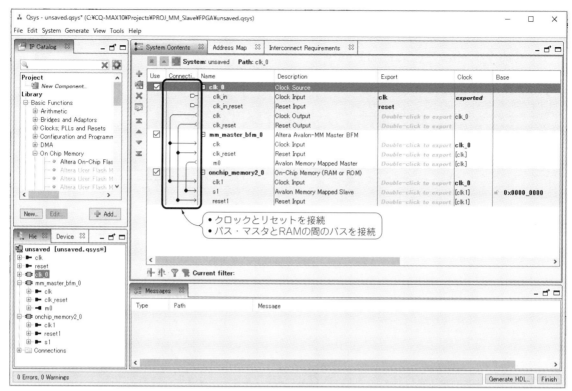

（f）QSysシステム内の信号配線を行う

（g）QSysシステム内のアドレス・アサインを行う

（h）QSYS_CORE.qsysとしてセーブ

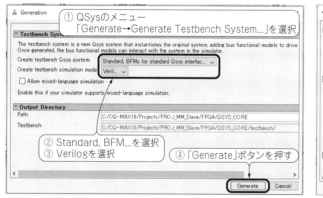

（i）QSysからテストベンチを自動生成

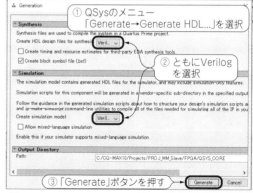

（j）QSysから合成用とシミュレーション用のVerilog記述を自動生成

図5 Avalon-MMインターフェースによるRAMのリード/ライト検証の準備手順（つづき）

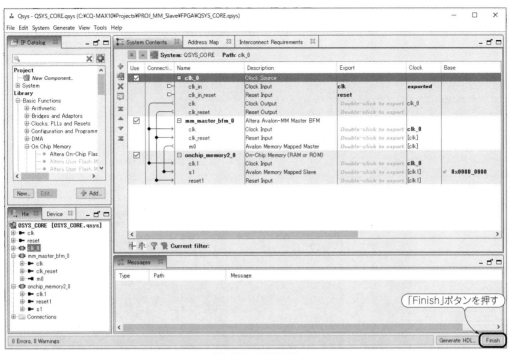

(k) QSysを終了する

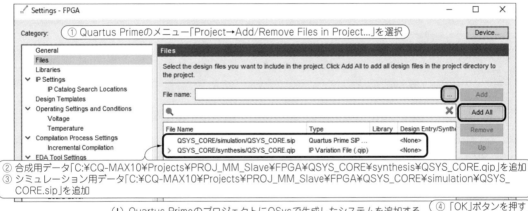

(l) Quartus PrimeのプロジェクトにQSysで生成したシステムを追加する

(m) Quartus Primeのメニュー「File→New...」を選択し、Verilog HDLの新規ファイルをリスト5(a)に従って作成して「FPGA.v」としてセーブする（自動的にプロジェクトに追加される）

(n) Quartus Primeで「Analysis & Synthesis」を選択して，論理記述を解析して合成させる

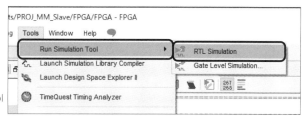

(o) Quartus Primeのメニュー「Tools→Run Simulation Tool →RTL Simulation」を選択して，ModelSimを起動する

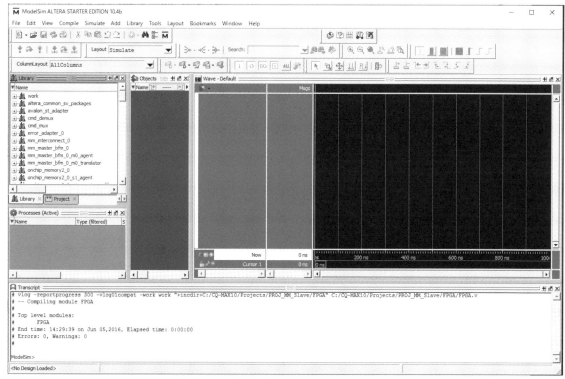

(p) ModelSim Alteraが起動し，自動生成されたコンパイル・スクリプトが実行される．エラーがなければOK

図5 Avalon-MMインターフェースによるRAMのリード/ライト検証の準備手順（つづき）

をリードするためのタスク Task_BFM_Read32() と，バス・マスタが32ビット幅データをライトするためのタスク Task_BFM_Write32() を記述し，DPI機能を通してC言語記述「dpi_main.c」側から呼び出せるようにします．

このシステム検証システムの最上位階層として，「QSYS_CORE_tb.v」と「QSYS_CORE_tm.sv」を入れた「top.v」を用意しておきます．

なお，Quartus Primeに，ModelSim ASEのコンパイル実行スクリプトを自動生成させるためと，今後のシステム構築のひな形として使えるように，便宜的なFPGA合成環境を図4(b)のように作成しておきます．最上位階層「FPGA.v」の下に，検証対象とした「QSYS_CORE.v」が含まれています．

● RAMのリード/ライト検証の準備

Avalon-MMインターフェースによるRAMのリード/ライト検証の準備を行います．

ディレクトリ「C：¥CQ-MAX10¥Projects¥PROJ_MM-Slave¥FPGA」の下にプロジェクト環境を構築します．図5に示した手順で作業してください．Qsysを使って，バス・マスタの機能モデルAvalon-MM Master BFMとOn-Chip Memory（RAM）を結線するだけの簡単な設計作業です．

QSysで作成したシステムのVerlog HDLは自動生成されています．そのモジュール・インターフェース記述「QSYS_CORE_bb.v」をリスト5(a)に示します．これをインスタンス化する形で，FPGAの最上位記述「FPGA.v」をリスト5(b)に従って作成します．クロック入力とリセット入力しかもたず，何もできない

リスト5 検証対象システムのVerilog HDL記述

```
module QSYS_CORE (
    clk_clk,
    reset_reset_n);

    input clk_clk;
    input reset_reset_n;
endmodule
```

QSYS_COREのインターフェース信号は，クロック入力とリセット入力のみ．
QSYS_CORE内のBFMを動かして機能検証を行う

(a) 自動生成したQSYS_COREのモジュール・インターフェース
(C:¥CQ-MAX10¥Projects¥PROJ_MM_Slave¥FPGA¥QSYS_CORE¥QSYS_CORE_bb.v)

```
//------------------
// Top of the FPGA
//------------------
module FPGA
(
    input   wire clk,
    input   wire res_n
);
//--------------
// QSYS_CORE
//--------------
QSYS_CORE uQSYS_CORE
(
    .clk_clk      (clk),
    .reset_reset_n (res_n)
);

endmodule
```

最上位階層のFPGAのインターフェース信号も，クロック入力とリセット入力のみ．
ここではQuartus Primeの最上位階層のダミーとして準備．
今後，論理機能を追加していく土台に使うことができる

(b) FPGA最上位階層（人手で作成）
(C:¥CQ-MAX10¥Projects¥PROJ_MM_Slave¥FPGA¥FPGA.v)

リスト6 自動生成されたQSYS_COREのテストベンチ「QSYS_CORE_tb.v」

C:¥CQ-MAX10¥Projects¥PROJ_MM_Slave¥FPGA¥QSYS_CORE¥testbench¥QSYS_CORE_tb¥simulation¥QSYS_CORE_tb.v

```
// QSYS_CORE_tb.v

// Generated using ACDS version 15.1 189

`timescale 1 ps / 1 ps
module QSYS_CORE_tb (
    );

    wire    qsys_core_inst_clk_bfm_clk_clk;
    wire    qsys_core_inst_reset_bfm_reset_reset;

    QSYS_CORE qsys_core_inst (
        .clk_clk      (qsys_core_inst_clk_bfm_clk_clk),
        .reset_reset_n (qsys_core_inst_reset_bfm_reset_reset)
    );

    altera_avalon_clock_source #(
        .CLOCK_RATE (50000000),
        .CLOCK_UNIT (1)
    ) qsys_core_inst_clk_bfm (
        .clk (qsys_core_inst_clk_bfm_clk_clk)
    );

    altera_avalon_reset_source #(
        .ASSERT_HIGH_RESET   (0),
        .INITIAL_RESET_CYCLES (50)
    ) qsys_core_inst_reset_bfm (
        .reset (qsys_core_inst_reset_bfm_reset_reset),
        .clk   (qsys_core_inst_clk_bfm_clk_clk)
    );
endmodule
```

QSYS_CORE用テストベンチ「QSYS_CORE_tb」の定義
（入出力信号なし）

QSYS_COREのインスタンス化

クロック供給用動作モデル（50MHz出力）

リセット生成用動作モデル
（シミュレーション起動後50サイクルの間，
リセットをアサートする）

リスト7　Avalon_MM_Master_BFMを制御するSystem Verilog記述「QSYS_CORE_tm.sv」
C：¥CQ-MAX10¥Projects¥PROJ_MM_Slave¥FPGA¥DPI¥QSYS_CORE_tm.sv

```systemverilog
module QSYS_CORE_tm();    ──〈QSYS_COREのテスト・モジュールの定義（入出力信号なし）〉

    timeunit      1ns;
    timeprecision 1ns;

    `define BFM tb.qsys_core_inst.mm_master_bfm_0  ──〈Avalon-MMバス・マスタのBFM（機能動作モデル）のインスタンス名を定義〉
    import avalon_mm_pkg::*;

    import "DPI-C" context task dpi_main();
    export "DPI-C" task Task_BFM_Read32;       ● import：外部のC言語の関数を内部からコールできるように定義
    export "DPI-C" task Task_BFM_Write32;      ● export：内部のVerilogのタスクを外部からコールできるように定義

    //--------------------------
    // Task : Common Transaction
    //--------------------------
    task automatic Task_BFM_Common
    (
        Request_t req,
        int unsigned addr,                    ──〈Avalon-MMバス・マスタのBFMを操作するタスクを定義〉
        int byte_enable,
        inout int unsigned data
    );
        `BFM.set_command_request(req);
        `BFM.set_command_address(addr);
        `BFM.set_command_byte_enable(byte_enable, 0);
        `BFM.set_command_idle(0, 0);                      ──〈生成するバス・アクセス方法に従って，BFMにバス・トランザクション内容を示すコマンド・パラメータを準備する〉
        `BFM.set_command_init_latency(0);
        `BFM.set_command_burst_count(1);
        `BFM.set_command_burst_size(1);
        if (req == REQ_WRITE) `BFM.set_command_data(data, 0);
        //
        `BFM.push_command();   ──〈BFMコマンドを実行〉
        while(1)
        begin
            @(posedge `BFM.clk);                             ──〈バス・トランザクションのレスポンスが戻るまで待つ〉
            if (`BFM.get_response_queue_size() > 0) break;
        end
        `BFM.pop_response();   ──〈BFMレスポンスを獲得する〉
        //
        if (req == REQ_READ) data = `BFM.get_response_data(0);  ──〈リード・トランザクションならリード・データを取り込む〉
    endtask : Task_BFM_Common

    //--------------------
    // Task : Read 32bit
    //--------------------
    task automatic Task_BFM_Read32
    (
        int unsigned addr,                                 ──〈Avalon-MMバス・マスタBFMが，32ビット幅でデータ・リードするためのタスクを定義〉
        output int unsigned data
    );
        Task_BFM_Common(REQ_READ, addr, 'hf, data);
        $display("----RD32---- addr=0x%08x data=0x%08x", addr, data);
    endtask : Task_BFM_Read32

    //--------------------
    // Task : Write 32bit
    //--------------------
    task automatic Task_BFM_Write32
    (
        int unsigned addr,                                 ──〈Avalon-MMバス・マスタBFMが，32ビット幅でデータ・ライトするためのタスクを定義〉
        input int unsigned data
    );
        Task_BFM_Common(REQ_WRITE, addr, 'hf, data);
        $display("----WR32---- addr=0x%08x data=0x%08x", addr, data);
    endtask : Task_BFM_Write32

    //----------------
    // Main Routine
    //----------------
    initial  ──〈シミュレーション開始後，1回だけ実行される〉
    begin
        int unsigned data;
        //----------------
        // Initialize
        //----------------
        `BFM.init();  ──〈Avalon-MMバス・マスタBFMを初期化する〉
```

```
        wait(`BFM.reset == 0);        ← リセットがネゲートされるまで待つ
        //---------------
        // Call DPI-C
        //---------------
        dpi_main();                    ← Verilog記述内からC言語の関数「dpi_main()」をコール
        //---------------
        // Finish
        //---------------
        #100;      ⎫
        $stop;     ⎬  100ns待ってからシミュレーションを一時停止
    end
endmodule : QSYS_CORE_tm              ← QSYS_COREのテスト・モジュールの定義終了
```

リスト8　C言語混在検証用最上位記述「top.v」
C：¥CQ-MAX10¥Projects¥PROJ_MM_Slave¥FPGA¥DPI¥top.v

```
module top();
    QSYS_CORE_tb tb();     ← QSYS_COREのテストベンチ記述(Verilog HDL)
    QSYS_CORE_tm tm();     ← Avalon_MM_Master_BFMの制御記述(System Verilog)
endmodule
```

リスト9　検証用C言語記述「dpi_main.c」
C：¥CQ-MAX10¥Projects¥PROJ_MM_Slave¥FPGA¥DPI¥dpi_main.c

```c
#include "svdpi.h"
#include "dpiheader.h"
#include <stdio.h>

//-----------------------
// DPI-C Main Routine
//-----------------------
int dpi_main(void)
{
    unsigned int addr, data;

    printf("Reset Negated.\n");         ← dpi_main()が起動するのはリセット解除直後なので
                                          その旨のメッセージを出力
    //--------------------------
    // On Chip Memory R/W Test
    //--------------------------
    printf("On Chip Memory R/W Test\n");
    //
    addr = 0x0000100; data = 0x00112233;              ⎫
    Task_BFM_Write32(addr, data);                     ⎬ 0x0100番地へのメモリ・ライト
    printf("WR Addr=0x%08x Data=0x%08x\n", addr, data); ⎭
    //
    addr = 0x00000104; data = 0x44556677;             ⎫
    Task_BFM_Write32(addr, data);                     ⎬ 0x0104番地へのメモリ・ライト
    printf("WR Addr=0x%08x Data=0x%08x\n", addr, data); ⎭
    //
    addr = 0x0000100;                                 ⎫
    Task_BFM_Read32(addr, &data);                     ⎬ 0x0100番地からのメモリ・リード
    printf("RD Addr=0x%08x Data=0x%08x\n", addr, data); ⎭

    addr = 0x00000104;                                ⎫
    Task_BFM_Read32(addr, &data);                     ⎬ 0x0104番地からのメモリ・リード
    printf("RD Addr=0x%08x Data=0x%08x\n", addr, data); ⎭

    //--------------------
    // End of Simulation
    //--------------------
    return 0;
}
```

リスト10 ModelSim実行スクリプト「dpi_run.do」
C：¥CQ-MAX10¥Projects¥PROJ_MM_Slave¥FPGA¥DPI¥dpi_run.do

```
# Compile HDL for Simulation                        ← Quartus Primeが自動生成した
do ../simulation/modelsim/FPGA_run_msim_rtl_verilog.do   コンパイル・スクリプトを実行

# Compile Testbench for DPI-C
vlog -work work -sv \                                ← クロック信号生成モデルをコンパイル
    ../QSYS_CORE/testbench/QSYS_CORE_tb/simulation/submodules/altera_avalon_clock_source.sv \
    -L altera_common_sv_packages
vlog -work work -sv \                                ← リセット信号生成モデルをコンパイル
    ../QSYS_CORE/testbench/QSYS_CORE_tb/simulation/submodules/altera_avalon_reset_source.sv \
    -L altera_common_sv_packages
vlog -work work     ../QSYS_CORE/testbench/QSYS_CORE_tb/simulation/QSYS_CORE_tb.v
vlog -work work -sv QSYS_CORE_tm.sv -L altera_common_sv_packages      QSYS_CORE_tb.v
vlog -work work     top.v                                              QSYS_CORE_tm.sv
vlog -sv -dpiheader dpiheader.h QSYS_CORE_tm.sv -L altera_common_sv_packages   top.vをコンパイル
vlog -work work dpi_main.c    ← C言語dpi_main.cをModelSimでコンパイル

# Start Simulator
vsim -gui work.top -Lf altera_mf_ver \       QSYS_CORE_tm.svからC言語の
    -Lf altera_common_sv_packages \          ヘッダ・ファイルを自動生成する．
    -Lf error_adapter_0 \                    dpi_main.cが参照する
    -Lf avalon_st_adapter \
    -Lf rsp_mux \
    -Lf cmd_mux \
    -Lf cmd_demux \
    -Lf onchip_memory2_0_s1_burst_adapter \
    -Lf router_001 \                         論理シミュレータを起動する．FPGA_run_msim_rtl_verilog.do内
    -Lf router \                             での各論理記述のコンパイル先が異なるライブラリなので，それぞれ
    -Lf onchip_memory2_0_s1_agent_rsp_fifo \  指定する．なお，コンパイル先のライブラリのリストは，
    -Lf onchip_memory2_0_s1_agent \          C:¥CQ-MAX10¥Projects¥PROJ_MM_Slave¥FPGA¥simulation¥
    -Lf mm_master_bfm_0_m0_agent \           modelsim¥FPGA_iputf_input¥mentor¥msim_libs.txt
    -Lf onchip_memory2_0_s1_translator \     に出力されているので，そのファイルを元にして左のように編集する
    -Lf mm_master_bfm_0_m0_translator \
    -Lf rst_controller \
    -Lf mm_interconnect_0 \
    -Lf onchip_memory2_0 \
    -Lf mm_master_bfm_0

# Record all Signals
log -r *    ← シミュレーション中，全信号を記録することを指示

# Add Waves
add wave -position end -divider "Clock and Reset"
add wave -position end -hex sim:/top/tb/qsys_core_inst_clk_bfm_clk_clk
add wave -position end -hex sim:/top/tb/qsys_core_inst_reset_bfm_reset_reset
#
add wave -position end -divider "MM Master BFM"
add wave -position end -hex sim:/top/tb/qsys_core_inst/mm_master_bfm_0/avm_address
add wave -position end -hex sim:/top/tb/qsys_core_inst/mm_master_bfm_0/avm_read
add wave -position end -hex sim:/top/tb/qsys_core_inst/mm_master_bfm_0/avm_readdata
add wave -position end -hex sim:/top/tb/qsys_core_inst/mm_master_bfm_0/avm_readdatavalid
add wave -position end -hex sim:/top/tb/qsys_core_inst/mm_master_bfm_0/avm_write
add wave -position end -hex sim:/top/tb/qsys_core_inst/mm_master_bfm_0/avm_writedata
add wave -position end -hex sim:/top/tb/qsys_core_inst/mm_master_bfm_0/avm_waitrequest
#
add wave -position end -divider "On Chip Memory"
add wave -position end -hex sim:/top/tb/qsys_core_inst/onchip_memory2_0/chipselect
add wave -position end -hex sim:/top/tb/qsys_core_inst/onchip_memory2_0/address
add wave -position end -hex sim:/top/tb/qsys_core_inst/onchip_memory2_0/byteenable
add wave -position end -hex sim:/top/tb/qsys_core_inst/onchip_memory2_0/wren
add wave -position end -hex sim:/top/tb/qsys_core_inst/onchip_memory2_0/write
add wave -position end -hex sim:/top/tb/qsys_core_inst/onchip_memory2_0/readdata
add wave -position end -hex sim:/top/tb/qsys_core_inst/onchip_memory2_0/writedata

# Run Simulation       論理シミュレーションを開始．        表示する信号波形を指定する．シミュレーション
run -all  ←           $stop;または$finish;で停止する      を止めて，お好みの信号を追加してもよい
```

便宜的な記述ですが，今後のシステム構築のひな形として使ってください．

また，QSysでテストベンチも自動生成しており，その記述「QSYS_CORE_tb.v」をリスト6に示します．

クロック供給用の動作モデルとリセット生成用の動作モデルも自動生成されて接続されています．

これにより，シミュレーション実行時に特に指示しなくてもクロックとリセットが自動的に印加されます．

リスト11 Avalon-MMインターフェースによるRAMのリード/ライト検証実行結果

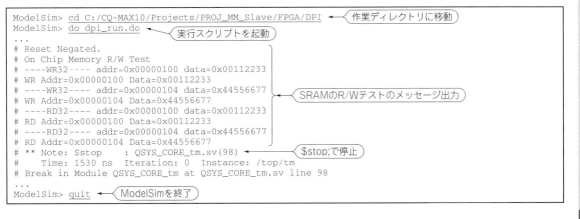

図6 Avalon-MMインターフェースによるRAMのリード/ライト動作波形

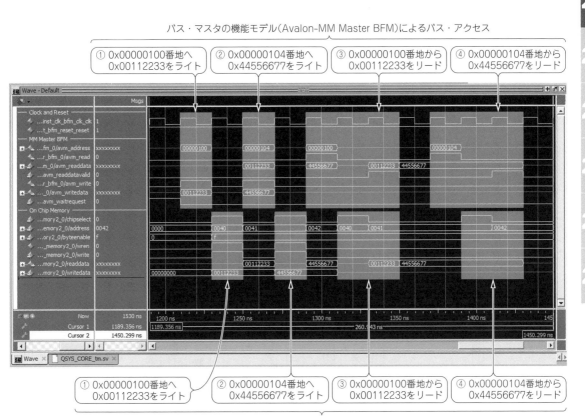

　図5の作業が終われば，論理シミュレーション対象の準備が整ったことになります．

● C言語とVerilog混在シミュレーションの準備
　C言語とVerilog混在シミュレーションを行うためのDPI環境を準備します．

　ディレクトリ「C：¥CQ-MAX10¥Projects¥PROJ_MM_Slave¥FPGA」の下に新規ディレクトリ「DPI」を作って，その下にこれから作成するファイルを置いて作業してください．

● System Verilog 記述「QSYS_CORE_tm.sv」の作成

まず，DPI シミュレーションの核となる System Verilog 記述「QSYS_CORE_tm.sv」を，**リスト 7** のとおり作成してください．基本構成は先に説明した DPI 用 System Verilog 記述と同じです．ここでは，C 言語側から呼び出される Avalon-MM Master BFM のバス・サイクル生成タスクとして，リード用に `Task_BFM_Read32()` を，ライト用に `Task_BFM_Write32()` を記述しています．

これらのタスクは共通のタスク `Task_BFM_Common()` を呼び出しており，この中では，Avalon-MM Master BFM を操作するタスクをたたいています．

各タスクの詳細は，参考文献(2)を参照してください．「QSYS_CORE_tm.sv」の中では，initial 文の中で，C 言語側の関数「`dpi_main()`」をコールしています．この関数内で，Avalon-MM Master BFM を制御するシーケンスを記述します．

● C言語混在検証環境の最上位記述「top.v」の作成

C 言語混在検証環境の最上位記述 top.v を**リスト 8**に示すように作成してください．単に，モジュール「QSYS_CORE_tb」と「QSYS_CORE_tm」をインスタンス化して並べただけで，信号結線は何もないものです．論理シミュレータに，使用する記述階層を教えるためのものです．

● 検証用 C 言語記述「dpi_main.c」の作成

Avalon-MM Master BFM が生成するバス・サイクルを指示するための検証用 C 言語記述 dpi_main.c を，**リスト 9** に従って作成してください．やっていることは，`Task_BFM_Write32()` でライトしたデータを `Task_BFM_Read32()` で読み出しているだけです．

ここでは，読み出し結果のベリファイ（比較）は C 言語上では行っていません．論理シミュレーション波形で確認することにします．

● ModelSim 実行スクリプト「dpi_run.do」の作成

論理シミュレーション実行スクリプト「dpi_run.do」を，**リスト 10** に従って作成してください．QSYS_CORE 以下の Verilog HDL 記述のコンパイルは，Quartus Prime が自動生成したスクリプトをそのまま使うようにしていますが，各記述がバラバラのシミュレーション用ライブラリにコンパイルされるので，シミュレーション・コマンド vsim 実行時に -L オプションでそれぞれを指定しています．

そのライブラリにコンパイルされたかは，**リスト 10** 内に記載したとおり，「msim_libs.txt」というファイルに出力されているので，それを参考にしてスクリプトを編集してください．

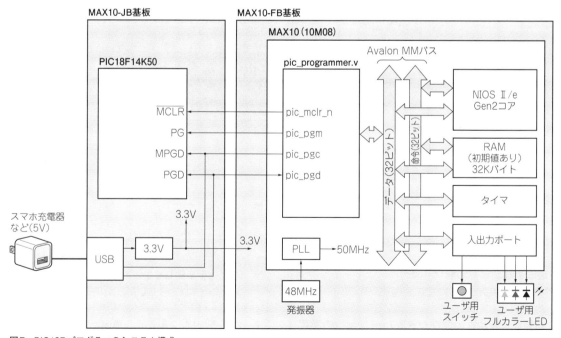

図7 PIC18F プログラマのシステム構成

● シミュレーションを実行する

ここまでできたら，シミュレーションを実行してみましょう．ModelSim の Transcript ウィンドウの中でリスト11に示すようにディレクトリを移動して，実行スクリプト「dpi_run.do を」起動します．C言語記述 dpi_main.c の printf() 文が生成したメッセージが表示されていれば OK です．

ModelSim を終了する前に，波形ウィンドウに表示された動作波形を確認してください．図6のようになっていると思います．

マスタ側が生成したバス・サイクルがそのまま生でスレーブ側に伝わっているわけではなく，間に

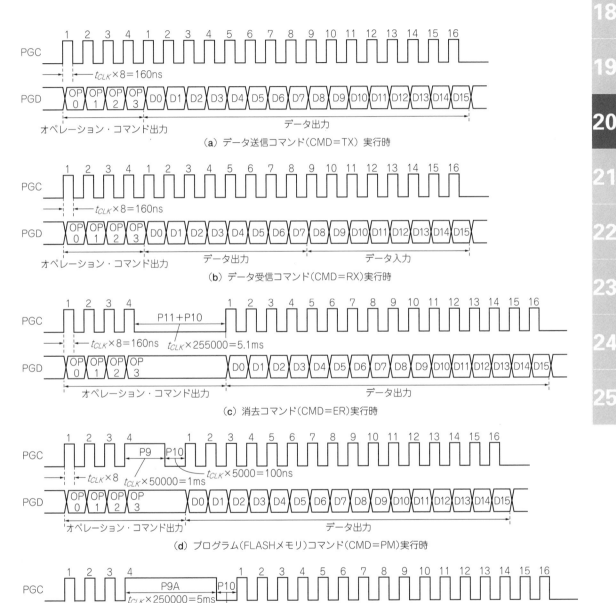

図8 PICプログラム専用SPIモジュール pic_programmer の動作タイミング

表2　PICプログラム専用SPIモジュールpic_programmerのレジスタ

レジスタ名		REG_PIC_CSR			
レジスタ意味		PICプログラム専用同期式シリアル コントロール・ステータス・レジスタ			
アドレス・オフセット		0x00（NIOS II空間では0xFFFF2000番地にアサイン）			
ビット	ビット名	初期値	R/W	意　味	
31	PGM	0	R/W	PIC_PGM信号レベル設定 　0：PIC_PGM = Low レベル 　1：PIC_PGM = High レベル	
30	MCLR	0	R/W	PIC_MCLR_n信号レベル設定 　0：PIC_MCLR_n = Low レベル 　1：PIC_MCLR_n = High レベル	
29-24	リザーブ	0	R	リザーブ・ビット（ライト値は常に0にすること）	
23	IE	0	R/W	割り込みイネーブル 　0：割り込みディセーブル 　1：割り込みイネーブル	
22	DONE	0	R/C	転送終了フラグ 　リード値が0：Tx/Rx動作が完了していない 　リード値が1：Tx/Rx動作が完了した 　ライト値が0：ノー・オペレーション 　ライト値が1：このビットをクリアする	
21-4	リザーブ	0	R	リザーブ・ビット（ライト値は常に0にすること）	
3-0	CMD	0000	R/S	コマンド 　リード値が0x0：コマンド非ビジー状態 　リード値が0x0以外：コマンド・ビジー状態 　ライト値が0x0(NOP)：ノー・オペレーション 　ライト値が0x1(TX)：データ送信（4ビット＋16ビット） 　ライト値が0x2(RX)：データ受信（4ビット＋16ビット） 　ライト値が0x3(ER)：消去（4ビット＋16ビット） 　ライト値が0x4(PF)：プログラム（FLASH，4ビット＋16ビット） 　ライト値が0x5(PC)：プログラム（コンフィグ・ワード，4ビット＋16ビット）	

（a）PICプログラム専用同期式シリアルのコントロール・ステータス・レジスタ

レジスタ名		REG_PIC_DAT		
レジスタ意味		PICプログラム専用同期式シリアル　送受信データ・レジスタ		
アドレス・オフセット		0x04（NIOS II空間では0xFFFF2004番地にアサイン）		
ビット	ビット名	初期値	R/W	意　味
31-28	OP3...OP0	0000	R/W	オペコード（4ビット）
27-16	リザーブ	0...0	R	リザーブ・ビット（ライト値は常に0にすること）
15-8	D15...D8 （MSB）	0...0	R/W	送受信データ（上位） 　送信時：上位8ビット・データ 　受信時：受信データ（8ビット）
7-0	D7...D0 （LSB）	0...0	R/W	送信データ（下位） 　送信時：下位8ビット・データ

（b）PICプログラム専用同期式シリアルの送受信データ・レジスタ

Avalon-MMインターコネクト論理による調停やパイプライン制御が入りますので，互いに少しタイミングがずれていることに注意してください．

Avalon-MMインターフェースのスレーブIP「pic_programmer」の設計

● PIC18Fプログラマのシステム構成

第5章で説明したとおり，出荷時点のMAX10-FB基板上のFPGAには，対になるMAX10-JB基板上のPIC18FマイコンにUSB Blaster等価機能を実現するプログラムを書き込むための，プログラマ機能を実装してありました．

PICマイコンのFLASHメモリへの書き込みには，特殊なタイミングのSPI（Serial Peripheral Interface）通信が必要です．そのプログラマ機能のシステム構成を図7に示します．

MAX10-FB基板上のFPGA内にはNios IIシステムを構築し，その周辺機能としてPICプログラム用の特殊なSPI通信機能pic_programmerを設計して

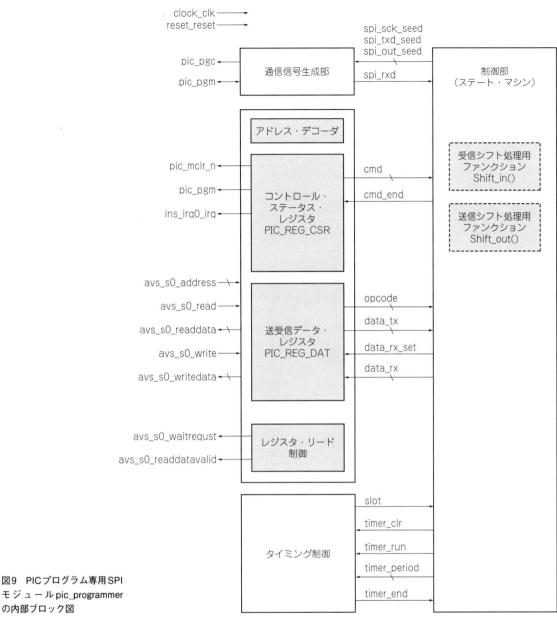

図9 PICプログラム専用SPIモジュールpic_programmerの内部ブロック図

接続しました．

●pic_programmerは20ビット同期式シリアル通信

pic_programmerによるPICマイコンのFLASHメモリの書き込み操作は，PGC信号をクロック，PGD信号をデータとした同期式シリアル通信が基本です．PICマイコンの外部（FPGA側）がホスト，PICマイコン側がスレーブに対応します．PGC信号はホスト側が出力し，PGD信号はトランザクションの向きに応じた双方向データ信号です．

1回の同期式シリアル通信トランザクションは，20ビット（20クロック）を一つの単位としています．最初の4ビットはオペレーション・コマンドを送信し，残りの16ビットでデータを送受信します．

データをPICマイコンに送信する場合は，**図8(a)**のように，オペレーション・コマンドの後に16ビット・データを連続して送信します．

データをPICマイコンから受信する場合は，**図8(b)**のように，オペレーション・コマンドの後に，8ビッ

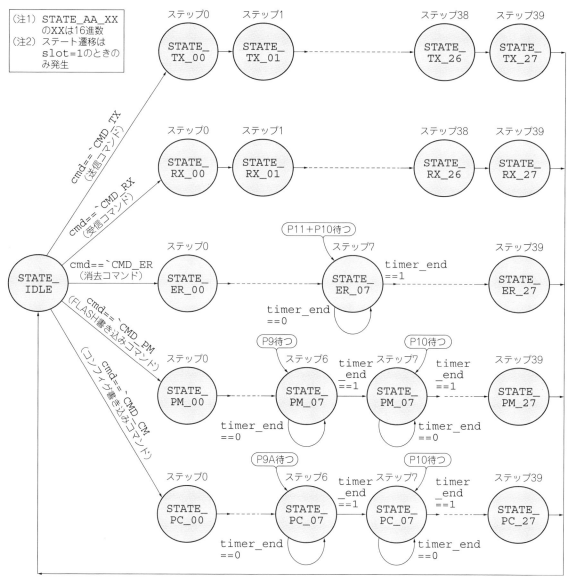

図10　PICプログラム専用SPIモジュールpic_programmerの状態遷移図

トぶんのデータをダミー送信し，その後の8ビットでPDG信号の向きが入力方向に切り替わり，8ビットぶんのデータを受信します．

PICマイコンのFLASHメモリを消去する場合は，図8(c)のように，オペレーション・コマンドの最後のビット送信中にPGCのL期間を5.1msに延ばす必要があります．

PICマイコンのFLASHメモリへの書き込みを行う場合は，図8(d)のように，オペレーション・コマンドの最後のビット送信中のPGCのH期間を1ms，L期間を100nsに延ばす必要があります．

PICマイコンのコンフィグレーション・ワードへの書き込みを行う場合は，図8(e)のように，オペレーション・コマンドの最後のビット送信中のPGCのH期間を5msに，L期間を100nsに延ばす必要があります．

● pic_programmerの制御用レジスタ仕様

PICプログラム用のSPI通信機能pic_programmerとしては，図8に示した五つの動作モードが必要になります．この機能をNios II CPUコアから制御するためのレジスタ仕様を表2に示します．

リスト12 pic_programmer.vのモジュール定義

```verilog
//========================================================
// PIC Programmer
//========================================================
`timescale 1 ps / 1 ps
module pic_programmer (
    input  wire [7:0]  avs_s0_address,      //  avs_s0.address
    input  wire        avs_s0_read,         //        .read
    output reg  [31:0] avs_s0_readdata,     //        .readdata
    input  wire        avs_s0_write,        //        .write
    input  wire [31:0] avs_s0_writedata,    //        .writedata
    output wire        avs_s0_waitrequest,  //        .waitrequest
    output reg         avs_s0_readdatavalid,//        .readdatavalid
    input  wire        clock_clk,           //   clock.clk
    input  wire        reset_reset,         //   reset.reset
    output wire        ins_irq0_irq,        // ins_irq0.irq
    output wire        pic_mclr_n,          //     pic.mclr_n
    output wire        pic_pgm,             //        .pgm
    output wire        pic_pgc,             //        .pgc
    inout  wire        pic_pgd              //        .pgd
);
              ← モジュール名と，その入出力信号の定義

//----------------
// Define Command
//----------------
`define CMD_NOP 4'b0000
`define CMD_TX  4'b0001
`define CMD_RX  4'b0010    ← コントロール・ステータス・レジスタREG_PIC_CSRの
`define CMD_ER  4'b0011      ビット3～ビット0に書き込む操作コマンドの定義
`define CMD_PM  4'b0100
`define CMD_PC  4'b0101

//----------------
// Clock and Reset
//----------------
wire clk;
wire reset;
assign clk = clock_clk;      ← クロックとリセットの信号乗せ換え
assign reset = reset_reset;

...
...
...

endmodule
```

REG_PIC_DATレジスタにオペレーション・コマンドと送信データをセットしてから，REG_PIC_CSRレジスタのCMDフィールドに表2に示した各コマンド値をライトすると，図8に示した各トランザクション動作を開始します．

データ受信動作については，受信した8ビット幅データがREG_PIC_DATレジスタ内の受信データ・フィールドに格納されます．

図8に示した個々のトランザクションが完了すると，REG_PIC_CSRレジスタのDONEビットがセットされます．DONEビットは1をライトするとクリアできます．IEビットをセットしておくと，割り込みを要求することができます．

PICマイコンの書き込みモードの遷移と解除を行うためのMCLR信号とPGM信号のレベルは，REG_PIC_CSRレジスタのMCLRビットとPGMビットでそれぞれ直接操作します．

● pic_programmerの内部ブロック図と状態遷移図

pic_programmerの内部ブロック図を図9に示します．論理構造としては，図9の左半分がデータ・パス，右半分が制御部（ステート・マシン）に対応します．また，制御部の状態遷移図を図10に示します．

クロック出力（PGC）や，送信データ出力（PGDの出力側），およびPGD信号の出力駆動信号は，通信信号生成部でクロックでたたいて波形整形して出力されますが，その大元の信号は制御部のステート・マシン内の組み合わせ回路で生成されたものを使っています．

制御部のステート・マシンの遷移は，REG_PIC_CSRレジスタのCMDフィールドに設定した値（cmd）をトリガとして開始します．

一連の20ビットぶんの通信トランザクションが終了したら，制御部からコマンド終了信号（cmd_end）が出力され，CMDフィールドをクリアして，次のコ

リスト13 pic_programmer.vの通信信号生成部

```verilog
//------------------
// PGC and PGD          ← (PICとのSPI通信信号の生成部)
//------------------
reg spi_sck;
reg spi_sck_seed;
reg spi_txd;
reg spi_txd_seed;
reg spi_out;
reg spi_out_seed;
reg spi_rxd;
//
assign pic_pgc = spi_sck;                    ← (pic_pgcは常時出力)
assign pic_pgd = (spi_out)? spi_txd : 1'bz;  ← (pic_pgdは双方向(spi_out=1で出力ドライブ))
//
always @(posedge clk, posedge reset)
begin
    if (reset)
    begin
        spi_sck <= 1'b0;
        spi_txd <= 1'b0;
        spi_out <= 1'b0;
    end
    else
    begin
        spi_sck <= spi_sck_seed;
        spi_txd <= spi_txd_seed;
        spi_out <= spi_out_seed;
    end
end
//
always @(posedge clk, posedge reset)
begin
    if (reset)
        spi_rxd <= 1'b0;
    else if (spi_sck & ~spi_sck_seed) // neg edge of spi_sck
        spi_rxd <= pic_pgd;
end
```

(SPI出力信号(クロック，送信データ，出力ドライブ)にグリッチを載せないようにするためのクロック叩き(D-F/Fから出力))

(SPI受信データの取り込み(spi_sckの立ち下がりエッジでラッチする))

リスト14 pic_programmer.vのアドレス・デコーダ

```verilog
//------------------
// Address Decoder
//------------------
wire sel_reg_pic_csr;
wire sel_reg_pic_dat;
assign sel_reg_pic_csr = (avs_s0_address[0] == 1'b0);
assign sel_reg_pic_dat = (avs_s0_address[0] == 1'b1);
```

(制御レジスタのアドレス・デコーダ．REG_PIC_CSRのアドレスは0x00 REG_PIC_DATのアドレスは0x04 (本モジュールのAvalon-MMバスのアドレスは，データ幅32ビットを1アドレスとして振る))

リスト17 pic_programmer.vのレジスタ・リード制御

```verilog
//----------------------
// Read Operation    ← (レジスタのリード制御)
//----------------------
always @(posedge clk, posedge reset)
begin
    if (reset)
        avs_s0_readdata <= 32'h00000000;
    else if (sel_reg_pic_csr & avs_s0_read)
        avs_s0_readdata <= reg_pic_csr;
    else if (sel_reg_pic_dat & avs_s0_read)
        avs_s0_readdata <= reg_pic_dat;
end
//
assign avs_s0_waitrequest = 1'b0;    ← (常時ノー・ウェイト)
//
always @(posedge clk, posedge reset)
begin
    if (reset)
        avs_s0_readdatavalid <= 1'b0;
    else
        avs_s0_readdatavalid <= avs_s0_read;
end
```

(バスのリード時に，リード・データをREG_PIC_CSRかREG_PIC_DATのいずれかから取得してセット)

(リード値確定信号(avs_0_readdatavalid)は，リード・ストローブ(avs_0_read)を1サイクル遅らせた信号とする．これが実際のリード・データavs_0_readdataに同期する)

リスト15 pic_programmer.vのコントロール・ステータス・レジスタREG_PIC_CSR

```verilog
//---------------------
// REG_PIC_CSR          ← ( コントロール・ステータス・レジスタREG_PIC_CSR )
//---------------------
reg  [31:0] reg_pic_csr;
wire        ie;
wire        done;
wire [ 3:0] cmd;
reg         cmd_end;
//
always @(posedge clk, posedge reset)
begin
    if (reset)
    begin
        reg_pic_csr[29:24] <= 0;
        reg_pic_csr[21: 4] <= 0;
    end
    else
    begin                                    ( REG_PIC_CSRのリザーブ・ビットの処理(常時ゼロ) )
        reg_pic_csr[29:24] <= 0;
        reg_pic_csr[21: 4] <= 0;
    end
end
//
always @(posedge clk, posedge reset)
begin
    if (reset)                                        ( 出力信号pic_pgm, pic_mclr_nのレベルを )
        reg_pic_csr[31:30] <= 2'b00;                  ( それぞれ制御するビットPGMとビットMCLR )
    else if (sel_reg_pic_csr & avs_s0_write)          ( (バスからライト)                       )
        reg_pic_csr[31:30] <= avs_s0_writedata[31:30];
end
assign pic_pgm   = reg_pic_csr[31];    ( 出力信号pic_pgm, pic_mclr_nの生成 )
assign pic_mclr_n = reg_pic_csr[30];
//
always @(posedge clk, posedge reset)
begin
    if (reset)
        reg_pic_csr[23] <= 1'b0;                      ( 割り込み要求信号をイネーブルにするビットIRQ )
    else if (sel_reg_pic_csr & avs_s0_write)          ( (バスからライト)                             )
        reg_pic_csr[23] <= avs_s0_writedata[23];
end
assign ie = reg_pic_csr[23];           ( 割り込み要求信号ins_irq0_irqの生成                 )
assign ins_irq0_irq = ie & done;       ( (割り込み要求のソースは転送終了フラグのdone信号) )
//
always @(posedge clk, posedge reset)
begin
    if (reset)
        reg_pic_csr[22] <= 1'b0;
    else if (cmd_end)                                 ( 転送終了フラグDONE        )
        reg_pic_csr[22] <= 1'b1;                      ( (セットは, cmd_endで,     )
    else if (sel_reg_pic_csr & avs_s0_write & avs_s0_writedata[22])  ( クリアはバスからの )
        reg_pic_csr[22] <= 1'b0;                      ( 1ライトで)                )
end
assign done = reg_pic_csr[22];   ← ( 転送終了フラグのdone信号の生成 )
//
always @(posedge clk, posedge reset)
begin
    if (reset)
        reg_pic_csr[3:0] <= 4'b0000;                  ( モジュール制御コマンドCMD           )
    else if (sel_reg_pic_csr & avs_s0_write)          ( (バスからのライトで値を設定し,      )
        reg_pic_csr[3:0] <= avs_s0_writedata[3:0];    ( cmd_end信号でクリアされる)          )
    else if (cmd_end)
        reg_pic_csr[3:0] <= 4'b0000;
end
assign cmd = reg_pic_csr[3:0];   ← ( モジュール制御コマンド信号cmdの生成 )
```

表3 pic_programmerのPICマイコン・インターフェース信号

Name	Signal Type	Width	Direction	信号の意味
pic_mclr_n	mclr_n	1	output	PICリセット信号
pic_pgm	pgm	1	output	PIC PGM信号(モード設定)
pic_pgc	pgc	1	output	PIC PGC信号(シリアル・クロック)
pic_pgd	pgd	1	bidir	PIC PGD信号(シリアル・データ)

リスト16 pic_programmer.vの送受信データ・レジスタREG_PIC_DAT

```verilog
//-----------------------
// REG_PIC_DAT              ←――――――――  送受信データ・レジスタREG_PIC_DAT
//-----------------------
reg   [31:0] reg_pic_dat;
wire  [ 3:0] opcode;
wire  [15:0] data_tx;
reg   [ 7:0] data_rx;                    送信データは，バスからのライトでセット．
reg          data_rx_set;                受信データは，data_rx_set信号でビット15～ビット8にセット
//
always @(posedge clk, posedge reset)
begin
    if (reset)
        reg_pic_dat <= 32'h00000000;
    else if (sel_reg_pic_dat & avs_s0_write)
        reg_pic_dat <= {avs_s0_writedata[31:28], 12'h000, avs_s0_writedata[15:0]};
    else if (data_rx_set)
        reg_pic_dat <= {reg_pic_dat[31:28], 12'h000, data_rx, 8'h00};
end
assign opcode  = reg_pic_dat[31:28];     送信用オペコードopcodeと，
assign data_tx = reg_pic_dat[15: 0];     送信用16ビット・データdata_txを生成
```

リスト18 pic_programmer.vのタイミング生成部

```verilog
//-------------------------------
// Timing Slot          ←――――――  タイミング・スロットの生成
//-------------------------------
wire         slot; // one each 8clocks
reg  [2:0]   slot_count;
always @(posedge clk, posedge reset)
begin
    if (reset)
        slot_count <= 3'b000;             8クロックに1回，1周期の期間だけHIGHレベル
    else if (slot_count == 3'b111)        になるタイミング・スロット信号slotを生成．
        slot_count <= 3'b000;             本モジュールの制御動作タイミングの基準になる
    else
        slot_count <= slot_count + 3'b001;
end
assign slot = (slot_count == 3'b111);
//-----------------------------          PICマイコンのFLASHメモリの消去と，
// Timer for Erase and Program  ←――――――  書き込み時の長時間タイマ
//-----------------------------
`ifdef SIMULATION
    `define PERIOD_ER 32'd2550           PERIOD_ER：消去時のPGCロー期間
    `define PERIOD_PM 32'd0500           シミュレーション用の    PERIOD_PM：FLASH書き込み時のPGCハイ期間
    `define PERIOD_PC 32'd2500           短時間タイマの          PERIOD_PC：コンフィグ書き込み時のPGCハイ期間
    `define PERIOD_DC 32'd0050           パラメータ定義          PERIOD_DC：書き込み後のPGCロー期間
`else
    `define PERIOD_ER 32'd255000 // P11+P10 = 5.1ms = 255000cyc@50MHz
    `define PERIOD_PM 32'd050000 // P9      = 1.0ms =  50000cyc@50MHz      実動作用の長時間タイマの
    `define PERIOD_PC 32'd250000 // P9A     = 5.0ms = 250000cyc@50MHz      パラメータ定義
    `define PERIOD_DC 32'd005000 // P10     = 0.1ms =   5000cyc@50MHz
`endif
//
reg  [31:0] timer;
reg  [31:0] timer_cmp;
reg  [31:0] timer_period;
reg         timer_clr;
reg         timer_run;
wire        timer_end;
//
always @(posedge clk, posedge reset)
begin
    if (reset)
        timer <= 32'h00000000;
    else if (timer_clr)                   ● timer_clrでタイマ・カウンタtimerをクリア
        timer <= 32'h00000000;            ● timer_runでタイマ・カウンタtimerをカウント・アップ
    else if (timer_run)
        timer <= timer + 32'h00000001;
end
//
always @(posedge clk, posedge reset)
begin
    if (reset)                                timer_clrでコンペア・マッチ・レジスタtimer_cmpに，
        timer_cmp <= 32'h00000000;            timer_periodをセット(timer_periodには，上記`define
    else if (timer_clr)                       で定義した値のいずれかを制御部がセットする)
        timer_cmp <= timer_period;
end                                           タイマ・カウンタtimerがコンペア・マッチ・レジスタtimer_cmp
assign timer_end = (timer >= timer_cmp);      以上になったらtimer_endをセット
```

リスト19 pic_programmer.vのステート・マシン基本部

```verilog
//-------------------
// State Control      ← 制御部(ステート・マシン)
//-------------------
`define STATE_IDLE 12'h000
`define STATE_TX    12'h1??
`define STATE_TX_00 (12'h100 + 12'h000)
`define STATE_TX_27 (12'h100 + 12'h027)
`define STATE_RX    12'h2??
`define STATE_RX_00 (12'h200 + 12'h000)
`define STATE_RX_18 (12'h200 + 12'h018)
`define STATE_RX_27 (12'h200 + 12'h027)
`define STATE_ER    12'h3??
`define STATE_ER_00 (12'h300 + 12'h000)
`define STATE_ER_06 (12'h300 + 12'h006) // clear timer
`define STATE_ER_07 (12'h300 + 12'h007) // keep PGC low for P11
`define STATE_ER_27 (12'h300 + 12'h027)
`define STATE_PM    12'h4??
`define STATE_PM_00 (12'h400 + 12'h000)
`define STATE_PM_05 (12'h400 + 12'h005) // clear timer
`define STATE_PM_06 (12'h400 + 12'h006) // keep PGC high for P9
`define STATE_PM_07 (12'h400 + 12'h007) // keep PGC low for P10
`define STATE_PM_27 (12'h400 + 12'h027)
`define STATE_PC    12'h5??
`define STATE_PC_00 (12'h500 + 12'h000)
`define STATE_PC_05 (12'h500 + 12'h005) // clear timer
`define STATE_PC_06 (12'h500 + 12'h006) // keep PGC high for P9A
`define STATE_PC_07 (12'h500 + 12'h007) // keep PGC low for P10
`define STATE_PC_27 (12'h500 + 12'h027)
//
reg [11:0] state;       ← 現状態
reg [11:0] state_next;  ← 次状態
//
always @(posedge clk, posedge reset)
begin
    if (reset)
        state <= `STATE_IDLE;
    else if (slot)
        state <= state_next;
end
//
always @*
begin   ← 次状態と制御信号を生成する組み合わせ回路
    //-------------------
    // Default Controls
    //-------------------
    state_next = `STATE_IDLE;
    //
    cmd_end = 1'b0;
    //
    spi_sck_seed = 1'b0;
    spi_txd_seed = 1'b0;
    spi_out_seed = 1'b0;
    //
    data_rx = 8'h00;
    data_rx_set = 1'b0;
    //
    timer_period = 32'h00000000;
    timer_clr = 1'b0;
    timer_run = 1'b0;

(ステート・マシンの組み合わせ回路は，リスト20に続く)
```

- ステート・マシンの状態の定義
- ステート・マシンの状態遷移制御部（slot=1のときだけ状態遷移させる．状態遷移は8サイクルに1回となる）
- 次状態と制御信号のデフォルト値を設定する．デフォルト以外の値を出力するときは，後続のブロッキング代入文で値を変更する

マンド指示に備えます．

送信用データ(オペレーション・コードopcodeと，送信データdata_tx)は，REG_PIC_DATレジスタから制御部に送られ，ステート・マシンの組み合わせ回路内のファンクションShift_Out()を使ってシリアル信号化して，通信信号生成部に送られます(spi_rxd_seed)．同時に，SPIクロック信号と出力ドライブ信号も送られます(spi_sck_seed, spi_out_seed)．

受信時は，通信信号生成部から受けた受信信号(spi_rxd)を制御部が受け取り，ステート・マシンの組み合わせ回路内のファンクションShift_In()

リスト20 pic_programmer.vのステート・マシンの送受信制御部

```verilog
    //-------------
    // Dispatch
    //-------------
    casez (state)
        //---------------
        // STATE_IDLE       状態STATE_IDLE：入力コマンドに対応してディスパッチ
        //---------------
        `STATE_IDLE :
        begin
            if (cmd == `CMD_TX)
                state_next = `STATE_TX_00;
            else if (cmd == `CMD_RX)
                state_next = `STATE_RX_00;
            else if (cmd == `CMD_ER)                    入力されたコマンドに応じてステート遷移．
                state_next = `STATE_ER_00;              コマンドが未入力なら同じ状態に留まる
            else if (cmd == `CMD_PM)
                state_next = `STATE_PM_00;
            else if (cmd == `CMD_PC)
                state_next = `STATE_PC_00;
            else
                state_next = `STATE_IDLE;
        end
        //---------------
        // STATE_TX_xxx     状態STATE_TX_00～状態STATE_TX_27：
        //---------------   20ビットの送信制御(0x28=40ステップ)
        `STATE_TX :
        begin                                                       ・sckはstateの最下位ビット
            spi_sck_seed = ~state[0];                                 の反転
            spi_txd_seed = Shift_Out(state[5:0], opcode, data_tx);  ・txdはopcode(4ビット)と
            spi_out_seed = 1'b1;                                      data_tx(20ビット)の
            //                                                        各ビットを順に出力
            if (state == `STATE_TX_27)                              ・outは1を出力(送信)
            begin
                cmd_end = 1'b1 & slot;
                state_next = `STATE_IDLE;           全部で0x28(10進数で40)ステップ実行したら，cmd_endを
            end                                     slotに同期して1にして状態STATE_IDLEに戻る
            else
            begin
                state_next = state + 12'h001;
            end
        end
        //---------------                                           ・sckはstateの最下位ビットの反転
        // STATE_RX_xxx     状態STATE_RX_00～状態STATE_RX_27：       ・txdはopcode(4ビット)と
        //---------------   前半12ビットは送信制御，後半8ビットは受信制御  ゼロ(16ビット)の各ビットを順に出力
                            (0x28=40ステップ)                        ・outは前半24ステップだけ1を出力
        `STATE_RX :                                                   (送信時)
        begin
            spi_sck_seed = ~state[0];
            spi_txd_seed = Shift_Out(state[5:0], opcode, 16'h0000);
            spi_out_seed = (state < `STATE_RX_18)? 1'b1 : 1'b0;
            //
            data_rx_set = (state < `STATE_RX_18)? 1'b0 : state[0] & slot;   24ステップ以降(受信)，
            data_rx = Shift_In(state[5:0], spi_rxd, reg_pic_dat[15:8]);     受信データrxdをシフト
            //                                                              しながらデータ・レジス
            if (state == `STATE_RX_27)                                      タに格納
            begin
                cmd_end = 1'b1 & slot;
                state_next = `STATE_IDLE;
            end                                     全部で0x28(10進数で40)ステップ実行したら，cmd_endを
            else                                    slotに同期し1にして，状態STATE_IDLEに戻る
            begin
                state_next = state + 12'h001;
            end
        end
```

(ステート・マシンの組み合わせ回路は，リスト21に続く)

がREG_PIC_CSRレジスタの受信データ格納フィールド内に，1ビットずつシフトしながら格納していきます(data_rx, data_rx_set).

制御部のステート・マシンの状態は，PGCクロックのH幅およびL幅のパルス幅(システム・クロックで8サイクルぶんの160ns)の単位で遷移させ，この

リスト21 pic_programmer.vのステート・マシンの消去用通信と書き込み用通信の制御部

```verilog
            //---------------
            // STATE_ER_xxx      状態STATE_ER_00～状態STATE_ER_27：
            //---------------     消去用20ビットの送信制御(0x28=40ステップ)
            `STATE_ER :
            begin
                spi_sck_seed = ~state[0];
                spi_txd_seed = Shift_Out(state[5:0], opcode, data_tx);   ─ シリアル送信処理
                spi_out_seed = 1'b1;
                //
                timer_period = (state == `STATE_ER_06)? `PERIOD_ER : 32'h00000000;
                timer_clr = (state == `STATE_ER_06) & slot;
                timer_run = (state == `STATE_ER_07); // stay during this state
                //
                if (state == `STATE_ER_07)
                begin
                    state_next = (timer_end)? state + 12'h001 : state;
                end
                else if (state == `STATE_ER_27)
                begin
                    cmd_end = 1'b1 & slot;
                    state_next = `STATE_IDLE;
                end
                else
                begin
                    state_next = state + 12'h001;
                end
            end
            //---------------     状態STATE_PM_00～状態STATE_PM_27
            // STATE_PM_xxx       :FLASH書き込み用20ビットの送信制御
            //---------------       (0x28=40ステップ)
            `STATE_PM :
            begin
                spi_sck_seed = ~state[0];
                spi_txd_seed = Shift_Out(state[5:0], opcode, data_tx);   ─ シリアル送信処理
                spi_out_seed = 1'b1;
                //
                timer_period = (state == `STATE_PM_05)? `PERIOD_PM :
                               (state == `STATE_PM_06)? `PERIOD_DC : 32'h00000000;
                timer_clr = ((state == `STATE_PM_05) | ((state == `STATE_PM_06) & timer_end))
                            & slot;
                timer_run = ((state == `STATE_PM_06) | (state == `STATE_PM_07));
                //
                if ((state == `STATE_PM_06) | (state == `STATE_PM_07))
                begin
                    state_next = (timer_end)? state + 12'h001 : state;
                end
                else if (state == `STATE_PM_27)
                begin
                    cmd_end = 1'b1 & slot;
                    state_next = `STATE_IDLE;
                end
                else
                begin
                    state_next = state + 12'h001;
                end
            end
```

（ステート・マシンの組み合わせ回路は，リスト22に続く）

注釈:
- 消去用にPGCのLOW期間を延ばすため，6ステップ目の状態で時限タイマをクリアし，7ステップ目の状態で時限タイマをインクリメント
- 7ステップ目の状態でtimer_endまで待ち，全部で0x28(10進数で40)ステップ実行したら，cmd_endをslotに同期し1にして，状態STATE_IDLEに戻る
- FLASHのプログラム用に，6ステップ目と，7ステップ目を時限タイマで延長する
- 6ステップ目と7ステップ目の状態でtimer_endまで待ち，全部で0x28(10進数で40)ステップ実行したら，cmd_endをslotに同期し1にして，状態STATE_IDLEに戻る

状態ごとにPGCクロック信号のレベルをトグルしています．このため，システム・クロック8サイクルに1サイクルだけHレベルになるslot信号を作って，状態遷移のタイミングにしています．

さらに，図8(c)～図8(e)のように，通信中にPGCクロック信号を決められた時間だけ延長する必要があり，そのためのタイマ機能を用意してあります(timer_clr, timer_run, timer_period, timer_end)．これらslot信号の生成機能と待ち時間生成用のタイマ機能は，タイミング生成部の中に構築してあります．

● pic_programmerのVerilog HDL記述

以上の考え方をベースにして設計したpic_programmerのVerilog HDL記述「pic_programmer.v」を分割して，リスト12～リスト23に示します．

リスト22 pic_programmer.vのステート・マシンのコンフィグレーション書き込み用通信の制御部

```verilog
            //---------------
            // STATE_PC_xxx       状態STATE_PC_00～状態STATE_PC_27
            //---------------    ：コンフィグレーション・ビット書き込み用20ビットの送信制御(0x28=40ステップ)
            `STATE_PC :
            begin
                spi_sck_seed = ~state[0];
                spi_txd_seed = Shift_Out(state[5:0], opcode, data_tx);    ── シリアル送信処理
                spi_out_seed = 1'b1;
                //
                timer_period = (state == `STATE_PC_05)? `PERIOD_PC :
                               (state == `STATE_PC_06)? `PERIOD_DC : 32'h00000000;
                timer_clr = ((state == `STATE_PC_05) | ((state == `STATE_PC_06) & timer_end))
                            & slot;
                timer_run = ((state == `STATE_PC_06) | (state == `STATE_PC_07));
                //
                if ((state == `STATE_PC_06) | (state == `STATE_PC_07))
                begin                                                         コンフィグ・ビットのプログラム用に，6ステップ目と7ステップ目を，時限タイマで延長する
                    state_next = (timer_end)? state + 12'h001 : state;
                end
                else if (state == `STATE_PC_27)
                begin                                                         6ステップ目と7ステップ目の状態でtimer_endまで待ち，全部で0x28(10進数で40)ステップ実行したら，cmd_endをslotに同期し1にして，状態STATE_IDLEに戻る
                    cmd_end = 1'b1 & slot;
                    state_next = `STATE_IDLE;
                end
                else
                begin
                    state_next = state + 12'h001;
                end
            end
            //---------------
            // Default
            //---------------
            default :                                                         case文のdefault処理．ここに到達することはないが，初期状態に戻す処理を書いておく
            begin
                state_next = `STATE_IDLE; // do not reach here
            end
        endcase
end
```

リスト24 PICプログラム専用SPIモジュールのひな形「pic_programmer.v」

これをリスト12～リスト23に示したように編集する．C:\CQ-MAX10\Projects\PROJ_MM_Slave\FPGA\pic_programmer.v

```verilog
module pic_programmer (
    input   wire [7:0]  avs_s0_address,
    input   wire        avs_s0_read,
    output  wire [31:0] avs_s0_readdata,         ── Avalon-MMバス信号
    input   wire        avs_s0_write,
    input   wire [31:0] avs_s0_writedata,
    output  wire        avs_s0_waitrequest,
    output  wire        avs_s0_readdatavalid,
    input   wire        clock_clk,               ── クロックとリセット
    input   wire        reset_reset,
    output  wire        ins_irq0_irq,            ── 割り込み要求出力
    output  wire        pic_mclr_n,
    output  wire        pic_pgm,
    output  wire        pic_pgc,                 ── PICマイコンとのインターフェース信号
    inout   wire        pic_pgd
    );

    // TODO: Auto-generated HDL template

    assign avs_s0_readdata = 32'b00000000000000000000000000000000;

    assign avs_s0_waitrequest = 1'b0;

    assign avs_s0_readdatavalid = 1'b0;          ── 自動生成されたひな形では，出力信号は固定されている

    assign ins_irq0_irq = 1'b0;

    assign pic_pgm = 1'b0;

    assign pic_mclr_n = 1'b0;

    assign pic_pgc = 1'b0;

endmodule
```

リスト23 pic_programmer.vのシフト処理用ファンクション

```verilog
//-----------------------
// Function : Shift_In      ← 受信シフト処理用ファンクション(STATE_RX_xxx内で使用)
//-----------------------
function [7:0] Shift_In
(
    input [5:0] state,
    input       sin,
    input [7:0] data_rx
);
    casez (state)
        6'b01100? : Shift_In = {data_rx[7:1], sin              };
        6'b01101? : Shift_In = {data_rx[7:2], sin, data_rx[0  ]};
        6'b01110? : Shift_In = {data_rx[7:3], sin, data_rx[1:0]};
        6'b01111? : Shift_In = {data_rx[7:4], sin, data_rx[2:0]};
        6'b10000? : Shift_In = {data_rx[7:5], sin, data_rx[3:0]};
        6'b10001? : Shift_In = {data_rx[7:6], sin, data_rx[4:0]};
        6'b10010? : Shift_In = {data_rx[7  ], sin, data_rx[5:0]};
        6'b10011? : Shift_In = {              sin, data_rx[6:0]};
        default   : Shift_In = data_rx;
    endcase
endfunction
```
state番号の下位6ビットが24ステップ目以降，2ステップごとに，受信データをシフト入力していく

```verilog
//-----------------------
// Function : Shift_Out     ← 送信シフト処理用ファンクション(STATE_IDLE以外のすべてのステート内で使用)
//-----------------------
function Shift_Out
(
    input [ 5:0] state,
    input [ 3:0] opcode,
    input [15:0] data_tx
);
    casez (state)
        6'b00000? : Shift_Out = opcode[0];
        6'b00001? : Shift_Out = opcode[1];
        6'b00010? : Shift_Out = opcode[2];
        6'b00011? : Shift_Out = opcode[3];
        6'b00100? : Shift_Out = data_tx[ 0];
        6'b00101? : Shift_Out = data_tx[ 1];
        6'b00110? : Shift_Out = data_tx[ 2];
        6'b00111? : Shift_Out = data_tx[ 3];
        6'b01000? : Shift_Out = data_tx[ 4];
        6'b01001? : Shift_Out = data_tx[ 5];
        6'b01010? : Shift_Out = data_tx[ 6];
        6'b01011? : Shift_Out = data_tx[ 7];
        6'b01100? : Shift_Out = data_tx[ 8];
        6'b01101? : Shift_Out = data_tx[ 9];
        6'b01110? : Shift_Out = data_tx[10];
        6'b01111? : Shift_Out = data_tx[11];
        6'b10000? : Shift_Out = data_tx[12];
        6'b10001? : Shift_Out = data_tx[13];
        6'b10010? : Shift_Out = data_tx[14];
        6'b10011? : Shift_Out = data_tx[15];
        default   : Shift_Out = 1'b0;
    endcase
endfunction

endmodule
```
state番号の下位6ビットの2ステップごとに，送信データをシフト出力していく

それぞれ，図9のブロック図に対応しています．

「pic_programmer」のC言語混在シミュレーション

●QSysによるpic_programmerコンポーネントの作成手順

先に作成した，バス・マスタ機能モデルAvalon-MM Master BFMにRAMを接続して，DPIによるC言語混在シミュレーションを行った環境「C:¥CQ-MAX10¥Projects¥PROJ_MM_Slave¥FPGA」の中に，さらに新たに設計したpic_programmerを接続して，同様にC言語から制御しながら論理シミュレーションしてみたいと思います．

まずは，Quartus Primeで，プロジェクト「C：¥CQ-MAX10¥Projects¥PROJ_MM_Slave¥FPGA¥FPGA.qpf」を開いた状態から作業します．図11に示す手順で，QSysを使ってpic_programmerのコンポーネントを作成します．

Qsysのコンポーネント作成機能にはさまざまな形

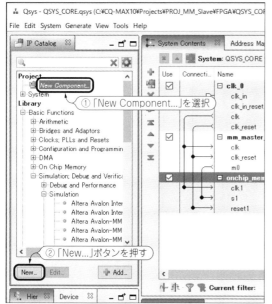
（a）Avalon-MM Master BFMとRAMを接続した
　　QSysを開き，新規コンポーネントを作成する

（b）Component Editorが開く

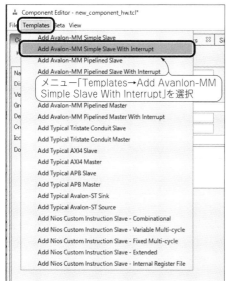
（c）Avalon-MMスレーブ（割り込み出力付き）
　　のテンプレートを選択する

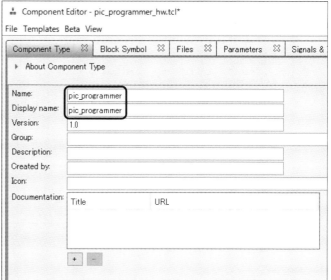
（d）「Name」と「Display name」にpic_programmerと入力

図11　pic_programmerコンポーネントの作成手順
この手順のあと，「pic_programmer.v」をリスト12〜リスト23に示したように編集して目標とする機能を実装する

式のひな形が用意されており，Avalon-MMスレーブIP機能も含まれています．

ここではその割り込み要求出力信号付きのひな形（Avalon-MM Simple Slave With Interrupt）を使います．途中，図11(j)の段階で追加するPICマイコン・インターフェース信号の設定内容は，表3を参照し

てください．

図11の作業により，リスト24に示すpic_programmerのひな形コンポーネントができます．ここで初めて「pic_programmer.v」を，リスト12〜リスト23に示したように編集してください．

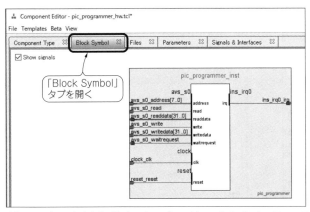

(e) テンプレートから生成したスレーブ・モジュールのインターフェース信号を確認しておく

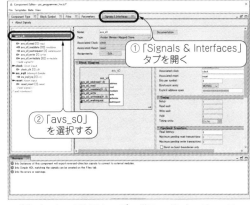

(f) Avalon-MMスレーブ・バス・インターフェース「avs_s0」を編集する

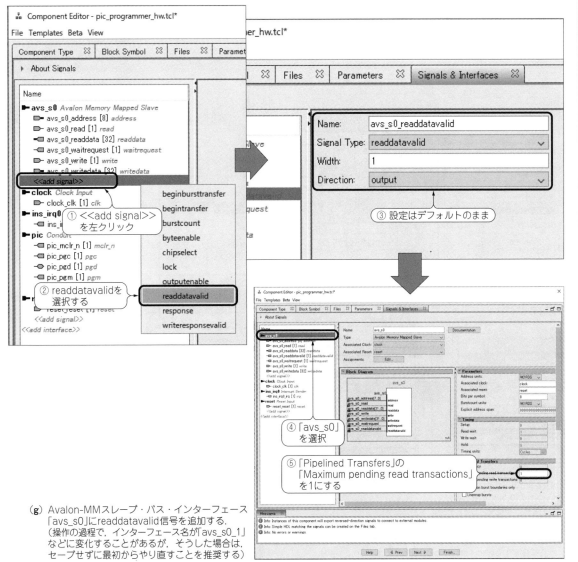

(g) Avalon-MMスレーブ・バス・インターフェース「avs_s0」にreaddatavalid信号を追加する．（操作の過程で，インターフェース名が「avs_s0_1」などに変化することがあるが，そうした場合は，セーブせずに最初からやり直すことを推奨する）

「pic_programmer」のC言語混在シミュレーション

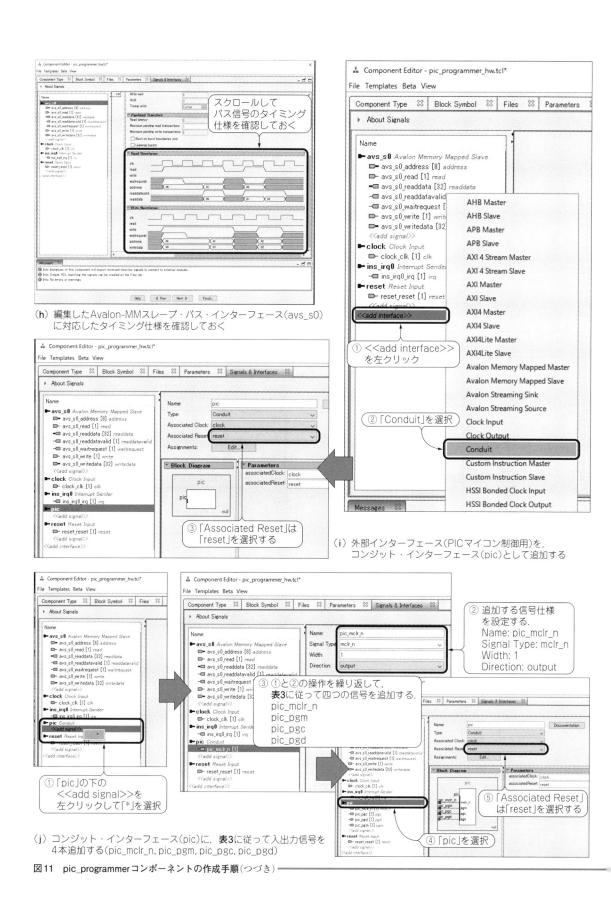

図11 pic_programmerコンポーネントの作成手順（つづき）

(k) 最終的なインターフェース信号を確認する

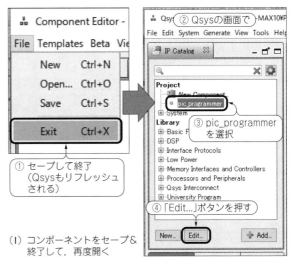

(l) コンポーネントをセーブ＆終了して，再度開く

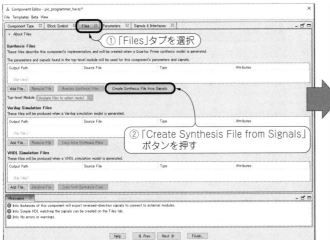

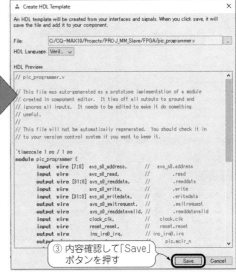

(m) コンポーネントのテンプレート「pic_programmer.v」を，ディレクトリ「...¥PROJ_MM_Slave¥FPGA」内に生成する

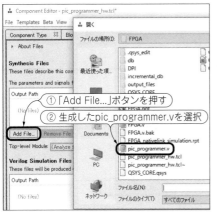

(n) 生成した「pic_programmer.v」を論理合成用記述として追加

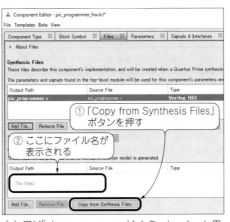

(o) 同じ「pic_programmer.v」をシミュレーション用記述として追加

(p) コンポーネントをセーブ＆終了（...¥FPGA¥pic_programmer_hw.tclができる）

「pic_programmer」のC言語混在シミュレーション　423

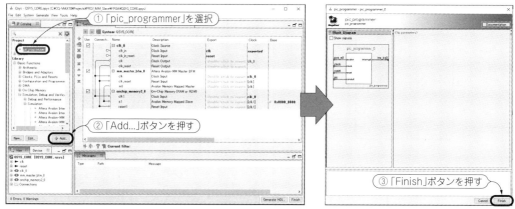

(a) Avalon-MM Master BFMとRAMを接続したQSysを開き,pic_programmerを追加する

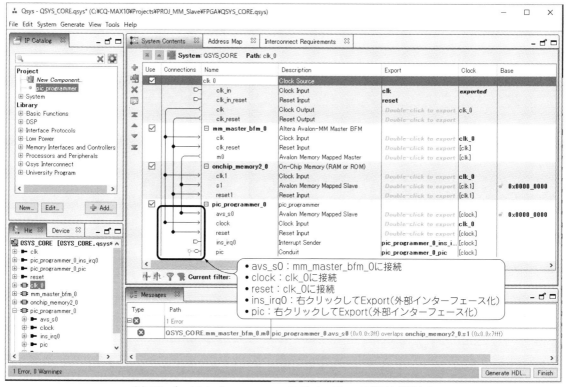

(b) コンポーネントpic_programmerのインターフェース信号を結線する

(c) コンポーネントpic_programmerのマスタから見たアドレス範囲を指定する.エラーが消えることを確認する.いったんQSysファイルをセーブしておく(QSYS_CORE.qsys)

図12 pic_programmerコンポーネントのQSysへの組み込みと論理シミュレーションの準備

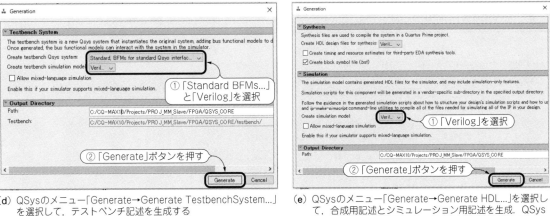

(d) QSysのメニュー「Generate→Generate TestbenchSystem...」を選択して，テストベンチ記述を生成する

(e) QSysのメニュー「Generate→Generate HDL...」を選択して，合成用記述とシミュレーション用記述を生成．QSysファイル(QSYS_CORE.qsys)をセーブしてQSysを終了する

(g) Quartus PrimeからModelSimを起動する．自動生成したコンパイル用スクリプトが起動して，いったん論理記述全体のコンパイルが行われる（なお，今回のDPIベースのシミュレーションでは，リスト29に示すコマンド操作により，リスト28のスクリプト「dpi_run.do」を起動して，あらためて記述全体のコンパイルを行いシミュレーションを実行する）

(f) Quartus Primeでリスト25(b)に従ってFPGA.vを編集し，「Analysis & Synthesis」を選択して，論理記述を解析して合成させる

リスト25 検証対象システムのVerilog HDL記述

```
module QSYS_CORE (
    clk_clk,
    reset_reset_n,
    pic_programmer_0_ins_irq0_irq,
    pic_programmer_0_pic_mclr_n,
    pic_programmer_0_pic_pgm,
    pic_programmer_0_pic_pgc,
    pic_programmer_0_pic_pgd);

    input       clk_clk;
    input       reset_reset_n;
    output      pic_programmer_0_ins_irq0_irq;
    output      pic_programmer_0_pic_mclr_n;
    output      pic_programmer_0_pic_pgm;
    output      pic_programmer_0_pic_pgc;
    inout       pic_programmer_0_pic_pgd;
endmodule
```

(a) 自動生成したQSYS_COREのモジュール・インターフェース
(C:\CQ-MAX10\Projects\PROJ_MM_Slave\FPGA\QSYS_CORE\QSYS_CORE_bb.v)

```
//--------------------
// Top of the FPGA
//--------------------
module FPGA
(
    input   wire clk,
    input   wire res_n,
    output  wire irq,
    output  wire pic_mclr_n,
    output  wire pic_pgm,
    output  wire pic_pgc,
    inout   wire pic_pgd
);

//--------------
// QSYS_CORE
//--------------
QSYS_CORE uQSYS_CORE
(
    .clk_clk                        (clk),
    .reset_reset_n                  (res_n),
    .pic_programmer_0_ins_irq0_irq  (irq),
    .pic_programmer_0_pic_mclr_n    (pic_mclr_n),
    .pic_programmer_0_pic_pgm       (pic_pgm),
    .pic_programmer_0_pic_pgc       (pic_pgc),
    .pic_programmer_0_pic_pgd       (pic_pgd)
);
endmodule
```

(b) FPGA最上位階層を編集(C:\CQ-MAX10\Projects\PROJ_MM_Slave\FPGA\FPGA.v)

リスト26 自動生成されたQSYS_COREのテストベンチ「QSYS_CORE_tb.v」

C：¥CQ-MAX10¥Projects¥PROJ_MM_Slave¥FPGA¥QSYS_CORE¥testbench¥QSYS_CORE_tb¥simulation¥QSYS_CORE_tb.v

```verilog
// QSYS_CORE_tb.v

// Generated using ACDS version 15.1 189

`timescale 1 ps / 1 ps
module QSYS_CORE_tb (         ← QSYS_CORE用テストベンチ「QSYS_CORE_tb」の定義（入出力信号なし）
    );

    wire        sys_core_inst_clk_bfm_clk_clk;
    wire        qsys_core_inst_pic_programmer_0_pic_pgm;
    wire        qsys_core_inst_pic_programmer_0_pic_pgd;
    wire        qsys_core_inst_pic_programmer_0_pic_mclr_n;
    wire        qsys_core_inst_pic_programmer_0_pic_pgc;
    wire        irq_mapper_receiver0_irq;
    wire [0:0]  sys_core_inst_pic_programmer_0_ins_irq0_bfm_irq_irq;

    QSYS_CORE qsys_core_inst (
        .clk_clk                         (qsys_core_inst_clk_bfm_clk_clk),
        .pic_programmer_0_ins_irq0_irq   (irq_mapper_receiver0_irq),
        .pic_programmer_0_pic_mclr_n     (qsys_core_inst_pic_programmer_0_pic_mclr_n),    ← QSYS_CORE
        .pic_programmer_0_pic_pgm        (qsys_core_inst_pic_programmer_0_pic_pgm),        のインスタン
        .pic_programmer_0_pic_pgc        (qsys_core_inst_pic_programmer_0_pic_pgc),        ス化
        .pic_programmer_0_pic_pgd        (qsys_core_inst_pic_programmer_0_pic_pgd),
        .reset_reset_n                   (qsys_core_inst_reset_bfm_reset_reset)
    );

    altera_avalon_clock_source #(
        .CLOCK_RATE (50000000),
        .CLOCK_UNIT (1)
    ) qsys_core_inst_clk_bfm (                      ← クロック供給用動作モデル（50MHz出力）
        .clk (qsys_core_inst_clk_bfm_clk_clk)
    );

    altera_avalon_interrupt_sink #(
        .ASSERT_HIGH_IRQ        (1),
        .AV_IRQ_W               (1),
        .ASYNCHRONOUS_INTERRUPT (0),
        .VHDL_ID                (0)                 ← 割り込み信号受け取り動作モデル
    ) qsys_core_inst_pic_programmer_0_ins_irq0_bfm (   （Verilog記述のAPIから、割り込
        .clk   (qsys_core_inst_clk_bfm_clk_clk),       み信号の状態を知ることができる）
        .reset (~qsys_core_inst_reset_bfm_reset_reset),
        .irq   (qsys_core_inst_pic_programmer_0_ins_irq0_bfm_irq_irq)
    );

    altera_conduit_bfm qsys_core_inst_pic_programmer_0_pic_bfm (
        .clk       (qsys_core_inst_clk_bfm_clk_clk),
        .reset     (qsys_core_inst_reset_bfm_reset_reset),         ← コンジット信号（PICインターフェース）
        .sig_mclr_n (qsys_core_inst_pic_programmer_0_pic_mclr_n),     の入出力動作モデル（Verilog記述の
        .sig_pgm   (qsys_core_inst_pic_programmer_0_pic_pgm),        APIから各信号の入出力を制御できる）
        .sig_pgc   (qsys_core_inst_pic_programmer_0_pic_pgc),
        .sig_pgd   (qsys_core_inst_pic_programmer_0_pic_pgd)
    );

    altera_avalon_reset_source #(
        .ASSERT_HIGH_RESET    (0),
        .INITIAL_RESET_CYCLES (50)                  ← リセット生成用動作モデル（シミュレーション起動
    ) qsys_core_inst_reset_bfm (                       後、50サイクルの間、リセットをアサートする）
        .reset (qsys_core_inst_reset_bfm_reset_reset),
        .clk   (qsys_core_inst_clk_bfm_clk_clk)
    );

    altera_irq_mapper irq_mapper (
        .clk           (qsys_core_inst_clk_bfm_clk_clk),
        .reset         (~qsys_core_inst_reset_bfm_reset_reset),      ← 割り込み信号の受け渡
        .receiver0_irq (irq_mapper_receiver0_irq),                      しインターフェース
        .sender_irq    (qsys_core_inst_pic_programmer_0_ins_irq0_bfm_irq_irq)  （ただのスルー・パス）
    );

endmodule
```

リスト29　pic_programmerの検証実行結果

```
ModelSim> cd C:/CQ-MAX10/Projects/PROJ_MM_Slave/FPGA/DPI
ModelSim> do dpi_run.do
...
# Reset Negated.
# On Chip Memory R/W Test                      SRAMライト・リード・テスト
# ----WR32---- addr=0x00000100 data=0x00112233
# WR Addr=0x00000100 Data=0x00112233
# ----WR32---- addr=0x00000104 data=0x44556677
# WR Addr=0x00000104 Data=0x44556677
# ----RD32---- addr=0x00000100 data=0x00112233
# RD Addr=0x00000100 Data=0x00112233
# ----RD32---- addr=0x00000104 data=0x44556677
# RD Addr=0x00000104 Data=0x44556677
# ----WR32---- addr=0xffff2004 data=0xb000abcd
# ----WR32---- addr=0xffff2000 data=0xc0800001   データ送信テスト
# ----RD32---- addr=0xffff2000 data=0xc0800001
...
# ----RD32---- addr=0xffff2000 data=0xc0800001
# ----RD32---- addr=0xffff2000 data=0xc0800001
# ----RD32---- addr=0xffff2000 data=0x00c00000
# ----WR32---- addr=0xffff2000 data=0x00c00000
# ----WR32---- addr=0xffff2004 data=0xd0000000
# ----WR32---- addr=0xffff2000 data=0x00800002   データ受信テスト
# ----RD32---- addr=0xffff2000 data=0x00800002
...
# ----WR32---- addr=0xffff2000 data=0x00800002
# ----RD32---- addr=0xffff2000 data=0x00800002
# ----RD32---- addr=0xffff2000 data=0x00c00000
# ----WR32---- addr=0xffff2000 data=0x00c00000
# ----WR32---- addr=0xffff2004 data=0xa0000000
# ----WR32---- addr=0xffff2000 data=0x00800003   消去コマンド送信テスト
# ----RD32---- addr=0xffff2000 data=0x00800003
...
# ----RD32---- addr=0xffff2000 data=0x00800003
# ----RD32---- addr=0xffff2000 data=0x00800003
# ----RD32---- addr=0xffff2000 data=0x00c00000
# ----WR32---- addr=0xffff2000 data=0x00c00000
# ----WR32---- addr=0xffff2004 data=0x50001234
# ----WR32---- addr=0xffff2000 data=0x00800004   FLASH書き込みコマンド送信テスト
# ----RD32---- addr=0xffff2000 data=0x00800004
...
# ----RD32---- addr=0xffff2000 data=0x00800004
# ----RD32---- addr=0xffff2000 data=0x00800004
# ----RD32---- addr=0xffff2000 data=0x00c00000
# ----WR32---- addr=0xffff2000 data=0x00c00000
# ----WR32---- addr=0xffff2004 data=0xe0005678
# ----WR32---- addr=0xffff2000 data=0x00800005   コンフィグレーション書き込みコマンド送信テスト
# ----RD32---- addr=0xffff2000 data=0x00800005
...
# ----RD32---- addr=0xffff2000 data=0x00800005
# ----RD32---- addr=0xffff2000 data=0x00800005
# ----RD32---- addr=0xffff2000 data=0x00c00000
# ----WR32---- addr=0xffff2000 data=0x00c00000
# ** Note: $stop   : QSYS_CORE_tm.sv(98)
#    Time: 147810 ns  Iteration: 0  Instance: /top/tm
# Break in Module QSYS_CORE_tm at QSYS_CORE_tm.sv line 98

VSim X> quit -sim
ModelSim> quit
```

● **pic_programmer コンポーネントの QSys への組み込みと論理シミュレーション**

　QSys 内のシステムに pic_programmer コンポーネントを組み込んで，システム全体を仕上げて論理シミュレーションしましょう．

　その準備手順を**図12**に示します．この中で作成する，または自動生成されるファイルについていくつか説明します．

　QSys で作成したシステムの Verilog HDL は自動生成されています．そのモジュール・インターフェース記述「QSYS_CORE_bb.v」を**リスト25(a)**に示します．これをインスタンス化する形で，FPGAの最上位記述 FPGA.v を**リスト25(b)**に従って作成してください．

　また，QSys でテストベンチも自動生成しており，その記述「QSYS_CORE_tb.v」を**リスト26**に示しま

リスト27　pic_programmerの検証用C言語記述「dpi_main.c」
C：¥CQ-MAX10¥Projects¥PROJ_MM_Slave¥FPGA¥DPI¥dpi_main.c

```c
#include "svdpi.h"
#include "dpiheader.h"
#include <stdio.h>

#define REG_PIC_CSR 0xffff2000
#define REG_PIC_DAT 0xffff2004

//------------------------
// DPI-C Main Routine
//------------------------
int dpi_main(void)
{
    unsigned int addr, data;

    printf("Reset Negated.\n");

    //------------------------
    // On Chip Memory R/W Test       ← リスト9と同じ
    //------------------------
    ...

    //------------------------
    // PIC Programmer Tx Test   データ送信テスト
    //------------------------
    Task_BFM_Write32(REG_PIC_DAT, 0xb000abcd);     ← 送信する4ビットopcodeと16ビット・データをセット
    Task_BFM_Write32(REG_PIC_CSR, 0xC0800001);     ← データ送信コマンド
    do                                               （pic_mclr_nとpic_pgmは，Hを出力させる）
    {
        Task_BFM_Read32(REG_PIC_CSR, &data);       ← 送信が完了するまで待つ
        data = data & 0x0000000f;                    （DONEフラグがセットされるまで待つ）
    }
    while(data != 0);
    Task_BFM_Write32(REG_PIC_CSR, 0x00c00000); // clear flag   ← DONEフラグをクリア

    //------------------------
    // PIC Programmer Rx Test   データ受信テスト
    //------------------------
    Task_BFM_Write32(REG_PIC_DAT, 0xd0000000);     ← 送信する4ビットopcodeとNOP命令をセット
    Task_BFM_Write32(REG_PIC_CSR, 0x00800002);     ← データ受信コマンド
    do                                               （pic_mclr_nとpic_pgmは，Lを出力させる）
    {
        Task_BFM_Read32(REG_PIC_CSR, &data);       ← 送受信が完了するまで待つ
        data = data & 0x0000000f;                    （DONEフラグがセットされるまで待つ）
    }
    while(data != 0);
    Task_BFM_Write32(REG_PIC_CSR, 0x00c00000); // clear flag   ← DONEフラグをクリア
```

す．クロック供給用の動作モデルとリセット生成用の動作モデルに加えて，PICインターフェース信号を入出力するためのコンジットBFMが追加されています．

さらに，pic_programmerが出力する割り込み信号の状態を監視する，割り込み関連BFMも追加されています．

本章の説明では，このコンジットBFMや割り込み関連BFMは動作させません．詳細は参考文献(2)を参照してください．

図12の作業が終われば，論理シミュレーション対象の準備が整ったことになります．

● C言語とVerilog混在シミュレーションを行うためのDPI環境

C言語とVerilog混在シミュレーションを行うためのDPI環境は，先に作成したディレクトリ「C：¥CQ-MAX10¥Projects¥PROJ_MM_Slave¥FPGA¥DPI」をそのまま流用します．

System Verilog記述「QSYS_CORE_tm.sv」はリスト7と同じものを，最上位記述「top.v」はリスト8と同じものをそのまま使います．

● 検証用C言語記述「dpi_main.c」の作成

Avalon-MM Master BFMが生成するバス・サイクルを指示するための検証用C言語記述「dpi_main.c」

```
    //---------------------------
    // PIC Programmer Erase Test          消去コマンド送信テスト
    //---------------------------
    Task_BFM_Write32(REG_PIC_DAT, 0xa0000000);      ← 送信する4ビットopcodeとNOP命令をセット
    Task_BFM_Write32(REG_PIC_CSR, 0x00800003);      ← 消去コマンド
    do                                                (pic_mclr_nとpic_pgmは，Lを出力させる)
    {
        Task_BFM_Read32(REG_PIC_CSR, &data);        ← 送信が完了するまで待つ
        data = data & 0x0000000f;                      (DONEフラグがセットされるまで待つ)
    }
    while(data != 0);
    Task_BFM_Write32(REG_PIC_CSR, 0x00c00000); // clear flag   ← DONEフラグをクリア

    //----------------------------------------
    // PIC Programmer Program Memory Test     FLASH書き込みコマンド送信テスト
    //----------------------------------------
    Task_BFM_Write32(REG_PIC_DAT, 0x50001234);      ← 送信する4ビットopcodeと16ビット・データをセット
    Task_BFM_Write32(REG_PIC_CSR, 0x00800004);      ← FLASH書き込みコマンド
    do                                                (pic_mclr_nとpic_pgmは，Lを出力させる)
    {
        Task_BFM_Read32(REG_PIC_CSR, &data);        ← 送信が完了するまで待つ
        data = data & 0x0000000f;                      (DONEフラグがセットされるまで待つ)
    }
    while(data != 0);
    Task_BFM_Write32(REG_PIC_CSR, 0x00c00000); // clear flag   ← DONEフラグをクリア

    //----------------------------------------
    // PIC Programmer Program Config Test     コンフィグレーション書き込みコマンド送信テスト
    //----------------------------------------
    Task_BFM_Write32(REG_PIC_DAT, 0xe0005678);      ← 送信する4ビットopcodeと16ビット・データをセット
    Task_BFM_Write32(REG_PIC_CSR, 0x00800005);      ← コンフィグレーション書き込みコマンド
    do                                                (pic_mclr_nとpic_pgmは，Lを出力させる)
    {
        Task_BFM_Read32(REG_PIC_CSR, &data);        ← 送信が完了するまで待つ
        data = data & 0x0000000f;                      (DONEフラグがセットされるまで待つ)
    }
    while(data != 0);
    Task_BFM_Write32(REG_PIC_CSR, 0x00c00000); // clear flag   ← DONEフラグをクリア

    //--------------------
    // End of Simulation
    //--------------------
    return 0;
}
```

を，リスト27に従って編集してください．

先に行ったメモリのリード/ライト・チェックの後，pic_programmerの五つの動作モード（通信トランザクション）を順に起動しています．

一つのトランザクションが終了するとREG_PIC_CSRレジスタのDONEビットがセットされるので，それをdo-while()文を使って待っています．DONEビットがセットされたら，そこに1をライトしてクリアしています．

● ModelSimスクリプト「dpi_run.do」の作成と実行

論理シミュレーション実行スクリプト「dpi_run.do」を，リスト28に従って編集してください．

検証対象の「pic_programmer.v」を上書きコンパイルし，テストベンチ内のBFMモデルのコンパイルを追加し，pic_programmer関連の信号を表示させています．

「pic_programmer.v」のコンパイル時には，マクロ名「SIMULATION」をコンパイル・コマンドvlogのオプション「+define」を使って定義していますが，これは「pic_programmer.v」内にある，SPI通信トランザクション中の待ち時間を，本来のものよりも短くしてシミュレーション時間を短縮する`ifdefスイッチを有効にするためです．

リスト28 ModelSim実行スクリプト「dpi_run.do」
C:¥CQ-MAX10¥Projects¥PROJ_MM_Slave¥FPGA¥DPI¥dpi_run.do

```
# Compile HDL for Simulation
do ../simulation/modelsim/FPGA_run_msim_rtl_verilog.do     ← Quartus Primeが自動生成した
                                                             コンパイル・スクリプトを実行
# Compile PIC Programmer and Overwrite
vlog +define+SIMULATION \                                  ← 検証用のpic_programmer.v
    "C:/CQ-MAX10/Projects/PROJ_MM_Slave/FPGA/pic_programmer.v" \   をコンパイルして上書き
    -work pic_programmer_0
                                                           ← QSYS_CORE_tb.v内で使用する
# Compile Testbench for DPI-C                                 動作モデルをコンパイル
vlog -work work -sv \
    ../QSYS_CORE/testbench/QSYS_CORE_tb/simulation/submodules/altera_avalon_clock_source.sv \
    -L altera_common_sv_packages
vlog -work work -sv \
    ../QSYS_CORE/testbench/QSYS_CORE_tb/simulation/submodules/altera_avalon_reset_source.sv \
    -L altera_common_sv_packages
vlog -work work -sv \
    ../QSYS_CORE/testbench/QSYS_CORE_tb/simulation/submodules/altera_avalon_interrupt_sink.sv \
    -L altera_common_sv_packages
vlog -work work -sv \
    ../QSYS_CORE/testbench/QSYS_CORE_tb/simulation/submodules/altera_conduit_bfm.sv \
    -L altera_common_sv_packages
vlog -work work -sv \
    ../QSYS_CORE/testbench/QSYS_CORE_tb/simulation/submodules/altera_irq_mapper.sv \
    -L altera_common_sv_packages
vlog -work work       ../QSYS_CORE/testbench/QSYS_CORE_tb/simulation/QSYS_CORE_tb.v
vlog -work work -sv QSYS_CORE_tm.sv -L altera_common_sv_packages      ← QSYS_CORE_tb.v,
vlog -work work       top.v                                              QSYS_CORE_tm.sv,
vlog -sv -dpiheader dpiheader.h QSYS_CORE_tm.sv -L altera_common_sv_packages    top.vをコンパイル
vlog -work work dpi_main.c    ← C言語dpi_main.cをModelSimでコンパイル
                                                           ← QSYS_CORE_tm.svから，C言語のヘッダ・ファイルを
# Start Simulator                                             自動生成する．dpi_main.cが参照する
vsim -gui work.top -Lf altera_mf_ver \
    -Lf altera_common_sv_packages \
    -Lf error_adapter_0 \
    -Lf avalon_st_adapter \
    -Lf rsp_mux \
    -Lf rsp_demux \
    -Lf cmd_mux \
    -Lf cmd_demux \
    -Lf pic_programmer_0_avs_s0_burst_adapter \
    -Lf mm_master_bfm_0_m0_limiter \
    -Lf router_001 \
    -Lf router
```

● シミュレーションを実行する

ここまでできたら，シミュレーションを実行してみましょう．ModelSimのTranscriptウィンドウの中で，リスト29に示すようにディレクトリを移動して実行スクリプト「dpi_run.do」を起動します．C言語記述「dpi_main.c」の printf() 文で，生成したメッセージが表示されていればOKです．

ModelSimを終了する前に，波形ウィンドウに表示された動作波形を確認してください．図13のようになっていると思います．仕様通りに通信波形が出力されていればOKです．

なお，受信動作時に入力方向になる pic_pgd 信号には受信シリアル・データを入力すべきですが，このシミュレーションでは pic_pgd 信号を駆動するコンジットBFMを制御していないので，受信中の pic_pdg 信号はHI-Zになって不定値を受信しています．

◆ 参考文献 ◆

(1) Avalon Interface Specifications，MNL-AVABUSREF，2015.03.04，Altera Corporation.
(2) Avalon Verification IP Suite User Guide，Version 13.0，UG-01073-3.2，May 2013，Altera Corporation.
(3) Quartus II Handbook Volume 3：Verification，QII5V3，Chapter 6-Chapter7，2015.05.04，Altera Corporation.
(4) ModelSim User's Manual，Software Version 10.4b，2015，Mentor Graphics Corporation.
(5) ModelSim Starter Edition GUI Reference Manual，Software Version 10.4b，2015，Mentor Graphics Corporation.
(6) ModelSim Command Reference Manual，Software Version 10.4b，2015，Mentor Graphics Corporation.

```
    -Lf pic_programmer_0_avs_s0_agent_rsp_fifo \
    -Lf pic_programmer_0_avs_s0_agent \
    -Lf mm_master_bfm_0_m0_agent \
    -Lf pic_programmer_0_avs_s0_translator \
    -Lf mm_master_bfm_0_m0_translator \
    -Lf rst_controller \
    -Lf mm_interconnect_0 \
    -Lf pic_programmer_0 \
    -Lf onchip_memory2_0 \
    -Lf mm_master_bfm_0

# Record all Signals
log -r *

# Add Waves
add wave -position end -divider "Clock and Reset"
...
#
add wave -position end -divider "MM Master BFM"
...
#
add wave -position end -divider "On Chip Memory"
...
#
add wave -position end -divider "PIC Programmer"
add wave -position end sim:/top/tb/qsys_core_inst/pic_programmer_0/clock_clk
add wave -position end sim:/top/tb/qsys_core_inst/pic_programmer_0/reset_reset
add wave -position end sim:/top/tb/qsys_core_inst/pic_programmer_0/avs_s0_address
add wave -position end sim:/top/tb/qsys_core_inst/pic_programmer_0/avs_s0_read
add wave -position end sim:/top/tb/qsys_core_inst/pic_programmer_0/avs_s0_write
add wave -position end sim:/top/tb/qsys_core_inst/pic_programmer_0/avs_s0_readdata
add wave -position end sim:/top/tb/qsys_core_inst/pic_programmer_0/avs_s0_readdatavalid
add wave -position end sim:/top/tb/qsys_core_inst/pic_programmer_0/avs_s0_writedata
add wave -position end sim:/top/tb/qsys_core_inst/pic_programmer_0/avs_s0_waitrequest
add wave -position end sim:/top/tb/qsys_core_inst/pic_programmer_0/ins_irq0_irq
add wave -position end -hex sim:/top/tb/qsys_core_inst/pic_programmer_0/pic_mclr_n
add wave -position end -hex sim:/top/tb/qsys_core_inst/pic_programmer_0/pic_pgc
add wave -position end -hex sim:/top/tb/qsys_core_inst/pic_programmer_0/pic_pgd
add wave -position end -hex sim:/top/tb/qsys_core_inst/pic_programmer_0/pic_pgm

# Run Simulation
run -all
```

注釈:
- 論理シミュレータを起動する．FPGA_run_msim_rtl_verilog.do内での各論理記述のコンパイル先が異なるライブラリなので，それぞれ指定する．なお，コンパイル先のライブラリのリストはC:¥CQ-MAX10¥Projects¥PROJ_MM_Slave¥FPGA¥simulation¥modelsim¥FPGA_iputf_input¥mentor¥msim_libs.txtに出力されているので，そのファイルを元にして左のように編集する
- シミュレーション中，全信号を記録することを指示
- 表示する信号波形を指定する．シミュレーションを止めてお好みの信号を追加してもよい．ここでは，リスト10と同じ内容にしておく
- 追加表示波形（pic_programmer関係）
- 論理シミュレーションを開始．$stop;または$finish;で停止する

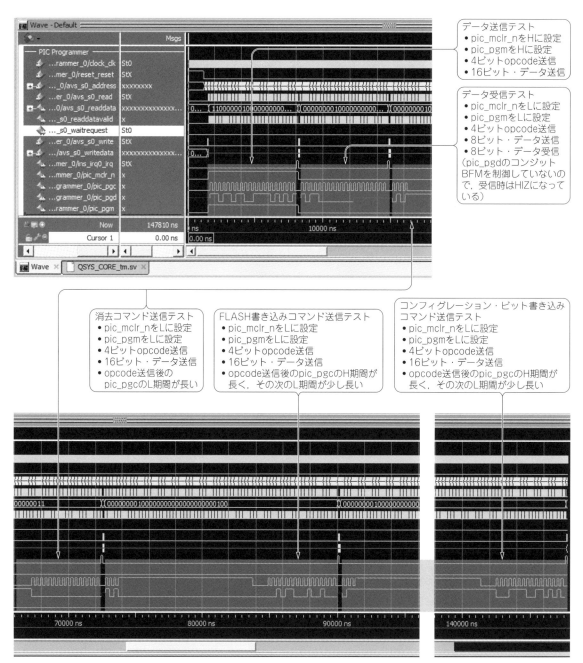

図13 pic_programmerコンポーネントの動作波形
FLASHメモリ制御のための通信中，pic_mclr_nやpic_pgmはともに本来はHレベルに保つべきものだが，検証ということで，HレベルにしたりLレベルにしたりしている

第5部 MAX 10とRaspberry Piとの饗宴

第21章 Raspberry Piのハードウェア機能拡張と、MAX 10のコネクティビティ強化を両立する

MAX 10とRaspberry Piを接続する拡張用MAX10-EB基板のハードウェア詳説

本書付属DVD-ROM収録関連データ	
DVD-ROM格納場所	内容
CQ-MAX10¥Board¥MAX10-EB	・MAX10-EB基板のガーバ・データ ・関連ドキュメント

●はじめに

Raspberry PiにMAX 10 FPGAを搭載したMAX10-FB基板を接続して、さまざまな実験やシステム構築をするための拡張基板MAX10-EB(EBは、Expansion Boardの略)を、別売りで提供します。本章では、このMAX10-EB基板のハードウェアについて詳しく解説します。

MAX10-FB基板に接続できるRaspberry Piとしては、Raspberry Pi 2 Model BおよびRaspberry Pi 3 Model Bのいずれにも対応しています。本書内でRaspberry Piと記述があれば、Raspberry Pi 2 Model BまたはRaspberry Pi 3 Model Bのいずれかのことを指します。

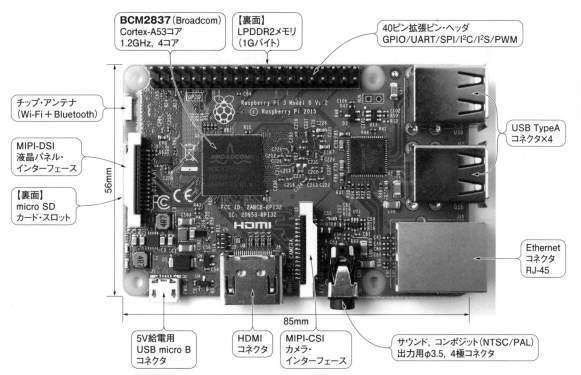

写真1　Raspberry Pi 3 Model Bの外形
Raspberry Pi 3は、基板上に無線機能(Wi-FiとBluetooth)が搭載されて使い勝手が向上した

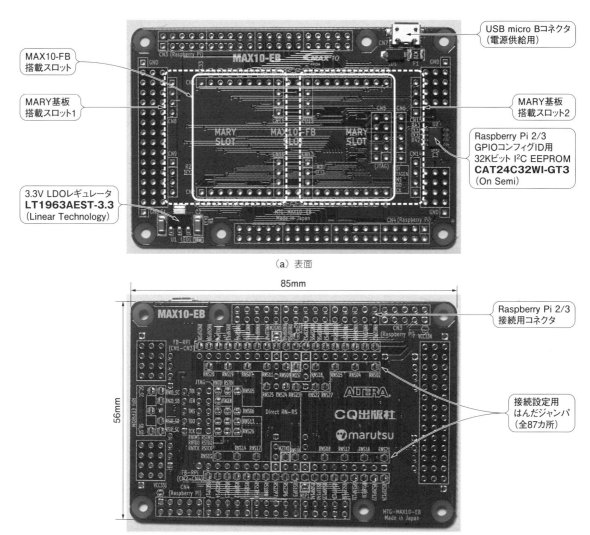

写真2　MAX10-EB基板の外形
Raspberry PiにMAX10-FB基板を接続して，さまざまな実験ができるようにする拡張基板MAX10-EB．Raspberry PiにMAX10-FB基板を接続すると同時に，Raspberry Piの各種市販拡張基板やHAT規格基板を載せることができる．また，MARY基板を搭載することもできる

MAX10-EB基板の概要

●Raspberry Piのすごさ

今やRaspberry Pi(写真1)を知らない方はいないでしょう．コンパクトな基板上に強力なCPUが搭載されており，手軽にプログラミングを楽しむコンピューティング環境として活用している方も多いと思います．ネットワーク(Ether，Wi-Fi)はもちろんのこと，市販のさまざまな周辺機器(USB機器，Bluetooth機器，カメラ，LCDパネルなど)を接続できる強力なコネクティビティ能力があり，一人前のパソコンと等価な機能を一通り備えています．

そして特筆すべきこととして，GPIO(General Purpose Input / Output)信号を引き出したピン・ヘッダを介して，独自のハードウェアを手軽に接続できるという強力な拡張性が，普通のパソコンとは異なる大きな差別化要素となっており，その活用方法は無限の拡がりを見せています．

●MAX 10とRaspberry Piとの饗宴

これまでに説明してきたMAX 10 FPGAを搭載したMAX10-FB基板は，それ単体ではフル・カラーLEDをチカチカさせる程度しかできず，本格的に使うには外部に別の回路を接続する必要があります．

そうした回路には，システムとして本質的な処理を

表1　MAX10-EB基板の仕様

項　目	内　容	
基板外形	85mm×56mm（Raspberry Pi 2/3 Model Bと同サイズ）	
層数/部品実装面	2層基板/片面実装	
電　源	・3.3V 1.5A LDO（LT1963A）搭載 ・複数の電源供給元（5V） 　▶ micro USBコネクタ（5V）から供給，または 　▶ Raspberry Piコネクタ（5V）から供給：RPiは逆流防止付きなので双方向給電可 　　（いずれからも，RPi含めたシステム全体に電源供給が可能）	
Raspberry Pi ID機能	・Raspberry PiのGPIO構成の自動コンフィグ用ID機能対応 ・32kビット I²C EEPROM搭載．Raspberry PIから書き込み可能	
コネクタ	・Raspberry Pi接続用（多重積み上げ可能とするため，南北2カ所） ・MAX10-FB基板接続用スロット×1 ・MAX10-FB基板コンフィグ用JTAG接続コネクタ ・MARY基板接続用スロット×2（FB基板とは排他利用）	
機能設定	基板裏面のはんだジャンパにより，ユーザがコネクタ間を任意に結線	
機能と応用例	オリジナルCPU設計など，論理設計・検証環境の充実化	・Raspberry Pi経由で，PCやネットからFPGAを容易にアクセス可能 ・FPGAの動作状況の確認や信号の入出力をPC経由で実行可 ・独自CPUのプログラム転送やデバッグ機能を容易に実現可能
	Raspberry Pi自体の機能を拡張	・Raspberry Piの既存周辺機能を増設可能 ・Raspberry Piの新規周辺機能を追加可能 ・Raspberry Piに高性能並列演算プロセッサなどを追加可能 ・Raspberry PiとFPGAの間のインターフェースはSPI，UART，I²C，GPIO
	FPGAのコンフィグ	・FPGAをRaspberry Pi経由でコンフィグレーション可能（JTAG Player）
	Raspberry Piの市販拡張基板との高い親和性	・Raspberry PiをFPGAに接続しつつ，Raspberry Pi用のタッチLCDパネル基板など，市販の各種拡張基板やHAT規格基板の同時利用が可能
	MARY基板との高い親和性	・MARY基板を搭載可能 ・MARY基板はRaspberry Piから直接，またはFPGAから制御可能
	多重接続による大規模システムの構築	・MAX10-FB（およびMAX10-JB）基板を搭載しながら多重に積み上げることができるので，大規模システムの実現が可能

行うためのハードウェアに加えて，ネットワーク接続機能や他の機器との入出力インターフェース，あるいは人間とのヒューマン・インターフェースが必要になることも多いでしょう．

実は，これらネットワーク関連機能や各種インターフェースについては，すでにRaspberry Piがしっかり備えてくれており，MAX 10 FPGAをRaspberry Piに手軽に接続できる環境があれば，FPGAにはシステムとして本質的なコア機能を実装するだけで済みます．

あるいは，Raspberry Pi自体の機能を拡張したりシステム性能を向上させたい場合，例えばハードウェアによる特殊な演算アクセラレータを追加したい場合などは，Raspberry Piの拡張用ピン・ヘッダにFPGAを接続して，独自の論理回路を設計したくなります，よね？

● MAX10-EB 基板とは

そのような要求に応えるため，今回，MAX 10 FPGAをRaspberry Piに接続するための拡張基板MAX10-EB（別売り）を用意しました．MAX10-EB基板を使うと，Raspberry PiにMAX10-FB基板を接続して，さまざまな実験やシステム構築ができます．

その外形を写真2に，仕様を表1に，ブロック図を図1に示します．

MAX10-EB基板を使うと，Raspberry PiにFPGAを搭載したMAX10-FB基板を接続するだけでなく，同時にRaspberry Piの市販の各種拡張基板（タッチLCDパネル基板やアナログ入出力基板など）やHAT（Hardware Attached on Top）規格の基板を重ねて載せることもできます．

MAX10-EB基板上のコネクタには，Raspberry Pi，MAX 10 FPGA，市販の拡張基板などを接続しますが，このコネクタ間の信号を互いに結線できるように，MAX10-EB基板の裏面には多くのはんだジャンパが用意されています．Raspberry Piの個々のGPIO信号を，FPGA側に接続したり，あるいはそのままもう一つのGPIOコネクタに接続する（スルーさせる）ことなどができます．

● MAX 10 と Raspberry Pi を接続する

MAX10-EB基板が想定している基本的な使用方法は，MAX 10とRaspberry Piを互いに接続させることです．図2にその使用方法の一例を示します．

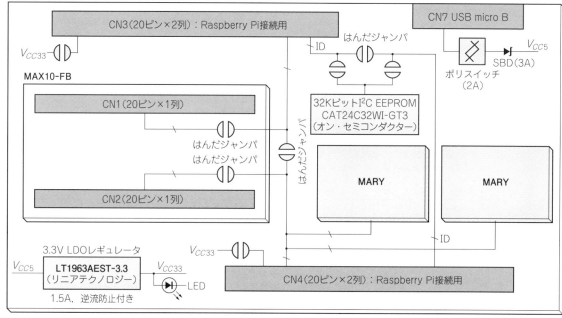

図1　MAX10-EB基板のブロック図
基板裏面のはんだジャンパにより，コネクタ間を任意に結線することで，さまざまな拡張システムを実現できる

　図2(a)は，シンプルにRaspberry PiとMAX 10を接続するケースです．MAX10-EB基板の上に，MAX10-FB基板を載せます．そして，Raspberry PiとMAX 10の間で互いに結線したい信号を，MAX10-EB基板上のはんだジャンパで接続してください．

● **Raspberry Pi専用拡張基板を使いながらMAX 10を接続する**

　図2(a)の構成に加えて，Raspberry Pi専用の拡張基板(タッチLCDパネル基板やHAT規格基板など)を搭載する使い方を図2(b)に示します．

　MAX10-EB基板には，その南北位置にRaspberry PiのGPIOコネクタと同じ40ピンのピン・ソケットかピン・ヘッダを実装できるスペースを対称に配置してあります．北側のコネクタにRaspberry Piを接続して，南側のコネクタにRaspberry Pi専用の拡張基板を接続できます．

　南側のコネクタに拡張基板を接続する場合は，Raspberry Pi本体に載せる場合に対して上下(南北)反転して搭載してください．

　図2(b)の構成でも，Raspberry Pi本体，MAX 10，Raspberry Pi拡張基板の間の各信号線は，MAX10-EB基板上のはんだジャンパで接続してください．MAX10-EB基板の南北のコネクタをダイレクトに接続するはんだジャンパがあるので，Raspberry Pi本体から拡張基板を通常通り制御しながら，余った信号をMAX 10側に接続することで，Raspberry PiシステムとFPGAのコラボを楽しめます．

● **MARY基板を接続する**

　MARY基板とは，3cm□の小型基板の上に，カラーOLED表示モジュール，3軸加速度MEMSセンサ，2色LEDマトリクス，XBee無線モジュール，micro SDカード・スロット，GPSモジュール，RTCカレンダ・クロックなどを搭載したモジュール基板のことで，搭載機能ごとに複数種類の基板がリリースされています．詳細は参考文献(1)を参照してください．

　MAX10-EB基板には，このMARY基板を最大2個まで搭載することもできます．ただしMAX10-EB基板は，MARY基板を載せる場合には，MAX10-FB基板を載せられません(排他使用)．

　図3(a)は，MAX 10とMARY基板を接続する例です．MAX10-EB基板を2枚使います．上側のMAX10-EB基板にMARY基板を載せ，下側のMAX10-EB基板にMAX10-FB基板を載せて，上下のMAX10-EB基板間をコネクタで接続します．

　図3(b)は，Raspberry PiからMARY基板を直接制御する構成を示しています．ここにはFPGAは登場しません．MARY基板を搭載したMAX10-EB基板を1枚だけ使い，Raspberry Piに接続します．

　図3(c)は，Raspberry Pi，MAX 10，MARY基板を互いに接続する全部入りの構成です．MARY基

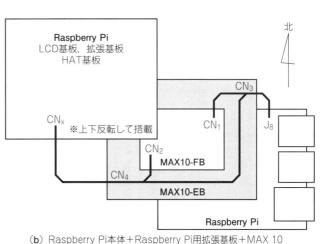

(a) Raspberry Pi＋MAX 10

(b) Raspberry Pi本体＋Raspberry Pi用拡張基板＋MAX 10

図2　MAX 10とRaspberry Piの接続例

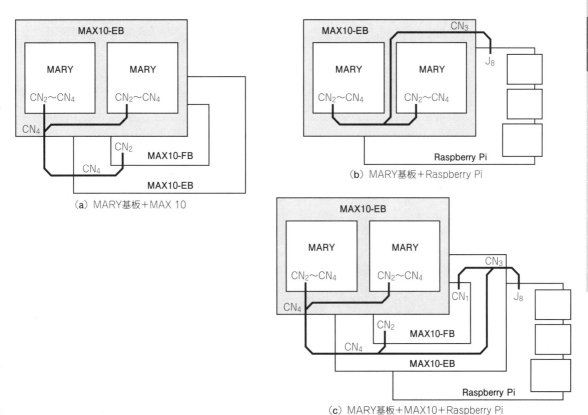

(a) MARY基板＋MAX 10

(b) MARY基板＋Raspberry Pi

(c) MARY基板＋MAX10＋Raspberry Pi

図3　MAX 10とMARY基板の接続例

を搭載したMAX10-EB基板と，MAX10-FB基板を搭載したMAX10-EB基板の2枚を互いに接続し，Raspberry Piに搭載します．

図3のいずれの構成でも，Raspberry Pi，MAX 10，MARY基板の間の信号は，MAX10-EB基板上のはんだジャンパで結線してください．

● MAX10-EBこそ，真の「積み基板」

MAX10-EB基板は，南北にある2組のRaspberry Pi GPIOコネクタを交互に使うことにより，複数枚重ねることができます．理論上は無限枚積み上げることができるので，超大規模システムの構築も可能かもしれません．

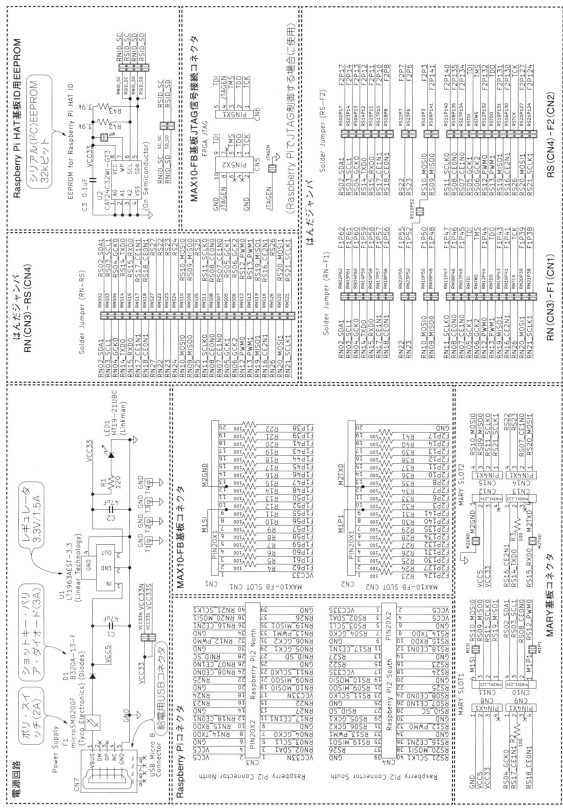

図4 MAX10-EB基板の回路図

表2 MAX10-EB基板の部品表

部品番号	部品種類	仕様	型名	メーカ	外形	実装面	備考
U1	3.3V LDO	3.3V 1.5A	LT1963AEST-3.3	Linear Technology	SOT-223	おもて	
U2	32kb I^{2}C EEPROM	32kb I^{2}C EEPROM	CAT24C32WI-GT3	On Semiconductor	SOIC-8		
LED1	チップLED	黄緑	HT19-21UBC	LINKMAN	1608		
D1	SBD	$V_F=0.5V$, $I_F=3A$	B320A-13-F	Diodes	SMA		
F1	ポリ・スイッチ	2A	microSMD200F	TYCO	3225		
R1	チップ抵抗	120Ω	RK73B1ETTP121J	KOA	1005		
R2〜R41		100Ω	RK73B1ETTP101J				40個
R42		3.9kΩ	RK73B1ETTP392J				
R43							
C1	チップ積層セラミック・コンデンサ	47μF	GRM31CB30J476ME18L	MURATA	3216		
C2							
C3		0.1μF	GRM155B11A104KA01D		1005		
CN1	ピン・ソケット	20pin×1列	21601X20GSE	LINKMAN	2.54mmピッチ	おもて	付属品. 実装はユーザ判断
CN2							
CN3		20pin×2列	21602X20GSE			任意	
CN4							
CN5	ピン・ヘッダ	5pin×2列	2131D2＊5GSE			おもて	
CN6		5pin×1列	2130S1＊5GSE				
CN7	USB micro B コネクタ	USB micro B	ZX62-B-5PA(11)	HIROSE	面実装型	おもて	
CN8	ピン・ヘッダ	4pin×1列	2130S1＊4GSE	LINKMAN	2.54mmピッチ	おもて	付属品. 実装はユーザ判断
CN9							
CN10							
CN11							
CN12							
CN13							
CN14							
CN15							
CN3/CN4	連接用ピン・ソケット	20pin×2列, 高さ16mm	2160-A6-S220-3EA-GA	LINKMAN	2.54mmピッチ	うら	付属品. 実装はユーザ判断
–	連接用両端ピン・ヘッダ	20pin×2列, 間隔2.5mm	2131-A1-S220-AA-GA	LINKMAN	2.54mmピッチ		
–		20pin×2列, 間隔8mm	2131-AA-S220-AA-GA				
–		20pin×2列, 間隔17mm	2131-AA-S220-AD-GA				
–		20pin×2列, 間隔20mm	2131-AA-S220-AB-GA				
–	六角スペーサ	φ2.6, 高さ19mm	ASU-2619相当品	WILCO.JP	両メス	–	付属品
–		φ2.6, 高さ20mm	ASU-2620相当品				
–		φ2.6, 高さ20mm	BSU-2620相当品		オス・メス		
–		φ2.6, 高さ17mm	BSU-2617相当品				
–		φ2.6, 高さ5.5mm	BSU-2605.5相当品				
–		φ2.6, 高さ25mm	ASU-2625相当品		両メス		
–	なべ小ネジ	φ2.6, 5mm	U-2605	WILCO.JP	–		

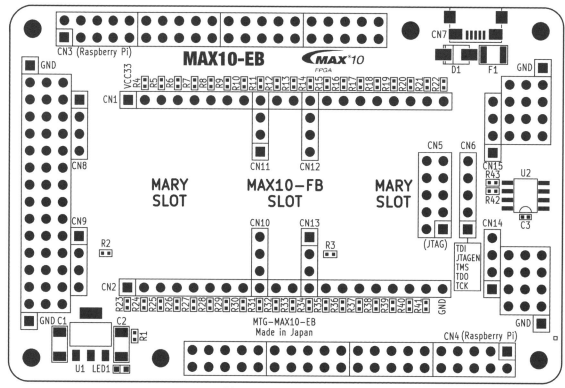

(a) MAX10-EB基板 表シルク

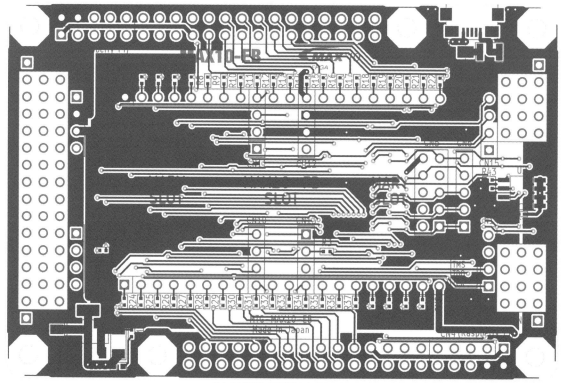

(b) MAX10-EB基板 表パターン

図5 MAX10-EB基板のパターン（表面）

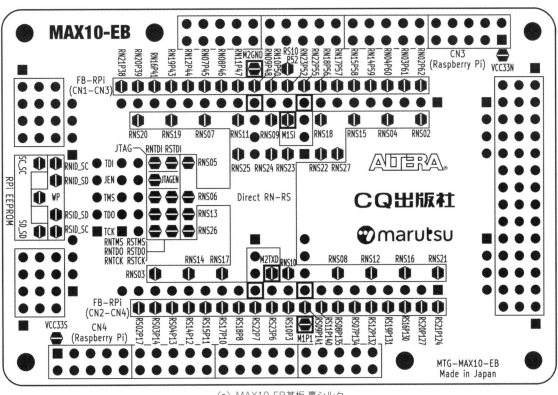

(a) MAX10-EB基板 裏シルク

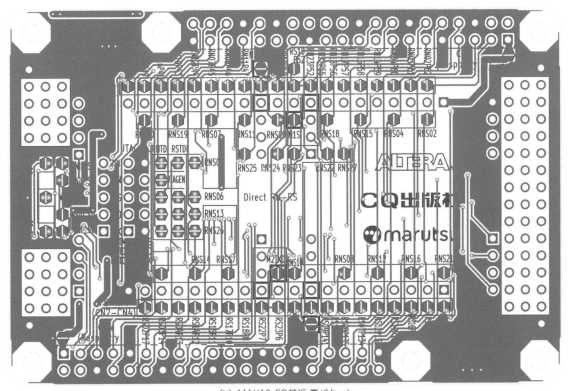

(b) MAX10-EB基板 裏パターン

図6 MAX10-EB基板のパターン(裏面)

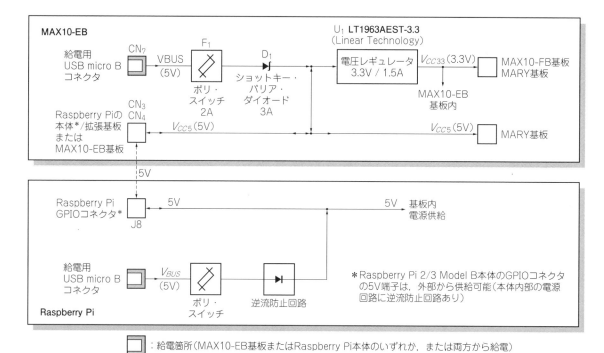

図7 MAX10-EB基板の電源系統図

MAX10-EB基板の回路詳細

● MAX10-EB基板の回路図と部品表

MAX10-EB基板の回路図を図4に，部品表を表2に示します．

表2の備考欄に「実装はユーザ判断」と記載のある部品は，MAX10-EB基板の使い方に応じて，ユーザに実装していただく部品です．具体的な実装例は後述しますが，基板の表面に実装するか，裏面に実装するかを含めて，システム構成をよく検討したうえで実装してください．

表2の備考欄に記載の付属品の中で，連接用ピン・ソケットと連接用両端ピン・ヘッダは，MAX10-EB基板専用に開発したものです．これらは基板間を接続するための部品ですが，特に連接用両端ピン・ヘッダは，基板間隔に応じて複数種類を用意しました．詳細は後述します．

● MAX10-EB基板のパターン図

MAX10-EB基板のシルク面と配線パターンを図5（表面）と図6（裏面）に示します．この基板はフリーの基板設計用ツール KiCad を使って設計しました．はんだジャンパの位置は，裏面のシルク・パターンを参照してください．

● MAX10-EB基板の電源系統

MAX10-EB基板の電源系統図を，図7の上半分に示します．MAX10-EB基板内では，USB micro Bコネクタ CN_7 から5Vを給電すると，ポリ・スイッチ F_1 とショットキー・バリア・ダイオード D_1 を経由して，外部コネクタに5Vを供給します．同時に電圧レギュレータ U_1 を介して，基板内と外部コネクタに3.3Vを供給します．USB micro Bコネクタ CN_7 は電源供給専用であり，USB信号線（D＋/D－）は接続されていません．

Raspberry Pi 本体基板は，図7の下半分のように5V系の電源回路内に逆流防止回路があるので，GPIOコネクタの外部からも5Vを供給できるようになっています．

よって，MAX10-EB基板にRaspberry Piを接続する場合は，システム電源としては，MAX10-EB基板上のUSB micro BコネクタかまたはRaspberry Pi本体基板上のUSB micro Bコネクタのいずれか，あるいは両方から供給できます．

MAX10-EB基板を多段積みしたり，MAX 10 FPGA 内に大規模かつ動作周波数が高い論理回路を実装するなど，システム全体の消費電流が大きく動作が不安定になる場合は，MAX10-EB基板とRaspberry Pi本体基板の両方のUSB micro Bコネクタに対して，外部から5Vを給電してください．

表3 Raspberry PiのGPIOコネクタ信号

Raspberry Pi 2 Model BまたはRaspberry Pi 3 Model Bの40ピンGPIOコネクタ

選択	機能端子	周辺機能	Raspberry Pi コネクタ J8				周辺機能	機能端子	選択
–	–	–	V_{CC33}	1	2	V_{CC5}	–	–	–
ALT0	SDA1	I²C1	GPIO02	3	4	V_{CC5}	–	–	–
ALT0	SCL1	I²C1	GPIO03	5	6	GND	–	–	–
ALT0	GPCLK0	汎用クロック	GPIO04	7	8	GPIO14	UART0	TXD0	ALT0
–	–	–	GND	9	10	GPIO15	UART0	RXD0	ALT0
ALT4	SPI1_CE1_N	SPI1（AUX）	GPIO17	11	12	GPIO18	SPI1（AUX）	SPI1_CE0_N	ALT4
–	–	–	GPIO27	13	14	GND	–	–	–
–	–	–	GPIO22	15	16	GPIO23	–	–	–
–	–	–	V_{CC33}	17	18	GPIO24	–	–	–
ALT0	SPI0_MOSI	SPI0	GPIO10	19	20	GND	–	–	–
ALT0	SPI0_MISO	SPI0	GPIO09	21	22	GPIO25	–	–	–
ALT0	SPI0_SCLK	SPI0	GPIO11	23	24	GPIO08	SPI0	SPI0_CE0_N	ALT0
–	–	–	GND	25	26	GPIO07	SPI0	SPI0_CE1_N	ALT0
–	–	–	ID_SD	27	28	ID_SC	–	–	–
ALT0	GPCLK1	汎用クロック	GPIO05	29	30	GND	–	–	–
ALT0	GPCLK2	汎用クロック	GPIO06	31	32	GPIO12	PWM	PWM0	ALT0
ALT0	PWM1	PWM	GPIO13	33	34	GND	–	–	–
ALT4	SPI1_MISO	SPI1（AUX）	GPIO19	35	36	GPIO16	SPI1（AUX）	SPI1_CE2_N	ALT4
–	–	–	GPIO26	37	38	GPIO20	SPI1（AUX）	SPI1_MOSI	ALT4
–	–	–	GND	39	40	GPIO21	SPI1（AUX）	SPI1_SCLK	ALT4

表4 Raspberry Piの拡張基板のインターフェース信号の例

4D Systems社のタッチLCDパネル基板4DPiシリーズのインターフェース信号

4DPi-32 / 4DPi-35（4D Systems）FEMALE Connector			
V_{CC33}	1	2	V_{CC5}
SDA1	3	4	V_{CC5}
SCL1	5	6	GND
GPIO4	7	8	GPIO14
GND	9	10	GPIO15
PENIRQ	11	12	GPIO18
KEYIRQ	13	14	GND
GPIO22	15	16	GPIO23
V_{CC33}	17	18	GPIO24
MOSI	19	20	GND
MISO	21	22	GPIO25
SCK	23	24	SPI-CS0
GND	25	26	SPI-CS1

4DPi-32-II / 4DPi-35-II（4D Systems）FEMALE Connector			
V_{CC33}	1	2	V_{CC5}
SDA1	3	4	V_{CC5}
SCL1	5	6	GND
GPIO4	7	8	GPIO14
GND	9	10	GPIO15
PENIRQ	11	12	GPIO18
KEYIRQ	13	14	GND
GPIO22	15	16	GPIO23
V_{CC33}	17	18	GPIO24
MOSI	19	20	GND
MISO	21	22	GPIO25
SCK	23	24	SPI-CS0
GND	25	26	SPI-CS1
ID_SD	27	28	ID_SC
GPIO5	29	30	GND
GPIO6	31	32	GPIO12
GPIO13	33	34	GND
GPIO19	35	36	GPIO16
GPIO26	37	38	GPIO20
GND	39	40	GPIO21

■：未使用信号

（a）4DPi-32（3.2インチ）および4DPi-35（3.5インチ）はRaspberry Pi 1, Raspberry Pi 2に対応．コネクタは26ピンしかない

（b）4DPi-32-II（3.2インチ）および4DPi-35-II（3.5インチ）はRaspberry Pi 3にも対応．コネクタは40ピンあるが，27ピン以降のGPIO信号は未使用

表5 MARY基板のコネクタ信号

(a) MARY-OB(OLED + MEMS基板)

MARY-CN1 EB-CN8/CN12			MARY-CN4 EB-CN11/CN15	
1	GND		OLED_SDIN	4
2	V_{CC5}		(NC)	3
3	V_{CC33}		OLED_SCLK	2
4	(NC)		MEMS_INT	1

MARY-CN2 EB-CN9/CN13			MARY-CN3 EB-CN10/CN14	
1	OLED_VCC_ON		MEMS_SDA	4
2	(NC)		MEMS_SCL	3
3	(NC)		OLED_CSN	2
4	(NC)		OLED_RESN	1

(b) MARY-LB(LEDマトリクス基板)

MARY-CN1 EB-CN8/CN12			MARY-CN4 EB-CN11/CN15	
1	GND		LED_SDIN	4
2	V_{CC5}		LED_SDOUT	3
3	V_{CC33}		LED_SCLK	2
4	(NC)		LED_LATCH	1

MARY-CN2 EB-CN9/CN13			MARY-CN3 EB-CN10/CN14	
1	(NC)		(NC)	4
2	(NC)		(NC)	3
3	(NC)		(NC)	2
4	(NC)		LED_RESN	1

(c) MARY-XB(XBee無線モジュール+SDカード基板)

MARY-CN1 EB-CN8/CN12			MARY-CN4 EB-CN11/CN15	
1	GND		SD_DIN	4
2	V_{CC5}		SD_DOUT	3
3	(NC)		SD_CLK	2
4	(NC)		SD_INSERT_N	1

MARY-CN2 EB-CN9/CN13			MARY-CN3 EB-CN10/CN14	
1	(NC)		(NC)	4
2	XBEE_DIN		(NC)	3
3	(NC)		SD_CSN	2
4	XBEE_DOUT		XBEE_RESN	1

(d) MARY-GB(GPSモジュール+RTC基板)

MARY-CN1 EB-CN8/CN12			MARY-CN4 EB-CN11/CN15	
1	GND		GPS_PSE_SEL	4
2	V_{CC5}		GPS_P1PS	3
3	(NC)		(NC)	2
4	(NC)		RTC_INTN	1

MARY-CN2 EB-CN9/CN13			MARY-CN3 EB-CN10/CN14	
1	(NC)		RTC_SDA	4
2	GPS_RXD		RTC_SCL	3
3	(NC)		RTC_CLKOUT	2
4	GPS_TXD		RTC_CLKOE	1

● Raspberry PiのGPIOコネクタ

参考のため，Raspberry PiのGPIOコネクタの信号配置を表3に示します．各GPIO信号はRaspberry Pi基板に搭載されたSoC(Broadcom BCM283x)の端子であり，ほとんどのGPIO端子には複数の機能がマルチプレクスされています．表3の「周辺機能」とその「機能端子」の列には，よく使われるものを示しています．通常のGPIO(汎用入出力ポート)だけでなく，各種汎用のシリアル通信機能がマルチプレクスされています．調歩同期式シリアルのUART(Universal Asynchronous Receiver Transmitter)，同期式シリアルのSPI(Serial Peripheral Interface)，2線式シリアル・バスのI²C(Inter Integrated Circuit)などの機能があります．

● Raspberry PiのSoC設定

表3の「選択」の列に記載したALT0やALT4は，各GPIO端子機能を設定するSoC内レジスタへの設定内容を示しています．SoCのレジスタ設定方法は，Raspberry Pi本体基板に載っているSoC(Broadcom BCM283x)のデータシートを参照してください．

ただし，データシートとして公開されているものは，初代Raspberry Pi 1に搭載されたBCM2835の周辺機能の部分しかありません[参考文献(2)]．しかも，その中身は大量の誤植や記述ミスがあるので注意が必要です[参考文献(3)]．

これらRaspberry Pi 1用のBCM2835の周辺機能関連のデータシート情報は，そのままRaspberry Pi 2用のBCM2836およびRaspberry Pi 3用のBCM2837にも適用できます．

● Raspberry PiのHAT ID記憶用EEPROM

Raspberry Piに接続するHAT規格の拡張基板では，個々の基板のGPIO機能設定内容を記憶するためのEEPROMの搭載が推奨されています．Raspberry Pi側からそのEEPROMの内容を読み出して，自動的にGPIO機能を設定することが可能です．EEPROMはRaspberry Piからのコマンドにより，消去や書き込みができます．

MAX10-EB基板も，そのための32KビットEEPROM(U2)を搭載しています．Raspberry PiのGPIOコネクタ上のID_SCおよびID_SD信号(I²Cインターフェー

コネクタ間で基板穴を共有している信号

コネクタ(端子番号)	コネクタ(端子番号)
MAX10-FB CN1 (9)	MARY1 CN11 (4)
MAX10-FB CN1 (12)	MARY2 CN12 (1)
MAX10-FB CN2 (9)	MARY1 CN10 (1)
MAX10-FB CN2 (12)	MARY2 CN13 (4)

Raspberry Pi コネクタ(北側) CN3 (RPi本体・拡張基板, MAX10-EB基板)

V_{CC33N}	1	2	V_{CC5}	
RN02_SDA1	3	4	V_{CC5}	
RN03_SCL1	5	6	GND	
RN04_GCK0	7	8	RN14_TXD0	
GND	9	10	RN15_RXD0	
RN17_CE1N1	11	12	RN18_CE0N1	
RN27	13	14	GND	
RN22	15	16	RN23	
V_{CC33N}	17	18	RN24	
RN10_MOSI0	19	20	GND	
RN09_MISO0	21	22	RN25	
RN11_SCLK0	23	24	RN08_CE0N0	
GND	25	26	RN07_CE1N0	
RNID_SD	27	28	RNID_SC	
RN05_GCK1	29	30	GND	
RN06_GCK2	31	32	RN12_PWM0	
RN13_PWM1	33	34	GND	
RN19_MISO1	35	36	RN16_CE2N1	
RN26	37	38	RN20_MOSI1	
GND	39	40	RN21_SCLK1	

MAX10-FB 基板スロット

CN1 (MAX10-FB基板)

V_{CC33}	1	
F1P62	2	
F1P61	3	
F1P60	4	
F1P59	5	
F1P58	6	
F1P57	7	
F1P56	8	
(M1S1)F1P55	9	
F1P52	10	
F1P50	11	
(M2GND)F1P48	12	
F1P47	13	
F1P46	14	
F1P45	15	
F1P44	16	
F1P43	17	
F1P41	18	
F1P39	19	
F1P38	20	

CN2 (MAX10-FB基板)

F2P124	1	
F2P127	2	
F2P130	3	
F2P131	4	
F2P132	5	
F2P134	6	
F2P135	7	
F2P140	8	
F2P141(M1P1)	9	
F2P3	10	
F2P6	11	
F2P7(M2TXD)	12	
F2P8	13	
F2P10	14	
F2P11	15	
F2P12	16	
F2P13	17	
F2P14	18	
F2P17	19	
GND	20	

JTAG 接続用コネクタ

CN5 (MAX10-FB JTAG信号)

GND	10	9	TDI
JTAGEN	8	7	(NC)
(NC)	6	5	TMS
(NC)	4	3	TDO
GND	2	1	TCK

CN6 (JTAG信号)

5	TDI
4	JTAGEN
3	TMS
2	TDO
1	TCK

Raspberry Pi コネクタ(南側) CN4 (RPi拡張基板, MAX10-EB基板)

RS21_SCLK1	40	39	GND
RS20_MOSI1	38	37	RS26
RS16_CE2N1	36	35	RS19_MISO1
GND	34	33	RS13_PWM1
RS12_PWM0	32	31	RS06_GCK2
GND	30	29	RS05_GCK1
RSID_SC	28	27	RSID_SD
RS07_CE1N0	26	25	GND
RS08_CE0N0	24	23	RS11_SCLK0
RS25	22	21	RS09_MISO0
GND	20	19	RS10_MOSI0
RS24	18	17	V_{CC33S}
RS23	16	15	RS22
RS18_CE0N1	14	13	RS27
RS15_RXD0	12	11	RS17_CE1N1
RS14_TXD0	10	9	GND
GND	8	7	RS04_GCK0
V_{CC5}	6	5	RS03_SCL1
V_{CC5}	4	3	RS02_SDA1
	2	1	V_{CC33S}

北 ↑
MAX10-FB 基板

MARY 基板スロット 1

CN8 (MARY-1)

1	GND
2	V_{CC5}
3	V_{CC33}
4	(NC)

CN11 (MARY-1)

RS10_MOSI0(M1S1)	4
RS09_MISO0	3
RS11_SCLK0	2
RS19_MISO1	1

CN9 (MARY-1)

1	RS04_GCK0
2	RS17_CE1N1
3	(NC)
4	RS18_CE0N1

CN10 (MARY-1)

RS02_SDA1	4
RS03_SCL1	3
RS08_CE0N0	2
RS12_PWM0(M1P1)	1

MARY 基板スロット 2

CN12 (MARY-2)

1	GND(M2GND)
2	V_{CC5}
3	V_{CC33}
4	(NC)

CN15 (MARY-2)

RS10_MOSI0(M1S1)	4
RS09_MISO0	3
RS11_SCLK0	2
RS21_SCLK1	1

CN13 (MARY-2)

1	RS16_CE2N1
2	RS14_TXD0
3	(NC)
4	RS15_RXD0(M2TXD)

CN14 (MARY-2)

RS22	4
RS23	3
RS07_CE1N0	2
RS20_MOSI1	1

図8 MAX10-EB基板のコネクタ信号配置

ス)でアクセスします．実際にU2をRaspberry Pi本体に接続するには，MAX10-EB基板上のはんだジャンパをショートする必要があります．

●Raspberry Pi と MAX 10 との接続は SPI1 (AUX SPI)を推奨

MAX10-EB基板を使う場合のMAX 10 FPGAと

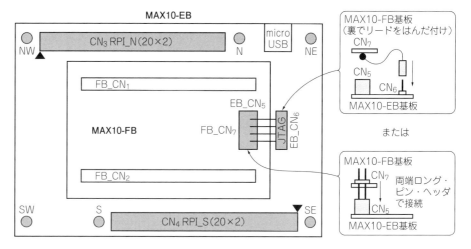

図9 Raspberry PiからMAX 10をコンフィグする方法
MAX10-EB基板とMAX10-FB基板の間で，JTAG信号を接続する

Raspberry Pi本体の間の接続信号は，ユーザが自由に選択できますが，本書で説明する製作事例では，原則としてRaspberry Piコネクタ(J8)の27ピンから40ピンの間の信号を使うことにします．基本的には，Raspberry PiのSPI1(AUX SPI)によるインターフェースを使います．

これは，Raspberry Piの拡張基板(タッチLCDパネル基板など)も組み合わせることへの配慮です．Raspberry Piの拡張基板の多くが表4に示すように，1ピンから26ピンの間の信号のみを使っています．初代のRaspberry Pi 1が引き出していたGPIO信号が26本だけだった名残だと思われます．1ピンから26ピンの間の信号は，MAX10-EB基板上でRaspberry Pi本体基板と拡張基板の間で直結(スルー)させることが多くなるため，拡張性を考慮すると，上記のように，MAX 10 FPGAとRaspberry Pi本体の間の接続信号は27ピンから40ピンの間の信号だけにしておくことを推奨します．

もちろん必要があれば，Raspberry Pi拡張基板の未使用信号をMAX 10 FPGAに接続することは可能ですし，Raspberry Pi拡張基板を使用しなければ，任意のGPIO信号をMAX 10とのインターフェースに使用できます．

● MARY基板の信号コネクタ

MAX10-EB基板にはMARY基板を搭載できます．搭載できるのは，MARY-OB基板(カラーOLED表示モジュール＋3軸加速度MEMSセンサ)，MARY-LB基板(2色LEDマトリクス)，MARY-XB基板(XBee無線モジュール＋micro SDカード)，MARY-GB基板(GPSモジュール＋RTCカレンダ・クロック)などです．それぞれSPI，I²C，UARTおよびGPIO信号でインターフェースします．MARY基板のコネクタ信号配置を表5に示します．具体的な回路図や使用方法は，参考文献(1)を参照してください．

MARY基板の各信号は，MAX10-EB基板上ではRaspberry Pi South(南側)コネクタCN4に接続してあります．はんだジャンパを経由させて他のコネクタ信号から制御することもできます．

● MAX10-EB基板の信号コネクタ

図8にMAX10-EB基板のコネクタ信号配置を示します．MAX10-FB基板スロットの基板穴の一部(4カ所)は，MARY基板スロットの信号穴と共通になっているので注意してください．その共通穴の信号を，MARY基板の信号とするか，MAX10-FB基板の信号とするかは，はんだジャンパで選択します．

● Raspberry PiからMAX 10をコンフィグする方法

MAX 10のコンフィグレーション方法は，MAX10-JB基板のUSB Blaster等価機能を使う以外にもあります．基本的にはMAX 10のJTAG信号を動かせばよいだけなので，マイコンやRaspberry Piなど別のデバイスから直接コンフィグレーションすることができます．

こうした方法を，一般的にJTAG Playerと言います．アルテラ社の場合は，Jam STAPL(Standard Test and Programming Language)Playerという名前で呼んでいます．標準C言語のソース・コードで提供されており，一部(端子まわりの制御部分)を修正してコンパイルし，Jam STAPLE Playerの実行ファイルを作成します．

Quartus PrimeからJam STAPLE Player用のコンフィグレーション・データ(バイト・コード)を生成し，Jam STAPLE Playerに入力して実行すると，JTAG信号を制御してFPGAをコンフィグレーションしてくれます．

表6 MAX10-EB基板のはんだジャンパ

種類	はんだジャンパ名称	はんだジャンパをショートしたときに接続される信号		はんだジャンパをショートしたときの意味
電源	VCC33N	V_{CC33N}	V_{CC33}(3.3V)	Raspberry Pi North(CN3)の接続先基板にV_{CC33}を供給
	VCC33S	V_{CC33S}	V_{CC33}(3.3V)	Raspberry Pi South(CN4)の接続先基板にV_{CC33}を供給
Raspberry Pi North(CN3)とRaspberry Pi South(CN4)のダイレクト接続	RNS02	RN02_SDA1	RS02_SDA1	Raspberry Pi North(CN3)とRaspberry Pi South(CN4)の間をダイレクト接続(スルー接続)
	RNS03	RN03_SCL1	RS03_SCL1	
	RNS04	RN04_GCK0	RS04_GCK0	
	RNS14	RN14_TXD0	RS14_TXD0	
	RNS15	RN15_RXD0	RS15_RXD0	
	RNS17	RN17_CE1N1	RS17_CE1N1	
	RNS18	RN18_CE0N1	RS18_CE0N1	
	RNS27	RN27	RS27	
	RNS22	RN22	RS22	
	RNS23	RN23	RS23	
	RNS24	RN24	RS24	
	RNS10	RN10_MOSI0	RS10_MOSI0	
	RNS09	RN09_MISO0	RS09_MISO0	
	RNS25	RN25	RS25	
	RNS11	RN11_SCLK0	RS11_SCLK0	
	RNS08	RN08_CE0N0	RS08_CE0N0	
	RNS07	RN07_CE1N0	RS07_CE1N0	
	RNS05	RN05_GCK1	RS05_GCK1	
	RNS06	RN06_GCK2	RS06_GCK2	
	RNS12	RN12_PWM0	RS12_PWM0	
	RNS13	RN13_PWM1	RS13_PWM1	
	RNS19	RN19_MISO1	RS19_MISO1	
	RNS16	RN16_CE2N1	RS16_CE2N1	
	RNS26	RN26	RS26	
	RNS20	RN20_MOSI1	RS20_MOSI1	
	RNS21	RN21_SCLK1	RS21_SCLK1	
MARY基板	M1SI	MARY1/CN11-4	RS10_MOSI0	SLOT1のMARY基板側のCN4-4をRaspberry Pi South(CN4)に接続
	M1P1	MARY1/CN10-1	RS12_PWM0	SLOT1のMARY基板側のCN3-1をRaspberry Pi South(CN4)に接続
	M2GND	MARY2/CN12-1	GND	SLOT2のMARY基板側のCN1-1をGNDに接続
	M2TXD	MARY2/CN13-4	RS15_RXD0	SLOT2のMARY基板側のCN2-4をRaspberry Pi South(CN4)に接続
Raspberry Pi EEPROM ID	SC_SC	RNID_SC	RSID_SC	Raspberry Pi North(CN3)とRaspberry Pi South(CN4)の間をスルー
	SD_SD	RNID_SD	RSID_SD	Raspberry Pi North(CN3)とRaspberry Pi South(CN4)の間をスルー
	RNID_SC	U2-6(SCL)	RNID_SC	Raspberry Pi North(CN3)からEEPROMをアクセス
	RNID_SD	U2-5(SDA)	RNID_SD	
	RSID_SC	U2-6(SCL)	RSID_SC	Raspberry Pi South(CN4)からEEPROMをアクセス
	RSID_SD	U2-5(SDA)	RSID_SD	
	WP	U2-7(WP)	V_{CC33}	EEPROMをライト・プロテクト
Raspberry PiからのJTAG制御	JTAGEN	JTAGEN	GND	JTAGEN(CN5-8, CN6-4)をGNDに接続
	RNTDI	RN05_GCK1	TDI	Raspberry Pi North(CN3)からJTAG信号を制御
	RNTMS	RN06_GCK2	TMS	
	RNTDO	RN13_PWM1	TDO	
	RNTCK	RN26	TCK	
	RSTDI	RS05_GCK1	TDI	Raspberry Pi South(CN4)からJTAG信号を制御
	RSTMS	RS06_GCK2	TMS	
	RSTDO	RS13_PWM1	TDO	
	RSTCK	RS26	TCK	

表6 MAX10-EB基板のはんだジャンパ(つづき)

種類	はんだジャンパ名称	はんだジャンパをショートしたときに接続される信号		はんだジャンパをショートしたときの意味
Raspberry Pi North(CN3)とMAX10-FB基板North(CN1)の接続	RN02P62	RN02_SDA1	F1P62	Raspberry Pi North(CN3)とMAX10-FB基板North(CN1)を接続
	RN03P61	RN03_SCL1	F1P61	
	RN04P60	RN04_GCK0	F1P60	
	RN14P59	RN14_TXD0	F1P59	
	RN15P58	RN15_RXD0	F1P58	
	RN17P57	RN17_CE1N1	F1P57	
	RN18P56	RN18_CE0N1	F1P56	
	RN22P55	RN22	F1P55	
	RN23P52	RN23	F1P52	
	RN10P50	RN10_MOSI0	F1P50	
	RN09P48	RN09_MISO0	F1P48	
	RN11P47	RN11_SCLK0	F1P47	
	RN08P46	RN08_CE0N0	F1P46	
	RN07P45	RN07_CE1N0	F1P45	
	RN12P44	RN12_PWM0	F1P44	
	RN19P43	RN19_MISO1	F1P43	
	RN16P41	RN16_CE2N1	F1P41	
	RN20P39	RN20_MOSI1	F1P39	
	RN21P38	RN21_SCLK1	F1P38	
Raspberry Pi South(CN4)とMAX10-FB基板South(CN2)の接続	RS02P17	RS02_SDA1	F2P17	Raspberry Pi South(CN4)とMAX10-FB基板South(CN2)を接続 (＊)Raspberry Pi South(CN4)のRS10_MOSI0は，MAX10-FB基板のF2P3とF1P52のいずれにも接続できる．これはF2P3がMAX 10のアナログ入力専用端子であり，デジタル入出力ができるF1P52にも接続しておくためである．
	RS03P14	RS03_SCL1	F2P14	
	RS04P13	RS04_GCK0	F2P13	
	RS14P12	RS14_TXD0	F2P12	
	RS15P11	RS15_RXD0	F2P11	
	RS17P10	RS17_CE1N1	F2P10	
	RS18P8	RS18_CE0N1	F2P8	
	RS22P7	RS22	F2P7	
	RS23P6	RS23	F2P6	
	RS10P3	RS10_MOSI0(＊)	F2P3	
	RS10P52	RS10_MOSI0(＊)	F1P52	
	RS09P141	RS09_MISO0	F2P141	
	RS11P140	RS11_SCLK0	F2P140	
	PS08P135	RS08_CE0N0	F2P135	
	RS07P134	RS07_CE1N0	F2P134	
	RS12P132	RS12_PWM0	F2P132	
	RS19P131	RS19_MISO1	F2P131	
	RS16P130	RS16_CE2N1	F2P130	
	RS20P127	RS20_MOSI1	F2P127	
	RS21P124	RS21_SCLK1	F2P124	

なお，Jam STAPLE PlayerはFPGAのコンフィグレーションのみ可能であり，Nios IIのデバッグ機能やFPGAのSignalTap II（ロジアナ）機能は使えません．

Raspberry Pi上にJam STAPLE Playerを構築してMAX 10をコンフィグレーションするために，JTAG信号をMAX10-EB基板とMAX10-FB基板の間で接続する方法を図9に示します．

なお，本書では，Jam STAPLE Playerの具体的な使用方法の解説は省略します．

●MAX10-EB基板のはんだジャンパ

MAX10-EB基板のコネクタ間を任意に接続するためのはんだジャンパの一覧を，表6に示します．各はんだジャンパの位置は，基板裏面のシルク表示および図6を参照して見つけてください．ショートするときにはんだを盛ってください．

MAX10-EB基板のはんだジャンパには，大きく分けて次の機能があります．自分が構築したいシステムに応じて，どのはんだジャンパをショートすればよいかをよく考えて使用してください．

(1) Raspberry Pi拡張基板へのV_{CC33}供給用はんだジャンパ

Raspberry Pi North（北側）コネクタCN3またはRaspberry Pi South（南側）コネクタCN4にRaspberry Pi拡張基板を接続したとき，そこにV_{CC33}（3.3 V）の供給が必要な場合はショートする．

(2) Raspberry Pi コネクタ間のダイレクト接続用はんだジャンパ

Raspberry Pi North（北側）コネクタCN3とRaspberry Pi South（南側）コネクタCN4の間の信号をダイレクト接続する場合にショートする．Raspberry Pi本体から，その拡張基板を直接制御する場合などに使用する．

(3) Raspberry Pi コネクタとMAX10-FB基板コネクタの接続用はんだジャンパ

Raspberry Pi コネクタNorth（北側）CN3とMAX10-FB基板North（北側）コネクタCN1を接続する場合，およびRaspberry Pi コネクタSouth（南側）CN4とMAX10-FB基板South（南側）コネクタCN2を接続する場合にショートする．Raspberry Pi本体とMAX10の間でインターフェースをとるとき，およびMAX10からRaspberry Pi拡張基板やMARY基板を制御する場合などに使用する．あるいは，上記(2)のはんだジャンパと併用することで，Raspberry Pi本体がその拡張基板を直接制御している信号を，MAX10がモニタすることもできる．

(4) MARY基板を使用するためのはんだジャンパ

MAX10-FB基板スロットの基板穴の一部（4カ所）はMARY基板スロットの信号穴と共通になっており，その信号を，MARY基板の信号として使用する場合にショートする．

(5) Raspberry PiからID記憶用EEPROMをアクセスするためのはんだジャンパ

Raspberry Pi North（北側）コネクタCN3またはRaspberry Pi South（南側）コネクタCN4のいずれかから，ID記憶用EEPROM（U2）をアクセスする場合にショートする．

はんだジャンパの設定によっては，CN3とCN4の間を直結（スルー）することができるので，Raspberry Piの上に複数枚のMAX10-EB基板を重ねたとき，最上段，または途中のMAX10-EB基板のEEPROMをアクセスさせることもできる．

(6) Raspberry PiがJTAG信号を制御してMAX 10をコンフィグするためのはんだジャンパ

MAX 10を，Raspberry Pi上に構築したJam

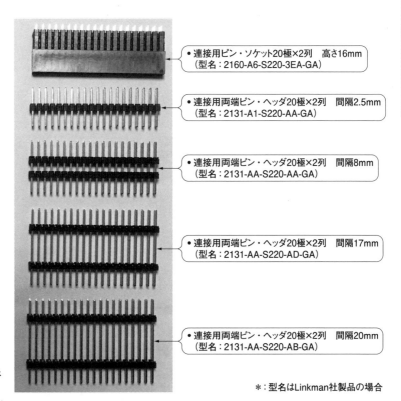

写真3　MAX10-EB基板の専用連接用コネクタ

- 連接用ピン・ソケット20極×2列　高さ16mm
  （型名：2160-A6-S220-3EA-GA）
- 連接用両端ピン・ヘッダ20極×2列　間隔2.5mm
  （型名：2131-A1-S220-AA-GA）
- 連接用両端ピン・ヘッダ20極×2列　間隔8mm
  （型名：2131-AA-S220-AA-GA）
- 連接用両端ピン・ヘッダ20極×2列　間隔17mm
  （型名：2131-AA-S220-AD-GA）
- 連接用両端ピン・ヘッダ20極×2列　間隔20mm
  （型名：2131-AA-S220-AB-GA）

＊：型名はLinkman社製品の場合

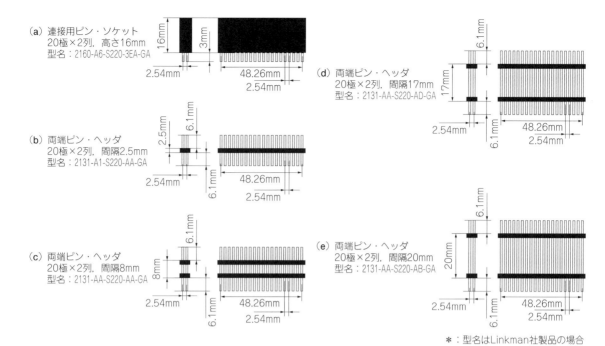

図10　MAX10-EB基板の専用連接用コネクタの寸法図

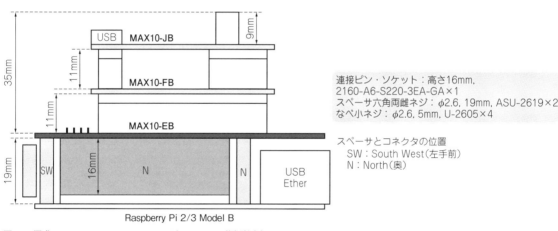

図11　編成A-1：Raspberry Pi＋MAX 10（MAX10-JB基板付き）
① Raspberry PiをMAX10-FB基板に接続
② MAX10-EB基板上で5V電源と3.3V電源がWired-OR
③ MAX10-JB基板からMAX10-FB基板をコンフィグ＆デバッグ

STAPLE Playerによりコンフィグレーションする場合にショートする．Raspberry Pi North（北側）コネクタCN3またはRaspberry Pi South（南側）コネクタCN4のいずれかからも，JTAG信号を制御できる．

MAX10-EB基板の活用例あれこれ

●MAX10-EB基板の活用方法は無限大

Raspberry PiとMAX 10，およびMARY基板を組み合わせることができるMAX10-EB基板の活用方法は，無限にありそうです．ここでは，その代表例をいくつか説明します．

●専用の連接コネクタ

MAX10-EBを使ってシステムを組み上げるには，何枚かの基板を重ねて互いに接続します．これらの基板間はさまざまな距離を取る必要があるので，普通のピン・ヘッダとピン・ソケットだけでは連接できません．

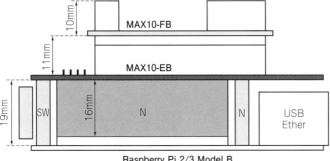

図12 編成A-2：Raspberry Pi＋MAX 10（MAX10-JB基板なし）
① Raspberry PiをMAX10-FB基板に接続
② MAX10-EB基板上で5V電源がWired-OR
③ MAX10-FB基板はコンフィグ＆デバッグ済み，またはRaspberry Piからコンフィグ

写真4 編成A-2：Raspberry Pi＋MAX 10（MAX10-JB基板なし）

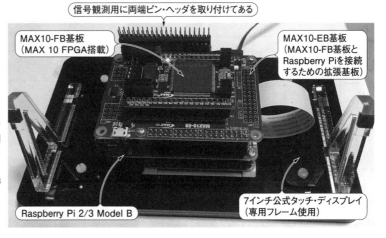

写真5 編成A-2をRaspberry Piの7インチ公式タッチ・ディスプレイと組み合わせた例
Raspberry Pi本体とMAX10-EB基板の間は，スペーサ1本（SW：手前左）だけでネジ止めする．Raspberry Pi本体は，余ったネジ穴（対角位置）3本だけでディスプレイに固定する．ディスプレイの下側が，MAX10-EB基板の北側に対応するように固定される

そのため，専用の連接コネクタを用意しました[MAX10-EB基板（別売り）に付属］．その外形を**写真3**に，寸法を**図10**に示します．これらの使い方は，次の活用例の図面の中に記載してあります．

●編成A：Raspberry Pi＋MAX 10

Raspberry PiとMAX 10を接続するもっとも基本的な構成が，編成Aです．コンフィグ＆デバッグ用のMAX10-JB基板を併用する編成A-1を**図11**に，併用

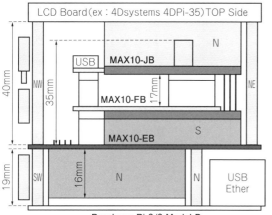
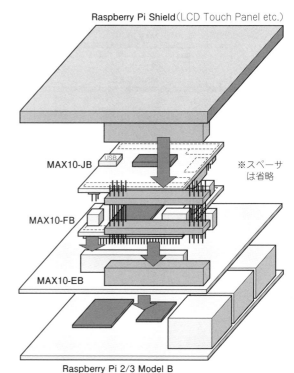

連接両側ピン・ヘッダ：間隔17mm，2131-AA-S220-AD-GA×1
スペーサ六角雄雌ネジ：φ2.6，20mm，BSU-2620×2
スペーサ六角両雌ネジ：φ2.6，20mm，ASU-2620×2
なべ小ネジ：φ2.6，5mm，U-2605×4

連接ピン・ソケット：高さ16mm，2160-A6-S220-3EA-GA×1
スペーサ六角両雌ネジ：φ2.6，19mm，ASU-2619×2
なべ小ネジ：φ2.6，5mm，U-2605×4

スペーサとコネクタの位置
 SW：South West（左手前）　NW：North West（左奥）
 S：South（手前）　　　　　NE：North East（右奥）
 N：North（奥）

（a）手前側から見たところ　　　　（b）立体構造図

図13　編成B-1：Raspberry Pi＋MAX 10＋Raspberry Pi用拡張基板（MAX10-JB基板付き）

① Raspberry PiをMAX10-FB基板に接続
② Raspberry Pi拡張基板（シールド基板やHAT規格基板）を最上段に接続
③ MAX10-EB基板を奇数枚重ねる場合は，Raspberry Pi拡張基板は上下逆に搭載
④ MAX10-EB基板上で5V電源と3.3V電源がWired-OR
⑤ MAX10-JB基板からMAX10-FB基板をコンフィグ＆デバッグ

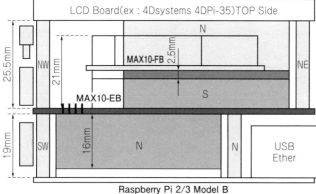

連接両側ピン・ヘッダ：間隔2.5mm，2131-A1-S220-AA-GA×1
スペーサ　六角雌雄ネジ：φ2.6，5.5mm，BSU-2605.5×2
スペーサ　六角両雌ネジ：φ2.6，20mm，ASU-2620×2
なべ小ネジ：φ2.6，5mm，U-2605×4

連接ピン・ソケット：高さ16mm，2160-A6-S220-3EA-GA×1
スペーサ　六角両雌ネジ：φ2.6，19mm，ASU-2619×2
なべ小ネジ：φ2.6，5mm，U-2605×4

スペーサとコネクタの位置
 SW：South West（左手前）
 S：South（手前）
 NW：North West（左奥）
 NE：North East（右奥）
 N：North（奥）

図14　編成B-2：Raspberry Pi＋MAX 10＋Raspberry Pi用拡張基板（MAX10-JB基板なし）

① Raspberry PiをMAX10-FB基板に接続
② Raspberry Pi拡張基板（シールド基板やHAT規格基板）を最上段に接続
③ MAX10-EB基板を奇数枚重ねると，Raspberry Pi拡張基板は上下逆に搭載
④ MAX10-EB基板上で5V電源がWired-OR
⑤ MAX10-FB基板はコンフィグ＆デバッグ済み，またはRaspberry Piからコンフィグ

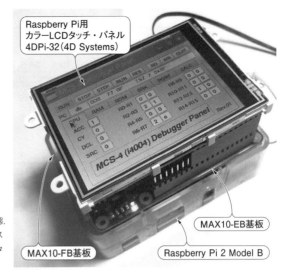

写真6　編成B-2をRaspberry Pi用3.2インチ・カラーLCDタッチ・パネルと組み合わせた例
この写真は，Raspberry Pi 2と4D Systems社の4DPi-32を組み合わせた状態．Raspberry Pi 3を使う場合は，4DPi-32 IIを使用すること．いずれのケースとも，Raspberry Pi本体を専用ケース（RSコンポーネンツ 908-4218，フタなし）に入れた状態で使用できる

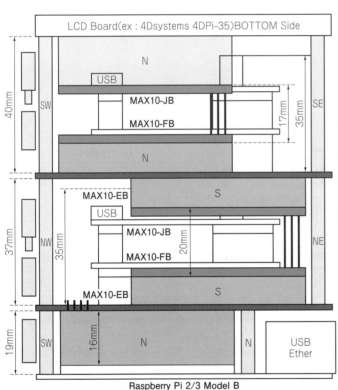

連接両側ピン・ヘッダ：間隔17mm，2131-AA-S220-AD-GA×1
スペーサ　六角雄雌ネジ：φ2.6，20mm，BSU-2620×2
スペーサ　六角両雌ネジ：φ2.6，20mm，ASU-2620×2
なべ小ネジ：φ2.6，5mm，U-2605×4

連接両側ピン・ヘッダ：間隔20mm，2131-AA-S220-AB-GA×1
スペーサ　六角雄雌ネジ：φ2.6，17mm，BSU-2617×2
スペーサ　六角両雌ネジ：φ2.6，20mm，ASU-2620×2
なべ小ネジ：φ2.6，5mm，U-2605×4

連接ピン・ソケット：高さ16mm，2160-A6-S220-3EA-GA×1
スペーサ　六角両雌ネジ：φ2.6，19mm，ASU-2619×2
なべ小ネジ：φ2.6，5mm，U-2605×4

スペーサとコネクタの位置
SW：South West（左手前）
SE：South East（右手前）
S：South（手前）
NW：North West（左奥）
NE：North East（右奥）
N：North（奥）

図15　編成C-1：Raspberry Pi＋複数のMAX 10＋Raspberry Pi用拡張基板（MAX10-JB基板付き）
① MAX10-FB基板とMAX10-EB基板を複数枚スタックして，Raspberry Piに接続
② Raspberry Pi拡張基板（シールド基板やHAT規格基板）を最上段に接続
③ MAX10-EB基板を奇数枚重ねる場合は，Raspberry Pi拡張基板は上下逆に搭載
④ MAX10-EB基板上で5V電源と3.3V電源がWired-OR
⑤ MAX10-JB基板からMAX10-FB基板をコンフィグ＆デバッグ

しない編成A-2を**図12**に示します．編成A-2の実例を**写真4**に示します．
　この編成は，**写真5**に示すように，Raspberry Pi の7インチ公式タッチ・ディスプレイとも組み合わせることができます．ディスプレイとのインターフェース信号は，Raspberry Pi本体の液晶パネル・インター

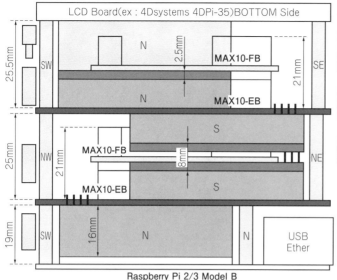

図16 編成C-2：Raspberry Pi＋複数のMAX 10＋Raspberry Pi用拡張基板（MAX10-JB基板なし）

① MAX10-FB基板とMAX10-EB基板を複数枚スタックしてRaspberry Piに接続
② Raspberry Pi拡張基板（シールド基板やHAT規格基板）を最上段に接続
③ MAX10-EB基板を奇数枚重ねる場合，Raspberry Pi拡張基板は上下逆に搭載
④ MAX10-EB基板上で5V電源がWired-OR
⑤ MAX10-FB基板はコンフィグ＆デバッグ済み，またはRaspberry Piからコンフィグ

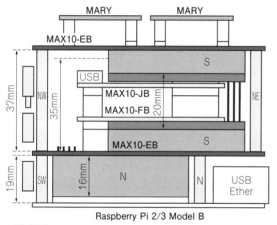

（a）手前側から見たところ

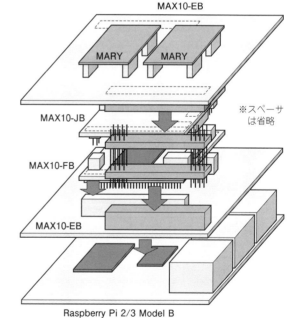

（b）立体構造図

図17 編成D-1：Raspberry Pi＋MAX 10＋MARY基板（MAX10-JB基板付き）

① Raspberry PiをMAX10-FB基板に接続
② Raspberry PiまたはMAX10-FB基板にMARY基板を接続
③ MAX10-EB基板上で5V電源と3.3V電源がWired-OR
④ MAX10-JB基板からMAX10-FB基板をコンフィグ＆デバッグ

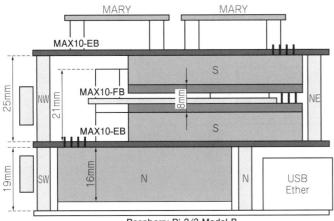

図18 編成D-2：Raspberry Pi + MAX 10 + MARY基板（MAX10-JB基板なし）
① Raspberry PiをMAX10-FB基板に接続
② RaspberryPiまたはMAX10-FB基板にMARY基板を接続
③ MAX10-EB基板上で5V電源がWired-OR
④ MAX10-FB基板はコンフィグ＆デバッグ済み，またはRaspberry Piからコンフィグ

連接両側ピン・ヘッダ：間隔8mm, 2131-AA-S220-AA-GA×1
スペーサ　六角雄雌ネジ：φ2.6, 25mm, ASU-2625×2
なべ小ネジ：φ2.6, 5mm, U-2605×4

連接ピン・ソケット：高さ16mm, 2160-A6-S220-3EA-GA×1
スペーサ　六角両雌ネジ：φ2.6, 19mm, ASU-2619×2
なべ小ネジ：φ2.6, 5mm, U-2605×4

スペーサとコネクタの位置
SW：South West（左手前）
S：South（手前）
NW：North West（左奥）
NE：North East（右奥）
N：North（奥）

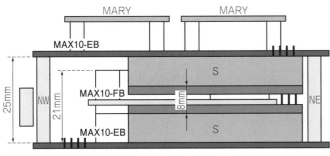

図19 編成E：MAX 10 + MARY基板（MAX10-JB基板なし）
① MAX10-FB基板にMARY基板を接続
② MAX10-FB基板はコンフィグ＆デバッグ済み

連接両側ピン・ヘッダ：間隔8mm, 2131-AA-S220-AA-GA×1
スペーサ　六角両雌ネジ：φ2.6, 25mm, ASU-2625×2
なべ小ネジ：φ2.6, 5mm, U-2605×4

スペーサとコネクタの位置
S：South（手前）
NW：North West（左奥）
NE：North East（右奥）

写真7 編成EをMARY-OB基板とMARY-GB基板と組み合わせた例

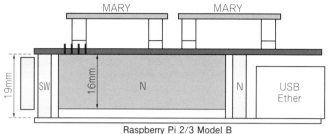

図20 編成F：Raspberry Pi + MARY基板（FPGAなし）
① Raspberry PiにMARY基板を接続（FPGAなし）
② MAX10-EB基板上で5V電源がWired-OR

フェースからフラット・ケーブルで接続するので，MAX10-EB基板の編成の上に，さらに拡張基板を搭載する必要はありません．

ディスプレイを併用する場合は，この**写真5**の構成がMAX10-FB基板が露出されているので，オシロスコープによる信号観測を含むさまざまなデバッグを考えると，最も使いやすいように思います．

●編成B：Raspberry Pi + MAX 10 + Raspberry Pi用拡張基板

Raspberry PiとMAX 10を接続し，そこにさらにRaspberry Pi用拡張基板を接続する構成が編成Bです．コンフィグ＆デバッグ用のMAX10-JB基板を併用する編成B-1を**図13**に，併用しない編成B-2を**図14**に示します．

編成B-2の拡張基板として，Raspberry Pi用3.2インチ・カラーLCDタッチ・パネルを使用した例を**写真6**に示します．LCD基板は上下反対に搭載することになるので，Raspberry PiのOSブート設定で表示の向きを180度回転させて使います．

●編成C：Raspberry Pi +複数のMAX 10 + Raspberry Pi用拡張基板

MAX10-EB基板を複数枚使用して，Raspberry Piと複数のMAX 10を接続し，そこにさらにRaspberry Pi用拡張基板を接続したリッチな構成が編成Cです．コンフィグ＆デバッグ用のMAX10-JB基板を併用する編成C-1を**図15**に，併用しない編成C-2を**図16**に示します．

MAX10-EB基板を使うと，このような複雑な構成も実現できます．MAX 10 FPGA同士を相互に連結できるので，大規模な並列処理システムなどを組み上げることができるでしょう．

●編成D：Raspberry Pi + MAX 10 + MARY基板

Raspberry PiとMAX 10を接続し，そこにさらに MARY基板を接続する構成が編成Dです．コンフィグ＆デバッグ用のMAX10-JB基板を併用する編成D-1を**図17**に，併用しない編成D-2を**図18**に示します．

●編成E：MAX 10 + MARY基板

Raspberry Piを使わずに，MAX 10とMARY基板を接続する構成が編成Eです．コンフィグ＆デバッグ用のMAX10-JB基板を併用しない場合の編成Eを，**図19**に示します．

この編成EのMARY基板として，MARY-OB基板（カラーOLED表示モジュール + 3軸加速度MEMSセンサ）と，MARY-GB基板（GPSモジュール + RTCカレンダ・クロック）を搭載した場合の例を**写真7**に示します．

●編成F：Raspberry Pi + MARY基板

MAX 10（FPGA）を使わずに，Raspberry PiとMARY基板を接続する構成が，**図20**に示す編成Fです．MARY基板の制御は，UART，SPI，I2C，GPIOのインターフェースが必要ですが，MAX10-EB基板上では，Raspberry Piの対応する機能信号をはんだジャンパを介して，容易に結線できるように考慮してあります．

●MAX10-EB基板のはんだジャンパ設定例

編成B，編成D，編成Eの場合の，MAX10-EB基板のはんだジャンパ設定例を**表7**に示します．編成Bと編成CにおけるRaspberry PiとMAX 10のインターフェースは，SPI1（AUX SPI）を使っています．

◆ 参考文献 ◆

(1) 圓山宗智；2枚入り！組み合わせ自在！超小型ARMマイコン基板，2011年4月，CQ出版社．
(2) Broadcom BCM2835 ARM Peripherals, 06 Feb, 2012, Broadcom Corporation.
(3) 参考文献(2)の訂正情報 http://elinux.org/BCM2835_datasheet_errata
(4) 4DSystems, 4DPi-32, 3.2" Primary Display for the

表7 MAX10-EB基板のはんだジャンパ設定例

編成B-1または編成B-2の上に，4DSystems社のカラーLCDタッチ・パネル4DPi-32-IIまたは4DPi-35-II(コネクタ40ピン版)を搭載する場合，この拡張基板はHAT規格なので，EEPROMをRaspberry Pi本体からアクセスできるように，はんだジャンパ「SD_SD」と「SC_SC」をショートすること．初版の4DPi-32または4DPi-35(コネクタ26ピン版)の場合は不要

種類	はんだジャンパ名称	はんだジャンパをショートしたときに接続される信号		編成：B-1 編成：B-2 4DPi-32(-II)搭載 または 4DPi-35(-II)搭載	編成：D-1, 編成：D-2 編成E MARY-OB(SLOT1)搭載 およびMARY-GB(SLOT2)搭載	
					上側 MAX10-EB基板	下側 MAX10-EB基板
電源	VCC33N	V_{CC33N}	V_{CC33}(3.3V)			
	VCC33S	V_{CC33S}	V_{CC33}(3.3V)	○		
Raspberry Pi North(CN3)と Raspberry Pi South(CN4)の ダイレクト接続	RNS02	RN02_SDA1	RS02_SDA1	○		
	RNS03	RN03_SCL1	RS03_SCL1	○		
	RNS04	RN04_GCK0	RS04_GCK0	○		
	RNS14	RN14_TXD0	RS14_TXD0	○		
	RNS15	RN15_RXD0	RS15_RXD0	○		
	RNS17	RN17_CE1N1	RS17_CE1N1	○		
	RNS18	RN18_CE0N1	RS18_CE0N1	○		
	RNS27	RN27	RS27	○		
	RNS22	RN22	RS22	○		
	RNS23	RN23	RS23	○		
	RNS24	RN24	RS24	○		
	RNS10	RN10_MOSI0	RS10_MOSI0	○		
	RNS09	RN09_MISO0	RS09_MISO0	○		
	RNS25	RN25	RS25	○		
	RNS11	RN11_SCLK0	RS11_SCLK0	○		
	RNS08	RN08_CE0N0	RS08_CE0N0	○		
	RNS07	RN07_CE1N0	RS07_CE1N0	○		
	RNS05	RN05_GCK1	RS05_GCK1			
	RNS06	RN06_GCK2	RS06_GCK2			
	RNS12	RN12_PWM0	RS12_PWM0			
	RNS13	RN13_PWM1	RS13_PWM1			
	RNS19	RN19_MISO1	RS19_MISO1			
	RNS16	RN16_CE2N1	RS16_CE2N1			
	RNS26	RN26	RS26			
	RNS20	RN20_MOSI1	RS20_MOSI1			
	RNS21	RN21_SCLK1	RS21_SCLK1			
MARY基板	M1SI	MARY1/CN11-4	RS10_MOSI0		○	
	M1P1	MARY1/CN10-1	RS12_PWM0		○	
	M2GND	MARY2/CN12-1	GND		○	
	M2TXD	MARY2/CN13-4	RS15_RXD0		○	
Raspberry Pi EEPROM ID	SC_SC	RNID_SC	RSID_SC	○		
	SD_SD	RNID_SD	RSID_SD	○		
	RNID_SC	U2-6(SCL)	RNID_SC			○
	RNID_SD	U2-5(SDA)	RNID_SD			○
	RSID_SC	U2-6(SCL)	RSID_SC			
	RSID_SD	U2-5(SDA)	RSID_SD			
	WP	U2-7(WP)	V_{CC33}			
Raspberry Pi からのJTAG 制御	JTAGEN	JTAGEN	GND			
	RNTDI	RN05_GCK1	TDI			
	RNTMS	RN06_GCK2	TMS			
	RNTDO	RN13_PWM1	TDO			
	RNTCK	RN26	TCK			
	RSTDI	RS05_GCK1	TDI			
	RSTMS	RS06_GCK2	TMS			
	RSTDO	RS13_PWM1	TDO			
	RSTCK	RS26	TCK			

表7 MAX10-EB基板のはんだジャンパ設定例（つづき）

種類	はんだジャンパ名称	はんだジャンパをショートしたときに接続される信号		編成：B-1 編成：B-2 4DPi-32(-II)搭載 または 4DPi-35(-II)搭載	編成：D-1 編成：D-2 MARY-OB(SLOT1)搭載 およびMARY-GB(SLOT2)搭載	
					上側 MAX10-EB基板	下側 MAX10-EB基板
Raspberry Pi North(CN3)とMAX10-EB基板North(CN1)の接続	RN02P62	RN02_SDA1	F1P62			
	RN03P61	RN03_SCL1	F1P61			
	RN04P60	RN04_GCK0	F1P60			
	RN14P59	RN14_TXD0	F1P59			
	RN15P58	RN15_RXD0	F1P58			
	RN17P57	RN17_CE1N1	F1P57			
	RN18P56	RN18_CE0N1	F1P56			
	RN22P55	RN22	F1P55			
	RN23P52	RN23	F1P52			
	RN10P50	RN10_MOSI0	F1P50			
	RN09P48	RN09_MISO0	F1P48			
	RN11P47	RN11_SCLK0	F1P47			
	RN08P46	RN08_CE0N0	F1P46			
	RN07P45	RN07_CE1N0	F1P45			
	RN12P44	RN12_PWM0	F1P44			
	RN19P43	RN19_MISO1	F1P43	○		○
	RN16P41	RN16_CE2N1	F1P41	○		○
	RN20P39	RN20_MOSI1	F1P39	○		○
	RN21P38	RN21_SCLK1	F1P38	○		○
Raspberry Pi South(CN4)とMAX10-EB基板South(CN2)の接続	RS02P17	RS02_SDA1	F2P17			○
	RS03P14	RS03_SCL1	F2P14			○
	RS04P13	RS04_GCK0	F2P13			○
	RS14P12	RS14_TXD0	F2P12			○
	RS15P11	RS15_RXD0	F2P11			○
	RS17P10	RS17_CE1N1	F2P10			○
	RS18P8	RS18_CE0N1	F2P8			○
	RS22P7	RS22	F2P7			○
	RS23P6	RS23	F2P6			○
	RS10P3	RS10_MOSI0	F2P3			
	RS10P52	RS10_MOSI0	F1P52			○
	RS09P141	RS09_MISO0	F2P141			○
	RS11P140	RS11_SCLK0	F2P140			○
	PS08P135	RS08_CE0N0	F2P135			○
	RS07P134	RS07_CE1N0	F2P134			○
	RS12P132	RS12_PWM0	F2P132			○
	RS19P131	RS19_MISO1	F2P131			○
	RS16P130	RS16_CE2N1	F2P130			○
	RS20P127	RS20_MOSI1	F2P127			○
	RS21P124	RS21_SCLK1	F2P124			○

Raspberry Pi，REVISON 1.x HARDWARE，Revision: 1.4，28th October 2015，4D Systems Pty. Ltd.

(5) 4DSystems，4DPi-32-II，3.2" Primary Display for the Raspberry Pi，REVISON 2.x HARDWARE，Revision：2.4，24th May 2016，4D Systems Pty. Ltd.

(6) 4DSystems，4DPi-35，3.5" Primary Display for the Raspberry Pi，REVISON 1.x HARDWARE，Revision：1.4，28th October 2015，4D Systems Pty. Ltd.

(7) 4DSystems，4DPi-35-II，3.5" Primary Display for the Raspberry Pi，REVISON 2.x HARDWARE，Revision: 2.4，24th May 2016，4D Systems Pty. Ltd.

(8) LT1963A Series Data Sheet，1.5A，Low Noise，Fast Transient Response LDO Regulators，11963aff，Rev.F，09/2013，Linear Technology Corp.

(9) ポリスイッチ ラジアルパーツ データシート，2009，Tyco Electronics Japan.

(10) CAT24C32，32-Kb I2C CMOS Serial EEPROM Datasheet，Rev.24，June 2015，ON Semiconductor.

(11) Micro-USB(USB2.0)コネクタZXシリーズ データシート，2013年9月，ヒロセ電機．

第22章 高速SPI通信によるインターフェースと，Qt CreatorによるGUIアプリの作成

MAX 10とRaspberry Piの連携方法

本書付属DVD-ROM関連データ		
DVD-ROM格納場所	内容	備考
CQ-MAX10¥Projects¥PROJ_NIOSII_RASPI	Raspberry Piと通信しながら連携動作するMAX 10のプロジェクトのひな形（Quartus Prime用，Nios II EDS用）	MAX 10側
CQ-MAX10¥RaspberryPi¥CQ-MAX10.tar.gz	① Raspberry Piのホーム・ディレクトリ下に作業用ディレクトリ/home/pi/tempを作成し，本ファイルをその下に置いて解凍（tar xvfz CQ-MAX10.tar.gz）する．その後，解凍してできたディレクトリのうち/home/pi/temp/CQ-MAX10/MAX10を，/home/pi/CQ-MAX10/の下にコピー ② /home/pi/CQ-MAX10/MAX10が，MAX 10とのSPI通信テスト用GUIアプリケーションのプロジェクトのひな形（Raspberry Pi上のQt Creator用）	Raspberry Pi側（本章では，このプログラムを作成する具体的な手順を解説する．本データは参考用の完成版）

●はじめに

Raspberry PiとMAX 10（MAX10-FB基板）を組み合わせることができるMAX10-EB基板のハードウェアについて，前章で解説しました．本章では，Raspberry PiとMAX 10の間の具体的なインターフェース方法について説明します．

さらに，Raspberry Pi側のアプリケーション・プログラムの作成方法と，MAX 10側のFPGAハードウェア，およびMAX 10内のNios II用プログラムの構成例についても説明します．本章の技術情報をマスタすれば，オリジナルのシステムを構築できるようになるでしょう．

本章で説明するRaspberry Piとしては，Raspberry Pi 3 Model Bを使用することを前提としています．その立ち上げと設定方法はAppendix 3を参照してください．なお，基本的に本章の内容はRaspberry Pi 2 Model Bにも適用可能です．

Raspberry Pi 3とMAX 10間のインターフェース方法

● Raspberry PiとMAX 10のインターフェースはSPI通信

Raspberry PiとMAX 10の間のインターフェース信号としては，Raspberry Piの拡張基板を組み合わせることも考えると，それら拡張基板類があまり使っていない信号を，なるべく少ない本数だけ使うべきと考えました．

ここではインターフェース信号として，図1に示す4線式SPI（Serial Peripheral Interface）通信信号だけを使うことにします．

Raspberry Pi側をSPIマスタ，MAX 10側をSPIスレーブとします．

SPI1_CE2_Nはスレーブ選択信号（負論理），SPI1_SCLKはSPIクロック，SPI1_MOSIはマスタ側送信データおよびスレーブ側受信データ，SPI1_MISOはスレーブ側送信データおよびマスタ側受信データです．

MAX10-EB基板の上のはんだジャンパを使って，図1に示す4本の信号が，Raspberry PiとMAX 10の間で接続されるようにしてください．

● Raspberry Pi上のSPI機能モジュールはAUX SPI0を使う

図1に示す信号線を使用する場合，Raspberry Pi側のSPI機能モジュールは，メインのSPI機能モジュールではなく，補助（Auxiliary）周辺機能の中のSPI機能になります．補助周辺機能の中には1組のMini UARTと2組のSPI（AUX SPI0とAUX SPI1）が入っていますが，ここではAUX SPI0だけを使います．

Raspberry PiのGPIO端子上の名称としては，AUX SPI0とAUX SPI1は，それぞれSPI1とSPI2に対応付けられているので混同しないようにしてください．ここで使用するRaspberry Pi上のSPIモジュールは，SPI1すなわちAUX SPI0になります．

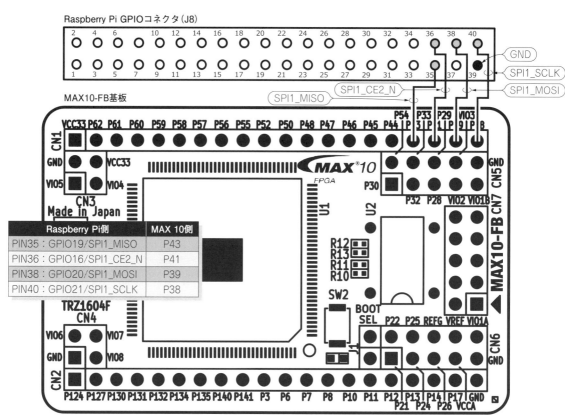

図1　Raspberry PiとMAX 10のインターフェース信号

● SPI通信は，マスタ側が送信するときにスレーブ側も送信する

　SPI通信は，マスタ側が送信するときに，スレーブ選択信号SPI1_CE2_Nをアサートし，SPIクロックSPI1_SCLKを通信ビット数だけ出力します．SPI1_SCLKに同期して，マスタ側は送信データSPI1_MOSIをスレーブ側に送り，同時にスレーブ側がSPI1_MISOをマスタ側に送ります．

　SPI通信は，マスタ側が送信するときに初めてスレーブ側も送信できるのです．スレーブ側が送信したくなっても，マスタ側からの送信を待つ必要があるのです．

● SPI通信フォーマットは16ビット長

　Raspberry PiとMAX 10の間のSPI通信は，Raspberry Pi側をマスタに，MAX 10側をスレーブにします．通信フォーマットは図2(a)に示すように，16ビット長でMSBファーストとします．

　マスタ側からスレーブ側に送られるシリアル・データSPI1_MOSIは，マスタ側がSPIクロックSPI1_SCLKの立ち上がりで変化させ，スレーブ側がSPI1_SCLKの立ち下がりでサンプリングします．

　スレーブ側からマスタ側に送られるシリアル・データSPI1_MISOも同様に，スレーブ側がSPIクロックSPI1_SCLKの立ち上がりで変化させ，マスタ側がSPI1_SCLKの立ち下がりでサンプリングします．

● スレーブ側（MAX 10）の送信データSPI1_MISOの遅延対策

　実際には，スレーブ側（MAX 10）のSPI機能は，受け取るクロックSPI1_SCLKを自分のシステム・クロックで同期化するなどしてから送信データSPI1_MISOを変化させるので，SPI1_SCLKの立ち上がりからSPI1_MISOの変化までの遅延時間（レイテンシ）が，あまり短くありません．図2(a)の動作タイミングでは，SPI1_SCLKの立ち上がりから立ち下がりまでの半クロックの間にSPI1_MISOが変化して確定する必要があり，SPI1_MISOのレイテンシが長いと，あまり高速なSPI通信ができません．

　これに対してRaspberry PiのAUX SPI機能には，図2(b)に示すようなPost-Inputモードがサポートされています．このモードでは，マスタ側は受信データSPI1_MISO（スレーブ側の送信データ）を，通常の図2(a)のタイミングよりSPIクロックで1サイクルぶん遅れてサンプリングします．ある種のパイプライン的動作ができるということになります．このPost-Input

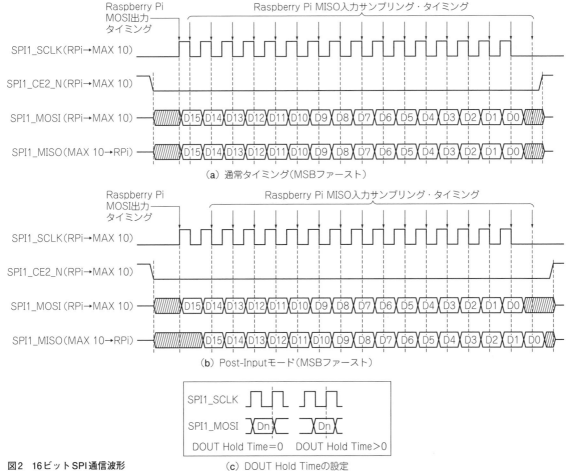

図2 16ビットSPI通信波形

(a) 通常タイミング（MSBファースト）
(b) Post-Inputモード（MSBファースト）
(c) DOUT Hold Timeの設定

モードを使うことで，SPI1_SCLK から SPI1_MISO までの反応が遅いスレーブとも，安定して高速な SPI 通信ができます．本事例では 10 Mbps(bit per second)以上の SPI 通信速度を実現します．

● マスタ側（Raspberry Pi）の送信データ SPI1_MOSI の変化タイミング調整機能

Raspberry Pi の AUX SPI 機能では図2(c)に示すように，マスタ側が SPI1_MOSI を変化させるタイミングについて，SPI1_SCLK の立ち上がりからの遅延時間（ホールド時間）をもたせることが可能です（DOUT Hold Time 機能）．

一般的にスレーブ側は，受信データ SPI1_MOSI を入力初段の D-F/F において，SPI1_SCLK の立ち下がりで生でサンプリングしてから，その後で自分のシステム・クロックで同期化して使うので，DOUT Hold Time 機能の設定は不要なことが多いです．DOUT Hold Time 機能の設定は，かなり高速な SPI 通信で微妙なタイミング調整が必要になる場合以外は，デフォルトの 0 のままでいいでしょう．

● SPI 通信の実測波形

本章で説明するプログラムを載せた Raspberry Pi と MAX 10 の間の SPI 通信をロジアナで観測した波形を，図3に示します．MAX 10 側の送信波形 SPI1_MISO が SPI1_SCLK に対して遅延しており，Raspberry Pi 側の Post-Input モードが必須であることがわかります．

● Raspberry Pi と MAX 10 の間のインターフェース用アプリケーション

本章では，図4に示すような Raspberry Pi 用アプリケーションを作成します．

縦に並んだいずれかの［TX］ボタンを押すと，押したボタン右横の 16 進数の値を MAX 10 側に SPI 送信します．同時に MAX 10 側の送信データを受信します．Raspberry Pi が送信したデータと，それと同時に受信したデータを右枠内に表示していきます．

ここで作成する Raspberry Pi 用アプリケーション

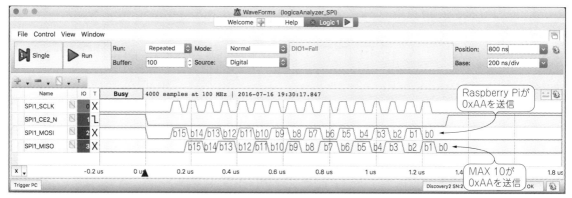

図3 16ビットSPI通信信号のロジアナによる観測波形

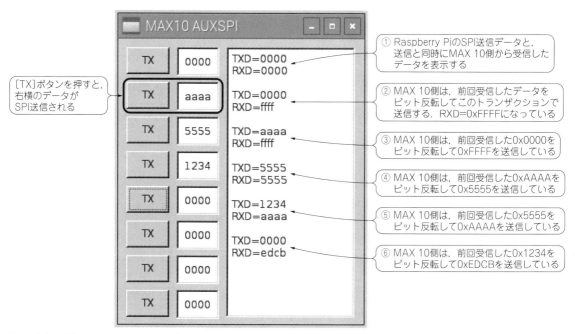

図4 本章で作成するRaspberry Pi用アプリケーション「MAX10 AUXSPI」

は，MAX 10との通信をチェックしたりデバッグしたりするために汎用的に使うことができるでしょう．

本章で紹介するMAX 10側の動作は，実験用として簡単な内容にします．MAX 10側の初回の送信データは0x0000ですが，2回目以降は，前回Raspberry Pi側から受信したデータのビット反転値を送信するようにしました．図4に示した画面の動作を具体的に説明すると，以下のようになっています．

① [TX]ボタンでRaspberry Piは0x0000を送信．MAX 10から初期データ0x0000を受信．
② [TX]ボタンでRaspberry Piは0x0000を送信．前回送信データの反転値0xFFFFをMAX 10から受信．
③ [TX]ボタンでRaspberry Piは0xAAAAを送信．前回送信データの反転値0xFFFFをMAX 10から受信．
④ [TX]ボタンでRaspberry Piは0x5555を送信．前回送信データの反転値0x5555をMAX 10から受信．
⑤ [TX]ボタンでRaspberry Piは0x1234を送信．前回送信データの反転値0xAAAAをMAX 10から受信．
⑥ [TX]ボタンでRaspberry Piは0x0000を送信．前回送信データの反転値0xEDCBをMAX 10から受信．

● Raspberry PiとMAX 10の間の接続

Raspberry PiとMAX 10（MAX10-FB基板）の間の

接続は，MAX10-EB基板を使います．ここでは，第21章で紹介した編成A-1の構成を前提とします．MAX10-EB基板のはんだジャンパは，RN19P43，RN16P41，RN20P39，RN21P38の4カ所をショートしてください．

Raspberry Pi 3の周辺機能へのアクセス方法

● SPI1（AUX SPI0）のアクセスは直接レジスタ叩きで

補助周辺機能の中にあるSPI1（AUX SPI0）は，Raspberry PiのGPIO制御用ライブラリ（WiringPiなど）ではサポートされていないことが多かったので，ここでは直接レジスタを叩いて制御することにします（低レベル・レジスタ・アクセス）．

● Raspberry Pi周辺機能の低レベル・レジスタ・アクセス方法

Raspberry PiのようなLinux環境上では，周辺機能のレジスタを直接アクセスするには少し手間が必要です．いろいろな方法がありますが，ここでは，周辺機能レジスタの物理アドレスを仮想空間上の領域にマッピングして，その領域をアクセスすることで，周辺機能レジスタ本体のリード/ライトを行うようにします．

Raspberry Pi周辺機能のレジスタを直接（低レベルに）アクセスする方法を，図5を使って説明します．具体的なプログラムの記述方法は後述します．

(1) OSのRaspbian Jessieでサポートされているデバイス・ツリーという機能を使って，周辺機能のレジスタが配置されている物理空間のアドレスと領域サイズを取得する．バイナリ・ファイル「/proc/device_tree/soc/ranges」の，4バイト目から8バイト目が周辺レジスタの物理空間の先頭アドレスで，9バイト目から12バイト目が周辺レジスタ領域のサイズを示している．筆者の手元にあるRaspberry Piでは，先頭アドレスは0x3F000000，周辺レジスタ領域のサイズは0x01000000だった．

(2) 物理メモリ空間全体を表す特殊ファイル「/dev/mem」をオープンして，ファイル・ディスクリプタを得る．「/dev/mem」のアクセスにはルート権限が必要である点に注意すること（なお，ユーザ権限でアクセスできる「/dev/gpiomem」という特殊ファイルがあるが，現時点ではこれは純粋に入出力ポートとしてのGPIO制御レジスタ領域に対応するもので，SPIなどの機能モジュールのレジスタ領域は含まれていないためここでは使用しなかった）．

(3) 「/dev/mem」に対してread/write/seekする関数を使えば物理空間のアクセスは可能だが，プログラムの書き方が煩雑になるので，ここでは，「/dev/mem」

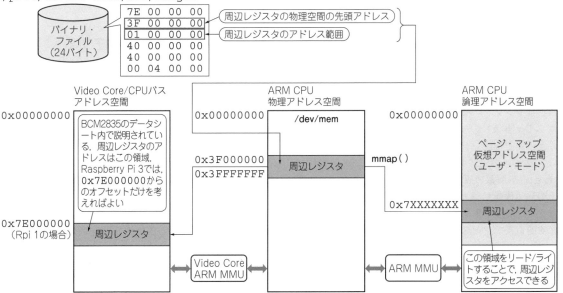

図5 Raspberry Pi周辺機能の低レベル・レジスタ・アクセス方法
Raspberry Pi 1に搭載されていたBCM2835の周辺機能に関するユーザーズ・マニュアル「Broadcom BCM2835 ARM Peripherals」をベースに，筆者が作成

表1 Raspberry PiのGPIO端子への機能割り当てと選択
Raspberry Pi基板上のGPIOコネクタに引き出されている信号のみを示した

端子	Pull	ALT0 モジュール	ALT0 信号	ALT1 モジュール	ALT1 信号	ALT2 モジュール	ALT2 信号	ALT3 モジュール	ALT3 信号	ALT4 モジュール	ALT4 信号	ALT5 モジュール	ALT5 信号
GPIO02	Up	BSC1 (I2C1)	SDA1		SA3								
GPIO03	Up		SCL1		SA2								
GPIO04	Up	GPCLK	GPCLK0		SA1							JTAG	ARM_TDI
GPIO05	Up		GPCLK1		SA0								ARM_TDO
GPIO06	Up		GPCLK2		SOE_N/SE								ARM_RTCK
GPIO07	Up	SPI0	SPI0_CE1_N		SWE_N/SRW_N								
GPIO08	Up		SPI0_CE0_N		SD0								
GPIO09	Down		SPI0_MISO		SD1								
GPIO10	Down		SPI0_MOSI		SD2								
GPIO11	Down		SPI0_SCLK		SD3								
GPIO12	Down	PWM	PWM0	SMEM	SD4							JTAG	ARM_TMS
GPIO13	Down		PWM1		SD5								ARM_TCK
GPIO14	Down	UART0	TXD0		SD6							UART1	TXD1
GPIO15	Down		RXD0		SD7								RXD1
GPIO16	Down				SD8	UART0	CTS0			SPI1 (AUX SPI0)	SPI1_CE2_N		CTS1
GPIO17	Down				SD9		RTS0				SPI1_CE1_N		RTS1
GPIO18	Down	PCM	PCM_CLK		SD10			BSCSL	SDA/MOSI		SPI1_CE0_N	PWM	PWM0
GPIO19	Down		PCM_FS		SD11				SCL/SCLK		SPI1_MISO		PWM1
GPIO20	Down		PCM_DIN		SD12				MISO		SPI1_MOSI	GPCLK	GPCLK0
GPIO21	Down		PCM_DOUT		SD13				CE_N		SPI1_SCLK		GPCLK1
GPIO22	Down				SD14			EMMC	SD1_CLK	JTAG	ARM_TRST		
GPIO23	Down				SD15				SD1_CMD		ARM_RTCK		
GPIO24	Down				SD16				SD1_DAT0		ARM_TDO		
GPIO25	Down				SD17				SD1_DAT1		ARM_TCK		
GPIO26	Down								SD1_DAT2		ARM_TDI		
GPIO27	Down								SD1_DAT3		ARM_TMS		

BSC：Broadcom Serial Controller Master
BSCSL：Broadcom Serial Controller Slave / SPI Slave
GPCLK：General Purpose Clock
PCM：PCM Audio
SMEM：Secondary Memory Bus
EMMC：External Mass Media Controller

■：MAX 10との通信に使う端子と機能
■：リザーブ

の領域の一部を仮想空間上の領域にマッピングして，その領域をアクセスすることで周辺機能レジスタ本体のリード/ライトを行う．具体的には，mmap()関数に，「/dev/mem」のファイル・ディスクリプタ，周辺機能レジスタの物理アドレス（「/dev/mem」内でのオフセット値）と，周辺機能レジスタ領域のサイズを与え，周辺機能レジスタの物理アドレスと仮想空間上のマッピング先アドレスを対応させる．成功すればmmap()関数の返す値が，マッピングした仮想空間上の周辺機能レジスタの先頭番地になる．そこをポインタとしてリード/ライトすることで，周辺機能レジスタを直接アクセスできる．

(4) オープンした「/dev/mem」をクローズすれば，それ以降，仮想空間上にマッピングされた周辺機能レジスタはユーザ・モードでアクセス可能になる（ルート権限は不要）．

● Raspberry PiのGPIO端子機能

表1に示すように，Raspberry PiのGPIOは，1本の端子に複数機能がマルチプレクスされており，入力ポート，出力ポート，またはALT0機能～ALT5機能の合計8種類のいずれかから選択します．Raspberry PiとMAX 10の間のインターフェースに用いるGPIO端子（GPIO16，GPIO19，GPIO20，GPIO21）をSPI1（AUX SPI0）機能として使用する場合は，ALT4機能を選択します．

● Raspberry PiのGPIO機能設定レジスタ

Raspberry PiのGPIO機能設定レジスタを表2に示します．アドレス・オフセットは，仮想空間上にマッピングした周辺機能レジスタ領域の先頭番地（mmap()関数の戻り値）に対するオフセットです．

GPIO端子の機能選択はGPFSEL0レジスタ～GPFSEL2レジスタで設定します．Raspberry PiとMAX 10の間のインターフェースに用いるGPIO端子

表2 Raspberry PiのGPIO機能設定レジスタ

GPIO機能選択レジスタ GPFSEL (GPIO Function Select Register)					
レジスタ名：GPFSELx (x = 0…2)				アドレス・オフセット：0x00200000 + 4x	
ビット(b)	フィールド名	R/W	初期値	機　　能	
31-30	—	R	0	リザーブ・ビット	
29-27	FSEL_10x + 9	R/W	0	FSEL_10x + y：GPIO_10x+yの機能選択 （10x+y = 2 ～ 27以外はリザーブ） 000 = 入力ポート 001 = 出力ポート 100 = ALT0機能端子 101 = ALT1機能端子 110 = ALT2機能端子 111 = ALT3機能端子 011 = ALT4機能端子 010 = ALT5機能端子	
26-24	FSEL_10x + 8	R/W	0		
23-21	FSEL_10x + 7	R/W	0		
20-18	FSEL_10x + 6	R/W	0		
17-15	FSEL_10x + 5	R/W	0		
14-12	FSEL_10x + 4	R/W	0		
11-9	FSEL_10x + 3	R/W	0		
8-6	FSEL_10x + 2	R/W	0		
5-3	FSEL_10x + 1	R/W	0		
2-0	FSEL_10x + 0	R/W	0		

GPIO端子出力セット・レジスタ GPSET (GPIO Pin Output Set Register)					
レジスタ名：GPSET0				アドレス・オフセット：0x0020001C	
ビット(b)	フィールド名	R/W	初期値	機　　能	
31-0	SET_b (b = 0 ～ 31)	W	0	GPIO_bをセットする （b = 2 ～ 27以外はリザーブ） 0ライト：GPIO出力変化なし 1ライト：GPIO出力を1にセット	

GPIO端子出力クリア・レジスタ GPCLR (GPIO Pin Output Clear Register)					
レジスタ名：GPCLR0				アドレス・オフセット：0x00200028	
ビット(b)	フィールド名	R/W	初期値	機　　能	
31-0	CLR_b (b = 0 ～ 31)	W	0	GPIO_bをクリアする （b = 2 ～ 27以外はリザーブ） 0ライト：GPIO出力変化なし 1ライト：GPIO出力を0にクリア	

GPIO端子レベル・レジスタ GPLEV (GPIO Pin Level Register)					
レジスタ名：GPLEV0				アドレス・オフセット：0x00200034	
ビット(b)	フィールド名	R/W	初期値	機　　能	
31-0	LEV_b (b = 0 ～ 31)	R	0	GPIO_b端子の入力レベルを返す （b = 2 ～ 27以外はリザーブ） 0リード：GPIO入力はLレベル 1リード：GPIO入力はHレベル	

GPIO プルアップ/プルダウン・レジスタ GPPUD (GPIO Pull-up/down Register)					
レジスタ名：GPPUD				アドレス・オフセット：0x00200094	
ビット(b)	フィールド名	R/W	初期値	機　　能	
31-2	—	R	0	リザーブ・ビット	
1-0	PUD	R/W	0	GPPUDCLK0レジスタで操作するGPIO端子のプルアップ/プルダウン状態を指定 00：プルアップ/プルダウンをOFF 01：プルダウンをON 10：プルアップをON 11：リザーブ	

GPIO プルアップ/プルダウン・クロック・レジスタ GPPUDCLK (GPIO Pull-up/down Clock Register)					
レジスタ名：GPPUDCLK0				アドレス・オフセット：0x00200098	
ビット(b)	フィールド名	R/W	初期値	機　　能	
31-0	PUDCLK_b (b = 0 ～ 31)	R/W	0	GPIO_b端子のプルアップ/プルダウンをGPPUDで指定した状態に設定 （b = 2 ～ 27以外はリザーブ） 0ライト：設定クロック信号をネゲート 1リード：設定クロック信号をアサート	

表3 Raspberry PiのSPI1(AUX SPI0)機能設定レジスタ

AUX割り込み状態レジスタ AUXIRQ(AUX Interrupt Request Register)					
レジスタ名：AUXIRQ			アドレス・オフセット：0x00215000		
ビット(b)	フィールド名	R/W	初期値	機能	
31-3	—	R	0	リザーブ・ビット	
2	SPI2 IRQ	R	0	SPI2の割り込み要求状態 0：割り込み要求なし 1：割り込み要求あり(ペンディング中)	
1	SPI1 IRQ	R	0	SPI1の割り込み要求状態 0：割り込み要求なし 1：割り込み要求あり(ペンディング中)	
0	Mini UART IRQ	R	0	Mini UARTの割り込み要求状態 0：割り込み要求なし 1：割り込み要求あり(ペンディング中)	

AUXイネーブル・レジスタ AUXENB(AUX Enable Register)					
レジスタ名：AUXENB			アドレス・オフセット：0x00215004		
ビット(b)	フィールド名	R/W	初期値	機能	
31-3	—	R	0	リザーブ・ビット	
2	SPI2 Enable	R/W	0	SPI2のイネーブル選択 0：ディスエーブル(レジスタもアクセス不可能) 1：イネーブル	
1	SPI1 Enable	R/W	0	SPI1のイネーブル選択 0：ディスエーブル(レジスタもアクセス不可能) 1：イネーブル	
0	Mini UART Enable	R/W	0	Mini UARTのイネーブル選択 0：ディスエーブル(レジスタもアクセス不可能) 1：イネーブル	

(GPIO16，GPIO19，GPIO20，GPIO21)をSPI1(AUX SPI0)機能として使用する場合は，GPFSEL1レジスタ(アドレス・オフセット：0x00200004)のビット29-27とビット20-18をそれぞれ011にして，GPFSEL2レジスタ(アドレス・オフセット：0x00200008)のビット5-3とビット2-0をそれぞれ011にします．

GPIOを出力ポートとして選択した場合は，出力レベルのセット(H出力)はGPSETレジスタで，クリア(L出力)はGPCLRレジスタで1端子ごとに独立して指定できます．GPIOを入力ポートとして選択した場合は，その入力レベルはGPLEVレジスタで読み取ることができます．

各GPIO端子には，表1のカラム「Pull」に記載した方向のプルアップ抵抗(Up)，またはプルダウン抵抗(Down)が付随しています．これらの制御は少し特殊です．ある端子のプルアップ抵抗またはプルダウン抵抗を設定するには，以下の手順が必要です．
(1) GPPUDレジスタに設定方法をライトする．
(2) システム・クロックで150サイクル待つ．セットアップ時間に対応する．
(3) GPPUDCLK0レジスタの中の設定するGPIO端子に対応するビットをセットする．このセット操作が，プルアップ抵抗またはプルダウン抵抗のON/OFF制御回路の設定クロックの立ち上がりエッジとなる．GPPUDCLK0レジスタの中でセットしなかったビット位置に対応するGPIOのプルアップ抵抗，またはプルダウン抵抗の状態は変化しない．
(4) システム・クロックで150サイクル待つ．ホールド時間に対応する．
(5) GPPUDレジスタとGPPUDCLK0レジスタをゼロ・クリアする．

● Raspberry PiのSPI1(AUX SPI0)機能設定レジスタ

Raspberry PiのSPI1(AUX SPI0)機能設定レジスタを表3に示します．アドレス・オフセットは仮想空間上にマッピングした周辺機能レジスタ領域の先頭番地(mmap()関数の戻り値)に対するオフセットです．参考文献(1)に記載された，このレジスタの機能仕様にはかなり間違いがあるので，参考文献(2)で訂正情報を参照してください．表3は訂正後の情報で記載してあります．

AUXIRQレジスタは，補助周辺機能内の割り込み要求状況を示します．

AUXENBレジスタは補助周辺機能内の個別機能のイネーブル用です．各個別機能はそのレジスタをアクセスするためにも，AUXENBレジスタでイネーブル

\multicolumn{5}{l	}{SPI1 コントロール0レジスタ SPI1_CNTL0（SPI1 Control 0 Register）}
\multicolumn{3}{l	}{レジスタ名：SPI1_CNTL0}	\multicolumn{2}{l	}{アドレス・オフセット：0x00215080}
ビット(b)	フィールド名	R/W	初期値	機　能
21-20	Speed	R/W	0	SPIクロック周波数 spi_clk_freq = system_clk_freq / 2 / (Speed + 1)
19-17	Chip Selects	R/W	111	通信中のCEx_Nの出力レベル 　bit19：SPI1_CE2_Nのレベル 　bit18：SPI1_CE1_Nのレベル 　bit17：SPI1_CE0_Nのレベル
16	Post Input Mode	R/W	0	Post Inputモードの設定 　0：通常タイミング 　1：Post Inputモード
15	Variable CS	R/W	0	動的可変CS動作の設定 　0：通信中のCEx_Nの出力レベルはbit19～bit17で設定 　1：通信中のCEx_Nの出力レベルは送信FIFO内のbit31～bit29で設定 　※bit14がセットされているときのみ1にセットすること.
14	Variable Width	R/W	0	動的可変データ長の設定 　0：送受信データ長はbit5～bit0で設定 　1：送受信データ長は送信FIFO内のbit28～bit24で設定 　　（1ビット足りないが，詳細仕様は未確認）
13-12	DOUT Hold Time	R/W	0	送信データMOSIのホールド時間の追加指定 　00：ホールド時間の追加なし 　01：ホールド時間を1システム・クロックだけ追加 　10：ホールド時間を4システム・クロックだけ追加 　11：ホールド時間を7システム・クロックだけ追加
11	Enable	R/W	0	機能モジュールのイネーブル設定 　0：ディスエーブル 　　（ディスエーブル状態でもFIFOのリード／ライトは可能） 　1：イネーブル
10	In Rising	R/W	0	受信データ(MISO)のサンプリング・タイミング 　0：SCLKの立ち下がりエッジでサンプリング 　1：SCLKの立ち上がりエッジでサンプリング
9	Clear FIFOs	R/W	0	送受信FIFOのクリア 　0：クリアしない（通常動作中は0にしておくこと） 　1：クリアする（1の間はクリアされ続ける）
8	Out Rising	R/W	0	送信データ(MOSI)の出力変化タイミング 　0：SCLKの立ち下がりエッジで変化 　1：SCLKの立ち上がりエッジで変化
7	Invert SPI CLK	R/W	0	クロック(SCLK)のアイドル状態のレベル 　0：アイドル状態のSCLKはLレベル 　1：アイドル状態のSCLKはHレベル
6	Shift Out MSB First	R/W	0	送信データ(MOSI)の向き 　0：LSBファースト 　1：MSBファースト
5-0	Shift Length	R/W	0	送受信データ長（シフト長）：1～32

にする必要があります．

　SPI1_CNTL0レジスタとSPI1_CNTL1レジスタはSPI1（AUX SPI0）の機能設定用です．**図2(b)** に示した通信波形になるように設定します．

　SPI1_STATレジスタは，送受信FIFOの状態や通信状況を示すステータス・レジスタです．

　SPI1_PEEKレジスタは，そのリードにより，受信FIFO内のデータのうち次に取り出すデータをのぞき見ることができます．このレジスタをリードしても，受信FIFOから実際にデータを取り出すわけではありません．

　SPI1_IOレジスタは，送信FIFOへのライトおよび受信FIFOからのリードを行うためのものです．ライトをすると送信動作が始まりますが，一つのデータの送信が終わるとSPI1_CEx_N端子をネゲートします．

　SPI1_HOLDレジスタも，送信FIFOへのライトおよび受信FIFOからのリードを行うためのものです．ただしこちらは，ライトをすると送信動作が始まりますが，一つのデータの送信が終わってもSPI1_CEx_N端子はアサートしたままになります．スレーブ側に合

表3 Raspberry PiのSPI1(AUX SPI0)機能設定レジスタ(つづき)

SPI1 コントロール1レジスタ SPI1_CNTL1(SPI1 Control 1 Register)					
レジスタ名：SPI1_CNTL1				アドレス・オフセット：0x00215084	
ビット(b)	フィールド名	R/W	初期値	機能	
31-11	―	R	0	リザーブ・ビット	
10-8	CS High Time	R/W	0	SPI1_CEx_Nをネゲートする期間の追加サイクル 000：SCLK×0サイクルぶん追加(追加しない) 001：SCLK×1サイクルぶん追加 ⋮ 111：SCLK×7サイクルぶん追加	
7	TX Empty IRQ	R/W	0	TXエンプティ割り込みのイネーブル・ビット 0：TXエンプティ割り込みを要求しない 1：送信FIFOが空ならTXエンプティ割り込み信号をアサート	
6	DONE IRQ	R/W	0	DONE割り込みのイネーブル・ビット 0：DONE割り込みを要求しない 1：送受信アイドル状態ならDONE割り込み信号をアサート	
5-2	―	R	0	リザーブ・ビット	
1	Shift In MSB First	R/W	0	受信データ(MISO)の向き 0：LSBファースト 1：MSBファースト	
0	Keep Input	R/W	0	受信データ(MISO)のシフトレジスタの保持指定 0：受信シフトレジスタを受信トランザクションごとにクリア 1：受信シフトレジスタをクリアせず，次に受信したデータを連接する．ただし，受信シフトレジスタから受信FIFOに，受信トランザクションごとに転送が行われる点に注意	

SPI1 ステータス・レジスタ SPI1_STAT(SPI1 Status Register)					
レジスタ名：SPI1_STAT				アドレス・オフセット：0x00215088	
ビット(b)	フィールド名	R/W	初期値	機能	
31-24	TX FIFO Level	R	0	送信FIFOに格納されているデータ個数	
23-16	RX FIFO Level	R	0	受信FIFOに格納されているデータ個数	
15-10	―	R	0	リザーブ・ビット	
9	TX Full	R	0	送信FIFOの状態 0：送信FIFOに空きあり 1：送信FIFOは満杯	
8	TX Empty	R	0	送信FIFOの状態 0：送信FIFOにデータあり 1：送信FIFOは空	
7	RX Empty	R	0	受信FIFOの状態 0：受信FIFOにデータあり 1：受信FIFOは空	
6	BUSY	R	0	送受信動作状態 0：アイドル状態 1：送受信中	
5-0	Bit Count	R	0	転送動作中の送受信ビットの残数． Shift Lengthから開始してカウント・ダウン	

SPI1 ピーク・レジスタ SPI1_PEEK(SPI1 Peek Register)					
レジスタ名：SPI1_PEEK				アドレス・オフセット：0x0021508C	
ビット(b)	フィールド名	R/W	初期値	機能	
31-0	Data	R	0	受信FIFO内のデータのうち，次に取り出すデータをリードできる．受信FIFOから実際にデータを取り出すわけではない	

わせて，より多ビット長の送受信データをサポートするためのものです．

なお，図2(b)に示す16ビット長のSPI通信を行う場合，SPI1_IOレジスタやSPI1_HOLDレジスタ(いずれも32ビット長レジスタ)内の16ビット長送信データの書き込みフィールドは，参考文献(1)に記載されたものとは異なっていました．具体的には後述するプログラムの中で説明します．

SPI1 入出力レジスタ SPI1_IO (SPI1 IO Register)

レジスタ名：SPI1_IO				アドレス・オフセット：0x002150A0
ビット(b)	フィールド名	R/W	初期値	機能
31-0	Data	R/W	0	ライト：送信FIFOに送信データをライトする リード：受信FIFOから受信データをリードする ※ライトによる送信後，CEx_Nはネゲートする．

SPI1 送信ホールド・レジスタ SPI1_TXHOLD (SPI1 TX Hold Register)

レジスタ名：SPI1_TXHOLD				アドレス・オフセット：0x002150B0
ビット(b)	フィールド名	R/W	初期値	機能
31-0	Data	R/W	0	ライト：送信FIFOに送信データをライトする リード：受信FIFOから受信データをリードする ※ライトによる送信後，CEx_Nはアサートしたまま保持する．

Raspberry Pi 3側のプログラム

● Raspberry Pi側のプログラム開発環境

ここから，図4に示したRaspberry Pi用アプリケーションの作成方法を説明します．使用する言語はC++で，GUI(Graphical User Interface)を構築するための統合化開発環境としてQt Creatorを使用します．Qtライブラリとしては，インストールが簡単なQt4を使用します．ちなみに，Qtはキュートと読みます．Appendix 3を参照して，Raspberry Piの立ち上げと設定，およびQt Creatorのインストールを行っておいてください．Qt Creatorの起動方法もAppendix 3に記載しました．

● Qt Creatorの設定

Qt Creatorを起動して，図6に従ってQtのバージョンや使用するコンパイラなどを設定してください．これは1回やっておけばOKです．

● Qt Creatorによるアプリケーションの作成

ここからは，Qt Creatorによるアプリケーション作成手順を説明します．ここでは，必要最小限の情報だけ説明します．Qtの詳細は参考文献(3)をはじめとする各種文献を参照してください．またプログラミング言語C++の基礎は，ある程度理解しているものとして説明します．

●ウィンドウだけがある空プロジェクトをビルドしてみる

まずは図7に従って，ウィンドウだけがある空っぽのプロジェクトを作成してビルドしてみます．作業ディレクトリは/home/pi/CQ-MAX10/MAX10とします．図7の手順で作業すると，ソース・プログラムは/home/pi/CQ-MAX10/MAX10/QtWidgetAPPの下に格納され，オブジェクトは/home/pi/CQ-MAX10/MAX10/build-QtWidgetAPP-Desktop-Debugの下に格納されます．アプリケーションのバイナリは，オブジェクトが格納されたディレクトリ内のQtWidgetAPPになります．図7ではQt Creator内からビルドしたアプリケーションを起動していますが，下記のようにコンソールからも起動できます．

```
$ cd /home/pi/CQ-MAX10/MAX10/build-QtWidgetAPP-Desktop-Debug
$ ./QtWidgetAPP &
```

本章で作成する最終的なアプリケーションは，その実行にルート権限が必要になりますが(sudoで実行)，この空プロジェクトのアプリケーションはルート権限は必要なく，Qt Creator内からでも実行できます．

なお，本書の付属DVD-ROM内データ(CQ-MAX10.tar.gz)をホーム・ディレクトリ/home/piに置いて解凍すると，本章で作成したアプリが上書きされてしまうので，解凍場所には十分注意してください．

● Qt DesignerによるGUIの設計

Qt Creatorの真骨頂は，GUIを簡単に設計できるQt Designerがあることです．ウィンドウやダイアログ・ボックス内に，ボタンやテキスト・フィールドなどのGUI部品をグラフィカルに配置して，アプリケーション全体の外観とGUIを容易に設計できます．この手順を図8に示します．

ここで作成するアプリケーション(図4)としては，まず，メイン・ウィンドウ(MainWindow)から，メニュー・バー(menuBar)，ツール・バー(mainToolBar)，ステータス・バー(statusBar)の領域をそれぞれ削除します[図8(b)]．

MainWindowの左側に，Push Button(オブジェクト名：pushButton_TX0，…，pushButton_TX7)を8個，縦方向に並べます．これらのボタンを

(a) Qt Creatorの起動画面

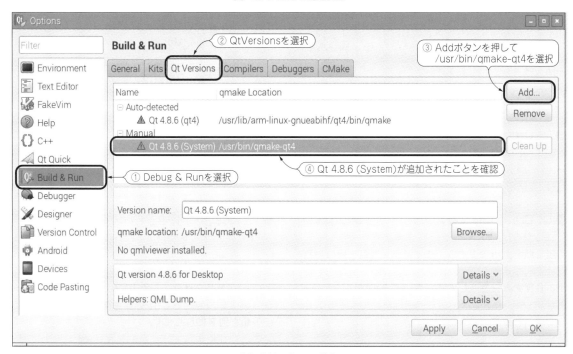

(b) QtVersionsの設定

図6 Qt Creatorの設定

押すと，SPI送信（および同時に受信）を実行するようにします[**図8(c)**]．

このボタンの右横に，送信データ（16ビット長）を設定するためのLine Edit(オブジェクト名：lineEdit_TX0, …, lineEdit_TX7)を8個縦に並べます[**図8(d)**]．最後に，MainWindowの右

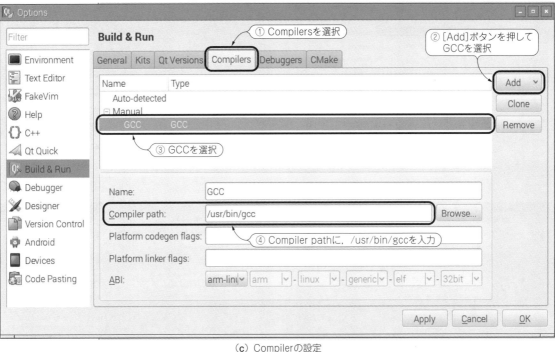

(c) Compilerの設定

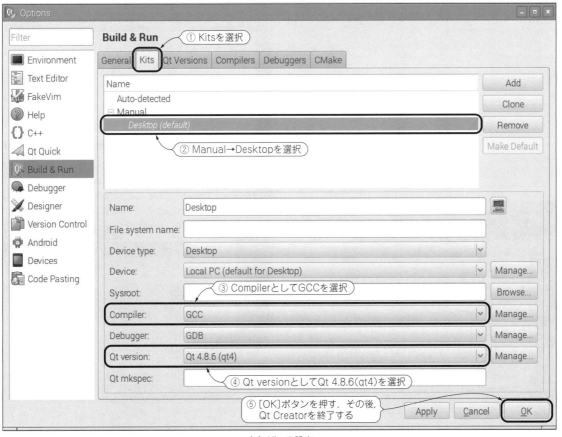

(d) Kitsの設定

Raspberry Pi 3 側のプログラム **471**

(a) Qt Creatorの新規プロジェクトを作成する

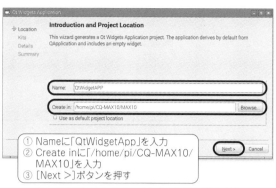
(b) プロジェクトのファイル名と場所を指定する

(c) プロジェクトのKit選択はデフォルトのまま

(d) Class Informationはデフォルトのまま

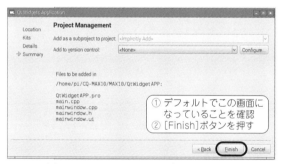
(e) Project Managementはデフォルトのまま

(f) プロトタイプの空プロジェクトが出来上がる

(g) 空プロジェクトをビルドしてみる．ビルド・エラーがないことを確認する

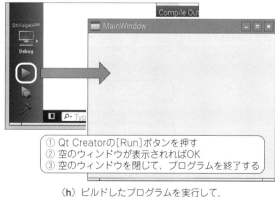
(h) ビルドしたプログラムを実行して，空ウィンドウが表示されればOK

図7 Qt Creatorによるアプリケーションの作成手順①
ウィンドウだけがある空っぽのプロジェクトをビルドする

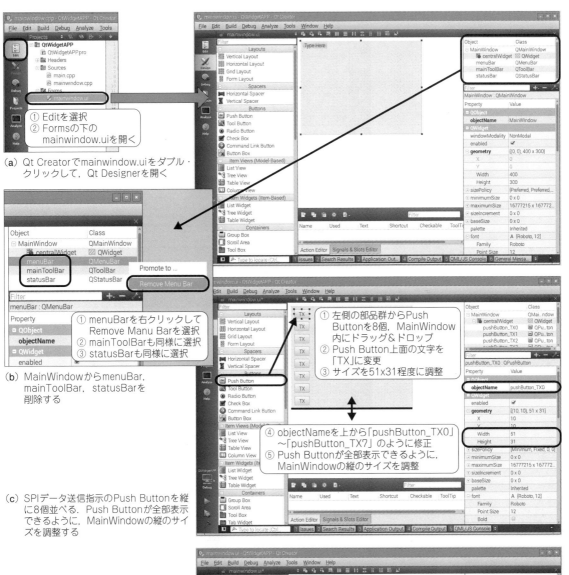
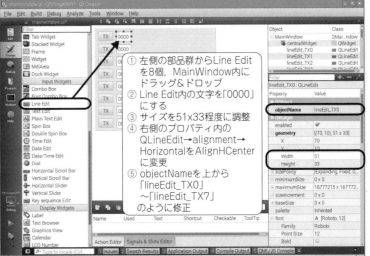

(a) Qt Creatorでmainwindow.uiをダブル・クリックして，Qt Designerを開く

(b) MainWindowからmenuBar，mainToolBar，statusBarを削除する

(c) SPIデータ送信指示のPush Buttonを縦に8個並べる．Push Buttonが全部表示できるように，MainWindowの縦のサイズを調整する

(d) SPIの送信データを指定するLine Editを，Push Buttonの右側に縦に8個並べる

図8 Qt Creatorによるアプリケーションの作成手順②
Qt Designerでボタンやテキスト・フィールドなどのGUIを設計する

Raspberry Pi 3側のプログラム **473**

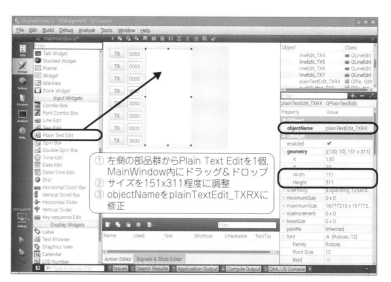

(e) SPIの送受信データを表示するための Plain Text Editを1個置く

(f) MainWindowのサイズを調整してから，タイトルを入力する．mainwindow.ui をセーブ

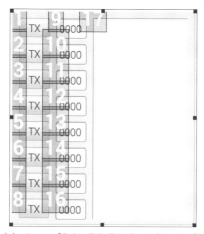

(g) メニュー「Edit→Edit Tab Order」で，タブ・キーによるGUI部品のフォーカス順を設定できる．好みで設定しよう

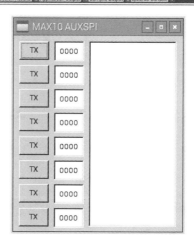

(h) Build AllしてRunする．GUI操作だけできることを確認して閉じる．各部品の位置や表示状況に問題あれば，mainwindow.uiを修正する

図8　Qt Creatorによるアプリケーションの作成手順②（つづき）
Qt Designerでボタンやテキスト・フィールドなどのGUIを設計する

側に送受信データを表示するためのPlain Text Edit（オブジェクト名：plainTextEdit_TXRX）を配置します［図8(e)］．

GUI Designerが作成するファイルはmainwindow.uiです．中身はXMLベースのテキスト・ファイルで，ソース・ファイルがあるディレクトリ階層に置かれます．GUI部品を置いたmainwindow.uiができたら，Qt Creator上でプロジェクトをビルドして，アプリケーションを実行してみてください．GUI部品だけが存在するアプリケーションが起動します．この時点では，ボタンを押しても何の反応もないはずです．

● Qtの重要概念：シグナルとスロット

ボタンを押されるなどのイベントをどのようにしてアプリケーション内で処理するかが，ウィンドウ・ベースのアプリケーション開発の重要な要素になります．これについてQtライブラリでは，シグナルとスロットという概念を使っています．

Qtライブラリは，アプリケーションが起動して初期設定を済ませた後は，ボタンが押されるなどのイベントを待ち続けるイベント・ループに入ります．ここは基本的には無限ループです．

そのイベント・ループ内で，ボタンが押されたイベントを検知すると，その意味のシグナルを，ボタン・オブジェクトが Sender となって送信します．そのシグナルを受信するオブジェクトを Receiver といい，Receiver 内のメンバ関数のうち，受信したシグナルにより起動する関数を，スロットとして定義しておきます．シグナルとスロットの接続関係も，あらかじめ定義しておきます．

こうしておくと，ボタンが押されたというイベントがシグナルを発生し，そのシグナルを受け取るスロットの関数が起動します．すなわち，ボタンを押すと，それに対応する関数を起動できることになります．この概念によって，GUIアプリケーションを見通し良く設計できるようになります．

● Qt Designerによるシグナルとスロットの定義と接続

GUI設計に使ったQt Designerは，シグナルとスロットの定義と，その両者の接続もサポートしてくれます．図9にその手順を示します．

ここでは，Push Button(QPushButton)クラスのオブジェクト pushButton_TX0 が Sender となり，そのボタンが押されたらシグナル clicked() を送信するように定義します．そのシグナルを受け取る Receiver は MainWindow クラスのオブジェクトとし，その中のスロット関数 On_pushButton_TX0() に接続します．同様に，その他のpush Button_TX1 ～ pushButton_TX7，および On_pushButton_TX1() ～ On_pushButton_TX7() もそれぞれシグナル clicked() で接続しておきます．

なおQt Designerは，Sender オブジェクトのシグナルを，Receiver オブジェクトのスロット関数に接続することを定義するまでしかやりません．Receiver オブジェクト内のスロット関数は，プログラムのソースの中で具体的に記述する必要があります．また，Qtライブラリの中では，GUIオブジェクトの元になるクラスが非常に多く定義されていますが，それぞれのGUI部品にこれまた多くの種類のシグナルが定義されています．ボタンを押しただけではなく，ボタンを離したことを示すシグナルや，Line Editオブジェクトのテキスト内容を変更したことを示すシグナルなど，非常に多くの種類があります．詳細は参考文献(3)などを参照してください．

● Qt Creatorでプログラムのソース・ファイルを編集＆新規作成

ここから先は，プログラムのソース・ファイルを編集し，必要なものを新規作成して追加して，アプリケーションを完成させます．その手順を図10に示します．また，各ソース・ファイルの内容を以下で説明します．

● Qt Creatorのmain.cppの内容

main.cppの中身は本アプリケーションのメイン・ルーチンmain()です．ひな形プロジェクトで作成されているので，リスト1のように編集してください．main()の中では，まずこのアプリケーションが同時に2個以上起動しないように，システム・セマフォで管理しています．同時に2個以上起動すると，それぞれが勝手にSPI1(AUX SPI0)を制御してしまい，MAX 10との間の通信プロトコルが狂うので，それを防ぐための処理です．

次に，物理アドレス空間の周辺機能レジスタ領域を論理アドレス空間にマッピングします．これで周辺レジスタを直接制御できるようになります．

次にSPI1(AUX SPI0)モジュールを初期化します．ところで，SPI1(AUX SPI0)モジュールは，Raspberry PiのCOREブロックのクロックで動作していますが，そのCOREクロックはColumn 3に記したように，Raspberry Piの動作環境により変動するのです（250 MHzまたは400 MHz）．COREクロックが速くなると，SPIクロックも速くなり，MAX 10側のSPIモジュールが追いつけなくなる可能性があります．実験的にSPIクロックは，11 MHz～14 MHzの間に設定すると安定してMAX 10と通信できるので，狙い目をこの範囲にしたいです．そこで，CORE周波数が高い

(a) Qt Creatorのメニュー「Edit→Signals/Slots」を選択して，Senderから送信するシグナルと，それを受信するReceiverとその中のスロットを定義するモードに入る

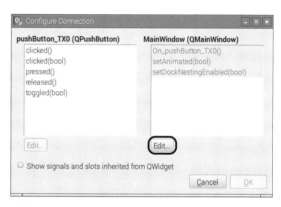

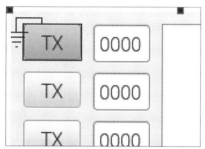

(b) pushButton_TX0のシグナルとスロットを定義する．そのボタンを選択し，そのままドラッグしてReceiverのMainWindowの領域内でドロップする．ドロップしたところにGNDマークが表示される

(c) MainWindow内のスロットを定義するために「Edit...」ボタンを押す

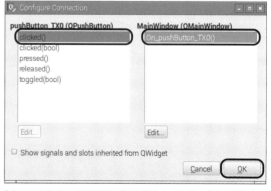

(d) 「Slots」の「+」ボタンを押して，「On_pushButton_TX0()」を手入力で追加する

(e) pushButton_TX0のシグナル「clicked()」と，MainWindow内のスロット「On_pushButton_TX0()」を共に選択して接続する

図9 Qt Creatorによるアプリケーションの作成手順③
Qt Designerでシグナルとスロットを定義してそれぞれ接続する

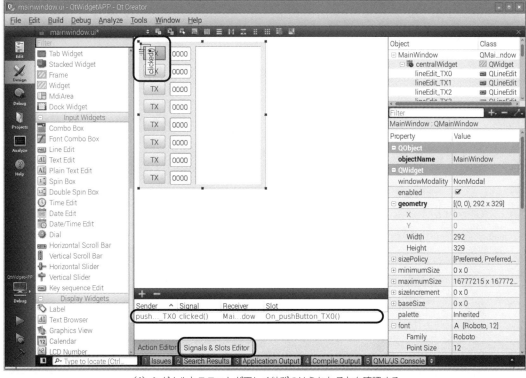

(f) シグナルとスロットが正しく結びつけられたことを確認する

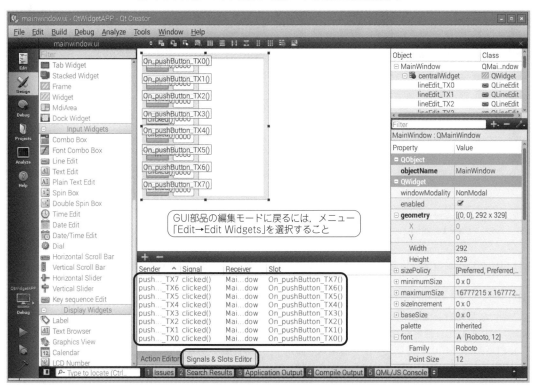

(g) 以上を繰り返して，pushButton_TX0〜pushButton_TX7のシグナル「clicked()」をそれぞれ，MainWindow内のスロット「On_pushButton_TX0()」〜「On_pushButton_TX7()」に結びつける．最後にmainwindow.uiをセーブしておこう

Raspberry Pi 3側のプログラム **477**

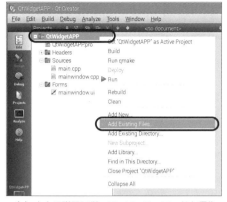
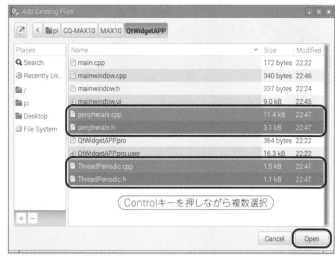

(a) 本文の説明に従って，ソース・コードを編集または新規作成する．
　main.cpp：編集
　mainwindow.cpp：編集
　mainwindow.h：編集
　peripherals.cpp：新規作成
　peripherals.h：新規作成
　ThreadPeriodic.cpp：新規作成
　ThreadPeriodic.h：新規作成
次に，プロジェクト「QtWidgetApp」を右クリックして「Add Existing Files...」を選択する

(b) 新規作成したファイルを選択して，プロジェクトに追加する

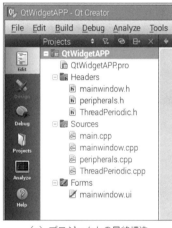
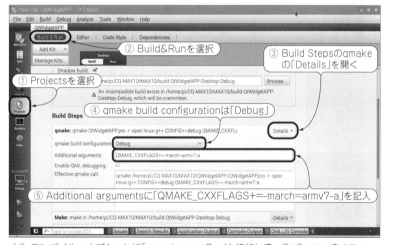

(c) プロジェクトの最終構造

(d) コンパイル・オプションに「-march=armv7-a」を追加して，Qt Creatorのメニュー「File→Save All」を選択してすべてセーブする．プログラム全体をビルドし直す

図10　Qt Creatorによるアプリケーションの作成手順④
ソース・プログラムを編集＆新規作成して，アプリケーションをビルドする

ときはSPIクロックの分周比を大きくするようにします．

これには，ダミーのSPI送信を100,000回行って，それに要した時間を計測して，CORE周波数を推定するようにしました．推定したCORE周波数を元にして，SPI1（AUX SPI0）の通信クロック周波数を設定しています．あとは，Qtライブラリのしきたりに従って，Qtアプリケーションを生成し，MainWindowオブジェクトを生成します．MainWindowのサイズは固定にしています．最後に，イベント・ループに入ります．

● Qt Creatorのperipherals.hの内容

peripherals.hは，周辺機能レジスタ関連クラスPeripheralsを定義するヘッダです．これはひな形プロジェクトでは作成されないので，**リスト2**のように新規に作成してください．

冒頭で，GPIO関連レジスタとSPI1（AUX SPI0）関連レジスタのアドレスを定義しています．このアドレスは，クラスPeripheralsのメンバ変数gPERI_MAPに対するオフセットとして定義しています．よって，アプリケーションの起動時に周辺機能レジスタ領域を論理アドレス空間にマッピングして，マッピング

リスト1 Qt Creatorのmain.cpp

```
#include <stdlib.h>
#include <QSystemSemaphore>
#include <QApplication>
#include "mainwindow.h"
#include "peripherals.h"

//-----------------
// Globals
//-----------------
Peripherals io; // Global Peripherals    ← クラスPeripheralsのオブジェクトioを生成

//-----------------
// Main Routine
//-----------------
int main(int argc, char *argv[])    ← main()関数の入り口．このアプリではコマンド・ラインの
{                                      引き数(argv, argc)は使わない
    uint32_t core_freq;

    // Prevent Multiple Application Instances
    QSystemSemaphore sys_sem("MAX10", 1, QSystemSemaphore::Open);    ← システム・セマフォを使って，この
    if (sys_sem.acquire() == false) exit(EXIT_FAILURE);                 アプリが複数起動しないよう制御
    //
    // Initialize Hardware
    //
    io.Mapping();        // Peripheral Mapping    ← 物理アドレス空間にある周辺レジスタを，論理
    core_freq = io.SPI1_Check_Core_Freq();           アドレス空間にマッピングして，リード/ライト
    io.SPI1_Init(core_freq); // Initialize SPI1      できるようにする
    //
    // Create Application                         ダミーの16ビットSPI送受信を100,000回行っ
    //                                            たときの時間を計測して，Raspberry Piのcore
    QApplication a(argc, argv);    ← Qtアプリを生成   周波数を推定する(250MHzまたは400MHz)
    //
    // Open Main Window                          SPIを再設定する.
    //                                           core周波数にもとづいて，通信速度が11Mbps〜
    MainWindow w;                                14Mbps程度になるように設定
    w.setFixedSize(w.size());    ← メイン・ウィンドウを生成し，
    w.show();                       ウィンドウ・サイズを固定に
    //                              して表示する
    // Start Event Loop
    //
    return a.exec();    ← アプリのイベント・ループを開始
}
```

後の先頭アドレスをgPERI_MAPに格納しておく必要があります．

● Qt Creatorのperipherals.cppの内容

peripherals.cppは，周辺機能レジスタ関連クラスPeripheralsのメンバ関数ルーチンを記述するものです．これはひな形プロジェクトでは作成されないので，リスト3のように新規に作成してください．

メンバ関数Peripherals()は，このクラスのコンストラクタです．親のコンストラクタをそのまま継承しています．

メンバ関数Mapping()は，物理アドレス空間の周辺レジスタを論理アドレス空間にマッピングします．マッピング後の論理アドレス空間内の，周辺機能レジスタ領域の先頭アドレスは，メンバ変数gPERI_MAPに格納します．この関数の実行は，/dev/memをオープンしているのでルート権限が必要ですが，それをクローズした後はルート権限である必要はないので，最後にsetuid()を使ってユーザ権限に戻しています．メンバ関数Reg_RD()とReg_WR()は，周辺レジスタをアクセスするときに使う関数です．

メンバ関数Reg_RD()は，周辺レジスタを32ビット幅でリードします．引き数には論理アドレス空間のアドレス(gPERI_MAPにレジスタのアドレス・オフセットを加えた値)を指定します．この中で，周辺レジスタへの物理的なアクセスが，プログラムの順序通りに行われることを保証するため，CPUコアのデータ・メモリ・バッファを使います．そのために，周辺レジスタをアクセスするコードの前後で「dmb」命令を実行するようにしています．「dmb」命令を使う場合は，コンパイル・オプションに「-march=armv7-a」を追加する必要があるので注意してください．具体的な指定方法は後述します．

メンバ関数Reg_WR()は，周辺レジスタに32ビット幅のデータをライトします．引き数のアドレスは，Reg_RD()と同様に指定します．Reg_WR()の中でも「dmb」命令を使っています．

メンバ関数SPI1_Init()は，GPIO端子(GPIO16，GPIO19，GPIO20，GPIO21)の機能をSPI1にして，周辺機能のSPI1(AUX SPI0)を図2(b)の通信フォー

リスト2　Qt Creatorのperipherals.h

```c
#ifndef PERIPHERALS_H
#define PERIPHERALS_H

#include <QObject>
#include <stdio.h>
#include <stdlib.h>
#include <fcntl.h>
#include <sys/mman.h>
#include <sys/types.h>
#include <sys/stat.h>
#include <unistd.h>
#include <stdint.h>

//---------------
// Debug Switch
//---------------
#define DEBUG (1)          // コンソールにデバッグ用の情報を表示するときは1に，
                           // 表示しないときは0にする

//-------------------
// GPIO Registers
//-------------------
#define GPIO_BASE (gPERI_MAP + 0x200000)
#define GPFSEL0 (GPIO_BASE + 0x00) // Function Select for GPIO00-09
#define GPFSEL1 (GPIO_BASE + 0x04) // Function Select for GPIO10-19
#define GPFSEL2 (GPIO_BASE + 0x08) // Function Select for GPIO20-29
#define GPSET0  (GPIO_BASE + 0x1c) // Bit Set for GPIO00-31
#define GPSET1  (GPIO_BASE + 0x20) // Bit Set for GPIO32-53
#define GPCLR0  (GPIO_BASE + 0x28) // Bit Clr for GPIO00-31
#define GPCLR1  (GPIO_BASE + 0x2C) // Bit Clr for GPIO32-53
#define GPLVE0  (GPIO_BASE + 0x34) // Pin Level of GPIO00-31
#define GPLVE1  (GPIO_BASE + 0x38) // Pin Level of GPIO32-53
                                        // GPIOレジスタのアドレスを，
                                        // プライベート変数gPERI_MAP
                                        // に対するオフセットとして定義

//---------------------------
// SPI1 (AUX SPI0) Registers
//---------------------------
// GPIO16 SPI1_CE2_N
// GPIO21 SPI1_SCLK
// GPIO20 SPI1_MOSI
// GPIO19 SPI1_MISO
#define AUX_BASE (gPERI_MAP + 0x215000)
#define AUXIRQ       (AUX_BASE + 0x00) // AUX Interrupt Pending Status
#define AUXENB       (AUX_BASE + 0x04) // AUX Enable
#define SPI1_CNTL0   (AUX_BASE + 0x80) // SPI1 Control Register 0
#define SPI1_CNTL1   (AUX_BASE + 0x84) // SPI1 Control Register 1
#define SPI1_STAT    (AUX_BASE + 0x88) // SPI1 Status Register
#define SPI1_PEEK    (AUX_BASE + 0x8c) // SPI1 Peek Register
#define SPI1_IO      (AUX_BASE + 0xa0) // SPI1 Data Register
#define SPI1_TXHOLD  (AUX_BASE + 0xb0) // SPI1 Data Register with CS Hold after TX
                                        // SPI1(AUX SPI0)レジスタのアドレスを，
                                        // プライベート変数gPERI_MAPに対する
                                        // オフセットとして定義

//-------------------
// Define Class
//-------------------
class Peripherals : public QObject     // クラスPeripheralsの定義
{
    Q_OBJECT
public:
    explicit Peripherals(QObject *parent = 0);
    void     Mapping(void);
    uint32_t Reg_RD(uint32_t addr);
    void     Reg_WR(uint32_t addr, uint32_t data);   // メソッドの定義．実際の処理はperipherals.cpp内に記述
    void     SPI1_Init(uint32_t core_freq);
    uint32_t SPI1_Check_Core_Freq(void);
    uint32_t SPI1_TxRx(uint32_t txd);

private:                          // プライベート変数の定義
    uint32_t gPERI_BASE;             // gPERI_BASE：周辺レジスタの物理空間内の先頭アドレス
    uint32_t gPERI_SIZE;             // gPERI_SIZE：周辺レジスタ領域のサイズ
    uint32_t gPERI_MAP;              // gPERI_MAP ：周辺レジスタを論理空間にマッピングした先の先頭アドレス

signals:
                                  // クラスPeripheralsには，シグナルやスロットの定義はない
public slots:

};

#endif // PERIPHERALS_H
```

リスト3　Qt Creatorのperipherals.cpp

```c
#include <stdio.h>
#include <sys/time.h>
#include "peripherals.h"

//-------------------------------
// Constructor
//-------------------------------
Peripherals::Peripherals(QObject *parent) :
    QObject(parent)
{
}
```
← クラスPeripheralsのコンストラクタ

```c
//-------------------------------
// Peripheral Register Mapping
//-------------------------------
void Peripherals::Mapping(void)
```
← メンバ関数Mapping()：
物理アドレス空間の周辺レジスタを，論理アドレス空間にマッピング

```c
{
    FILE *fp;
    int   mem_fd;
    void *peri_map;

    fp = fopen("/proc/device-tree/soc/ranges", "rb");
    if (fp)
    {
        uint8_t buf[4];
        fseek(fp, 4, SEEK_SET);
        if (fread(buf, 1, sizeof(buf), fp) == sizeof(buf))
        {
            gPERI_BASE = (buf[0] << 24) | (buf[1] << 16)
                       | (buf[2] <<  8) | (buf[3] <<  0);
        }
        fseek(fp, 8, SEEK_SET);
        if (fread(buf, 1, sizeof(buf), fp) == sizeof(buf))
        {
            gPERI_SIZE = (buf[0] << 24) | (buf[1] << 16)
                       | (buf[2] <<  8) | (buf[3] <<  0);
        }
        fclose(fp);
    }
    else
    {
        printf("Can't open /proc/device-tree/soc/ranges.\n");
        printf("You may not have enabled device tree by raspi-config.\n");
        exit (-1);
    }
    if (DEBUG) printf("gPERI_BASE=%08x gPERI_SIZE=%08x\n", gPERI_BASE, gPERI_SIZE);

    if ((mem_fd = open("/dev/mem", O_RDWR|O_SYNC|O_CLOEXEC) ) < 0)
    {
        printf("Can't open /dev/mem. Run with sudo.\n");
        exit (-1);
    }

    peri_map = mmap
    (
        NULL,
        gPERI_SIZE,
        PROT_READ|PROT_WRITE,
        MAP_SHARED,
        (int)mem_fd,
        gPERI_BASE
    );
    close(mem_fd);

    if ((int32_t)peri_map == -1)
    {
        printf("mmap error %d\n", (int)peri_map);
        exit (-1);
    }

    gPERI_MAP = (uint32_t)peri_map;
    if (DEBUG) printf("gPERI_MAP=%08x\n", gPERI_MAP);

    setuid(getuid());
}
```

デバイス・ツリーの情報から物理空間の周辺レジスタ領域の先頭アドレスと，周辺レジスタ領域のサイズを得る

エラー処理

デバッグ情報表示

周辺機能レジスタの物理アドレスを仮想空間上の領域にマッピングして，その領域をアクセスすることで，周辺機能レジスタのリード/ライトを行うことができる．
まず，物理メモリ空間全体を表す特殊ファイル/dev/memをオープンしてファイル・ディスクリプタを得る．/dev/memのアクセスはルート権限が必要である

mmap()関数に，/dev/memのファイル・ディスクリプタ，周辺機能レジスタの物理アドレス(/dev/mem内でのオフセット値)を与え，周辺機能レジスタの物理アドレスと仮想空間上のマッピング先アドレスを対応させる

エラー処理

仮想空間上のマッピング先アドレスの先頭アドレスをgPERI_MAPに格納する．デバッグ情報として表示する

/dev/memのマッピングが終わったので，ルート権限からユーザ権限に変更する

(続く)

リスト3　Qt Creatorのperipherals.cpp（つづき）

```cpp
//-------------------------------
// Peripheral Register Read
//-------------------------------
    uint32_t Peripherals::Reg_RD(uint32_t addr)
    {
    uint32_t *paddr;
    uint32_t data;
    paddr = (uint32_t*)addr;

    // Use Data Memory Buffer
    // to ensure the access order of peripheral registers
    //__asm__("dmb\n ldr %[data],[%[addr]]\n dmb\n"
    // : [data] "=r" (data) : [addr] "r" (addr) : "memory");

    __asm__("dmb");
    data = *paddr;
    __asm__("dmb");

    return data;
}
//-------------------------------
// Peripheral Register Write
//-------------------------------
void Peripherals::Reg_WR(uint32_t addr, uint32_t data)
{
    uint32_t *paddr;
    paddr = (uint32_t*)addr;
    // Use Data Memory Buffer
    // to ensure the access order of peripheral registers
    __asm__("dmb");
    *paddr = data;
    __asm__("dmb");
}
//-------------------------------
// SPI1 Initialization
//-------------------------------
void Peripherals::SPI1_Init(uint32_t core_freq)
{
    uint32_t temp;
    //
    // Set GPIO Pins as SPI1
    // GPIO16 SPI1_CE2_N :ALT4
    // GPIO21 SPI1_SCLK :ALT4
    // GPIO20 SPI1_MOSI :ALT4
    // GPIO19 SPI1_MISO :ALT4
    temp = Reg_RD(GPFSEL1);
    temp = (temp & ~(7 << (3*6))) | (3 << (3*6));
    temp = (temp & ~(7 << (3*9))) | (3 << (3*9));
    Reg_WR(GPFSEL1, temp);
    //
    temp = Reg_RD(GPFSEL2);
    temp = (temp & ~(7 << (3*0))) | (3 << (3*0));
    temp = (temp & ~(7 << (3*1))) | (3 << (3*1));
    Reg_WR(GPFSEL2, temp);
    //
    // Enable SPI1
    Reg_WR(AUXENB, 0x02);
    //
    // Reset SPI
    Reg_WR(SPI1_CNTL1, 0);
    Reg_WR(SPI1_CNTL0, 0);
    Reg_WR(SPI1_CNTL0, (1 << 9)); // FIFO Clear
    Reg_WR(SPI1_CNTL0, 0);
    //
    // Initialize SPI1
    if (core_freq == 250)
        temp = (  8 << 20); // 13.9  Mbps = 250MHz/(2*9)   // RPi2 or Undervoltage of RPi3
    else
        temp = ( 16 << 20); // 11.76 Mbps = 400MHz/(2*17)  // RPi3 1.2GHz
    //
    temp = temp
         | (  3 << 17)  // Assert CE2_N
         | (  1 << 16)  // With Post Input Mode
         | (  0 << 15)  // No Variable CS
```

（続く）

- メンバ関数Reg_RD()：周辺レジスタを32ビット幅でリードする．引き数addrは，論理空間にマッピングされたアドレスを指定すること
- 周辺レジスタへの物理的なアクセスが，プログラムの順序通りに行われることを保証するため，データ・メモリ・バッファを使う．そのために，周辺レジスタをアクセスするコードの前後で「dmb」命令を実行する
- メンバ関数Reg_WR()：周辺レジスタを32ビット幅でライトする．引き数addrは論理空間にマッピングされたアドレスを指定すること
- 周辺レジスタへの物理的なアクセスが，プログラムの順序通りに行われることを保証するため，データ・メモリ・バッファを使う．そのために，周辺レジスタをアクセスするコードの前後で「dmb」命令を実行する
- ※「dmb」命令を使うため，コンパイル・オプションに「-march=armv7-a」を指定すること．
- メンバ関数SPI1_Init()：SPI1(AUX SPI0)を初期化する．引き数core_freqはRaspberry Piのcore周波数（250または400）を指定し，SPI1の通信クロック周波数を11MHz～14MHz程度に設定する
- GPIO16，GPIO19，GPIO20，GPIO21の端子機能をALT4に設定して，SPI1端子とする
- SPI1をイネーブルにして，レジスタ・アクセスを許可する
- SPI1の機能設定レジスタを初期化する．送受信FIFOのクリアも行う
- core_freqに応じて，SPI1の通信クロック周波数を設定する

```
        | (  0 << 14)    // No Variable Shift
        | (  0 << 12)    // DOUT HOld = 0clocks
        | (  1 << 11)    // Enable
        | (  0 << 10)    // Data In on Falling Edge of SCLK
        | (  0 <<  9)    // FIFO Not Clear
        | (  1 <<  8)    // Data Out on Rising Edge of SCLK
        | (  0 <<  7)    // Idle Clock Line is Low
        | (  1 <<  6)    // Shift Out MSB first
        | ( 16 <<  0); // Shift Length = 16bits
    Reg_WR(SPI1_CNTL0, temp);
    Reg_WR(SPI1_CNTL0, temp | (1 << 9)); // FIFO Clear
    Reg_WR(SPI1_CNTL0, temp);
    //
    temp = (  4 <<  8)    // Additional High Period of CE_N
         | (  0 <<  7)    // No Tx Empty IRQ
         | (  0 <<  6)    // No Done IRQ
         | (  1 <<  1)    // Shift In MSB first
         | (  0 <<  0); // No Keep Shift In Data to Concatenate
    Reg_WR(SPI1_CNTL1, temp);
    //
    // Need to flush Rx FIFO
    while(1)
    {
        uint32_t status;
        status = Reg_RD(SPI1_STAT);
        if (status & 0x00000080) break; // if RXEMPTY break;
        Reg_RD(SPI1_IO); // get rid of dust
    }
}

//---------------------------------
// Check Core Clock Frequency (SPI1)
//---------------------------------
uint32_t Peripherals::SPI1_Check_Core_Freq(void)
{
    uint32_t temp;
    struct timeval s, e;
    uint32_t i;
    double ftime;
    uint32_t core_freq;
    //
    temp = Reg_RD(GPFSEL1);
    temp = (temp & ~(7 << (3*6))) | (0 << (3*6));
    temp = (temp & ~(7 << (3*9))) | (0 << (3*9));
    Reg_WR(GPFSEL1, temp);
    //
    temp = Reg_RD(GPFSEL2);
    temp = (temp & ~(7 << (3*0))) | (0 << (3*0));
    temp = (temp & ~(7 << (3*1))) | (0 << (3*1));
    Reg_WR(GPFSEL2, temp);
    //
    Reg_WR(AUXENB, 0x02);
    //
    Reg_WR(SPI1_CNTL1, 0);
    Reg_WR(SPI1_CNTL0, 0);
    Reg_WR(SPI1_CNTL0, (1 << 9)); // FIFO Clear
    Reg_WR(SPI1_CNTL0, 0);
    //
    temp = (  8 << 20)    // 13.9 Mbps = 250MHz/(2*9)
         | (  3 << 17)    // Assert CE2_N
         | (  1 << 16)    // With Post Input Mode
         | (  0 << 15)    // No Variable CS
         | (  0 << 14)    // No Variable Shift
         | (  0 << 12)    // DOUT HOld = 0clocks
         | (  1 << 11)    // Enable
         | (  0 << 10)    // Data In on Falling Edge of SCLK
         | (  0 <<  9)    // FIFO Not Clear
         | (  1 <<  8)    // Data Out on Rising Edge of SCLK
         | (  0 <<  7)    // Idle Clock Line is Low
         | (  1 <<  6)    // Shift Out MSB first
         | ( 16 <<  0); // Shift Length = 16bits
    Reg_WR(SPI1_CNTL0, temp);
    Reg_WR(SPI1_CNTL0, temp | (1 << 9)); // FIFO Clear
    Reg_WR(SPI1_CNTL0, temp);
    //
    temp = (  4 <<  8)    // Additional High Period of CE_N
```

(続く)

リスト3 Qt Creatorのperipherals.cpp（つづき）

```cpp
                | ( 0 << 7)   // No Tx Empty IRQ
                | ( 0 << 6)   // No Done IRQ
                | ( 1 << 1)   // Shift In MSB first
                | ( 0 << 0);  // No Keep Shift In Data to Concatenate
    Reg_WR(SPI1_CNTL1, temp);
    //
    while(1)
    {
        uint32_t status;
        status = Reg_RD(SPI1_STAT);
        if (status & 0x00000080) break; // if RXEMPTY break;
        Reg_RD(SPI1_IO); // get rid of dust
    }
    //
    gettimeofday(&s, NULL);
    //
    for (i = 0; i < 100000; i++)
    {
        SPI1_TxRx(0);
    }
    //
    gettimeofday(&e, NULL);
    //
    ftime = (e.tv_sec - s.tv_sec) + (e.tv_usec - s.tv_usec) * 1e-06;
    core_freq = (ftime < 0.19)? 400 : 250; // from experiments
    if (DEBUG) printf("Core Freq=%d\n", core_freq);

    return core_freq;
}
//-------------------------------
// SPI1 Tx and Rx
//-------------------------------
uint32_t Peripherals::SPI1_TxRx(uint32_t txd)
{
    uint32_t rxd;
    volatile uint32_t status;

    // Wait for TX is not FULL
    while(1)
    {
        status = Reg_RD(SPI1_STAT);
        if ((status & 0x00000400) == 0) break;
    }

    // Send Data
    Reg_WR(SPI1_IO, txd << 15);
        // While it does not match datasheet,
        // it absolutely works well.

    // Wait for RX is not EMPTY
    while(1)
    {
        status = Reg_RD(SPI1_STAT);
        if ((status & 0x00000080) == 0) break;
    }

    // Receive Data
    rxd = Reg_RD(SPI1_IO);

    return rxd;
}
```

- SPI1の機能設定（SPI1_CNTL1）
  - SPI1_CE2_NのH幅に4xSCLK追加
  - MSBファーストで受信
- 受信FIFO内に，受信データのゴミがあれば取り除く
- 開始時刻を得る
- 100,000回，SPI1の送受信を行う
- 終了時刻を得る
- 終了時刻と開始時刻の差から，core周波数を推定する．この推定方法は，実験値から算出した．デバッグ情報としてcore周波数を表示する
- core周波数を返す
- メンバ関数SPI1_TxRx()：SPI1の送受信処理．SPIマスタの通信なので，送信することで同時に受信を行う
- 送信TX FIFOがFULLなら待つ．空きがあれば次に進む
- 16ビット・データを送信する．送信後，SPI1_CE2_Nをネゲートするため，SPI1_IOにライトする．
- ※ ここでは，15ビットだけ左シフトしてSPI1_IOにライトすることで正常に動作した．これはRaspberry Pi 2でもRaspberry Pi3でも同じだった．BCM2835マニュアルに記載された仕様とは異なっており，おそらくまだ記述に間違いがあると推定される．
- 受信RX FIFOが空なら待つ．受信データが入れば次に進む
- 受信データをSPI1_IOの下位16ビットから取り出して，返す

マットになるように初期化します．SPI1（AUX SPI0）は常にマスタです．この関数の引数 `core_freq` には，Raspberry Piのcore周波数（250または400）を指定し，SPI1の通信クロック周波数が11 MHz〜14 MHz程度になるように分周比を設定します．

メンバ関数 `SPI1_Check_Core_Freq()` は，ダミーの16ビットSPI送受信を100,000回行ったときの時間を計測して，Raspberry Piのcore周波数が250 MHzまたは400 MHzのいずれかになっているかを推定します．この推定値を，前述のメンバ関数 `SPI1_Init()` の引数に指定します．

メンバ関数 `SPI1_TxRx()` は，SPI1の送受信処理を行います．SPIマスタの通信なので，送信することで同時に受信を行います．16ビット・データを送

信する際，送信後にSPI1_CE2_Nをネゲートするため，SPI1_IOにライトしますが，15ビットだけ左シフトしてSPI1_IOにライトすることで正常に動作しました．これはRaspberry Pi 2でもRaspberry Pi3でも同じでした．参考文献(1)や参考文献(2)のBCM2835マニュアルに記載された仕様とは異なっているようで，おそらくその記述にまだ不足や間違いがあると推定されます．

● Qt Creatorのmainwindow.hの内容

mainwindow.hは，メイン・ウィンドウのMainWindowクラスを定義するヘッダです．ひな形プロジェクトで作成されているので，リスト4に示すように編集してください．

本アプリケーションでは，ボタン押下シグナルはすべてMainWindowクラスのオブジェクトに向けて送ります．MainWindowのスロットでシグナルを受けると，その情報をソフトウェア・キューに入れるようにします．そのキューに格納する値を，冒頭のenum{}で定義しています．キューを使う理由は，シグナルに対応したスロット処理が時間のかかるものであっても，シグナルをキューに入れておくことで，シグナル発生順に対応した処理を確実に行えるようにするためです．クラスMainWindowの定義中

リスト4　Qt Creatorのmainwindow.h

```
#ifndef MAINWINDOW_H
#define MAINWINDOW_H

#include "stdint.h"
#include <QMainWindow>
#include "ThreadPeriodic.h"
//--------------------------------
// Define Queuing Signal Name
//--------------------------------
enum QUEUING_SIGNAL_NAME
{
    QUEUE_PUSHBUTTON_TX0,
    QUEUE_PUSHBUTTON_TX1,
    QUEUE_PUSHBUTTON_TX2,
    QUEUE_PUSHBUTTON_TX3,
    QUEUE_PUSHBUTTON_TX4,
    QUEUE_PUSHBUTTON_TX5,
    QUEUE_PUSHBUTTON_TX6,
    QUEUE_PUSHBUTTON_TX7
};
//--------------------------
// Define Class MainWindow
//--------------------------
namespace Ui {
class MainWindow;
}

class MainWindow : public QMainWindow
{
    Q_OBJECT

public:
    explicit MainWindow(QWidget *parent = 0);
    ~MainWindow();

private slots:
    void On_pushButton_TX0();
    void On_pushButton_TX1();
    void On_pushButton_TX2();
    void On_pushButton_TX3();
    void On_pushButton_TX4();
    void On_pushButton_TX5();
    void On_pushButton_TX6();
    void On_pushButton_TX7();
    void Thread_Tick();
private:
    Ui::MainWindow *ui;
    ThreadPeriodic *thread;
};

#endif // MAINWINDOW_H
```

注釈：
- enum部分：本アプリでは，ボタン押下シグナルはすべてMainWindowに向けて送る．MainWindowのスロットでシグナルを受けると，その情報をキューに入れるようにする．そのキューに格納する値をここで定義している．キューを使う理由は，シグナルに対応したスロット処理が時間のかかるものであっても，シグナルをキューに入れておくことで，シグナル発生順に対応した処理を確実に行うためである
- namespace Ui：C++の機能として，Uiという名前空間の中にクラスMainWindowを定義する
- class MainWindow：クラスMainWindowの定義
- explicit MainWindow／~MainWindow：コンストラクタとデコンストラクタ
- private slots：メンバ関数として，Qtのスロットを定義．シグナルの届く先になる
- private（メンバ変数の定義）
  - ui：メイン・ウィンドウのオブジェクト
  - thread：周期的にシグナルを送信するスレッド．このスレッドは，一定間隔でシグナルThread_Tick_Signal()をMainWindow内のスロットThread_Tick()に向けて送る．Therad_Tick()の中で，キューからボタン押下のシグナル情報を取り出して必要な処理を行う

Raspberry Pi 3側のプログラム　485

「private slots:」の箇所で，シグナルを受け取るスロットになるメンバ関数を定義しています．

また，メンバ変数の中に，クラス ThreadPeriodic のオブジェクト thread を定義しています．このクラスは後述するルーチンで定義しますが，一定間隔でシグナル Thread_Tick_Signal() を MainWindow 内のスロット Thread_Tick() に向けて送り続けるスレッドになります．このスロット Therad_Tick() の中で，前述のキューからボタン押下のシグナル情報を取り出して必要な処理を行います．これにより，一定間隔でキューからシグナル発生順にイベント情報を取り出して，順番に処理を進めることができるのです．

ところで，一定間隔で起動するスレッドの中でイベント情報をキューから取り出して，そのスレッドの中でGUI処理ができれば，MainWindow にシグナルを送る必要はないのですが，スレッドは Qt ライブラリ内の pixmap を操作することができない，すなわち GUI 処理ができないので，実際の処理を MainWindow クラスに依頼する形にしました．

● Qt Creator の mainwindow.cpp の内容

mainwindow.cpp は，メイン・ウィンドウ MainWindow クラスのメンバ関数ルーチンを記述するものです．ひな形プロジェクトで作成されているので，**リスト5**のように編集してください．

メンバ関数 MainWindow() は，このクラスのコンストラクタです．この中では，まず MainWindow を，GUI Designer で作成した mainwindow.ui を参照してセットアップします．次に，周期的にシグナルを送信するスレッド ThreadPeriodic のオブジェクトを生成してスタートします．そのスレッドから送信されるシグナル Thread_Tick_Signal() を，MainWindow 内のスロット Thread_Tick() に接続します．このシグナルとスロットの接続は GUI Designer 内ではなく，MainWindow() 内のルーチン connect() で直接行います．

メンバ関数 On_pushButton_TX0() から On_pushButton_TX7() までは，TX ボタンから送信される clicked() シグナルを受信するスロットであり，GUI Designer 内で接続関係を定義したものです．このスロット内では，シグナルに対応する値をソフトウェア・キューに enqueue() で格納します．

メンバ関数 Thread_Tick() は，スレッド ThreadPeriodic クラスのオブジェクトが周期的に送信するシグナルを接続するスロットです．この中では，最初に SPI1 へのアクセスが複数のタスクから同時に行われないよう調停するために，ミューテックスをロックします．

次に，ソフトウェア・キューに値が入っていれば取り出して，対応する SPI 送信処理 Do_TxD() を実行します．この処理ルーチンの中では，TX ボタンの右横の対応するデータを送信し，それと同時に受信したデータを右枠内に表示します．実際のルーチンは後述します．最後にミューテックスをアンロックして解放します．本アプリケーション内で SPI1 をアクセスするのはこのメンバ関数 Thread_Tick() だけなので，実際にはミューテックスによる調停は不要ですが，今後の拡張のことを考えて入れておきました．

● Qt Creator の ThreadPeriodic.h の内容

ThreadPeriodic.h は，スレッド ThreadPeriodic クラスを定義するヘッダです．これはひな形プロジェクトでは作成されないので，**リスト6**のように新規に作成してください．

メンバ関数 ThreadPeriodic() は，コンストラクタです．メンバ関数 run() は，スレッドを start() したのち，新規作成されたスレッドが自動的にコールする関数です．

クラス ThreadPeriodic の定義中「signals:」の箇所で，ThreadPeriodic クラスのオブジェクトが，MainWindow クラスのオブジェクト内のスロット Thread_Tick() に向けて送信するシグナル Thread_Tick_Signal() を定義しています．

このシグナル Thread_Tick_Signal() を，ThreadPeriodic のオブジェクトが周期的に送信するために，ThreadPeriodic オブジェクトの中で自分自身に対してシグナル timeout() を 1 ms 周期で送るようにします．そのターゲットになるスロットが，「private slots:」の箇所で定義しているメンバ関数 Thread_Tick_Signal_Emitter() です．このスロットの中で，MainWindow オブジェクトに向けてシグナル Thread_Tick_Signal() を送信しているのです．

● Qt Creator の ThreadPeriodic.cpp の内容

ThreadPeriodic.cpp は，スレッド ThreadPeriodic クラスのメンバ関数ルーチンを記述するものです．これはひな形プロジェクトでは作成されないので，**リスト7**のように新規に作成してください．

メンバ関数 run() では，QTimer クラスのオブジェクトを生成して，そこから送信されるシグナル timeout() を，ThreadPeriodic クラスのスロット Thread_Tick_Signal_Emitter() が受信するように接続します．また，QTimer オブジェクトのタイムアウト・インターバルを 1 ms に設定して，タイムアウトのたびにシグナル timeout() が送信されるようにしておきます．その後，exec() により，

リスト5　Qt Creatorのmainwindow.cpp

```cpp
#include <QMutex>
#include <QQueue>
#include "mainwindow.h"
#include "ui_mainwindow.h"
#include "ThreadPeriodic.h"
#include "control.h"

//----------
// Global
//----------
QQueue<uint32_t> queue_signal;   // ← ボタン押下により，MainWindowに向けて送信された
                                 //    シグナルを順番に貯めるキューqueue_signalを定義
QMutex mutex(QMutex::NonRecursive);  // ← 複数の処理が同時にSPI通信しないように調停するための
                                     //    ミューテックスを定義(NonRecursiveを指定することで，
                                     //    スレッドから1回しかロックできなくする)
//-----------------
// Constructor
//-----------------
MainWindow::MainWindow(QWidget *parent) :   // ← MainWindowのコンストラクタ
    QMainWindow(parent),
    ui(new Ui::MainWindow)
{
    ui->setupUi(this);   // ← MainWindowを，GUI Designer(グラフィカル・エディタ)で作成した
                         //    mainwindow.uiを参照してセットアップする
    //
    thread = new ThreadPeriodic;
    thread->moveToThread(thread);
    connect(thread, SIGNAL(Thread_Tick_Signal()), this, SLOT(Thread_Tick()));
    thread->start();
}
                         // 周期的にシグナルを送信するスレッドThreadPeriodicを生成してスター
                         // トする．そのスレッドから送信されるシグナルThread_Tick_Signal()
                         // を，MainWindow内のスロットThread_Tick()に接続する
//-----------------
// Deconstructor
//-----------------
MainWindow::~MainWindow()
{                                                    // MainWindowのデコンストラクタ．起動したスレッドを
    delete ui; thread->quit(); thread->wait();       // 停止させ，実際に終了するまで待つ
}

//-----------------
// Slots
//-----------------                                   // ボタン押下シグナルが送信されるスロット．
                                                     // キューにシグナルに対応した数値を積み込む
void MainWindow::On_pushButton_TX0() {queue_signal.enqueue(QUEUE_PUSHBUTTON_TX0);}
void MainWindow::On_pushButton_TX1() {queue_signal.enqueue(QUEUE_PUSHBUTTON_TX1);}
void MainWindow::On_pushButton_TX2() {queue_signal.enqueue(QUEUE_PUSHBUTTON_TX2);}
void MainWindow::On_pushButton_TX3() {queue_signal.enqueue(QUEUE_PUSHBUTTON_TX3);}
void MainWindow::On_pushButton_TX4() {queue_signal.enqueue(QUEUE_PUSHBUTTON_TX4);}
void MainWindow::On_pushButton_TX5() {queue_signal.enqueue(QUEUE_PUSHBUTTON_TX5);}
void MainWindow::On_pushButton_TX6() {queue_signal.enqueue(QUEUE_PUSHBUTTON_TX6);}
void MainWindow::On_pushButton_TX7() {queue_signal.enqueue(QUEUE_PUSHBUTTON_TX7);}

//-----------------------------------------
// Thread Tick Routine, repeatedly called
//-----------------------------------------
void MainWindow::Thread_Tick()          // ← スレッドThreadPeriodicが周期的に
{                                       //    送信するシグナルが接続されたスロット
    uint32_t signal;
    //
    if (mutex.tryLock() == false) return;   // ← SPI通信調停ミューテックスのロックを試して，
    //                                      //    すでにロックされていたら何もせずに戻る
    if (!queue_signal.isEmpty())
    {
        signal = queue_signal.dequeue();
        switch(signal)
        {
            case QUEUE_PUSHBUTTON_TX0 : {Do_TxD(ui, 0); break;}
            case QUEUE_PUSHBUTTON_TX1 : {Do_TxD(ui, 1); break;}    // キューにシグナルに対応した数値が格
            case QUEUE_PUSHBUTTON_TX2 : {Do_TxD(ui, 2); break;}    // 納されていたら，取り出して対応する
            case QUEUE_PUSHBUTTON_TX3 : {Do_TxD(ui, 3); break;}    // 処理を行う．ここでは，押されたボタ
            case QUEUE_PUSHBUTTON_TX4 : {Do_TxD(ui, 4); break;}    // ンの右横に書かれた16進数の数値を
            case QUEUE_PUSHBUTTON_TX5 : {Do_TxD(ui, 5); break;}    // SPI送信するので，Do_TxD()を呼び
            case QUEUE_PUSHBUTTON_TX6 : {Do_TxD(ui, 6); break;}    // 出している
            case QUEUE_PUSHBUTTON_TX7 : {Do_TxD(ui, 7); break;}
            default : {break;} // Do nothing
        }
    }
    mutex.unlock();   // ← SPI通信調停ミューテックスをアンロックする
}
```

Raspberry Pi 3側のプログラム　487

リスト6 Qt CreatorのThreadPeriodic.h

```
#ifndef THREADPERIODIC_H
#define THREADPERIODIC_H

#include <QThread>

#pragma once

//---------------------------
// Define ThreadPeriodic Class
//---------------------------
class ThreadPeriodic : public QThread   ← クラスThreadPeriodicの定義：周期的に起動するスレッド
{
    Q_OBJECT

    public :
    ThreadPeriodic(QObject* parent = 0);   ← コンストラクタ

    protected :
    void run();            メソッドrun()は，スレッドをstart()した後，
                           新規作成されたスレッドが自動的にコールする関数
    private :

    signals :
    void Thread_Tick_Signal();    ← MainWindowに送るシグナルの定義

    private slots :                         このThreadPeriodicオブジェクトの中で，1ms周期で自分自身に対
    void Thread_Tick_Signal_Emitter();   ← してシグナルtimeout()を送信するようにしており，そのターゲット
};                                          となるスロットが，このThread_Tick_Signal_Emitter()である．
                                            このスロットの中で，MainWindowに向けてシグナルThread_Tick_
#endif // THREADPERIODIC_H                  Signal()を送信している
```

リスト7 Qt CreatorのThreadPeriodic.cpp

```
#include <QThread>
#include <QTimer>
#include "ThreadPeriodic.h"

//---------------------------
// ThreadPeriodic Constructor
//---------------------------
ThreadPeriodic::ThreadPeriodic(QObject *parent) : QThread(parent)   ← ThreadPeriodicのコンストラクタ
{

}

//---------------------------
// ThreadPeriodic Method : Run
//---------------------------                       QTimerオブジェクトからシグナルtimeout()
void ThreadPeriodic::run()   ← メンバ関数run()の実装  を，ThreadPeriodicオブジェクトのスロット
{                                                   Thread_Tick_Signal_Emitter()に送る
    QTimer timer;   ← QTimerオブジェクトの生成        ように設定
    connect(&timer, SIGNAL(timeout()), this,
        SLOT(Thread_Tick_Signal_Emitter()), Qt::DirectConnection);
    timer.setInterval(1); // 1ms                    QTimerのタイムアウト・インターバルを1msに設定する．
    timer.start();                                  タイムアウトのたびにシグナルtimeout()が送信される
    exec();   ← QTimerのタイマ動作を開始する
    timer.stop();                                   スレッドThreadPeriodicのイベント・ループを開始する．
}           これは結果的に実行されない               このスレッドはここで無限ループを繰り返すのみになる
//-------------------------------------------------
// ThreadPeriodic Method : Thread_Tick_Signal_Emitter
//-------------------------------------------------
void ThreadPeriodic::Thread_Tick_Signal_Emitter()   ← スロットThread_Tick_Signal_Emitter()
{
    emit Thread_Tick_Signal();   ← シグナルThread_Tick_Signal()を送信する．
}                                   ターゲットのスロットはMainWindowのThread_Tick()
```

スレッドThreadPeriodicのイベント・ループを開始します．このスレッドは，ここで無限ループを繰り返すだけになります．

メンバ関数Thread_Tick_Signal_Emitter()は，シグナルtimeout()を受信するスロットで，シグナルThread_Tick_Signal()を送信(emit)します．ターゲットになるスロットとしては，MainWindowのThread_Tick()が接続されています．

リスト8　Qt Creatorのcontrol.h

```c
#ifndef CONTROL_H
#define CONTROL_H

#include <stdint.h>
#include "mainwindow.h"
#include "ui_mainwindow.h"

//-------------
// Defines
//-------------
#define MAXLEN_WORD 256
#define MAXLEN_LINE 1024

//-------------
// Prototype
//-------------
void Do_TxD(Ui::MainWindow *ui, uint32_t which);

#endif // CONTROL_H
```

> ウィンドウ内の送信(TX)ボタンを押したときの実際の動作を定義した関数．MainWindowのThread_Tick()からコールされる

リスト9　Qt Creatorのcontrol.cpp

```cpp
#include "control.h"
#include "peripherals.h"
#include "mainwindow.h"
#include "ui_mainwindow.h"

//-------------
// Globals
//-------------
extern Peripherals io; // Global Peripherals

//--------------------------
// Do TxD (0-7)
//--------------------------
void Do_TxD(Ui::MainWindow *ui, uint32_t which)
{
    uint8_t str[MAXLEN_LINE];

    // Get Text Field
    QLineEdit* line_txd;
    line_txd = (which == 0)? ui->lineEdit_TX0
             : (which == 1)? ui->lineEdit_TX1
             : (which == 2)? ui->lineEdit_TX2
             : (which == 3)? ui->lineEdit_TX3
             : (which == 4)? ui->lineEdit_TX4
             : (which == 5)? ui->lineEdit_TX5
             : (which == 6)? ui->lineEdit_TX6
             : (which == 7)? ui->lineEdit_TX7
             : NULL;
    if (line_txd == NULL) return;
    //
    // Get TXD data in the Line Edit
    bool ok;
    QString qstr;
    uint32_t txd, rxd;
    qstr = line_txd->text();
    txd = (uint32_t)(qstr.toInt(&ok, 16));
    if ((ok == true) && (txd < 65536))
    {
        // Tx and Rx
        rxd = io.SPI1_TxRx(txd);
        //
        // Printout Text Edit
        QPlainTextEdit* edit_txrx = ui->plainTextEdit_TXRX;
        sprintf((char*)str, "TXD=%04x\nRXD=%04x\n", txd, rxd);
        edit_txrx->appendPlainText((char*)str);
    }
}
```

> 関数：Do_TxD()：
> ウィンドウ内の送信(TX)ボタンを押したときの実際の動作を定義した関数．MainWindowのThread_Tick()からコールされる．引き数のwhichは，押されたボタンの番号（上から0，1，…7）が指定される

> whichに従って，対応するMainWindow内のQLineEditオブジェクト(lineEdit_TX0〜lineEdit_TX7のいずれか)を得る．whichが範囲外なら何もせず戻る

> 得たQLineEdit内の文字列を取り出し，16進数と見なしてtxdに格納する

> 正しい16進数記述で，かつ65536未満なら，SPI1からtxdを送信し，同時に受信した値をrxdに格納する

> 送受信データをMainWindow内のQPlainTextEdit内に表示する

● Qt Creator の control.h と control.cpp の内容

control.h は，control.cpp 内の関数のプロトタイプを宣言しているだけです．control.cpp 内では，関数 Do_TxD() を記述しています．これらのルーチンではクラスの定義はありません．control.h と control.

Raspberry Pi 3 側のプログラム　489

cppは，共にひな形プロジェクトでは作成されないので，**リスト8**と**リスト9**のように新規に作成してください．

control.cppのDo_TxD()は，MainWindow内のスロット関数Thread_Tick()からコールされます．ウィンドウ内の送信（TX）ボタンを押したときの，実際の動作を定義した関数です．MainWindowの引き数のwhichは，押されたボタンの番号（上から0，1，…7）が指定されます．whichに従って，MainWindow内のQLineEditオブジェクト（lineEdit_TX0～LineEdit_TX7のいずれか）を得ます．

そのQLineEditオブジェクト内の文字列を取り出し，16進数とみなしてSPI1（AUX SPI0）から送信します．同時に受信したデータと合わせて，MainWindow内のQPlainTextEdit内に表示します．

● **シグナルとスロットの接続関係のまとめ**

本アプリケーションのシグナルとスロットの接続関係をまとめたものを**図11**に示します．全体の動作概要を改めて説明します．

Push Buttonクラスのオブジェクト pushButton_TX0～pushButton_TX7から，ボタンを押されたことを示すシグナルclicked()が，MainWindowクラスのオブジェクト内のスロットOn_pushButton_TX0()～On_pushButton_TX7()にそれぞれ送信されます．スロットOn_pushButton_TX0()～On_pushButton_TX7()は，シグナルを受け取ったことを表す値を，ソフトウェア・キューQQueueのオブジェクトに格納します．

一方で，スレッドThreadPeriodicクラスのオブジェクト内では，1ms周期でタイマQTimerクラスのオブジェクトからシグナルtimeout()を発生させ，自分の中のスロットThread_Tick_Timer_Emitter()に送ります．スロットThread_Tick_Timer_Emitter()では，シグナルThread_Tick_Signal()を，MainWindowクラスのオブジェクト内のスロットThread_Tick()に向けて送信します．

そのスロットThread_Tick()では，シグナルを1ms周期で受信するたびに，ソフトウェア・キューQQueueのオブジェクトからボタン押下イベントに

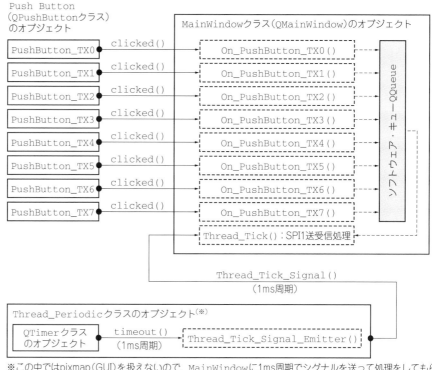

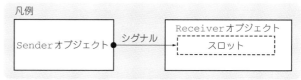

図11 Qt Creator のシグナルとスロットの接続関係のまとめ

対応する値を取り出し，対応する値を SPI1（AUX SPI0）から送信し，同時に受信した値をメイン・ウィンドウの右枠内に表示しています．

MAX 10 側の FPGA 論理と Nios II 用プログラム

● MAX 10 側の動作

MAX 10 の内部ハードウェアとしては，Nios II システムにスレーブ SPI の機能モジュールを追加したものを使います．スレーブ側の SPI 動作は，Raspberry Pi からデータを受信したときに，その SPI クロックに同期してデータを送信します．初回の送信データは 0x0000 ですが，2 回目以降は，前回 Raspberry Pi 側から受信したデータのビット反転値を送信するようにします．これを Raspberry Pi 側のアプリケーションで観測して，双方のインターフェースがうまく取れているかを確認しましょう．

● Quartus Prime のプロジェクト PROJ_NIOSII_RASPI の作成

本章で作成する Quartus Prime プロジェクトのベースは，第 15 章で SDRAM インターフェース機能を構築した PROJ_NIOSII_SDRAM です．これをコピーして，ディレクトリ名を PROJ_NIOSII_RASPI に変更して編集してください．

● Quartus Prime の Qsys システム構成

MAX 10 内に構築する Qsys システム QSYS_CORE の構成を，図 12 に示します．基本的には，第 15 章で SDRAM インターフェース機能を構築した Qsys システムにスレーブ SPI を追加したものになります．SDRAM インターフェースを残してありますが，本章の Nios II プログラムでは SDRAM は使用しません．

SPI モジュールとしては，SPI（3 Wire Serial）を選択してください．SPI モジュールを含めて，Qsys システム内の各機能の設定方法を表 4 に示します．SPI モジュールは，MSB ファーストで 16 ビットのスレーブ SPI 通信を行うように設定します．図 2(a) や図 2(b) の通信波形になるように，Clock Polarity と Clock Phase を設定します．

また，アドレス・マップの設定方法と割り込み番号のアサイン方法を，それぞれ表 5 と表 6 に示します．

● Quartus Prime の最上位階層の RTL

MAX 10 の最上位階層の RTL「FPGA.v」を，リスト 10 に示します．QSYS_CORE に SPI 用の 4 本の端子が追加されるので，それをそのまま FPGA の外部端子に引き出します．

● Quartus Prime のプロジェクト設定

表 7 に従って，Quartus Prime のプロジェクトを設定します．また MAX 10 の外部端子を，表 8 に示すように設定してください．SPI 機能の 4 本の端子を追加します．ここまできたら，MAX 10 全体をフル・コンパイルしてください．Nios II のプログラムは，MAX 10 のコンフィグレーション時に FLASH メモリ（UFM）に書き込みます．

● Nios II EDS の設定

次に Nios II のソフトウェアを作成します．Nios II EDS で，ワークスペース「FPGA¥software」を開いてください．アプリケーション・プロジェクト PROG と，BSP（Board Support Package）プロジェクト PROG_bsp が入っています．このうち，PROG_bsp を削除して，Qsys の生成ファイル QSYS_CORE.sopcinfo から PROG_bsp を再作成してください．そして BSP Editor を開いて，表 9 のように設定してください．

ソフトウェアは基本的に SRAM（onchip_memory2_0）の上で実行させますが，ブート時に FLASH メモリから SRAM にプログラム本体をコピーしてから実行するようにしています．

● Nios II ソフトウェアを構成するソース・ファイル

Nios II 側ソフトウェアを構成するソース・ファイルは，spi.h，spi.c，main.c の 3 個で，ディレクトリ「software¥PROG」以下に置きます．次に，それぞれの内容を簡単に説明します．

● Nios II ソフトウェアの spi.h と spi.c の内容

spi.h をリスト 11 に示します．ここでは，次に説明する spi.c の中の関数の，プロトタイプ宣言をしています．spi.c をリスト 12 に示します．この中の SPI_Rx() は，スレーブ SPI の受信処理を行います．マスタ側からの SPI 転送を待ち，データを受信したらその値を返します．SPI_Tx() はスレーブ SPI の送信処理ですが，スレーブ SPI はマスタから転送されるデータを受信するときに初めて送信できるので，送信処理といっても，やることはあらかじめ送信データを準備しておくだけです．

● Nios II ソフトウェアの main.c の内容

main.c をリスト 13 に示します．まず GPIO を，MAX10-FB 基板のフルカラー LED 出力とスイッチ入力に対応するように設定します．その次に初期送信データを 0x0000 とし，下記を無限ループ内で繰り返します．

① 送信データを SPI 内に準備．
② 受信するまで待つ．受信したら同時に送信も行う．

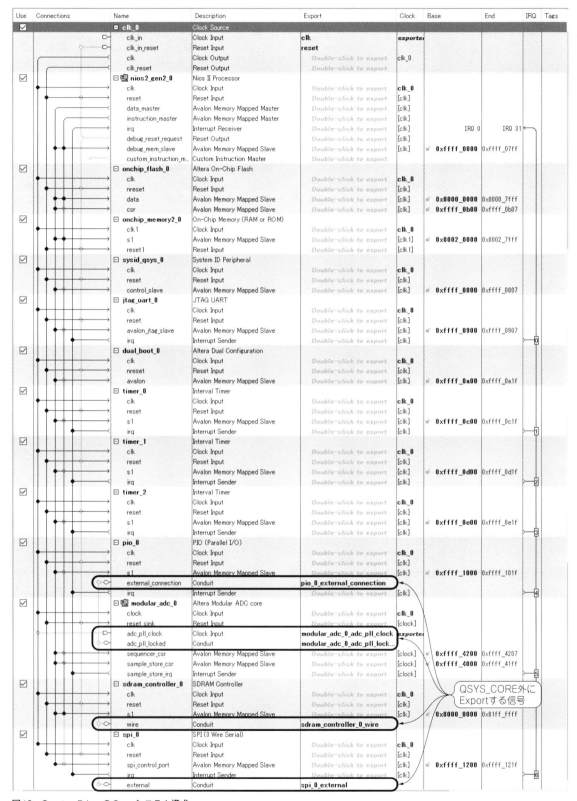

図12 Quartus PrimeのQsysシステム構成

表4 Quartus PrimeのQsysシステム構成の各モジュールの設定

モジュール名	インスタンス名	設定項目	設定内容
Clock Source	clk_0	Clock frequency	50000000MHz
		Clock frequency is known.	ON
		Reset synchronous edges	None
Nios II Processor	nios2_gen2_0	Nios II Core	Nios II/e
		Reset vector memory	onchip_flash_0.data
		Reset vector offset	0x00000000
		Exception vector memory	onchip_memory2_0.s1
		Exception vector offset	0x00000020
		Include JTAG Debug	ON
		ECC Present	OFF
		Include cpu_resetrequest…	OFF
		Generate trace file…	OFF
		Include reset_req signal…	ON
FLASH Memory	onchip_flash_0	Data interface	Parallel
		Read burst mode	Incrementing
		Read burst count	8
		Configuration Mode	Single Compressed Image with Memory Initialization
		Sector ID 1	Read and write 0x0000-0x3FFF，UFM
		Sector ID 2	Read and write 0x4000-0x7FFF，UFM
		他のSector	NA，Hidden，CFM
		Initialize flash content	OFF
On-Chip Memory	onchip_memory2_0	Type	RAM(Writable)
		Dual-port access	OFF
		Block type	AUTO
		Data width	32
		Total memory size	32768bytes
		Slave s1 latency	1
		Reset request	Enabled
		Extend … to support ECC…	Disabled
		Initialize memory content	OFF
		Enable In-System memory…	OFF
System ID	sysid_qsys_0	32bit System ID	0x00000000
JTAG UART	jtag_uart_0	Write FIFO Buffer depth	64bytes
		Write FIFO IRQ threshold	8
		Write FIFO Construct…	OFF
		Read FIFO Buffer depth	64bytes
		Read FIFO IRQ threshold	8
		Read FIFO Construct…	OFF
Dual Config	dual_boot_0	Clock frequency	80.0MHz
Interval Timer	timer_0	Timeout period	1ms
		Timer counter size	32bits
		No Start/Stop control bits	OFF
		Fixed period	OFF
		Readable snapshot	ON
		System reset on timeout	OFF
		Timeout pulse	OFF

表4 Quartus PrimeのQsysシステム構成の各モジュールの設定(つづき)

モジュール名	インスタンス名	設定項目	設定内容
Interval Timer	timer_1	Timeout period	1ms
		Timer counter size	32bits
		No Start/Stop control bits	OFF
		Fixed period	OFF
		Readable snapshot	ON
		System reset on timeout	OFF
		Timeout pulse	OFF
Interval Timer	timer_2	Timeout period	10ms
		Timer counter size	32bits
		No Start/Stop control bits	OFF
		Fixed period	OFF
		Readable snapshot	ON
		System reset on timeout	OFF
		Timeout pulse	OFF
PIO	pio_0	Width	8bits
		Direction	Bidir
		Output port reset value	0x0000000000000000
Modular ADC core	modular_adc_0	Core variant	Standard sequencer with Avalon-MM sample storage
		Debug path	Disabled
		ADC Input Clock	10MHz
		Reference Voltage Source	Internal
		Internal Reference Voltage	3.3V
		Channels/CH0	Use Channel 0(ANAIN)ON
		Channels/他のCH	OFF
		Sequencer/Number of slot…	1
		Sequencer/Slot 1	CH 0
SDRAM Controller	sdram_controller_0	Data Width	16bits
		Chip select	1
		Banks	4
		Address Width/Row	13
		Address Width/Column	256Mbits時：9，512Mbits時：10
		Include functional memory…	ON
		CAS latency cycles	3
		Initialization refresh cycles	2
		Issue one refresh commend…	7.8us
		Delay after powerup…	200.0us
		Duration of refresh…(t_rfc)	66.0ns
		Duration of precharge…(t_rp)	21.0ns
		ACTIVE to READ or …(t_rcd)	21.0ns
		Access time(t_ac)	5.5ns
		Write recovery time(t_wr)	15.0ns
SPI (3 Wire Serial)	spi_0	Type	Slave
		Width	16bits
		Shift direction	MSB first
		Clock polarity	0
		Clock phase	1
		SynchronizerStage /Insert…	ON
		Synchronizer Stages/Depths	2

表5 Quartus PrimeのQsysシステム構成の各モジュールのアドレス・マップ

スレーブ・モジュール			CPUコア(nios2_gen2_0)から見たアドレス	
モジュール種類	インスタンス名	スレーブ・ポート	データ・バス data_master	命令バス instruction_master
FLASHメモリ	onchip_flash_0	data	0x0000_0000 - 0x0000_7FFF	0x0000_0000 - 0x0000_7FFF
SRAM	onchip_memory2_0	s1	0x0002_0000 - 0x0002_7FFF	0x0002_0000 - 0x0002_7FFF
SDRAMコントローラ	sdram_controller_0	s1	0x8000_0000 - (*1)	0x8000_0000 - (*1)
CPUデバッガ	nios2_gen2_0	debug_mem_slave	0xFFFF_0000 - 0xFFFF_07FF	0xFFFF_0000 - 0xFFFF_07FF
SYSID	sysid_qsys_0	control_slave	0xFFFF_0800 - 0xFFFF_0807	-
JTAG UART	jtag_uart_0	avalon_jtag_slave	0xFFFF_0900 - 0xFFFF_0907	-
DUAL BOOT	dual_boot_0	avalon	0xFFFF_0A00 - 0xFFFF_0A1F	-
FLASHコントロール	onchip_flash_0	csr	0xFFFF_0B00 - 0xFFFF_0B07	-
インターバル・タイマ	timer_0	s1	0xFFFF_0C00 - 0xFFFF_0C1F	-
インターバル・タイマ	timer_1	s1	0xFFFF_0D00 - 0xFFFF_0D1F	-
インターバル・タイマ	timer_2	s1	0xFFFF_0E00 - 0xFFFF_0E1F	-
パラレル・ポート	pio_0	s1	0xFFFF_1000 - 0xFFFF_101F	-
SPI通信モジュール	spi_0	spi_control_port	0xFFFF_1200 - 0xFFFF_121F	-
モジュラーA-D変換器	modular_adc_0	sample_store_csr	0xFFFF_4000 - 0xFFFF_41FF	-
モジュラーA-D変換器	modular_adc_0	sequencer_csr	0xFFFF_4200 - 0xFFFF_4207	-

(*1) 256MビットSDRAM(32Mバイト)の場合:0x81FF_FFFF, 512MビットSDRAM(64Mバイト)の場合:0x83FF_FFFF

表6 Quartus PrimeのQsysシステム構成の各モジュールの割り込み番号のアサイン

モジュール種類	インスタンス名	IRQ番号
JTAG UART	jtag_uart_0	0
Interval Timer	timer_0	1
Interval Timer	timer_1	2
Interval Timer	timer_2	3
PIO	pio_0	4
Modular ADC	modular_adc_0	5
SPI	spi_0	6

③ 次回の送信データを受信データのビット反転データとして,①に戻る.

● Nios II ソフトウェアのビルド

PROG_bpsを設定して,PROG内の各ルーチンができたら,ワークスペース全体をビルドしてください.Nios II EDSのProject Explore内のプロジェクトPROGを右クリックして,ポップ・アップ・メニュー「Make Targets → Build...」を選択し,Make Targetsダイアログが出たら「mem_init_generate」を選んで,「Build」ボタンを押してください.FLASHメモリに書き込むための,ブート用バイナリ・ファイル「PROG¥mem_init¥onchip_flash_0.hex」が生成されます.この中に,SRAMに転送するプログラム本体のバイナリも含んでいます.

Raspberry Pi と MAX 10 のインターフェース動作確認

● Raspberry Pi と MAX 10 の接続確認

Raspberry Pi と MAX 10(MAX10-FB基板)の間の接続が,MAX10-EB基板を介して正しく行われているか再確認してください.ここでは,第21章で紹介した編成A-1の構成を前提とします.MAX10-EB基板のはんだジャンパは,RN19P43,RN16P41,RN20P39,RN21P38の4カ所をショートしてください.

● MAX 10 のコンフィグレーション

MAX 10をコンフィグレーションしましょう.Quartus Primeのメニュー「File → Convert Programming Files...」を選択して,FPGAのコンフィグレーション・ファイルFPGA.sofと,FLASHメモリのバイナリ・ファイルonchip_flash_0.hexを合体して,output_file.pofを生成してください.このoutput_file.pofをProgrammerを使って,MAX 10のコンフィグレーションFLASHメモリCFM0と,ユーザFLASHメモリUFMに書き込んでください.

この操作手順の詳細は,第12章「Nios IIシステムでLチカ」の「Nios IIシステムをMAX 10のFLASHメモリに固定化」を参照してください.

● Raspberry Pi のアプリケーションを起動

Raspberry Piのアプリケーションを,コンソールから下記のようにして起動します./dev/memをオープンするので,実行にはルート権限が必要です.

```
$ cd /home/pi/CQ-MAX10/MAX10/build-
              QtWidgetAPP-Desktop-Debug
$ sudo ./QtWidgetAPP &
```

リスト10 Quartus Primeの最上位階層のRTL「FPGA.v」

```verilog
`ifdef SIMULATION
    `define POR_MAX 16'h000f // period of power on reset
`else  // Real FPGA
    `define POR_MAX 16'hffff // period of power on reset
`endif                                                          ← 定数定義

//-------------------
// Top of the FPGA
//-------------------
module FPGA
(
    input wire clk48,
    inout wire [7:0] gpio,
    //
    output wire [12:0] sdram_addr,
    output wire [ 1:0] sdram_ba,
    output wire        sdram_cas_n,
    output wire        sdram_cke,
    output wire        sdram_cs_n,
    inout  wire [15:0] sdram_dq,
    output wire [ 1:0] sdram_dqm,                               ← FPGA階層のモジュール定義
    output wire        sdram_ras_n,
    output wire        sdram_we_n,
    output wire        sdram_clk,
    //
    input  wire        spi_ss_n,
    input  wire        spi_sclk,                                ← Raspberry Piとのインターフェース用SPI信号
    input  wire        spi_mosi,
    output wire        spi_miso
);

//-------------
// PLL
//-------------
wire clk;      // Clock for System
wire clk_adc;  // Clock for ADC
wire locked;   // PLL Lock
//                                              PLLモジュール
PLL uPLL                                        ・入力：inclk0(48MHz)
(                                               ・出力：c0(10MHz, A-D変換器用)
    .inclk0 (clk48),                            ・出力：c1(50MHz, システム用)
    .c0     (clk_adc),                          ・出力：c2(50MHz, 位相=－3ns, SDRAM用)
    .c1     (clk),                              ・出力：locked(ロック信号, A-D変換器用)
    .c2     (sdram_clk),
    .locked (locked)
);

//-------------------------
// Internal Power on Reset
//-------------------------
wire res_n;              // Internal Reset Signal
reg por_n;               // should be power-up level = Low
reg [15:0] por_count;    // should be power-up level = Low
//
always @(posedge clk48)
begin
    if (por_count != `POR_MAX)
    begin
        por_n <= 1'b0;
        por_count <= por_count + 16'h0001;                      ← パワー・オン・リセット回路
    end
    else
    begin
        por_n <= 1'b1;
        por_count <= por_count;
    end
end
//
assign res_n = por_n;

(続く)
```

```
//--------------
// QSYS_CORE
//--------------
QSYS_CORE uQSYS_CORE
(
    .clk_clk                              (clk),
    .reset_reset_n                        (res_n),
    .pio_0_external_connection_export     (gpio),
    .modular_adc_0_adc_pll_clock_clk      (clk_adc),
    .modular_adc_0_adc_pll_locked_export  (locked),
    .sdram_controller_0_wire_addr         (sdram_addr),
    .sdram_controller_0_wire_ba           (sdram_ba),
    .sdram_controller_0_wire_cas_n        (sdram_cas_n),
    .sdram_controller_0_wire_cke          (sdram_cke),
    .sdram_controller_0_wire_cs_n         (sdram_cs_n),
    .sdram_controller_0_wire_dq           (sdram_dq),
    .sdram_controller_0_wire_dqm          (sdram_dqm),
    .sdram_controller_0_wire_ras_n        (sdram_ras_n),
    .sdram_controller_0_wire_we_n         (sdram_we_n),
    .spi_0_external_MISO                  (spi_miso),
    .spi_0_external_MOSI                  (spi_mosi),
    .spi_0_external_SCLK                  (spi_sclk),
    .spi_0_external_SS_n                  (spi_ss_n),
);

endmodule
```

← QSYS_COREの最上位階層のインスタンス化

← モジュール記述の終了

表7 Quartus Primeのプロジェクト設定

メニュー	設定種類	設定項目	設定内容
Assignments →Devices	Device and Pin options…（ボタン押下）	Configuration scheme	Internal Configuration
		Configuration mode	Single Compressed Image with Memory Initialization (256KBits UFM)
Assignments → Assignment Editor	por_n	Power-Up Level	Value = Low（パワー・オン時のノードの初期値）
	por_count[*]	Power-Up Level	Value = Low（パワー・オン時のノードの初期値）

表9 Nios II EDSのBSP Editor設定

\multicolumn{4}{c}{PROG_bpsのBSP Editorのセッティング}
タブ	分類	項目	設定内容
Main	hal	sys_clk_timer	timer_0
		timestamp_timer	timer_1
		stdin	jtag_uart_0
		stdout	
		stderr	
		enable_small_c_library	ON
		enable_gprof	OFF
		enable_reduced_device_drivers	ON
		enable_sim_optimize	OFF
	hal.linker	enable_exception_stack	OFF
		enable_interrupt_stack	
	hal.make	bsp_cflags_debug	-g
		bsp_cflags_optimization	-O0
Linker Script	Linker Section Mappings	.bss	onchip_memory2_0
		.entry	reset / onchip_flash_0_data
		.exceptions	onchip_memory2_0
		.heap	
		.rodata	
		.rwdata	
		.stack	
		.text	

表8 Quartus Primeの外部端子設定

Quartus PrimeのPin Planner設定				MAX10-FB 基板接続先	備考
Node Name	Direction	Location	Weak Pull-Up		
clk48	Input	PIN_27	−	48MHzクロック入力	
gpio[7]	Bidir	PIN_123	On	SW1	ONでLOWレベル入力
gpio[6]	Bidir	PIN_124	On	CN2-1	
gpio[5]	Bidir	PIN_127	On	CN2-2	
gpio[4]	Bidir	PIN_130	On	CN2-3	
gpio[3]	Bidir	PIN_131	On	CN2-4	
gpio[2]	Bidir	PIN_121	On	LED1 BLU(青)	
gpio[1]	Bidir	PIN_122	On	LED1 GRN(緑)	LOWレベルでLED点灯
gpio[0]	Bidir	PIN_120	On	LED1 RED(赤)	
spi_miso	Output	PIN_43	On	RPi GPIO19	
spi_mosi	Input	PIN_39	On	RPi GPIO20	MAX10-EB基板経由でRaspberry Piに接続
spi_sclk	Input	PIN_38	On	RPi GPIO21	
spi_ss_n	Input	PIN_41	On	RPi GPIO16	
sdram_addr[12]	Output	PIN_89	−	SDRAM A12	
sdram_addr[11]	Output	PIN_88	−	SDRAM A11	
sdram_addr[10]	Output	PIN_97	−	SDRAM A10	SDRAMアドレス入力
sdram_addr[9]	Output	PIN_87	−	SDRAM A9	
sdram_addr[8]	Output	PIN_86	−	SDRAM A8	・256Mビット品(32Mバイト)
sdram_addr[7]	Output	PIN_85	−	SDRAM A7	ロウ・アドレス　：A12-A0
sdram_addr[6]	Output	PIN_84	−	SDRAM A6	カラム・アドレス：A8-A0
sdram_addr[5]	Output	PIN_80	−	SDRAM A5	・512Mビット品(64Mバイト)
sdram_addr[4]	Output	PIN_81	−	SDRAM A4	ロウ・アドレス　：A12-A0
sdram_addr[3]	Output	PIN_100	−	SDRAM A3	カラム・アドレス：A9-A0
sdram_addr[2]	Output	PIN_101	−	SDRAM A2	
sdram_addr[1]	Output	PIN_99	−	SDRAM A1	
sdram_addr[0]	Output	PIN_98	−	SDRAM A0	
sdram_ba[1]	Output	PIN_96	−	SDRAM BA1	SDRAMバンク・アドレス
sdram_ba[0]	Output	PIN_93	−	SDRAM BA0	
sdram_cas_n	Output	PIN_90	−	SDRAM $\overline{CAS}$	SDRAMカラム・アドレス・ストローブ
sdram_cke	Output	PIN_79	−	SDRAM CKE	SDRAMクロック・イネーブル
sdram_clk	Output	PIN_78	−	SDRAM CLK	SDRAMクロック
sdram_cs_n	Output	PIN_92	−	SDRAM $\overline{CS}$	SDRAMチップ・セレクト
sdram_dq[15]	Bidir	PIN_64	−	SDRAM DQ15	
sdram_dq[14]	Bidir	PIN_65	−	SDRAM DQ14	
sdram_dq[13]	Bidir	PIN_66	−	SDRAM DQ13	
sdram_dq[12]	Bidir	PIN_69	−	SDRAM DQ12	
sdram_dq[11]	Bidir	PIN_70	−	SDRAM DQ11	
sdram_dq[10]	Bidir	PIN_74	−	SDRAM DQ10	
sdram_dq[9]	Bidir	PIN_75	−	SDRAM DQ9	
sdram_dq[8]	Bidir	PIN_76	−	SDRAM DQ8	SDRAMデータ入出力
sdram_dq[7]	Bidir	PIN_106	−	SDRAM DQ7	
sdram_dq[6]	Bidir	PIN_110	−	SDRAM DQ6	
sdram_dq[5]	Bidir	PIN_111	−	SDRAM DQ5	
sdram_dq[4]	Bidir	PIN_112	−	SDRAM DQ4	
sdram_dq[3]	Bidir	PIN_113	−	SDRAM DQ3	
sdram_dq[2]	Bidir	PIN_114	−	SDRAM DQ2	
sdram_dq[1]	Bidir	PIN_118	−	SDRAM DQ1	
sdram_dq[0]	Bidir	PIN_119	−	SDRAM DQ0	
sdram_dqm[1]	Output	PIN_77	−	SDRAM UDQM	SDRAM上位データ入出力マスク
sdram_dqm[0]	Output	PIN_105	−	SDRAM LDQM	SDRAM下位データ入出力マスク
sdram_ras_n	Output	PIN_91	−	SDRAM $\overline{RAS}$	SDRAMロウ・アドレス・ストローブ
sdram_we_n	Output	PIN_102	−	SDRAM $\overline{WE}$	SDRAMライト・イネーブル

リスト11　Nios II EDSのspi.h

```
#ifndef SPI_H_
#define SPI_H_

//-------------
// Prototype
//-------------
uint32_t SPI_Rx(void);
void SPI_Tx(uint32_t txd);

#endif /* SPI_H_ */
```
プロトタイプ宣言

リスト12　Nios II EDSのspi.c

```
#include <stdio.h>
#include <stdint.h>
#include "system.h"
#include "altera_avalon_spi_regs.h"
#include "spi.h"

//------------------------
//SPI Receive Data (slave)
//------------------------
uint32_t SPI_Rx(void)   ← SPI(スレーブ)の受信ルーチン
{
    uint32_t status;
    uint32_t rxd;

    while(1)
    {
    status = IORD_ALTERA_AVALON_SPI_STATUS(SPI_0_BASE);
        if (status & ALTERA_AVALON_SPI_CONTROL_IRRDY_MSK) break;
    }                                                              ← 受信データを受け取るまで待つ
    rxd = IORD_ALTERA_AVALON_SPI_RXDATA(SPI_0_BASE);   ← 受信データを取り出して返す
    return rxd;
}

//---------------------------
//SPI Transfer Data (slave)
//---------------------------
void SPI_Tx(uint32_t txd)   ← SPI(スレーブ)の送信ルーチン
{
    // Send txd on next Data Receive
    IOWR_ALTERA_AVALON_SPI_TXDATA(SPI_0_BASE, txd);   ← 次回のSPI受信時に送信するデータを書き込んでおく
}
```

● Raspberry PiとMAX 10のインターフェース動作を確認

これで，図4のように動作するはずです．いろいろなデータを送信してみて，その反応を確認してみてください．

以上のシステムが理解できれば，Raspberry PiとMAX 10をSPI通信でインターフェースする方法をマスターできたことになります．他にもインターフェースする方法はあると思うので，いろいろと工夫してみても面白いでしょう．

● sudoを使わずに起動するには

ここで作成したアプリケーションQtWidgetAPPの起動にはルート権限が必要だったので，sudoを使って起動しました．これをsudoを使わずに起動することもできます．Qt Creatorでアプリケーションのバイナリ QtWidgetAPP をビルドしてから，次のコマンドを入力してください．

```
$ cd /home/pi/CQ-MAX10/MAX10/build-
                QtWidgetAPP-Desktop-Debug
$ sudo chown 0：0 QtWidgetAPP
$ sudo chmod u+s QtWidgetAPP
```

最初のchownで，QtWidgetAPPを所有するユーザとグループをrootにします．次のchmodでsuid(set used id)を設定し，所有者の権限で実行できるようにします．これにより，

```
$ ./QtWidgetAPP &
```

と入力するだけで起動できるようになります．

◆参考文献◆

(1) Broadcom BCM2835 ARM Peripherals, 06 Feb, 2012, Broadcom Corporation.
(2) 参考文献(1)の訂正情報　http://elinux.org/BCM2835_datasheet_errata
(3) Qt4ドキュメント　http://doc.qt.io/qt-4.8/

リスト13 Nios II EDSのmain.c

```c
#include <stdio.h>
#include <stdint.h>
#include "system.h"
#include "sys/alt_irq.h"
#include "sys/alt_sys_wrappers.h"
#include "altera_avalon_pio_regs.h"
#include "altera_avalon_timer_regs.h"
#include "altera_modular_adc.h"
#include "spi.h"

//====================
// GPIO Initialization
//====================
void gpio_init(void)
{
    // GPIO[7 ]=Input, sw_n
    // GPIO[6:3]=Input, unused
    // GPIO[2:0]=Output, LED[2:0]={BLU, GRN, RED}
    IOWR_ALTERA_AVALON_PIO_DIRECTION(PIO_0_BASE, 0x07);
}

//================
// GPIO LED Output
//================
void gpio_led(uint32_t led)
{
    // All LED Off (put high level to LED OFF)
    IOWR_ALTERA_AVALON_PIO_SET_BITS(PIO_0_BASE, 0x07);
    // LED On (put low level to LED ON)
    IOWR_ALTERA_AVALON_PIO_CLEAR_BITS(PIO_0_BASE, led & 0x07);
}

//==================
// GPIO Switch Input
//==================
uint32_t gpio_switch(void)
{
    uint32_t sw;
    sw = IORD_ALTERA_AVALON_PIO_DATA(PIO_0_BASE);
    sw = (~(sw >> 7)) & 0x01;
    return sw;
}

//======================================
// Main Routine
//======================================
int main(void)
{
        uint32_t rxd, txd;

    //-----------------------
    // Initialize Hardware
    //-----------------------
    gpio_init();

    //---------------
    // Forever Loop
    //---------------
    txd = 0;
    while(1)
    {
        // SPI(Slave)  Rx and Tx
        SPI_Tx(txd);
        rxd = SPI_Rx();
        //
        // Response
        txd = (~rxd) & 0x0ffff;
    }

    //-----------------
    // End of Program
    //-----------------
    return 0;
}
```

GPIOの初期化
- GPIO[7]　：スイッチ入力
- GPIO[6:3]：リザーブ入力
- GPIO[2:0]：LED出力(青・緑・赤)

LED出力(MAX10-FB基板のLED1)
- led[2]：青(1で点灯)
- led[1]：緑(1で点灯)
- led[0]：赤(1で点灯)

スイッチ入力(MAX10-FB基板のSW1)
- プッシュONで1を返す

メイン・ルーチン

GPIOの初期化

初期送信データを0x0000とし，下記を無限ループで処理．
① 送信データをSPI内に準備
② 受信するまで待つ．受信と同時に送信も行う
③ 次回の送信データを受信データの反転データとする

Appendix 3　Raspberry Pi 3 Model Bの立ち上げと設定方法

● はじめに

　ここでは，Raspberry Pi 3 Model Bを初めて使う人のための，立ち上げ方と設定方法について説明します．本書で紹介したRaspberry Pi関連の事例は，すべてここで紹介した方法で設定したRaspberry Pi 3 Model Bを使っています．

Raspberry Pi 3の起動まで

● micro SDHCカードにOSをインストール

　Raspberry Piのストレージはmicro SDHCカードです．そこに基本OS（Operating System）と各種アプリケーションやデータ類を格納します．本稿ではOSとして「Raspbian JESSIE」を使用することを前提とします．下記の手順でmicro SDHCカードにOSをインストールしてください．

(1) 16Gバイト以上のサイズのmicro SDHCカードを用意する．
(2) Raspberry Piのサイト（https://www.raspberrypi.org/downloads/raspbian/）から，RASPBIAN JESSIE（201X-XX-XX-raspbian-jessie.zip）をPC上にダウンロードして解凍する．ディスク・イメージ・ファイル201X-XX-XX-raspbian-jessie.imgができる．
(3) インストール・ガイド（https://www.raspberrypi.org/documentation/installation/installing-images/README.md）に従って，PCからディスク・イメージ・ファイルをmicro SDHCカードに書き込む．

● 基板が裸のままでは心配なので…

　購入したRaspberry Pi基板は裸なので，そのまま電源を投入すると，金属などに触れて壊してしまう可能性があり少々心配です．安全に作業するために，ケースに入れるなどの工夫をしましょう．

　Raspberry Pi 3 Model Bの基板をケースに入れる場合のお勧めは，専用ケース「RSコンポーネンツ 908-4218」です．ケースの上蓋を外せば，**写真1(a)**のようにMAX10-EB基板，MAX10-FB基板，MAX10-JB基板一式を載せることができます．もちろん**写真1(b)**のように，Raspberry Pi拡張基板を載せることもできます．この例では，3.2インチ・カラーLCDタッチ・パネル4DPi-32-II（4DSystems社）を載せています．

　Raspberry Piの7インチ公式タッチ・ディスプレイを，専用フレームに入れたものもお勧めです．背中に取り付けたRaspberry Pi基板に，そのままMAX10-EB基板，MAX10-FB基板，MAX10-JB基板一式を載せることができます．**写真1(c)**は，MAX10-EB基板とMAX10-FB基板を載せた状態を示しています．

　LCDパネルを使う場合は，それぞれのマニュアルを参照してRaspberry Piに正しく接続してください．マニュアルの指示があれば，後述するPC上のターミナルからSSH接続した状態で，必要なドライバやカーネルをインストールしてください．

● Etherケーブルだけ接続してヘッドレスで立ち上げる

　Raspberry Piは，ディスプレイ・モニタをHDMIコネクタに，キーボードとマウスをUSBコネクタにそれぞれ接続することが基本ですが，ケーブルがあちこちに生えて取り回しがしにくいので，ここではこれらをいっさい接続せずに，ヘッドレスで立ち上げる方法を紹介します．PC上にssh接続ができるターミナル・ソフトを入れておいてください．Macの場合はデフォルトのターミナルでOKです．Windowsの場合はTera TermやCygwinなどを用意します．

　Raspberry Pi基板上のEtherコネクタだけは，Etherケーブルでネットワークを構築しているルータに接続してください．

　Raspberry Pi 3に，OSをインストールしたmicro SDHCカードを挿入し，電源用のUSBケーブルを挿して電源を投入します．基板上の赤や緑のLEDが，点灯または点滅し始めます．

　1～2分程度待ってからネットワーク上のルータにログインして，Raspberry Piに割り当てられたIPアドレスを調べてください．そのRaspberry Piのアドレス（xxx.xxx.xxx.xxx）に対して，IDはpi，パスワードはraspberryでSSH接続します．MacのターミナルやWindowsのCygwin上からは，下記のようにしてRaspberry Piに接続できます．

```
$ ssh pi@xxx.xxx.xxx.xxx
pi@xxx.xxx.xxx.xxx's password:（raspberry）
```

うまく接続できたら，下記プロンプトが現れます．

```
pi@raspberrypi:~ $
```

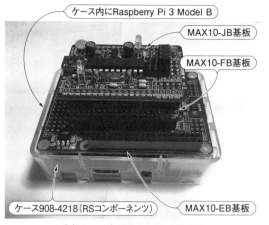
(a) ケースとMAX10-FB/JB/EB

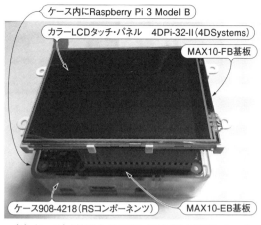
(b) ケースとMAX10-FB/EB+4DPi-32-II(4DSystems)

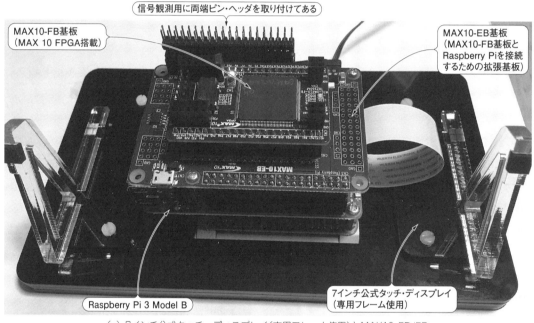
(c) 7インチ公式タッチ・ディスプレイ（専用フレーム使用）とMAX10-FB/EB

写真1　Raspberry Piの使用形態

なお，以下のRaspberry Piコンソールへのコマンド入力の説明では，プロンプト表示は省略して最後の「$」のみ記載します．

●終了方法とリブート方法

ここで，Raspberry Piの終了方法とリブート方法を確認しておきましょう．

終了する場合は，下記コマンドを入力します．

$ sudo halt

または，

$ sudo shutdown -h now

しばらくして緑のLEDの点滅が止まったら，電源用のUSBケーブルを抜きます．

リブートする場合は，下記コマンドを入力します．

$ sudo reboot

または，

$ sudo shutdown -r now

●タイムゾーンの設定

タイムゾーンを日本に設定しましょう．Raspberry Piコンソールで，

```
$ sudo raspi-config
```

と入力すると，GUI 風の Raspberry Pi Software Configuration Tool(raspi-config)の画面が現れます．メニューの中から「Internationalisation Options → Change Timezone → Asia → Tokyo」を選んでから，「OK → Finish」を選択してください．date コマンドで JST 時刻が表示されれば OK です．

● ディスクを SD カード容量最大まで拡大

書き込んだディスク・イメージ・ファイルの容量より，micro SDHC カードのほうが大きい場合，ディスクを SD カード容量最大まで拡大する必要があります．

Raspberry Pi コンソールで，

```
$ sudo raspi-config
```

と入力して，Raspberry Pi Software Configuration Tool(raspi-config)の画面を出し，メニュー「Expand Filesystem」を選択してリブートしてください．再度 Raspberry Pi に ssh で接続して，

```
$ df -h
```

でディスク容量が micro SDHC カードのサイズまで拡張したことを確認してください(なお，最新の OS ではこの処理は自動的に行われる)．

● ファイル操作の安心設定

ファイル操作のコマンド(rm, cp, mv)に対して，誤ってファイルを削除しないためのインタラクティブ・オプションを付けておきましょう．エディタ vi や nano で，ホーム・ディレクトリにあるファイル「~/.bashrc」の最後に，次の 3 行(alias コマンド)を追加してください．

```
alias rm='rm -i'
alias cp='cp -i'
alias mv='mv -i'
```

追加したら，「~/.bashrc」を再度読み込ませておきます．

```
$ cd
$ source .bashrc
```

コマンド alias (引き数なし)により，上記エイリアスが有効になっていることを確認しておきます．

● Raspberry Pi を最新版に更新する

Raspberry Pi を最新版に更新しておきましょう．少し時間がかかりますが，次のコマンドを実行して，最後にリブートしてください．

```
$ sudo apt-get update
$ sudo apt-get upgrade
$ sudo rpi-update
$ sudo reboot
```

● インストールされているパッケージの確認

Raspberry Pi にはアプリケーションなどのパッケージがたくさんインストールされています．その内容は，下記コマンドでリスト表示できます．

```
$ dpkg -l
```

Raspberry Pi 3 へのリモート接続 (専用タッチ LCD ディスプレイを使用する場合)

● Raspberry Pi を通常形態で使用する場合

Raspberry Pi の HDMI コネクタにモニタ・ディスプレイを接続し，USB コネクタにマウスやキーボードを接続する通常の形態で使用する場合は，本節のリモート接続に関する設定は飛ばしてかまいません．

● Raspberry Pi に専用タッチ LCD パネルを接続する場合

Raspberry Pi に専用タッチ LCD パネルを接続して，HDMI コネクタにモニタ・ディスプレイを接続しない場合は，本章で説明するリモート接続を使ってください．

● ヘッドレスで GUI 操作できるリモート接続

ここまでは，Raspberry Pi に対してヘッドレスで，PC 上にあるターミナル・ソフトから SSH 接続する方法を使って作業しました．このテキスト・ベースの CUI(Command User Interface)は手軽で確実なので，ちょっとだけ Raspberry Pi を使いたいときや，何かトラブルがあったときなどには便利な方法です．

しかし，Raspberry Pi の本領を発揮させるには，GUI(Graphical User Interface)が欲しいです．ここでは，ヘッドレスで GUI 操作するために，X window デスクトップへリモート接続する方法を紹介します．

● xrdp を使用したリモート接続

xrdp は，Remote Desktop Protocol(RDP)で接続できるリモート・デスクトップ用サーバ・ソフトです．リモート・デスクトップのクライアント側アプリとしては，Windows のリモート・デスクトップ接続からログインすることができます．Mac でも，Microsoft Remote Desktop をインストールすれば接続できます．画面解像度や色数などをクライアント側で設定で

図1 Raspberry Piのリモート・デスクトップ画面

きる点が，他のVNCサーバより便利です．
　Raspberry Piへのインストールは，下記コマンドで行います．

　　　$ sudo apt-get install xrdp

　パソコンでリモート・デスクトップのクライアント・アプリを起動して，IPアドレス，ID(pi)，パスワード(raspberry)を設定してログインします．Untrusted Connectionのワーニングが出たら，Connect Alwaysを選択してください．図1のようなX環境の画面が現れるので，いろいろRaspberry Piで遊んでみてください．

● ディスプレイ番号
　Raspberry Piが表示しているデスクトップ画面には，それぞれディスプレイ番号が割り当てられます．

Raspberry Pi基板のHDMIケーブルで接続したモニタや，専用LCDパネルに表示したデスクトップ画面のディスプレイ番号は：0.0になります．xrdpで接続したリモート・デスクトップ画面の場合は：10.0や：11.0などがアサインされます．
　正確には，ディスプレイ番号の小数点より左側の数値が元来のディスプレイ番号であり，右側の数値をスクリーン番号といいます．通常はスクリーン番号は0しか使われません．
　各デスクトップのディスプレイ番号は，それぞれの画面でコンソールを開いて，

　　　$ echo $DISPLAY

と入力すれば確認できます．
　デスクトップ画面（ディスプレイ番号）は，それぞれネットワーク上のポート番号をもちます．例えば，

Column 1　Mac用のMicrosoft Remote Desktopを使う場合の注意

　筆者はUSキーボードのMacBook Proを使っていますが，この上でMicrosoft Remote Desktopを使うときに注意点がありました．OS X上でのキーボード入力設定の選択を「U.S. International -PC」にしてから，Microsoft Remote Desktopを起動してください．これ以外の状態だと「~(チルダ)」や「`(バック・クォート)」を正しく入力できませんでした．

ディスプレイ番号：0.0のデスクトップのポート番号は5900です．同様に，ディスプレイ番号：10.0のデスクトップのポート番号は5910になります．複数のデスクトップがあるとき，リモート接続したいデスクトップを選択するには，次のように，IPアドレスの後ろに接続先のポート番号をコロンで挟んで追加します．

　　　IPアドレス：ポート番号

● tightvncserverを使用したリモート接続

他のリモート・デスクトップ用サーバ・ソフトとして，Raspberry Piの本家サイトでは，tightvncserverが紹介されています（https://www.raspberrypi.org/documentation/remote-access/vnc/）．tightvncserverは，デフォルトのデスクトップとは異なるデスクトップを割り当てるVNCサーバです．上記の本家サイトの指示通りインストールしておいてもよいですが，本書では積極的に使うわけではないので，ここでは下記コマンドで，TightVNCサーバとTightVNCクライアントのパッケージのインストールだけをしておきましょう．

```
$ sudo apt-get install tightvncserver
$ sudo apt-get install xtightvncviewer
```

● リモート接続でのQt Creatorの問題

本書でRaspberry Pi用のGUIアプリケーション開発に使用する，統合化開発環境のQt Creatorには注意点があります．

Raspberry PiのHDMIコネクタにモニタ・ディスプレイを接続する通常の使用形態では，メインのデスクトップ画面（ディスプレイ番号：0）におけるQt Creatorの動作は問題ありません．

一方，Qt Creatorをリモート・デスクトップ画面内で使用すると，以下の問題が発生します．

（1）ディスプレイ番号：0以外は，XRandRで警告が出る

XRandR（エックス・アール・アンド・アール）は，X Window Systemを再起動せずに解像度の変更や，画面の回転，表示モニタの切り替え，マルチモニタの設定などを可能にするライブラリとコマンドです．ディスプレイ番号：0では，XRandRを使うアプリを起動すると警告が出てしまいます．

（2）キーボードのマップ情報を引き継がない

Qtアプリは，ディスプレイ番号：0以外では，キーボードのマップ情報を引き継がず，カーソル・キーなど効かなくなるキーが生じます（リモート・デスクトップ接続のためのサーバ/クライアントのtigervncは，キーボードのマップ情報を引き継ぐ+kbオプションがあるので解決するようだが，簡単にインストールできるパッケージがない）．

● リモート・デスクトップ画面の中で，ディスプレイ番号：0にリモート接続する

上記のQt Creatorで生じる問題は，いろいろな解決手段があると思いますが，本書では単純に，Qt Creatorをディスプレイ番号：0の画面の中でしか起動しないようにします．ディスプレイ番号：0以外の画面にリモート接続している場合は，図2に示すように，その画面からディスプレイ番号：0にリモート接続して，ディスプレイ番号：0の画面からQt Creatorを起動するようにします．

ただし，Raspberry Pi専用タッチLCDディスプレイや，HDMIコネクタに接続したモニタなどをOS側が認識して，ディスプレイ番号：0の画面が実際に表示されていることが必要です．

次に，そのための準備方法を説明します．

● x11vncをインストール

x11vncは，ディスプレイ番号：0（デフォルト・デスクトップ）をそのまま画面転送（コピー）して出力するVNCサーバです．Raspberry PiのHDMIコネクタから表示している画面や，専用LCDパネルに表示している画面に対して，外部からリモート接続して操作することができます．

まず，x11vncパッケージをインストールします．

```
$ sudo apt-get install x11vnc
```

次のコマンドでパスワードを登録します．ここで登録するパスワードは「raspberry」にしておきましょう．

```
$ x11vnc -storepasswd
```

または，

```
$ vncpasswd ~/.vnc/passwd
```

x11vncサーバは，次のコマンドで起動できます．

```
$ x11vnc -forever -usepw -display：0
```

Raspberry Piが起動するたびにx11vncサーバも起動するように設定しておきましょう．ホーム・ディレクトリ下の「.config」ディレクトリの下に，ディレクトリ「autostart」を作成します．

```
$ cd ~/.config
$ mkdir autostart
```

図2 Raspberry Piのリモート・デスクトップ画面の中から，ディスプレイ番号：0にリモート接続する

```
$ cd autostart
```

ディレクトリ「autostart」の下に，次の内容のテキスト・ファイル「x11vnc.desktop」を作成してください．

```
[Desktop Entry]
Encoding=UTF-8
Type=Application
Name=X11VNC
Comment=
Exec=x11vnc -forever -usepw -display：0
StartupNotify=false
Terminal=false
Hidden=false
```

Raspberry Piをリブートします．

```
$ sudo reboot
```

● ディスプレイとして，Raspberry Piの7インチ公式タッチ・ディスプレイを使う場合

ディスプレイ番号：0の画面がLCDパネルの場合，解像度が低くてQt Creatorのウィンドウが収まらないことがあります．Raspberry Piの7インチ公式タッチ・ディスプレイのデフォルトの画面サイズは800×480ですが，このサイズにはQt Creatorのウィンドウは入りません．こうした場合は，強制的に画面サイズを拡大するため，/boot/config.txtを編集します．

```
$ sudo vi /boot/config.txt
```

縦横のアスペクト比を維持した形で解像度を指定します．例えば，デフォルトが800×480であれば，下記を/boot/config.txtに追加します．

```
framebuffer_width=1280
framebuffer_height=768
```

余談ですが，もし，LCDパネルの向きを180度回転させたい場合は，/boot/config.txtに以下を追加します．

```
lcd_rotate=2
```

再起動すると，実際のLCDパネルへの表示は1280×768の画面が800×480に縮小された形になっていると思います．

● ディスプレイとして，4DSystems社の4DPI-32-IIまたは4DPi-35-IIを使用する場合

4DSystems社の3.2インチ・カラーLCDタッチ・

Column 2　4DSystems 社の LCD ディスプレイ製品

　4DSystems 社の LCD ディスプレイ製品の 4DPi-32 または 4DPi-35（コネクタ 26 ピン版）は，Raspberry Pi 1 または Raspberry Pi 2 にしか対応していません．使用できる OS も，古い Raspbian Wheezy に限定されています．

　一方，4DPI-32-II または 4DPi-35-II（コネクタ 40 ピン版）は，Raspberry Pi 1，Raspberry Pi 2，Raspberry Pi 3 いずれにも対応しています．対応 OS も新しい Raspbian Jessie に対応しています．これから購入する場合は，4DPI-32-II または 4DPi-35-II を選択してください．

パネル 4DPi-32-II，または 3.5 インチ・カラー LCD タッチ・パネル 4DPi-35-II を使用する場合は，画面の解像度を拡大して，LCD 上に縮小表示させることはできないようです．そのため，Raspberry Pi の HDMI コネクタに外部モニタを接続して，LCD パネルのマニュアルに従って画面表示を HDMI 側に切り替えて，Qt Creator による開発を行ってください．

　もちろん LCD 表示画面はディスプレイ番号：0 なので，x11vnc による画面転送が可能です．その狭い画面内では Qt Creator の操作は難しいですが，通常の操作はリモートで可能になります．

●ディスプレイ番号：0 のデスクトップに対してリモート接続する

　以下のコマンドで，Raspberry Pi の中から，自分のディスプレイ番号：0 のデスクトップに対してリモート接続することができます．

```
$ vncviewer -passwd ~/.vnc/passwd localhost:5900
```

　図 2 に示すように，デスクトップ画面の中に，ディスプレイ番号：0 の画面が表示されます．現れたデスクトップ画面の中で Qt Creator を起動して，アプリケーション開発を行ってください．

Raspberry Pi 3 の無線関係の設定

●無線 LAN の設定

　Raspberry Pi 3 は無線 LAN 機能が基板に搭載されており，Wi-Fi ドングルなど追加ハードウェアは不要です．設定も簡単で，デスクトップ画面の右上に WIFI Network（dhcpcdui）Settings アイコンがあるので（図 1），それを選択して，アクセスしたい SSID を選び，暗号キーを入力するだけで接続できます．

　コンソールを開いて，次のコマンドでネットワーク状況を確認してください．

```
$ ifconfig
```

　wlan0 のところに IP アドレスが表示されていれば OK です．これ以降は Ether ケーブルは不要になります．Ether ケーブルを外してからリブートしてください．

● Bluetooth の設定

　Raspberry Pi 3 は Bluetooth 機能も基板に搭載されており，こちらも追加ハードウェアは不要です．なお，ここではヘッドレスで立ち上げているので，キーボードやマウスなどの Bluetooth 機器の接続は必ずしも必要ではありません．ここでは，興味ある方のために，筆者手持ちのトラック・パッド付き小型キーボード Riitek 社「Rii mini Bluetooth Keyboard RT-MWK02+」を接続した例を示します．

　Raspbian Jessie には，Bluetooth 関連のパッケージはインストール済みです．まず下記コマンドで，基板上の Bluetooth デバイスがアクティブかどうか確認します．hci0 とその BD アドレスが表示されれば OK です．

```
$ hcitool dev
```

　キーボードを操作してペアリング状態にし，下記コマンドを実行します．

```
$ sudo bluetoothctl -a
[bluetooth]# power on
[bluetooth]# pairable on
[bluetooth]# scan on
```

　接続するキーボードとその BD アドレス（XX：XX：XX：XX：XX：XX）が表示されたら，さらに下記コマンドを BD アドレスとともに入力します．

```
[bluetooth]# pair XX：XX：XX：XX：XX：XX
```

　ペアリング用の PIN コードが表示されるので，キー

Column 3　Raspberry Pi 3の動作周波数

● Raspberry Pi 3の動作周波数は自動可変

Raspberry Pi 3に搭載しているARMコアのSoCの機能として，動作温度，動作電源電圧に応じて，動作周波数を自動的に変化させます．高温時は動作周波数を下げで消費電力を落とさないとSoCの破壊につながる可能性があるのと，電源電圧が低下したときは動作周波数を下げないと動作が不安定になる可能性があるためです．

現在のARM CPUコアの動作周波数は次のコマンドで確認できます．

```
$ vcgencmd measure_clock arm
```

または，

```
$ cat /sys/devices/system/cpu/cpu0/
              cpufreq/scaling_cur_freq
```

現在のSoCの動作温度は，下記コマンドで確認できます．

```
$ vcgencmd measure_temp
```

または，

```
$ cat /sys/class/thermal/thermal_
              zone0/temp
```

現在のSoCの動作電源電圧は，次のコマンドで確認できます．

```
$ vcgencmd measure_volts core
```

本稿執筆時点では，Raspberry Pi 3の動作周波数は，**表A**に示すように，高速時と低速時の2種類が確認できています．

ちなみにCOREブロックの周波数はSPIモジュールなどの周辺機能が使用しています．SoC内の各ブロックの動作周波数は下記コマンドで確認できます．

```
$ vcgencmd measure_clock core
（下線部は以下のパラメータを指定可能：
arm, core, h264, isp, v3d, uart,
pwm, emmc, pixel, vec, hdmi, dpi）
```

● 電源電圧が降下している場合

Raspberry Pi 3は，供給する5V電源として2.5Aの電流供給能力を推奨しています．現実にはここまで消費しませんが，使用する電源によっては電圧降下を生じることがあるかもしれません．あるいは，使用する電源そのものの出力電圧が低く設定されているかもしれません．Raspberry Piが電源電圧が低いことを検知すると，**図A**のように，ディスプレイ番号：0の画面の右上に虹色マークを表示します．

電源の電圧低下を検知すると，動作周波数は**表A**の低速時に示した値に固定されます．

● 7インチ公式タッチ・ディスプレイを使うと電源電圧低下が検知される

Raspberry Piの7インチ公式タッチ・ディスプレイと，Raspberry Pi 3を組み合わせると，必ず電源電圧低下検知されて，動作周波数が低速側に固定されてしまいます．タッチ・ディスプレイ側の基板から，Raspberry Pi 3本体に電源供給するためと思われます．

その場合でもどうしても高速周波数で動作させたい場合は，/boot/config.txtに下記の1行を追加してください(sudoで編集する)．低電圧検知を無視するようになります．ただし，動作が不安定になる可能性があるので，あまり推奨はしません．

```
avoid_warnings=2
```

表A　Raspberry Pi 3の動作周波数

ブロック	高速時	低速時	備考
ARM CPU	1200MHz	600MHz	
CORE	400MHz	250MHz	SPIが使うシステム・クロック

図A　Raspberry Pi 3の電源電圧低下検知マーク

```
[bluetooth]# trust XX:XX:XX:XX:XX:
                                XX
[bluetooth]# connect XX:XX:XX:XX:
                              XX:XX
[bluetooth]# quit
```

これで，トラック・パッド付きキーボードが接続されます．基本的には，ディスプレイ番号：0のデスクトップを操作できるようになります．

さらに，キーボード側がオート・パワー・オフになったり，あるいはRaspberry Piが再起動するときにも自動再接続するように設定します．1秒周期で接続状態を確認して，接続が切れていれば再接続するスクリプトを自動実行するようにします．作成するスクリプトのファイル名は/etc/init.d/btkeyboard.shです．

```
$ sudo leafpad /etc/init.d/btkeyboard.sh
```

としてエディタを起動して，**リスト1**の内容を入力してセーブしてください．

下記のコマンドで自動権限を与えます．

```
$ sudo chmod 755 /etc/init.d/btkeyboard.sh
```

Raspberry Pi起動時に自動実行するようにします．次のように/etc/rc.localを編集します．

```
$ sudo leafpad /etc/rc.local
```

最終行のexit 0の前に，下記のように1行追加してください．

```
/etc/init.d/btkeyboard.sh &
exit 0
```

Raspberry Piを再起動して，Bluetoothキーボードが正常に接続されるかどうか確認してください．

Raspberry Pi 3への Qt Creatorのインストール

● GUIアプリケーション開発環境 Qt Creator

本書では，Raspberry Pi上のGUIアプリケーションの開発環境としてQt Creatorを使用します．Qt（キュート）とは，C++言語で書かれたアプリケーション・ユーザ・インターフェース(UI)・フレームワークであり，簡単にGUIアプリケーションを構築することができるライブラリ群を構成しています．ここでは，Raspberry Piへのインストールが簡単なQt4をベースとします．

● Qtのインストール

下記コマンドで，Qt環境とQt Creatorをインストールしてください．

```
$ sudo apt-get install qt4-dev-tools
$ sudo apt-get install qtcreator
```

● Qt Creatorの起動と設定

Qt Creatorを起動します．基本的にはディスプレイ番号：0のコンソールから，次のコマンドで起動してください．

```
$ qtcreator &
```

どうしてもディスプレイ番号：0以外のコンソールから起動する場合は，次のコマンドで行います．ただし，キーボードのマッピングが正常にならないことがあるので注意してください．

```
$ qtcreator -noload Welcome
```

リスト1 Bluetoothの設定

```
#! /bin/bash

address="XX:XX:XX:XX:XX:XX"  ← キーボードのBDアドレスに合わせる

while (sleep 1)
do
    connected=`sudo hcitool con` > /dev/null
    if [[ ! $connected =~ .*${address}.* ]] ; then
     sudo hciconfig hci0 up > /dev/null 2>&1
     sudo hcitool cc ${address} > /dev/null 2>&1
    fi
done
```

Column 4　HAT規格拡張基板のEEPROMユーティリティ

● HAT規格拡張基板のEEPROM

Raspberry Pi用のHAT規格拡張基板には，そのGPIO設定を記憶するためのEEPROMが搭載されています．既成のHAT規格基板では，そのEEPROMにあらかじめ必要な情報は書き込まれているので，ユーザが書き込む必要はありません．

MAX10-EB基板もそのためのEEPROMを搭載しており，こちらはユーザがプログラミングできます．なお，本書で紹介する事例では，必ずしもEEPROMのプログラムは必要ありませんが，ここでそのプログラム方法を紹介しておきます．

● EEPROMを書き込むための事前設定

まず/boot/config.txtに次の行を追加してください（sudoで編集）．

```
dtparam=i2c0
```

また，/etc/modulesを表示してi2c-devが含まれていることを確認してください．問題なければリブートします．

● EEPROMユーティリティをダウンロード

次のコマンドで，EEPROMユーティリティをダウンロードします．

```
$ git clone https://github.com/raspberrypi/hats.git
```

● EEPROMユーティリティの準備

まずEEPROMユーティリティのあるディレクトリに移動して，必要なプログラム（eepmake, eepdump）をビルドします．

```
$ cd hats/eepromutils
$ make
```

● EEPROMをリードする

正常にEEPROMをアクセスできるかどうかの確認の意味も含めて，MAX10-EB基板の上のEEPROMをリードしてみます．MAX10-EB基板の上のはんだジャンパ（RNID-SC，RNID_SDなど）で，EEPROMとRaspberry Piの間を接続しておいてください．

次のコマンドを実行してください．読み出したデータが，バイナリ・ファイルmax10eb_read.eepに格納されます．

```
$ sudo ./eepflash.sh -r -f=max10eb_read.eep -t=24c32
```

生成したファイルmax10eb_read.eepは，バイナリ・ファイルです．下記で16進ダンプできます．

```
$ od -t x1 -A x max10eb_read.eep
```

このファイルがどのような意味をもつかは，次のコマンドで確認できます．

```
$ ./eepdump max10eb_read.eep max10eb_read.txt
$ less max10eb_read.txt
```

ファイルmax10eb_read.txtの意味は，hats/eeprom-format.mdを参照してください．

● EEPROMにライトする

MAX10-EB基板の上のEEPROMにライトする場合は，はんだジャンパWPをオープンにしておきます．まずGPIO設定ファイルを作成しますが，基本的にはeeprom_settings.txtをベースにして編集します．hats/eeprom-format.mdを参照して編集してください．EEPROMへのライトを試すだけなら，コピーしておくだけでよいです．

```
$ cp eeprom_settings.txt max10eb_write.txt
$ leafpad max10eb_write.txt
              （必要があれば編集する）
```

EEPROMにライトするバイナリ・ファイルを生成します．

```
$ ./eepmake max10eb_write.txt max10eb_write.eep
```

下記コマンドでEEPROMにライトします．

```
$ sudo ./eepflash.sh -w -f=max10eb_write.eep -t=24c32
```

念のため，上記で説明した方法で再度リードして，正しく書き込めていたかを確認してください．

● Raspberry pi 公式7インチLCDディスプレイ使用時の注意

HAT規格基板のEEPROMへの書き込みをするため/boot/config.txtに「dtparam=i2c0」を追加すると，Raspberry pi 公式7インチLCDディスプレイへのタッチが認識できなくなることがあります．

第6部 マイコン黎明期の4004システムを設計し，歴史的電卓を再現する

第23章 インテルMCS-4アーキテクチャをじっくりと堪能して，先人の知恵の深さを感じとろう

4004 CPUアーキテクチャとMCS-4システム

本書付属DVD-ROM収録関連データ	
DVD-ROM格納場所	内容
CQ-MAX10¥RaspberryPi¥CQ-MAX10.tar.gz	Raspberry Piのホーム・ディレクトリ下に作業用ディレクトリ/home/pi/tempを作成し，本ファイルをその下に置いて解凍(tar xvfz CQ-MAX10.tar.gz)する．その後，解凍してできたディレクトリのうち/home/pi/temp/CQ-MAX10/MCS4を，/home/pi/CQ-MAX10/の下にコピー /home/pi/CQ-MAX10/MCS4/ADS4004が，4004 CPUの2パス・アセンブラ，逆アセンブラ，シミュレータ(標準Cで記述)

● はじめに

これまでいろいろなことを長々と解説してきましたが，その集大成として，世界最初のマイクロコンピュータであるインテル社4ビット・マイクロコンピュータ・システム MCS-4 の 4004(CPU) および，そのチップ・セット一式を Verilog HDL で論理設計し，MAX 10 に実装したいと思います．

その前にまず本章では，4004をはじめとするMCS-4 システムのアーキテクチャ全体を詳細に解説します．さらに4004のプログラム開発用アセンブラやシミュレータを自作したので，それについても説明します．これで今日からあなたも，4004の名プログラマになれます．

● 4ビットに慣れよう

4004は4ビットCPUなので，扱うデータは基本的には4ビット単位です．よって，データのアドレスは4ビット単位でアサインされます．今どきのマイコン少年～中年の皆さんは，8ビット単位のデータとアドレスには慣れていると思いますが，4ビット単位になると少し違和感を感じるかもしれません．ぜひ，その違和感を快感として楽しんでみてください．なお，命令コードは8ビット単位なので，そのアドレス・アサインは8ビット単位になっています．

MCS-4チップ・セット

● MCS-4チップ・セット

4ビット・マイクロコンピュータ・システムを組むためのチップとしては，4004(CPU)，4001(ROM)，

写真1 筆者所蔵のインテル社MCS-4チップ・セット
上から，4001(マスクROMおよび入出力ポート)，4002-1/4002-2(RAMおよび出力ポート)，4003(出力ポート拡張シフトレジスタ)，4004(4ビットCPU)．4002には4002-1と4002-2の2種類があるが，RAMのバンク内チップ番号の割り当て方法によって使い分けるために用意されている

Column 1　4ビットな戯れ言

●【ビット0】4ビットは1ニブル

　8ビットは1バイト(byte)と言う単位で表しますが，同じく4ビットも1ニブル(nibble)という単位で表します．本章では頻繁にニブルという単位を使っているので，慣れてください．

●【ビット1】与えられたものは齧る

　ちなみに，byteの語源としては「データひと噛み(bite)」を捩ったという説になっています．さらにnibbleという英単語には「少し齧る」という意味があります．ついでに，dataはdatumの複数形で，その語源はラテン語のdare(与える)です．目の前に与えられたものは，きちんと噛んだり齧ったりしましょう，ということですね．

　ちなみに，bitはBinary Digitの略なので，語源としてはちっとも面白くないです．

●【ビット2】1バイトは8ビットとは限らない

　1バイトは，正確にいうと必ずしも8ビットではありません．byteはキャラクタ(文字)を表現するコードとしての複数ビットを意味するだけで，5ビットから12ビットくらいの幅があったそうです(Wikipediaによる)．現在では，一般的に8ビットを1バイトと称しているだけで，正確に8ビットを表す単位はオクテット(octet)です．ニブル(nibble)も正確に4ビットを表しています．

●【ビット3】そして戯れ言

　そういえば昔，「bit」(共立出版)や「BYTE」(米国)という雑誌がありました．しかし，nibble誌はまだないようですね．4ビット・マイコン専門誌としてCQ出版社から刊行されると感動します．

表1　MCS-4のチップ・セットの仕様概要

種類	チップ名	項目	内容
CPU	4004	機能	4ビットCPU
		命令数	46種類
		命令長	8ビットまたは16ビット
		メモリ空間	ROM：4Kバイト RAM：1280ニブル(直結時)，2560ニブル(外部回路使用時)
		動作周波数	最大740.7kHz(1.35μs)
		命令サイクル	10.8μs(min)
		パッケージ	16ピンDIP
ROM	4001	機能	マスクROMおよび入出力ポート
		ROM容量	256ワード×8ビット(合計256バイト/チップ)
		システム内のチップ数	最大16チップ/システム(チップ番号はメタル・オプションで設定)
		入出力ポート	4ビット幅×1組/チップ (入出力方向とプルアップ/プルダウンの有無などは端子ごとにメタル・オプションで設定)
		パッケージ	16ピンDIP
RAM	4002 (4002-1 4002-2)	機能	RAMおよび出力ポート
		RAM容量	レジスタ数：4本/チップ メイン・キャラクタ数：16ニブル/レジスタ ステータス・キャラクタ数：4ニブル/レジスタ (合計320ビット/チップ)
		システム内のバンク数	CPU直結時：最大4バンク/システム 外部回路使用時：最大8バンク/システム
		バンク内のチップ数	最大4チップ/バンク (4002-1がチップ#0およびチップ#1用，4002-2がチップ#2およびチップ#3用)
		出力ポート	4ビット幅×1組/チップ
		パッケージ	16ピンDIP
シフトレジスタ	4003	機能	10ビット・シフトレジスタ(シリアル→パラレル変換)
		連結機能	あり
		リセット	パワー・オン・リセットでシフトレジスタをクリア
		出力制御	OE＝1：シフタ・データを出力，OE＝0：オール・ゼロ出力
		パッケージ	16ピンDIP

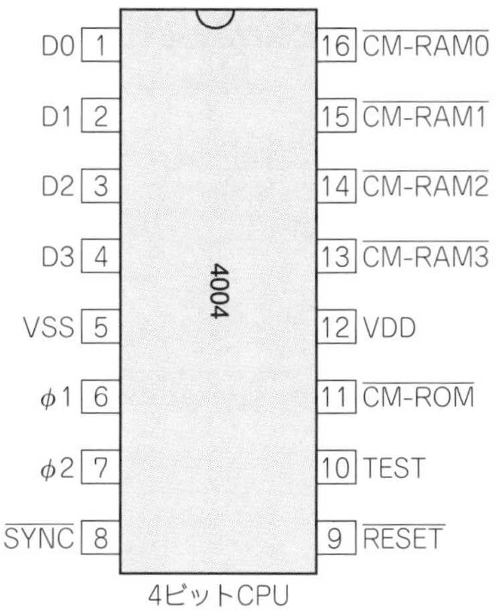

図1 4004(CPU)の端子配置と端子機能

4ビットCPU ピン配置:
- 1: D0
- 2: D1
- 3: D2
- 4: D3
- 5: VSS
- 6: φ1
- 7: φ2
- 8: SYNC
- 9: RESET
- 10: TEST
- 11: CM-ROM
- 12: VDD
- 13: CM-RAM3
- 14: CM-RAM2
- 15: CM-RAM1
- 16: CM-RAM0

端子番号	端子名	入出力	端子機能	備考
1	D0	In/Out	データ・バス(最下位ビット)	
2	D1	In/Out	データ・バス	
3	D2	In/Out	データ・バス	
4	D3	In/Out	データ・バス(最上位ビット)	
5	VSS	Power	電源GND	
6	φ1	In	2相クロック入力	
7	φ2	In	2相クロック入力	
8	$\overline{\text{SYNC}}$	Out	同期信号出力	
9	$\overline{\text{RESET}}$	In	リセット入力	
10	TEST	In	条件分岐命令(JCN)への条件入力	
11	$\overline{\text{CM-ROM}}$	Out	ROM用コマンド制御出力	
12	VDD	Power	電源VDD(－15V)	
13	$\overline{\text{CM-RAM3}}$	Out	ROM用コマンド制御3出力	DCLで指定
14	$\overline{\text{CM-RAM2}}$	Out	ROM用コマンド制御2出力	DCLで指定
15	$\overline{\text{CM-RAM1}}$	Out	ROM用コマンド制御1出力	DCLで指定
16	$\overline{\text{CM-RAM0}}$	Out	ROM用コマンド制御0出力	DCLで指定

4002(RAM)，4003(シフトレジスタ)の4種類があります．基本的にシステム内に4004は1個だけ存在しますが，それ以外の4001，4002，4003はシステム構成に応じて複数チップ使用します．その外観を**写真1**に，仕様概要を**表1**に示します．

4004(CPU)のチップ仕様

● 4004(CPU)の機能概要

4004はMCS-4システムの中核となる4ビットCPUコアです．ROMから命令をフェッチし，フェッチした命令コードを解釈して実行します．CPUは，クロック8サイクルを一つの命令サイクルとしています．この命令サイクルの中で，8個の内部ステート(A1, A2, A3, M1, M2, X1, X2, X3)が順に遷移していきます．CPUの動作周波数は最大で740 kHzなので，一つの命令サイクルは10.8 μs(min)になります．もちろん4004はパイプライン制御式ではありません．命令のフェッチ，デコード，実行を，一つずつ処理していく方式です．

CPUの命令動作タイミングや個々の命令の動作については，後ほど詳しく説明します．

● 4004(CPU)の端子配置と端子機能

4004の端子配置と端子機能を**図1**に示します．以下に，各信号の機能を説明します．

(1) φ1, φ2(クロック入力)：内部論理としてダイナミック回路のラッチを使っているので，クロック入力は2相です．本書で設計するMCS-4は，すべてD-F/Fを使って1相クロックで再設計します．

(2) $\overline{\text{RESET}}$(リセット入力)：内部論理のリセット用信号です．

(3) D0～D3(データ・バス)：4ビットの双方向バスです．4004にはアドレス・バスがありません．アドレス情報もデータ・バスに載せ，時分割でアドレスとデータをROMやRAMとやりとりします．

(4) $\overline{\text{SYNC}}$(同期信号出力)：システム内のCPU，ROM，RAMは，互いに内部ステートが同時に進むように同期を取りながら動作します．その同期を取るための信号です．CPUが出力する $\overline{\text{SYNC}}$ 信号を見て，各チップが個々の内部ステートを同期させます．

(5) $\overline{\text{CM-ROM}}$(ROM用コマンド制御出力)：各ステートにおけるデータ・バス上のデータを，ROMがどのように解釈するかを指示する信号です．

(6) $\overline{\text{CM-RAM0}}$～$\overline{\text{CM-RAM3}}$(RAM用コマンド制御出力)：各ステートにおけるデータ・バス上のデータを，RAMがどのように解釈するかを指示する信号です．

(7) TEST(条件分岐用入力信号)：条件分岐命令(JCN)の分岐判断条件に使える入力信号です．

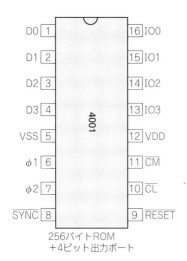

端子番号	端子名	入出力	端子機能	備考
1	D0	In/Out	データ・バス(最下位ビット)	
2	D1	In/Out	データ・バス	
3	D2	In/Out	データ・バス	
4	D3	In/Out	データ・バス(最上位ビット)	
5	VSS	Power	電源GND	
6	φ1	In	2相クロック入力	
7	φ2	In	2相クロック入力	
8	SYNC	In	同期信号入力	
9	RESET	In	リセット入力	
10	CL	In	出力ポートF/Fリセット入力	
11	CM	In	コマンド制御入力	CM-ROMを接続
12	VDD	Power	電源VDD(−15V)	
13	IO3	In/Out	入出力ポート(最上位ビット)	
14	IO2	In/Out	入出力ポート	
15	IO1	In/Out	入出力ポート	
16	IO0	In/Out	入出力ポート(最下位ビット)	

図2 4001(ROM)の端子配置と端子機能

4001(ROM)のチップ仕様

● 4001(ROM)の機能概要

4001は，MCS-4システムのプログラムを格納するためのROMです．一つのROMチップは256ワード×8ビットの容量があります．また4001は入出力ポートの機能も有しています．

4004(CPU)には，4001(ROM)を最大で16個(合計4Kバイト)まで直結できます．外部回路を付加すると，さらに容量を増やすこともできます．

このROMはマスクROMであり，注文時にROMコードを提出し，製造時にROMのパターンを焼き付けるものです．

● 4001(ROM)の端子配置と端子機能

4001の端子配置と端子機能を図2に示します．以下に，各信号の機能を説明します．

(1) φ1，φ2(クロック入力)：2相クロック入力です．4004(CPU)のクロックと同じものを入力します．

(2) $\overline{RESET}$(リセット入力)：内部論理のリセット用信号です．

(3) D0～D3(データ・バス)：4ビットの双方向バスです．

(4) $\overline{SYNC}$(同期信号入力)：CPUと動作の同期を取るための入力信号です．

(5) $\overline{CM}$(ROM用コマンド制御入力)：CPUが出力する$\overline{CM-ROM}$を接続する端子です．ROMの内部状態のどこで$\overline{CM}$がアサートされたかに応じて，データ・バス上のデータを解釈します．

(6) IO0～IO3(入出力ポート)：4ビットの入出力ポートです．各ポートの入出力方向やプルアップ抵抗／プルダウン抵抗の有無の選択は，現代のマイコンのようにレジスタで設定するのではなく，チップ製造時のメタル・オプションで決めます．

(7) $\overline{CL}$(出力ポートのレジスタ・クリア入力)：出力ポートのデータ・レジスタ(F/F)を，ゼロ・クリアするための入力信号です．

● 4001(ROM)の内部構成

4001の内部構成を図3に示します．

4001チップ一つがもつROMメモリ構成は，図3(a)に示すように256ワード×8ビットの容量があります．CPUがROM内データをアクセスするときの方法は後述しますが，一つのワード(8ビット)をCPUが4ビット・データ・バスを介してリードする際，ROMは上位側の4ビット(OPR：オペレーション・コード)と，下位側の4ビット(OPA：モディファイア)を分割して，順に出力します．

また図3(a)の下部に示したように，4ビットの入出力ポートがあります．各ポートの入出力方向やプルアップ抵抗／プルダウン抵抗の有無の選択は，図3(b)に示すように，チップ製造時のメタル・オプション(M1～M10)で決めます．この入出力ポートをリードまたはライトするための専用命令が，CPUに用意さ

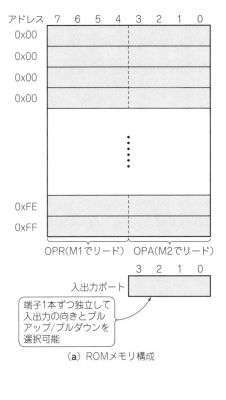
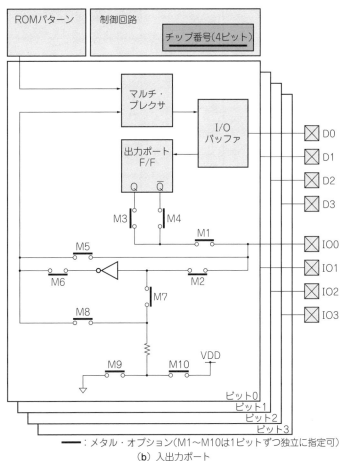

──:メタル・オプション(M1～M10は1ビットずつ独立に指定可)
(b) 入出力ポート

図3 4001(ROM)の内部構成

れています.

ユーザが4001を注文するときに，ROMパターンに加えて，入出力ポートのメタル・オプションを指定します．

● 4001(ROM)のCPUからのアドレッシング

CPUが4001をアクセスするとき，アドレスとして4Kバイトぶんの12ビットを使います．そのうちの上位4ビットはチップ番号です．個々の4001にチップ番号(4ビット：0～15)をアサインする必要がありますが，このチップ番号もメタル・オプションとして注文時に指定します．

4002(RAM)のチップ仕様

● 4002(RAM)の機能概要

4002は一時的なデータを格納するためのRAMです．4002チップ一つあたり，320ビット(80ニブル)のRAMが内蔵されています．中途半端な容量のよう

ですが，この理由は後述します．

また4002は，4ビット幅の出力ポートの機能も有しています．ポートの方向は出力だけなので注意してください．

CPUから見たRAMチップ群には階層があります．最上位階層がバンクで，その下の階層がチップです．CPUの$\overline{\text{CM-RAM0}}$～$\overline{\text{CM-RAM3}}$がバンク階層に対応し，$\overline{\text{CM-RAMx}}$がアサートされたバンクのRAMチップがアクセスされることになります．

バンク階層の下にチップ階層があり，バンク一つの中に4002(RAM)が4チップ入ります．

外部回路を使用せず，CPUにRAMを直結する場合，$\overline{\text{CM-RAM0}}$～$\overline{\text{CM-RAM3}}$をワンホットでアサートすることになるので，システム内にあるRAMバンクは最大で4個になります．このときの4002(RAM)のチップ数は，合計で16個(RAM容量5120ビット＝1280ニブル＝640バイト)です．

システム内にRAMを4バンクを超えて置きたい場合は，CPUから$\overline{\text{CM-RAM0}}$～$\overline{\text{CM-RAM3}}$をエンコードして出力し，外部のデコード回路を通してワン・

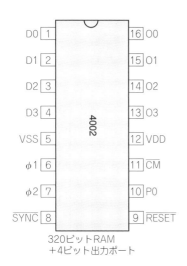

端子番号	端子名	入出力	端子機能	備考
1	D0	In/Out	データ・バス(最下位ビット)	
2	D1	In/Out	データ・バス	
3	D2	In/Out	データ・バス	
4	D3	In/Out	データ・バス(最上位ビット)	
5	VSS	Power	電源GND	
6	φ1	In	2相クロック入力	
7	φ2	In	2相クロック入力	
8	$\overline{\text{SYNC}}$	In	同期信号入力	
9	$\overline{\text{RESET}}$	In	リセット入力	
10	P0	In	チップ・セレクト条件入力	
11	$\overline{\text{CM}}$	In	コマンド制御入力	$\overline{\text{CM-RAMx}}$を接続
12	VDD	Power	電源VDD(−15V)	
13	O3	Out	出力ポート(最上位ビット)	
14	O2	Out	出力ポート	
15	O1	Out	出力ポート	
16	O0	Out	出力ポート(最下位ビット)	

図4 4002(RAM)の端子配置と端子機能

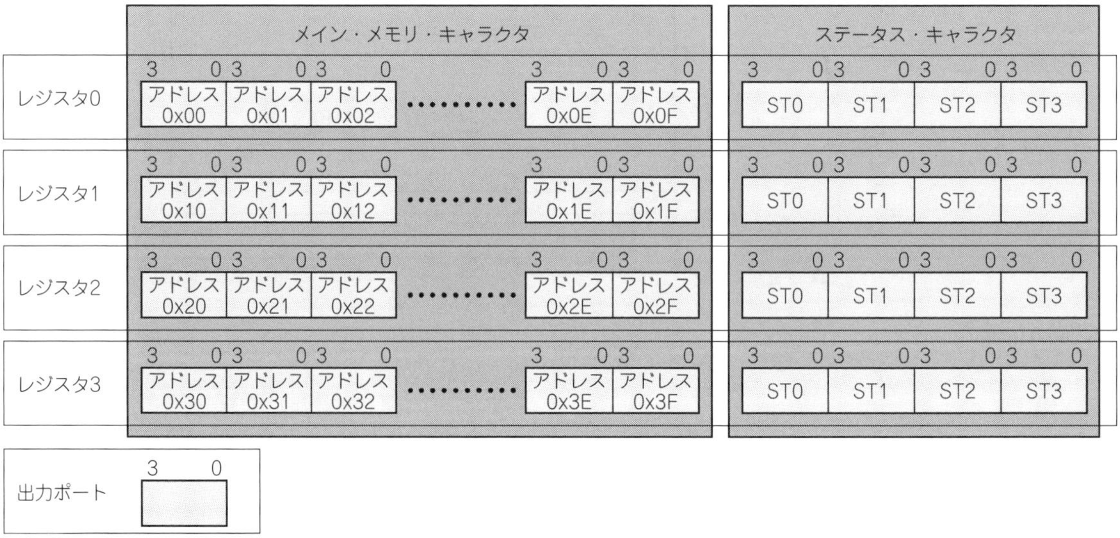

図5 4002(RAM)の内部データ構成

ホットでアサートされるバンク本数ぶんの $\overline{\text{CM-RAMx}}$ 相当の信号を生成し，RAMの各バンクを選択するようにします．CPUの命令仕様上，エンコードすることで接続できる最大バンク数は8個になります．このときの4002(RAM)のチップ数は，合計で32個(RAM容量10240ビット = 2560ニブル = 1280バイト)です．

● **4002(RAM)の端子配置と端子機能**

4002の端子配置と端子機能を**図4**に示します．次に，各信号の機能を説明します．

(1) φ1, φ2(クロック入力)：2相クロック入力です．4004(CPU)のクロックと同じものを入力します．

(2) $\overline{\text{RESET}}$(リセット入力)：内部論理のリセット用信号です．

(3) D0 〜 D3(データ・バス)：4ビットの双方向バスです．

(4) $\overline{\text{SYNC}}$(同期信号入力)：CPUと動作の同期を取るための入力信号です．

(5) $\overline{\text{CM}}$(RAM用コマンド制御入力)：CPUが出力する $\overline{\text{CM-RAMx}}$ を接続する端子です．RAMの内部状

態のどこで$\overline{CM}$がアサートされたかに応じて，データ・バス上のデータの意味を解釈します．

(6) O0～O3(出力ポート)：4ビットの出力ポートです．

(7) P0(RAMのチップ・セレクト条件入力)：4002(RAM)のチップ番号を選択するための入力信号です．

● 4002(RAM)の内部構成

4002の内部構成を図5に示します．

4002のRAMチップの内部構成としては，まずレジスタという階層が4組あります．一つのレジスタの中に，メイン・メモリ・キャラクタが16ニブル(64ビット)あり，さらにステータス・キャラクタが4ニブル(16ビット)あります．いずれもRAMとして命令からリード／ライト可能です．

一つのレジスタは合計で80ビットのRAMから構成されていることになり，全部で4レジスタあるので，4002(RAM)ワン・チップがもつメモリ容量は，合計で320ビット(80ニブル，40バイト)になります．

RAMのメイン・メモリ・キャラクタは，1バンクあたり最大256ニブル(128バイト)，またステータス・キャラクタは1バンクあたり最大16組，すなわち64ニブル(32バイト)あることになります．

4002(RAM)はこの他，4ビットの出力ポートをもちます．出力ポートにデータをライトするための専用命令がCPUに用意されています．

● 4002(RAM)のCPUからのアドレッシング

CPUが4002(RAM)をアドレッシングするときは，

表2 4002(RAM)のチップ番号

4002 チップ型名	P0入力 レベル	バンク内 チップNo.	SRCアドレス のビット7, 6
4002-1	GND	0	00で選択
	V_{DD}	1	01で選択
4002-2	GND	2	10で選択
	V_{DD}	3	11で選択

バンク(4個～8個)，チップ(4個)，レジスタ(4個)，メイン・メモリ・キャラクタ(16個)またはステータス・キャラクタ(4個)を指定します．バンクは$\overline{CM\text{-}RAMx}$で選択しますが，チップ以下の階層はCPUからRAMに渡すアドレス情報(後述するSRCアドレス，8ビット)で指定します．このうちチップの番号については，システム上でハードウェア的に各RAMチップにアサインしておく必要があります．バンクあたりのチップ数は4個なので，チップ番号は2ビット必要です．このうちの1ビットは，入力端子P0で指定します．もう1ビットは指定するところがないので，2種類の4002チップ(4002-1と4002-2)を用意して，表2に示したように使い分けることで指定します．

4003(シフトレジスタ)のチップ仕様

● 4003(シフトレジスタ)の機能概要

4003は，10ビットのシフトレジスタICであり，シリアル→パラレル変換を行うものです．カスケード連結もできます．4003を使うことでシステムの出力ポートの本数を大幅に増強することができます．

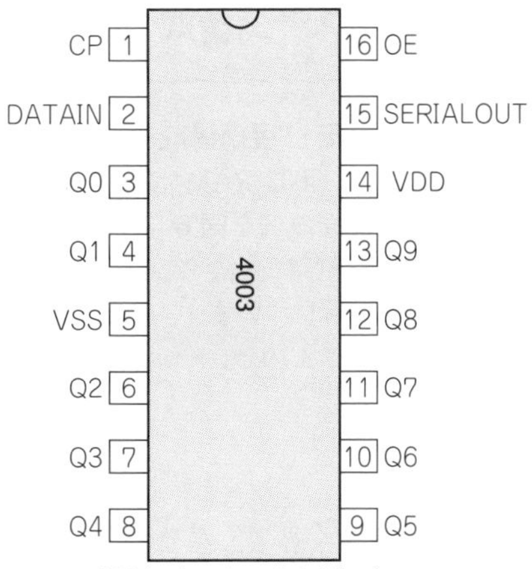

端子番号	端子名	入出力	端子機能	備考
1	CP	In	シフト・クロック入力	
2	DATAIN	In	シリアル・データ入力	
3	Q0	Out	パラレル・データ出力	
4	Q1	Out	パラレル・データ出力	
5	VSS	Power	電源GND	
6	Q2	Out	パラレル・データ出力	
7	Q3	Out	パラレル・データ出力	
8	Q4	Out	パラレル・データ出力	
9	Q5	Out	パラレル・データ出力	
10	Q6	Out	パラレル・データ出力	
11	Q7	Out	パラレル・データ出力	
12	Q8	Out	パラレル・データ出力	
13	Q9	Out	パラレル・データ出力	
14	VDD	Power	電源VDD(-15V)	
15	SERIALOUT	Out	シリアル・データ出力	
16	OE	In	パラレル・データ出力イネーブル	

図6 4003(シフトレジスタ)の端子配置と端子機能

Column 2　P-MOS デバイスの DC 特性

実際の MCS-4 チップ・セットは，10 μm P-MOS プロセスで製造されています．その DC 特性を**表 A** に示します．電源電圧 V_{DD} は，GND 基準 V_{SS} に対して負電位になります．

表 A　4MCS-4 チップ・セットの DC 特性

項目	シンボル	min	max	単位	備考
電源	V_{DD}	$-15-5\%$	$-15+5\%$	V	
低電圧入力レベル	V_{IL}	V_{DD}	$V_{SS}-5.5$	V	ロジック"1"レベル
低電圧出力レベル	V_{OL}	$V_{SS}-12$	$V_{SS}-6.5$	V	
高電圧入力レベル	V_{IH}	$V_{SS}-1.5$	$V_{SS}+0.3$	V	ロジック"0"レベル
高電圧出力レベル	V_{OH}	$V_{SS}-0.5$	V_{SS}	V	

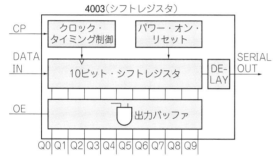

図 7　4003（シフトレジスタ）の内部構成

基本的に 4003 は，4001（ROM）や 4002（RAM）のポート出力に接続して使用します．

● 4003（シフトレジスタ）の端子配置と端子機能

4003 の端子配置と端子機能を**図 6** に示します．以下に，各信号の機能を説明します．

(1) CP（クロック入力）：シフト入力用のクロックです．立ち上がりエッジでシフト入力します．

(2) DATAIN（シリアル・データ入力）：シフタへのシリアル・データ入力信号です．

(3) SERIALOUT（シリアル・データ出力）：シフタからのシリアル・データ出力信号です．

(4) Q0～Q9（パラレル出力）：10 ビット・シフトレジスタのパラレル出力です．

(5) OE（出力イネーブル）：OE = 1 のとき，Q0～Q9 に 10 ビット・シフトレジスタの値を出力します．

OE = 0 のときは，Q0～Q9 にはオール・ゼロが出力されます．

● 4003（シフトレジスタ）の内部構成

4003 の内部構成を**図 7** に示します．シンプルなシフトレジスタです．クロック入力 CP の立ち上がりエッジに対して，シリアル・データ入力 DATAIN はセットアップ時間が不要であり，CP の立ち上がりエッジと同一タイミングで変化してもいいように，CP の内部回路には遅延回路が入っています．

シリアル・データ出力 SERIALOUT にも遅延回路（ホールド確保用）が入っており，4003 をカスケード接続できるようになっています．

シフトレジスタは，パワー・オン・リセット回路でゼロ・クリアされます．

MCS-4 システム構成

● MCS-4 システムのメモリ接続構成

4004（CPU），4001（ROM），4002（RAM）による MCS-4 システムのメモリ接続構成の例を**図 8** に示します．この図は，各デバイスを CPU に直結するだけで完成するシステムの最大構成を示しています．ROM は 16 チップ，RAM は 4 バンクぶんの 16 チップを接続しています．

● 何かが足りない？

図 7 のシステム構成をよく見てください．マイコン・システムとして何か足りないものはありませんか？

アドレス・バスがないことは，4004（CPU）の端子機能のところで説明しました．アドレス情報は，4 ビッ

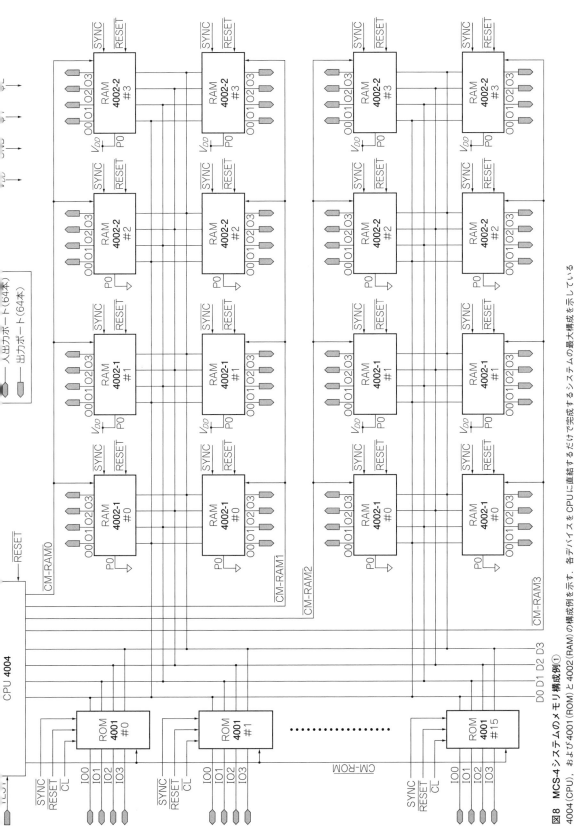

図8　MCS-4システムのメモリ構成例①
4004 (CPU), および4001 (ROM) と4002 (RAM) の構成例を示す. 各デバイスをCPUに直結するだけで完成するシステムの最大構成を示している

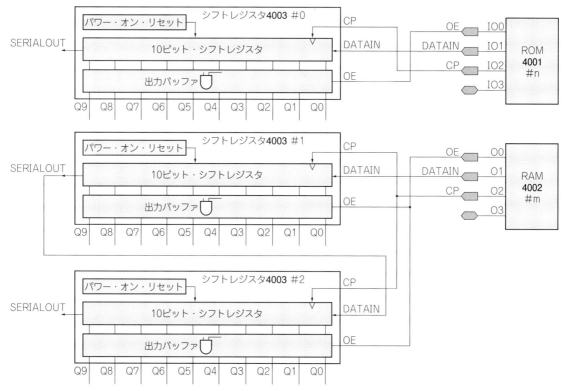

図9 MCS-4システムのメモリ構成例②
出力ポート拡張用の4003(シフトレジスタ)の接続例を示す

トのデータ・バス上に時分割で載せる方式を採用しているのです．

他に不足しているものはないでしょうか？

まず，ROMやRAMにチップ・セレクト信号のような$\overline{\text{CM-ROM}}$や$\overline{\text{CM-RAMx}}$が入力されていますが，複数チップ間で共通化されています．これではチップ・セレクト信号にならないように思えます．

また，RAMやポートをアクセスするときの方向を決めるリード・ライト信号もありません．

なぜ，このような構成でよいのでしょうか？

●データ・アクセス方式の基本的な考え方

4004(CPU)がROM(入出力ポート)やRAM(メモリと出力ポート)をアクセスするときは，単一の命令ではなく複数の命令を組み合わせます．まずアドレス情報を送る命令を実行します．これで，CPUがアクセスしようと思っているROMやRAMのチップ内のアドレスを指定します．ROMやRAM内ではそのアドレスを記憶し，アクセス対象になったROMやRAMがデータ・アクセスを待ち受ける状態になります．

次にデータをアクセスする命令を実行します．データをアクセスする命令はアクセス対象ごと，およびリード/ライトの方向ごとに用意されています．ここがポイントなのですが，CPUがデータをアクセスする命令をフェッチしたとき，同時にROMやRAMもそのフェッチした命令をウォッチしていて，どのようなアクセス方法をCPUがとろうと思っているかを認識します．そしてその命令サイクル内の実行ステートで，命令種に応じたアクセスを行い，データ・バス上にデータを入出力するのです．

システム内に存在しなかったリード/ライト方向の指示信号は，命令種そのものをROMやRAMがウォッチすることで認識していたわけです．

実際のデータ・アクセス時の各命令動作の詳細は後述します．

● MCS-4システムの出力ポート拡張

図8のシステム構成だと，4001(ROM)による入出力ポートは64本，4002(RAM)による出力ポートも64本あります．かなりの本数のポートを確保できますが，ターゲットにする電卓程度のアプリケーションでは，ここまでのチップ数(メモリ容量)は必要としません．

ROM/RAMのチップ数が少なくても出力ポートの本数を確保できるようにするための，シリアル→パラレル変換ICが用意されました．それが4003(シフト

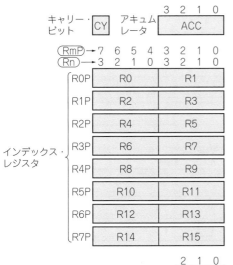
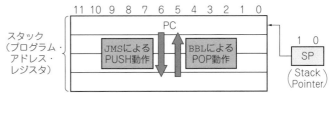

図10 CPUプログラマーズ・モデル

レジスタ)です．4003を使って出力ポート本数を拡張した例を，**図9**に示します．この例では4003を単独で1個と，カスケード接続したものを2個使って，6本の出力ポートを30本まで拡張しています．

シフト動作が必要なので，出力を確定させるまでに時間はかかりますが，ヒューマン・インターフェースなど用途によっては十分に機能します．

4004(CPU)の動作の詳細

ここから先は，4004(CPU)の動作の詳細と具体的なROM/RAMとの連携動作を説明します．

● CPUプログラマーズ・モデル

4004(CPU)のプログラマーズ・モデルを**図10**に示します．次に，各リソースについて説明します．

(1) アキュムレータ(ACC)：4ビット幅のデータ処理用のアキュムレータです．加減算に用いたり，ROM/RAMアクセス時のデータ格納などに使用します．

(2) キャリー・ビット(CY)：4ビット加算時のキャリー入出力，4ビット減算時のボロー入出力に使います．またローテート命令で使用したり，条件分岐命令の判定条件にする，などができます．

(3) インデックス・レジスタ群(R0～R15, R0P～R7P)：16個の4ビット長インデックス・レジスタR0～R15があります．また偶数番号のインデックス・レジスタR[2n]を上位側4ビットに，奇数番号のインデックス・レジスタR[2n+1]を下位側4ビットに連接してできる8ビット幅のレジスタを，インデックス・レジスタ・ペアRnPと呼びます．例えばR0Pの上位4ビットはR0に対応し，下位4ビットはR1に対応します．同様に，R4Pの上位4ビットはR8に対応し，下位4ビットはR9に対応します．

インデックス・レジスタは，演算処理中の一時的なデータを格納したり，ROMやRAMをアクセスするときのアドレスの一部を格納するために使用します．

(4) コマンド・ライン指定レジスタ(DCL：Designate Command Line)：RAMのコマンド制御信号$\overline{\text{CM-RAM0}}$～$\overline{\text{CM-RAM3}}$を生成する方法を決めるための，3ビット幅のレジスタです．DCL命令により，セットされます．また，リセットにより000に初期化されます．DCLと$\overline{\text{CM-RAM0}}$～$\overline{\text{CM-RAM3}}$の対応関係は後述します．

(5) スタック(プログラム・アドレス・レジスタ)：4段のスタック構造をもった，12ビット長のプログラム・アドレス・レジスタがあります．いずれのスタックが有効かを示す，2ビットのスタック・ポインタ(SP)が仮想的に存在しています．SPが指す位置のプログラム・アドレス・レジスタが，プログラム・カウンタ(PC)として機能します．サブルーチン・コール命令JMSを実行すると，SPがインクリメントし，新たなプログラム・アドレス・レジスタがPCになり，分岐先アドレスが格納されます．

元のプログラム・アドレス・レジスタは古いPC，

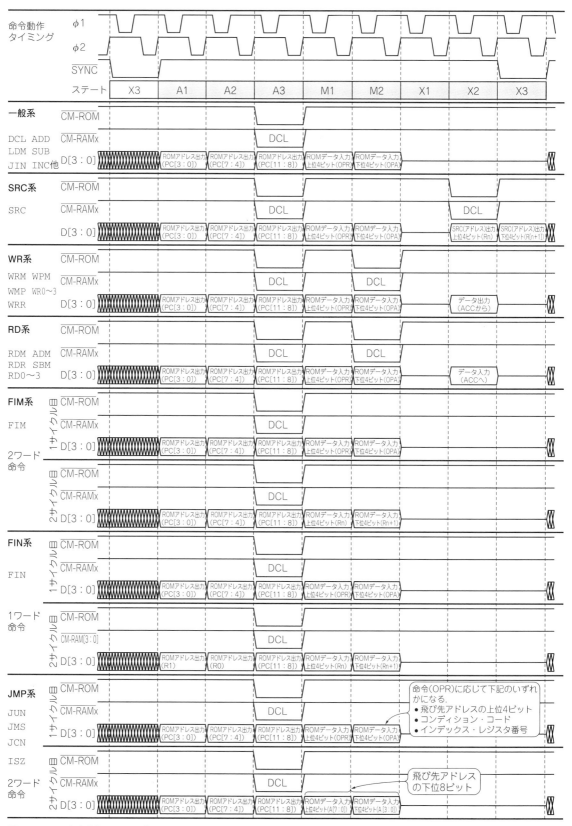

図11 CPUの命令動作タイミング

すなわち戻り先アドレスが格納されています．この状態でサブルーチンからのリターン命令 BBL を実行すると，SPがデクリメントし，戻り先アドレスが格納されているプログラム・アドレス・レジスタが次のPCになり，元のルーチンに戻れることになります．

● CPU命令の動作タイミング

CPU命令の動作タイミングについて，図11を使って説明します．CPUは8クロックを一つの命令サイクルとしています．一つの命令サイクルは，下記に示す8個のステートに分かれています．

(1) ステート A1：ROMアドレスの下位4ビットPC[3:0]をデータ・バスに出力します．

(2) ステート A2：ROMアドレスの中間4ビットPC[7:4]をデータ・バスに出力します．

(3) ステート A3：ROMアドレスの上位4ビットPC[11:8]をデータ・バスに出力します．同時に$\overline{\text{CM-ROM}}$とDCLで選択された$\overline{\text{CM-RAMx}}$をアサートします．

(4) ステート M1：ROMからのリード・データの上位4ビット(OPR)をデータ・バスから入力します．

(5) ステート M2：ROMからのリード・データの下位4ビット(OPA)をデータ・バスから入力します．ステートM1でリードしたOPRがデータ・アクセス命令だった場合は，その種類をROM/RAMに知らせるため，ステートM2で$\overline{\text{CM-ROM}}$とDCLで選択された$\overline{\text{CM-RAMx}}$をアサートします．

(6) ステート X1：命令実行ステートで，内部処理を行うステートです．

(7) ステート X2：命令実行ステートです．内部処理を行う場合と，ROM(入出力ポート)/RAM(メモリと出力ポート)へのアドレスの上位4ビットをデータ・バスから出力する場合と，ROM(入出力ポート)/RAM(メモリと出力ポート)との間のリード・データまたはライト・データをデータ・バスで入出力する場合があります．ROM/RAMアドレスの上位4ビットを出力する場合は，$\overline{\text{CM-ROM}}$とDCLで選択された$\overline{\text{CM-RAMx}}$をアサートします．

(8) ステート X3：命令実行ステートです．内部処理を行う場合と，ROM(入出力ポート)/RAM(メモリと出力ポート)へのアドレスの下位4ビットをデータ・バスから出力する場合があります．

● CPU，ROM，RAMの各内部ステートは同期して動作する

ステートX3で，CPUがROMやRAMと同期するための$\overline{\text{SYNC}}$信号をアサートします．CPU，ROM，RAMは同一クロックで動作し，内部ステートも互いに完全に同じタイミングで同期して進みます．

● 命令の仕様と命令コード

4004(CPU)の各命令の仕様と命令コードを，表3～表6に示します．

表3は1ワード長(8ビット長)の命令で，マシン命令というカテゴリに分類されているものです．マシン命令とは機械語命令のことであり，すべての命令に対して当てはまる言葉なのですが，なぜか命令種類のカテゴリの一つになっています．データ・アクセス系でもなく，かつアキュレータ系でもない命令をここにカテゴライズしたのかもしれません．表3のうち，FIN命令だけは1ワード長命令ですが，命令サイクルは2サイクルかかります．

表4は，2ワード長(16ビット長)のマシン命令です．

表5は，1ワード長(8ビット長)のデータ・アクセス命令です．ROMの入出力ポート，RAMのメモリ，RAMの出力ポートのリード・ライトを行います．

表6は，1ワード長(8ビット長)のアキュムレータ関連命令です．

● 命令動作タイミングの種類

もう一度，図11を見てください．ここには，4004(CPU)の命令動作タイミングの全部の種類を示してありました．次に，それぞれについて説明します．

(1) 一般系：CPU内で処理が完結する命令です．CPU外部へのデータ・アクセスを行いません．1命令サイクルで実行が完了する，1ワード長命令です．

(2) SRC系：SRC命令です．この命令の後のデータ・アクセス命令がリード/ライトするROM/RAMの下位側8ビットのアドレス情報を，ステートX2とX3で送り出します．ステートX2で$\overline{\text{CM-ROM}}$とDCLで選択された$\overline{\text{CM-RAMx}}$をアサートして，ROM/RAMにアドレス情報の受け取りをさせます．1命令サイクルで実行が完了する，1ワード長命令です．

(3) WR系：データ・ライト系の命令です．ライト先は，ROMの出力ポート，RAMのメイン・メモリ・キャラクタ，RAMのステータス・キャラクタ，RAMの出力ポートのいずれかであり，ステートM2でフェッ

表3 CPU命令表①：マシン命令(1ワード命令)

種類	ニーモニック	アセンブラ表記例	命令語(機械語) OPR(上位)				命令語(機械語) OPA(下位)				動作概要	動作説明
No Operation	NOP	nop	0	0	0	0	0	0	0	0	• PC＋1→PCTEMP • PCTEMP→PC	ノー・オペレーション
Load Data to Accumulator	LDM	ldm 0xa ldm 10 ldm LABEL	1	1	0	1	D				• PC＋1→PCTEMP • D→ACC • PCTEMP→PC	命令語のOPAフィールド(4ビット)をACCに格納する．CYビットは変化しない
Load Index Register to Accumulator	LD	ld 3 ld 15	1	0	1	0	n				• PC＋1→PCTEMP • Rn→ACC • PCTEMP→PC	番号nで指定されるインデックス・レジスタRnの内容(4ビット)をACCに格納する．CYビットは変化しない
Exchange Index Register and Accumulator	XCH	xch 3 xch 15	1	0	1	1	n				• PC＋1→PCTEMP • ACC→ACBR • Rn→ACC • ACBR→Rn • PCTEMP→PC	番号nで指定されるインデックス・レジスタRnの内容(4ビット)とACCを交換する．CYビットは変化しない
Add Index Register to Accumulator with Carry	ADD	add 3 add 15	1	0	0	0	n				• PC＋1→PCTEMP • ACC＋Rn＋CY→ACC, CY • PCTEMP→PC	ACCと，番号nで指定されるインデックス・レジスタRnの内容(4ビット)およびCYビットを加算して，結果をACCに格納し，キャリーの値をCYに格納する． $\quad a_3\ a_2\ a_1\ a_0$ $\quad\quad\quad\quad\ cy$ $+)\ r_3\ r_2\ r_1\ r_0$ $\overline{c_4\ s_3\ s_2\ s_1\ s_0}$ c_4→CY, $\lfloor s_3, s_2, s_1, s_0 \rfloor$→ACC
Subtract Index Register from Accumulator with Borrow	SUB	sub 3 sub 15	1	0	0	1	n				• PC＋1→PCTEMP • ACC＋$\overline{Rn}$＋$\overline{CY}$→ACC, CY • PCTEMP→PC	ACCと，番号nで指定されるインデックス・レジスタRnの内容の反転(4ビット)およびCYビットの反転を加算して，結果をACCに格納し，キャリーの値をCYに格納する． ※計算前のCYの値が0ならボローなしでの減算を実行し，計算前のCYの値が1ならボローありの減算を実行する．計算後のCYの値が0なら計算でボローがあったことを示し，計算後のCYの値が1なら計算でボローがなかったことを示す．計算後のCYの値とボローの意味が反転していることに注意． $\quad a_3\ a_2\ a_1\ a_0$ $\quad\quad\quad\quad\ \overline{cy}$ $+)\ \overline{r_3}\ \overline{r_2}\ \overline{r_1}\ \overline{r_0}$ $\overline{c_4\ s_3\ s_2\ s_1\ s_0}$ c_4→CY, $\lfloor s_3, s_2, s_1, s_0 \rfloor$→ACC
Increment Index Register	INC	inc 8 inc 12	0	1	1	0	n				• PC＋1→PCTEMP • Rn＋1→Rn • PCTEMP→PC	番号nで指定されるインデックス・レジスタRnの内容(4ビット)に1を加える．元の値が15だと0になる．CYビットは変化しない
Branch Back and Load Data to Accumulator	BBL	bbl 0xa bbl 12	1	1	0	0	D				• PC＋1→PCTEMP • SP－1→SP • (Stack)→PC • D→ACC	サブルーチンからのリターン命令．スタック・ポインタSPを一つ減らし，戻り先アドレスをスタックから取り出してPCに格納する．PCはサブルーチン・コールしたJMS命令の次のアドレスを指す．さらに命令のOPAフィールドにある4ビット数値DをACCに転送する

チする命令コードを，CPUだけでなくROM/RAM側も取り込みます．そのため，ステートM2で$\overline{\text{CM-ROM}}$とDCLで選択された$\overline{\text{CM-RAMx}}$をアサートしています．ステートX2でライト・データを出力します．1命令サイクルで実行が完了する，1ワード長命令です．

(4) RD系：データ・リード系の命令です．リード先は，ROMの入力ポート，RAMのメイン・メモリ・キャラクタ，RAMのステータス・キャラクタのいずれか

種類	ニーモニック	アセンブラ表記例	命令語(機械語) OPR(上位)	命令語(機械語) OPA(下位)	動作概要	動作説明
Jump indirect	JIN	jin 3p jin 3< (上記は同一命令)	0 0 1 1	m 1	・PC+1→PCTEMP ・PCTEMP[11:8]→PC[11:8] ・RmP[7:4]→PC[7:4] ・RmP[3:0]→PC[3:0]	PCが次命令を指してから(+1してから),PCの下位8ビットに,番号mで指定されるインデックス・レジスタ・ペアRmPの内容(8ビット)を転送する ※JIN命令実行前のPC[7:0]が0xFFだった場合,PCをインクリメントするとキャリーが上がってPC[11:8](ページ番号)もインクリメントする.その後でPC[7:0]を変更するため,このJIN命令がページ内の最終番地(PC[7:0]==0xFF)にある場合,飛び先が次のページの内部になる点に注意
Send Register Control	SRC	src 5p src 5< src 10 (上記は同一命令)	0 0 1 0	m 1	・PC+1→PCTEMP ・RmP[7:4]→DB @X2 ・RmP[3:0]→DB @X3 ・PCTEMP→PC	番号mで指定されるインデックス・レジスタ・ペアRmPの内容(8ビット)の上位4ビットがステートX2で,下位4ビットがステートX3でそれぞれデータ・バスから出力される.これらは,ROM(入出力ポート)をアクセスするためのチップ選択,またはRAM(出力ポート,キャラクタ,ステータス・キャラクタ)をアクセスするためのチップ選択,レジスタ選択,キャラクタ選択のアドレス情報であり,これをROMとRAMが受け取って保持し,以降のアクセス命令に備える
Fetch Index Register from ROM	FIN	fin 7p fin 7< fin 14 (上記は同一命令)	0 0 1 1	m 0	命令サイクル1で ・PC+1→PCTEMP 命令サイクル2で ・R0P[3:0]→DB @A1 ・R0P[7:4]→DB @A2 ・PCTEMP[11:8]→DB @A3 ・DB→RmP[7:4]@M1 (OPR) ・DB→RmP[3:0]@M2 (OPA) ・PCTEMP→PC	本命令は1ワード命令だが,実行に2命令サイクルかかる. 命令サイクル1でPCをインクリメント(+1)して次命令を指すようにする.次に,命令サイクル2に入り,ROMのアクセス先アドレスとして,A1でインデックス・レジスタ・ペアR0Pの下位4ビット(R1)を,A2でR0Pの上位4ビット(R0)を,そしてA3でPC[11:8](ページ番号)をデータ・バスにそれぞれ出力する.ROMがM1とM2で読み出されて,M1の読み出しデータOPRが番号mで指定されるインデックス・レジスタ・ペアRmPの上位4ビットに,M2の読み出しデータOPAがRmPの下位4ビットに格納される. ※FIN命令実行前のPC[7:0]が0xFFだった場合,PCをインクリメントするとキャリーが上がってPC[11:8](ページ番号)もインクリメントする.そのPC[11:8]とR0Pを組み合わせたアドレスでROMをリードするので,このFIN命令がページ内の最終番地(PC[7:0]==0xFF)にある場合,ROMの読み出しアドレスが次のページの内部になる点に注意

であり,ステートM2でフェッチする命令コードをCPUだけでなくROM/RAM側も取り込みます.そのため,ステートM2で$\overline{\text{CM-ROM}}$とDCLで選択された$\overline{\text{CM-RAMx}}$をアサートしています.ステートX2でリード・データを入力します.1命令サイクルで実行が完了する,1ワード長命令です.

(5) FIM系:FIM命令です.2命令サイクルで実行が完了する2ワード長命令であり,フェッチした命令コードの2ワード目(2番目の命令サイクルのステートM1,M2でフェッチしたコード)を,データとしてインデックス・レジスタ・ペアRmPに転送する命令です.要するに,イミディエイト・データ転送命令です.

表4 CPU命令表②：マシン命令（2ワード命令）

種類	ニーモニック	アセンブラ表記例	命令語（機械語） OPR（上位）	命令語（機械語） OPA（下位）	動作概要	動作説明
Jump Unconditional	JUN	jun LABEL jun 0x123	0 1 0 0 A2	A3 A1	• PC＋1→PCTEMP • PCTEMP→PC • PC＋1→PCTEMP • A3→PC[11:8] • A2→PC[7:4] • A1→PC[3:0]	無条件分岐命令．命令語内のA3, A2, A1がPCに転送される
Jump to Subroutine	JMS	jms LABEL jms 0x123	0 1 0 1 A2	A3 A1	• PC＋1→PCTEMP • PCTEMP→PC • PC＋1→PCTEMP • PCTEMP→(Stack) • SP＋1→SP • A3→PC[11:8] in new Stack • A2→PC[7:4] in new Stack • A1→PC[3:0] in new Stack	サブルーチン・コール命令．戻り先になる次命令を指すように，PCを＋2してからスタックに残す．スタック・ポインタSPを＋1して，新たなスタック位置をPCとする．そのPCに命令語内のA3, A2, A1を転送する．スタックは4段なので，JMS命令は3ネストまで可能
Jump Conditional	JCN	jcn 0x4 LABEL jcn 9 0x123 jcn TZ TARGET0 jcn TN TARGET1 jcn C0 TARGET2 jcn C1 TARGET3 jcn AZ TARGET4 jcn AN TARGET5 ※条件ビットの予約語 TZ…CCCC=0001 TN…CCCC=1001 C0…CCCC=1010 C1…CCCC=0010 AZ…CCCC=0100 AN…CCCC=1100	0 0 0 1 C1 C2 C3 C4 A2	A1	• PC＋1→PCTEMP • PCTEMP→PC • PC＋1→PCTEMP • If(C1, C2, C3, C4)is true, PCTEMP[11:8]→PC[11:8] A2→PC[7:4] A1→PC[3:0] • Else PCTEMP→PC	条件分岐命令．分岐するしないにかかわらず，まずPCを次命令を指すように＋2する．次に，命令語内に指定された条件C1, C2, C3, C4が成立していれば分岐し，成立していなければJCN命令の次の命令が実行される．分岐時は，命令語のA2, A1をPC[7:0]に転送する． 　※条件ビットの意味（複数条件を同時に評価する） 　　C1=0：分岐条件を反転しない 　　C1=1：分岐条件を反転する 　　C2=1：ACC=0なら分岐 　　C3=1：CY=1なら分岐 　　C4=1：TEST入力信号が0なら分岐 　　分岐条件JUMP 　　　JUMP=C1^JUMP0 　　　JUMP0=C2・(ACC==0) 　　　　＋C3・CY＋C4・(TEST==0) 　※ JCN命令実行前のPC[7:0]が0xFEまたは0xFFだった場合，PCを二つインクリメントするとキャリーが上がってPC[11:8]（ページ番号）もインクリメントする．その後の分岐時はPC[7:0]だけを変更するため，このJCN命令がページ内の最終位置(PC[7:0]==0xFE，またはPC[7:0]==0xFE)にある場合，飛び先が次のページの内部になる点に注意

(6) FIN系：FIN命令です．1ワード長命令ですが，2命令サイクルかかります．最初の命令サイクルでFIN命令であることを解釈したら，2番目の命令サイクルの，本来ならば命令コードをフェッチするステート（A1, A2, A3, M1, M2）を使ってROM内の別のアドレスをリードして，そのデータをインデックス・レジスタ・ペアRmPに転送する命令です．ROM内に確保した定数領域をリードするための命令です．

● ROMからの命令フェッチ動作

ROMからの命令フェッチ動作の詳細を，図12にまとめました．ステートA1とA2では，CPUが出力したアドレスPC[3:0]とPC[7:4]は，全ROMチップが受け取ります．$\overline{\text{CM-ROM}}$をアサートするステートA3でも，CPUが出力したアドレスPC[11:7]は全ROMチップが受け取りますが，PC[11:8]はROMのチップ番号に対応するので，これでCPUが

種類	ニーモニック	アセンブラ表記例	命令語(機械語) OPR(上位)				命令語(機械語) OPA(下位)	動作概要	動作説明
Increment Index Register, Skip if Zero	ISZ	isz 9 LABEL isz 9 0x123	0	1	1	1	n	• PC+1→PCTEMP • PCTEMP→PC • PC+1→PCTEMP • Rn+1→Rn • If(Rn != 0), PCTEMP[11:8]→PC[11:8] A2→PC[7:4] A1→PC[3:0] • Else PCTEMP→PC	条件分岐命令. 分岐するしないにかかわらず,まずPCを次命令を指すように+2する.次に,番号nで指定されるインデックス・レジスタRnをインクリメントしてその結果が0でなければ分岐し,0であればISZ命令の次の命令が実行される.分岐時は,命令語のA2,A1をPC[7:0]に転送する. ※ ISZ命令実行前のPC[7:0]が0xFEまたは0xFFだった場合,PCを二つインクリメントするとキャリーが上がってPC[11:8](ページ番号)もインクリメントする.その後の分岐時はPC[7:0]だけを変更するため,このISZ命令がページ内の最終位置(PC[7:0]==0xFE,またはPC[7:0]==0xFE)にある場合,飛び先が次のページの内部になる点に注意
Fetch Immediate from ROM	FIM	fim 1p 0xfe fim 1< 0xfe fim 2 0xfe (上記は同一命令)	0	0	1	0	m	0	• PC+1→PCTEMP • PCTEMP→PC	命令語の2ワード目を定数としてRmPに格納する
					D2			D1	• PC+1→PCTEMP • D2→RmP[7:4] • D1→RmP[3:0] • PCTEMP→PC	

命令をフェッチしようと思っているROMチップが選択されることになります.

この後,ステートM1とM2で選択されたROMチップから上位側の命令コード(OPR)と下位側の命令コード(OPA)が出力され,CPUがフェッチします.

ステートA3では$\overline{\text{CM-ROM}}$がアサートされています.CPUとROMの動作は同期しているので,必ずしも$\overline{\text{CM-ROM}}$は必要としないのですが,ROM容量を拡張するためにROMチップ数を16個を超えて接続したい場合に,$\overline{\text{CM-ROM}}$信号を使うと外部回路の設計を簡単化することができるのです.

また,ステートA3では$\overline{\text{CM-RAMx}}$もアサートされますが,この動作は基本的には意味がないものです.ただし,ROM容量を拡張するため$\overline{\text{CM-RAMx}}$でROMをアクセスするように外部回路を追加している場合は意味が出てきます.

● CPUのデータ・リード動作

CPU外部にあるRAMのメイン・メモリ・キャラクタやステータス・キャラクタ,ROMの入力ポートをリードする場合の動作シーケンスを図13に示します.CPUの外にあるデバイスをアクセスするときは,単一の命令ではなく,アドレス情報を送る命令と,実際にアクセスを行う命令に分割して実行します.

(1) RAMをアクセスする場合,アクセス先のRAMバンクを指定するため,図13(a)のようにDCL命令を実行します.DCL命令はアキュムレータの下位3ビットをDCLレジスタに格納します.DCLの値に応じて,この後の別の命令で$\overline{\text{CM-RAMx}}$がアサートされます.

DCLと$\overline{\text{CM-RAMx}}$の対応を表7に示します.RAMが4バンク(以下)なら,DCLとしては3'b000,3'b001,3'b010,3'b100の4通りだけを使えば,$\overline{\text{CM-RAMx}}$をワンホットでアサートできるので,外付け回路は不要です.RAMが8バンク(以下)の場合は,3ビットのDCLの8通りのパターンすべてを使用します.この場合,$\overline{\text{CM-RAMx}}$がワンホットにならないケースがあるので,図14に示すような外部デコード回路を使って,$\overline{\text{CM-RAMx}}$の本数を拡張します.

RAMをアクセスしない場合や,前回と同じRAMバンクをアクセスする場合,あるいはDCLの初期値(3'b000)をそのまま使う場合は,DCL命令の実行は不要です.

(2) 次に図13(b),図13(c)のようにSRC命令を実行します.SRC命令はインデックス・レジスタ・ペアRnPに格納された8ビット数値を,アドレス情報としてROMやRAMに転送します.SRC命令で送出するアドレス情報の構成を,表8に示します.

まず図13(b)のように,SRC命令のステートX2で

表5　CPU命令表③：データ・アクセス命令

種 類	ニーモニック	アセンブラ表記例	命令語（機械語） OPR（上位）				命令語（機械語） OPA（下位）				動作概要	動作説明
Read RAM Character	RDM	rdm	1	1	1	0	1	0	0	1	• PC+1→PCTEMP • (RAM_CH)→ACC • PCTEMP→PC	DCL命令とSRC命令で選択しておいたRAMのメイン・メモリ・キャラクタをリードしてACCに格納する．CYビットは変化しない
Read RAM Status Character 0	RD0	rd0	1	1	1	0	1	1	0	0	• PC+1→PCTEMP • (RAM_ST0)→ACC • PCTEMP→PC	DCL命令とSRC命令で選択しておいたRAMのステータス・キャラクタ0をリードしてACCに格納する．CYビットは変化しない
Read RAM Status Character 1	RD1	rd1	1	1	1	0	1	1	0	1	• PC+1→PCTEMP • (RAM_ST1)→ACC • PCTEMP→PC	DCL命令とSRC命令で選択しておいたRAMのステータス・キャラクタ1をリードしてACCに格納する．CYビットは変化しない
Read RAM Status Character 2	RD2	rd2	1	1	1	0	1	1	1	0	• PC+1→PCTEMP • (RAM_ST2)→ACC • PCTEMP→PC	DCL命令とSRC命令で選択しておいたRAMのステータス・キャラクタ2をリードしてACCに格納する．CYビットは変化しない
Read RAM Status Character 3	RD3	rd3	1	1	1	0	1	1	1	1	• PC+1→PCTEMP • (RAM_ST3)→ACC • PCTEMP→PC	DCL命令とSRC命令で選択しておいたRAMのステータス・キャラクタ3をリードしてACCに格納する．CYビットは変化しない
Read ROM Port	RDR	rdr	1	1	1	0	1	0	1	0	• PC+1→PCTEMP • (ROM_PORT_IN)→ACC • PCTEMP→PC	SRC命令で選択しておいたROMの入力ポートをリードしてACCに格納する．CYビットは変化しない． ※ROM(4001)のポートは入出力である．出力に設定したポートをリードしたときにどのレベルにするかは，4001チップの注文時のメタル・オプションで指定する
Write Accumulator into RAM Character	WRM	wrm	1	1	1	0	0	0	0	0	• PC+1→PCTEMP • ACC→(RAM_CH) • PCTEMP→PC	DCL命令とSRC命令で選択しておいたRAMのメイン・メモリ・キャラクタにACCの内容をライトする．CYビットは変化しない
Write Accumulator into RAM Status Character 0	WR0	wr0	1	1	1	0	0	1	0	0	• PC+1→PCTEMP • ACC→(RAM_ST0) • PCTEMP→PC	DCL命令とSRC命令で選択しておいたRAMのステータス・キャラクタ0にACCの内容をライトする．CYビットは変化しない
Write Accumulator into RAM Status Character 1	WR1	wr1	1	1	1	0	0	1	0	1	• PC+1→PCTEMP • ACC→(RAM_ST1) • PCTEMP→PC	DCL命令とSRC命令で選択しておいたRAMのステータス・キャラクタ1にACCの内容をライトする．CYビットは変化しない

$\overline{\text{CM-ROM}}/\overline{\text{CM\_RAMx}}$をアサートし，すべてのROMチップ，および$\overline{\text{CM\_RAMx}}$をアサートしたバンク内のRAMチップに対して，アクセス先のアドレス上位（4ビット）を転送します．表4に示す通り，アドレス上位側にはROMおよびRAMのチップ選択情報があるので，ROM/RAMがアドレス上位（4ビット）を受け取った時点で，アクティブになるROMチップとRAMチップが決まります．

次に図13(b)のように，SRC命令のステートX3でアドレス下位（4ビット）を転送します．ステートX2でアクティブになったROM/RAMチップがこのアドレス下位を受け取り，この後のデータ・アクセス命令を待ち構えます．

なお，SRC命令によりROM/RAMチップ内に記憶したアドレスはデータ・アクセス命令実行後も保持されるので，$\overline{\text{CM-ROM}}/\overline{\text{CM-RAMx}}$で選択したROM/RAMに，前回のSRC命令で指定したアドレスと同じ場所をアクセスする場合は，SRC命令の再実行は不要になります．

RAMのメイン・キャラクタのSRCアドレスは，（チップ#×64）+（レジスタ#×16）+（キャラクタ#）になります．

(3) データを実際にリード・ライトするためのデータ・アクセス系の命令を実行します．これらの命令コードの上位4ビット（OPR）は4'b1110に共通化され

種類	ニーモニック	アセンブラ表記例	命令語（機械語） OPR（上位）				命令語（機械語） OPA（下位）				動作概要	動作説明
Write Accumulator into RAM Status Character 2	WR2	wr2	1	1	1	0	0	1	1	0	• PC+1→PCTEMP • ACC→(RAM_ST2) • PCTEMP→PC	DCL命令とSRC命令で選択しておいたRAMのステータス・キャラクタ2にACCの内容をライトする．CYビットは変化しない
Write Accumulator into RAM Status Character 3	WR3	wr3	1	1	1	0	0	1	1	1	• PC+1→PCTEMP • ACC→(RAM_ST3) • PCTEMP→PC	DCL命令とSRC命令で選択しておいたRAMのステータス・キャラクタ3にACCの内容をライトする．CYビットは変化しない
Write ROM Port	WRR	wrr	1	1	1	0	0	0	1	0	• PC+1→PCTEMP • ACC→(ROM_PORT_OUT) • PCTEMP→PC	SRC命令で選択しておいたROMの出力ポートにACCの内容をライトする．CYビットは変化しない． ※ ROM（4001）のポートは入出力である．入力に設定したポートにライトしても何も起こらない
Write Memory Port	WMP	wmp	1	1	1	0	0	0	0	1	• PC+1→PCTEMP • ACC→(RAM_PORT_OUT) • PCTEMP→PC	DCL命令とSRC命令で選択しておいたRAMの出力ポートにACCの内容をライトする．CYビットは変化しない
Add from Memory with Carry	ADM	adm	1	1	1	0	1	0	1	1	• PC+1→PCTEMP • ACC+(RAM_CH)+CY→ACC, CY • PCTEMP→PC	DCL命令とSRC命令で選択しておいたRAMのメイン・メモリ・キャラクタをリードしてACCにキャリー付きで加算する
Subtract from Memory with Borrow	SBM	sbm	1	1	1	0	1	0	0	0	• PC+1→PCTEMP • ACC+$\overline{(RAM\_CH)}$+$\overline{CY}$→ACC, CY • PCTEMP→PC	DCL命令とSRC命令で選択しておいたRAMのメイン・メモリ・キャラクタをリードしてACCからボロー付きで減算する． ※ 計算前のCYの値が0ならボローなしでの減算を実行し，計算前のCYの値が1ならボローありの減算を実行する．計算後のCYの値が0なら計算でボローがあったことを示し，計算後のCYの値が1なら計算でボローがなかったことを示す．計算後のCYの値とボローの意味が反転していることに注意
Write Program RAM	WPM	wpm	1	1	1	0	0	0	1	1	本文参照	プログラム・メモリがRAMでできているシステムにおいて，プログラム・メモリを読み書きするための特殊命令

ているので，CPUがステートM1でこの命令をフェッチした時点で，データ・アクセス系だと認識できます．その場合は図13（d）のように，直後の命令コードの下位4ビット（OPA）をフェッチするステートM2で，$\overline{\text{CM-ROM}}$およびDCLに対応した$\overline{\text{CM-RAMx}}$をアサートします．

ROM/RAM側では，このステートM2の間にデータ・バスに乗っている情報（OPA）を取り込んで，どのようなデータ・アクセスをするのか（アクセス対象およびリード/ライト方向）を認識します．この命令がリード系の動作をするのであれば，図13（e）のように，同じ命令サイクルのステートX2でリード・データをデータ・バスに出力します．それをCPUがリードしてアキュムレータに格納します．

データ・リード系の命令の種類は，表5の命令表を参照してください．

● CPUのデータ・ライト動作

CPU外部にあるRAMのメイン・メモリ・キャラクタやステータス・キャラクタ，ROM/RAMの出力ポートにライトする場合の動作シーケンスを，図15に示します．ライトの場合の動作も，基本的にはリードのときと同様です．データ・アクセス命令のステートX2で，CPUがアキュムレータ上にあるライト・データをデータ・バスに出力し，それをアクセス対象になったROMまたRAMが取り込んで，ターゲットとするアドレスにライトします．

データ・ライト系の命令の種類も，表5の命令表を参照してください．

● CPUのサブルーチン・コールの動作

今どきのCPUでは，サブルーチン・コール命令を実行すると，戻り先アドレスをメモリ空間内のスタッ

表6 CPU命令表④：アキュムレータ命令

種類	ニーモニック	アセンブラ表記例	命令語（機械語） OPR（上位）				命令語（機械語） OPA（下位）				動作概要	動作説明
Clear Both	CLB	clb	1	1	1	1	0	0	0	0	・PC+1→PCTEMP ・0→ACC ・0→CY ・PCTEMP→PC	ACCとCYをゼロ・クリアする
Clear Carry	CLC	clc	1	1	1	1	0	0	0	1	・PC+1→PCTEMP ・0→CY ・PCTEMP→PC	CYをゼロ・クリアする
Complement Carry	CMC	cmc	1	1	1	1	0	0	1	1	・PC+1→PCTEMP ・$\overline{CY}$→CY ・PCTEMP→PC	CYを反転する
Set Carry	STC	stc	1	1	1	1	1	0	1	0	・PC+1→PCTEMP ・1→CY ・PCTEMP→PC	CYをセットする
Complement Accumulator	CMA	cma	1	1	1	1	0	1	0	0	・PC+1→PCTEMP ・$\overline{ACC}$→ACC ・PCTEMP→PC	ACCを反転する．CYは変化しない
Increment Accumulator	IAC	iac	1	1	1	1	0	0	1	0	・PC+1→PCTEMP ・ACC+1→ACC，CY ・PCTEMP→PC	ACCをインクリメントする．オーバフローがなければCYは0になり，オーバフローがあればCYは1になる
Decrement Accumulator	DAC	dac	1	1	1	1	1	0	0	0	・PC+1→PCTEMP ・ACC−1→ACC，CY ・PCTEMP→PC	ACCをデクリメントする．ボローがなければCYは1になり，ボローがあればCYは0になる． ``` a3 a2 a1 a0 +) 1 1 1 1 c4 s3 s2 s1 s0 ``` c4→CY，｛s3，s2，s1，s0｝→ACC
Rotate Left	RAL	ral	1	1	1	1	0	1	0	1	・PC+1→PCTEMP ・｛ACC[3:0]，CY｝→｛CY，ACC[3:0]｝ ・PCTEMP→PC	ACCをCY含めて左ローテートする
Rotate Right	RAR	rar	1	1	1	1	0	1	1	0	・PC+1→PCTEMP ・｛CY，ACC[3:0]｝→｛ACC[3:0]，CY｝ ・PCTEMP→PC	ACCをCY含めて右ローテートする
Transmit Carry and Clear	TCC	tcc	1	1	1	1	0	1	1	1	・PC+1→PCTEMP ・0→ACC ・CY→ACC[0] ・0→CY ・PCTEMP→PC	ACCをクリアし，CYをACCのLSBに転送してから，CYを0にクリアする

ク領域に退避します．一方の4004（CPU）では，図10に示したように，4段のスタック構造をもった，12ビット長のプログラム・アドレス・レジスタを使ってサブルーチン・コールを実現します．

その動作を図16に示します．

図16（a）のように，スタック・ポインタSPが指すプログラム・アドレス・レジスタが，プログラム・カウンタPCとして機能します．

図16（b）のように，サブルーチン・コール命令JMSを実行するとSPがインクリメントして，新たなプログラム・アドレス・レジスタに分岐先を格納して次のPCとして機能します．以前SPが指していた位置には戻り先アドレス（JMS命令の次の命令があるアドレス）が残されます．図16（c），図16（d）のように，JMS命令を繰り返しても同様の動作を行います．

スタックが4段しかないので，図16（e）までのようにJMS命令を4個繰り返すと，最初の戻り先が壊されてしまいます．このため4004のプログラムでは，サブルーチン・コールのネスティングは3段までの制限があります．

図16（f）のように，サブルーチンからのリターン命令BBLを実行するとSPがデクリメントされて，スタック上に残されていた，戻り先アドレスが入ったプログラム・アドレス・レジスタを新たなPCとして命令を実行していきます．

●割り込み機能の代わりになるTEST端子

割り込み機能は，今どきのCPUでは当然のように

種類	ニーモニック	アセンブラ表記例	命令語(機械語) OPR(上位)	命令語(機械語) OPA(下位)	動作概要	動作説明
Decimal Adjust Accumulator	DAA	daa	1 1 1 1	1 0 1 1	• PC+1→PCTEMP • If(CY|(ACC>9)), ACC+6→ACC • If Carry, 1→CY • PCTEMP→PC	10進補正命令. CYが1,またはACCが9より大のとき,ACCに6を加える. その加算でキャリーが出ればCYは1にセットし,キャリーがなければCYは変更しない
Transfer Carry Subtract	TCS	tcs	1 1 1 1	1 0 0 1	• PC+1→PC • If(CY==0), 9→ACC • If(CY==1), 10→ACC • 0→CY	CYが0ならACCに9を格納し,CYが1ならACCに10を格納する. 最後にCYを0にクリアする
Keyboard Process	KBP	kbp	1 1 1 1	1 1 0 0	• PC+1→PCTEMP • KBP(ACC)→ACC • PCTEMP→PC	キーボードのスキャン用コード変換命令.ACC内の値で,1にセットされたビットが1個だけのとき,数値に変換する.1にセットされたビットが複数ある場合は結果を15にする(エラーを示す).変換テーブルは右の通り.CYは変化しない 実行前のACC → 実行後のACC 0 0 0 0 → 0 0 0 0 0 0 0 1 → 0 0 0 1 0 0 1 0 → 0 0 1 0 0 1 0 0 → 0 0 1 1 1 0 0 0 → 0 1 0 0 0 0 1 1 → 1 1 1 1 0 1 0 1 → 1 1 1 1 0 1 1 0 → 1 1 1 1 0 1 1 1 → 1 1 1 1 1 0 0 1 → 1 1 1 1 1 0 1 0 → 1 1 1 1 1 0 1 1 → 1 1 1 1 1 1 0 0 → 1 1 1 1 1 1 0 1 → 1 1 1 1 1 1 1 0 → 1 1 1 1 1 1 1 1 → 1 1 1 1
Designate Command Line	DCL	dcl	1 1 1 1	1 1 0 1	• PC+1→PCTEMP • ACC[2:0]→DCL • PCTEMP→PC	ACCの下位3ビットをCPU内のDCLレジスタに格納し,それ以降のCM-RAMx(RAMバンク選択)信号の出力方法を指定する

サポートされていますが,4004(CPU)にはありません.しかし,割り込み的に使える機能はサポートされています.

4004(CPU)チップにあるTESTという入力端子がそれです.この信号は,条件分岐命令JCNの分岐条件に含めることができます.JCN命令により,TEST端子の入力レベルに応じて別のルーチンに飛ばすことができるので,一定の頻度でJCN命令を実行するようにしておけば,多少のレイテンシはありますがTEST端子を割り込み要求のように使うことができます.

● ROMページ境界にある命令に関する注意

1ワード命令で,PCの下位8ビットのみ変更して分岐する命令の場合,その命令が256バイト単位のROMページの最終アドレス(0x…FF)にある場合は,次ページ内のアドレスに分岐する仕様になっています.すなわち,PC+1を作って,その下位8ビットだけ変更して分岐する方式になっています.

同様に2ワード命令で,PCの下位8ビットのみ変更して分岐する命令の場合,その命令が256バイト単位のROMページの最終アドレスまたはその直前(0x…FFまたは0x…FE)にある場合は,これもやはり次ページ内のアドレスに分岐する仕様になっています.すなわち,PC+2を作って,その下位8ビットだけ変更して分岐する方式になっています.

● PCを変更するタイミングについて

以上から,PCを変更するタイミングについては,次のように筆者のほうで独自解釈し,次章のRTL設計に反映しました.

1ワード命令でも2ワード命令でも,それぞれの命令サイクルの最初のステートA1で,次命令サイクルの先頭になり得るアドレスPC+1を,PCTEMPとい

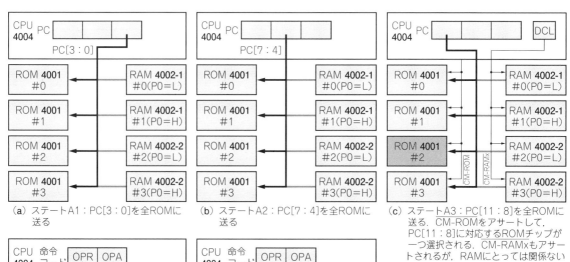

図12 CPUの命令フェッチ動作

う信号に代入しておきます．命令実行中にPCを参照する場合は，PCTEMPを参照します．

分岐命令ではない命令，またはその命令サイクルで分岐しない条件分岐命令の場合は，命令サイクルの最後のステートX3でPCTEMPをPCに代入します．その命令サイクルで分岐が成立する場合は，命令サイクルの最後のステートX3でPCを分岐先アドレスに更新しますが，下位8ビットのみ更新する命令の場合は，PCの上位4ビットPC[11:8]にはPCTEMP[11:8]を代入するようにします．

● FIN命令のPC更新動作とROMページ境界

ROM内からデータをリードしてインデックス・レジスタ・ペアに格納するFIN命令だけは，1ワード命令ですが2命令サイクル使うので注意が必要です．FIN命令もROMページの最終アドレス(0x…FF)にある場合は，次ページ内のROMをリードする仕様になっています．

FIN命令の1番目の命令サイクルの最初にPC+1をPCTEMPに代入しますが，その命令サイクルの最後のX3では，PCTEMPからPCへの転送は行いません．2番目の命令サイクルで，ROM内データのアクセス先アドレスをステートA1～A3で出力しますが，A1ではR0P[3:0]を，A2ではR0P[7:4]を，最後のA3ではPCTEMP[11:7]を出力します．PCの更新については，2番目の命令サイクルのX3の最後で，初めてPCTEMPをPCに転送します．

4004(CPU)のプログラム開発ツール ADS4004 (アセンブラ/逆アセンブラ/シミュレータ)

● 4004プログラム開発ツールADS4004を自作

4004のプログラムを開発するための環境としては，当時はインテル社からアセンブラが提供されていました．今ではこれを入手することはできませんので，今回は自作しました．

作成したのは，ADS4004というアセンブラ，逆ア

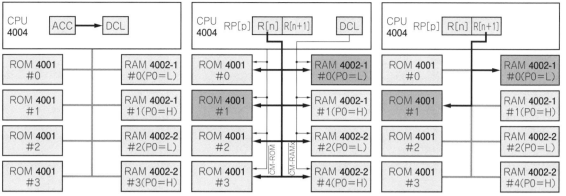

(a) DCL命令のステートX3：ACCの下位3ビットをDCLレジスタに転送

(b) SRC命令のステートX2：$\overline{\text{CM-ROM}}$/$\overline{\text{CM\_RAMx}}$をアサートしたROM/RAMにアドレス上位を転送．アドレス上位に含まれる情報からROMチップおよびRAMチップが選択される

(c) SRC命令のステートX3：選択されたROM/RAMに対してアドレス下位を転送

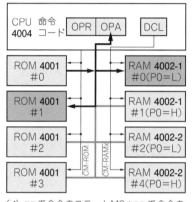

(d) RD系命令のステートM2：RD系命令の命令コードの下位4ビット(OPA)をフェッチするとき$\overline{\text{CM-ROM}}$/$\overline{\text{CM\_RAMx}}$をアサートするので，選択したROM/RAMがOPAをウォッチしてリード動作するのか，または何もしないのかを判断

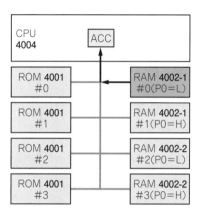

(e) RD系命令のステートX2：リード動作をすることを判断したROMまたはRAMが，SRC命令で受け取ったアドレスのリード・データをCPUに送る

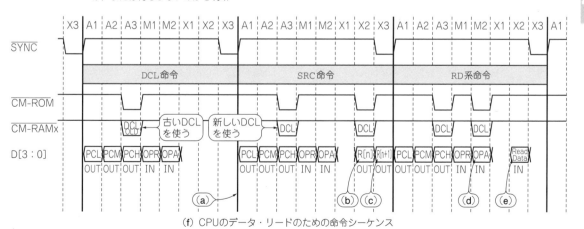

(f) CPUのデータ・リードのための命令シーケンス

図13 CPUのデータ・リード動作

表7 DCLとCM-RAMxの対応

ACC	DCL	$\overline{\text{CM-RAMx}}$ 3	2	1	0	バンクNo.	4バンク使用時	8バンク使用時
x000	000	H	H	H	L	0	○	○
x001	001	H	H	L	H	1	○	○
x010	010	H	L	H	H	2	○	○
x011	011	H	L	L	H	3		○
x100	100	L	H	H	H	4	○	○
x101	101	L	H	L	H	5		○
x110	110	L	L	H	H	6		○
x111	111	L	L	L	H	7		○

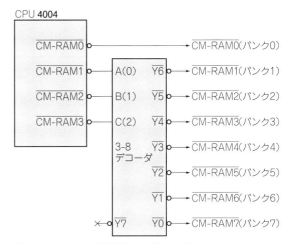

図14 RAMのバンク拡張とDCLデコーダ
CM-RAMの本数を増やす．バンクあたり，RAM(4002)は4チップ接続可能

表8 SRCアドレスの構成

ビット位置		7	6	5	4	3	2	1	0	関連命令
SRCアドレス		R[n] (X2で送出)				R[n+1] (X3で送出)				
アクセス対象	ROM (4001) 入出力ポート	チップ選択				don't care				RDR, WRR
	RAM (4002) 出力ポート	バンク内のチップ選択				don't care				WMP
	RAM (4002) メイン・メモリ・キャラクタ	バンク内のチップ選択		チップ内のレジスタ選択		レジスタ内のキャラクタ選択				RDM, WRM, ADM, SBM
	RAM (4002) ステータス・キャラクタ	バンク内のチップ選択		チップ内のレジスタ選択		don't care				RD0, RD1, RD2, RD3, WR0, WR1, WR2, WR3

センブラ，そしてCPUシミュレータの機能をもつツールです．いずれの機能も一つのアプリケーション・プログラムの中に合体しました．標準Cのソース1本で記述したので，あらゆるプラットフォームの上で簡単にビルドして動作させることができます．

作成したアセンブラは，ラベルを扱える2パス方式としました．ラベルとは，分岐先アドレスや，定数を置く領域のアドレスを人間が判別しやすい文字列で表現したもので，プログラムを書きやすくしてくれます．リテラル(定数値)については，ラベルを含む加減乗除の式でも記述できます．

アセンブル実行時は，1パス目でプログラム全体を解析してラベルにアサインされるアドレス値を確定させ，2パス目でラベルにアサインした値を使いながら命令コードを生成していきます．

● ADS4004をビルドする

ここではADS4004をRaspberry Piの上でビルドします．次の手順で作業してください．

(1) 本書の付属DVD-ROM内のデータCQ-MAX10¥RaspberryPi¥CQ-MAX10.tar.gzを，PC上の任意の場所にコピーします．

(2) 上記ファイルをPCからRaspberry Piに転送します．いろいろな方法がありますが，Windows PCの場合は，SFTPクライアント・ソフトやCygwinのsftpコマンドで転送してください．Macの場合は，ターミナルからsftpコマンドを実行します．

ここでは，まずRaspberry Piのホーム・ディレクトリ/home/piの下に作業用ディレクトリtempを作成して，その下にCQ-MAX10.tar.gzを転送します．

sftpコマンドの例を次に示します．CQ-MAX10.tar.gzを置いたディレクトリから下記コマンドを実行します．下線部を入力してください．

```
$ sftp pi@xxx.xxx.xxx.xxx
     (xxx は Raspberry Pi の IP アドレス)
pi@xxx.xxx.xxx.xxx's password:
     (パスワード raspberry を入力)
```

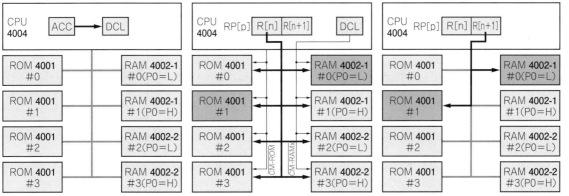

(a) DCL命令のステートX3：ACCの下位3ビットをDCLレジスタに転送

(b) SRC命令のステートX2：$\overline{\text{CM-ROM}}$/$\overline{\text{CM\_RAMx}}$をアサートしたROM/RAMにアドレス上位を転送．アドレス上位に含まれる情報からROMチップおよびRAMチップが選択される

(c) SRC命令のステートX3：選択されたROM/RAMに対してアドレス下位を転送

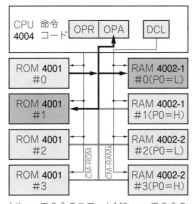

(d) WR系命令のステートM2：WR系命令の命令コードの下位4ビット(OPA)をフェッチするとき$\overline{\text{CM-ROM}}$/$\overline{\text{CM\_RAMx}}$をアサートするので，選択したROM/RAMがOPAをウォッチしてライト動作するのか，または何もしないのかを判断

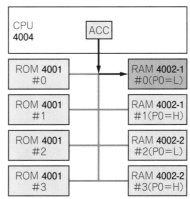

(e) WR系命令のステートX2：ライト動作をすることを判断したROMまたはRAMが，SRC命令で受け取ったアドレスにCPUから送られるデータをライトする

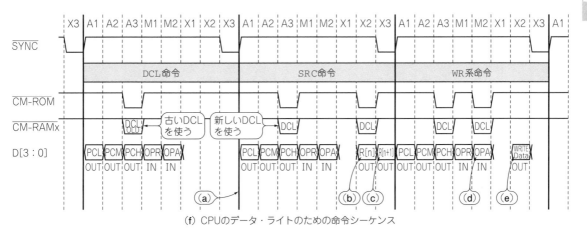

(f) CPUのデータ・ライトのための命令シーケンス

図15　CPUのデータ・ライト動作

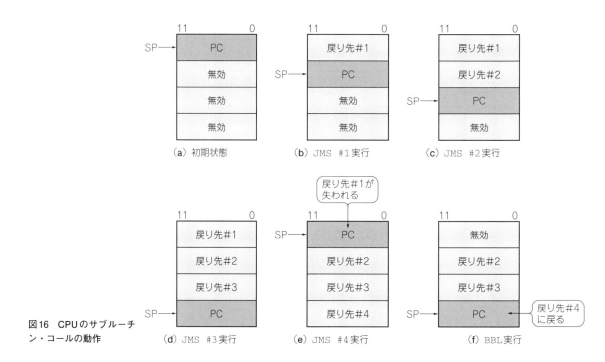

図16 CPUのサブルーチン・コールの動作
(a) 初期状態　(b) JMS #1実行　(c) JMS #2実行
(d) JMS #3実行　(e) JMS #4実行　(f) BBL実行

```
Connected to xxx.xxx.xxx.xxx
sftp> mkdir temp
sftp  cd temp
sftp> put CQ-MAX10.tar.gz
sftp> quit  （またはexit）
```

(3) ここから先はRaspberry Piの上で作業します．転送したファイルを解凍します．Raspberry Piのコンソール画面内で，次のコマンドを入力してください．

```
$ cd
$ cd temp
$ tar xvfz CQ-MAX10.tar.gz
```

(4) 解凍したファイル内の，ディレクトリADS4004を作業用ディレクトリにコピーします．

```
$ cd
$ mkdir CQ-MAX10
  （すでにこのディレクトリがあればスキップ）
$ cd CQ-MAX10
$ mkdir MCS4
$ cd MCS4
$ cp -r ~/temp/CQ-MAX10/MCS4/
                        ADS4004 .
```

(5) ADS4004をgccを使ってコンパイル＆ビルドします．ADS4004のCソースがads4004.cです．

```
$ cd ADS4004
$ gcc -o ads4004 ads4004.c
```

(6) ADS4004を引き数なしで実行してみます．次のようにヘルプ・メッセージが表示されればOKです．

```
$ ./ads4004
--------------------------------
ADS4004 Command Usage
--------------------------------
$ ads4004 [options] InputFile
--------------------------------
Function Selector
    --asm, -a : Assembler (Default)
    --dis, -d : Disassembler
    --sim, -s : Simulator
...
```

● ADS4004のアセンブラ機能

ADS4004のアセンブラ機能の使い方を説明します．まず，4004アセンブル・ソース・プログラムを作成します．ここでは，ディレクトリADS4004内にサンプル・ソースsample.src（リスト1）を用意してあるので，それを使いましょう．アセンブラの場合は次のよ

リスト1　アセンブル・ソースの記述例 sample.src
アセンブル結果がリスト・ファイル sample.src.lis に出力される

```
                   ┌─ リスト・ファイル sample.src.lis ─┐
                   │ ┌─ ソース・ファイル sample.src ─┐ │
000                  // Sample Source for MCS-4
000                      org 0x000
000 40 62                jun RESET
002
002                  ; Label and Literal
002 7B               LABEL0 123
003 09               LABEL1, 3 * (1 + 2)
004 12 34            LABEL2: 0x12, 0x34, 0x56
006 56
007 FB               LABEL3 -5 // negative
008 FA               LABEL4 0xa // negative
009
009                  ; Equation
009                  LABELA= 456
009                  LABELB= LABEL0 + LABEL1
009                  LABELC equ LABELA * 3
009
009                  ; Origin
009                      = 0x040
040
040 44 45                0x44 0x45 // literal
042
050                  org 0x050
050 55 56                0x55 0x56 ; literal
052
060                  equ 0x060
060 66 67                0x66 0x67 ; literals
062
062                  RESET
062
062                  ; Machine Instruction (1-word)
062                  MACHINE1
062 00                   nop
063 DA                   ldm 0xa
064 DA                   ldm 10
065 D2                   ldm LABEL0
066 A3                   ld 3
067 AF                   ld 15
068 B3                   xch 3
069 BF                   xch 15
06A 83                   add 3
06B 8F                   add 15
06C 93                   sub 3
06D 9F                   sub 15
06E 68                   inc 8
06F 6C                   inc 12
070 CA                   bbl 0xa
071 CC                   bbl 12
072 37                   jin 3p
073 37                   jin 3<
074 2B                   src 5p
075 2B                   src 5<
076 2B                   src 10
077 3E                   fin 7p
078 3E                   fin 7<
079 3E                   fin 14
```
↑ ROMデータ
↑ ROMアドレス

```
                   ┌─ リスト・ファイル sample.src.lis ─┐
                   │ ┌─ ソース・ファイル sample.src ─┐ │
07A                  ; Machine Instruction (2-word)
07A                  MACHINE2
07A 40 62                jun MACHINE1
07C 41 23                jun 0x123
07E 50 62                jms MACHINE1
080 5A BC                jms 0x0abc
082 14 7A                jcn 0x4 MACHINE2
084 19 AB                jcn 9 0x0ab
086 11 7A                jcn TZ MACHINE2
088 19 7A                jcn tn MACHINE2
08A 1A 7A                jcn C0 MACHINE2
08C 12 7A                jcn c1 MACHINE2
08E 14 7A                jcn AZ MACHINE2
090 1C 7A                jcn an MACHINE2
092 79 7A                isz 9 MACHINE2
094 79 AB                isz 9 0x0ab
096 22 FE                fim 1p 0xfe
098 22 FE                fim 1< 0xfe
09A 22 FE                fim 2 0xfe
09C                  ; Data Access Instruction
09C E9                   rdm
09D EC                   rd0
09E ED                   rd1
09F EE                   rd2
0A0 EF                   rd3
0A1 EA                   rdr
0A2 E0                   wrm
0A3 E4                   wr0
0A4 E5                   wr1
0A5 E6                   wr2
0A6 E7                   wr3
0A7 E2                   wrr
0A8 E1                   wmp
0A9 EB                   adm
0AA E8                   sbm
0AB E3                   wpm
0AC                  ; Accumulator Instruction
0AC F0                   clb
0AD F1                   clc
0AE F3                   cmc
0AF FA                   stc
0B0 F4                   cma
0B1 F2                   iac
0B2 F8                   dac
0B3 F5                   ral
0B4 F6                   rar
0B5 F7                   tcc
0B6 FB                   daa
0B7 F9                   tcs
0B8 FC                   kbp
0B9 FD                   dcl
0BA                  ; End of Assembler
0BA                      end
-----Label Table-----
LABEL0   = 0x0002
LABEL1   = 0x0003
LABEL2   = 0x0004
LABELB   = 0x0005
LABEL3   = 0x0007
LABEL4   = 0x0008
MACHINE1 = 0x0062
RESET    = 0x0062
MACHINE2 = 0x007A
-----End of Label Table-----
Total Error = 0
```
← ラベル・テーブル
← アセンブルのエラー数

うにオプション「-a」をつけて起動します．

```
$ ./ads4004 -a sample.src
```

エラーがなければ，アセンブル結果として，リスト・ファイル sample.src.lis と，バイナリ・ファイル sample.src.hex ができます．リスト・ファイルの最後

表9 ADS4004アセンブラ文法
筆者オリジナルの4004アセンブラ文法である

種類		意味	行内の記述場所	記述方法	記述例
コメント		以降をコメントとする	どこでも可能	;……… //………	; This is a comment. // This is a comment,too. MAIN // Main Routine ldm 0xa ; A=0xa xch 0 // exchange
数値		数値	式の中(単体でも使用可)	10進数または16進数で表現する．16進数には0xをつける．16進数のA～Fは大文字でも小文字でもよい．10進数の先頭に-を付けると負数になる．16進数のMSBが1なら負数になる	10 -5 ; negative 0xc 0xAB // negative 0x0AB // positive
式		数式	ラベルへの数値代入またはリテラル	数値やレベルどうしの四則計算式．演算子は+，-，*，/を使用．括弧()を使用可能	10*20 (1 + 2)*3 LABEL + 8

ラベル		ラベルにその行に対応するROMの先頭番地を代入する．ラベルは分岐先や式の中で参照する．ラベルの大文字と小文字は区別する．ラベルの値はROMのアドレス領域(0x000～0x3FF)の範囲になる	行頭から開始	ラベルは数値ではない文字列で表し，直後のデリミタはスペース，タブ，カンマ，コロンのいずれかを使用．予約語(命令ニーモニックと擬似命令のニーモニック)は使用できない．ラベルだけの行も許される	RESET
					    ldm 0x4
					LOOP jcn tz LOOP
					    add 14

リテラル(定数)		その行に対応するROMの先頭番地から，指定したリテラル(定数)を格納する．各リテラル定数は8ビット幅になる	行頭に1文字以上のスペースまたはタブを入れた後から開始	式または数値をスペース，タブ，カンマで区切って並べる	TABLE
					    123
					    0xab 0xcd
					    (1 + 2)*3, 0x12, 0x23
					    TABLE + 4 255

擬似命令	ラベルへの数値代入	ラベルに右辺の式で表現される数値を代入する．ラベルの値の範囲は，ラベルを参照するリテラルや命令に応じて決まっているので注意すること	ラベル含めて行頭から開始	ラベル=式 ラベル equ 式 ラベル EQU 式	CONST0=0x12 CONST1 equ CONST0*11

	オリジン(開始番地)	次の行のROMの先頭番地を直接指定する	行頭に1文字以上のスペースまたはタブを入れた後から開始	org ROMアドレス
				ORG ROMアドレス
				または
				ラベルなしで
				= ROMアドレス
				equ ROMアドレス
				EQU ROMアドレス
					org 0x000
					RESET jun MAIN
					…
					    =0x200
					MAIN ldm 0xa
					…
					    equ 0x300
					FUNC ldm 0xb

	アセンブル終了	この行でアセンブルを終了する	行頭に1文字以上のスペースまたはタブを入れた後から開始	end
				END
					LOOP
					…
					    jun LOOP
					    end

CPU命令		CPU命令表に従う．命令ニーモニックは大文字でも小文字でもよい			

には，ラベルにアサインされた数値リストが表示されます．バイナリ・ファイルはインテルHEXフォーマットです．リスト・ファイルとバイナリ・ファイルのファイル名は，デフォルトではそれぞれ入力ファイル名に対して拡張子「.lis」と「.obj」が追加されたものになりますが，オプション「-l」と「-o」を使うことで，ファイル名をそれぞれ独自に指定することができます．

ADS4004のアセンブラ文法を表9に示します．この表とサンプル・プログラムを参考にして，プログラムを作成してください．

● ADS4004の逆アセンブラ機能

ADS4004の逆アセンブラ(Dis Assembler)機能の使い方を説明します．入力は，インテルHEXフォーマットのバイナリです．ここでは上記のサンプル・プログラムをアセンブルしてできた，バイナリsample.src．

表10 ADS4004シミュレータの想定システム仕様

分類	項目	内容
ROM	チップ数	8個（#0～#7）
	総容量	4096バイト（0x000～0xFFF）
	入力ポート	4ビット/チップ（出力ポートと独立化）
	出力ポート	4ビット/チップ（入力ポートと独立化）
RAM	バンク数	8バンク（#0～#7）
	チップ数	4チップ/バンク，合計32個
	総容量	2560ニブル＝1280バイト
	出力ポート	4ビット/チップ
その他		プログラム・メモリ（通常は4001で構成）の一部をRAMで構成した場合の，自己書き換え機能のサポート（WPM命令）

表11 ADS4004シミュレータのインタラクティブ・コマンド

コマンド（小文字可）	意味	備考
Q	シミュレーション終了	
R	CPUリセットして停止	
G adr	PCがadr番地になるまで実行（Ctrl-Cで実行停止）	adr=0～FFF（0xをつけない）
S	1命令ステップ実行	
M bnk	RAMのバンクbnk内のデータ表示	bnk=0～7
P	ROM/RAMの入出力ポートの状態表示	

リスト2 ADS4004のCPUシミュレータ機能

```
 PC=000 ACC=0 CY=0 R0-15=0000000000000000 DCL=0 SRC=00   (000 40 70    JUN 0x070)
### Q/R/G adr/S/M bnk/P >
```

hexを逆アセンブルしてみます．逆アセンブラの場合は，次のようにオプション「-d」を付けて起動します．

```
$ ./ads4004 -d sample.src.hex
```

逆アセンブルしたリスト・ファイルsample.src.hex.lisができます．このリスト・ファイルのファイル名は，デフォルトでは入力ファイル名に対して拡張子「.lis」が追加されたものになりますが，オプション「-l」を使うことでファイル名を独自に指定することができます．

● ADS4004のCPUシミュレータ機能

ADS4004のCPUシミュレータ機能では，MCS-4システムとして表10に示すシステム構成を想定しています．ROM/RAMのメモリ容量は最大仕様にしてあります．表10のその他に記載した，ROMをRAMで構成した場合の自己書き換え機能については後述します．

ADS4004のCPUシミュレータ機能の使い方を説明します．入力はインテルHEXフォーマットのバイナリです．上記のサンプル・プログラムsample.srcは，アセンブラの文法例を示すためのものでしたので，プログラムとしては意味がありませんでした．ここでは，ADC4004全体機能検証用に作成したプログラムtest.srcを使って，シミュレータ機能を動作させてみましょう．まずはtest.srcをアセンブルします．

```
$ ./ads4004 -a test.src
```

ADS4004シミュレータを起動します．シミュレータの場合は，次のようにオプション「-s」を付けて起動します．

```
$ ./ads4004 -s test.src.hex
```

シミュレーション結果は，ログ・ファイルtest.src.hex.simに出力されるので，後で結果を解析することができます．このリスト・ファイルのファイル名は，デフォルトでは入力ファイル名に対して拡張子「.sim」が追加されたものになりますが，オプション「--log」を使うことで，ファイル名を独自に指定することができます．

シミュレータを起動すると，まずリスト2のように表示されます．表示される数値はすべて16進数です．「PC=...」で始まる表示は，PC=0x000番地にある，命令を実行する前のCPU内リソース（ACC，CY，R0～R15，DCL，SRC）の内容を表示しています．その番地の命令コードと逆アセンブル結果は，右端の括弧内に表示されています．

● ADS4004シミュレータのインタラクティブ・コマンド

「###...」で始まる表示は，シミュレータのインタラクティブ・コマンド入力待ちです．インタラクティブ・コマンドを表11に示します．CPUリセット，指定番地までの命令実行，ステップ命令実行，RAMの内容表示，ROM/RAMの入出力ポートの状態表示が可能です．命令実行してから，実行途中で止めたい場合は，Ctrl-Cを入力すればインタラクティブ・コマンド入力待ちに戻ります．

このプログラムtest.srcは，最終的にはラベルFINISHの0x192番地にある無限ループ命令（JUN FINASH）で止まるので，この番地まで実行してみます．「g 192」と入力します（リスト3）．

すると，「>>>Input ROM(4)Port in...」と表示されて実行が止まりました．PCはまだ0x192に届いていません．これは，TEST端子の入力レベルを

リスト3　ADS4004シミュレータのインタラクティブ・コマンド①

```
### Q/R/G adr/S/M bnk/P >g 192
  PC=070 ACC=0 CY=0 R0-15=0000000000000000 DCL=0 SRC=00   (070 00      NOP)
  PC=071 ACC=0 CY=0 R0-15=0000000000000000 DCL=0 SRC=00   (071 68      INC 8)
  ...
  PC=0FD ACC=F CY=1 R0-15=A20640EEAB00A040 DCL=0 SRC=00   (0FD D0      LDM 0x0)
  PC=0FE ACC=F CY=1 R0-15=A20640EEAB00A040 DCL=0 SRC=00   (0FE 11 01   JCN TZ 0x01)
>>>Input TEST Pin Level in Hex (Now 0, RET to unchanged)=
```

リスト4　ADS4004シミュレータのインタラクティブ・コマンド②

```
  ...
  PC=15C ACC=0 CY=1 R0-15=A23440EEAA00A040 DCL=2 SRC=60   (15C 25      SRC 2P)
  PC=15D ACC=0 CY=1 R0-15=A23440EEAA00A040 DCL=2 SRC=40   (15D EA      RDR)
>>>Input ROM(4) Port Level in Hex (Now 0, RET to unchanged)=
```

条件に含む条件分岐命令（JCN TZ 0x01）の実行前であり，TEST端子のレベルを指定しないと命令実行シミュレーションができないためです．ここでTEST端子の入力レベルを0または1で入力します．前回の入力（初回は0）と同じでよければ，リターン入力（Enterキー）だけでOKです．

これを何度か繰り返した後，今度はリスト4のように「>>>Input ROM(4) Port in...」と表示されて実行が止まりました．やはりPCはまだ0x192に届いていません．これは，ROM（チップ番号＃4）の入力ポートのレベルをリードする命令（RDR）の実行前です．入力ポートのレベルを指定する必要があるので停止しました．ここで，ROM入力ポートのレベルを4ビットの16進数（0～F）で入力します．前回の入力（初回は0）と同じでよければ，リターン入力だけでOKです．

後は同様に繰り返してください．最終的に命令実行コマンドのターゲット・アドレスに到着したら，インタラクティブ・コマンド待ちになります．もう一度最初から実行する場合はリセット・コマンド（R）を，終了する場合は終了コマンド（Q）を入力してください．TEST端子やROM入力ポートのレベルの指定待ちのところでは，表11のインタラクティブ・コマンドは受け付けないので注意してください．

4004（CPU）のサンプル・プログラム① メモリ・アクセス・プログラム memtst.src

●メモリ・アクセス・プログラム memtst.src

サンプル・プログラムとしてメモリ・アクセス・プログラムをリスト5に示します．RAMのメイン・メモリ・キャラクタのリード／ライト，RAMのステータス・キャラクタのリード／ライト，ROMの入力ポートのリード，ROMの出力ポートへのライト，RAMの出力ポートへのライトを行っています．これらの処理の命令列の書き方の参考になると思います．

さらに，プログラム・メモリをRAMデバイスで構成し，その中をリード／ライトするための特殊命令WPMを使った例も含んでいます．次で，WPM命令の詳細を説明します．

●プログラムRAMを実現する特殊命令WPM

WPM命令は，通常は4001（ROM）で構成するプログラム・メモリの一部を別のRAMデバイスで構築した「プログラムRAM」をアクセスするためのものです．WPM命令自体の動作タイミングは図11のWR系命令と同じですが，「プログラムRAM」をライトするときだけではなく，リードする場合にもWPM命令を使います．

●外部ハードウェアのサポートが必要なWPM命令

WPMによる「プログラムRAM」のアクセスには外部ハードウェアのサポートが必要です．サポート・ハードウェアが，CPUがWPM命令をフェッチしたかどうかをウォッチし続けて，必要な処理を行います．

サポート・ハードウェア内では，「プログラムRAM」のリード／ライトのために，ROMチップ＃14と＃15の入出力ポートを使用します．ただし，入力ポートと出力ポートを同時に使用しているので，標準の4001では対応できません．

実際には，ROMチップ＃14と＃15の入出力ポート機能も，サポート・ハードウェアが個別に担う必要があります．

ADS4004シミュレータ機能では，WPM命令とサポート・ハードウェアの連携動作をシミュレーションしています．また，現実のシステムでは不可能ですが，4001チップのROM内容のリード／ライトもできるようにしてあります．

●WPM命令で「プログラムRAM」にライトする場合の動作

WPM命令で「プログラムRAM」にライトする場合

リスト5 メモリ・アクセス・プログラム memtst.src

リスト・ファイル memtst.src.lis / ソース・ファイル memtst.src

```
000                 // Memory Access Test for MCS-4
000                     org 0x000
000             MEMTST
000                     ; RAM W&R
000             D1      ldm 1
001 FD                  dcl
002 22 34               fim 1P 0x34
004 23                  src 1P
005 DA                  ldm 0xa
006 E0                  wrm
007 D5                  ldm 0x5
008 E9                  rdm
009
009                     ; RAM Status Char W&R
009 D2                  ldm 2
00A FD                  dcl
00B 24 60               fim 2P 0x60
00D 25                  src 2P
00E DB                  ldm 0xb
00F E6                  wr2
010 D4                  ldm 0x4
011 EE                  rd2
012 EC                  rd0
013
013                     ; Read ROM Port
013 24 40               fim 2P 0x40
015 25                  src 2p
016 EA                  rdr
017
017                     ; Write ROM Port
017 24 C0               fim 2P 0xc0
019 25                  src 2p
01A DA                  ldm 10
01B E2                  wrr
01C
01C                     ; Write RAM Port
01C D3                  ldm 3 ; bank4
01D FD                  dcl
01E 26 55               fim 3p 0x55
020 27                  src 3p
021 E1                  wmp
022
022                     ; ADD RAM
022 D2                  ldm 2
023 FD                  dcl
024 22 56               fim 1P 0x56
026 23                  src 1P
027 DA                  ldm 0xa
028 E0                  wrm
029 FA                  stc ; Carry=1
02A D6                  ldm 0x6
02B EB                  adm
02C
02C                     ; SUB RAM
02C D2                  ldm 2
02D FD                  dcl
02E 22 57               fim 1P 0x57
030 23                  src 1P
031 D5                  ldm 0x5
032 E0                  wrm
033 FA                  stc ; Borrow=0
034 D6                  ldm 0x6
035 E8                  sbm
```

```
036                     ; Program RAM R&W
036 D0                  ldm 0
037 FD                  dcl
038 20 00               fim 0p 0
03A 21                  src 0p
03B D0                  ldm 0x0
03C E4                  wr0
03D D2                  ldm 0x2
03E E5                  wr1
03F D4                  ldm 0x4
040 E6                  wr2
041                     ;
041 50 5E               jms PGM_RD
043 22 AB               fim 1P 0xab
045 50 4D               jms PGM_WR
047 22 00               fim 1P 0x0
049 50 5E               jms PGM_RD
04B
04B                 // End of Test
04B 40 4B       FINISH  jun FINISH
04D
04D                 // Program RAM, Read & Write
04D             PGM_WR
04D 20 E0               fim 0p 224
04F 21                  src 0p
050 D1                  ldm 1
051 E2                  wrr
052 50 6C               jms PGMCOM
054 A2                  ld 2
055 E3                  wpm
056 A3                  ld 3
057 E3                  wpm
058 20 E0               fim 0p 224
05A 21                  src 0p
05B F0                  clb
05C E2                  wrr
05D C0                  bbl 0
05E             PGM_RD
05E 50 6C               jms PGMCOM
060 E3                  wpm
061 E3                  wpm
062 20 E0               fim 0p 224
064 21                  src 0p
065 EA                  rdr
066 B2                  xch 2
067 60                  inc 0
068 21                  src 0p
069 EA                  rdr
06A B3                  xch 3
06B C0                  bbl 0
06C             PGMCOM
06C 20 00               fim 0p 0
06E 21                  src 0p
06F ED                  rd1
070 BA                  xch 10
071 EE                  rd2
072 BB                  xch 11
073 EC                  rd0
074 20 F0               fim 0p 240
076 21                  src 0p
077 E2                  wrr
078 2B                  src 5p
079 C0                  bbl 0
07A
07A                     end
```

の動作シーケンスを説明します．

(1) ROMチップ#14の出力ポートに数値0x1をラ
イトします．これでサポート・ハードウェアに対して，
「プログラムRAM」にライトする動作を開始したこと
を知らせます．

4004（CPU）のサンプル・プログラム① メモリ・アクセス・プログラム memtst.src 541

(2)「プログラム RAM」のアドレス12 ビットのうち上位の4 ビットを，ROM チップ＃15 の出力ポートにライトし，サポート・ハードウェアに取り込ませます．

(3)「プログラム RAM」のアドレス12 ビットのうち下位8 ビットを，SRC 命令でデータ・バスに出力し，サポート・ハードウェアに取り込ませます．

(4)「プログラム RAM」にライトするデータ幅は8 ビットなので，WPM 命令を2 回実行します．最初の WPM 命令でアキュムレータ ACC の内容を「プログラム RAM」の上位4 ビット側にライトし，2 回目の WPM 命令でアキュムレータ ACC の内容を「プログラム RAM」の下位4 ビット側にライトします．サポート・ハードウェアが，WPM 実行回数をカウントして上位側と下位側の選択をしながらライトするので，WPM 命令は必ず2 回実行する必要があります．

(5) ROM チップ＃14 の出力ポートに，数値0x0 をライトします．これでサポート・ハードウェアに対して，「プログラム RAM」にライトする動作が終了したことを知らせます．

● WPM 命令で「プログラム RAM」をリードする場合の動作

WPM 命令で「プログラム RAM」をリードする場合の動作シーケンスを説明します．WPM 命令はライト系の動作をするので，データ・バスに値を出力します．しかし「プログラム RAM」のリード値はサポート・ハードウェアを介して ROM の入力ポート経由で受け取るので，WPM 命令のライト動作で出力したデータ・バス上の値は無視します．

(1)「プログラム RAM」のアドレス12 ビットのうち上位の4 ビットを ROM チップ＃15 の出力ポートにライトし，サポート・ハードウェアに取り込ませます．

(2)「プログラム RAM」のアドレス12 ビットのうち下位8 ビットを SRC 命令でデータ・バスに出力し，サポート・ハードウェアに取り込ませます．

(3)「プログラム RAM」からリードするデータ幅は8 ビットなので，WPM 命令を2 回実行します．最初の WPM 命令で「プログラム RAM」の上位4 ビットが ROM チップ＃14 の入力ポートに入り，2 回目の WPM 命令で「プログラム RAM」の下位4 ビットが ROM チップ＃15 の入力ポートに入ります．これらを，ROM ポートをリードする命令 RDR で取り込みます．サポート・ハードウェアが，WPM 実行回数をカウントして上位側と下位側の選択をしながらリードするので，WPM 命令は必ず2 回実行する必要があります．

● サンプル・プログラム memtst.src での「プログラム RAM」アクセス

リスト2 のサンプル・プログラム memtst.src において，「プログラム RAM」にライトするときは，アクセス先アドレス（12 ビット）の上位4 ビットを RAM のバンク＃0，チップ＃0，レジスタ＃0 のステータス・キャラクタ0 に，中間4 ビットを同じくステータス・キャラクタ1 に，下位4 ビットを同じくステータス・キャラクタ2 にそれぞれ格納し，さらにライト・データ（8 ビット）をインデックス・レジスタ・ペア R1P(R2, R3) に格納してから，サブルーチン PGM_WR をコールします．

「プログラム RAM」をリードするときは，アクセス先アドレス（12 ビット）をライト時と同様に RAM のステータス・キャラクタに格納してから，サブルーチン PGM_RD をコールすると，リード・データが R1P に格納されます．

● サンプル・プログラム memtst.src のシミュレーション

ADS4004 でサンプル・プログラム memtst.src をシミュレーションしてみましょう．まず，アセンブルしてシミュレータを起動します．

```
$ ./ads4004 -a memtst.src
$ ./ads4004 -s memtst.src.hex
```

プログラムの最後が0x4B 番地なので，そこまで実行します．

```
### Q/R/G adr/S/M bnk/P >g 4b
```

メモリ・アクセスの中で，ROM チップ＃4 の入力ポートをリードしている RDR 命令があるので，適当な値を与えます．とりあえずリターンだけでも OK です．

```
>>>Input ROM(4)Port Level in Hex
    (Now 0, RET if unchanged)=
```

サブルーチン PGM_RD の中で「プログラム RAM」の内容をリードするために，ROM チップ＃14 と＃15 の入力ポートを RDR 命令でリードします．その RDR 命令実行前にいったん停止して入力値を要求しますが，WPM 命令のサポート・ハードウェアが「プログラム RAM」のデータをその入力ポートに与える動作を ADS4004 でもシミュレートして，自動的に入力ポートにプログラム・メモリの当該アドレスのデータ

リスト6　BCDコードをBINコードに変換するプログラムbcd2bin.src

```
                                              リスト・ファイル bcd2bin.src.lis
000                                                    ソース・ファイル bcd2bin.src
000             // BCD to BIN for MCS-4
000                 org 0x000
000
000                 // Main Routine
000             MAIN
000                 // Store BCD in Bank0/Reg0/Chr2-Chr0
000 D0              ldm 0
001 FD              dcl
002 20 02           fim 0p 0x02
004 21              src 0p
005 D1              ldm 0x1    ; MSB of BCD Code
006 E0              wrm
007 20           01 fim 0p 0x01
009 21              src 0p
00A D2              ldm 0x2    ; Middle of BCD Code
00B E0              wrm
00C 20 00           fim 0p 0x00
00E 21              src 0p
00F D3              ldm 0x3    ; LSB of BCD Code
010 E0              wrm
011                 // Call BCD to BIN Converter
011 50 1F           jms BCDBIN
013                 // Store BIN Result in Bank0/Reg0/Chr4-Chr3
013 20 04           fim 0p 0x04
015 21              src 0p
016 B2              xch 2      ; MSB of R1P (Result)
017 E0              wrm
018 20 03           fim 0p 0x03
01A 21              src 0p
01B B3              xch 3      ; LSB of R1P (Result)
01C E0              wrm
01D             FINISH
01D 40 1D           jun FINISH
01F
01F             // Convert BCD to Binary
01F             BCDBIN
01F 20 00           fim 0p 0   ; R0P=0
021             BCDBIN_1 // 1st Digit
021 22 00           fim 1p 0   ; R1P=0 (Result)
023 21              src 0p
024 E9              rdm        ; Read 1st (LSB) BCD Digit
025 B3              xch 3      ; R1P(LSB)=1st BCD Digit
026             BCDBIN_2 // 2nd Digit
026 24 0A           fim 2p 10  ; R2P=10, for 2nd Digit
028 50 2F           jms BCDADD ; Repeat (R1P=R1P+R2P) for Digit times
02A             BCDBIN_3 // 3rd Digit
02A 24 64           fim 2p 100 ; R2P=100, for 3rd Digit
02C 50 2F           jms BCDADD ; Repeat (R1P=R1P+R2P) for Digit times
02E             BCDBIN_END
02E C0              bbl 0      ; Return
02F             BCDADD
02F 61              inc 1      ; R1=R1+1
030 21              src 0p     ; Prepare to Read Next Digit
031             BA1
031 E9              rdm        ; Read the BCD Digit
032 14 3F           jcn az BA2 ; if ACC==0, jump to BA2
034 F8              dac        ; ACC=ACC-1
035 E0              wrm        ; Write Back the Decremented BCD Digit to RAM
036 F1              clc        ; R1P=R1P+R2P
037 A3              ld 3       ; ACC=R3
038 85              add 5      ; ACC=ACC+R5
039 B3              xch 3      ; R3=ACC
03A A2              ld 2       ; ACC=R2
03B 84              ADD 4      ; ACC=ACC+R4
03C B2              xch 2      ; R2=ACC
03D 40 31           jun BA1    ; jump to BA1
03F             BA2
03F C0              bbl 0      ; Return
040
040                 end
```

値を入れています．そのままリターン入力でOKです．これ以降のROMチップ#14と#15のポート入力では，同様にリターンだけでOKです．

```
>>>Input ROM(14)Port Level in Hex
        (Now 2, RET if unchanged)=
...
>>>Input ROM(15)Port Level in Hex
        (Now 2, RET if unchanged)=
...
>>>Input ROM(14)Port Level in Hex
        (Now a, RET if unchanged)=
...
>>>Input ROM(15)Port Level in Hex
        (Now b, RET if unchanged)=
```

4004(CPU)のサンプル・プログラム②
BCDコードをBINコードに変換するプログラムbcd2bin.src

● BCDコードをBINコードに変換するプログラムbcd2bin.src

サンプル・プログラムとして，BCDコード（Binary Coded Decimal：2進化10進数）をBINコード（Binary：2進数）に変換するプログラムをリスト6に示します．変換できるBCDコードの範囲は0～255とします．例えば，123というBCDコードは0x7Bに変換されます．

● 変換アルゴリズム

変換アルゴリズムはシンプルです．123というBCDコードを変換する場合を考えます．結果となるBINコードに，まずBCDコードの最下位桁の数値3を格納します．次に，BCDコードの中間桁の数値2の回数だけBINコードに10を加えます．最後に，BCDコードの最上位桁の数値1の回数だけBINコードに100を加えます．

● サンプル・プログラムの内容

BCDコードをBINコードに変換するサブルーチン本体がBCDBINです．入力となるBCDコードは，RAMのバンク#0のSRCアドレス0x00～0x02に下位側から順に格納します．BCDBINをコールして戻ってくると，変換後のBINコードはRAMのバンク#0のSRCアドレス0x03～0x04に下位側から格納されています．

● サンプル・プログラムbcd2bin.srcのシミュレーション

ADS4004でサンプル・プログラムbcd2bin.srcをシミュレーションしてみましょう．まず，アセンブルしてシミュレータを起動します．

```
$ ./ads4004 -a bcd2bin.src
$ ./ads4004 -s bcd2bin.src.hex
```

まず変換したいBCDコードを，RAM上に格納してサブルーチンBCDBINをコールするところ（0x11番地）まで実行して，そこでRAMバンク#0のSRCアドレス0x00～0x02に変換前のBCDコード（123）が，下位側から順に格納されていることを確認します（リスト7）．

次にプログラムの最後が0x1D番地なのでそこまで実行し，RAMバンク#0のSRCアドレス0x03～0x04に変換後のBINコード（0x7B）が下位側から順に格納されたことを確認しましょう（リスト8）．

プログラム内容と，CPU内のリソース内容の変化の対応を追いかけて，4004（CPU）の動作を味わってください．

先人の知恵を存分に味わおう

● 最小限のハードウェアに最大限の機能を詰め込む工夫

ここまで見てきたように，MCS-4システムは，最小限のハードウェアに最大限の機能を詰め込む工夫が随所に見られました．

個々のチップは16ピン小型パッケージに収め，アドレスとデータは4ビットのデータ・バスに時分割で送り，CPU/ROM/RAMを密接に協調動作させることでインターフェース信号を削減し，シンプルな接続だけでマイコン・システムが組み上がるようになっています．

命令をデコードするのがCPUだけではなく，ROM/RAMも行っていた，というのは目から鱗でした．

● 現代のRISCアーキテクチャの特長も併せもつ

またCPUのインデックス・レジスタ群R0～R15は，CPU内に一時データを置くためのレジスタを多くもつことで，性能低下に影響するメモリ・アクセスを減らすことができるので，現代のRISC（Reduced Instruction Set Computer）アーキテクチャで見られる汎用レジスタと同様な考え方です．とても面白いですね．

● 先人の知恵を学ぼう

このように，MCS-4はとてもよく練られたアーキテクチャをもつマイコンです．MCS-4のハードウェアをシンプル化する考え方は，今後，われわれが設計

リスト7　サンプル・プログラム bcd2bin.src のシミュレーション①

```
### Q/R/G adr/S/M bnk/P >g 11
  PC=001 ACC=0 CY=0 R0-15=0000000000000000 DCL=0 SRC=00  (001 FD       DCL)
  PC=002 ACC=0 CY=0 R0-15=0000000000000000 DCL=0 SRC=00  (002 20 02    FIM 0 0x02)
...
  PC=010 ACC=3 CY=0 R0-15=0000000000000000 DCL=0 SRC=00  (010 E0       WRM)
  PC=011 ACC=3 CY=0 R0-15=0000000000000000 DCL=0 SRC=00  (011 50 1F    JMS 0x01F)
### Q/R/G adr/S/M bnk/P >m 0
Bank=0 Chip=0 Reg=0 Addr=000   3 2 1 0 0 0 0 0 0 0 0 0 0 0 0 0   Status= 0 0 0 0
Bank=0 Chip=0 Reg=1 Addr=010   0 0 0 0 0 0 0 0 0 0 0 0 0 0 0 0   Status= 0 0 0 0
Bank=0 Chip=0 Reg=2 Addr=020   0 0 0 0 0 0 0 0 0 0 0 0 0 0 0 0   Status= 0 0 0 0
...
```

リスト8　サンプル・プログラム bcd2bin.src のシミュレーション②

```
### Q/R/G adr/S/M bnk/P >g 1d
  PC=01F ACC=3 CY=0 R0-15=0000000000000000 DCL=0 SRC=00  (01F 20 00    FIM 0 0x00)
  PC=021 ACC=3 CY=0 R0-15=0000000000000000 DCL=0 SRC=00  (021 22 00    FIM 2 0x00)
...
  PC=01B ACC=7 CY=0 R0-15=030B640000000000 DCL=0 SRC=03  (01B B3       XCH 3)
  PC=01C ACC=B CY=0 R0-15=0307640000000000 DCL=0 SRC=03  (01C E0       WRM)
### Q/R/G adr/S/M bnk/P >m 0
Bank=0 Chip=0 Reg=0 Addr=000   3 0 0 b 7 0 0 0 0 0 0 0 0 0 0 0   Status= 0 0 0 0
Bank=0 Chip=0 Reg=1 Addr=010   0 0 0 0 0 0 0 0 0 0 0 0 0 0 0 0   Status= 0 0 0 0
Bank=0 Chip=0 Reg=2 Addr=020   0 0 0 0 0 0 0 0 0 0 0 0 0 0 0 0   Status= 0 0 0 0
```

する各種応用システムでも活用できる場面があると思うので，とても勉強になります．

次章では，FPGAの上にMCS-4システムを構築して，ビジコン社の電卓141-PFを再現してみたいと思います．

◆参考文献◆

(1) Intel 4004 - 45th Anniversary Project　ホームページ
http://www.4004.com

(2) MCS-4 Micro Computer Set Users Manual，Rev.4，Feb，1973，Intel Corporation．(http://www.intel.com/Assets/PDF/Manual/msc4.pdf)

(3) MCS-4 Assembly Language Programming Manual，Preliminary Edition，Dec，1973，Intel Corporation．(http://www.nj7p.org/Manuals/PDFs/Intel/MCS-4_ALPM_Dec73.pdf)

(4) 嶋　正利，鎌田　信夫：マイクロコンピュータ・アーキテクチャの諸問題〈第1部〉（第1世代マイクロコンピュータ"4004から8008へ"），インターフェース，1975年3月号，pp.47 - 62，CQ出版社．

(5) 嶋　正利，鎌田　信夫：マイクロコンピュータ・アーキテクチャの諸問題〈第2部〉（第2世代マイクロコンピュータ8080へ），インターフェース，1975年4月号，pp.14 - 29，CQ出版社．

(6) 谷　正司；MCS-4とその応用技術（ハードウェアの構成とソフトウェア技術），インターフェース，1975年3月号，pp.63 - 92，CQ出版社．

(7) 「Intel 4004 Microprocessor 35th Anniversary，Nov 13，2006」シンポジウム・ビデオ，https://www.youtube.com/watch?v=j00AULJLCNo

Appendix 4　世界初のマイクロコンピュータの誕生
嶋 正利 氏の果たした大きな役割

●ディスクリート部品で構成されていた電卓

1960年代から1970年代は，世界各地の電卓メーカがしのぎを削って新製品を開発していた時期です．

当初はTTL ICなどディスクリート部品を使って完全なランダム論理で回路を組んでいました．しかし客先の要求に応じた仕様変更が多くなり，マクロ命令をROM（相当の回路）に入れて，シーケンス的に処理させるストアード・プログラム方式に移行していきました．アーキテクチャ的にはマイコンの誕生に向けた布石が打たれてきたことになります．

ただし，このマクロ命令は一つが大きな機能をもつ電卓専用命令であり，一つの命令をフェッチすることで，それなりの規模のシーケンス処理（例えば，キー入力を待つ，プリンタに印字する，多桁加算する，など）が実行されるイメージだったと思われます．

●電卓のLSI化

アポロ11号で人類が初めて月に降り立った1969年に，シャープが世界初のMOS LSIによる8桁電卓Micro Compet QT-8Dを発表しました．米国ロックウェル社と共同開発した4チップ構成のMOS LSIを採用して，大幅な低消費電力化と部品点数削減を実現したものです．

これ以降，電卓メーカはこぞってLSI開発に向けて舵を切りました．

●ビジコン社の動き

当時の日本の電卓メーカの一つに，ビジコン社がありました．1969年，ビジコン社でも電卓用LSIの開発を検討し，その共同開発相手として，P-MOSプロセスでLSIを生産していた米国インテル社を選択しました．

当時のインテル社はメモリ・メーカであり，DRAM（Dynamic Random Access Memory）やPROM（Programmable Read Only Memory）を生産していました．

●マイクロコンピュータの発想

ビジコン社で電卓用LSIの開発の中心となったのは嶋 正利氏です．1969年6月に渡米し，インテル社で電卓用LSIの仕様検討を開始しました．

当初は，電卓専用のマクロ命令をプログラムすることで電卓機能を実現しようとしていました．しかし，LSIの規模が大きくなり，コストが合わない問題がありました．

あるとき，インテル社の技術者からマクロ命令でなくマイクロ命令による実現を提案されました．ここでいうマイクロ命令とは，電卓専用マクロ命令よりも細かい簡単な機能しかもたない汎用命令のことで，今のマイコンCPUの命令と同じ考えのものです．この方式だとハードウェアが大幅に簡素化され，コスト的に満足できる案になりました．これでマイクロコンピュータとしての4ビットCPU（4004）のアイデアが固まったことになります．

当時すでに米国DEC社のPDP-8などミニ・コンピュータが普及しており，汎用命令によるCPUは存在していました．しかし嶋氏の考えていた，マクロ命令方式をめぐるビジコン社とインテル社による詳細な技術検討がなければ，LSI化したマイクロコンピュータ（4ビットCPU）のアイデアは出なかったといえます．

● MCS-4システムの開発

その後はビジコン社が実現したい電卓システムを組み上げるため，4004（CPU）だけでなく4001（ROM），4002（RAM），4003（シフトレジスタ）の各LSIの仕様検討が進みました．各LSIのパッケージは，インテル社のDRAMで実績があった16ピンDIPとすることを前提として，端子機能とアーキテクチャを検討しました．仕様設計は1969年12月までに大筋で完了しました．

この後は，実際のLSI設計のフェーズになります．ここでは，発注者側である嶋氏自身も論理設計者として組み込まれ，実作業に当たることになりました．最終的に，1970年10月に4001と4003が，11月に4002が，1971年3月に4004のサンプルが完成しました．4004は10μm P-MOSプロセスで製造され，2mm×3mmのチップの上に2,300トランジスタ（約600ゲート相当）を集積しています．動作クロック周波数は740 kHzでした．

●マイクロコンピュータによる電卓の誕生

1971年4月に電卓の基板に各チップが搭載されて動作確認が行われ，一発で動作したそうです．このビジコン社の電卓は141-PFという型名で1972年に発売されました（写真1）．2色プリンタ付きの15桁電卓であり，当時からメモリ機能，パーセント演算，平方根演算（オプション）などの機能をもち，電卓機能し

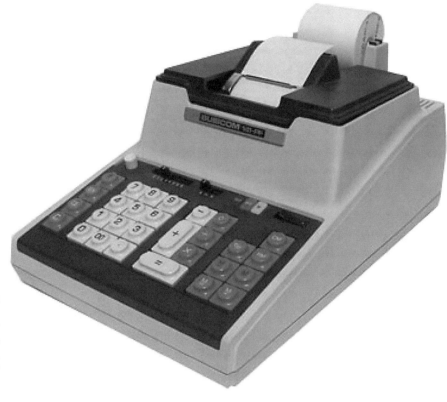

写真1　ビジコン社の電卓 141-PF
情報処理学会／コンピュータ博物館／情報処理技術遺産ホームページ(http://museum.ipsj.or.jp/heritage/2011/Busicom_141-PF.html)より

てはすでに完成したものでした．

●インテルの先見性

　当初，4001〜4004のチップ・セットはカスタム品であり，ビジコン社への専売契約でしたが，インテル社がこのチップの汎用性に気づき外販を希望したことと，当時ビジコン社に資金調達の必要があったことが合致し，ビジコン社は契約金の一部を払い戻してもらうことで，インテル社に販売権を与えました．

　インテル社はこのチップ・セットをMCS-4(Micro Computer Set-4)と名づけ，1971年11月から販売開始しました．これ以降，インテル社はプロセッサ・メーカへの道を本格的に歩み出すことになります．

●マイクロコンピュータ誕生への日本人の貢献

　電卓というアプリケーション開発をめぐる中で，嶋氏の果たした役割は大変大きかったといえます．ビジコン社とインテル社の多くの技術者が関わるプロジェクトの中で，マイクロコンピュータのアイデアに至るモチベーションへの貢献度には特筆すべきものがあります．

　現在のようなLSI設計開発ツールはない状況であり，論理設計は基本的にトランジスタ単体ベースで，回路図上に人手で記述しました．電卓アプリケーションの開発を含め，高品質に丹念に仕上げていった技術力の高さと，システム全体を完成させる意志の強さは素晴らしいです．

●インテル社4004やビジコン社141-PFを見られる場所

　インテル社4004やビジコン社141-PFの実物は，東京・上野の国立科学博物館で見ることができます．また，アメリカのシリコン・バレーにあるインテル・ミュージアム(写真2)にも展示されています．

●4ビットCPUから8ビットCPU，さらにその先へ

　電卓のように10進数演算を行う計算機では4ビット単位でデータを扱うので，4004のような4ビットCPUとの親和性が良くなります．一方，文字(ASCIIコード)を扱うようになると8ビット単位での処理が多くなり，8ビットCPUが必要になります．

　こうした背景から4004の開発の後，インテル社は8ビットの8008や8080を開発していきました．8080系製品は大ヒット商品になり，お世話になった方も多いと思います．

　筆者も8080A(初代8080の信号駆動能力を向上させたバージョン)を搭載した日本電気製のワンボー

Appendix 4　世界初のマイクロコンピュータの誕生　547

写真2 インテル本社
カリフォルニア州サンタクララにある．筆者が2011年7月に訪問したときに撮影．この中にミュージアムがある

ド・マイコン・キット TK-80 を手にして，マイコンの魅力にとりつかれました．

その後の 16 ビット CPU から 32 ビット CPU，さらに強力なアーキテクチャへと向かうマイコン技術の成長は，皆さんご存じの通り目覚ましいものがあり，今に至っています．

◆ 参考文献 ◆

(1) 嶋 正利：マイクロコンピュータの誕生＜わが青春の 4004＞，1987年8月，岩波書店．

第24章 歴史的4004アーキテクチャをFPGAの中に実現し、ビンテージ電卓を再現する

MCS-4システムの論理設計と電卓の製作

本書付属DVD-ROM関連データ			
DVD-ROM格納場所	内容	備考
CQ-MAX10¥Projects¥PROJ_MCS4	・ディレクトリFPGA：4004(CPU)を中心としたMCS-4システム全体のRTLコードと，そのMAX 10用FPGAプロジェクトとNios IIのファームウェア(Quartus Prime用，Nios II EDS用) ・ディレクトリverification：MCS-4システムの論理検証環境(ModelSim用)	MAX 10側
CQ-MAX10¥RaspberryPi¥CQ-MAX10.tar.gz	・Raspberry Piのホーム・ディレクトリ下に作業用ディレクトリ/home/pi/tempを作成し，本ファイルをその下に置いて解凍(tar xvfz CQ-MAX10.tar.gz)する．その後，解凍してできたディレクトリのうち/home/pi/temp/CQ-MAX10/MCS4を，/home/pi/CQ-MAX10/の下にコピー(第22章の操作と同じ) ・/home/pi/CQ-MAX10/MCS4/MCS4_Panel_320×240が，画面サイズ320×240のMCS-4システム用デバッガと電卓GUIインターフェース ・/home/pi/CQ-MAX10/MCS4/MCS4_Panel_800×480が，画面サイズ800×480のMCS-4システム用デバッガと電卓GUIインターフェース ・/home/pi/CQ-MAX10/MCS4/toolsが，インターネット上にある電卓用バイナリ・コードをMCS-4システム用デバッガに組み込むための変換ツール	Raspberry Pi側

●はじめに

前章では，4004(CPU)を中心としたMCS-4システムのアーキテクチャを詳細に解説しました．本章ではいよいよ，そのアーキテクチャをVerilog HDLで設計し，MAX 10 FPGAの中に実装してみたいと思います．

ここでは，4004(CPU)の他に，周辺チップとしての4001(ROM)，4002(RAM)，4003(シフトレジスタ)と同等な機能も設計し，システムに組み込みます．さらに，CPU(4004)には独自のオン・チップ・デバッガを搭載して，Raspberry Piからプログラムをダウンロードしたりデバッグしたりできるようにします．

MCS-4システムのアプリケーションとしては，博物館に展示されている往年の歴史的電卓(ビジコン社141-PF)も再現し，今でも十分実用的に使える機能とその仕組みをじっくりと味わいたいと思います．

MCS-4システム全体構成

● Raspberry Piをユーザ・インターフェースとして使用したシステム

今回製作するMCS-4システムの全体構成を図1に，全体仕様を表1に示します．MAX 10 FPGAを搭載したMAX10-FB基板(およびFPGAコンフィグレーション用MAX10-JB基板)を，拡張基板MAX10-EB基板に載せ，それをさらにRaspberry Piに載せたシステムを使用します．

● Raspberry Piはユーザ・インターフェース用

図1の一番左側にはRaspberry Piがあります．これはユーザ・インターフェースを受け持ちます．MAX 10 FPGA側とSPI通信により連携します(第22章で解説した手法)．Raspberry Pi上のアプリケーションは，FPGAの中に実装する4004(CPU)のオン・チップ・デバッガと，電卓の入出力部(キーボードとプリンタ)をエミュレーションするハードウェアの両方を制御します．Qt Creatorで開発しました．

● Raspberry PiとMAX 10 FPGAの接続

Raspberry PiとMAX 10を接続するために，MAX10-EB基板を使用します．

Raspberry Piのモニタとして，HDMI接続モニタを使用するか，または7インチ公式タッチ・ディスプレイを使用する場合は，編成A-1または編成A-2(第21章)で互いに接続してください．

4D Systems社のタッチLCDパネル基板4DPiシリーズなど，Raspberry Piの上に重ねるLCD基板

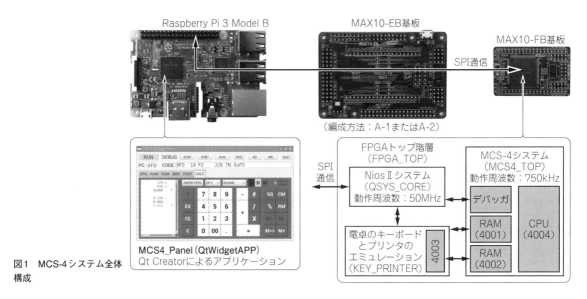

図1　MCS-4システム全体構成

表1　MCS-4システム全体仕様

分類		項目	内容
使用するハードウェア		Raspberry Pi	• Raspberry Pi 3 Model B（Raspberry Pi 2 Model Bでも可）
		MAX 10関連	• MAX10-FB基板（MAX 10 FPGA基板） • SDRAMは実装不要 • MAX10-JB基板（USB-Blaster等価） • MAX10-EB基板（Raspberry Pi接続用）
FPGA内論理（FPGA_TOP）	MCS-4システム（MCS4_TOP）	動作周波数	• 750kHz（PLLで生成）
		4004（CPU）	• 全命令とも実物と同一サイクルで実行
		4001（ROM）	• 16チップぶんを実装 • ROM容量：4096バイト • 入力ポート：64本 • 出力ポート：64本 　（入力ポートと出力ポートを独立化）
		4002（RAM）	• 8バンク，32チップぶんを実装 • RAM容量：2560ニブル＝1280バイト • 出力ポート：128本
		オン・チップ・デバッガ	• ROMのメモリとポートのリード／ライト • RAMのメモリとポートのリード／ライト • CPU内リソースのリード／ライト • CPU命令実行制御（RUN/STEP/STOP） • ブレーク・ポイントの設定（2本） • MCS-4システムのリセット
	電卓入出力部（KEY_PRINTER）	4003（シフトレジスタ）	• キーボード・スキャン用 ×1個 • プリンタ出力用 ×2個（カスケード接続）
	Nios Ⅱシステム（QSYS_CORE）		• Raspberry PiとのSPI通信 • オン・チップ・デバッガの操作 • 電卓入出力部の操作
ソフトウェア		Raspberry Piアプリケーション	• Qt Creatorで開発 • オン・チップ・デバッガと電卓の操作
		Nios Ⅱファームウェア	• Nios Ⅱ EDSで開発 • MAX 10内蔵FLASHメモリに固定
		4004プログラム	• ADS4004で開発してダウンロード • 電卓の場合は，インターネット上に公開されている141-PFのバイナリ・コードを使用
その他			プログラム・メモリ（通常は4001で構成）の一部をRAMで構成した場合の自己書き換え機能はサポートしない

(HAT規格基板など)を使用する場合は，編成B-1または編成B-2(第21章)で接続してください．

● MAX 10 FPGAの中身は

図1の一番右側がMAX 10 FPGAを搭載したMAX10-FB基板です．図では省略していますが，FPGAコンフィグレーション用のMAX10-JB基板も使用します．

MAX 10 FPGAの最上位階層(FPGA)の外部入出力信号は，実質的にはRaspberry PiとのSPI通信信号しかありません．FPGA階層下の主なモジュールを説明します．

(1) MCS-4システムの階層(MCS4_TOP)

FPGA階層内には，最も重要なMCS-4システムの階層(MCS4_TOP)があります．MCS4_TOP内に，4004(CPU)，4001(ROM)，4002(RAM)と等価な機能を実装します．4004(CPU)のオン・チップ・デバッガも入れます．

動作周波数は，実物とほぼ同じ750 kHzで動作させます．この周波数でどの程度の反応を示してくれるかを実感しましょう．

(2) 電卓の入出力部をエミュレーションするハードウェア(KEY_PRINTER)

MCS-4システム上に実現する電卓アプリの4004プログラムは，インターネット上に公開されている当時のバイナリ・コードをそのまま使用できるようにします．そのため，MCS-4システムの入出力ポート(4001チップ/4002チップ)から見た外部回路(電卓のキーボード，プリンタ，状態表示ランプ)の動作を，完全にエミュレーションするハードウェアが必要になります．

また，そのキーボード入力，プリンタ出力，状態表示ランプは，Raspberry Pi上のアプリケーションを通してユーザ側とインターフェースします．そのための機能として，FPGA階層に，電卓の入出力回路をエミュレーションするハードウェア(KEY_PRINTER)を作成します．

(3) 全体を制御するNios IIマイコン(QSYS_CORE)

システム全体をまとめ上げる役割を担うのがFPGA_階層下のNios IIマイコン(QSYS_CORE)です．Nios IIマイコン(QSYS_CORE)の入出力ポート(GPIO)が，4004(CPU)のオン・チップ・デバッガと，電卓の入出力部(KEY_PRINTER)に接続され，Raspberry Pi側とSPI通信しながらシステム全体を制御します．

● 必要なソフトウェア

本システムに必要なソフトウェアは次の3種類です．

(1) Raspberry Pi用アプリケーション MCS4_Panel

オン・チップ・デバッガと電卓を操作するためのユーザ・インターフェースとして機能するデバッガ・アプリです．Qt Creatorで開発します(第22章)．MAX 10側とSPI通信により協調動作し，Raspberry Pi側がSPIマスタ，MAX 10側がSPIスレーブになります．

(2) Nios IIのファームウェア

Raspberry Pi側とSPI通信しながら，4004(CPU)のオン・チップ・デバッガと電卓の入出力部(KEY_PRINTER)に接続されたNios IIのGPIOを制御します．Nios II EDSで開発し，MAX 10のFLASHメモリに固定化します．

(3) 4004(CPU)のプログラム

4004(CPU)のプログラムは，ユーザがADS4004(第23章)で開発して，インテルHEXフォーマットのバイナリ・コードをRaspberry Pi上のアプリケーションMCS4_Panel(デバッガ操作アプリ)から4002(ROM)にダウンロードします．

電卓アプリ(ビジコン社141-PF)のプログラム・コードについては本書では直接提供しませんので，インターネット上に公開されているバイナリ・コードを各自でダウンロードして使用してください．

MCS-4システムの立ち上げ

● まずは動作させてみよう

システムの中身の解説の前に，まずは皆さんの手元にある基板を使って動作させてみましょう．本書付属のDVD-ROMのデータを使って，次の手順でシステムを立ち上げてください．

● ハードウェアの準備と確認

次の通り，ハードウェアの準備と確認を行ってください．

(1) Raspberry Pi

Raspberry Pi 3 Model Bを用意してください．Raspberry Pi 2 Model Bも使用できます．Raspberry PiはQt Creatorでアプリケーション開発ができる状態まで立ち上げておいてください(第22章)．

なお，Raspberry Piのアプリ開発用Qt Creatorは，

ディスプレイ番号：0のデスクトップで使用しないと操作上いろいろと制約が出てきます．Raspberry Piに重ねるタイプの小型のLCD基板を使用すると，そこのディスプレイ番号が：0になり，その上でQt Creatorを起動すると画面が小さすぎて作業できないので，アプリケーションができ上がるまでは，HDMI接続のモニタを使ってください．その後，小型のLCD基板のマニュアルに従ってRaspberry PiのOSに手を入れるなど，LCD基板の立ち上げ作業をしてください．他のHDMIモニタを接続したRaspberry Piで開発したアプリを転送するのでも構いません．

7インチ公式タッチ・ディスプレイを使う場合は，/boot/config.txtを編集して画面解像度を大きめにすれば（そのぶんLCD上は画面が縮小される），その上でQt Creatorの作業ができます．この場合は，リモート・デスクトップで入って，ディスプレイ番号：0のデスクトップにリモート表示すると作業がしやすいです（第22章）．

(2) MAX10-FB基板とMAX10-JB基板

MAX 10 FPGAを搭載したMAX10-FB基板と，USB-Blaster等価機能のMAX10-JB基板を用意します．基板上のジャンパ類は，これまでの章で説明したFPGAプロジェクトが動作する状態（FPGAのI/O電源V_{CCIOx}の電圧が3.3V）であればOKです．

なお，本システムでは，MAX10-FB基板上のSDRAMは使用しません．MAX 10内のメモリですべて賄えます．

(3) MAX10-EB基板

Raspberry PiとMAX10-FB基板を接続するための拡張基板です．

Raspberry Piのモニタとして，HDMI接続モニタを使用するか，7インチ公式タッチ・ディスプレイを使用する場合は，最初は編成A-1で互いに接続します．このときのMAX10-EB基板裏面のはんだジャンパは，Raspberry PiのSPI1（AUX SPI0）とMAX10-FB基板のCN1を接続する4本（RN19P43，RN16P41，RN20P39，RN21P38）をショートしてください．

Raspberry Piのモニタとして，4D Systems社のタッチLCDパネル基板4DPiシリーズなど，Raspberry Piの上に重ねるLCD基板（HAT規格基板など）を使用する場合は，最初は編成B-1で接続します．このときのMAX10-EB基板裏面のはんだジャンパは，上記SPI信号の結線の他に，Raspberry PiがLCD基板を制御するための信号をRaspberry Pi North(CN3)とRaspberry Pi South(CN4)の間でスルー（通過）接続する必要があります．相手がHAT規格基板の場合は，Raspberry Pi EEPROM ID関連信号もスルー（通過）接続します．詳細は第21章の表7を参照してください．

すべての動作確認ができた後は，MAX10-JB基板は不要になるので，編成A-2または編成B-2に変更しても構いません．

(4) 各基板を互いに接続する

Raspberry Piのモニタとして，HDMI接続モニタを使用する場合は，編成A-1の形で組み立てます．

Raspberry Piのモニタとして，7インチ公式タッチ・ディスプレイを使う場合は，そのマニュアルに従ってRaspberry Pi本体をLCDパネルに合体し，その上に編成A-1を載せます．

Raspberry Piのモニタとして，Raspberry Piの上に重ねるLCD基板（HAT規格基板など）を使用する場合は，編成B-1の形式で組み立てます．

各基板を逆方向に接続したり，差し込みがずれたりしないように十分に注意してください．全体を接続できても，電源を投入する前に天井を見上げて深呼吸してから，しっかりもう一度確認しましょう．

(5) 電源の印加

Raspberry Piのモニタとして，HDMI接続モニタを使用する場合は，Raspberry Pi本体の電源用USBコネクタ，またはMAX10-EB基板の電源用USBコネクタから電源供給します．

Raspberry Piのモニタとして，7インチ公式タッチ・ディスプレイを使用する場合は，タッチ・ディスプレイの電源用USBコネクタから電源供給します．

Raspberry Piのモニタとして，Raspberry Piの上に重ねるLCD基板（HAT規格基板など）を使用する場合は，Raspberry Pi本体の電源用USBコネクタ，またはMAX10-EB基板の電源用USBコネクタから電源供給します．

いずれのケースも，電源を印加したらRaspberry PiのOSが起動してデスクトップ画面が表示されることを確認してください．

● MAX 10 FPGAをコンパイル

MAX 10の準備は，これまで解説してきた作業を思い出しながら進めてください．

本書の付属DVD-ROMにあるQuartus PrimeプロジェクトPROJ_MCS4を，C:\CQ-MAX10\Projects\の下にコピーしてください．Quartus Primeを立ち上げ，プロジェクト・ファイルC:\CQ-MAX10\Projects\PROJ_MCS4\FPGA\FPGA.qpfを開きます．そのまま，フル・コンパイルしてください．

興味があれば，FPGA最上位階層以下のRTLを眺めておいてください．

● Nios II のファームウェアをコンパイル

Nios II EDS を起動してください．ワークスペースは C:\CQ-MAX10\Projects\PROJ_MCS4\FPGA\software を開きます．

プロジェクトとして PROG と PROG_bsp の二つが見えていれば OK です．見えていなければ，Project Explorer の領域を右クリックしてそれぞれをインポートしてください．

ボード・サポート・パッケージの PROG_bsp を右クリックし，ポップ・アップ・メニューから，「Nios II → BSP Editor...」を選択し，BSP Editor を起動してそのままの内容で再度[Generate]ボタンを押して更新してください．

その後，メニュー「Project → Build All」を選択して，ワークスペース全体をビルドします．正常終了したら，アプリケーション PROG を右クリックして，ポップ・アップ・メニューの「Make Targets → Build...」選択し，表示されたウィンドウ内の項目「mem_init_generate」を選択して[Build]ボタンを押します．これで FLASH メモリからブートできる Nios II のファームウェアができ上がります．

● MAX 10 FPGA をコンフィグレーション

FPGA のコンフィグレーションの前に，MAX 10 のコンフィグレーション・データ内に Nios II のファームウェアを合体します．Quartus Prime のメニュー「File → Convert Programming Files...」を選択し，表示されたウィンドウ内の[Open Conversion Setup Data...]ボタンを押して，ファイル output_files\output_file.cof を開きます．そして[Generate]ボタンを押します．

Quartus Prime から Programmer を立ち上げて，[Add File...]ボタンでファイル output_files\output_file.pof を開いて，CFM0 と UFM の両方にチェックを入れてコンフィグレーションします．

なお，付属 DVD-ROM には，すでに完成した output_file.pof が入っているので，上記のコンパイル作業をしなくても，それをそのまま FPGA にダウンロードしてコンフィグレーションしても構いません．

●電卓 141-PF のプログラムを入手

本システムの上で電卓 141-PF のプログラムを動作させる場合は，そのプログラムを各自が個別に入手してください．本書の付属 DVD-ROM には収録していません．

プログラムのソース・コードは，参考文献(2)に記載したサイトから入手できます．実物の 141-PF の ROM チップからバイナリ・コードを直接吸い上げて，逆アセンブルして解析したものだそうです．これは，4004 用電卓プログラムのドキュメンテーションとしても極めて秀逸であり，ソフトとハードの連携をしっかり深く考えたプログラムであることがよくわかります．しかし，このソース・コードはアセンブル・リストの形式であり，そのまま開発ツール ADS4004 に入力することができません．

ここでは，電卓 141-PF のプログラムのバイナリ・コードをそのまま使うことにします．参考文献(3)に記載したデータをダウンロードしてください．これは，電卓 141-PF のシミュレータで，データや制御の流れを視覚的に表示しながら電卓動作をシミュレーションする Windows 用のアプリケーションです．その中に，電卓プログラムのバイナリ・コードのファイル 4001.code が含まれています．ただし，Verilog HDL のメモリを初期化する $readmemh()に読ませる形式になっています．

●電卓 141-PF のバイナリ・コードを変換

4001.code を，インテル HEX フォーマットに変換します．Raspberry Pi 上に本書の付属 DVD-ROM 内にある CQ-MAX10.tar.gz を解凍して，4004 開発ツール ADS4004 を立ち上げてあれば(第 23 章)，すでに /home/pi/CQ-MAX10/MCS4/tools というディレクトリがあるはずです．

この中で，Verilog HDL のメモリ初期化ファイルをインテル HEX フォーマットに変換するツール「v2hex」を次のようにしてビルドします．

```
$ cd /home/pi/CQ-MAX10/MCS4/tools
$ gcc -o v2hex v2hex.c
```

このディレクトリ内に 4001.code というファイルがありますが，これは中身がほぼ空っぽのダミーです．これを先ほどダウンロードした 4001.code に差し替えてください．そして，次のコマンドでインテル HEX フォーマットに変換します．

```
$ ./v2hex 4001.code > 4001.code.hex
```

この 4001.code.hex を Raspberry Pi 上に構築するデバッガ MCS4_Panel で FPGA 内の 4001(ROM)メモリにダウンロードすることで，電卓を再現することができます．

●電卓 141-PF のプログラムをデバッガ MCS4_Panel にあらかじめ組み込む

Raspberry Pi 上のデバッガ MCS4_Panel を使って，バイナリ・コード 4001.code.hex を電卓起動前にダウンロードしてもいいのですが，電卓アプリを頻繁に使うことを考慮して，デバッガ・アプリ MCS4_Panel に最初から組み込んでおいて，アプリ起動時に自動的

にMCS-4システム側にダウンロードしておいてもらうようにしました．

このため，インテルHEXフォーマットをC言語の定数配列記述に変換します．その変換ツール「hex2c」を次のようにしてビルドします．

```
$ cd /home/pi/CQ-MAX10/MCS4/tools
$ gcc -o hex2c hex2c.c
```

バイナリ・コード4001.code.hexを，次のコマンドでC言語記述rom_init.cppに変換します．

```
$ ./hex2c 4001.code.hex > rom_init.cpp
```

● Raspberry PiのアプリMCS4_Panel（QtWidgetAPP）をビルド

画面サイズに応じて2種類のアプリケーションを用意してあります．各アプリのディレクトリは次の通りです．

(1) 画面サイズ800×480用アプリ：
 /home/pi/CQ-MAX10/MCS4/MCS4_Panel_800x480
(2) 画面サイズ320×240用アプリ：
 /home/pi/CQ-MAX10/MCS4/MCS4_Panel_320x240

使用したいほうのアプリのディレクトリに移動し，その中のQtWidgetAPPの下に，先ほど変換したrom_init.cppをコピーしてください．同じファイル名のダミーが入っていますが，上書きしてください．

Qt Creatorを起動して，プロジェクトQtWidgetAPP/QtWidgetAPP.proを開いて，リビルドしてください．アプリ・ディレクトリの下にbuild-QtWidgetAPP-Desktop-Debugの下に，アプリケーションのバイナリQtWidgetAPPができています．

● Raspberry PiのアプリMCS4_Panel（QtWidgetAPP）を起動

いよいよ完成したアプリを起動して，MAX 10側と連携させてMCS-4システムを動かしてみましょう．

ただし，その前に，アプリケーションのバイナリQtWidgetAPPの起動にルート権限用コマンドsudoを使わなくてもいいように対策します．

```
$ cd build-QtWidgetAPP-Desktop-Debug
$ sudo chown 0：0 QtWidgetAPP
$ sudo chmod u+s QtWidgetAPP
```

これ以降は，次のコマンド入力で起動できます．

```
$ ./QtWidgetAPP &
```

なお，各アプリのディレクトリに，chown/chmodを含めた起動用のスクリプトrun_Debugがあるので，それを次のように実行してもアプリを起動できます．

```
$ ./run_Debug &
```

MCS-4システムの使用方法

● まずは電卓を動かそう

アプリMCS4_Panel（QtWidgetAPP）が正常に起動すると，図2または図3に示す電卓画面が現れます．最初に起動したときは，FPGA内の4004（CPU）は，命令停止状態になっています．画面上部の［RUN］ボタンを押してプログラムを起動してください．すると，PC（プログラム・カウンタ）の表示が一定間隔で変化するようになります．これで4004（CPU）が動作を開始したことになります．

実際のPCはもっと高速に更新しており，この画面は，かなり荒い間隔でPC値をサンプリングして表示しているだけです．

Column 1 Raspberry PiのアプリMCS4_Panel（QtWidgetAPP）をビルドする際の注意

● プロジェクトを開くとき

Raspberry PiのアプリMCS4_Panel（QtWidgetAPP）のプロジェクト・ファイル，QtWidgetAPP.proをQt Creatorで開くと，最初だけ，「他のところで作成されたものだが開いてよいか？」という趣旨の確認メッセージが出ることがありますが，そのまま進めてください．

● ビルドするとき

ビルドでエラーが出たら，下記を確認して再度実行してください．
(1) Qt Creatorの初期設定：第22章の図6
(2) Qt Creatorのコンパイル・オプション：第22章の図10（d）

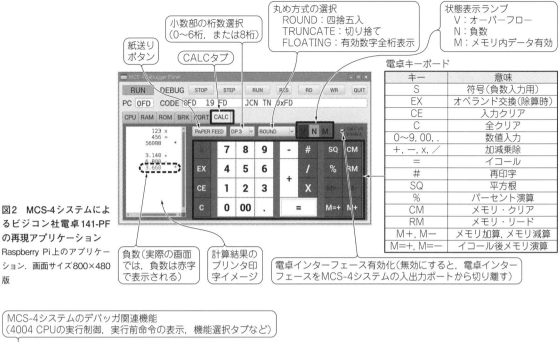

図2 MCS-4システムによるビジコン社電卓141-PFの再現アプリケーション
Raspberry Pi上のアプリケーション．画面サイズ800×480版

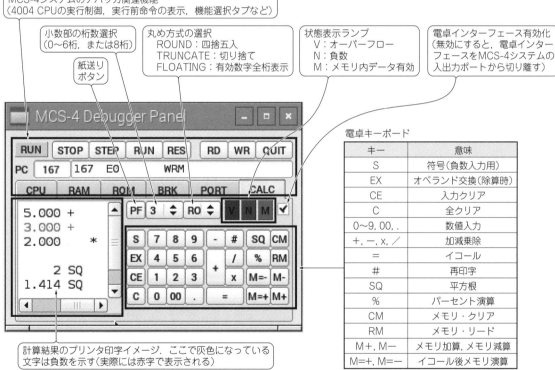

図3 MCS-4システムによるビジコン社電卓141-PFの再現アプリケーション
Raspberry Pi上のアプリケーション．画面サイズ320×240版

●電卓の操作方法

電卓の操作方法の例を**図4**に示します．

足し算と引き算だけは，現在の一般的な電卓とは少し異なります．イコールを押す前にも「＋」や「－」を押しています．別の言い方をすると，数値を入力してから「＋」または「－」を押しています．「数値を足す」，「数値を引く」と唱えながら，その通りにキーを押す感じで操作してください．

掛け算や割り算は，現在の電卓と同様にキーを押します．％計算，平方根，メモリ計算も同様です．

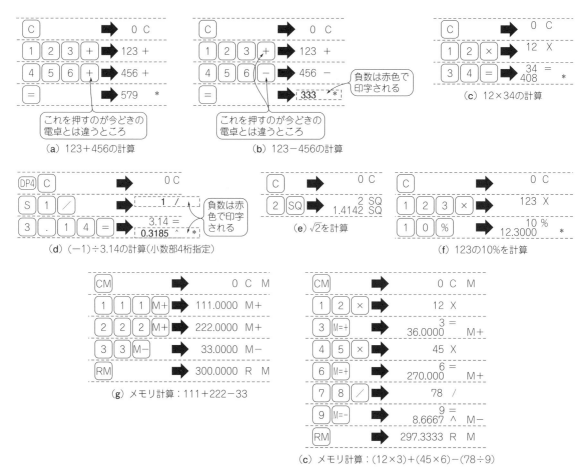

図4　MCS-4システムによるビジコン社電卓141-PFの操作例

　負数を入力するときは「S」を押してから数値キーを入力します．

　初期状態では小数点以下の桁数は0になっているので，必要に応じて，小数部の桁数を指定してください．また，最終桁の丸め方法は，四捨五入（ROUND），切り捨て（TRUNCATE），有効数字全表示（FLOATING）から選択できます．

　さらに，状態表示ランプとして，オーバーフロー発生（V），結果が負数（N），メモリ内データ有効（M）の3個が用意されています．

●味わい深いプリンタの印字方式も再現

　ビジコン社電卓141-PFの計算結果は，液晶や蛍光表示管，LEDなどのデバイスに表示されるのではなく，プリンタにより紙に印字されるものでした．プリンタは，信州精機（現 セイコーエプソン）のModel 102が採用されていました．回転し続けるドラムに凸版式の活字が埋め込まれており，その上に紙，インク・リボン，ハンマがあって，ドラムの活字が紙の印字したい箇所に回ってきたときに，タイミングを合わせてハンマを打つ方式です．

　電卓側の制御としては，回転するドラムの位置を示す信号を受け取り，回転ドラム上の活字の中で，もっとも早く回ってくるものから順にハンマ打ちを指示する信号を送って印字していきます．この具体的な方法は後述しますが，結果として，計算結果が左から右に印字されるわけではなく，印字する行のあちらこちらの桁がバラバラに印字されていき，最終的に全部が揃う形になります．この印字方式を今回のMCS-4システムでも再現しています．この味わい深い印字方法を堪能してみてください．確かにこれが，ドラム式のプリンタを使ってもっとも早く印字を終わらせることができる効率的な方法であることがわかります．先人たちの気合いが伝わってきます．

　インク・リボンは，昔懐かしい機械式タイプライタが使っていたものと同じ，黒と赤の2色方式です．印字タイミングに合わせてインク・リボンの上下方向の位置がずれて，2色印字されます．本電卓では，負数を赤印字で表現しています．今回製作した電卓でも，負数は赤で表示します．

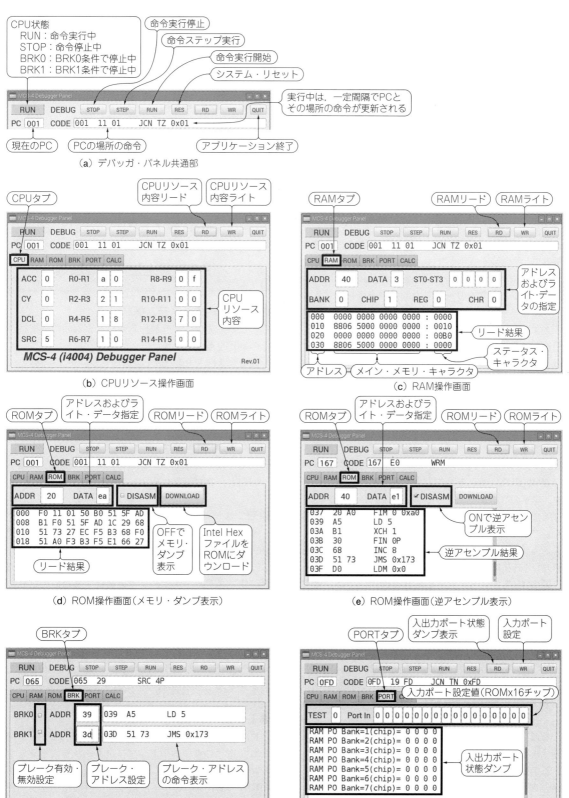

図5 MCS-4デバッガ（MCS-4 Debugger Panel）の画面
画面サイズ800×480版の場合を示す．画面サイズ320×240版も同一機能をもつ

MCS-4システムの使用方法

● MCS-4システムのデバッグ機能

アプリMCS4_Panel(QtWidgetAPP)には，FPGA内のMCS-4システムのオン・チップ・デバッガを操作するGUIが含まれます．その機能を図5に示します．各機能は画面内のタブで切り替えできます．

図5(a)のデバッガ・パネル共通部では，CPUの実行状態(命令実行中，命令停止中，ブレーク・ポイントで停止中)を示し，またCPUの命令停止(STOP)，ステップ実行(STEP)，実行開始(RUN)を制御するボタンがあります．またMCS-4システムをリセットするボタン(RES)もあります．CPUの命令実行中は，プログラム・カウンタPCの値と，その場所にある命令コードと逆アセンブル結果を一定間隔でキャプチャして更新し続けます．命令が停止したら，その場所のPCと命令を表示します．

図5(b)のCPUリソース操作画面では，4004(CPU)内の各レジスタ類をリードしたり，値を直接ライトしたりできます．命令実行中にCPUリソースへ値をライトすると，どの時点で書き換わるかが保証できず，動作が予測できないので，基本的には命令停止中にデバッグ用としてライトしてください．

図5(c)のRAM操作画面では，MCS-4システム内の4002(RAM)のメモリ内容をリード/ライトできます．すべてのバンク，チップ，レジスタ内のメイン・メモリ・キャラクタおよびステータス・キャラクタを操作できます．

図5(d)のROM操作画面では，MCS-4システム内の4001(ROM)のメモリ内容をリード/ライトできます．本家のプログラム・メモリはマスクROMですが，ここでは自由にライトして変更できます．プログラムを逆アセンブル表示することもできます．さらに，インテルHEXフォーマットのバイナリ・ファイルをROMメモリにダウンロードすることができます．

図5(f)のブレーク・ポイント操作画面では，命令実行を一時停止するためのブレーク・ポイントを設定できます．ブレーク・ポイントを設定したROMアドレスの命令を，実行する直前で停止します．ブレーク・ポイントは最大2ヵ所に設定可能です．

図5(g)の入出力ポート操作画面では，4004(CPU)のTEST端子を含むROMの入力ポートの値を指定できます．またROM/RAMの出力ポートの状態を表示できます．

なお，電卓操作画面にある電卓インターフェース有効化チェック・ボックスをOFFにしているときだけ，TEST端子とROMの入力ポートの信号に対して，入出力ポート操作画面の設定値を入力できます．

電卓アプリを動かすときは必ず電卓インターフェース有効化チェック・ボックスをONにしてください．ONにしたときに，TEST端子と入力ポートの信号がすべて，電卓入出力エミュレーション用ハードウェア(KEY_PRINTER)に接続されます．

ROM/RAMの出力ポートの信号は，常に入出力ポート操作画面とKEY_PRINTERの両方に接続されています．

● システムが動作しなくなったら

MCS-4システムがうまくアプリMCS4_Panel(QtWidgetAPP)と連携できなくなったら，アプリをいったん終了して，MAX10-FB基板上のコンフィグ・ボタン(SW2)を押して，FPGAを再コンフィグして初期化してください．その後，再度アプリMCS4_Panel(QtWidgetAPP)を起動してください．

FPGA最上位階層の論理

● FPGA内のシステム構成

ここから先は，今回製作したシステムの内部構造とその動作を解説します．

図6にMAX 10の最上位階層モジュールFPGAのブロック図を示します．この中には主に，MCS-4システム(MCS4_TOP)，電卓の入出力部をエミュレーションするハードウェア(KEY_PRINTER)，全体を制御するNios IIマイコン(QSYS_CORE)の3モジュールが含まれます．

FPGA階層には，システムのパワー・オン・リセット回路と，クロック生成用のPLLも含まれます．

● モジュールMCS4_TOP

MCS4_TOPには，4004(CPU)，4001(ROM)，4002(RAM)が含まれ，入出力信号は基本的にはCPUのTEST入力と，ROM/RAMの入出力ポートです．あと，オン・チップ・デバッガを制御するための信号がQSYS_COREに接続されています．MCS4_TOPは750 kHzで動作します．

MCS4_TOPの入力信号(TEST入力とROMの入力ポート)を，KEY_PRINTER側から受け取るか，QSYS_CORE側から受け取るかを切り替えるマルチプレクサがFPGA階層の中にあります．

● モジュールKEY_PRINTER

KEY_PRINTERには，4003(シフトレジスタ)が含まれ，電卓のキーボード，プリンタ，状態表示ランプをエミュレーションする回路が構成されています．MCS4_TOP側にとって，電卓入出力回路がオリジナルとまったく同じように見えるように，MCS4_TOPの入出力ポートをKEY_PRINTERに接続します．また，電卓操作情報をQSYS_COREを介してRaspberry

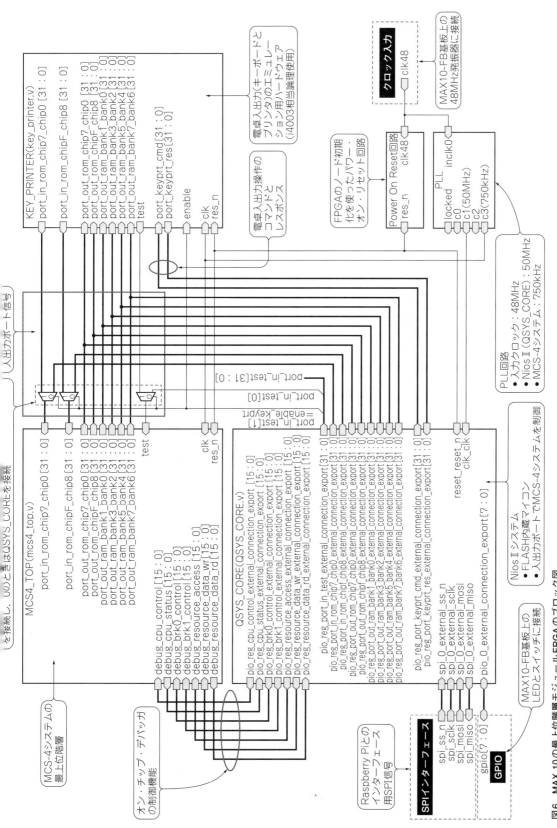

図6 MAX 10の最上位階層モジュールFPGAのブロック図
RTL記述はFPGA.v

Piとインターフェースするため，電卓入出力操作のコマンドとレスポンス信号をQSYS_COREに接続しています．KEY_PRINTERも750 kHzで動作します．

●モジュールQSYS_CORE

QSYS_COREの階層は，Nios IIコアのFLASHマイコンです．主に追加した周辺機能は，Raspberry Piと通信するためのSPI(スレーブ)機能と，MCS4_TOPの入出力信号およびKEY_PRINTERの電卓入出力操作のコマンドとレスポンス信号を接続するためのGPIOです．QSYS_COREは50 MHzで動作します．

MCS-4システム階層の論理

●モジュールMCS4_TOPの内部構造

図7にMCS-4システムの中核となるモジュールMCS4_TOPの内部ブロック図を示します．また，内部信号一覧を表2に示します．

4004(CPU)に対応するのがモジュールMCS4_CPUです．4001(ROM)はモジュールMCS4_ROMに対応し，4001×16チップぶんを実装してあります．

4002(RAM)はモジュールMCS4_RAMに対応し，4002(RAM)×8バンク×4チップぶんを実装してあります．

これらに加えて，CPUの命令実行制御や各内部リソースをリード/ライトするためのオン・チップ・デバッガ機能のモジュールMCS4_DEBUGが含まれます．

4004(CPU)の論理

● 4004(CPU)がモジュールMCS4_CPUに対応

モジュールMCS4_CPUがメインの4004(CPU)です．RTL記述はmcs4_cpu.vです．4004オリジナルの信号に対して，クロックを1相化し，4ビット・データ・バスを出力専用と入力専用に分割してあります．また，オン・チップ・デバッガから命令実行を制御したり，内部リソースをリード/ライトするための信号を追加してあります．

●内部ステートとシステム同期

MCS-4システムでは，4004(CPU)，4001(ROM)，4002(RAM)のすべてのチップが同期して動かないといけません．CPU内部ステートは8ステートあり，A1，A2，A3，M1，M2，X1，X2，X3から構成されています．全チップの内部ステートを，CPUと完全に同期させる必要があります．

内部ステートを示す信号としては，8ビットのstate[7:0]を定義しています．8個のビットが8個のステートのそれぞれに対応しています．例えばステートA1なら8'b0000_0001，ステートX3なら8'b1000_0000になります．2個以上のビットがセットされることはありません．

CPU，ROM，RAMいずれも同じ内部ステート信号state[7:0]をもっており，これらを同期化させる必要があります．今回のシステムでは，オン・チップ・デバッガによりCPU命令を停止したり走らせたりするので，それを考慮した同期化が必要です．内部ステートの同期化方法を図8に示します．システム同期には信号sync_nを使います．

図8(a)は，リセット直後の状態からCPU命令を実行開始するまでを示しています．リセット直後のCPUは命令停止状態です．内部ステートstate[7:0]はオール・ゼロになっています．その状態でオン・チップ・デバッガから命令実行開始指示(debug_run)がアサートされると，CPUの次状態を示すstate_next[7:0]をA1にし，このときシステム同期信号sync_nをアサートします．この後，CPUはstate_next[7:0]を順に更新しながらクロックの立ち上がりでstate[7:0]に転送し，内部ステートを進めていきます．ROM/RAM側では，sync_nがアサートされたクロックの立ち上がりでstate[7:0]をA1に設定して，以降内部ステートを進めていきます．これで各チップが同期してスタートできました．

図8(b)は，オン・チップ・デバッガによりCPU命令実行を停止した様子を示しています．オン・チップ・デバッガからのdebug_runは，state[7:0]がオール・ゼロのときだけでなく，X3のときにもチェックされています．state[7:0]がX3のときにdebug_runがネゲートされていたら，CPU命令の実行を停止するため，state_next[7:0]をオール・ゼロにします．再開するには，またdebug_runをアサートします．

なお，ROM/RAM側では，内部ステートX3の次のステートはオール・ゼロになり，sync_nが来ないとステートA1に移行できないようにしてあります．CPUが一時的に命令を停止しても，ROM/RAM側はそれに追従できるようになっています．CPUのstate_next[7:0]がA1のとき，システム同期信号sync_nをアサートしておけば，ROM/RAMはCPUとの同期を継続します．

図8(c)は，オン・チップ・デバッガで設定したブレーク・ポイントにPCが一致して，命令を停止する様子を示しています．state[7:0]がX3のときに，ブレーク・ポイントがマッチした信号debug_brk_

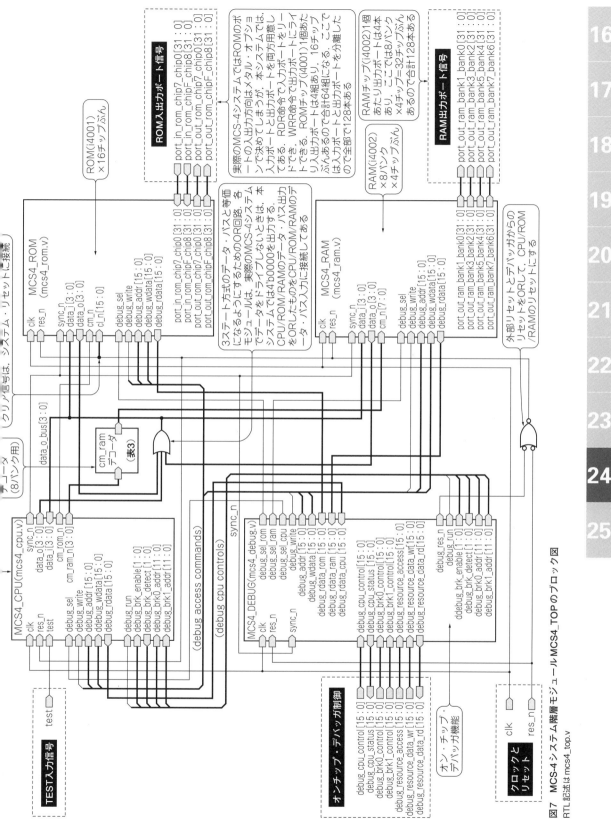

図7 MCS-4システム階層モジュールMCS4_TOPのブロック図
RTL記述はmcs4_top.v

表2 MCS-4システム階層モジュールMCS4_TOP内の信号

種類	信号名	外部端子	MCS4_CPU	MCS4_ROM	MCS4_RAM	MCS4_DEBUG	その他論理	ビット	フィールド名称	フィールドの意味
クロック	clk	IN	IN	IN	IN	IN				クロック(750kHz)
リセット	res_n	IN				IN				外部リセット
	debug_res_n					OUT	IN			デバッガからのリセット
	system_res_n		IN	IN	IN		OUT			システム・リセット(=res_n & debug_res_n)
分岐条件	test	IN	IN							条件分岐命令(JCN)のTEST条件
同期信号	sync_n	OUT	IN	IN	IN					システム同期信号(X3でLOWレベル)
データ・バス	data_o_cpu[3:0]		OUT				IN			CPUのデータ出力(非アクセス時は4'b0000出力)
	data_o_rom[3:0]			OUT			IN			ROMのデータ出力(非アクセス時は4'b0000出力)
	data_o_ram[3:0]				OUT		IN			RAMのデータ出力(非アクセス時は4'b0000出力)
	data_o_bus[3:0]		IN	IN	IN		OUT			CPU/ROM/RAMのデータ出力のOR
ROM/RAMコマンド・コントロール	cm_rom_n		OUT	IN						ROMコマンド・コントロール信号
	cm_ram_n_encoded[3:0]		OUT				IN			RAMコマンド・コントロール信号(エンコード信号)
	cm_ram_n[7:0]				IN		OUT			RAMコマンド・コントロール信号(バンク別デコード信号, 表3)
デバッガ制御	debug_cpu_control[15:0]	IN				IN		31:04	未使用	
								03	CPU_CONTROL_RUN	CPU命令連続実行(優先度:低)
								02	CPU_CONTROL_STEP	CPU命令ステップ実行
								01	CPU_CONTROL_STOP	CPU命令停止
								00	CPU_CONTROL_RESET	システム・リセット(優先度:高)
	debug_cpu_status[15:0]	OUT				OUT		31:04	未使用	
								03	CPU_STATUS_BRK1	0:実行中, 1:BRK1で停止中
								02	CPU_STATUS_BRK0	0:実行中, 1:BRK0で停止中
								01	未使用	
								00	CPU_STATUS_STOP	0:実行中, 1:停止中
	debug_brk0_control[15:0]	IN				IN		15:13	未使用	
								12	BRKE	ブレーク0イネーブル(1で有効)
								11:00	BRKA	ブレーク0アドレス(PC)
	debug_brk1_control[15:0]	IN				IN		15:13	未使用	
								12	BRKE	ブレーク1イネーブル(1で有効)
								11:00	BRKA	ブレーク1アドレス(PC)
	debug_resource_access[15:0]	IN				IN		15	REQ	アクセス要求(立ち上がりエッジで)
								14	RW	0:リード, 1:ライト
								13:00	ADDRESS	アクセス先指定(表4)
	debug_resource_data_wr[15:0]	IN				IN		15:12	未使用	アクセス要求(立ち上がりエッジで)
								11:00	DATA_WR	ライト・データ(表5)
	debug_resource_data_rd[15:0]	OUT				OUT		15	ACK	リード・データ確定
								14:12	未使用	
								11:00	DATA_RD	リード・データ(表5)
デバッガ・アクセス制御	debug_sel_cpu		IN			OUT				デバッガ・アクセスのCPU選択
	debug_sel_rom			IN		OUT				デバッガ・アクセスのROM選択
	debug_sel_ram				IN	OUT				デバッガ・アクセスのRAM選択
	debug_write		IN	IN	IN	OUT				デバッガ・アクセスの方向(0:リード, 1:ライト)
	debug_addr[15:0]		IN	IN	IN	OUT				デバッガ・アクセスのアドレス
	debug_wdata[15:0]		IN	IN	IN	OUT				デバッガ・アクセスのライト・データ
	debug_rdata_cpu[15:0]		OUT			IN				デバッガ・アクセスのCPUリード・データ
	debug_rdata_rom[15:0]			OUT		IN				デバッガ・アクセスのROMリード・データ
	debug_rdata_ram[15:0]				OUT	IN				デバッガ・アクセスのRAMリード・データ
デバッガ実行制御	debug_run		IN			OUT				デバッガ命令実行制御(0:停止, 1:実行)
	debug_brk_enable[1:0]		IN			OUT				デバッガ・ブレーク・イネーブル(ビット0:BRK0, ビット1:BRK1)
	debug_brk_detect[1:0]		OUT			IN				デバッガ・ブレーク検出(ビット0:BRK0, ビット1:BRK1)
	debug_brk0_addr[11:0]		IN			OUT				デバッガ・BRK0アドレス(実行前ブレークをかけるROMアドレス)
	debug_brk1_addr[11:0]		IN			OUT				デバッガ・BRK1アドレス(実行前ブレークをかけるROMアドレス)

種類	信号名	外部端子	MCS4_CPU	MCS4_ROM	MCS4_RAM	MCS4_DEBUG	その他論理	信号の意味		
								ビット	フィールド名称	フィールドの意味
ROM入出力ポート	port_in_rom_chip7_chip0[31:0]	IN		IN				31:28	PORT_IN_ROM_C7	ROMチップ#7のポート入力
								27:24	PORT_IN_ROM_C6	ROMチップ#6のポート入力
								23:20	PORT_IN_ROM_C5	ROMチップ#5のポート入力
								19:16	PORT_IN_ROM_C4	ROMチップ#4のポート入力
								15:12	PORT_IN_ROM_C3	ROMチップ#3のポート入力
								11:08	PORT_IN_ROM_C2	ROMチップ#2のポート入力
								07:04	PORT_IN_ROM_C1	ROMチップ#1のポート入力
								03:00	PORT_IN_ROM_C0	ROMチップ#0のポート入力
	port_in_rom_chipF_chip8[31:0]	IN		IN				31:28	PORT_IN_ROM_C15	ROMチップ#15のポート入力
								27:24	PORT_IN_ROM_C14	ROMチップ#14のポート入力
								23:20	PORT_IN_ROM_C13	ROMチップ#13のポート入力
								19:16	PORT_IN_ROM_C12	ROMチップ#12のポート入力
								15:12	PORT_IN_ROM_C11	ROMチップ#11のポート入力
								11:08	PORT_IN_ROM_C10	ROMチップ#10のポート入力
								07:04	PORT_IN_ROM_C9	ROMチップ#9のポート入力
								03:00	PORT_IN_ROM_C8	ROMチップ#8のポート入力
	port_out_rom_chip7_chip0[31:0]	OUT		OUT				31:28	PORT_OUT_ROM_C7	ROMチップ#7のポート出力
								27:24	PORT_OUT_ROM_C6	ROMチップ#6のポート出力
								23:20	PORT_OUT_ROM_C5	ROMチップ#5のポート出力
								19:16	PORT_OUT_ROM_C4	ROMチップ#4のポート出力
								15:12	PORT_OUT_ROM_C3	ROMチップ#3のポート出力
								11:08	PORT_OUT_ROM_C2	ROMチップ#2のポート出力
								07:04	PORT_OUT_ROM_C1	ROMチップ#1のポート出力
								03:00	PORT_OUT_ROM_C0	ROMチップ#0のポート出力
	port_out_rom_chipF_chip8[31:0]	OUT		OUT				31:28	PORT_OUT_ROM_C15	ROMチップ#15のポート出力
								27:24	PORT_OUT_ROM_C14	ROMチップ#14のポート出力
								23:20	PORT_OUT_ROM_C13	ROMチップ#13のポート出力
								19:16	PORT_OUT_ROM_C12	ROMチップ#12のポート出力
								15:12	PORT_OUT_ROM_C11	ROMチップ#11のポート出力
								11:08	PORT_OUT_ROM_C10	ROMチップ#10のポート出力
								07:04	PORT_OUT_ROM_C9	ROMチップ#9のポート出力
								03:00	PORT_OUT_ROM_C8	ROMチップ#8のポート出力

match[1:0]がアサートされていたら，state_next[7:0]をオール・ゼロにして命令を停止します．実行再開のためには，またdebug_runをアサートします．ROM/RAM側の同期も図8(b)と同様であり問題なく行われます．

● CPUのRTLの内容

CPUのRTLコードmcs4_cpu.vの中に，CPUのデータ・パスと制御部のすべてを記述してあります．コメント行を含めて1000行に満たないシンプルな記述です．なるべく読みやすく書いたので，RTLコードを読むだけでも内容を理解いただけると思いますが，以下に，CPU記述の各部分を簡単に説明しておきます．

(1) 15行目～52行目：モジュールMCS4_CPUの入出力信号の定義と内部信号の定義です．

(2) 54行目～84行目：前項で説明した内部ステートの遷移制御を行っています．

(3) 86行目～95行目：2命令サイクル必要な命令（マルチ・サイクル命令）の制御です．1サイクル目ではmulti_cycleが1'b0で，2サイクル目に1'b1になります．内部ステートの遷移制御において，マルチ・サイクル命令を停止する場合は，2サイクル目が終わってから初めて停止します．マルチ・サイクル命令のブレークについては，1命令サイクルごとにPCと比較していて，一致すれば1命令サイクル目でも停止します．

(4) 97行目～100行目：sync_n信号を生成しています．

(5) 102行目～111行目：オン・チップ・デバッガで

表2　MCS-4システム階層モジュールMCS4_TOP内の信号(つづき)

種類	信号名	外部端子	MCS4_CPU	MCS4_ROM	MCS4_RAM	MCS4_DEBUG	その他論理	信号の意味		
								ビット	フィールド名称	フィールドの意味
RAM出力ポート	port_out_ram_bank1_bank0[31:0]	OUT			OUT			31:28	PORT_OUT_RAM_B1_C3	RAMバンク#1, チップ#3のポート出力
								27:24	PORT_OUT_RAM_B1_C2	RAMバンク#1, チップ#2のポート出力
								23:20	PORT_OUT_RAM_B1_C1	RAMバンク#1, チップ#1のポート出力
								19:16	PORT_OUT_RAM_B1_C0	RAMバンク#1, チップ#0のポート出力
								15:12	PORT_OUT_RAM_B0_C3	RAMバンク#0, チップ#3のポート出力
								11:08	PORT_OUT_RAM_B0_C2	RAMバンク#0, チップ#2のポート出力
								07:04	PORT_OUT_RAM_B0_C1	RAMバンク#0, チップ#1のポート出力
								03:00	PORT_OUT_RAM_B0_C0	RAMバンク#0, チップ#0のポート出力
	port_out_ram_bank3_bank2[31:0]	OUT			OUT			31:28	PORT_OUT_RAM_B3_C3	RAMバンク#3, チップ#3のポート出力
								27:24	PORT_OUT_RAM_B3_C2	RAMバンク#3, チップ#2のポート出力
								23:20	PORT_OUT_RAM_B3_C1	RAMバンク#3, チップ#1のポート出力
								19:16	PORT_OUT_RAM_B3_C0	RAMバンク#3, チップ#0のポート出力
								15:12	PORT_OUT_RAM_B2_C3	RAMバンク#2, チップ#3のポート出力
								11:08	PORT_OUT_RAM_B2_C2	RAMバンク#2, チップ#2のポート出力
								07:04	PORT_OUT_RAM_B2_C1	RAMバンク#2, チップ#1のポート出力
								03:00	PORT_OUT_RAM_B2_C0	RAMバンク#2, チップ#0のポート出力
	port_out_ram_bank5_bank4[31:0]	OUT			OUT			31:28	PORT_OUT_RAM_B5_C3	RAMバンク#5, チップ#3のポート出力
								27:24	PORT_OUT_RAM_B5_C2	RAMバンク#5, チップ#2のポート出力
								23:20	PORT_OUT_RAM_B5_C1	RAMバンク#5, チップ#1のポート出力
								19:16	PORT_OUT_RAM_B5_C0	RAMバンク#5, チップ#0のポート出力
								15:12	PORT_OUT_RAM_B4_C3	RAMバンク#4, チップ#3のポート出力
								11:08	PORT_OUT_RAM_B4_C2	RAMバンク#4, チップ#2のポート出力
								07:04	PORT_OUT_RAM_B4_C1	RAMバンク#4, チップ#1のポート出力
								03:00	PORT_OUT_RAM_B4_C0	RAMバンク#4, チップ#0のポート出力
	port_out_ram_bank7_bank6[31:0]	OUT			OUT			31:28	PORT_OUT_RAM_B7_C3	RAMバンク#7, チップ#3のポート出力
								27:24	PORT_OUT_RAM_B7_C2	RAMバンク#7, チップ#2のポート出力
								23:20	PORT_OUT_RAM_B7_C1	RAMバンク#7, チップ#1のポート出力
								19:16	PORT_OUT_RAM_B7_C0	RAMバンク#7, チップ#0のポート出力
								15:12	PORT_OUT_RAM_B6_C3	RAMバンク#6, チップ#3のポート出力
								11:08	PORT_OUT_RAM_B6_C2	RAMバンク#6, チップ#2のポート出力
								07:04	PORT_OUT_RAM_B6_C1	RAMバンク#6, チップ#1のポート出力
								03:00	PORT_OUT_RAM_B6_C0	RAMバンク#6, チップ#0のポート出力

設定したブレーク・ポイントとPCの比較を行っています．ブレークを検出したことを示す信号をオン・チップ・デバッガに返しています．

(6) 113行目～152行目：オン・チップ・デバッガからCPU内リソースをアクセスするためのストローブ信号の生成と，オン・チップ・デバッガからのCPU内リソースのリード処理を行っています．

(7) 154行目～200行目：プログラム・カウンタPCとスタック(プログラム・アドレス・レジスタ)の記述です．pc_border[11:0]は，オン・チップ・デバッガがPCをリードするときの値を格納しておくもので，1ワード命令でも2ワード命令でも，常にその命令の1ワード目の先頭番地を指すように更新しています．

(8) 202行目～233行目：命令フェッチの処理です．ステートA1～A3で命令アドレスを出力し，ステートM1～M2で命令コードを取り込みます．マルチ・サイクル命令での2サイクル目の命令コードのフェッチもここで行います．1命令サイクル目でフェッチしたコードはopropa0[7:0]に，2命令サイクル目でフェッチしたコードはopropa1[7:0]に格納されます．ただし，FIN命令の2サイクル目で，ROMをデータとしてリードしてRnPに格納する処理は，インデックス・レジスタ処理の中で行います．

(9) 235行目～247行目：次のPCを決める記述です．単純にインクリメントするケースと，分岐命令で変更するケースをそれぞれ処理しています．

(10) 249行目～316行目：演算器ALU(Arithmetic

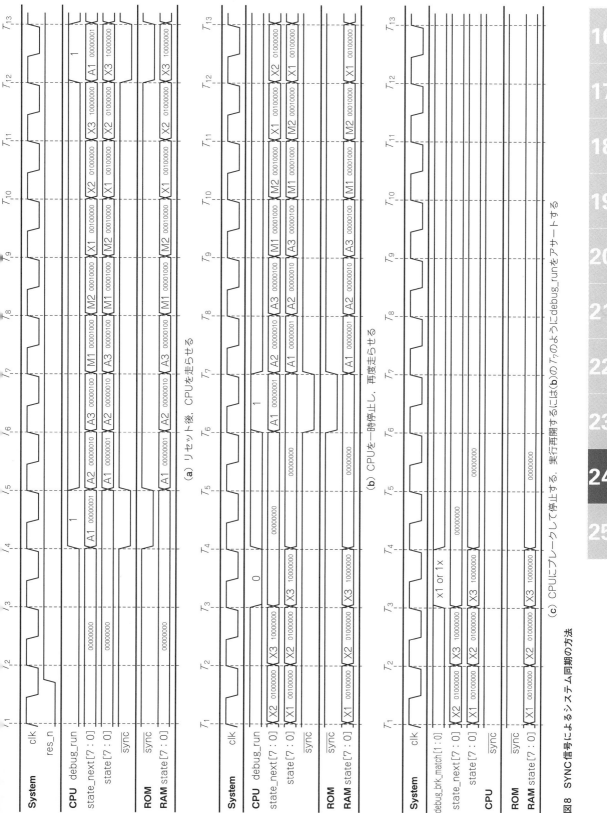

図8 SYNC信号によるシステム同期の方法

(a) リセット後、CPUを走らせる

(b) CPUを一時停止し、再度走らせる

(c) CPUにブレークして停止する。実行再開するには(b)のT_7のように(b)のT_7のようにdebug_runをアサートする

4004（CPU）の論理 **565**

Column 2　MCS-4 システムの論理検証

● ModelSim で MCS-4 システムを論理検証

本 MCS-4 システムの開発においては，Windows の ModelSim を使って論理検証を行いました．その方法を説明します．ディレクトリ C:¥CQ-MAX10¥Projects¥PROJ_MCS4¥ verification に，関連リソースが入っています．以下に，このディレクトリを起点(作業ディレクトリ)にして説明します．

●関連ツールの準備

4004 アセンブラ(ADS4004)や，インテル HEX フォーマットと Verilog HDL のメモリ初期化ファイルの間の変換ツールなど，標準 C で書かれたツールをビルドしておきます．ただし，ModelSim のマクロ・ファイル(*.do)から exec コマンドを使って外部プログラムを起動する際，Windows 用のバイナリでないと実行できないので，各ツールのコンパイルは mingw32-gcc などを使用してください．ディレクトリ tools に，各ツールのソース・コードとコンパイル済みの実行ファイルが格納されています．各自でビルドするには，Cygwin コンソールなどの上で次のように操作します．

```
$ cd tools
$ mingw32-gcc -o ads4004 ads4004.c
        (アセンブラ・ツール)
$ mingw32-gcc -o hex2v hex2v.c(インテル
    HEX→Verlog メモリ初期化ファイル変換)
$ mingw32-gcc -o v2hex v2hex.c(Verlog
    メモリ初期化ファイル→インテル HEX 変換)
$ cd ..
```

なお，mingw32-gcc によるコンパイルでは，gcc で機能拡張された getline が使えない制約があり，また ModelSim 内で実行する場合 stderr に出力するとエラーになるので，ADS4004 については Raspberry Pi で使用したソースを一部修正してあります．

● 4004(CPU)の機能検証用アセンブリ・プログラム

4004(CPU)の各命令の機能検証のためのアセンブリ・プログラムが verify.src です．これの ADS4004 によるアセンブルは，ModelSim のマクロから実行します．

● ModelSim の起動とシミュレーションの実行

ModelSim のプロジェクト・ファイルは MCS4.mpf です．ModelSim Altera Starter Edition を起動して，MCS4.mpf を開いてください．

そして，次のようにマクロ・ファイル do_compile.do を実行します．

```
VSIM x>do do_compile.do
```

このマクロ内では，ads4004.exe により verify.src がアセンブルされ verify.src.hex を生成し，それを hex2v.exe により，ROM の初期化ファイル

Logic Unit)の処理内容を記述しています．命令制御部からもらう機能選択信号に応じて処理を変えています．ALU へは，アキュムレータ ACC など CPU 内各リソースの他に，フェッチした命令を格納した opaopa0[7:0]や opropa1[7:0]，あるいはデータ・バスからの入力 data_i[3:0]などが入力されます．ALU からは，入力データをそのままスルーした値，キャリー付き加算結果，ボロー付き減算結果，ローテート処理結果，DAA 命令の加算処理(+6)結果のいずれかを出力します(alu[3:0])．演算結果として生成されるキャリーやボローを示す CY(alu_cy)も出力します．

(11) 318 行目〜333 行目：KBP 命令のテーブル変換結果(kbp[3:0])を生成します．

(12) 335 行目〜351 行目：アキュムレータ ACC の処理です．命令制御部からもらう信号に応じて，ACC へは，デバッガからのライト・データ，ALU 出力(alu[3:0])，KBP 出力(kbp[3:0])のいずれかが書き込まれます．

(13) 353 行目〜375 行目：CY ビットの処理です．命令制御部からもらう信号に応じて，CY へは，デバッガからのライト・データ，ALU からの出力(alu_cy)のいずれか，または直接 1'b0 や 1'b1 が書き込まれます．

verify.src.hex.rom に変換します．この verify.src.hex.rom は，テストベンチ mcs4_tb.v から参照されます．次に，MCS-4 システムの RTL 記述がコンパイルされます．ここでは，MCS4_TOP モジュールと KEY_PRINTER モジュールの二つを，テストベンチ上で接続したシステムで検証します．QSYS_CORE(Nios II システム)は含めません．マクロ内ではさらに表示する波形を登録して，シミュレーションを起動します．

● シミュレーション波形とログの確認

テストベンチ mcs4_tb.v では，4004(CPU)の命令実行中に，スティミュラスとして，オン・チップ・デバッガの操作(命令実行制御とリソース・アクセス)を，task 文を使って行っています．

また，このテストベンチ mcs4_tb.v では，4004(CPU)に存在しない命令コード 0xFF を命令としてフェッチすると，シミュレーションを止めるようになっています．verify.src はプログラムの最後に 0xFF が置かれているので，上記マクロを起動すると，すぐにシミュレーションが停止します．

以上の動作を，シミュレーション波形で確認してください．また，命令の実行ログが dump.sim に出力されているので，それもチェックしてください．

終わったら，次のようにしてシミュレータを終了します．

```
VSIM x>quit -sim
```

● 電卓 141-PF のプログラムをシミュレーションする

電卓 141-PF のプログラムが，どのようにキーボードをスキャンし，またどのようにプリンタを制御するのか確認したかったので，その動作の一部を ModelSim で論理シミュレーションしてみました．

まず，参考文献(3)からプログラムのバイナリ 4001.code(Verilog のメモリ初期化形式)を入手して，作業ディレクトリに置いてください．これをそのままシミュレータに食わせます．テストベンチ mcs4_tb.v の 34 行目の $readmemh() をコメント・アウトして，35 行目の $readmemh() を有効にしてください．また，KEY_PRINTER へのコマンド信号でキーボード入力操作を行うため，mcs4_tb.v の 315 行目を有効にしてください．テストベンチ内で，電卓のキーを，「1」「2」「+」「3」「4」「-」「=」と操作したようにコマンド信号を入力しています．

テストベンチを修正したら，次のようにマクロ・ファイル do_compile.do を実行します．

```
VSIM x>do do_compile.do
```

今度のシミュレーションはタイムアウトするまで流れるので，少し時間がかかります．終わったら波形で，DRUM_SECTOR 信号(KEY_PRINTER/test)，ハンマ打ち信号(KEY_PRINTER/prt_hummer)，紙送り信号(KEY_PRINTER/paper_feed)，インク・リボン制御信号(KEY_PRINTER/prt_color)，状態ランプ信号(KEY_PRINTER/lamp_minus)などを確認してください．とてもよく考えられた動きをしています．

(14) 377 行目〜 419 行目：インデックス・レジスタ Rn やインデックス・レジスタ・ペア RnP の処理です．命令制御部からもらう信号に応じて，Rn や RnP へは，デバッガからのライト・データ，フェッチした命令コード(opropa0[7:0]，opropa1[7:0])，データ・バスからの入力(data_i[3:0])，ALU 出力(alu[3:0])，アキュムレータ ACC(acc[3:0])のいずれかが書き込まれます．

(15) 421 行目〜 440 行目：DCL(Designate Command Line)の処理です．命令制御部からもらう信号に応じて，DCL(dcl[2:0])へは，デバッガからのライト・データまたはアキュムレータ ACC(acc[3:0])のいずれかが書き込まれます．cm_ram_n[3:0]信号を生成するため，dcl[2:0]を変換した dcl_convert[3:0]を出力しています．

(16) 442 行目〜 455 行目：SRC(Send Register Control)の処理です．命令制御部からもらう信号に応じて，SRC(src[7:0])へは，デバッガからのライト・データまたはインデックス・レジスタ・ペア RnP(rp[7:0])のいずれかが書き込まれます．

(17) 457 行目〜 469 行目：cm_rom_n 信号を生成しています．内部ステートに応じて生成します．ステート M1 でフェッチした命令コードがデータ・アクセス命令(opropa0[7:4]==4'b1110)の場合は，ステート M2 でも cm_rom_n 信号をアサートします．

(18) 471行目～483行目：cm_ram_n[3：0]信号を生成しています．dcl_convert[3：0]を参照して，内部ステートに応じて生成します．ステート M1 でフェッチした命令コードがデータ・アクセス命令(opropa0[7：4]==4'b1110)の場合は，ステート M2 でも cm_ram_n[3：0]信号をアサートします．

(19) 485行目～501行目：データ・バス出力(data_o[3：0])を生成します．命令制御部からもらう信号と内部ステートに応じて，ROM アドレスの各4ビットずつのフィールド，src[7：0]の上位側，src[7：0]の下位側，アキュムレータ ACC(acc[3：0])のいずれかを出力します．

(20) 503行目～514行目：TEST 入力の処理です．1段の F/F で同期化してから命令制御部に渡しています．

(21) 516行目～527行目：条件分岐命令 JCN の条件信号(jcn)を生成しています．命令制御部に渡します．

(22) 529行目～541行目：10進補正命令 DAA の補正条件を生成しています．命令制御部に渡します．

(23) 543行目～987行目：命令制御部です．フェッチした命令コードごとに定義されている個々の処理内容と，内部ステート state[7：0]の進みに対応させて，データ・パス系論理を制御する信号をアサートしていきます．各制御信号にはブロッキング代入文でデフォルト値をいったん代入してから，casez(opropa0)文以降で，値の再設定が必要な制御信号だけ再度ブロッキング代入して上書きしています．

(24) 990行目：モジュールの最後を示しています．

4001(ROM)の論理

● 4001(ROM)がモジュール MCS4_ROM に対応

モジュール MCS4_ROM が 4001(ROM)を 16 チップぶん(4096バイト)もったブロックです．RTL 記述は mcs4_rom.v です．ROM のメモリ本体は実際には RAM で構成しており，オン・チップ・デバッガから ROM 内容をリード／ライトすることができます．電源投入後は，オン・チップ・デバッガから 4001(ROM)にプログラムをダウンロードしてください．

● 4001(ROM)の入出力ポートの実装

各 4001 チップの入出力ポート信号に関して，本システムでは入力ポートと出力ポートを分離して独立させています．実際の 4001 チップのポートは入出力方向がメタル・オプションで決められてしまいますが，このシステムでは入力ポートと出力ポートを同時に使えます．ポートにライトすると，ライト値が出力ポートに反映され，ポートをリードすると，入力ポートのレベルを読み出せます．本システムで想定した 4001(ROM)のメタル・オプションを図9に示します．

● ROM の RTL の内容

ROM の RTL コード mcs4_rom.v の中に，4001(ROM)×16 チップぶんの ROM メモリ，入力ポート，出力ポートがすべて記述されています．CPU と同期しながら動作します．

CPU による命令フェッチや，FIN 命令の2命令サイクル目の動作では，ステート A1～A3 でアドレスを取り込んでステート M1～M2 でリード・データを出力します．

CPU が SRC 命令を実行すると，ステート X2 で cm_rom_n がアサートされるので，それを見て SRC アドレスを取り込みます．

CPU がステート M2 で命令コードの上位4ビット OPR をフェッチし，それがデータ・アクセス命令コードの OPR(4'b1110)と一致していたら，直後のステート M2 で cm_rom_n をアサートするので，そのときのデータ・バス上を流れるデータ(命令コードの下位4ビット側 OPA)をデコードして，アクセス対象とリード／ライト方向を認識して，ステート X2 で指定されたリードまたはライトの処理を行います．

ROM メモリと入力ポート，出力ポートのそれぞれをオン・チップ・デバッガからリード／ライトするための論理も含まれています．

4002(RAM)の論理

● 4002(RAM)がモジュール MCS4_RAM に対応

モジュール MCS4_RAM が 4002(RAM)を8バンク×4チップ(合計32チップ)もったブロックです．RTL 記述は mcs4_ram.v です．出力ポートもチップ数ぶんだけ実装してあります．

●バンクの拡張

4004(CPU)が出力する cm_ram_n[3：0]は4本なので，外部回路なしで cm_ram_n[3：0]をワン・ホット出力にしてシステム構成する場合は，RAM のバン

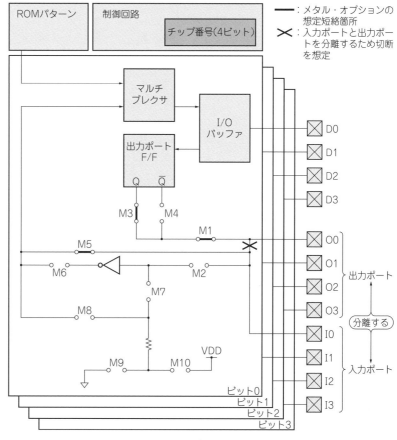

図9 MCS-4システム内の4001(ROM)チップのメタル・オプションの想定

ク数は最大で4個になります．CPUから出力するcm_ram_n[3：0]をエンコードした形で出力すれば，RAMのバンク数は8個まで拡張できます．モジュールMCS4_RAM内では，**表3**に示すようにCPUから受け取るcm_ram_n[3：0]をデコードして8バンクに拡張しています．

● RAMのRTLの内容

RAMのRTLコードmcs4_ram.vの中に，4002(RAM)×8バンク×4チップぶんのRAMメモリと出力ポートがすべて記述されています．CPUと同期しながら動作します．

CPUがSRC命令を実行すると，ステートX2でcm_ram_n[3：0]がアサートされるので，それを見てSRCアドレスを取り込みます．

CPUがステートM2で命令コードの上位4ビットOPRをフェッチし，それがデータ・アクセス命令コードのOPR(4'b1110)と一致していたら，直後のステートM2でcm_ram_n[3：0]をアサートするので，そのときのデータ・バス上を流れるデータ(命令コードの下位4ビット側OPA)をデコードして，アクセス対象とリード／ライト方向を認識し，ステートX2で指定

されたリードまたはライトの処理を行います．

RAMメモリと出力ポートのそれぞれを，オン・チップ・デバッガからリード／ライトするための論理も含まれています．

オン・チップ・デバッガの論理

●オン・チップ・デバッガの機能

モジュールMCS4_DEBUGがオン・チップ・デバッガです．RTL記述はmcs4_debug.vです．

オン・チップ・デバッガは，CPU命令実行制御(RUN/STEP/STOP)，CPU内リソースのリード／ライト，ROMのメモリと入出力ポートのリード／ライト，RAMのメモリのリード／ライトと出力ポートへのライト，ブレーク・ポイントの設定(2本)，MCS-4システムのリセットが可能です．

● Nios Ⅱ とオン・チップ・デバッガのインターフェース

モジュールMCS4_TOPの内部で，オン・チップ・デバッガのモジュールMCS4_DEBUGがCPU，ROM，

表3 CM_RAMx信号の真理値表
左側のcm_ram_n_encodedがCPUから出力されるcm_ram_n[3：0]に対応する．右側のcm_ram_n(8バンクぶん)をMCS4_RAMモジュール内で使用する

cm_ram_n_encoded				cm_ram_n								選択されるRAMのバンク
3	2	1	0	7	6	5	4	3	2	1	0	
0	0	0	0	1	1	1	1	1	1	1	1	
0	0	0	1	0	1	1	1	1	1	1	1	Bank 7
0	0	1	0	1	1	1	1	1	1	1	1	
0	0	1	1	1	0	1	1	1	1	1	1	Bank 6
0	1	0	0	1	1	1	1	1	1	1	1	
0	1	0	1	1	1	0	1	1	1	1	1	Bank 5
0	1	1	0	1	1	1	1	1	1	1	1	
0	1	1	1	1	1	1	0	1	1	1	1	Bank 4
1	0	0	0	1	1	1	1	1	1	1	1	
1	0	0	1	1	1	1	1	0	1	1	1	Bank 3
1	0	1	0	1	1	1	1	1	1	1	1	
1	0	1	1	1	1	1	1	1	0	1	1	Bank 2
1	1	0	0	1	1	1	1	1	1	1	1	
1	1	0	1	1	1	1	1	1	1	0	1	Bank 1
1	1	1	0	1	1	1	1	1	1	1	0	Bank 0
1	1	1	1	1	1	1	1	1	1	1	1	

RAMとそれぞれ接続されており，命令実行制御やリソースのアクセスを可能にしています．ここでは，FPGA内でオン・チップ・デバッガを制御するNios II (QSYS_CORE)側とのインターフェースを説明します．

もう一度，**表2**のMCS4_TOP内の信号一覧を見てください．MCS4_TOP階層の外部とMCS4_DEBUGの間を結ぶ以下の信号が，Nios IIとやりとりする信号です．これらの信号はすべてNios IIマイコンの入出力ポートに接続されます．Nios IIを介することで，オン・チップ・デバッガとRaspberry Piが繋がることになるわけです．

(1) debug_cpu_control[15：0]：Nios II側からCPUの命令実行制御を指示する信号です．

ビット0をセットすると，システム・リセット状態になります．クリアするとリセットが解除されます．ビット1はCPU命令実行停止を指示するビットで，0から1に変化させるとdebug_runがクリアされ，CPU命令が停止します．ビット2がCPU命令ステップ実行を指示するビットで，0から1に変化させると，debug_runがセットされCPU命令の実行を開始しますが，次のsync_nでdebug_runをクリアしてCPU命令が停止します．これにより，ステップ実行を実現しています．ビット3はCPU命令実行を指示するビットで，0から1に変化させるとdebug_runがセットされ，CPU命令実行が開始します．

各ビットは同時にセットすることができますが，オン・チップ・デバッガとしては下位ビットのほうの優先順位を高く認識するようにしています．

(2) debug_cpu_status[15：0]：Nios II側にCPUの命令実行状態を知らせる信号です．

表2に記載したように，CPU命令が実行状態なのか，停止状態なのか，ブレーク(BRK0またはBRK1)で一時停止した状態なのかを示します．

(3) debug_brk0_control[15：0]，debug_brk1_control[15：0]：Nios II側からブレーク条件を指定する信号です．

オン・チップ・デバッガ内にはブレーク・ポイントが2本あるので，指示する信号も2組あります．Nios IIからは表2に示したように，ブレークを有効にするかどうかを示すBRKEビットとブレーク・アドレスBRKA(ROMアドレスの12ビットぶん)を設定します．

(4) debug_resource_access[15：0]：Nios II側からMCS-4システム内の各リソースをリード/ライトするための指示信号です．

アクセス方向をRWビットに，アクセス対象アドレスをADDRESSフィールドに指定します．同時にREQビットを0から1にセットすると，オン・チップ・デバッガは指定したリソースのアクセスを行います．アクセス対象の指定方法の詳細は，**表4**に示した通りです．リード・データとライト・データは，次の信号でやりとりします．

(5) debug_resource_data_wr[15：0]：Nios II側からの，MCS-4システム内の各リソースへのライト・データを乗せます．

debug_resource_access[15：0]のREQビットをセットする前に，ライド・データ値は確定させておい

表4 オンチップ・デバッガのアクセス制御信号debug_resource_accessのビット・フィールドの意味
Nios IIのポートに接続

ビット	ROM	RAM キャラクタ	RAM ステータス	CPU内リソース					
				ACC	CY	DCL	SRC	PC	Rn
15	REQ	REQ	REQ	REQ	REQ	REQ	REQ	REQ	REQ
14	RW	RW	RW	RW	RW	RW	RW	RW	RW
13	0	0	0	1	1	1	1	1	1
12	0	1	1	0	0	0	0	0	0
11	A11(CS3)	0	1	0	0	0	0	0	0
10	A10(CS2)	A10(BK2)	A10(BK2)	0	0	0	0	0	0
9	A09(CS1)	A09(BK1)	A09(BK1)	0	0	0	0	0	0
8	A08(CS0)	A08(BK0)	A08(BK0)	0	0	0	0	0	0
7	A07	A07(CS1)	A07(CS1)	0	0	0	0	0	0
6	A06	A06(CS0)	A06(CS0)	0	0	0	0	0	0
5	A05	A05(RG1)	A05(RG1)	0	0	0	0	0	0
4	A04	A04(RG0)	A04(RG0)	0	0	0	0	0	1
3	A03	A03(CH3)	0	0	0	0	0	0	n
2	A02	A02(CH2)	0	0	0	0	0	1	n
1	A01	A01(CH1)	SR1	0	0	1	1	0	n
0	A00	A00(CH0)	SR0	0	1	0	1	0	n

REQ：アクセス要求(0→1の立ち上がりエッジでアクセス要求)
RW：アクセス方向(0：リード，1：ライト)
CSx：チップ・セレクト
BKx：バンク・セレクト
RGx：レジスタ・セレクト
CHx：キャラクタ・セレクト(メイン・メモリ・キャラクタ)
SRx：ステータス・レジスタ・セレクト(ステータス・キャラクタ)

表5 オンチップ・デバッガのアクセス・データ信号debug_resource_data_wrとdebug_resource_data_rdのビット・フィールドの意味
Nios IIのポートに接続

ビット	ROM	RAM キャラクタ	RAM ステータス	CPU内リソース					
				ACC	CY	DCL	SRC	PC	Rn
15	ACK(*)	ACK(*)	ACK(*)	ACK(*)	ACK(*)	ACK(*)	ACK(*)	ACK(*)	ACK(*)
14	0	0	0	0	0	0	0	0	0
13	0	0	0	0	0	0	0	0	0
12	0	0	0	0	0	0	0	0	0
11	0	0	0	0	0	0	0	PC	0
10	0	0	0	0	0	0	0	PC	0
9	0	0	0	0	0	0	0	PC	0
8	0	0	0	0	0	0	0	PC	0
7	D7	0	0	0	0	0	D7	PC	0
6	D6	0	0	0	0	0	D6	PC	0
5	D5	0	0	0	0	0	D5	PC	0
4	D4	0	0	0	0	0	D4	PC	0
3	D3	D3	D3	D3	0	0	D3	PC	D3
2	D2	D2	D2	D2	0	D2	D2	PC	D2
1	D1	D1	D1	D1	0	D1	D1	PC	D1
0	D0	D0	D0	D0	CY	D0	D0	PC	D0

＊ACKはdebug_resource_data_rd[15：0]のみにある．1でリード・データが有効になったことを示す．

てください．ライト・データのフィールド構成は**表5**に示した通りです．

(6) debug_resource_data_rd[15：0]：Nios II側への，MCS-4システム内の各リソースのリード・データです．
リード・データのフィールド構成は**表5**に示した通りです．debug_resource_data_rd[15：0]のACKビットがセットされると，リード・データが確定した

ことを示します．すなわち，Nios II が debug_resource_access[15：0] の REQ ビットをセットしてリード操作を開始したら，debug_resource_data_rd[15：0] を読み続けてください．ACK ビットが 1 になったら，そのときの debug_resource_data_rd[15：0] 内のリード・データが確定したことを示すので，必要なフィールドの値をリード値として使ってください．

●クロックの異なるドメイン間の同期化について

MCS4_TOP は 750 kHz で動作し，QSYS_CORE は 50 MHz で動作するので，これらの間は非同期関係になります．

Nios II から MCS4_DEBUG に入力する信号のうち，バス・アクセス要求信号 debug_resource_access[15：0] や，CPU 命令実行制御関係の信号 debug_cpu_control[15：0] には，MCS4_DEBUG 内で 750 kHz の同期化処理を入れてメタ・ステーブル現象による誤動作を防止しています．

一方，MCS4_DEBUG が Nios II に向けて出力する信号は，特に同期化していません．リード・データ debug_resource_data_rd[15：0] については，Nios II のファームウェアが ACK のセットを確認したのち，再度リードして確定データを取り込んでいるので問題ありません．それ以外の出力信号は debug_cpu_status[15：0] であり，CPU の状態認識にしか使わないので，同期化処理がなくても問題ありません．

電卓入出力エミュレーション論理

●電卓の入出力回路

インターネット上に公開されているビジコン社電卓 141-PF のプログラム（バイナリ・コード）をそのまま動作させるため，141-PF の実回路のうち，4001（ROM）と 4002（RAM）の入出力ポートより外側の入出力回路をそのままエミュレーションするハードウェアを，FPGA の最上位階層内に用意しました．

まず最初に，実際の 141-PF の入出力回路の中身について説明します．

図 10 に，141-PF のプログラムが前提としている外部入出力回路を示します．この回路では，4003（シフトレジスタ）を使用して出力ポートの本数を拡張しています．表 6 に ROM/RAM 入出力ポートの接続先を，表 7 に電卓入出力回路内の 4003（シフトレジスタ）の接続方法を示します．

●電卓のキーボード・マトリクス

電卓 141-PF のキーボードと，スイッチ入力（丸め方法設定スイッチと，小数点以下の桁数指定スイッチ）は，マトリクス回路で読み取ります．マトリクス回路ではキーやスイッチが ON になると，その位置を交点とするカラム（列）信号（KBC0～KBC9）と，ロウ（行）信号（KBR0～KBR3）が接続されます．

図 10 の上部にある 4003 #0 が，マトリクスの KBC0～KBC9 を作ります．4003 #0 のクロックとシフト入力データは，4001（ROM）#0 の IO0 と IO1 からそれぞれ供給します．

マトリクスの KBR0～KBR3 の 4 本は，プルアップ抵抗とインバータを介して 4001（ROM）#1 の入力ポートで読み取ります．キーがどれも押されていないと，4001（ROM）#1 が読み取る信号は 4 本とも LOW レベルです．カラム側信号 KBC0～KBC9 は，デフォルト値はすべて HIGH レベルにし，1 本ずつ順に LOW レベルを出力して，これを高速に繰り返します（キー・スキャン動作）．KBC0～KBC9 のうち，LOW レベルになっている列のキーやスイッチが ON になると，その位置に対応するロウ側の読み取り値が HIGH レベルになります．これにより，キーやスイッチの状態をプログラムが読み取ります．

表 8 に，電卓のキーボード・マトリクス上のキーやスイッチの状態とその意味を示します．

表 8(a) は，キーボード・マトリクスの全体を示します．このうち，KBC0～KBC7 の列範囲がメイン・キーボードであり，そのキーを押すと，最終的に 141-PF プログラム内で（括弧）内に示した Key Code に変換されます．

KBC8 の列が小数点以下の桁数を指定するスイッチで，そのスイッチ状態と 141-PF プログラム内で解釈する意味の対応を，表 8(b) に示します．

KBC9 の列が丸めモードを指定するスイッチで，そのスイッチ状態と 141-PF プログラム内で解釈する意味の対応を，表 8(c) に示します．

●電卓のプリンタの印字機構

電卓 141-PF の計算結果はプリンタに印字されます．前述のようにプリンタとしては，信州精機（現セイコーエプソン）の Model 102 が採用されていました．このプリンタの印字機構を図 11 に示します．

回転ドラムに凸版式の活字が埋め込まれており，その上に紙，インク・リボン，ハンマが順に重なっています．紙の印字したい箇所にドラムの活字が回ってきたときに，タイミングを合わせてハンマを打つ方式です．

●プリンタの回転ドラムとその状態信号

回転ドラムには表 9 のように活字が埋め込まれています．ドラムのイメージとしては，この表 9 の上辺と下辺が重なるようにクルリと丸めた円筒形です．横方向に制御文字含めて 18 桁（列）あります．ただし，

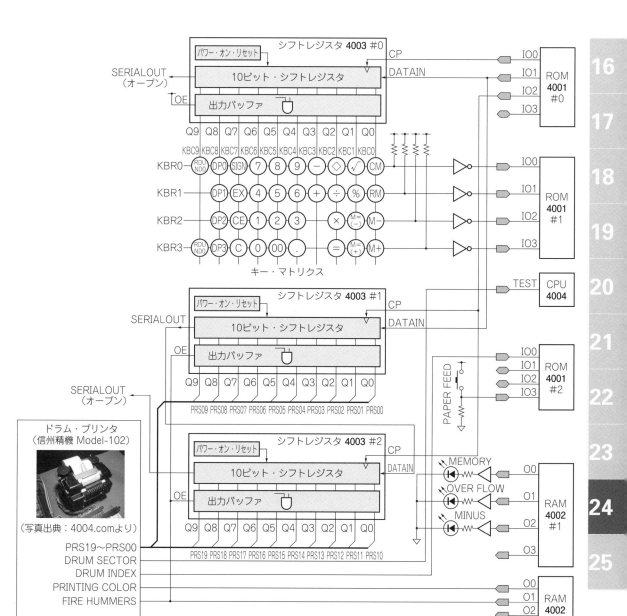

図10　MCS-4システムによるビジコン社電卓141-PFの入出力部の回路

列16には活字は埋め込まれておらず，この列は紙の上では常に空白になります．また，回転方向に，一周13セクタ(行)の活字が埋め込まれています．

このドラムが回転するとき，タイミング情報として，各セクタ(行)の活字がハンマを打てる印字位置に来たことを示す信号DRUM_SECTORを出力します．これを4004(CPU)のTEST端子が読み取って，タイミングに合わせてハンマを打ちます．また，ドラムの回転位置を認識するため，最初のセクタ0の活字をハンマが打てる印字位置に来たことを示す信号DRUM_INDEXを出力します．これは4001(ROM)#2のIO0で読み取ります．

DRUM_SECTOR信号の周期は約28 ms(周波数＝35.7 Hz)で出力され，DRUM_INDEXの周期は約28 ms×13 ＝ 364ms(周波数＝ 2.74 Hz)で出力されます．

●プリンタのハンマ制御

電卓141-PFのプログラム側は，ドラムの回転位置を読み取って，回転ドラム上の活字の中で，もっとも早く回って来るものから順にハンマ打ちを指示する信号を送って印字していきます．

ハンマは，ドラムの活字18桁ぶんに対応して18本

表6 電卓入出力回路のROM/RAM入出力ポートの接続

デバイス	端 子	入出力	信号の意味
CPU	TEST	IN	プリンタのドラム・セクタ信号 DRUM_SECTOR（周期 = 28ms／周波数 = 35.7Hz）
4001 ROM#0	IO0	OUT	キーボードのカラム（列）信号KBC9 ～ KBC0入力用シフト・クロック（i4003#0）
	IO1	OUT	キーボードとプリンタ共通のシフト入力データ（i4003#0, i4003#1）
	IO2	OUT	プリンタのカラム・データ入力用シフト・クロック（i4003#1, i4003#2）
	IO3	OUT	未使用
4001 ROM#1	IO0	IN	キーボード・ロウ（行）信号KBR0入力
	IO1	IN	キーボード・ロウ（行）信号KBR1入力
	IO2	IN	キーボード・ロウ（行）信号KBR2入力
	IO3	IN	キーボード・ロウ（行）信号KBR3入力
4001 ROM#2	IO0	IN	プリンタのドラム・インデックス信号 DRUM_INDEX（周期 = 13×28 = 364ms／周波数 = 2.74Hz）
	IO1	IN	未使用
	IO2	IN	未使用
	IO3	IN	プリンタの紙送りボタン入力（押したときに1）
4002 RAM#0	O0	OUT	プリンタの印字カラー指示 PRINTING_COLOR（0：黒，1：赤）
	O1	OUT	プリンタのハンマ打ち指示 FIRE_HUMMERS
	O2	OUT	未使用
	O3	OUT	プリンタの紙送り指示 ADVANCE_PAPER
4002 RAM#1	O0	OUT	状態表示ランプ（メモリ）点灯（1で点灯）
	O1	OUT	状態表示ランプ（オーバフロー）点灯（1で点灯）
	O2	OUT	状態表示ランプ（マイナス）点灯（1で点灯）
	O3	OUT	未使用

表7 電卓入出力回路内の4003の接続方法

用 途	デバイス	端 子	入出力	信号の接続
キーボード・カラム（列）	i4003#0	OE	IN	V_{DD}
		CP	IN	ROM#0 IO0（OUT）
		DATA IN	IN	ROM#0 IO1（OUT），キーボードとプリンタ共通
		SERIAL OUT	OUT	オープン
		Q9 ～ Q0	OUT	キーボードのカラム信号　KBC9 ～ KBC0
プリンタ・カラム（列）下位側	i4003#1	OE	IN	RAM#0 O1（プリンタのハンマ打ち指示）
		CP	IN	ROM#0 IO2（OUT）
		DATA IN	IN	ROM#0 IO1（OUT），キーボードとプリンタ共通
		SERIAL OUT	OUT	i4003#2のDATA INに接続してシフトレジスタを連接
		Q9 ～ Q0	OUT	プリンタのハンマ制御 PRS9 ～ PRS0
プリンタ・カラム（列）上位側	i4003#2	OE	IN	RAM#0 O1（プリンタのハンマ打ち指示）
		CP	IN	ROM#0 IO2（OUT）
		DATA IN	IN	i4003#1のSERIAL OUTに接続してシフトレジスタを連接
		SERIAL OUT	OUT	オープン
		Q9 ～ Q0	OUT	プリンタのハンマ制御 PRS19 ～ PRS10

あります．これらのハンマを選択する信号は，図10のPRS00 ～ PRS19であり，4003#1と4003#2から出力しています．これらのシフトレジスタはカスケード接続され，クロックは4001（ROM）#0のIO2から供給し，シフト入力データは4001（ROM）#0のIO1から供給します．シフト入力データはキーボード・マトリクス側の4003#0と共用していますが，シフト・クロックが異なっており，独立してシフト入力できるので問題ありません．PRS00 ～ PRS19と実際のドラムの印字位置の対応は，表9を参照してください．使用されていない信号もあります．

ハンマを実際に打つタイミングで，FIRE_HUMMERSをアサートします．これは4002（RAM）#0のO1から出力します．結果として，PRS00 ～ PRS19で選択したハンマが，FIRE_HUMMERSのタイミングで打たれます．ハンマは同時に複数本打つことができます．

●プリンタの印字シーケンス

プリンタの印字シーケンスの例を表10に示します．ここでは，「1.4142135623730 SQ」を印字するケースを考えます．141-PFのプログラムは，ドラムの回転位置を常に認識できているので，表10の中で最も早く

表8 電卓のキーボード・マトリクスの状態と意味

		キーボード・カラム(列)選択									
		KBC9	KBC8	KBC7	KBC6	KBC5	KBC4	KBC3	KBC2	KBC1	KBC0
キーボード・ロウ(行)信号	KBR0	ROUND0	DP0	SIGN (0x9D)	7 (0x99)	8 (0x95)	9 (0x91)	− (0x8D)	◇ (0x89)	√ (0x85)	CM (0x81)
	KBR1		DP1	EX (0x9E)	4 (0x9A)	5 (0x96)	6 (0x92)	+ (0x8E)	÷ (0x8A)	% (0x86)	RM (0x82)
	KBR2		DP2	CE (0x9F)	1 (0x9B)	2 (0x97)	3 (0x93)	◇2 (0x8F)	× (0x8B)	M=(−) (0x87)	M− (0x83)
	KBR3	ROUND1	DP3	C (0xA0)	0 (0x9C)	00 (0x98)	. (0x94)	000 (0x90)	= (0x8c)	M=(+) (0x88)	M+ (0x84)

■:未実装キー　　( )内:Key Code

(a) キーボード・マトリクス

DP3	DP2	DP1	DP0	小数点以下桁数
OFF	OFF	OFF	OFF	0
OFF	OFF	OFF	ON	1
OFF	OFF	ON	OFF	2
OFF	OFF	ON	ON	3
OFF	ON	OFF	OFF	4
OFF	ON	OFF	ON	5
OFF	ON	ON	OFF	6
OFF	ON	ON	ON	n/a
ON	OFF	OFF	OFF	8
上記以外				n/a

(b) 小数点以下桁数指定スイッチ

ROUND1	ROUND0	丸めモード
OFF	OFF	FLOATING
OFF	ON	ROUND
ON	OFF	TRUNCATE
ON	ON	n/a

(c) 丸めモード指定スイッチ

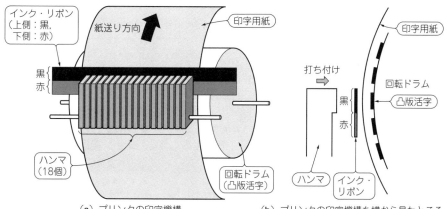

図11 電卓のプリンタ印字機構
(a) プリンタの印字機構　　(b) プリンタの印字機構を横から見たところ

印字位置に近づくセクタから印字を開始できます．とりあえず，ここではセクタ0が次に印字位置に近づくとします．

まず，セクタ0にある活字のうち印字するものに対応するハンマ選択信号(PRS00〜PRS19)を設定し，ハンマを打ちます．ここでは15列目の「0」だけが打たれます．これは，印字する数値に0が1カ所しかないためです．

回転して次にセクタ1が近づくので，そこの印字する活字に対応するハンマ選択信号を設定し，ハンマを打ちます．ここでは印字する数値の中に「1」が3カ所あるので，それらの列のハンマ選択信号がアサートされています．

あとは同様にして，セクタ12まで繰り返します．結果として，計算結果が左から右に印字されるわけではなく，印字する行のあちらこちらの桁がバラバラに印字されていき，最終的に全部が揃う形になります．

●インク・リボンと紙送りの制御

ハンマで打つ前に，印字色を指定するため，

表9 電卓のプリンタのドラム

	列1	列2	列3	列4	列5	列6	列7	列8	列9	列10	列11	列12	列13	列14	列15	列16	列17	列18	セクタ信号 TEST端子	インデックス信号 ROM#2 IO0
	PRS3	PRS4	PRS5	PRS6	PRS7	PRS8	PRS9	PRS10	PRS11	PRS12	PRS13	PRS14	PRS15	PRS16	PRS17		PRS0	PRS1		
セクタ0	0	0	0	0	0	0	0	0	0	0	0	0	0	0	0		◇	#	○	○
セクタ1	1	1	1	1	1	1	1	1	1	1	1	1	1	1	1		+	*		
セクタ2	2	2	2	2	2	2	2	2	2	2	2	2	2	2	2		−	I		
セクタ3	3	3	3	3	3	3	3	3	3	3	3	3	3	3	3		×	II		
セクタ4	4	4	4	4	4	4	4	4	4	4	4	4	4	4	4		/	III		
セクタ5	5	5	5	5	5	5	5	5	5	5	5	5	5	5	5		M+	M+		
セクタ6	6	6	6	6	6	6	6	6	6	6	6	6	6	6	6		M−	M−		
セクタ7	7	7	7	7	7	7	7	7	7	7	7	7	7	7	7		^	T		
セクタ8	8	8	8	8	8	8	8	8	8	8	8	8	8	8	8		=	K		
セクタ9	9	9	9	9	9	9	9	9	9	9	9	9	9	9	9		SQ	E		
セクタ10	.	.	.	.	.	.	.	.	.	.	.	.	.	.	.		%	Ex		
セクタ11	.	.	.	.	.	.	.	.	.	.	.	.	.	.	.		C	C		
セクタ12	.	.	.	.	.	.	.	.	.	.	.	.	.	.	.		R	M		

表10 電卓のプリンタ印字シーケンス

時間	セクタ	PRS[19:0] 16進数	PRS[19:0] 2進数	ハンマ打ちする列																		セクタ信号 TEST端子	インデックス信号 ROM#2 IO0
				1	2	3	4	5	6	7	8	9	10	11	12	13	14	15	16	17	18		
↓	0	20'h20000	20'b0010_0000_0000_0000_0000															0				○	○
	1	20'h00248	20'b0000_0000_0010_0100_1000	1			1			1												○	
	2	20'h02100	20'b0000_0010_0001_0000_0000						2					2								○	
	3	20'h14400	20'b0001_0100_0100_0000_0000								3				3		3					○	
	4	20'h000A0	20'b0000_0000_0000_1010_0000			4		4														○	
	5	20'h00800	20'b0000_0000_1000_0000_0000									5										○	
	6	20'h01000	20'b0000_0001_0000_0000_0000										6									○	
	7	20'h08000	20'b0000_1000_0000_0000_0000													7						○	
	8	20'h00000	20'b0000_0000_0000_0000_0000																			○	
	9	20'h00001	20'b0000_0000_0000_0000_0001																	SQ		○	
	10	20'h00010	20'b0000_0000_0000_0001_0000		.																	○	
	11	20'h00000	20'b0000_0000_0000_0000_0000																			○	
	12	20'h00000	20'b0000_0000_0000_0000_0000																			○	
最終印字				1	.	4	1	4	2	1	3	5	6	2	3	7	3	0		SQ			

PRINTING_COLOR信号を4002(RAM)#0のO1から与えます．0で黒，1で赤です．また，1行ぶんの印字が終わったら紙送りするので，ADVANCE_PAPER信号を4002(RAM)#0のO3から与えます．紙送りボタンが押されたときにもADVANCE_PAPER信号を出力します．

●紙送りボタン

紙送りボタンは，キーボード・マトリクスの中には含まれず，図10に示すように4001(ROM)#2 IO3に接続されています．

●状態表示ランプ

状態表示ランプは，メモリ内データ有効(M)，オーバーフロー発生(V)，結果が負数(N)の3個が用意されており，それぞれ4002(RAM)#1のO0〜O2から制御されます．

● Nios II から制御される電卓入出力エミュレーション論理

以上で説明した電卓141-PFの入出力回路をエミュレーションする論理が，モジュールKEY_PRINTERです．RTL記述はkey_printer.vです．KEY_PRINTERはNios II側の入出力ポートから制御され，そのNios IIはRaspberry Piから制御されます．KEY_PRINTER，Nios II，Raspberry Piの3者の協調動作によって，電卓141-PFの入出力回路が構成されることになります．

Nios IIの出力ポートからKET_PRINTERに送るコマンド信号port_keyprt_cmd[31:0]を表11に，KEY_PRINTERからNios IIに戻されるレスポンス信号port_keyprt_res[31:0]を表12に示します．

●キーボードとスイッチのエミュレーション

Nios II側からのキーボードとスイッチ関係の制御は，すべて表11のコマンド信号に含まれ，KEY_

表11 電卓入出力ブロック KET_PRINTER へのコマンド信号
Nios II のポートを接続

ビット	フィールド名		意 味
31:16	未使用		
15	PRT_FIFO_POP_REQ		プリンタFIFOから情報を取り出す要求(立ち上がりエッジ)
14	PAPER_FEED_REQ		プリンタの紙送り要求
13	ROUND_SWITCH	ROUND1	丸めモード・スイッチ入力
12		ROUND0	00:FLOATING(有効数字全桁表示) 01:ROUND(四捨五入) 10:TRUNCATE(切り捨て) 11:指定禁止
11	DECIMAL_POINT_SWITCH	DP3	小数部の桁数指定スイッチ入力
10		DP2	0000:小数点以下0桁 ︙
9		DP1	0110:小数点以下6桁
8		DP0	上記以外:小数点以下8桁
7:0	KEY_CODE		キー・コード(表8)

表12 電卓入出力ブロック KET_PRINTER からのレスポンス信号
Nios II のポートを接続

ビット	フィールド名	意 味
31	PRT_FIFO_DATA_RDY	プリンタFIFOに情報が用意されたことを示す
30:16	PRT_COLUMN_01_15	プリンタFIFO情報:プリンタ・カラム印字位置(01~15)
15:14	PRT_COLUMN_17_18	プリンタFIFO情報:プリンタ・カラム印字位置(17~18)
13:10	PRT_DRUM_COUNT	プリンタFIFO情報:プリンタ・ドラム印字位置(0x0~0xC)
9	PRT_RED_RIBON	プリンタFIFO情報:プリンタ印字色(0:黒, 1:赤)
8	PRT_PAPER_FEED	プリンタFIFO情報:プリンタ紙送り
7	LAMP_MINUS_SIGN	状態表示ランプ:マイナス符号数値
6	LAMP_OVERFLOW	状態表示ランプ:オーバフロー
5	LAMP_MEMORY	状態表示ランプ:メモリ内データ有効
4:1	未使用	
0	PRT_FIFO_POP_ACK	プリンタFIFO情報の取り出し完了

PRINTERに向けて垂れ流すだけです.Raspberry Piからキー入力の指示を受けたNios IIは,押されたキーの種類やスイッチの状態をport_keyprt_cmd[31:0]の下位15ビット内の各フィールドに収めて出力します.キーボードのキーが押されていなければ,8ビットのKEY_CODEは8'h00にします.

これを受けて,KEY_PRINTER内で,キーボードの列スキャン信号KBC0~KBC9に同期した行信号KBR0~KBR3を生成し,KEY_PRINTERから出力します.また,紙送りボタンの状態も出力します.

● プリンタのエミュレーション

電卓141-PFのプログラムがプリンタに対して,ハンマで印字する,インク・リボンを動かす,または紙送りをする,という操作を行った場合は,その内容をNios IIに伝え,最終的にRaspberry Piに伝えて画面に表示する必要があります.

今回は,141-PFプログラム側の動きと,Nios II側のプログラムの動きは完全に非同期なので,その間にプリンタの操作情報を貯めるFIFOバッファ(深さ256段)を入れることにしました.141-PFプログラム側が,ハンマで印字する,インク・リボンを動かす,または紙送りをする,という操作を行ったら,そのときのプリンタ制御信号の状態(ドラムのカラム位置,ハンマの列側選択信号PRS00~PRS19,インク・リボンの色選択信号PRINTING_COLOR,紙送り信号ADVANCE_PAPER)をFIFOバッファに格納します.

その情報は,KEY_PRINTERからNios IIに向かうレスポンス信号port_keyprt_res[31:0]内に格納されています(表12).FIFOにプリンタ情報があると,ビット31のPRT_FIFO_DATA_RDYが1になり,Nios IIはビット8~30に乗っているFIFO内のプリンタ情報をリードします.次にNios IIは,FIFOからデータを取り出したことをKEY_PRINTERに伝えるため,コマンド信号port_keyprt_cmd[31:0]ビット15のPRT_FIFO_POP_REQをアサートします.

表13 Raspberry PiとNios IIの間のSPIコマンドとレスポンス

操作種類	通信種類	通信名称	方　向	ビット	ビット名
NOP	コマンド	SPI_CMD_NOP	RPi→Nios II	15：00	COMMAND
CPU 実行制御	コマンド	SPI_CMD_CPU_CONTROL	RPi→Nios II	15：04	COMMAND
				03	CPU_RUN
				02	CPU_STEP
				01	CPU_STOP
				00	CPU_RESET
	レスポンス	SPI_RES_CPU_CONTROL	Nios II→Rpi	15：04	未使用
				03	BRK1
				02	BRK0
				01	未使用
				00	RUN_STOP
ブレーク 設定	コマンド	SPI_CMD_CPU_BRK0	RPi→Nios II	15：13	COMMAND
				12	BRKE
				11：00	BRKA
		SPI_CMD_CPU_BRK1	RPi→Nios II	15：13	COMMAND
				12	BRKE
				11：00	BRKA
リソース・ アクセス	コマンド	SPI_CMD_RESOURCE_ACCESS	RPi→Nios II	15	COMMAND
				14	RW
				13：00	ADDRESS
	コマンド	SPI_CMD_RESOURCE_DATA_WR	RPi→Nios II	15：12	未使用
				11：00	DATA_WR
	レスポンス	SPI_RES_RESOURCE_DATA_RD	Nios II→Rpi	15	ACK
				14：12	未使用
				11：00	DATA_RD
ROM ダウン ロード	コマンド	SPI_CMD_ROM_DOWNLOAD	RPi→Nios II	15：12	COMMAND
				11：00	ENDADDR
	コマンド	SPI_CMD_ROM_DOWNLOAD_DATA	RPi→Nios II	15：08	DATA_ODD
				07：00	DATA_EVN
入力 ポートの レベル 設定	コマンド	SPI_CMD_PORT_IN	RPi→Nios II	15：12	COMMAND
				11：10	未使用
				09	KEYPRT_EN
				08	TEST
				07：04	ROM_CHIP
				03：00	ROM_PIN
出力 ポートの レベル 読み取り	コマンド	SPI_CMD_PORT_OUT	RPi→Nios II	15：12	COMMAND
				11：04	未使用
				03：00	PORT_OUT
	レスポンス	SPI_RES_PORT_OUT	Nios II→Rpi	15：00	PORT_DATA

KEY_PRINTER側がそれを認識すると，レスポンス信号port_keyprt_res[31：0]ビット0のPRT_FIFO_POP_ACKがアサートされるので，Nios IIはPRT_FIFO_POP_REQをネゲートします．

Nios IIによるプリンタFIFO情報のアクセス方法をまとめると，次のようになります．

内　容	備　考
16'b0000_0000_0000_0000	
12'b0000_0000_0001	
CPU命令連続実行(優先度：低)	
CPU命令ステップ実行	
CPU命令停止	
システム・リセット(優先度：高)	…CONTROLコマンド直後にSPI_CMD_NOPを送信することで，…CONTROLレスポンスを得る
オール・ゼロ	
0：実行状態，1：BRK1で停止状態	
0：実行状態，1：BRK0で停止状態	
ゼロ	
0：実行状態，1：停止状態	
3'b010	
ブレーク(BRK0)イネーブル	
ブレーク(BRK0)アドレス(ROM)	実行前ブレークの設定
3'b011	
ブレーク(BRK1)イネーブル	
ブレーク(BRK1)アドレス(ROM)	
1'b1	
0：リード，1：ライト	・ライト時は，…ACCESSコマンドの後，…DATA_WRコマンドを送る
アクセス先指定(表4)	・リードおよびライトの…ACCESSコマンド送信後はいずれのケースも，レスポンスを得るためにSPI_CMD_NOPを送信する．ACK = 1になっているレスポンス…DATA_RDを得るまではアクセスが完了していないのでSPI_CMD_NOPを送り続ける
オール・ゼロ	
ライト・データ(表5)	
リード・データ確定	・…ACCESSコマンドの上位4ビットには4'b1111のパターンはないのでSPI_CMD_ROM_DOWNLOADと区別できる
オール・ゼロ	
リード・データ(表5)	
4'b1111	
ダウンロードの最終アドレス指定	…DOWNLOADコマンド送信後，連続して最終アドレスまでのROMデータを…DOWNLOAD_DATAコマンドで送信する
2n + 1番地のROMデータ	
2n番地のROMデータ	
4' b0010	
オール・ゼロ	
KEY_PRINTER論理を接続	…PORT_INコマンドの送信だけで入力ポートの値を設定する
CPUのTEST端子の入力レベル設定	
入力ポートのレベルを更新するROMチップ番号	
指定したROMの入力ポートのレベル指定	
4' b0011	…PORT_OUTコマンド直後にSPI_CMD_NOPを送信することで，…PORT_OUTレスポンスを得る． ※ PORT_OUTの指定方法 0000：{ROM03：ROM02：ROM01：ROM00} 0001：{ROM07：ROM06：ROM05：ROM04} 0010：{ROM11：ROM10：ROM09：ROM08} 0011：{ROM15：ROM14：ROM13：ROM12} 1000：{RAM03：RAM02：RAM01：RAM00 of Bank0} 1001：{RAM03：RAM02：RAM01：RAM00 of Bank1} 1010：{RAM03：RAM02：RAM01：RAM00 of Bank2} 1011：{RAM03：RAM02：RAM01：RAM00 of Bank3} 1100：{RAM03：RAM02：RAM01：RAM00 of Bank4} 1101：{RAM03：RAM02：RAM01：RAM00 of Bank5} 1110：{RAM03：RAM02：RAM01：RAM00 of Bank6} 1111：{RAM03：RAM02：RAM01：RAM00 of Bank7}
オール・ゼロ	
読み出す出力ポートを選択する	
読み出した出力ポートのレベル	

(1) Raspberry Piから定期的に指示を受け，Nios IIがレスポンス信号port_keyprt_res[31：0]を定期的に監視します．PRT_FIFO_DATA_RDYがセットされたことを認識すると，次の処理を行います．

(2) プリンタFIFO情報を読み取ります．

(3) PRT_FIFO_POP_REQをセットします．

表13　Raspberry PiとNios IIの間のSPIコマンドとレスポンス（つづき）

操作種類	通信種類	通信名称	方　　向	ビット	ビット名
電卓キーボードとスイッチ入力	コマンド	SPI_CMD_KEYPRT_KEYIN0	RPi→Nios II	15：08	COMMAND
				07：00	未使用
	コマンド	SPI_CMD_KEYPRT_KEYIN1	RPi→Nios II	15	未使用
				14	PAPER_FEED
				13：12	ROUND
				11：08	DECIMAL
				07：00	KEY_CODE
電卓のプリンタ動作とランプ状態の読み取り	コマンド	SPI_CMD_KEYPRT_QUERY	RPi→Nios II	15：08	COMMAND
				07：00	未使用
	レスポンス	SPI_RES_KEYPRT_QUERY0	Nios II→Rpi	15	PRT_RDY
				14：00	PRT_COL0
	レスポンス	SPI_RES_KEYPRT_QUERY1	Nios II→Rpi	15：14	PRT_COL1
				13：10	PRT_DRUM
				09	PRT_COLOR
				08	PRT_FEED
				07	LAMP_MINUS
				06	LAMP_OVER
				05	LAMP_MEM
				04：00	未使用

（4）PRT_FIFO_POP_ACKがセットされるまで待ちます．

（5）PRT_FIFO_POP_REQをクリアします．

● 電卓状態表示ランプのエミュレーション

　電卓の状態表示ランプ3個については，KEY_PRINTERからNios IIに向かうレスポンス信号port_keyprt_res[31：0]のビット5～ビット7に，そのON/OFF状態が格納されています．これをNios IIが定期的に監視することで，Raspberry Piにランプの状態を伝え，画面に表示します．

● クロックの異なるドメイン間の同期化について

　Nios II（QSYS_CORE：50MHz）とKEY_PRINTER（750 kHz）の間は非同期関係になります．QSYS_COREが出力しKEY_PRINTERが受け取るコマンド信号のうち，キー入力関係は4004（CPU）側のソフトウェアでチャタリング除去を行っているので，同期化処理は入れていません．

　同じくコマンド信号のうち，プリンタ印字情報をFIFOから取り出すPRT_FIFO_POP_REQ信号については，メタ・ステーブルによる誤動作を防止するため同期化処理を行っています．

　KEY_PRINTERからQSYS_COREに返すレスポンス信号は同期化していませんが，プリンタ印字情報の取り出し処理では，REQ（要求信号）とACK（受付信号）のハンドシェークを行っており，同期化処理がなくても安定動作するようになっています．

Nios IIの構成とプログラム

● Raspberry Piとの仲立ちをするNios II

　Nios IIマイコンを実装したモジュールQSYS_COREには，Raspberry Piと通信するためのSPIスレーブ・モジュールと，モジュールMCS4_TOPおよびKEY_PRINTERとインターフェースするための入出力ポートを追加実装してあります．SPIスレーブ・モジュールの機能設定は，第22章で解説したものと同じです．

　Nios IIは，Raspberry PiとモジュールMCS4_TOPおよびKEY_PRINTERとの間で，オン・チップ・デバッガの操作や電卓の入出力操作の仲立ちをします．

● Raspberry PiとNios IIの間のSPIコマンドとレスポンス

　Raspberry PiとNios IIの間はSPI通信で繋ぎます．そのコマンドとレスポンスの仕様を表13に示します．基本的に，Nios IIはRaspberry Piからのコマンドを受け取ったら，それに対応した処理を行って，レスポンスを返します．SPI通信はマスタ側（Raspberry Pi）が送信したトランザクション中に，同時にスレーブ側からデータを受信します．Raspberry Piがレスポンスを受け取る場合は，NOPコマンドをダミーで送信する必要があります．

内容	備考
8'b0000_1000	…KEYIN0コマンド送信直後に…KEYIN1コマンドを送信することで，キーボードとスイッチの状態を設定できる．これらのコマンドを送るとキーボードとスイッチの状態が固定されるので，キーボードを離したときはKEY_CODE=0x00を送信する
オール・ゼロ	
ゼロ	
紙送り要求	
丸めスイッチ状態設定	
小数部の桁数指定スイッチ状態設定	
キーボード入力コード	
8'b0000_1001	…QUERYコマンド送信後，…QUERY0レスポンスと…QUERY1レスポンスを連続して受け取る．プリンタ情報はPRT_RDYが1のときだけ有効．ランプ状態は常に有効
オール・ゼロ	
0：プリンタ情報なし，1：プリンタ情報あり	
プリンタ・カラム・ハンマ信号（MSB：列1～LSB：列15）	
プリンタ・カラム・ハンマ信号（MSB：列17～LSB：列18）	
プリンタ・ドラム・ロウ(行)カウント信号	
プリンタ印字色(0：黒，1：赤)	
プリンタ・紙送り信号	
ランプ(マイナス)状態	
ランプ(オーバフロー)状態	
ランプ(メモリ)状態	
オール・ゼロ	

表13のコマンドとレスポンスにより，Raspberry Piは，MCS-4システムのオン・チップ・デバッガと電卓入出力の全制御が可能になります．

Raspberry Pi側のプログラム

● Raspberry Pi側のデバッガと電卓の操作用アプリ

前述の通り，Raspberry Pi側では，オン・チップ・デバッガの操作と電卓の操作を行うアプリMCS4_Panel(実行バイナリ名：QtWidgetAPP)を作成しました．画面サイズに応じて2種類のアプリケーションを用意してあります(MCS4_Panel_800x480またはMCS4_Panel_320x240)．

Raspberry Pi側アプリはQt Creatorで作成し，基本的には第22章で解説した技術内容をベースとしています．オン・チップ・デバッガの操作も，電卓の操作も，いずれも画面上のGUI操作に対応したコマンドをSPIで送信し，受けたレスポンスに従って画面表示を更新しています．

4004用電卓141-PFプログラム

●芸術的な4004用電卓141-PFプログラム

電卓141-PFのプログラムの詳細は参考文献(2)で読めます．非常に優れたプログラムであり，読んでいるだけでパズルを解いているような楽しさがあります．

キーボード・マトリクス入力のスキャン処理では，チャタリングの除去を行いながら，同じ列のキーを同時に押したことを検知して，その入力を排除する機能が実現されています．また，一つの演算が終わってプリンタを印字している最中でも，最大8ストロークまで次のキー入力を受け付けるようにして，操作性を向上させています．

●オプションの平方根計算

電卓141-PFでは，平方根計算も実現されています．今回製作したシステムでも動作します．想像以上に高速に演算してくれます．参考文献(2)にそのアルゴリズムの詳細説明がありますが，見事としか言いようがありません．ちなみに，この平方根計算は141-PFのオプション扱いになっていて，当時生産された実機では，平方根キーがない製品のほうが多いようです．平方根計算を追加する場合は，平方根計算プログラムを格納した4001(ROM)を1個追加します．

平方根以外の電卓の基本プログラムは，1024バイト(アドレス0x000～0x3FF)です．平方根計算プログラムは256バイト(アドレス0x400～0x4FF)です．いずれのサイズも，たったこれだけです．単位にキロもメガもつきません．

とてもよく考えられた芸術品ともいえるプログラムであり，これだけの機能がわずか1280バイト以下の

Column 3　MCS-4システムや4004のライセンス

●「Intel 4004 - 45th Anniversary Project」ホームページ

参考文献(1)の「Intel 4004 - 45th Anniversary Project」ホームページには，実際の4004チップの回路図やレイアウト図など，非常に多くのMCS-4システムや4004関連の技術情報が公開されています．ビジコン社の電卓141-PFのプログラム・コードも公開されています．とても興味津々なサイトです．

●非商用のライセンス規定

これらの技術情報は基本的にはすべて，ライセンス規定「Creative Commons Attribution-Noncommercial-Share Alike 3.0 License」のもとで使用する必要があります．非商用という条件であれば，コピー，再配布，利用，改変などは自由です．

●本書のMCS-4関連生成物のライセンス

本書のMCS-4関連の生成物，すなわちFPGA内の論理（MCS4_TOPとKEY_PRINTER），Nios IIのファームウェア，Raspberry Piのアプリは，参考文献(4)，参考文献(5)をベースにして，すべて筆者の手で開発したものです．これらを個人で非商用でご使用になる範囲であれば自由にコピーや改変して構いません．

●ビジコン社の電卓141-PFのプログラム

ビジコン社の電卓141-PFのプログラムは参考文献(1)，参考文献(2)から入手する必要があります．これらは非商用のライセンスなので，本書の付属DVD-ROMに格納することはできません．そのため，読者の方に個別にダウンロードいただく形にしました．ダウンロードして使用する場合は，上記の非商用ライセンス（Creative Commons Attribution）が適用されます．

●本プロジェクトはインテル・ジャパン様のご好意で実現

本書のMCS-4システム構築プロジェクトは，4004という神聖な歴史に足を踏み入れるものであり，ライセンス規定的にもグレーなので，実際に始めるとなると本家のお許しがないと厳しいだろうということで，CQ出版社に動いていただき，インテル・ジャパン様のご好意で実現できたものです．ここで誌面を借りまして，関係者の皆さまに御礼を申し上げます．

コードに収まっているというのは本当に驚きです．

●歴史を味わおう

筆者のマイコンとの付き合いは，1975年に入手したTK-80（8ビット8080Aワンボード・マイコン）が最初でした．すでにマイコンには40年以上も関わっていますが，正直に言うと，4004（CPU）をはじめとするMCS-4システムをしっかり勉強したのは今回が初めてでした．もちろん，ビジコン社の電卓141-PFについても，展示物を見たことはありますが，自分で触って動かしたことはありません．

今回，4004のRTL設計を含めて，インターネット上にある電卓141-PFのプログラムをバイナリのまま動作させるためのシステムを構築しましたが，実際に電卓が動作するまで，どのようにキーを操作するのかさえわからなかったのです．Raspberry PiからNios IIを経て，MCS-4論理に至るまでのシステム全体ができ上がって，141-PFのプログラムが動作し始めた瞬間は感動しました．想像以上に実用的な機能と性能をもつ電卓であることがわかります．

先人たちの築いた歴史をしっかりと味わい，この奥深い知恵と技術にあらためて接してみることは，大変良い勉強になると思います．

◆参考文献◆

(1) Intel 4004 - 45th Anniversary Project ホームページ
 http://www.4004.com
(2) ビジコン社141-PF電卓プログラムのソース・コード
 http://www.4004.com/2009/Busicom-141PF-Calculator_asm_rel-1-0-1.txt
(3) ビジコン社141-PF電卓プログラムのバイナリ・コード（Verilog HDLのメモリ初期化用コード）．http://www.4004.com/assets/busicom-141pf-simulator-w-flowchart-071113.zipを解凍してできる「4001.code」を使用．
(4) MCS-4 Micro Computer Set Users Manual, Rev.4, Feb, 1973, Intel Corporation．(http://www.intel.com/Assets/PDF/Manual/msc4.pdf)
(5) MCS-4 Assembly Language Programming Manual, Preliminary Edition, Dec, 1973, Intel Corporation．(http://www.nj7p.org/Manuals/PDFs/Intel/MCS-4_ALPM_Dec73.pdf)

第7部 MARY基板を活用する

第25章 各種周辺機能をもつ小型MARY基板をMAX10から制御する

MARY基板とMAX10の連携方法

本書付属DVD-ROM関連データ	
DVD-ROM格納場所	内容
CQ-MAX10\Projects\PROJ_MARY	Nios IIシステムにSDRAMを接続して，MARY基板(MARY-OB, MARY-GB)を制御するプロジェクト一式(Quartus Prime用，Nios II EDS用)
CQ-MAX10\MARY	MARY基板の回路図，部品表，基板パターン

●はじめに

MARY基板とは，Cortex-M0をコアにもつNXP社のマイコンLPC1114を搭載した約3cm角の超小型基板MARY-MB(MCU Board)と，それに搭載できる各種周辺基板群から構成されるシリーズで，参考文献(1)で詳しく紹介されています．

MARY基板は2011年に登場した年季ものですが，その周辺機能基板が汎用的に使えるので，今でも流通しています．MARY基板の回路図，部品表，基板パターンについては，本書の付属DVD-ROMにも収録したので，参考にしてください．

MAX10-FB基板をRaspberry Piに接続するためのMAX10-EB基板を第21章で紹介しましたが，この基板にはMARY基板も搭載可能です．MAX10-EB基板に搭載できるMARY基板を，表1に示します．

本章では，MAX10-EB基板に，MARY-OB(カラーOLED表示モジュール＋3軸加速度センサ)と，MARY-GB(GPSモジュール＋リアルタイム・クロック)を搭載する例を紹介します．

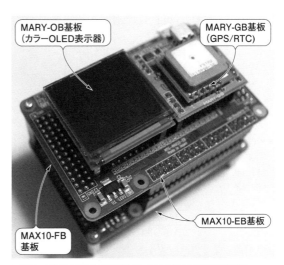

写真1 MARY-OBとMARY-GBをMAX10-EB基板に搭載
MAX10からMARY基板を直接制御する．この写真は編成D-2の場合

表1 MARY基板の種類
MAX10-EB基板に搭載できるもの

MARY基板の種類	搭載機能			接続インターフェース
	種類	デバイス	メーカ	
MARY-OB	カラーOLED表示モジュール	UG-2828GDEDF-11	UNIVISION	SPI + GPIO
	3軸加速度センサ	LIS33DE	STMicro	I²C + GPIO
MARY-LB	2色LEDアレイ	A3880EG	Linkman	SPI + GPIO
MARY-XB	XBee無線モジュール	XB24-ACI-001	Digi	UART
	micro SDカード	−	−	SPI + GPIO
MARY-GB	GPSモジュール	UP501	Fastrax	UART + GPIO
	RTC(リアルタイム・クロック)	RX-8564LC	SEIKO Epson	I²C + GPIO

表2 MAX10-EB基板のはんだジャンパ設定
スロット1にMARY-OB,スロット2にMARY-GBを載せる場合

はんだジャンパ名称	はんだジャンパをショートしたときに接続される信号		編成：D-1,編成：D-2 編成E MARY-OB(SLOT1)搭載 および MARY-GB(SLOT2)搭載		備考
			上側 MAX10-EB基板	下側 MAX10-EB基板	
M1SI	MARY1/CN11-4	RS10_MOSI0	○		MAX 10のスロットにオーバーレイしてMARYを搭載するため
M1P1	MARY1/CN10-1	RS12_PWM0	○		
M2GND	MARY2/CN12-1	GND	○		
M2TXD	MARY2/CN13-4	RS15_RXD0	○		
RNID_SC	U2-6(SCL)	RNID_SC		○	
RNID_SD	U2-5(SDA)	RNID_SD		○	
RN19P43	RN19_MISO1	F1P43		○	Raspberry Piを接続したときにSPI通信する信号
RN16P41	RN16_CE2N1	F1P41		○	
RN20P39	RN20_MOSI1	F1P39		○	
RN21P38	RN21_SCLK1	F1P38		○	
RS02P17	RS02_SDA1	F2P17		○	
RS03P14	RS03_SCL1	F2P14		○	
RS04P13	RS04_GCK0	F2P13		○	
RS14P12	RS14_TXD0	F2P12		○	
RS15P11	RS15_RXD0	F2P11		○	
RS17P10	RS17_CE1N1	F2P10		○	
RS18P8	RS18_CE0N1	F2P8		○	
RS22P7	RS22	F2P7		○	
RS23P6	RS23	F2P6		○	
RS10P52	RS10_MOSI0	F1P52		○	
RS09P141	RS09_MISO0	F2P141		○	
RS11P140	RS11_SCLK0	F2P140		○	
RS08P135	RS08_CE0N0	F2P135		○	
RS07P134	RS07_CE1N0	F2P134		○	
RS12P132	RS12_PWM0	F2P132		○	
RS19P131	RS19_MISO1	F2P131		○	
RS16P130	RS16_CE2N1	F2P130		○	
RS20P127	RS20_MOSI1	F2P127		○	
RS21P124	RS21_SCLK1	F2P124		○	

MARY基板をMAX 10 FPGAに接続する

● MAX10-EB基板の編成D-1,または編成D-2で組み上げる

MARY-OBとMARY-GBをMAX10-EB基板に搭載して,MAX10-FB基板と接続した状態を**写真1**に示します.具体的な組み上げ方法は,第21章で紹介した編成D-1または編成D-2を参照してください.USB-Blaster等価機能をもつMAX10-JB基板でコンフィグレーションやデバッグを行うときは編成D-1,デバッグが終わってMAX10-JB基板を使用しないときは編成D-2になります.

編成D-1または編成D-2では,MAX10-EB基板を2枚使用します.

● MAX10-EBのはんだジャンパ設定

MAX10-EB基板のスロット1にMARY-OB,スロット2にMARY-GBを載せる場合の,MAX10-EB基板のはんだジャンパ設定を**表2**に示します.この状態での,MARY-OBおよびMARY-GBとMAX 10の間の信号接続を**表3**に示します.

MARY基板を制御するMAX 10 FPGAのハードウェア

● Nios IIマイコンからMARYを制御

MARY基板は,**表1**に記した通り,SPI(Serial

表3 MARY-OBおよびMARY-GBとMAX 10の間の接続

MARY-OB(SLOT1)			上側MAX10-EB 基板内信号名	MAX 10 FPGA		備考
コネクタ		信号名		接続端子	内部信号名(RTL)	
CN1	1	GND	GND	–	–	
	2	V_{CC5}	V_{CC5}	–	–	
	3	V_{CC33}	V_{CC33}	–	–	
	4	(NC)	(NC)	–	–	
CN2	1	OLED_VCC_ON	RS04_GCK0	P13	po_mary_oled_vccon	
	2	(NC)	RS17_CE1N1	P10	未使用	
	3	(NC)	(NC)	–	–	
	4	(NC)	RS18_CE0N1	P8	未使用	
CN3	1	OLED_RESN	RS12_PWM0	P132	po_mary_oled_resn	
	2	OLED_CSN	RS08_CE0N0	P135	spi1_ss_n_mary_oled	
	3	MEMS_SCL	RS03_SCL1	P14	i2c0_scl_mary_mems	
	4	MEMS_SDA	RS02_SDA1	P17	i2c0_sda_mary_mems	
CN4	1	MEMS_INT	RS19_MISO1	P131	pi_mary_mems_int	
	2	OLED_SCLK	RS11_SCLK0	P140	spi1_sclk_mary_oled	
	3	(NC)	RS09_MISO0	P141	未使用	SLOT間共用信号
	4	OLED_SDIN	RS10_MOSI0	P52	spi1_mosi_mary_oled	

MARY-GB(SLOT2)			上側MAX10-EB 基板内信号名	MAX 10 FPGA		備考
コネクタ		信号名		接続端子	内部信号名(RTL)	
CN1	1	GND	GND	–	–	
	2	V_{CC5}	V_{CC5}	–	–	
	3	(NC)	V_{CC33}	–	–	
	4	(NC)	(NC)	–	–	
CN2	1	(NC)	RS16_CE2N1	P130	未使用	
	2	GPS_RXD	RS14_TXD0	P12	uart_txd_mary_gps_od	
	3	(NC)	(NC)	–	–	
	4	GPS_TXD	RS15_RXD0	P11	uart_rxd_mary_gps	
CN3	1	RTC_CLKOE	RS20_MOSI1	P127	po_mary_rtc_clkoe	
	2	RTC_CLKOUT	RS07_CE1N0	P134	pi_mary_rtc_clkout	
	3	RTC_SCL	RS23	P6	i2c1_scl_mary_rtc	
	4	RTC_SDA	RS22	P7	i2c1_sda_mary_rtc	
CN4	1	RTC_INTN	RS21_SCLK1	P124	pi_mary_rtc_int	
	2	(NC)	RS11_SCLK0	P140	spi1_sclk_mary_oled	
	3	(NC)	RS09_MISO0	P141	未使用	SLOT間共用信号
	4	(NC)	RS10_MOSI0	P52	spi1_mosi_mary_oled	

Peripheral Interface),I²C(Inter-Integrated Circuit),UART(Universal Asynchronous Receiver Transmitter),GPIO(General Purpose Input Output)により制御します.これらの制御は,FPGA内に実装するNios IIマイコンが得意とするところです.実際,Qsysを使ってNios IIマイコンの構成を描くだけで,FPGA側の設計は簡単に終わります.

● Nios II マイコンのシステム構成

今回は,Nios IIから,MARY-OBとMARY-GBを制御します.MARY-OB基板はSPI + I²C + GPIOで制御し,MARY-GB基板はUART + I²C + GPIOで制御します.

このSPI,I²C,UART,GPIOの各機能モジュールをNios IIマイコンに内蔵します.図1にQsysによるNios IIマイコンの構成を示します.また,表4に各モジュールの設定を,表5にアドレス・マップを,表6に割り込み番号のアサインを示します.

MARY-OB上のOLEDモジュールのSPI通信は9ビット長です.また,本システムはRaspberry Piに接続しませんが,念のため接続が可能なようにSPIスレーブ機能(16ビット長)も実装してあります.

● I²CはOpenCores版

Qsys自体がもつIPリストにはI²Cモジュールは入っていません.ここではオープン・ソース・ハード

ウェアを公開している OpenCores［参考文献(2)］の I²C モジュールを組み込みます．実際の RTL コードは，Quartus Prime のインストール・ディレクトリ

> C:¥altera_lite¥XX.X¥ip¥altera¥altera_dp¥
> hw_demo¥altera_avalon_i2c

の中に入っています．本書の付属 DVD-ROM に収録されている Quartus Prime のプロジェクトの Qsys ファイルには，すでにこの I²C が組み込まれています．

● SDRAM を使用

MARY-OB と MARY-GB を制御するソフトウェアは，少し規模が大きくなったので，MAX10-FB 基板に SDRAM を搭載することを前提とします．Nios II システムに SDRAM コントローラを加えます．

● Quartus Prime で FPGA をコンパイル

本書の付属 DVD-ROM に収録されている Quartus Prime のプロジェクト・ディレクトリをコピーして C:¥CQ-MAX10¥Projects¥PROJ_MARY に置き，Quartus Prime のプロジェクト・ファイル FPGA.qpf を開いてください．すでに上記で説明した Qsys の設定が完了しています．**表 7** に示すプロジェクトの設定と，**表 8** に示す外部端子設定を確認して，FPGA をフル・コンパイルしてください．

MARY 基板を制御する Nios II のソフトウェア

●サンプル・プログラムの動作内容

次のような動作をする Nios II のソフトウェアを用意しました．MARY-OB の OLED 表示モジュールに，MARY-OB の 3 軸加速度センサから読み取った値と，MARY-GB のリアルタイム・クロック(RTC)から読み取った日付と時刻，MARY-GB の GPS モジュールから読み取った緯度・経度・海抜の数値をそれぞれ表示します．時間が経つと，基板の傾きで形が変わるリサージュ図形を描画します．しばらくすると，また元の数値表示画面に戻り，これを繰り返します．

● Nios II EDS でソフトウェアをビルド

Nios II のソフトウェアをビルドします．Nios II EDS でワークスペース C:¥CQ-MAX10¥Projects¥PROJ_MARY¥software を開いてください．Board Support Package プロジェクト PROG_BSP を右クリックし，BSP Editor で更新して Qsys 設計結果を反映しておいてください．その後，アプリケーション・プロジェクト PROG を再ビルドしてください．そしてプログラムを FLASH から SDRAM にブートする

ため，プロジェクト PROG を右クリックして Make Targets の mem_init_generate を実行します．

● SPI，UART，GPIO の API 関数

SPI，UART，GPIO の API(Application Programming Interface)は，Qsys が自動生成したものをそのまま使っています．

● I²C の API 関数

I²C の API 関数は Qsys が自動生成してくれないので自作しました．C ソースは i2c.c，C ヘッダは i2c.h です．I²C スレーブ側デバイスをアクセスするための下記の 3 関数があります．

(1) I²C の初期化

```
void Init_I2C(uint32_t i2c);
```

I²C モジュールを初期化します．oc_i2c_master_0 を初期化する場合は引き数 i2c を 0 に，oc_i2c_master_1 を初期化する場合は引き数 i2c を 1 にします．いずれのモジュールも，SCL の速度は 100 kHz になります(システム・クロックが 50 MHz のとき)．

(2) I²C の 1 バイト・データ・ライト

```
void I2C_Write_Byte(uint32_t i2c,
    uint8_t chip,
    uint8_t addr,
    uint8_t data);
```

I²C モジュールに接続されているスレーブ・デバイスに対して，1 バイト・ライトします．引き数 i2c は上記と同じです．引き数 chip は 7 ビットのスレーブ・デバイスの I²C アドレス，引き数 addr はスレーブ・デバイス内のライト先アドレス，引き数 data はライト・データです．

(3) I²C の 1 バイト・データ・リード

```
uint8_t I2C_Read_Byte(uint32_t
                             i2c,
    uint8_t chip,
    uint8_t addr);
```

I²C モジュールに接続されているスレーブ・デバイスから，1 バイト・リードします．引き数 i2c は上記と同じです．引き数 chip は 7 ビットのスレーブ・デバイスの I²C アドレス，引き数 addr はスレーブ・デバイス内のリード先アドレスです．この関数の戻り値がリード・データです．

図1 Quartus PrimeのQsysシステム構成

表4 Quartus PrimeのQsysシステム構成の各モジュールの設定

モジュール名	インスタンス名	設定項目	設定内容
Clock Source	clk_0	Clock frequency	50000000MHz
		Clock frequency is known.	ON
		Reset synchronous edges	None
Nios II Processor	nios2_gen2_0	Nios II Core	Nios II/e
		Reset vector memory	onchip_flash_0.data
		Reset vector offset	0x00000000
		Exception vector memory	onchip_memory2_0.s1
		Exception vector offset	0x00000020
		Include JTAG Debug	ON
		ECC Present	OFF
		Include cpu_resetrequest…	OFF
		Generate trace file…	OFF
		Include reset_req signal…	ON
FLASH Memory	onchip_flash_0	Data interface	Parallel
		Read burst mode	Incrementing
		Read burst count	8
		Configuration Mode	Single Compressed Image with Memory Initialization
		Sector ID 1	Read and write 0x0000-0x3FFF，UFM
		Sector ID 2	Read and write 0x4000-0x7FFF，UFM
		他のSector	NA，Hidden，CFM
		Initialize flash content	OFF
On-Chip Memory	onchip_memory2_0	Type	RAM(Writable)
		Dual-port access	OFF
		Block type	AUTO
		Data width	32
		Total memory size	32768bytes
		Slave s1 latency	1
		Reset request	Enabled
		Extend … to support ECC…	Disabled
		Initialize memory content	OFF
		Enable In-System memory…	OFF
System ID	sysid_qsys_0	32bit System ID	0x00000000
JTAG UART	jtag_uart_0	Write FIFO Buffer depth	64bytes
		Write FIFO IRQ threshold	8
		Write FIFO Construct…	OFF
		Read FIFO Buffer depth	64bytes
		Read FIFO IRQ threshold	8
		Read FIFO Construct…	OFF
Dual Config	dual_boot_0	Clock frequency	80.0MHz
Interval Timer	timer_0	Timeout period	10ms
		Timer counter size	32bits
		No Start/Stop control bits	OFF
		Fixed period	OFF
		Readable snapshot	ON
		System reset on timeout	OFF
		Timeout pulse	OFF
I²Cマスタ	oc_i2c_master_0	No parameters	−
	oc_i2c_master_1	No parameters	−

モジュール名	インスタンス名	設定項目	設定内容
PIO	port_in	Width	16bits
		Direction	Input
		Synchronously capture	ON
		Edge type	RISNG
		Enable bit clearing for…	ON
		Generate IRQ	ON
		IRQ Type	LEVEL
		Hardware PIO inputs in test bench	ON
		Drive inputs to field	0x0000000000000000
PIO	port_out	Width	8bits
		Direction	Output
		Output port reset value	0x0000000000000000
		Enable individual bit setting…	OFF
SDRAM Controller	sdram_controller_0	Data Width	16bits
		Chip select	1
		Banks	4
		Address Width/Row	13
		Address Width/Column	256Mbits時：9，512Mbits時：10
		Include functional memory…	ON
		CAS latency cycles	3
		Initialization refresh cycles	2
		Issue one refresh commend…	7.8us
		Delay after powerup…	200.0μs
		Duration of refresh…(t_rfc)	66.0ns
		Duration of precharge…(t_rp)	21.0ns
		ACTIVE to READ or…(t_rcd)	21.0ns
		Access time(t_ac)	5.5ns
		Write recovery time(t_wr)	15.0ns
SPIスレーブ (3 Wire Serial)	spi_0	Type	Slave
		Width	16bits
		Shift direction	MSB first
		Clock polarity	0
		Clock phase	1
		Synchronizer Stage /Insert…	ON
		Synchronizer Stages/Depths	2
SPIマスタ (3 Wire Serial)	spi_1	Type	Master
		SPI clock(SCLK)rate	1000000
		Specify delay	OFF
		Width	9bits
		Shift direction	MSB first
		Clock polarity	0
		Clock phase	0
		Insert synchronizers	OFF
UART (RS-232 Serial Port)	uart_0	Parity	None
		Data bits	8
		Stop bits	1
		Synchronizer Stages	2
		Include CTS/RTS	OFF
		Include end-of-packet	OFF
		Baud rate	9600bps
		Fixed baud rate	ON

表5 Quartus PrimeのQsysシステム構成の各モジュールのアドレス・マップ

スレーブ・モジュール			CPUコア(nios2_gen2_0)から見たアドレス	
モジュール種類	インスタンス名	スレーブ・ポート	データ・バス data_master	命令バス instruction_master
FLASHメモリ	onchip_flash_0	data	0x0000_0000 - 0x0000_7FFF	0x0000_0000 - 0x0000_7FFF
SRAM	onchip_memory2_0	s1	0x0002_0000 - 0x0002_7FFF	0x0002_0000 - 0x0002_7FFF
SDRAMコントローラ	sdram_controller_0	s1	0x8000_0000 - (*1)	0x8000_0000 - (*1)
CPUデバッガ	nios2_gen2_0	debug_mem_slave	0xFFFF_0000 - 0xFFFF_07FF	0xFFFF_0000 - 0xFFFF_07FF
SYSID	sysid_qsys_0	control_slave	0xFFFF_0800 - 0xFFFF_0807	－
JTAG UART	jtag_uart_0	avalon_jtag_slave	0xFFFF_0900 - 0xFFFF_0907	－
DUAL BOOT	dual_boot_0	avalon	0xFFFF_0A00 - 0xFFFF_0A1F	－
FLASHコントロール	onchip_flash_0	csr	0xFFFF_0B00 - 0xFFFF_0B07	－
インターバル・タイマ	timer_0	s1	0xFFFF_0C00 - 0xFFFF_0C1F	－
入力ポート	port_in	s1	0xFFFF_1000 - 0xFFFF_100F	－
出力ポート	port_out	s1	0xFFFF_1100 - 0xFFFF_110F	－
SPIスレーブ	spi_0	spi_control_port	0xFFFF_1200 - 0xFFFF_121F	－
SPIマスタ	spi_1	spi_control_port	0xFFFF_1300 - 0xFFFF_131F	－
UART	uart_0	s1	0xFFFF_1400 - 0xFFFF_141F	－
I²Cマスタ	oc_i2c_master_0	avalon_slave_0	0xFFFF_1500 - 0xFFFF_151F	－
I²Cマスタ	oc_i2c_master_1	avalon_slave_0	0xFFFF_1600 - 0xFFFF_161F	－

(*1) 256MビットSDRAM(32Mバイト)の場合：0x81FF_FFFF
　　 512MビットSDRAM(64Mバイト)の場合：0x83FF_FFFF

表6 Quartus PrimeのQsysシステム構成の各モジュールの割り込み番号のアサイン

モジュール種類	インスタンス名	IRQ番号
JTAG UART	jtag_uart_0	0
Interval Timer	timer_0	1
入力ポート	port_in	2
SPIスレーブ	spi_0	3
SPIマスタ	spi_1	4
UART	uart_0	5
I²Cマスタ	oc_i2c_master_0	6
I²Cマスタ	oc_i2c_master_1	7

表7 Quartus Primeのプロジェクト設定

メニュー	設定種類	設定項目	設定内容
Assignments → Devices	Device and Pin options… (ボタン押下)	Configuration scheme	Internal Configuration
		Configuration mode	Single Compressed Image with Memory Initialization (256kBits UFM)
Assignments → Assignment Editor	por_n	Power-Up Level	Value = Low (パワー・オン時のノードの初期値)
	por_count[*]	Power-Up Level	Value = Low (パワー・オン時のノードの初期値)

MARY基板をMAX 10 FPGAにより動かす

● MAX 10のコンフィグレーション

　MAX 10をコンフィグレーションしましょう．Quartus Primeのメニュー「File → Convert Programming Files…」を選択して，FPGAのコンフィグレーション・ファイルFPGA.sofと，FLASHメモリのバイナリ・ファイルonchip_flash_0.hexを合体して，output_file.pofを生成してください．このoutput_file.pofをProgrammerを使って，MAX 10のコンフィグレーションFLASHメモリCFM0と，ユーザFLASHメモリUFMに書き込んでください．

● 電源投入して動作確認

　MAX10-EB基板は上下2枚ありますが，いずれかの電源供給用USBコネクタに+5 Vを供給してください．MARY-OBのOLEDモジュールに文字や図形が表示されればOKです．屋外に出てGPS衛星からの電波をGPSモジュールが受信すると，その場所の

表8 Quartus Primeの外部端子設定

Quartus PrimeのPin Planner設定				MAX10-FB 基板接続先	備考
Node Name	Direction	Location	Weak Pull-Up		
clk_pad	Input	PIN_27	−	48MHzクロック入力	
pi_sw	Input	PIN_123	On	SW1	ONでLOWレベル入力
po_led_blu	Output	PIN_121	−	LED1 BLU(青)	LOWレベルでLED点灯
po_led_grn	Output	PIN_122	−	LED1 GRN(緑)	LOWレベルでLED点灯
po_led_red	Output	PIN_120	−	LED1 RED(赤)	LOWレベルでLED点灯
spi0_miso_rpi	Output	PIN_43	On	RPi GPIO19	MAX10-EB基板経由でRaspberry Piに接続(オプション)
spi0_mosi_rpi	Input	PIN_39	On	RPI GPIO20	
spi0_sclk_rpi	Input	PIN_38	On	RPi GPIO21	
spi0_ss_n_rpi	Input	PIN_41	On	RPI GPIO16	
sdram_addr[12]	Output	PIN_89	−	SDRAM A12	SDRAMアドレス入力 ・256Mビット品(32Mバイト) 　ロウ・アドレス：A12-A0 　カラム・アドレス：A8-A0 ・512Mビット品(64Mバイト) 　ロウ・アドレス：A12-A0 　カラム・アドレス：A9-A0
sdram_addr[11]	Output	PIN_88	−	SDRAM A11	
sdram_addr[10]	Output	PIN_97	−	SDRAM A10	
sdram_addr[9]	Output	PIN_87	−	SDRAM A9	
sdram_addr[8]	Output	PIN_86	−	SDRAM A8	
sdram_addr[7]	Output	PIN_85	−	SDRAM A7	
sdram_addr[6]	Output	PIN_84	−	SDRAM A6	
sdram_addr[5]	Output	PIN_80	−	SDRAM A5	
sdram_addr[4]	Output	PIN_81	−	SDRAM A4	
sdram_addr[3]	Output	PIN_100	−	SDRAM A3	
sdram_addr[2]	Output	PIN_101	−	SDRAM A2	
sdram_addr[1]	Output	PIN_99	−	SDRAM A1	
sdram_addr[0]	Output	PIN_98	−	SDRAM A0	
sdram_ba[1]	Output	PIN_96	−	SDRAM BA1	SDRAMバンク・アドレス
sdram_ba[0]	Output	PIN_93	−	SDRAM BA0	
sdram_cas_n	Output	PIN_90	−	SDRAM $\overline{CAS}$	SDRAMカラム・アドレス・ストローブ
sdram_cke	Output	PIN_79	−	SDRAM CKE	SDRAMクロック・イネーブル
sdram_clk	Output	PIN_78	−	SDRAM CLK	SDRAMクロック
sdram_cs_n	Output	PIN_92	−	SDRAM $\overline{CS}$	SDRAMチップ・セレクト
sdram_dq[15]	Bidir	PIN_64	−	SDRAM DQ15	SDRAMデータ入出力
sdram_dq[14]	Bidir	PIN_65	−	SDRAM DQ14	
sdram_dq[13]	Bidir	PIN_66	−	SDRAM DQ13	
sdram_dq[12]	Bidir	PIN_69	−	SDRAM DQ12	
sdram_dq[11]	Bidir	PIN_70	−	SDRAM DQ11	
sdram_dq[10]	Bidir	PIN_74	−	SDRAM DQ10	
sdram_dq[9]	Bidir	PIN_75	−	SDRAM DQ9	
sdram_dq[8]	Bidir	PIN_76	−	SDRAM DQ8	
sdram_dq[7]	Bidir	PIN_106	−	SDRAM DQ7	
sdram_dq[6]	Bidir	PIN_110	−	SDRAM DQ6	
sdram_dq[5]	Bidir	PIN_111	−	SDRAM DQ5	
sdram_dq[4]	Bidir	PIN_112	−	SDRAM DQ4	
sdram_dq[3]	Bidir	PIN_113	−	SDRAM DQ3	
sdram_dq[2]	Bidir	PIN_114	−	SDRAM DQ2	
sdram_dq[1]	Bidir	PIN_118	−	SDRAM DQ1	
sdram_dq[0]	Bidir	PIN_119	−	SDRAM DQ0	

緯度・経度・海抜が表示されます．プログラムの最初のところで，GPSから出力される時刻(UTC)に対して時差補正(+9時間)した時刻をRTCにセットします．GPSが電波を受信した状態で，MAX10-FB基板のSW2(CONFIG)を押して再コンフィグすなわちリセットすると，正確な時刻がRTCにセットされます．

◆ 参考文献 ◆

(1) 圓山宗智；2枚入り！組み合わせ自在！超小型ARMマイコン基板，2011年4月，CQ出版社
(2) OpenCoresのWebサイト　http://opencores.org

表8 Quartus Primeの外部端子設定（つづき）

Quartus PrimeのPin Planner設定				MAX10-FB 基板接続先	備　考
Node Name	Direction	Location	Weak Pull-Up		
sdram_dqm [1]	Output	PIN_77	−	SDRAM UDQM	SDRAM上位データ入出力マスク
sdram_dqm [0]	Output	PIN_105	−	SDRAM LDQM	SDRAM下位データ入出力マスク
sdram_ras_n	Output	PIN_91	−	SDRAM $\overline{RAS}$	SDRAMロウ・アドレス・ストローブ
sdram_we_n	Output	PIN_102	−	SDRAM $\overline{WE}$	SDRAMライト・イネーブル
spi1_mosi_mary_oled	Output	PIN_52	−	MARY-OB	カラーOLED表示モジュール
spi1_sclk_mary_oled	Output	PIN_140	−		
spi1_ss_n_mary_oled	Output	PIN_135	−		
po_mary_oled_resn	Output	PIN_132	−		
po_mary_oled_vccon	Output	PIN_13	−		
i2c0_scl_mary_mems	Bidir	PIN_14	−		3軸加速度センサ
i2c0_sda_mary_mems	Bidir	PIN_27	−		
pi_mary_mems_int	Input	PIN_131	−		
uart_rxd_mary_gps	Input	PIN_11	−	MARY-GB	GPSモジュール
uart_txd_mary_gps	Output	PIN_12	−		
i2c1_scl_mary_rtc	Bidir	PIN_6	−		リアルタイム・クロック（RTC）
i2c1_sda_mary_rtc	Bidir	PIN_7	−		
pi_mary_rtc_int	Input	PIN_124	−		
pi_mary_rtc_clkout	Input	PIN_134	−		
po_mary_rtc_clkoe	Output	PIN_127	−		

付属DVD-ROMの説明

● 付属DVD-ROMの内容

付属するDVD-ROMには，本書の内容を理解し，試行するための開発用ツール，プロジェクト・ファイル，関連データ一式が格納されています．**表A**に収録ファイルの一覧を示します．

● プロジェクト・データの置き場所

DVD-ROM内のプロジェクト・データを使う場合は，Cドライブの最上位階層にディレクトリ「C:¥CQ-MAX10」を作成して，DVD-ROMのトップ階層以下の「¥CQ-MAX10¥Projects」を，その「C:¥CQ-MAX10」以下にコピーしてください．ディレクトリ「Projects」が，「C:¥CQ-MAX10¥Projects」の位置にあればOKです．本書の解説では，この位置にプロジェクト関連データが置かれていることを前提としています．

● 使用上の注意事項

(1) 付属DVD-ROMに格納されたプログラムやデータを使用することにより生じたトラブルなどは，筆者，CQ出版社，各プログラムの提供元，関連会社は一切の責任を負いません．これらのプログラムやデータは，各自の

表A 付属DVD-ROMの内容

No.	フォルダ		内容	備考
1	Board	MAX10-FB	MAX10-FB基板の設計データ	
2		MAX10-JB	MAX10-JB基板の設計データ	
3		MAX10-EB	MAX10-EB基板の設計データ	
4	Datasheet		基板に使用している部品のデータシートや，各種技術資料	
5	PIC	USB_JTAG	MAX10-JB基板上のPICマイコンのプログラム（MPLAB IDEのプロジェクト）	
6		hex2c	上記PICプログラムのバイナリを，PICプログラマになるNios IIシステムのCソースに組み込むためのユーティリティ	
7	Projects	PROJ_COLORLED	第7章，第10章　LEDチカチカ回路	Quartus PrimeやNios II EDS用のプロジェクト
8		PROJ_COLORLED2	第8章，第10章　LED階調明滅回路	
9		PROJ_COLORLED3	第9章　デュアル・コンフィグレーション	
10		PROJ_NIOSII_LED	第12章　Nios IIでLEDチカチカ	
11		PROJ_NIOSII_INT	第13章　Nios IIで割り込み	
12		PROJ_NIOSII_ADC	第14章　Nios IIでA-D変換	
13		PROJ_NIOSII_SDRAM	第15章　Nios IIでSDRAMアクセス	
14		PROJ_DPI	第20章　C言語混在シミュレーションとIP設計	
15		PROJ_MM-Slave		
16		PROJ_NIOSII_RASPI	第22章　MAX 10とRaspberry Piの連携方法	
17		PROJ_MCS4	第24章　MCS-4システムの論理設計と電卓の製作	
18		PROJ_MARY	第25章　MARY基板とMAX10の連携方法	
19		PROJ_PIC_Programmer	第5章　PICプログラマ回路（MAX10-FB基板の出荷時のコンフィグ情報）	
20	Verilog_Samples		第18章　論理設計の具体例とシミュレーション	RTLサンプル
21	RaspberryPi		第22章　MAX 10とRaspberry Piの連携方法	
			第23章　4004 CPUアーキテクチャとMCS-4システム	
			第24章　MCS-4システムの論理設計と電卓の製作	
22	MARY		第25章　MARY基板とMAX10の連携方法	
23	Quartus_Prime		• Quartus Prime Lite Edition • Nios II EDS • ModelSim Altera Starter Edition • 各デバイス・サポート・ファイル の各インストーラ	
24	Tools		第18章　論理設計の具体例とシミュレーション，コラム2用のCygwinとIcarus Verilog	

責任のもとで使用してください．

(2) 付属 DVD-ROM に格納されたプログラムやデータに関しては，筆者，CQ 出版社，各プログラムの提供元，関連会社のサポート対象外です．

(3) 付属 DVD-ROM に格納されたプログラムやデータは，それぞれのライセンス条項に従って適切に取り扱ってください．原則として，付属 DVD-ROM に格納されたプログラムやデータを，インターネットなどの公共ネットワーク，構内イントラネットなどへアップロードすることは，筆者，CQ 出版社，各プログラムの提供元，関連会社の許可なく行うことはできません．

(4) 付属 DVD-ROM に格納されたプログラムやデータは，個人で使用する目的以外は使用しないでください．

(5) 付属 DVD-ROM に格納されたプログラムやデータは，それぞれに適する PC 動作環境にインストールして使用してください．ドキュメントなどで PC 動作環境が指定されていればそれに従ってください．本書の PC 用のプログラムやデータは，Windows 10 Home エディション(64 ビット版)上での動作を確認しています．ただし筆者は，仮想 PC 環境(OS X El Capitan 上の Parallels Desktop 12)の上にインストールした Windows 環境を使用しています．

(6) 収録した Quartus Prime Lite Edition 一式のバージョンは，「Quartus-lite-15.1.1.189-windows」です．本書の発行時点では，さらに新しいバージョンがアルテラ社のサイトに公開されていますが，すでに 2 層 DVD-ROM にも収まらないサイズになっているので，古いバージョンのまま収録しています．このバージョンのツールで，本書のサンプル・プロジェクトは動作確認してありますが，基本的には最新版のツールでも動作します．バージョン・アップしたツールを使う場合は，プロジェクト・ファイルを開いたときに，プロジェクト本体や Qsys の IP を指示された通りにそれぞれ更新してください．

索　引

【数字】

10M08SAE144C8G ……………………………… 11
141-PF ………………………………………… 546
4001（ROM） …………………………………… 514
4002（RAM） …………………………………… 515
4003（シフトレジスタ） ………………………… 517
4004（CPU） …………………………………… 513
4004 命令表 …………………………………… 524

【A】

ADS4004 ……………………………………… 532
A-D 変換関連ライブラリ ……………………… 244
A-D 変換器 ……………………………… 46, 233
always 文 …………………………………… 303
Assignment Editor …………………………… 113
assign 文 …………………………………… 303
Avalon ………………………………………… 43
Avalon-MM …………………………… 165, 393
Avalon-ST ……………………………………… 167

【B】

BCA …………………………………………… 277
BFM …………………………………………… 189
Bluetooth …………………………………… 507
BSP …………………………………… 169, 208

【C】

case 文 ……………………………………… 309
Chip Planner ………………………………… 113
Clock As Data 解析 ………………………… 374
CPPR ………………………………………… 373
CPU シミュレータ機能 ……………………… 539
C 言語混在シミュレーション ………………… 389

【D】

DDR …………………………………………… 245
DPI …………………………………………… 390
D フリップフロップ ……………………… 309, 318

【E】

EDS …………………………………………… 25
`else ………………………………………… 314
`elsif ………………………………………… 314
EMH …………………………………………… 373
EMS …………………………………………… 372
`endif ………………………………………… 314
endmodule 文 ……………………………… 301

【F】

FLASH メモリ ………………………… 37, 41, 177
FPGA …………………………………… 33, 280
FPGA の開発フロー ………………………… 111
FPGA のコンフィグレーション ……………… 114

【G】

GPIO …………………………………………… 45
GPIO 機能設定 ……………………………… 464
GPIO コネクタ ……………………………… 444

【H】

HAL …………………………………………… 171
HAT …………………………………………… 510

【I】

Icarus Verilog ………………………… 322, 362
`ifdef ………………………………………… 314
if 文 ………………………………………… 308
`include ……………………………………… 313
initial 文 …………………………………… 311
IP 設計 ……………………………………… 389

【J】

Jam STAPLE Player ………………………… 446
JTAG Player ………………………………… 446
JTAG UART ………………………………… 186
JTAG コンフィグレーション …………………… 70
JTAG 信号 …………………………………… 96

【L】

LAB ……………………………………… 34, 40
LE ……………………………………… 34, 40
LED の階調明滅 ……………………………… 131
LUT …………………………………………… 40
LVDS …………………………………………… 45

【M】

M9K …………………………………………… 44
MARY ………………………………… 21, 436, 583

MARY-GB ……………………………………… 583
MARY-LB ……………………………………… 583
MARY-OB ……………………………………… 583
MARY-XB ……………………………………… 583
MAX 10 ……………………………………… 11, 36
MAX10-EB ……………………………………… 17, 433
MAX10-FB ……………………………………… 13, 53
MAX10-JB ……………………………………… 15, 70
MAX 10 の端子配置 ………………………………… 47
MAX 10 用開発環境 ………………………………… 105
MCS-4 ………………………………………… 511
MM ……………………………………………… 43
ModelSim ……………………………… 24, 149, 317
ModelSim-Altera Starter Edition ………………… 105
module 文 …………………………………………… 301

【N】

Nios Ⅱ ……………… 24, 165, 177, 225, 233, 245, 580
Nios Ⅱ EDS …………………………………………… 105

【P】

PAD 表記 ………………………………………………… 95
PIC マイコン …………………………………………… 82
PIC マイコン書き込み器 ………………………………… 83
Pin Planner …………………………………………… 113
PLL モジュール ………………………………………… 44
PLL を作成 …………………………………………… 133
pof ファイル ……………………………………… 114, 120
Post-Input モード …………………………………… 460
PWM 信号 ……………………………………………… 131

【Q】

qip ファイル …………………………………………… 195
Qsys ……………………………………………… 23, 171
Qt Creator …………………………………………… 469
Qt Designer …………………………………………… 469
Quartus Prime ………………………………………… 111
Quartus Prime Lite Edition …………………… 23, 105
Quartus Prime Programmer …………………………… 105

【R】

Raspberry Pi ……………………………… 17, 433, 459
Raspberry Pi 3 Model B ……………………………… 501
Raspberry Pi 側のプログラム開発 …………………… 469
reg 変数 ………………………………………………… 303
RTL レベル ……………………………………… 149, 277

【S】

SDC ……………………………………… 113, 265, 365
SDR ……………………………………………………… 245
SDRAM …………………………………………………… 245
SDRAM コントローラ …………………………………… 265
SDRAM のアクセス・タイミング ……………………… 246
SignalTap Ⅱ …………………………………………… 120
sip ファイル …………………………………………… 195
SMH ……………………………………………………… 373
SMS ……………………………………………………… 373
SoC ……………………………………………………… 280
sof ファイル ……………………………………… 114, 120
SPI1 機能設定 ………………………………………… 466
SPI 通信 ………………………………………………… 460
SRAM …………………………………………………… 181
STA ……………………………………………… 113, 365
System Verilog ………………………………………… 390

【T】

TalkBack 機能 ………………………………………… 123
Tcl 言語 ………………………………………………… 152
TimeQuest Timing Analyzer …………………… 113, 365
`timescale …………………………………………… 161, 307
TLM ……………………………………………………… 277
TSD ……………………………………………………… 233

【U】

USB Blaster …………………………………… 15, 73, 93

【V】

VCD ファイル ……………………………………… 150, 311
Verilog HDL …………………………………………… 111
Verilog HDL による RTL 記述 ……………………… 301

【W】

wire 変数 ……………………………………………… 303
WLF ……………………………………………………… 150

【X】

x11vnc …………………………………………………… 505
xrdp …………………………………………………… 503

【あ行】

アセンブラ機能 ………………………………………… 536
アナログ入力 …………………………………………… 233
位相調整 ………………………………………………… 253
イベント・ドリブン …………………………………… 302

印字シーケンス	574	システムIDペリフェラル	185
インスタンス化	301	ジッタ	287
インターバル・タイマ	189, 225	受信エッジ	365
演算子	307	出力タイミング	384
オクテット	512	順序回路	279, 309
オン・チップ・デバッガ	569	条件判断	308
温度計測用ダイオード	233	乗算器ブロック	44
		状態遷移図	290
【か行】		新規プロジェクトの作成	111
回転ドラム	572	シングル・サイクル変換モード	233
外部端子への信号割り当て	113	信号の定義	303
仮想クロック	382	スクリーン番号	504
簡易型8ビットCPU	336	スクリプト・ファイル	152
慣性遅延	279	スティミュラス	150, 313
キーボード・マトリクス	572	ステート・ダイアグラム	290
基準電圧	234	ステート・マシン	290, 333
機能モジュール	293	スロット	233, 475
逆アセンブラ機能	538	制御部	293
組み合わせ回路	277	設計フロー	281
グローバル・クロック・ネットワーク	44	セットアップ時間	283, 367
クロック	365	セル	365
クロック・アンサーテンティ	287	送信エッジ	365
クロック・スキュー	287		
クロック・ツリー	287	【た行】	
クロック信号	312	代入文	305
クロックド・インバータ	300	タイミング・ネットリスト	366
クロック到達時刻	367	タイミング解析	113, 265, 365
クロック不確定成分	368	タイミング制約条件	113
継続代入文	303	タイミング設計	286
経路	365	タイミング例外	385
ゲート・アレイ	276	タイム・スタンプ	172
コレクション・コマンド	375	タイム・マップ	303
コンジット	167	タイムアウト	312
コンジットBFM	211	タッチLCDパネル	503
コンパイラ指示子	316	遅延時間	279
コンフィグレーション	40	遅延付加	307
		チャタリング除去回路	327
【さ行】		抽象度	275
サイクル・カウンタ	312	ディスプレイ番号	504
サブルーチン・コール	529	低レベル・レジスタ・アクセス	463
シーケンス	290	データ・バス部	293
時間精度	161, 307	データ・ライト	529
時間単位	161, 307	データ・リード	527
しきい値違反検知機能	234	データ到達時刻	367
シグナル	475	テストベンチ	112, 150, 310
システム・タスク	316	手続き代入文	303
システム・レベル	277	デュアル・コンフィグレーション機能	141

電圧レベル	282
電卓	554
伝搬遅延	279
ド・モルガンの法則	278
同期化	572, 580
動作レベル	277
トランジスタ	284

【な行】

内蔵発振器	44
内部機能仕様	273
内部コンフィグレーション	70
内部生成クロック	382
ニブル	512
入出力インターフェース	273
入力タイミング	383
入力電圧範囲	234
ネット	365
ノード	365
ノン・ブロッキング代入	305

【は行】

バースト・モード	43
ハイ・インピーダンス	303
配置・配線	113
バイト	512
パイプライン型動作	395
パイプライン制御式CPU	360
波形ファイル	311
ハザード	278
ハミング距離	278
パラレルI/Oポート	189
パワーONリセット	129
ハンマ制御	573
非同期信号	285
非パイプライン型動作	395
ピン	365
フェイルセーフ・アップグレード機能	141
不定	303
フリップフロップ	279
プリンタの印字	556, 572
プル・アップ抵抗	197
ブロッキング代入	305
平方根計算	581
ベクタ配置	191

変換レート	234
変数の定義	303
編成	451
ポート	365
ホールド時間	283, 369

【ま行】

マルチ・コーナ解析	374
マルチサイクル・パス	372, 385
ミーリー型	292
ムーア型	292
無線LAN	507
命令フェッチ	526
メタ・ステーブル	284, 371
メッセージ出力	312
メモリ・チェック	245
メモリ・ブロック	44
モジュール構造	301

【や行】

| ユーザ論理用パワーONリセット | 130 |

【ら行】

ラッチ	298
リカバリ時間	370
リセット信号	312
リムーバル時間	370
リモート・システム・アップグレード	141
リロード式アップ・ダウン・カウンタ	326
レイテンシ	246
レーシング	287
連続変換モード	234
ロジック・アナライザ機能	120
論理記述	111
論理ゲート・レベル	277
論理合成	113
論理シミュレーション	111, 149, 207, 302
論理設計	273
論理値	282

【わ行】

割り込み	225, 530
割り込み番号	189
割り込みハンドラ	228
ワン・ホット割り当て	291

■ 著者略歴

圓山 宗智（まるやま・むねとも）

　京都市生まれ．人生初のマイコンはTK-80．現在，半導体設計エンジニア．32ビットMCUから8ビットMCU，ARMコア内蔵SoC，動画処理用並列プロセッサ，ミックスド・シグナルLSIなど多種多様なデバイスを開発．ほとんどが趣味と実益を兼ねたオリジナル製品で，そうしたプロジェクトにかかわれたことに感謝している．

　本書は，自分の好き勝手なわがままに対する関係各位の粘り強い努力の賜物と考えている．この企画に携わることができたことに御礼を申し上げたい．

　MAX 10という魅力あるデバイスに命を吹き込むのはユーザの皆さんである．本書がその一助になれば幸いである．

Twitter：@Processing_Unit
本書の筆者サポート・ページ　https://sites.google.com/site/max10fpga/home

- ●**本書記載の社名，製品名について** ── 本書に記載されている社名および製品名は，一般に開発メーカーの登録商標または商標です．なお，本文中ではTM, ®, © の各表示を明記していません．
- ●**本書掲載記事の利用についてのご注意** ── 本書掲載記事は著作権法により保護され，また産業財産権が確立されている場合があります．したがって，記事として掲載された技術情報をもとに製品化をするには，著作権者および産業財産権者の許可が必要です．また，掲載された技術情報を利用することにより発生した損害などに関して，CQ出版社および著作権者ならびに産業財産権者は責任を負いかねますのでご了承ください．
- ●**本書付属の DVD-ROM についてのご注意** ── 本書付属の DVD-ROM に収録したプログラムやデータなどは著作権法により保護されています．したがって，特別の表記がない限り，本書付属の DVD-ROM の貸与または改変，個人で使用する場合を除いて複写複製（コピー）はできません．また，本書付属の DVD-ROM に収録したプログラムやデータなどを利用することにより発生した損害などに関して，CQ出版社および著作権者は責任を負いかねますのでご了承ください．
- ●**本書に関するご質問について** ── 文章，数式などの記述上の不明点についてのご質問は，必ず往復はがきか返信用封筒を同封した封書でお願いいたします．勝手ながら，電話での質問にはお答えできません．ご質問は著者に回送し直接回答していただきますので，多少時間がかかります．また，本書の記載範囲を越えるご質問には応じられませんので，ご了承ください．
- ●**本書の複製等について** ── 本書のコピー，スキャン，デジタル化等の無断複製は著作権法上での例外を除き禁じられています．本書を代行業者等の第三者に依頼してスキャンやデジタル化することは，たとえ個人や家庭内の利用でも認められておりません．

JCOPY 〈出版者著作権管理機構委託出版物〉
本書の全部または一部を無断で複写複製（コピー）することは，著作権法上での例外を除き，禁じられています．本書からの複製を希望される場合は，出版者著作権管理機構（TEL：03-5244-5088）にご連絡ください．

MAX 10® 実験キットで学ぶ
FPGA＆コンピュータ

DVD-ROM付き

2016 年 12 月 1 日　初 版 発 行　　　　　　　　　　　　　　　　　　　　　　　　　© 圓山 宗智 2016
2020 年 1 月 1 日　第 3 版 発 行

著　者　　圓　山　宗　智
発行人　　寺　前　裕　司
発行所　　ＣＱ出版株式会社
〒 112-8619　東京都文京区千石 4-29-14
電話　編集　03-5395-2123
　　　販売　03-5395-2141

ISBN978-4-7898-4807-7
定価は裏表紙に表示してあります
無断転載を禁じます
乱丁，落丁本はお取り替えします
Printed in Japan

DTP　西澤 賢一郎
印刷・製本　三晃印刷株式会社